Mathematik für Biologie und Chemie

Klaus Barbey

Mathematik für Biologie und Chemie

Ein anwendungsbezogener Einstieg für naturwissenschaftliche Studiengänge

Springer Spektrum

Klaus Barbey
Regensburg, Deutschland

Planung/Lektorat
Anna Sippel

ISBN 978-3-662-73510-7 ISBN 978-3-662-73511-4 (eBook)
https://doi.org/10.1007/978-3-662-73511-4

Springer Spektrum ist ein Imprint der eingetragenen Gesellschaft Springer-Verlag GmbH, DE und ist ein Teil von Springer Nature.
Die Anschrift der Gesellschaft ist: Heidelberger Platz 3, 14197 Berlin, Germany

Vorwort

Das Ziel dieses Buches ist die Darstellung mathematischer Methoden für Studienanfängerinnen und -anfänger in Chemie, Biologie und Biochemie. Dabei haben Verständlichkeit und praktische Anwendbarkeit Vorrang vor rigoroser mathematischer Strenge und Vollständigkeit. Auf die Beweise mathematischer Sätze wird nur dann Wert gelegt, wenn sie für das Verständnis des Inhalts wichtig sind. Auf ihre Herleitung wird dort verzichtet, wo die Zusammenhänge von vornherein plausibel und anschaulich sind und ihre Ausführung lediglich einen rein mathematischen Wert hätte. Den Anforderungen in den Naturwissenschaften entsprechend liegt der Schwerpunkt des Buches auf analytischen und geometrischen Methoden, die durch eine Vielzahl von Aufgaben und deren Lösungen verdeutlicht und eingeübt werden.

Das vorliegende Buch ist aus Vorlesungen entstanden, die der Autor Studierenden der Chemie, Biologie und Biochemie über einen Zeitraum von mehr als dreißig Jahren an der Universität Regensburg angeboten hat. Struktur und Inhalt wurden dabei ständig im Dialog mit der Zielgruppe unter Berücksichtigung der Erfahrungen des Dozenten und der Bedürfnisse der Studierenden optimiert.

Zum Verständnis des Inhalts werden gute Kenntnisse der Schulmathematik auf dem Niveau der Oberstufe von Gymnasien und natürlich der Wille vorausgesetzt, sich ernsthaft mit der Sprache und den Rezepten der Mathematik auseinanderzusetzen, die für das Verständnis der Chemie, Biologie und Biochemie benötigt werden. Daher möchte der Autor dieses Werk als Angebot und Einladung an Studierende dieser Fächer verstehen, als einen ständigen möglichst entspannten mathematischen Begleiter auf ihrem Weg zur naturwissenschaftlichen Erkenntnis.

Stellvertretend für die vielen Studentinnen und Studenten, die zur langjährigen Entstehung dieses Werkes beigetragen haben, möchte ich meiner Frau und Kollegin Beate Barbey sowie meinem Freund und Kollegen Reiner Kallenborn für ihre umfassende Unterstützung danken. Weiterhin danke ich Frau Anna Sippel, die diese Publikation im Verlag Springer Spektrum betreut hat.

Lappersdorf, März 2026 *Klaus Barbey*

Inhaltsverzeichnis

Kapitel 1
Differential- und Integralrechnung von Funktionen einer Veränderlichen

1.1 Einführung

In den ersten Abschnitten wird an einige Vorkenntnisse erinnert, die von den Leserinnen und Lesern erwartet werden. Weiterhin werden verbindliche Bezeichnungen und Schreibweisen eingeführt, die wir im Folgenden verwenden wollen.

1.1.1 Die reellen Zahlen

Die reellen Zahlen bilden das Fundament der Differential- und Integralrechnung. Trotzdem können und wollen wir uns mit ihnen nicht ausführlich und gründlich beschäftigen, sondern setzen die reellen Zahlen und ihre wichtigsten Eigenschaften als bekannt voraus und beschränken uns hier auf einige Anmerkungen.

Wir nehmen den folgenden naiven Standpunkt ein: *Die reellen Zahlen sind die Punkte der Zahlengeraden.* Naiv deswegen, weil wir einen Begriff durch einen anderen ersetzen, der zwar anschaulich klar erscheint, aber genauso wenig exakt definiert ist.

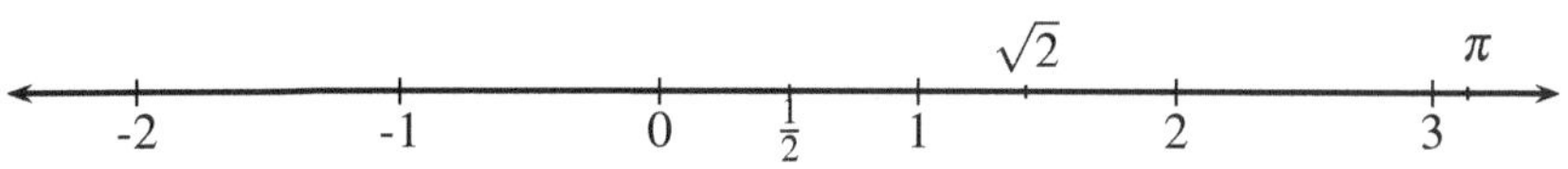

Wir wählen auf der Geraden einen Punkt, den wir mit 0 bezeichnen und rechts davon einen weiteren Punkt, den wir mit 1 bezeichnen. Durch wiederholtes Abtragen der Einheitslänge von 0 bis 1 nach rechts entstehen die Zahlen $2, 3, \ldots$, nach links die negativen Zahlen $-1, -2, \ldots$ Teilt man die Einheitslänge entsprechend, so erhält man die Brüche $\frac{1}{2}, \frac{1}{3}, \frac{1}{4}, \ldots$ Kompliziertere Objekte sind dagegen die Zahlen $\sqrt{2}, \sqrt{3}, \ldots, \pi, \ldots$

K. Barbey, *Mathematik für Biologie und Chemie*,
https://doi.org/10.1007/978-3-662-73511-4_1

Die Gesamtheit der reellen Zahlen wird mit $\mathbb{R}$ bezeichnet. Weiter führen wir noch die folgenden üblichen Bezeichnungen ein:

$$\mathbb{N} = \{1,2,3,\dots\} = \{x \in \mathbb{R} : x > 0 \text{ ganz}\} \qquad \textit{die natürlichen Zahlen},$$

$$\mathbb{Z} = \{0,\pm 1,\pm 2,\dots\} = \{x \in \mathbb{R} : x \text{ ganz}\} \qquad \textit{die ganzen Zahlen}.$$

Das konkrete Rechnen (beim Einkaufen, im Labor beim Auswerten von Experimenten) spielt sich indessen mit abbrechenden oder periodischen Dezimalzahlen, also mit Brüchen, ab. Ihre Gesamtheit wird mit $\mathbb{Q}$ bezeichnet, sie heißen auch *rationale Zahlen.* Wir können schreiben

$$\mathbb{Q} = \{x \in \mathbb{R} : x = \frac{p}{q} \text{ mit } p \in \mathbb{Z} \text{ und } q \in \mathbb{N}\}.$$

Als Grundlage der Analysis aber ist die Menge $\mathbb{Q}$ ungeeignet, denn $\mathbb{Q}$ füllt – anschaulich gesprochen – die Zahlengerade nicht lückenlos aus, es bleiben „Löcher“ oder „Lücken“ bestehen, die sich beim Ausbau der Theorie als sehr hinderlich erweisen. Ein solches „Loch“ liegt beispielsweise bei der Zahl $\sqrt{2}$ vor, denn dies ist bekanntlich keine rationale Zahl.

Im Gegensatz dazu hat die Menge $\mathbb{R}$ keine „Löcher“; dies wollen wir jetzt unabhängig von der Anschauung präzise formulieren.

Satz 1.1 (Satz vom Dedekindschen Schnitt) *Sind $A, B \subset \mathbb{R}$ nichtleer mit $a \leqq b$ für alle $a \in A$ und alle $b \in B$, so gibt es ein $c \in \mathbb{R}$ mit $a \leqq c \leqq b$ für alle $a \in A$ und alle $b \in B$.*

Zwischen je zwei derart getrennten nicht leeren Teilmengen von $\mathbb{R}$ liegt also eine reelle Zahl, welche die beiden Mengen trennt. Eine äquivalente Formulierung ist:

Satz 1.2 (Satz vom Supremum) *Es sei $T \subset \mathbb{R}$ nichtleer und nach oben beschränkt, das heißt, es gebe ein $c \in \mathbb{R}$ mit $t \leqq c$ für alle $t \in T$. Dann existiert eine kleinste Zahl $s \in \mathbb{R}$ mit $t \leqq s$ für alle $t \in T$.*

Diese eindeutig bestimmte Zahl $s \in \mathbb{R}$ heißt die *kleinste obere Schranke* oder das *Supremum* von T und wird mit $\sup T$ bezeichnet. Entsprechend besitzt jede nach unten beschränkte nichtleere Menge T reeller Zahlen eine *größte untere Schranke* oder ein *Infimum*, in Zeichen $\inf T$.

Die Äquivalenz der beiden Sätze ist leicht zu erkennen. Setzt man etwa Satz 1.1 voraus und will Satz 1.2 beweisen, so definiert man zu der dort gegebenen Menge T die Menge $B = \{c \in \mathbb{R} : t \leqq c \text{ für alle } t \in T\}$ der oberen Schranken von T. Dann liegt T links von B, es gibt also nach Satz 1.1 ein $s \in \mathbb{R}$ mit $t \leqq s \leqq c$ für alle $t \in T$ und alle $c \in B$. Dann ist s die kleinste obere Schranke von T. Setzt man umgekehrt Satz 1.2 voraus und will Satz 1.1 beweisen, so stellt man fest, dass $s = \sup A$ eine reelle Zahl ist, welche die Mengen A und B wie gefordert trennt.

Die Eigenschaft der reellen Zahlen, keine Löcher zu haben, wie sie durch die beiden obigen äquivalenten Formulierungen ausgedrückt wird, bezeichnet man als *Vollständigkeit*; sie spielt eine wesentliche Rolle beim Aufbau der Differential- und Integralrechnung. Der Zahlbereich $\mathbb{Q}$ besitzt diese Eigenschaft nicht, wie das folgende Beispiel zeigt.

Beispiel 1.1 i) Zu $A = \{a \in \mathbb{Q} : a \geqq 0 \text{ und } a^2 < 2\}$ und $B = \{b \in \mathbb{Q} : b \geqq 0 \text{ und } b^2 > 2\}$ gibt es kein $c \in \mathbb{Q}$ mit $a \leqq c \leqq b$ für alle $a \in A$ und alle $b \in B$.

ii) Zu $T = \{t \in \mathbb{Q} : t \geqq 0 \text{ und } t^2 < 2\}$ gibt es kein Supremum in $\mathbb{Q}$.

Für beide gesuchten Zahlen kommt nämlich nur die Größe $\sqrt{2}$ in Frage, die keine rationale Zahl ist.

Zusammenfassend kann man etwa sagen: Die rationalen Zahlen sind zwar gut zum praktischen Rechnen, aber man kann mit ihnen keine Differential- und Integralrechnung betreiben. Damit sind die reellen Zahlen auch für die Naturwissenschaften unentbehrlich.

Wir haben die Hierarchie

$$\mathbb{N} \subset \mathbb{Z} \subset \mathbb{Q} \subset \mathbb{R}$$

von Zahlbereichen, die wir später noch um die komplexen Zahlen $\mathbb{C}$ erweitern müssen.

Wichtige Teilmengen von $\mathbb{R}$ im Sinne der Differential- und Integralrechnung sind die *Intervalle*, das sind anschaulich „Abschnitte der Zahlengeraden"; eine präzise Definition ist:

Definition 1.1 Eine nichtleere Teilmenge $I \subset \mathbb{R}$ heißt ein *Intervall*, wenn mit je zwei Punkten $u, v \in I$ alle $x \in \mathbb{R}$ mit $u \leqq x \leqq v$ zu I gehören.

Ein Intervall ist also eine Teilmenge von $\mathbb{R}$ „ohne Loch".

Beispiel 1.2 i) Es seien $a, b \in \mathbb{R}$ mit $a \leqq b$. Dann ist

$$[a,b] := \{x \in \mathbb{R} : a \leqq x \leqq b\}$$

ein Intervall.

ii) Es seien $a, b \in \mathbb{R}$ mit $a < b$. Dann ist

$$]a,b[:= \{x \in \mathbb{R} : a < x < b\}$$

ein Intervall.

iii) Es sei $a \in \mathbb{R}$. Dann sind

$$[a,\infty[:= \{x \in \mathbb{R} : a \leqq x\} \qquad \text{und} \qquad]a,\infty[:= \{x \in \mathbb{R} : a < x\}$$

sowie

$$]-\infty,a] := \{x \in \mathbb{R} : x \leqq a\} \qquad \text{und} \qquad]-\infty,a[:= \{x \in \mathbb{R} : x < a\}$$

Intervalle.

iv) $\mathbb{R}$ ist selbst ein Intervall, man schreibt in diesem Sinne auch $\mathbb{R} =]-\infty,\infty[$.

Es seien $a, b \in \mathbb{R}$ mit $a \leqq b$. Intervalle vom Typ $[a,b]$ oder $[a,\infty[$ oder $]-\infty,a]$ heißen *abgeschlossen*. Abgeschlossene und beschränkte Intervalle, also solche vom Typ $[a,b]$, heißen auch *kompakt*. Es seien $a, b \in \mathbb{R}$ mit $a < b$. Intervalle vom Typ $]a,b[$ oder $]a,\infty[$ oder $]-\infty,a[$ heißen *offen*.

Es gibt insgesamt 9 Typen von Intervallen, nämlich

$$[a,b],\quad]a,b[,\quad [a,b[,\quad]a,b],\quad [a,\infty[,\quad]-\infty,a],\quad]a,\infty[,\quad]-\infty,a[,\quad]-\infty,\infty[.$$

Intervalle sind für uns vor allem deshalb von Interesse, weil Intervalle und Vereinigungen von Intervallen als Definitionsbereiche von Funktionen auftreten, wie wir alsbald sehen werden.

Übungen

Übung 1.1 Eine Bakterienkultur von 7500 Bakterien nimmt pro Stunde um 2% zu. Wie groß ist sie nach drei Tagen?

Übung 1.2 Bestimmen Sie Supremum und Infimum der folgenden Teilmengen von $\mathbb{R}$:

i) $]0,1[$ ii) $[0,1[$

iii) $\{\frac{1}{n} : n \in \mathbb{N}\}$ iv) $\{2^{-k} - 3^{-\ell} : k,\ell \in \mathbb{N}\}$

Übung 1.3 Für zwei Zahlen $a,b \in \mathbb{R}$ definiert man das

$$\text{arithmetische Mittel:}\quad A(a,b) = \frac{a+b}{2}.$$

Sind a,b positiv, so kann man auch das

$$\text{geometrische Mittel:}\quad G(a,b) = \sqrt{ab}$$

bilden. Schließlich definiert man im Falle $a,b > 0$ noch das

$$\text{harmonische Mittel:}\quad H(a,b) = \frac{1}{A(\frac{1}{a},\frac{1}{b})} = \frac{2ab}{a+b}.$$

i) Beweisen Sie die Ungleichungen

$$H(a,b) \leqq G(a,b) \leqq A(a,b) \qquad \text{falls } a,b > 0.$$

Für welche a,b gilt Gleichheit?

Alle drei Bildungen lassen sich in naheliegender Weise auf n Zahlen $x_1,\ldots,x_n$ verallgemeinern:

$$A(x_1,\ldots,x_n) = \frac{x_1+\cdots+x_n}{n}$$
$$G(x_1,\ldots,x_n) = \sqrt[n]{x_1\cdots x_n}$$
$$H(x_1,\ldots,x_n) = \frac{1}{A(\frac{1}{x_1},\ldots,\frac{1}{x_n})}$$

Im Fall von G und H setzen wir $x_1,\ldots,x_n > 0$ voraus. Für eine Anwendung von G und H siehe ii) und iii) unten. Eine Interpretation von A wird in Übung 1.47 gegeben.

ii) Ein Kapital von a Euro verzinst sich im ersten Jahr mit $p_1\%$, im zweiten Jahr mit $p_2\%,\ldots$, im n-ten Jahr mit $p_n\%$. Setzen Sie $q_\ell = 1 + \frac{p_\ell}{100}$, $\ell = 1,\ldots,n$ und berechnen Sie das Kapital plus (Zinses-)Zins nach n Jahren. Mit welchem konstanten Zinssatz muss man verzinsen, damit sich nach n Jahren die gleiche Summe ergibt?

iii) Bei einem Staffellauf mit n Läufern, $n \in \mathbb{N}$, legt jeder Läufer die gleiche Strecke s zurück. Der erste Läufer läuft mit konstanter Geschwindigkeit v_1, der zweite entsprechend mit Geschwindigkeit v_2 und so weiter. Wie groß ist die durchschnittliche Geschwindigkeit auf der Gesamtstrecke?

1.1.2 Das Prinzip der vollständigen Induktion

Das *Prinzip der vollständigen Induktion* stellt eine wichtige und oft angewandte Beweismethode dar, die wir in diesem Abschnitt kurz erläutern wollen.

Die Menge $\mathbb{N}$ der natürlichen Zahlen besitzt die folgende Eigenschaft, die man als ein *Axiom* ansieht – also als eine grundlegende Tatsache, die man nicht für beweisbedürftig hält – das sogenannte *Wohlordnungsaxiom*:

Jede nichtleere Menge natürlicher Zahlen hat ein kleinstes Element.

Hieraus ergibt sich der folgende Satz.

Satz 1.3 *Es sei $M \subset \mathbb{N}$ eine Teilmenge mit den folgenden Eigenschaften:*

i) $1 \in M$,

ii) *gehört eine natürliche Zahl n zu M, so gehört auch ihr Nachfolger $n+1$ zu M.*

Dann ist $M = \mathbb{N}$.

Beweis. Wir nehmen $M \subsetneqq \mathbb{N}$ an, das bedeutet, $T := \mathbb{N} \setminus M$ ist nicht leer. Dann hat T nach dem Wohlordnungsaxiom ein kleinstes Element $t \in T$. Nach i) ist $t \neq 1$ und es ist $t-1 \in M$, also ist $t = t-1+1 \in M$ gemäß ii), ein Widerspruch! □

Der soeben formulierte Satz heißt *Prinzip der vollständigen Induktion* oder kurz *Induktionsprinzip*. Man wendet dieses Prinzip oft folgendermaßen als Beweismethode an:

Folgerung 1.1 (Induktionsprinzip) *Es sei A eine Aussage für eine natürliche Zahl n. Gilt*

i) *A ist wahr für die Zahl 1,*

ii) *wenn A wahr ist für eine Zahl n, so auch für die Zahl $n+1$,*

dann ist A wahr für alle $n \in \mathbb{N}$.

Beweis. Die Menge

$$M := \{n \in \mathbb{N} : A \text{ ist wahr für } n\} \subset \mathbb{N}$$

genügt den Voraussetzungen von Satz 1.3. □

Beispiel 1.3 Wir betrachten die folgende Aussage: *Für jede natürliche Zahl n ist die Zahl n^3+2n durch 3 teilbar.* Dies ist offenbar richtig für die Zahl $n=1$ und wenn n^3+2n durch 3 teilbar ist, so ist auch $(n+1)^3+2(n+1)=n^3+2n+3(n^2+n+1)$ durch 3 teilbar. Damit ist in der Tat jede Zahl der Form n^3+2n mit $n\in\mathbb{N}$ durch 3 teilbar.

Das Induktionsprinzip ist natürlich auch richtig, wenn man die Menge

$$\mathbb{N}_0 := \mathbb{N}\cup\{0\} = \{0,1,2,\ldots\}$$

oder allgemeiner

$$\{k,k+1,k+2,\ldots\} \qquad \text{für ein festes } k\in\mathbb{Z}$$

zugrunde legt. Wir geben ein weiteres Beispiel.

Bemerkung 1.1 *Für $n=0,1,2,\ldots$ und eine reelle Zahl $x\in\mathbb{R}$, $x\neq 1$ gilt*

$$\sum_{\ell=0}^{n} x^\ell = \frac{1-x^{n+1}}{1-x}. \tag{1.1.1}$$

Im Falle $x=1$ ist

$$\sum_{\ell=0}^{n} x^\ell = \sum_{\ell=0}^{n} 1 = n+1.$$

Beweis. Für $n=0$ sind beide Seiten von (1.1.1) gleich 1. Nehmen wir die Formel für eine Zahl $n=0,1,2,\ldots$ als richtig an, so können wir ausrechnen

$$\sum_{\ell=0}^{n+1} x^\ell = \sum_{\ell=0}^{n} x^\ell + x^{n+1} = \frac{1-x^{n+1}}{1-x} + x^{n+1} = \frac{1-x^{n+1}+x^{n+1}-x^{n+2}}{1-x} = \frac{1-x^{n+2}}{1-x},$$

das heißt, die Formel ist für die Zahl $n+1$ richtig. Nach dem Induktionsprinzip ist (1.1.1) für alle $n=0,1,2,\ldots$ bewiesen. □

Übungen

Übung 1.4 Man beweise die Ungleichung von *Bernoulli*:

$$(1+a)^n \geqq 1+na \qquad \text{für alle } a\in\mathbb{R},\ a\geqq -1 \text{ und alle } n\in\mathbb{N}.$$

Übung 1.5 Man beweise

$$\sum_{\ell=1}^{n} \ell^2 = 1+4+9+\cdots+n^2 = \frac{n(n+1)(2n+1)}{6} \qquad \text{für alle } n=1,2,\ldots$$

Übung 1.6 Man beweise: Für $0<x<2\pi$, $x\neq\pi$ und $n\in\mathbb{N}$ gilt

$$\sum_{k=1}^{n} \cos(2k-1)x = \frac{\sin 2nx}{2\sin x}.$$

Übung 1.7 Man zeige: Für jede natürliche Zahl n ist $4^n - 1$ durch 3 teilbar.

Übung 1.8 In Russland gab es früher Geldscheine im Wert von 3 und 5 Rubel. Welche Rubelbeträge konnten damit bezahlt werden, ohne dass herausgegeben werden musste?

1.1.3 Funktionen

Jede Leserin und jeder Leser wird eine mehr oder weniger genaue Vorstellung davon haben, was eine Funktion ist. Da es sich hierbei jedoch um einen zentralen Begriff der Mathematik handelt, wollen wir ihn in einem modernen Sinne präzise fassen.

Es seien D und Z nicht leere Mengen. Eine *Funktion (Abbildung)* f auf D ist eine Vorschrift, die jedem $x \in D$ genau ein $y \in Z$ zuordnet; dieses $y \in Z$ heißt der *Funktionswert* (das *Bild*) von x und wird mit $f(x)$ bezeichnet. D heißt der *Definitionsbereich* von f, die Menge

$$f(D) := \{f(x) : x \in D\} \subset Z$$

heißt *Werte-* oder *Bildmenge* von f. Man schreibt kurz

$$f\colon D \to Z, x \mapsto f(x)\,.$$

Das Wort „Vorschrift" wird dabei nicht weiter mathematisch präzisiert. Dies könnte man umgehen, was aber nicht lohnend erscheint.

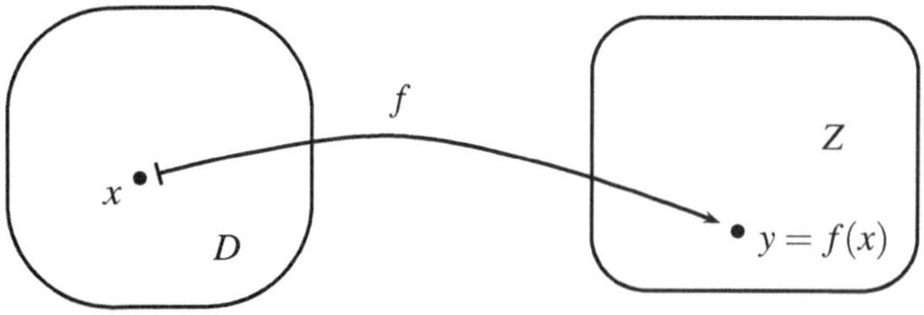

Bemerkung 1.2 *i) In vielen Fällen, insbesondere in der Praxis, ist die Zielmenge* $Z = \mathbb{R}$ *und der Definitionsbereich* D *eine Teilmenge von* $\mathbb{R}$*; man spricht dann von (reellwertigen) Funktionen einer reellen Veränderlichen, diese sind auch der Gegenstand dieses Kapitels.*

ii) Man hat natürlich zu unterscheiden zwischen der Funktion f *– einer Vorschrift – und dem Funktionswert* $f(x)$ *– einem Element der Zielmenge* Z*. Redeweisen wie „die Funktion* $f(x)$*" sind daher strenggenommen sinnlos und unzulässig. Ebenso ist eine „Formel" oder ein „Ausdruck" wie etwa* $\dfrac{x^2+1}{x}$ *für sich allein keine Funktion im obigen Sinne. Allerdings erhält man hieraus sofort eine Funktion* f *durch die Vorschrift:* Ordne der Zahl x diejenige Zahl zu, die durch $\dfrac{x^2+1}{x}$ gegeben wird, also

$$f : x \mapsto \frac{x^2+1}{x} \qquad \textit{für alle } x \in \mathbb{R}, x \neq 0\,.$$

Als Definitionsbereich D wird die Teilmenge von $\mathbb{R}$ *angenommen, für welche die Formel sinnvoll ist (man spricht vom „natürlichen" oder „maximalen" Definitionsbereich); in unserem Beispiel also* $D = \{x \in \mathbb{R} : x \neq 0\} = \mathbb{R} \setminus \{0\}$*. Ähnlich zu verstehen ist die Schreibweise* $y = \dfrac{x^2+1}{x}$*. Bei genügender Vorsicht und ausreichendem Verständnis wollen wir diese „unpräzisen" Redeweisen dennoch benutzen, da sie praktisch und in den Naturwissenschaften üblich sind.*

Wir betrachten noch das folgende Beispiel.

Beispiel 1.4 Durch die Vorschrift

$$f : f(x) = \begin{cases} 0 & \text{falls } x \text{ ein Bruch ist, also falls } x \in \mathbb{Q} \\ 1 & \text{falls } x \notin \mathbb{Q} \end{cases}$$

wird eine Funktion $f \colon \mathbb{R} \to \mathbb{R}$ definiert, die jedoch sehr unangenehme Eigenschaften hat, wie wir noch sehen werden.

Dieses Beispiel soll zeigen: Der oben vorgestellte Funktionsbegriff, der sich im Laufe der Mathematikgeschichte allmählich entwickelt und bewährt hat, ist zwar sehr elegant, sehr einfach, sehr allgemein, aber er schließt auch viele schlechte Funktionen ein, die zum Beispiel der Differential- und Integralrechnung nicht zugänglich sind und die in den Anwendungen keine Rolle spielen. Wir werden daher später den Kreis der „zulässigen" Funktionen wieder einengen müssen.

In vielen Fällen – das obige Beispiel 1.4 stellt eine Ausnahme dar – lassen sich Funktionen einer reellen Veränderlichen durch ihre „Kurven" oder *Graphen* veranschaulichen. Dies ist ein Grund dafür, dass die Differential- und Integralrechnung für diese Funktionen so einfach und anschaulich ist.

Definition 1.2 Es sei $f \colon D \to \mathbb{R}$, $D \subset \mathbb{R}$, eine reellwertige Funktion einer reellen Veränderlichen. Die Teilmenge

$$\operatorname{Graph}(f) := \{(x, f(x)) : x \in D\} \subset \mathbb{R}^2$$

der Zahlenebene $\mathbb{R}^2$ heißt *Graph* von f.

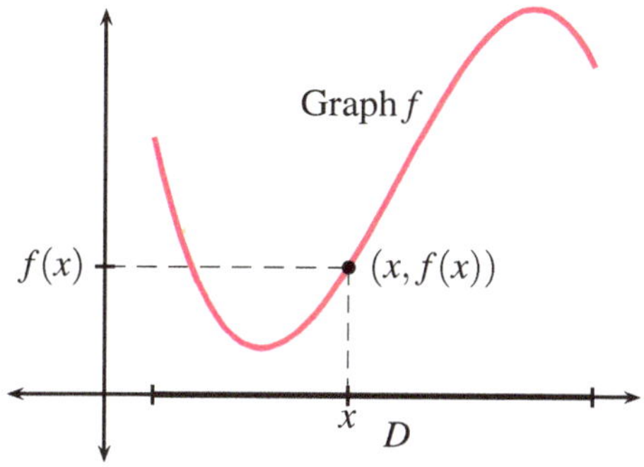

Wir wollen nun einige wichtige Funktionen anführen, von denen wir im Folgenden freien Gebrauch machen werden, deren Kenntnis wir also bei den Leserinnen und Lesern voraussetzen wollen.

Beispiel 1.5 Die Betragsfunktion $|\cdot|\colon \mathbb{R} \to \mathbb{R}$, wobei

$$|x| = \begin{cases} x & \text{falls } x \geqq 0 \\ -x & \text{falls } x < 0 \end{cases}.$$

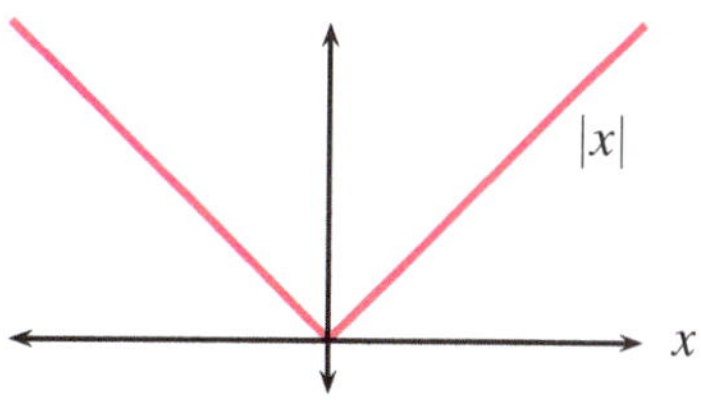

Beispiel 1.6 Die Polynome, auch ganzrationale Funktionen genannt. Das sind die Funktionen der Form

$$f : f(x) = a_0 + a_1 x + a_2 x^2 + \cdots + a_n x^n = \sum_{\ell=0}^{n} a_\ell x^\ell \qquad \text{für alle } x \in \mathbb{R},$$

wobei $n = 0, 1, 2, \ldots$ und $a_0, a_1, \ldots, a_n \in \mathbb{R}$ Konstanten sind. Ist $a_n \neq 0$, so heißt die Zahl n der *Grad* des Polynoms, der Grad bezeichnet also die höchste auftretende Potenz.

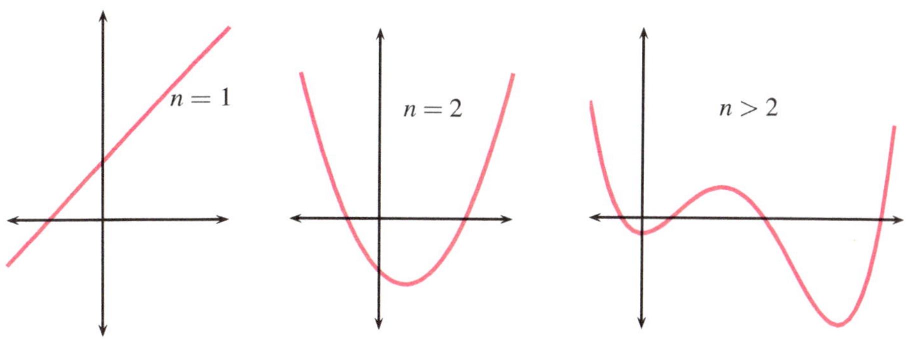

Polynome sind von großer praktischer Bedeutung: Für diese Funktionen kann man nämlich einerseits viele Operationen, wie etwa Differenzieren und Integrieren, besonders einfach ausführen, andererseits ist diese Klasse umfassend genug, dass man jede „vernünftige" Funktion mit beliebiger Genauigkeit durch ein Polynom ersetzen kann.

Beispiel 1.7 Die trigonometrischen Funktionen Sinus und Cosinus sowie die hieraus abgeleiteten Funktionen Tangens und Cotangens.

Sie lassen sich bei unserem augenblicklichen Kenntnisstand am einfachsten am Einheitskreis einführen. Es ist zu beachten, dass in der Differential- und Integralrechnung Winkel stets im Bogenmaß, das heißt, als Bruchteile des gesamten Kreiswinkels 2π zu messen sind.

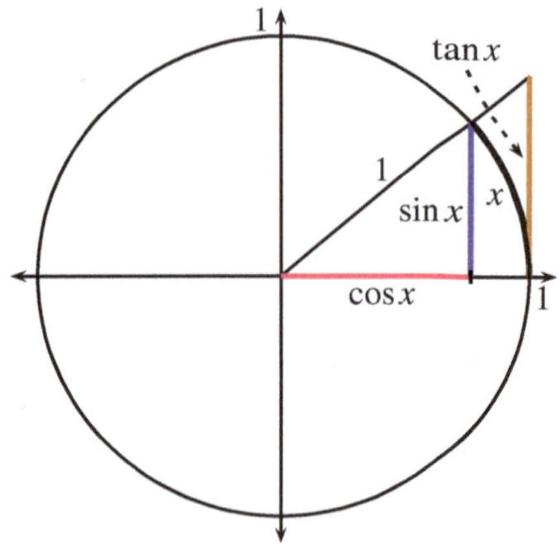

Es ist

$$\tan x = \frac{\sin x}{\cos x} \qquad \text{falls } x \neq \frac{\pi}{2}, \frac{3}{2}\pi \ldots$$

und

$$\cot x = \frac{\cos x}{\sin x} = \frac{1}{\tan x}$$

falls $x \neq 0, \pi, \ldots$

Aus der Vielzahl der Formeln und Beziehungen zwischen den trigonometrischen Funktionen greifen wir nur heraus

i) die aus dem Satz von Pythagoras fließende Formel

$$\sin^2 x + \cos^2 x = 1 \qquad \text{für alle } x \in \mathbb{R}, \tag{1.1.2}$$

ii) sowie die beiden Additionstheoreme

$$\cos(u+v) = \cos u \cos v - \sin u \sin v \tag{1.1.3}$$

$$\sin(u+v) = \sin u \cos v + \sin v \cos u \tag{1.1.4}$$

für alle $u, v \in \mathbb{R}$.

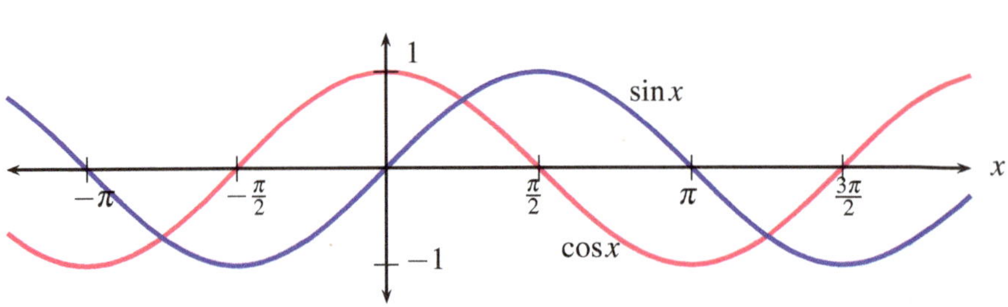

Die Funktionen sin und cos sind periodisch mit Periode 2π und spielen bei der Beschreibung periodischer Vorgänge eine herausragende Rolle.

Beispiel 1.8 Die Exponentialfunktion zur Basis a. Es sei $a > 0$ eine feste Zahl. Die Funktion

$$\exp_a : x \mapsto a^x = \exp_a x \qquad \text{für alle } x \in \mathbb{R}$$

heißt *Exponentialfunktion zur Basis a*. Sie ist unter anderem dadurch ausgezeichnet, dass sie die Grundrechenarten Addition und Multiplikation ineinander überführt:

$$\exp_a(u+v) = \exp_a u \cdot \exp_a v \qquad \text{für alle } u,v \in \mathbb{R};$$

was aber nur eine pompöse Formulierung der Potenzrechenregel

$$a^{u+v} = a^u \cdot a^v$$

darstellt.

Wir werden im nächsten Beispiel sehen, dass alle Exponentialfunktionen zu beliebigen Basen $a > 0, a \neq 1$ gleichberechtigt sind in dem Sinne, dass sie durch eine Maßstabsänderung auf der x-Achse auseinander hervorgehen. Wir haben daher die Freiheit, eine der Funktionen herauszugreifen und zu *der* Exponentialfunktion zu ernennen. Wir tun das unter dem Gesichtspunkt, dass wichtige Formeln besonders einfach werden: Wie wir im Abschnitt 1.3.1 erkennen werden, erreichen wir dies dadurch, dass wir die Basis $a > 0$ so wählen, dass die zugehörige Exponentialfunktion im Punkt 0 die Steigung 1 hat. Dies ist der Fall für

$$a = 2.718281828459\ldots =: \mathrm{e} \qquad \text{die „Eulersche Zahl“.}$$

Die Tatsache, dass diese Basis eine solch „krumme“ irrationale Zahl ist, nimmt man in Kauf. Im Falle der Basis e spricht man von *der* Exponentialfunktion:

$$\exp\colon x \mapsto \mathrm{e}^x = \exp(x) = (2.718281828459\ldots)^x \qquad \text{für alle } x \in \mathbb{R}.$$

Beispiel 1.9 Die Logarithmusfunktion zur Basis a. Es sei $a > 0, a \neq 1$ eine fest gewählte Zahl. Die Funktion

$$\log_a\colon x \mapsto \log_a(x) \qquad \text{für alle } x > 0$$

heißt *Logarithmus(funktion) zur Basis a*, dabei ist $\log_a(x)$ die eindeutig bestimmte reelle Zahl, welche

$$a^{\log_a x} = x$$

erfüllt; jedenfalls wollen wir dies als Definition des Logarithmus ansehen. Es gilt somit nach Definition

$$\log_a(a^x) = x \qquad \text{für alle } x \in \mathbb{R}.$$

Logarithmusfunktion und Exponentialfunktion zur gleichen Basis sind also Umkehrfunktionen voneinander. Dies werden wir später im Abschnitt 1.3.2 genauer betrachten. Es gelten die Rechenregeln

$$\begin{aligned} \log_a(uv) &= \log_a u + \log_a v && \text{für alle } u,v > 0 \\ \log_a(u^x) &= x \log_a u && \text{für alle } u > 0, x \in \mathbb{R}. \end{aligned}$$

Die erste Regel folgt aus

$$a^{\log_a u + \log_a v} = a^{\log_a u} a^{\log_a v} = uv,$$

denn diese Gleichung besagt $\log_a(uv) = \log_a u + \log_a v$ nach unserer Definition des Logarithmus. Die zweite Regel sieht man genauso ein.

Je zwei Logarithmusfunktionen zu Basen $a,b > 0$, $a,b \neq 1$ unterscheiden sich nur um einen konstanten Faktor, sie gehen also durch eine Maßstabsänderung auf der y-Achse auseinander hervor: Es gilt nämlich

$$\log_a x = \frac{\log_b x}{\log_b a} \qquad \text{für alle } x > 0\,, \tag{1.1.5}$$

wie man sich aus der Definition leicht klarmacht: Wenn man auf beide Seiten der Gleichung $a^{\log_a x} = x$ die Funktion $\log_b$ anwendet, so erhält man mit der zweiten der obigen Rechenregeln $\log_a x \cdot \log_b a = \log_b x$; dies ist gerade die Behauptung.

Demnach sind alle Logarithmusfunktionen gleichberechtigt und wir haben wieder die Freiheit, nach irgendwelchen Gesichtspunkten eine der Logarithmusfunktionen herauszugreifen und zu *der* Logarithmusfunktion zu ernennen. Da wir aber bereits eine Exponentialfunktion ausgezeichnet haben, ist es naheliegend, deren Umkehrfunktion als *die* Logarithmusfunktion auszuwählen, also als Basis wiederum die Zahl e festzulegen. Dieser Logarithmus heißt der *natürliche Logarithmus* – historisch „logarithmus naturalis“ – und wird mit ln oder log bezeichnet:

$$\ln x := \log_{\mathrm{e}} x \qquad \text{für alle } x > 0\,.$$

Der natürliche Logarithmus ist somit die Umkehrfunktion der Exponentialfunktion, das heißt, es gilt

$$\begin{aligned} \mathrm{e}^{\ln x} &= x && \text{für alle } x > 0 \\ \ln\left(\mathrm{e}^x\right) &= x && \text{für alle } x \in \mathbb{R} \end{aligned}$$

und wir haben die Rechenregeln

$$\begin{aligned} \ln(uv) &= \ln u + \ln v && \text{für alle } u,v > 0 \\ \ln(u^x) &= x \ln u && \text{für alle } u > 0,\, x \in \mathbb{R}\,. \end{aligned}$$

Daneben ist aus praktischen und historischen Gründen – unter anderem in der Chemie – auch noch der Logarithmus zur Basis 10, der sogenannte *dekadische Logarithmus*, gebräuchlich, Schreibweise ist lg:

$$\lg x := \log_{10} x \qquad \text{für alle } x > 0\,.$$

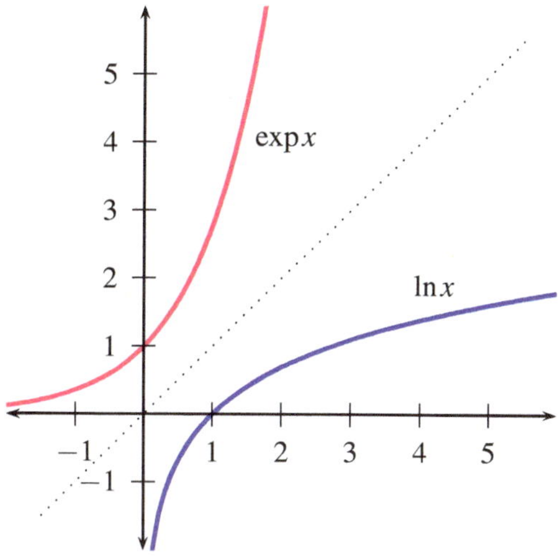

Im Spezialfall $a = 10$ und $b = \mathrm{e}$ lauten die obigen Formeln (1.1.5)

$$\lg x = \frac{\ln x}{\ln 10} \qquad \text{und} \qquad \ln x = \frac{\lg x}{\lg \mathrm{e}} \qquad\qquad \text{für alle } x > 0,$$

woraus man

$$\ln 10 \cdot \lg \mathrm{e} = 1$$

abliest.

Mit Hilfe des Logarithmus können wir nun, wie im Beispiel 1.8 behauptet, Exponentialfunktionen zu verschiedenen Basen $a, b > 0$, $a, b \neq 1$ als gleichwertig erkennen. Es ist nämlich

$$a^x = \left(\mathrm{e}^{\ln a}\right)^x = \mathrm{e}^{x \ln a} = \mathrm{e}^{x \ln b \frac{\ln a}{\ln b}} = b^{x \frac{\ln a}{\ln b}}.$$

Diese Gleichung zeigt, dass die Exponentialfunktion zur Basis a durch den Faktor $\dfrac{\ln a}{\ln b}$ im Argument aus der Exponentialfunktion zur Basis b hervorgeht. Insbesondere geht die Exponentialfunktion zur Basis a durch den Faktor $\ln a$ aus der Exponentialfunktion hervor:

$$a^x = (\mathrm{e}^{\ln a})^x = \mathrm{e}^{x \ln a} \qquad\qquad \text{für } a > 0 \text{ und } x \in \mathbb{R}.$$

Beispiel 1.10 Die Hyperbelfunktionen. Man erklärt für $x \in \mathbb{R}$

$$\sinh x := \frac{1}{2}\left(\mathrm{e}^x - \mathrm{e}^{-x}\right) \qquad \text{Hyperbelsinus, Sinus hyperbolicus}$$

$$\cosh x := \frac{1}{2}\left(\mathrm{e}^x + \mathrm{e}^{-x}\right) \qquad \text{Hyperbelcosinus, Cosinus hyperbolicus}$$

$$\tanh x := \frac{\mathrm{e}^x - \mathrm{e}^{-x}}{\mathrm{e}^x + \mathrm{e}^{-x}} = \frac{\sinh x}{\cosh x} \qquad \text{Hyperbeltangens, Tangens hyperbolicus}$$

Da diese einfachen Bildungen aus der Exponentialfunktion öfters in den Anwendungen auftreten, hat es sich als zweckmäßig erwiesen, hierfür eigene Bezeichnungen einzuführen.

Man rechnet leicht die Relation

$$\cosh^2(x) - \sinh^2(x) = 1 \qquad \text{für alle } x \in \mathbb{R} \tag{1.1.6}$$

nach. Gemäß dieser Gleichung liegen die Punkte (x, y) in der Ebene mit den Koordinaten $x = \cosh t$, $y = \sinh t$ für $t \in \mathbb{R}$ auf einer Hyperbel, daher der Name *Hyperbelfunktionen*. Nach Gleichung (1.1.2) liegen ebenso die Punkte $(\cos t, \sin t)$ auf einem Kreis (vom Radius 1), weswegen die trigonometrischen Funktionen gelegentlich auch als *Kreisfunktionen* bezeichnet werden. Zwischen den Hyperbelfunktionen und den trigonometrischen Funktionen besteht in Formeln und Eigenschaften eine weitgehende Analogie, die aber erst nach Einführung der komplexen Zahlen in Abschnitt 1.5.2 erkennbar und verständlich wird.

Übungen

Übung 1.9 Sind die Funktionswerte eines Polynoms

$$f(x) = a_n x^n + a_{n-1} x^{n-1} + \cdots + a_1 x + a_0$$

an einer Stelle x_0 zu berechnen, so ist es zweckmäßig, nicht die obige Form zu benutzen, sondern $f(x_0)$ in der Form

$$f(x_0) = (\ldots((a_n x_0 + a_{n-1})x_0 + a_{n-2})x_0 + \ldots + a_1)x_0 + a_0$$

zu schreiben und die Klammern „von innen nach außen" auszuwerten. Man setzt also

$$c_n = a_n,\, c_{n-1} = c_n x_0 + a_{n-1},\, c_{n-2} = c_{n-1} x_0 + a_{n-2}, \ldots, c_1 = c_2 x_0 + a_1\,,$$

und hat dann

$$c_0 = c_1 x_0 + a_0 = f(x_0)\,.$$

Man spart dadurch $n-1$ Multiplikationen, die auch für einen Computer „zeitaufwendig" sind und reduziert Rundungsfehler. Dieses Vorgehen heißt *Horner-Schema*.
a) Berechnen Sie für $f(x) = 5x^6 - 4x^5 + 3x^2 + 2$ und $x_0 = 2$ den Wert $f(x_0)$ mit dem Horner-Schema.
b) Wenn Sie noch einen alten Taschenrechner haben: Bestimmen Sie den Funktionswert von $f(x) = x^2 - 12345678x - 12345678$ für $x_0 = 12345679$ i) mit Hilfe Ihres Taschenrechners und ii) mit dem Horner-Schema. Welcher Wert ist richtig? Erklärung?

Übung 1.10 Zeigen Sie: Zu Konstanten $b, c \in \mathbb{R}$ und $\omega > 0$ existieren Konstanten $a \geqq 0$ („Amplitude") und $-\pi < \varphi \leqq \pi$ („Phasenverschiebung"), derart dass gilt

$$b \sin \omega t + c \cos \omega t = a \sin(\omega t + \varphi) \qquad \text{für alle } t \in \mathbb{R}\,.$$

Bestimmen Sie a und φ wie oben, so dass $-2\sin t - 2\cos t = a\sin(t + \varphi)$ für alle $t \in \mathbb{R}$.

Übung 1.11 i) Ein radioaktives Isotop zerfällt gemäß dem Zerfallsgesetz

$$n(t) = n_0 e^{-kt},$$

dabei bezeichnet $n(t)$ die Zahl der Atome zur Zeit t und k eine positive Konstante. Zeigen Sie: Die Zeit τ, die man ausgehend von einer Zeit t warten muss, bis sich die Anzahl der Atome halbiert hat, ist von t unabhängig. Sie heißt die *Halbwertszeit* des Isotops. Welcher Zusammenhang besteht zwischen k und τ? Das Isotop zerfalle während eines Tages von 16 auf 15 Gramm. Bestimmen Sie k und τ.

ii) Die Halbwertszeiten von U^{238} und U^{235} betragen $4.47 \cdot 10^9$ und $0.704 \cdot 10^9$ Jahre. Gegenwärtig besteht natürliches Uran zu 99.3% aus dem Isotop U^{238} und zu 0.7 % aus U^{235} (sowie zu einem verschwindenden Anteil anderer Isotope). Wenn man annimmt, dass bei der Entstehung des Urans das Verhältnis 1 war, wann ist dann das Element entstanden?

Übung 1.12 Bestimmen Sie alle reelle Lösungen der folgenden Gleichungen:

i) $100^{x-1} = 10^{x^2-x}$ ii) $\cos 2x - \sin 2x = (\cos x + \sin x)^2$

iii) $|x+1| - |x-1| = 1$ iv) $\lg(x+1) - \lg(x-1) - \frac{1}{2} = 0$

Übung 1.13 In der Chemie wird der pH-Wert einer wäßrigen Lösung als negativer dekadischer Logarithmus der Wasserstoffionenkonzentration definiert.
i) Welcher pH-Wert entspricht einer Konzentration an Wasserstoffionen von $5.78 \cdot 10^{-6}$ Mol/l?

ii) Welche Wasserstoffionenkonzentration entspricht dem pH-Wert 9.5?

iii) Menschliches Blut hat einen pH-Wert zwischen 7.35 und 7.45. Wie groß sind die entsprechenden Schranken für die Konzentration an H^+ in Mol/l?

Übung 1.14 Bestimmen Sie die Logarithmen $\ln e^2$, $\ln \frac{1}{\sqrt[3]{e}}$, $\lg 0.01$ und $\log_7 17$.

1.1.4 Logarithmische Koordinatentransformation

Wir geben in diesem Abschnitt eine erste Anwendung der Logarithmusfunktion, nämlich die logarithmische Koordinatentransformation.

Wir betrachten dazu die folgende Situation. Man vermutet, dass die Abhängigkeit einer Größe y von einer Größe x, die wir beide der Einfachheit halber als positiv annehmen, durch die Formel

$$y = ax^b \qquad \text{mit Konstanten } a, b \tag{1.1.7}$$

beschrieben wird. Um diese Vermutung zu bestätigen und um gegebenenfalls die Konstanten a und b zu bestimmen, nimmt man eine Messreihe auf:

x_1	x_2	x_3	$\cdots$	x_n
y_1	y_2	y_3	$\cdots$	y_n

.

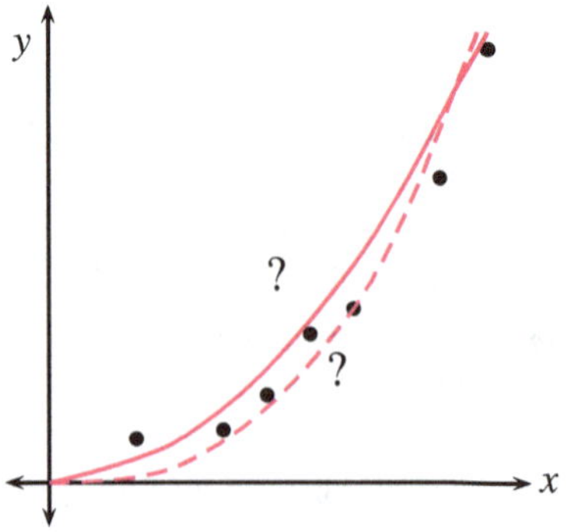

Trägt man diese Messreihe in ein Koordinatensystem ein, ergibt sich – zum Beispiel auf Grund unvermeidlicher Messfehler – ein wenig aussagekräftiges Bild. Um diese Schwierigkeit zu umgehen, logarithmiert man die obige Gleichung (1.1.7):

$$\ln y = \ln a + b \ln x$$

und setzt

$$u = \ln x \qquad \text{und} \qquad v = \ln y\,.$$

Nunmehr ist die lineare Beziehung

$$v = \ln a + b u \tag{1.1.8}$$

zu überprüfen. Man transformiert entsprechend die gewonnene Messreihe

$u_1 = \ln x_1$	$u_2 = \ln x_2$	$u_3 = \ln x_3$	$\cdots$	$u_n = \ln x_n$
$v_1 = \ln y_1$	$v_2 = \ln y_2$	$v_3 = \ln y_3$	$\cdots$	$v_n = \ln y_n$

.

Trägt man nun die logarithmierte Messreihe in ein Koordinatensystem ein, so muss sich eine Gerade ergeben:

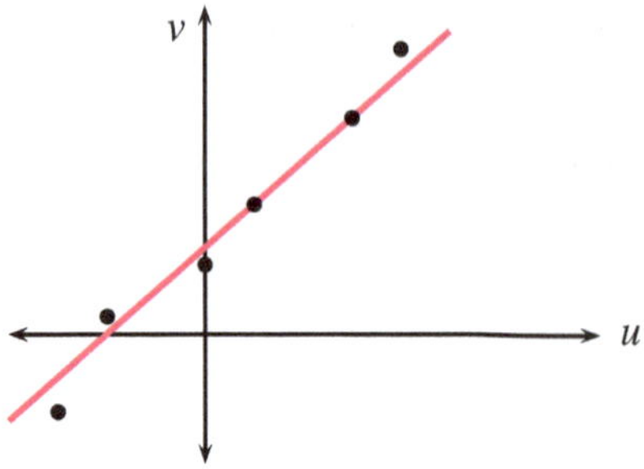

Aus Steigung und Achsenabschnitt der Geraden lassen sich graphisch die Konstanten a und b bestimmen, es ist nämlich nach (1.1.8)

$$b = \text{Steigung} \qquad \ln a = \text{Achsenabschnitt}\,.$$

Das Logarithmieren der Messreihe kann man sich bei Verwenden von (doppelt-) logarithmischem Papier ersparen.

Analog verfährt man, wenn eine Abhängigkeit der Form

$$y = a\mathrm{e}^{bx} \qquad \text{mit Konstanten } a, b \in \mathbb{R}, a > 0$$

zu überprüfen ist. Logarithmieren ergibt

$$\ln y = \ln a + bx\,; \tag{1.1.9}$$

in diesem Falle ist lediglich y zu substituieren:

$$v = \ln y\,,$$

entsprechend sind nur die y-Werte der Messreihe zu transformieren:

x_1	x_2	x_3	$\cdots$	x_n
$v_1 = \ln y_1$	$v_2 = \ln y_2$	$v_3 = \ln y_3$	$\cdots$	$v_n = \ln y_n$

Dies kann man sich wieder bei Verwendung von einfach- (oder halb-) logarithmischem Papier ersparen. Hierbei ist allerdings zu beachten, dass man dann den dekadischen Logarithmus verwendet. Statt (1.1.9) hat man

$$\lg y = \lg a + b(\lg e)x$$

und muss somit den Faktor $\lg e$ berücksichtigen, wenn man graphisch die Konstanten a, b bestimmen will.

Schließlich sei noch angemerkt, dass man die logarithmische Koordinatentransformation auch verwendet, um Daten graphisch darzustellen, die sich über mehrere Zehnerpotenzen erstrecken.

Übungen

Übung 1.15 Bei einem Experiment zur Bestimmung der Halbwertszeit des Thoriumisotops Th^{225} erhält man folgende Messreihe:

t [s]	30	90	150	210	270	360
z [mg]	105.3	96.6	88.6	81.2	75.8	66.4

Die Größe z ist die zur Zeit vorhandenen Masse des Isotops. Führen Sie eine geeignete logarithmische Transformation durch und diskutieren Sie die Übereinstimmung der Messreihe mit dem Zerfallsgesetz $z(t) = z_0 e^{-kt}$. Bestimmen Sie graphisch die Konstanten z_0 sowie k und ermitteln Sie hieraus die Halbwertszeit.

Übung 1.16 Aus dem adiabatischen Gasgesetz

$$pV^{\kappa} = \text{konstant}$$

soll für ein Edelgas der Adiabetenexponent κ ermittelt werden. Durch ein Experiment gewinnt man folgende Messreihe:

p [atm]	1	3.8	12.0	28.5	55.2
V [ℓ]	22.3	10	5	3	2

i) Berechnen Sie κ aus zwei Wertepaaren.

ii) Führen Sie eine geeignete logarithmische Transformation durch und ermitteln Sie κ auf graphischem Wege.

1.1.5 Grundlegendes aus der Kombinatorik

In den Naturwissenschaften treten gelegentlich Abzählprobleme der folgenden Art auf:

- Wie viele verschiedene dreiatomige Verbindungen kann man aus sechs Atomsorten (Elementen) bilden?
- Auf wie viele Weisen können sich die vier Basen Adenin, Cytosin, Guanin und Thymin auf einem DNA-Strang einer bestimmten Länge anordnen?
- Auf wie viele verschiedene Weisen können n Teilchen k Energieniveaus besetzen?

Eine (einfache) solche Abzählaufgabe wollen wir hier betrachten. Wir werden sie etwas abstrahiert von der jeweiligen konkreten Situation formulieren:
Es seien n verschiedene Objekte gegeben. Wie viele Möglichkeiten gibt es, k Objekte aus den gegebenen Objekten auszuwählen, wenn es auf die Reihenfolge nicht ankommt und wenn jedes Objekt nur einmal gewählt werden darf, $k = 1, \ldots, n$*?*
Solche Auswahlen heißen *Kombinationen*; sie haben der ganzen Wissenschaft von der Kunst des Abzählens ihren Namen gegeben, sie heißt *Kombinatorik*. Eine äquivalente Formulierung von (1.1.5) ist offenbar:

Wie viele Teilmengen mit je k Elementen besitzt eine Menge mit n Elementen?

Beispiel 1.11 In einer Urne liegen 49 Kugeln. Wie viele Möglichkeiten gibt es, 6 von ihnen auszuwählen, wenn es auf die Reihenfolge nicht ankommt?

Zwei Fälle unseres Abzählproblems (1.1.5) sind trivial und sofort zu erledigen:

$$\begin{aligned} k = 1: &\quad \text{es gibt } n \text{ Möglichkeiten} \\ k = n: &\quad \text{es gibt 1 Möglichkeit.} \end{aligned}$$

Wir geben die allgemeine Lösungsformel für unser Abzählproblem:

Behauptung 1.1 *Sind n verschiedene Objekte gegeben, so gibt es*

$$\frac{n(n-1)\cdots(n-k+1)}{k(k-1)\cdots 1}$$

Möglichkeiten, k verschiedene auszuwählen (ohne Wiederholung, ohne Beachtung der Reihenfolge).

Wir stellen fest, dass die Formel jedenfalls die richtige Anzahl liefert für $k = 1$ und $k = n$.

Beweis. Wir führen den Beweis mit Hilfe des Induktionsprinzips. 1. Schritt: $n = 1$: Es ist 1 Objekt gegeben, es ist nur $k = 1$ möglich, die Formel liefert das Richtige, nämlich 1.
2. Schritt: Wir dürfen voraussetzen, dass die Formel im Falle von n Objekten richtig ist und haben zu zeigen, dass sie richtig ist, wenn $n+1$ Objekte gegeben sind. Diese bezeichnen wir mit $a_1, a_2, \ldots, a_n, a_{n+1}$; weiter sei eine Zahl $k = 1, 2, \ldots, n+1$ vorgegeben. In den Fällen $k = 1$ und $k = n+1$ ist die Formel gemäß der obigen Vorüberlegung richtig. Wir können also $k = 2, \ldots, n$ annehmen und haben die möglichen Auswahlen von k Objekten aus $a_1, a_2, \ldots, a_n, a_{n+1}$ zu zählen. Hierzu teilen wir diese Auswahlen in zwei Klassen ein:

1. Klasse: das Objekt a_{n+1} ist nicht gewählt worden
2. Klasse: das Objekt a_{n+1} ist gewählt worden.

Anzahl der Auswahlen in der 1. Klasse: Es handelt sich um alle Auswahlen von k Objekten aus $a_1, a_2, \ldots, a_n$, hiervon gibt es nach Voraussetzung

$$\frac{n(n-1)\cdots(n-k+1)}{k(k-1)\cdots 1}$$

Stück. Anzahl der Auswahlen in der 2. Klasse: Es handelt sich um alle Auswahlen von $k-1$ Objekten aus $a_1, a_2, \ldots, a_n$, wobei jedes Mal noch a_{n+1} hinzugefügt wurde, somit gibt es nach Voraussetzung

$$\frac{n(n-1)\cdots(n-k+2)}{(k-1)(k-2)\cdots 1}$$

Stück. Insgesamt gibt es demnach

$$\begin{aligned}
&\frac{n(n-1)\cdots(n-k+1)}{k(k-1)\cdots 1} + \frac{n(n-1)\cdots(n-k+2)}{(k-1)(k-2)\cdots 1} \\
&= \frac{n(n-1)\cdots(n-k+1) + kn(n-1)\cdots(n-k+2)}{k(k-1)\cdots 1} \\
&= \frac{n(n-1)\cdots(n-k+2)(n-k+1+k)}{k(k-1)\cdots 1} = \frac{(n+1)n(n-1)\cdots(n+1-k+1)}{k(k-1)\cdots 1}
\end{aligned}$$

viele Auswahlen. □

Wir können nun die in Beispiel 1.11 aufgeworfene Frage beantworten.

Beispiel 1.12 (Zahlenlotto 6 aus 49) Es gibt gemäß Behauptung 1.1

$$\frac{49 \cdot 48 \cdot 47 \cdot 46 \cdot 45 \cdot 44}{6 \cdot 5 \cdot 4 \cdot 3 \cdot 2 \cdot 1} = 49 \cdot 47 \cdot 46 \cdot 3 \cdot 44 = 13.983.816$$

Auswahlen von 6 aus 49 Kugeln.

Es erweist sich als zweckmäßig, für die in Behauptung 1.1 auftretenden Zahlen, also für die Anzahl der möglichen Kombinationen von k aus n Objekten, eine Abkürzung einzuführen. Zunächst setzt man

$$n! = \begin{cases} 1 \cdot 2 \cdots n & \text{falls } n = 1, 2, \ldots \\ 1 & \text{falls } n = 0. \end{cases}$$

Die Zahl $n!$ heißt n *Fakultät*. Diese Zahl besitzt selbst eine kombinatorische Interpretation (vergleiche Übung 1.17): $n!$ ist die Anzahl der Möglichkeiten, n verschiedene Objekte in einer Reihe anzuordnen. Mit dieser Abkürzung ist

$$\frac{n(n-1)\cdots(n-k+1)}{k(k-1)\cdots 1} = \frac{n!}{k!\,(n-k)!}.$$

Die rechte Seite macht auch für $n = 0$ und $k = 0$ Sinn. Man definiert

$$\binom{n}{k} = \frac{n!}{k!\,(n-k)!} \qquad \text{für } n = 0,1,2,\ldots; k = 0,1,2,\ldots,n.$$

Das Symbol $\binom{n}{k}$ wird gelesen als „n über k“ oder „k aus n“, entsprechend seiner Bedeutung: $\binom{n}{k}$ ist die Anzahl der möglichen Auswahlen von k aus n Objekten.

Die Zahlen $\binom{n}{k}$ heißen *Binomialkoeffizienten*, da sie bei der „Entwicklung“ eines Binoms auftreten, es gilt nämlich der *binomische Lehrsatz*:

Behauptung 1.2 (Binomischer Lehrsatz)

$$(a+b)^n = \sum_{k=0}^{n} \binom{n}{k} a^{n-k} b^k \qquad \textit{für alle } a,b \in \mathbb{R}, n \in \mathbb{N}. \tag{1.1.10}$$

Beweis. Beim Ausmultiplizieren der n Klammern $(a+b)(a+b)\cdots(a+b)$ entsteht ein Term $a^{n-k}b^k$, wenn man genau k dieser Klammern auszeichnet und daraus b wählt, aus den restlichen $n-k$ Klammern a, hierfür bestehen nach Behauptung 1.1 gerade $\binom{n}{k}$ Möglichkeiten, somit gibt es $\binom{n}{k}$ Produkte $a^{n-k}b^k$. □

Beispiel 1.13 Setzt man in der Gleichung (1.1.10) $a = b = 1$, so erhält man

$$\sum_{k=0}^{n} \binom{n}{k} = 2^n,$$

mit der Interpretation: Eine Menge mit n Elementen hat 2^n Teilmengen, dabei wird die leere Menge als Teilmenge mit 0 Elementen mitgezählt.

Übungen

Übung 1.17 Beweisen Sie: Sind n verschiedene Objekte gegeben ($n \in \mathbb{N}$), so gibt es $n!$ Möglichkeiten, sie in einer bestimmten Reihenfolge anzuordnen. Die Zahlen $n!$ wachsen sehr schnell an. Berechnen Sie die Werte von $n!$ für $n = 2,3,\ldots,9$. Entscheiden Sie, mit wie vielen Nullen die Zahl 30! endet. 25 Studenten sollen sich in eine Liste eintragen. Wie viele verschiedene Listen sind möglich? Wie viel Zeit würde es dauern, alle diese Listen anzufertigen, wenn das Schreiben einer Liste eine Minute dauert?

Übung 1.18 a) Es seien n verschiedene Objekte gegeben. Begründen Sie:

i) Die Anzahl der Möglichkeiten, k dieser Objekte auszuwählen (ohne Wiederholung, mit Berücksichtigung der Reihenfolge, $k = 1, 2, \dots, n$) beträgt $\frac{n!}{(n-k)!}$.

ii) Die Anzahl der Möglichkeiten, k dieser Objekte auszuwählen (mit Wiederholung, mit Berücksichtigung der Reihenfolge, $k = 1, 2, \dots$) beträgt n^k.

b) Ein Verein hat 66 Mitglieder. Wie viele Möglichkeiten gibt es, aus dem Kreis der Mitglieder die Vereinsleitung zu wählen, die aus erstem und zweitem Vorsitzenden, Schriftführer und Kassenwart besteht?

c) Die genetische Information wird in Nukleinsäuren (DNS, RNS) zum Beispiel durch eine Folge der Basen Adenin (A), Cytosin (C), Guanin (G) und Thymin (T) codiert. Wie viele verschiedene Folgen der Länge 15 kann man aus diesen 4 Basen bilden? Beispiel: Eine solche Folge ist GAATCGGAGTGCATG.

1.2 Konvergenz und Stetigkeit

Neben den reellen Zahlen und ihren Eigenschaften beruht die Differential- und Integralrechnung entscheidend auf dem Begriff des Grenzwertes. Dieser Begriff wird auch zur exakten Definition vieler naturwissenschaftlicher Größen benötigt, wie etwa Geschwindigkeit eines Körpers zu einem Zeitpunkt, Massendichte in einem Punkt, Arbeit bei nicht konstanter Kraft, ...

Anders als bei den reellen Zahlen kann man aber nicht voraussetzen, dass alle Leserinnen und Leser ein ausreichendes Verständnis für den durchaus heiklen Begriff des Grenzwertes mitbringen. Wir wollen uns daher in diesem Paragraphen in der gebotenen Kürze mit Grenzwerten befassen. Wir beginnen mit der einfachsten Situation, nämlich dem Grenzwert von Zahlenfolgen.

1.2.1 Zahlenfolgen

Wir betrachten zur Einführung das folgende Beispiel.

Beispiel 1.14 Es ist der Flächeninhalt F einer ebenen, krummlinig berandeten Fläche zu bestimmen. Um diese Aufgabe zu lösen, überzieht man die Ebene mit einem quadratischen Raster der Kantenlänge 1.

Durch Abzählen der innerhalb der Fläche gelegenen Quadrate erhält man eine erste Approximation F_1. Anschließendes Halbieren der Kantenlänge und abermaliges Auszählen der Quadrate liefert analog eine zweite Approximation F_2. Nimmt man an, dass man dieses Verfahren immer weiter fortsetzen kann, so ergibt sich sukzessive eine Folge von Flächeninhalten $F_1, F_2, F_3, \ldots, F_n, \ldots$, die anschaulich dem wahren Flächeninhalt F „beliebig nahe kommen". Dies lässt sich folgendermaßen präzisieren: Zu jeder vorgegebenen „Genauigkeitsanforderung" $\varepsilon > 0$ lässt sich eine Nummer $n_0 \in \mathbb{N}$ finden, so dass

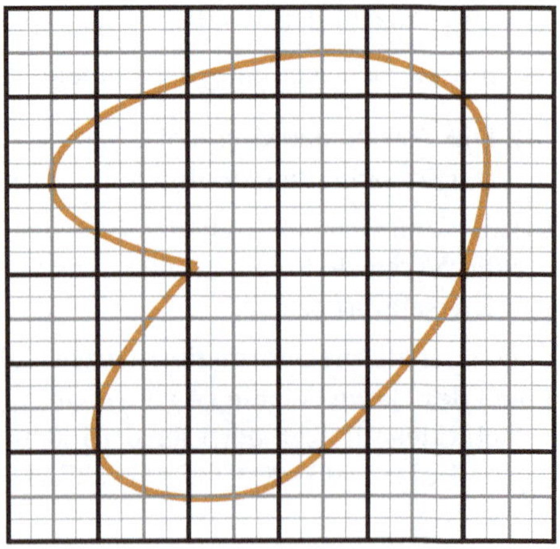

$$|F - F_n| \leqq \varepsilon \qquad \text{für alle } n \in \mathbb{N}, n \geqq n_0 .$$

Wir werden damit zu den folgenden Definitionen geführt.

Definition 1.3 Eine auf $\mathbb{N}$ definierte Funktion $a\colon \mathbb{N} \to \mathbb{R}$, $n \mapsto a(n) =: a_n$ heißt eine *reelle Zahlenfolge*, kurz eine *Folge*. Man schreibt $(a_n)_{n\in\mathbb{N}}$ oder $(a_n)_{n=1,2,\ldots}$.

Gelegentlich schreibt man eine Folge $(a_n)_{n\in\mathbb{N}}$ auch in der Form $(a_1, a_2, a_3, \ldots)$, wenn keine Missverständnisse bezüglich des Bildungsgesetzes zu befürchten sind.

Beispiel 1.15 i) $a_n = \dfrac{n-1}{n+1}$, also $(0, \frac{1}{3}, \frac{2}{4}, \frac{3}{5}, \frac{4}{6}, \ldots)$

ii) $a_n = 0.\underbrace{11\ldots1}_{n \text{ Einsen}}$, also $(0.1, 0.11, 0.111, 0.1111, \ldots)$

iii) $a_n = \left(1 + \dfrac{1}{n}\right)^n$, die ersten Glieder lauten:

$a_1 = 2$	$a_5 = 2.4883\ldots$	$a_{100} = 2.70481\ldots$
$a_2 = 2.25$	$a_6 = 2.5216\ldots$	$a_{1000} = 2.71692\ldots$
$a_3 = 2.3703\ldots$	$a_{10} = 2.5937\ldots$	$a_{10\,000} = 2.71814\ldots$
$a_4 = 2.4414\ldots$	$a_{20} = 2.6533\ldots$	$a_{100\,000} = 2.71827\ldots$

Definition 1.4 Eine Folge $(a_n)_{n\in\mathbb{N}}$ heißt *konvergent*, wenn es eine reelle Zahl $a \in \mathbb{R}$ gibt, so dass gilt: Zu jedem $\varepsilon > 0$ existiert ein $n_0 \in \mathbb{N}$ mit

$$|a - a_n| \leqq \varepsilon \qquad \text{für alle } n \in \mathbb{N}, n \geqq n_0 .$$

Die Zahl $a \in \mathbb{R}$ heißt dann der *Grenzwert* oder *Limes* der Folge $(a_n)_{n\in\mathbb{N}}$, man sagt, die Folge $(a_n)_{n\in\mathbb{N}}$ *konvergiert (strebt) gegen a* und schreibt

$$a = \lim_{n\to\infty} a_n \qquad \text{beziehungsweise} \qquad a_n \to a \quad (\text{bei } n \to \infty) .$$

Andernfalls heißt die Folge *divergent.*

Konvergenz $a_n \to a$ bedeutet also, dass die Abweichung $|a - a_n|$ kleiner als jede positive Zahl wird, wenn man nur n genügend groß wählt. Die Wahl des Buchstabens ε für die Abweichung hat eine lange Tradition und geht wohl auf das Wort *erreur (erratum, error)* zurück, wobei der Buchstabe e für die Eulersche Zahl verbraucht ist.

Wir wollen nun die Folgen aus dem obigen Beispiel auf Konvergenz untersuchen.

Beispiel 1.16 i) Man vermutet, dass die Folge konvergent ist mit Grenzwert 1. Um einzusehen, dass der Wortlaut der obigen Definition erfüllt ist, rechnet man zunächst aus:

$$|1 - a_n| = \left|1 - \frac{n-1}{n+1}\right| = \left|\frac{n+1-(n-1)}{n+1}\right| = \frac{2}{n+1}\,.$$

Ist nun $\varepsilon > 0$ vorgegeben, so wählt man eine natürliche Zahl $n_0 \in \mathbb{N}$ mit $n_0 \geqq \frac{2}{\varepsilon} - 1$. Dann gilt für alle $n \in \mathbb{N}$, $n \geqq n_0$:

$$|1 - a_n| = \frac{2}{n+1} \leqq \frac{2}{n_0+1} \leqq \frac{2}{\frac{2}{\varepsilon} - 1 + 1} = \varepsilon\,.$$

Man ist übrigens keine Rechenschaft darüber schuldig, wie man zu der Wahl $n_0 \geqq \frac{2}{\varepsilon} - 1$ gekommen ist, nämlich durch Auflösen der Bedingung $|1 - a_n| = \frac{2}{n+1} \leqq \varepsilon$ nach n.

ii) Man vermutet, dass die Folge konvergent ist mit Grenzwert $0.1111\ldots = 0.\bar{1} = \frac{1}{9}$. Um dies einzusehen, rechnet man zunächst aus:

$$\left|\frac{1}{9} - a_n\right| = \left|\frac{1}{9} - 0.\underbrace{11\ldots1}_{n\,\text{Einsen}}\right| = \left|\frac{1}{9} - \frac{\overbrace{11\ldots1}^{n\,\text{Einsen}}}{10^n}\right| = \frac{10^n - \overbrace{99\ldots9}^{n\,\text{Neunen}}}{9\cdot 10^n} = \frac{1}{9\cdot 10^n}\,.$$

Ist nun $\varepsilon > 0$ vorgegeben, so wählt man eine natürliche Zahl $n_0 \in \mathbb{N}$ so groß, dass $10^{n_0} \geqq \frac{1}{9\varepsilon}$ oder äquivalent $n_0 \geqq \lg\left(\frac{1}{9\varepsilon}\right)$. Dann gilt für alle $n \in \mathbb{N}$, $n \geqq n_0$:

$$\left|\frac{1}{9} - a_n\right| = \frac{1}{9\cdot 10^n} \leqq \frac{1}{9\cdot 10^{n_0}} \leqq \varepsilon\,.$$

iii) Die Folge ist allem Anschein nach konvergent, aber den Grenzwert kennen wir nicht. Wir vermuten die Eulersche Zahl e als Grenzwert, was auch richtig ist. Aber beim gegenwärtigen Stand unserer Kenntnisse ist dies nur schwer zu beweisen. Wir werden im Abschnitt 1.3.2 darauf zurückkommen.

In vielen Fällen erweist sich das folgende Cauchy-Kriterium als nützlich, besonders dann, wenn über die Konvergenz einer Folge zu entscheiden ist, ohne dass man deren Grenzwert bereits kennt, wie dies etwa bei dem obigen Beispiel iii) der Fall war. Das Kriterium ist nach dem französischen Mathematiker *Augustin-Louis Cauchy* (1789–1857) benannt, der als Erster die Analysis auf streng logische Grundlagen stellte. Es besagt, dass eine Folge bereits dann konvergent ist, wenn die Abstände zwischen je zwei ihrer Glieder schließlich kleiner werden als jede positive Zahl.

Behauptung 1.3 (Cauchy-Kriterium) *Eine Folge $(a_n)_{n\in\mathbb{N}}$ ist genau dann konvergent, wenn zu jedem $\varepsilon > 0$ ein $n_0 \in \mathbb{N}$ existiert, so dass gilt:*

$$|a_n - a_m| \leqq \varepsilon \qquad \textit{für alle } n,m \in \mathbb{N},\ n,m \geqq n_0\,.$$

Einen Beweis wollen wir nicht führen, er benützt entscheidend die Vollständigkeit der reellen Zahlen. Die Gültigkeit des Cauchy-Kriteriums ist sogar zur Vollständigkeit äquivalent und stellt somit eine weitere Möglichkeit dar, die Vollständigkeit der reellen Zahlen zu formulieren.

Um nicht den Eindruck zu erwecken, dass alle Zahlenfolgen konvergent sind, geben wir einige Beispiele divergenter Folgen.

Beispiel 1.17 i) $a_n = (-1)^n$, also $(-1,1,-1,1,-1,1,\ldots)$:
ii) $a_n = 3n$, also $(3,6,9,12,15,18,\ldots)$.
iii) $a_n = (-2)^n$, also $(-2,4,-8,16,-32,64,\ldots)$.

Die Divergenz aller dieser Folgen folgt sofort aus dem Cauchy-Kriterium.

Das im obigen Beispiel 1.17 ii) auftretende Verhalten „die Folgeglieder werden beliebig groß, wenn man nur lange genug wartet“, hat – trotz der Divergenz der Folge – etwas Nützliches und Regelmäßiges an sich, wir werden dafür die folgende Redeweise einführen:

Definition 1.5 Man sagt, eine Folge $(a_n)_{n\in\mathbb{N}}$ divergiert gegen ∞, wenn gilt: Zu jeder reellen Zahl $c \in \mathbb{R}$ gibt es ein $n_0 \in \mathbb{N}$ mit

$$a_n \geqq c \qquad \text{für alle } n \in \mathbb{N},\ n \geqq n_0.$$

Man schreibt dann $a_n \to \infty$ (bei $n \to \infty$). Analog erklärt man $a_n \to -\infty$.

Eine Folge $(a_n)_{n\in\mathbb{N}}$ divergiert also gegen ∞, wenn die Folgeglieder a_n schließlich größer werden als jede reelle Zahl. Im mathematischen Alltag sagt man statt „divergiert gegen ∞“ oft „strebt gegen ∞“, oder sogar „konvergiert gegen ∞“. Es wird deshalb noch einmal darauf hingewiesen, dass es sich nicht um Konvergenz handelt, sondern um einen Spezialfall der Divergenz!

Eine Folge $(a_n)_{n\in\mathbb{N}}$ konvergiert genau dann gegen eine Zahl $a \in \mathbb{R}$, wenn die Folge $(a_n - a)_{n\in\mathbb{N}}$ gegen 0 konvergiert. Es genügt daher eigentlich, über Konvergenz gegen 0 zu entscheiden und man führt die folgende zweckmäßige Sprechweise ein:

Definition 1.6 Eine konvergente Folge $(a_n)_{n\in\mathbb{N}}$ mit $a_n \to 0$ heißt eine *Nullfolge*.

Eine triviale, aber nützliche Bemerkung ist:

Bemerkung 1.3 *Eine Folge $(a_n)_{n\in\mathbb{N}}$ mit Gliedern $a_n \neq 0$ für alle $n \in \mathbb{N}$ ist eine Nullfolge genau dann, wenn die Folge $\left(\frac{1}{|a_n|}\right)_{n\in\mathbb{N}}$ gegen ∞ divergiert.*

Beweis. Dies ist eine evidente Umformulierung der Definitionen und sollte als Verständnistest selbständig durchzuführen sein. □

Wir wollen nun das Verhalten der Folge der Potenzen einer festen Zahl studieren.

Beispiel 1.18 Für eine fest gewählte Zahl $x \in \mathbb{R}$ betrachten wir die Folge der Potenzen $(x^n)_{n\in\mathbb{N}}$, also die Folge $(x, x^2, x^3, \dots)$.

i) Für $x > 1$ divergiert die Folge gegen ∞. Dies ist anschaulich klar, denn jedes Glied geht aus dem vorigen hervor durch Multiplikation mit einem festen Faktor > 1. Man kann es aber auch streng beweisen: Ist eine Zahl $c > 0$ gegeben, so ist $x^n \geqq c$ erfüllt, falls $n \ln x \geqq \ln c$ oder $n \geqq \frac{\ln c}{\ln x}$ gewählt wird. Zuletzt wurde übrigens $x > 1$ in Form von $\ln x > 0$ benutzt.

ii) Für $x = 1$ ist x^n konstant $= 1$ für alle $n \in \mathbb{N}$, also gilt erst recht $x^n \to 1$.

iii) Für $-1 < x < 1$, also für $|x| < 1$, gilt $x^n \to 0$. Dies ist im Falle $x = 0$ sowieso klar und folgt sonst aus i) zusammen mit der obigen Bemerkung 1.3 wegen $\frac{1}{|x|^n} = \left(\frac{1}{|x|}\right)^n \to \infty$, denn es ist $\frac{1}{|x|} > 1$.

iv) Für $x \leqq -1$ ist $(x^n)_{n\in\mathbb{N}}$ divergent da $x^n = (-1)^n |x|^n$.

Um die Konvergenz einer gegebenen Folge nachzuweisen oder um ihren Grenzwert zu bestimmen, wird man versuchen, zuerst die folgenden Rechenregeln anzuwenden, bevor man die obige Definition 1.4 oder das Cauchy-Kriterium heranzieht.

Bemerkung 1.4 (Rechenregeln) *Es seien $(a_n)_{n\in\mathbb{N}}$ und $(b_n)_{n\in\mathbb{N}}$ zwei konvergente Folgen mit $a_n \to a \in \mathbb{R}$ und $b_n \to b \in \mathbb{R}$. Dann sind auch die Folgen*

i) *$(a_n + b_n)_{n\in\mathbb{N}}$ konvergent mit $a_n + b_n \to a + b$.*

ii) *$(a_n b_n)_{n\in\mathbb{N}}$ konvergent mit $a_n b_n \to ab$.*

iii) *$\left(\frac{a_n}{b_n}\right)_{n\in\mathbb{N}}$ konvergent falls $b \neq 0$, mit $\frac{a_n}{b_n} \to \frac{a}{b}$.*

Beispiel 1.19 Anwenden der obigen Rechenregeln zeigt

$$\frac{4n^2+5}{28n^2+3n+1} = \frac{4+\frac{5}{n^2}}{28+\frac{3}{n}+\frac{1}{n^2}} \longrightarrow \frac{4}{28} = \frac{1}{7} \qquad \text{bei } n \to \infty.$$

Wir notieren noch ohne Beweis ein wichtiges Konvergenzkriterium für Zahlenfolgen, das zum Beispiel relativ leicht die Konvergenz der Folge $\left(1+\frac{1}{n}\right)^n$ liefern würde.

Behauptung 1.4 (Monotoniekriterium) *Die Folge $(a_n)_{n\in\mathbb{N}}$ sei monoton wachsend, das heißt, es gelte $a_1 \leqq a_2 \leqq \cdots \leqq a_n \dots$, und nach oben beschränkt, das heißt, es gebe eine Konstante $c \in \mathbb{R}$ mit $a_n \leqq c$ für alle $n \in \mathbb{N}$. Dann ist die Folge $(a_n)_{n\in\mathbb{N}}$ konvergent.*

Eine monoton wachsende Folge ist also entweder konvergent oder sie divergiert gegen ∞. Durch Übergang von a_n zu $-a_n$ erhält man ebenso ein Monotoniekriterium für monoton fallende und nach unten beschränkte Folgen.

Beispiel 1.20 (Babylonisches Wurzelziehen) Das folgende Verfahren zur approximativen Bestimmung der Quadratwurzel aus einer positiven Zahl a war bereits den Babyloniern bekannt. Zu der gegebenen Zahl $a > 0$ bilden wir die Folge $(x_n)_{n=0,1,2,\ldots}$ gemäß

$$\begin{aligned} x_0 &= a \\ x_n &= \frac{1}{2}\left(x_{n-1} + \frac{a}{x_{n-1}}\right) \quad \text{für } n = 1,2,\ldots \end{aligned}$$

Wir behaupten: Die Folge $(x_n)_n$ konvergiert monoton fallend gegen $\sqrt{a}$. Zunächst folgt aus

$$0 \leqq \left(\sqrt{x_{n-1}} - \frac{\sqrt{a}}{\sqrt{x_{n-1}}}\right)^2 = x_{n-1} - 2\sqrt{a} + \frac{a}{x_{n-1}}$$

die Ungleichung $2\sqrt{a} \leqq x_{n-1} + \dfrac{a}{x_{n-1}} = 2x_n$, also

$$x_n \geqq \sqrt{a} \qquad \text{für alle } n = 1,2,\ldots$$

Hieraus ergibt sich $a \leqq x_n^2$ und weiter

$$x_{n+1} = \frac{1}{2}\frac{x_n^2 + a}{x_n} \leqq \frac{1}{2}\frac{x_n^2 + x_n^2}{x_n} = x_n \qquad \text{für alle } n = 1,2,\ldots$$

Wir haben gezeigt: die Folge $(x_n)_n$ ist monoton fallend und durch $\sqrt{a}$ nach unten beschränkt, somit nach dem Monotoniekriterium konvergent gegen ein $x \geqq \sqrt{a} > 0$. Aus

$$x_n = \frac{1}{2}\left(x_{n-1} + \frac{a}{x_{n-1}}\right) \qquad \text{folgt mit } n \to \infty \text{ schließlich} \quad x = \frac{1}{2}\left(x + \frac{a}{x}\right),$$

und Auflösen dieser Gleichung nach x ergibt $x^2 = a$ wie behauptet. Das numerische Beispiel $a = 2$ zeigt die schnelle Konvergenz des Verfahrens:

$$\begin{array}{lll} x_1 = 1.5 & x_2 = 1.416666667 & x_3 = 1.414215686 \\ x_4 = 1.414213562 & x_5 = 1.414213562 & \end{array}$$

Übungen

Übung 1.19 Entscheiden Sie, ob die untenstehenden Folgen konvergieren oder divergieren und bestimmen Sie gegebenenfalls ihren Grenzwert

i) $a_n = \dfrac{3n^2+5n+4}{2n^2-11}$ ii) $a_n = 3 - \dfrac{(-1)^n}{n}$ iii) $a_n = \dfrac{(n+1)!+n!}{(n+1)!-n!}$

iv) $a_n = \dfrac{n^2}{n+1} - \dfrac{n^2+1}{n}$ v) $a_n = \cos\dfrac{n\pi}{2}$ vi) $a_n = \dfrac{3^n+(-2)^n}{3^{n+1}+(-2)^{n+1}}$

vii) $a_n = \dfrac{4n+2}{5n-1}\left(\dfrac{3}{2}+\dfrac{2}{n+1}\right)$ viii) $a_n = \sqrt{n}-\sqrt{n-1}$ ix) $a_n = \dfrac{2\cos n}{n}$

Übung 1.20 Die Folge $(\sqrt[n]{10})_{n=1,2,\ldots}$ konvergiert gegen 1. Wie groß muss man zu $\varepsilon = 10^{-3}$ ($\varepsilon = 10^{-6}$) die Zahl $n_0 \in \mathbb{N}$ wählen, damit

$$|\sqrt[n]{10}-1| \leqq \varepsilon \qquad \text{für alle } n \in \mathbb{N},\, n \geqq n_0?$$

1.2.2 Unendliche Reihen

Eine wichtige Anwendung des Grenzwertbegriffs für Zahlenfolgen stellen die unendlichen Reihen dar, mit denen wir uns in diesem Abschnitt kurz beschäftigen wollen.

Wir beginnen damit, ein Beispiel einer solchen unendlichen Reihe anzugeben:

$$\frac{1}{2}+\frac{1}{2}\cdot\frac{1}{3}\left(\frac{1}{2}\right)^3+\frac{1\cdot 3}{2\cdot 4}\cdot\frac{1}{5}\left(\frac{1}{2}\right)^5+\frac{1\cdot 3\cdot 5}{2\cdot 4\cdot 6}\cdot\frac{1}{7}\left(\frac{1}{2}\right)^7+\cdots=\frac{\pi}{6}$$

Formeln dieser Art wollen wir einen Sinn geben, denn zunächst ist ja eine solche Summe mit unendlich vielen Summanden sinnlos. Dies geschieht mit Hilfe des Grenzwertbegriffs auf eine ganz natürliche Weise: Man summiert, links beginnend, der Reihe nach immer mehr Summanden auf. Bezeichnen wir die einzelnen Summanden mit a_n, so bilden wir also

1. Glied	$s_1 := a_1$	0.5
1.+ 2. Glied	$s_2 := a_1 + a_2$	0.520833...
1. + 2.+ 3. Glied	$s_3 := a_1 + a_2 + a_3$	0.523177...
1. + 2.+ 3.+ 4. Glied	$s_4 := a_1 + a_2 + a_3 + a_4$	0.523526...
1. + 2.+ 3.+ 4.+ 5. Glied	$s_5 := a_1 + a_2 + a_3 + a_4 + a_5$	0.523596...
$\vdots$	$\vdots$	$\vdots$

Auf diese Weise gewinnt man eine Folge $(s_n)_{n\in\mathbb{N}}$ von (Teil-)Summen; wenn diese Folge konvergiert – wie offenbar in unserem Falle – gegen eine Zahl, die wir s nennen wollen, so wird man die unendliche Reihe als konvergent bezeichnen und ihr den Wert s zuordnen, andernfalls wird man die unendliche Reihe als divergent bezeichnen.

Der Nutzen für die Praxis wird durch dieses Beispiel ebenfalls deutlich: Eine kompliziert zu berechnende Größe, hier die Zahl π, wird durch eine – allerdings unendliche – Summe übersichtlich und einfach ausgedrückt. Wir erhalten in unserem Beispiel

$$\frac{\pi}{6} \approx 0.523596\ldots \qquad \text{oder} \qquad \pi \approx 3.141589\ldots$$

mit geringem Rechenaufwand eine gute Näherung für die Zahl $\pi = 3.14159\ldots$.

Nach diesen einführenden Betrachtungen wollen wir den Begriff der unendlichen Reihe allgemein formulieren.

Es sei eine Zahlenfolge $(a_n)_{n\in\mathbb{N}}$ gegeben. Einen Ausdruck der Form

$$a_1 + a_2 + a_3 + \cdots = \sum_{n=1}^{\infty} a_n$$

nennt man eine *unendliche Reihe*. Man bildet die *Partialsummen*

$$\begin{aligned} s_1 &= a_1 \\ s_2 &= a_1 + a_2 \\ s_3 &= a_1 + a_2 + a_3 \\ &\vdots \\ s_n &= a_1 + a_2 + a_3 + \cdots + a_n \\ &\vdots \end{aligned}$$

und definiert: Die unendliche Reihe heißt *konvergent*, wenn die Folge $(s_n)_{n\in\mathbb{N}}$ der Partialsummen konvergiert; ist dann $s = \lim\limits_{n\to\infty} s_n$, so ordnet man der unendlichen Reihe den Wert s zu:

$$s = \sum_{n=1}^{\infty} a_n\,.$$

Andernfalls heißt die unendliche Reihe *divergent*. Statt „unendliche Reihe“ sagt man oft kurz „Reihe“.

Natürlich ist zu erwarten, dass eine unendliche Reihe nur dann konvergiert, wenn besondere Verhältnisse vorliegen, anschaulich gesprochen, wenn die zu summierenden Glieder a_n schnell genug klein werden. Beispiele divergenter Reihen sind

$$1+2+3+\cdots \qquad 1+(-1)+1+(-1)+\cdots \qquad 1+\frac{1}{2}+\frac{1}{3}+\frac{1}{4}+\cdots\,.$$

Die Divergenz der letzten Reihe ist dabei keineswegs offensichtlich, wir werden sie später begründen.

Eine der wichtigsten unendlichen Reihen ist die sogenannte *geometrische Reihe*, unter anderem, weil man ihr Konvergenzverhalten gut versteht und durch Vergleich mit ihr oft die Konvergenz von anderen Reihen entscheiden kann. Diese wollen wir zuerst untersuchen. Sie kommt zu diesem Namen, weil bei je drei aufeinanderfolgenden Gliedern das mittlere Glied das geometrische Mittel der beiden äußeren ist (vergleiche Übung 1.3).

Beispiel 1.21 (Die geometrische Reihe) Es sei $x \in \mathbb{R}$ eine fest gewählte reelle Zahl. Wir interessieren uns für die Reihe aus den Potenzen von x:

$$1+x+x^2+\cdots=\sum_{n=0}^{\infty}x^n\,.$$

Wir haben die Partialsummen zu untersuchen:

$$\begin{aligned}
s_1 &= 1\\
s_2 &= 1+x\\
s_3 &= 1+x+x^2\\
&\vdots\\
s_n &= 1+x+x^2+\cdots+x^{n-1}\\
&\vdots
\end{aligned}$$

und stehen vor dem Problem, s_n so umzuformen, dass über das Verhalten der Folge $(s_n)_{n\in\mathbb{N}}$ bei $n\to\infty$ entschieden werden kann. Aus Bemerkung 1.1 wissen wir im Falle $x\neq 1$

$$s_n=1+x+x^2+\cdots+x^{n-1}=\frac{1-x^n}{1-x}$$

und im Falle $x=1$ ist offenbar $s_n=n$ für alle $n=1,2,\ldots$. In Beispiel 1.18 haben wir nachgewiesen $x^n\to 0$ im Falle $|x|<1$ und $(x^n)_{n\in\mathbb{N}}$ divergiert im Falle $|x|\geqq 1, x\neq 1$. Damit haben wir insgesamt das folgende Ergebnis:

Im Falle $|x|<1$ ist die geometrische Reihe konvergent und es gilt

$$\sum_{n=0}^{\infty}x^n=\frac{1}{1-x}\qquad\text{für alle } |x|<1.$$

Im Falle $|x|\geqq 1$ ist die geometrische Reihe divergent.

Zum Beispiel ist

$$1+\frac{1}{2}+\frac{1}{4}+\frac{1}{8}+\cdots=2\,.$$

Ein Hauptproblem in der Theorie der unendlichen Reihen besteht darin, von einer vorgelegten Reihe zu entscheiden, ob sie konvergent ist oder nicht und gegebenenfalls den Wert der Reihe zu bestimmen. Beides ist oft schwierig, so ist etwa der genaue Wert der konvergenten Reihe

$$\sum_{n=1}^{\infty}\frac{1}{n^3}=1+\frac{1}{8}+\frac{1}{27}+\frac{1}{64}+\cdots$$

bis heute unbekannt. Nur in ganz wenigen Fällen kann man nämlich so vorgehen wie im Beispiel der geometrischen Reihe und die Partialsummen direkt berechnen. Man ist vielmehr auf Konvergenzkriterien angewiesen. Allerdings sind diese Fragestellungen für Naturwissenschaftler nicht von großem Interesse – sie glauben fest daran, dass ihre Reihen konvergieren – , wir wollen daher diesen Problemkreis im Folgenden nur kurz streifen.

Ein anderes Problem ist für den Anwender wesentlich wichtiger: Wie kann man einen unbekannten Wert möglichst geschickt durch eine unendliche Reihe berechnen, wie etwa die Zahl π oder $\ln 2$ oder $\sin x$ für eine Zahl x ? Hierauf werden wir erst später mit Mitteln der Differentialrechnung eingehen können.

Wir beginnen mit einem ersten Kriterium, welches für die Konvergenz einer Reihe notwendigerweise erfüllt sein muss.

Bemerkung 1.5 *Wenn die unendliche Reihe* $\sum_{n=1}^{\infty} a_n$ *konvergiert, dann bilden die Glieder* a_n *eine Nullfolge.*

Beweis. Mit $s_n := a_1 + a_2 + \cdots + a_n$ und $s := \sum_{n=1}^{\infty} a_n$ gilt $a_n = s_n - s_{n-1} \to s - s = 0$. □

Warnung: Die Umkehrung dieser Bemerkung ist grob falsch! Aus $a_n \to 0$ kann man *nicht* schließen, dass die Reihe $\sum_{n=1}^{\infty} a_n$ konvergiert, wie das folgende Beispiel zeigt.

Beispiel 1.22 Die sogenannte *harmonische Reihe*

$$\sum_{n=1}^{\infty} \frac{1}{n} = 1 + \frac{1}{2} + \frac{1}{3} + \cdots$$

ist divergent – trotz ihres wohlklingenden Namens. Bei je drei aufeinanderfolgenden Gliedern ist das mittlere Glied das harmonische Mittel der beiden äußeren (vergleiche Übung 1.3), wie man leicht nachrechnet.

Beweis. Wir schreiben

$$1 + \frac{1}{2} + \underbrace{\frac{1}{3} + \frac{1}{4}}_{>2\cdot\frac{1}{4}=\frac{1}{2}} + \underbrace{\frac{1}{5} + \frac{1}{6} + \frac{1}{7} + \frac{1}{8}}_{>4\cdot\frac{1}{8}=\frac{1}{2}} + \underbrace{\frac{1}{9} + \cdots + \frac{1}{16}}_{>8\cdot\frac{1}{16}=\frac{1}{2}} + \underbrace{\frac{1}{17} + \cdots + \frac{1}{32}}_{>16\cdot\frac{1}{32}=\frac{1}{2}} + \frac{1}{33} + \cdots$$

Die Reihe enthält also unendlich viele Abschnitte, deren Summe mindestens $\frac{1}{2}$ ist, die Partialsummen sind nicht nach oben beschränkt. □

Es stellt sich nun die naheliegende und wichtige Frage, ob man bei unendlichen Reihen die Summanden wie bei endlichen Summen beliebig vertauschen darf, ohne das Konvergenzverhalten und den Summenwert zu ändern. Diese Frage ist im Allgemeinen mit *nein* zu beantworten! Man kann sich vorstellen, dass eine Reihe konvergiert, weil sich positive und negative Summanden abwechseln und beim Summieren kompensieren. Dies ist zum Beispiel bei der konvergenten Reihe $1 - \frac{1}{2} + \frac{1}{3} - \frac{1}{4} + - \cdots$ der Fall. Ändert man nun die Reihenfolge der Summanden, so tritt dieser Effekt nicht mehr ein und die neue Reihe kann divergieren oder zu einen anderen Summenwert konvergieren. Man kann dieses Problem vermeiden, indem man von einer unendlichen Reihe $\sum_{n=1}^{\infty} a_n$ fordert, dass $\sum_{n=1}^{\infty} |a_n|$ konvergiert. Dann kann man zeigen, dass man die Reihe beliebig umordnen darf und immer den gleichen Summenwert erhält. Solche Reihen heißen *absolut konvergent* . Konvergente Reihen mit nicht negativen Gliedern sind natürlich auch absolut konvergent. Nach dieser Bemerkung wollen wir dieses etwas spitzfindige Thema verlassen.

Es gelten jedoch die folgenden Rechenregeln, die man leicht durch Betrachten der Partialsummen beweisen kann.

Bemerkung 1.6 (Rechenregeln) *Die Reihen* $\sum\limits_{n=1}^{\infty} a_n$ *und* $\sum\limits_{n=1}^{\infty} b_n$ *seien konvergent.*

i) *Dann ist auch die Reihe* $\sum\limits_{n=1}^{\infty} (a_n + b_n)$ *konvergent und es gilt*

$$\sum_{n=1}^{\infty} (a_n + b_n) = \sum_{n=1}^{\infty} a_n + \sum_{n=1}^{\infty} b_n .$$

ii) *Dann ist für jede Konstante* $c \in \mathbb{R}$ *auch die Reihe* $\sum\limits_{n=1}^{\infty} c\, a_n$ *konvergent und es gilt*

$$\sum_{n=1}^{\infty} c\, a_n = c \sum_{n=1}^{\infty} a_n .$$

Das folgende einfache Konvergenzkriterium ist anschaulich klar und leicht mit dem Cauchy-Kriterium 1.3 zu beweisen.

Behauptung 1.5 (Vergleichskriterium) *Es sei* $\sum\limits_{n=1}^{\infty} c_n$ *eine konvergente Reihe mit nicht negativen Gliedern. Ist* $\sum\limits_{n=1}^{\infty} a_n$ *eine weitere Reihe, so dass für ein* $n_0 \in \mathbb{N}$ *gilt*

$$|a_n| \leqq c_n \qquad \textit{für alle } n \in \mathbb{N}, n \geqq n_0 ,$$

dann ist auch $\sum\limits_{n=1}^{\infty} a_n$ *konvergent.*

Beweis. Wir zeigen, dass die Partialsummen $s_n = a_1 + \cdots + a_n$ der Reihe $\sum\limits_{n=1}^{\infty} a_n$ dem Cauchy-Kriterium 1.3 genügen. Hierzu sei $\varepsilon > 0$ gegeben und es bezeichne $t_n = c_1 + \cdots + c_n$ die Partialsummen der Reihe $\sum\limits_{n=1}^{\infty} c_n$. Zu ε gibt es ein $n_0 \in \mathbb{N}$, so dass

$$|t_n - t_m| \leqq \varepsilon \qquad \text{für alle } n,m \in \mathbb{N},\ n,m \geqq n_0 ,$$

da die Folge $(t_n)_n$ nach Voraussetzung konvergent ist, also das Cauchy-Kriterium erfüllt. Weiter können wir $|a_n| \leqq c_n$ für alle $n \geqq n_0$ annehmen, gegebenfalls müssen wir n_0 vergrößern. Für $m,n \in \mathbb{N}$ mit $m,n \geqq n_0$ und etwa $n > m$ gilt dann

$$|s_n - s_m| = \Big| \sum_{\ell=m+1}^{n} a_\ell \Big| \leqq \sum_{\ell=m+1}^{n} |a_\ell| \leqq \sum_{\ell=m+1}^{n} c_\ell = t_n - t_m \leqq \varepsilon \qquad \square$$

Das folgende Quotientenkriterium ist sehr bequem, leider bleibt seine Anwendbarkeit auf wenige Fälle beschränkt. Es wird uns aber sofort die Konvergenz der wichtigen Exponentialreihe liefern.

Behauptung 1.6 (Quotientenkriterium) *Es sei* $\sum_{n=1}^{\infty} a_n$ *eine Reihe mit Gliedern* $a_n \neq 0$ *für alle* $n \in \mathbb{N}$ *und so dass* $\lim_{n\to\infty} \left|\frac{a_{n+1}}{a_n}\right|$ *existiert. Dann gilt*

i) *Im Falle* $\lim_{n\to\infty} \left|\frac{a_{n+1}}{a_n}\right| < 1$ *konvergiert die Reihe.*

ii) *Im Falle* $\lim_{n\to\infty} \left|\frac{a_{n+1}}{a_n}\right| > 1$ *divergiert die Reihe.*

iii) *Im Falle* $\lim_{n\to\infty} \left|\frac{a_{n+1}}{a_n}\right| = 1$ *kann man keine Aussage machen.*

Beweis. i) Wir wählen eine Zahl q mit $\lim_{n\to\infty} \left|\frac{a_{n+1}}{a_n}\right| < q < 1$. Dann existiert ein $n_0 \in \mathbb{N}$ mit $\left|\frac{a_{n+1}}{a_n}\right| \leqq q$ für alle $n \in \mathbb{N}, n \geqq n_0$. Es folgt

$$|a_n| \leqq |a_{n-1}|\,q \leqq |a_{n-2}|\,q^2 \leqq \cdots \leqq |a_{n_0}|\,q^{n-n_0}$$

oder

$$|a_n| \leqq \frac{|a_{n_0}|}{q^{n_0}}\,q^n = c\,q^n \qquad \text{mit } c := \frac{|a_{n_0}|}{q^{n_0}}$$

für alle $n \geqq n_0$. Wir haben somit die gegebene Reihe $\sum_{n=1}^{\infty} a_n$ mit der geometrischen Reihe $\sum_{n=1}^{\infty} cq^n$ verglichen, deren Konvergenz gemäß Beispiel 1.21 wegen $0 < q < 1$ gesichert ist. ii) wird analog bewiesen. iii) Für die harmonische Reihe ist

$$\lim_{n\to\infty} \left|\frac{a_{n+1}}{a_n}\right| = \lim_{n\to\infty} \frac{n}{n+1} = 1$$

und die Reihe ist gemäß Beispiel 1.22 divergent. Für die Reihe $\sum_{n=1}^{\infty} \frac{1}{n^2}$ ist ebenfalls

$$\lim_{n\to\infty} \left|\frac{a_{n+1}}{a_n}\right| = \lim_{n\to\infty} \frac{n^2}{(n+1)^2} = 1\,,$$

diese Reihe ist aber konvergent. □

Von besonderer Bedeutung sind die Reihen der Form

$$\sum_{n=0}^{\infty} a_n x^n = a_0 + a_1 x + a_2 x^2 + \cdots\,,$$

die aus den Potenzen einer Zahl x mit Koeffizienten $a_0, a_1, a_2, \ldots$ gebildet sind. Sie heißen daher *Potenzreihen* oder auch *Taylorreihen*, seltener und veraltert *Maclaurin-Reihen*. In

Gestalt der geometrischen Reihe aus Beispiel 1.21 haben wir bereits eine solche Potenzreihe angetroffen. Falls der Grenzwert $\lim_{n\to\infty}\left|\frac{a_{n+1}}{a_n}\right|$ existiert, gibt das Quotientenkriterium Auskunft über das Konvergenzverhalten der Potenzreihe: Setzt man

$$R = \begin{cases} \dfrac{1}{\lim\limits_{n\to\infty}\left|\frac{a_{n+1}}{a_n}\right|} & \text{falls } \lim\limits_{n\to\infty}\left|\frac{a_{n+1}}{a_n}\right| \neq 0 \\ \infty & \text{falls } \lim\limits_{n\to\infty}\left|\frac{a_{n+1}}{a_n}\right| = 0 \\ 0 & \text{falls } \lim\limits_{n\to\infty}\left|\frac{a_{n+1}}{a_n}\right| = \infty, \end{cases} \tag{1.2.1}$$

so konvergiert wegen

$$\lim_{n\to\infty}\left|\frac{x^{n+1}a_{n+1}}{x^n a_n}\right| = |x| \lim_{n\to\infty}\left|\frac{a_{n+1}}{a_n}\right| = \frac{|x|}{R}$$

die Potenzreihe, wenn $|x| < R$ ist. Im Falle $|x| > R$ divergiert die Reihe; für $|x| = R$ ist keine allgemeine Aussage möglich. Man nennt daher R den *Konvergenzradius* der Potenzreihe. Gilt mit einem $n_0 \in \mathbb{N}$ dass $a_n = 0$ für alle $n \geqq n_0$, bricht also die Reihe nach n_0 Summanden ab, so ist die Potenzreihe einfach ein Polynom. Die Potenzreihen umfassen und verallgemeinern demnach die Polynome.

Im Abschnitt 1.3.4 werden wir uns noch ausführlicher mit Potenzreihen beschäftigen, lernen aber noch kurz die wohl wichtigste Potenzreihe kennen.

Beispiel 1.23 (Die Exponentialreihe) Wir wählen eine feste Zahl $x \in \mathbb{R}$ und betrachten die Potenzreihe

$$1 + x + \frac{x^2}{2!} + \frac{x^3}{3!} + \cdots = \sum_{n=0}^{\infty} \frac{x^n}{n!}.$$

Es gilt mit $a_n = \dfrac{1}{n!}$ dann

$$\left|\frac{a_{n+1}}{a_n}\right| = \frac{1}{n+1} \to 0 \qquad \text{bei } n \to \infty,$$

das heißt, es ist $R = \infty$. Die Reihe konvergiert für jedes $x \in \mathbb{R}$, wir werden später sehen, dass

$$\sum_{n=0}^{\infty} \frac{x^n}{n!} = \mathrm{e}^x \qquad \text{für alle } x \in \mathbb{R},$$

daher der Name *Exponentialreihe*.

Übungen

Übung 1.21 Untersuchen Sie die folgenden unendlichen Reihen auf Konvergenz:

i) $\frac{1}{2}+\frac{2}{3}+\frac{3}{4}+\frac{4}{5}+\ldots$ ii) $\frac{2}{3}+\frac{4}{9}+\frac{6}{27}+\frac{8}{81}+\ldots$ iii) $\sum_{n=1}^{\infty}\frac{\sqrt{n+1}-\sqrt{n}}{\sqrt{n}}$

iv) $1+\frac{1}{100}+\frac{1}{200}+\frac{1}{300}+\ldots$ v) $1+\frac{2}{2!}+\frac{4}{3!}+\frac{8}{4!}+\ldots$ vi) $\sum_{n=1}^{\infty}\frac{\pi^{2n}}{10^n}$

Übung 1.22 Entscheiden Sie ob, die folgenden unendlichen Reihen konvergieren und bestimmen Sie gegebenenfalls den Reihenwert:

i) $\sum_{n=0}^{\infty}\frac{1}{3^n}$ ii) $\sum_{n=1}^{\infty}\cos\frac{1}{n}$ iii) $\sum_{k=0}^{\infty}\frac{3^k+5^k}{7^k}$

iv) $\frac{2}{3}-\frac{4}{9}+\frac{8}{27}-\frac{16}{81}+-\ldots$ v) $\sum_{n=1}^{\infty}\exp(-\frac{1}{n})$ vi) $\sum_{n=1}^{\infty}\frac{1}{\sqrt{n}}$

Übung 1.23 Wandeln Sie mit Hilfe der geometrischen Reihe die Dezimalzahl $0.\overline{4}$ in einen Bruch um:

$$0.\overline{4}=0.4+0.04+0.004+\cdots=\frac{4}{10}+\frac{4}{100}+\frac{4}{1000}+\cdots=\ldots$$

Verfahren Sie analog mit $0.6\overline{48}$.

Übung 1.24 Ein elastischer Ball fällt aus der Höhe h zu Boden. Nach jedem Aufprall springt er erneut hoch, erreicht dabei aber nur noch 92% seiner vorherigen Höhe. Welchen Weg legt der Ball (theoretisch) zurück, wenn man ihn ungestört hüpfen lässt?

Übung 1.25 Das Cäsium-Isotop Cs^{137} hat eine Halbwertszeit von 30.17 Jahren und verliert somit jährlich 2,3% seiner Masse. Nehmen Sie an, dass pro Jahr eine konstante Menge M dieses Isotops in die Umwelt freigesetzt wird. Wie viel Cäsium Cs^{137} hat sich nach n Jahren in der Umwelt angehäuft? Wie groß ist diese Menge, wenn sich ein Gleichgewicht eingestellt hat $(n\to\infty)$?

Übung 1.26 Nehmen Sie an, dass in Zukunft der Weltjahresverbrauch an Erdgas konstant gleich dem Verbrauch im Jahre 2025 bleibt und dass dann die gesamten Erdgasvorräte auf der Erde noch für sechzig Jahre ausreichen, etwa von Anfang 2025 an gerechnet. Um welchen konstanten Prozentsatz müsste man jedes Jahr den jährlichen Erdgasverbrauch mindestens senken, damit die Vorräte für immer reichen werden?

Übung 1.27 Bestimmen Sie den Konvergenzradius der folgenden Potenzreihen:

i) $\sum_{n=1}^{\infty}(-1)^{n+1}\frac{x^n}{n}$ ii) $\sum_{k=1}^{\infty}\frac{1}{k(k+1)}x^k$ iii) $\sum_{n=0}^{\infty}n!x^n$ iv) $\sum_{n=0}^{\infty}\frac{n!}{n^n}x^n$

Übung 1.28 Aus der obigen Übung 1.27 wissen Sie, dass die Potenzreihe $\sum_{n=1}^{\infty}(-1)^{n+1}\frac{x^n}{n}$ für $|x|<1$ konvergiert und für $|x|>1$ divergiert; weiter kann man zeigen, dass die Reihe auch für $x = 1$ konvergiert. Im Falle $x = -1$ liegt die divergente harmonische Reihe vor. In Abschnitt 1.3.4 werden wir erkennen, dass gilt

$$\sum_{n=1}^{\infty}(-1)^{n+1}\frac{x^n}{n} = \ln(x+1) \qquad \text{für } -1 < x \leqq 1\,.$$

Machen Sie sich klar, warum diese Reihe nicht dazu geeignet ist, $\ln 2$ mit größerer Genauigkeit zu berechnen. Leiten Sie stattdessen eine Potenzreihe her, die $\ln\dfrac{1+x}{1-x}$ für $|x| < 1$ darstellt und berechnen Sie damit $\ln 2$ auf 4 Stellen genau.

1.2.3 Konvergenz bei Funktionen

Es sei wieder $I \subset \mathbb{R}$ ein Intervall und $a \in I$ ein fester Punkt. Wir setzen $D = \{x \in I : x \neq a\}$ und betrachten eine Funktion $f\colon D \to \mathbb{R}$. Die Funktion f ist also an der Stelle a nicht definiert und wenn sie es zunächst doch war, bleibt dies im Folgenden außer Betracht.

Wir wollen das mögliche Verhalten der Funktionswerte $f(x)$ beschreiben, wenn sich die Variable x dem Punkt a nähert. Hierzu betrachten wir die folgenden Beispiele.

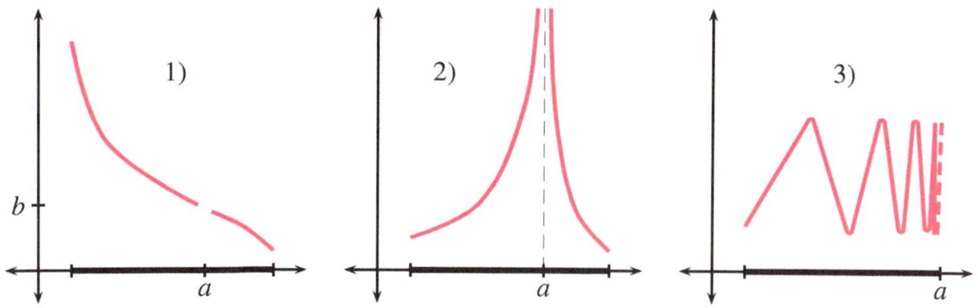

Wir stellen fest:

1) $f(x)$ nähert sich einer Zahl $b \in \mathbb{R}$, wenn sich x der Zahl a nähert.
2) $f(x)$ wächst über alle Grenzen, wenn sich x der Zahl a nähert.
3) $f(x)$ schwankt immer wilder hin und her, wenn sich x der Zahl a nähert.

Wir sprechen von

1) Konvergenz gegen b, in Zeichen $\lim\limits_{x\to a} f(x) = b$ oder $f(x) \to b$ bei $x \to a$.
2) Divergenz gegen ∞, in Zeichen $f(x) \to \infty$ bei $x \to a$.
3) Divergenz bei $x \to a$.

Um diese Vorstellungen und Redeweisen zu präzisieren, bestehen mehrere gleichwertige Möglichkeiten. Da wir bereits die Konvergenz bei Folgen kennengelernt haben, ist es zweckmäßig und naheliegend, dass wir uns auf diesen Begriff stützen werden.

Definition 1.7 $f\colon D \to \mathbb{R}$ heißt *konvergent bei* $x \to a$, wenn es eine Zahl $b \in \mathbb{R}$ gibt, so dass gilt: Für jede Folge $(x_n)_{n\in\mathbb{N}}$ in D mit $x_n \to a$ konvergiert die Folge $(f(x_n))_{n\in\mathbb{N}}$ gegen b. In diesem Fall nennt man die Zahl b den *Grenzwert (Limes)* von f bei $x \to a$ und schreibt

$$\lim_{x\to a} f(x) = b \qquad \text{oder} \qquad f(x) \to b \text{ bei } x \to a\,.$$

Andernfalls heißt die Funktion f *divergent bei* $x \to a$.

Beispiel 1.24 Wir wollen das Verhalten von $\frac{\sin x}{x}$ bei $x \to 0$ untersuchen. Hier ist $I = \mathbb{R}$ sowie $a = 0$, somit $D = \{x \in \mathbb{R} : x \neq 0\}$ und es ist $f(x) = \frac{\sin x}{x}$ für alle $x \in D$. Eine Zeichnung des Graphen von f oder eine Wertetabelle

x	-1	-0.5	-0.1	-0.01	0.01	0.1	0.5	1
$f(x)$	0.84147	0.95885	0.99833	0.99998	0.99998	0.99833	0.95885	0.84147

legen die Vermutung nahe, dass $f(x) = \frac{\sin x}{x} \to 1$ bei $x \to 0$. Um das einzusehen, beachten wir zunächst, dass für $0 < x < \frac{\pi}{2}$ gilt

$$\sin x < x < \tan x = \frac{\sin x}{\cos x}\,. \tag{1.2.2}$$

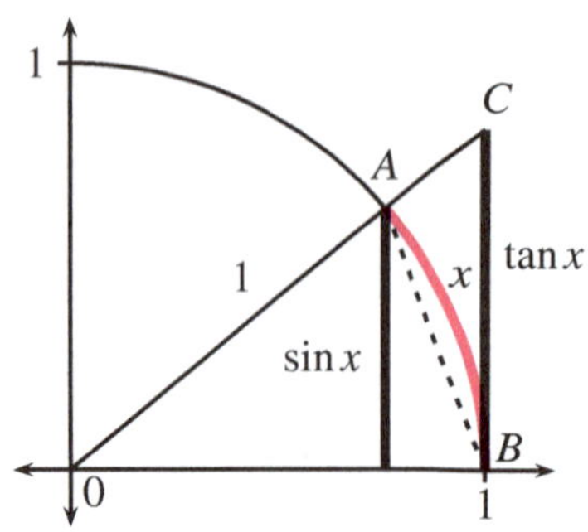

Hierin ist die erste Ungleichung klar, denn es ist $\sin x < \overline{AB} < x$. Die zweite erkennt man daraus, dass der Kreissektor mit dem Radius 1 und dem Bogen x eine kleinere Fläche hat als das rechtwinklige Dreieck $0BC$ mit Grundseite 1 und Höhe $\tan x$, das bedeutet

$$\frac{1\cdot x}{2} < \frac{1\cdot \tan x}{2} \qquad \text{oder} \qquad x < \tan x;$$

denn ein Kreissektor vom Radius r und Bogenlänge b hat die Fläche $\frac{rb}{2}$. Aus der ersten Ungleichung in (1.2.2) folgt $\frac{\sin x}{x} < 1$ und aus der zweiten folgt $\cos x < \frac{\sin x}{x}$, insgesamt ist $\cos x < \frac{\sin x}{x} < 1$ für alle $0 < x < \frac{\pi}{2}$ und also für alle $-\frac{\pi}{2} < x < \frac{\pi}{2}, x \neq 0$ wegen $\cos(-x) = \cos x$ und $\frac{\sin(-x)}{-x} = \frac{-\sin x}{-x} = \frac{\sin x}{x}$. Ist nun $(x_n)_{n\in\mathbb{N}}$ eine Folge in D mit $x_n \to 0$, so folgt aus $\cos x_n < \frac{\sin x_n}{x_n} < 1$ für alle $n \in \mathbb{N}$ dann $\frac{\sin x_n}{x_n} \to 1$ wegen $\cos x_n \to \cos 0 = 1$, was wir als bekannt voraussetzen wollen.

Wir geben auch ein Beispiel einer im Punkt $a = 0$ divergenten Funktion.

Beispiel 1.25 Die Funktion $f\colon\,]0,\infty[\, \to \mathbb{R}$, definiert durch

$$f(x) = \sin\frac{1}{x} \qquad \text{für alle } x > 0,$$

ist divergent bei $x \to 0$. Denn etwa die durch $x_n = \dfrac{2}{n\pi}$ für alle $n = 1, 2, \dots$ gegebene Folge $(x_n)_{n\in\mathbb{N}}$ strebt gegen 0, aber $f(x_n) = \sin\dfrac{1}{x_n} = \sin\dfrac{\pi}{2}n$ divergiert bei $n \to \infty$ wegen

$$\sin(\frac{\pi}{2}n) = \begin{cases} 0 & n \text{ gerade} \\ 1 & n = 1, 5, 9, \dots \\ -1 & n = 3, 7, 11, \dots \end{cases}.$$

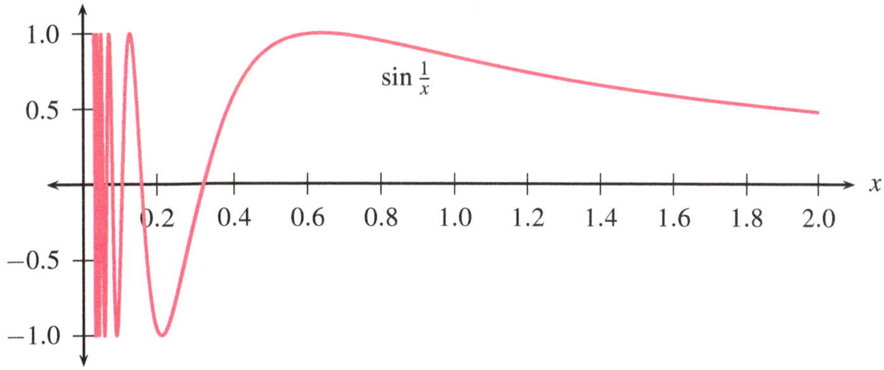

Wie bei Folgen ist die nachstehende Redeweise praktisch.

Definition 1.8 Man sagt, die Funktion $f\colon D \to \mathbb{R}$ *divergiert gegen* ∞ bei $x \to a$, wenn für jede Folge $(x_n)_{n\in\mathbb{N}}$ in D mit $x_n \to a$ gilt $f(x_n) \to \infty$. Man schreibt dann $f(x) \to \infty$ bei $x \to a$. Analog definiert man $f(x) \to -\infty$ bei $x \to a$.

Für diese Situation sind auch die Redeweisen f *strebt* oder *konvergiert gegen* ∞ bei $x \to a$ gebräuchlich. Man sollte sich aber wie bei Folgen stets bewußt sein, dass es sich hierbei nicht um Konvergenz im eigentlichen Sinne handelt.

Wir notieren schließlich die folgenden nützlichen Rechenregeln.

Bemerkung 1.7 (Rechenregeln) *Es konvergiere* $f(x) \to b \in \mathbb{R}$ *und* $g(x) \to c \in \mathbb{R}$ *bei* $x \to a$. *Dann konvergiert*

i) $f(x) + g(x) \to b + c$ *bei* $x \to a$.
ii) $f(x)g(x) \to bc$ *bei* $x \to a$.
iii) $\dfrac{f(x)}{g(x)} \to \dfrac{b}{c}$ *falls* $c \neq 0$ *bei* $x \to a$.

Die Einschränkung $c \neq 0$ im Falle iii) der obigen Bemerkung ist sehr hinderlich, denn viele wichtige Grenzwerte sind von der Form $\lim\limits_{x\to a}\dfrac{f(x)}{g(x)}$ mit $f(x) \to 0$ und $g(x) \to 0$ bei

$x \to a$, vergleiche das obige Beispiel $\frac{\sin x}{x}$ bei $x \to 0$. Hier versagt die einfache Rechenregel iii); wir werden auf dieses Problem später zurückkommen und diese Regel mit Hilfe der Differentialrechnung verbessern können.

Schließlich treten Grenzwerte von Funktionen noch in der folgenden wichtigen Situation auf: Es ist $D \subset \mathbb{R}$ ein nach rechts unbeschränktes Intervall, also $D =]a,\infty[$ oder $D = [a,\infty[$ mit $a \in \mathbb{R}$ oder $D = \mathbb{R}$, und $f\colon D \to \mathbb{R}$ eine Funktion. Wir fragen nach dem Verhalten der Funktionswerte $f(x)$ bei $x \to \infty$.

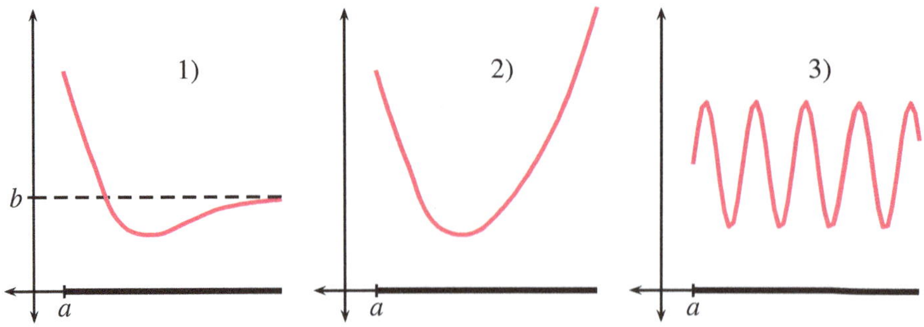

Im ersten Fall sprechen wir wieder von Konvergenz und definieren:

Definition 1.9 $f\colon D \to \mathbb{R}$ heißt *konvergent bei* $x \to \infty$, wenn es eine Zahl $b \in \mathbb{R}$ gibt. so dass gilt: Für jede Folge $(x_n)_{n\in\mathbb{N}}$ in D mit $x_n \to \infty$ konvergiert die Folge $(f(x_n))_{n\in\mathbb{N}}$ gegen b. In diesem Fall nennt man die Zahl b den *Grenzwert (Limes)* von f bei $x \to \infty$ und schreibt

$$\lim_{x\to\infty} f(x) = b \qquad \text{oder} \qquad f(x) \to b \text{ bei } x \to \infty\,.$$

Andernfalls heißt die Funktion f *divergent bei* $x \to \infty$.

Konvergiert eine Funktion f gegen ein $b \in \mathbb{R}$ bei $x \to \infty$, so sagt man auch: *f hat b als Asymptote.*

Beispiel 1.26 i) Die Funktion $f\colon\ ]0,\infty[\to \mathbb{R}$, definiert durch

$$f(x) = \frac{x+1}{x} = 1 + \frac{1}{x} \qquad \text{für alle } x > 0\,,$$

konvergiert gegen 1 bei $x \to \infty$.

ii) Die Sinusfunktion ist divergent bei $x \to \infty$.

Weiter führt man wie früher für die mittlere Situation 2) oben die folgende Redeweise an:

Definition 1.10 Man sagt, die Funktion $f\colon D \to \mathbb{R}$ *divergiert gegen* ∞ bei $x \to \infty$, wenn für jede Folge $(x_n)_{n\in\mathbb{N}}$ in D mit $x_n \to \infty$ gilt $f(x_n) \to \infty$. Man schreibt dann $f(x) \to \infty$ bei $x \to \infty$.

Analog definiert man $f(x) \to -\infty$ bei $x \to \infty$.

Schließlich sei noch angemerkt, dass man im Falle eines nach links unbeschränkten Intervalls $D \subset \mathbb{R}$ für eine Funktion $f\colon D \to \mathbb{R}$ Konvergenz und Divergenz bei $x \to -\infty$ entsprechend einführt.

Übungen

Übung 1.29 Man begründe, ob die folgenden Grenzwerte existieren und bestimme gegebenenfalls ihren Wert:

i) $\lim\limits_{x\to 2} \dfrac{x^3+3x+5}{x^2-2x+1}$ ii) $\lim\limits_{h\to 0} \dfrac{(3+h)^3-27}{h}$ iii) $\lim\limits_{x\to 0} x\cot x$

iv) $\lim\limits_{x\to 1} \dfrac{x^2-2x+1}{x^3-x}$ v) $\lim\limits_{x\to 2} \dfrac{|x-2|}{x-2}$ vi) $\lim\limits_{x\to\infty} \dfrac{\sqrt{x^2+1}}{x+1}$

vii) $\lim\limits_{x\to\frac{\pi}{2}} \dfrac{\cos x-\sin x}{\cos 2x}$ viii) $\lim\limits_{x\to\infty} \sqrt{x}\left(\sqrt{x+3}-\sqrt{x}\right)$ ix) $\lim\limits_{x\to 2} \dfrac{x^3-8}{x^2-4}$

Übung 1.30 Bei der Verdünnung einer bestimmten Menge Schwefelsäure durch Zugabe von x Gramm Wasser wird die Wärmemenge $Q(x) = \dfrac{Ax}{x+B}$ frei, A und B sind positive Konstanten. Welche Wärmemenge wird frei, wenn die Verdünnung „alle Grenzen übersteigt“? Mit wie viel Wasser muss man die Schwefelsäure verdünnen, damit 96% dieses Wertes an Wärme entstehen?

1.2.4 Stetigkeit

Es sei zunächst daran erinnert, dass wir den Begriff der Funktion im Abschnitt 1.1.3 sehr allgemein gefaßt haben; dadurch sind auch Funktionen mit unerwünschten Eigenschaften zugelassen worden, wie etwa das Beispiel 1.4. Diese wollen wir von nun an durch zusätzliche Forderungen wieder aussondern. Eine erste solche Forderung, die sich allerdings für viele Zwecke noch als unzureichend erweisen wird, ist die Forderung der Stetigkeit.

Anschaulich lässt sich die Eigenschaft der Stetigkeit durch Formulierungen wie „man kann den Graphen der Funktion in einem Zug zeichnen“ oder besser „wenn sich die Variable x nur wenig ändert, ändern sich die Funktionswerte $f(x)$ nur wenig“ umreißen.

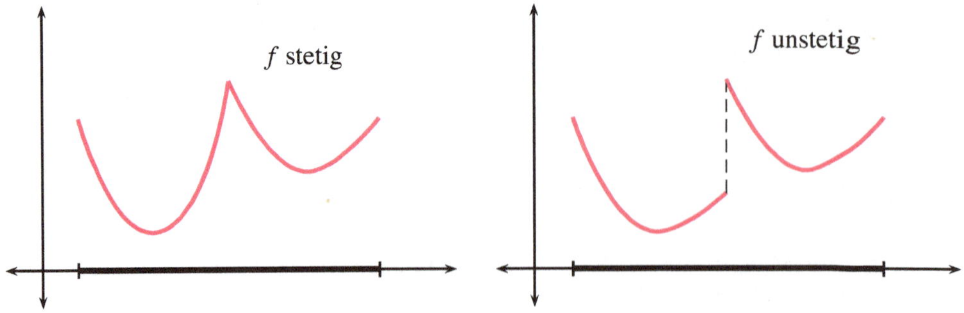

Wir geben eine exakte Definition, die von den obigen anschaulichen Formulierungen unabhängig ist.

Definition 1.11 Es sei $I \subset \mathbb{R}$ ein Intervall und $f: I \to \mathbb{R}$ eine Funktion.

i) f heißt *stetig in einem Punkt* $x_0 \in I$, wenn f konvergent ist bei $x \to x_0$ und wenn gilt $\lim\limits_{x \to x_0} f(x) = f(x_0)$.

ii) f heißt *stetig (auf I)*, wenn f in jedem Punkt $x_0 \in I$ stetig ist.

Somit ist f in einem Punkt x_0 stetig genau dann, wenn für jede Folge $(x_n)_{n\in\mathbb{N}}$ in I mit $x_n \to x_0$ gilt $f(x_n) \to f(x_0)$. Wenn sich also die Variable x dem Punkt x_0 nähert, nähert sich $f(x)$ dem Funktionswert $f(x_0)$. Dies stellt eine Präzisierung der obigen anschaulichen Redeweise „wenn sich x nur wenig ändert, ändert sich $f(x)$ nur wenig“ dar.

Wir fragen nun, wie einschränkend die Forderung der Stetigkeit ist. Hier gilt: „Fast alle Funktionen, die in den Anwendungen auftreten, sind stetig“. Dies kann man folgendermaßen präzisieren.

Bemerkung 1.8 i) *Die Betragsfunktion, die Polynome, die trigonometrischen Funktionen, Exponentialfunktion und Logarithmus sind stetig.*

ii) *Summe, Produkt und Quotienten stetiger Funktionen sind stetig (auf ihrem Definitionsbereich!). Dies bedeutet im Falle des Quotienten: Sind $f, g: I \to \mathbb{R}$ stetige Funktionen, so ist die Funktion $\frac{f}{g}$ definiert auf $\{x \in I : g(x) \neq 0\}$ und dort stetig.*

iii) *Die Zusammensetzung stetiger Funktionen ist stetig: Sind $f: I \to \mathbb{R}$ und $g: J \to \mathbb{R}$ stetige Funktionen und gilt $f(x) \in J$ für alle $x \in I$, so dass man die zusammengesetzte Funktion*

$$g \circ f : g \circ f(x) = g(f(x)) \qquad \text{für alle } x \in I$$

bilden kann, so ist $g \circ f: I \to \mathbb{R}$ stetig.

Der Begriff der Stetigkeit spielt in der Mathematik eine große Rolle, weil stetige Funktionen viele gute Eigenschaften besitzen. Wir wollen ohne Beweis zwei wichtige solche Eigenschaften formulieren.

Satz 1.4 (Zwischenwertsatz) *Es sei $I \subset \mathbb{R}$ ein Intervall und $f: I \to \mathbb{R}$ eine stetige Funktion. Dann ist die Bildmenge $f(I) = \{f(x) : x \in I\}$ ein Intervall.*

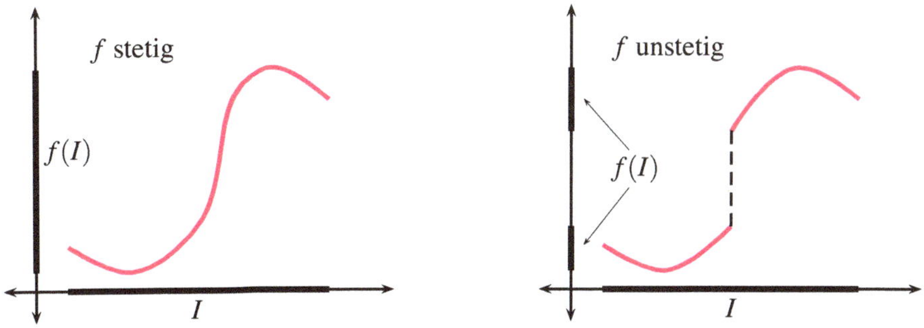

Eine häufige Anwendung des Zwischenwertsatzes ist die folgende Aussage:

Folgerung 1.2 *Es sei $I \subset \mathbb{R}$ ein Intervall und $f\colon I \to \mathbb{R}$ eine stetige Funktion. Sind dann $u, v \in I$, $u < v$ zwei Punkte mit $f(u) < 0$ und $f(v) > 0$, so gibt es einen Punkt $x \in I$ mit $u < x < v$ und $f(x) = 0$.*

Um zu garantieren, dass eine Gleichung $f(x) = 0$ eine Lösung im Intervall I besitzt, genügt es also bei stetiger linker Seite zwei Punkte in I zu finden, in denen verschiedenes Vorzeichen von f vorliegt.

Satz 1.5 (Satz vom Minimum und Maximum) *Es sei $I \subset \mathbb{R}$ ein Intervall der Form $I = [a, b]$ mit $a, b \in \mathbb{R}$, $a < b$ und $f\colon I \to \mathbb{R}$ stetig. Dann existieren Punkte $u, v \in I$ mit $f(u) \leqq f(x)$ und $f(x) \leqq f(v)$ für alle $x \in I$.*

Eine stetige Funktion auf einem abgeschlossenen und beschränkten Intervall besitzt also einen kleinsten und einen größten Funktionswert und ist demnach insbesondere beschränkt. Der Satz macht allerdings keine Angaben darüber, wie man diese Stellen bestimmen kann. Dies ist erst mit Mitteln der Differentialrechnung möglich. Zusammen mit dem Zwischenwertsatz erhalten wir, dass die Wertemenge von f die Form hat $f(I) = [f(u), f(v)]$; sie ist selbst ein abgeschlossenes und beschränktes Intervall.

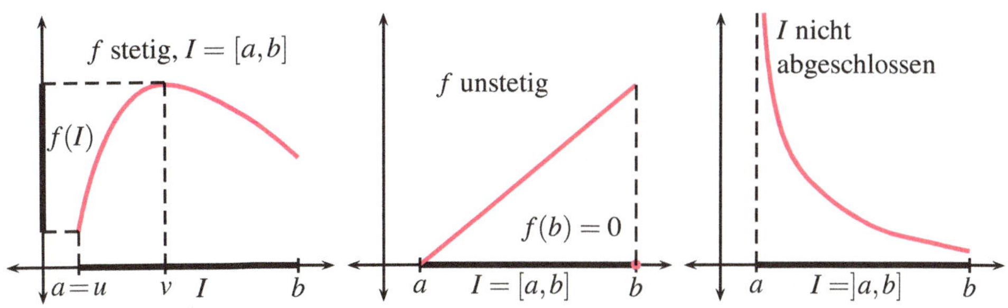

Das linke Bild demonstriert die Aussage des Satzes. Die beiden anderen Bilder zeigen, dass die Aussage des Satzes nicht mehr richtig ist, wenn eine der Voraussetzungen nicht erfüllt ist: In beiden Fällen hat die angegebene Funktion keinen größten Funktionswert.

Übungen

Übung 1.31 Zeigen Sie: Die Gleichung $9\ln x - x^2 = 0$ hat mindestens zwei reelle Lösungen. *Hinweis:* Man betrachte $x = 1$, $x = \mathrm{e}$ und $x = \mathrm{e}^2$.

Übung 1.32 Beweisen Sie, dass jedes Polynom von ungeradem Grad mindestens eine reelle Nullstelle hat. Ist diese Aussage auch bei geradem Grad richtig?

1.3 Differentialrechnung

1.3.1 Definition und einfache Eigenschaften der Ableitung

Es bezeichne in diesem Abschnitt stets $I \subset \mathbb{R}$ ein Intervall und $f\colon I \to \mathbb{R}$ eine Funktion. Wir wollen in einem Punkt $x_0 \in I$ die Tangente an den Graphen von f bestimmen.

Dies ist aus zwei Gründen von Interesse:

i) Die Steigung der Tangente gibt an, wie sich die Funktion f in der Nähe von x_0 ändert.
ii) Die Tangente im Punkt x_0 ist eine Approximation für die Funktion f in der Nähe von x_0.

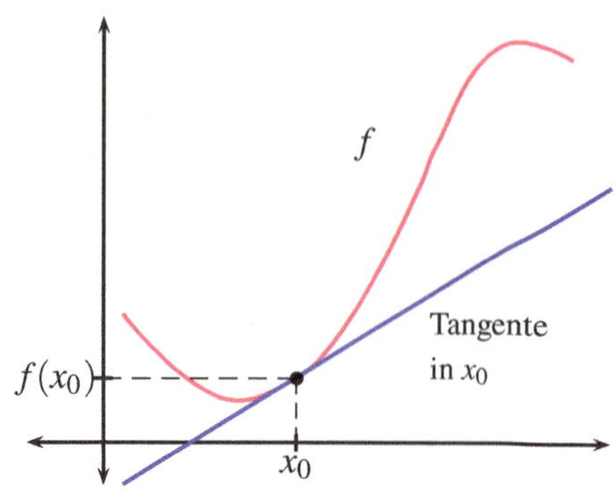

Wie können wir nun die Tangente im Punkt x_0 bestimmen? Zunächst ist folgendes klar: Da die Tangente durch den Punkt $(x_0, f(x_0))$ geht, ist die Tangente bestimmt, wenn die Steigung der Tangenten bestimmt ist.

Die Aufgabe, die Tangente zu bestimmen, ist also die gleiche wie die Aufgabe, die Tangentensteigung zu bestimmen.

Zur Berechnung der Tangentensteigung suggeriert die nebenstehende Zeichnung, dass man die Tangentensteigung als Grenzwert der Sekantensteigungen erhalten sollte, wenn sich der „Hilfspunkt“ $(x, f(x))$ dem Punkt $(x_0, f(x_0))$ nähert, in Formeln

$$\text{Tangentensteigung in } x_0 = \lim_{x\to x_0} \frac{f(x) - f(x_0)}{x - x_0}$$

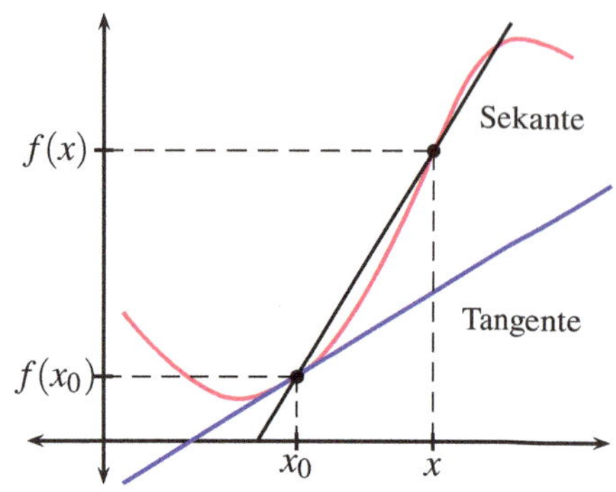

Allerdings ist nicht klar, ob der Grenzwert existiert und in der Tat existiert der Grenzwert für viele Funktionen nicht. Beispiele folgen. Diese Funktionen besitzen dann in dem fraglichen Punkt x_0 keine Tangente. Es ist demnach eine Eigenschaft der Funktion f, ob der in Rede stehende Grenzwert existiert oder nicht, also ob f eine Tangente in x_0 besitzt oder nicht. Diese Eigenschaft wird als *differenzierbar* bezeichnet.

Definition 1.12 i) Die Funktion $f\colon I \to \mathbb{R}$ heißt *differenzierbar im Punkt* $x_0 \in I$, wenn der Grenzwert

$$\lim_{x\to x_0} \frac{f(x)-f(x_0)}{x-x_0}$$

existiert. In diesem Fall heißt dieser Grenzwert die *Ableitung von* f *im Punkt* x_0; er wird mit $f'(x_0)$ bezeichnet, also

$$f'(x_0) = \lim_{x\to x_0} \frac{f(x)-f(x_0)}{x-x_0}\,.$$

ii) f heißt *differenzierbar (auf I)*, wenn f in jedem Punkt $x \in I$ differenzierbar ist, in diesem Fall heißt die Funktion $f'\colon I \to \mathbb{R}, x \mapsto f'(x)$ die *Ableitung von* f.

Die Ableitung von f im Punkt x_0 ist also die Steigung der Tangenten an den Graphen von f im Punkt x_0. Hierdurch wird ein enger Zusammenhang zwischen einer differenzierbaren Funktion f und ihrer Ableitung f' hergestellt.

Beispiel 1.27 Die Funktion $\sin\colon \mathbb{R} \to \mathbb{R}$ ist differenzierbar mit

$$\sin' x = \cos x \qquad \text{für alle } x \in \mathbb{R}\,.$$

Beweis. Wir betrachten einen festen Punkt x_0 und rechnen mit $h := x - x_0$ unter Verwendung der Additionstheoreme (1.1.3) aus:

$$\begin{aligned}
\frac{\sin x - \sin x_0}{x-x_0} &= \frac{1}{h}\big(\sin(x_0+h) - \sin x_0\big) = \frac{1}{h}\big(\sin x_0 \cos h + \cos x_0 \sin h - \sin x_0\big) \\
&= \cos x_0 \frac{\sin h}{h} - \sin x_0 \frac{1-\cos h}{h} = \cos x_0 \frac{\sin h}{h} - \sin x_0 \frac{2\sin^2 \frac{h}{2}}{h} \\
&= \cos x_0 \frac{\sin h}{h} - \sin x_0 \sin\frac{h}{2}\,\frac{\sin\frac{h}{2}}{\frac{h}{2}} \quad \to \cos x_0 \qquad \text{bei } h \to 0\,,
\end{aligned}$$

denn bei $h \to 0$ konvergiert $\dfrac{\sin h}{h} \to 1$ gemäß Beispiel 1.24, also ebenso $\dfrac{\sin\frac{h}{2}}{\frac{h}{2}} \to 1$ und außerdem $\sin\dfrac{h}{2} \to \sin 0 = 0$, da die Sinusfunktion stetig ist. □

Wir geben auch gleich ein Beispiel einer nicht differenzierbaren Funktion.

Beispiel 1.28 Die Funktion $f\colon [0,\infty[\to \mathbb{R}$ sei definiert durch

$$f(x) = \begin{cases} x \sin \frac{1}{x} & \text{falls } x > 0 \\ 0 & \text{falls } x = 0 \end{cases} .$$

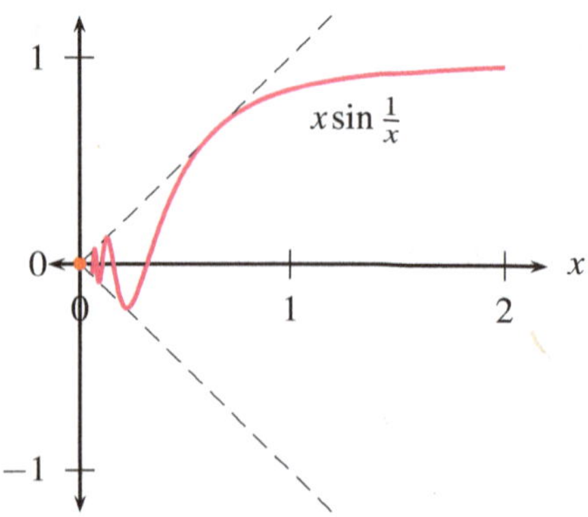

Dann ist f stetig im Punkt 0, aber dort nicht differenzierbar. Für jede Folge $(x_n)_{n\in\mathbb{N}}$ in $]0,\infty[$ mit $x_n \to 0$ gilt nämlich

$$|f(x_n)| = |x_n \sin \frac{1}{x_n}| \leq x_n \to 0,$$

aber

$$\frac{f(x)-f(0)}{x-0} = \sin \frac{1}{x}$$

divergiert bei $x \to 0$ nach Beispiel 1.25.

Wir wollen nun den eingangs formulierten Gedanken erläutern, dass man eine differenzierbare Funktion in der Nähe eines Punktes x_0 durch die Tangente approximieren kann.

Behauptung 1.7 *Ist $f\colon I \to \mathbb{R}$ im Punkt $x_0 \in I$ differenzierbar, so wird f in der Nähe von x_0 durch die Tangente*

$$T(x) = f(x_0) + f'(x_0)(x - x_0) \qquad \textit{für alle } x \in \mathbb{R}$$

„gut" approximiert. Das bedeutet, schreibt man

$$f(x) = \underbrace{f(x_0) + f'(x_0)(x - x_0)}_{T(x)} + R(x) \qquad \textit{oder} \quad R(x) = f(x) - T(x), \tag{1.3.1}$$

so konvergiert der Fehler oder Rest $R(x)$ bei $x \to x_0$ so schnell gegen 0, dass sogar

$$\frac{1}{x-x_0} R(x) \to 0 \qquad \textit{bei } x \to x_0 . \tag{1.3.2}$$

Beweis. Nach Definition der Differenzierbarkeit gilt

$$\frac{R(x)}{x-x_0} = \frac{f(x)-f(x_0)-f'(x_0)(x-x_0)}{x-x_0} = \frac{f(x)-f(x_0)}{x-x_0} - f'(x_0) \to 0 \quad \text{bei } x \to x_0 . \quad \square$$

Bemerkung 1.9 *Diese Eigenschaft ist sogar zur Differenzierbarkeit im Punkt x_0 äquivalent: Ist $G(x) = f(x_0) + c(x - x_0)$ eine Gerade durch $(x_0, f(x_0))$, welche f in der Nähe von x_0 im obigen Sinne gut approximiert, also*

$$\frac{1}{x-x_0}\big(f(x) - G(x)\big) \to 0 \qquad \textit{bei } x \to x_0$$

erfüllt, so ist f differenzierbar in x_0 und die Gerade $G(x)$ ist die Tangente. Denn

$$\frac{f(x)-G(x)}{x-x_0} = \frac{f(x)-f(x_0)}{x-x_0} - c \to 0 \quad \textit{bedeutet} \quad \frac{f(x)-f(x_0)}{x-x_0} \to c \quad \textit{bei } x \to x_0 .$$

Die obige Behauptung 1.7 liefert die richtige Vorstellung, die man sich von dem Begriff der Differenzierbarkeit machen soll: Eine Funktion f ist differenzierbar in einem Punkt x_0, wenn sie in der Nähe von x_0 durch eine Gerade approximierbar ist, also in der Nähe von x_0 „aussieht wie eine Gerade".

Weiter zeigt Behauptung 1.7 sofort:

Folgerung 1.3 *Ist eine Funktion f differenzierbar, so ist sie stetig; die Umkehrung ist im Allgemeinen falsch, wie das obige Beispiel 1.28 zeigt.*

Beweis. Für $x_0 \in I$ schreiben wir gemäß (1.3.1)

$$f(x) = f(x_0) + f'(x_0)(x - x_0) + R(x) \qquad \text{für alle } x \in I.$$

Bei $x \to x_0$ strebt $R(x) \to 0$ nach (1.3.2), also konvergiert

$$f(x) = f(x_0) + f'(x_0)(x - x_0) + R(x) \to f(x_0) \qquad \text{bei } x \to x_0. \qquad \square$$

In der Praxis wird Behauptung 1.7 oft folgendermaßen formuliert:

$$f(x) \approx f(x_0) + f'(x_0)(x - x_0) \qquad \text{falls } x \text{ nahe bei } x_0 \tag{1.3.3}$$

oder äquivalent

$$f(x_0 + \Delta x) \approx f(x_0) + f'(x_0)\Delta x \qquad \text{falls } \Delta x \text{ klein}. \tag{1.3.4}$$

Diese Art und Weise, Funktionswerte in der Nähe eines festen Punktes x_0 abzuschätzen, wird als *Linearisieren von f an der Stelle x_0* bezeichnet.

Wir betrachten als Anwendung das Problem der *Fehlerfortpflanzung*: Wir messen eine gewisse Größe x – etwa den Radius einer Kugel – und wollen hieraus eine andere Größe $f(x)$ – etwa das Volumen der Kugel – berechnen. Wenn x mit einem bestimmten Messfehler behaftet ist, mit welcher Unsicherheit muss man dann bei $f(x)$ rechnen? Wir nehmen dazu an, dass uns der maximal mögliche Fehler Δx bei dieser Messung aus der Kenntnis der Messapparatur, unserer Fähigkeit, Skalen abzulesen, ... bekannt ist. Haben wir dann einen Wert x_0 gemessen, so liegt der wahre Wert x zwischen $x_0 - \Delta x$ und $x_0 + \Delta x$, der wahre Funktionswert $f(x)$ erfüllt gemäß (1.3.3)

$$f(x) \approx f(x_0) + f'(x_0)(x - x_0)$$
$$|f(x) - f(x_0)| \approx |f'(x_0)|\,|(x - x_0)| \leqq |f'(x_0)|\Delta x,$$

falls der maximale Fehler Δx hinreichend klein ist. Der *absolute Fehler von $f(x)$* ist demnach näherungsweise höchstens

$$|f'(x_0)|\Delta x, \tag{1.3.5}$$

der *relative Fehler* entsprechend

$$\frac{|f'(x_0)|}{|f(x_0)|}\Delta x. \tag{1.3.6}$$

Fast alle in den Naturwissenschaften auftretenden Funktionen sind differenzierbar und ihre Ableitungen lassen sich in der Regel ohne explizites Berechnen von Grenzwerten bestimmen. Dies wollen wir im Rest dieses Abschnittes präzisieren.

Bemerkung 1.10 (Rechenregeln) *Sind die Funktionen $f,g\colon I\to\mathbb{R}$ beide differenzierbar, so ist*

i) *die Summe $f+g$ differenzierbar mit*

$$(f+g)'(x)=f'(x)+g'(x) \qquad \text{für alle } x\in I,$$

ii) *das Produkt fg differenzierbar und es gilt die* Produktregel

$$(fg)'(x)=f'(x)g(x)+f(x)g'(x) \qquad \text{für alle } x\in I,$$

iii) *der Quotient $\frac{f}{g}$ differenzierbar auf $\{x\in I: g(x)\neq 0\}$ und es gilt die* Quotientenregel

$$\left(\frac{f}{g}\right)'(x)=\frac{f'(x)g(x)-f(x)g'(x)}{g(x)^2} \qquad \text{für alle } x\in I \text{ mit } g(x)\neq 0.$$

Diese einfachen Regeln sollten bekannt sein; auf einen Beweis wollen wir daher verzichten.

Bemerkung 1.11 (Kettenregel) *Sind die Funktionen $f\colon I\to\mathbb{R}$ und $g\colon J\to\mathbb{R}$ beide differenzierbar mit $f(x)\in J$ für alle $x\in I$, so ist die zusammengesetzte Funktion $g\circ f\colon I\to\mathbb{R}$ differenzierbar mit*

$$(g\circ f)'(x)=g'(f(x))f'(x) \qquad \text{für alle } x\in I.$$

Beweis. Wir betrachten einen Punkt $x_0\in I$ und setzen mit $y_0=f(x_0)\in J$

$$G(y)=\begin{cases}\dfrac{g(y)-g(y_0)}{y-y_0}-g'(y_0) & \text{für } y\in J,\, y\neq y_0\\ 0 & \text{für } y=y_0\,.\end{cases}$$

Da g in y_0 differenzierbar ist, ist G in y_0 stetig. Weiter können wir mit Hilfe von G und Gleichung (1.3.1) für $x\in I$ schreiben

$$\begin{aligned}\frac{g(f(x))-g(f(x_0))}{x-x_0}&=\frac{1}{x-x_0}\big(G(f(x))+g'(f(x_0))\big)\big(f(x)-f(x_0)\big)\\ &=\frac{1}{x-x_0}\big(G(f(x))+g'(f(x_0))\big)\big(f'(x_0)(x-x_0)+R(x)\big)\\ &=\big(G(f(x))+g'(f(x_0))\big)\left(f'(x_0)+\frac{R(x)}{x-x_0}\right)\\ &\to g'(f(x_0))f'(x_0) \qquad \text{bei } x\to x_0,\end{aligned}$$

da f in x_0 differenzierbar ist. □

Wir wollen nun noch die Ableitungen einiger wichtiger Funktionen bestimmen.

Beispiel 1.29 i) Für jedes $n \in \mathbb{N}$ ist die Potenzfunktion $f(x) = x^n$ für alle $x \in \mathbb{R}$ differenzierbar mit $f'(x) = nx^{n-1}$. Dies kann man leicht durch Induktion begründen: Der Fall $n = 1$ ist klar und im Induktionsschritt ist $f(x) = x^{n+1} = x \cdot x^n$ differenzierbar nach der Produktregel mit $f'(x) = x^n + xnx^{n-1} = (n+1)x^n$.

ii) Die Cosinusfunktion cos ist differenzierbar mit

$$\cos' x = -\sin x \qquad \text{für alle } x \in \mathbb{R}.$$

Hierzu schreiben wir mit dem Additionstheorem 1.1.3 für die Sinusfunktion

$$\cos x = \sin(x + \frac{\pi}{2}) = \sin(f(x)) \quad \text{mit} \quad f(x) = x + \frac{\pi}{2} \quad \text{für alle } x \in \mathbb{R}$$

und wenden die Kettenregel und das Additionstheorem des Cosinus an:

$$\cos' x = \sin'(f(x))f'(x) = \cos\left(x + \frac{\pi}{2}\right) = -\sin x \quad \text{für alle } x \in \mathbb{R}.$$

iii) Die Exponentialfunktion exp: $\exp(x) = \mathrm{e}^x$ für alle $x \in \mathbb{R}$ ist differenzierbar mit

$$\exp'(x) = \mathrm{e}^x = \exp(x) \qquad \text{für alle } x \in \mathbb{R}.$$

Es gilt nämlich

$$\frac{\exp(x+h) - \exp(x)}{h} = \frac{1}{h}(\mathrm{e}^x\mathrm{e}^h - \mathrm{e}^x) = \mathrm{e}^x\frac{\mathrm{e}^h - 1}{h} \to \mathrm{e}^x \qquad \text{bei } h \to 0,$$

denn nach unserer Wahl von e in Beispiel 1.8 ist $\lim\limits_{h \to 0} \frac{\mathrm{e}^h - 1}{h} = \text{Tangentensteigung in } 0 = 1$. Die Exponentialfunktion stimmt also mit ihrer Ableitung überein. Sie ist auch die einzige Funktion mit dieser Eigenschaft, wie wir im nächsten Abschnitt sehen werden.

iv) Die Tangensfunktion tan ist differenzierbar mit

$$\tan' x = \frac{1}{\cos^2 x} = 1 + \tan^2 x \qquad \text{für alle } x \neq \pm\frac{\pi}{2}, \pm\frac{3}{2}\pi, \ldots.$$

Die Quotientenregel ergibt nämlich mit Beispiel 1.27

$$\tan' x = \frac{\cos^2 x + \sin^2 x}{\cos^2 x} = 1 + \tan^2 x = \frac{1}{\cos^2 x}.$$

v) Die Exponentialfunktion zur Basis $a > 0$, $\exp_a(x) = a^x$ für alle $x \in \mathbb{R}$, ist differenzierbar mit

$$\exp_a'(x) = a^x \ln a = (\ln a)\exp_a(x) \qquad \text{für alle } x \in \mathbb{R}.$$

Hierzu schreiben wir

$$a^x = \mathrm{e}^{x \ln a} = \exp(f(x))$$

mit $f(x) = x \ln a$ und wenden die Kettenregel an.

Übungen

Übung 1.33 a) Berechnen Sie die Ableitung der folgenden Funktionen

$$\text{i) } f(x) = \left(x + \frac{1}{x}\right)^2 \qquad \text{ii) } g(t) = \tan\frac{t}{2} - \cot\frac{t}{2} \qquad \text{iii) } h(s) = \left(\frac{1+s^3}{1-s^3}\right)^{\frac{1}{3}}.$$

b) Es sei $a > 0$. Rechnen Sie nach: Die Ableitung von

$$f(x) = \frac{1}{2a}\tan\frac{ax}{2} + \frac{1}{6a}\tan^3\frac{ax}{2} \qquad \text{ist} \qquad f'(x) = \frac{1}{(\cos ax + 1)^2}.$$

Übung 1.34 Es ist die Lösung x der Gleichung $x^5 - 3x - 11 = 0$, also die Nullstelle der Funktion $f : f(x) = x^5 - 3x - 11$ zu bestimmen. Gehen Sie dazu folgendermaßen vor:
i) Bestimmen Sie – etwa aus einer Skizze des Graphen von f – eine Näherungslösung x_0.
ii) Verbessern Sie die in i) gefundene Näherung x_0 schrittweise gemäß

$$x_1 = x_0 - \frac{f(x_0)}{f'(x_0)}, x_2 = x_1 - \frac{f(x_1)}{f'(x_1)}, \ldots$$

bis eine befriedigende Genauigkeit erreicht ist. Erläutern Sie kurz die Idee des Verfahrens (Newton-Verfahren).

Übung 1.35 Berechnen Sie das Volumen V, das ein Mol Stickstoff bei $T = 450$ K und $p =$ 80 bar einnimmt, indem Sie ihn als Van-der-Waals-Gas behandeln: $p = \frac{RT}{V-b} - \frac{a}{V^2}$. Die Gaskonstante hat den Wert $R = 8.314 \cdot 10^{-2}$ bar dm^3 K^{-1} mol^{-1}, die Zahlenwerte von a und b sind für Stickstoff $a = 1.408$ dm^6 bar mol^{-2} und $b = 3.913 \cdot 10^{-2}$ dm^3 mol^{-1}. Benutzen Sie zur Lösung der Gleichung das obige Newton-Verfahren mit dem entsprechenden Volumen aus der idealen Gasgleichung $p = \frac{RT}{V}$ als Startwert.

Übung 1.36 a) Zeigen Sie, dass man durch Linearisieren die Näherungsformel $\sqrt[3]{1+x} \approx 1 + \frac{1}{3}x$ für $x \in \mathbb{R}$, $|x|$ klein, erhält. Berechnen Sie mit ihrer Hilfe näherungsweise $\sqrt[3]{1.1}$ sowie $\sqrt[3]{1.01}$ und vergleichen Sie mit den exakten Werten. Wie kann man so $\sqrt[3]{997}$ abschätzen?
b) Berechnen Sie näherungsweise $\sin 32°$ aus $\sin 30°$ und $\cos 30°$.

Übung 1.37 Für die Seite eines gleichseitigen Dreiecks wurden 8.4 cm gemessen, wobei ein Messfehler von ± 0.5 mm möglich war. Wie groß ist der Flächeninhalt des Dreiecks? Mit welchem relativen und absoluten Fehler ist dieser Wert behaftet?

1.3.2 Vom Nutzen der Ableitung

Wir wollen – wie eigentlich auch schon im letzten Abschnitt – Eigenschaften einer Funktion durch Untersuchung ihrer Ableitung erschließen. Hierzu benötigen wir ein Mittel, welches uns erlaubt, Informationen über die Ableitung in Informationen über die Funktion selbst umzuwandeln. Dieses Hilfsmittel ist der sogenannte *Mittelwertsatz*, den wir zunächst formulieren.

Es bezeichne im gesamten Abschnitt $I \subset \mathbb{R}$ ein Intervall.

Satz 1.6 (Erste Version des Mittelwertsatzes) *Es sei $f\colon I \to \mathbb{R}$ differenzierbar. Zu je zwei Punkten $u, v \in I$ mit $u < v$ gibt es einen Punkt $x \in I$ mit $u < x < v$, so dass gilt*

$$f(v) - f(u) = f'(x)(v - u).$$

Wie die nebenstehende Zeichnung zeigt, ist die Aussage des Mittelwertsatzes anschaulich plausibel: Zwischen u und v gibt es eine Stelle x, wo die Tangentensteigung $f'(x)$ gleich der Sekantensteigung $\dfrac{f(v)-f(u)}{v-u}$ ist; man verschiebe hierzu die Sekante parallel, bis sie den Graphen von f berührt. Wir wollen daher auf einen formalen Beweis verzichten.
Leider ist diese leicht zu verstehende und leicht zu merkende Version des Mittelwertsatzes nicht für alle unsere Zwecke ausreichend; wir müssen daher noch eine zweite, technische Variante formulieren.

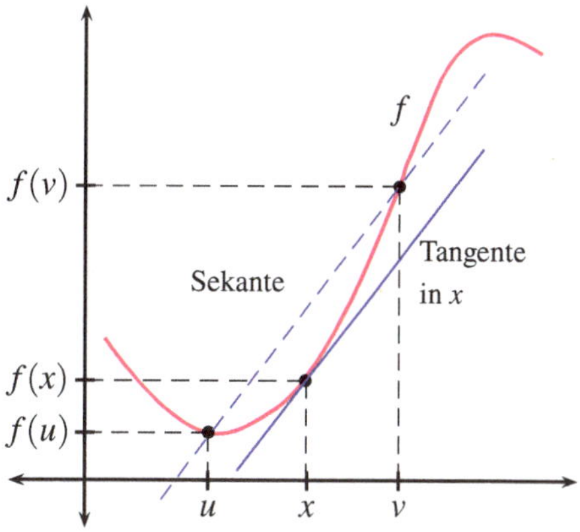

Satz 1.7 (Verschärfte Version des Mittelwertsatzes) *Es seien $f, g\colon I \to \mathbb{R}$ differenzierbar (eventuell mit Ausnahme der Randpunkte von I, dort genügt die Stetigkeit der Funktionen). Zu je zwei Punkten $u, v \in I$ mit $u < v$ gibt es ein $x \in I$ mit $u < x < v$, so dass gilt*

$$(f(v) - f(u))g'(x) = (g(v) - g(u))f'(x).$$

Offenbar folgt die frühere Version des Satzes sofort aus dieser Variante, indem man $g(x) = x$ für alle $x \in I$ setzt. Umgekehrt folgt die Variante aus der einfachen Version – bis auf die Abschwächung der Differenzierbarkeitsforderung – indem man die frühere Version auf die Hilfsfunktion

$$h : h(x) = (f(v) - f(u))(g(x) - g(u)) - (g(v) - g(u))(f(x) - f(u)) \quad \text{für alle } x \in I$$

anwendet: Die Funktion h ist differenzierbar mit $h(u) = 0$ und $h(v) = 0$, also gibt es nach der ersten Version des Satzes ein $u < x < v$ mit

$$0 = h'(x) = (f(v) - f(u))g'(x) - (g(v) - g(u))f'(x)$$

und dies wird gerade behauptet.

Wir werden nun sofort sehen, wie der Mittelwertsatz Informationen über die Ableitung in Informationen über die Funktion ummünzen kann.

Folgerung 1.4 *Es sei* $f\colon I \to \mathbb{R}$ *differenzierbar.*

i) *Ist* $f'(x) = 0$ *für alle* $x \in I$, *so ist* f *konstant.*

ii) *Ist* $f'(x) > 0$ *für alle* $x \in I$, *so ist* f *streng monoton wachsend, das heißt, für* $u, v \in I$ *mit* $u < v$ *ist* $f(u) < f(v)$.

Beweis. Sind $u, v \in I$ mit $u < v$, so gibt es nach dem Mittelwertsatz 1.6 ein $u < x < v$, so dass

$$f(v) - f(u) = f'(x)(v-u) \begin{cases} = 0 & \text{im Falle i)} \\ > 0 & \text{im Falle ii)}\,. \end{cases}$$ □

Mit Hilfe der Aussage i) der obigen Folgerung 1.4 können wir beispielsweise zeigen, dass die Exponentialfunktion die einzige Funktion ist, die mit ihrer Ableitung übereinstimmt.

Bemerkung 1.12 *Es sei* $f\colon I \to \mathbb{R}$ *eine differenzierbare Funktion, so dass mit einer Konstanten* $k \in \mathbb{R}$ *gilt*

$$f'(x) = kf(x) \quad \textit{für alle } x \in I\,.$$

Dann gilt

$$f(x) = C\mathrm{e}^{kx} \quad \textit{für alle } x \in I$$

mit einer Konstanten $C \in \mathbb{R}$.

Beweis. Wir betrachten die Funktion

$$g : g(x) = \mathrm{e}^{-kx} f(x) \qquad \text{für alle } x \in I\,.$$

Nach der Produktregel ist g differenzierbar mit der Ableitung

$$g'(x) = -k\mathrm{e}^{-kx} f(x) + \mathrm{e}^{-kx} f'(x) = -k\mathrm{e}^{-kx} f(x) + \mathrm{e}^{-kx} k f(x) = 0 \qquad \text{für alle } x \in I\,,$$

also ist g nach i) der obigen Folgerung 1.4 konstant, das heißt, es gilt

$$g(x) = C = \mathrm{e}^{-kx} f(x) \qquad \text{für alle } x \in I$$

mit einer Konstanten C. □

Exkurs über die Umkehrfunktion. Eine Möglichkeit, neue Funktionen zu definieren, besteht darin, bekannte Funktionen umzukehren. Wir knüpfen an Folgerung 1.4 ii) an. Es sei $f\colon I \to \mathbb{R}$ differenzierbar mit $f'(x) > 0$ für alle $x \in I$ (im Falle $f'(x) < 0$ für alle $x \in I$ gilt alles Folgende entsprechend). Dann ist also f streng monoton wachsend und nach dem Zwischenwertsatz 1.4 ist $J := f(I) = \{f(x) : x \in I\}$ ein Intervall. Man kann auf J eine Funktion f^{-1} definieren durch

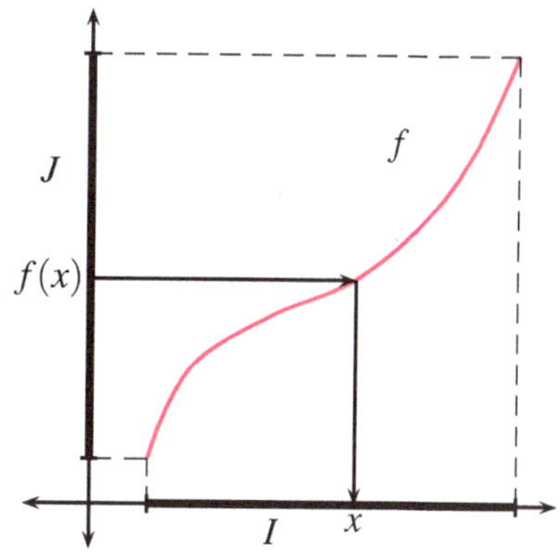

$$y = f(x) \mapsto x \qquad \text{für alle } y = f(x) \in J,$$

also durch die Vorschrift

$$f^{-1}(y) = \\ \text{das eindeutig bestimmte } x \in I \text{ mit } f(x) = y.$$

Die so definierte Funktion f^{-1} heißt die Umkehrfunktion zu f. Es gilt

$$f^{-1}\big(f(x)\big) = x \qquad \text{für alle } x \in I$$
$$f\big(f^{-1}(y)\big) = y \qquad \text{für alle } y \in J.$$

Der Graph von f^{-1} entsteht durch Spiegeln des Graphen an der Winkelhalbierenden, was man sich klarmacht, wenn man die x-Achse und die y-Achse vertauscht. Weiter ist f^{-1} wieder differenzierbar mit

$$(f^{-1})'(y) = \frac{1}{f'(x)} = \frac{1}{f'\big(f^{-1}(y)\big)} \qquad \text{für alle } y = f(x) \in J. \tag{1.3.7}$$

Hierzu geben wir die folgende Plausibilitätsbetrachtung. Für zwei Punkte $y = f(x) \in J$ und $y_0 = f(x_0) \in J$ gilt

$$\frac{f^{-1}(y) - f^{-1}(y_0)}{y - y_0} = \frac{x - x_0}{f(x) - f(x_0)} = \frac{1}{\frac{f(x)-f(x_0)}{x-x_0}} \to \frac{1}{f'(x_0)}$$

bei $y \to y_0$ und also $x \to x_0$, wobei letzteres zu zeigen bleibt.

Beispiel 1.30 Es sei $I =]0,\infty[$ und $f\colon f(x) = x^n$ für alle $x \in I$, mit $n \in \mathbb{N}$ fest. Dann ist $f(I) =]0,\infty[$ und die Funktion besitzt wegen $f'(x) = nx^{n-1} > 0$ für alle $x > 0$ eine Umkehrfunktion $f^{-1}\colon]0,\infty[\to \mathbb{R}$, definiert durch

$$f^{-1}(y) = \text{das } x > 0 \text{ mit } x^n = y \qquad \text{für alle } y > 0.$$

Für $f^{-1}(y)$ schreibt man üblicherweise $\sqrt[n]{y}$ oder $y^{\frac{1}{n}}$; die Funktion f^{-1} heißt die *n-te Wurzel*. Für die Ableitung gilt nach (1.3.7):

$$(f^{-1})'(y) = \frac{1}{nx^{n-1}} = \frac{1}{ny^{1-\frac{1}{n}}} = \frac{1}{n}y^{\frac{1}{n}-1} \qquad \text{für alle } y = x^n > 0.$$

Beispiel 1.31 Die Exponentialfunktion $\exp\colon \mathbb{R} \to \mathbb{R}$ besitzt wegen $\exp'(x) = e^x > 0$ für alle $x \in \mathbb{R}$ eine Umkehrfunktion. Diese ist definiert auf $J =]0,\infty[$ durch

$$\ln = \exp^{-1} : y \mapsto \text{das } x \in \mathbb{R} \text{ mit } e^x = y \qquad \text{für alle } y > 0.$$

Die Umkehrfunktion der Exponentialfunktion ist der (natürliche) Logarithmus, den wir bereits in Beispiel 1.9 besprochen haben. Für die Ableitung gilt nach (1.3.7):

$$\ln' y = \frac{1}{(e^x)'} = \frac{1}{e^x} = \frac{1}{y} \qquad \text{für alle } y > 0,\ y = e^x,$$

oder – in vertrauterer Schreibweise zum Merken –

$$\ln' x = \frac{1}{x} \qquad \text{für alle } x > 0.$$

Beispiel 1.32 Die Tangensfunktion tan auf dem Intervall $]-\frac{\pi}{2}, \frac{\pi}{2}[$ besitzt eine Umkehrfunktion wegen

$$\tan' x = 1 + \tan^2 x > 0 \qquad \text{für alle } -\frac{\pi}{2} < x < \frac{\pi}{2}.$$

Der Definitionsbereich der Umkehrfunktion ist der Wertebereich der Tangensfunktion, also $\mathbb{R}$; die Umkehrfunktion heißt die *Arcustangensfunktion* und wird mit arctan, gelegentlich auch mit $\tan^{-1}$ bezeichnet. Sie ist definiert durch

$$\arctan y = \text{das } -\frac{\pi}{2} < x < \frac{\pi}{2} \text{ mit } \tan x = y.$$

Für ihre Ableitung gilt abermals nach (1.3.7):

$$\arctan' y = \frac{1}{\tan' x} = \frac{1}{1 + \tan^2 x} = \frac{1}{1 + y^2} \qquad \text{für alle } y \in \mathbb{R},\ y = \tan x.$$

oder – in vertrauterer Schreibweise zum Merken –

$$\arctan' x = \frac{1}{1 + x^2} \qquad \text{für alle } x \in \mathbb{R}.$$

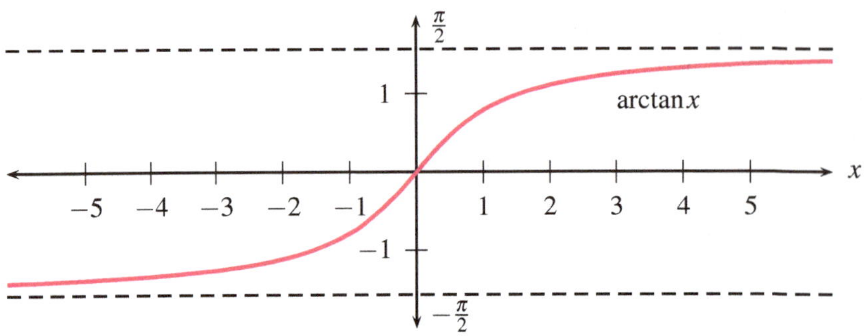

Damit haben wir eine Funktion gefunden, deren Ableitung die Funktion $x \mapsto \frac{1}{1+x^2}$ ist; diese werden wir in der Integralrechnung benötigen.

Nach diesem Exkurs über die Umkehrfunktion wollen wir uns noch einmal mit einem Problem beschäftigen, das wir bereits früher kurz angesprochen haben, nämlich der Berechnung von Grenzwerten von Quotienten $\frac{f(x)}{g(x)}$. Im Falle $f(x) \to 0$ und $g(x) \to 0$ versagt die einfache Rechenregel aus Bemerkung 1.7, aber die sogenannten *de l'Hospitalschen Regeln* führen oft zum Ziel. Diese wollen wir jetzt behandeln.

Folgerung 1.5 *Es sei $I \subset \mathbb{R}$ ein Intervall der Form $\ldots, a[$ mit $a \in \mathbb{R}$ oder $a = \infty$. Die Funktionen $f, g\colon I \to \mathbb{R}$ seien differenzierbar mit $g'(x) \neq 0$ für alle $x \in I$. Dann gilt:*

1. Regel von de l'Hospital: *Es strebe $f(x) \to 0$ und $g(x) \to 0$ bei $x \to a$. Wenn $\lim\limits_{x \to a} \frac{f'(x)}{g'(x)}$ existiert, dann existiert auch $\lim\limits_{x \to a} \frac{f(x)}{g(x)}$ und es gilt*

$$\lim_{x \to a} \frac{f(x)}{g(x)} = \lim_{x \to a} \frac{f'(x)}{g'(x)}\,.$$

2. Regel von de l'Hospital: *Es strebe $g(x) \to \infty$ bei $x \to a$. Wenn $\lim\limits_{x \to a} \frac{f'(x)}{g'(x)}$ existiert, dann existiert auch $\lim\limits_{x \to a} \frac{f(x)}{g(x)}$ und es gilt*

$$\lim_{x \to a} \frac{f(x)}{g(x)} = \lim_{x \to a} \frac{f'(x)}{g'(x)}\,.$$

Beweis. Da die Aussagen doch überraschend sind, wollen wir etwa die erste Regel im Fall $a \in \mathbb{R}$ beweisen.

1) Wir treffen zunächst die folgenden Vorbereitungen: Wir setzen $\widetilde{I} = I \cup \{a\} = \ldots, a]$ und definieren $f(a) = 0$ sowie $g(a) = 0$. Dann sind $f, g\colon \widetilde{I} \to \mathbb{R}$ stetig und auf I differenzierbar, so dass die verschärfte Version 1.7 des Mittelwertsatzes anwendbar ist.

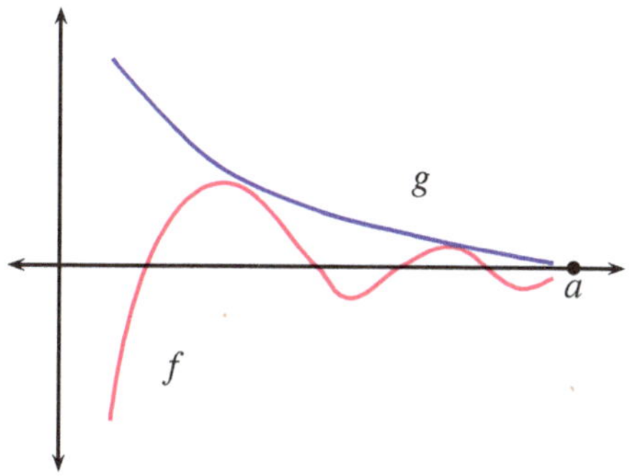

2) Zu zeigen ist: Für jede Folge $(x_n)_{n \in \mathbb{N}}$ in I mit $x_n \to a$ konvergiert

$$\frac{f(x_n)}{g(x_n)} \to b := \lim_{x \to a} \frac{f'(x)}{g'(x)}$$

Zu den Punkten x_n und a existiert nach Satz 1.7 ein Punkt $u_n \in I$ mit $x_n < u_n < a$, so dass gilt

$$\big(f(x_n) - f(a)\big)g'(u_n) = \big(g(x_n) - g(a)\big)f'(u_n) \qquad \text{oder} \qquad \frac{f(x_n)}{g(x_n)} = \frac{f'(u_n)}{g'(u_n)}\,.$$

Bei $n \to \infty$ konvergiert $u_n \to a$ und somit $\dfrac{f(x_n)}{g(x_n)} = \dfrac{f'(u_n)}{g'(u_n)} \to b$ nach Voraussetzung. □

Beispiel 1.33 i) $\lim\limits_{x \to 1} \dfrac{x^6 - 1}{x^3 - 1}$. Die erste Regel ist anwendbar und zeigt

$$\lim_{x \to 1} \frac{x^6 - 1}{x^3 - 1} = \lim_{x \to 1} \frac{6x^5}{3x^2} = \lim_{x \to 1} 2x^3 = 2 .$$

ii) $\lim\limits_{x \to 0} \dfrac{\sin x - x}{x^3}$. Hier muss man die erste Regel dreimal hintereinander anwenden, um zum Ziel zu kommen:

$$\lim_{x \to 0} \frac{\sin x - x}{x^3} = \lim_{x \to 0} \frac{\cos x - 1}{3x^2} = \lim_{x \to 0} \frac{-\sin x}{6x} = -\lim_{x \to 0} \frac{1}{6} \cos x = -\frac{1}{6} .$$

iii) $\lim\limits_{x \to 0} \left(\dfrac{1}{x} - \dfrac{1}{\sin x} \right)$. Um die l'Hospitalsche Regel anwenden zu können, muss man zunächst einen Quotienten herstellen:

$$\frac{1}{x} - \frac{1}{\sin x} = \frac{\sin x - x}{x \sin x}$$

Zweimaliges Anwenden der ersten Regel zeigt

$$\lim_{x \to 0} \left(\frac{1}{x} - \frac{1}{\sin x} \right) = \lim_{x \to 0} \frac{\sin x - x}{x \sin x} = \lim_{x \to 0} \frac{\cos x - 1}{\sin x + x \cos x} = \lim_{x \to 0} \frac{-\sin x}{2 \cos x - x \sin x} = 0 .$$

iv) $\lim\limits_{x \to 0} x^x$. Man schreibt $x^x = \mathrm{e}^{x \ln x}$ und wendet auf den Exponenten die zweite Regel an:

$$\lim_{x \to 0} x \ln x = \lim_{x \to 0} \frac{\ln x}{\frac{1}{x}} = \lim_{x \to 0} \frac{\frac{1}{x}}{-\frac{1}{x^2}} = \lim_{x \to 0} -x = 0 .$$

Wegen der Stetigkeit der Exponentialfunktion gilt dann $x^x = \mathrm{e}^{x \ln x} \to \mathrm{e}^0 = 1$ bei $x \to 0$.

v) Wir können nun leicht $\lim\limits_{n \to \infty} \left(1 + \dfrac{1}{n}\right)^n = \mathrm{e}$ verifizieren, wie wir im Abschnitt 1.2.1 behauptet hatten. Es gilt nämlich

$$(1 + x)^{\frac{1}{x}} = \mathrm{e}^{\frac{1}{x} \ln(1+x)} \to \mathrm{e}^1 = \mathrm{e} \qquad \text{bei } x \to 0,$$

denn nach der ersten Regel ist

$$\lim_{x \to 0} \frac{\ln(1+x)}{x} = \lim_{x \to 0} \frac{1}{1+x} = 1 .$$

Für jede Folge $(x_n)_n$ mit $x_n \to 0$ strebt also $(1 + x_n)^{\frac{1}{x_n}} \to \mathrm{e}$. Wir setzen $x_n = \dfrac{1}{n}$ und erhalten $\left(1 + \dfrac{1}{n}\right)^n \to \mathrm{e}$, wie behauptet.

Beispiel 1.34 i) $\lim\limits_{x\to\infty}\frac{x^n}{e^x}$ für festes $n\in\mathbb{N}$. Durch n-maliges Anwenden der zweiten Regel oder durch Induktion erhält man

$$\lim_{x\to\infty}\frac{x^n}{e^x}=\lim_{x\to\infty}n\frac{x^{n-1}}{e^x}=\lim_{x\to\infty}n(n-1)\frac{x^{n-2}}{e^x}=\cdots=\lim_{x\to\infty}\frac{n!}{e^x}=0.$$

Anschaulich wird dieses Ergebnis folgendermaßen formuliert: *„Die Exponentialfunktion wächst schneller als jede Potenz“*.
ii) $\lim\limits_{x\to\infty}\frac{\ln x}{x^\alpha}$ für eine feste Potenz $\alpha>0$. Bei Anwenden der zweiten Regel ergibt sich

$$\lim_{x\to\infty}\frac{\ln x}{x^\alpha}=\lim_{x\to\infty}\frac{\frac{1}{x}}{\alpha x^{\alpha-1}}=\lim_{x\to\infty}\frac{1}{\alpha x^\alpha}=0.$$

Das bedeutet: *„Die Logarithmusfunktion wächst langsamer als jede Potenz“*.

Übungen

Übung 1.38 Bestimmen Sie den Definitionsbereich und die Ableitung der folgenden Funktionen. Bringen Sie Ihr Ergebnis jeweils in möglichst einfache Form.

$$\text{i) } f(x)=\frac{1}{\sqrt{3}}\arctan\frac{\sqrt{3}x}{1-x^2}\qquad\text{ii) } h(s)=\sqrt{s\sqrt{s\sqrt{s}}}\qquad\text{iii) } f(x)=\ln\tan\Big(\frac{x}{2}+\frac{\pi}{4}\Big)$$

Übung 1.39 Für eine differenzierbare Funktion $f\colon I\to\mathbb{R}$ mit $f(x)>0$ für alle $x\in I$ heißt $\frac{f'(x)}{f(x)}$ die logarithmische Ableitung von f, warum? Berechnen Sie die Ableitung von $f\colon f(x)=x^x$ für alle $x>0$. Zeigen Sie, dass für Funktionen $f_1,\dots,f_n\colon I\to\mathbb{R}$ mit$f_1(x),\dots,f_n(x)>0$ für alle $x\in I$ gilt

$$\frac{(f_1\cdot\ldots\cdot f_n)'}{f_1\cdot\ldots\cdot f_n}=\frac{f_1'}{f_1}+\cdots+\frac{f_n'}{f_n}.$$

Übung 1.40 Berechnen Sie die folgenden Grenzwerte:

$$\text{i) }\lim_{x\to\frac{\pi}{6}}\frac{2\sin x-1}{\cos 3x}\qquad\text{ii) }\lim_{x\to0}\frac{e^x-x-1}{x(e^x-1)}\qquad\text{iii) }\lim_{x\to0}\Big(\frac{1}{x}-\frac{1}{\ln(x+1)}\Big)$$

$$\text{iv) }\lim_{t\to\infty}\Big(1-\frac{1}{t}\Big)^t\qquad\text{v) }\lim_{x\to2}\frac{x^2-x-2}{x^3-2x^2+4x-4}\qquad\text{vi) }\lim_{x\to\infty}\frac{\sqrt{4x^2+6x}}{4x+3}$$

Übung 1.41 Nach *A. Einstein* ist die Molwärme eines Festkörpers in Abhängigkeit von der Temperatur T in Kelvin gegeben durch

$$c(T)=3R\Big(\frac{T}{T_0}\Big)^2\frac{\exp\big(\frac{T}{T_0}\big)}{\big(\exp\big(\frac{T}{T_0}\big)-1\big)^2},$$

dabei bedeutet R die Gaskonstante und T_0 die sogenannte charakteristische Temperatur. Bestimmen Sie $c(T)$ für sehr kleine und sehr hohe Temperaturen, also die Grenzwerte von $c(T)$ bei $T \to 0$ und $T \to \infty$.

Übung 1.42 Ein Körper der Masse m wird mit Geschwindigkeit v_0 senkrecht nach oben geworfen. Berücksichtigt man die Luftreibung und nimmt diese als proportional zum Quadrat der augenblicklichen Geschwindigkeit an (Proportionalitätskonstante sei k), so ergibt sich für die Steigzeit

$$\tau = \sqrt{\frac{m}{gk}} \arctan\left(v_0\sqrt{\frac{k}{gm}}\right).$$

Welche Steigzeit findet man bei Vernachlässigung der Luftreibung, also bei $k \to 0$?

Übung 1.43 Begründen Sie, dass die Sinusfunktion sin, eingeschränkt auf das Intervall $]-\frac{\pi}{2},\frac{\pi}{2}[$, eine Umkehrfunktion besitzt. Diese heißt Arcussinus-Funktion und wird mit arcsin oder $\sin^{-1}$ abgekürzt. Bestimmen Sie deren Ableitung. Skizzieren Sie den Graphen der Funktion und bestimmen Sie die Werte $\arcsin 0$ und $\arcsin 0.5$.

Übung 1.44 Zeichnen Sie die Graphen der Funktionen sinh und cosh in ein Achsenkreuz. Rechnen Sie die Beziehung $\cosh^2 x - \sinh^2 x = 1$ für alle $x \in \mathbb{R}$ nach und bestimmen Sie die Ableitungen der drei Hyperbelfunktionen sinh, cosh und tanh. Zeigen Sie, dass der Hyperbelsinus sinh eine Umkehrfunktion besitzt. Diese wird mit arsinh bezeichnet („area sinus hyperbolicus"). Berechnen Sie die Funktionsgleichung und die Ableitung.

Übung 1.45 Man zeige, dass die Funktion

$$f\colon f(x) = \arctan x + \arctan\frac{1}{x} \quad \text{für alle } x \in \mathbb{R}, x \neq 0$$

nur zwei verschiedene Funktionswerte hat. Welche?

1.3.3 Höhere Ableitungen und die Berechnung von Extremwerten

Es bezeichne wieder im ganzen Abschnitt $I \subset \mathbb{R}$ ein Intervall.

Wir beginnen diesen Abschnitt mit einer kurzen Diskussion der zweiten und höheren Ableitungen. Zunächst müssen wir zur Kenntnis nehmen: Ist eine Funktion $f\colon I \to \mathbb{R}$ differenzierbar, so ist die Ableitung $f'\colon I \to \mathbb{R}$ nicht notwendigerweise wieder differenzierbar, wie das folgende Beispiel zeigt:

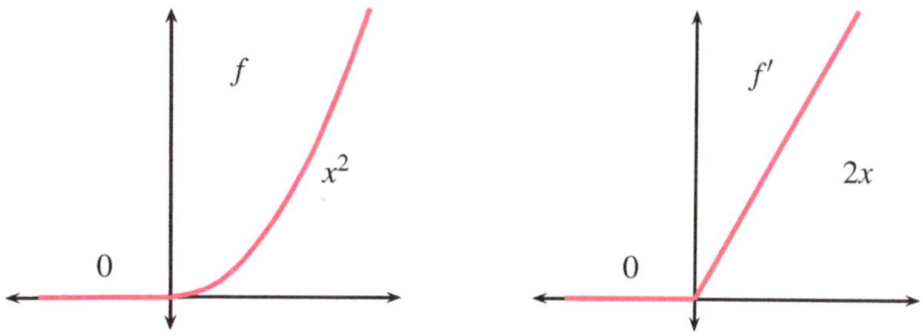

Man definiert daher:

Definition 1.13 Eine Funktion $f\colon I \to \mathbb{R}$ heißt *zweimal differenzierbar*, wenn f (einmal) differenzierbar ist und wenn die Ableitung f' differenzierbar ist. In diesem Fall heißt die Funktion $f'' := (f')'$ die *zweite Ableitung* von f.

Eine Funktion $f\colon I \to \mathbb{R}$ heißt *dreimal differenzierbar*, wenn f zweimal differenzierbar ist und wenn die zweite Ableitung f'' differenzierbar ist. In diesem Fall heißt die Funktion $f''' := (f'')'$ die *dritte Ableitung* von f.

So kann man induktiv fortfahren:

Eine Funktion $f\colon I \to \mathbb{R}$ heißt *n-mal differenzierbar*, wenn f $(n-1)$-mal differenzierbar ist und wenn die $(n-1)$-te Ableitung $f^{(n-1)}$ differenzierbar ist. In diesem Fall heißt die Funktion $f^{(n)} := (f^{(n-1)})'$ die *n-te Ableitung* von f.

Schließlich erklärt man noch:

Eine Funktion $f\colon I \to \mathbb{R}$ heißt *beliebig* (oder *unendlich*) *oft differenzierbar*, wenn f n-mal differenzierbar ist für jedes $n \in \mathbb{N}$.

Man bezeichnet also die ersten höheren Ableitungen einer Funktion f durch $f'', f''', f'''', \ldots$ bis die hochgestellten Striche unübersichtlich werden und schreibt dann $f^{(3)}, f^{(4)}, \ldots$ In diesem Zusammenhang ist es zweckmäßig, $f^{(0)} = f$ zu setzen.

Wir bemerken wieder, dass die meisten in der Praxis auftretenden Funktionen sogar beliebig oft differenzierbar sind. Dies lässt sich besonders klar formulieren, wenn man den Begriff der elementaren Funktion einführt:

Definition 1.14 Wir nennen eine Funktion *elementar*, wenn sie aus den Konstanten und den Funktionen x, $\sin(x)$, $\exp(x)$ durch Bilden von Summen, Produkte und Quotienten oder durch Zusammensetzen oder durch Umkehren erzeugt wird.

Beispielsweise sind folgende Funktionen elementar:

$$\cos x = \sin\left(x + \frac{\pi}{2}\right) \qquad \ln\frac{\sqrt{1+x}-1}{\sqrt{1+x}+1} \qquad \frac{\arctan \mathrm{e}^{-2x}}{\sqrt[3]{x^2+\sqrt{x}}} \qquad 2^{\frac{x}{\ln x}}$$

Die Ableitungsregeln wie Produktregel, Quotientenregel, Kettenregel oder die Aussage (1.3.7) besagen insbesondere, dass eine elementare Funktion *auf ihrem Definitionsbereich* differenzierbar ist und dass ihre Ableitung wieder eine elementare Funktion ist. Daher gilt:

Bemerkung 1.13 *Eine elementare Funktion ist beliebig oft differenzierbar. Jede ihrer Ableitungen ist wieder eine elementare Funktion.*

Während die erste Ableitung eine unmittelbare geometrische Interpretation als Steigung besitzt, geht dies bei den höheren Ableitungen schnell verloren. Lediglich die zweite Ableitung lässt sich noch geometrisch als Krümmung deuten. Wir wollen dies aber nicht genauer ausführen, sondern notieren nur:

Bemerkung 1.14 *Es sei $f: I \to \mathbb{R}$ eine zweimal differenzierbare Funktion.*

i) *Ist $f''(x) > 0$ für alle $x \in I$, so ist f linksgekrümmt oder* konvex.
ii) *Ist $f''(x) < 0$ für alle $x \in I$, so ist f rechtsgekrümmt oder* konkav.

Plausibilitätsbetrachtung hierzu: Ist

$$f''(x) = (f'(x))' > 0$$

so ist f' streng monoton wachsend, das bedeutet, die Steigung nimmt zu.

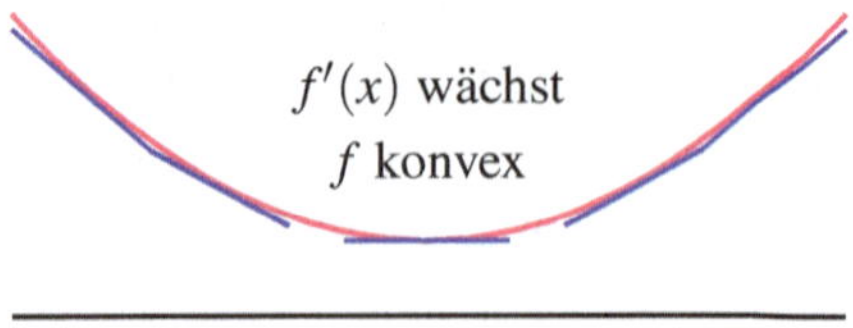

Wir wenden uns nun der Berechnung von Extremwerten zu. Dies ist eine der für die Praxis wichtigsten Anwendungen der Differentialrechnung.

Wir beginnen mit der vertrauten Vorstellung, dass das Auftreten von Extremwerten oft mit Nullstellen der Ableitung zusammenfällt. Allerdings sind die Extremwerte nicht zwangsläufig mit den Nullstellen der Ableitung identisch.

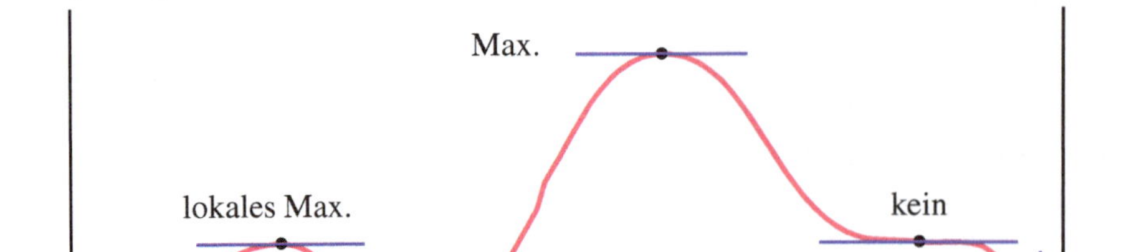

Wir müssen vielmehr zwei Warnungen aussprechen:

i) An den Randpunkten des Definitionsbereichs können Extremwerte auftreten, die nicht Nullstellen der Ableitung sind, diese werden als *Randextrema* bezeichnet und müssen gesondert untersucht werden.
ii) Eine Nullstelle der Ableitung ist nicht notwendig ein Extremwert; vielmehr impliziert erst eine Zusatzbedingung zusammen mit einer Nullstelle der Ableitung, dass ein Extremwert vorliegt.

Bevor wir hierauf genauer eingehen, müssen wir zunächst den Begriff des Extremwerts exakt definieren. Extremwerte im Sinne der Differentialrechnung sind stets *lokale Extremwerte*, das heißt, größte oder kleinste Funktionswerte lediglich in einer „Umgebung" des fraglichen Punktes.

Definition 1.15 Eine Funktion $f\colon I \to \mathbb{R}$ hat im Punkt $x_0 \in I$ ein *lokales Minimum (Maximum)*, wenn es ein $r > 0$ gibt, so dass

$$f(x_0) \leqq f(x) \qquad (f(x_0) \geqq f(x)) \qquad\qquad \text{für alle } x \in I \text{ mit } |x - x_0| \leqq r.$$

Ein *lokales Extremum* ist der Oberbegriff, also entweder ein lokales Minimum oder ein lokales Maximum. Da wir nur über lokale Extrema reden, lassen wir den Zusatz „lokal" meist weg.

Besitzt das Definitionsintervall der Funktion Randpunkte, so ist – zum Beispiel durch Einsetzen dieser Punkte – separat zu prüfen, ob und welche Art von Extrema hier vorliegt. Bei Anwendungen in der Praxis entsprechen diese Randpunkte ohnehin meist irgendwelchen entarteten Situationen und sind ohne Belang; man vergleiche hierzu das Beispiel am Ende des Abschnitts. Wir beschäftigen uns im Folgenden nur noch mit den Extremwerten im Inneren des Definitionsintervalls, das heißt, wir setzen im Rest des Abschnitts das Intervall I als *offen* voraus, also von der Form $I =]a,b[$ mit $-\infty \leqq a < b \leqq \infty$. Dann ist jedenfalls sichergestellt, dass jedes Extremum auch eine Nullstelle der Ableitung ist:

Bemerkung 1.15 *Es sei $I \subset \mathbb{R}$ ein offenes Intervall und $f\colon I \to \mathbb{R}$ eine differenzierbare Funktion. Hat f im Punkt x_0 ein lokales Extremum, so ist $f'(x_0) = 0$.*

Beweis. Wir nehmen $f'(x_0) = 0$ als falsch an, dann ist entweder $f'(x_0) > 0$ oder $f'(x_0) < 0$. Im Falle $f'(x_0) > 0$ folgt aus

$$\frac{f(x) - f(x_0)}{x - x_0} \to f'(x_0) > 0 \quad \text{bei } x \to x_0,$$

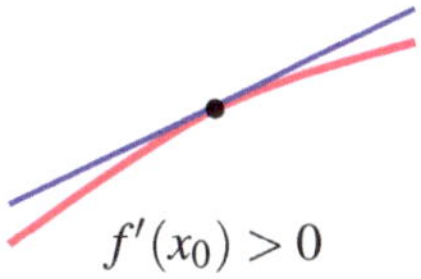

dass für ein $r > 0$ auch der Quotient $\dfrac{f(x) - f(x_0)}{x - x_0} > 0$ ist für $x \in I$ mit $0 < |x - x_0| < r$; Zähler und Nenner haben für diese x dann ein gemeinsames Vorzeichen, das bedeutet

$$f(x) - f(x_0) > 0 \text{ für } x_0 < x < x_0 + r \quad \text{und} \quad f(x) - f(x_0) < 0 \text{ für } x_0 - r < x < x_0 .$$

Da x_0 kein Randpunkt von I sein kann, ist $f(x) < f(x_0)$ links von x_0 und $f(x) > f(x_0)$ rechts von x_0, das heißt, x_0 kann weder Minimum noch Maximum von f sein. Im Falle $f'(x_0) < 0$ argumentiert man entsprechend. □

Es bestehen nun mehrere Möglichkeiten, die oben erwähnte Zusatzbedingung zu formulieren, die zusammen mit $f'(x_0) = 0$ garantieren soll, dass in x_0 ein Extremum vorliegt. Am bekanntesten ist wohl das folgende Kriterium.

Bemerkung 1.16 *Es sei $I \subset \mathbb{R}$ ein offenes Intervall und $f\colon I \to \mathbb{R}$ zweimal differenzierbar. Ist dann $x_0 \in I$ ein Punkt mit $f'(x_0) = 0$ und $f''(x_0) \neq 0$, so hat f in x_0 ein lokales Extremum, und zwar ein Minimum im Falle $f''(x_0) > 0$ und ein Maximum im Falle $f''(x_0) < 0$.*

Einen Beweis können wir später leicht mit Behauptung 1.8 führen. Dieses Kriterium hat aber Nachteile: Oft ist es mühsam, die zweite Ableitung zu berechnen und manchmal ist das Kriterium nicht anwendbar. So hat etwa die Funktion $f : f(x) = x^4$ offenbar ein Minimum im Punkt $x_0 = 0$, wegen $f''(0) = 0$ liefert die zweite Ableitung aber keine Entscheidung.

Wir geben daher noch ein leistungsfähigeres Kriterium an. Hierzu führen wir die folgende Sprechweise ein.

Definition 1.16 Es sei $I \subset \mathbb{R}$ ein offenes Intervall, das heißt, von der Form $I =]a, b[$ mit $-\infty \leqq a < b \leqq \infty$. Eine Funktion $g\colon I \to \mathbb{R}$ hat im Punkt $x_0 \in I$ eine *Nullstelle mit Vorzeichenwechsel*, wenn $g(x_0) = 0$ ist und wenn ein $r > 0$ existiert, so dass entweder gilt

$$g(x) > 0 \quad \text{für } x_0 - r < x < x_0 \qquad \text{und} \qquad g(x) < 0 \quad \text{für } x_0 < x < x_0 + r \qquad (+ \curvearrowright -)$$

oder

$$g(x) < 0 \quad \text{für } x_0 - r < x < x_0 \qquad \text{und} \qquad g(x) > 0 \quad \text{für } x_0 < x < x_0 + r \qquad (- \curvearrowright +)$$

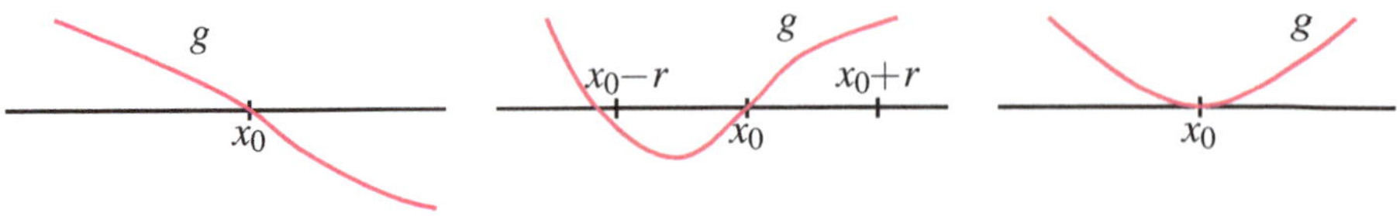

Vorzeichenwechsel $(+ \curvearrowright -)$ Vorzeichenwechsel $(- \curvearrowright +)$ kein Vorzeichenwechsel

Ist g differenzierbar in x_0, so kann man oft – aber nicht immer – mit Hilfe der Ableitung $g'(x_0)$ erkennen, ob ein Vorzeichenwechsel vorliegt.

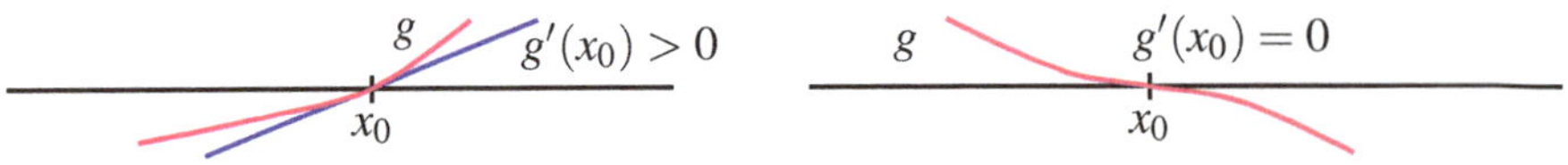

Bemerkung 1.17 *Es sei $I \subset \mathbb{R}$ offen und $g\colon I \to \mathbb{R}$ differenzierbar in $x_0 \in I$ mit $g(x_0) = 0$. Dann gilt*

i) *Ist $g'(x_0) > 0$, so hat g in x_0 eine Nullstelle mit Vorzeichenwechsel $(- \curvearrowright +)$.*
ii) *Ist $g'(x_0) < 0$, so hat g in x_0 eine Nullstelle mit Vorzeichenwechsel $(+ \curvearrowright -)$.*

Beweis. Dies ist anschaulich klar, wie die linke Skizze vor der Bemerkung zeigt, ist aber auch ganz leicht ohne Bezug auf die Anschauung zu beweisen. Es genügt, den Fall i) zu begründen. Wegen

$$\frac{g(x)}{x - x_0} = \frac{g(x) - g(x_0)}{x - x_0} \to g'(x_0) > 0 \qquad \text{bei } x \to x_0$$

ist der linke Quotient in der Nähe von x_0 positiv, hieraus folgt die Behauptung wie im Beweis der Bemerkung 1.15. □

Beispiel 1.35 Wir betrachten für festes $n \in \mathbb{N}$ die Funktion $g : g(x) = x^n$ für alle $x \in \mathbb{R}$. Für ungerades n liegt offenbar in 0 eine Nullstelle mit Vorzeichenwechsel $(- \curvearrowright +)$ vor. Wegen

$g'(x) = nx^{n-1}$ ist dieser Vorzeichenwechsel nur im Fall $n = 1$ mit Hilfe der obigen Bemerkung 1.17 erkennbar. Ist n gerade, so liegt in 0 eine Nullstelle ohne Vorzeichenwechsel vor.

Wir können nun das folgende Kriterium für die Existenz von Extremwerten formulieren.

Behauptung 1.8 *Es sei $I \subset \mathbb{R}$ ein offenes Intervall und es sei $f\colon I \to \mathbb{R}$ differenzierbar. Ist $x_0 \in I$ eine Nullstelle von f' mit Vorzeichenwechsel, so hat f in x_0 ein lokales Extremum und zwar ein Maximum bei einem Vorzeichenwechsel $(+ \curvearrowright -)$ und ein Minimum bei Vorzeichenwechsel $(- \curvearrowright +)$.*

Beweis. Bei einem Vorzeichenwechsel $(+ \curvearrowright -)$ gibt es ein $r > 0$ mit $f'(x) > 0$ für alle $x_0 - r < x < x_0$, also $f(x) < f(x_0)$ dort nach Folgerung 1.4 ii) und mit $f'(x) < 0$ für alle $x_0 < x < x_0 + r$, also $f(x_0) > f(x)$ dort. □

Dieses Kriterium liefert sofort das schwächere Kriterium 1.16. Ist nämlich etwa $f''(x_0) > 0$, so können wir die Bemerkung 1.17 auf die Funktion $g = f'$ anwenden und erhalten, dass f' im Punkt x_0 einen Vorzeichenwechsel $(- \curvearrowright +)$ hat. Daher besitzt f ein Minimum in x_0.

Somit ist zur Bestimmung der Extremwerte einer Funktion f folgendermaßen vorzugehen: Zunächst bestimmt man die Nullstellen der Ableitung f', nach Bemerkung 1.15 kann es im Innern des Intervalls keine weiteren Extrema geben. Mit einem der Kriterien 1.16 oder 1.8 ist zu prüfen, ob diese Nullstellen tatsächlich Extrema sind. Anschließend ist noch zu untersuchen, ob eventuell Randextrema vorliegen.

Wir geben zur Verdeutlichung ein einfaches Beispiel.

Beispiel 1.36 Für die Geschwindigkeit v der Reaktion

$$2\,H_2 + 2\,NO \to 2\,H_2O + N_2$$

gilt bei konstanter Temperatur

$$v = k\big[H_2\big]\big[NO\big]^2$$

mit einer Konstanten k, wobei $\big[\cdot\big]$ die jeweilige Konzentration bezeichnet. Bei welcher Konzentration verläuft die Reaktion mit maximaler Geschwindigkeit? Bezeichnen wir mit x die Konzentration von H_2 in Volumenprozent, so ist

$$v = v(x) = kx(100 - x)^2 \qquad \text{für } 0 \leqq x \leqq 100\,.$$

Für $x = 0$ und $x = 100$ ist $v = 0$, hier liegen triviale Randminima vor. Weiter erhalten mit der Produktregel

$$v'(x) = k(100 - x)(100 - 3x) \qquad \text{für } 0 \leqq x \leqq 100\,.$$

Als Nullstellen von $v'(x)$ finden wir $x_1 = 100$, das Randminimum, das wir schon kennen, und $x_2 = \dfrac{100}{3}$ als Nullstelle im Inneren mit Vorzeichenwechsel $(+ \curvearrowright -)$, also das gesuchte Maximum. Wir müssen ein Teil Wasserstoff und zwei Teile Stickoxid einsetzen, um eine maximale Reaktionsgeschwindigkeit zu erreichen.

Übungen

Übung 1.46 Für die Funktionen

$$\text{i) } f(x) = x\mathrm{e}^x \qquad \text{und} \qquad \text{ii) } g(t) = \frac{1}{at+b} \text{ mit } a,b \in \mathbb{R},\ a \neq 0$$

berechne man einige Ableitungen, stelle eine Formel für die n-te Ableitung auf und beweise diese durch Induktion.

Übung 1.47 Wird eine bestimmte Größe (Höhe eines Turmes, Gewicht einer Substanz, Radius einer Kugel,...) mehrmals unabhängig voneinander gemessen, so erhält man erfahrungsgemäß auf Grund von unvermeidlichen Messfehlern verschiedene Ergebnisse. Eine Größe sei n-mal gemessen, die Resultate der Einzelmessungen seien $x_1, \ldots, x_n$. Nach *Carl Friedrich Gauß* wird derjenige Wert x als wahrscheinlichstes Ergebnis angesehen, für den die Summe der Fehlerquadrate

$$\sum_{\ell=1}^{n} (x - x_\ell)^2$$

am kleinsten wird. Bestimmen Sie diesen Wert.

Übung 1.48 Bestimmen Sie für festes $n \in \mathbb{N}$ die Extremwerte der Funktion

$$f : f(x) = x^n \mathrm{e}^{-x} \qquad \text{für alle } x \in \mathbb{R}.$$

Übung 1.49 Aus dem Planckschen Strahlungsgesetz

$$E(\lambda) = \frac{2hc^2}{\lambda^5} \frac{1}{\exp\left(\frac{ch}{k\lambda T}\right) - 1}$$

soll diejenige Wellenlänge $\lambda = \lambda_{\max}$ berechnet werden, für welche die spektrale Energieverteilung $E(\lambda)$ maximal wird. Dabei bedeutet k die Boltzmann-Konstante, h das Plancksche Wirkungsquantum, T die Temperatur und c die Lichtgeschwindigkeit. Zeigen Sie $\lambda_{\max} T = \dfrac{hc}{4.965\,k}$ (Wiensches Verschiebungsgesetz). *Hinweis:* Die Substitution $x = \dfrac{ch}{\lambda k T}$ erspart viel Rechenarbeit. Die Nullstelle der Ableitung bestimmt man zweckmäßigerweise mit dem Newton-Verfahren aus Übung 1.34. Zeigen Sie ferner, dass bei dem Grenzübergang $h \to 0$ das Plancksche Strahlungsgesetz in das Strahlungsgesetz der klassischen Physik $E(\lambda) = \dfrac{2ckT}{\lambda^4}$ (Rayleigh-Jeans) übergeht.

Übung 1.50 Vorbemerkung: Es sei $f\colon I \to \mathbb{R}$ eine zweimal differenzierbare Funktion. Man sagt, f hat im Punkte $a \in I$ einen Sattelpunkt, wenn $f'(a) = f''(a) = 0$ und wenn f'' in a das Vorzeichen wechselt.
Die van der Waalssche Zustandsgleichung für das Molvolumen V eines realen Gases lautet $\left(p + \dfrac{a}{V^2}\right)(V - b) = RT$, dabei sind $a, b > 0$ stoffspezifische Konstanten und $R > 0$ ist

die Gaskonstante. Für jede feste Temperatur T ergibt sich hieraus die Abhängigkeit des Druckes p von dem Volumen V durch die Funktion („Isotherme“)

$$p_T : p_T(V) = \frac{RT}{V-b} - \frac{a}{V^2} \quad \text{für alle } V > b.$$

i) Zeigen Sie: Für genau eine Temperatur $T = T_k$ hat die zugehörige Isotherme p_T einen Sattelpunkt. Dessen Koordinaten bezeichnen wir (V_k, p_k). Berechnen Sie diese sogenannten kritischen Daten T_k, V_k und p_k des Gases. ii) Leiten Sie her: Misst man T, V und p in den Einheiten T_k, V_k und p_k, das heißt, geht man zu den „reduzierten Größen“ $\widetilde{T} := \frac{T}{T_k}$, $\widetilde{V} := \frac{V}{V_k}$ und $\widetilde{p} := \frac{p}{p_k}$ über, so nimmt die Zustandsgleichung die Form $\left(\widetilde{p} + \frac{3}{\widetilde{V}^2}\right)\left(\widetilde{V} - \frac{1}{3}\right) = \frac{8}{3}\widetilde{T}$ an, die frei von Stoffkonstanten ist (reduzierte Form der van der Waalsschen Zustandsgleichung).

Empfehlung: Fertigen Sie eine Skizze der Isothermen für $\widetilde{T} = \frac{7}{8}$, $\widetilde{T} = 1$, $\widetilde{T} = \frac{9}{8}$ und $\widetilde{T} = \frac{10}{8}$ im Bereich $\frac{1}{3} < \widetilde{V} \leqq 4$ an.

Übung 1.51 Ein Mensch befindet sich in einem Punkt A am Ufer eines kreisrunden Teiches (Durchmesser 60 m) und möchte in möglichst kurzer Zeit zum gegenüberliegenden Punkt B des anderen Ufers gelangen. Er will hierzu zunächst zu einem Punkt P schwimmen und anschließend von P nach B am Ufer entlang laufen. Wie muss er den Punkt P wählen, wenn er doppelt so schnell läuft wie schwimmt?

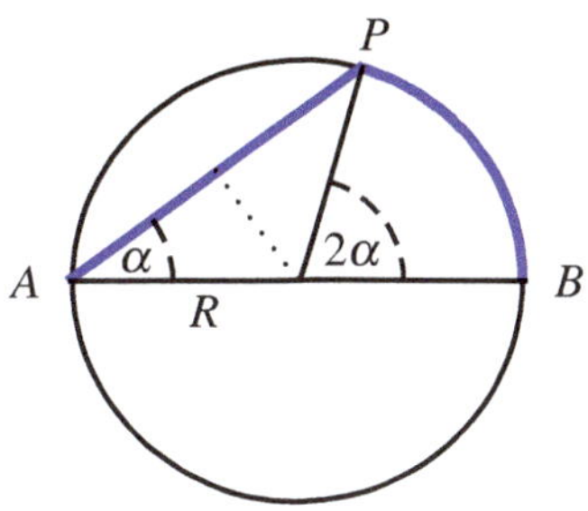

1.3.4 Der Satz von Taylor

Wir kommen nun zum Satz von Taylor. Wir betrachten eine genügend oft differenzierbare Funktion $f : I \to \mathbb{R}$ und einen festen Punkt $x_0 \in I$. In Behauptung 1.7 hatten wir festgestellt, dass die Tangente in x_0 eine Approximation für f in der Nähe des Punktes x_0 darstellt:

$$f(x) \approx f(x_0) + f'(x_0)(x - x_0) \qquad \text{falls } x \text{ nahe bei } x_0,$$

genauer

$$f(x) = f(x_0) + f'(x_0)(x - x_0) + R_1(x),$$

wobei der Rest $R_1(x)$ schnell klein wird bei $x \to x_0$ im Sinne von $\frac{R_1(x)}{x - x_0} \to 0$ bei $x \to x_0$.

Unser Ziel ist es nun, erstens diese Näherung für f zu verbessern und zweitens genauere Information über den Fehler zu erhalten. Wir machen den naheliegenden Ansatz

$$f(x) \approx a_0 + a_1(x-x_0) + a_2(x-x_0)^2 + \cdots + a_n(x-x_0)^n$$

oder genauer

$$f(x) = a_0 + a_1(x-x_0) + a_2(x-x_0)^2 + \cdots + a_n(x-x_0)^n + R_n(x) \qquad (1.3.8)$$

und versuchen, die Koeffizienten $a_0, a_1, \ldots, a_n$ so zu bestimmen, dass der Rest $R_n(x)$ möglichst klein wird. Die natürliche Zahl n ist dabei zunächst fest zu wählen, sie ist ein Maß für den Aufwand, den wir treiben wollen. Je größer n gewählt ist, desto mehr müssen wir rechnen, dafür dürfen wir genauere Ergebnisse erwarten.

Es bestehen nun mehrere Möglichkeiten, die Forderung zu präzisieren, dass der Rest $R_n(x)$ möglichst klein werden soll. Ein naheliegender Ansatz besteht darin, eine bestimmte Genauigkeit, also eine bestimmte maximale Größe von $|R_n(x)|$ über das gesamte Intervall I zu fordern. Diese Möglichkeit wird in der Angewandten Mathematik intensiv studiert. Dies geschieht aber nicht ausschließlich mit den Methoden der Differentialrechnung und soll daher hier nicht weiter verfolgt werden.

Wir wollen verlangen, dass der Fehler $R_n(x)$ möglichst klein wird bei $x \to x_0$, mit dem Hintergedanken, dass wir dann auch eine gewisse Genauigkeit der Approximation von f auf einem größeren Bereich um x_0 herum erreichen. Wir verfolgen also folgende Idee:

Man bestimmt die Koeffizienten $a_0, a_1, a_2, \ldots, a_n$ so, dass das Polynom

$$P(x) = a_0 + a_1(x-x_0) + a_2(x-x_0)^2 + \cdots + a_n(x-x_0)^n \qquad (1.3.9)$$

im Punkt x_0 mit der Funktion f möglichst gut übereinstimmt im Sinne von

$$P(x_0) = f(x_0), \quad P'(x_0) = f'(x_0), \quad P''(x_0) = f''(x_0), \quad \ldots \quad P^{(n)}(x_0) = f^{(n)}(x_0).$$

Durch k-maliges Differenzieren von (1.3.9), $k = 1, 2, \ldots, n$,

$$P^{(k)}(x) = k!\, a_k + (k+1) \cdot k \cdots 2\, a_{k+1}(x-x_0) + \cdots$$

und anschließendes Einsetzen von $x = x_0$ erhalten wir hieraus

$$a_k = \frac{1}{k!} P^{(k)}(x_0) = \frac{1}{k!} f^{(k)}(x_0) \qquad k = 0, 1, 2, \ldots, n.$$

Unser Ansatz (1.3.8) lautet dann:

$$f(x) = f(x_0) + f'(x_0)(x-x_0) + \frac{f''(x_0)}{2!}(x-x_0)^2 + \cdots + \frac{f^{(n)}(x_0)}{n!}(x-x_0)^n + R_n(x).$$

Nun kommt alles darauf an, befriedigende Aussagen über den Fehler $R_n(x)$ zu erhalten. Wir führen zunächst folgende Bezeichnung ein:

Definition 1.17 Das Polynom

$$T_n(x) = f(x_0) + f'(x_0)(x-x_0) + \frac{f''(x_0)}{2!}(x-x_0)^2 + \cdots + \frac{f^{(n)}}{n!}(x-x_0)^n = \\ = \sum_{k=0}^{n} \frac{f^{(k)}(x_0)}{k!}(x-x_0)^k$$

heißt das *n-te Taylorpolynom zur Funktion f und dem Punkt* x_0.

Das n-te Taylorpolynom ist also ein Polynom vom Grade $\leqq n$. Die Abhängigkeit des Taylorpolynoms von f und x_0 unterdrücken wir in der Schreibweise.

Bemerkung 1.18 *Das erste Taylorpolynom zu einem Punkt* x_0 *ist die Tangente in* x_0*:*

$$T_1(x) = f(x_0) + f'(x_0)(x-x_0).$$

Beispiel 1.37 Es sei $f(x) = \sin x$ für alle $x \in \mathbb{R}$ und $x_0 = 0$. Es ist $f(0) = 0$ und

$$\begin{array}{lllll} f'(x) = \cos x & f''(x) = -\sin x & f'''(x) = -\cos x & f^{(4)}(x) = \sin x & f^{(5)}(x) = \cos x \\ f'(0) = 1 & f''(0) = 0 & f'''(0) = -1 & f^{(4)}(0) = 0 & f^{(5)}(0) = 1 \end{array}$$

und somit

$$\begin{aligned} T_1(x) &= f(0) + f'(0)x = x \\ T_3(x) &= f(0) + f'(0)x + \frac{f''(0)}{2!}x^2 + \frac{f'''(0)}{3!}x^3 = x - \frac{1}{6}x^3 \\ T_5(x) &= f(0) + f'(0)x + \frac{f''(0)}{2!}x^2 + \frac{f'''(0)}{3!}x^3 + \frac{f^{(4)}(0)}{4!}x^4 + \frac{f^{(5)}(0)}{5!}x^5 = \\ &= x - \frac{1}{6}x^3 + \frac{1}{120}x^5. \end{aligned}$$

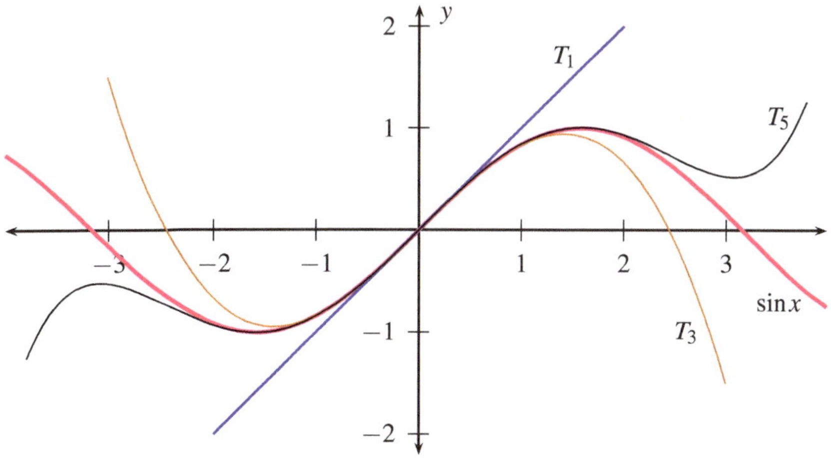

Die obige Zeichnung zeigt, um wie viel genauer die Approximation der Sinusfunktion durch T_3 und T_5 ist als durch die Tangente $T = T_1$.

Unsere bisherigen Überlegungen wären aber im Wesentlichen wertlos, wenn es uns nicht gelänge, Aussagen über den Fehler $R_n(x)$ zu machen. Zunächst kann man durch $(n-1)$-malige Anwendung der de l'Hospitalschen Regel leicht zeigen:

Bemerkung 1.19 *Ist die Funktion $f\colon I \to \mathbb{R}$ im Punkt $x_0 \in I$ n-mal differenzierbar, so konvergiert*

$$\frac{R_n(x)}{(x-x_0)^n} \to 0 \qquad \text{bei } x \to x_0 .$$

Diese Aussage ist die Verallgemeinerung der Gleichung (1.3.2) und besagt, dass der Fehler $R_n(x)$ bei $x \to x_0$ schneller gegen 0 konvergiert als $(x-x_0)^n$.

Eine genauere Aussage über den Rest $R_n(x)$ macht der folgende Satz von Taylor.

Satz 1.8 (Satz von Taylor) *Die Funktion $f\colon I \to \mathbb{R}$ sei $(n+1)$-mal differenzierbar für ein $n = 0,1,2,\ldots$ und es sei $x_0 \in I$ ein fester Punkt. Zu jedem $x \in I$ gibt es ein $u \in I$ zwischen x_0 und x, so dass gilt*

$$R_n(x) = \frac{f^{(n+1)}(u)}{(n+1)!}(x-x_0)^{n+1} ,$$

das bedeutet

$$f(x) = T_n(x) + \frac{f^{(n+1)}(u)}{(n+1)!}(x-x_0)^{n+1} .$$

Der Satz macht eine relativ präzise Aussage über den Rest $R_n(x)$, allerdings wird über die Lage des Punktes $u \in I$ nichts weiter ausgesagt, als dass er zwischen x und x_0 liegt. Im Falle $n = 0$ reduziert sich der Satz offenbar auf den Mittelwertsatz.

Der Beweis des Satzes lässt sich mit der verschärften Version des Mittelwertsatzes 1.7 leicht führen, deshalb wollen wir ihn aufschreiben.

Beweis. 1. Wir benötigen eine kleine Vorüberlegung. Für ein festes $x \in I$ betrachten wir die (Hilfs-)Funktion

$$F : F(z) = f(x) - \sum_{k=0}^{n} \frac{f^{(k)}(z)}{k!}(x-z)^k \qquad \text{für alle } z \in I .$$

Dann gilt

$$F(x) = 0 \qquad \text{sowie} \qquad F(x_0) = R_n(x) ,$$

und ist f wie vorausgesetzt $(n+1)$-mal differenzierbar, so ist F differenzierbar mit

$$F'(z) = -\frac{f^{(n+1)}(z)}{n!}(x-z)^n \qquad \text{für alle } z \in I ,$$

wie man sofort nachrechnet.

2. Sind wie im Satz zwei Punkte x und x_0 in I gegeben, so wenden wir die verschärfte Version 1.7 des Mittelwertsatzes auf die Funktionen F und $G: G(z) = (x-z)^{n+1}$ sowie x und x_0 an und erhalten einen Punkt $u \in I$ zwischen x und x_0 mit

$$\big(F(x_0) - F(x)\big)\, G'(u) = \big(G(x_0) - G(x)\big) F'(u)$$

$$-R_n(x)(n+1)(x-u)^n = -(x-x_0)^{n+1} \frac{f^{(n+1)}(u)}{n!}(x-u)^n .$$

Dies ist gerade die Behauptung. □

Beispiel 1.38 Wir wollen die Sinusfunktion approximieren. Es ist $f(x) = \sin x$ für alle $x \in \mathbb{R}$, wir wählen $x_0 = 0$ und beginnen mit $n = 5$. Im obigen Beispiel 1.37 hatten wir bereits das Taylorpolynom T_5 bestimmt. Zu $x > 0$ erhalten wir aus dem Satz von Taylor ein $0 \leqq u \leqq x$, das die Gleichung

$$\sin x = x - \frac{1}{6}x^3 + \frac{1}{120}x^5 + \frac{x^6}{6!}\sin^{(6)}(u)$$

erfüllt. Beschränken wir uns auf $0 \leqq x \leqq \frac{\pi}{2}$, so ergibt sich hieraus die Abschätzung

$$|\sin x - T_5(x)| = |\sin x - \big(x - \frac{1}{6}x^3 + \frac{1}{120}x^5\big)| \leqq \frac{1}{6!}\Big(\frac{\pi}{2}\Big)^6 \approx 0.0209 .$$

Ist der Fehler zu groß, so kann man n etwa auf $n = 7$ erhöhen und findet

$$\begin{aligned} |\sin x - T_7(x)| &= |\sin x - \big(x - \frac{1}{6}x^3 + \frac{1}{120}x^5 - \frac{1}{5040}x^7\big)| = \\ &= \frac{x^8}{8!}|\sin^{(8)}(u)| \leqq \frac{1}{8!}\Big(\frac{\pi}{2}\Big)^8 \approx 0.00092 \end{aligned}$$

für alle $0 \leqq x \leqq \frac{\pi}{2}$. Bedenkt man noch, dass in unserem Falle $T_7(x) = T_8(x)$ für alle $x \in \mathbb{R}$, so ergibt sich sogar die schärfere Abschätzung

$$|\sin x - \big(x - \frac{1}{6}x^3 + \frac{1}{120}x^5 - \frac{1}{5040}x^7\big)| = \frac{x^9}{9!}|\sin^{(9)}(u)| \leqq \frac{1}{9!}\Big(\frac{\pi}{2}\Big)^9 \approx 0.00016 .$$

Wir können also im Bereich $0 \leqq x \leqq \frac{\pi}{2}$ den Wert von $\sin x$ durch den einfach zu berechnenden Wert $x - \frac{1}{6}x^3 + \frac{1}{120}x^5 - \frac{1}{5040}x^7$ ersetzen und können dabei sicher sein, dass der Fehler unterhalb $2 \cdot 10^{-4}$ liegt!

Wir betrachten noch einmal die Gleichung

$$f(x) = \sum_{k=0}^{n} \frac{f^{(k)}(x_0)}{k!}(x-x_0)^k + R_n(x) . \tag{1.3.10}$$

Im obigen Beispiel hatten wir gesehen, dass offenbar der Fehler $R_n(x)$ bei festem x immer kleiner wird, wenn man n immer größer wählt. Man hat daher Anlass zu der Hoffnung, dass sogar $R_n(x) \to 0$ strebt *bei festem $x \in I$ und $n \to \infty$*, das bedeutet, dass man in (1.3.10) $n \to \infty$ ausführen könnte und

$$f(x) = \sum_{k=0}^{\infty} \frac{f^{(k)}(x_0)}{k!}(x-x_0)^k \tag{1.3.11}$$

erhalten würde. Man könnte dann eine beliebig oft differenzierbare Funktion f als eine Potenzreihe darstellen! In der Tat ist diese Vermutung „fast" richtig, denn alle Funktionen, die in der Praxis vorkommen, haben diese Eigenschaft. Will man ein Beispiel einer beliebig oft differenzierbaren Funktion angeben, welche diese Eigenschaft nicht hat, so muss man sich anstrengen:

Beispiel 1.39 Die Funktion $f\colon \mathbb{R} \to \mathbb{R}$, definiert durch

$$f(x) = \begin{cases} e^{-\frac{1}{x^2}} & \text{für } x \neq 0 \\ 0 & \text{für } x = 0, \end{cases}$$

ist beliebig oft differenzierbar mit $f^{(n)}(0) = 0$ für alle $n = 0,1,2,\dots$. Das kann man relativ schnell mit Hilfe der de l'Hospitalschen Regel nachweisen. Dann ist aber die Taylorreihe von f zum Punkt $x_0 = 0$ gleich 0 und kann nicht gemäß (1.3.11) die Funktion darstellen.

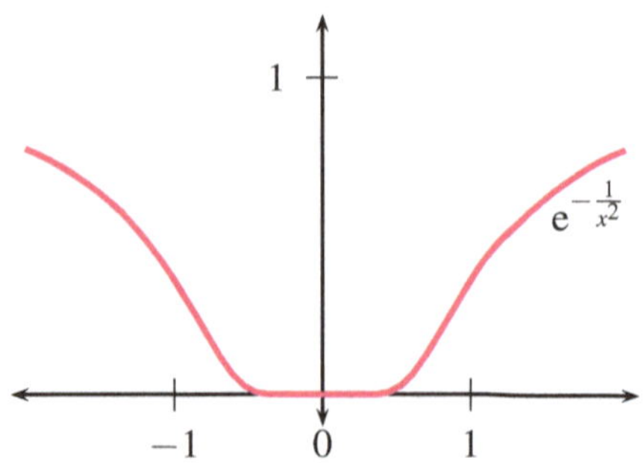

Beliebig oft differenzierbare Funktionen sind also leider nicht immer gemäß (1.3.11) durch eine Potenzreihe darstellbar oder *in eine Potenzreihe entwickelbar*, wie man sich üblicherweise ausdrückt. Man definiert daher

Definition 1.18 i) Eine Funktion $f\colon I \to \mathbb{R}$ heißt *analytisch in $x_0 \in I$*, wenn sie um x_0 in eine Potenzreihe entwickelbar ist, das heißt, wenn ein $r > 0$ und Zahlen $a_0, a_1, a_2 \dots$ existieren, so dass gilt

$$f(x) = \sum_{n=0}^{\infty} a_n (x-x_0)^n \qquad \text{für alle } x \in I,\ |x-x_0| < r.$$

In diesem Fall ist f in $]x_0 - r, x_0 + r[$ unendlich oft differenzierbar mit

$$f^{(n)}(x_0) = n!\,a_n \qquad \text{oder} \qquad a_n = \frac{f^{(n)}(x_0)}{n!} \qquad n = 0,1,2,\dots.$$

ii) $f\colon I \to \mathbb{R}$ heißt *analytisch*, wenn f in jedem Punkt $x_0 \in I$ analytisch ist.

Beispiel 1.40 Wir betrachten die Sinusfunktion und wählen wieder $x_0 = 0$. Nach dem Satz von Taylor können wir für $x \in \mathbb{R}$ mit einem $u \in \mathbb{R}$ zwischen 0 und x abschätzen

$$|R_n(x)| = \left| \frac{x^{n+1}}{(n+1)!} \sin^{(n+1)}(u) \right| \leqq \frac{|x|^{n+1}}{(n+1)!} \to 0 \qquad \text{bei } n \to \infty,$$

wobei wir $\frac{|x|^{n+1}}{(n+1)!} \to 0$ bei $n \to \infty$ etwa aus der Konvergenz der Exponentialreihe (Beispiel 1.23) schließen können. Die Sinusfunktion ist also im Punkt $x_0 = 0$ analytisch und mit $\sin 0 = 0$ sowie

$$\sin' 0 = \cos 0 = 1 \qquad \sin'' 0 = -\sin 0 = 0$$
$$\sin''' 0 = -\cos 0 = -1 \qquad \sin^{(4)} 0 = \sin 0 = 0 \quad \ldots$$

erhalten wir aus (1.3.11) die Reihenentwicklung

$$\begin{aligned} \sin x &= \sum_{n=0}^{\infty} \frac{\sin^{(n)}(0)}{n!} x^n = x - \frac{x^3}{3!} + \frac{x^5}{5!} - \frac{x^7}{7!} + - \cdots = \\ &= \sum_{n=0}^{\infty} (-1)^n \frac{x^{2n+1}}{(2n+1)!} \quad \text{für } x \in \mathbb{R}. \end{aligned} \tag{1.3.12}$$

Potenzreihen darf man gliedweise differenzieren, ohne ihren Konvergenzbereich zu verändern, somit erhält man hieraus

$$\cos x = 1 - \frac{x^2}{2!} + \frac{x^4}{4!} - \frac{x^6}{6!} + - \cdots = \sum_{n=0}^{\infty} (-1)^n \frac{x^{2n}}{(2n)!} \qquad \text{für } x \in \mathbb{R}. \tag{1.3.13}$$

Beispiel 1.41 Als weiteres Beispiel betrachten wir die Exponentialfunktion und wählen abermals $x_0 = 0$. Wir können mit dem Satz von Taylor wegen $\exp^{(n)} = \exp$ für $x \in \mathbb{R}$ mit einem $u \in \mathbb{R}$ zwischen 0 und x abschätzen

$$|R_n(x)| = \left| \frac{x^{n+1}}{(n+1)!} e^u \right| \leqq \max(1, e^x) \frac{|x|^{n+1}}{(n+1)!} \to 0 \qquad \text{bei } n \to \infty.$$

Die Exponentialfunktion ist im Punkt $x_0 = 0$ analytisch und wegen (1.3.11) besteht die Reihenentwicklung

$$e^x = \sum_{n=0}^{\infty} \frac{\exp^{(n)}(0)}{n!} x^n = \sum_{n=0}^{\infty} \frac{1}{n!} x^n = 1 + x + \frac{x^2}{2!} + \frac{x^3}{3!} + \cdots.$$

Dieses Ergebnis haben wir bereits in Beispiel 1.23 vorweggenommen.

Wir notieren ohne Beweis:

Bemerkung 1.20 *Jede elementare Funktion ist analytisch.*

Man kann also eine elementare Funktion um einen beliebigen Punkt ihres Definitionsbereichs in eine Potenzreihe entwickeln; hiervon wird auch in der Praxis regen Gebrauch gemacht, zum Beispiel beim Berechnen von Grenzwerten unter Vermeidung der de l'Hospitalschen Regel:

$$\frac{x-\sin x}{x^3}=\frac{x-(x-\frac{x^3}{3!}+\frac{x^5}{5}-+\cdots)}{x^3}=\frac{1}{x^3}\Big(\frac{x^3}{6}-\frac{x^5}{120}+-\cdots\Big)=$$
$$=\frac{1}{6}-\frac{x^2}{120}+-\cdots\to\frac{1}{6}\qquad\text{bei } x\to 0\,.$$

In der Regel wird man nicht versuchen, die Potenzreihenentwicklung einer Funktion f mit Hilfe der Formel (1.3.11) zu gewinnen, da man hierzu alle Ableitungen $f^{(n)}(x_0)$ berechnen müsste. Man versucht meist vielmehr, die gesuchte Potenzreihe aus bekannten Reihenentwicklungen zu erhalten.

Beispiel 1.42 Aus der geometrischen Reihe

$$\frac{1}{1-x}=1+x+x^2+x^3+\cdots\qquad\text{für alle }-1<x<1$$

erhält man

$$\frac{1}{1+x}=1-x+x^2-x^3+-\cdots\qquad\text{für alle }-1<x<1\,.$$

Das Quotientenkriterium 1.6 zeigt, dass auch die Reihe

$$x-\frac{1}{2}x^2+\frac{1}{3}x^3-\frac{1}{4}x^4+-\cdots\qquad\text{für alle }-1<x<1$$

konvergiert. Die hierdurch dargestellte Funktion

$$f(x)=x-\frac{1}{2}x^2+\frac{1}{3}x^3-\frac{1}{4}x^4+-\cdots\qquad\text{für alle }-1<x<1$$

hat die gleiche Ableitung wie die Funktion $\ln(x+1)$:

$$f'(x)=1-x+x^2-x^3+-\cdots=\frac{1}{1+x}=\ln'(x+1)$$

Nach Folgerung 1.4 i) gilt $f(x)=\ln(x+1)+C$ mit einer Konstanten C, diese muss aber gleich 0 sein wegen $f(0)=0=\ln(1)$. Wir haben so die Potenzreihe für die Logarithmusfunktion erhalten:

$$\ln(1+x)=x-\frac{1}{2}x^2+\frac{1}{3}x^3-\frac{1}{4}x^4+-\cdots=\sum_{n=1}^{\infty}(-1)^{(n-1)}\frac{x^n}{n}\qquad\text{für alle }-1<x<1\,.$$

Übungen

Übung 1.52 Für die relativistische Masse m eines Körpers der Ruhemasse m_0 gilt

$$m=m_0\frac{1}{\sqrt{1-\beta^2}}\qquad\text{mit }\beta=\frac{v}{c},$$

dabei ist v seine Geschwindigkeit und c die Lichtgeschwindigkeit. Geben Sie für $(1-\beta^2)^{-\frac{1}{2}}$ eine Näherungsformel an, die Potenzen von β bis zur Potenz β^4 enthält und schätzen Sie den Fehler ab für $0 \leqq \beta \leqq 0.2$ und $0 \leqq \beta \leqq 0.5$.

Übung 1.53 Wenn ein Körper der Masse m mit Anfangsgeschwindigkeit $v(0)=0$ zur Erde fällt, gilt für die zurückgelegte Fallstrecke $s(t)$ zur Zeit t

$$s(t) = \frac{1}{\rho} \ln\cosh(\sqrt{g\rho}t).$$

Dabei wird angenommen, dass der Luftwiderstand proportional zum Quadrat der Geschwindigkeit ist mit Proportionalitätsfaktor r und $\rho := \frac{r}{m}$. Geben Sie eine einfache Näherung für große Zeiten t an. Leiten Sie mit dem Taylorpolynom T_4 die Näherungsformel

$$s(t) \approx \frac{1}{2}gt^2 - \frac{1}{12}g^2\rho t^4.$$

für kleine Zeiten t her. Siehe auch Übung 1.82.

Übung 1.54 Bestimmen Sie für die Cosinusfunktion die ersten fünf Taylorpolynome zum Punkt 0 (also $T_0, \ldots, T_4$) und zeichnen Sie sie gemeinsam mit der Cosinusfunktion in ein Koordinatensystem für $x \in [-\pi, \pi]$. Schätzen Sie mit dem Satz von Taylor den Fehler ab, der höchstens entsteht, wenn man $\cos x$ im Bereich $[-\frac{\pi}{4}, \frac{\pi}{4}]$ durch $T_6(x)$ ersetzt.

1.4 Integralrechnung

1.4.1 Definition und einfache Eigenschaften des Integrals

Eine kurz und plakativ formulierte Einleitung zu diesem Paragraphen ist: „Das Grundproblem der Integralrechnung ist das Problem der Flächenberechnung“.

Dies wollen wir präzisieren: Gegeben sei eine stetige Funktion $f\colon I \to \mathbb{R}$ auf einem Intervall $I \subset \mathbb{R}$, die wir zum Zwecke dieser Motivation als nicht negativ voraussetzen. Wir wollen für $a, b \in I$ mit $a < b$ die Fläche zwischen dem Graphen und der x-Achse von a bis b berechnen.

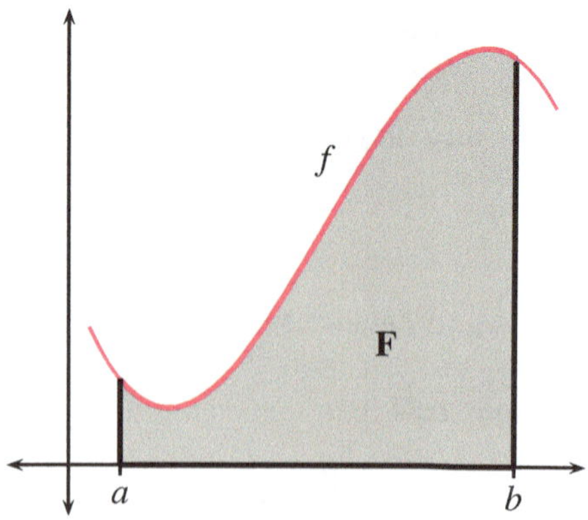

Die Lösung dieses Problems beruht wieder entscheidend auf dem Begriff des Grenzwertes; man geht nämlich folgendermaßen vor: Man ersetzt die gesuchte Fläche zunächst näherungsweise durch eine Fläche, die sich aus Rechtecken zusammensetzt. Dann lässt man diese Rechtecke immer feiner werden und approximiert auf diese Weise die zu berechnende Fläche:

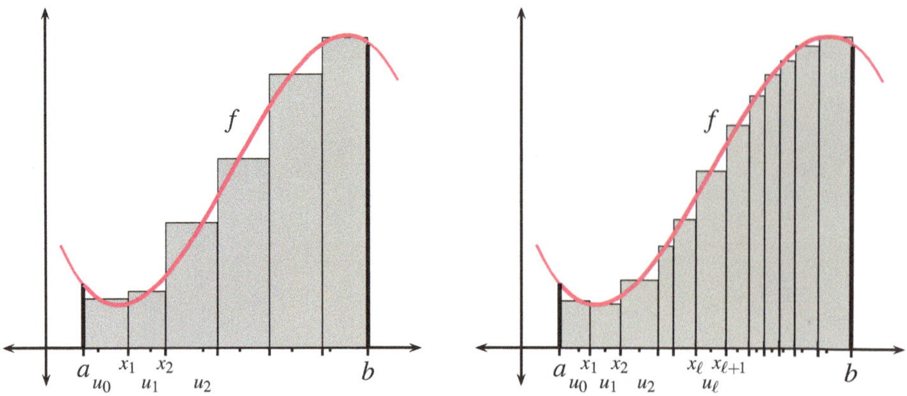

Man wählt also eine *Zerlegung* von $[a, b]$

$$a = x_0 < x_1 < x_2 < \ldots < x_\ell < x_{\ell+1} < \ldots < x_{n-1} < x_n = b$$

(damit wird die Breite der Rechtecke festgelegt) sowie *Zwischenpunkte* $u_0, u_1, \ldots, u_{n-1}$, so dass

$$x_\ell \leqq u_\ell \leqq x_{\ell+1} \qquad \text{für } \ell = 0, 1, 2, \ldots, n-1,$$

(damit wird die Höhe $f(u_\ell)$ der Rechtecke festgelegt) und berechnet zunächst die zugehörige *(Riemannsche) Zerlegungssumme*

$$\sum_{\ell=0}^{n-1} f(u_\ell)(x_{\ell+1} - x_\ell).$$

Diese ist nach dem Mathematiker *Bernhard Riemann* (1826–1866) benannt, sie ergibt offenbar den Inhalt der oben grauen Näherungsflächen. Dann bildet man den Grenzwert

$$\lim_{\substack{\text{Zerlegungen} \\ \text{werden feiner}}} \sum_{\ell=0}^{n-1} f(u_\ell)(x_{\ell+1} - x_\ell).$$

Wir werden so zu folgender Definition geführt:

Definition 1.19 Es sei $f\colon I \to \mathbb{R}$ eine stetige Funktion und es seien $a, b \in I$ mit $a < b$. Man zeigt dann, dass der Grenzwert der Zerlegungssummen

$$\lim_{\substack{\text{Zerlegungen} \\ \text{werden feiner}}} \sum_{\ell=0}^{n-1} f(u_\ell)(x_{\ell+1} - x_\ell)$$

existiert; diese Zahl heißt das *Integral* der Funktion f von a bis b, in Zeichen

$$\int_a^b f(x)\,dx = \lim_{\substack{\text{Zerlegungen} \\ \text{werden feiner}}} \sum_{\ell=0}^{n-1} f(u_\ell)(x_{\ell+1} - x_\ell).$$

Das Integralzeichen $\int$ ist aus dem Buchstaben „S" entstanden und soll daran erinnern, dass das Integral als Grenzwert von Summen entsteht.

Bemerkung 1.21 i) *Das Integral* $\int_a^b f(x)\,dx$ *einer Funktion* f *ist eine Zahl. Manchmal – vor allem in der Schule – spricht man auch vom „bestimmten Integral", eine Terminologie, die wir nicht verwenden wollen. Ist* $f(x) \geqq 0$ *für alle* $x \in I$ *mit* $a \leqq x \leqq b$, *so ist diese Zahl nach Konstruktion gleich dem Flächeninhalt der Fläche zwischen dem Graphen von* f *und der xAchse von* a *bis* b.

ii) *Die obige Definition ist anschaulich, natürlich und auch in den Naturwissenschaften nützlich, wie das folgende Beispiel 1.43 zeigt, aber zur konkreten Berechnung von Integralen offenbar wenig geeignet. Wir werden darauf im nächsten Abschnitt zurückkommen.*

iii) *Man setzt noch*

$$\int_a^a f(x)\,dx = 0$$

und

$$\int_b^a f(x)\,dx = -\int_a^b f(x)\,dx \qquad \text{falls } a, b \in I, a < b. \tag{1.4.1}$$

Beispiel 1.43 Wir betrachten ein Beispiel aus der Physik. Ein Körper bewegt sich auf einer Geraden von a nach b, dabei wirkt auf ihn eine Kraft, die vom Punkt x abhängt und im Punkt x den Wert $F(x)$ hat. Die Kraft wirke in Richtung der Geraden, beziehungsweise

$F(x)$ sei der Anteil der Kraft in Richtung der Geraden. Wir fragen nach der geleisteten Arbeit W. Wäre die Kraft von a bis b konstant gleich F, so wäre die Arbeit gemäß ihrer grundlegenden Definition

$$W = F(b-a).$$

Dies wollen wir aber gerade nicht annehmen und argumentieren stattdessen folgendermaßen: Wir denken uns die Strecke von a bis b zerlegt in kleine Teile

$$a = x_0 < x_1 < x_2 < \ldots < x_\ell < x_{\ell+1} < \ldots < x_{n-1} < x_n = b,$$

so dass wir auf jedem Teilstück die Kraft als ungefähr konstant annehmen können. Diese berechnen wir, indem wir aus dem Teilstück $[x_\ell, x_{\ell+1}]$ einen Punkt u_ℓ auswählen, die Kraft auf dem ganzen Teilstück ist dann ungefähr $F(u_\ell)$; entsprechend ist die Arbeit auf dem Teilstück nach ihrer elementaren Definition näherungsweise gleich $F(u_\ell)(x_{\ell+1} - x_\ell)$ und insgesamt ungefähr

$$W \approx \sum_{\ell=0}^{n-1} F(x_\ell)(x_{\ell+1} - x_\ell).$$

Wählt man die Zerlegung von $[a,b]$ in Teilstücke immer feiner, so werden die Fehler verschwinden und wir erhalten das Ergebnis

$$W = \int_a^b F(x)\,dx. \tag{1.4.2}$$

Aus der Definition des Integrals mit Zerlegungssummen liest man leicht die folgenden Eigenschaften ab.

Bemerkung 1.22 (Rechenregeln) *Es seien $a, b \in I$. Für stetige Funktionen $f, g\colon I \to \mathbb{R}$ und eine Konstante α gilt*

i) $$\int_a^b (f(x)+g(x))\,dx = \int_a^b f(x)\,dx + \int_a^b g(x)\,dx \tag{1.4.3}$$

ii) $$\int_a^b \alpha f(x)\,dx = \alpha \int_a^b f(x)\,dx \tag{1.4.4}$$

iii) $$\int_a^b f(x)\,dx = \int_a^c f(x)\,dx + \int_c^b f(x)\,dx \quad \textit{falls } c \in I \tag{1.4.5}$$

iv) $$\int_a^b f(x)\,dx \leqq \int_a^b g(x)\,dx \quad \textit{falls } f(x) \leqq g(x) \textit{ für alle } a \leqq x \leqq b. \tag{1.4.6}$$

Übungen

Übung 1.55 Es sei $I \subset \mathbb{R}$ ein Intervall und $f\colon I \to \mathbb{R}$ eine stetige Funktion mit $f(x) \geqq 0$ für alle $x \in I$; weiter seien $a, b \in I$ mit $a < b$. Bei der Rotation um die x-Achse des Flächenstückes zwischen dem Graphen von f und der x-Achse von a bis b entsteht ein Rotationskörper; für dessen Volumen V gilt

$$V = \pi \int_a^b \big(f(x)\big)^2 \, dx\,.$$

Erklären Sie mit Hilfe von Zerlegungen, wie die Formel zustande kommt.

Übung 1.56 Es sei $a > 0$. Berechnen Sie die folgenden Integrale direkt aus der Definition als Grenzwert von Zerlegungssummen:

$$\text{i)} \int_0^a x \, dx \qquad \text{ii)} \int_0^a c^x \, dx \quad (c > 0)$$

Anleitung: Man wähle die Zerlegungspunkte äquidistant. Als zugehörige Zwischenpunkte wähle man stets den linken Zerlegungspunkt.

1.4.2 Berechnung des Integrals durch Stammfunktionen

Die Definition des Integrals im letzten Abschnitt war zwar sehr anschaulich, sie hat sich auch als sehr geeignet in den Naturwissenschaften erwiesen, zur konkreten Berechnung von Integralen erscheint sie jedoch unzweckmäßig. Hier kommt in vielen – aber keineswegs allen – Fällen der folgende sogenannte *Hauptsatz der Differential- und Integralrechnung* zu Hilfe. Dieser Satz führt die Berechnung von Integralen zurück auf das Aufsuchen von Stammfunktionen.

Wir verabreden wieder, dass I im gesamten Abschnitt ein Intervall der Zahlengeraden bezeichnet.

Satz 1.9 (Hauptsatz der Differential- und Integralrechnung) *Es sei $f\colon I \to \mathbb{R}$ eine stetige Funktion.*

i) *Ist $F\colon I \to \mathbb{R}$ eine differenzierbare Funktion mit $F' = f$, so gilt für $a, b \in I$*

$$\int_a^b f(x)\, dx = F(b) - F(a) =: \Big[F(x)\Big]_a^b .$$

ii) *Wählt man einen festen Punkt $a \in I$ und setzt*

$$F(x) = \int_a^x f(u)\, du \qquad \textit{für alle } x \in I,$$

so ist die Funktion $F\colon I \to \mathbb{R}$ differenzierbar mit $F'(x) = f(x)$ für alle $x \in I$.

Etwas lässig kann man die beiden Aussagen des Satzes in den Formeln

$$\int_a^b F'(x)\, dx = F(b) - F(a) \qquad \text{und} \qquad \frac{d}{dx}\Big(\int_a^x f(u)\, du\Big) = f(x)$$

zusammenfassen, daher lautet eine populäre Formulierung des Satzes: „Integration und Differentiation kehren sich gegenseitig um“.

Für unsere gegenwärtigen Zwecke ist natürlich die Aussage i) von besonderem Interesse. Sie veranlasst uns, die folgende Bezeichnung einzuführen.

Definition 1.20 Ist $f\colon I \to \mathbb{R}$ eine Funktion und $F\colon I \to \mathbb{R}$ differenzierbar mit $F' = f$, so heißt F eine *Stammfunktion* zu f. Trotz großer Bedenken teilen wir die Schreibweise

$$F = \int f(x)\,dx$$

mit, die gelegentlich praktisch ist.

Offenbar gilt: Ist $F\colon I \to \mathbb{R}$ eine Stammfunktion einer Funktion $f\colon I \to \mathbb{R}$ und ist C eine Konstante, so ist auch $G : G(x) = F(x) + C$ für alle $x \in I$ eine Stammfunktion zu f. Stammfunktionen sind also höchstens bis auf Addition einer Konstanten eindeutig bestimmt. Eine weitergehende Willkür ist allerdings nicht möglich: Denn sind $F, G\colon I \to \mathbb{R}$ zwei Stammfunktionen zu f, so ist $(G-F)' = G' - F' = f - f = 0$ und somit ist nach Folgerung 1.4 i) $G-F$ konstant.

Wir wollen den Hauptsatz nicht streng beweisen, uns aber seine Aussage i) plausibel machen, da diese zunächst doch überraschend ist. Wir betrachten hierzu eine stetige Funktion f und eine Stammfunktion F zu f. Weiter sei

$$a = x_0 < x_1 < x_2 < \cdots < x_\ell < x_{\ell+1} < \cdots < x_n = b$$

eine Zerlegung von $[a,b]$ mit Zwischenpunkten $x_\ell \leqq u_\ell \leqq u_{\ell+1}$ für $\ell = 0,1,\ldots,n-1$. Nach der Behauptung 1.7 über das Linearisieren gilt zunächst

$$F(x_{\ell+1}) \approx F(x_\ell) + F'(x_\ell)(x_{\ell+1} - x_\ell)\,.$$

Wegen der Stetigkeit von $F' = f$ ist $F'(x_\ell) \approx F'(u_\ell)$ für genügend feine Zerlegungen, so dass wir auch schreiben können

$$F(x_{\ell+1}) \approx F(x_\ell) + F'(u_\ell)(x_{\ell+1} - x_\ell)\,.$$

Damit können wir die Zerlegungssummen für das Integral von f näherungsweise berechnen zu

$$\begin{aligned}\sum_{\ell=0}^{n-1} f(u_\ell)(x_{\ell+1} - x_\ell) &= \sum_{\ell=0}^{n-1} F'(u_\ell)(x_{\ell+1} - x_\ell) \approx \sum_{\ell=0}^{n-1} \big(F(x_{\ell+1}) - F(x_\ell)\big) = \\ &= \big(F(x_1) - F(x_0)\big) + \big(F(x_2) - F(x_1)\big) + \cdots + \big(F(x_n) - F(x_{n-1})\big) = F(b) - F(a)\,.\end{aligned} \tag{1.4.7}$$

Werden die Zerlegungen immer feiner, so konvergiert die linke Seite von (1.4.7) gegen $\int_a^b f(x)\,dx$, gleichzeitig verschwindet der durch das Linearisieren entstandene Fehler, was allerdings für einen exakten Beweis genauer zu zeigen bleibt.

Mit dem Hauptsatz lassen sich nun einfache Integrale sofort berechnen:

Beispiel 1.44 i) Für $n \in \mathbb{N}$ und $a, b \in \mathbb{R}$ ist

$$\int_a^b x^n\,dx = \Big[\frac{1}{n+1}x^{n+1}\Big]_a^b = \frac{1}{n+1}(b^{n+1}-a^{n+1}).$$

ii) Für $a \in \mathbb{R}$ ist

$$\int_0^a \sin x\,dx = \Big[-\cos x\Big]_0^a = 1-\cos a.$$

Bei vielen anderen Integralen sind aber zusätzlich zum Hauptsatz weitere Überlegungen erforderlich. Von solchen Zusatztechniken soll jetzt die Rede sein, vorher führen wir aber noch die folgende Bezeichnung ein, die sich in diesem Zusammenhang als zweckmäßig erweisen wird.

Definition 1.21 Eine Funktion $f\colon I \to \mathbb{R}$ heißt *stetig differenzierbar*, wenn f differenzierbar und die Ableitung f' stetig ist. Allgemeiner heißt f *n-mal stetig differenzierbar*, wenn f n-mal differenzierbar und die n-te Ableitung $f^{(n)}$ stetig ist ($n \in \mathbb{N}$).

Behauptung 1.9 (Regel von der partiellen Integration) *Es seien $F,G\colon I \to \mathbb{R}$ stetig differenzierbar. Dann gilt*

$$\int_a^b F'(x)G(x)\,dx = \Big[F(x)G(x)\Big]_a^b - \int_a^b F(x)G'(x)\,dx.$$

Beweis. Nach der Produktregel der Differentialrechnung und dem Hauptsatz ist

$$\int_a^b F'(x)G(x)\,dx + \int_a^b F(x)G'(x)\,dx = \int_a^b (F(x)G(x))'\,dx = \Big[F(x)G(x)\Big]_a^b. \qquad \square$$

Beispiel 1.45 i) $\displaystyle\int_0^\pi x\sin x\,dx$. Mit $F'(x) = \sin x$, also $F(x) = -\cos x$, und $G(x) = x$ ist

$$\int_0^\pi x\sin x\,dx = \Big[-x\cos x\Big]_0^\pi + \int_0^\pi \cos x\,dx = \pi + \Big[\sin x\Big]_0^\pi = \pi.$$

ii) $\displaystyle\int_1^a \ln x\,dx$ für $a > 0$. Mit $F'(x) = 1$, also $F(x) = x$, und $G(x) = \ln x$ ist

$$\int_1^a 1\cdot \ln x\,dx = \Big[x\ln x\Big]_1^a - \int_1^a x\cdot\frac{1}{x}\,dx = a\ln a - a + 1.$$

Behauptung 1.10 (Substitutionsregel) *Es sei $f\colon I \to \mathbb{R}$ stetig und $g\colon J \to \mathbb{R}$ sei stetig differenzierbar mit $g(x) \in I$ für alle $x \in J$. Dann gilt*

$$\int_a^b f(g(x))g'(x)\,dx = \int_{g(a)}^{g(b)} f(x)\,dx \qquad \textit{für alle } a,b \in J.$$

Beweis. Es sei $F: I \to \mathbb{R}$ eine Stammfunktion zu f; wir setzen $G: G(x) = F(g(x))$ für alle $x \in J$. Dann ist nach der Kettenregel $G'(x) = f(g(x))g'(x)$ für alle $x \in J$ und also nach dem Hauptsatz

$$\int_a^b f(g(x))g'(x)\,dx = \int_a^b G'(x)\,dx = \Big[G(x)\Big]_a^b = F(g(b)) - F(g(a)) = \int_{g(a)}^{g(b)} f(x)\,dx. \quad \square$$

Beispiel 1.46 i) $\int_0^4 \sqrt{2x+1}\,dx$. Mit $g(x) = 2x+1$ und $f(x) = \sqrt{x}$ erhält man

$$\int_0^4 \sqrt{2x+1}\,dx = \frac{1}{2}\int_0^4 \sqrt{2x+1}\,2\,dx = \frac{1}{2}\int_0^4 f(g(x))g'(x)\,dx = \frac{1}{2}\int_{g(0)}^{g(4)} f(x)\,dx =$$
$$= \frac{1}{2}\int_1^9 \sqrt{x}\,dx = \frac{1}{2}\left[\frac{2}{3}x^{\frac{3}{2}}\right]_1^9 = \frac{1}{3}(3^3-1) = \frac{26}{3}.$$

ii) $\int_0^1 \frac{x}{x^2+1}\,dx$. In der Praxis verwendet man die Substitutionsregel üblicherweise in der Form der folgenden Merkregel: Man setzt $u = x^2+1$, erhält dann für die Ableitung in antiquierter aber hier zweckmäßiger Schreibweise $\frac{du}{dx} = 2x$ oder „$du = 2x\,dx$“ und somit

$$\int_0^1 \frac{x}{x^2+1}\,dx = \frac{1}{2}\int_0^1 \frac{2x}{x^2+1}\,dx = \frac{1}{2}\int_1^2 \frac{du}{u} = \frac{1}{2}\Big[\ln u\Big]_1^2 = \frac{1}{2}\ln 2.$$

Gerechtfertigt wird dieses Vorgehen durch die Formulierung der Substitutionsregel 1.10. Allgemeiner zeigt die Substitution $u = f(x)$, dass

$$\int_a^b \frac{f'(x)}{f(x)}\,dx = \Big[\ln|f(x)|\Big]_a^b = \ln\frac{f(b)}{f(a)}, \tag{1.4.8}$$

falls die Funktion f keine Nullstellen im Intervall $[a,b]$ hat. Diese Formel ist trotz ihrer speziellen Gestalt erstaunlich oft anwendbar.

Beispiel 1.47 Fläche eines Kreises vom Radius $R > 0$. Zu berechnen ist offenbar

$$F = 4\int_0^R \sqrt{R^2-x^2}\,dx.$$

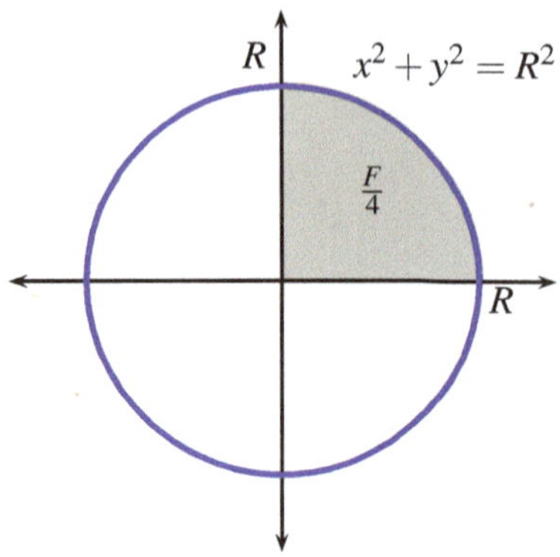

Wir führen die Substitution $x = R\sin t$ durch und erhalten

$$F = 4\int_0^{\frac{\pi}{2}} \sqrt{R^2-R^2\sin^2 t}\,R\cos t\,dt =$$
$$= 4R^2\int_0^{\frac{\pi}{2}} \cos^2 t\,dt.$$

Das verbleibende Integral berechnen wir durch partielle Integration:

$$\int_0^{\frac{\pi}{2}} \cos t \cos t \, dt = \Big[\sin t \cos t\Big]_0^{\frac{\pi}{2}} - \int_0^{\frac{\pi}{2}} \sin t \, (-\sin t) \, dt = \int_0^{\frac{\pi}{2}} \sin^2 t \, dt =$$
$$= \int_0^{\frac{\pi}{2}} (1 - \cos^2 t) \, dt = \frac{\pi}{2} - \int_0^{\frac{\pi}{2}} \cos^2 t \, dt$$

oder

$$\int_0^{\frac{\pi}{2}} \cos^2 t \, dt = \frac{\pi}{4} \, .$$

Insgesamt erhalten wir für die Kreisfläche

$$F = 4 \int_0^R \sqrt{R^2 - x^2} \, dx = 4R^2 \frac{\pi}{4} = \pi R^2 \, . \tag{1.4.9}$$

Trotz dieser Zusatztechniken wie partielle Integration und Substitution lassen sich viele Integrale nicht mit dem Hauptsatz, also mittels Stammfunktionen, berechnen. Dies hat folgenden Grund: Unter der Bestimmung einer Stammfunktion versteht man gemeinhin, diese als Kombination von Potenzen, trigonometrischen Funktionen, Exponentialfunktion und deren Umkehrfunktionen – kurz als elementare Funktion im Sinne von Definition 1.14 – auszudrücken. Nun wissen wir, dass die Ableitung einer elementaren Funktion immer wieder eine elementare Funktion ist, für die Stammfunktion gilt dies aber nicht. Es gibt viele elementare Funktionen, deren Stammfunktion *keine* elementare Funktion ist. Beispiele sind unter anderen die durchaus harmlos aussehenden Funktionen

$$\sqrt{1 - x^3}, \; \mathrm{e}^{-x^2}, \; \frac{\sin x}{x}, \; x \tan x, \; \frac{1}{\ln x}, \; \frac{\mathrm{e}^x}{x}, \ldots$$

Das bedeutet natürlich nicht, dass zu diesen Funktionen keine Stammfunktionen existieren würden – jede stetige Funktion $f \colon I \to \mathbb{R}$ besitzt nach Aussage ii) des Hauptsatzes eine Stammfunktion, nämlich

$$F : F(x) = \int_a^x f(u) \, du \qquad \text{für alle } x \in I \, ,$$

wir können sie nur nicht „hinschreiben", denn hinschreiben können wir – zumindest bei unserem gegenwärtigen Kenntnisstand – nur elementare Funktionen.

In diesen Fällen, oder wenn die Berechnung eines Integrals durch Stammfunktionen zu mühsam ist, muss man auf Näherungsverfahren ausweichen. Hierauf wollen wir aber nicht eingehen.

Umgekehrt können wir fragen, welche Integrale denn überhaupt mit dem Hauptsatz berechenbar sind. Sicherlich lassen sich Integrale $\displaystyle\int_a^b P(x) \, dx$ von Polynomen $P(x)$ sofort durch das Hinschreiben von Stammfunktionen berechnen. Die „nächst kompliziertere" Klasse von Funktionen sind die rationalen Funktionen, das sind die Quotienten $\dfrac{P(x)}{Q(x)}$ von Polynomen $P(x)$ und $Q(x)$. Auch deren Integrale lassen sich mit Stammfunktionen berechnen, und zwar mit Hilfe des Verfahrens der *Partialbruchzerlegung*. Die Idee dieses Verfahrens wollen wir nun kurz erläutern.

Beispiel 1.48 Zu berechnen sei das Integral

$$\int_0^8 \frac{2x^3+9x^2+8x+5}{x^2+4x+3}\,dx\,.$$

Es ist also $P(x) = 2x^3+9x^2+8x+5$ und $Q(x) = x^2+4x+3$.

1. Schritt: Ist $\operatorname{Grad} P \geqq \operatorname{Grad} Q$ – wie im vorliegenden Fall – so muss man zunächst durch Polynomdivision erreichen, dass der Grad des Zählerpolynoms kleiner ist als der Grad des Nennerpolynoms:

$$\left(2x^3+9x^2+8x+5\right) : \left(x^2+4x+3\right) = 2x+1\ +\ 2\frac{-x+1}{x^2+4x+3}$$

und somit

$$\int_0^8 \frac{2x^3+9x^2+8x+5}{x^2+4x+3}\,dx = \int_0^8 (2x+1)\,dx + 2\int_0^8 \frac{-x+1}{x^2+4x+3}\,dx\,.$$

Das erste Integral auf der rechten Seite ist natürlich einfach. Es bleibt das zweite Integral zu berechnen.

2. Schritt: Man ermittelt die Nullstellen des Nennerpolynoms. $x^2+4x+3=0$ hat die Lösungen $x_1=-1$ und $x_2=-3$, so dass $x^2+4x+3=(x-x_1)(x-x_2)=(x+1)(x+3)$. Man macht nun den Ansatz

$$\frac{-x+1}{x^2+4x+3} = \frac{A}{x+1} + \frac{B}{x+3} \qquad \text{für alle } x \neq -1,-3$$

mit unbekannten Konstanten $A, B \in \mathbb{R}$. Zur Bestimmung von A und B wird zweckmäßigerweise mit dem Nenner erweitert

$$-x+1 = A(x+3) + B(x+1) \qquad \text{für alle } x \in \mathbb{R}\,.$$

Einsetzen von $x=-1$ und $x=-3$ zeigt $A=1$ und $B=-2$; damit erhalten wir die Partialbruchzerlegung

$$\frac{-x+1}{x^2+4x+3} = \frac{1}{x+1} - \frac{2}{x+3}$$

und weiter

$$\begin{aligned}\int_0^8 \frac{-x+1}{x^2+4x+3}\,dx &= \int_0^8 \frac{dx}{x+1} - 2\int_0^8 \frac{dx}{x+3} == \Big[\ln|x+1|\Big]_0^8 - 2\Big[\ln|x+3|\Big]_0^8 \\ &= \ln 9 - 2\ln 11 + 2\ln 3 = 2\ln 9 - 2\ln 11 = 2\ln\frac{9}{11} = \ln\frac{81}{121}\,.\end{aligned}$$

Hat das Nennerpolynom eine mehrfache – etwa eine k-fache – Nullstelle x_1, so ist für diese Nullstelle der Term $\dfrac{A_1}{x-x_1} + \dfrac{A_2}{(x-x_1)^2} + \cdots + \dfrac{A_k}{(x-x_1)^k}$ in den Ansatz aufzunehmen.

Beispiel 1.49 Das Polynom $x^2(x+2)$ hat die zweifache Nullstelle $x_1 = 0$ und die (einfache) Nullstelle $x_2 = -2$. Sucht man etwa die Partialbruchzerlegung von $\frac{1}{x^2(x+2)}$, so ist

$$\frac{1}{x^2(x+2)} = \frac{A_1}{x} + \frac{A_2}{x^2} + \frac{B}{x+2}$$

anzusetzen. Erweitern mit dem Nenner $x^2(x+2)$ führt zu

$$1 = A_1\,x(x+2) + A_2\,(x+2) + Bx^2$$

und Einsetzen von $x = 0$ und $x = -2$ ergibt $A_2 = \frac{1}{2}$ sowie $B = \frac{1}{4}$, also

$$1 = A_1 x(x+2) + \frac{1}{2}(x+2) + \frac{1}{4}x^2 \quad \text{oder} \quad 4A_1 x(x+2) + 2(x+2) + x^2 = 4\,.$$

Vergleich der Koeffizienten oder Einsetzen von $x = 1$ zeigt dann $A_1 = -\frac{1}{4}$, so dass wir erhalten

$$\frac{1}{x^2(x+2)} = -\frac{1}{4x} + \frac{1}{2x^2} + \frac{1}{4}\frac{1}{x+2}\,.$$

Übungen

Übung 1.57 Berechnen Sie die folgenden Integrale:

$$\text{i) } \int_0^1 \left(\mathrm{e}^x - 1 - x\right) dx \qquad \text{ii) } \int_1^4 \frac{5x^2 - 3x + 1}{\sqrt{x}}\,dx \qquad \text{iii) } \int_0^1 \frac{3+2x}{1+x^2}\,dx$$

Übung 1.58 (Fortsetzung von Übung 1.55) Es sei nun

$$f : f(x) = -\frac{1}{2}x\sqrt{x+4} \qquad \text{für alle } -4 \leqq x \leqq 0\,.$$

Zeichnen Sie den Graphen von f und berechnen Sie die Fläche, die der Graph mit der x-Achse einschließt. Bei der Rotation dieser Fläche entsteht ein Stromlinienkörper, wie groß ist dessen Volumen?

Übung 1.59 Berechnen Sie die folgenden Integrale durch partielle Integration:

$$\text{i) } \int_0^1 x\mathrm{e}^{-x}\,dx \qquad \text{ii) } \int_0^1 \arctan x\,dx \qquad \text{iii) } \int_{\frac{\pi}{6}}^{\frac{\pi}{4}} \frac{x}{\cos^2 x}\,dx$$

Übung 1.60 Manchmal muss man die Regel von der partiellen Integration mehrfach anwenden. Bei der Untersuchung gedämpfter periodischer Vorgänge tritt das Integral

$\int_a^b e^{\alpha x} \sin \omega x \, dx$ mit Konstanten $\alpha \in \mathbb{R}$ und $\omega > 0$ auf. Lösen Sie dieses Integral durch zweimalige partielle Integration.

Übung 1.61 Berechnen Sie die folgenden Integrale durch Substitution:

$$\text{i)} \int_1^2 \frac{e^{\frac{1}{x}}}{x^2} \, dx \qquad \text{ii)} \int_1^{16} \frac{dx}{\sqrt{x}+\sqrt[4]{x}} \qquad \text{iii)} \int_0^1 \frac{dx}{(1+x^2)^2} \quad (x = \tan t)$$

Übung 1.62 Um das wichtige Integral $I_n = \int_0^{\frac{\pi}{2}} \sin^n(x) \, dx$ für $n = 0, 1, 2, \ldots$ zu bestimmen, gehe man folgendermaßen vor:

i) Man beweise durch partielle Integration

$$I_{n+2} = \frac{n+1}{n+2} I_n \quad n = 0, 1, 2, \ldots .$$

ii) Man berechne I_0 und I_1 und schließe aus i) durch Induktion

$$I_n = \begin{cases} \dfrac{1 \cdot 3 \cdot 5 \cdots (n-1)}{2 \cdot 4 \cdot 6 \cdots n} \dfrac{\pi}{2} & \text{falls } n \text{ gerade, } n \neq 0 \\ \dfrac{2 \cdot 4 \cdot 6 \cdots (n-1)}{1 \cdot 3 \cdot 5 \cdots n} & \text{falls } n \text{ ungerade, } n \neq 1 . \end{cases}$$

Übung 1.63 Berechnen Sie die folgenden Integrale durch Partialbruchzerlegung:

$$\text{i)} \int_0^4 \frac{x+13}{x^2-4x-5} \, dx \qquad \text{ii)} \int_{\frac{1}{2}}^{\frac{3}{2}} \frac{x^5+x^4-8}{x^3-4x} \, dx$$

Übung 1.64 Berechnen Sie das folgende Integral durch Partialbruchzerlegung

$$\int_{-1}^0 \frac{2x-11}{x^3+3x^2-4} \, dx .$$

Übung 1.65 In der Praxis wird man sich möglicherweise nicht mehr an die oben ausgebreiteten Regeln und Techniken erinnern, sondern zur Berechnung eines Integrals sein Heil bei einer Formelsammlung suchen. Aber auch das sollte geübt sein. Berechnen Sie die folgenden Integrale mit einer Formelsammlung oder Integraltafel:

$$\text{i)} \int_0^2 \frac{dx}{x^2+4x+3} \qquad \text{ii)} \int_0^2 \frac{dx}{x^2+4x+4} \qquad \text{iii)} \int_0^2 \frac{dx}{x^2+4x+5}$$

1.4.3 Uneigentliche Integrale

Uneigentliche Integrale spielen in den Naturwissenschaften eine große Rolle, sie treten dort vermutlich häufiger auf als die bisher betrachteten „eigentlichen" Integrale. Wir verdeutlichen dies an einem Beispiel aus der Physik.

Wir betrachten eine elektrische Ladung der Stärke Q. Diese Ladung ruft in den Punkten des sie umgebenden Raumes eine Veränderung hervor – in der Physik spricht man von einem *elektrischen Feld*. Dies wird ersichtlich, wenn in einem anderen Punkt eine zweite Ladung angebracht wird: Auf diese zweite Ladung wird nun eine Kraft ausgeübt.

Um diese Veränderung des Raumes zu untersuchen, bringen wir im Abstand r von der Ladung Q eine zweite Ladung der Stärke 1 („Einheitsladung") an, die wir als Testladung ansehen wollen.

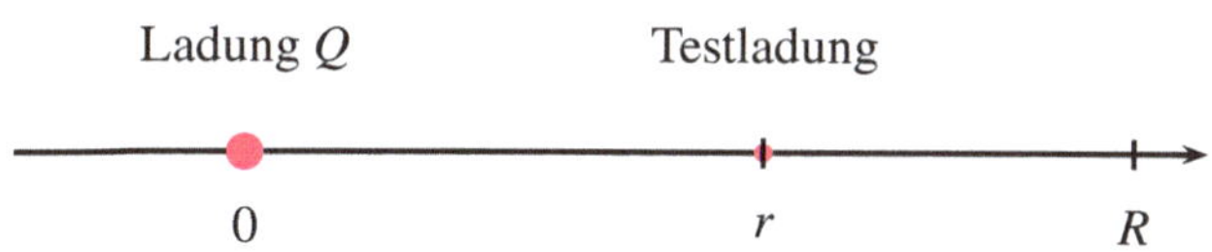

Die Arbeit, die geleistet wird, wenn sich die Einheitsladung unter dem Einfluß der von der Ladung Q ausgehenden Kraft vom Punkt r zum Punkt R bewegt, ist nach Beispiel 1.43 und dem Coulombschen Gesetz gegeben durch

$$\int_r^R \frac{Q}{x^2}\,dx = Q\left[-\frac{1}{x}\right]_r^R = Q\left(\frac{1}{r}-\frac{1}{R}\right),$$

bis auf einen konstanten Faktor, der vom Maßsystem abhängt und für unsere Zwecke ohne Belang ist. Die Arbeit, die geleistet wird, wenn sich die Einheitsladung von r nach Unendlich bewegt, ist offenbar

$$W = \lim_{R\to\infty}\int_r^R \frac{Q}{x^2}\,dx = \frac{Q}{r}.$$

Dieser Wert hängt dann nur noch vom Punkt r ab, er ist für diesen charakteristisch und wird als *Potential* des Punktes r bezeichnet.

Für die hier aufgetretene Kombination von Integral und Grenzwert schreibt man kurz

$$\int_r^\infty \frac{Q}{x^2}\,dx = \lim_{R\to\infty}\int_r^R \frac{Q}{x^2}\,dx$$

und spricht von einem *uneigentlichen Integral.*

Definition 1.22 Es sei $I \subset \mathbb{R}$ ein Intervall der Form $[a,\infty[$ mit $a \in \mathbb{R}$ und $f\colon I \to \mathbb{R}$ eine stetige Funktion. Wenn der Grenzwert $\lim\limits_{R\to\infty}\int_a^R f(x)\,dx$ existiert, so sagt man, das *uneigentliche Integral* der Funktion f von a bis unendlich konvergiert (existiert) und schreibt kurz

$$\int_a^\infty f(x)\,dx = \lim_{R\to\infty} \int_a^R f(x)\,dx\,.$$

Falls der Grenzwert nicht existiert, sagt man, das uneigentliche Integral von a bis unendlich divergiert.

Ist $f\colon [a,\infty[\ \to \mathbb{R}$ mit $f(x) \geqq 0$ für alle $x \geqq a$, so stellt sich für das uneigentliche Integral $\int_a^\infty f(x)\,dx$ die Frage, ob die Fläche, die zwischen dem Graphen und der x-Achse liegt, einen endlichen Wert hat, obwohl sie sich „bis ins Unendliche erstreckt“ und wie groß sie dann ist.

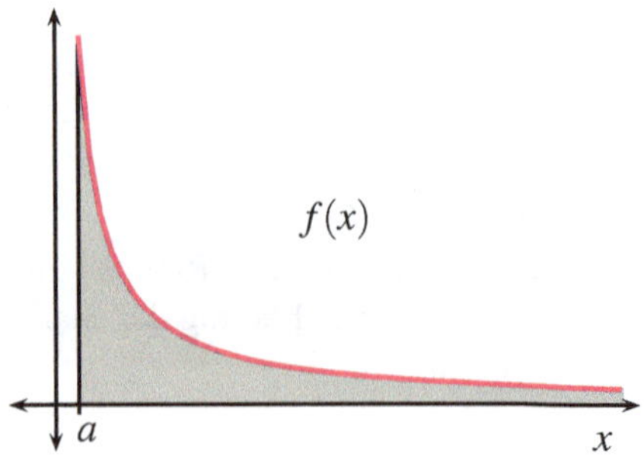

Beispiel 1.50 Mit einer Konstanten $\alpha \in \mathbb{R}$ betrachten wir die Funktion $f\colon]0,\infty[\ \to \mathbb{R}$, definiert durch

$$f(x) = \frac{1}{x^\alpha} \qquad \text{für alle } x > 0\,.$$

Wir wollen die Konvergenz des uneigentlichen Integrals $\int_1^\infty \frac{dx}{x^\alpha}$ diskutieren. Im Falle $\alpha = 1$ ist

$$\int_1^R \frac{dx}{x} = \ln R \qquad \text{für alle } R > 0$$

und das uneigentliche Integral divergiert. Im Falle $\alpha \neq 1$ ist

$$\int_1^R \frac{dx}{x^\alpha} = \left[\frac{1}{1-\alpha} x^{1-\alpha}\right]_1^R = \frac{1}{1-\alpha}(R^{1-\alpha} - 1)$$

und das uneigentliche Integral konvergiert für $\alpha > 1$ und divergiert für $\alpha < 1$. Insgesamt haben wir das Ergebnis: Das uneigentliche Integral $\int_1^\infty \frac{dx}{x^\alpha}$ konvergiert genau wenn $\alpha > 1$ und hat dann den Wert

$$\int_1^\infty \frac{dx}{x^\alpha} = \frac{1}{\alpha - 1}\,.$$

Uneigentliche Integrale treten auch in der folgenden Situation auf: Gegeben ist ein Intervall I der Form $I = [a,b[$ mit $a,b \in \mathbb{R}, a < b$ und eine stetige Funktion $f\colon [a,b[\to \mathbb{R}$. Dann hat man das uneigentliche Integral

$$\int_a^b f(x)\,dx = \lim_{r \uparrow b} \int_a^r f(x)\,dx,$$

sofern der rechtsstehende Grenzwert existiert. Hier ist an der Schreibweise überhaupt nicht ersichtlich, dass es sich um ein uneigentliches Integral handelt, sondern allein daran, dass die Funktion f an der oberen Grenze b nicht definiert ist.

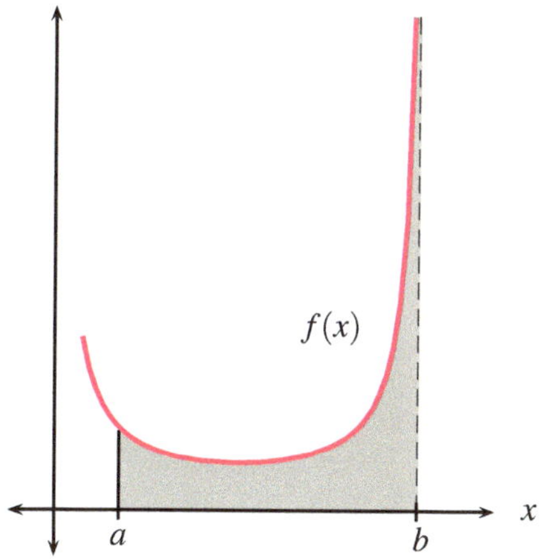

Entsprechend wird für $a \in \mathbb{R}$ oder $a = -\infty$ das uneigentliche Integral

$$\int_a^b f(x)\,dx = \lim_{r \downarrow a} \int_r^b f(x)\,dx$$

definiert, wenn eine stetige Funktion $f\colon]a,b] \to \mathbb{R}$ vorliegt.

Beispiel 1.51 Wir betrachten wieder die Funktion $f\colon]0,\infty[\to \mathbb{R}$, definiert durch

$$f(x) = \frac{1}{x^\alpha} \qquad \text{für alle } x > 0$$

mit einer Konstanten $\alpha \in \mathbb{R}$ und wollen die Konvergenz des uneigentlichen Integrals $\displaystyle\int_0^1 \frac{dx}{x^\alpha}$ diskutieren. Im Falle $\alpha = 1$ ist

$$\int_r^1 \frac{dx}{x} = \Big[\ln x\Big]_r^1 = -\ln r \qquad \text{für alle } 0 < r < 1$$

und das uneigentliche Integral divergiert. Im Falle $\alpha \neq 1$ ist

$$\int_r^1 \frac{dx}{x^\alpha} = \left[\frac{1}{1-\alpha} x^{1-\alpha}\right]_r^1 = \frac{1}{1-\alpha}\left(1 - r^{1-\alpha}\right),$$

somit konvergiert das uneigentliche Integral für $\alpha < 1$ und divergiert für $\alpha > 1$. Insgesamt haben wir das Ergebnis: Das uneigentliche Integral $\displaystyle\int_0^1 \frac{dx}{x^\alpha}$ konvergiert genau wenn $\alpha < 1$ und hat dann den Wert

$$\int_0^1 \frac{dx}{x^\alpha} = \frac{1}{1-\alpha}.$$

Schließlich sei noch angemerkt, dass man Integrale $\int_a^b f(x)\,dx$ mit $-\infty \leqq a < b \leqq \infty$, die „an beiden Grenzen uneigentlich" sind, dadurch erklärt, dass man für ein beliebiges $c \in \mathbb{R}$ mit $a < c < b$ die beiden uneigentlichen Integrale $\int_a^c f(x)\,dx$ und $\int_c^b f(x)\,dx$ betrachtet. Wenn diese beiden uneigentlichen Integrale konvergieren, sagt man, dass $\int_a^b f(x)\,dx$ konvergiert und setzt

$$\int_a^b f(x)\,dx = \int_a^c f(x)\,dx + \int_c^b f(x)\,dx.$$

Dieses Vorgehen ist von der Wahl von $a < c < b$ unabhängig, wie man sich leicht überlegen kann.

Beispiel 1.52 i) Es ist

$$\int_{-\infty}^{\infty} \frac{dx}{1+x^2} = \int_{-\infty}^{0} \frac{dx}{1+x^2} + \int_0^{\infty} \frac{dx}{1+x^2} = -\lim_{r\to-\infty} \arctan r + \lim_{R\to\infty} \arctan R = \pi.$$

ii) Nach den Beispielen 1.50 und 1.51 existiert das uneigentliche Integral $\int_0^\infty \frac{dx}{x^\alpha}$ für kein $\alpha > 0$.

Gelegentlich mag man darüber im Unklaren sein, ob man ein Integral $\int_a^b f(x)\,dx$ als ein uneigentliches Integral aufzufassen hat oder nicht. Zum Beispiel ist die Funktion $f(x) = \frac{\sin x}{x}$ zunächst für $x = 0$ nicht definiert, aber – wie wir aus Beispiel 1.24 wissen – durch $f(0) = 1$ dort stetig ergänzbar. Wie ist dann $\int_0^b \frac{\sin x}{x}\,dx$ zu verstehen? Es ist beruhigend zu wissen, dass in diesen Fällen beide mögliche Sichtweisen zum gleichen Ergebnis führen, wie es auch sein muss.

Bemerkung 1.23 *Es sei $f\colon\,]a,b] \to \mathbb{R}$ stetig und so, dass der Grenzwert $\lim_{x\to a} f(x)$ existiert. Setzt man f in den Punkt a durch $f(a) := \lim_{x\to a} f(x)$ stetig fort, so konvergiert das in a uneigentliche Integral $\lim_{c\to a} \int_c^b f(x)\,dx$ und stimmt mit dem „normalen" Integral $\int_a^b f(x)\,dx$ der so auf $[a,b]$ definierten stetigen Funktion f überein.*

Beweis. Wir können für $a < c < b$ abschätzen

$$\left|\int_a^b f(x)\,dx - \int_c^b f(x)\,dx\right| = \left|\int_a^c f(x)\,dx\right| \leqq \int_a^c |f(x)|\,dx \leqq \max_{a\leqq x\leqq b} |f(x)|(c-a) \to 0$$

bei $c \to a$, es folgt

$$\lim_{c\downarrow a} \int_c^b f(x)\,dx = \int_a^b f(x)\,dx.$$ □

Wir haben bisher das Integral nur für stetige Funktionen $f\colon I \to \mathbb{R}$ definiert. In Theorie und Praxis kommen öfters Funktionen vor, die durch „Nebeneinandersetzen" von stetigen

Funktionen entstehen, aber selbst nicht mehr stetig sind, weil die Bestandteile an den „Nahtstellen“ nicht aneinander passen: Gegeben sind stetige Funktionen $g\colon [a,c] \to \mathbb{R}$ und $h\colon [c,b] \to \mathbb{R}$, die also (mindestens) auf Intervallen $[a,c]$ und $[c,b]$ mit $a < c < b$ definiert sind. Man erklärt eine Funktion $f\colon [a,b] \to \mathbb{R}$ durch

$$f(x) = \begin{cases} g(x) & \text{falls } a \leqq x < c \\ h(x) & \text{falls } c \leqq x \leqq b\,. \end{cases}$$

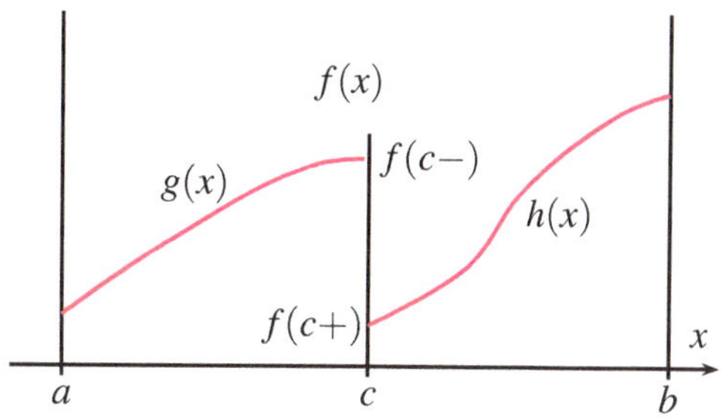

Dann ist im Allgemeinen f im Punkt c unstetig, denn der linksseitige Grenzwert von f in c, den wir mit $f(c-)$ bezeichnen wollen, ist

$$f(c-) = \lim_{x \uparrow c} f(x) = \lim_{x \uparrow c} g(x) = g(c)\,,$$

während für den rechtsseitigen Limes $f(c+)$ gilt

$$f(c+) = \lim_{x \downarrow c} f(x) = \lim_{x \downarrow c} h(x) = h(c)\,.$$

Im Falle $g(c) \neq h(c)$ ist f in der Tat im Punkt c unstetig. Trotzdem kann man für die Funktion f das Integral über $[a,b]$ erklären, nämlich durch

$$\int_a^b f(x)\,dx = \int_a^c f(x)\,dx + \int_c^b f(x)\,dx\,,$$

dabei ist das erste Integral auf der rechten Seite an der oberen Grenze und das zweite Integral an der unteren Grenze uneigentlich. Nach der obigen Bemerkung 1.23 haben wir die bequemere Formel

$$\int_a^b f(x)\,dx = \int_a^c g(x)\,dx + \int_c^b h(x)\,dx \tag{1.4.10}$$

mit „gewöhnlichen“ Integralen auf der rechten Seite.

Dies lässt sich natürlich auf Funktionen verallgemeinern, die durch das Nebeneinandersetzen von mehr als zwei Funktionen entstehen.

Definition 1.23 Wir nennen eine Funktion $f\colon [a,b] \to \mathbb{R}$ *stückweise stetig*, wenn es eine Zerlegung $a = x_0 < x_1 < x_2 < \cdots < x_{n-1} < x_n = b$ von $[a,b]$ gibt, derart dass gilt

i) f ist auf jedem Teilintervall $]x_\ell, x_{\ell+1}[$ stetig, $\ell = 0,\ldots,n-1$,
ii) in jedem Punkt x_ℓ existieren die links- und rechtsseitigen Grenzwerte der Funktion f für $\ell = 0,\ldots,n$.

Im Punkt a kann man dabei nur vom rechtsseitigen und im Punkt b nur vom linksseitigen Grenzwert sprechen. Eine stückweise stetige Funktion kann beispielsweise wie folgt aussehen:

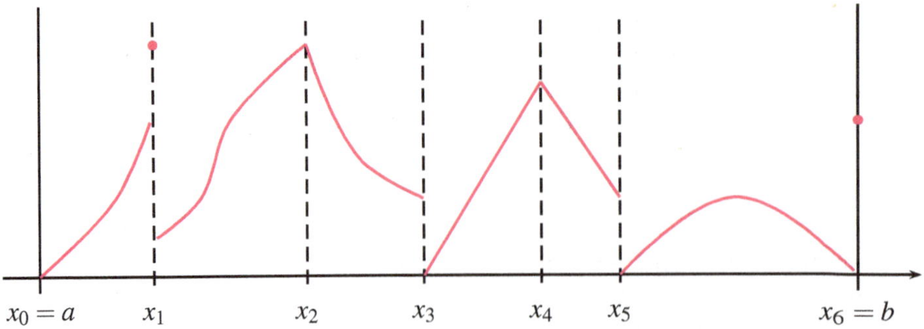

Definition 1.24 Für eine solche stückweise stetige Funktion $f\colon [a,b] \to \mathbb{R}$ definiert man das Integral durch

$$\int_a^b f(x)\,dx = \int_a^{x_1} f(x)\,dx + \int_{x_1}^{x_2} f(x)\,dx + \cdots + \int_{x_n}^{b} f(x)\,dx,$$

dabei kann man die Integrale $\int_{x_\ell}^{x_{\ell+1}} f(x)\,dx$ auf der rechten Seite als uneigentliche Integrale der Funktion f über $]x_\ell, x_{\ell+1}[$ oder als normale Integrale der auf $[x_\ell, x_{\ell+1}]$ stetig fortgesetzten Funktion f interpretieren.

Beispiel 1.53 Für die „Treppenfunktion“

$$f(x) = \begin{cases} 0 & \text{für } 0 \leqq x < 1 \\ 1 & \text{für } 1 \leqq x < 2 \\ 2 & \text{für } 2 \leqq x \leqq 3 \end{cases}$$

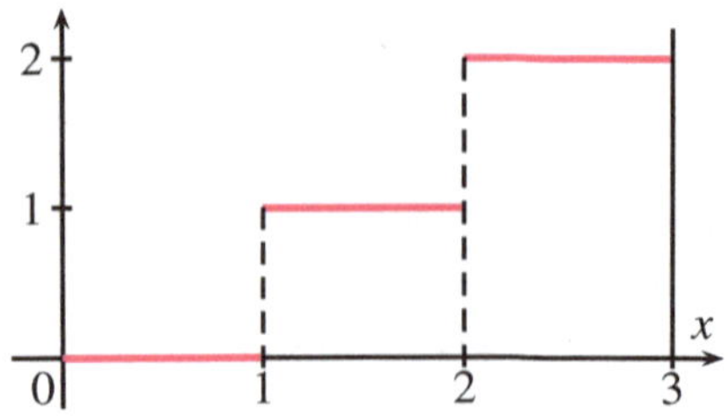

ist

$$\int_0^3 f(x)\,dx = \int_0^1 0\,dx + \int_1^2 1\,dx + \int_2^3 2\,dx = 0 + 1 + 2 = 3\,.$$

Übungen

Übung 1.66 Für welche $\lambda \in \mathbb{R}$ existiert das uneigentliche Integral

$$\int_0^\infty \mathrm{e}^{-\lambda t}\,dt\,?$$

Welchen Wert hat es dann?

Übung 1.67 Man berechne die folgenden uneigentlichen Integrale, sofern sie existieren:

i) $\displaystyle\int_1^{\mathrm{e}} \frac{dx}{x\sqrt{\ln x}}$ ii) $\displaystyle\int_1^\infty \frac{\ln x}{x^2}\,dx$ iii) $\displaystyle\int_0^{\frac{\pi}{2}} \tan x\,dx$ iv) $\displaystyle\int_1^\infty \frac{ds}{\sqrt{s} + s\sqrt{s}}$

Übung 1.68 Leiten Sie die Formel

$$\int_0^\infty x^{n+2}e^{-x^2}\,dx = \frac{1}{2}(n+1)\int_0^\infty x^n e^{-x^2}\,dx \qquad \text{für alle } n = 0,1,2,\ldots$$

her und berechnen Sie hiermit $\int_0^\infty x^5 e^{-x^2}\,dx$.

1.4.4 Die Gamma-Funktion

Als eine Anwendung des uneigentlichen Integrals können wir die *Gammafunktion* Γ erklären, die zu den wichtigsten „höheren" Funktionen gehört. Sie wurde im Jahre 1729 von *Leonhard Euler* eingeführt, um die Fakultät $n!$ auch dann zur Verfügung zu haben, wenn n keine natürliche Zahl oder 0 ist. Nach Euler definiert man

$$\Gamma(x) = \int_0^\infty t^{x-1}\mathrm{e}^{-t}\,dt \qquad \text{für } x > 0. \tag{1.4.11}$$

1. Zunächst muss man sich davon überzeugen, dass das uneigentliche Integral für jedes $x > 0$ existiert. Hierzu betrachtet man ein $x > 0$ und wählt dazu ein $n \in \mathbb{N}$ mit $n \geqq x$; da die Exponentialfunktion stärker wächst als eine Potenz (Beispiel 1.34) konvergiert $t^{n+1}\mathrm{e}^{-t} \to 0$ bei $t \to \infty$; insbesondere gilt $t^{n+1}\mathrm{e}^{-t} \leqq K$ oder $t^{n-1}\mathrm{e}^{-t} \leqq \frac{K}{t^2}$ für alle $t \geqq 1$ mit einer Konstanten $K > 0$. Somit ist

$$\int_1^R t^{x-1}\mathrm{e}^{-t}\,dt \leqq \int_1^R t^{n-1}\mathrm{e}^{-t}\,dt \leqq \int_1^R \frac{K}{t^2}\,dt$$

für alle $R > 0$ und bei $R \to \infty$ folgt

$$\int_1^\infty t^{x-1}\mathrm{e}^{-t}\,dt \leqq \int_1^\infty t^{n-1}\mathrm{e}^{-t}\,dt \leqq K\int_1^\infty \frac{1}{t^2}\,dt = K < \infty.$$

nach dem obigen Beispiel 1.50. Im Falle $0 < x < 1$ ist das Integral (1.4.11) auch an der unteren Grenze 0 uneigentlich. Wegen $t \geqq 0$ ist $t^{x-1}\mathrm{e}^{-t} \leqq t^{x-1}$ und aus Beispiel 1.51 folgt

$$\int_0^1 t^{x-1}\mathrm{e}^{-t}\,dt \leqq \int_0^1 t^{x-1}\,dt = \frac{1}{1-(1-x)} = \frac{1}{x} < \infty,$$

denn es ist $0 < 1-x < 1$.

2. Durch die Formel (1.4.11) wird somit eine Funktion $\Gamma\colon\ ]0,\infty[\to \mathbb{R}$ definiert, die sogenannte (Eulersche) Gammafunktion, kurz Γ-Funktion. Ihre entscheidende Eigenschaft ist das Bestehen der *Funktionalgleichung*

$$\Gamma(x+1) = x\Gamma(x) \qquad \text{für alle } x > 0. \tag{1.4.12}$$

Hier wird der Zusammenhang mit den Fakultäten ersichtlich, denn deren definierende Gleichung ist

$$(n+1)! = (n+1)\,n! \qquad \text{für alle } n = 0,1,2,\dots \tag{1.4.13}$$

Die Funktionalgleichung folgt leicht durch partielle Integration, denn für $x > 0$ und $R > 0$ ist

$$\int_0^R t^x e^{-t}\,dt = \Big[-t^x e^{-t}\Big]_0^R + x\int_0^R t^{x-1}e^{-t}\,dt = -R^x e^{-R} + x\int_0^R t^{x-1}e^{-t}\,dt\,.$$

Da die Exponentialfunktion schneller wächst als eine Potenz, gilt $R^x e^{-R} \to 0$ bei $R \to \infty$ und wir erhalten

$$\Gamma(x+1) = \int_0^\infty t^x e^{-t}\,dt = x\int_0^\infty t^{x-1}e^{-t}\,dt = x\Gamma(x)\,.$$

3. Durch Induktion kann man nun leicht einsehen, dass

$$\Gamma(n+1) = n! \qquad \text{für alle } n = 0,1,2,\dots$$

Für $n = 0$ ist nämlich

$$\Gamma(1) = \int_0^\infty e^{-t}\,dt = \lim_{R\to\infty}\Big[-e^{-t}\Big]_0^R = \\ = \lim_{R\to\infty}\big(1-e^{-R}\big) = 1 = 0!$$

und im Induktionsschritt ist wegen der Funktionalgleichungen (1.4.12) und (1.4.13)

$$\Gamma(n+2) = \Gamma(n+1+1) = \\ = (n+1)\Gamma(n+1) = \\ = (n+1)\,n! = (n+1)!\,.$$

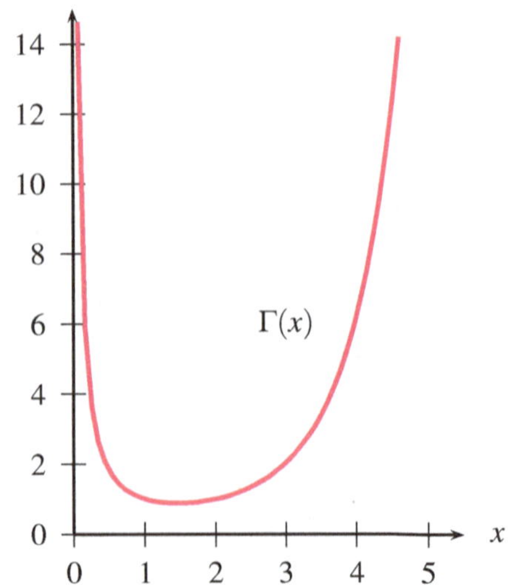

Die Gammafunktion ist also in der Tat für alle $x > 0$ definiert und stimmt an den ganzzahligen Punkten mit den Fakultäten überein, wobei allerdings die – natürlich unerhebliche, aber etwas lästige – Verschiebung um 1 zu beachten ist:

$$\Gamma(n+1) = n! \quad \text{für alle } n = 0,1,2,\dots$$

Versuche, statt $\Gamma(x)$ die Funktion $x \mapsto \Gamma(x+1)$ als Standard einzuführen, haben sich nicht durchsetzen können.

4. Spezielle Werte der Gammafunktion. Neben den Werten von $\Gamma(x)$ an den ganzzahligen Stellen $x > 0$ kann man noch $\Gamma(x)$ für halbzahliges $x > 0$ relativ leicht bestimmen: Zunächst rechnet man mit einer Methode, auf die wir erst im Abschnitt 4.1.4 eingehen können, aus

$$\Gamma\big(\tfrac{1}{2}\big) = \sqrt{\pi}\,. \tag{1.4.14}$$

Hieraus folgt wieder durch Induktion

$$\Gamma\big(n+\frac{1}{2}\big) = \frac{(2n)!}{4^n \cdot n!}\sqrt{\pi} = \frac{1\cdot 3\cdot 5\cdots(2n-1)}{2^n}\sqrt{\pi} \quad \text{für alle } n = 0,1,2,\ldots, \tag{1.4.15}$$

denn im Induktionsschritt ist mit der Funktionalgleichung (1.4.12)

$$\begin{aligned}\Gamma\big(n+1+\frac{1}{2}\big) &= \Gamma\big(n+\frac{1}{2}+1\big) = \big(n+\frac{1}{2}\big)\Gamma\big(n+\frac{1}{2}\big) = \\ &= \frac{2n+1}{2}\frac{(2n)!}{4^n\cdot n!}\sqrt{\pi} = \frac{(2n+1)(2n+2)(2n)!}{2\cdot 4^n\cdot n!\,2(n+1)}\sqrt{\pi} = \frac{(2n+2)!}{4^{n+1}\cdot(n+1)!}\sqrt{\pi}.\end{aligned}$$

5. Einige wichtige Integrale können durch die Gammafunktion ausgedrückt werden.

i) Für $\alpha > 0$ ist mit der Substitution $t = \alpha x$

$$\int_0^\infty x^n \mathrm{e}^{-\alpha x}\,dx = \frac{1}{\alpha^{n+1}}\int_0^\infty (\alpha x)^n \mathrm{e}^{-\alpha x}\alpha\,dx = \frac{1}{\alpha^{n+1}}\int_0^\infty t^n \mathrm{e}^{-t}\,dt = \frac{\Gamma(n+1)}{\alpha^{n+1}}, \tag{1.4.16}$$

dabei ist $n > -1$ nicht notwendig ganz. Für $n = 0,1,2,\ldots$ erhalten wir speziell

$$\int_0^\infty x^n \mathrm{e}^{-\alpha x}\,dx = \frac{\Gamma(n+1)}{\alpha^{n+1}} = \frac{n!}{\alpha^{n+1}}. \tag{1.4.17}$$

ii) Für $\alpha > 0$ ist mit der Substitution $t = x^2$ und (1.4.16)

$$\begin{aligned}\int_0^\infty x^n \mathrm{e}^{-\alpha x^2}\,dx &= \frac{1}{2}\int_0^\infty x^{n-1}\mathrm{e}^{-\alpha x^2}2x\,dx = \frac{1}{2}\int_0^\infty t^{\frac{n-1}{2}}\mathrm{e}^{-\alpha t}\,dt = \\ &= \frac{1}{2}\frac{\Gamma\big(\frac{n-1}{2}+1\big)}{\alpha^{\frac{n+1}{2}}} = \frac{\Gamma\big(\frac{n+1}{2}\big)}{2\alpha^{\frac{n+1}{2}}},\end{aligned}$$

dabei ist $n > -1$ nicht notwendig ganz. Insbesondere erhalten wir für ungerades $n = 2k+1$

$$\int_0^\infty x^{2k+1}\mathrm{e}^{-\alpha x^2}\,dx = \frac{\Gamma(k+1)}{2\alpha^{k+1}} = \frac{k!}{2\alpha^{k+1}} \quad \text{für } k = 0,1,2,\ldots,$$

und für gerades $n = 2k$ mit (1.4.15)

$$\int_0^\infty x^{2k}\mathrm{e}^{-\alpha x^2}\,dx = \frac{\Gamma\big(k+\frac{1}{2}\big)}{2\alpha^{k+\frac{1}{2}}} = \frac{1\cdot 3\cdot 5\cdot\ldots\cdot(2k-1)}{2^{k+1}\alpha^{k+\frac{1}{2}}}\sqrt{\pi} \quad \text{für } k = 0,1,2,\ldots$$

Übung 1.69 Begründen Sie der Reihe nach:

i) Für $k \in \mathbb{N}$ ist $\ln k \leqq \int_k^{k+1} \ln x\,dx \leqq \ln(k+1)$.

ii) Für $n \in \mathbb{N}$ ist $\ln(n-1)! \leqq \int_1^n \ln x\,dx = n\ln n - n + 1 \leqq \ln n!$.

iii) Für $n \in \mathbb{N}$ ist $n\ln n - n + 1 \leqq \ln n! \leqq (n+1)\ln n - n + 1$.

$$\text{iv) } \mathrm{e}\left(\frac{n}{\mathrm{e}}\right)^n \leqq n! \leqq \mathrm{e}n\left(\frac{n}{\mathrm{e}}\right)^n \quad \text{für alle } n \in \mathbb{N}.$$

Eine Verbesserung dieser Argumentation führt zu einer wichtigen Näherungsformel für $n!$, nämlich der sogenannten *Stirlingschen Formel*

$$n! \approx \sqrt{2\pi n}\left(\frac{n}{\mathrm{e}}\right)^n \qquad \text{für große } n \in \mathbb{N},$$

genauer

$$\sqrt{2\pi n}\left(\frac{n}{\mathrm{e}}\right)^n \leqq n! \leqq \sqrt{2\pi n}\left(\frac{n}{\mathrm{e}}\right)^n \mathrm{e}^{\frac{1}{12n}} \qquad \text{für alle } n \in \mathbb{N}.$$

Vergleichen Sie den Wert von $n!$ mit dem Näherungswert der Stirlingschen Formel für $n = 5$ und $n = 10$.

1.5 Komplexe Zahlen

1.5.1 Der Zahlbereich $\mathbb{C}$

Warum komplexe Zahlen? Der Anlass für die Erweiterung des Zahlbereichs $\mathbb{R}$ der reellen Zahlen ist einfach: Im Bereich der reellen Zahlen lassen sich Gleichungen wie $x^2 + 1 = 0$ nicht lösen; hierzu muss der Zahlbereich $\mathbb{R}$ erweitert werden. Es stellt sich dann heraus, dass die so entstehenden komplexen Zahlen zu tiefen und neuartigen Einsichten innerhalb der Mathematik führen; außerdem sind die komplexen Zahlen auch in der modernen Physik unentbehrlich geworden. Kurzfristig ergibt sich für uns der Vorteil, dass sich manche Rechnungen leichter und übersichtlicher ausführen lassen.

Um die komplexen Zahlen zu definieren, braucht man keine neuen Objekte einzuführen. Wir wählen als neue Zahlen die Punkte der Zahlenebene $\mathbb{R}^2$, also die Gesamtheit der Zahlenpaare $z = (x,y)$ mit $x, y \in \mathbb{R}$. Wir müssen nun die Zahlenebene zu einem Zahlbereich machen, das bedeutet, wir müssen die Rechenoperationen *Addition* und *Multiplikation* geeignet erklären.

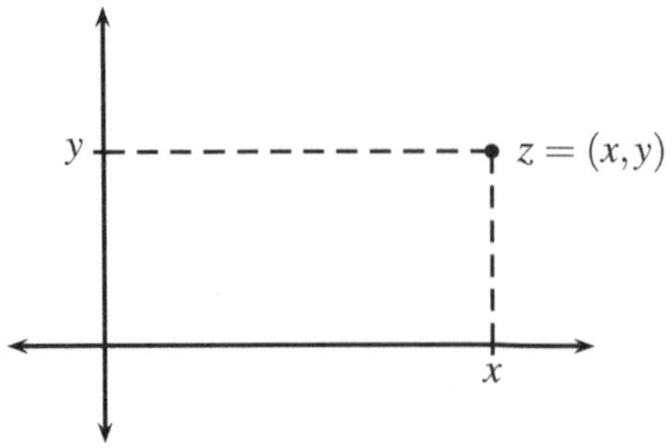

Die *Addition* ist als Vektoraddition bereits vorhanden und wohlbekannt: Für zwei Punkte $z_1 = (x_1, y_1)$ und $z_2 = (x_2, y_2)$ definiert man:

$$z_1 + z_2 = (x_1 + x_2, y_1 + y_2)$$

Geometrisch bedeutet dies gerade die bekannte Parallelogrammkonstruktion.

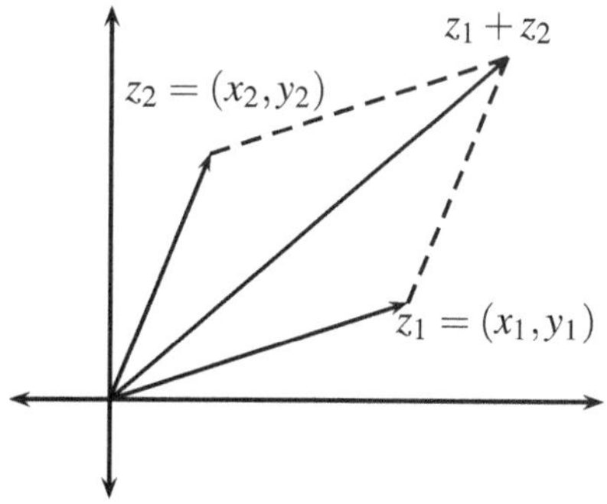

Bevor wir die Multiplikation definieren, wollen wir zunächst eine zweckmäßigere Schreibweise für die Paare (x,y) einführen. Im Sinne der elementaren Vektorrechnung, insbesondere der obigen (Vektor-)Addition, können wir schreiben:

$$z = (x,y) = (x,0) + (0,y) = x(1,0) + y(0,1) = x + y\mathrm{i}\,,$$

wobei wir

$$(1,0) = 1 \qquad \text{und} \qquad (0,1) = \mathrm{i}$$

gesetzt haben.

Wir schreiben also die Zahlenpaare oder Punkte der Ebene $z = (x,y)$ künftig in der Form $z = x + y\mathrm{i}$ und nennen x den *Realteil* von z und y den *Imaginärteil* von z, in Zeichen

$$x = \operatorname{Re} z \qquad \text{und} \qquad y = \operatorname{Im} z\,.$$

Die x-Achse, bestehend aus den Zahlen $(x,0) \equiv x$ mit $x \in \mathbb{R}$, heißt in unserem jetzigen Zusammenhang die *reelle Achse*, ebenso heißt die y-Achse, bestehend aus den Zahlen $(0,y) \equiv y\mathrm{i}$ mit $y \in \mathbb{R}$, die *imaginäre Achse*.

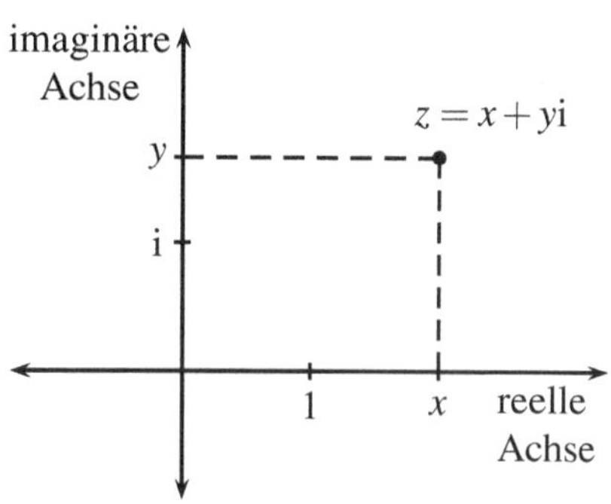

Die Addition schreibt sich jetzt für zwei Zahlen $z_1 = x_1 + y_1\mathrm{i}$ und $z_2 = x_2 + y_2\mathrm{i}$ ganz zwanglos

$$z_1 + z_2 = x_1 + y_1\mathrm{i} + x_2 + y_2\mathrm{i} = x_1 + x_2 + (y_1 + y_2)\mathrm{i}\,.$$

Wir wollen nun die Multiplikation einführen; natürlich so, dass die üblichen Rechen- und Klammerregeln bestehen bleiben. Für zwei Zahlen $z_1 = x_1 + y_1\mathrm{i}$ und $z_2 = x_2 + y_2\mathrm{i}$ ist dann notwendigerweise

$$z_1 z_2 = (x_1 + y_1\mathrm{i})(x_2 + y_2\mathrm{i}) = x_1 x_2 + (x_1 y_2 + x_2 y_1)\mathrm{i} + y_1 y_2 \mathrm{i}^2\,.$$

Da wir Lösungen der Gleichung $x^2 + 1 = 0$ suchen, also negative Quadrate konstruieren wollen, ist es naheliegend

$$\mathrm{i}^2 = -1$$

zu setzen. Damit ergibt sich zwangsläufig für die *Multiplikation*

$$z_1 z_2 = (x_1 + y_1 \mathrm{i})(x_2 + y_2 \mathrm{i}) = x_1 x_2 - y_1 y_2 + (x_1 y_2 + x_2 y_1)\mathrm{i}$$

Eine geometrische Interpretation können wir erst später geben.

Die *Division* lässt sich dadurch ausführen, dass man den Nenner „reell macht“:

$$\frac{z_1}{z_2} = \frac{x_1 + y_1 \mathrm{i}}{x_2 + y_2 \mathrm{i}} = \frac{x_1 + y_1 \mathrm{i}}{x_2 + y_2 \mathrm{i}} \frac{x_2 - y_2 \mathrm{i}}{x_2 - y_2 \mathrm{i}} = \frac{x_1 x_2 + y_1 y_2 + (x_2 y_1 - x_1 y_2)\mathrm{i}}{x_2^2 + y_2^2} =$$
$$= \frac{x_1 x_2 + y_1 y_2}{x_2^2 + y_2^2} + \frac{x_2 y_1 - x_1 y_2}{x_2^2 + y_2^2}\,\mathrm{i}\,.$$

Die Gesamtheit der Zahlenpaare $z = (x,y) = x + y\mathrm{i}$ mit $x, y \in \mathbb{R}$, zusammen mit der eben erklärten Addition und Multiplikation heißt *Zahlbereich (Körper) der komplexen Zahlen*; die Bezeichnung ist $\mathbb{C}$.

Als Menge ist $\mathbb{C}$ mit $\mathbb{R}^2$ identisch, aber mit $\mathbb{C}$ assoziiert man zusätzlich die oben eingeführten Rechenoperationen, insbesondere die komplexe Multiplikation. Man spricht in diesem Sinne auch von der *komplexen (Zahlen-)Ebene*, wenn man die Ebene $\mathbb{R}^2$ zusammen mit den komplexen Rechenoperationen meint. Die reellen Zahlen $\mathbb{R}$ sind natürlich in den komplexen Zahlen $\mathbb{C}$ enthalten, vermöge $z = x = x + 0\mathrm{i}$ als komplexe Zahlen z mit $\operatorname{Im} z = 0$, so dass wir wirklich eine Erweiterung des Zahlbereichs $\mathbb{R}$ geschaffen haben.

Für die komplexen Zahlen gibt es eine weitere Rechenoperation, die im Zahlbereich $\mathbb{R}$ nicht in Erscheinung tritt, nämlich die *komplexe Konjugation:*

Definition 1.25 Für $z = x + y\mathrm{i} \in \mathbb{C}$ heißt die Zahl

$$z^* = x - y\mathrm{i}$$

die zu z *konjugierte komplexe Zahl.*

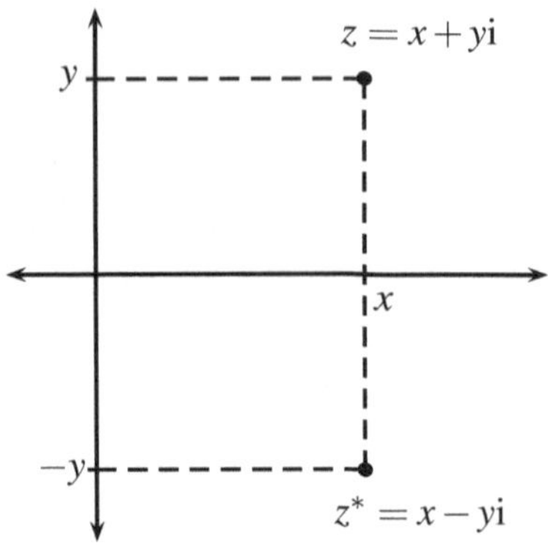

In der Mathematik ist statt z^* meist die Schreibweise $\bar{z}$ gebräuchlich.
Geometrisch bedeutet die Konjugation die Spiegelung an der reellen Achse. Daher bleiben die reellen Zahlen durch die komplexe Konjugation unverändert; für eine Zahl $z \in \mathbb{C}$ gilt $z = z^*$ genau dann, wenn $z \in \mathbb{R}$ ist.

Für die Konjugation gelten die folgenden Rechenregeln.

Bemerkung 1.24 i) *Für* $z_1, z_2 \in \mathbb{C}$ *ist*

$$(z_1 + z_2)^* = z_1^* + z_2^* \qquad \textit{und} \qquad (z_1 z_2)^* = z_1^* z_2^*$$

ii) *Für* $z = x + yi \in \mathbb{C}$ *ist*

$$(z^*)^* = z \qquad \textit{und} \qquad z z^* = x^2 + y^2 \geqq 0\,.$$

Beweis. Dies lässt sich einfach nachrechnen. □

Im Zahlbereich $\mathbb{C}$ gibt es keine „vernünftige“ Anordnung $\leqq$ mehr, dies ist der Preis, den man für die Existenz negativer Quadrate zahlen muss. Gäbe es nämlich eine solche Anordnungsrelation, so würde aus $z \geqq 0$ folgen $z^2 = z \cdot z \geqq 0$ und ebenso würde aus $z \leqq 0$ folgen $-z \geqq 0$, also wiederum $z^2 = (-z) \cdot (-z) \geqq 0$.

Daher ist man in besonderem Maße auf den *Betrag* oder die *Länge* angewiesen, um komplexe Zahlen zu vergleichen.

Für $z = x + yi \in \mathbb{C}$ heißt

$$|z| = \sqrt{x^2 + y^2} = \sqrt{zz^*}$$

der *Betrag* oder die *Länge* von z.

Wir beschließen diesen Abschnitt mit einigen Rechenbeispielen und einer Bemerkung.

Beispiel 1.54 Für $z_1 = 3 + 4\mathrm{i}$ und $z_2 = 1 - 2\mathrm{i}$ ist

$$\begin{aligned} z_1 + z_2 &= 4 + 2\mathrm{i} \qquad z_1 - 2z_2 = 3 + 4\mathrm{i} - 2 + 4\mathrm{i} = 1 + 8\mathrm{i} \\ z_1 z_2 &= (3 + 4\mathrm{i})(1 - 2\mathrm{i}) = 3 + 8 - 6\mathrm{i} + 4\mathrm{i} = 11 - 2\mathrm{i} \\ \frac{z_1}{z_2} &= \frac{3 + 4\mathrm{i}}{1 - 2\mathrm{i}} \frac{1 + 2\mathrm{i}}{1 + 2\mathrm{i}} = \frac{3 - 8 + 4\mathrm{i} + 6\mathrm{i}}{1 + 4} = \frac{1}{5}(-5 + 10\mathrm{i}) = -1 + 2\mathrm{i} \\ |z_1| &= 5\,. \end{aligned}$$

Bemerkung 1.25 *Nach Konstruktion hat die Gleichung $x^2 + a = 0$ für $a > 0$ nun die beiden Lösungen $x_1 = \sqrt{a}\,\mathrm{i}$ und $x_2 = -\sqrt{a}\,\mathrm{i}$. Überhaupt hat jede quadratische Gleichung $x^2 + ax + b = 0$ Lösungen in $\mathbb{C}$, da man die Lösungen wie üblich durch quadratische Ergänzung*

$$x^2 + ax + b = \left(x + \frac{a}{2}\right)^2 + b - \frac{a^2}{4} = 0$$

bestimmen kann zu

$$x_{1,2} = -\frac{a}{2} \pm \sqrt{\frac{a^2}{4} - b}\,.$$

Es stellt sich aber heraus, dass sogar jede polynomiale Gleichung, also jede Gleichung der Form

$$x^n + a_{n-1}x^{n-1} + \cdots + a_1 x + a_0 = 0 \qquad n \in \mathbb{N}$$

Lösungen in $\mathbb{C}$ hat und zwar genau n Stück, wenn man mehrfache Lösungen entsprechend ihrer Vielfachheit zählt. Diese Tatsache wird als *Fundamentalsatz der Algebra* bezeichnet und ist ein Indiz dafür, dass man mit $\mathbb{C}$ einen Zahlbereich mit neuen und bemerkenswerten Eigenschaften geschaffen hat.

Satz 1.10 (Fundamentalsatz der Algebra) *Es sei $n \in \mathbb{N}$. Jede Gleichung der Form*

$$x^n + a_{n-1}x^{n-1} + \cdots + a_1 x + a_0 = 0$$

mit Koeffizienten $a_{n-1}, \ldots, a_1, a_0 \in \mathbb{C}$ hat in $\mathbb{C}$ genau n Lösungen, wenn man die Lösungen entsprechend ihrer Vielfachheit zählt.

Übungen

Übung 1.70 Gegeben sind die komplexen Zahlen

$$z_1 = 5 + 12\mathrm{i} \qquad z_2 = -\frac{1}{2}\sqrt{3} - \frac{1}{2}\mathrm{i}.$$

Berechnen Sie

$$\text{i) } |z_1| \text{ und } |z_2| \qquad \text{ii) } \frac{z_1^*}{z_2^2} \qquad \text{iii) } (z_2 + \mathrm{i})^2.$$

Übung 1.71 Geben Sie eine einfache (geometrische) Darstellung der Menge

$$\{z \in \mathbb{C} : \operatorname{Im} \frac{z+\mathrm{i}}{z+1} = 0\} \subset \mathbb{C}.$$

Übung 1.72 Man bestimme alle Lösungen der Gleichung $x^3 - 8x^2 + 57x - 90 = 0$.

1.5.2 Die Exponentialfunktion im Komplexen

Nachdem wir nun das Rechnen im Zahlbereich $\mathbb{C}$ der komplexen Zahlen etabliert haben, können wir als Nächstes den Begriff der Konvergenz einführen. Dies ist einfach und erfordert keinen neuen Gedanken: Man erklärt Konvergenz im Komplexen durch Konvergenz von Real- *und* Imaginärteil.

Definition 1.26 Ist $(z_n)_{n\in\mathbb{N}}$ eine Folge komplexer Zahlen, $z_n = x_n + y_n\mathrm{i}$ mit reellen Folgen $(x_n)_{n\in\mathbb{N}}$ und $(y_n)_{n\in\mathbb{N}}$, und ist $z = x + y\mathrm{i}$ eine komplexe Zahl, so definiert man $z_n \to z$ durch $x_n \to x$ und $y_n \to y$.

Dies ist gleichbedeutend mit $|z_n - z| \to 0$, denn wegen

$$0 \leqq |x_n - x|, |y_n - y| \leqq |z_n - z| \qquad \text{für alle } n \in \mathbb{N}.$$

impliziert $|z_n - z| \to 0$ offenbar $x_n \to x$ und $y_n \to y$. Umgekehrt folgt aus $x_n \to x$ und $y_n \to y$ auch

$$|z_n - z| = \left((x_n - x)^2 + (y_n - y)^2\right)^{\frac{1}{2}} \to 0.$$

Es gelten dann die Rechenregeln und das Cauchy-Kriterium aus Abschnitt 1.2 in unveränderter Weise, während das Monotoniekriterium seinen Sinn verliert, da es in $\mathbb{C}$ keine vernünftige Anordnung mehr gibt.

Man kann nun daran gehen, Funktionen $f\colon D \to \mathbb{C}$ zu studieren, die auf Teilmengen D der komplexen Ebene definiert sind und für diese eine Differential- und Integralrechnung entwickeln. Der Begriff der Differenzierbarkeit wird dabei wie früher definiert:

Definition 1.27 Eine Funktion $f\colon D \to \mathbb{C}$ mit Definitionsbereich $D \subset \mathbb{C}$ heißt *(komplex) differenzierbar in einem Punkt* $z_0 \in D$, wenn der Grenzwert

$$\lim_{z \to z_0} \frac{f(z) - f(z_0)}{z - z_0}$$

existiert. Dieser Grenzwert heißt dann die *Ableitung von* f *im Punkt* z_0 und wird wieder mit $f'(z_0)$ bezeichnet. Weiter heißt f *(komplex) differenzierbar*, wenn f in jedem Punkt $z \in D$ differenzierbar ist.

Da die Annäherung $z \to z_0$ in der Ebene auf vielfältige Art und Weise geschehen kann – zum Beispiel aus jeder Richtung oder auf Spiralen – ist die Forderung, dass der Grenzwert $\lim\limits_{z \to z_0} \dfrac{f(z) - f(z_0)}{z - z_0}$ existiert, viel stärker als im Reellen. Hierdurch wird verständlich, dass eine komplex differenzierbare Funktion deutlich bessere Eigenschaften hat, als man es vom Reellen her erwartet. So ist eine komplex differenzierbare Funktion $f\colon D \to \mathbb{C}, D \subset \mathbb{C}$ offen, immer schon unendlich oft differenzierbar, ja sogar analytisch, also um jeden Punkt ihres Definitionsbereichs D in eine Potenzreihe entwickelbar, was im Reellen ja bekanntlich grob falsch ist.

Leider können wir dieses klassische Thema, das auch für die Praxis bedeutsam ist, aber zum Beispiel aus Zeitgründen nicht weiter verfolgen, sondern beschränken uns im Folgenden auf eine kurze Diskussion der Exponentialfunktion im Komplexen.

Die ohnehin naive Definition der Exponentialfunktion im Reellen als Potenz e^x kann man im Komplexen offenbar nicht nachahmen. Wir definieren stattdessen e^z für komplexe Zahlen z durch die Exponentialreihe

$$\exp(z) = \sum_{n=0}^{\infty} \frac{z^n}{n!} \qquad \text{für alle } z \in \mathbb{C},$$

wobei man sich wie früher davon überzeugt, dass die Potenzreihe für jedes $z \in \mathbb{C}$ konvergiert, sogar absolut konvergiert, denn es ist $\sum\limits_{n=0}^{\infty} \dfrac{|z|^n}{n!} < \infty$ nach dem Quotientenkriterium.

Wir wissen dann jedenfalls aus Beispiel 1.41, dass $\exp(z)$ für reelles z mit der früheren Definition etwa als Potenz e^z übereinstimmt und schreiben auch wieder gleichberechtigt $\exp(z) = \mathrm{e}^z$ für alle $z \in \mathbb{C}$. Durch einfaches Manipulieren mit der Exponentialreihe und dem binomischen Lehrsatz (1.1.10) erkennt man, dass die charakteristische Eigenschaft der Exponentialfunktion, nämlich die Funktionalgleichung

$$\exp(u + v) = \exp(u)\exp(v) \qquad \text{für alle } u, v \in \mathbb{C},$$

auch im Komplexen erhalten bleibt:

$$
\begin{aligned}
\exp(u+v) &= \sum_{n=0}^{\infty} \frac{1}{n!}(u+v)^n = \\
&= \sum_{n=0}^{\infty} \frac{1}{n!} \sum_{k=0}^{n} \binom{n}{k} u^k v^{n-k} = \\
&= \sum_{n=0}^{\infty} \sum_{k=0}^{n} \frac{1}{k!(n-k)!} u^k v^{n-k} = \\
&= \sum_{k=0}^{\infty} \sum_{n=k}^{\infty} \frac{1}{k!(n-k)!} u^k v^{n-k} = \\
&= \sum_{k=0}^{\infty} \frac{1}{k!} u^k \sum_{n=k}^{\infty} \frac{1}{(n-k)!} v^{n-k} = \\
&= \sum_{k=0}^{\infty} \frac{u^k}{k!} \sum_{n=0}^{\infty} \frac{v^n}{n!} = \exp(u)\exp(v)
\end{aligned}
$$

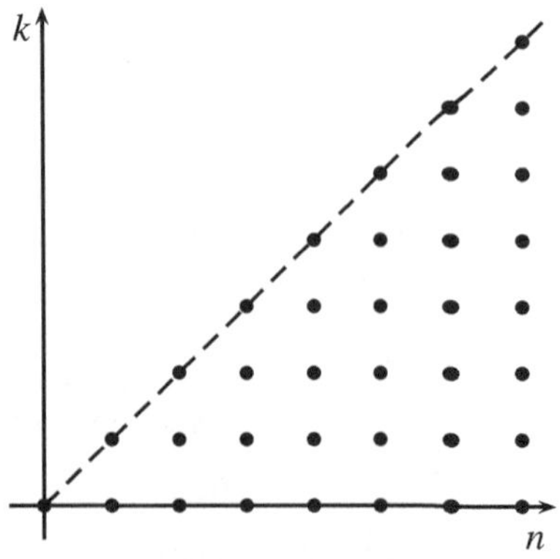

Die Skizze zeigt die Indexpaare (n,k), über die summiert wird, und soll die Vertauschung der Summationsreihenfolge von der dritten zur vierten Zeile verdeutlichen.

Für komplexe Zahlen $z = x + y\mathrm{i}$ gilt damit $\mathrm{e}^z = \mathrm{e}^x \mathrm{e}^{\mathrm{i}y}$ und wir können e^z einfach berechnen, wenn wir $\mathrm{e}^{\mathrm{i}y}$ einfach berechnen können. Hierzu rechnen wir für ein $t \in \mathbb{R}$ aus

$$
\begin{aligned}
\mathrm{e}^{\mathrm{i}t} &= \exp(\mathrm{i}t) = \sum_{n=0}^{\infty} \frac{(\mathrm{i}t)^n}{n!} = \sum_{\substack{n=0 \\ \text{n gerade}}}^{\infty} \frac{(\mathrm{i}t)^n}{n!} + \sum_{\substack{n=0 \\ \text{n ungerade}}}^{\infty} \frac{(\mathrm{i}t)^n}{n!} = \\
&= \sum_{\ell=0}^{\infty} \mathrm{i}^{2\ell} \frac{t^{2\ell}}{(2\ell)!} + \sum_{\ell=0}^{\infty} \mathrm{i}^{2\ell+1} \frac{t^{2\ell+1}}{(2\ell+1)!} = \sum_{\ell=0}^{\infty} (-1)^\ell \frac{t^{2\ell}}{(2\ell)!} + \mathrm{i} \sum_{\ell=0}^{\infty} (-1)^\ell \frac{t^{2\ell+1}}{(2\ell+1)!} = \\
&= \cos t + \mathrm{i} \sin t,
\end{aligned}
$$

wobei wir am Schluß die Potenzreihenentwicklung für die Sinus- und die Cosinusfunktion (1.3.12) und (1.3.13) benutzt haben. Wir haben so die fundamentale *Eulersche Formel* gewonnen:

$$\mathrm{e}^{\mathrm{i}t} = \cos t + \mathrm{i} \sin t \qquad \text{für alle } t \in \mathbb{R} \tag{1.5.1}$$

oder

$$\cos t = \operatorname{Re} \mathrm{e}^{\mathrm{i}t} \quad \text{und} \quad \sin t = \operatorname{Im} \mathrm{e}^{\mathrm{i}t} \qquad \text{für alle } t \in \mathbb{R}, \tag{1.5.2}$$

welche die trigonometrischen Funktionen sin und cos auf die komplexe Exponentialfunktion zurückführt. Dies führt zu einem tieferen Verständnis dieser Funktionen, zum Beispiel der Additionstheoreme, die man aus

$$
\begin{aligned}
\cos(u+v) + \mathrm{i} \sin(u+v) = \mathrm{e}^{\mathrm{i}(u+v)} = \mathrm{e}^{\mathrm{i}u} \mathrm{e}^{\mathrm{i}v} &= (\cos u + \mathrm{i} \sin u)(\cos v + \mathrm{i} \sin v) = \\
&= \cos u \cos v - \sin u \sin v + \mathrm{i}(\sin u \cos v + \sin v \cos u)
\end{aligned}
$$

durch Vergleich der Real- und Imaginärteile auf beiden Seiten erhält. Weiter erlauben die obigen Formeln, viele Rechnungen mit den Funktionen sin und cos durch einfachere Rechnungen mit der Exponentialfunktion zu ersetzen.

Schreiben wir die Eulersche Formel (1.5.1) auch für $-t$ hin

$$e^{-it} = \cos(-t) + i\sin(-t) = \cos t - i\sin t \tag{1.5.3}$$

und addieren beziehungsweise subtrahieren (1.5.1) und (1.5.3), so erhalten wir die folgende Version von (1.5.2):

$$\cos t = \frac{1}{2}\left(e^{it} + e^{-it}\right) \quad \text{und} \quad \sin t = \frac{1}{2i}\left(e^{it} - e^{-it}\right) \qquad \text{für alle } t \in \mathbb{R}. \tag{1.5.4}$$

Wir notieren noch die folgenden Konsequenzen für die Exponentialfunktion selbst.

Bemerkung 1.26 i) *Für alle* $z = x + iy \in \mathbb{C}$ *ist*

$$e^z = e^x(\cos y + i\sin y),$$

dies führt die Berechnung von e^z *auf reelle Funktionen zurück. Es folgt*

$$\left|e^z\right| = e^x = e^{\operatorname{Re} z}, \quad \textit{insbesondere} \quad \left|e^{it}\right| = 1 \quad \textit{für alle } t \in \mathbb{R}. \tag{1.5.5}$$

ii) *Es gilt*

$$e^{z+2\pi i} = e^z \qquad \textit{für alle } z \in \mathbb{C},$$

die Exponentialfunktion im Komplexen ist also periodisch mit Periode $2\pi i$*, insbesondere ist*

$$e^{2n\pi i} = 1 \qquad \textit{für alle } n \in \mathbb{Z}.$$

iii) *Für* $t \in \mathbb{R}$ *ist*

$$\left(e^{it}\right)^* = e^{-it}, \tag{1.5.6}$$

Beweis. i) ist evident wegen $e^z = e^{x+iy} = e^x e^{iy}$ und der Eulerschen Formel, ii) folgt sofort aus i) und iii) ist wieder eine einfache Konsequenz der Eulerschen Formel:

$$e^{-it} = \cos(-t) + i\sin(-t) = \cos t - i\sin t = \left(e^{it}\right)^* \qquad \text{für alle } t \in \mathbb{R}. \qquad \square$$

Wir wollen schließlich noch komplexe Zahlen in einer anderen Form darstellen, die für manche Zwecke – insbesondere für das Multiplizieren, Dividieren und Potenzieren – zweckmäßiger ist.

Für eine komplexe Zahl $z = x + yi$ gilt mit den üblichen *Polarkoordinaten* der Ebene

$$x = r\cos\varphi \qquad y = r\sin\varphi\,.$$

Dabei ist $r = |z|$ der *Betrag* von z, und der Winkel φ ergibt sich mit der Konvention $-\pi < \varphi \leqq \pi$ aus der Gleichung $\tan\varphi = \frac{y}{x}$ unter Berücksichtigung des Quadranten, in dem die Zahl z liegt. Der Winkel φ heißt das *Argument* von z.

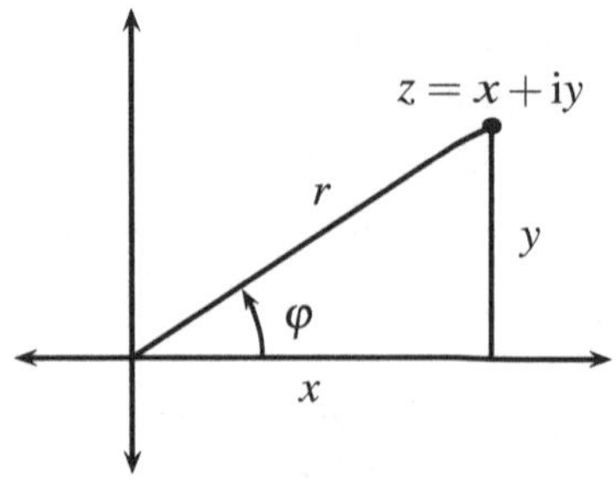

Wir können mit der Eulerschen Formel (1.5.1) schreiben

$$z = x + yi = r\cos\varphi + ir\sin\varphi = re^{i\varphi}\,,$$

dies ist die sogenannte *Polardarstellung* der komplexen Zahl z.

Beispiel 1.55 i) Für $z = 3 + 4i$ ist $|z| = r = 5$ und aus $\tan\varphi = \frac{4}{3}$ folgt $\varphi = 0.9273$, also ist

$$3 + 4i = 5e^{0.9273i}\,.$$

ii) Für $z = -3 - 4i$ ist $|z| = r = 5$ und aus $\tan\varphi = \frac{4}{3}$ folgt nun, dass $\varphi = -\pi + 0.9273 = -2.2143$, da z im dritten Quadranten liegt. Somit ist

$$-3 - 4i = 5e^{-2.2143i}\,.$$

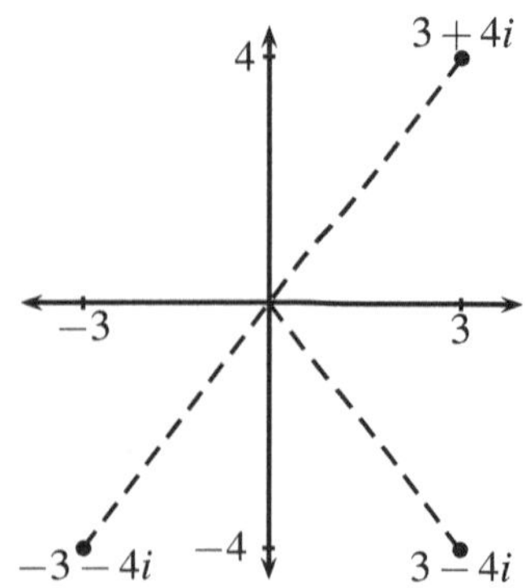

iii) Für $z = 3 - 4i$ ist $|z| = r = 5$ und aus $\tan\varphi = -\frac{4}{3}$ folgt $\varphi = -0.9273$, also

$$3 - 4i = 5e^{-0.9273i}\,.$$

Die Polardarstellung erlaubt auch eine geometrische Interpretation der Multiplikation komplexer Zahlen. Ist $w \in \mathbb{C}$ eine feste komplexe Zahl mit Polardarstellung $w = |w|e^{i\psi}$, so gilt für jede komplexe Zahl $z \in \mathbb{C}$ mit Polardarstellung $z = |z|e^{i\varphi}$

$$wz = |w||z|e^{i(\psi+\varphi)}\,.$$

Bei der Multiplikation mit w werden also die Beträge mit $|w|$ multipliziert, und zum Argument wird ψ, das Argument von w, hinzu addiert, was einer Drehung um den Winkel ψ entspricht. Man sagt daher, die Multiplikation mit einer festen komplexen Zahl ist eine *Drehstreckung*.

Übungen

Übung 1.73 Bestimmen Sie die Polardarstellung der komplexen Zahlen

$$z_1 = \frac{\sqrt{3}+\mathrm{i}}{1+\sqrt{3}\mathrm{i}} \qquad z_2 = 3+3\mathrm{i} \qquad z_3 = 3-3\sqrt{3}\mathrm{i}$$

und berechnen Sie damit $\frac{z_2^4}{z_3^2}$.

Übung 1.74 Begründen Sie die Formel von *de Moivre*

$$(\cos x + \mathrm{i}\sin x)^n = \cos nx + \mathrm{i}\sin nx \quad \text{für alle } x \in \mathbb{R} \text{ und } n = 0,1,2,\ldots$$

und leiten Sie hieraus ab

$$\text{i) } \cos 4x = 8\cos^4 x - 8\cos^2 x + 1$$
$$\text{ii) } \sin 4x = 8\cos^3 x \sin x - 4\cos x \sin x.$$

Übung 1.75 Berechnen Sie alle Lösungen der Gleichung $z^6 = 64$. Stellen Sie hierzu z in Polarform dar und lösen Sie dann die Gleichung. Geben Sie die Lösungen auch in der Form $z = x + y\mathrm{i}$ mit $x, y \in \mathbb{R}$ an. Welche Figur ergibt sich, wenn man die Lösungen als Punkte in die komplexe Ebene einzeichnet?

1.6 Gewöhnliche Differentialgleichungen

1.6.1 Was ist eine Differentialgleichung?

Die Gleichungen, mit denen wir es bisher zu tun hatten, forderten uns auf, eine oder mehrere Zahlen zu bestimmen: So hat etwa die Gleichung $x^2 - 5x + 6 = 0$ die Zahlen $x_1 = 2$ und $x_2 = 3$ als Lösungen. Eine Differentialgleichung ist dagegen eine Gleichung, die uns auffordert, eine *Funktion* zu bestimmen, und die mindestens eine Ableitung der gesuchten Funktion enthält. Die Lösung ist also eine Funktion, die wir hier meist mit y bezeichnen wollen, ihre Variable mit t, weil sie in der Praxis oft die Zeit bedeutet. Entsprechend schreiben wir für die Ableitungen $\dot{y}, \ddot{y}, \ldots$ statt $y', y'', \ldots$, wie in den Naturwissenschaften üblich.

Ein einfaches Beispiel ist

$$\dot{y} - y = 0;$$

das bedeutet in Worten: Gesucht ist die Funktion $y(t)$, die mit ihrer Ableitung $\dot{y}(t)$ übereinstimmt. Die Lösungen sind, wie wir bereits aus Bemerkung 1.12 wissen, die Funktionen

$$y(t) = Ce^t \qquad \text{für alle } t \in \mathbb{R}$$

mit Konstanten $C \in \mathbb{R}$.

Dagegen ist die Gleichung $yt^2 - 1 = 0$ keine Differentialgleichung im üblichen Sinne, da man aus ihr zwar die Funktion $y(t) = \frac{1}{t^2}$ bestimmen kann, aber ohne dass dabei eine Ableitung von $y(t)$ auftritt.

Differentialgleichungen spielen in den Naturwissenschaften eine herausragende Rolle: Immer, wenn man die Abhängigkeit einer Größe y von einer Größe t aus einer Gleichung bestimmen soll, die auch Änderungen (Ableitungen) von y enthält, hat man es mit einer Differentialgleichung zu tun.

Wir wollen nun etwas formaler erklären, was eine Differentialgleichung ist. Vorher verabreden wir noch, dass wir das lange Wort „Differentialgleichung“ künftig mit DG abkürzen wollen.

Definition 1.28 Eine Gleichung für eine gesuchte Funktion $y = y(t)$ der Form

$$F(t, y, \dot{y}, \ddot{y}, \ldots, y^{(n)}) = 0, \tag{1.6.1}$$

in der neben der Variablen t und den Funktionswerten von y auch die Funktionswerte von gewissen Ableitungen $\dot{y}, \ldots, y^{(n)}$ auftreten, heißt eine *(gewöhnliche) DG.*

Dabei darf die Variable t oder sogar die Funktion y selbst in F fehlen, aber mindestens eine der Ableitungen $\dot{y}, \ldots, y^{(n)}$ muss vorkommen. Der Zusatz *gewöhnlich* unterscheidet diese DGn für eine Funktion *einer* Veränderlichen von DGn für Funktionen *mehrerer* Veränderlicher, in der entsprechend partielle Ableitungen der gesuchten Funktion auftreten und die demgemäß *partielle DGn* heißen. Diese partiellen DGn sind aber deutlich komplizierter als die gewöhnlichen DGn. Wir werden uns in diesem Kapitel ausschließlich mit gewöhnlichen DGn beschäftigen und unterdrücken daher den Zusatz „gewöhnlich“.

Beispiel 1.56 i) $\dot{y} - y = 0$

ii) $\dot{y} - y + t = 0$

iii) $t^2 \dddot{y} + 4ty - (\dddot{y})^5 + (\ddot{y})^3 + \dot{y}e^{\dddot{y}} + 3 = 0$

iv) Wir betrachten die Bewegung eines Körpers der Masse m, $s(t)$ bezeichne seinen Ort zur Zeit t. Nach dem grundlegenden Axiom der Mechanik ist

Summe der auf den Körper wirkenden Kräfte = Masse $\times$ *Beschleunigung*,

als Formel

$$F(t, s(t), \dot{s}(t)) = m\ddot{s}(t) \tag{1.6.2}$$

wobei F die auf den Körper einwirkende Kraft bezeichnet, die im Allgemeinen vom Ort $s(t)$, von der Geschwindigkeit $\dot{s}(t)$ des Körpers und von der Zeit t abhängt. Offenbar ist (1.6.2) eine DG für die Ortsfunktion $s(t)$ des Körpers. Dies ist eine typische Situation, die die außerordentliche Bedeutung der DGn in den Naturwissenschaften deutlich macht: Viele Naturgesetze sind, wenn man sie mathematisch formuliert, bereits DGn. Nehmen wir nun an, dass auf den betrachteten Körper keine äußeren Kräfte wirken, so reduziert sich (1.6.2) auf die einfache DG

$$\ddot{s} = 0\,. \tag{1.6.3}$$

Nach diesen Beispielen fahren wir mit der oben begonnenen Definition einer DG fort:

Definition 1.29 Unter einer *Lösung* der DG (1.6.1) versteht man eine n-mal differenzierbare Funktion $y\colon I \to \mathbb{R}$, mit $I \subset \mathbb{R}$ Intervall, die man in die DG einsetzen kann und die diese erfüllt im Sinne von

$$F(t, y(t), \dot{y}(t), \ddot{y}(t), \ldots, y^{(n)}(t)) = 0 \qquad \text{für alle } t \in I.$$

Wir wollen auf die oben aufgeführten Beispiele zurückkommen.

Beispiel 1.57 i) Wie eingangs erwähnt, sind alle Lösungen y der DG in i) gegeben durch $y(t) = Ce^t$ für alle $t \in \mathbb{R}$ mit einer Konstanten C.

ii) Später werden wir ein Lösungsverfahren für DGn dieses Typs kennenlernen. Im Augenblick beschränken wir uns darauf, nachzuprüfen, dass $y(t) = t + 1 + Ce^t$ für alle $t \in \mathbb{R}$ mit einer Konstanten C eine Lösung ist: Es ist $\dot{y}(t) = 1 + Ce^t$ und Einsetzen in die DG ergibt in der Tat

$$\dot{y}(t) - y(t) + t = 1 + Ce^t - (t + 1 + Ce^t) + t = 0 \qquad \text{für alle } t \in \mathbb{R}.$$

iii) Dem Verfasser ist keine Lösung bekannt.

iv) Alle Lösungen lauten $s(t) = at + b$ mit Konstanten $a, b \in \mathbb{R}$. Das bedeutet physikalisch: Ein Körper, auf den keine äußeren Kräfte wirken, bewegt sich geradlinig und gleichförmig.

Wir greifen noch einmal das Beispiel iii) der obigen Liste auf. Dieses Beispiel gibt die Gelegenheit darauf hinzuweisen, dass man die meisten DGn nicht lösen kann. Zwar existieren „immer“ Lösungen, aber sie lassen sich nicht als Kombination der üblichen elementaren Funktionen ausdrücken, wie wir es bereits bei Stammfunktionen angetroffen haben. Wir werden darauf im nächsten Abschnitt zurückkommen.

Man erklärt noch: Die höchste in der DG $F(t, y, \dot{y}, \ldots, y^{(n)}) = 0$ auftretende Ableitungsordnung heißt *Ordnung* der DG.

Beispiel 1.58 In der Liste der obigen Beispiele sind die DGn i) und ii) erster Ordnung, iii) ist dritter Ordnung und iv) ist zweiter Ordnung, wie viele DGn der Physik.

Ist die DG $F(t, y, \dot{y}, \ldots, y^{(n)}) = 0$ nach der höchsten Ableitung aufgelöst, also in die Form gebracht

$$y^{(n)} = f(t, y, \dot{y}, \ldots, y^{(n-1)})$$

gebracht, so heißt sie *explizit*. Explizite DGn sind leichter zu handhaben als *implizite*, bei denen ein Auflösen nach der höchsten Ableitung unmöglich ist, wie oben im Beispiel iii).

Übungen

Übung 1.76 Entscheiden Sie, welche der Funktionen

i) $y(t) = -2t - 1$ ii) $y(t) = t$ iii) $y(t) = t^2$ iv) $y(t) = 2ct - c^2$ $(c \in \mathbb{R}$ fest)

eine Lösung der DG $\dot{y}^2 - 4t\dot{y} + 4y = 0$ ist.

Übung 1.77 Welche der folgenden Funktionen

i) $y(t) = \sin t - \frac{1}{3}\cos 2t$ ii) $y(t) = \cos 2t + \sin 2t$ iii) $y(t) = A\sin t + B\cos t - \frac{1}{3}\cos 2t$

ist eine Lösung der DG $\ddot{y} + y = \cos 2t$?

1.6.2 Das Richtungsfeld einer DG erster Ordnung

Eine explizite DG erster Ordnung

$$\dot{y} = F(t,y)$$

lässt sich folgendermaßen geometrisch interpretieren: Den Punkten (t,y) der Ebene wird eine Steigung (=„Richtung“) $F(t,y)$ zugeordnet, die man an der Stelle (t,y) (durch einen kleinen Strich) in die Ebene einträgt. Auf diese Weise erhält man das *Richtungsfeld* der DG.

Das folgende Beispiel zeigt das Richtungsfeld der DG $\dot{y} = y - t$ aus Beispiel 1.56

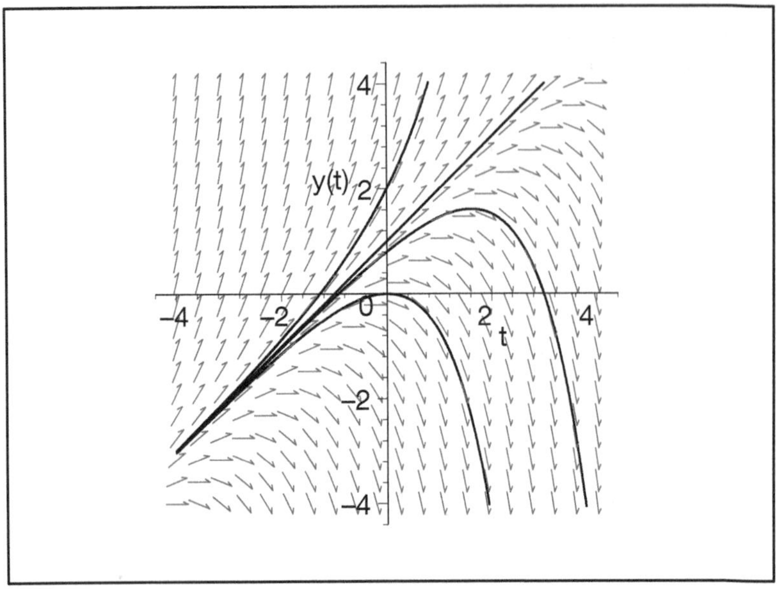

Eine Lösung $y(t)$ der DG ist eine Funktion, deren Graph „in das Richtungsfeld passt", denn die DG zu lösen, bedeutet $\dot{y}(t) = F(t, y(t))$ erfüllen, das heißt, der Graph von y hat im Punkt $(t, y(t))$ die Steigung $F(t, y(t))$ des Richtungsfeldes.

Die Betrachtung des Richtungsfeldes erweckt den Eindruck, dass eine explizite DG $\dot{y} = F(t, y)$ immer (viele) Lösungen hat, man braucht nur dem Richtungsfeld zu folgen. Dies ist – bei stetiger rechter Seite $F(t, y)$ – in der Tat richtig. Unter einer weiteren Voraussetzung, die in der Praxis in der Regel erfüllt ist, nämlich dass $F(t, y)$ bei festem t bezüglich y stetig differenzierbar ist, gilt sogar: Durch jeden Punkt (t_0, y_0) geht genau eine Lösung. Das bedeutet, zu vorgegebenen t_0 und y_0 gibt es genau eine Lösung $y(t)$ von $\dot{y} = F(t, y)$ mit $y(t_0) = y_0$. Dies ist der Inhalt des folgenden Satzes.

Satz 1.11 (Existenz- und Eindeutigkeitssatz) *Es seien $I \subset \mathbb{R}$ ein offenes Intervall und $F\colon I \times \mathbb{R} \to \mathbb{R}$ stetig und bei festem $t \in I$ bezüglich der zweiten Variablen y stetig differenzierbar. Dann gibt es zu jedem $t_0 \in I$ und $y_0 \in \mathbb{R}$ genau eine Lösung $y\colon I_0 \to \mathbb{R}$, $I_0 \subset I$ offenes Intervall mit $t_0 \in I$, der DG*

$$\dot{y} = F(t, y), \tag{1.6.4}$$

so dass gilt $y(t_0) = y_0$.

Eine solche Zusatzbedingung heißt eine *Anfangsbedingung*, auch wenn t_0 nicht der erste Wert des Definitionsintervalls I der Lösung ist. Die Aufgabe, die Lösung der DG zu bestimmen, die auch die vorgegebene Anfangsbedingung erfüllt, nennt man entsprechend ein *Anfangswertproblem*.

Beweis. Wir wollen andeuten, wie dieser Satz üblicherweise bewiesen wird. Eine Funktion $y\colon I_0 \to \mathbb{R}$ ist genau dann eine Lösung der DG (1.6.4) mit $y(t_0) = y_0$, wenn gilt

$$y(t) = y_0 + \int_{t_0}^{t} F(s, y(s))\, ds \qquad \text{für alle } t \in I_0. \tag{1}$$

Denn aus (1) folgt $y(t_0) = y_0$ und Ableiten mit dem Hauptsatz 2.3 zeigt, dass $y(t)$ die DG (1.6.4) erfüllt. Statt der DG ist somit die Integralgleichung (1) zu lösen. Hierzu definiert man eine Folge $(y_n(t))_{n=0,1,2,\ldots}$ von Funktionen durch

$$\begin{aligned} y_0(t) &= y_0 \\ y_1(t) &= y_0 + \int_{t_0}^{t} F(s, y_0(s))\, ds \\ &\ \vdots \qquad \vdots \\ y_{n+1}(t) &= y_0 + \int_{t_0}^{t} F(s, y_n(s))\, ds \end{aligned} \tag{2}$$

für $n = 0, 1, 2, \ldots$ Man zeigt, dass auf einem Intervall $I_0 \subset I$ mit $t_0 \in I_0$ die Funktionen $y_n(t)$ gegen eine Funktion $y(t)$ konvergieren und erhält bei $n \to \infty$ aus (2)

$$y(t) = y_0 + \int_{t_0}^{t} F(s, y(s))\, ds\,. \qquad \square$$

Die *Existenz* von Lösungen ist also unter schwachen Voraussetzungen immer gesichert. Ein anderes Problem ist es, die Lösungen auch als Kombinationen bekannter Funktionen – also als elementare Funktion – *hinzuschreiben.* Dies ist sehr oft nicht möglich, wie es schon bei Stammfunktionen im Abschnitt 1.4.2 der Fall war. Man muss dann gegebenenfalls auf numerische Lösungsverfahren ausweichen: auch hierbei leistet das Betrachten des Richtungsfelds Hilfe.

Übrigens kann man die Aufgabe, zu einer Funktion $f\colon I \to \mathbb{R}$ eine Stammfunktion y zu finden, als Lösen einer speziellen DG, nämlich

$$\dot{y} = f(t)$$

auffassen. Hiervon rührt die Meinung: „Das Lösen von DGn ist schwieriger als Integrieren".

Übung 1.78 Skizzieren Sie das Richtungsfeld der DG $y\dot{y} + t = 0$ für $y > 0$ mit einigen Lösungskurven.

1.6.3 DGn erster Ordnung: Der Fall der getrennten Veränderlichen

In diesem Abschnitt soll für die explizite DG erster Ordnung $\dot{y} = F(t,y)$ ein Lösungsverfahren in dem Fall behandelt werden, dass sich die rechte Seite $F(t,y)$ als Produkt der Form $f(t)g(y)$ schreiben lässt, also für DGn der Form

$$\dot{y} = f(t)g(y)\,.$$

Man kann die rechte Seite als Produkt von zwei Faktoren darstellen, von denen jeder nur eine der beiden Variablen t und y enthält; in diesem Sinne sind die Veränderlichen getrennt und man spricht demgemäß vom *Fall der getrennten Veränderlichen.*

Wir formulieren das Lösungsverfahren in der folgenden Behauptung:

Behauptung 1.11 *Es seien $f\colon I \to \mathbb{R}$ und $g\colon J \to \mathbb{R}$ stetige Funktionen, $I, J \subset \mathbb{R}$ Intervalle, g habe keine Nullstelle in J. Dann erhält man die Lösung y der DG*

$$\dot{y} = f(t)g(y)\,, \tag{1.6.5}$$

welche der Anfangsbedingung $y(t_0) = y_0$ für $t_0 \in I$ und $y_0 \in J$ genügt, durch Berechnen der Integrale in

$$\int_{y_0}^{y(t)} \frac{1}{g(u)}\, du = \int_{t_0}^{t} f(s)\, ds \tag{1.6.6}$$

und Auflösen der resultierenden Formel nach $y(t)$.

Bevor wir die Behauptung beweisen wollen, werden wir uns das Lösungsverfahren plausibel machen; diese Plausibilitätsbetrachtung ergibt gleichzeitig eine beliebte Merkregel. Man schreibt

$$\dot{y} = \frac{dy}{dt} = f(t)g(y) \qquad \frac{dy}{g(y)} = f(t)\,dt \qquad \int \frac{dy}{g(y)} = \int f(t)\,dt + C$$

und löst anschließend die entstandene Gleichung nach y auf, gegebenenfalls bestimmt man die Konstante C aus einer Anfangsbedingung.

Beweis. (der Behauptung) Es seien $F: I \to \mathbb{R}$ eine Stammfunktion zu f und $G: J \to \mathbb{R}$ eine Stammfunktion zu $\frac{1}{g}$. Dann lautet die obige Gleichung (1.6.6)

$$G(y(t)) - G(y_0) = F(t) - F(t_0), \tag{1.6.7}$$

Ableiten nach t ergibt

$$\dot{G}(y(t))\,\dot{y}(t) = \dot{F}(t) \qquad \frac{1}{g(y(t))}\,\dot{y}(t) = f(t) \qquad \dot{y}(t) = f(t)\,g(y(t)) \quad \text{für alle } t \in I,$$

das bedeutet, $y(t)$ ist Lösung der DG (1.6.5). Setzt man $t = t_0$ in (1.6.7), so folgt

$$G(y(t_0)) = G(y_0)$$

und hieraus $y(t_0) = y_0$, denn wegen $\dot{G} = \frac{1}{g}$ ist $\dot{G}(y) \neq 0$ für alle y und also G auf J streng monoton. □

Beispiel 1.59 Gesucht ist die Lösung y der DG $\dot{y} - t^2y^2 - t^2 = 0$ mit $y(0) = 0$. Auflösen nach $\dot{y}$ ergibt $\dot{y} = t^2(y^2+1)$, also liegt eine DG mit getrennten Veränderlichen vor.

i) Anwenden der Formel (1.6.6) liefert

$$\int_0^{y(t)} \frac{du}{u^2+1} = \int_0^t s^2\,ds \qquad \arctan y(t) = \frac{1}{3}t^3 \qquad y(t) = \tan\left(\frac{1}{3}t^3\right).$$

ii) Anwenden der Merkregel

$$\frac{dy}{dt} = t^2(y^2+1) \qquad \int \frac{dy}{y^2+1} = \int t^2\,dt$$

$$\arctan y = \frac{1}{3}t^3 + C \qquad y(t) = \tan\left(\frac{1}{3}t^3 + C\right)$$

und aus $y(0) = 0$ folgt $C = 0$.

Übungen

Übung 1.79 Bestimmen Sie die Lösungen $y(t)$ der folgenden Differentialgleichungen:

$$\text{i) } y^2\dot{y} = 1 - 2t \qquad \text{ii) } \dot{y} = (y-1)(y-3)\,.$$

Übung 1.80 Bestimmen Sie die Lösung $y(t)$ der DG

$$\dot{y} = \frac{y^2+1}{t^2+1}\,,$$

die der Anfangsbedingung i) $y(0) = 0$ und ii) $y(0) = 1$ genügt.

Übung 1.81 Differentialgleichungen der Gestalt

$$\dot{y} = f\left(\frac{y}{t}\right) \qquad (t > 0)$$

heißen *homogene Differentialgleichungen*.

a) Zeigen Sie, dass eine solche DG durch die Substitution $y = t\,u$, genauer $y(t) = t\,u(t)$ mit einer neuen unbekannten Funktion $u(t)$, in eine DG mit getrennten Veränderlichen für die Funktion u übergeht.

b) Lösen Sie so die DGn

$$\text{i) } \dot{y} = \frac{t}{y} + \frac{y}{t} \quad (t > 0) \qquad \text{ii) } t\dot{y} = y\ln\frac{y}{t} \quad (t, y > 0).$$

Übung 1.82 Man bestimme das Geschwindigkeits-Zeit-Gesetz $v(t)$ eines frei fallenden Körpers der Masse m mit $v(0) = 0$

i) ohne Berücksichtigung des Luftwiderstandes,

ii) unter der Annahme, dass der Luftwiderstand der Geschwindigkeit proportional ist,

iii) unter der Annahme, dass der Luftwiderstand dem Quadrat der Geschwindigkeit proportional ist.

Wie groß ist in jedem Falle der Grenzwert der Geschwindigkeit für $t \to \infty$?

1.6.4 Lineare DGn erster Ordnung

Eine *lineare DG erster Ordnung* ist eine DG der Form

$$\dot{y} + f(t)y = g(t)$$

mit stetigen Funktionen $f, g\colon I \to \mathbb{R}$, $I \subset \mathbb{R}$ Intervall. Man unterscheidet genauer: Ist $g(t) = 0$ für alle $t \in I$, hat also die DG die Form

$$\dot{y} + f(t)y = 0\,,$$

so heißt sie *homogen-linear*, sonst *inhomogen*.

Beispiel 1.60 i) $\dot{y} + 2ty = t\mathrm{e}^{-t^2}$ ist eine inhomogene lineare DG erster Ordnung.

ii) $\dot{y} + 2ty = 0$ ist eine homogen-lineare DG erster Ordnung. Im Verhältnis zur ersten Gleichung spricht man von der *zugehörigen homogenen DG*.

Für lineare DGn erster Ordnung gibt es ein Lösungsverfahren, dies wollen wir nun behandeln. Es sei dazu die lineare DG erster Ordnung

$$\dot{y} + f(t)y = g(t) \tag{1.6.8}$$

mit stetigen Funktionen $f,g\colon I \to \mathbb{R}$ gegeben. Das *Lösungsverfahren* vollzieht sich in zwei Schritten:

1. Schritt: Man löst die zugehörige homogene DG $\dot{y} + f(t)y = 0$ durch Trennen der Variablen:

$$\int \frac{dy}{y} = -\int f(t)\,dt \qquad\qquad \ln|y| = -\int f(t)\,dt + K$$
$$|y| = \mathrm{e}^K \mathrm{e}^{-\int f(t)\,dt} \qquad\qquad y(t) = C\mathrm{e}^{-\int f(t)\,dt} \quad \text{für alle } t \in I$$

mit einer Konstanten C.

2. Schritt: Man löst die gegebene DG (1.6.8) durch den Ansatz

$$y(t) = C(t)\mathrm{e}^{-\int f(t)\,dt} \qquad \text{für alle } t \in I \tag{1.6.9}$$

mit einer unbekannten Funktion $C\colon I \to \mathbb{R}$. Diese ist so zu bestimmen, dass $y(t)$ eine Lösung von (1.6.8) wird. Dieser Ansatz heißt aus historischen Gründen *Variation der Konstanten*. Man leitet (1.6.9) ab:

$$\dot{y}(t) = \dot{C}(t)\mathrm{e}^{-\int f(t)\,dt} - C(t)f(t)\mathrm{e}^{-\int f(t)\,dt}$$

und setzt $y(t)$ und $\dot{y}(t)$ in die DG (1.6.8) ein:

$$\dot{C}(t)\mathrm{e}^{-\int f(t)\,dt} - C(t)f(t)\mathrm{e}^{-\int f(t)\,dt} + C(t)f(t)\mathrm{e}^{-\int f(t)\,dt} = g(t)$$
$$\dot{C}(t)\mathrm{e}^{-\int f(t)\,dt} = g(t) \qquad \text{oder} \qquad \dot{C}(t) = g(t)\mathrm{e}^{\int f(t)\,dt}\,;$$

somit muss $C(t)$ eine Stammfunktion der rechten Seite sein:

$$C(t) = \int g(t)\mathrm{e}^{\int f(t)\,dt}\,dt + K$$

mit einer Konstanten K. Insgesamt lautet die Lösung

$$y(t) = \Big(\int g(t)\mathrm{e}^{\int f(t)\,dt}\,dt + K\Big)\,\mathrm{e}^{-\int f(t)\,dt}$$

in einer etwas gewagten Schreibweise.

Beispiel 1.61 Es ist die DG $\dot{y}+2ty=te^{-t^2}$ mit der Anfangsbedingung $y(1)=0$ zu lösen.
1. Schritt: Man löst die zugehörige homogene Gleichung $\dot{y}+2ty=0$:

$$\int\frac{dy}{y}=-\int 2t\,dt \qquad \ln|y|=-t^2+K \qquad y(t)=Ce^{-t^2} \text{ für alle } t\in\mathbb{R}.$$

2. Schritt: Variation der Konstanten. Man setzt an $y(t)=C(t)e^{-t^2}$, Ableiten liefert zunächst $\dot{y}(t)=\dot{C}(t)e^{-t^2}-2C(t)te^{-t^2}$ und Einsetzen ergibt

$$\dot{C}(t)e^{-t^2}-2C(t)te^{-t^2}+2tC(t)e^{-t^2}=te^{-t^2}$$
$$\dot{C}(t)=t \qquad \text{also} \qquad C(t)=\frac{1}{2}t^2+K \qquad \text{für alle } t\in\mathbb{R}.$$

Somit lautet die „allgemeine Lösung“ $y(t)=\left(\frac{1}{2}t^2+K\right)e^{-t^2}$ mit einer Konstanten K. Diese Konstante wird durch die Anfangsbedingung festgelegt: $0=y(1)=\left(\frac{1}{2}+K\right)e^{-1}$ liefert $K=-\frac{1}{2}$ und wir gelangen zu der „speziellen Lösung“

$$y(t)=\frac{1}{2}(t^2-1)e^{-t^2} \qquad \text{für alle } t\in\mathbb{R}.$$

Übungen

Übung 1.83 Bestimmen Sie die Lösungen der DGn

$$\text{i) } \dot{y}+y\tan t+\cos t=0 \quad \left(-\frac{\pi}{2}<t<\frac{\pi}{2}\right) \quad \text{und} \quad \text{ii) } \dot{y}+\frac{1}{t}y=\frac{1}{t^2} \quad (t>0).$$

Übung 1.84 Lösen Sie die untenstehenden DGn:

$$\text{i) } \dot{y}+y\cot t=2\cos t \quad (0<t<\pi) \qquad y\left(\frac{\pi}{2}\right)=1$$
$$\text{ii) } \dot{y}+\frac{1}{t}y=\cos t+\frac{\sin t}{t} \quad (t>0) \qquad y(\pi)=1$$

Übung 1.85 Ein Körper der Temperatur T_0 wird zur Zeit $t=0$ in eine Umgebung mit konstanter Temperatur $T_1<T_0$ gebracht. Zu berechnen ist, nach welchem Gesetz sich der Körper abkühlt, das heißt, es ist die Temperatur $T(t)$ des Körpers zur Zeit $t>0$ zu bestimmen. Hierzu geht man von der plausiblen Annahme aus, dass die Abkühlungsgeschwindigkeit jederzeit zur Temperaturdifferenz proportional ist:

$$\dot{T}(t)=-k(T(t)-T_1)$$

mit einem Proportionalitätsfaktor $k > 0$. Zeigen Sie, dass die Lösung dieser DG durch

$$T(t) = (T_0 - T_1)e^{-kt} + T_1 \qquad \text{für alle } t \geqq 0$$

gegeben wird. (*Newtonsches Abkühlungsgesetz*)

Eine nette Anwendung: Der Kommissar wird von einem Mordfall verständigt. Als er um 14.00 Uhr bei der Leiche eintrifft, stellt er fest, dass diese eine Temperatur von 25.5^0C hat, eine Stunde später ist die Temperatur der Leiche auf 23.8^0C abgesunken. Die Zimmertemperatur ist konstant 20^0C. Der mutmaßliche Täter hat für die Zeit von 12 bis 14 Uhr ein wasserdichtes Alibi. Was meint wohl der Kommissar dazu?

Übung 1.86 Ein elektrischer Stromkreis besteht aus einem Ohmschen Widerstand R und einer Spule mit Induktivität L. Berechnen Sie den zeitlichen Stromverlauf $I(t)$, wenn zur Zeit $t = 0$

i) eine Gleichspannung U_0
ii) eine Wechselspannung $U_0 \sin \omega t$

angelegt wird bei der Anfangsbedingung $I(0) = 0$. Somit ist im Fall i) die Lösung $I(t)$ der DG $L\dot{I} + RI = U_0$ und im Fall ii) der DG $L\dot{I} + RI = U_0 \sin \omega t$ zu bestimmen.

1.6.5 Lineare DGn zweiter Ordnung

Eine *lineare DG zweiter Ordnung* ist eine DG der Form

$$\ddot{y} + f(t)\dot{y} + g(t)y = r(t) \tag{1.6.10}$$

mit stetigen Funktionen $f, g, r\colon I \to \mathbb{R}, I \subset \mathbb{R}$ Intervall. Man unterscheidet genauer: Ist $r(t) = 0$ für alle $t \in I$, hat also die DG die Form

$$\ddot{y} + f(t)\dot{y} + g(t)y = 0, \tag{1.6.11}$$

so heißt sie *homogen-linear*, sonst *inhomogen*.

Wir beschränken uns zunächst auf die homogene Gleichung (1.6.11), da diese besondere Eigenschaften hat. Insbesondere genügt (1.6.11) dem folgenden *Superpositionsprinzip*, das bedeutet, Summen von Vielfachen („Linearkombinationen“) von Lösungen sind wieder Lösungen.

Behauptung 1.12 (Superpositionsprinzip) *Sind y_1, y_2 zwei Lösungen der DG (1.6.11), so ist für je zwei Konstanten C_1, C_2 die Funktion*

$$y : y(t) = C_1 y_1(t) + C_2 y_2(t)$$

ebenfalls eine Lösung von (1.6.11).

Beweis. Dies lässt sich leicht durch Einsetzen verifizieren:

$$\begin{aligned}
&\ddot{y}(t)+f(t)\dot{y}(t)+g(t)y(t)\\
&\quad=C_1\ddot{y}_1(t)+C_2\ddot{y}_2(t)+f(t)\big(C_1\dot{y}_1(t)+C_2\dot{y}_2(t)\big)+g(t)\big(C_1y_1(t)+C_2y_2(t)\big)\\
&\quad=C_1\big(\underbrace{\ddot{y}_1(t)+f(t)\dot{y}_1(t)+g(t)y_1(t)}_{=0}\big)+C_2\big(\underbrace{\ddot{y}_2(t)+f(t)\dot{y}_2(t)+g(t)y_2(t)}_{=0}\big)=0\,,
\end{aligned}$$

da $y_1(t)$ und $y_2(t)$ beide die DG (1.6.11) erfüllen. □

Öfters findet man komplexwertige Lösungen von (1.6.11); die folgende Behauptung besagt, dass man dann durch Übergang zu Realteil und Imaginärteil je eine reellwertige Lösung erhält.

Behauptung 1.13 *Ist $y : y(t) = u(t) + \mathrm{i}v(t)$ für alle $t \in I$ eine komplexwertige Lösung von (1.6.11), so ist $u : u(t) := \operatorname{Re} y(t)$ für alle $t \in I$ und $v : v(t) := \operatorname{Im} y(t)$ für alle $t \in I$ je eine reellwertige Lösung von (1.6.11).*

Beweis. Da y eine Lösung ist, gilt

$$\begin{aligned}
0&=\ddot{y}(t)+f(t)\dot{y}(t)+g(t)y(t)\\
&=\ddot{u}(t)+\mathrm{i}\ddot{v}(t)+f(t)\big(\dot{u}(t)+\mathrm{i}\dot{v}(t)\big)+g(t)\big(u(t)+\mathrm{i}v(t)\big)\\
&=\ddot{u}(t)+f(t)\dot{u}(t)+g(t)u(t)+\mathrm{i}\left(\ddot{v}(t)+f(t)\dot{v}(t)+g(t)v(t)\right).
\end{aligned}$$

Somit müssen Realteil und Imaginärteil beide $= 0$ sein, das heißt, $u(t)$ und $v(t)$ sind beides Lösungen von (1.6.11). □

Lineare DGn zweiter Ordnung spielen in den Natur- und Ingenieurwissenschaften eine wichtige Rolle, aber leider gibt es für sie im Allgemeinen kein Lösungsverfahren. Wir beschränken uns daher auf den Fall, dass die Koeffizientenfunktionen $f(t)$ und $g(t)$ beide konstant sind, man spricht dann von einer *linearen DG mit konstanten Koeffizienten*. Diese Annahme stellt natürlich eine erhebliche Vereinfachung dar; insbesondere kann man für diesen Fall ein Lösungsverfahren angeben.

Lösungsverfahren für den Fall konstanter Koeffizienten: Es sei die DG

$$\ddot{y}+a\dot{y}+by=0 \tag{1.6.12}$$

mit Konstanten $a, b \in \mathbb{R}$ gegeben. Man macht den Ansatz

$$y : y(t) = \mathrm{e}^{\lambda t} \qquad \text{für alle } t \in \mathbb{R}$$

mit dem Ziel, die Konstante λ so zu bestimmen, dass man hierdurch eine Lösung der DG (1.6.12) erhält. Ableiten ergibt

$$\dot{y}(t) = \lambda \mathrm{e}^{\lambda t} \qquad \text{und} \qquad \ddot{y}(t) = \lambda^2 \mathrm{e}^{\lambda t}\,,$$

Einsetzen zeigt

$$\lambda^2 e^{\lambda t} + a\lambda e^{\lambda t} + b e^{\lambda t} = 0 \qquad \text{oder} \qquad \lambda^2 + a\lambda + b = 0\,.$$

Mithin ist die Funktion $y(t) = e^{\lambda t}$ genau dann eine Lösung der DG (1.6.12), wenn λ eine Lösung der quadratischen Gleichung (*charakteristischen Gleichung*)

$$\lambda^2 + a\lambda + b = 0$$

ist, also wenn gilt

$$\lambda_{1,2} = -\frac{a}{2} \pm \sqrt{\frac{a^2}{4} - b}\,.$$

Auf den ersten Blick sind wir am Ziel: Wir erhalten die Lösungen

$$y_1(t) = e^{\lambda_1 t} \qquad \text{und} \qquad y_2(t) = e^{\lambda_2 t}\,,$$

die wir nach dem Superpositionsprinzip 1.12 kombinieren können zu

$$y(t) = C_1 e^{\lambda_1 t} + C_2 e^{\lambda_2 t}$$

mit beliebigen Konstanten C_1, C_2. Wir müssen diese Lösungen allerdings genauer diskutieren: Was ist im Falle $\lambda_1 = \lambda_2$? Was ist, wenn λ_1 und λ_2 komplex sind?

1. Fall: $\frac{a^2}{4} - b > 0$. Die charakteristische Gleichung hat zwei verschiedene reelle Lösungen

$$\lambda_1 = -\frac{a}{2} + \sqrt{\frac{a^2}{4} - b} \qquad \text{und} \qquad \lambda_2 = -\frac{a}{2} - \sqrt{\frac{a^2}{4} - b}\,.$$

Dann sind in der Tat

$$y_1(t) = e^{\lambda_1 t} \qquad \text{und} \qquad y_2(t) = e^{\lambda_2 t}$$

zwei verschiedene Lösungen der DG und

$$y(t) = C_1 e^{\lambda_1 t} + C_2 e^{\lambda_2 t}$$

ist die allgemeine Lösung in dem Sinne, dass jede Lösung von dieser Form ist; die Konstanten C_1, C_2 werden durch eine Anfangsbedingung $y(t_0) = y_0$ und $\dot{y}(t_0) = y_1$ festgelegt.

2. Fall: $\frac{a^2}{4} - b < 0$. Die charakteristische Gleichung hat die beiden konjugiert-komplexen Lösungen

$$\lambda_1 = -\frac{a}{2} + \sqrt{b - \frac{a^2}{4}}\,\mathrm{i} \qquad \text{und} \qquad \lambda_2 = -\frac{a}{2} - \sqrt{b - \frac{a^2}{4}}\,\mathrm{i}\,,$$

die wir mit den Abkürzungen

$$\rho = \frac{a}{2} \qquad \text{und} \qquad \omega = \sqrt{b - \frac{a^2}{4}}$$

in der Form

$$\lambda_1 = -\rho + \omega\mathrm{i} \qquad \text{und} \qquad \lambda_2 = -\rho - \omega\mathrm{i}$$

schreiben können. Um zu reellen Lösungen zu kommen, spalten wir gemäß Behauptung 1.13 die komplexe Lösung $e^{\lambda_1 t} = e^{(-\rho+i\omega)t}$ unter Verwendung der Eulerschen Gleichung (1.5.1) in Real- und Imaginärteil auf:

$$e^{(-\rho+i\omega)t} = e^{-\rho t}\, e^{i\omega t} = e^{-\rho t}\cos\omega t + i\, e^{-\rho t}\sin\omega t\,.$$

Wir erhalten so die beiden reellen Lösungen

$$u(t) = e^{-\rho t}\cos\omega t \qquad \text{und} \qquad v(t) = e^{-\rho t}\sin\omega t\,,$$

die wir nach dem Superpositionsprinzip kombinieren können zu

$$y(t) = e^{-\rho t}\left(C_1\cos\omega t + C_2\sin\omega t\right)$$

mit beliebigen Konstanten C_1, C_2. Dies ist dann im obigen Sinne die allgemeine reelle Lösung. Sie lässt sich gleichberechtigt in der Form

$$y(t) = Ae^{-\rho t}\sin(\omega t + \varphi)$$

mit Konstanten $A \geqq 0$ und $-\pi < \varphi \leqq \pi$ schreiben. Hierzu genügt es zu bedenken, dass sich jedes Konstantenpaar (C_2, C_1) als Punkt der Ebene durch Polarkoordinaten

$$C_2 = A\cos\varphi \qquad \text{und} \qquad C_1 = A\sin\varphi$$

mit $A = \sqrt{C_1^2 + C_2^2}$ und $-\pi < \varphi \leqq \pi$ aus $\tan\varphi = \dfrac{C_1}{C_2}$ darstellen lässt (Siehe auch Übung 1.10). Dann wird wie behauptet

$$C_1\cos\omega t + C_2\sin\omega t = A\sin\varphi\cos\omega t + A\cos\varphi\sin\omega t = A\sin(\omega t + \varphi)\,.$$

3. Fall: $\dfrac{a^2}{4} - b = 0$. Die charakteristische Gleichung hat die doppelte reelle Lösung

$$\lambda = -\frac{a}{2}\,.$$

Dann erhält man nur eine Lösung der DG, nämlich

$$y(t) = e^{\lambda t}\,, \qquad \text{allgemeiner} \qquad y(t) = C e^{\lambda t} \quad \text{mit einer Konstanten } C.$$

Eine weitere Lösung findet man mit dem Verfahren *Reduktion der Ordnung*, was in unserem Spezialfall auf den Ansatz „Variation der Konstanten“ (1.6.9) hinausläuft. Man setzt also an

$$y(t) = C(t)e^{\lambda t}$$

mit einer zu bestimmenden Funktion $C(t)$. Ableiten

$$\dot{y}(t) = \dot{C}(t)e^{\lambda t} + \lambda C(t)e^{\lambda t} \qquad \ddot{y}(t) = \ddot{C}(t)e^{\lambda t} + 2\lambda\dot{C}(t)e^{\lambda t} + \lambda^2 C(t)e^{\lambda t}$$

und Einsetzen in (1.6.12)

$$\ddot{C}(t)e^{\lambda t} + 2\lambda\dot{C}(t)e^{\lambda t} + \lambda^2 C(t)e^{\lambda t} + a\dot{C}(t)e^{\lambda t} + a\lambda C(t)e^{\lambda t} + bC(t)e^{\lambda t} = 0$$

$$\ddot{C}(t) + \underbrace{(2\lambda + a)}_{=0}\dot{C}(t) + \underbrace{(\lambda^2 + a\lambda + b)}_{=0}C(t) = 0$$

führt zu der DG

$$\ddot{C}(t) = 0\,.$$

Da wir nur *eine* zweite Lösung suchen, genügt es, hiervon die Lösung

$$C(t) = t$$

zu notieren. Wir finden so

$$y(t) = te^{\lambda t}$$

als zweite Lösung von (1.6.12) und

$$y(t) = \left(C_1 + C_2 t\right)e^{\lambda t}$$

als allgemeine Lösung.

Übungen

Übung 1.87 Man bestimme für die folgenden DGn jeweils die allgemeine Lösung

i) $\ddot{y} + 3\dot{y} - 4y = 0$ ii) $\ddot{y} + 4\dot{y} + 4y = 0$ iii) $\ddot{y} - 4\dot{y} + 13y = 0$

1.6.6 Schwingungen

Schwingungen kommt in der Natur und in der Technik eine große Bedeutung zu. Da wir gerade die mathematischen Hilfsmittel zur Diskussion der grundlegenden Schwingungsphänomene bereitgestellt haben, wollen wir diese nun kurz betrachten.

Die folgende Anordnung soll als Modell für ein schwingungsfähiges System dienen:

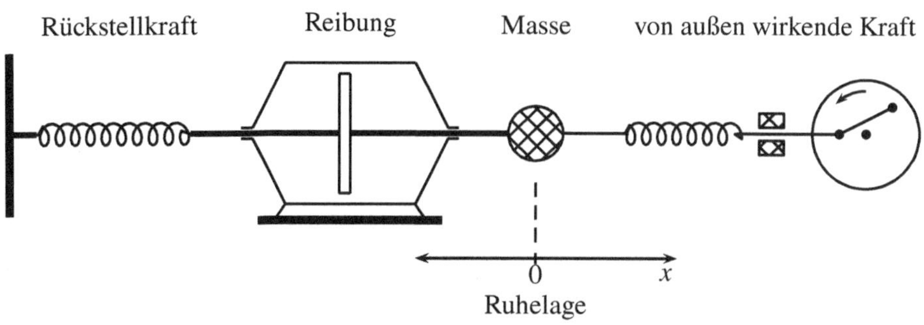

Wir beschränken uns wie bei der mathematischen Behandlung von Schwingungen meistens üblich auf kleine Auslenkungen der Masse m aus der Ruhelage; dann kann man die Rückstellkraft als proportional zur Auslenkung annehmen. Auf die Masse wirken dann die folgenden Kräfte:

Rückstellkraft: $F_{\text{rück}} = -kx$

Reibung: $F_{\text{reib}} = -r\dot{x}$

von außen wirkende Kraft: F_{a}

mit Konstanten $k, r > 0$. Nach dem Newtonschen Axiom der Mechanik haben wir

$$\begin{aligned} F_{\text{rück}} + F_{\text{reib}} + F_{\text{a}} &= m\ddot{x} \\ m\ddot{x} + r\dot{x} + kx &= F_{\text{a}} \end{aligned}$$

Wir führen noch die folgenden, bei der mathematischen Behandlung von Schwingungen üblichen Abkürzungen ein:

$$\rho = \frac{1}{2}\frac{r}{m} \qquad \omega_0^2 = \frac{k}{m}$$

und erhalten so die lineare DG zweiter Ordnung mit konstanten Koeffizienten

$$\ddot{x} + 2\rho\dot{x} + \omega_0^2 x = \frac{1}{m} F_{\text{a}}(t), \tag{1.6.13}$$

die sogenannte *Schwingungsgleichung*.

1. *Freie Schwingungen.* Wirken auf die Masse keine Kräfte von außen, so haben wir die im letzten Abschnitt 1.6.5 diskutierte lineare homogene DG mit konstanten Koeffizienten

$$\ddot{x} + 2\rho\dot{x} + \omega_0^2 x = 0 \tag{1.6.14}$$

vor uns. Gemäß 1.6.5 haben wir den Ansatz

$$x(t) = \mathrm{e}^{\lambda t}$$

zu machen, dieser führt zur charakteristischen Gleichung

$$\lambda^2 + 2\rho\lambda + \omega_0^2 = 0$$

mit den Lösungen

$$\lambda_{1,2} = -\rho \pm \sqrt{\rho^2 - \omega_0^2}.$$

Wie im letzten Abschnitt dargelegt, haben wir drei Fälle zu unterscheiden.

1. Fall: $\rho > \omega_0$, Die Reibung überwiegt (*Kriechfall*). Dann sind λ_1, λ_2 reell und verschieden, beide Zahlen sind negativ. Die allgemeine Lösung lautet

$$x(t) = C_1\mathrm{e}^{\lambda_1 t} + C_2\mathrm{e}^{\lambda_2 t}$$

mit Konstanten C_1, C_2, die durch eine Anfangsbedingung festgelegt werden. Eine typische Lösung sieht so aus:

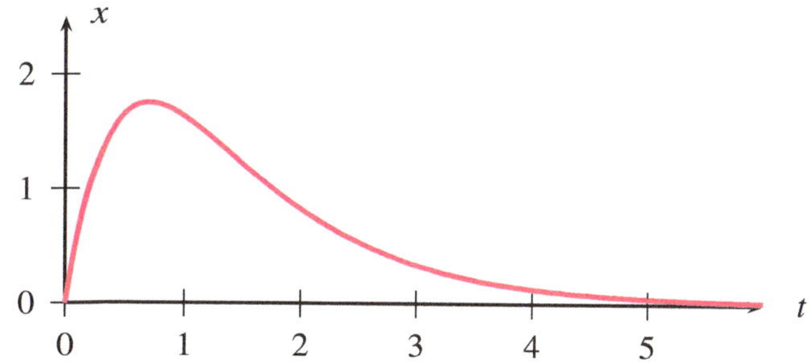

2. Fall: $\rho < \omega_0$, Die Rückstellkraft überwiegt (*Schwingfall*). Dann schreiben wir wie früher

$$\lambda_{1,2} = -\rho \pm \sqrt{\omega_0^2 - \rho^2}\mathrm{i} = -\rho \pm \omega_1 \mathrm{i}$$

mit

$$\omega_1 = \sqrt{\omega_0^2 - \rho^2} > 0\,.$$

Die allgemeine Lösung lautet

$$x(t) = A\mathrm{e}^{-\rho t}\sin(\omega_1 t + \varphi) \tag{1.6.15}$$

mit Konstanten $A \geqq 0$ und $-\pi < \varphi \leqq \pi$, die durch die Anfangsbedingung festgelegt werden. Es handelt sich um eine harmonische Schwingung mit Frequenz ω_1 und exponentiell abklingender Amplitude. Eine typische Lösung ist:

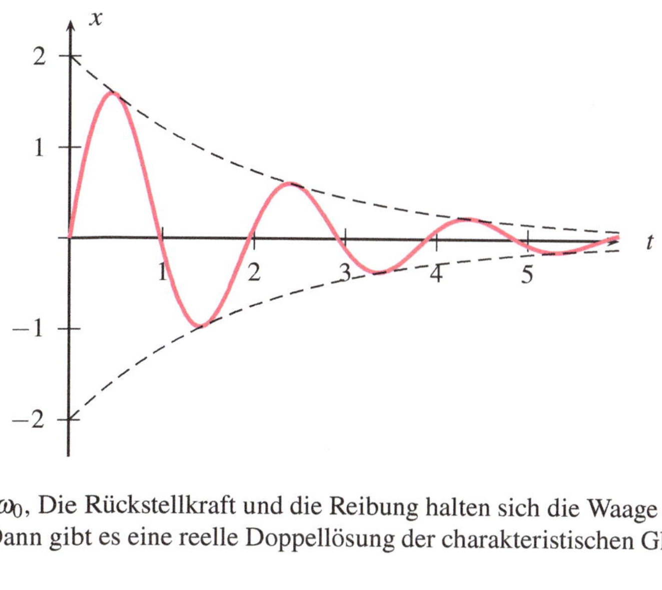

3. Fall: $\rho < \omega_0$, Die Rückstellkraft und die Reibung halten sich die Waage (*aperiodischer Grenzfall*). Dann gibt es eine reelle Doppellösung der charakteristischen Gleichung

$$\lambda = -\rho$$

und nach dem Abschnitt 1.6.5 lautet die allgemeine Lösung

$$x(t) = (C_1 t + C_2)\mathrm{e}^{-\rho t}$$

mit Konstanten C_1, C_2, die durch eine Anfangsbedingung festzulegen sind. Eine typische Lösung ist:

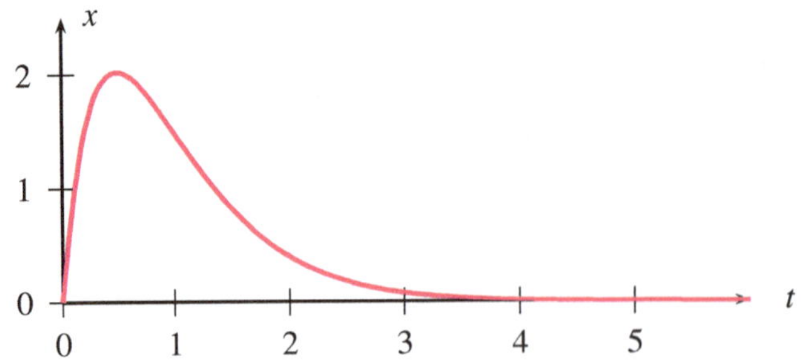

2. *Erzwungene Schwingungen.* Wir betrachten nun den Fall, dass auf die Masse von außen eine periodische Kraft der Form

$$F_\mathrm{a}(t) = F_0 \sin \omega t$$

mit Amplitude F_0 und Frequenz ω einwirkt. Wir haben dann die inhomogene DG

$$\ddot{x} + 2\rho\dot{x} + \omega_0^2 x = \frac{1}{m} F_0 \sin \omega t \tag{1.6.16}$$

zu lösen.

Wir merken hierzu an: Zur Lösung der inhomogenen linearen DG (1.6.10)

$$\ddot{y} + f(t)\dot{y} + g(t)y = r(t)$$

gibt es das folgende Verfahren:

Bemerkung 1.27 (Rezept zur Lösung inhomogener DGn)

1. Schritt: Man bestimmt die allgemeine Lösung $y_0(t)$ der zugehörigen homogenen DG (1.6.11).

2. Schritt: Man sucht irgendeine spezielle Lösung $y_s(t)$ der inhomogen DG (1.6.10).

3. Schritt: Man erhält die allgemeine Lösung $y(t)$ der inhomogenen DG (1.6.10) als

$$y(t) = y_0(t) + y_s(t)\,.$$

Dabei ist zu beachten, dass es im zweiten Schritt genügt, *irgendeine spezielle* Lösung der inhomogenen Gleichung zu finden, um hieraus im dritten Schritt *alle* Lösungen der inhomogenen Gleichung zu erhalten.

Dieses Verfahren kann man sich folgendermaßen plausibel machen: Zunächst ist tatsächlich $y(t) = y_0(t) + y_s(t)$ eine Lösung der inhomogenen DG (1.6.10) wegen

$$\begin{aligned}
&\ddot{y}(t) + f(t)\dot{y}(t) + g(t)y(t) \\
&\quad = \ddot{y}_0(t) + \ddot{y}_s(t) + f(t)\big(\dot{y}_0(t) + \dot{y}_s(t)\big) + g(t)\big(y_0(t) + y_s(t)\big) \\
&\quad = \underbrace{\ddot{y}_0(t) + f(t)\dot{y}_0(t) + g(t)y_0(t)}_{=0} + \underbrace{\ddot{y}_s(t) + f(t)\dot{y}_s(t) + g(t)y_s(t)}_{=r(t)} = r(t)\,,
\end{aligned}$$

da $y_0(t)$ die homogene und $y_s(t)$ die inhomogene DG löst. Weiter enthält $y(t)$ zwei frei wählbare Konstanten, da $y_0(t)$ zwei solche Konstanten enthält, und ist somit auch die allgemeine Lösung.

Im Falle der *Störfunktion* $\frac{1}{m}F_0 \sin \omega t$ gibt es das folgende Rezept zum Auffinden einer speziellen Lösung $x_s(t)$ von (1.6.16): Man macht den Ansatz

$$x_s(t) = a\sin(\omega t + \delta)$$

und bestimmt die Konstanten $a \geqq 0$ und $-\pi < \delta \leqq \pi$ so, dass $x_s(t)$ eine Lösung wird.

Es empfiehlt sich sehr, komplex zu rechnen und schließlich zum Realteil, beziehungsweise in unserem Fall zum Imaginärteil überzugehen. Eine Rechtfertigung hierfür kann man analog zum Beweis von Behauptung 1.13 geben. Wir setzen noch zur Abkürzung

$$p = \frac{F_0}{m}$$

und betrachten also statt (1.6.16) die komplexe Version

$$\ddot{x} + 2\rho\dot{x} + \omega_0^2 x = p\mathrm{e}^{\mathrm{i}\omega t}\,. \tag{1.6.17}$$

Wir setzen an

$$x(t) = a\mathrm{e}^{\mathrm{i}(\omega t + \delta)}$$

und haben somit

$$\dot{x}(t) = \mathrm{i}\omega a\mathrm{e}^{\mathrm{i}(\omega t + \delta)} \qquad \ddot{x}(t) = -\omega^2 a\mathrm{e}^{\mathrm{i}(\omega t + \delta)}\,.$$

Einsetzen in (1.6.17) ergibt

$$-\omega^2 a\mathrm{e}^{\mathrm{i}(\omega t + \delta)} + 2\rho i\omega a\mathrm{e}^{\mathrm{i}(\omega t + \delta)} + \omega_0^2 a\mathrm{e}^{\mathrm{i}(\omega t + \delta)} = p\mathrm{e}^{\mathrm{i}\omega t}\,.$$

Kürzt man $\mathrm{e}^{\mathrm{i}\omega t}$, beziehungsweise setzt $t = 0$ ein, so erhält man

$$a(\omega_0^2 - \omega^2)\mathrm{e}^{\mathrm{i}\delta} + 2\mathrm{i}\rho\,\omega a\mathrm{e}^{\mathrm{i}\delta} = p$$

$$\omega_0^2 - \omega^2 + 2\rho\omega\mathrm{i} = \frac{p}{a}\mathrm{e}^{-\mathrm{i}\delta}. \tag{1.6.18}$$

Auf der rechten Seite von (1.6.18) steht die Polardarstellung von $\omega_0^2 - \omega^2 + 2\rho\omega\mathrm{i}$, daher lesen wir ab

$$\frac{p}{a} = \sqrt{(\omega_0^2 - \omega^2)^2 + 4\rho^2\omega^2} \qquad \text{und} \qquad \tan(-\delta) = \frac{2\rho\omega}{\omega_0^2 - \omega^2}$$

oder

$$a = \frac{p}{\sqrt{(\omega_0^2 - \omega^2)^2 + 4\rho^2\omega^2}} \tag{1.6.19}$$

$$\tan\delta = \frac{2\rho\omega}{\omega^2 - \omega_0^2}. \tag{1.6.20}$$

Durch Übergang zum Imaginärteil erhalten wir die spezielle Lösung

$$x_s(t) = a\sin(\omega t + \delta)$$

von (1.6.17). Nehmen wir für das ungestörte System, also für die zugehörige homogene DG

$$\ddot{x} + 2\rho\dot{x} + \omega_0^2 x = 0$$

den Schwingfall $\rho < \omega_0$ an, so lautet nach 1. deren allgemeine Lösung

$$x_0(t) = A\mathrm{e}^{-\rho t}\sin(\omega_1 t + \varphi).$$

Nach dem Rezept aus der obigen Behauptung 1.27 ist

$$x(t) = A\mathrm{e}^{-\rho t}\sin(\omega_1 t + \varphi) + a\sin(\omega t + \delta)$$

die allgemeine Lösung von (1.6.16), dabei sind $A \geqq 0$ und $-\pi < \varphi \leqq \pi$ beliebige Konstanten, die durch eine Anfangsbedingung festgelegt werden, während die Konstanten $a \geqq 0$ und $-\pi < \delta \leqq \pi$ durch (1.6.19) und (1.6.20) bestimmt sind.

Wir wollen das so gewonnene Ergebnis noch kurz diskutieren. Der erste Summand in der Lösung konvergiert exponentiell gegen 0, so dass nach einer gewissen Zeit – man spricht vom Abklingen des Einschwingvorgangs – das Verhalten des Systems durch

$$a\sin(\omega t + \delta)$$

gegeben ist. Die Masse schwingt demnach mit der von außen aufgeprägten Frequenz ω, allerdings gegenüber der äußeren Störung um δ phasenverschoben; die Amplitude ist durch (1.6.19) gegeben. Sie wird für

$$\omega = \sqrt{\omega_0^2 - 2\rho^2}$$

maximal und zwar gleich

$$a_{\max} = \frac{p}{2\rho\sqrt{\omega_0^2 - \rho^2}}.$$

Wirkt also von außen eine Störung der Frequenz $\sqrt{\omega_0^2 - \rho^2}$, so kommt es bei kleiner Reibung („Dämpfung"), also bei kleinem ρ im Nenner, zu großen Ausschlägen der Masse („Resonanz"), die in manchen Fällen zur Zerstörung des Systems führen können („Resonanzkatastrophe").

Übungen

Übung 1.88 Ist eine inhomogene lineare DG der Form

$$\ddot{y} + a\dot{y} + by = P(t)$$

mit Konstanten $a, b \in \mathbb{R}$ und einem Polynom $P(t)$ gegeben, so findet man eine spezielle Lösung $y_s(t)$ durch den Ansatz $y_s(t) = Q(t)$, wobei $Q(t)$ ein Polynom gleichen Grades wie $P(t)$ bezeichnet. Man bestimme mit diesem Verfahren die allgemeine Lösung der DG

$$\ddot{y} + \dot{y} + \frac{1}{4}y = t^2.$$

1.6.7 Ein Beispiel aus Biologie und Chemie

Als weiteres Beispiel wollen wir die wichtige DG

$$\dot{y} = k(A-y)(B-y) \tag{1.6.21}$$

mit Konstanten $k, A, B \in \mathbb{R}$ betrachten. Wir diskutieren zunächst, wo diese DG auftritt.

1. Wachstumsmodelle in der Biologie. Um das Wachstum $y(t)$ eines einzelnen Lebewesens (Größe, Gewicht,...) oder einer Kolonie von Lebewesen (Anzahl) mathematisch zu erfassen, sind unter anderem folgende Hypothesen möglich:

a) „*Ungehemmtes Wachstum*": Es ist $\dot{y} = ay$ mit einer Konstanten $a > 0$, die Lösung ist $y(t) = Ce^{at}$ mit einer Konstanten C. Dies ist für große Zeiten unrealistisch.

b) „*Wachstum zur Grenze B*": Wir nehmen $\dot{y} = a(B-y)$ mit Konstanten $a > 0$ und $B > 0$ an, die Lösung lautet dann $y(t) = B(1 - e^{-at})$. Dies ist oft für kleine Zeiten ungenau.

c) „*Logistisches Wachstum*": Wir nehmen $\dot{y} = ay(B-y)$ an. Dieses Modell vereint die Vorzüge von a) und b). Die DG ist ein Spezialfall der obigen DG (1.6.21), man setze dort $A = 0$ und $k = -a$.

2. Chemische Reaktionen zweiter Ordnung. Ein Molekül M reagiere mit einem Molekül N gemäß

$$M + N \longrightarrow P + \ldots.$$

A und B bezeichne die Konzentration der Ausgangsstoffe zur Zeit $t = 0$ in Mol/l; $y(t)$ sei die zur Zeit t verbrauchte Substanz M in Mol/l, also die zur Zeit t verbrauchte Substanz

N in Mol/l; die Größe $y(t)$ heißt die *Umsatzvariable*, wir nehmen $y(0) = 0$ an. Dann sind $A - y(t)$ und $B - y(t)$ die Konzentrationen der Ausgangsstoffe zur Zeit t und wir erhalten die Gleichung

$$\dot{y} = k(A-y)(B-y).$$

Wir kehren nun zu der allgemeinen DG (1.6.21)

$$\dot{y} = k(A-y)(B-y) \qquad y(0) = y_0$$

zurück. Es handelt sich um eine DG erster Ordnung mit getrennten Veränderlichen; Trennung der Variablen und Integration liefert

$$\int \frac{1}{A-y}\frac{1}{B-y}\,dy = k\int dt = kt + C,$$

so dass die Stammfunktion auf der linken Seite zu bestimmen bleibt. Hierzu sind die Fälle $A = B$ und $A \neq B$ zu unterscheiden.

1. Fall: $A = B$ Dann ist

$$\int \frac{1}{(A-y)^2}\,dy = \frac{1}{A-y} \quad \text{und somit} \quad \frac{1}{A-y} = kt + C \quad \text{oder} \quad y(t) = A - \frac{1}{kt+C}.$$

Die Konstante C wird durch die Anfangsbedingung festgelegt, speziell im Falle $y(0) = 0$ erhalten wir

$$y(t) = A\Big(1 - \frac{1}{1+Akt}\Big).$$

2. Fall: $A \neq B$ Dann besteht die Partialbruchzerlegung

$$\frac{1}{(A-y)(B-y)} = \frac{1}{B-A}\Big(\frac{1}{A-y} - \frac{1}{B-y}\Big)$$

und wir erhalten

$$\int \frac{dy}{(A-y)(B-y)} = \frac{1}{B-A}\big(-\ln|A-y| + \ln|B-y|\big) = \frac{1}{B-A}\ln\left|\frac{B-y}{A-y}\right|$$

und somit

$$\frac{1}{B-A}\ln\left|\frac{B-y}{A-y}\right| = kt + C \quad \text{oder} \quad \frac{B-y}{A-y} = K\mathrm{e}^{(B-A)kt} \text{ mit } K = \pm\mathrm{e}^{(B-A)C}.$$

Wir betrachten die folgenden Spezialfälle:

1. Im Falle des logistischen Wachstumsmodells ist $A = 0$ und $k = -a$, die Anfangsbedingung ist $y(0) = y_0 > 0$. Hieraus folgt $K = \dfrac{y_0 - B}{y_0}$ und weiter

$$y(t) = \frac{By_0}{y_0 + (B-y_0)\mathrm{e}^{-aBt}}. \tag{1.6.22}$$

2. Im Falle der chemischen Reaktion zweiter Ordnung ist $y(0) = 0$, hieraus folgt $K = \dfrac{B}{A}$ und man rechnet aus

$$y(t) = A\left(1 + \frac{B-A}{A - Be^{(B-A)kt}}\right).$$

Aus dem Ergebnis liest man ab: Im Falle $A < B$ oder $B - A > 0$ konvergiert $y(t) \to A$ und im Falle $B < A$ oder $B - A < 0$ konvergiert $y(t) \to B$ bei $t \to \infty$, wie es sein muss.

Übung

Übung 1.89 In eine Tierkolonie mit etwa 1000 Individuen wird zur Zeit $t = 0$ durch ein krankes Tier eine Infektionskrankheit eingeschleppt. Es bezeichne $y(t)$ die Anzahl der zur Zeit t infizierten Tiere. Eine Ansteckung findet statt, wenn ein krankes auf ein gesundes Tier trifft. Wir machen daher die plausible Annahme, dass die Ansteckungsrate $\dot{y}(t)$ zur Zeit proportional ist sowohl zur Anzahl $y(t)$ der infizierten Tiere als auch zur Anzahl 1000-y(t) der noch gesunden Tiere, die Proportionalitätskonstante sei 0.0005. Damit genügt $\dot{y}(t)$ der DG

$$\dot{y} = 0.0005\, y\,(1000 - y)\,.$$

Lösen Sie die DG und skizzieren Sie die Lösungsfunktion $y(t)$. Welchen Wert hat $\lim\limits_{t\to\infty} y(t)$?

1.7 Lösung der Übungen

Übungen aus 1.1.1

1.1 Nach einer Stunde gibt es $7500 + 0.02 \cdot 7500 = 1.02 \cdot 7500$ Bakterien, nach zwei Stunden $7500 \cdot 1.02^2$ und nach n Stunden $7500 \cdot 1.02^n$ Bakterien. Somit gibt es nach 72 Stunden $7500 \cdot 1.02^{72} = 31209$ Bakterien.

1.2

$$\text{i) } \inf = 0, \quad \sup = 1 \qquad\qquad \text{ii) } \inf = 1, \quad \sup = \infty$$

$$\text{iii) } \inf = 0, \quad \sup = 1 \qquad\qquad \text{iv) } \inf = -\frac{1}{3}, \quad \sup = \frac{1}{2}$$

1.3 i) Wegen $0 \leqq (\sqrt{a} - \sqrt{b})^2 = a - 2\sqrt{ab} + b$ ist $2\sqrt{ab} \leqq a + b$ oder $G(a,b) \leqq A(a,b)$. Dann folgt auch

$$H(a,b) = \frac{1}{A(\frac{1}{a}, \frac{1}{b})} \leqq \frac{1}{G(\frac{1}{a}, \frac{1}{b})} = G(a,b)\,.$$

Gleichheit gilt im Falle $a = b$.

ii) Das Kapital ist nach dem ersten Jahr $a\left(1 + \frac{p_1}{100}\right) = aq_1$, nach dem zweiten Jahr aq_1q_2 und nach dem n-ten Jahr $aq_1q_2 \cdots q_n$. Wird das Kapital mit konstantem Zinssatz p verzinst, so beträgt es mit $q := 1 + \dfrac{p}{100}$ nach n Jahren aq^n. Der Vergleich zeigt

$$q^n = q_1 q_2 \cdots q_n \qquad \text{oder} \qquad q = G(q_1, q_2, \ldots, q_n)\,.$$

iii) Die durchschnittliche Geschwindigkeit v ist Gesamtstrecke $n \cdot s$ dividiert durch Gesamtzeit. Der ℓ-te Läufer braucht $\dfrac{s}{v_\ell}$ Sekunden, $\ell = 1, \ldots, n$, somit ist die Gesamtzeit $\dfrac{s}{v_1} + \cdots + \dfrac{s}{v_n}$ und weiter

$$v = \frac{ns}{\sum_{\ell=1}^{n} \frac{s}{v_\ell}} = \frac{n}{\sum_{\ell=1}^{n} \frac{1}{v_\ell}} = H(v_1, \ldots, v_n).$$

Übungen aus 1.1.2

1.4 Der Fall $n = 1$ ist klar. Ist die Ungleichung für $n \in \mathbb{N}$ richtig, so folgt

$$(1+a)^{n+1} = (1+a)^n(1+a) \geqq (1+na)(1+a) = 1 + a + na + na^2 \geqq 1 + (n+1)a\,.$$

Dabei wurde beim ersten $\geqq$ benutzt, dass $1 + a \geqq 0$.

1.5 Im Fall $n = 1$ ist die Gleichung richtig und wenn sie für ein $n \in \mathbb{N}$ richtig ist, folgt

$$\sum_{\ell=1}^{n+1} \ell^2 = \sum_{\ell=1}^{n} \ell^2 + (n+1)^2 = \frac{n(n+1)(2n+1)+6(n+1)^2}{6} =$$
$$= \frac{(n+1)(2n^2+n+6n+6)}{6} = \frac{(n+1)(n+2)(2n+3)}{6}.$$

1.6 Im Falle $n = 1$ folgt die Behauptung aus $\sin 2x = 2\sin x \cos x$. Nehmen wir die Behauptung für $n \in \mathbb{N}$ als richtig an, so können wir unter Verwendung der Additionstheoreme von sin und cos ausrechnen

$$\begin{aligned}\sum_{k=1}^{n+1} \cos(2k-1)x &= \frac{\sin 2nx}{2\sin x} + \cos(2n+1)x = \frac{1}{2\sin x}\big(\sin 2nx + 2\cos(2n+1)x \sin x\big)\\ &= \frac{1}{2\sin x}\big(\sin 2nx + 2\cos 2nx \cos x \sin x - 2\sin 2nx \sin^2 x\big)\\ &= \frac{1}{2\sin x}\big(\sin 2nx + \cos 2nx \sin 2x + (\cos 2x - 1)\sin 2nx\big)\\ &= \frac{1}{2\sin x}\sin(2n+2)x.\end{aligned}$$

1.7 $n = 1$: Offenbar ist $4 - 1 = 3$ durch 3 teilbar. „$n \Rightarrow n+1$“: Es ist

$$4^{n+1} - 1 = 4 \cdot 4^n - 1 = 3 \cdot 4^n + (4^n - 1)$$

durch 3 teilbar, da beide Summanden durch 3 teilbar sind.

1.8 Die Beträge 1, 2, 4 und 7 Rubel sind nicht ohne Rückgeld zahlbar. Behauptung: Alle Beträge $\geqq 8$ sind ohne Rückgeld zahlbar. Beweis durch Induktion: $n = 8$: Ein 5 Rubelschein und ein 3 Rubelschein. Sei $n \geqq 8$ zahlbar. Dann ist auch $n+1$ zahlbar. Begründung: Ist im Betrag n ein 5 Rubelschein enthalten, nimm diesen weg und lege zwei 3 Rubel Scheine dazu. Ist in n kein 5 Rubelschein enthalten, so müssen wegen $n \geqq 8$ mindestens drei 3 Rubelscheine vorhanden sein, ersetze diese durch zwei 5 Rubelscheine.

Übungen aus 1.1.3

1.9 a) Man führt die Rechnung zweckmäßigerweise nach dem folgenden Schema durch:

	a_n	a_{n-1}	a_{n-2}	$\cdots$	a_1	a_0
x_0		$c_n x_0$	$c_{n-1} x_0$	$\cdots$	$c_2 x_0$	$c_1 x_0$
	c_n	c_{n-1}	c_{n-2}	$\cdots$	c_1	$\boldsymbol{f(x_0)}$

Dies ergibt in vorliegenden Fall

	5	-4	0	0	3	0	2
2		10	12	24	48	102	204
	5	6	12	24	51	102	**206**

b) i) Mein Taschenrechner liefert 322. ii) Das korrekte Ergebnis ist 1, denn mit $a = 12345678$ ist $f(a+1) = (a+1)^2 - a(a+1) - a = 1$. Der Taschenrechner kann so große Zahlen wie a^2 und $a(a+1)$ nicht exakt darstellen, daher ist die kleine Zahl $a^2 - a(a+1)$ nicht genau.

1.10 Die Amplitude $a \geqq 0$ und die Phase $-\pi < \varphi \leqq \pi$ müssen

$$b \sin \omega t + c \cos \omega t = a \sin(\omega t + \varphi) = a \cos \varphi \sin \omega t + a \sin \varphi \cos \omega t \qquad \text{für alle } t \in \mathbb{R}$$

oder $b = a \cos \varphi$ und $c = a \sin \varphi$ erfüllen. Hieraus folgt zunächst $b^2 + c^2 = a^2$ oder $a = \sqrt{b^2 + c^2}$ und im Fall $b = 0$ leistet

$$\varphi = \begin{cases} \dfrac{\pi}{2} & \text{wenn } c > 0 \\ -\dfrac{\pi}{2} & \text{wenn } c < 0 \end{cases}$$

das Verlangte. Dies ist im Fall $c > 0$ offensichtlich und folgt im Fall $c < 0$ aus $a \sin \varphi = -a = -|c| = c$. Im Fall $b \neq 0$ ist die Wahl der richtigen Phase komplizierter. Wir notieren zunächst den Zusammenhang zwischen den Funktionen sin, cos und tan:

$$\sin \varphi = \begin{cases} \dfrac{\tan \varphi}{\sqrt{1 + \tan^2 \varphi}} & \text{wenn } -\dfrac{\pi}{2} < \varphi < \dfrac{\pi}{2} \\ -\dfrac{\tan \varphi}{\sqrt{1 + \tan^2 \varphi}} & \text{wenn } -\pi \leqq \varphi < -\dfrac{\pi}{2} \text{ oder } \dfrac{\pi}{2} < \varphi \leqq \pi \end{cases}$$

$$\cos \varphi = \begin{cases} \dfrac{1}{\sqrt{1 + \tan^2 \varphi}} & \text{wenn } 0 \leqq \varphi \leqq \pi,\ \varphi \neq \dfrac{\pi}{2} \\ -\dfrac{1}{\sqrt{1 + \tan^2 \varphi}} & \text{wenn } -\pi \leqq \varphi \leqq 0,\ \varphi \neq -\dfrac{\pi}{2}) \end{cases}$$

Im Fall $b < 0$ sowie $c \geqq 0$ wählen wir $-\pi < \varphi < -\dfrac{\pi}{2}$ mit $\tan \varphi = \dfrac{c}{b}$ und rechnen aus

$$\begin{aligned} a \cos \varphi &= -a \frac{1}{\sqrt{1 + \tan^2 \varphi}} = -a \frac{|b|}{\sqrt{b^2 + c^2}} = -|b| = b \\ a \sin \varphi &= -a \frac{\tan \varphi}{\sqrt{1 + \tan^2 \varphi}} = -a \frac{c}{b} \frac{|b|}{\sqrt{b^2 + c^2}} = c \end{aligned}$$

Die anderen Fälle lassen sich analog behandeln.

1.11 i) Mit einer beliebigen Zeit t wird die Zeit τ gesucht, welche $n(t + \tau) = \frac{1}{2} n(t)$ erfüllt, das bedeutet

$$n_0 \mathrm{e}^{-k(t+\tau)} = \frac{1}{2} n_0 \mathrm{e}^{-kt} \quad \text{oder} \quad \mathrm{e}^{-k\tau} = \frac{1}{2}.$$

Dies ist unabhängig von t und es gilt

$$\mathrm{e}^{k\tau} = 2 \qquad \text{oder} \qquad k\tau = \ln 2\,.$$

Aus $n(t) = n_0 \mathrm{e}^{-kt} = 16$ und $n(t+1) = n_0 \mathrm{e}^{-k(t+1)} = 15$ folgt $\mathrm{e}^k = \dfrac{16}{15}$ oder $k = 0.064$ und $\tau = \dfrac{\ln 2}{k} = 10.74$ Tage.

ii) Wir schreiben die Zerfallsgesetze

$$n_1(t) = n_0 \mathrm{e}^{-k_1 t} \text{ für } \mathrm{U}^{238} \quad \text{sowie} \quad n_2(t) = n_0 \mathrm{e}^{-k_2 t} \text{ für } \mathrm{U}^{235}$$

mit dem gleichen n_0 (!) und rechnen für $t =$heute

$$\frac{n_1(t)}{n_2(t)} = \frac{99.3}{0.7} \quad \text{also} \quad \mathrm{e}^{-(k_1 - k_2)t} = 141.86 \quad \text{oder} \quad (k_2 - k_1)t = \ln 141.86 .$$

Mit den Halbwertszeiten τ_1 und τ_2 erhalten wir

$$t = \frac{\ln 141.86}{k_2 - k_1} = \frac{\ln 141.86}{\ln 2} \frac{\tau_1 \tau_2}{\tau_1 - \tau_2} = 5.97 \cdot 10^9 .$$

1.12 i) Wegen $100^{x-1} = 10^{2x-2}$ ist die Gleichung $10^{2x-2} = 10^{x^2-x}$ oder $2x - 2 = x^2 - x$ zu lösen. Diese quadratische Gleichung hat die Lösungen $x_1 = 1$ und $x_2 = 2$.

ii) Die rechte Seite der Gleichung $\cos 2x - \sin 2x = (\cos x + \sin x)^2$ ist

$$\cos^2 x + \sin^2 x + 2 \sin x \cos x = 1 + \sin 2x;$$

somit ist mit der Abkürzung $u = 2x$ die Gleichung $\cos u - \sin u = 1 + \sin u$ oder $\cos u = 1 + 2 \sin u$ zu lösen. Quadrieren beider Seiten führt zu

$$\cos^2 u = 1 + 4 \sin u + 4 \sin^2 u \qquad\qquad 5 \sin^2 u = -4 \sin u .$$

Hieraus folgt (Taschenrechner)

$$\begin{aligned} \sin u = &\quad 0 && \text{mit den Lösungen } u = n\pi,\ n \in \mathbb{Z} \\ \sin u = &\ -\tfrac{4}{5} && \text{mit den Lösungen } u_1 = -0.9273 + 2n\pi \text{ und } u_2 = -2.2143 + 2n\pi . \end{aligned}$$

Wegen der 2π-Periodizität von sin und cos genügt es, nur die Lösungen zwischen $-\pi$ und π zu notieren. Somit erhalten wir

$$x_1 = 0, \qquad x_2 = \frac{\pi}{2}, \qquad x_3 = \pi, \qquad x_4 = -\frac{\pi}{2}$$

sowie

$$\begin{aligned} x_5 = &\quad 0.4636 && \text{und} \quad x_6 = -0.4636 + \pi = 2.0344 \\ x_7 = &\ -1.1071 && \text{und} \quad x_8 = -1.1071 + \pi = 2.6779 . \end{aligned}$$

Da wir die Gleichung oben quadriert haben, müssen wir „die Probe machen“ und finden, dass x_1, x_3, x_7 und x_8 Lösungen sind; x_2, x_4, x_5, x_6 nicht.

iii) Es ist

$$|x+1|-|x-1|=\begin{cases}-2 & \text{falls } x \leqq -1\,, \\ 2x & \text{falls } -1<x<1\,, \\ 2 & \text{falls } x \geqq 1\,,\end{cases}$$

so dass nur $2x=1$ mit $x=\frac{1}{2}$ möglich ist.

iv) $\lg(x+1)-\lg(x-1)=\frac{1}{2}$ ergibt $\lg\frac{x+1}{x-1}=\frac{1}{2}$, erheben wir dies in die Potenz zur Basis 10, so folgt $\frac{x+1}{x-1}=\sqrt{10}$ mit der Lösung $x=\frac{\sqrt{10}+1}{\sqrt{10}-1}$.

1.13 i) Es ist $\lg(5.78\cdot 10^{-6})$ zu bestimmen. Dies ist $\lg(5.78)-6=-5.2381$ (Taschenrechner), also pH 5.238.

ii) $10^{-9.5}=3.162\cdot 10^{-10}$ ist die zugehörige Wasserstoffionenkonzentration.

iii) $10^{-7.35}=4.467\cdot 10^{-8}$ und $10^{-7.45}=3.548\cdot 10^{-8}$ sind die entsprechenden H^+-Konzentrationen.

1.14

$$\ln e^2 = 2\ln e = 2 \qquad \ln\frac{1}{\sqrt[3]{e}}=\ln e^{-\frac{1}{3}}=-\frac{1}{3}$$

$$\lg 0.01=\lg 10^{-2}=-2 \qquad \log_7 17=\frac{\lg 17}{\lg 7}=1.4560$$

wobei zum Schluss Gleichung (1.1.5) benutzt wurde.

Übungen aus 1.1.4

1.15 Die z-Werte sind zu logarithmieren:

t [s]	30	90	150	210	270	360
z [mg]	105.3	96.6	88.6	81.2	75.8	66.4
$\ln z$	4.66	4.57	4.48	4.40	4.33	4.20

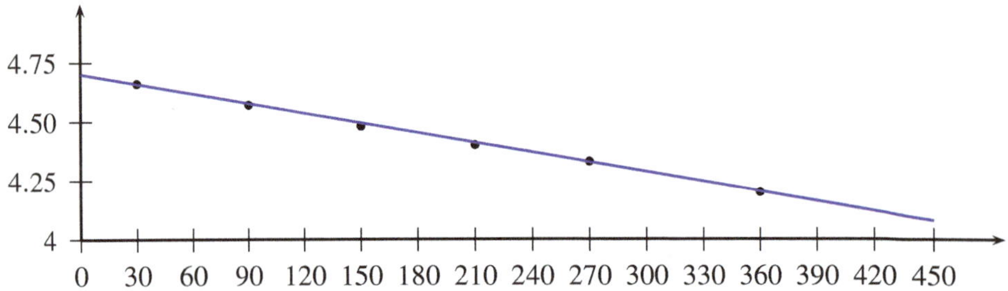

Der Zeichnung entnimmt man $\ln z_0 \approx 4.7$ oder $z_0 \approx 110$ mg sowie $k \approx 0.0015$ oder $\tau = \dfrac{\ln 2}{k} \approx 462$ Sekunden.

1.16 Die Werte von p und V sind zu logarithmieren:

$\ln p$	0	1.34	2.48	3.35	4.01
p	1	3.8	12.0	28.5	55.2
V	22.3	10	5	3	2
$\ln V$	3.1	2.30	1.61	1.10	0.69

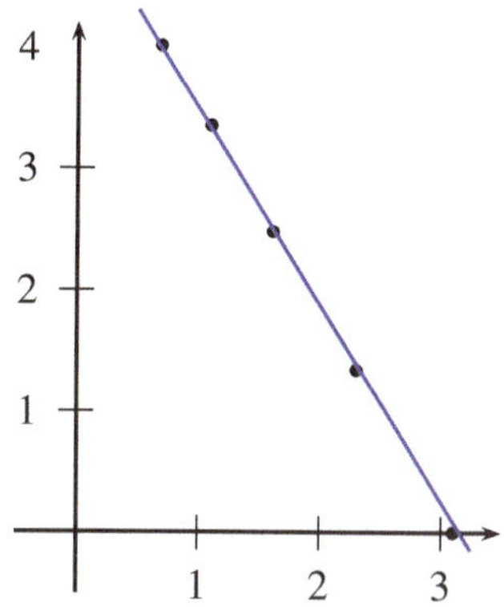

Aus $pV^\kappa =$ konstant folgt für zwei Wertepaare wegen $p_1V_1^\kappa = p_2V_2^\kappa$ dann

$$\frac{p_1}{p_2} = \left(\frac{V_2}{V_1}\right)^\kappa \qquad \kappa = \frac{\ln p_1 - \ln p_2}{\ln V_2 - \ln V_1}$$

Mit den ersten beiden Wertepaaren ergibt sich $\kappa = 1.68$. Aus der Zeichnung liest man (abhängig von der Zeichengenauigkeit) $\kappa = 1.63$ ab. Aus der Wärmelehre erhält man für einatomige Gase (Edelgase) den theoretischen Wert $\kappa = \dfrac{5}{3}$.

Übungen aus 1.1.5

1.17 Beweis durch Induktion: Ist 1 Objekt gegeben, so gibt es offenbar 1=1! Möglichkeit dieses Objekt anzuordnen. Die Aussage sei nun für n Objekte richtig und es seien $n+1$ Objekte gegeben. Die ersten n Objekte kann man nach Voraussetzung auf $n!$ verschiedene Weisen anordnen. Betrachtet man eine solche Anordnung, so gibt es $n+1$ verschiedene Möglichkeiten, das neue Objekt hinzuzufügen: Vor das erste Objekt, vor das zweite,. . . , vor das n-te und hinter das n-te Objekt. Somit gibt es $(n+1)\cdot n!$ verschiedene Anordnungen.

Es ist

n	2	3	4	5	6	7	8	9
$n!$	2	6	24	120	720	5040	40380	362880

Eine Null am Ende bedeutet einen Faktor $10 = 2\cdot 5$, also müssen 2 und 5 in der Primzahlzerlegung von $n!$ vorkommen. Die Zahl 2 tritt in jedem geraden Faktor auf, es sind somit die Anzahl der 5 zu bestimmen: Es gibt siebenmal die 5, nämlich in 5, 10, 15, 20, in 25 zweimal und 30. Demnach hat 30! genau 7 Nullen am Ende. In der Tat ist

$$30! = 265252859812191058636308580000000.$$

Es gibt $25! = 1.5511\cdot 10^{25}$ (Taschenrechner) verschiedene solche Listen. Ihre Anfertigung würde $2.9511\cdot 10^{19}$ Jahre dauern, was das Alter des Universums etwa um das 10^9-fache übersteigt.

1.18 a) i) Nach Behauptung 1.1 gibt es $\binom{n}{k} = \frac{n!}{(n-k)!k!}$ Möglichkeiten, ohne Berücksichtigung der Reihenfolge auszuwählen. Jede solche Auswahl kann gemäß Übung 1.17 auf $k!$ verschiedene Weisen umgeordnet werden, somit gibt es $\binom{n}{k} \cdot k! = \frac{n!}{(n-k)!}$ Auswahlen, wenn man die Reihenfolge berücksichtigt. ii) Bei jeder Wahl hat man n Möglichkeiten, bei k-maliger Wahl somit n^k Möglichkeiten,
b) Jede gesuchte Möglichkeit entspricht einer Auswahl von vier Mitgliedern bei Berücksichtigung der Reihenfolge, somit gibt es $\frac{66!}{(66-4)!} = 63 \cdot 64 \cdot 65 \cdot 66 = 17287280$ Möglichkeiten.
c) Es gibt $4^{15} = 1037741824$ verschieden Folgen.

Übungen aus 1.2.1

1.19

i) Tip: Man dividiere durch die höchste auftretende Potenz:

$$a_n = \frac{3n^2+5n+4}{2n^2-11} = \frac{3+\frac{5}{n}+\frac{4}{n^2}}{2-\frac{11}{n^2}} \to \frac{3}{2}$$

ii) $a_n = 3 - \frac{(-1)^n}{n} \to 3 \quad \text{da} \quad \frac{(-1)^n}{n} \to 0 \quad \text{wegen} \quad \left|\frac{(-1)^n}{n}\right| = \frac{1}{n} \to 0.$

iii) $a_n = \frac{(n+1)!-n!}{(n+1)!+n!} = \frac{n+1-1}{n+1+1} = \frac{n}{n+2} \to 1$

iv) $a_n = \frac{n^2}{n+1} - \frac{n^2+1}{n} = \frac{n^3-(n+1)(n^2+1)}{n(n+1)} = -\frac{n^2+n+1}{n^2+n} \to -1$

v) $a_n = \begin{cases} 0 & \text{falls } n = 1,3,5,\ldots \\ -1 & \text{falls } n = 2,6,10,\ldots \\ 1 & \text{falls } n = 4,8,12,\ldots \end{cases}$ Die Folge ist divergent.

vi) $a_n = \frac{3^n+(-2)^n}{3^{n+1}+(-2)^{n+1}} = \frac{1+\left(-\frac{2}{3}\right)^n}{3-2\left(-\frac{2}{3}\right)^n} \to \frac{1}{3}$

vii) $a_n = \frac{4n+2}{5n-1}\left(\frac{3}{2}+\frac{2}{n+1}\right) \to \frac{4}{5}\cdot\frac{3}{2} = \frac{6}{5}$

viii) $a_n = \sqrt{n}-\sqrt{n-1} = \frac{(\sqrt{n}-\sqrt{n-1})(\sqrt{n}+\sqrt{n-1})}{\sqrt{n}+\sqrt{n-1}} = \frac{1}{\sqrt{n}+\sqrt{n-1}} \to 0$

ix) $a_n = \frac{2\cos n}{n} \to 0 \quad \text{da} \quad |a_n| \leqq \frac{2}{n}$

1.20 Wegen $\sqrt[n]{10} \geqq 1$ für alle $n \in \mathbb{N}$ bedeutet $|\sqrt[n]{10}-1| \leqq \varepsilon$ dass $\sqrt[n]{10} \leqq 1+\varepsilon$ oder $10 \leqq (1+\varepsilon)^n$, also $n \geqq \frac{\ln 10}{\ln(1+\varepsilon)}$. Für $\varepsilon = 10^{-3}$ ergibt sich $n \geqq 2304$ und für $\varepsilon = 10^{-6}$ ergibt sich $n \geqq 230260$.

Übungen aus 1.2.2

1.21 i) $1+\frac{2}{3}+\frac{3}{4}+\cdots+\frac{n}{n+1}+\cdots$ divergiert, da die Glieder keine Nullfolge bilden.

ii) $\frac{2}{3}+\frac{4}{9}+\frac{6}{27}+\cdots+\frac{2n}{3^n}+\cdots$ konvergiert, etwa nach dem Quotientenkriterium:

$$\frac{a_{n+1}}{a_n}=\frac{3^n\cdot 2(n+1)}{3^{n+1}\cdot 2n}=\frac{n+1}{3n}\to\frac{1}{3}\quad \text{bei } n\to\infty.$$

iii) Wegen

$$\frac{\sqrt{n+1}-\sqrt{n}}{\sqrt{n}}=\frac{(\sqrt{n+1}-\sqrt{n})(\sqrt{n+1}+\sqrt{n})}{\sqrt{n}(\sqrt{n+1}+\sqrt{n})}=\frac{1}{n+\sqrt{n(n+1)}}\geqq\frac{1}{n+n+1}\geqq\frac{1}{2}\frac{1}{n+1}$$

divergiert die Reihe, da die harmonische Reihe divergiert.

iv) $1+\frac{1}{100}+\frac{1}{200}+\cdots+\frac{1}{100}\cdot\frac{1}{n}+\cdots$ divergiert, da die harmonische Reihe divergiert.

v) $1+\frac{2}{2!}+\frac{4}{3!}+\frac{8}{4!}+\cdots+\frac{2^{n-1}}{n!}+\cdots$ konvergiert nach dem Quotientenkriterium:

$$\frac{a_{n+1}}{a_n}=\frac{2^n}{(n+1)!}\frac{n!}{2^{n-1}}=\frac{2}{n+1}\to 0\quad \text{bei } n\to\infty.$$

vi) $\sum_{n=1}^{\infty}\frac{\pi^{2n}}{10^n}=\sum_{n=1}^{\infty}\left(\frac{\pi^2}{10}\right)^n$ konvergiert als geometrische Reihe $\sum_{n=1}^{\infty}x^n$ mit $0\leqq x=\frac{\pi^2}{10}<1$.

1.22

i) $\sum_{n=0}^{\infty}\frac{1}{3^n}=\sum_{n=0}^{\infty}\left(\frac{1}{3}\right)^n=\frac{1}{1-\frac{1}{3}}=\frac{3}{2}$ als geometrische Reihe

ii) divergiert, da $\cos\frac{1}{n}\to\cos 0=1$ bei $n\to\infty$

iii) $\sum_{k=0}^{\infty}(\frac{3}{7})^k+\sum_{k=0}^{\infty}(\frac{5}{7})^k=\frac{1}{1-\frac{3}{7}}+\frac{1}{1-\frac{5}{7}}=\frac{21}{4}$ geometrische Reihen

iv) $\frac{2}{3}(1-\frac{2}{3}+\frac{4}{9}-\frac{8}{27}+-\cdots)=\frac{2}{3}\sum_{k=0}^{\infty}(-\frac{2}{3})^k=\frac{2}{5}$ geometrische Reihe

v) divergiert, da $\exp(-\frac{1}{n})\to 1$ bei $n\to\infty$

vi) divergiert, da $\frac{1}{\sqrt{n}}\geqq\frac{1}{n}$ Vergleich mit harmonischer Reihe.

1.23 Mit der geometrischen Reihe errechnet man:

$$0.\overline{4} = \frac{4}{10} + \frac{4}{100} + \frac{4}{1000} + \cdots = \frac{4}{10}\left(1 + \frac{1}{10} + \frac{1}{100} + \cdots\right)$$
$$= \frac{4}{10}\sum_{k=0}^{\infty}\left(\frac{1}{10}\right)^k = \frac{4}{10}\frac{1}{1-\frac{1}{10}} = \frac{4}{9}$$
$$0.6\overline{48} = 0.6 + 0.048 + 0.00048 + \cdots = \frac{6}{10} + \frac{48}{1000}\sum_{k=0}^{\infty}\left(\frac{1}{100}\right)^k$$
$$= \frac{6}{10} + \frac{48}{1000}\frac{1}{1-\frac{1}{1000}} = \frac{107}{165}$$

1.24 Beim ersten Fallen legt der Ball die Strecke h zurück, dann $2h \cdot 0.92$, dann $2h \cdot (0.92)^2, \ldots$ Der Gesamtweg ergibt sich mit der geometrischen Reihe als

$$h + 2h \cdot \left(0.92 + (0.92)^2 + \cdots\right) = h + 1.84h\frac{1}{1-0.92} = h + 23h = 24h\,.$$

1.25 Zu Beginn des ersten Jahres sei die Menge A an Cs^{137} in der Umwelt vorhanden, weiter sei $q := 1 - \dfrac{2.3}{100} = 0.977$. Dann ist in der Umwelt

$$\begin{aligned}
Aq + M & \quad \text{am Ende des 1. Jahres}\\
(Aq+M)q + M = Aq^2 + Mq + M & \quad \text{am Ende des 2. Jahres}\\
(Aq^2 + Mq + M)q + M = Aq^3 + Mq^2 + Mq + M & \quad \text{am Ende des 3. Jahres}\\
\ldots & \quad \ldots\\
Aq^n + (M + Mq + \cdots + q^{n-1}) = Aq^n + M\frac{1-q^n}{1-q} & \quad \text{am Ende des n. Jahres.}
\end{aligned}$$

Wegen $0 < q < 1$ konvergiert $q^n \to 0$ bei $n \to \infty$ und wir erhalten $M\dfrac{1}{1-q} = 43.48M$ als Ergebnis.

1.26 Es bezeichne A den Vorrat am 1.1.2025 und v den Jahresverbrauch im Jahre 2025, so dass $A = 60v$. Der Verbrauch werde jährlich um $p\%$ gesenkt und es sei $q := 1 - \dfrac{p}{100}$. Dann ist noch vorhanden am Ende des

$$\begin{aligned}
&1.\ \text{Jahres} \quad && A - v\\
&2.\ \text{Jahres} && A - v - qv = A - v(1+q)\\
&3.\ \text{Jahres} && A - v(1+q) - qv^2 = A - v(1+q+q^2)\\
&\ldots && \ldots\\
&n.\ \text{Jahres} && A - (1 + q + q^2 + \cdots + q^{n-1}) = A - v\frac{1-q^n}{1-q}\,.
\end{aligned}$$

Der Bestand bis in alle Ewigkeit ($n \to \infty$) ist somit $A - v\dfrac{1}{1-q}$ und soll $\geqq 0$ sein; das bedeutet $A \geqq \dfrac{v}{1-q}$ oder $p \geqq 1.67\%$.

1.27

$$\text{i)}\ \left|\frac{a_{n+1}}{a_n}\right| = \frac{n}{n+1} \to 1 \quad \text{bei } n \to \infty \qquad R = 1$$

$$\text{ii)}\ \frac{k(k+1)}{(k+1)(k+2)} = \frac{k}{k+2} \to 1 \quad \text{bei } k \to \infty \qquad R = 1$$

$$\text{iii)}\ \frac{(n+1)!}{n!} = n+1 \to \infty \quad \text{bei } n \to \infty \qquad R = 0$$

$$\text{iv)}\ \frac{(n+1)!}{(n+1)^{n+1}} \cdot \frac{n^n}{n!} = \left(\frac{n}{n+1}\right)^n = \frac{1}{(1+\frac{1}{n})^n} \to \frac{1}{\mathrm{e}} \qquad R = \mathrm{e}.$$

1.28 Wenn man aus der angegebenen Reihe $\ln 2$ berechnet, so ändert sich beim tausendsten Summanden ($n = 1000$) der Wert immer noch um $\dfrac{1}{1000}$, also in der dritten Dezimale nach dem Komma! Es ist

$$\ln(1+x) = \sum_{n=1}^{\infty} (-1)^{n+1} \frac{x^n}{n} = x - \frac{x^2}{2} + \frac{x^3}{3} - \frac{x^4}{4} + - \cdots \quad \text{und also}$$

$$\ln(1-x) = -\sum_{n=1}^{\infty} \frac{x^n}{n} = -x - \frac{x^2}{2} - \frac{x^3}{3} - \frac{x^4}{4} - \cdots$$

Subtrahiert man von der ersten Gleichung die zweite, so ergibt sich

$$\ln \frac{1+x}{1-x} = \ln(1+x) - \ln(1-x) = 2x + 2\frac{x^3}{3} + 2\frac{x^5}{5} + \cdots$$

Um hieraus $\ln 2$ zu berechnen, bestimmt man das zugehörige x aus $\dfrac{1+x}{1-x} = 2$, also $x = \dfrac{1}{3}$. Wir erhalten mit vier Summanden

$$\begin{aligned}\ln 2 &= 2\Big(\frac{1}{3} + \frac{1}{3}\Big(\frac{1}{3}\Big)^3 + \frac{1}{5}\Big(\frac{1}{3}\Big)^5 + \frac{1}{7}\Big(\frac{1}{3}\Big)^7 + \cdots\Big) \\ &\equiv 2\Big(0.333333 + 0.012346 + 0.000823 + 0.000065\Big) = 0.693135.\end{aligned}$$

Dieser Wert weicht erst in der fünften Nachkommastelle vom exakten Wert 0.693147… ab.

Übungen aus 1.2.3

1.29

$$\text{i)}\quad \frac{x^3 + 3x + 5}{x^2 - 2x + 1} \to 19 \quad \text{bei } x \to 2.$$

ii) $\dfrac{(3+h)^3-27}{h}=27+9h+h^2\to 27 \quad \text{bei } h\to 0\,.$

iii) $x\cot x=\dfrac{x}{\sin x}\cos x\to 1 \quad \text{bei } x\to 0\,.$

iv) $\dfrac{x^2-2x+1}{x^3-x}=\dfrac{(x-1)^2}{x(x^2-1)}=\dfrac{x-1}{x(x+1)}\to 0 \quad \text{bei } x\to 1\,.$

v) existiert nicht, da $\dfrac{|x-2|}{x-2}=\begin{cases}1 & \text{wenn } x>2\\ -1 & \text{wenn } x<-2\,.\end{cases}$

vi) $\dfrac{\sqrt{x^2+1}}{x+1}=\dfrac{x}{x+1}\sqrt{1+\dfrac{1}{x^2}}\to 1 \quad \text{bei } x\to\infty\,.$

vii) $\dfrac{\cos x-\sin x}{\cos 2x}=\dfrac{\cos x-\sin x}{\cos^2 x-\sin^2 x}=\dfrac{1}{\cos x+\sin x}\to 1 \quad \text{bei } x\to\dfrac{\pi}{2}\,.$

viii)
$$\sqrt{x}(\sqrt{x+3}-\sqrt{x})=\sqrt{x}\frac{(\sqrt{x+3}-\sqrt{x})(\sqrt{x+3}+\sqrt{x})}{\sqrt{x+3}+\sqrt{x}}$$
$$=\frac{3\sqrt{x}}{\sqrt{x+3}+\sqrt{x}}=\frac{3}{\sqrt{1+\frac{3}{x}}+1}\to\frac{3}{2} \quad \text{bei } x\to\infty\,.$$

ix) $\dfrac{x^3-8}{x^2-4}=\dfrac{(x-2)(x^2+2x+4)}{(x-2)(x+2)}=\dfrac{x^2+2x+4}{x+2}\to 3 \quad \text{bei } x\to 2\,.$

1.30
$$\frac{Ax}{x+B}=\frac{A}{1+\frac{B}{x}}\to A \quad \text{bei } x\to\infty. \quad \text{Aus } \frac{Ax}{x+B}=\frac{96}{100}A \text{ folgt } x=24B\,.$$

Übungen aus 1.2.4

1.31 Die stetige Funktion f: $f(x):=9\ln x-x^2$ für $x>0$ erfüllt $f(1)=-1$, weiter $f(\mathrm{e})=9-\mathrm{e}^2>0$ und $f(\mathrm{e}^2)=18-\mathrm{e}^4<0$. Somit gibt es nach dem Zwischenwertsatz eine Nullstelle zwischen 1 und e sowie eine weitere zwischen e und e^2.

1.32 Wir schreiben das Polynom in der Form $f(x)=a_nx^n+\cdots+a_1x+a_0$ und können dabei $a_n>0$ annehmen. Da n ungerade ist, folgt
$$f(x)=x^n\left(a_n+\frac{a_{n-1}}{x}+\cdots+\frac{a_1}{x^{n-1}}+\frac{a_0}{x^n}\right)\to\begin{cases}-\infty & \text{bei } x\to-\infty\\ \infty & \text{bei } x\to\infty\,,\end{cases}$$
also gibt es eine Nullstelle nach dem Zwischenwertsatz. Bei geradem n ist dies falsch, wie zum Beispiel x^2+1 zeigt.

Übungen aus 1.3.1

1.33 a) i) Für $f(x)=\left(x+\dfrac{1}{x}\right)^2$ ist nach der Kettenregel

$$f'(x) = 2\big(x + \frac{1}{x}\big)\big(1 - \frac{1}{x^2}\big) = 2\big(x - \frac{1}{x^3}\big)\,.$$

ii) Die Ableitung von tan ist $\tan' x = \dfrac{1}{\cos^2 x}$ und von cot ebenso $\cot' x = -\dfrac{1}{\sin^2 x}$. Damit ergibt sich für $g(t) = \tan\dfrac{t}{2} - \cot\dfrac{t}{2}$:

$$g'(t) = \frac{1}{2}\,\frac{1}{\cos^2\frac{t}{2}} + \frac{1}{2}\,\frac{1}{\sin^2\frac{t}{t}} = \frac{\sin^2\frac{t}{2} + \cos^2\frac{t}{2}}{2\sin^2\frac{t}{2}\cos^2\frac{t}{2}} = \frac{2}{\sin^2 t}\,,$$

wobei wir noch die Gleichung $\sin 2x = 2\sin x\,\cos x$ benutzt haben.

iii) Für die Funktion $h(s) = \Big(\dfrac{1+s^3}{1-s^3}\Big)^{\frac{1}{3}}$ ist nach Ketten- und Quotientenregel

$$h'(s) = \frac{1}{3}\Big(\frac{1+s^3}{1-s^3}\Big)^{-\frac{2}{3}}\,\frac{3s^2(1-s^3) + 3s^2(1+s^3)}{(1-s^3)^2} = 2s^2(1+s^3)^{-\frac{2}{3}}(1-s^3)^{-\frac{4}{3}}\,.$$

b) Für $f(x) = \dfrac{1}{2a}\tan\dfrac{ax}{2} + \dfrac{1}{6a}\tan^3\dfrac{ax}{2}$ ist nach der Kettenregel

$$\begin{aligned} f'(x) &= \frac{1}{2a}\,\frac{1}{\cos^2\frac{ax}{2}}\cdot\frac{a}{2} + \frac{1}{6a}3\tan^2\frac{ax}{2}\,\frac{1}{\cos^2\frac{ax}{2}}\cdot\frac{a}{2} \\ &= \frac{1}{4}\,\frac{1}{\cos^2\frac{ax}{2}}\Big(1 + \tan^2\frac{ax}{2}\Big) = \frac{1}{4}\,\frac{1}{\cos^2\frac{ax}{2}}\,\frac{1}{\cos^2\frac{ax}{2}} = \frac{1}{(1+\cos ax)^2}\,, \end{aligned}$$

wobei wir noch $1 + \cos x = 1 + \cos\big(\frac{x}{2} + \frac{x}{2}\big) = 1 + \cos^2\frac{x}{2} - \sin^2\frac{x}{2} = 2\cos^2\frac{x}{2}$ benutzt haben.

1.34 Aus einer Skizze von f oder durch Probieren erkennt man, dass eine Nullstelle zwischen 1 und 2 liegt. Startet man mit $x_0 = 1.5$ und berechnet gemäß der angegebenen Formel die nächsten Näherungen, so ergeben sich:

$$x_0 = 1.5 \quad x_1 = 1.8543 \quad x_2 = 1.7588 \quad x_3 = 1.7465 \quad x_4 = 1.7463 \quad x_5 = 1.7463$$

Die Idee des Verfahrens: Man startet mit einem Wert x_0 in der Nähe der gesuchten Nullstelle, ersetzt die Funktion durch ihre Tangente $T(x) = f(x_0) + f'(x_0)(x - x_0)$ und bestimmt deren Nullstelle zu $x = x_0 - \dfrac{f(x_0)}{f'(x_0)}$ und nimmt diesen Wert als nächste Näherung x_1.

1.35 Es ist die Nullstelle der Funktion $f(V) := V^3 - (b - \dfrac{RT}{p})V^2 + \dfrac{a}{p}V - \dfrac{ab}{p}$ zu bestimmen. Einsetzen der Zahlenwerte führt zu $f(V) = V^3 - 0.50679V^2 + 0.0176V - 0.000689$ mit $f'(V) = 3V^2 - 1.013585V + 0.0176$. Man startet das Newton-Verfahren aus Übung 1.34 mit dem Startwert $V_0 = 0.4677$, der sich aus der idealen Gasgleichung $pV = RT$ ergibt und erhält die Näherungen $V_1 = 0.472748$ sowie $V_2 = 0.472636$.

1.36 a) Wir ersetzen die Funktion $f: f(x) = (1+x)^{\frac{1}{3}}, x > -1$, in der Nähe von $x_0 = 0$ durch ihre Tangente in x_0, diese ist gegeben durch $f(0) + f'(0)x = 1 + \frac{1}{3}x$. Ergebnisse:

$$\sqrt[3]{1.1} = \sqrt[3]{1+0.1} \approx 1 + \frac{1}{3} \cdot 0.1 = 1.033\ldots \qquad \text{exakt } 1.03228\ldots$$

$$\sqrt[3]{1.01} = \sqrt[3]{1+0.01} \approx 1 + \frac{1}{3} \cdot 0.01 = 1.0033\ldots \qquad \text{exakt } 1.03322\ldots$$

$$\sqrt[3]{997} = 10\sqrt[3]{1 - \frac{3}{1000}} \approx 10(1 - \frac{1}{1000}) = 9.99 \qquad \text{exakt } 9.9899\ldots$$

b) Die Linearisierung der Sinus-Funktion im Punkt $30^\circ \triangleq \frac{\pi}{6}$ ist

$$\sin\left(\frac{\pi}{6} + x\right) \approx \sin\frac{\pi}{6} + \cos\frac{\pi}{6}x = \frac{1}{2} + \frac{1}{2}\sqrt{3}x \quad \text{für kleines } x.$$

Mit $x = \frac{\pi}{90}$ (entspricht 2° im Bogenmaß!) erhalten wir

$$\sin 32^\circ = \sin(\frac{\pi}{6} + \frac{\pi}{90}) \approx \frac{1}{2}\frac{1}{180}\sqrt{3}\pi = 0.5302 \qquad (\text{exakt: } 0.5299).$$

1.37 Die Fläche $A(s)$ eines gleichseitigen Dreiecks der Seitenlänge s ist gegeben durch $A(s) = \frac{1}{4}\sqrt{3}s^2$. Es gilt $A'(s) = \frac{1}{2}\sqrt{3}s$. Der absolute und der relative Fehler sind nach (1.3.5) und (1.3.6) mit $s_0 = 84$ mm und $\Delta s = 0.5$ mm dann näherungsweise

$$A'(s_0)\Delta s = 21\sqrt{3} = 36.4\,(\text{mm}^2) \qquad \text{und} \qquad \frac{A'(s_0)}{A(s_0)}\Delta s = 2\frac{\Delta s}{s_0} = \frac{1}{84}\,(1.2\%).$$

Übungen aus 1.3.2

1.38

i) $f(x) = \frac{1}{\sqrt{3}} \arctan \frac{\sqrt{3}x}{1-x^2}$ Definitionsbereich: $\{x \in \mathbb{R} : x \neq \pm 1\}$

$$f'(x) = \frac{1}{\sqrt{3}} \frac{1}{1 + \frac{3x^2}{(1-x^2)^2}} \frac{\sqrt{3}(1-x^2) + 2\sqrt{3}x^2}{(1-x^2)^2} = \frac{1+x^2}{1+x^2+x^4}$$

ii) $h(s) = \sqrt{s\sqrt{s\sqrt{s}}} = s^{\frac{7}{8}}$ Definitionsbereich: $\{s \in \mathbb{R} : s > 0\}$

$$h'(s) = \frac{7}{8}s^{-\frac{1}{8}}$$

iii) $f(x) = \ln\tan\left(\frac{x}{2} + \frac{\pi}{4}\right)$ Definitionsbereich: $]-\frac{\pi}{2}, \frac{\pi}{2}[\cup]\frac{3}{2}\pi, \frac{5}{2}\pi[$

$$f'(x) = \frac{1}{2} \frac{1}{\tan\left(\frac{x}{2} + \frac{\pi}{4}\right)} \frac{1}{\cos^2\left(\frac{x}{2} + \frac{\pi}{4}\right)} = \frac{1}{2\sin(x + \frac{\pi}{2})\cos(\frac{x}{2} + \frac{\pi}{4})} = \frac{1}{\sin(x + \frac{\pi}{2})} = \frac{1}{\cos x}$$

1.39 i) Die Ableitung der Funktion $g : g(x) = \ln f(x)$ ist $g'(x) = \frac{f'(x)}{f(x)}$. Darauf kann man sich gelegentlich stützen, um $f'(x)$ zu bestimmen: Man berechnet $g'(x)$ und hat dann $f'(x) = g'(x)f(x)$. Im Falle $f(x) = x^x$ ist zum Beispiel $g(x) = \ln(x^x) = x \ln x$ und $g'(x) = 1 + \ln x$, also $f'(x) = (1 + \ln x)x^x$.

ii) wird durch Induktion bewiesen. Im Fall $n = 1$ ist nichts zu zeigen. Ist die Formel für n Funktionen richtig, so rechen wir für $n + 1$ Funktionen mit der Produktregel aus:

$$\frac{(f_1 \cdots f_n f_{n+1})'}{f_1 \cdots f_n f_{n+1}} = \frac{(f_1 \cdots f_n)' f_{n+1} + (f_1 \cdots f_n) f'_{n+1}}{f_1 \cdots f_n f_{n+1}} = \frac{(f_1 \cdots f_n)'}{f_1 \cdots f_n} + \frac{f'_{n+1}}{f_{n+1}} =$$

$$= \frac{f'_1}{f_1} + \cdots + \frac{f'_n}{f_n} + \frac{f'_{n+1}}{f_{n+1}} \quad \text{nach Induktionsvoraussetzung.}$$

1.40 i) Es gilt $2\sin x - 1 \to 0$ und $\cos 3x \to 0$ bei $x \to \frac{\pi}{6}$, daher ist die erste Regel von de l'Hospital anwendbar. Man leitet Zähler und Nenner ab, betrachtet den damit gebildeten Quotienten und erhält $\frac{2\cos x}{-3\sin 3x} \to -\frac{1}{3}\sqrt{3}$.

ii) Wieder ist die erste Regel anwendbar. Der Quotient aus den Ableitungen ist $\frac{e^x - 1}{e^x - 1 + xe^x}$. Bei $x \to 0$ liegt das gleiche Verhalten vor, so dass man die Regel ein zweites Mal anwenden muss. Man findet dann $\frac{e^x}{2e^x + xe^x} \to \frac{1}{2}$ bei $x \to 0$.

iii) Man stellt zunächst einen Quotienten her: $\frac{1}{x} - \frac{1}{\ln(x+1)} = \frac{\ln(x+1) - x}{x\ln(x+1)}$. Auf diesen Quotienten kann man die erste Regel zweimal anwenden und erhält so den Grenzwert $-\frac{1}{2}$ bei $x \to 0$.

iv) Durch die Umformung $\left(1 - \frac{1}{t}\right)^t = e^{t\ln(1-\frac{1}{t})}$ erhält man im Exponenten einen Quotienten, der zu untersuchen ist. Wir schreiben

$$t\ln\left(1 - \frac{1}{t}\right) = \frac{\ln\left(1 - \frac{1}{t}\right)}{\frac{1}{t}},$$

leiten Zähler und Nenner ab und erhalten nach einer weiteren Umformung $-\frac{t^2}{t^2 - t} \to -1$ bei $t \to \infty$. Somit gilt $\left(1 - \frac{1}{t}\right)^t \to e^{-1} = \frac{1}{e}$ bei $t \to \infty$.

v) Es gilt Zähler $\to 0$, aber Nenner $\to 4$ bei $x \to 2$, daher ist der Grenzwert 0. Die de l'Hospitalsche Regel ist nicht anwendbar und würde zum falschen Ergebnis $\frac{3}{8}$ führen.

vi) $\frac{\sqrt{4x^2 + 6x}}{4x + 3}$; es gilt Zähler $\to \infty$ und Nenner $\to \infty$ bei $x \to \infty$; die zweite Regel ist anwendbar, führt aber zu keinem Ergebnis, denn Ableiten ergibt $\frac{4x+3}{4\sqrt{4x^2+6x}}$, also ein Bruch gleicher Bauart. Kürzen liefert aber sofort $\frac{\sqrt{4+\frac{6}{x}}}{4+\frac{3}{x}} \to \frac{1}{2}$ bei $x \to \infty$.

1.41 Wir setzen $x = \frac{T}{T_0}$ und haben dann die Funktion $f(x) := 3Rx^2 \frac{e^x}{(e^x-1)^2}$ zu betrachten. Bei $x \to 0$ gilt $e^x \to 1$, somit genügt es, $\left(\frac{x}{e^x-1}\right)^2$ zu diskutieren. Die erste Regel von de l'Hospital ist anwendbar und zeigt $\frac{x}{e^x-1} \to 1$, also $3Rx^2 \frac{e^x}{(e^x-1)^2} \to 3R$ bei $x \to 0$. Um das Verhalten bei $x \to \infty$ zu untersuchen, schreiben wir $f(x) = 3R\frac{x^2}{(e^x-1)(1-e^{-x})} \to 0$ nach Beispiel 1.34 i).

1.42 Mit der Abkürzung $x = \sqrt{\frac{k}{gm}}$ wird $\tau(x) = \frac{1}{g}\frac{\arctan v_0 x}{x}$ und die erste Regel von de l'Hospital zeigt $\tau(x) \to \frac{v_0}{g}$ bei $x \to 0$.

1.43 Die Ableitung von $\sin x$ ist $\sin' x = \cos x > 0$ für $-\frac{\pi}{2} < x < \frac{\pi}{2}$.

Damit ist sin dort streng monoton wachsend und besitzt eine Umkehrfunktion arcsin. Deren Ableitung in einem Punkt $y \in]-1,1[$ ist

$$\arcsin' y = \frac{1}{\sin' x} = \frac{1}{\cos x} = \frac{1}{\sqrt{1-\sin^2 x}}$$
$$= \frac{1}{\sqrt{1-y^2}} \quad \text{für das } x \text{ mit } \sin x = y$$

das heißt, wir haben

$$\arcsin' x = \frac{1}{\sqrt{1-x^2}}$$

für alle $x \in]-1,1[$.

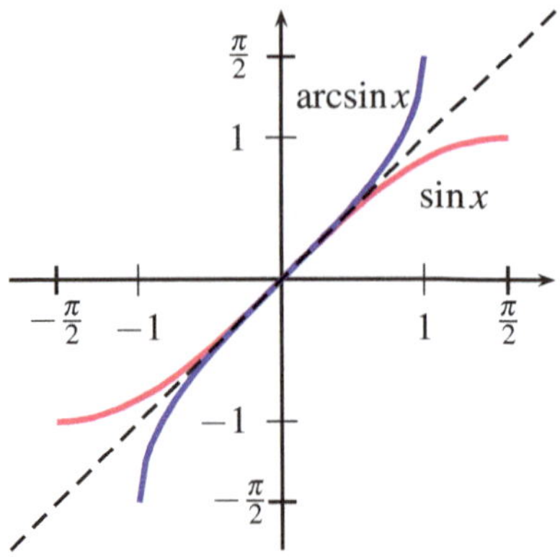

1.44 Die Gleichung $\cosh^2 x - \sinh^2 x = 1$ rechnet man leicht nach:

$$\cosh^2 x - \sinh^2 x = \frac{1}{4}\left(e^x + e^{-x}\right)^2 - \frac{1}{4}\left(e^x - e^{-x}\right)^2 = 1\,.$$

Weiter ist

$$\sinh' x = \frac{1}{2}\left(e^x + e^{-x}\right) = \cosh x \quad \text{und} \quad \cosh' x = \frac{1}{2}\left(e^x - e^{-x}\right) = \sinh x \quad \text{und}$$

$$\tanh' x = \frac{\cosh^2 x - \sinh^2 x}{\cosh^2 x} = \frac{1}{\cosh^2 x} = 1 - \tanh^2 x .$$

Wegen $\sinh' x = \cosh x > 0$ für alle $x \in \mathbb{R}$ ist die Funktion $\sinh x$ streng monoton wachsend und besitzt eine Umkehrfunktion $\sinh^{-1} = \operatorname{arsinh}$ definiert durch

$$y \mapsto \text{das } x \in \mathbb{R} \text{ mit } \sinh x = y .$$

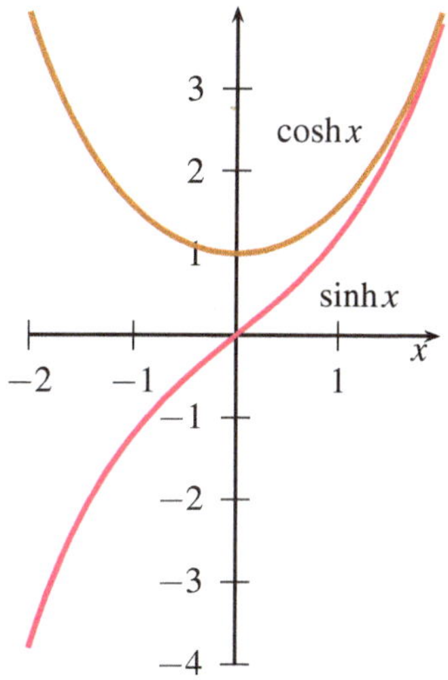

Man kann nun die Gleichung $\sinh x = y$ nach x auflösen:

$$\frac{1}{2}(\mathrm{e}^x - \mathrm{e}^{-x}) = y \qquad \text{also} \qquad \mathrm{e}^{2x} - 1 = 2y\mathrm{e}^x .$$

Mit $z := \mathrm{e}^x$ haben wir die quadratische Gleichung $z^2 - 2yz - 1 = 0$ mit den Lösungen $z_{1,2} = y \pm \sqrt{1+y^2}$. Somit ist $\mathrm{e}^x = y + \sqrt{1+y^2}$, wegen $\mathrm{e}^x > 0$ ist nur die positive Quadratwurzel möglich. Damit ist $x = \operatorname{arsinh} y = \ln(y + \sqrt{1+y^2})$. Für die Ableitung gilt mit $y = \sinh x$

$$\operatorname{arsinh}' y = \frac{1}{\sinh' x} = \frac{1}{\cosh x} = \frac{1}{\sqrt{1+\sinh^2 x}} = \frac{1}{\sqrt{1+y^2}} .$$

Hier liegt die Bedeutung der Funktion: Wenn man eine Funktion sucht, deren Ableitung $\dfrac{1}{\sqrt{1+x^2}}$ ist, so ist dies $\operatorname{arsinh} x = \ln(1 + \sqrt{1+x^2})$.

1.45 Wir betrachten die Funktion

$$f : f(x) = \arctan x + \arctan \frac{1}{x} \quad \text{für alle } x \in]-\infty, 0[\cup]0, \infty[.$$

Ihre Ableitung ist

$$f'(x) = \frac{1}{1+x^2} + \frac{1}{1+\frac{1}{x^2}}\Big(-\frac{1}{x^2}\Big) = 0 \quad \text{für alle } x \in]-\infty, 0[\cup]0, \infty[.$$

Daher ist f auf jedem der beiden Teilintervalle konstant. Auf $]-\infty, 0[$ ist der Funktionswert $f(-1) = -\dfrac{\pi}{2}$ wegen $\tan\big(-\dfrac{\pi}{4}\big) = -1$. Der Funktionswert auf $]0, \infty[$ ist ebenso $\dfrac{\pi}{2}$.

Übungen aus 1.3.3

1.46 i) Für die Funktion $f(x) = x\mathrm{e}^x$ rechnen wir aus $f'(x) = \mathrm{e}^x + x\mathrm{e}^x = (1+x)\mathrm{e}^x$ und weiter $f''(x) = \mathrm{e}^x + (1+x)\mathrm{e}^x = (2+x)\mathrm{e}^x$. Wir vermuten $f^{(n)}(x) = (n+x)\mathrm{e}^x$ für alle $n = 1, 2, \ldots$ und alle $x \in \mathbb{R}$ und zeigen dies durch Induktion: Der Fall $n = 1$ ist schon erledigt. Wir nehmen die Formel für n als richtig an und haben dann

$$f^{(n+1)}(x) = (f^{(n)})'(x) = \mathrm{e}^x + (n+x)\mathrm{e}^x = (n+1+x)\mathrm{e}^x \quad \text{für alle } x \in \mathbb{R}\,.$$

ii) Für $g(t) = (at+b)^{-1}$ ist $g'(t) = -a(at+b)^{-2}$ sowie $g''(t) = 2a^2(at+b)^{-3}$ und weiter $g'''(t) = -6a^3(at+b)^{-4}$. Wir vermuten daher $g^{(n)}(t) = (-a)^n n!(at+b)^{-(n+1)}$ und beweisen dies wieder durch Induktion, wobei der Fall $n=1$ bereits erledigt ist. Wir setzen die Formel für n als richtig voraus und rechnen

$$g^{(n+1)}(t) = (-a)^n n!(-a)(n+1)(at+b)^{-(n+2)} = (-a)^{n+1}(n+1)!(at+b)^{-(n+2)};$$

dies ist die Formel für $n+1$.

1.47 Es ist das Minimum der Funktion

$$f : f(x) := \sum_{k=1}^{n} (x-x_k)^2 = (x-x_1)^2 + (x-x_2)^2 + \cdots + (x-x_n)^2$$

zu bestimmen. Wir leiten ab

$$f'(x) = \sum_{k=1}^{n} 2(x-x_k) = 2(x-x_1) + \cdots + 2(x-x_n) = 2\big(nx - (x_1+\cdots+x_n)\big) \quad \text{und}$$

$$f''(x) = 2n > 0 \quad \text{für alle } x\,.$$

Damit liegt ein Minimum für

$$x = \frac{x_1+x_2+\cdots+x_n}{n}$$

vor. Dieses Ergebnis ist eine befriedigende Rechtfertigung für den Gebrauch des arithmetischen Mittels.

1.48 Wir betrachten zunächst den Fall $n=1$. Dann ist

$$f(x) = x\mathrm{e}^{-x} \quad \text{und} \quad f'(x) = (1-x)\mathrm{e}^{-x} \quad \text{für alle } x \in \mathbb{R}.$$

Es liegt eine Nullstelle von f' für $x=1$ vor mit Vorzeichenwechsel $(+ \curvearrowright -)$, also ein Maximum. Im Fall $n = 2,3,\ldots$ ist $f'(x) = x^{n-1}(n-x)\mathrm{e}^{-x}$. Im Punkt $x=n$ haben wir eine Nullstelle mit Vorzeichenwechsel $(+ \curvearrowright -)$, also ein Maximum. Es bleibt die Nullstelle in $x=0$ zu untersuchen. Ist n ungerade, so liegt kein Vorzeichenwechsel vor; wegen $f(x)<0$ für $x<0$ und $f(x)>0$ für $x>0$ ist $x=0$ kein Extremwert. Ist n gerade, so hat f' in $x=0$ einen Vorzeichenwechsel $(- \curvearrowright +)$, somit ist $x=0$ ein Minimum.

1.49 Mit der Substitution $x := \dfrac{ch}{\lambda kT}$ oder $\lambda = \dfrac{ch}{xkT}$ ist

$$E(\lambda) = \frac{2hc^2}{\lambda^5}\,\frac{1}{\exp\left(\frac{ch}{k\lambda T}\right)-1} = 2\frac{k^5T^5}{c^3h^4}\,\frac{x^5}{\mathrm{e}^x-1},$$

also ist das Maximum der Funktion $f(x) = \dfrac{x^5}{e^x - 1}$ für $x > 0$ zu ermitteln. Es gilt

$$f'(x) = \frac{x^4}{(e^x - 1)^2}\Big((5 - x)e^x - 5\Big) \quad \text{für alle } x > 0.$$

Um die Nullstelle von $f'(x)$ zu bestimmen, wenden wir das Newton-Verfahren aus Übung 1.34 mit der Funktion $g(x) = (5 - x)e^x - 5$ an. Durch Probieren erkennt man eine Nullstelle in der Nähe von $x_0 = 5$, zweimaliges Anwenden des Newton-Verfahrens ergibt $x_1 = 4.966$ und $x_2 = 4.965$. Dies ist eine Nullstelle von f' mit Vorzeichenwechsel $(+ \curvearrowright -)$, somit liegt ein Maximum für $x = 4.965$ oder $\lambda T = \dfrac{ch}{4.965k}$ vor.

Mit $\alpha := \dfrac{c}{k\lambda T}$ ist der Grenzwert von $\dfrac{2c^2}{\lambda^5}\dfrac{h}{e^{\alpha h} - 1}$ bei $h \to 0$ zu bestimmen. Die erste Regel von de l'Hospital liefert den Grenzwert $\dfrac{2c^2}{\lambda^5}\dfrac{1}{\alpha} = \dfrac{2ckT}{\lambda^4}$.

1.50 i) Es ist

$$p_T'(V) = -\frac{RT}{(V - b)^2} + 2\frac{a}{V^3} \quad \text{und} \quad p_T''(V) = 2\frac{RT}{(V - b)^3} - 6\frac{a}{V^4}.$$

Aus den beiden Forderungen $p_T'(V) = 0$ und $p_T''(V) = 0$ errechnet man $V = 3b$ und $T = \dfrac{8}{27}\dfrac{a}{Rb}$. Somit ist T eindeutig festgelegt und die dritte Ableitung erfüllt $p_T'''(V) = -\dfrac{a}{81b^5} \neq 0$ für diese V und T, daher hat p_T'' hier eine Nullstelle mit Vorzeichenwechsel. Das bedeutet, p_T hat für dieses $T =: T_k$ einen Sattelpunkt in $V_k := 3b$ mit $p_{T_k}(3b) = \dfrac{1}{27}\dfrac{a}{b^2} =: p_k$.

ii) Setzt man $T = T_k\widetilde{T}$ und $p = p_k\widetilde{p}$ sowie $V = V_k\widetilde{V}$, so ergibt sich

$$\Big(\frac{1}{27}\frac{a\widetilde{p}}{b^2} + \frac{a}{9b^2\widetilde{V}^2}\Big)(3b\widetilde{V} - b) = \frac{8}{27}\frac{a}{b}\widetilde{T} \quad \text{und weiter} \quad \Big(\widetilde{p} + \frac{3}{\widetilde{V}^2}\Big)\Big(\widetilde{V} - \frac{1}{3}\Big) = \frac{8}{3}\widetilde{T}.$$

1.51 Es sei $R > 0$ der Radius des Teiches. Die zurückgelegte Strecke im Teich ist $2R\cos\alpha$, die Weglänge am Ufer $2\alpha R$. Bezeichnet v die Geschwindigkeit beim Schwimmen, so ist die Gesamtzeit $\tau(\alpha)$ gegeben durch $\tau(\alpha) = \dfrac{2R\cos\alpha}{v} + \dfrac{2\alpha R}{2v}$ für $0 \leqq \alpha \leqq \dfrac{\pi}{2}$. Somit ist $\tau'(\alpha) = \dfrac{R}{v}(-2\sin\alpha + 1) = 0$ für $\alpha = \dfrac{\pi}{6}$. Aber wegen $\tau''(\dfrac{\pi}{6}) = -2\dfrac{R}{v}\cos\alpha < 0$ handelt es sich um ein Maximum! Hier sind die Randpunkte zu untersuchen: Es ist $\tau(0) = 2\dfrac{R}{v}$ und $\tau(\dfrac{\pi}{2}) = \dfrac{\pi}{2}\dfrac{R}{v} < \tau(0)$. Das gesuchte Minimum liegt bei $\alpha = 0$ vor, der Mensch sollte also nur laufen.

Übungen aus 1.3.4

1.52 Wir betrachten die Funktion $f: f(x) = (1 - x)^{-\frac{1}{2}}$ für $-1 < x < 1$; es ist

$$f'(x) = \frac{1}{2}(1-x)^{-\frac{3}{2}} \qquad f''(x) = \frac{3}{4}(1-x)^{-\frac{5}{2}} \qquad f'''(x) = \frac{15}{8}(1-x)^{-\frac{7}{2}}.$$

Das zweite Taylorpolynom $T_2(x)$ zu f und $x_0 = 0$ lautet somit $T_2(x) = 1 + \frac{1}{2}x + \frac{3}{8}x^2$ und der Satz von Taylor liefert mit einem $0 \leqq u \leqq x < 1$ die Abschätzung

$$|f(x) - T_2(x)| = \frac{1}{3!}|f'''(u)|x^3 = \frac{5}{16}\frac{x^3}{(1-u)^{\frac{7}{2}}} \leqq \frac{5}{16}\frac{x^3}{(1-x)^{\frac{7}{2}}}.$$

Mit $x = \beta^2$ folgt

$$\begin{aligned} &\left|\frac{1}{\sqrt{1-\beta^2}} - (1 + \frac{1}{2}\beta^2 + \frac{3}{8}\beta^4)\right| \\ &\leqq \frac{5}{16}\frac{\beta^6}{(1-\beta^2)^{\frac{7}{2}}} \leqq \begin{cases} \frac{5}{16}\frac{0.2^6}{0.96^{\frac{7}{2}}} = 2.13 \cdot 10^{-5} & \text{falls } \beta \leqq 0.2 \\ \frac{5}{16}\frac{0.5^6}{0.75^{\frac{7}{2}}} = 1.34 \cdot 10^{-2} & \text{falls } \beta \leqq 0.5. \end{cases} \end{aligned}$$

1.53 Es ist $\ln\cosh x = \ln\frac{e^x + e^{-x}}{2}$; für große x ist e^{-x} sehr klein und man erhält die Näherung $\ln\cosh x \approx x - \ln 2$, hier also $s(t) \approx \sqrt{\frac{g}{\rho}}\,t$ für große t.

Für die Funktion $f(x) := \ln\cosh x$ gilt

$$\begin{aligned} &f'(x) = \tanh x \qquad f''(x) = 1 - \tanh^2 x \qquad f'''(x) = -\tanh x(1 - \tanh^2 x) \\ &f^{(4)}(x) = (-2 + 6\tanh^2 x)(1 - \tanh^2 x) \end{aligned}$$

also

$$f(0) = 0 \quad f'(0) = 0 \quad f''(0) = 1 \quad f'''(0) = 0 \quad f^{(4)}(0) = -2.$$

Damit ergibt sich das vierte Taylorpolynom zu $T_4(x) = \frac{1}{2} - \frac{1}{12}x^4$ und weiter

$$s(t) \approx \frac{1}{2}gt^2 - \frac{1}{12}g^2\rho t^4 \qquad \text{für kleines } t.$$

1.54 Für $f(x) = \cos x$ ist

$$f(0) = 1 \qquad f'(0) = 0 \qquad f''(0) = -1 \qquad f'''(0) = 0 \qquad f^{(4)}(0) = 1.$$

Daher lauten die ersten Taylorpolynome zum Punkt $x_0 = 0$

$$T_0(x) = T_1(x) = 1 \qquad T_2(x) = T_3(x) = 1 - \frac{1}{2}x^2 \qquad T_4(x) = 1 - \frac{1}{2}x^2 + \frac{1}{24}x^4.$$

Weiter ist mit einem u zwischen 0 und x nach dem Satz von Taylor

$$|\cos x - T_6(x)| = \big|\cos x - \big(1 - \frac{1}{2}x^2 + \frac{1}{24}x^4 - \frac{1}{720}x^6\big)\big| \leqq \frac{1}{7!}|x|^7|\cos^{(7)}(u)| \leqq \frac{1}{7!}|x|^7 .$$

Wegen $T_6(x) = T_7(x)$ kann man die Abschätzung noch verbessern zu

$$|\cos x - T_6(x)| = \big|\cos x - \big(1 - \frac{1}{2}x^2 + \frac{1}{24}x^4 - \frac{1}{720}x^6\big)\big| \leqq \frac{1}{8!}|x|^8 \leqq \frac{1}{8!}\big(\frac{\pi}{4}\big)^8 = 3.59 \cdot 10^{-6}$$

falls $x \in \big[-\frac{\pi}{4}, \frac{\pi}{4}\big]$.

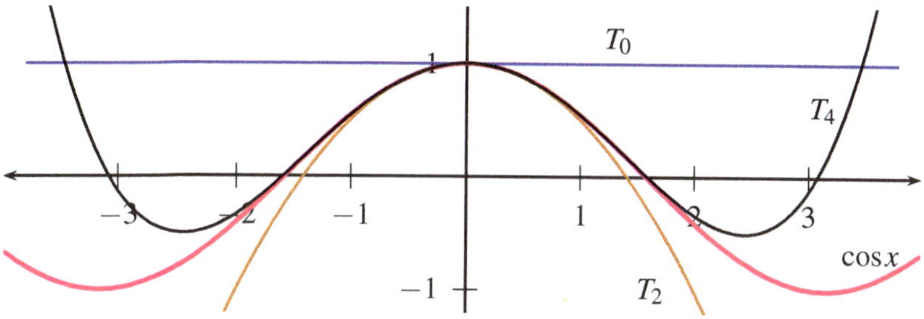

Übungen aus 1.4.1

1.55 Eine Zerlegung $a = x_0 < x_1 < \ldots < x_{r-1} < x_r = b$ des Intervalls $[a,b]$ mit Zwischenpunkten $x_\ell \leqq u_\ell \leqq x_{\ell+1}$ für $\ell = 0,\ldots,r-1$ liefert eine (ungefähre) Zerlegung des Rotationskörpers in zylindrische Scheiben vom Radius $f(u_\ell)$ und Dicke $x_{\ell+1} - x_\ell$, also vom Volumen $\pi f(u_\ell)^2(x_{\ell+1} - x_\ell)$. Die Summe $\pi \sum\limits_{\ell=0}^{r-1} f(u_\ell)^2(x_{\ell+1} - x_\ell)$ ist somit eine Näherung für das Volumen des Rotationskörpers und konvergiert bei feiner werdenden Zerlegungen einerseits gegen dieses Volumen, andererseits nach Definition gegen $\pi \int_a^b f(x)^2\,dx$.

1.56 Wir betrachten eine äquidistante Zerlegung von $[0,a]$, also durch n Zerlegungspunkte

$$0 = x_0 < x_1 = \frac{a}{n} < x_2 = 2\frac{a}{n} < \ldots < x_{n-1} = (n-1)\frac{a}{n} < x_n = n\frac{a}{n} = a .$$

Als Zwischenpunkte $u_\ell \in [x_\ell, x_{\ell+1}]$ wählen wir jeweils den linken Eckpunkt $u_\ell = \ell\frac{a}{n}$ für $\ell = 0,\ldots,n-1$. Wir berechnen die zugehörige Zerlegungssumme:
i) Im Falle $f(x) = x$

$$\sum_{\ell=0}^{n-1} f(u_\ell)(x_{\ell+1} - x_\ell) = \sum_{\ell=0}^{n-1} \ell\frac{a}{n}\cdot\frac{a}{n} = \frac{a^2}{n^2}\sum_{\ell=0}^{n-1}\ell = \frac{a^2}{n^2}\frac{n(n-1)}{2} \to \frac{a^2}{2} \text{ bei } n \to \infty .$$

ii) Im Falle $f(x) = c^x$ mit der Summenformel (1.1.1)

$$\sum_{\ell=0}^{n-1} f(u_\ell)(x_{\ell+1} - x_\ell) = \sum_{\ell=0}^{n-1} c^{\ell\frac{a}{n}}\frac{a}{n} = \frac{a}{n}\sum_{\ell=0}^{n-1}\big(c^{\frac{a}{n}}\big)^\ell = \frac{a}{n}\frac{c^a - 1}{c^{\frac{a}{n}} - 1} .$$

Aus der ersten de l'Hospitalschen Regel (Folgerung 1.5) schließen wir $\frac{x}{c^x - 1} \to \frac{1}{\ln c}$ bei $x \to 0$, also $\frac{a}{n}\frac{c^a - 1}{c^{\frac{a}{n}} - 1} \to \frac{c^a - 1}{\ln c}$ bei $n \to \infty$ und somit $\int_0^a c^x\,dx = \frac{1}{\ln c}(c^a - 1)$.

Übungen aus 1.4.2

1.57

i) $\int_0^1 (\mathrm{e}^x - 1 - x)dx = \left[\mathrm{e}^x - x - \frac{1}{2}x^2\right]_0^1 = \mathrm{e} - 1 - \frac{1}{2} - 1 = \mathrm{e} - \frac{5}{2}$

ii) $\int_1^4 \frac{5x^2 - 3x + 1}{\sqrt{x}}dx = \int_1^4 (5x^{\frac{3}{2}} - 3x^{\frac{1}{2}} + x^{-\frac{1}{2}})dx = \left[2x^{\frac{5}{2}} - 2x^{\frac{3}{2}} + 2x^{\frac{1}{2}}\right]_1^4 = 50$

iii) $\int_0^1 \frac{3 + 2x}{1 + x^2}dx = 3\int_0^1 \frac{dx}{1 + x^2} + \int_0^1 \frac{2x}{1 + x^2}dx == 3\Big[\arctan x\Big]_0^1 + \Big[\ln(1 + x^2)\Big]_0^1$
$= \frac{3}{4}\pi + \ln 2$

1.58 Wir berechnen die gesuchte Fläche:

$$\begin{aligned} F &= -\frac{1}{2}\int_{-4}^0 x\sqrt{x+4}\,dx \\ &= -\frac{1}{2}\int_0^4 (u-4)\sqrt{u}\,du \\ &= -\frac{1}{2}\int_0^4 (u^{\frac{3}{2}} - 4u^{\frac{1}{2}})du \\ &= -\frac{1}{2}\left[\frac{2}{5}u^{\frac{5}{2}} - \frac{8}{3}u^{\frac{3}{2}}\right]_0^4 = \frac{64}{15} \end{aligned}$$

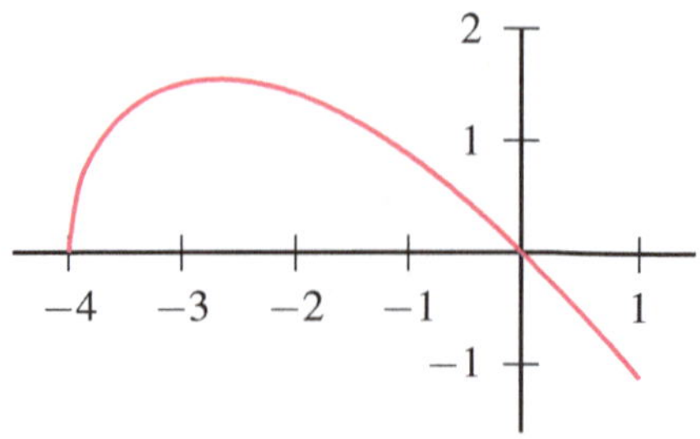

und das Volumen

$$V = \frac{\pi}{4}\int_{-4}^0 x^2(x+4)\,dx = \frac{\pi}{4}\left[\frac{1}{4}x^4 + \frac{4}{3}x^3\right]_{-4}^0 = \frac{16}{3}\pi.$$

1.59

i) $\int_0^1 x\mathrm{e}^{-x}\,dx = \Big[-x\mathrm{e}^{-x}\Big]_0^1 + \int_0^1 \mathrm{e}^{-x}\,dx = -\frac{1}{\mathrm{e}} + \Big[-\mathrm{e}^{-x}\Big]_0^1 = 1 - \frac{2}{\mathrm{e}}$

ii) $\int_0^1 1 \cdot \arctan x\,dx = \Big[x\arctan x\Big]_0^1 - \int_0^1 \frac{x}{1+x^2}\,dx = \frac{\pi}{4} - \frac{1}{2}\Big[\ln(1+x^2)\Big]_0^1 = \frac{\pi}{4} - \frac{1}{2}\ln 2$

iii) $\int_{\frac{\pi}{6}}^{\frac{\pi}{3}} \frac{x}{\cos^2 x}dx = \Big[x\tan x\Big]_{\frac{\pi}{6}}^{\frac{\pi}{3}} - \int_{\frac{\pi}{6}}^{\frac{\pi}{3}} \tan x\,dx = \frac{5}{18}\sqrt{3}\pi + \Big[\ln\cos x\Big]_{\frac{\pi}{6}}^{\frac{\pi}{3}} = \frac{5}{18}\sqrt{3}\pi - \frac{1}{2}\ln 3$

1.60 Wir setzen zunächst $F'(x) = \sin\omega x$ und $G(x) = \mathrm{e}^{\alpha x}$ und erhalten aus Behauptung 1.9

$$\int_a^b e^{\alpha x}\sin\omega x\,dx = \Big[-\big(\frac{1}{\omega}\cos\omega x\big)\,e^{\alpha x}\Big]_a^b + \frac{\alpha}{\omega}\int_a^b e^{\alpha x}\cos\omega x\,dx. \qquad (*)$$

Nun ist die Regel noch einmal anzuwenden mit $F'(x) = \cos\omega x$ und $G(x) = e^{\alpha x}$:

$$\int_a^b e^{\alpha x}\cos\omega x\,dx = \Big[\frac{1}{\omega}\sin\omega x\, e^{\alpha x}\Big]_a^b - \frac{\alpha}{\omega}\int_a^b e^{\alpha x}\sin\omega x\,dx. \qquad (**)$$

Wir sind somit wieder bei dem in Rede stehenden Integral angekommen, setzen (**) in (*) ein und erhalten schließlich

$$\int_a^b e^{\alpha x}\sin\omega x\,dx = \frac{1}{\alpha^2+\omega^2}\Big[(\alpha\sin\omega x - \omega\cos\omega x)e^{\alpha x}\Big]_a^b.$$

1.61

$$\text{i)}\ \int_1^2 \frac{e^{\frac{1}{x}}}{x^2}\,dx = -\int_1^{\frac{1}{2}} e^u\,du = \int_{\frac{1}{2}}^1 e^u\,du = e - \sqrt{e}$$

$$\text{ii)}\ \int_1^{16} \frac{dx}{\sqrt{x}+\sqrt[4]{x}} = \int_1^2 \frac{4u^3}{u^2+u}\,du = \int_1^2 \frac{4u^2}{1+u}\,du = 4\int_2^3 \frac{(v-1)^2}{v}\,dv$$

$$= 4\int_2^3 \big(v-2+\frac{1}{v}\big)dv = 4\Big[\frac{1}{2}v^2 - 2v + \ln v\Big]_2^3 = 4\ln\frac{3}{2} + 2$$

$$\text{iii)}\ \int_0^1 \frac{dx}{(1+x^2)^2} = \int_0^{\frac{\pi}{4}} \frac{1+\tan^2 t}{(1+\tan^2 t)^2}\,dt = \int_0^{\frac{\pi}{4}} \frac{1}{1+\tan^2 t}\,dt$$

$$= \int_0^{\frac{\pi}{4}} \cos^2 t\,dt = \frac{1}{4} + \frac{\pi}{8} \quad \text{(vergleiche Beispiel 1.47)}$$

1.62 i) Die Regel von der partiellen Integration zeigt für $n = 0, 1, 2, \ldots$

$$I_{n+2} = \int_0^{\frac{\pi}{2}} \sin x\,\sin^{n+1} x\,dx = \Big[-\cos x\,\sin^{n+1} x\Big]_0^{\frac{\pi}{2}} - \int_0^{\frac{\pi}{2}} (-\cos x)\,(n+1)\sin^n x\,\cos x\,dx$$

$$=(n+1)\int_0^{\frac{\pi}{2}} \big(1-\sin^2 x\big)\sin^n x\,dx = (n+1)I_n - (n+1)I_{n+2}.$$

ii) Es ist $I_0 = \int_0^{\frac{\pi}{2}} dx = \frac{\pi}{2}$ und $I_1 = \int_0^{\frac{\pi}{2}} \sin x\,dx = 1$. Wir betrachten ein $n \in \mathbb{N}, n \geqq 2$ und nehmen die behaupteten Formeln bis n als richtig an. Ist $n+1$ und damit auch $n-1$ ungerade, so folgt aus i)

$$I_{n+1} = \frac{n}{n+1}I_{n-1} = \frac{n}{n+1}\,\frac{2\cdot4\cdots(n-2)}{1\cdot3\cdots(n-1)} = \frac{2\cdot4\cdots(n-2)\cdot n}{1\cdot3\cdots(n-1)\cdot(n+1)};$$

ist $n+1$ und damit $n-1$ gerade, so folgt aus i)

$$I_{n+1} = \frac{n}{n+1}I_{n-1} = \frac{n}{n+1}\,\frac{1\cdot3\cdots(n-2)}{2\cdot4\cdots(n-1)}\,\frac{\pi}{2} = \frac{1\cdot3\cdots(n-2)\cdot n}{2\cdot4\cdots(n-1)\cdot(n+1)}\,\frac{\pi}{2}.$$

Die behaupteten Formeln sind somit auch für $n+1$ richtig.

1.63 i) Die Nullstellen des Nenners sind $x_1 = -1$ sowie $x_2 = 5$ und es besteht die Partialbruchzerlegung $\frac{x+13}{x^2-4x-5} = -\frac{2}{x+1} + \frac{3}{x-5}$, somit

$$\int_0^4 \frac{x+13}{x^2-4x-5}\,dx = -2\int_0^4 \frac{dx}{x+1} + 3\int_0^4 \frac{dx}{x-5} = -2\Big[\ln|x+1|\Big]_0^4 + 3\Big[\ln|x-5|\Big]_0^4 = -5\ln 5\,.$$

ii) Polynomdivision ergibt $\frac{x^5+x^4-8}{x^3-4x} = x^2+x+4+4\frac{x^2+4x-2}{x^3-4x}$. Das Integral über den polynomialen Anteil ist

$$\int_{\frac{1}{2}}^{\frac{3}{2}} (x^2+x+4)\,dx = \Big[\frac{1}{3}x^3 + \frac{1}{2}x^2 + 4x\Big]_{\frac{1}{2}}^{\frac{3}{2}} = \frac{73}{13}\,.$$

Die Zerlegung des gebrochenen Anteils ist $4\frac{x^2+4x-2}{x^3-4x} = \frac{2}{x} - \frac{3}{x+2} + \frac{5}{x-2}$ und somit

$$4\int_{\frac{1}{2}}^{\frac{3}{2}} \frac{x^2+4x-2}{x^3-4x}\,dx = 2\Big[\ln|x|\Big]_{\frac{1}{2}}^{\frac{3}{2}} - 3\Big[\ln|x+2|\Big]_{\frac{1}{2}}^{\frac{3}{2}} + 5\Big[\ln|x-2|\Big]_{\frac{1}{2}}^{\frac{3}{2}} = -3\ln\frac{21}{5}\,.$$

Insgesamt haben wir $\int_{\frac{1}{2}}^{\frac{3}{2}} \frac{x^5+x^4-8}{x^3-4x}\,dx = \frac{73}{13} - 3\ln\frac{21}{5}$.

1.64 Man erkennt die Nullstelle $x_1 = 1$ des Nennerpolynoms und erhält durch Polynomdivision $x^3+3x^2-4 = (x-1)(x^2+4x+4) = (x-1)(x+2)^2$. Somit ist $x_1 = 1$ eine einfache und $x_2 = -2$ eine zweifache Nullstelle. Demnach ist

$$\frac{2x-11}{x^2+3x^2-4} = \frac{A}{x-1} + \frac{B_1}{x+2} + \frac{B_2}{(x+2)^2}$$

mit Konstanten A, B_1, B_2 anzusetzen. Erweitern mit $x^3+3x^2-4 = (x-1)(x+2)^2$ führt zu

$$2x-11 = A(x+2)^2 + B_1(x-1)(x+2) + B_2(x-1) \quad \text{für alle } x \in \mathbb{R}\,,$$

Einsetzen von $x = 1$ sowie $x = -2$ und schließlich etwa $x = 0$ ergibt $A = -1$ sowie $B_2 = 5$ und $B_1 = 1$. Die Zerlegung des Integranden in Partialbrüche lautet demnach

$$\frac{2x-11}{x^2+3x^2-4} = -\frac{1}{x-1} + \frac{1}{x+2} + \frac{5}{(x+2)^2}$$

und wir erhalten entsprechend

$$\begin{aligned}\int_{-1}^{0} \frac{2x-11}{x^2+3x^2-4}\,dx &= -\int_{-1}^{0} \frac{1}{x-1}\,dx + \int_{-1}^{0} \frac{1}{x+2}\,dx + 5\int_{-1}^{0} \frac{1}{(x+2)^2}\,dx \\ &= -\Big[\ln|x-1|\Big]_{-1}^{0} + \Big[\ln|x+2|\Big]_{-1}^{0} - 5\Big[\frac{1}{x+2}\Big]_{-1}^{0} = 2\ln 2 + \frac{5}{2}\,.\end{aligned}$$

1.65 Wir beziehen uns auf die Formelsammlung [2]. Es handelt sich um das dortige Integral Nr. 40, vom Typ $\int \frac{1}{ax^2+bx+c}\,dx$. Wir werden aufgefordert, die Größe $\Delta := 4ac - b^2$ zu berechnen. Im Falle i) ist $\Delta = -4$ und man findet

$$\int_0^2 \frac{dx}{x^2+4x+3} = \frac{1}{2}\Big[\ln\big|\frac{x+1}{x+3}\big|\Big]_0^2 = \frac{1}{2}\ln\frac{9}{5}\,.$$

Im Falle iii) ist $\Delta = 4$ und somit

$$\int_0^2 \frac{dx}{x^2+4x+5} = \Big[\arctan(x+2)\Big]_0^2 = \arctan 4 - \arctan 2\,.$$

Im Falle ii) ist $\Delta = 0$, was bei dem Integral Nr. 40 nicht vorgesehen ist. Bei genauerem Hinsehen erkennt man den Grund: Es ist $x^2+4x+4 = (x+2)^2$ und damit ist das Integral Nr. 1 zuständig:

$$\int_0^2 (x+2)^{-2}dx = -\Big[(x+2)^{-1}\Big]_0^2 = \frac{1}{4}\,.$$

Übungen aus 1.4.3

1.66 Im Falle $\lambda = 0$ ist der Integrand konstant $= 1$ und das uneigentliche Integral existiert nicht. Im Falle $\lambda \neq 0$ rechnen wir aus

$$\int_0^r \mathrm{e}^{-\lambda t}dt = \Big[-\frac{1}{\lambda}\mathrm{e}^{-\lambda t}\Big]_0^r = -\frac{1}{\lambda}\mathrm{e}^{-\lambda r} + \frac{1}{\lambda} \to \begin{cases} \frac{1}{\lambda} & \text{falls } \lambda > 0 \\ \infty & \text{falls } \lambda < 0 \end{cases} \qquad \text{bei } r \to \infty\,.$$

Somit existiert $\int_0^\infty \mathrm{e}^{-\lambda t}dt$ genau wenn $\lambda > 0$ und hat dann den Wert $\frac{1}{\lambda}$.

1.67

$$\text{i)}\ \int_r^{\mathrm{e}} \frac{dx}{x\sqrt{\ln x}} = \int_{\ln r}^1 \frac{du}{\sqrt{u}} = \Big[2\sqrt{u}\Big]_{\ln r}^1 = 2 - 2\ln r \to 2 \text{ bei } r \downarrow 1 \quad (u = \ln x)$$

$$\text{ii)}\ \int_1^r x^{-2}\ln x\,dx = \Big[-\frac{1}{x}\ln x\Big]_1^r + \int_1^r \frac{dx}{x^2} = -\frac{\ln r}{r} + \Big[-\frac{1}{x}\Big]_1^r$$

$$= -\frac{\ln r}{r} - \frac{1}{r} + 1 \to 1 \text{ bei } r \to \infty \quad \text{(partielle Integration, Beispiel 1.34)}$$

$$\text{iii)}\ \int_0^r \tan x\,dx = \Big[-\ln\cos x\Big]_0^r = -\ln\cos r \to \infty \text{ bei } r \uparrow \frac{\pi}{2} \text{ da } \cos r \to 0$$

$$\text{iv)}\ \int_0^r \frac{ds}{\sqrt{s}(1+s)} = 2\int_0^{\sqrt{r}} \frac{dx}{1+x^2} = 2\arctan\sqrt{r} \to \pi \text{ bei } r \to \infty \quad (x = \sqrt{s})$$

1.68 Nach der Regel von der partiellen Integration (Behauptung 1.9) mit $F'(x) = x^n$ ist für $r > 0$

$$\int_0^r x^n e^{-x^2}\,dx = \Big[\frac{1}{n+1}x^{n+1}e^{-x^2}\Big]_0^r + \frac{2}{n+1}\int_0^r x^{n+2}e^{-x^2}\,dx$$
$$= \frac{1}{n+1}r^{n+1}e^{-r^2} + \frac{2}{n+1}\int_0^r x^{n+2}e^{-x^2}\,dx\,.$$

Wegen $r^{n+1}e^{-r^2} \to 0$ bei $r \to \infty$ erhalten wir die Behauptung. Weiter ist

$$\int_0^\infty x^5 e^{-x^2}\,dx = 2\int_0^\infty x^3 e^{-x^2}\,dx = 2\int_0^\infty x e^{-x^2}\,dx = 1 \text{ da } \int_0^\infty x e^{-x^2}\,dx = \Big[-\frac{1}{2}e^{-x^2}\Big]_0^\infty = \frac{1}{2}$$

in etwas laxer Schreibweise.

Übungen aus 1.4.4

1.69 i) Es ist $\int_k^{k+1} \ln k\,dx \leqq \int_k^{k+1} \ln x\,dx \leqq \int_k^{k+1} \ln(k+1)\,dx$ wegen der Monotonie der Logarithmusfunktion. ii) Für $n = 1$ ist die Behauptung trivial; für $n \geqq 2$ summieren wir die Ungleichungen aus i) auf:

$$\sum_{k=1}^{n-1} \ln k \leqq \sum_{k=1}^{n-1} \int_k^{k+1} \ln x\,dx \leqq \sum_{k=1}^{n-1} \ln(k+1)$$
$$\ln(n-1)! = \ln\big(1\cdot 2\cdots(n-1)\big) \leqq \int_1^n \ln x\,dx \leqq \ln(2\cdot 3\cdots n) = \ln n!\,.$$

iii) Die erste Ungleichung ist in ii) enthalten, die zweite ebenso: $\ln n! = \ln(n-1)! + \ln n \leqq n\ln n - n + 1 + \ln n = (n+1)\ln n - n + 1$. iv) entsteht, wenn man iii) in die Potenz e erhebt. Es ist $5! = 120$ und $10! = 3628800$; für die Näherungen der Stirlingschen Formel erhält man 118.02 und 3598695.6.

Übungen aus 1.5.1

1.70

i) $|z_1| = 13$ und $|z_2| = 1$

ii) $\frac{z_1^*}{z_2^2} = \frac{2(5-12i)}{1+\sqrt{3}i} = \frac{(10-24i)(1-\sqrt{3}i)}{(1+\sqrt{3}i)(1-\sqrt{3}i)} = \frac{1}{2}(5-12\sqrt{3}) - \frac{1}{2}(5\sqrt{3}+12)i$

iii) $(z_2+i)^3 = \frac{1}{8}(-\sqrt{3}+i)^3 = i$

1.71 Für $z = x + yi$ ist

$$\frac{z-i}{z+1} = \frac{(x+(y-1)i)(x+1-yi)}{(x+1+yi)(x+1-yi)} = \frac{x(x+1)+y(y-1)+\big((x+1)(y-1)-xy\big)i}{(x+1)^2+y^2}\,,$$

also $\operatorname{Im}\frac{z-i}{z+1} = 0$ genau wenn $(x+1)(y-1) - xy = 0$ oder $y = x+1$. Die fragliche Menge ist die Gerade in $\mathbb{C} = \mathbb{R}^2$ gegeben durch $y = x+1$.

1.72 Zum Beispiel durch Probieren findet man die Lösung $x_1 = 2$, anschließende Division $(x^3 - 8x^2 + 57x - 90) : (x-2) = x^2 - 6x + 45$ führt dann auf die quadratische Gleichung $x^2 - 6x + 45 = 0$ oder $(x-3)^2 + 36 = 0$ mit den Lösungen $x_2 = 3 + 6\mathrm{i}$ und $x_3 = 3 - 6\mathrm{i}$.

Übungen aus 1.5.2

1.73 Es ist

$$\text{i)}\ \frac{\sqrt{3}+\mathrm{i}}{1+\sqrt{3}\mathrm{i}} = \frac{1}{2}\sqrt{3} - \frac{1}{2}\mathrm{i} \quad \text{somit } r = 1 \text{ und } \varphi = -\frac{\pi}{6} \text{ also } z_1 = \mathrm{e}^{-\frac{\pi}{6}\mathrm{i}}$$

$$\text{ii)}\ |z_2| = 3\sqrt{2} \text{ und } \tan\varphi = 1 \quad \text{somit } \varphi = \frac{\pi}{4} \text{ also } z_2 = 3\sqrt{2}\mathrm{e}^{\frac{\pi}{4}\mathrm{i}}$$

$$\text{iii)}\ |z_3| = 6 \text{ und } \tan\varphi = -\sqrt{3} \quad \text{somit } \varphi = -\frac{\pi}{3} \text{ also } z_3 = 6\mathrm{e}^{\frac{5\pi}{3}\mathrm{i}} = 6\mathrm{e}^{-\frac{\pi}{3}\mathrm{i}}$$

Hieraus ergibt sich $\dfrac{z_2^4}{z_3^2} = 9\mathrm{e}^{\frac{5}{3}\pi\mathrm{i}} = 9\mathrm{e}^{-\frac{\pi}{3}\mathrm{i}}$.

1.74 Es ist $(\cos x + \mathrm{i}\sin x)^n = \left(\mathrm{e}^{\mathrm{i}x}\right)^n = \mathrm{e}^{\mathrm{i}nx} = \cos nx + \mathrm{i}\sin nx$ und also

$$\begin{aligned}
\cos 4x + \mathrm{i}\sin 4x &= (\cos x + \mathrm{i}\sin x)^4 \\
&= \cos^4 x + 4\mathrm{i}\cos^3 x\sin x - 6\cos^2 x\sin^2 x - 4\mathrm{i}\cos x\sin^3 x + \sin^4 x \\
&= \cos^4 x - 6\cos^2 x(1-\cos^2 x) + (1-\cos^2 x)^2 \\
&\quad + 4\mathrm{i}\big(\cos^3 x\sin x - \cos x(1-\cos^2 x)\sin x\big) \\
&= 8\cos^4 x - 8\cos^2 x + 1 + \mathrm{i}\big(8\cos^3 \sin x - 4\cos x\sin x\big)
\end{aligned}$$

Vergleich von Real- und Imaginärteil ergibt die Behauptung.

1.75 Wir schreiben die Unbekannte $z \in \mathbb{C}$ in Polardarstellung $z = r\mathrm{e}^{\mathrm{i}\varphi}$ und haben $z^6 = r^6\mathrm{e}^{\mathrm{i}6\varphi}$ zu erfüllen. Es folgt $|z|^6 = r^6 = 64$, also $r = 2$ und weiter $\mathrm{e}^{\mathrm{i}6\varphi} = 1 = \mathrm{e}^{2n\pi\mathrm{i}}$ für $n \in \mathbb{Z}$. Somit ist $\varphi = \frac{n}{3}\pi$ und wegen der $2\pi\mathrm{i}$-Periodizität der Exponentialfunktion sind so viele n zu berücksichtigen, wie das zugehörige φ erfüllt $-\pi < \varphi \leqq \pi$. Wir erhalten

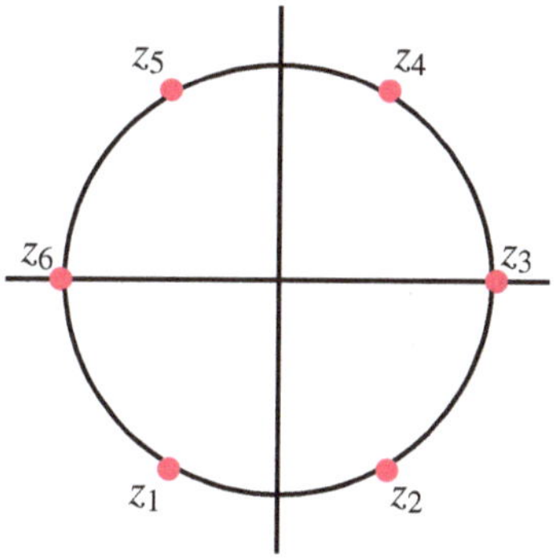

$$z_1 = 2\mathrm{e}^{-\frac{2}{3}\pi\mathrm{i}}, \quad z_2 = 2\mathrm{e}^{-\frac{1}{3}\pi\mathrm{i}}, \quad z_3 = 2$$
$$z_4 = 2\mathrm{e}^{\frac{1}{3}\pi\mathrm{i}}, \quad z_5 = 2\mathrm{e}^{\frac{2}{3}\pi\mathrm{i}}, \quad z_6 = -2.$$

Es gibt sechs Lösungen der Gleichung im Einklang mit dem Fundamentalsatz der Algebra (Satz 1.10). Sie bilden in der komplexen Ebene ein regelmäßiges Sechseck.

Es sei $w := \mathrm{e}^{\frac{1}{3}\pi\mathrm{i}}$. Alle Lösungen entstehen durch Drehen von zum Beispiel $z_3 = 2$ um $60°$, also durch Multiplizieren mit w:

$$z_4 = 2w = 2e^{\frac{1}{3}\pi i} = 2\cos\frac{\pi}{3} + i\sin\frac{\pi}{3} = 2\left(\frac{1}{2} + \frac{1}{2}\sqrt{3}i\right)$$

$$z_5 = z_4 \cdot w = 2e^{\frac{2}{3}\pi i} = 2\left(-\frac{1}{2} + \frac{1}{2}\sqrt{3}i\right) \qquad z_6 = z_5 \cdot w = 2e^{\pi i} = -2$$

$$z_1 = z_6 \cdot w = 2e^{\frac{4}{3}\pi i} = 2\left(-\frac{1}{2} - \frac{1}{2}\sqrt{3}i\right) \qquad z_2 = z_1 \cdot w = 2e^{\frac{5}{3}\pi i} = 2\left(\frac{1}{2} - \frac{1}{2}\sqrt{3}i\right)$$

Übungen aus 1.6.1

1.76 Wir ziehen iv) vor: Es ist $y(t) = 2ct - c^2$ und $\dot{y}(t) = 2c$; Einsetzen in die DG ergibt

$$\dot{y}(t)^2 - 4t\dot{y}(t) + 4y(t) = 4c^2 - 8ct + 8ct - 4c^2 = 0 \quad \text{für alle } t\,,$$

also ist $y(t) = 2ct - c^2$ eine Lösung; damit ist auch die Funktion in i) als Spezialfall für $c = -1$ eine Lösung. ii) $y(t) = t^2$ und $\dot{y}(t) = 2t$ ergibt $1 - 4t + 4t \neq 0$; keine Lösung. iii) $y(t) = t^2$ und $\dot{y}(t) = 2t$ ergibt $4t^2 - 8t^2 + 4t^2 = 0$ für alle t. Somit ist auch $y(t) = t^2$ eine Lösung.

1.77 Wir ziehen iii) vor: Es ist $y(t) = A\sin t + B\cos t - \frac{1}{3}\cos 2t$, also $\dot{y}(t) = A\cos t - B\sin t + \frac{2}{3}\sin 2t$ und $\ddot{y}(t) = -A\sin t - B\cos t + \frac{4}{3}\cos 2t$; Einsetzen in die DG ergibt

$$\ddot{y}(t) + \dot{y}(t) = -A\sin t - B\cos t + \frac{4}{3}\cos 2t + A\sin t + B\cos t - \frac{1}{3}\cos 2t = \cos 2t \quad \text{für alle } t;$$

somit ist $y(t)$ eine Lösung; als Spezialfall von iii) ist dann auch $y(t) = \sin t - \frac{1}{3}\cos 2t$ eine Lösung. ii) Für $y(t) = \cos 2t + \sin 2t$ ist $\dot{y}(t) = -2\sin 2t + 2\cos 2t$ und $\ddot{y}(t) = -4\cos 2t - 4\sin 2t$, somit $\ddot{y}(t) + y(t) = -3\cos 2t - 3\sin 2t$, also keine Lösung.

Übung aus 1.6.2

1.78 Die Lösungen sind Kreise um den Nullpunkt:
Dies kann man auch rechnerisch bestätigen:

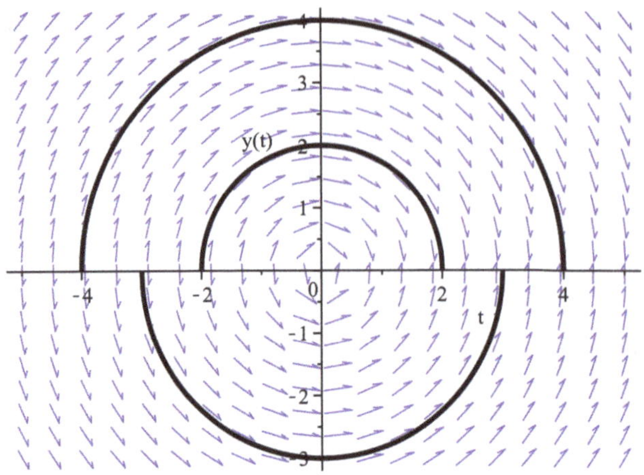

Die Gleichung eines (Halb-)Kreises ist $y(t) = \varepsilon\sqrt{R^2 - t^2}$ mit einer Konstanten $R > 0$ und $\varepsilon = \pm 1$, somit

$$\dot{y}(t)\,y(t) + t = -\varepsilon \frac{t}{\sqrt{R^2 - t^2}} \varepsilon \sqrt{R^2 - t^2} + t = 0 .$$

Übungen aus 1.6.3

1.79 i) Aus $\int y^2\,dy = \int (1-2t)\,dt$ erhalten wir $\frac{1}{3}y^3 = t - t^2 + C$ oder $y(t) = \sqrt[3]{3(t - t^2 + C)}$ mit einer Konstanten $C \in \mathbb{R}$.
ii) Die konstanten Funktionen $y = 1$ und $y = 3$ sind offenbar Lösungen. Im Fall $y \neq 1$ und $y \neq 3$ rechnen wir

$$\int dt = \int \frac{dy}{(y-1)(y-3)} = \frac{1}{2}\int \Big(\frac{1}{y-3} - \frac{1}{y-1}\Big)\,dy = \frac{1}{2}\big(\ln|y-3| - \ln|y-1|\big)$$

$$\ln\left|\frac{y-3}{y-1}\right| = 2(t+C) \qquad \text{und weiter} \qquad \left|\frac{y-3}{y-1}\right| = \mathrm{e}^{2C}\mathrm{e}^{2t} .$$

Da die rechte Seite stets von Null verschieden ist, kann $\frac{y-3}{y-1}$ nicht das Vorzeichen wechseln und wir schließen

$$\frac{y-3}{y-1} = K\mathrm{e}^{2t} \qquad \text{oder} \qquad y(t) = \frac{3 - K\mathrm{e}^{2t}}{1 - K\mathrm{e}^{2t}}$$

mit einer Konstanten $K \in \mathbb{R}$.

1.80 Wir gehen gemäß Behauptung 1.11 vor und haben entsprechend zu berechnen im Fall i):

$$\int_0^{y(t)} \frac{dy}{1+y^2} = \int_0^t \frac{ds}{1+s^2} \qquad \arctan y = \arctan t \qquad y(t) = t$$

und im Fall ii) mit $\arctan 1 = \frac{\pi}{4}$

$$\int_1^{y(t)} \frac{dy}{1+y^2} = \int_0^t \frac{ds}{1+s^2} \qquad \arctan y - \frac{\pi}{4} = \arctan t \qquad y(t) = \tan\big(\arctan t + \frac{\pi}{4}\big) .$$

Mit dem Additionstheorem der Tangensfunktion

$$\tan(\alpha+\beta) = \frac{\tan\alpha + \tan\beta}{1 - \tan\alpha\tan\beta}$$

können wir dies noch zu $y(t) = \frac{1+t}{1-t}$ vereinfachen.

1.81 a) Der Ansatz $y = tu$ und $\dot{y} = u + t\dot{u}$ führt auf die DG mit getrennten Variablen $u + t\dot{u} = f(u)$ oder $\dot{u} = \frac{1}{t}\big(f(u) - u\big)$.
b) i) Der Ansatz $u = \frac{y}{t}$ ergibt

$$t\dot{u}+u=\frac{1}{u}+u \qquad \int u\,du=\int\frac{dt}{t} \qquad \frac{1}{2}u^2=\ln t+C$$

$$u(t)=\sqrt{2(\ln t+C)} \qquad y(t)=t\sqrt{2(\ln t+C)} \text{ mit einer Konstanten } C.$$

ii) Ebenso

$$t\dot{u}+u=u\ln u \qquad \int\frac{du}{u\ln u-u}=\int\frac{dt}{t}=\ln t+K$$

mit einer Konstanten K. Beim linken Integral steht im Zähler die Ableitung des Nenners

$$\int\frac{\frac{1}{u}}{\ln u-1}du=\ln|\ln u-1|=\ln t+K \qquad |\ln u-1|=\mathrm{e}^K t \qquad u=\mathrm{e}^{Ct+1}$$

mit $C=\pm\mathrm{e}^K$ und schließlich $y(t)=t\mathrm{e}^{Ct+1}$.

1.82 i) Ohne Luftwiderstand lautet die Bewegungsgleichung $m\dot{v}=mg$ mit der Lösung $v(t)=gt+C$, also $v(t)=gt$ mit der Anfangsbedingung $v(0)=0$. Die Geschwindigkeit $v(t)$ wächst bei $t\to\infty$ über alle Grenzen.
ii) Wird der Luftwiderstand als proportional zur Geschwindigkeit angenommen mit Proportionalitätskonstante $r>0$, so lautet die Bewegungsgleichung $m\dot{v}=mg-rv$, mit der Abkürzung $\rho:=\frac{r}{m}$ dann $\dot{v}=g-\rho v$. Dies ist eine DG mit getrennten Variablen:

$$\int\frac{dv}{g-\rho v}=\int dt \qquad -\frac{1}{\rho}\ln|g-\rho v|=t+K$$

$$\ln|g-\rho v|=-\rho t-\rho K \qquad |g-\rho v|=\mathrm{e}^{-\rho K}\mathrm{e}^{-\rho t}$$

mit einer Konstanten K. Da die rechte Seite stets positiv ist, kann die linke Seite das Vorzeichen nicht wechseln und mit $v(0)=0$ erhalten wir $\mathrm{e}^{-\rho K}=g$ und weiter $v(t)=\frac{g}{\rho}\left(1-\mathrm{e}^{-\rho t}\right)$. Hier konvergiert $v(t)\to\frac{g}{\rho}$ bei $t\to\infty$ als Grenzgeschwindigkeit. iii) Ist der Luftwiderstand proportional zum Quadrat der Geschwindigkeit, so haben wir die Bewegungsgleichung $m\dot{v}=mg-rv^2$ zu lösen: $\int\frac{dv}{g-\rho v^2}=\int dt$ wieder mit $\rho:=\frac{r}{m}$. Wir berechnen zunächst das linke Integral

$$\int\frac{dv}{g-\rho v^2}=\frac{1}{2\sqrt{g}}\int\Big(\frac{1}{\sqrt{g}+\sqrt{\rho}v}+\frac{1}{\sqrt{g}-\sqrt{\rho}v}\Big)dv=\frac{1}{2\sqrt{g\rho}}\ln\left|\frac{\sqrt{g}+\sqrt{\rho}v}{\sqrt{g}-\sqrt{\rho}v}\right|$$

und erhalten insgesamt

$$\left|\frac{\sqrt{g}+\sqrt{\rho}v}{\sqrt{g}-\sqrt{\rho}v}\right|=C\mathrm{e}^{2\sqrt{g\rho}t}$$

mit einer Konstanten C, die durch die Anfangsbedingung zu $C=1$ festgelegt wird. Auflösen nach v ergibt schließlich

$$v(t)=\sqrt{\frac{g}{\rho}}\frac{1-\mathrm{e}^{-2\sqrt{g\rho}t}}{1+\mathrm{e}^{-2\sqrt{g\rho}t}}=\sqrt{\frac{g}{\rho}}\tanh(\sqrt{g\rho}t) \quad \text{mit } v(t)\to\sqrt{\frac{g}{\rho}} \text{ bei } t\to\infty.$$

Übungen aus 1.6.4

1.83 i) Es ist zuerst die zugehörige homogene DG $\dot{y} + y\tan t = 0$ zu lösen:

$$\int \frac{dy}{y} = -\int \tan t\,dt \qquad \ln|y| = \ln\cos t + K \qquad y(t) = C\cos t$$

mit einer Konstanten K und $C := \pm e^K$. Ansatz „Variation der Konstanten"

$$y(t) = C(t)\,\cos t \qquad \dot{y}(t) = \dot{C}(t)\,\cos t - C(t)\,\sin t\,.$$

Einsetzen in die DG $\dot{y} + y\tan t = -\cos t$:

$$\dot{C}(t)\,\cos t - C(t)\,\sin t + C(t)\,\sin t = -\cos t \quad \text{ergibt} \quad \dot{C}(t) = -1\,.$$

Somit ist $C(t) = -t + K$ und weiter $y(t) = (K - t)\cos t$ mit einer Konstanten $K \in \mathbb{R}$.
ii) Zunächst ist wieder die homogene DG $\dot{y} + \frac{1}{t}y = 0$ zu lösen:

$$\int \frac{dy}{y} = -\frac{dt}{t} \qquad \ln|y(t)| = -\ln t + K \qquad y(t) = \frac{C}{t},$$

Variation der Konstanten: $y(t) = \frac{C(t)}{t}$ und $\dot{y}(t) = \frac{\dot{C}(t)}{t} - \frac{C(t)}{t^2}$, einsetzen in die DG:

$$\frac{\dot{C}(t)}{t} - \frac{C(t)}{t^2} + \frac{C(t)}{t^2} = \frac{1}{t^2} \qquad \dot{C}(t) = \frac{1}{t} \qquad C(t) = \ln t + K\,.$$

Die gesuchte Lösung ist $y(t) = \frac{1}{t}\big(\ln t + K\big)$ für alle $t > 0$ mit einer Konstanten K.

1.84 i) Es ist zunächst die zugehörige homogene DG $\dot{y} + y\cot t = 0$ zu lösen:

$$\int \frac{dy}{y} = -\int \frac{\cos t}{\sin t}dt \qquad \ln|y| = -\ln\sin t + K \qquad y(t) = \frac{C}{\sin t}$$

mit einer Konstanten $C \in \mathbb{R}$. Variation der Konstanten und Einsetzen:

$$\frac{\dot{C}(t)}{\sin t} - \frac{C(t)}{\sin^2 t}\cos t + \frac{C(t)}{\sin t}\cot t = 2\cos t \qquad \dot{C}(t) = 2\sin t\cos t = \sin 2t\,.$$

Es folgt $C(t) = -\frac{1}{2}\cos 2t + K$; die allgemeine Lösung ist $y(t) = \big(K - \frac{1}{2}\cos 2t\big)\frac{1}{\sin t}$ und die Anfangsbedingung $1 = y(\frac{\pi}{2}) = K + \frac{1}{2}$ liefert $K = \frac{1}{2}$ und weiter $y(t) = \frac{1}{2\sin t}(1 - \cos 2t)$.
ii) Lösung der homogenen DG ist $y(t) = \frac{C}{t}$; Variation der Konstanten:

$$\frac{\dot{C}(t)}{t} = \cos t + \frac{\sin t}{t} \qquad \dot{C}(t) = t\,\cos t + \sin t = (t\,\sin t)^{\cdot}$$

Somit ist $C(t) = t\sin t + K$ und $y(t) = \sin t + \frac{K}{t}$ für $t > 0$ mit einer Konstanten K, welche durch $1 = y(\pi) = \frac{K}{\pi}$ zu $K = \pi$ festgelegt wird. Die gesuchte Lösung lautet $y(t) = \sin t + \frac{\pi}{t}$ für $t > 0$.

1.85 Man rechnet nach, dass die angegebene Funktion $T(t) = (T_0 - T_1)\mathrm{e}^{-kt} + T_1$ die DG und die Anfangsbedingung erfüllt. Zur Anwendung: Es bezeichne t_0 den Todeszeitpunkt und $t_1 = 14$ Uhr. Dann haben wir mit der Abkürzung $\tau := t_1 - t_0$ und $T_0 = 37°$ die Gleichungen

$$25.5 = 17\mathrm{e}^{-k(t_1-t_0)} + 20 \qquad 5.5 = 17\mathrm{e}^{-k\tau} \tag{1}$$

$$23.8 = 17\mathrm{e}^{-k(t_1-t_0+1)} + 20 \qquad 3.8 = 17\mathrm{e}^{-k(\tau+1)} \tag{2}$$

Dividieren wir (1) durch (2), so ergibt sich $\mathrm{e}^k = \frac{5.5}{3.8}$ oder $k = \ln\frac{5.5}{3.8} = 0.3697$ und damit $\tau = \frac{1}{k}\ln\frac{17}{5.5} \approx 3$ aus (1). Der Mord ist demnach gegen 11 Uhr geschehen.

1.86 Es handelt sich in beiden Fällen um eine lineare DG erster Ordnung. Die zugehörige homogen-lineare DG ist in beiden Fällen $L\dot{I} + RI = 0$. Diese ist zunächst zu lösen

$$L\dot{I} + RI = 0 \qquad \dot{I} = -\frac{R}{L}I \qquad I(t) = C\mathrm{e}^{-\frac{R}{L}t}$$

mit einer Konstanten C.
i) $L\dot{I} + RI = U_0$. Der Ansatz $I(t) = C(t)\mathrm{e}^{-\frac{R}{L}t}$ ist einzusetzen:

$$L\dot{C}(t)\mathrm{e}^{-\frac{R}{L}t} - RC(t)\mathrm{e}^{-\frac{R}{L}t} + RC(t)\mathrm{e}^{-\frac{R}{L}t} = U_0 \qquad \dot{C}(t) = \frac{U_0}{L}\mathrm{e}^{\frac{R}{L}t}$$

$$C(t) = \frac{U_0}{R}\mathrm{e}^{\frac{R}{L}t} + K$$

mit einer Konstanten K. Somit lautet die allgemeine Lösung

$$I(t) = \left(\frac{U_0}{R}\mathrm{e}^{\frac{R}{L}t} + K\right)\mathrm{e}^{-\frac{R}{L}t} = \frac{U_0}{R} + K\mathrm{e}^{-\frac{R}{L}t};$$

die Anfangsbedingung $I(0) = 0$ führt zu der speziellen Lösung

$$I(t) = \frac{U_0}{R}\left(1 - \mathrm{e}^{-\frac{R}{L}t}\right).$$

Das bedeutet: Nach dem Abklingen des Einschaltvorgangs fließt der Strom $\frac{U_0}{R}$.
ii) $L\dot{I} + RI = U_0\sin\omega t$. Wie oben ist der Ansatz $I(t) = C(t)\mathrm{e}^{-\frac{R}{L}t}$ einzusetzen, wir erhalten entsprechend

$$\dot{C}(t) = \frac{U_0}{L}\mathrm{e}^{\frac{R}{L}t}\sin\omega t.$$

Die Stammfunktion der rechten Seite wurde in Übung 1.60 bestimmt:

$$C(t) = \frac{U_0}{L}\frac{L^2}{R^2+L^2\omega^2}\Big(\frac{R}{L}\sin\omega t - \omega\cos\omega t\Big)e^{\frac{R}{L}t} + K$$

mit einer Konstanten K. Damit lautet die allgemeine Lösung

$$I(t) = \frac{U_0}{R^2+L^2\omega^2}\Big(R\sin\omega t - \omega L\cos\omega t\Big) + K\,e^{-\frac{R}{L}t}.$$

Die Anfangsbedingung $I(0) = 0$ führt dann zu der gesuchten partiellen Lösung

$$I(t) = \frac{U_0}{R^2+L^2\omega^2}\Big(R\sin\omega t - \omega L\cos\omega t\Big) + \frac{\omega L}{R^2+L^2\omega^2}U_0\,e^{-\frac{R}{L}t}.$$

Nach dem Abklingen des Einschaltvorgangs fließt also der Strom

$$I(t) = \frac{U_0}{R^2+L^2\omega^2}\Big(R\sin\omega t - \omega L\cos\omega t\Big).$$

Aus Übung 1.10 wissen wir, dass sich $I(t)$ in der Form

$$I(t) = \frac{U_0}{\sqrt{R^2+L^2\omega^2}}\sin(\omega t + \varphi)$$

darstellen lässt mit φ aus $\tan\varphi = -\frac{L\omega}{R}$. Es fließt demnach ein Wechselstrom der angelegten Frequenz ω, aber mit Amplitude $\frac{U_0}{\sqrt{R^2+L^2\omega^2}}$, der der Spannung mit Phase φ nachläuft.

Übungen aus 1.6.5

1.87 i) Der Ansatz $y(t) = e^{\lambda t}$ führt auf die charakteristische Gleichung $\lambda^2 + 3\lambda - 4 = 0$ mit den Lösungen $\lambda_1 = -4$ und $\lambda_2 = 1$. Wir erhalten die beiden Lösungen $y_1(t) = e^{-4t}$ und $y_2(t) = e^t$ und hieraus die allgemeine Lösung

$$y(t) = C_1e^{-4t} + C_2e^t \quad \text{für alle } t \in \mathbb{R} \text{ mit Konstanten } C_1, C_2.$$

ii) Die charakteristische Gleichung ist $\lambda^2 + 4\lambda + 4 = 0$ mit der Doppellösung $\lambda = -2$. Wir finden somit nur die Lösung $y(t) = e^{-2t}$ und gewinnen mit dem Ansatz $y(t) = C(t)e^{-2t}$, wie in Abschnitt 1.6.5 (3. Fall) ausgeführt, $y(t) = te^{-2t}$ als zweite unabhängige Lösung und als allgemeine Lösung

$$y(t) = (C_1 + C_2t)e^{-2t} \quad \text{mit Konstanten } C_1.C_2.$$

iii) Die charakteristische Gleichung $\lambda^2 - 4\lambda + 13 = 0$ hat die konjugiert-komplexen Lösungen $\lambda_{1,2} = -2 \pm 3i$. Wie in Abschnitt 1.6.5 (2. Fall) dargelegt, erhalten wir hieraus die beiden reellen Lösungen $y_1(t) = e^{2t}\cos 3t$ und $y_2(t) = e^{2t}\sin 3t$, die man zu der allgemeinen Lösung

$$y(t) = e^{2t}(C_1\cos 3t + C_2\sin 3t) \quad \text{mit Konstanten } C_1, C_2$$

überlagern kann. Aus Übung 1.10 wissen wir, dass wir diese auch in der Form

$$y(t) = A\,e^{2t}\,\sin(3t+\varphi) \qquad \text{mit Konstanten } A \geqq 0 \text{ und } -\pi < \varphi \leqq \pi$$

darstellen können.

Übungen aus 1.6.6

1.88 Wir gehen nach Bemerkung 1.27 vor:
1. Schritt: Man bestimmt die allgemeine Lösung der zugehörigen homogenen Gleichung zu $y_0(t) = (C_1 + C_2 t)e^{-\frac{1}{2}t}$.
2. Schritt: Man macht den Ansatz $y_s(t) = a + bt + ct^2$ und setzt diesen in die inhomogene DG ein:

$$2c + b + 2ct + \frac{1}{4}(a + bt + ct^2) = 2c + b + \frac{a}{4} + (2c + \frac{b}{4})t + \frac{c}{4}t^2 = t^2.$$

Vergleich der Koeffizienten liefert

$$c = 4; \qquad 2c + \frac{b}{4} = 0 \quad \text{also } b = -32; \qquad 2c + b + \frac{a}{4} = 0 \quad \text{also } a = 64$$

und wir erhalten die spezielle Lösung $y_s(t) = 64 - 32t + 4t^2$.
3. Schritt: Die allgemeine Lösung der DG lautet

$$y(t) = y_0(t) + y_s(t) = (C_1 + C_2 t)e^{-\frac{1}{2}t} + 64 - 32t + 4t^2.$$

Übungen aus 1.6.7

1.89 Wir haben die DG (1.6.21) mit den Konstanten $k = -0.0005, A = 0, B = 1000$ und $y_0 = 1$ vor uns. Nach Gleichung (1.6.22) lautet die Lösung

$$y(t) = \frac{1000}{1 + 999e^{-0.5t}}.$$

Man erkennt $y(t) \to 1000$ bei $t \to \infty$, das bedeutet, dass schließlich alle krank sind.

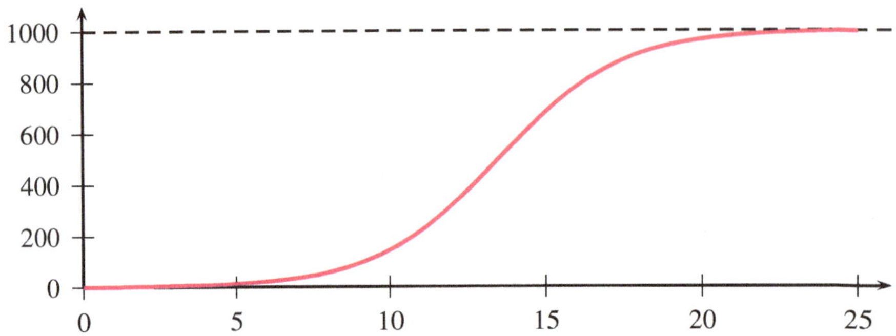

Weiterführende Literatur

[1] Eduard Batschelet. *Mathematik für Biologen*. Berlin: Springer Verlag, 1980. ISBN: 3540096337.

[2] Ilja Bronstein und Konstantin Semendjajew. *Taschenbuch der Mathematik*. 25. Auflage. Stuttgart - Leipzig: Teubner Verlagsgesellschaft, 1991. ISBN: 3-8154-2000-8.

[3] Kurt Endl und Wolfgang Luh. *Analysis I Eine integrierte Darstellung*. 9. Auflage. Wiesbaden: AULA Verlag, 1998. ISBN: 3891044542.

[4] Kurt Endl und Wolfgang Luh. *Analysis II Eine integrierte Darstellung*. 8. Auflage. Wiesbaden: AULA Verlag, 1994. ISBN: 3891045638.

[5] Josef Hainzl. *Mathematik für Naturwissenschaftler*. 4.Auflage. Stuttgart: Teubner Verlag, 1985. ISBN: 3519323265.

[6] Harro Heuser. *Gewöhnliche Differentialgleichungen*. 5. Auflage. Stuttgart: Teubner Verlag, 2006. ISBN: 3519422271.

[7] Harro Heuser. *Lehrbuch der Analysis Band 1*. 17. Auflage. Stuttgart: Teubner Verlag, 2009. ISBN: 383480777X.

[8] Kurt Meyberg und Peter Vachenauer. *Höhere Mathematik 1*. 6. Auflage. Berlin, Heidelberg, New York: Springer Verlag, 2003. ISBN: 3540418504.

[9] Kurt Meyberg und Peter Vachenauer. *Höhere Mathematik 2*. 4. Auflage. Berlin, Heidelberg, New York: Springer Verlag, 2006. ISBN: 3540418512.

[10] Karl Rottmann. *Mathematische Formelsammlung*. 4. Auflage. Heidelberg: Spektrum Akademischer Verlag, 1998. ISBN: 3860254626.

[11] Herbert Vogt. *Grundkurs Mathematik für Biologen*. 2. Auflage. Stuttgart: Teubner Verlag, 1994. ISBN: 3519120658.

Kapitel 2
Differentialrechnung von Funktionen mehrerer Veränderlicher

2.1 Differentiation

2.1.1 Partielle Ableitungen

Es bedarf keiner besonderen Motivation um einzusehen, dass wir uns mit Funktionen mehrerer Veränderlicher beschäftigen müssen: Funktionen dienen uns ja dazu, Zusammenhänge zwischen naturwissenschaftlichen Größen zu erfassen. Im Allgemeinen hängt aber eine naturwissenschaftliche Größe von mehreren anderen ab; um dies modellieren zu können, benötigt man Funktionen mehrerer Veränderlicher.

Beispiel 2.1 i) Der Druck p eines (idealen) Gases hängt von Temperatur T und Volumen V ab; und zwar gilt

$$p = nR\frac{T}{V},$$

wobei R die Gaskonstante und n die Zahl der Mole bezeichnet.

ii) Die Temperatur in einem Punkt der Erdatmosphäre hängt von den drei Raumkoordinaten des Punktes und der Zeit ab.

Wir werden uns aber im Folgenden meist auf Funktionen beschränken, die von zwei Variablen abhängen. Dies hat folgende Gründe:

i) Es ist schreibtechnisch weniger aufwendig.
ii) In dieser Situation hat man noch eine unmittelbare geometrische Vorstellung.
iii) Die wesentlichen Unterschiede zur Differentialrechnung einer Variablen treten bereits bei zwei Variablen auf.
iv) Die Verallgemeinerung auf n Variable ist im Allgemeinen offensichtlich,

Wir betrachten also in diesem Kapitel Funktionen von zwei reellen Veränderlichen, die wir zumeist mit x und y bezeichnen. Die beiden reellen Zahlen x und y fassen wir zu einem Punkt (x,y) der Zahlenebene $\mathbb{R}^2$ zusammen und können daher erklären:

K. Barbey, *Mathematik für Biologie und Chemie*,
https://doi.org/10.1007/978-3-662-73511-4_2

Definition 2.1 Eine (reellwertige) Funktion f von zwei (reellen) Variablen ist eine (reellwertige) Funktion, deren Definitionsbereich D eine Teilmenge der Zahlenebene $\mathbb{R}^2$ ist:

$$f\colon D \to \mathbb{R}, \quad (x,y) \mapsto f(x,y) \qquad \text{mit } D \subset \mathbb{R}^2.$$

Beispiel 2.2 i) Offenbar sind

$$f\colon \mathbb{R}^2 \to \mathbb{R}, \quad f(x,y) = x^2 + \sin(xy) \qquad \text{für alle } (x,y) \in \mathbb{R}^2$$

und

$$f\colon D \to \mathbb{R}, \quad f(x,y) = \ln(xy) \qquad \text{für alle } (x,y) \in D = \{(x,y) : x,y > 0\}$$

zwei Beispiele.
ii) In den Naturwissenschaften ist die Schreibweise weniger formal. Die *ideale Gasgleichung*

$$p = nR\frac{T}{V}$$

definiert eine Funktion $p : (T,V) \mapsto nR\frac{T}{V}$, die Variablen heißen hier T und V, der physikalisch sinnvolle Definitionsbereich ist $\{(T,V) : T,V > 0\}$.

Wir müssen uns zunächst mit den Definitionsbereichen solcher Funktionen befassen. Bisher hatten wir bei Funktionen einer Variablen stets vorausgesetzt, dass die Funktionen auf Intervallen der Zahlengeraden definiert sind. Bei Funktionen mehrerer Variablen müssen wir ebenso geeignete Bedingungen an den Definitionsbereich stellen, um sinnvoll Differentialrechnung betreiben zu können. Die richtige Voraussetzung ist, dass man sich um jeden Punkt des Definitionsbereichs etwas bewegen kann, ohne den Definitionsbereich zu verlassen. Diese Eigenschaft heißt *offen*.

Definition 2.2 Eine Teilmenge $D \subset \mathbb{R}^2$ heißt *offen*, wenn zu jedem Punkt $(x_0,y_0) \in D$ ein $r > 0$ existiert, so dass die Kreisscheibe um (x_0,y_0) mit Radius r ganz in D liegt:

$$\{(x,y) \in \mathbb{R}^2 : |(x,y) - (x_0,y_0)| < r\} \subset D.$$

Dabei bezeichnet

$$|(x,y) - (u,v)| = \sqrt{(x-u)^2 + (y-v)^2}$$

den Abstand zweier Punkte (x,y) und (u,v) der Ebene.

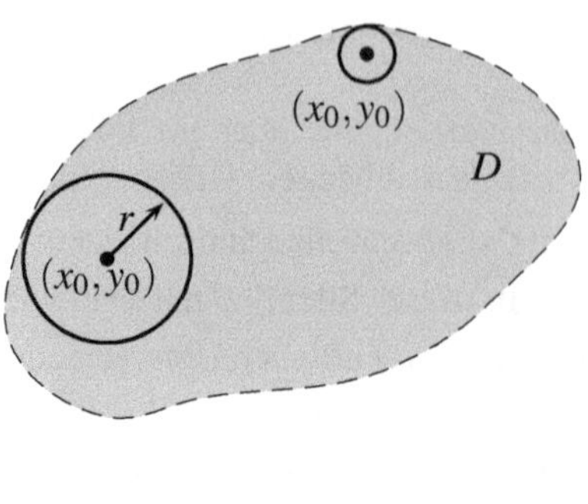

Beispiel 2.3 i) Anschaulich gesprochen sind offene Mengen „Mengen ohne Randpunkte". Denn in einem Randpunkt (x_0,y_0) ist die obige Bedingung nicht erfüllbar, da jeder noch so kleine Kreis um (x_0,y_0) den Außenraum trifft. Als Faustregel ist eine Menge offen, wenn zu ihrer Definition nur $\neq$ oder $>$ und $<$ Relationen benutzt werden.

ii) Die *offene Kreisscheibe* um einen Punkt (x_0, y_0) vom Radius $R > 0$, also die Menge

$$D = \{(x,y) \in \mathbb{R}^2 : |(x,y) - (x_0,y_0)| < R\}$$

ist offen. Denn für einen Punkt $(x,y) \in D$ ist $d := |(x,y) - (x_0,y_0)| < R$; wählt man α mit $0 < \alpha < R - d$, so ist die Kreisscheibe $\{(u,v) \in \mathbb{R}^2 : |(u,v) - (x,y)| < \alpha\} \subset D$ wegen

$$|(u,v) - (x_0,y_0)| \leqq |(u,v) - (x,y)| + |(x,y) - (x_0,y_0)| < \alpha + d < R.$$

iii) Sind $I =]a,b[$ mit $-\infty \leqq a < b \leqq \infty$ und $J =]c,d[$ mit $-\infty \leqq c < d \leqq \infty$ zwei Intervalle der Zahlengerade, die im Sinne von Abschnitt 1.1.1 offen sind, so ist die Menge

$$I \times J = \{(x,y) \in \mathbb{R}^2 : x \in I \text{ und } y \in J\}$$

offen im Sinne der obigen Definition. Wir nennen $I \times J$ das von I und J gebildete *Rechteck*. Allerdings kann $I \times J$ auch zu einem Streifen, einer Halbebene oder der ganzen Ebene entarten.

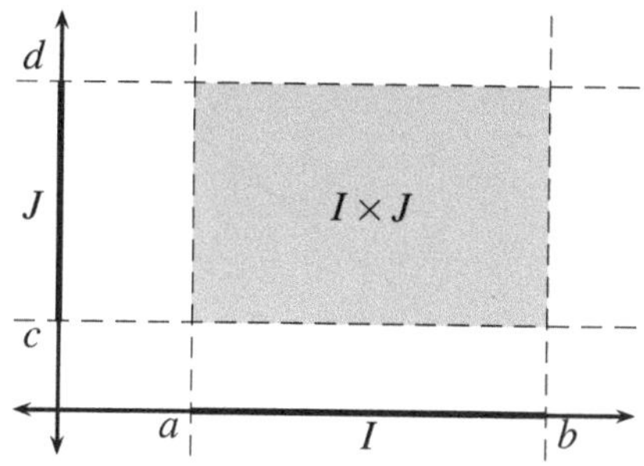

Wir werden im Folgenden immer – manchmal auch stillschweigend – voraussetzen, dass der Definitionsbereich einer Funktion von mehreren Variablen offen ist, jedenfalls wenn wir Differentialrechnung betreiben wollen.

Wir betrachten nun eine Funktion $f\colon D \to \mathbb{R}$, $D \subset \mathbb{R}^2$ offen, von zwei Variablen. In vielen Fällen kann man sich die Funktion f durch ihren Graphen

$$\text{Graph}(f) = \{(x,y,f(x,y)) : (x,y) \in D\} \subset \mathbb{R}^3$$

veranschaulichen. Dieser ist jetzt allerdings eine Teilmenge des Raumes und man kann nur ein ebenes Abbild davon zeichnen:

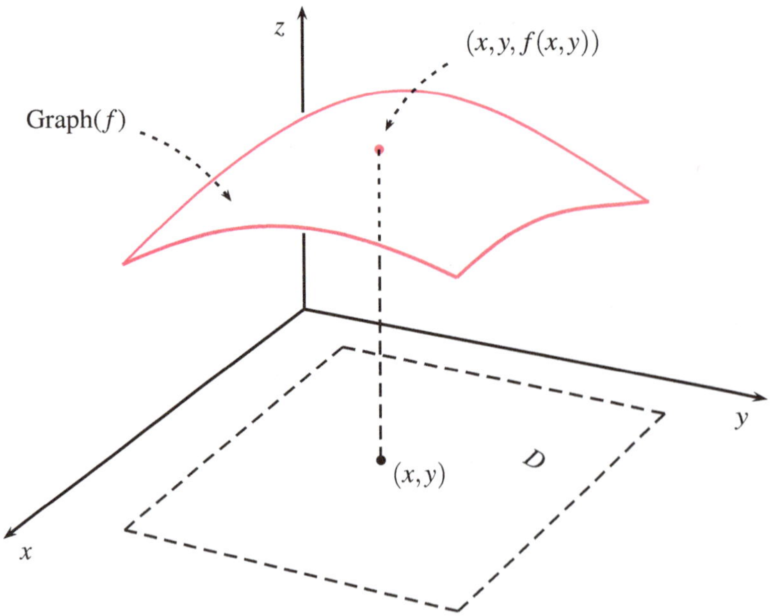

Wir wollen nun den Begriff der Ableitung in die neue Situation übertragen. Wir denken uns dazu eine Funktion $f\colon D \to \mathbb{R}$, $D \subset \mathbb{R}^2$ offen, von zwei Variablen gegeben.

Nach dem Verständnis, das wir in Abschnitt 1.3.1 für die Begriffe Differenzierbarkeit und Ableitung entwickelt haben, ist eigentlich klar, wie wir vorzugehen haben: Wir nennen f in einem Punkt $(x_0, y_0) \in D$ *differenzierbar*, wenn f in der Nähe von (x_0, y_0) „gut linear approximierbar" ist, das heißt, wenn eine lineare Funktion $\ell\colon \ell(u,v) = au + bv$ existiert, so dass der Rest

$$R(x,y) := f(x,y) - \big(f(x_0,y_0) + \ell(x - x_0, y - y_0)\big) \qquad \text{für alle } (x,y) \in D$$

schnell klein wird im Sinne von

$$\frac{R(x,y)}{|(x,y) - (x_0,y_0)|} \to 0 \qquad \text{bei } (x,y) \to (x_0,y_0)\,.$$

Aus Gründen, die gleich verständlich werden, sagt man auch genauer *total differenzierbar*. Die lineare Funktion $\ell(x,y)$ beschreibt dann durch $(x,y) \mapsto f(x_0,y_0) + \ell(x - x_0, y - y_0)$ die berührende Ebene oder *Tangentialebene* an den Graphen von f im Punkte (x_0,y_0); sie entspricht der Ableitung von f im Punkte (x_0,y_0) in Abschnitt 1.3.1.

Diese Vorgehensweise erfordert allerdings einige Vorbereitungen und etwas Aufwand, so dass in den Naturwissenschaften der folgende einfachere, wenn auch mathematisch weniger befriedigende Weg bevorzugt wird. Es stellt sich dann aber glücklicherweise heraus, dass unter harmlosen Voraussetzungen beide Wege äquivalent sind, so dass wir auch diesen primitiveren Weg gehen wollen.

Es sei eine Funktion $f\colon D \to \mathbb{R}$, $D \subset \mathbb{R}^2$ offen, sowie ein fester Punkt $(x_0,y_0) \in D$ gegeben. Wegen der Offenheit von D ist die Funktion einer Veränderlichen $x \mapsto f(x,y_0)$ für alle x

nahe bei x_0 definiert; ist diese Funktion in x_0 im früheren Sinne differenzierbar, so heißt f *im Punkt* (x_0,y_0) *partiell nach x differenzierbar*, die Ableitung dieser Funktion in x_0 heißt dann die *partielle Ableitung von f im Punkt* (x_0,y_0) und wird mit $\frac{\partial f}{\partial x}(x_0,y_0)$ bezeichnet. Demnach ist also

$$\frac{\partial f}{\partial x}(x_0,y_0) = \lim_{x\to x_0} \frac{f(x,y_0)-f(x_0,y_0)}{x-x_0}.$$

Ist f in jedem Punkt (x_0,y_0) von D partiell nach x differenzierbar, so nennt man f *partiell nach x differenzierbar* und nennt die Funktion

$$\frac{\partial f}{\partial x}: D\to\mathbb{R}, \quad (x,y)\mapsto \frac{\partial f}{\partial x}(x,y),$$

die *partielle Ableitung von f nach x*.

Vertauscht man die Rollen der beiden Variablen, differenziert also bezüglich y bei festem x, so gelangt man entsprechend zum Begriff *partiell nach y differenzierbar* und zur *partiellen Ableitung von f nach y*, die entsprechend mit $\frac{\partial f}{\partial y}$ bezeichnet wird.

Mit einfachen Worten: Die partielle Ableitung bezüglich einer Variablen entsteht dadurch, dass man die jeweils andere Variable als eine Konstante betrachtet und nach der erstgenannten Variablen wie gewohnt differenziert. Bei Funktionen von drei und mehr Variablen bedeutet dies, dass man alle Variablen bis auf eine festhält und bezüglich dieser differenziert.

Beispiel 2.4 i) Für die Funktion $f: f(x,y) = x^2 + y\sin(xy)$ ist

$$\frac{\partial f}{\partial x}(x,y) = 2x + y^2\cos(xy) \quad \text{und} \quad \frac{\partial f}{\partial y}(x,y) = \sin(xy) + xy\cos(xy).$$

ii) Im Falle der idealen Gasgleichung $p = nR\frac{T}{V}$ ist

$$\frac{\partial p}{\partial T}(T,V) = nR\frac{1}{V} \quad \text{und} \quad \frac{\partial p}{\partial V}(T,V) = -nR\frac{T}{V^2}.$$

Wir betrachten noch das folgende (konstruierte) Beispiel.

Beispiel 2.5 Die Funktion $f\colon \mathbb{R}^2\to\mathbb{R}$ sei definiert durch

$$f(x,y) = \begin{cases} \dfrac{xy}{x^2+y^2} & \text{falls } (x,y)\neq(0,0) \\ 0 & \text{falls } x=y=0. \end{cases}$$

Dann ist f im Punkt $(0,0)$ nach x und y partiell differenzierbar, denn es existieren die Grenzwerte

$$\frac{\partial f}{\partial x}(0,0) = \lim_{x\to 0}\frac{f(x,0)-f(0,0)}{x} = 0$$

und

$$\frac{\partial f}{\partial y}(0,0) = \lim_{y \to 0} \frac{f(0,y) - f(0,0)}{y} = 0.$$

Die Funktion ist aber *nicht* im Nullpunkt $(0,0)$ stetig. Bewegt man sich nämlich auf der Winkelhalbierenden in den Nullpunkt, etwa mit der Folge $(x_n,y_n)_n = (\frac{1}{n},\frac{1}{n})_n$, so ist

$$f(x_n,y_n) = \frac{1}{2} \qquad \text{für alle } n = 1,2,\dots,$$

es gilt also nicht $f(x_n,y_n) \to f(0,0) = 0$.

Die partielle Differenzierbarkeit einer Funktion $f\colon D \to \mathbb{R}$ zieht also *nicht* die Stetigkeit der Funktion nach sich. Dies ist natürlich unbefriedigend. Der eingangs erwähnte Begriff der (totalen) Differenzierbarkeit hat diesen Mangel in der Tat nicht:

Bemerkung 2.1 *Die Funktion $f\colon D \to \mathbb{R}$ sei in einem Punkt $(x_0,y_0) \in D$ (total) differenzierbar, das heißt, es existiere eine lineare Funktion $\ell(u,v) = au + bv$, so dass der Rest*

$$R(x,y) = f(x,y) - f(x_0,y_0) - \ell(x - x_0, y - y_0) \tag{2.1.1}$$

die Eigenschaft

$$\frac{R(x,y)}{|(x,y) - (x_0,y_0)|} \to 0 \qquad \text{bei } (x,y) \to (x_0,y_0).$$

erfüllt. Dann gilt

i) *f ist stetig im Punkt (x_0,y_0).*
ii) *f ist partiell differenzierbar im Punkt (x_0,y_0) mit*

$$\frac{\partial f}{\partial x}(x_0,y_0) = a \qquad \text{und} \qquad \frac{\partial f}{\partial y}(x_0,y_0) = b.$$

Beweis. Um i) einzusehen, genügt es (2.1.1) in der Form

$$f(x,y) = f(x_0,y_0) + \ell(x - x_0, y - y_0) + R(x,y) \tag{2.1.2}$$

zu schreiben. Dies zeigt $f(x,y) \to f(x_0,y_0)$ bei $(x,y) \to (x_0,y_0)$, da der zweite und dritte Summand der rechten Seite von (2.1.2) gegen 0 konvergieren.

ii) ist mit (2.1.2) ebenso evident. Es konvergiert nämlich

$$\frac{f(x,y_0) - f(x_0,y_0)}{x - x_0} = \frac{\ell(x - x_0, 0)}{x - x_0} + \frac{R(x,y_0)}{x - x_0} = a + \frac{R(x,y_0)}{x - x_0} \to a \quad \text{bei } x \to x_0. \qquad \square$$

Als Ergebnis erhalten wir die folgende Aussage, die zur Behauptung 1.7 vollkommen analog ist.

Folgerung 2.1 *Ist $f: D \to \mathbb{R}$ im Punkt $(x_0, y_0) \in D$ differenzierbar, so lässt sich f schreiben als*

$$f(x,y) = f(x_0,y_0) + \frac{\partial f}{\partial x}(x_0,y_0)(x-x_0) + \frac{\partial f}{\partial y}(x_0,y_0)(y-y_0) + R(x,y)\,, \qquad (2.1.3)$$

wobei der Rest oder Fehler $R(x,y)$ in der Nähe von (x_0,y_0) schnell klein wird:

$$\frac{R(x,y)}{|(x,y)-(x_0,y_0)|} \to 0 \qquad \text{bei } (x,y) \to (x_0,y_0)\,.$$

Wir haben gesehen, dass die partiellen Ableitungen leicht zu definieren und zu berechnen sind, dass aber der mathematisch befriedigendere Begriff die (totale) Differenzierbarkeit im Sinne von Bemerkung 2.1 ist. Der folgende Satz besagt nun, dass die Stetigkeit aller partiellen Ableitungen für die totale Differenzierbarkeit genügt, so dass in der Praxis beide Begriffe zusammenfallen. Wir notieren ihn ohne Beweis.

Satz 2.1 *Die Funktion $f: D \to \mathbb{R}$, $D \subset \mathbb{R}^2$ offen, sei partiell nach x und y differenzierbar und die partiellen Ableitungen $\frac{\partial f}{\partial x}$ und $\frac{\partial f}{\partial y}$ seien stetige Funktionen auf D. Dann ist f (total) differenzierbar in D.*

Die im Satz genannte Bedingung werden wir kurz als *stetig partiell differenzierbar* bezeichnen und in Zukunft stets voraussetzen.

Wir betrachten wieder eine (stetig partiell differenzierbare) Funktion $f: D \to \mathbb{R}$, $D \subset \mathbb{R}^2$ offen. An die Stelle der Ableitung bei Funktionen einer Veränderlichen treten jetzt die beiden partiellen Ableitungen $\frac{\partial f}{\partial x}$ und $\frac{\partial f}{\partial y}$, von denen jede einen Teil der Information über die Änderung von f enthält. Es ist daher naheliegend, diese beiden partiellen Ableitungen zu einem einzigen Objekt, einem Vektor, zusammenzufassen:

Definition 2.3 Für eine stetig partiell differenzierbare Funktion $f: D \to \mathbb{R}$, $D \subset \mathbb{R}^2$ offen, heißt der Vektor

$$\operatorname{grad} f(x,y) = \left(\frac{\partial f}{\partial x}(x,y), \frac{\partial f}{\partial y}(x,y)\right) \qquad \text{für alle } (x,y) \in D$$

der *Gradient* von f im Punkt (x,y). Für Funktionen von drei und mehr Variablen wird der Gradient sinngemäß gebildet.

Der Gradient ist als die natürliche Verallgemeinerung der Ableitung $f'(x)$ einer Funktion $f(x)$ einer Variablen anzusehen. Über die anschauliche Bedeutung des Gradienten notieren wir ohne Beweis: Die Richtung des Vektors $\operatorname{grad} f(x,y)$ ist die Richtung, in der die Werte der Funktion ausgehend vom Punkt (x,y) am schnellsten anwachsen. Seine Länge gibt an, wie stark die Werte anwachsen.

Oft – besonders in den Naturwissenschaften – wird auch die Bezeichnung ∇ (gesprochen *Nabla*), seltener $\vec{\nabla}$, verwendet, also

$$\nabla f(x,y) := \left(\frac{\partial f}{\partial x}(x,y), \frac{\partial f}{\partial y}(x,y)\right).$$

Wir werden in Kapitel 4 ausführlicher auf diese Schreibweise eingehen.

Übungen

Übung 2.1 Für eine Funktion $f\colon D \to \mathbb{R}$, $D \subset \mathbb{R}^2$ von zwei Variablen heißen die Mengen

$$\{(x,y) \in D : f(x,y) = c\} \quad \text{mit } c \in \mathbb{R}$$

Höhenlinien oder *Niveaumengen*. Skizzieren Sie die Niveaumengen der Funktionen

$$\text{i) } f(x,y) = \ln(x^2+y^2) \qquad \text{für } c = -2, -1, 0, 1, 2 \qquad \text{und}$$
$$\text{ii) } f(x,y) = y^2 - x^2 \qquad \text{für } c = -4, -1, 0, 1, 4.$$

Übung 2.2 Berechnen Sie die partiellen Ableitungen und den Gradienten der Funktionen

$$\text{i) } f(x,y) = \arctan\left(\frac{x}{y}\right) \qquad \text{ii) } g(x,t) = axe^{-t} - bt \quad (a,b \in \mathbb{R})$$
$$\text{iii) } h(u,v) = \cos(u+v)\cos(u-v) \qquad \text{iv) } f(x,y,z) = z\sin x + \ln(x^2+y^2).$$

2.1.2 Das Differential

Wir hatten in Behauptung 1.7 gesehen, wie sich die Werte einer (differenzierbaren) Funktion $f(x)$ bei kleinen Änderungen der Variablen x näherungsweise ändern: Es ist

$$f(x_0+dx) \approx f(x_0) + f'(x_0)\,dx \qquad \text{für kleines } dx. \tag{2.1.4}$$

Diese Formel hat im ersten Kapitel an vielen Stellen eine wichtige Rolle gespielt. Wie sie sich auf Funktionen mehrerer Variabler überträgt, haben wir bereits in Folgerung 2.1 bemerkt: Es ist

$$f(x_0+dx, y_0+dy) \approx f(x_0,y_0) + \frac{\partial f}{\partial x}(x_0,y_0)\,dx + \frac{\partial f}{\partial y}(x_0,y_0)\,dy \quad \text{für kleine } dx,\ dy; \tag{2.1.5}$$

denn der Rest $R(x,y)$ wird schnell klein in der Nähe von (x_0,y_0). Wir wollen uns nun diese wichtige Formel an Hand einer Zeichnung zumindest plausibel machen.

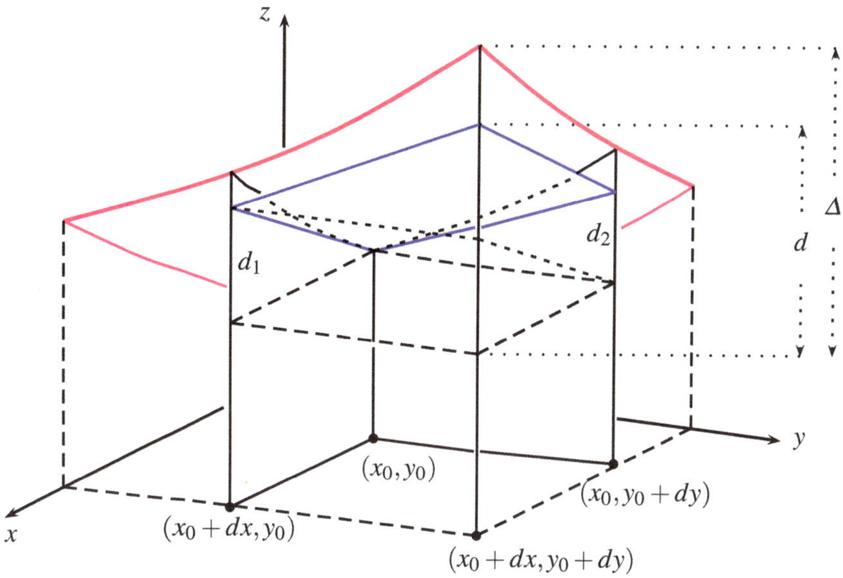

Wir wollen die Differenz $\Delta := f(x_0 + dx, y_0 + dy) - f(x_0, y_0)$ dadurch abschätzen, dass wir die Funktion durch die Tangentialebene im Punkt (x_0, y_0) annähern. Aus der Zeichnung liest man ab

$$\Delta \approx d = d_1 + d_2\,. \tag{2.1.6}$$

Die Größe d_1 ist die ungefähre Änderung des Funktionswertes, wenn sich x_0 um dx zu $x_0 + dx$ bei festem y_0 ändert; nach der früheren Näherungsformel (2.1.4), angewandt auf die Funktion $x \mapsto f(x, y_0)$ bei festem y_0 und der Definition der partiellen Ableitung nach x ist also

$$d_1 = \frac{\partial f}{\partial x}(x_0, y_0)\,dx\,.$$

Entsprechend ist

$$d_2 = \frac{\partial f}{\partial y}(x_0, y_0)\,dy\,,$$

so dass wir aus (2.1.6) in der Tat die Gleichung (2.1.5) erhalten

$$f(x_0 + dx, y_0 + dy) - f(x_0, y_0) \approx \frac{\partial f}{\partial x}(x_0, y_0)\,dx + \frac{\partial f}{\partial y}(x_0, y_0)\,dy \tag{2.1.7}$$

Der rechts stehenden Größe wollen wir einen Namen geben:

Definition 2.4 Für eine stetig partiell differenzierbare Funktion $f\colon D \to \mathbb{R}$, $D \subset \mathbb{R}^2$ offen, nennen wir

$$\mathrm{d}f(x, y) = \frac{\partial f}{\partial x}(x, y)\,dx + \frac{\partial f}{\partial y}(x, y)\,dy \tag{2.1.8}$$

das *Differential* von f im Punkt $(x, y) \in D$.

Statt Differential ist auch oft die Bezeichnung *totales Differential* gebräuchlich.

Wir betonen noch einmal die anschauliche Bedeutung des Differentials: Das Differential

$$\mathrm{d}f(x,y) = \frac{\partial f}{\partial x}(x,y)\,dx + \frac{\partial f}{\partial y}(x,y)\,dy$$

ist die ungefähre Änderung des Funktionswertes von f, wenn sich die Variable x nach $x+dx$ und die Variable y nach $y+dy$ ändert bei kleinen dx und dy.

Wir geben zwei Beispiele:

Beispiel 2.6 i) Das Differential der Funktion $f : f(x,y) = \sqrt[3]{x+y^2}$ für alle $x,y > 0$ ist

$$\mathrm{d}f(x,y) = \frac{1}{3}(x+y^2)^{-\frac{2}{3}}\,dx + \frac{2}{3}y(x+y^2)^{-\frac{2}{3}}\,dy\,.$$

Aus $f(11,4) = 3$ erhält man mit $dx = -0.09$ und $dy = 0.054$ die folgende Näherung für $f(10.91, 4.054)$:

$$\begin{aligned} f(10.91,4.054) &\approx f(11,4) + \frac{\partial f}{\partial x}(11,4)\cdot(-0.09) + \frac{\partial f}{\partial y}(11,4)\cdot 0.054 = \\ &= 3 - \frac{0.09}{27} + 8\frac{0.054}{27} = 3.0127\,. \end{aligned}$$

Als exakten Wert erhält man zum Vergleich $f(10.91,4.054) = 3.012721$.

ii) Das Differential des Druckes für n Mole eines idealen Gases lautet

$$\mathrm{d}p = nR\frac{1}{V}\,dT - nR\frac{T}{V^2}\,dV$$

und gibt also an, wie sich der Druck des Gases bei kleinen Änderungen von Temperatur und Volumen ändert. Das Minuszeichen vor dem zweiten Summenden bedeutet, dass bei Volumenvergößerung der Druck abnimmt, wie es ja auch sein muss.

Übungen

Übung 2.3 Bestimmen Sie das Differential der Funktionen

$$\text{i) } p = \frac{RT}{V-b} - \frac{a}{V^2} \qquad \text{ii) } f(x,y,z) = x^2y^3 - 3y^2 + 4xz^4\,.$$

Übung 2.4 Geben Sie mit Hilfe des Differentials eine Näherung für

$$\text{i) } \sqrt[3]{1.06} + \sqrt[4]{0.96} \qquad \text{ii) } 1.03^{3.01}\,.$$

Übung 2.5 Der Rauminhalt V einer zylindrischen Dose mit Radius r und Höhe h ist $V = \pi r^2 h$.

i) Wie lautet das Differential von V?
ii) Die Maße der Dose ändern sich von $r = 25$ cm zu $r = 24.9$ cm und $h = 10$ cm zu $h = 10.2$ cm. Schätzen Sie mit dem Differential die Änderung des Volumens ab.

Übung 2.6 Von einem Dreieck sind die Seiten a und b mit $a = 82.4$ m, $b = 71.9$ m und der eingeschlossene Winkel γ zu $\gamma = 47.8°$ gemessen worden. Die entsprechenden Messfehler betragen höchstens

$$\Delta a \leqq 0.05 \text{ m} \qquad \Delta b \leqq 0.1 \text{ m} \qquad \Delta \gamma \leqq 30'.$$

Wie groß ist die Fläche F des Dreiecks? Schätzen Sie mit dem Differential den maximalen Fehler von F,

Übung 2.7 Ein Gegenstand wiegt 5.1 kp, unter Wasser wiegt er noch 3.9 kp. Wie groß ist sein spezifisches Gewicht? Mit welchem Fehler muss man rechnen, wenn der maximale Fehler bei der ersten Wägung 12 p und bei der zweiten Wägung 50 p beträgt?

2.1.3 Partielle Ableitungen zweiter Ordnung und Extremwerte

Es sei wieder eine stetig partiell differenzierbare Funktion $f\colon D \to \mathbb{R}$ von zwei Variablen, also mit $D \subset \mathbb{R}^2$ offen, gegeben. Sind die partiellen Ableitungen $\dfrac{\partial f}{\partial x}\colon D \to \mathbb{R}$ und $\dfrac{\partial f}{\partial y}\colon D \to \mathbb{R}$ selbst partiell differenzierbar, so nennen wir die Funktion f *zweimal partiell differenzierbar* und können die *partiellen Ableitungen zweiter Ordnung* bilden:

$$\frac{\partial\left(\frac{\partial f}{\partial x}\right)}{\partial x} =: \frac{\partial^2 f}{\partial x^2} \qquad \frac{\partial\left(\frac{\partial f}{\partial x}\right)}{\partial y} =: \frac{\partial^2 f}{\partial y \partial x}$$

$$\frac{\partial\left(\frac{\partial f}{\partial y}\right)}{\partial x} =: \frac{\partial^2 f}{\partial x \partial y} \qquad \frac{\partial\left(\frac{\partial f}{\partial y}\right)}{\partial y} =: \frac{\partial^2 f}{\partial y^2}$$

Beispiel 2.7 Für die Funktion $f : f(x,y) = x^2 + y\sin(xy)$ ist

$$\frac{\partial f}{\partial x}(x,y) = 2x + y^2\cos(xy) \quad \text{und} \quad \frac{\partial f}{\partial y}(x,y) = \sin(xy) + xy\cos(xy)$$

und weiter

$$\frac{\partial^2 f}{\partial x^2}(x,y) = 2 - y^3\sin(xy) \qquad \frac{\partial^2 f}{\partial y \partial x}(x,y) = 2y\cos(xy) - xy^2\sin(xy)$$

$$\frac{\partial^2 f}{\partial x \partial y}(x,y) = 2y\cos(xy) - xy^2\sin(xy) \qquad \frac{\partial^2 f}{\partial y^2}(x,y) = 2x\cos(xy) - x^2y\sin(xy).$$

Beispiel 2.8 Für den Druck $p = nR\frac{T}{V}$ eines idealen Gases ist

$$\frac{\partial^2 p}{\partial T^2}(T,V) = 0 \qquad \frac{\partial^2 p}{\partial V \partial T}(T,V) = -nR\frac{1}{V^2}$$
$$\frac{\partial^2 p}{\partial T \partial V}(T,V) = -nR\frac{1}{V^2} \qquad \frac{\partial^2 p}{\partial V^2}(T,V) = 2nR\frac{T}{V^3}.$$

Bei diesen Beispielen fällt auf, dass die gemischten partiellen Ableitungen $\frac{\partial^2 f}{\partial y \partial x}$ und $\frac{\partial^2 f}{\partial x \partial y}$ übereinstimmen. Der folgende Satz von Hermann Amandus Schwarz besagt, dass dies unter einer harmlosen Voraussetzung immer richtig ist.

Satz 2.2 (H. A. Schwarz) *Es sei $f: D \to \mathbb{R}$, $D \subset \mathbb{R}^2$ offen, stetig partiell differenzierbar. Sind die partiellen Ableitungen $\frac{\partial^2 f}{\partial y \partial x}$ und $\frac{\partial^2 f}{\partial x \partial y}$ beide stetig, so gilt*

$$\frac{\partial^2 f}{\partial y \partial x} = \frac{\partial^2 f}{\partial x \partial y}. \tag{2.1.9}$$

Es gibt demnach nur drei verschiedene partielle Ableitungen zweiter Ordnung einer Funktion von zwei Variablen und entsprechend nur sechs verschiedene partielle Ableitungen zweiter Ordnung einer Funktion von drei Variablen.

Im Rest dieses Abschnitts wollen wir zeigen, wie man mit Hilfe der Differentialrechnung Extremwerte bei Funktionen von zwei Variablen bestimmen kann; wir werden dabei eine weitgehende Analogie zur Situation bei Funktionen einer Variablen feststellen.

Wir betrachten eine (zweimal stetig partiell differenzierbare) Funktion $f: D \to \mathbb{R}$ mit $D \subset \mathbb{R}^2$ offen. Unter einem Extremwert wollen wir wie im Abschnitt 1.3.1 stets einen lokalen Extremwert verstehen:

Definition 2.5 Die Funktion $f: D \to \mathbb{R}$ hat im Punkte $(x_0, y_0) \in D$ ein *lokales Minimum (Maximum)*, wenn es ein $r > 0$ gibt, so dass gilt

$$f(x_0,y_0) \leqq f(x,y) \ \big(f(x_0,y_0) \geqq f(x,y)\big) \quad \text{für alle } (x,y) \in I \text{ mit } |(x,y)-(x_0,y_0)| \leqq r.$$

Im Falle eines lokalen Minimums (Maximums) (x_0, y_0) gibt es somit auf einer Kreisscheibe um (x_0, y_0) keinen kleineren (größeren) Funktionswert von f als $f(x_0, y_0)$. Ein *lokales Extremum* ist der Oberbegriff, also entweder ein lokales Minimum oder ein lokales Maximum. Da die Differentialrechnung stets lokale Extrema aufspürt, werden wir den Zusatz „lokal" oft weglassen.

Da wir den Definitionsbereich D von f als offen und damit als randlos vorausgesetzt haben, können Randextrema nicht auftreten und wir haben in Analogie zu 1.15:

Bemerkung 2.2 *Hat die Funktion $f\colon D \to \mathbb{R}$, $D \subset \mathbb{R}^2$ offen, im Punkt $(x_0, y_0) \in D$ ein Extremum, so muss gelten*

$$\frac{\partial f}{\partial x}(x_0, y_0) = 0 \qquad \textit{und} \qquad \frac{\partial f}{\partial y}(x_0, y_0) = 0\,.$$

Beweis. Dies folgt sofort aus der entsprechenden Aussage für Funktionen einer Variablen. Hat nämlich f in $(x_0, y_0) \in D$ ein lokales Extremum, so hat die Funktion $x \mapsto f(x, y_0)$ einer Variablen ein lokales Extremum in x_0. Nach Bemerkung 1.15 muss die Ableitung dieser Funktion in x_0 verschwinden, das bedeutet $\dfrac{\partial f}{\partial x}(x_0, y_0) = 0$ nach Definition der partiellen Ableitung. Analog ergibt sich $\dfrac{\partial f}{\partial y}(x_0, y_0) = 0$. □

Extremwerte von f können also nur in Punkten $(x_0, y_0) \in D$ auftreten, die gemeinsame Nullstellen der beiden partiellen Ableitungen $\dfrac{\partial f}{\partial x}(x,y)$ und $\dfrac{\partial f}{\partial y}(x,y)$ sind, das heißt, in Punkten $(x_0, y_0) \in D$ mit $\operatorname{grad} f(x_0, y_0) = (0,0)$. Natürlich ist diese Bedingung nur notwendig; wie bei Funktionen einer Variablen ist nicht jede solche Nullstelle des Gradienten auch ein Extremwert. In unserer jetzigen Situation kommt es sogar deutlich häufiger vor, dass ein Punkt $(x_0, y_0) \in D$ mit $\operatorname{grad} f(x_0, y_0) = (0,0)$ *kein* Extremum ist.

Es ist daher zweckmäßig, folgende Sprechweise einzuführen:

Definition 2.6 Ein Punkt $(x_0, y_0) \in D$ mit

$$\frac{\partial f}{\partial x}(x_0, y_0) = 0 \qquad \text{und} \qquad \frac{\partial f}{\partial y}(x_0, y_0) = 0$$

oder äquivalent mit

$$\operatorname{grad} f(x_0, y_0) = (0,0)$$

heißt ein *kritischer Punkt* von f.

Jedes Extremum von f ist nach Bemerkung 2.2 ein kritischer Punkt von f, aber ein kritischer Punkt muss (noch lange) kein Extremum sein, wie das folgende Beispiel zeigt:

Beispiel 2.9 Die Funktion $f : f(x,y) = x^2 - y^2$ für alle $(x,y) \in \mathbb{R}^2$ hat $(0,0)$ als kritischen Punkt wegen

$$\operatorname{grad} f(x,y) = (2x, -2y) = 2(x, -y)\,.$$

Aber $(0,0)$ kann kein lokales Maximum sein, wie man durch Betrachten der Funktion $x \mapsto f(x,0) = x^2$ erkennt; ebenso zeigt das Betrachten von $y \mapsto f(0,y) = -y^2$, dass $(0,0)$ kein lokales Minimum ist. Kritische Punkte von dieser „Bauart" heißen Sattelpunkte, siehe das folgende Bild.

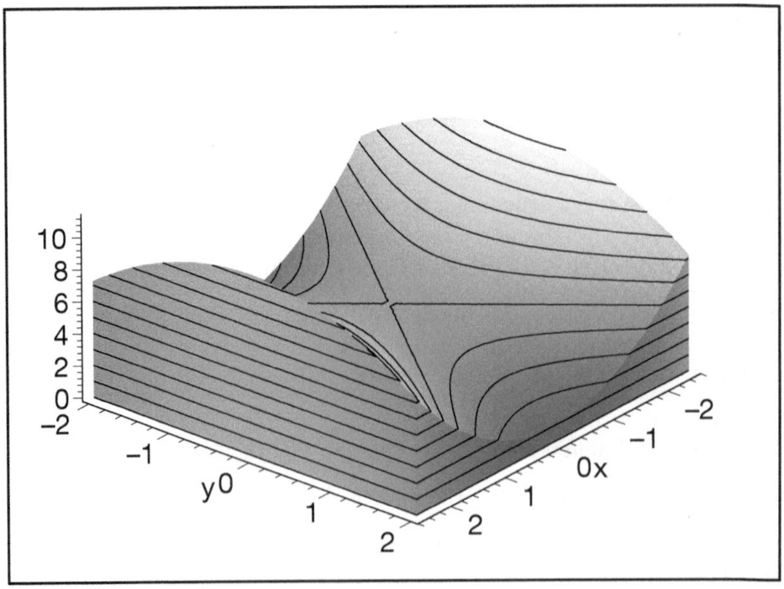

Wir formulieren nun eine Zusatzbedingung, die sicherstellt, dass ein kritischer Punkt auch ein lokales Extremum ist. Hierzu führen wir zu $f\colon D \to \mathbb{R}$ die Größe

$$d_f(x,y) = \frac{\partial^2 f}{\partial x^2}(x,y)\,\frac{\partial^2 f}{\partial y^2}(x,y) - \Big(\frac{\partial^2 f}{\partial x \partial y}(x,y)\Big)^2 \qquad \text{für alle } (x,y) \in D$$

ein. Leserinnen und Leser, welche die Begriffe schon kennen, werden feststellen, dass $d_f(x,y)$ die Determinante der Matrix

$$\begin{pmatrix} \frac{\partial^2 f}{\partial x^2}(x,y) & \frac{\partial^2 f}{\partial x \partial y}(x,y) \\ \frac{\partial^2 f}{\partial x \partial y}(x,y) & \frac{\partial^2 f}{\partial y^2}(x,y) \end{pmatrix}$$

ist; wir werden darauf erst im nächsten Kapitel zu sprechen kommen. Ohne Beweis formulieren wir das folgende Kriterium.

Behauptung 2.1 *Es sei $(x_0,y_0) \in D$ ein kritischer Punkt von f.*

i) *Gilt $d_f(x_0,y_0) < 0$, so hat f in (x_0,y_0) keinen Extremwert, sondern einen Sattelpunkt.*
ii) *Gilt $d_f(x_0,y_0) > 0$, so hat f in (x_0,y_0) ein lokales Extremum. Dann ist insbesondere das Produkt $\frac{\partial^2 f}{\partial x^2}(x_0,y_0)\,\frac{\partial^2 f}{\partial y^2}(x_0,y_0) > 0$, was nur möglich ist, wenn beide Faktoren $\frac{\partial^2 f}{\partial x^2}(x_0,y_0)$ und $\frac{\partial^2 f}{\partial y^2}(x_0,y_0)$ das gleiche Vorzeichen haben. Ist dieses Vorzeichen positiv, so liegt in (x_0,y_0) ein Minimum vor, ist dieses Vorzeichen negativ, so liegt in (x_0,y_0) ein Maximum vor.*

Beispiel 2.10 Wir betrachten die Funktion

$$f : f(x,y) = x^2(2-y) - y^3 + 3y^2 + 9y \qquad \text{für alle } (x,y) \in \mathbb{R}^2 .$$

Wir rechnen aus

$$\frac{\partial f}{\partial x}(x,y) = 2x(2-y) \qquad \text{und} \qquad \frac{\partial f}{\partial y}(x,y) = -x^2 - 3y^2 + 6y + 9 .$$

Die Gleichung $\frac{\partial f}{\partial x}(x,y) = 0$ hat die Lösungen $x = 0$ und $y = 2$. Die Gleichung $\frac{\partial f}{\partial y}(x,y) = 0$ lautet im Falle $x = 0$ offenbar $-3y^2 + 6y + 9 = 0$ mit den Lösungen $y_1 = -1$ sowie $y_2 = 3$ und im Falle $y = 2$ offenbar $-x^2 + 9 = 0$ mit den Lösungen $x_{1,2} = \pm 3$. Wir haben die vier kritischen Punkte

$$(0,-1) \qquad (0,3) \qquad (-3,2) \qquad (3,2)$$

gefunden. Um zu testen, welche davon Extrema von f sind, rechnen wir aus

$$d_f(x,y) = 2(2-y)(-6y+6) - 4x^2 = 12(2-y)(1-y) - 4x^2$$

und erhalten

$$d_f(0,-1) = 72 \qquad d_f(0,3) = 24 \qquad d_f(\mp 3,0) = -36 .$$

Die Punkte $(0,-1)$ und $(0,3)$ sind also Extrema, und zwar ist $(0,-1)$ ein Minimum und $(0,3)$ ein Maximum, bei den anderen beiden kritischen Punkten handelt es sich um Sattelpunkte:

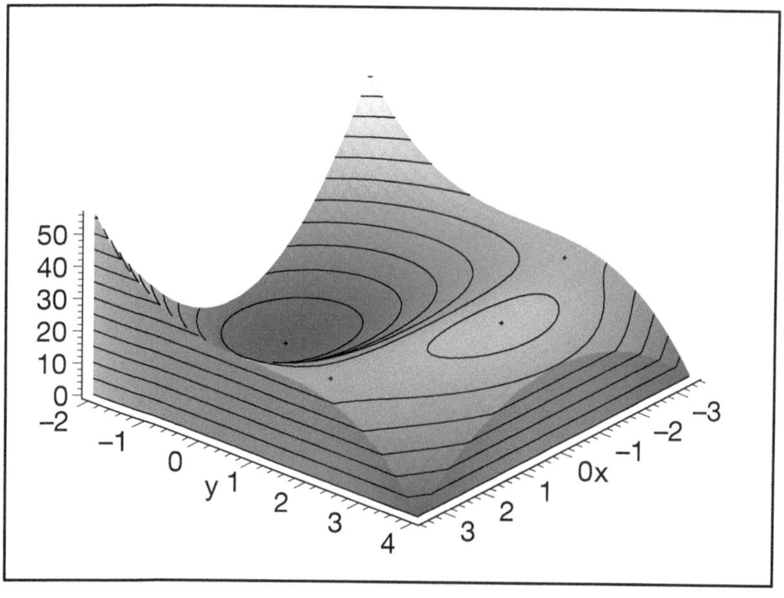

Wir beschließen diesen Abschnitt mit einer nützlichen Anwendung.

Gegeben sind n Punkte (x_1,y_1), $(x_2,y_2),\ldots,(x_n,y_n)$ in der Ebene; wir suchen die Gerade $y(x)=mx+b$, welche diesen Punkten am nächsten kommt in dem Sinne, dass die Summe der Abweichungsquadrate

$$\sum_{\ell=1}^{n}\big(y(x_\ell)-y_\ell\big)^2=\sum_{\ell=1}^{n}(mx_\ell+b-y_\ell)^2$$

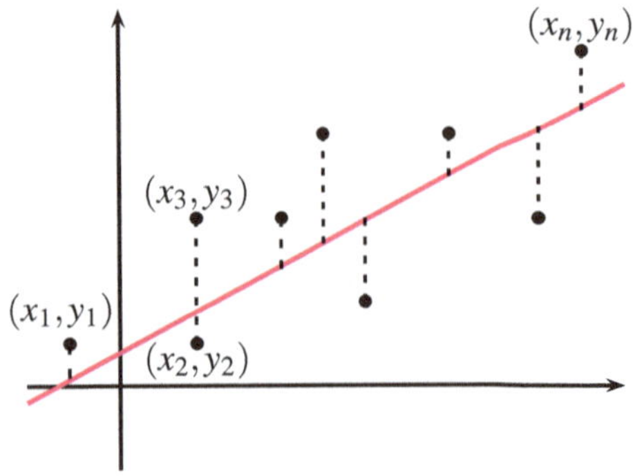

minimal wird. Diese Gerade heißt *Ausgleichsgerade* oder *Regressionsgerade*. Sie spielt bei der Auswertung von Messergebnissen eine Rolle, wie wir bereits im Abschnitt 1.1.4 gesehen haben. Wir müssen offenbar den Fall ausschließen, dass alle Punkte senkrecht übereinander liegen, da in dieser Situation das Problem keine Gerade der Form $mx+b$ als Lösung zulässt.

Zu gegebenen Punkten (x_1,y_1), $(x_2,y_2),\ldots,(x_n,y_n)$ sind also die Größen m und b so zu bestimmen, dass die Funktion

$$F:F(m,b)=\sum_{\ell=1}^{n}(mx_\ell+b-y_\ell)^2$$

minimal wird. Wir berechnen die partiellen Ableitungen

$$\frac{\partial F}{\partial m}(m,b)=\sum_{\ell=1}^{n}2x_\ell(mx_\ell+b-y_\ell)=2\Big(m\sum_{\ell=1}^{n}x_\ell^2+b\sum_{\ell=1}^{n}x_\ell-\sum_{\ell=1}^{n}x_\ell y_\ell\Big)$$

und

$$\frac{\partial F}{\partial b}(m,b)=\sum_{\ell=1}^{n}2(mx_\ell+b-y_\ell)=2\Big(m\sum_{\ell=1}^{n}x_\ell+nb-\sum_{\ell=1}^{n}y_\ell\Big).$$

Zur Bestimmung der kritischen Punkte von $F(m,b)$ sind die beiden Gleichungen

$$m\sum_{\ell=1}^{n}x_\ell^2+b\sum_{\ell=1}^{n}x_\ell=\sum_{\ell=1}^{n}x_\ell y_\ell \tag{2.1.10}$$

$$m\sum_{\ell=1}^{n}x_\ell+nb=\sum_{\ell=1}^{n}y_\ell \tag{2.1.11}$$

zu lösen. Multiplizieren wir (2.1.10) mit n und (2.1.11) mit $\sum_{\ell=1}^{n}x_\ell$ und subtrahieren die beiden resultierenden Gleichungen, so erhalten wir

$$m\Big(n\sum_{\ell=1}^{n}x_\ell^2-\Big(\sum_{\ell=1}^{n}x_\ell\Big)^2\Big)=n\sum_{\ell=1}^{n}x_\ell y_\ell-\Big(\sum_{\ell=1}^{n}x_\ell\Big)\Big(\sum_{\ell=1}^{n}y_\ell\Big). \tag{2.1.12}$$

Wir können diese Gleichung nach m auflösen, wenn der Koeffizient von m

$$D := n\sum_{\ell=1}^{n} x_\ell^2 - \Big(\sum_{\ell=1}^{n} x_\ell\Big)^2 \neq 0$$

ist. Um dies sicherzustellen, machen wir eine Anleihe aus dem nächsten Kapitel. Dort werden wir die Ungleichung von Cauchy-Schwarz (Behauptung 3.1) beweisen. Diese liefert:

$$\Big|\sum_{\ell=1}^{n} x_\ell\Big| \leqq n^{\frac{1}{2}}\Big(\sum_{\ell=1}^{n} x_\ell^2\Big)^{\frac{1}{2}}$$

oder

$$\Big(\sum_{\ell=1}^{n} x_\ell\Big)^2 \leqq n\Big(\sum_{\ell=1}^{n} x_\ell^2\Big),$$

wobei Gleichheit nur dann gilt, wenn $x_1 = x_2 = \cdots = x_n$. Diesen Fall haben wir aber zu Beginn ausgeschlossen. Somit ist in der Tat $D > 0$ und wir erhalten aus (2.1.12)

$$m = \frac{1}{D}\Big(n\sum_{\ell=1}^{n} x_\ell y_\ell - \Big(\sum_{\ell=1}^{n} x_\ell\Big)\Big(\sum_{\ell=1}^{n} y_\ell\Big)\Big). \tag{2.1.13}$$

Setzen wir dies in (2.1.11) ein, so ergibt sich

$$b = \frac{1}{D}\Big(\Big(\sum_{\ell=1}^{n} x_\ell^2\Big)\Big(\sum_{\ell=1}^{n} y_\ell\Big) - \Big(\sum_{\ell=1}^{n} x_\ell y_\ell\Big)\Big(\sum_{\ell=1}^{n} x_\ell\Big)\Big). \tag{2.1.14}$$

Wir haben einen kritischen Punkt (m,b) gefunden und müssen uns nun davon überzeugen, dass es sich tatsächlich um ein Minimum handelt. Die Größe

$$\frac{\partial^2 F}{\partial m^2}(m,b)\frac{\partial^2 F}{\partial b^2}(m,b) - \Big(\frac{\partial^2 F}{\partial m \partial b}(m,b)\Big)^2 = 4n\sum_{\ell=1}^{n} x_\ell^2 - 4\Big(\sum_{\ell=1}^{n} x_\ell\Big)^2 = 4D > 0,$$

ist für alle (m,b) konstant und größer 0, also auch für unseren kritischen Punkt.

Wir fassen zusammen: Die Gerade $y = mx + b$, die sich n Punkten $(x_1,y_1),\ldots,(x_n,y_n)$ in der Ebene am besten anpasst, hat die Steigung

$$m = \frac{1}{D}\Big(n\sum_{\ell=1}^{n} x_\ell y_\ell - \Big(\sum_{\ell=1}^{n} x_\ell\Big)\Big(\sum_{\ell=1}^{n} y_\ell\Big)\Big)$$

und den Achsenabschnitt

$$b = \frac{1}{D}\Big(\Big(\sum_{\ell=1}^{n} x_\ell^2\Big)\Big(\sum_{\ell=1}^{n} y_\ell\Big) - \Big(\sum_{\ell=1}^{n} x_\ell y_\ell\Big)\Big(\sum_{\ell=1}^{n} x_\ell\Big)\Big),$$

wobei

$$D = n\sum_{\ell=1}^{n} x_\ell^2 - \Big(\sum_{\ell=1}^{n} x_\ell\Big)^2 > 0.$$

Übungen

Übung 2.8 Berechnen Sie die partiellen Ableitungen erster und zweiter Ordnung der Funktionen

$$\text{i) } f(x,y) = \arctan\frac{x+y}{1-xy} \qquad \text{ii) } f(x,y,z) = x^4 + yz^2 + 3xy - xz + z^2\,.$$

Übung 2.9 Für eine zweimal stetig partiell differenzierbare Funktion $f\colon D \to \mathbb{R}$, $D \subset \mathbb{R}^2$ offen, definiert man die *Laplace-Ableitung* Δf durch

$$\Delta f(x,y) = \frac{\partial^2 f}{\partial x^2}(x,y) + \frac{\partial^2 f}{\partial y^2}(x,y) \qquad \text{für alle } (x,y) \in D;$$

entsprechend für Funktionen von drei und mehr Variablen. Hiervon wird in Kapitel 4 ausführlich die Rede sein; im Augenblick soll uns Δ dazu dienen, partielles Ableiten zu üben: Die Funktion f heißt *harmonisch* oder *Potentialfunktion*, wenn $\Delta f = 0$.
a) Rechnen Sie nach, dass die Funktionen

$$\text{i) } f(x,y) = \mathrm{e}^x \cos y \qquad \text{ii) } f(x,y) = \ln\sqrt{x^2+y^2} \qquad \text{iii) } g(u,v) = u^4 - 6u^2v^2 + v^4$$

harmonisch sind.
b) Bestätigen Sie, dass das elektrische Potential einer Punktladung im Nullpunkt, also die Funktion (vergleiche Abschnitt 1.4.3)

$$f(x,y,z) = \frac{1}{\sqrt{x^2+y^2+z^2}} \qquad \text{für } x^2+y^2+z^2 > 0$$

eine Potentialfunktion im obigen Sinne ist.

Übung 2.10 Bestimmen Sie Art und Lage der Extremwerte der Funktion

$$f\colon f(x,y) = x^3 + y^3 + 3xy \qquad \text{für alle } (x,y) \in \mathbb{R}^2\,.$$

Übung 2.11 Ein quaderförmiges Becken (ohne Deckel) soll 4 m^3 einer säurehaltigen Flüssigkeit fassen; es muss mit einer teuren Schutzschicht verkleidet werden. Wie sind die Abmessungen zu wählen, damit die Kosten minimal werden?

Übung 2.12 Berechnen Sie für die Funktion

$$f\colon f(x,y,z) = \mathrm{e}^{xyz} \qquad \text{für alle } x,y,z \in \mathbb{R}$$

die partielle Ableitung

$$\frac{\partial^3 f}{\partial x \partial y \partial z}(x,y,z)\,.$$

Übung 2.13 Bestimmen Sie die Regressionsgerade für die folgenden Messwerte: Ausdehnung $y\,[\%]$ von Gelatine in Abhängigkeit von der Luftfeuchtigkeit $x\,[\%]$:

x	10	20	30	40
y	0.8	1.6	2.4	2.8

Fertigen Sie eine Zeichnung an.

2.2 Kurven und Differentialformen

2.2.1 Kurven

Was ist eine Kurve? Es handelt sich offenbar um einen Begriff, der auch in der Umgangssprache verwendet wird und von dem also jeder gewisse Vorstellungen besitzt; wir wollen diesem Begriff hier eine mathematische Bedeutung geben. Wir beschränken uns dabei auf Kurven in der Ebene, Kurven im Raum lassen sich genauso behandeln. Gewissen Kurven in der Ebene sind wir schon begegnet, nämlich den Graphen von Funktionen $f\colon I \to \mathbb{R}$ einer Variablen, also $I \subset \mathbb{R}$ ein Intervall. Diese Kurven sind jedoch sehr speziell; wir wollen den Begriff weiter fassen.

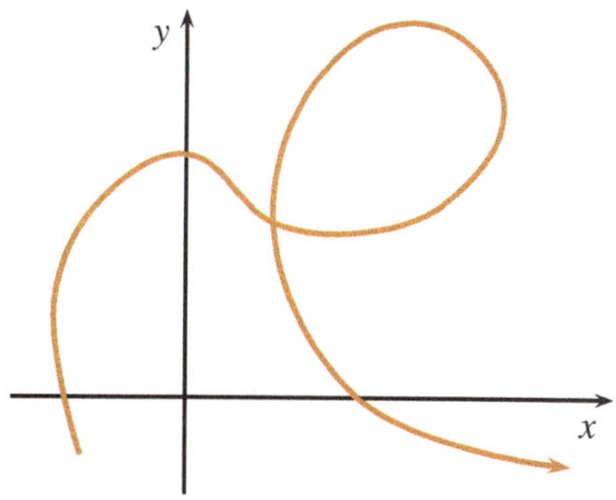

Dabei ist die Vorstellung der Physik nützlich: Eine Kurve ist die Bahnkurve eines (Massen-)Punktes. Jedem Zeitpunkt t entspricht ein bestimmter Aufenthaltsort $(x(t), y(t))$ des Teilchens, das heißt, jedem t aus einem bestimmten Zeitintervall I wird ein Punkt $(x(t), y(t))$ in der Ebene zugeordnet.

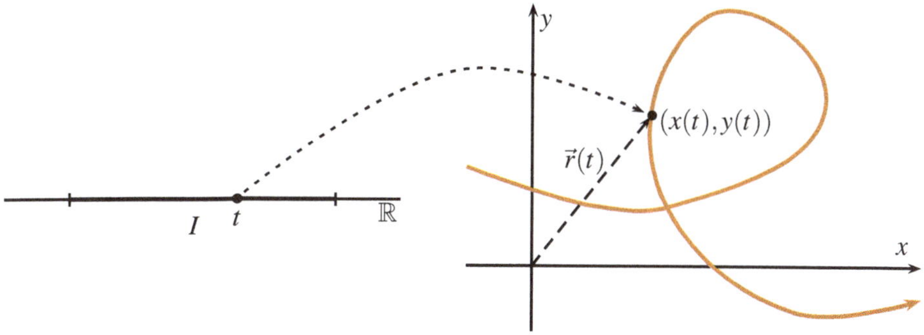

Wir werden so zu folgender Definition geführt:

Definition 2.7 Eine *Kurve* in der Ebene wird durch ein Paar stetig differenzierbarer Funktionen $(x(t), y(t))$, $(t \in I, I \subset \mathbb{R}$ Intervall) in dem folgenden Sinne beschrieben: Durchläuft der „Parameter" t das Intervall I, so durchläuft der Punkt $(x(t), y(t))$ die Kurve.

Fassen wir das Funktionenpaar $(x(t), y(t))$ als *vektorwertige Funktion* oder kurz *Vektorfunktion*

$$\vec{r} \colon I \to \mathbb{R}^2 \quad \vec{r}(t) = (x(t), y(t)) \qquad \text{für alle } t \in I$$

auf, so ist die Kurve die Bildmenge $\{\vec{r}(t) : t \in I\}$ von $\vec{r}$. Die Funktion $\vec{r}(t)$ beziehungsweise das Funktionenpaar $(x(t), y(t))$ nennt man eine *Parameterdarstellung* der Kurve.

Eine Kurve hat immer viele Parameterdarstellungen. Das ist schon intuitiv klar: Ein Teilchen, das eine bestimmte Kurve erzeugt, kann dies zu verschiedenen Zeiten und mit unterschiedlichen Geschwindigkeiten tun; die durchlaufene Kurve ist trotzdem dieselbe, das Weg-Zeit-Gesetz, also die Parameterdarstellung, ist jedes Mal eine andere. Wenn man daher für eine Kurve eine bestimmte Größe – wie etwa ihre Länge – mittels einer Parameterdarstellung definiert, so muss man sich davon überzeugen, dass dies von der jeweiligen Parameterdarstellung unabhängig ist. Solche Überlegungen werden wir aber meist unterlassen.

Beispiel 2.11 Wir geben uns für eine feste Zahl $R > 0$ die Funktionen $x(t) = R\cos t$ und $y(t) = R\sin t$ für $0 \leqq t \leqq 2\pi$ vor, also die Vektorfunktion

$$\vec{r}(t) = (R\cos t, R\sin t) \qquad \text{für alle } t \in I = [0, 2\pi].$$

Um zu erkennen, welche Kurve hierdurch erzeugt wird, kann man eine Wertetabelle anlegen:

t	0	$\frac{\pi}{6}$	$\frac{\pi}{4}$	$\frac{\pi}{3}$	$\frac{\pi}{2}$	…
$x(t)$	R	$\frac{1}{2}\sqrt{3}R$	$\frac{1}{2}\sqrt{2}R$	$\frac{1}{2}R$	0	…
$y(t)$	0	$\frac{1}{2}R$	$\frac{1}{2}\sqrt{2}R$	$\frac{1}{2}\sqrt{3}R$	R	…

Trägt man diese Punkte in die Ebene ein, so erkennt man, dass diese Parameterdarstellung einen Kreis um den Ursprung vom Radius R erzeugt, wie sich auch aus der Gleichung

$$x(t)^2 + y(t)^2 = R^2\cos^2 t + R^2\sin^2 t = R^2$$

für alle t ergibt.

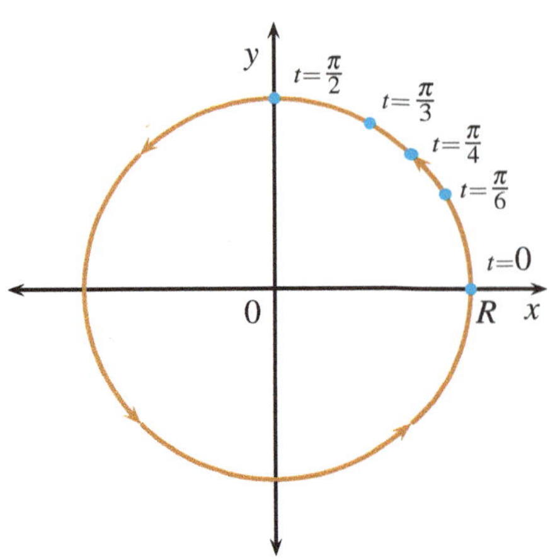

Es ist Anfangspunkt $= \vec{r}(0) = (R, 0)$ und Endpunkt $= \vec{r}(2\pi) = (R, 0)$, insbesondere ist Anfangspunkt gleich Endpunkt. Solche Kurven heißen *geschlossen*.

Beispiel 2.12 Wir betrachten $\vec{r}(t) = (t^2, t^3)$ für alle $t \in \mathbb{R}$.
Eine Wertetabelle rund um $t = 0$ ist

t	$\cdots$	-2	-1	$-\frac{1}{2}$	0	$\frac{1}{2}$	1	2	$\cdots$
$x(t)$	$\cdots$	4	1	$\frac{1}{4}$	0	$\frac{1}{4}$	1	4	$\cdots$
$y(t)$	$\cdots$	-8	-1	$-\frac{1}{8}$	0	$\frac{1}{8}$	1	8	$\cdots$

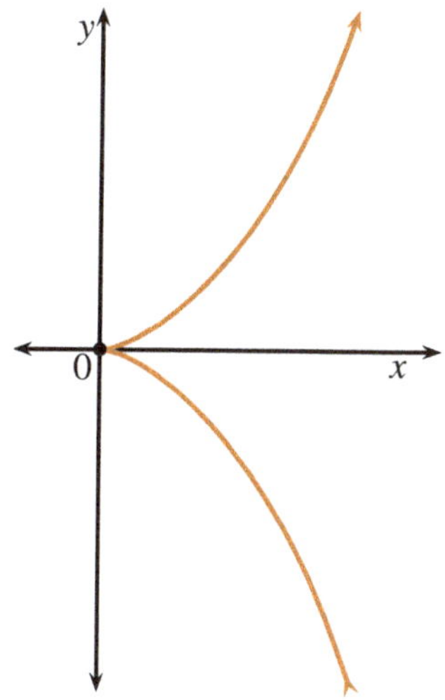

Dieses Beispiel zeigt, dass die Kurve einen „Knick" oder eine „Spitze" aufweisen kann, obwohl die Parameterdarstellung stetig differenzierbar ist. Dies liegt daran, dass der *Tangenten-* oder *Geschwindigkeitsvektor* $\dot{\vec{r}}(t) = (2t, 3t^2)$ im betreffenden Punkt, also für $t = 0$ verschwindet und kann durch die zusätzliche Forderung

$$\dot{\vec{r}}(t) \neq 0 \quad \text{für alle } t \in I$$

verhindert werden. Man spricht dann von einer *glatten Kurve*.

Beispiel 2.13 Wir merken noch an, dass die Graphen von stetig differenzierbaren Funktionen $f\colon I \to \mathbb{R}$ mit $I \subset \mathbb{R}$ Intervall – sogar glatte – Kurven im Sinne der obigen Definition sind. Man erhält eine Parameterdarstellung durch

$$\vec{r}(t) = (t, f(t)) \qquad \text{für alle } t \in I.$$

Nach diesen Beispielen für Kurven kommen wir zu einer wichtigen Verallgemeinerung der Kettenregel 1.11.

Wir betrachten die folgende Situation. Es sei $f\colon D \to \mathbb{R}$, $D \subset \mathbb{R}^2$ offen, eine stetig partiell differenzierbare Funktion von zwei Variablen. Weiter sei durch $\vec{r}(t) = (x(t), y(t))$, $t \in I$, eine Kurve in D gegeben.

Wir können dann die Zusammensetzung

$$k = f \circ \vec{r}\colon \quad k(t) = f\big(\vec{r}(t)\big) = f\big(x(t), y(t)\big) \qquad \text{für alle } t \in I$$

bilden und suchen die Ableitung $\dot{k}(t)$ dieser zusammengesetzten Funktion $k\colon I \to \mathbb{R}$. Die Antwort gibt die folgende Kettenregel.

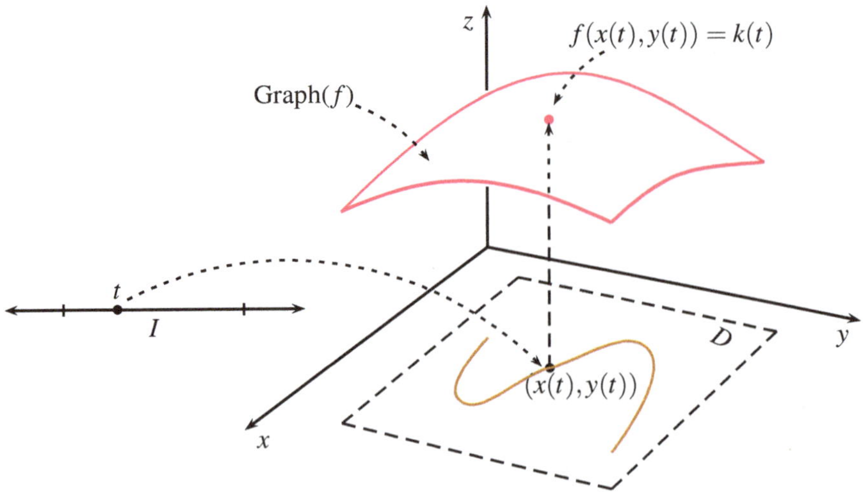

Behauptung 2.2 (Kettenregel) *Es gilt*

$$\dot{k}(t) = \frac{\partial f}{\partial x}(x(t),y(t))\dot{x}(t) + \frac{\partial f}{\partial y}(x(t),y(t))\dot{y}(t) = \operatorname{grad} f(\vec{r}(t)) \cdot \dot{\vec{r}}(t)\,. \tag{2.2.1}$$

Dabei haben wir ganz rechts die kurze Schreibweise mit dem Skalarprodukt benutzt, das wir aber erst im nächsten Kapitel einführen werden. Die Kettenregel ist auch für Funktionen von mehr als zwei Variablen sinngemäß richtig.

Beweis. Wir wollen die Idee des Beweises andeuten. Für $t_0 \in I$ und kleines Δt ist nach den Näherungsformeln (2.1.4) und (2.1.5)

$$\begin{aligned}
\frac{1}{\Delta t}\big(k(t_0+\Delta t) - k(t_0)\big) &= \frac{1}{\Delta t}\big(f(x(t_0+\Delta t), y(t_0+\Delta t)) - f(x(t_0),y(t_0))\big) \\
&\approx \frac{1}{\Delta t}\big(f(x(t_0)+\dot{x}(t_0)\Delta t, y(t_0)+\dot{y}(t_0)\Delta t) - f(x(t_0),y(t_0))\big) \\
&\approx \frac{1}{\Delta t}\Big(\frac{\partial f}{\partial x}(x(t_0),y(t_0))\dot{x}(t_0)\Delta t + \frac{\partial f}{\partial y}(x(t_0),y(t_0))\dot{y}(t_0)\Delta t\Big) \\
&= \frac{\partial f}{\partial x}(x(t_0),y(t_0))\dot{x}(t_0) + \frac{\partial f}{\partial y}(x(t_0),y(t_0))\dot{y}(t_0) \qquad \square
\end{aligned}$$

Als erste Anwendung dieser Kettenregel können wir das *Eulersche Theorem* über homogene Funktionen herleiten, das in der Physikalischen Chemie und in der Volkswirtschaftslehre eine Rolle spielt. Zunächst ist zu erklären, was man unter einer homogenen Funktion versteht.

Definition 2.8 Eine (stetig partiell differenzierbare) Funktion $f\colon D \to \mathbb{R}, D \subset \mathbb{R}^2$ offen, heißt *homogen vom Grade p*, wenn mit einer Zahl $p \in \mathbb{R}$ gilt:

$$f(tx,ty) = t^p f(x,y) \qquad \text{für alle } (x,y) \in D \text{ und alle } t > 0.$$

Dabei muss der Definitionsbereich D die Eigenschaft haben, dass mit jedem Punkt $(x,y) \in D$ der Halbstrahl $\{(tx,ty) : t > 0\}$ zu D gehört. Dies ist beispielsweise für einen Quadranten, eine Halbebene oder die ganze Ebene – jeweils mit oder ohne den Nullpunkt – der Fall.

Wir geben zunächst einige Beispiele.

Beispiel 2.14 i) Die Funktion f sei definiert durch $f(x,y) = \dfrac{1}{\sqrt{x^2+y^2}}$ für alle $(x,y) \in \mathbb{R}^2$, $(x,y) \neq (0,0)$. Für $(x,y) \in \mathbb{R}^2$, $(x,y) \neq (0,0)$ und $t > 0$ gilt

$$f(tx,ty) = \frac{1}{\sqrt{t^2x^2+t^2y^2}} = \frac{1}{t}\frac{1}{\sqrt{x^2+y^2}} = t^{-1}f(x,y),$$

das bedeutet, f ist homogen vom Grad -1.

ii) Die Funktion $f : f(x,y) = \sin\big(\frac{x}{y}\big)$ für alle $(x,y) \in \mathbb{R}^2$, $y \neq 0$ erfüllt

$$f(tx,ty) = \sin\Big(\frac{tx}{ty}\Big) = f(x,y) \qquad \text{für alle } (x,y) \in \mathbb{R}^2,\ y \neq 0 \text{ und } t > 0,$$

und ist also homogen vom Grad 0. Dies lässt sich folgendermaßen verallgemeinern: Setzt man für eine Funktion $g\colon \mathbb{R} \to \mathbb{R}$ einer Variablen

$$f(x,y) = g\Big(\frac{x}{y}\Big) \qquad \text{für alle } (x,y) \in \mathbb{R}^2,\ y \neq 0,$$

so ist f homogen vom Grade 0.

iii) Das Polynom in zwei Variablen

$$f : f(x,y) = x^3 + 4x^2y + 2xy^2 + y^3 \qquad \text{für alle } (x,y) \in \mathbb{R}^2$$

ist homogen vom Grad 3.

Die folgende Charakterisierung homogener Funktionen wird als Eulersches Theorem bezeichnet.

Bemerkung 2.3 *Eine Funktion $f\colon D \to \mathbb{R}$ ist genau dann homogen vom Grad p, wenn gilt*

$$x\frac{\partial f}{\partial x}(x,y) + y\frac{\partial f}{\partial y}(x,y) = p\,f(x,y) \qquad \textit{für alle } (x,y) \in D. \tag{2.2.2}$$

Beweis. Zu einem festen Punkt $(x,y) \in D$ bilden wir die (Hilfs-)Funktion $h : h(t) = f(tx,ty)$ für alle $t > 0$. Nach der obigen Kettenregel 2.2.1 gilt

$$\dot h(t) = x\frac{\partial f}{\partial x}(tx,ty) + y\frac{\partial f}{\partial y}(tx,ty) \qquad \text{für alle } t > 0. \tag{2.2.3}$$

i) Ist f homogen vom Grad p, so ist $h(t) = t^p f(x,y)$ und entsprechend $\dot h(t) = pt^{p-1}f(x,y)$. Vergleicht man die beiden Ausdrücke für $\dot h(t)$, so ergibt sich

$$x\frac{\partial f}{\partial x}(tx,ty)+y\frac{\partial f}{\partial y}(tx,ty)=pt^{p-1}f(x,y) \qquad \text{für alle } t>0\,,$$

und hieraus die behauptete Formel (2.2.2), wenn man $t = 1$ wählt.

ii) Gilt umgekehrt (2.2.2), so folgt mit (2.2.3)

$$\dot h(t)=\frac{1}{t}\Big(tx\frac{\partial f}{\partial x}(tx,ty)+ty\frac{\partial f}{\partial y}(tx,ty)\Big)=\frac{1}{t}pf(tx,ty)=\frac{p}{t}h(t)\,,$$

das bedeutet, $h(t)$ erfüllt die Differentialgleichung $\dot h(t)=\frac{p}{t}h(t)$. Die einzige Lösung ist

$$h(t)=Ce^{p\ln t}=Ct^p \qquad \text{für alle } t>0$$

mit einer Konstanten C. Zur Begründung betrachten wir $g(t):=t^{-p}h(t)$ für alle $t>0$. Wegen

$$\dot g(t)=-pt^{-p-1}h(t)+t^{-p}\dot h(t)=0 \quad \text{für alle } t>0$$

ist g konstant $=C$. Diese Konstante bestimmt sich zu

$$C=h(1)=f(x,y)\,,$$

so dass wir schließlich $f(tx,ty)=h(t)=t^pf(x,y)$ für alle $t>0$ erhalten. □

Beispiel 2.15 Wir probieren das Eulersche Theorem am Beispiel der Funktion

$$f(x,y)=\frac{x^2y^2}{x^2+y^2} \qquad \text{für alle } (x,y)\neq(0,0)$$

aus. f ist homogen vom Grad 2 und in der Tat ist die Eulersche Bedingung (2.2.2) erfüllt:

$$x\frac{\partial f}{\partial x}(x,y)+y\frac{\partial f}{\partial y}(x,y)=x\frac{2xy^4}{(x^2+y^2)^2}+y\frac{2x^4y}{(x^2+y^2)^2}=2\frac{x^2y^2(x^2+y^2)}{(x^2+y^2)^2}=2f(x,y)\,.$$

Übungen

Übung 2.14 Skizzieren Sie die Kurven in der Ebene, die durch die folgenden Parameterdarstellungen gegeben sind:

i) $x(t)=\cosh t,\ y(t)=\sinh t$ für $t\in[-2,2]$.
ii) $x(t)=t^2+2t,\ y(t)=t^2-2t-1$ für $t\in[-2,2]$.
iii) $x(t)=8\cos^3 t,\ y(t)=8\sin^3 t$ für $t\in[0,2\pi]$.
iv) $\vec r(t)=\left(\frac{2t}{1+t^2},\frac{1-t^2}{1+t^2}\right)$ für $t\in[-1,1]$.

Übung 2.15 Geben Sie jeweils eine Parameterdarstellung für die folgenden Kurven an:

i) Kreis um $(1,2)$ vom Radius 3.
ii) gerade Verbindung von $(4,1)$ nach $(1,3)$.
iii) von $(0,0)$ nach $(2,4)$ längs der Parabel $y = x^2$.

Übung 2.16 Zeigen Sie, dass die Funktionen

i) $f(x,y) := \dfrac{xy}{\sqrt{x^2+y^2}}$ für alle $(x,y) \in \mathbb{R}^2$, $(x,y) \neq (0,0)$,

ii) $g(x,y,z) := x^3y^2 + 4x^2yz^2 + y^4z + 3y^5$ für alle $x,y,z \in \mathbb{R}$

homogen sind. Geben Sie den Grad an und verifizieren Sie das Eulersche Theorem (Bemerkung 2.3) in der jeweiligen Situation.

2.2.2 Differentialformen

Wir betrachten wieder eine stetig partiell differenzierbare Funktion $f\colon D \to \mathbb{R}$ und erinnern daran, dass wir das Differential von f im Punkt $(x,y) \in D$ durch

$$\mathrm{d}f(x,y) = \frac{\partial f}{\partial x}(x,y)\,dx + \frac{\partial f}{\partial y}(x,y)\,dy$$

erklärt und als die ungefähre Änderung des Funktionswertes interpretiert hatten, wenn sich für kleine dx, dy die Variable x nach $x+dx$ und y nach $y+dy$ ändert.

Beispiel 2.16 Für den Druck p eines idealen Gases (1 Mol) gilt $p = R\dfrac{T}{V}$, das Differential des Druckes ist dann

$$\mathrm{d}p = R\frac{1}{V}\,dT - RT\,\frac{1}{V^2}\,dV.$$

Hat man also eine naturwissenschaftliche Größe z als Funktion anderer Größen $x,y,\ldots$ vorliegen:

$$z = F(x,y)\,,$$

so kann man mit Hilfe des Differentials sofort ihre approximative Änderung bei Änderung der Variablen x, y gewinnen:

$$dz = \mathrm{d}F(x,y) = \frac{\partial F}{\partial x}(x,y)\,dx + \frac{\partial F}{\partial y}(x,y)\,dy$$

In den Naturwissenschaften, zum Beispiel in der Thermodynamik, tritt auch eine Art Umkehrung dieses Problems auf: Bekannt ist, wie sich eine Größe z ändert, wenn sich gewisse Variable $x,y,\ldots$ ändern, die den Zustand des betrachteten Systems beschreiben. Diese Änderung liege – und liegt in der Regel – in der Form

$$A(x,y)\,dx + B(x,y)\,dy$$

vor. Die Aufgabe besteht nun darin, eine Funktion $F(x,y)$ zu finden, so dass diese Änderung durch die Änderung von $F(x,y)$, also durch das Differential von $F(x,y)$, gegeben ist. Dann hätte man die fragliche Größe z als Funktion $z = F(x,y)$ erhalten und wüßte, dass die Variablen x,y geeignet sind, die Größe z festzulegen. Wir müssen allerdings vorsichtiger formulieren: es ist nämlich keineswegs klar, ob eine solche Funktion $F(x,y)$ überhaupt existiert.

Beispiel 2.17 Aus dem ersten Hauptsatz der Thermodynamik folgt für die Änderung ΔQ der Wärmemenge Q eines idealen Gases (1 Mol) bei kleinen Änderungen dT und dV von Temperatur und Volumen:

$$\Delta Q = C_V\,dT + R\frac{T}{V}\,dV\,,$$

wobei C_V die spezifische Wärme von einem Mol des Gases bei konstantem Volumen bezeichnet. Das Problem ist, ob es eine Funktion $Q(T,V)$ gibt, so dass gilt

$$C_V\,dT + R\frac{T}{V}\,dV = \mathrm{d}Q(T,V) = \frac{\partial Q}{\partial T}(T,V)\,dT + \frac{\partial Q}{\partial V}(T,V)\,dV\,.$$

Dann hätte man die Wärmemenge eines idealen Gases mittels $Q(T,V)$ als Funktion von Temperatur und Volumen ausgedrückt.

Das vorliegende Problem ist nicht ganz einfach zu lösen. Wir merken zunächst nur an, dass offenbar von einer Änderung – einer „Ableitung“ – auf eine Funktion zu schließen ist, die Differentiation ist also umzukehren. Dies lässt die Vermutung aufkommen, dass unser Problem etwas mit Integration zu tun hat. Hierauf wollen wir später zurückkommen.

Vorerst führen wir erst einmal eine Bezeichnung ein, um unser Problem losgelöst von einer speziellen naturwissenschaftlichen Situation mathematisch formulieren zu können.

Definition 2.9 Ein Ausdruck der Form

$$A(x,y)\,dx + B(x,y)\,dy$$

mit stetig partiell differenzierbaren Funktionen $A,B\colon D \to \mathbb{R}$, $D \subset \mathbb{R}^2$ offen, heißt eine *Differentialform* mit Definitionsbereich D.

Beispiel 2.18 Der Ausdruck $xye^{xy^2}\,dx + \big(x + \sin(x+y)\big)\,dy$ ist eine Differentialform auf $\mathbb{R}^2$.

Beispiel 2.19 In den obigen Beispielen 2.16 und 2.17 aus der Thermodynamik sind $R\frac{1}{V}\,dT - RT\frac{1}{V^2}\,dV$ und $C_V\,dT + R\frac{T}{V}\,dV$ Differentialformen.

Beispiel 2.20 Spezielle Differentialformen sind die (totalen) Differentiale von Funktionen: Ist $F\colon D \to \mathbb{R}$, $D \subset \mathbb{R}^2$ offen, zweimal stetig partiell differenzierbar, so ist $\mathrm{d}F(x,y) = \frac{\partial F}{\partial x}(x,y)\,dx + \frac{\partial F}{\partial y}(x,y)\,dy$ eine Differentialform auf D.

Unser Problem lässt sich nun kurz und prägnant folgendermaßen formulieren:

Gegeben ist eine Differentialform $A(x,y)\,dx + B(x,y)\,dy$ auf $D \subset \mathbb{R}^2$ offen. Ist diese ein Differential, das bedeutet, existiert eine (zweimal stetig partiell differenzierbare) Funktion $F\colon D \to \mathbb{R}$, derart dass

$$\mathrm{d}F(x,y) = \frac{\partial F}{\partial x}(x,y)\,dx + \frac{\partial F}{\partial y}(x,y)\,dy = A(x,y)\,dx + B(x,y)\,dy?$$

In diesem Fall nennen wir die Funktion $F(x,y)$ eine *Stammfunktion* der Differentialform $A(x,y)\,dx + B(x,y)\,dy$. Eine Differentialform, die ein Differential ist, die also eine Stammfunktion besitzt, heißt in der Literatur auch *exakt*. Da diese Terminologie aber nicht überall eindeutig ist, wollen wir sie mit Zurückhaltung verwenden.

In letzter Konsequenz ließe sich unser Problem offenbar auch so formulieren: Gegeben sind zwei Funktionen $A, B\colon D \to \mathbb{R}$ von zwei Variablen. Gibt es eine Funktion $F\colon D \to \mathbb{R}$, welche

$$A(x,y) = \frac{\partial F}{\partial x}(x,y) \qquad \text{und} \qquad B(x,y) = \frac{\partial F}{\partial y}(x,y)$$

erfüllt? Bei dieser Formulierung geht aber jede Verbindung zur naturwissenschaftlichen Herkunft und Bedeutung des Problems verloren.

2.2.3 Das Kurvenintegral einer Differentialform

Eine Differentialform lässt sich in natürlicher Weise über eine Kurve integrieren, dies wollen wir in diesem Abschnitt erklären.

Definition 2.10 Es sei eine Differentialform $A(x,y)\,dx + B(x,y)\,dy$ auf einer offenen Menge $D \subset \mathbb{R}^2$ gegeben. Weiter sei C eine Kurve in D, die durch eine Parameterdarstellung $\vec{r}(t) = (x(t), y(t))$, $t \in [a,b]$ mit $a, b \in \mathbb{R}$, $a < b$, beschrieben wird. Dann definiert man das *Integral* der Differentialform $A(x,y)\,dx + B(x,y)\,dy$ *über die Kurve C* durch

$$\int_C A(x,y)\,dx + B(x,y)\,dy = \int_a^b \big(A(x(t),y(t))\dot{x}(t) + B(x(t),y(t))\dot{y}(t)\big)\,dt. \tag{2.2.4}$$

Man beachte, wie natürlich diese Definition ist: Längs der Kurve C ist $x = x(t)$ und $y = y(t)$, also im Sinne der Substitutionsregel 1.10 $dx = \dot{x}(t)\,dt$ und $dy = \dot{y}(t)\,dt$ und man hat sofort die obige Formel.

Das Integral über die Kurve C wird mit Hilfe einer Parameterdarstellung von C erklärt. Da eine Kurve aber viele Parameterdarstellungen hat, muss man sich zunächst davon überzeugen, dass die rechte Seite von (2.2.4) unabhängig von der speziell gewählten Parameterdarstellung ist. Dies geschieht mit der Kettenregel 1.11 und der Substitutionsregel 1.10. Wir wollen darauf – wie bereits früher erwähnt – verzichten.

Erfahrungsgemäß ist an dieser Stelle folgende Warnung angebracht. Man versuche nicht, sich das obige Integral einer Differentialform – wie bei einer Funktion – als Fläche oder

Volumen vorzustellen. Die Werte einer Funktion lassen sich immer – unabhängig von einer etwaigen naturwissenschaftlichen Bedeutung – geometrisch als Höhe über der $x-$Achse oder der $(x,y)-$Ebene und *damit* das Integral als Fläche oder Volumen interpretieren. Dagegen besitzt eine allgemeine Differentialform keine geometrische Interpretation und somit auch nicht ihr Integral. Lässt sich aber die gegebene Differentialform konkret interpretieren – etwa als Änderung einer Wärmemenge bei kleinen Änderungen der Variablen T und V – so auch das Kurvenintegral, in diesem Fall als Gesamtänderung der Wärme, wenn sich T und V längs der Kurve C ändern.

Wir merken schließlich noch an, dass insbesondere in den Naturwissenschaften statt

$$\int_C A(x,y)\,dx + B(x,y)\,dy \qquad \text{die Schreibweise} \qquad \oint_C A(x,y)\,dx + B(x,y)\,dy$$

üblich ist, wenn die Kurve C geschlossen ist.

Beispiel 2.21 Wir betrachten die Differentialform $-y\,dx + x\,dy$ und als Kurve C_1 den Halbkreis um $(0,0)$ von $(3,0)$ nach $(-3,0)$. Eine Parameterdarstellung wird durch

$$x(t) = 3\cos t$$
$$y(t) = 3\sin t$$

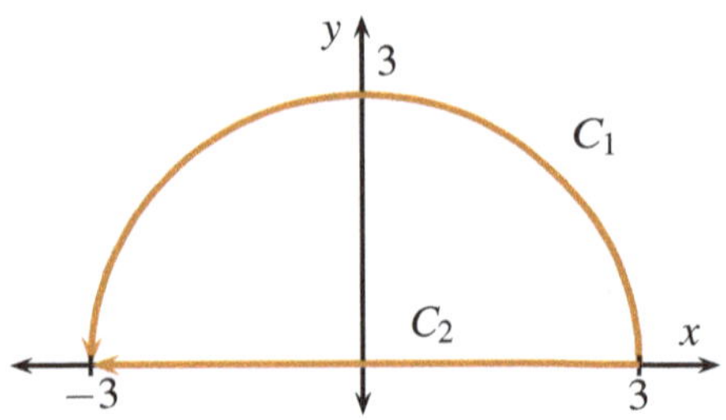

für $0 \leqq t \leqq \pi$ gegeben. Damit ist

$$\int_{C_1} -y\,dx + x\,dy = \int_0^{\pi} \big((-3\sin t)(-3\sin t) + (3\cos t)(3\cos t)\big)\,dt = 9\pi\,.$$

Wählen wir als Kurve C_2 die gerade Verbindung von $(3,0)$ nach $(-3,0)$, so ist eine Parameterdarstellung

$$x(t) = 3 - 6t \qquad y(t) = 0 \qquad\qquad \text{für } 0 \leqq t \leqq 1$$

und

$$\int_{C_2} -y\,dx + x\,dy = 0.$$

Beispiel 2.22 Wir unterwerfen ein Mol eines idealen Gases dem folgenden *Kreisprozeß*:

i) Zunächst hat das Gas eine Temperatur T_0 und ein Volumen V_0, das heißt, sein Zustand wird durch den Punkt (T_0, V_0) im positiven Quadranten der (T,V)-Ebene dargestellt. Wir erwärmen es dann bei konstantem Volumen auf eine Temperatur $T_1 > T_0$.

ii) Das heiße Gas lassen wir expandieren, halten dabei aber die Temperatur konstant, das heißt, wir vergrößern V_0 zu V_1 bei konstanter Temperatur T_1.

iii) Das Gas wird nun bei konstantem Volumen V_1 von der Temperatur T_1 auf die Ausgangstemperatur T_0 abgekühlt.

iv) Das kalte Gas wird bei konstanter Temperatur T_0 auf das Ausgangsvolumen V_0 komprimiert.

In der Menge $\{(T,V) : T,V > 0\}$ der möglichen Zustände des Gases wird der obige Prozess offenbar durch die nebenstehende Kurve C repräsentiert. Das Integral der Differentialform der Wärmeänderung aus Beispiel 2.17 längs dieser Kurve C, also

$$Q = \oint_C C_V\, dT + R\frac{T}{V}\, dV \tag{2.2.5}$$

bedeutet physikalisch die bei dem Kreisprozeß C in mechanische Arbeit umgewandelte Wärmemenge. Wir wollen dieses Kurvenintegral berechnen.

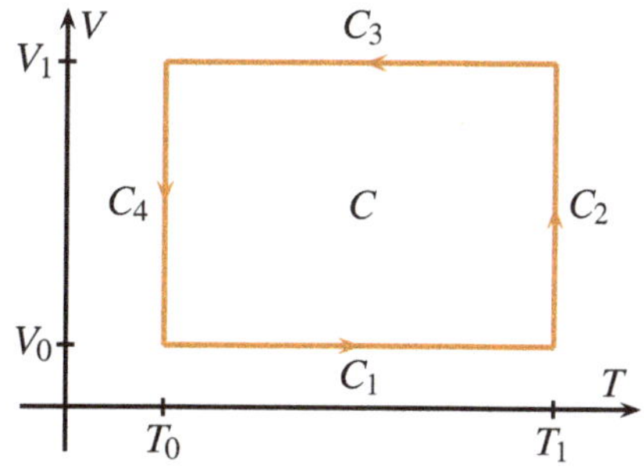

Die Kurve C setzt sich aus vier glatten Teilkurven zusammen, die wir der Reihe nach mit C_1, C_2, C_3, C_4 bezeichnen; für das Kurvenintegral gilt entsprechend

$$\int_C = \int_{C_1} + \int_{C_2} + \int_{C_3} + \int_{C_4} .$$

C_1: Eine Parameterdarstellung ist $T(t) = T_0 + (T_1 - T_0)t$ und $V(t) = V_0$ für $0 \leqq t \leqq 1$, somit

$$\int_{C_1} C_V\, dT + R\frac{T}{V}\, dV = \int_0^1 \big(C_V(T_1 - T_0) + 0\big)\, dt = C_V(T_1 - T_0) .$$

C_2: Eine Parameterdarstellung ist $T(t) = T_1$ und $V(t) = V_0 + (V_1 - V_0)t$ für $0 \leqq t \leqq 1$, somit

$$\begin{aligned}\int_{C_2} C_V\, dT + R\frac{T}{V}\, dV &= \int_0^1 \Big(0 + RT_1\, \frac{V_1 - V_0}{V_0 + (V_1 - V_0)t}\Big)\, dt = \\ &= RT_1 \Big[\ln(V_0 + (V_1 - V_0)t)\Big]_0^1 = RT_1 \ln \frac{V_1}{V_0} .\end{aligned}$$

Man beachte dabei, dass beim zweiten Integral im Zähler die Ableitung des Nenners steht, so dass wir Gleichung (1.4.8) ausnutzen können.

C_3: Ähnlich wie für C_1 ergibt sich

$$\int_{C_3} C_V\, dT + R\frac{T}{V}\, dV = -C_V(T_1 - T_0) .$$

C_4: Ähnlich wie für C_2 ergibt sich

$$\int_{C_4} C_V\, dT + R\frac{T}{V}\, dV = -RT_0 \ln \frac{V_1}{V_0} .$$

Insgesamt erhalten wir für (2.2.5)

$$Q = \oint_C C_V\, dT + R\frac{T}{V}\, dV = R(T_1 - T_0) \ln \frac{V_1}{V_0} . \tag{2.2.6}$$

Übungen

Übung 2.17 Berechnen Sie die Kurvenintegrale der Differentialform

$$(x^2-y)\,dx+(y^2+x)\,dy$$

über die drei rechts skizzierten Kurven, die jeweils den Punkt $(0,1)$ mit dem Punkt $(1,2)$ verbinden.

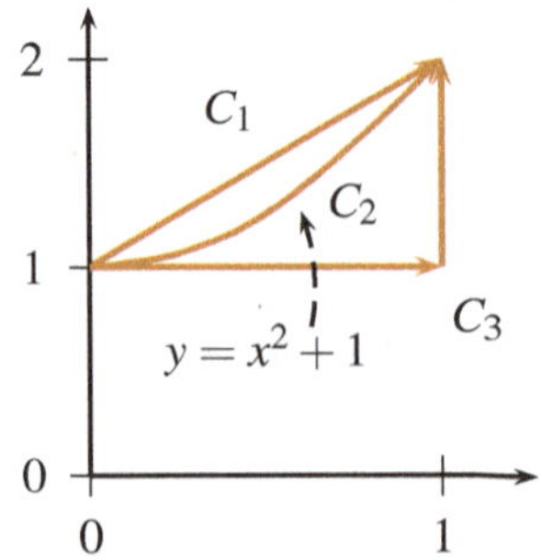

Übung 2.18 Berechnen Sie die Kurvenintegrale der Differentialform

$$xy^2\,dx+\frac{1}{2}xy\,dy$$

über die folgenden Kurven von $(0,0)$ nach $(4,2)$:

i) C_1: längs der Parabel $8y=x^2$.
ii) C_2: gerade Verbindung.
iii) C_3: längs der Parabel $y^2=x$.

2.2.4 Der Hauptsatz über Differentialformen

Wir kehren zu dem im Abschnitt 2.2.2 formulierten Problem zurück: Gegeben ist eine Differentialform $A(x,y)\,dx+B(x,y)\,dy$ auf einem offenen Definitionsbereich $D\subset\mathbb{R}^2$. Wie kann man entscheiden, ob diese Differentialform exakt, also ein Differential ist, das heißt, ob es eine Funktion $F\colon D\to\mathbb{R}$ gibt mit

$$A(x,y)\,dx+B(x,y)\,dy=\mathrm{d}F(x,y)=\frac{\partial F}{\partial x}(x,y)\,dx+\frac{\partial F}{\partial y}(x,y)\,dy\,?$$

Wie findet man gegebenenfalls eine solche Stammfunktion F?

Wir stellen zunächst einen Zusammenhang mit dem im letzten Abschnitt definierten Kurvenintegral her. Hierzu *nehmen wir an*, dass die Differentialform $A(x,y)\,dx+B(x,y)\,dy$ eine Stammfunktion F besitzt. Dann gilt für jede Kurve C in D, beschrieben durch eine Parameterdarstellung $\vec{r}(t)=(x(t),y(t))$ mit $t\in[a,b]$, gemäß der in Abschnitt 2.2.1 etablierten Verallgemeinerung der Kettenregel (2.2.1) sowie dem Hauptsatz der Differential- und Integralrechnung:

$$\begin{aligned}
\int_C A(x,y)\,dx + B(x,y)\,dy &= \int_C \frac{\partial F}{\partial x}(x,y)\,dx + \frac{\partial F}{\partial y}(x,y)\,dy \\
&= \int_a^b \Big(\frac{\partial F}{\partial x}(x(t),y(t))\dot{x}(t) + \frac{\partial F}{\partial y}(x(t),y(t))\dot{y}(t)\Big)\,dt = \int_a^b \frac{d}{dt}\Big(F(x(t),y(t))\Big)\,dt \\
&= F\big(x(b),y(b)\big) - F\big(x(a),y(a)\big) = F(\text{Endpunkt}C) - F(\text{Anfangspunkt}C)\,. \qquad (2.2.7)
\end{aligned}$$

Insbesondere haben wir gefunden: Ist $A(x,y)\,dx + B(x,y)\,dy$ ein Differential, so gilt

i) Das Kurvenintegral $\int_C A(x,y)\,dx + B(x,y)\,dy$ hängt nur von Anfangs- und Endpunkt der Kurve C ab, aber nicht von deren Verlauf.

ii) Das Kurvenintegral $\oint_C A(x,y)\,dx + B(x,y)\,dy$ über geschlossene Kurven C ist gleich Null.

Damit haben wir ein *notwendiges Kriterium*: Wenn eine Differentialform ein Differential sein soll, müssen die obigen Aussagen i) und ii) gelten. Dies erlaubt bereits die Beispiele 2.21 und 2.22 zu entscheiden:

Beispiel 2.23 Die Differentialform $-y\,dx + x\,dy$ aus Beispiel 2.21 kann kein Differential sein, denn das Kurvenintegral von $(3,0)$ nach $(-3,0)$ ergab je nach Verlauf der Kurve zwei verschiedene Ergebnisse.

Beispiel 2.24 Die Differentialform $C_V\,dT + R\frac{T}{V}\,dV$ der Wärmeänderung eines idealen Gases kann ebenfalls kein Differential sein, denn wir haben in Gleichung (2.2.6) gesehen, dass ein Kurvenintegral über einen geschlossenen Weg ungleich Null ist. Damit haben wir erkannt: Der Wärmeinhalt eines idealen Gases kann nicht durch die beiden Größen Temperatur und Volumen bestimmt werden. (Er ist auch von der Vorgeschichte des Gases abhängig.)

Bevor wir fortfahren, wollen wir festhalten, dass die obigen Aussagen i) und ii) für beliebige Differentialformen immer äquivalent sind.

Liegt nämlich für eine gegebene Differentialform $A(x,y)\,dx + B(x,y)\,dy$ die Eigenschaft i) vor, und ist C eine geschlossene Kurve, so zerlegt man C durch Wahl eines beliebigen Punktes auf C in zwei Teilkurven C_1 und C_2. Bezeichnet $-C_2$ die Kurve, die dadurch entsteht, dass man die Kurve C_2 rückwärts durchläuft, so gilt

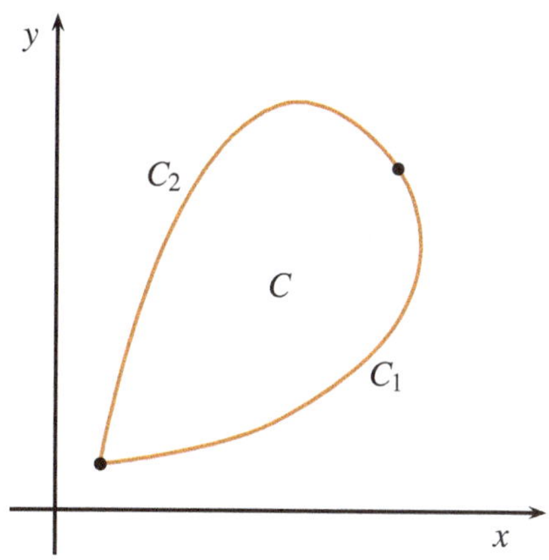

$$\begin{aligned}
&\int_{-C_2} A(x,y)\,dx + B(x,y)\,dy \\
&= -\int_{C_2} A(x,y)\,dx + B(x,y)\,dy
\end{aligned}$$

und also

$$\begin{aligned}
&\oint_C A(x,y)\,dx + B(x,y)\,dy \\
&\quad = \int_{C_1} A(x,y)\,dx + B(x,y)\,dy + \int_{C_2} A(x,y)\,dx + B(x,y)\,dy \\
&\quad = \int_{C_1} A(x,y)\,dx + B(x,y)\,dy - \int_{-C_2} A(x,y)\,dx + B(x,y)\,dy = 0\,,
\end{aligned}$$

denn C_1 und $-C_2$ sind zwei Kurven mit jeweils gleichem Anfangs- und Endpunkt.

Ist umgekehrt $A(x,y)\,dx + B(x,y)\,dy$ eine Differentialform mit der Eigenschaft ii) und sind C_1 und C_2 zwei Kurven mit gleichem Anfangs- und Endpunkt, so bezeichnen wir mit C die geschlossene Kurve, die dadurch entsteht, dass man zunächst C_1 und dann C_2 in entgegengesetzter Richtung durchläuft. Es ist dann

$$\begin{aligned}
0 &= \oint_C A(x,y)\,dx + B(x,y)\,dy \\
&= \int_{C_1} A(x,y)\,dx + B(x,y)\,dy + \int_{-C_2} A(x,y)\,dx + B(x,y)\,dy \\
&= \int_{C_1} A(x,y)\,dx + B(x,y)\,dy - \int_{C_2} A(x,y)\,dx + B(x,y)\,dy
\end{aligned}$$

oder

$$\int_{C_1} A(x,y)\,dx + B(x,y)\,dy = \int_{C_2} A(x,y)\,dx + B(x,y)\,dy\,.$$

Liegt die Eigenschaft i) oder ii) vor, so spricht man von der *Wegunabhängigkeit* des Kurvenintegrals.

Definition 2.11 Erfüllt eine Differentialform $A(x,y)\,dx + B(x,y)\,dy$ eine der beiden Eigenschaften i) oder ii) – und damit beide –, so sagt man, dass das Kurvenintegral der Differentialform *wegunabhängig* ist.

Wir haben somit bis jetzt bewiesen:

Bemerkung 2.4 *Ist die Differentialform $A(x,y)\,dx + B(x,y)\,dy$ ein Differential, so ist ihr Kurvenintegral wegunabhängig.*

Außerdem wollen wir noch auf die obige Formel (2.2.7) hinweisen, die offenbar eine Verallgemeinerung des Hauptsatzes der Differential- und Integralrechnung aus 1.4.2 darstellt:

Behauptung 2.3 *Für das Differential $\mathrm{d}F(x,y)$ einer stetig partiell differenzierbaren Funktion $F : D \to \mathbb{R}$ gilt*

$$\int_C \mathrm{d}F(x,y) = F(\text{Endpunkt}\,C) - F(\text{Anfangspunkt}\,C)\,. \tag{2.2.8}$$

Man kann nun zeigen, dass das obige notwendige Kriterium auch *hinreichend* ist, das heißt, eine Differentialform $A(x,y)\,dx + B(x,y)\,dy$ ist genau dann ein Differential, wenn ihr Kurvenintegral wegunabhängig ist. Eine Stammfunktion F erhält man dann nämlich wie früher durch Integrieren: Man wählt einen festen Punkt $(x_0, y_0) \in D$ und setzt für $(x,y) \in D$

$$F(x,y) = \int_{C_{x,y}} A(x,y)\,dx + B(x,y)\,dy \qquad (2.2.9)$$

wobei $C_{x,y}$ *irgendeine* Kurve in D ist, die (x_0, y_0) mit (x,y) verbindet.

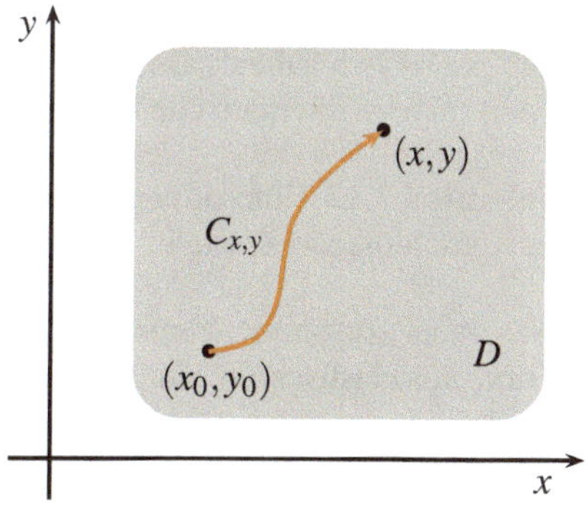

Auf einen Beweis dieser Aussage wollen wir verzichten. Somit haben wir ein notwendiges und hinreichendes Kriterium gefunden, wann eine Differentialform das Differential einer Funktion ist. Allerdings ist in einem konkreten Fall in der Regel kaum nachprüfbar, ob das Kurvenintegral wegunabhängig ist – man müsste ja die Integrale über *alle* geschlossenen Kurven berechnen!

Wir suchen also ein weiteres Kriterium, welches in konkreten Situationen möglichst bequem nachprüfbar sein soll. Hier kommt uns der Satz von Schwarz aus Abschnitt 2.1.3 zu Hilfe. Ist nämlich $A(x,y)\,dx + B(x,y)\,dy$ ein Differential auf $D \subset \mathbb{R}^2$ offen und $F : D \to \mathbb{R}$ eine zugehörige Stammfunktion, so gilt nach (2.1.9)

$$\frac{\partial A}{\partial y} = \frac{\partial}{\partial y}\frac{\partial F}{\partial x} = \frac{\partial}{\partial x}\frac{\partial F}{\partial y} = \frac{\partial B}{\partial x}$$

– wobei wir wie immer hinreichende Differenzierbarkeit von F vorausgesetzt haben. Ein Differential $A(x,y)\,dx + B(x,y)\,dy$ erfüllt also die leicht nachprüfbare Bedingung

$$\frac{\partial A}{\partial y} = \frac{\partial B}{\partial x} \qquad (2.2.10)$$

die man als *Integrabilitätsbedingung* bezeichnet. Damit haben wir ein weiteres notwendiges Kriterium gefunden, welches zudem in konkreten Situationen leicht nachprüfbar ist.

Beispiel 2.25 Die Differentialform $-y\,dx + x\,dy$ aus Beispiel 2.21 kann kein Differential sein, denn mit $A(x,y) = -y$ und $B(x,y) = x$ ist

$$\frac{\partial A}{\partial y}(x,y) = -1 \qquad \text{und} \qquad \frac{\partial B}{\partial x}(x,y) = 1\,.$$

Beispiel 2.26 Die Differentialform $C_V\,dT + R\frac{T}{V}\,dV$ der Wärmeänderung eines idealen Gases kann ebenfalls kein Differential sein, denn mit $A(T,V) = C_V$ und $B(T,V) = R\frac{T}{V}$ ist

$$\frac{\partial A}{\partial V}(T,V) = 0 \qquad \text{und} \qquad \frac{\partial B}{\partial T}(T,V) = R\frac{1}{V}\,.$$

Bemerkenswerterweise ist diese Bedingung ebenfalls hinreichend, jedenfalls unter einer gewissen geometrischen Bedingung an den Definitionsbereich D der Differentialform: D darf „kein Loch haben". Das Fachwort für diese Eigenschaft ist *einfach zusammenhängend*, eine exakte mathematische Definition lautet:

Definition 2.12 Eine offene Menge $D \subset \mathbb{R}^2$ heißt *einfach zusammenhängend*, wenn sich jede geschlossene Kurve in D innerhalb D auf einen Punkt zusammenziehen lässt.

Was dabei „zusammenziehen" heißt, dürfte anschaulich klar sein, man stelle sich etwa die Kurve aus elastischem Material (Gummi) vor:

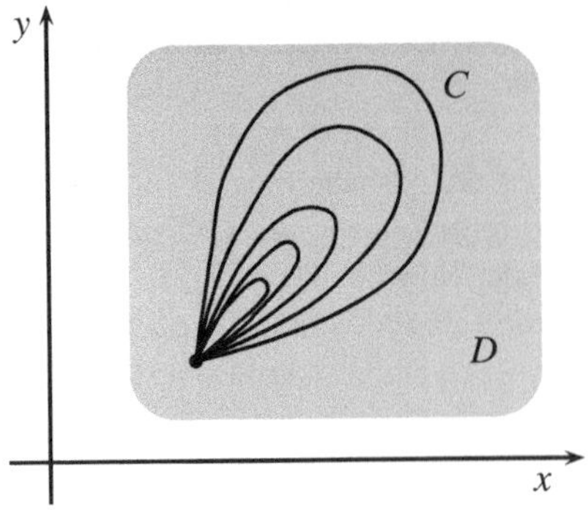

D einfach zusammenhängend

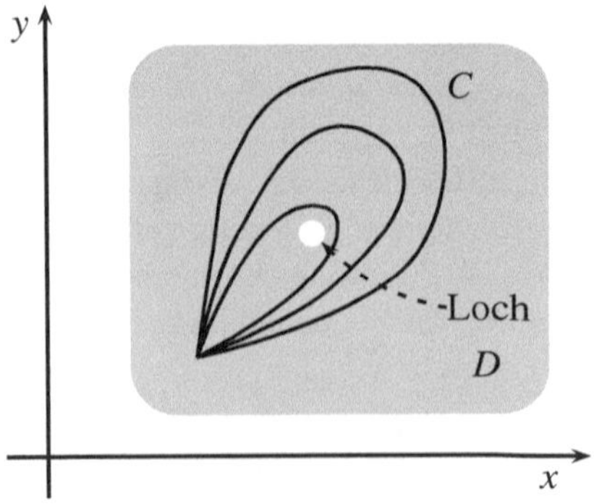

D nicht einfach zusammenhängend

Wir fassen unsere Überlegungen in dem folgenden Satz zusammen.

Satz 2.3 (Hauptsatz für Differentialformen) *Es sei $A(x,y)\,dx + B(x,y)\,dy$ eine Differentialform auf einem offenen, einfach zusammenhängenden Definitionsbereich $D \subset \mathbb{R}^2$. Dann sind folgende Aussagen äquivalent:*

i) *$A(x,y)\,dx + B(x,y)\,dy$ ist exakt, also ein (totales) Differential.*
ii) *Das Kurvenintegral von $A(x,y)\,dx + B(x,y)\,dy$ ist wegunabhängig.*
iii) *$A(x,y)\,dx + B(x,y)\,dy$ erfüllt die Integrabilitätsbedingung (2.2.10)*

$$\frac{\partial A}{\partial y} = \frac{\partial B}{\partial x}.$$

Beweis. Wir haben oben die Aussagen i)⇒ii) und i)⇒iii) begründet. Die Aussagen ii)⇒i) und iii)⇒i) werden nicht bewiesen. □

Beispiel 2.27 Die Differentialform $(2x + y^2)\,dx + (2xy + 3y^2)\,dy$ ist ein Differential, denn mit $A(x,y) = 2x + y^2$ und $B(x,y) = 2xy + 3y^2$ ist

$$\frac{\partial A}{\partial y}(x,y) = 2y = \frac{\partial B}{\partial x}(x,y).$$

Weiter ist der Definitionsbereich $D = \mathbb{R}^2$ ohne Loch; also ist der obige Satz anwendbar. Eine Stammfunktion könnte man durch (2.2.9) berechnen, einfacher geht dies aber durch

„partielles Bestimmen der Stammfunktion“: Die Stammfunktion $F(x,y)$ muss $\frac{\partial F}{\partial x}(x,y) = 2x + y^2$ erfüllen, also von der Form sein $F(x,y) = x^2 + xy^2 + f(y)$ mit einer noch zu bestimmenden Funktion $f(y)$. Weiter muss gelten $\frac{\partial F}{\partial y}(x,y) = 2xy + f'(y) = 2xy + 3y^2$, somit ist $f'(y) = 3y^2$ oder $f(y) = y^3 + C$ und insgesamt $F(x,y) = x^2 + xy^2 + y^3 + C$ mit einer Konstanten C.

Wir beschließen dieses Thema mit einem weiteren Beispiel, das zeigt, dass die Voraussetzung „einfach zusammenhängend“ an den Definitionsbereich der Differentialform im obigen Satz 2.3 unentbehrlich ist.

Beispiel 2.28 Die Differentialform

$$-\frac{y}{x^2+y^2}\,dx + \frac{x}{x^2+y^2}\,dy$$

erfüllt die Integrabilitätsbedingung, denn mit

$$A(x,y) = -\frac{y}{x^2+y^2} \quad \text{und} \quad B(x,y) = \frac{x}{x^2+y^2}$$

rechnen wir aus

$$\begin{aligned} \frac{\partial A}{\partial y}(x,y) &= -\frac{x^2+y^2-2y^2}{(x^2+y^2)^2} = -\frac{x^2-y^2}{(x^2+y^2)^2} \qquad \text{und} \\ \frac{\partial B}{\partial x}(x,y) &= \frac{x^2+y^2-2x^2}{(x^2+y^2)^2} = -\frac{x^2-y^2}{(x^2+y^2)^2}\,. \end{aligned}$$

Für $(x,y) = (0,0)$ ist die Differentialform nicht definiert, das heißt, der Definitionsbereich ist $D = \{(x,y) : (x,y) \neq (0,0)\}$, eine Menge mit Loch. Wir dürfen also Satz 2.3 nicht anwenden, um zu schließen, dass es sich um ein Differential handelt. In der Tat ist die vorliegende Differentialform auch kein Differential. Um dies zu erkennen, integrieren wir diese Differentialform über einen Kreis C vom Radius $R > 0$. Eine Parameterdarstellung für diese Kurve ist durch $\vec{r}(t) = (x(t), y(t)) = (R\cos t, R\sin t)$ mit $0 \leqq t \leqq 2\pi$ gegeben. Wir erhalten mit $\dot{x}(t) = -R\sin t$ und $\dot{y}(t) = R\cos t$

$$\begin{aligned} &\oint_C -\frac{y}{x^2+y^2}\,dx + \frac{x}{x^2+y^2}\,dy = \\ &= \int_0^{2\pi} \Big(-\frac{R\sin t}{R^2\cos^2 t + R^2\sin^2 t}(-R\sin t) + \frac{R\cos t}{R^2\cos^2 t + R^2\sin^2 t} R\cos t \Big)\,dt = \\ &= \int_0^{2\pi} \big(\sin^2 t + \cos^2 t\big)\,dt = \int_0^{2\pi} dt = 2\pi\,. \end{aligned}$$

Da dieses Kurvenintegral einen Wert ungleich 0 ergibt, kann die Differentialform kein Differential sein. Ändert man den Definitionsbereich D so ab, dass er einfach zusammenhängend wird, wählt man etwa für D die rechte Halbebene $\{(x,y) \in \mathbb{R}^2 : x > 0\}$, so ist Satz 2.3 anwendbar und man erhält auf diesem D die Existenz einer Stammfunktion

$F(x,y)$. Tatsächlich überzeugt man sich leicht, dass $F(x,y) = \arctan\frac{y}{x}$ für alle $x > 0$ das Verlangte leistet.

Dieses Beispiel hat folgenden Hintergrund. Die angegebene Differentialform beschreibt, wie sich der Winkel, unter dem man einen Punkt $(x,y) \in \mathbb{R}^2$ vom Nullpunkt aus sieht – also der Winkel φ der Polarkoordinaten, vergleiche Abschnitt 1.5.2 – ändert, wenn sich die Koordinaten des Punktes (x,y) um dx beziehungsweise dy ändern. Die zugehörige Stammfunktion würde diesen Winkel als Funktion von (x,y) festlegen. Dies ist aber in der Ebene nicht in eindeutiger und stetiger Weise möglich: Läuft man von (x,y) auf einem vollen Kreis um $(0,0)$ herum, so hat sich der Winkel um 2π geändert, müsste aber anderseits immer gleich $F(x,y)$ sein. In einer Halbebene etwa ist aber dieser Winkel eindeutig durch die Koordinaten x und y festgelegt, zum Beispiel durch $\varphi = \arctan\frac{y}{x}$ in der rechten Halbebene.

Übungen

Übung 2.19 Entscheiden Sie, ob die folgenden Differentialformen exakt, also ein Differential sind und bestimmen Sie gegebenenfalls eine Stammfunktion:

i) $4x^3y^2\,dx + 2x^4y\,dy$ ii) $x^2y^2\,dx + x^3y\,dy$

iii) $2xy^3\,dx + 3(x^2+1)y^2\,dy$ iv) $-\sin x \sinh y\,dx + \cos x \cosh y\,dy$

v) $y^4\,dx + (4xy^3 - \sin y)\,dy$ vi) $(2x\sin y - 3x^2y^2)\,dx + (x^2\cos y - 2x^3)\,dy$

Übung 2.20 Für welchen Wert von α ist die Differentialform

$$\frac{x-y}{(x^2+y^2)^\alpha}\,dx + \frac{x+y}{(x^2+y^2)^\alpha}\,dy \quad \text{auf } D = \{(x,y) \in \mathbb{R}^2 : y > 0\}$$

ein Differential?

Übung 2.21 Es sei $f\colon \mathbb{R} \to \mathbb{R}$ zweimal stetig differenzierbar. Zeigen Sie, dass für jede geschlossene Kurve C in der Ebene gilt

$$\oint_C f(xy)(y\,dx + x\,dy) = 0$$

Übung 2.22 Bestätigen Sie, dass für jeden Kreis C um den Nullpunkt gilt

$$\oint_C -xy^4\,dx + x^2y^3\,dy = 0\,.$$

Kommentar: Gilt $\oint_C A(x,y)dx + B(x,y)dy = 0$ für *jede* geschlossene Kurve C, so ist $A(x,y)dx + B(x,y)dy$ ein Differential; dieses Beispiel zeigt, dass es nicht genügt, nur Kreise C um den Nullpunkt zu betrachten.

Übung 2.23 Skizzieren Sie die Kurven im Raum, die durch die Parameterdarstellungen

$$\begin{aligned} &\text{i) } x(t) = 4\cos t,\, y(t) = 4\sin t,\, z(t) = \frac{1}{2}t \quad \text{für } 0 \leqq t \leqq 2\pi, \\ &\text{ii) } x(t) = 4,\, y(t) = 0,\, z(t) = \pi t \quad \text{für } 0 \leqq t \leqq 1 \end{aligned}$$

gegeben sind. Prüfen Sie anhand der beiden Kurven, ob das Kurvenintegral

$$\int_C z\,dx + y\,dy + (x^2 + y^2)\,dz$$

wegunabhängig ist.

Übung 2.24 Bearbeiten Sie Übung 2.18 für die Differentialform

$$(x^3 - 3xy^2)\,dx + (y^3 - 3x^2y)\,dy\,.$$

2.2.5 Exakte Differentialgleichungen

Wir greifen noch einmal das Thema Differentialgleichungen erster Ordnung aus dem ersten Kapitel auf: Wir betrachten DGn der Form

$$A(t,y) + B(t,y)\dot{y} = 0 \tag{2.2.11}$$

mit stetig differenzierbaren Funktionen $A, B\colon D \to \mathbb{R}$, $D \subset \mathbb{R}^2$ offen; diese umfassen demnach die expliziten DGn $\dot{y} = F(t,y)$ erster Ordnung, mit denen wir uns im Abschnitt 1.6 beschäftigt haben. Mittels der Missdeutung von $\dot{y} = \dfrac{dy}{dt}$ als Bruch schreibt man die DG (2.2.11) symbolisch und suggestiv in der Form

$$A(t,y)\,dt + B(t,y)\,dy = 0\,.$$

Auf der linken Seite steht nun eine Differentialform – dass die Variable x nun t heißt, darf natürlich nicht stören – und wir dürfen hoffen, die Kenntnisse aus diesem Kapitel einbringen zu können.

Definition 2.13 Die DG (2.2.11) heißt *exakt*, wenn die zugehörige Differentialform $A(t,y)\,dt + B(t,y)\,dy$ exakt, also ein (totales) Differential, ist und somit eine Stammfunktion $F\colon D \to \mathbb{R}$ besitzt.

Der Hauptsatz über Differentialformen (Satz 2.3) liefert nun das folgende Kriterium:

Bemerkung 2.5 *Ist $D \subset \mathbb{R}^2$ offen und zusammenhängend, so ist die DG (2.2.11) genau dann exakt, wenn*

$$\frac{\partial A}{\partial y}(t,y) = \frac{\partial B}{\partial t}(t,y) \qquad \textit{für alle } (t,y) \in D\,.$$

Aus der Kettenregel (Behauptung 2.2) erhalten wir das folgende Lösungsverfahren für exakte DGn.

Behauptung 2.4 *Es sei $F\colon D \to \mathbb{R}$ eine Stammfunktion von $A(t,y)\,dt + B(t,y)\,dy$ und $y\colon I \to \mathbb{R}$, $I \subset \mathbb{R}$ Intervall, stetig differenzierbar so, dass $t \mapsto F(t,y(t))$ für $t \in I$ konstant ist. Dann ist die Funktion $y\colon I \to \mathbb{R}$ eine Lösung der DG (2.2.11).*

Beweis. Setzen wir $k(t) := F(t,y(t))$ für $t \in I$, so gilt nach der Kettenregel

$$0 = \dot{k}(t) = \frac{\partial F}{\partial t}(t,y(t)) + \frac{\partial F}{\partial y}(t,y(t))\dot{y}(t) = A(t,y(t)) + B(t,y(t))\dot{y}(t)\,,$$

da F eine Stammfunktion von $A(t,y)\,dt + B(t,y)\,dy$ ist. □

Wir können also zur Lösung einer exakten DG $A(t,y) + B(t,y)\dot{y} = 0$ folgendermaßen vorgehen: Man bestimmt zunächst zu der Differentialform $A(t,y)\,dt + B(t,y)\,dy$ eine Stammfunktion, dann versucht man, mit einer Konstanten C die Gleichung $F(t,y) = C$ nach y aufzulösen. Die resultierende Funktion $y(t)$ ist nach der obigen Behauptung 2.4 eine Lösung der DG. Die Konstante C wird wie früher durch eine Anfangsbedingung $y(t_0) = y_0$ festgelegt.

Beispiel 2.29 Es ist die Lösung $y(t)$ der DG $2ty - y^2 + (t^2 - 2ty)\dot{y} = 0$ mit $y(5) = 4$ zu bestimmen. Mit den obigen Bezeichnungen ist $A(t,y) = 2ty - y^2$ und $B(t,y) = t^2 - 2ty$. Der Definitionsbereich D ist $\mathbb{R}^2$, wir können Bemerkung 2.5 anwenden und schließen aus

$$\frac{\partial A}{\partial y}(t,y) = 2t - 2y = \frac{\partial B}{\partial t}(t,y)\,,$$

dass die DG exakt ist. Eine Stammfunktion ist $F(t,y) = t^2y - y^2t$. Wir erhalten eine Lösung $y(t)$ durch Auflösen nach y von $t^2y - y^2t = C$ mit einer Konstanten C. Man kann zunächst C durch Einsetzen von $t = 5$ und $y = 4$ zu $C = 20$ bestimmen. Auflösen von $t^2y - y^2t = 20$ nach y ergibt schließlich die Lösung

$$y(t) = \frac{t}{2} + \sqrt{\frac{t^2}{4} - \frac{20}{t}}\,.$$

Meistens ist allerdings eine DG

$$A(t,y) + B(t,y)\,\dot{y} = 0 \quad \text{oder} \quad A(t,y)\,dt + B(t,y)\,dy = 0 \qquad \text{auf } D \subset \mathbb{R}^2 \tag{2.2.12}$$

nicht exakt. Man kann dann versuchen, durch Multiplikation mit einer Funktion $M(t,y)$, die in D keine Nullstelle hat, zu multiplizieren und $M(t,y)$ so zu wählen, dass die resultierende DG

$$M(t,y)A(t,y)\,dt + M(t,y)B(t,y)\,dy = 0 \tag{2.2.13}$$

exakt wird. In diesem Fall heißt $M(t,y)$ ein *integrierender Faktor*. Ist D einfach zusammenhängend, so ist die DG (2.2.13) genau dann exakt, wenn für alle $(t,y) \in D$

$$\frac{\partial(MA)}{\partial y}(t,y) = \frac{\partial(MB)}{\partial t}(t,y)$$

gilt, also gemäß der Produktregel

$$\frac{\partial M}{\partial y}(t,y)A(t,y) + M(t,y)\frac{\partial A}{\partial y}(t,y) = \frac{\partial M}{\partial t}(t,y)B(t,y) + M(t,y)\frac{\partial B}{\partial t}(t,y).$$

Diese DG für $M(t,y)$ ist in der Regel aber schwieriger zu lösen als die zunächst gegebene DG (2.2.12). Man versucht dann integrierende Faktoren zu finden, die etwa nur von t oder nur von y abhängen und leichter zu bestimmen sind.

Beispiel 2.30 Adiabatische Zustandsänderungen eines idealen Gases (1 Mol) werden durch die DG

$$C_V\,dT + R\frac{T}{V}\,dV = 0$$

beschrieben, dabei bedeutet C_V die Molwärme bei konstantem Volumen und R die allgemeine Gaskonstante. Diese DG ist nicht exakt, besitzt aber den integrierenden Faktor $\frac{1}{T}$, denn nach Multiplikation mit $\frac{1}{T}$ ergibt sich die exakte DG

$$\frac{C_V}{T}\,dT + \frac{R}{V}\,dV = 0.$$

Eine Stammfunktion der linken Seite ist $F(T,V) = C_V \ln T + R\ln V$. Die Lösungen erhält man aus $C_V \ln T + R\ln V = K$ oder $T^{C_V}\,V^R = \mathrm{e}^K$ mit einer Konstanten K, das heißt, es ist $T^{C_V}\,V^R$ konstant.

Übungen

Übung 2.25 Zeigen Sie, dass die DG $4ty^4 + 8t^2y^3\,\dot{y} = 0$ exakt ist und bestimmen Sie die Lösung $y(t)$ mit $y(1) = 2$.

Übung 2.26 Die DG $(2y - 3ty^2)\,dt - t\,dy = 0$ besitzt einen integrierenden Faktor der Form $M(t,y) = t^{\alpha}y^{\beta}$. Bestimmen Sie diesen und lösen Sie die DG.

2.3 Lösung der Übungen

Übungen aus 2.1.1

2.1 i) $\ln(x^2+y^2)=c$ bedeutet $x^2+y^2=\mathrm{e}^c$; die Niveaumengen sind Kreise um $(0,0)$ vom Radius $\mathrm{e}^{\frac{c}{2}}$. ii) Für $c=0$ bestehen die Niveaumengen aus den Winkelhalbierenden $y=\pm|x|$. Im Fall $c\neq 0$ sind es Hyperbeln $y=\pm\sqrt{x^2+c}$.

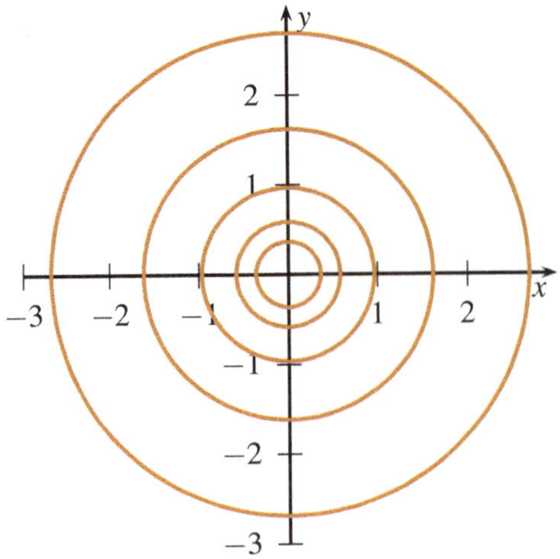

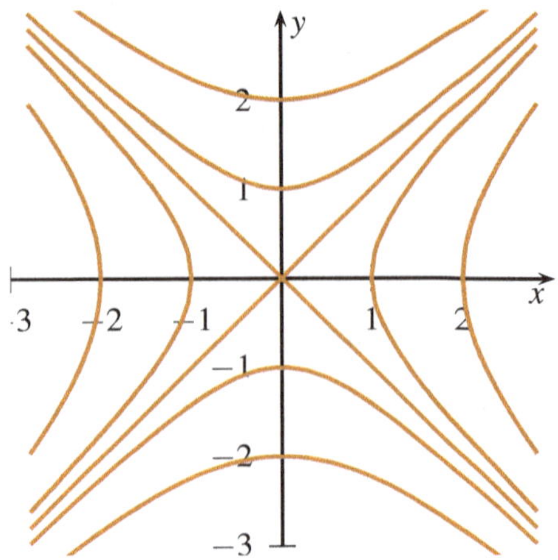

2.2

$$\text{i)}\quad \frac{\partial f}{\partial x}(x,y)=\frac{y}{x^2+y^2}\qquad \frac{\partial f}{\partial y}(x,y)=-\frac{x}{x^2+y^2}$$

$$\operatorname{grad} f(x,y)=\Big(\frac{y}{x^2+y^2},-\frac{x}{x^2+y^2}\Big)$$

$$\text{ii)}\quad \frac{\partial g}{\partial x}(x,t)=a\mathrm{e}^{-t}\qquad \frac{\partial g}{\partial t}(x,t)=-ax\mathrm{e}^{-t}-b$$

$$\operatorname{grad} g(x,t)=\big(a\mathrm{e}^{-t},-ax\mathrm{e}^{-t}-b\big)$$

$$\text{iii)}\quad \frac{\partial h}{\partial u}(u,v)=-\sin(u+v)\cos(u-v)-\cos(u+v)\sin(u-v)=-\sin(2u)$$

$$\frac{\partial h}{\partial v}(u,v)=-\sin(u+v)\cos(v-u)+\cos(u+v)\sin(u-v)=-\sin(2v)$$

$$\operatorname{grad} h(u,v)=-\big(\sin(2u),\sin(2v)\big)$$

$$\text{iv)}\quad \frac{\partial f}{\partial x}(x,y,z)=z\cos x+\frac{2x}{x^2+y^2}\qquad \frac{\partial f}{\partial y}(x,y,z)=\frac{2y}{x^2+y^2}\qquad \frac{\partial f}{\partial z}(x,y,z)=\sin x$$

$$\operatorname{grad} f(x,y,z)=\Big(z\cos x+\frac{2x}{x^2+y^2},\frac{2y}{x^2+y^2},\sin x\Big)$$

Übungen aus 2.1.2

2.3

$$\text{i) } \mathrm{d}p = \frac{R}{V-b}dT - (\frac{RT}{(V-b)^2} - 2\frac{a}{V^3})dV$$

$$\text{ii) } \mathrm{d}f(x,y,z) = (2xy^3 + 4z^4)\,dx + (3x^2y^2 - 6y)\,dy + 16xz^3\,dz$$

2.4 i) Wir betrachten die Funktion $f(x,y) = \sqrt[3]{x} + \sqrt[4]{y} = x^{\frac{1}{3}} + y^{\frac{1}{4}}$ für $x, y > 0$; es ist

$$\frac{\partial f}{\partial x}(x,y) = \frac{1}{3}x^{-\frac{2}{3}} \quad \text{und} \quad \frac{\partial f}{\partial y}(x,y) = \frac{1}{4}y^{-\frac{3}{4}}$$

und

$$f(1+0.06, 1-0.04) \approx f(1,1) + \frac{\partial f}{\partial x}(1,1)\cdot 0.06 - \frac{\partial f}{\partial y}(1,1)\cdot 0.04 = 2.01$$

Der exakte Wert ist 2.0095...
ii) Es sei $f(x,y) := x^y$ für $x, y > 0$, dann ist

$$\frac{\partial f}{\partial x}(x,y) = yx^{y-1} \quad \text{und} \quad \frac{\partial f}{\partial y}(x,y) = x^y \ln x$$

und weiter

$$1.03^{3.01} = f(1.03, 3.01) \approx f(1,3) + \frac{\partial f}{\partial x}(1,3)\cdot 0.03 + \frac{\partial f}{\partial y}(1,3)\cdot 0.01 = 1.09$$

Der exakte Wert ist 1.09305...

2.5 i) Es ist $\mathrm{d}V = 2\pi rh\,dr + \pi r^2\,dh$ und
ii) $V(24.9, 10.2) \approx V(25,10) + 2\pi\cdot 25\cdot 10(-0.1) + \pi 10^2\cdot 0.2 = 6220\pi$.

2.6 Für die Fläche F des Dreiecks gilt $F = \frac{1}{2}ab\sin\gamma$; hieraus rechnet man aus $F = 2194.47\text{m}^2$. Für den maximalen Fehler gilt ungefähr

$$\begin{aligned}
&|F(a+da, b+db, \gamma+d\gamma) - F(a,b,\gamma)| \\
&\qquad \leqq |\frac{\partial F}{\partial a}(a,b,\gamma)|\Delta a + |\frac{\partial F}{\partial b}(a,b,\gamma)|\Delta b + |\frac{\partial F}{\partial \gamma}(a,b,\gamma)|\Delta\gamma \\
&\qquad = \frac{1}{2}b\sin\gamma\Delta a + \frac{1}{2}a\sin\gamma\Delta b + \frac{1}{2}ab\cos\gamma\Delta\gamma = 10.18\text{m}^2.
\end{aligned}$$

wegen $|da| \leqq \Delta a$, $|db| \leqq \Delta b$ und $|d\gamma| \leqq \Delta\gamma$. (Beachte $30' \equiv \frac{\pi}{360}$!)

2.7 Nach dem Prinzip von Archimedes ist der Auftrieb gleich dem Gewicht der verdrängten Flüssigkeit. Damit ist das Volumen des Körpers $5.1 - 3.9 = 1.2\ \text{dm}^3$ und das spezifische

Gewicht entsprechend $\frac{5.1}{1.2} = 4.25$ kp/dm^3. Bezeichnet x das Gewicht des Körpers an der Luft und y das Gewicht im Wasser, so ist das spezifische Gewicht γ gegeben durch

$$\gamma(x,y) = \frac{x}{x-y} \quad \text{also} \quad \frac{\partial \gamma}{\partial x}(x,y) = -\frac{y}{(x-y)^2} \quad \text{und} \quad \frac{\partial \gamma}{\partial y} = \frac{x}{(x-y)^2}\,.$$

Für den maximalen Fehler von γ schätzen wir mit dem Differential ab:

$$\left|\frac{\partial \gamma}{\partial x}(5.1,3.9)\,dx + \frac{\partial \gamma}{\partial y}(5.1,3.9)\,dy\right| \leq \frac{3.9}{1.44}\cdot 0.012 + \frac{5.1}{1.44}\cdot 0.045 = 0.191\ldots$$

Es ist mit einem maximalen Fehler von 0.2 kp/dm^3 zu rechnen.

Übungen aus 2.1.3

2.8 i) Für $f(x,y) = \arctan \frac{x+y}{1-xy}$ ist

$$\frac{\partial f}{\partial x}(x,y) = \frac{1-xy+y(x+y)}{(1-xy)^2+(x+y)^2} = \frac{1+y^2}{(1+x^2)(1+y^2)} = \frac{1}{1+x^2}$$
$$\frac{\partial^2 f}{\partial x^2}(x,y) = -\frac{2x}{(1+x^2)^2}\,.$$

Da $f(x,y)$ symmetrisch in x und y ist, gilt entsprechend

$$\frac{\partial f}{\partial y}(x,y) = \frac{1}{1+y^2} \quad \text{und} \quad \frac{\partial^2 f}{\partial y^2}(x,y) = -\frac{2y}{(1+y^2)^2}\,.$$

Weiter ist $\frac{\partial^2 f}{\partial y \partial x}(x,y) = 0$.
ii) Mit $f(x,y,z) = x^4 + yz^2 + 3xy - xz + z^2$ ist

$$\frac{\partial f}{\partial x}(x,y,z) = 4x^3 + 3y - z \qquad \frac{\partial f}{\partial y}(x,y,z) = z^2 + 3x \qquad \frac{\partial f}{\partial z}(x,y,z) = 2yz - x + 2z$$
$$\frac{\partial^2 f}{\partial x^2}(x,y,z) = 12x^2 \qquad \frac{\partial^2 f}{\partial y^2}(x,y,z) = 0 \qquad \frac{\partial^2 f}{\partial z^2}(x,y,z) = 2y + 2$$
$$\frac{\partial^2 f}{\partial x \partial y}(x,y,z) = 3 \qquad \frac{\partial^2 f}{\partial x \partial z}(x,y,z) = -1 \qquad \frac{\partial^2 f}{\partial y \partial z}(x,y,z) = 2z\,.$$

2.9 a) i) Es ist $\frac{\partial^2 f}{\partial x^2}(x,y) = \mathrm{e}^x \cos y$ und $\frac{\partial^2 f}{\partial y^2}(x,y) = -\mathrm{e}^x \cos y$.
ii) Wegen $f(x,y) = \frac{1}{2}\ln(x^2+y^2)$ ist

$$\frac{\partial f}{\partial x}(x,y) = \frac{x}{x^2+y^2} \quad \text{und} \quad \frac{\partial^2 f}{\partial x^2}(x,y) = \frac{y^2-x^2}{(x^2+y^2)^2}\,;$$

aus Symmetriegründen ist dann $\frac{\partial^2 f}{\partial y^2}(x,y) = \frac{x^2-y^2}{(x^2+y^2)^2}$.

iii) Für $g(u,v) = u^4 - 6u^2v^2 + v^4$ rechnen wir aus

$$\frac{\partial g}{\partial u}(u,v) = 4u^3 - 12uv^2 \qquad \frac{\partial^2 g}{\partial u^2}(u,v) = 12u^2 - 12v^2$$
$$\frac{\partial g}{\partial v}(u,v) = -12u^2v + 4v^3 \qquad \frac{\partial^2 g}{\partial v^2}(u,v) = -12u^2 + 12v^2 .$$

b) Mit $f(x,y,z) = (x^2+y^2+z^2)^{-\frac{1}{2}}$ ist

$$\frac{\partial f}{\partial x}(x,y,z) = -x(x^2+y^2+z^2)^{-\frac{3}{2}} \qquad \text{und}$$
$$\frac{\partial^2 f}{\partial x^2}(x,y,z) = -(x^2+y^2+z^2)^{-\frac{3}{2}} + 3x^2(x^2+y^2+z^2)^{-\frac{5}{2}} .$$

Entsprechend ist

$$\frac{\partial^2 f}{\partial y^2}(x,y,z) = -(x^2+y^2+z^2)^{-\frac{3}{2}} + 3y^2(x^2+y^2+z^2)^{-\frac{5}{2}}$$
$$\frac{\partial^2 f}{\partial z^2}(x,y,z) = -(x^2+y^2+z^2)^{-\frac{3}{2}} + 3z^2(x^2+y^2+z^2)^{-\frac{5}{2}} .$$

und somit

$$\frac{\partial^2 f}{\partial x^2}(x,y,z) + \frac{\partial^2 f}{\partial y^2}(x,y,z) + \frac{\partial^2 f}{\partial z^2}(x,y,z)$$
$$= -3(x^2+y^2+z^2)^{-\frac{3}{2}} + 3(x^2+y^2+z^2)(x^2+y^2+z^2)^{-\frac{5}{2}} = 0 .$$

Man beachte, dass dieses Ergebnis nur zustande kommt, weil der Exponent $-\frac{1}{2}$ in der Definition von f zur Dimension 3 passt.

2.10 Aus $\frac{\partial f}{\partial x}(x,y) = 3x^2 + 3y = 0$ und $\frac{\partial f}{\partial y}(x,y) = 3y^2 + 3x = 0$ folgt $y = -x^2$ und dann $3x^4 + 3x = 0$, also $x = 0$ oder $x = -1$; entsprechend $y = 0$ und $y = -1$. Wir finden die kritischen Punkte $(0,0)$ und $(-1,-1)$. Weiter ist $d(x,y) = 36xy - 9$, somit $d(0,0) = -9$ und $d(-1,-1) = 27$. Nach Behauptung 2.1 ist $(0,0)$ ein Sattelpunkt und $(-1,-1)$ ein Maximum, Funktionswert ist $f(-1,-1) = 1$.

2.11 Es bezeichne x, y und z die Länge, Breite und Höhe des Beckens. Für die Oberfläche O gilt

$$O = xy + 2xz + 2yz = xy + 2z(x+y) .$$

Aus der Forderung $x \cdot y \cdot z = 4$ ergibt sich $z = \frac{4}{xy}$ und weiter

$$O(x,y) = xy + \frac{8}{x} + \frac{8}{y} \quad \text{also} \quad \frac{\partial O}{\partial x}(x,y) = y - \frac{8}{x^2} \quad \text{und} \quad \frac{\partial O}{\partial y}(x,y) = x - \frac{8}{y^2}.$$

Aus $\frac{\partial O}{\partial x}(x,y) = y - \frac{8}{x^2} = 0$ folgt $y = \frac{8}{x^2}$ und aus $\frac{\partial O}{\partial y}(x,y) = 0$ dann $x - \frac{x^4}{8} = 0$, also $x = 0$ oder $x = 2$. Die erste Lösung ist sinnlos und aus $x = 2$ folgt auch $y = 2$. Es bleibt zu prüfen, ob ein Minimum vorliegt. Es ist

$$\frac{\partial^2 O}{\partial x^2}(x,y) = \frac{16}{x^3} \qquad \frac{\partial^2 O}{\partial y^2}(x,y) = \frac{16}{y^3} \qquad \frac{\partial^2 O}{\partial x \partial y}(x,y) = 1$$

und somit

$$d(x,y) = \frac{\partial^2 O}{\partial x^2}(2,2)\frac{\partial^2 O}{\partial y^2}(2,2) - \left(\frac{\partial^2 O}{\partial x \partial y}(2,2)\right)^2 = 2 \cdot 2 - 1 = 3 > 0\,.$$

Nach Behauptung 2.1 liegt in der Tat ein Minimum vor.

2.12 Für die Funktion $f(x,y,z) = \mathrm{e}^{xyz}$ rechnen wir der Reihe nach aus:

$$\frac{\partial f}{\partial z}(x,y,z) = xy\mathrm{e}^{xyz} \qquad \frac{\partial^2 f}{\partial y \partial z}(x,y,z) = x\mathrm{e}^{xyz} + x^2yz\mathrm{e}^{xyz}$$

$$\frac{\partial^3 f}{\partial x \partial y \partial z}(x,y,z) = \mathrm{e}^{xyz} + xyz\mathrm{e}^{xyz} + 2xyz\mathrm{e}^{xyz} + x^2y^2z^2\mathrm{e}^{xyz} = (1 + 3xyz + x^2y^2z^2)\mathrm{e}^{xyz}\,.$$

2.13 Es ist die Größe D, sowie die Steigung m und der Achsenabschnitt b der Regressionsgerade zu berechnen:

$$D = 2000 \qquad m = 0.068 \qquad b = 0.2$$

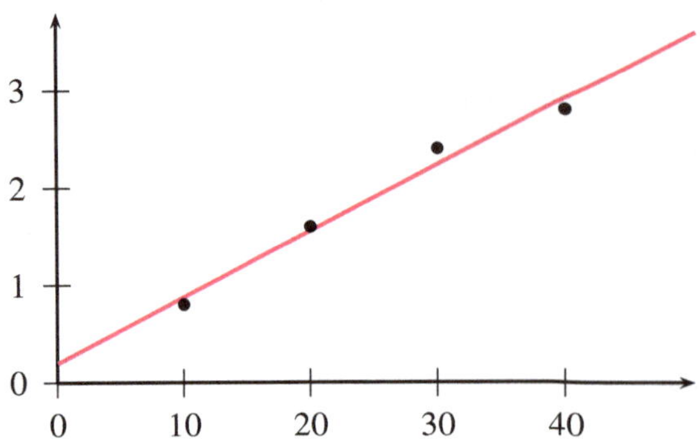

Übungen aus 2.2.1

2.14 Die Kurve i) ist eine Hyperbel, woher die Funktionen cosh und sinh ihren Namen haben. Die Kurve ii) ist eine Parabel.

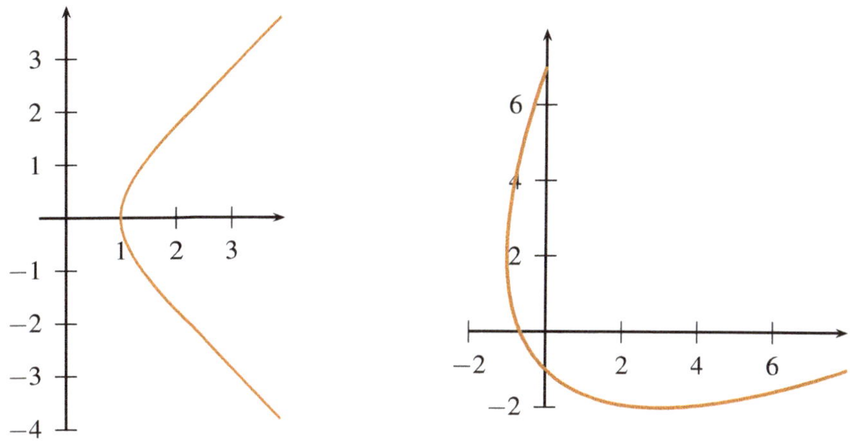

Die Kurve iii) heißt Sternkurve oder *Asteroide*. Die Kurve iv) ist der obere Halbkreis mit Mittelpunkt $(0,0)$ und Radius 1 mit einer „ungewöhnlichen" Parameterdarstellung als Beleg dafür, dass Kurven verschiedene Parameterdarstellungen haben können.

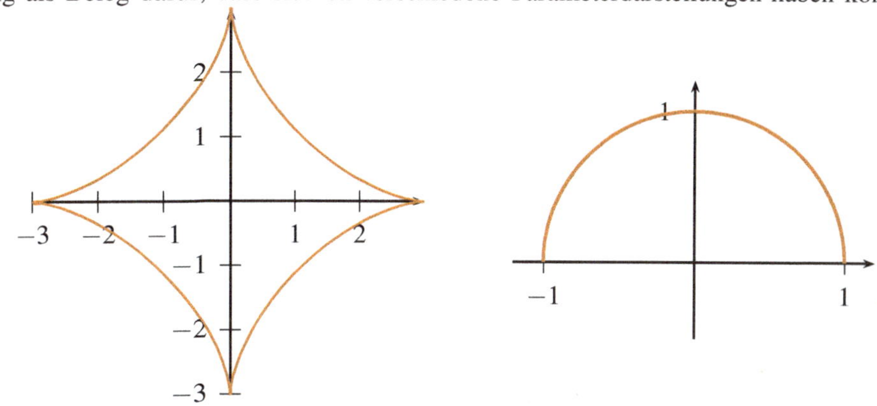

2.15 i) Ein Kreis um (x_0,y_0) vom Radius R wird gegeben durch $x(t) = x_0 + \cos t$ und $y(t) = y_0 + \sin t$ für $0 \leqq t \leqq 2\pi$; hier also $x(t) = 1 + \cos t$, $y(t) = 2 + \sin t$. ii) Die gerade Verbindung von (x_1,y_1) nach (x_2,y_2) erhält man zum Beispiel durch $x(t) = x_1 + (x_2 - x_1)t$ und $y(t) = y_1 + (y_2 - y_1)t$ mit $0 \leqq t \leqq 1$; hier also $x(t) = 4 - 3t$ und $y(t) = 1 + 2t$. iii) Man setze $(x(t),y(t)) = (t,t^2)$ für $0 \leqq t \leqq 2$.

2.16 i) Wegen

$$f(tx,ty) = \frac{t^2xy}{\sqrt{t^2x^2+t^2y^2}} = \frac{txy}{\sqrt{x^2+y^2}} = t\,f(x,y) \quad \text{für alle } t > 0$$

ist f homogen vom Grad 1 und man rechnet aus

$$\frac{\partial f}{\partial x}(x,y) = \frac{y^3}{(x^2+y^2)^{\frac{3}{2}}} \qquad \text{und} \qquad \frac{\partial f}{\partial y}(x,y) = \frac{x^3}{(x^2+y^2)^{\frac{3}{2}}}\,.$$

Die Voraussetzung des Eulerschen Theorems ist erfüllt:

$$x\frac{\partial f}{\partial x}(x,y)+y\frac{\partial f}{\partial y}(x,y)=\frac{xy^3+x^3y}{(x^2+y^2)^{\frac{3}{2}}}=\frac{xy}{(x^2+y^2)^{\frac{1}{2}}}=f(x,y)\,.$$

ii) Wegen

$$g(tx,ty,tz)=t^5x^3y^2+4t^5x^2yz^2+t^5y^4z+3t^5y^5 \quad \text{für alle } t>0$$

ist g homogen vom Grad 5 und man rechnet aus

$$\begin{aligned}
&x\frac{\partial g}{\partial x}(x,y,z)+y\frac{\partial g}{\partial y}(x,y,z)+z\frac{\partial g}{\partial z}(x,y,z)\\
&\quad=x(3x^2y^2+8xyz^2)+y(2x^3y+4x^2z^2+4y^3z+15y^4)+z(8x^2yz+y^4)\\
&\quad=5x^3y^2+20x^2yz^2+5y^4z+15y^5=5\,g(x,y,z)\,.
\end{aligned}$$

Übungen aus 2.2.3

2.17 C_1: Eine Parameterdarstellung ist $x(t)=t$, $y(t)=1+t$ mit $0\leqq t\leqq 1$. Damit

$$\int_{C_1}(x^2-y)\,dx+(x+y^2)\,dy=\int_0^1\left(t^2-1-t+t+(1+t)^2\right)dt=\frac{5}{3}\,.$$

C_2: Eine Parameterdarstellung ist $x(t)=t$, $y(t)=1+t^2$ mit $0\leqq t\leqq 1$, damit

$$\int_{C_2}(x^2-y)\,dx+(x+y^2)\,dy=\int_0^1\left(t^2-(1+t^2)+(t+(1+t^2)^2\cdot 2t\right)dt=2\,.$$

C_3: $C_{3,1}$ mit Parameterdarstellung $x(t)=t$, $y(t)=1$ für $0\leqq t\leqq 1$ und $C_{3,2}$ mit Parameterdarstellung $x(t)=1$, $y(t)=1+t$ für $0\leqq t\leqq 1$, damit

$$\int_{C_3}=\int_{C_{3,1}}+\int_{C_{3,2}}=\int_0^1(t^2-1)\,dt+\int_0^1\left(1+(1+t)^2\right)dt=\frac{8}{3}\,.$$

2.18 C_1: Parameterdarstellung: $x(t)=t$, $y(t)=\frac{1}{8}t^2$ für $0\leqq t\leqq 4$

$$\int_{C_1}xy^2\,dx+\frac{1}{2}xy\,dy=\int_0^4\left(t\cdot\frac{1}{64}t^4+\frac{1}{2}t\cdot\frac{1}{8}t^2\cdot\frac{1}{4}t\right)dt=\frac{208}{15}$$

C_2: Parameterdarstellung: $x(t)=2t$, $y(t)=t$ für $0\leqq t\leqq 2$

$$\int_{C_2}xy^2\,dx+\frac{1}{2}xy\,dy=\int_0^2\left(2t\cdot t^2\cdot 2+\frac{1}{2}\cdot 2t\cdot t\right)dt=\frac{56}{3}$$

C_3: Parameterdarstellung: $x(t)=t$, $y(t)=\sqrt{t}$ für $0\leqq t\leqq 4$

$$\int_{C_3} xy^2\,dx + \frac{1}{2}xy\,dy = \int_0^4 \left(t\cdot t + \frac{1}{2}t\cdot\sqrt{t}\cdot\frac{1}{2}\frac{1}{\sqrt{t}}\right)dt = \frac{70}{3}$$

Übungen aus 2.2.4

2.19 Wir beziehen uns immer auf die Notation $A(x,y)\,dx + B(x,y)\,dy$. Da alle Definitionsbereiche $\mathbb{R}^2$ und damit einfach zusammenhängend sind, genügt es nach dem Hauptsatz 2.3, die Integrabilitätsbedingung (2.2.10) nachzuprüfen.

i) $\frac{\partial A}{\partial y}(x,y) = 8x^3y = \frac{\partial B}{\partial x}(x,y)$, also Differential. Eine Stammfunktion $F(x,y)$ muss $\frac{\partial F}{\partial x}(x,y) = 4x^3y^2$ erfüllen, also $F(x,y) = x^4y^2 + f(y)$; und $\frac{\partial F}{\partial y}(x,y) = 2x^4y + f'(y)$ zeigt $f'(y) = 0$, daher $f(y) = C$ und $F(x,y) = x^4y^2 + C$.

ii) $\frac{\partial A}{\partial y}(x,y) = 2x^2y$ und $\frac{\partial B}{\partial x}(x,y) = 3x^2y$, also kein Differential.

iii) $\frac{\partial A}{\partial y}(x,y) = 6xy^2 = \frac{\partial B}{\partial x}(x,y)$, also Differential. Eine Stammfunktion $F(x,y)$ muss $\frac{\partial F}{\partial x}(x,y) = 2xy^3$ erfüllen, also $F(x,y) = x^2y^3 + f(y)$ und $\frac{\partial F}{\partial y}(x,y) = 3x^2y^2 + f'(y)$ zeigt $f'(y) = 3y^2$, somit $f(y) = y^3 + C$ und $F(x,y) = x^2y^3 + y^3 + C$.

iv) $\frac{\partial A}{\partial y}(x,y) = -\sin x\cosh y = \frac{\partial B}{\partial x}(x,y)$, also ein Differential. Eine Stammfunktion ist $F(x,y) = \cos x\sinh y + C$.

v) $\frac{\partial A}{\partial y}(x,y) = 4y^3 = \frac{\partial B}{\partial x}(x,y)$, also ein Differential. Eine Stammfunktion ist $F(x,y) = xy^4 + \cos y + C$.

vi) $\frac{\partial A}{\partial y}(x,y) = 2x\cos y - 6x^2y$ und $\frac{\partial B}{\partial x}(x,y) = 2x\cos y - 6x^2$, kein Differential.

2.20 Die obere Halbebene $D = \{(x,y) \in \mathbb{R}^2 : y > 0\}$ ist einfach zusammenhängend, daher genügt es, die Integrabilitätsbedingung nachzuprüfen. Es ist

$$\frac{\partial A}{\partial y}(x,y) = \frac{-x^2 - 2\alpha xy - (1-2\alpha)y^2}{(x^2+y^2)^{1+\alpha}} \quad \text{und} \quad \frac{\partial B}{\partial x}(x,y) = \frac{(1-2\alpha)x^2 - 2\alpha xy + y^2}{(x^2+y^2)^{1+\alpha}},$$

Gleichheit gilt für $\alpha = 1$.

2.21 Wir wissen $\oint_C f(xy)(y\,dx + x\,dy) = 0$ für jede geschlossene Kurve C, falls die Differentialform $A(x,y)\,dx + B(x,y)\,dy := f(xy)y\,dx + f(xy)x\,dy$ exakt, also ein Differential ist. Dies ist aber nach dem Hauptsatz 2.3 wegen

$$\frac{\partial A}{\partial y}(x,y) = xyf'(xy) + f(xy) \quad \text{und} \quad \frac{\partial B}{\partial x}(x,y) = xyf'(xy) + f(xy)$$

der Fall.

2.22 Mit der Parameterdarstellung $x(t) = R\cos t$, $y(t) = R\sin t$ für $0 \leqq t \leqq 2\pi$ ist

$$\begin{aligned}\int_C -xy^4\,dx + x^2y^3\,dy &= \int_0^{2\pi} \left(-R\cos t \cdot R^4 \sin^4 t(-R\sin t) + R^2\cos^2 t \cdot R^3 \sin^3 t \cdot R\cos t\right) dt \\ &= R^6\left(\int_0^{2\pi} \sin^5 t \cos t\,dt + \int_0^{2\pi} \sin^3 t \cos^3 t\,dt\right).\end{aligned}$$

Das erste Integral ist

$$\int_0^{2\pi} \sin^5 t \cos t\,dt = \left[\frac{1}{6}\sin^6 t\right]_0^{2\pi} = 0;$$

das zweite Integral ist

$$\begin{aligned}\int_0^{2\pi} (\sin t \cos t)^3 dt &= \frac{1}{8}\int_0^{2\pi} \sin^3(2t)\,dt = \frac{1}{16}\int_0^{4\pi} \sin^3 s\,ds = \frac{1}{8}\int_0^{2\pi} \sin^3 s\,ds \\ &= \frac{1}{8}\left(\int_0^{\pi} \sin^3 s\,ds + \int_{\pi}^{2\pi} \sin^3 s\,ds\right) = \frac{1}{8}\left(\int_0^{\pi} \sin^3 s\,ds + \int_0^{\pi} \sin^3(t+\pi)\,dt\right) \\ &= \frac{1}{8}\left(\int_0^{\pi} \sin^3 s\,ds - \int_0^{\pi} \sin^3 t\,dt\right) = 0.\end{aligned}$$

2.23 Die erste (braune) Kurve C_1 ist eine Schraubenlinie oder Spirale, die zweite (blaue) Kurve C_2 die gerade Verbindung vom Punkt P mit den Koordinaten $x = 4, y = 0, z = 0$ zum Punkt Q mit den Koordinaten $x = 4, y = 0, z = \pi$.

C_1: $x(t) = 4\cos t,\ y(t) = 4\sin t,\ z(t) = \dfrac{1}{2}t$

$$\begin{aligned}&\int_{C_1} z\,dx + y\,dy + (x^2+y^2)\,dz \\ &= \int_0^{2\pi} \left(\frac{1}{2}t(-4\sin t) + 4\sin t\, 4\cos t + 16\cdot\frac{1}{2}\right) dt \\ &= -2\int_0^{2\pi} t\sin t\,dt + 8\int_0^{2\pi} \sin 2t\,dt + 16\pi \\ &= -2\left(\Big[-t\cos t\Big]_0^{2\pi} + \int_0^{2\pi} \cos t\,dt\right) + 0 + 16\pi \\ &= 4\pi + 16\pi = 20\pi\end{aligned}$$

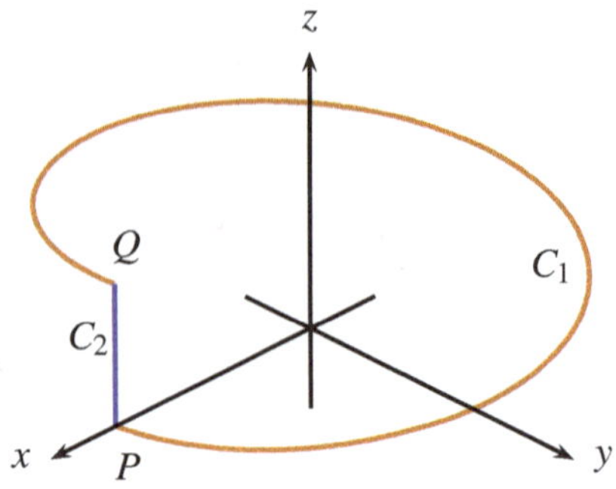

C_2: $x(t) = 4,\ y(t) = 0,\ z(t) = \pi t$

$$\int_{C_1} z\,dx + y\,dy + (x^2+y^2)\,dz = \int_0^1 16\pi\,dt = 16\pi.$$

2.24 Hier gilt (wie öfters): „Erst denken, dann rechnen". Die Differentialform

$$(x^3 - 3xy^2)\,dx + (y^3 - 3x^2y)\,dy$$

ist exakt, eine Stammfunktion ist $F(x,y) = \frac{1}{4}x^4 - \frac{3}{2}x^2y^2 + \frac{1}{4}y^4$. Daher stimmen alle gefragten Kurvenintegrale überein und sind gegeben durch $F(4,2) - F(0,0) = -28$.

Übungen aus 2.2.5

2.25 Wir schreiben die DG in der suggestiven Form $4ty^4\,dt + 8t^2y^3\,dy = 0$ und rechnen aus

$$\frac{\partial A}{\partial y}(t,y) = 16ty^3 = \frac{\partial B}{\partial t}(t,y)\,.$$

Da die DG auf $\mathbb{R}^2$ definiert ist, können wir schließen, dass sie exakt ist. Eine Stammfunktion ist $F(t,y) = 2t^2y^4$. Schreiben wir $2t^2y^4 = C$ mit einer Konstanten C, so folgt aus $y(1) = 2$ zunächst $C = 32$. Auflösen von $t^2y^4 = 16$ ergibt $y(t) = \frac{2}{\sqrt{t}}$ für alle $t > 0$; wegen $y(1) = 2 > 0$ kommt nur die positive Wurzel in Frage.

2.26 Wegen $\frac{\partial A}{\partial y}(t,y) = 2 - 6ty$ und $\frac{\partial B}{\partial t}(t,y) = -1$ ist die DG nicht exakt. Wir multiplizieren mit $M(t,y) := t^\alpha y^\beta$ und erhalten die DG

$$(2t^\alpha y^{\beta+1} - 3t^{\alpha+1}y^{\beta+2})\,dt - t^{\alpha+1}y^\beta\,dy = 0.$$

Diese ist exakt wenn

$$\frac{\partial A}{\partial y}(t,y) = 2(\beta+1)t^\alpha y^\beta - 3(2+\beta)t^{\alpha+1}y^{\beta+1} = -(\alpha+1)t^\alpha y^\beta = \frac{\partial B}{\partial t}(t,y).$$

Hieraus folgt $\beta = -2$ und dann $-2 = -(\alpha+1)$ oder $\alpha = 1$. Somit ist

$$(2t\frac{1}{y} - 3t^2)dt - t^2\frac{1}{y^2}dy = 0$$

exakt; eine Stammfunktion der linken Seite ist $F(t,y) = \frac{t^2}{y} - t^3$. Löst man $\frac{t^2}{y} - t^3 = C$ nach y auf, so erhält man $y(t) = \frac{t^2}{t^3+C}$ als Lösung der DG.

Weiterführende Literatur

[1] Kurt Endl und Wolfgang Luh. *Analysis II Eine integrierte Darstellung*. 8. Auflage. Wiesbaden: AULA Verlag, 1994. ISBN: 3891045638.

[2] Harro Heuser. *Lehrbuch der Analysis Band 2*. 14. Auflage. Stuttgart: Teubner Verlag, 2008. ISBN: 3835102087.

[3] Kurt Meyberg und Peter Vachenauer. *Höhere Mathematik 1*. 6. Auflage. Berlin, Heidelberg, New York: Springer Verlag, 2003. ISBN: 3540418504.

Kapitel 3
Vektoren, Matrizen und Anwendungen

3.1 Der Vektorraum $\mathbb{R}^n$

3.1.1 Einführung

Die Punkte der Ebene – beziehungsweise die Vektoren („Pfeile“) in der Ebene mit festem Anfangspunkt 0 – werden durch Einführung eines *Koordinatensystems* mathematisch beschrieben. Die so gewonnenen *Koordinaten* x_1 und x_2 eines Punktes fasst man zu einem Zahlenpaar $\begin{pmatrix} x_1 \\ x_2 \end{pmatrix}$ zusammen, das man als ein neues Objekt $\vec{x}$ betrachtet.

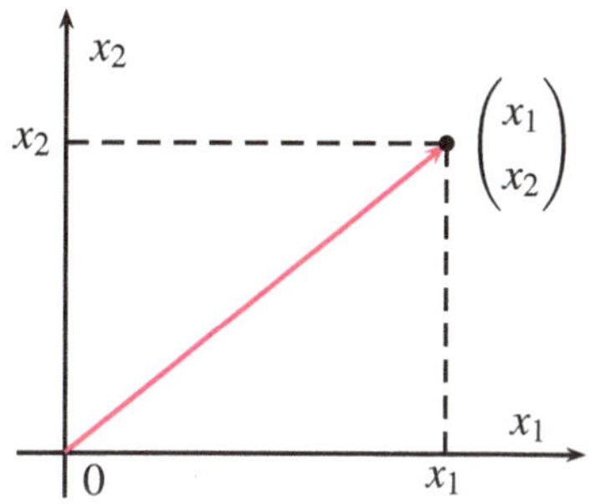

Die Gesamtheit dieser Zahlenpaare heißt *die (reelle) Zahlenebene* und wird mit $\mathbb{R}^2$ bezeichnet:

$$\mathbb{R}^2 = \left\{ \vec{x} = \begin{pmatrix} x_1 \\ x_2 \end{pmatrix} : x_1, x_2 \in \mathbb{R} \right\}.$$

Nach Wahl eines Koordinatensystems entsprechen die Punkte der Ebene umkehrbar eindeutig den Zahlenpaaren $\vec{x} \in \mathbb{R}^2$.

K. Barbey, *Mathematik für Biologie und Chemie*,
https://doi.org/10.1007/978-3-662-73511-4_3

Ebenso lassen sich die Punkte des Raumes – beziehungsweise die Vektoren des Raumes mit festem Anfangspunkt 0 – durch Einführen eines Koordinatensystems mathematisch beschreiben. Die Koordinaten x_1, x_2 und x_3 eines Raumpunktes fasst man zu einem Zahlentripel $\begin{pmatrix} x_1 \\ x_2 \\ x_3 \end{pmatrix}$ zusammen, das man wiederum als ein neues Objekt $\vec{x}$ betrachtet.

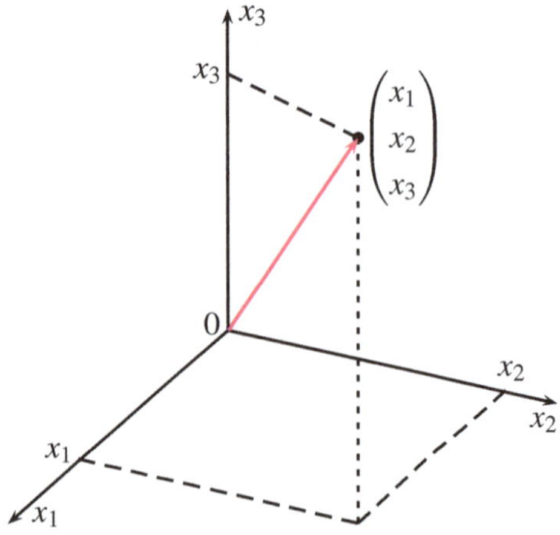

Die Gesamtheit dieser Zahlentripel heißt *der (dreidimensionale) (reelle) Zahlenraum* und wird mit $\mathbb{R}^3$ bezeichnet:

$$\mathbb{R}^3 = \left\{ \begin{pmatrix} x_1 \\ x_2 \\ x_3 \end{pmatrix} : x_1, x_2, x_3 \in \mathbb{R} \right\}.$$

Nach Festlegung eines Koordinatensystems entsprechen die Punkte des Raumes umkehrbar eindeutig den Zahlentripeln $\vec{x} \in \mathbb{R}^3$.

Wir haben also im ersten Fall reelle Zahlen x_1, x_2 zu Zahlenpaaren $\begin{pmatrix} x_1 \\ x_2 \end{pmatrix}$ und im zweiten Fall reelle Zahlen x_1, x_2, x_3 zu Zahlentripeln $\begin{pmatrix} x_1 \\ x_2 \\ x_3 \end{pmatrix}$ zusammengefasst und diese jeweils als neue Objekte betrachtet. Damit sind aber die Bedürfnisse der Anwendungen keineswegs befriedigt. Vielmehr hat man in vielen Disziplinen und bei vielen Gelegenheiten Anlass, auch andere Zahlen als die Koordinaten eines Punktes und auch mehr als drei Zahlengrößen zu einem neuen Objekt zusammenzufassen. Wir geben zur Verdeutlichung einige konkrete Beispiele:

i) In der Physik oder Chemie will man Systeme aus mehreren Teilchen untersuchen. Der Zustand des Systems wird dadurch festgelegt, dass man für jedes Teilchen die drei Raum- und die drei Geschwindigkeitskoordinaten angibt. Ist n die Anzahl der Teilchen, so besteht ein möglicher Zustand des Systems also aus $6n$ Zahlen. Typischerweise handelt es sich bei einem solchen System um ein Gas, so dass n sehr groß sein kann.

ii) In der Chemie betrachtet man Reaktionen zwischen n Reaktionspartnern. Der augenblickliche Zustand der Reaktion wird durch die Konzentrationen $x_1, x_2, \ldots, x_n$ der beteiligten Reaktionspartner festgelegt.

iii) In der Volkswirtschaftslehre will man den Zustand und die zeitliche Entwicklung einer Volkswirtschaft durch ein mathematisches Modell beschreiben. Hierzu charakterisiert man den Zustand einer Volkswirtschaft durch Angabe der Preise für die wichtigsten

Industrie- und Handelsgüter, die Löhne der wichtigsten Berufsgruppen, die Kosten der wichtigsten Dienstleistungen,...

Um diesen Bedürfnissen der Praxis gerecht zu werden, müssen wir *n-Tupel* oder *Spalten* $\begin{pmatrix} x_1 \\ \vdots \\ x_n \end{pmatrix}$ mit $x_1, x_2, \ldots, x_n \in \mathbb{R}$ betrachten, die wir aber im Allgemeinen nicht mehr als die Koordinaten eines Punktes des uns umgebenden physikalischen Raumes deuten können oder wollen. Insofern geht die Anschauung verloren.

Wir betrachten demnach für eine feste natürliche Zahl n den *n-dimensionalen Zahlenraum*

$$\mathbb{R}^n = \left\{ \begin{pmatrix} x_1 \\ \vdots \\ x_n \end{pmatrix} : x_1, x_2, \ldots, x_n \in \mathbb{R} \right\}.$$

Ein Element dieser Menge, also ein n-Tupel $\vec{x} = \begin{pmatrix} x_1 \\ \vdots \\ x_n \end{pmatrix}$, bezeichnen wir weiterhin als *Punkt* oder *Vektor* des $\mathbb{R}^n$, die reelle Zahl x_k heißt die *k-te Koordinate* von $\vec{x}$, wobei $k = 1, \ldots, n$. Der Spezialfall $n = 1$ ist hier uninteressant, aber zugelassen; in diesem Fall ist $\mathbb{R}^1 = \mathbb{R}$. Das n-Tupel $\vec{0} = \begin{pmatrix} 0 \\ \vdots \\ 0 \end{pmatrix}$ heißt *Nullpunkt* oder *Nullvektor* des $\mathbb{R}^n$. Statt $\vec{0}$ werden wir wir jedoch meist 0 schreiben, da keine Verwechslungen zu befürchten sind. Die reellen Zahlen nennt man in der gegenwärtigen Theorie *Skalare*, da sie die Vektoren „skalieren“, siehe unten 3.2.

Wir kommen nun zu den elementaren Rechenoperationen mit Vektoren.

Definition 3.1 (Addition) Für zwei Vektoren $\vec{u} = \begin{pmatrix} u_1 \\ \vdots \\ u_n \end{pmatrix} \in \mathbb{R}^n$ und $\vec{v} = \begin{pmatrix} v_1 \\ \vdots \\ v_n \end{pmatrix} \in \mathbb{R}^n$ ist die Summe $\vec{u} + \vec{v}$ definiert durch

$$\vec{u} + \vec{v} = \begin{pmatrix} u_1 + v_1 \\ u_2 + v_2 \\ \vdots \\ u_n + v_n \end{pmatrix} \in \mathbb{R}^n.$$

Die Interpretation im Falle der Ebene ($n = 2$) als Parallelogrammkonstruktion nehmen wir als bekannt an. Da die Addition zweier Spalten $\vec{u}$ und $\vec{v}$ in der von $\vec{u}$ und $\vec{v}$ erzeugten Ebene stattfindet, liefert diese Parallelogrammkonstruktion für jedes n immer die richtige anschauliche Vorstellung.

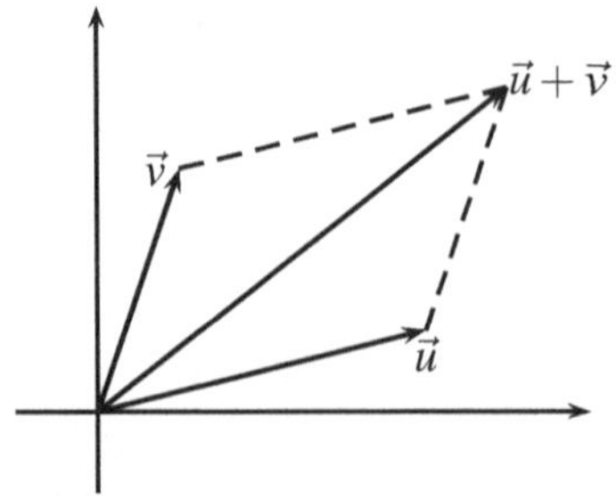

Definition 3.2 (Skalarenmultiplikation)

Für einen Vektor $\vec{u} = \begin{pmatrix} u_1 \\ \vdots \\ u_n \end{pmatrix} \in \mathbb{R}^n$ und einen Skalar $\lambda \in \mathbb{R}$ wird definiert

$$\lambda\vec{u} = \begin{pmatrix} \lambda u_1 \\ \vdots \\ \lambda u_n \end{pmatrix} \in \mathbb{R}^n.$$

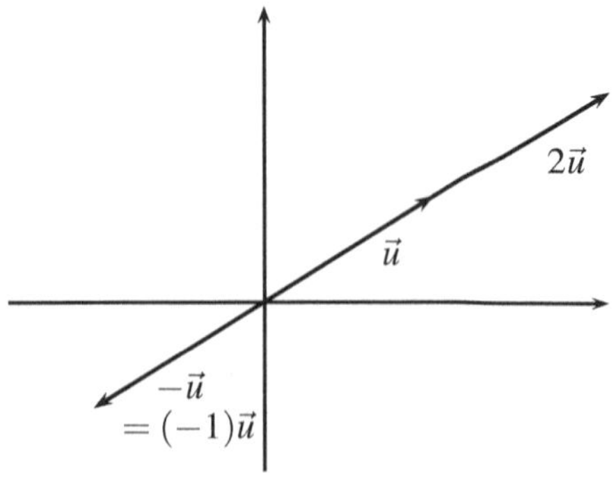

Die geometrische Interpretation ist evident, wie die obige Skizze zeigt.

Eine weitere wichtige Operation mit Vektoren in $\mathbb{R}^n$ ist das Skalarprodukt; diesem wollen wir einen eigenen Abschnitt widmen.

3.1.2 Skalarprodukt und Länge

Definition 3.3 Für zwei Spalten $\vec{u} = \begin{pmatrix} u_1 \\ \vdots \\ u_n \end{pmatrix} \in \mathbb{R}^n$ und $\vec{v} = \begin{pmatrix} v_1 \\ \vdots \\ v_n \end{pmatrix} \in \mathbb{R}^n$ heißt der Skalar

$$\vec{u} \cdot \vec{v} := \langle \vec{u}, \vec{v} \rangle := u_1 v_1 + u_2 v_2 + \cdots + u_n v_n \tag{3.1.1}$$

das *Skalarprodukt* von $\vec{u}$ und $\vec{v}$.

Für das Skalarprodukt sind beide Schreibweisen $\vec{u} \cdot \vec{v}$ und $\langle \vec{u}, \vec{v} \rangle$ üblich; wir werden sie auch je nach Situation beide benutzen.

Definition 3.4 Für einen Vektor $\vec{u} = \begin{pmatrix} u_1 \\ \vdots \\ u_n \end{pmatrix} \in \mathbb{R}^n$ heißt die nicht negative Zahl

$$|\vec{u}| := \left(u_1^2 + u_2^2 + \cdots + u_n^2\right)^{\frac{1}{2}} = \sqrt{\vec{u} \cdot \vec{u}} \tag{3.1.2}$$

die *Länge* oder der *Betrag* von $\vec{u}$; es gilt also $\vec{u} \cdot \vec{u} = |\vec{u}|^2$.

In den Fällen $n = 2$ und $n = 3$ entspricht dies unseren elementar-geometrischen Vorstellungen von der Länge eines Vektors.

Wir haben die folgenden Rechenregeln:

Bemerkung 3.1 *Für Vektoren* $\vec{u}, \vec{v}, \vec{w}$ *und einen Skalar* λ *gelten die folgenden Regeln:*

i) $(\vec{u} + \vec{v}) \cdot \vec{w} = \vec{u} \cdot \vec{w} + \vec{v} \cdot \vec{w}$ *und* $\vec{u} \cdot (\vec{v} + \vec{w}) = \vec{u} \cdot \vec{v} + \vec{u} \cdot \vec{w}$

ii) $(\lambda \vec{u}) \cdot \vec{v} = \lambda\, (\vec{u} \cdot \vec{v}) = \vec{u} \cdot (\lambda \vec{v})$

iii) $\vec{u} \cdot \vec{v} = \vec{v} \cdot \vec{u}$

iv) $|\vec{u}|^2 = \vec{u} \cdot \vec{u}$.

Die Regeln i) und ii) besagen, dass das Skalarprodukt mit den Vektoroperationen Addition und Skalarenmultiplikation verträglich ist. Gemeinsam werden sie als *Bilinearität* des Skalarprodukts bezeichnet. Die Regel iv) wird oft dazu benutzt, Rechnungen mit der Länge von Vektoren auf das Skalarprodukt zurückzuführen.

Beweis. Regel iv) ist lediglich eine Umformulierung von (3.1.2). Die anderen Regeln sind ebenfalls sofort zu verifizieren. Wir wollen dies etwa im Falle ii) aufzeigen:

$$(\lambda \vec{u}) \cdot \vec{v} = \begin{pmatrix} \lambda u_1 \\ \vdots \\ \lambda u_n \end{pmatrix} \cdot \begin{pmatrix} v_1 \\ \vdots \\ v_n \end{pmatrix} =$$

$$= \lambda u_1 v_1 + \lambda u_2 v_2 + \cdots + \lambda u_n v_n = \lambda (u_1 v_1 + u_2 v_2 + \cdots + u_n v_n) = \lambda (\vec{u} \cdot \vec{v}).$$

Die zweite Gleichung von ii) lässt sich entweder genauso nachrechnen oder mit iii) auf die gerade bewiesene Gleichung zurückführen. □

Wir kommen nun zu einer wichtigen Abschätzung für das Skalarprodukt.

Behauptung 3.1 (Ungleichung von Cauchy-Schwarz) *Für zwei Vektoren* $\vec{u}, \vec{v}$ *gilt die Ungleichung von Cauchy-Schwarz*

$$|\vec{u} \cdot \vec{v}| \leq |\vec{u}|\, |\vec{v}|\,. \tag{3.1.3}$$

Beweis. Für $\vec{v} = 0$ ist die Ungleichung trivialerweise erfüllt, wir können also $\vec{v} \neq 0$ annehmen und betrachten dann die (Hilfs-)Funktion

$$f(t) := |\vec{u}+t\vec{v}|^2 = (\vec{u}+t\vec{v})\cdot(\vec{u}+t\vec{v}) = |\vec{u}|^2 + 2t\,\vec{u}\cdot\vec{v} + t^2|\vec{v}|^2 \qquad \text{für } t \in \mathbb{R}.$$

Offenbar stellt $f(t)$ eine nach oben geöffnete Parabel mit Scheitel bei $t_0 = -\dfrac{\vec{u}\cdot\vec{v}}{|\vec{v}|^2}$ dar. Wir setzen diesen Wert t_0 in f ein und erhalten

$$0 \leqq f(t_0) = |\vec{u}+t_0\vec{v}|^2 = |\vec{u}|^2 - 2\frac{(\vec{u}\cdot\vec{v})^2}{|\vec{v}|^2} + \frac{(\vec{u}\cdot\vec{v})^2}{|\vec{v}|^4}|\vec{v}|^2 = |\vec{u}|^2 - \frac{(\vec{u}\cdot\vec{v})^2}{|\vec{v}|^2}\,.$$

Dies ist gerade die Behauptung. □

Folgerung 3.1 *Für zwei Vektoren $\vec{u},\vec{v}$ gilt die sogenannte* Dreiecksungleichung

$$|\vec{u}+\vec{v}| \leqq |\vec{u}| + |\vec{v}|\,. \tag{3.1.4}$$

Für eine Interpretation vergleiche man die nebenstehende Skizze: In einem Dreieck ist eine Seite immer höchstens so lang wie die Summe der beiden gegenüberliegenden Seiten.

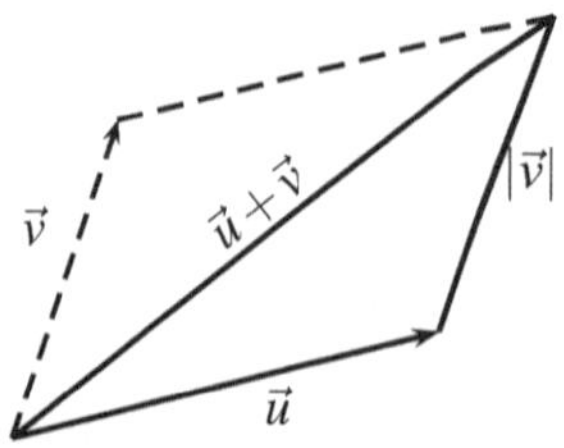

Beweis. Nach der obigen Ungleichung von Cauchy-Schwarz ist

$$|\vec{u}+\vec{v}|^2 = (\vec{u}+\vec{v})\cdot(\vec{u}+\vec{v}) = |\vec{u}|^2 + 2\,\vec{u}\cdot\vec{v} + |\vec{v}|^2 \leqq |\vec{u}|^2 + 2\,|\vec{u}||\vec{v}| + |\vec{v}|^2 = \big(|\vec{u}| + |\vec{v}|\big)^2 \quad \square$$

Wir wollen nun den Winkel zwischen zwei Vektoren $\vec{u},\vec{v} \in \mathbb{R}^n$, die beide vom Nullvektor verschieden sind, einführen.

Zur Motivation betrachten wir zunächst ebene Vektoren und erinnern an den Cosinussatz der Trigonometrie:

$$|\vec{u}|^2 + |\vec{v}|^2 - 2\,|\vec{u}||\vec{v}|\cos\alpha = |\vec{u}-\vec{v}|^2$$

Wir können somit ausrechnen:

$$|\vec{u}|^2 + |\vec{v}|^2 - 2\,|\vec{u}||\vec{v}|\cos\alpha = |\vec{u}|^2 + |\vec{v}|^2 - 2\,\vec{u}\cdot\vec{v}$$

$$|\vec{u}||\vec{v}|\cos\alpha = \vec{u}\cdot\vec{v}$$

$$\cos\alpha = \frac{\vec{u}\cdot\vec{v}}{|\vec{u}||\vec{v}|}$$

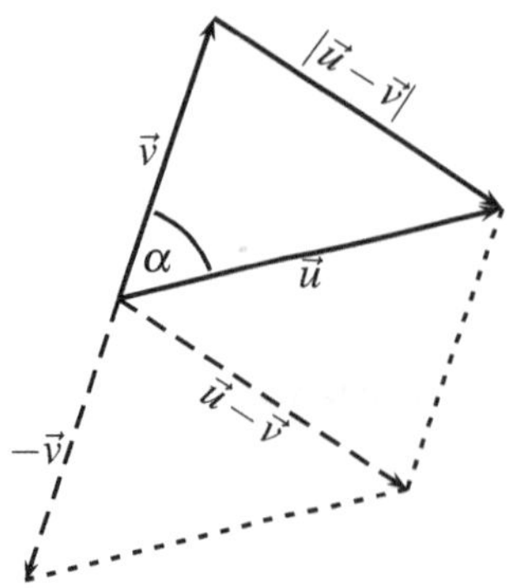

Wir definieren daher:

Definition 3.5 Der *Winkel* α zwischen zwei Vektoren $\vec{u},\vec{v} \in \mathbb{R}^n$, $\vec{u},\vec{v} \neq 0$ ist gegeben durch

$$\cos\alpha = \frac{\vec{u}\cdot\vec{v}}{|\vec{u}||\vec{v}|}\,. \tag{3.1.5}$$

Diese Definition ist sinnvoll, da die rechte Seite von (3.1.5) nach der Ungleichung (3.1.3) von Cauchy-Schwarz immer zwischen -1 und 1 liegt.

Bemerkung 3.2 i) *Für das Skalarprodukt zweier Vektoren $\vec{u}, \vec{v}$ gilt gemäß (3.1.5)*

$$\vec{u} \cdot \vec{v} = |\vec{u}|\,|\vec{v}| \cos\alpha\,. \tag{3.1.6}$$

So wird in den Naturwissenschaften gerne das Skalarprodukt definiert.

ii) *Zwei Vektoren $\vec{u}, \vec{v}$, beide $\neq 0$, stehen aufeinander senkrecht, oder wie man meist sagt, sind* orthogonal *genau dann, wenn $\vec{u} \cdot \vec{v} = 0$.*

iii) *Für zwei Vektoren $\vec{u}, \vec{v}$, wobei $\vec{v} \neq 0$, ist die* Komponente von $\vec{u}$ in Richtung $\vec{v}$ *gegeben durch $\dfrac{\vec{u} \cdot \vec{v}}{|\vec{v}|}$. Hat insbesondere $\vec{v}$ die Länge 1, so ist die Komponente von $\vec{u}$ in Richtung $\vec{v}$ gegeben durch das Skalarprodukt $\vec{u} \cdot \vec{v}$.*

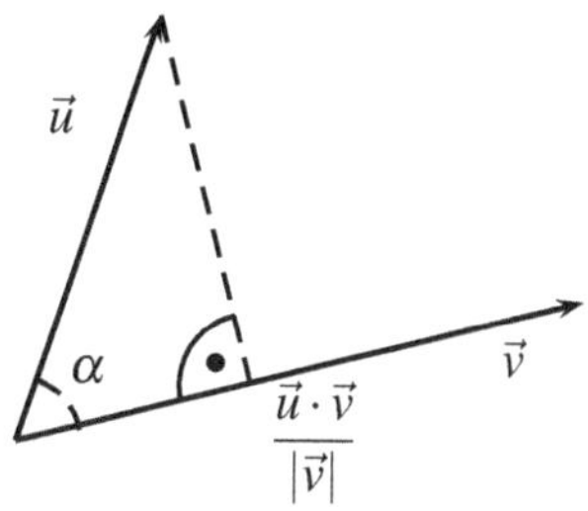

Beweis. i) und ii) sind trivial. iii): Die Komponente von $\vec{u}$ in Richtung $\vec{v}$ ist gegeben durch $|\vec{u}| \cos\alpha = \dfrac{\vec{u} \cdot \vec{v}}{|\vec{v}|}$. □

Wir führen noch die folgenden Bezeichnungen ein.

Definition 3.6 i) Ein Vektor der Länge 1 heißt *normiert* oder ein *Einheitsvektor*.

ii) Man sagt, r Vektoren $\vec{a}^1, \ldots, \vec{a}^r$ bilden ein *Orthonormalsystem*, wenn jeder Vektor ein Einheitsvektor ist und wenn je zwei der Vektoren aufeinander senkrecht stehen, das bedeutet

$$\vec{a}^k \cdot \vec{a}^\ell = \begin{cases} 1 & k = \ell \\ 0 & k \neq \ell \end{cases} \quad \text{für alle } k, \ell = 1, \ldots, r.$$

Beispiel 3.1 Die Spalten

$$\vec{e}^1 = \begin{pmatrix} 1 \\ 0 \\ \vdots \\ 0 \end{pmatrix}, \quad \vec{e}^2 = \begin{pmatrix} 0 \\ 1 \\ \vdots \\ 0 \end{pmatrix}, \quad \ldots, \quad \vec{e}^n = \begin{pmatrix} 0 \\ 0 \\ \vdots \\ 1 \end{pmatrix},$$

des $\mathbb{R}^n$ bilden ein Orthonormalsystem. Jede Spalte $\vec{x} = \begin{pmatrix} x_1 \\ x_2 \\ \vdots \\ x_n \end{pmatrix} \in \mathbb{R}^n$ ist darstellbar als

$$\vec{x} = \begin{pmatrix} x_1 \\ x_2 \\ \vdots \\ x_n \end{pmatrix} = \begin{pmatrix} x_1 \\ 0 \\ \vdots \\ 0 \end{pmatrix} + \begin{pmatrix} 0 \\ x_2 \\ \vdots \\ 0 \end{pmatrix} + \cdots + \begin{pmatrix} 0 \\ 0 \\ \vdots \\ x_n \end{pmatrix} = x_1\vec{e}^{\,1} + x_2\vec{e}^{\,2} + \ldots + x_n\vec{x}^{\,n}$$

und diese Darstellung ist eindeutig. Man sagt dann, die Vektoren $\vec{e}^{\,1}, \vec{e}^{\,2}, \ldots, \vec{e}^{\,n}$ bilden eine *Basis*, hier sogar eine *Orthonormalbasis*. Hierauf werden wir im Abschnitt 3.3 genauer eingehen.

Übungen

Übung 3.1 Zeigen Sie, dass die Vektoren

$$\vec{a} = \begin{pmatrix} 20 \\ -10 \\ 20 \end{pmatrix} \qquad \vec{b} = \begin{pmatrix} -22 \\ -4 \\ 20 \end{pmatrix} \qquad \vec{c} = \begin{pmatrix} 4 \\ 28 \\ 10 \end{pmatrix}$$

die Kanten eines Würfels bilden und bestimmen Sie dessen Volumen.

Übung 3.2 Für die Verbindung CHOOH (*Methansäure, Ameisensäure*) sind die Lagen der Atome im Raum durch die folgenden kartesischen Koordinaten (in Å) gegeben:

	x	y	z
C	0.0000	0.0000	0.0000
H	1.1031	0.0000	0.0000
O	-0.7927	0.9408	0.0000
O	-0.5141	-1.2559	0.0000
H	-1.4849	-1.2281	-0.2311

Man berechne die Bindungslängen sowie die Bindungswinkel. Wie weit sind die beiden Wasserstoffatome voneinander entfernt?

Übung 3.3 In den Anwendungen stellt sich oft die folgende Aufgabe: Gegeben sind zwei Vektoren $\vec{x}$ und $\vec{y}$. Gesucht ist die orthogonale Zerlegung von $\vec{x}$ bezüglich $\vec{y}$, das heißt, gesucht sind zwei Vektoren $\vec{u}$, $\vec{v}$, so dass $\vec{x} = \vec{u} + \vec{v}$ und $\vec{u}$ hat die Richtung von $\vec{y}$ und $\vec{v}$ ist orthogonal zu $\vec{y}$. Lösen Sie diese Aufgabe!

3.1.3 Das Vektorprodukt

Für räumliche Vektoren lässt sich ein Produkt definieren, das vor allem in den Naturwissenschaften von Bedeutung ist. Wir beginnen mit einer geometrische Definition und leiten dann eine Formel für das Produkt in Koordinaten ab.

Zunächst müssen wir den Begriff des *Rechtssystems* für Vektoren einführen. Zwei Vektoren $\vec{x}, \vec{y}$ die nicht in einer Geraden liegen, bilden – in dieser Reihenfolge – ein Rechtssystem, wenn sich $\vec{x}$ auf kürzestem Weg in mathematisch positiver Richtung (also entgegen des Uhrzeigersinns) in die Richtung $\vec{y}$ drehen lässt.

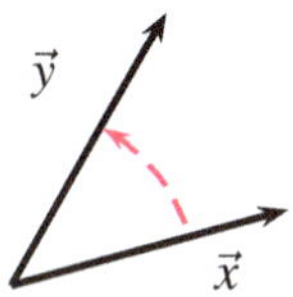

Vorbild ist die standardmäßige Wahl der kartesischen Koordinatenachsen in der Ebene.

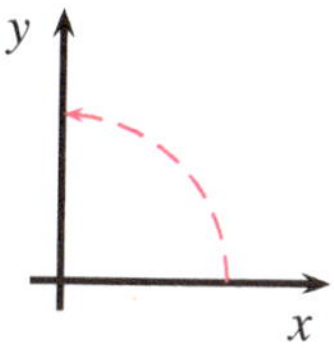

Drei Vektoren $\vec{x}, \vec{y}$ und $\vec{z}$, die nicht in einer Ebene liegen, bilden – in dieser Reihenfolge – ein Rechtssystem, falls die Vektoren $\vec{x}, \vec{y}$ ein Rechtssystem im obigen Sinne bilden, wenn man von der Spitze von $\vec{z}$ aus auf die von $\vec{x}$ und $\vec{y}$ erzeugte Ebene blickt.

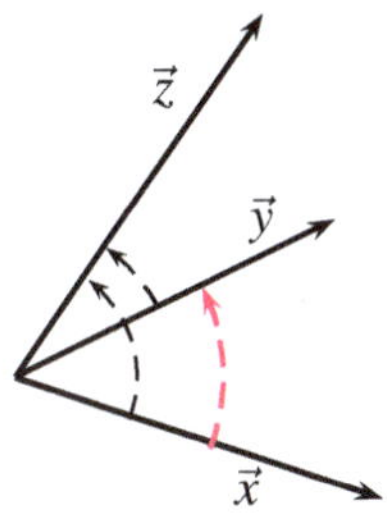

Vorbild ist die standardmäßige Wahl der kartesischen Koordinatenachsen im Raum.

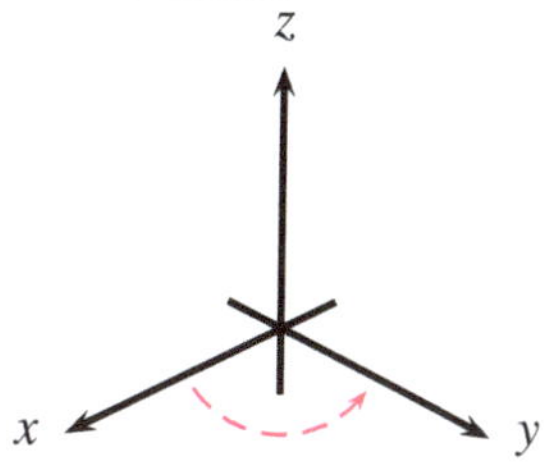

Es gibt weitere anschauliche Möglichkeiten, die Eigenschaft des Rechtssystems zu erklären, zum Beispiel die *Rechte-Hand-Regel*: Wenn man den Vektor $\vec{x}$ mit dem Daumen und den Vektor $\vec{y}$ mit dem Zeigefinger der rechten Hand identifiziert, so zeigt der Mittelfinger in die Rechtung von $\vec{z}$.

Wir betrachten im Folgenden räumliche *Ortsvektoren* – oder *Radiusvektoren* – im Sinne der Physik, die von einem festen Bezugspunkt zu dem betreffenden Punkt zeigen und in der Physik meist mit $\vec{r}$ bezeichnet werden.

Definition 3.7 Unter dem *Vektorprodukt* zweier Ortsvektoren $\vec{u},\vec{v}$, die nicht auf einer Geraden liegen, versteht man den Vektor $\vec{u}\times\vec{v}$, der durch die folgenden Forderungen eindeutig festgelegt ist:
i) Der Vektor $\vec{u}\times\vec{v}$ steht senkrecht auf $\vec{u}$ und $\vec{v}$; die Vektoren $\vec{u}$, $\vec{v}$ und $\vec{u}\times\vec{v}$ bilden in dieser Reihenfolge ein Rechtssystem.
ii) Die Länge von $\vec{u}\times\vec{v}$ ist gleich dem Flächeninhalt des von $\vec{u}$ und $\vec{v}$ erzeugten Parallelogramms, das heißt, es gilt

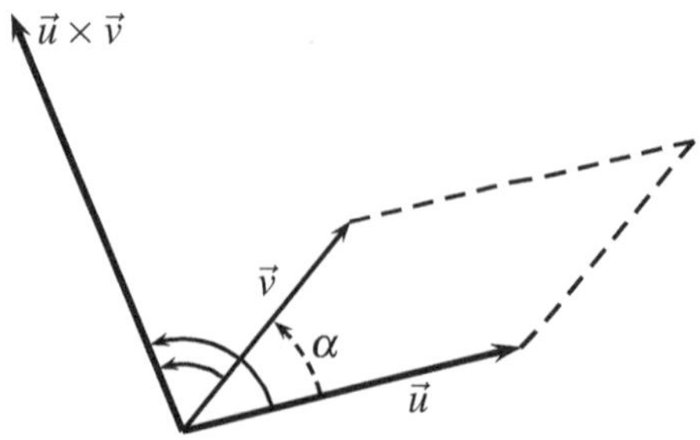

$$|\vec{u}\times\vec{v}| = |\vec{u}|\,|\vec{v}|\sin\alpha, \qquad (3.1.7)$$

wobei α der Winkel zwischen $\vec{u}$ und $\vec{v}$ ist.

Liegen $\vec{u}$ und $\vec{v}$ auf einer Geraden, das heißt, gilt etwa $\vec{v}=\alpha\vec{u}$ mit einem Skalar α, so erklären wir $\vec{u}\times\vec{v}=0$.

Aus der obigen Definition leitet man durch geometrische Betrachtungen die folgenden Rechenregeln ab:

Bemerkung 3.3 *Für räumliche Ortsvektoren $\vec{u},\vec{v},\vec{w}$ und einen Skalar λ gilt;*

i) $\vec{u}\times(\vec{v}+\vec{w}) = \vec{u}\times\vec{v}+\vec{u}\times\vec{w}$ *und* $(\vec{u}+\vec{v})\times\vec{w} = \vec{u}\times\vec{w}+\vec{v}\times\vec{w}$

ii) $(\lambda\vec{u})\times\vec{v} = \lambda(\vec{u}\times\vec{v}) = \vec{u}\times(\lambda\vec{v})$

iii) $\vec{u}\times\vec{v} = -\vec{v}\times\vec{u}$

iv) $\vec{u}\times(\vec{v}\times\vec{w}) \neq (\vec{u}\times\vec{v})\times\vec{w}$ *im Allgemeinen.*

Die obige Regel iii) zeigt wieder, dass insbesondere $\vec{u}\times\vec{u}=0$ für alle Vektoren $\vec{u}$.

Beispiel 3.2 Bilden die drei Vektoren $\vec{a}^1,\vec{a}^2,\vec{a}^3$ ein Orthonormalsystem, welches auch ein Rechtssystem ist, so gilt

$$\vec{a}^1\times\vec{a}^2=\vec{a}^3 \quad \vec{a}^1\times\vec{a}^3=-\vec{a}^2 \quad \vec{a}^2\times\vec{a}^3=\vec{a}^1\,.$$

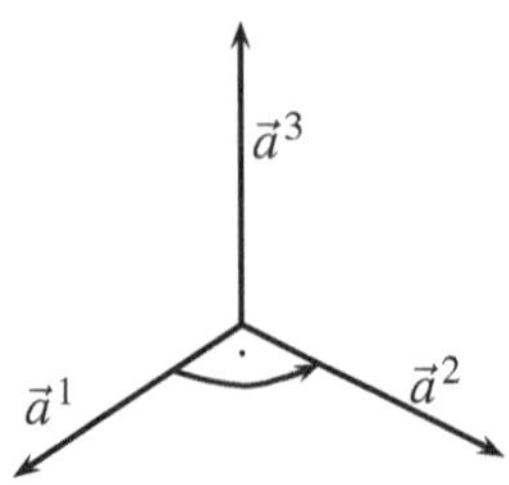

Denn $\vec{a}^1$ und $\vec{a}^2$ erzeugen ein Quadrat mit Seitenlänge 1; somit ist $\vec{a}^1\times\vec{a}^2$ ein Einheitsvektor, der auf $\vec{a}^1$ und $\vec{a}^2$ senkrecht steht, also $\vec{a}^1\times\vec{a}^2=\pm\vec{a}^3$. Da die drei Vektoren ein Rechtssystem bilden sollen, muss $\vec{a}^1\times\vec{a}^2=+\vec{a}^3$ sein. Die beiden anderen Produkte macht man sich genauso klar.
Aus diesem Beispiel ergibt sich zusammen mit den obigen Rechenregeln die Möglichkeit, das Vektorprodukt in Koordinaten zu berechnen.

Folgerung 3.2 *Es seien wie oben $\vec{a}^1,\vec{a}^2,\vec{a}^3$ drei räumliche Ortsvektoren, die ein Rechts-Orthonormalsystem bilden. Sind weiter $\vec{u},\vec{v}$ zwei Ortsvektoren, so besitzen sie eine eindeutige Darstellung*

$$\vec{u}=u_1\vec{a}^1+u_2\vec{a}^2+u_3\vec{a}^3 \quad \textit{und} \quad \vec{v}=v_1\vec{a}^1+v_2\vec{a}^2+v_3\vec{a}^3$$

und man kann ausrechnen:

$$\begin{aligned}\vec{u}\times\vec{v} &= (u_1\vec{a}^1+u_2\vec{a}^2+u_3\vec{a}^3)\times(v_1\vec{a}^1+v_2\vec{a}^2+v_3\vec{a}^3)\\ &= u_1v_1\,\vec{a}^1\times\vec{a}^1+u_1v_2\,\vec{a}^1\times\vec{a}^2+u_1v_3\,\vec{a}^1\times\vec{a}^3+u_2v_1\,\vec{a}^2\times\vec{a}^1+\\ &\quad +u_2v_2\,\vec{a}^2\times\vec{a}^2+u_2v_3\,\vec{a}^2\times\vec{a}^3+u_3v_1\,\vec{a}^3\times\vec{a}^1+u_3v_2\,\vec{a}^3\times\vec{a}^2+u_3v_3\,\vec{a}^3\times\vec{a}^3\\ &= (u_2v_3-u_3v_2)\,\vec{a}^1+(u_3v_1-u_1v_3)\,\vec{a}^2+(u_1v_2-u_2v_1)\,\vec{a}^3\,.\end{aligned}$$

Das bedeutet: Haben zwei räumliche Ortsvektoren $\vec{u}$ und $\vec{v}$ bezüglich eines Rechts-Orthonormalsystems die Koordinatenspalten $\begin{pmatrix}u_1\\u_2\\u_3\end{pmatrix}$ *beziehungsweise* $\begin{pmatrix}v_1\\v_2\\v_3\end{pmatrix}$, *so hat das Vektorprodukt $\vec{u}\times\vec{v}$ die Koordinatenspalte* $\begin{pmatrix}u_2v_3-u_3v_2\\u_3v_1-u_1v_3\\u_1v_2-u_2v_1\end{pmatrix}$.

Dies legt folgende Definition nahe:

Definition 3.8 Das Vektorprodukt zweier Spalten $\vec{x}=\begin{pmatrix}x_1\\x_2\\x_3\end{pmatrix}\in\mathbb{R}^3$ und $\vec{y}=\begin{pmatrix}y_1\\y_2\\y_3\end{pmatrix}\in\mathbb{R}^3$ ist definiert durch

$$\vec{x}\times\vec{y}=\begin{pmatrix}x_1\\x_2\\x_3\end{pmatrix}\times\begin{pmatrix}y_1\\y_2\\y_3\end{pmatrix}=\begin{pmatrix}x_2y_3-x_3y_2\\x_3y_1-x_1y_3\\x_1y_2-x_2y_1\end{pmatrix}. \tag{3.1.8}$$

Somit gilt:

Bemerkung 3.4 *Haben zwei räumliche Ortsvektoren $\vec{u}$ und $\vec{v}$ bezüglich eines Rechts-Orthonormalsystems die Koordinatenspalten* $\begin{pmatrix}u_1\\u_2\\u_3\end{pmatrix}$ *beziehungsweise* $\begin{pmatrix}v_1\\v_2\\v_3\end{pmatrix}$, *so hat das Vektorprodukt $\vec{u}\times\vec{v}$ die Koordinatenspalte* $\begin{pmatrix}u_1\\u_2\\u_3\end{pmatrix}\times\begin{pmatrix}v_1\\v_2\\v_3\end{pmatrix}$.

Übungen

Übung 3.4 Für drei Ortsvektoren $\vec{a},\vec{b},\vec{c}$ im Raum definiert man das so genannte *Spatprodukt*

$$[\vec{a},\vec{b},\vec{c}]:=\vec{a}\cdot(\vec{b}\times\vec{c})\,.$$

Begründen Sie
i) $|[\vec{a}, \vec{b}, \vec{c}]|$ ist das Volumen des von $\vec{a}, \vec{b}, \vec{c}$ erzeugten Spats

$$S := \{\vec{r} = \lambda_1 \vec{a} + \lambda_2 \vec{b} + \lambda_3 \vec{c} : 0 \leqq \lambda_1, \lambda_2, \lambda_3 \leqq 1\}.$$

ii) Es ist $[\vec{a}, \vec{b}, \vec{c}] > 0$ genau dann, wenn die Vektoren $\vec{a}, \vec{b}, \vec{c}$ ein Rechtssystem bilden.
iii) Es ist $[\vec{a}, \vec{b}, \vec{c}] = 0$ genau dann, wenn die Vektoren $\vec{a}, \vec{b}, \vec{c}$ in einer Ebene liegen.

Übung 3.5 Zeigen Sie (etwa mit Übung 3.4), dass die Vektoren $\vec{b}, \vec{c}, \vec{d}$ mit den Koordinaten

$$\vec{b} = \begin{pmatrix} -\frac{1}{4}\sqrt{2} \\ \frac{1}{4}\sqrt{6} \\ \frac{1}{2}\sqrt{2} \end{pmatrix} \qquad \vec{c} = \begin{pmatrix} -\frac{1}{2}\sqrt{3} \\ -\frac{1}{2} \\ 0 \end{pmatrix} \qquad \vec{d} = \begin{pmatrix} \frac{1}{4}\sqrt{2} \\ -\frac{1}{4}\sqrt{6} \\ \frac{1}{2}\sqrt{2} \end{pmatrix}$$

ein orthonormales Rechtssystem bilden.

Übung 3.6 Leiten Sie für drei räumliche Vektoren $\vec{b}, \vec{c}$ und $\vec{d}$ den so genannten *Entwicklungssatz* her:

$$\vec{b} \times (\vec{c} \times \vec{d}) = (\vec{b} \cdot \vec{d})\vec{c} - (\vec{b} \cdot \vec{c})\vec{d}.$$

Sie können dazu die drei Vektoren durch ihre Koordinatenspalten darstellen und die obige Bemerkung 3.4 anwenden.

Übung 3.7 Geben Sie drei räumliche Vektoren $\vec{a}, \vec{b}$ und $\vec{c}$ an derart, dass $\vec{a} \times (\vec{b} \times \vec{c}) \neq (\vec{a} \times \vec{b}) \times \vec{c}$. Das Vektorprodukt ist *nicht* assoziativ, die Klammern in $\vec{a} \times (\vec{b} \times \vec{c})$ sind also unverzichtbar. Dies erschwert den Umgang mit dem Vektorprodukt erheblich.

3.1.4 Ausblick

Wir müssen zur Kenntnis nehmen, dass es für die Belange der Naturwissenschaften nicht ausreicht, sich auf den Zahlenraum $\mathbb{R}^n$ zu beschränken. Wir wollen uns daher mit zwei möglichen Verallgemeinerungen befassen.

1. Gelegentlich hat man es mit Spalten oder n-Tupeln *komplexer* Zahlen

$$\vec{u} = \begin{pmatrix} u_1 \\ \vdots \\ u_n \end{pmatrix} \qquad \text{mit } u_1, u_2, \ldots, u_n \in \mathbb{C}$$

zu tun. Man bezeichnet die Gesamtheit dieser komplexen n-Tupel entsprechend mit $\mathbb{C}^n$; die Addition 3.1 bleibt unverändert, ebenso die Skalarenmultiplikation 3.2, allerdings sind die Skalare jetzt natürlich die komplexen Zahlen.

Eine Änderung gibt es beim Skalarprodukt. Da $\vec{u} \cdot \vec{u} = |\vec{u}|^2 \geqq 0$ erforderlich ist, setzt man

$$\langle\vec{u},\vec{v}\rangle := \vec{u}\cdot\vec{v} := u_1^* v_1 + u_2^* v_2 + \cdots + u_n^* v_n \qquad \text{für } \vec{u} = \begin{pmatrix} u_1 \\ \vdots \\ u_n \end{pmatrix}, \vec{v} = \begin{pmatrix} v_1 \\ \vdots \\ v_n \end{pmatrix} \in \mathbb{C}^n,$$

wobei * die komplexe Konjugation 1.25 bezeichnet, also

$$z^* = x - yi \qquad \text{für } z = x + yi \in \mathbb{C}.$$

Dann hat man wie gewünscht

$$\vec{u}\cdot\vec{u} = u_1^* u_1 + u_2^* u_2 + \cdots + u_n^* u_n = |u_1|^2 + |u_2|^2 + \cdots + |u_n|^2 \geqq 0.$$

und wir können wieder $|\vec{u}| = \sqrt{\vec{u}\cdot\vec{u}}$ als Länge von $\vec{u} \in \mathbb{C}^n$ definieren. Die Rechenregeln 3.1 für das Skalarprodukt lauten nun entsprechend modifiziert:

Bemerkung 3.5 *Für Vektoren $\vec{u},\vec{v},\vec{w}$ und einen Skalar λ gelten die folgenden Regeln:*

i) $(\vec{u}+\vec{v})\cdot\vec{w} = \vec{u}\cdot\vec{w} + \vec{v}\cdot\vec{w}$ *und* $\vec{u}\cdot(\vec{v}+\vec{w}) = \vec{u}\cdot\vec{v} + \vec{u}\cdot\vec{w}$

ii) $(\lambda\vec{u})\cdot\vec{v} = \lambda^*(\vec{u}\cdot\vec{v})$ *und* $\vec{u}\cdot(\lambda\vec{v}) = \lambda(\vec{u}\cdot\vec{v})$

iii) $\vec{u}\cdot\vec{v} = \left(\vec{v}\cdot\vec{u}\right)^*$

iv) $|\vec{u}|^2 = \vec{u}\cdot\vec{u}$.

Für reelle Zahlen x gilt $x^* = x$, daher stimmen die obigen Rechenregeln im Falle reeller Skalare und reeller Spalten mit den früheren Regeln aus Bemerkung 3.1 überein.

Wir werden im Abschnitt 3.4 sehen, wie die komplexen Zahlen zwingend als Skalare auftreten.

2. Die zweite Verallgemeinerung geht wesentlicher weiter und tiefer. Mit $\mathbb{R}^n$ beziehungsweise $\mathbb{C}^n$ haben wir eine Menge vor uns, die mit einer Addition und einer Multiplikation mit Skalaren versehen ist. Auf eine solche Struktur stößt man in der Mathematik und ihren Anwendungsgebieten öfter. Man nennt eine Menge V, die – in vernünftiger Weise – mit einer Addition und Skalarenmultiplikation ausgestattet ist, einen *Vektorraum*, die Elemente von V *nennt man wieder* Vektoren, ganz unabhängig davon, welche Vorstellung man von ihnen hat. Dabei bedeutet „in vernünftiger Weise", dass die Eigenschaften und Rechenregeln vorliegen, die man gewohnheitsmäßig erwartet, wie etwa die Klammerregeln

$$\lambda(\vec{u}+\vec{v}) = \lambda\vec{u} + \lambda\vec{v} \quad \text{und} \quad (-\lambda)\vec{u} = -\lambda\vec{u}$$

für Skalare λ und Vektoren $\vec{u},\vec{v} \in V$.

Wir geben einige besonders wichtige Beispiele.

Beispiel 3.3 Die *Ortsvektoren* (der Physik), also die Pfeile im Raum mit einem festen Anfangspunkt 0, versehen mit den geometrisch erklärten Operationen Addition und Skalarenmultiplikation.

Beispiel 3.4 Es sei $I \subset \mathbb{R}$ ein Intervall, etwa $I = [a,b]$ mit $a,b \in \mathbb{R}$, $a < b$. Dann sind die Mengen

$$\{f\colon I \to \mathbb{R}, f \text{ stetig}\}$$

und

$$\{f\colon I \to \mathbb{R}, f \text{ stetig differenzierbar}\}$$

Vektorräume, wobei man Funktionen wie üblich addiert und mit Konstanten=Skalaren multipliziert. Dies ist eine Umformulierung der elementaren Tatsache, dass mit zwei Funktionen f, g auch die Summe $f+g$ und die Vielfachen cf stetig beziehungsweise differenzierbar sind.

Entsprechend kann man auch komplexwertige Funktionen betrachten und dann als Skalare die komplexen Zahlen zulassen. In diesem Fall spricht man von einem *komplexen Vektorraum*.

Beispiel 3.5 Wir betrachten eine homogen-lineare Differentialgleichung zweiter Ordnung

$$\ddot{y} + f(t)\dot{y} + g(t)y = 0 \tag{3.1.9}$$

mit (stetigen) Koeffizientenfunktionen $f, g\colon I \to \mathbb{R}$. Dann ist die Lösungsmenge

$$V = \{y\colon I \to \mathbb{R} : y \text{ löst } (3.1.9)\}$$

ein Vektorraum. Dies ist eine andere, gleichwertige Formulierung des Superpositionsprinzips 1.12 für homogen-lineare Differentialgleichungen.

In den obigen Beispielen gibt es jeweils auch ein *Skalarprodukt*; das bedeutet, es ist eine Funktion $V \times V \to \mathbb{R}$, $(\vec{u}, \vec{v}) \mapsto \vec{u} \cdot \vec{v} = \langle \vec{u}, \vec{v} \rangle$ beziehungsweise $V \times V \to \mathbb{C}$ gegeben – je nachdem ob $\mathbb{R}$ oder $\mathbb{C}$ als Skalarenbereich vorliegt –, so dass die Rechenregeln aus Bemerkung 3.1 beziehungsweise aus Bemerkung 3.5 erfüllt sind. Dann gilt auch weiterhin die Ungleichung (3.1.3) von Cauchy-Schwarz und man kann den Winkel zwischen zwei Elementen von V wie in Definition 3.5 durch die Gleichung (3.1.5) erklären.

Im Beispiel 3.3: Sind $\vec{a}$ und $\vec{b}$ zwei Ortsvektoren, die einen Winkel α einschließen, so setzt man wie in der Physik üblich

$$\vec{a} \cdot \vec{b} := |\vec{a}|\,|\vec{b}| \cos\alpha\,.$$

In den Beispielen 3.4 und 3.5: Sind $f, g\colon I \to \mathbb{R}$ Funktionen, $I = [a, b] \subset \mathbb{R}$ Intervall, so definiert man

$$\langle f, g \rangle = \int_I f(t)g(t)\,dt\,,$$

beziehungsweise im Falle komplexwertiger Funktionen

$$\langle f, g \rangle = \int_I f(t)^* g(t)\,dt\,.$$

Damit ist ein Skalarprodukt für Funktionen eingeführt, das ebenfalls den obigen Rechenregeln aus Bemerkung 3.1 beziehungsweise 3.5 genügt. Wir haben dann wie früher den Begriff der Orthogonalität: Zwei Funktionen f und g sind *orthogonal*, wenn mit diesem Skalarprodukt $\langle f, g \rangle = 0$ gilt. Außerdem hat man die „Länge" oder das *quadratische Mittel* einer Funktion f

$$\|f\|_2 := \langle f,f\rangle^{\frac{1}{2}} = \Big(\int_I |f(t)|^2 dt\Big)^{\frac{1}{2}}$$

als ein Maß für ihre Größe. Entsprechend heißt eine Funktion f in diesem Sinne *normiert*, wenn $\|f\|_2 = 1$ ist.

Beispiel 3.6 Die Funktionen $f_n\colon [0,\pi] \to \mathbb{R}$, $n \in \mathbb{N}$, definiert durch

$$f_n(t) = \sin nt \qquad \text{für alle } t \in [0,\pi],$$

bilden ein orthogonales Funktionensystem. Denn aus dem Additionstheorem (1.1.3) für die Cosinusfunktion folgt zunächst

$$\sin\alpha \, \sin\beta = \frac{1}{2}\big(\cos(\alpha-\beta) - \cos(\alpha+\beta)\big) \quad \text{für } \alpha,\beta \in \mathbb{R}$$

und somit im Fall $k \neq \ell$

$$\begin{aligned}\int_0^\pi \sin kt \, \sin \ell t \, dt &= \frac{1}{2}\int_0^\pi \big(\cos(k-\ell)t - \cos(k+\ell)t\big)\, dt \\ &= \frac{1}{2}\Big[\frac{1}{k-\ell}\sin(k-\ell)t - \frac{1}{k+\ell}\sin(k+\ell)t\Big]_0^\pi = 0\end{aligned}$$

sowie

$$\int_0^\pi \sin^2 kt \, dt = \frac{1}{2}\int_0^\pi \big(1-\cos(2kt)\big)\, dt = \frac{1}{2}\Big[t - \frac{1}{2k}\sin(2kt)\Big]_0^\pi = \frac{\pi}{2}.$$

Die Funktionen $\sqrt{\frac{2}{\pi}}\sin nt$ für $n = 1,2,\ldots$ sind sogar normiert und bilden demnach ein orthonormales Funktionensystem auf $[0,\pi]$.

3.2 Matrizen

3.2.1 Lineare Gleichungssysteme

Man kennt aus der Schule „zwei (lineare) Gleichungen mit zwei Unbekannten“, also Gleichungssysteme der Form

$$\begin{aligned} ax + by &= g \\ cx + dy &= h, \end{aligned}$$

ebenso „drei (lineare) Gleichungen mit drei Unbekannten“, ... Diese Situation wollen wir jetzt in großer Allgemeinheit betrachten. Dabei werden wir auch zulassen, dass die Zahl der Gleichungen von der Zahl der Unbekannten verschieden ist. Wir werden insbesondere auf eine zweckmäßige und übersichtliche Schreibweise zu achten haben.

Wir erklären zunächst: Ein System von m Gleichungen der Form

$$\begin{array}{ccccccccc} a_{11}x_1 & + & a_{12}x_2 & + & \cdots & + & a_{1n}x_n & = & b_1 \\ a_{21}x_1 & + & a_{22}x_2 & + & \cdots & + & a_{2n}x_n & = & b_2 \\ \vdots & & \vdots & & & & \vdots & & \vdots \\ a_{m1}x_1 & + & a_{m2}x_2 & + & \cdots & + & a_{mn}x_n & = & b_m \end{array} \tag{3.2.1}$$

heißt ein *lineares Gleichungssystem mit den Unbekannten* $x_1, x_2, \ldots, x_n$, *den Koeffizienten* $a_{kl} \in \mathbb{R}\,(k = 1, \ldots, m;\ \ell = 1, \ldots, n)$ *und den rechten Seiten* $b_\ell, \ell = 1, \ldots, m$. Sind die rechten Seiten $b_1 = b_2 = \cdots = b_m = 0$, so heißt das Gleichungssystem *homogen*, sonst *inhomogen*. Zunächst sorgen wir für eine übersichtliche Schreibweise. Wir fassen die Koeffizienten $a_{k\ell}$ zu einem rechteckigen Zahlenschema, einer *Matrix* mit *m Zeilen* und *n Spalten* zusammen:

$$A = \begin{pmatrix} a_{11} & a_{12} & \cdots & a_{1n} \\ a_{21} & a_{22} & \cdots & a_{2n} \\ \vdots & \vdots & & \vdots \\ a_{m1} & a_{m2} & \cdots & a_{mn} \end{pmatrix}$$

Die Matrix A nennen wir die *Koeffizientenmatrix* des Gleichungssystems. Ebenso fassen wir die rechten Seiten $b_1, b_2, \ldots, b_m$ zu einer Spalte

$\vec{b} = \begin{pmatrix} b_1 \\ \vdots \\ b_m \end{pmatrix} \in \mathbb{R}^m$ und die Unbekannten $x_1, x_2, \ldots, x_n$ zu einer Spalte $\vec{x} = \begin{pmatrix} x_1 \\ \vdots \\ x_n \end{pmatrix}$

zusammen.

Definition 3.9 Wir definieren die Operation *Anwenden einer Matrix auf eine Spalte*. Hierzu sei die Matrix

$$A = \begin{pmatrix} a_{11} & a_{12} & \cdots & a_{1n} \\ a_{21} & a_{22} & \cdots & a_{2n} \\ \vdots & \vdots & & \vdots \\ a_{m1} & a_{m2} & \cdots & a_{mn} \end{pmatrix}$$

mit m Zeilen und n Spalten sowie eine Spalte

$\vec{x} = \begin{pmatrix} x_1 \\ \vdots \\ x_n \end{pmatrix} \in \mathbb{R}^n$ gegeben. Dann erklärt man die Spalte $\vec{y} = A\vec{x} = \begin{pmatrix} y_1 \\ \vdots \\ y_m \end{pmatrix} \in \mathbb{R}^m$ durch

$$y_k = (A\vec{x})_k = \sum_{\ell=1}^{n} a_{k\ell}x_\ell \qquad \text{für } k = 1,2,\ldots,m. \tag{3.2.2}$$

Der k-te Eintrag der Spalte $\vec{y}$ entsteht also dadurch, dass man die Elemente in der k-ten Zeile von A der Reihe nach mit den Einträgen der Spalte $\vec{x}$ multipliziert und die Produkte aufsummiert. Die Operation $A\vec{x}$ ist demnach definiert, wenn die Zahl der Spalten von A gleich der Zahl der Koordinaten von $\vec{x}$ ist und liefert dann als Ergebnis eine Spalte, die so viele Koordinaten hat wie A Zeilen.

Man verifiziert die folgenden einfachen Rechenregeln:

Bemerkung 3.6 *Für Spalten $\vec{u}, \vec{v} \in \mathbb{R}^n$ und einen Skalar λ gilt*

$$A(\vec{u}+\vec{v}) = A\vec{u} + A\vec{v} \tag{3.2.3}$$

$$A(\lambda\vec{u}) = \lambda A\vec{u}. \tag{3.2.4}$$

Mit dieser Operation können wir nun das Gleichungssystem (3.2.1) kurz in der Form

$$A\vec{x} = \vec{b} \tag{3.2.5}$$

schreiben.

Die folgenden Fragen sind zu beantworten:

1) Besitzt das Gleichungssystem Lösungen? Für ein homogenes Gleichungssystem $A\vec{x} = 0$ ist das keine Frage: $\vec{x} = 0$ ist dann stets eine Lösung.

2) Sind die Lösungen eindeutig bestimmt?

3) Wie findet man die Lösungen?

Wir geben im Folgenden ein einfaches Verfahren an, den *Algorithmus von Gauß*, der diese Fragen zu beantworten erlaubt. Um dieses Lösungsverfahren einfacher formulieren zu können, unterscheiden wir den homogenen Fall $A\vec{x} = 0$ und den inhomogenen Fall $A\vec{x} = \vec{b}$ mit $\vec{b} \neq 0$.

1. Fall: Gegeben ist das homogene lineare Gleichungssystem $A\vec{x} = 0$. Ziel ist es, die Koeffizientenmatrix

$$A = \begin{pmatrix} a_{11} & a_{12} & \cdots & a_{1n} \\ a_{21} & a_{22} & \cdots & a_{2n} \\ \vdots & \vdots & & \vdots \\ a_{m1} & a_{m2} & \cdots & a_{mn} \end{pmatrix}$$

in die folgende *Zeilen-Stufen-Form* zu überführen:

$$\begin{pmatrix} 1 & c_{12} & * & \dots\dots\dots\dots\dots\dots & c_{1n} \\ 0 & \dots & 1 & * & \dots\dots\dots\dots\dots & c_{2n} \\ 0 & \dots\dots & 1 & * & \dots\dots\dots\dots & c_{3n} \\ 0 & \dots\dots\dots & 1 & * & \dots\dots & c_{4n} \\ \vdots & & & \ddots & & \vdots \\ 0 & \dots\dots\dots\dots & 1 & * & \dots & c_{rn} \\ 0 & \dots\dots\dots\dots\dots\dots\dots & & & & 0 \\ \vdots & & & & & \vdots \\ 0 & \dots\dots\dots\dots\dots\dots\dots & & & & 0 \end{pmatrix} \tag{3.2.6}$$

Bei dieser Zeilen-Stufen-Form stehen in jeder Zeile – außer der ersten Zeile – vor der 1 nur Nullen, in jeder Zeile steht diese 1 mindestens einen Platz weiter rechts als in der Zeile darüber. Die Zahl der Zeilen, die nicht nur Nullen enthalten, also die Zahl der führenden Einsen, wird mit r bezeichnet. Es ist dann $r \leqq n, m$ und im Falle $r < m$ bestehen die letzten $m - r$ Zeilen nur aus Nullen.

Die Überführung der Koeffizientenmatrix in die Zeilen-Stufen-Form muss so geschehen, dass das zur Matrix (3.2.6) gehörige Gleichungssystem

$$\begin{array}{lllllll} x_1 & +c_{12}x_2 & + & \dots\dots\dots\dots\dots\dots & +c_{1n}x_n & = & 0 \\ & & x_* & + \dots\dots\dots\dots\dots & +c_{2n}x_n & = & 0 \\ & & & x_* + \dots\dots\dots\dots & +c_{3n}x_n & = & 0 \\ & & & x_* + \dots\dots & +c_{4n}x_n & = & 0 \\ & & & \ddots & \vdots & & \vdots \\ & & & x_* + \dots & +c_{rn}x_n & = & 0 \\ 0x_1 & +0x_2 & \dots\dots\dots\dots\dots\dots\dots & & +0x_n & = & 0 \\ \vdots & \vdots & & & \vdots & & \vdots \\ 0x_1 & +0x_2 & \dots\dots\dots\dots\dots\dots\dots & & +0x_n & = & 0 \end{array} \tag{3.2.7}$$

dieselben Lösungen hat wie das ursprünglich gegebene.

Die letzten $m - r$ Gleichungen von (3.2.7) enthalten natürlich keine Information und bleiben außer Betracht. Aus den verbleibenden ersten r Zeilen kann man nun die Lösungen von (3.2.7) und damit die Lösungen des gegebenen Systems $A\vec{x} = 0$ von unten nach oben, also in der Reihenfolge $x_n, x_{n-1}, \dots, x_1$ sukzessive bestimmen:

Im Falle $r = n$ lautet die n-te Gleichung von (3.2.7)

$$x_n = 0$$

und da in diesem Fall die führende 1 von jeder Zeile zur nächsten um genau einen Platz nach rechts rücken muss, lautet die nächste Gleichung darüber

$$x_{n-1} + c_{(n-1)n}x_n = 0,$$

es folgt $x_{n-1} = 0$ und so weiter; wir erhalten nur die *triviale Lösung*

$$x_1 = x_2 = \ldots = x_n = 0\,.$$

Im Falle $r < n$ muss dagegen die führende 1 in mindestens einer Zeile um mehr als einen Platz nach rechts rücken, die zu diesen Lücken gehörenden $n - r$ Unbekannten bleiben unbestimmt, die nach oben folgenden Unbekannten sind in Abhängigkeit dieser frei wählbaren Unbekannten bestimmbar. In diesem Falle gibt es $n - r$ frei wählbare Lösungen.

Es bleibt das Problem bestehen, wie man die Koeffizientenmatrix in die Zeilen-Stufen-Form bringen kann, ohne die Lösungen des Systems zu ändern. Dies erreicht man durch die folgenden *erlaubten Zeilenoperationen:*

I) Addition eines Vielfachen einer Zeile zu einer anderen Zeile.

II) Multiplikation einer Zeile mit einer Zahl ungleich 0.

III) Vertauschen zweier Zeilen.

Zunächst ist sofort klar, dass die obigen Operationen I), II) und III) die Lösungen des Gleichungssystems nicht ändern. Wir erläutern an einem Beispiel, dass – bei systematischer Vorgehensweise – mit Hilfe der Operationen I), II) und III) die Zeilen-Stufen-Form erreicht werden kann.

Beispiel 3.7 Gegeben sei das homogene lineare Gleichungssystem

$$\begin{array}{rcrcrcrcl} 2x_1 & + & 4x_2 & + & 3x_3 & - & x_4 & = & 0 \\ x_1 & + & 2x_2 & + & 2x_3 & & & = & 0 \\ -x_1 & - & 2x_2 & + & x_3 & + & 2x_4 & = & 0 \\ -3x_1 & - & 6x_2 & + & 2x_3 & + & 3x_4 & = & 0 \end{array}$$

Die Koeffizientenmatrix lautet

$$\begin{pmatrix} 2 & 4 & 3 & -1 \\ 1 & 2 & 2 & 0 \\ -1 & -2 & 1 & 2 \\ -3 & -6 & 2 & 3 \end{pmatrix}.$$

Zunächst ist oben links eine 1 zu erreichen. Dies kann man durch Multiplikation der ersten Zeile mit $\frac{1}{2}$ (Operation II) oder durch Vertauschen der ersten beiden Zeilen (Operation III) erreichen. Da wir das Rechnen mit Brüchen vermeiden wollen, wählen wir die zweite Möglichkeit:

$$\begin{pmatrix} 1 & 2 & 2 & 0 \\ 2 & 4 & 3 & -1 \\ -1 & -2 & 1 & 2 \\ -3 & -6 & 2 & 3 \end{pmatrix}$$

Mit Hilfe dieser 1 oben links und der Operation I kann man nun die restlichen Elemente der ersten Spalte in 0 überführen. Durch Addition des (-2)-fachen, des 1-fachen sowie des

3-fachen der ersten Zeile zur zweiten, dritten beziehungsweise vierten Zeile (Operation I) geht die Matrix über in

$$\begin{pmatrix} 1 & 2 & 2 & 0 \\ 0 & 0 & -1 & -1 \\ 0 & 0 & 3 & 2 \\ 0 & 0 & 8 & 3 \end{pmatrix}.$$

Damit ist die erste Spalte vollendet und man geht zur nächsten Spalte über. Die zweite Spalte ist bereits in der geforderten Form, dies liegt an dem vorliegenden Beispiel. Wir können somit zur dritten Spalte weitergehen; hier ist in der zweiten Zeile eine 1 zu erreichen; dies geschieht durch Multiplikation der Zeile mit -1 (Operation II):

$$\begin{pmatrix} 1 & 2 & 2 & 0 \\ 0 & 0 & 1 & 1 \\ 0 & 0 & 3 & 2 \\ 0 & 0 & 8 & 3 \end{pmatrix}.$$

Nun benutzt man wie eben die so gewonnene 1, um die Elemente der dritten Spalte darunter zu 0 zu machen. Dabei werden die bereits fertiggestellten ersten beiden Spalten nicht mehr verändert, da die beteiligten Einträge nur aus Nullen bestehen (!). Hierzu addiert man das (-3)-fache und das (-8)-fache der zweiten Zeile zur dritten beziehungsweise vierten Zeile (Operation I) und erhält

$$\begin{pmatrix} 1 & 2 & 2 & 0 \\ 0 & 0 & 1 & 1 \\ 0 & 0 & 0 & -1 \\ 0 & 0 & 0 & -5 \end{pmatrix}.$$

Damit ist die dritte Spalte fertig und wir können in analoger Weise nach rechts fortfahren: In der vierten Spalte ist in der dritten Zeile eine 1 zu erreichen, hier wieder durch Multiplikation mit -1. Anschließend addiert man das (-5)-fache der dritten Zeile zur vierten, und ist bei der Zeilen-Stufen-Form angelangt:

$$\begin{pmatrix} 1 & 2 & 2 & 0 \\ 0 & 0 & 1 & 1 \\ 0 & 0 & 0 & 1 \\ 0 & 0 & 0 & 0 \end{pmatrix}.$$

Die vierte Zeile besteht nur aus Nullen und enthält keine Information mehr, die dritte Zeile besagt

$$x_4 = 0.$$

Die zweite Zeile entspricht der Gleichung

$$x_3 + x_4 = 0,$$

so dass auch

$$x_3 = 0$$

gelten muss. Zur ersten Zeile springt nun die 1 um zwei Plätze weiter, die zugehörige Unbekannte x_2 bleibt unbestimmt, wir schreiben

$$x_2 = t \in \mathbb{R} \qquad \text{beliebig}$$

und finden schließlich aus der ersten Zeile

$$x_1 + 2x_2 + 2x_3 = 0\,,$$

dass

$$x_1 = -2t\,.$$

Somit lauten die Lösungen

$$x_1 = -2t, \quad x_2 = t, \quad x_3 = 0, \quad x_4 = 0 \qquad \text{für beliebiges } t \in \mathbb{R}\,,$$

oder in Vektorschreibweise

$$\vec{x} = \begin{pmatrix} -2t \\ t \\ 0 \\ 0 \end{pmatrix} = t \begin{pmatrix} -2 \\ 1 \\ 0 \\ 0 \end{pmatrix} \qquad t \in \mathbb{R}\,.$$

Geometrisch ist die Lösungsmenge eine Gerade im $\mathbb{R}^4$ durch den Nullpunkt.

Man kann zeigen, dass die Zahl r der Stufen der Matrix A – also die Anzahl der von $\begin{pmatrix} 0 & \dots & 0 \end{pmatrix}$ verschiedenen Zeilen – in der Zeilen-Stufen-Form nur von A abhängt und nicht etwa davon, wie man das obige Verfahren durchführt.

Definition 3.10 Die Zahl $r \leqq m, n$ ist für die Matrix A charakteristisch und heißt der *Rang* von A. Wir werden sie mit $\operatorname{rang} A$ bezeichnen.

Die Koeffizientenmatrix A des obigen Gleichungssystems hat demnach $\operatorname{rang} A = 3$.

Wir haben noch das Lösungsverfahren im inhomogenen Fall darzustellen.

2. *Fall:* Gegeben sei das inhomogene lineare Gleichungssystem $A\vec{x} = \vec{b}$. Man erweitert die Koeffizientenmatrix A um die Spalte $\vec{b} \in \mathbb{R}^n$ der rechten Seiten:

$$A_{\text{erw}} = \left(\begin{array}{cccc|c} a_{11} & a_{12} & \cdots & a_{1n} & b_1 \\ a_{21} & a_{22} & \cdots & a_{2n} & b_2 \\ \vdots & \vdots & & \vdots & \vdots \\ a_{m1} & a_{m2} & \cdots & a_{mn} & b_m \end{array}\right)$$

und bringt wie im ersten Fall mit Hilfe der erlaubten Zeilenoperationen I), II) und III) die *erweiterte Koeffizientenmatrix* A_{erw} in die Zeilen-Stufen-Form

$$\left(\begin{array}{cccccccc|c} 1 & c_{12} & * & \cdots & & & & c_{1n} & d_1 \\ 0 & \ldots & 1 & * & \cdots & & & c_{2n} & d_2 \\ 0 & \cdots & & 1 & * & \cdots & & c_{3n} & d_3 \\ 0 & \cdots & & & 1 & * & \cdots & c_{4n} & d_4 \\ \vdots & & & & & \ddots & & \vdots & \vdots \\ 0 & \cdots & & & & 1 & * \ \ldots & c_{rn} & d_r \\ 0 & \cdots & & & & & & 0 & d_{r+1} \\ 0 & \cdots & & & & & & 0 & 0 \\ \vdots & & & & & & & \vdots & \vdots \\ 0 & \cdots & & & & & & 0 & 0 \end{array}\right). \tag{3.2.8}$$

Das zu dieser Matrix gehörige Gleichungssystem

$$\begin{array}{llllllll} x_1 & +c_{12}x_2 & + & \cdots & & +c_{1n}x_n & = & d_1 \\ & & x_* & + \cdots & & +c_{2n}x_n & = & d_2 \\ & & & x_* & + \cdots & +c_{3n}x_n & = & d_3 \\ & & & & x_* + \cdots & +c_{4n}x_n & = & d_4 \\ & & & & \ddots & \vdots & & \vdots \\ & & & & x_* + \ldots & +c_{rn}x_n & = & d_r \\ 0x_1 & +0x_2 & \cdots & & & +0x_n & = & d_{r+1} \\ 0x_1 & +0x_2 & \cdots & & & +0x_n & = & 0 \\ \vdots & \vdots & & & & \vdots & & \vdots \\ 0x_1 & +0x_2 & \cdots & & & +0x_n & = & 0 \end{array} \tag{3.2.9}$$

hat die gleichen Lösungen wie das ursprünglich gegebene. Für das Gleichungssystem (3.2.9) und also für das gegebene (3.2.1) können wir nun sofort ablesen:

1. Das Gleichungssystem besitzt Lösungen, wenn $r = m$ (die kritische Zeile

   $$0x_1 \ +0x_2 \ \ldots \ +0x_n \ = \ d_{r+1}$$

   in (3.2.9) fehlt) oder wenn $d_{r+1} = 0$ (die kritische Zeile ist erfüllt). Dieses *Lösbarkeitskriterium* kann man kurz folgendermaßen formulieren: *Das lineare Gleichungssystem (3.2.1) besitzt Lösungen genau dann, wenn gilt* $\operatorname{rang} A = \operatorname{rang} A_{erw}$.
2. Die Lösungen sind dann wie im ersten Fall in der Reihenfolge $x_n, \ldots, x_1$, also von unten nach oben sukzessive bestimmbar. Im Falle $r < n$ bleiben $n - r$ Unbekannte unbestimmt.
3. Die Lösungen sind eindeutig bestimmt, wenn $r = n$.

Wir erläutern das Verfahren an einigen Beispielen.

Beispiel 3.8 Gegeben ist das lineare Gleichungssystem

$$\begin{array}{rcrcrcrcr} 2x_1 & + & 4x_2 & + & 3x_3 & - & x_4 & = & 1 \\ x_1 & + & 2x_2 & + & 2x_3 & & & = & -1 \\ -x_1 & - & 2x_2 & + & x_3 & + & 2x_4 & = & -6 \\ -3x_1 & - & 6x_2 & + & 2x_3 & + & 3x_4 & = & -11 \end{array}$$

mit der gleichen Koeffizientenmatrix wie in Beispiel 3.7. Nach Vertauschung der ersten beiden Zeilen lautet die erweiterte Koeffizientenmatrix

$$\left(\begin{array}{rrrr|r} 1 & 2 & 2 & 0 & -1 \\ 2 & 4 & 3 & -1 & 1 \\ -1 & -2 & 1 & 2 & -6 \\ -3 & -6 & 2 & 3 & -11 \end{array}\right);$$

sie geht bei Durchführung des Gaußschen Algorithmus über in die Zeilen-Stufen-Form

$$\left(\begin{array}{rrrr|r} 1 & 2 & 2 & 0 & -1 \\ 0 & 0 & -1 & -1 & 3 \\ 0 & 0 & 3 & 2 & -7 \\ 0 & 0 & 8 & 3 & -14 \end{array}\right) \curvearrowright \left(\begin{array}{rrrr|r} 1 & 2 & 2 & 0 & -1 \\ 0 & 0 & 1 & 1 & -3 \\ 0 & 0 & 0 & -1 & 2 \\ 0 & 0 & 0 & -5 & 10 \end{array}\right) \curvearrowright \left(\begin{array}{rrrr|r} 1 & 2 & 2 & 0 & -1 \\ 0 & 0 & 1 & 1 & -3 \\ 0 & 0 & 0 & 1 & -2 \\ 0 & 0 & 0 & 0 & 0 \end{array}\right).$$

Wegen $d_4 = 0$ ist $\operatorname{rang} A = \operatorname{rang} A_{\text{erw}}$, das System ist lösbar, die Lösungen lauten

$$x_4 = -2, \quad x_3 = -3+2 = -1, \quad x_2 = t \in \mathbb{R} \text{ beliebig}, \quad x_1 = -1+2-2t = 1-2t.$$

Der Lösungsvektor $\vec{x}$ ist gegeben durch

$$\vec{x} = \begin{pmatrix} 1-2t \\ t \\ -1 \\ -2 \end{pmatrix} = \begin{pmatrix} 1 \\ 0 \\ -1 \\ -2 \end{pmatrix} + t \begin{pmatrix} -2 \\ 1 \\ 0 \\ 0 \end{pmatrix} \qquad \text{für } t \in \mathbb{R}.$$

Die Lösungsmenge ist eine Gerade im $\mathbb{R}^4$ durch $\begin{pmatrix} 1 \\ 0 \\ -1 \\ -2 \end{pmatrix}$ mit Richtungsvektor $\begin{pmatrix} -2 \\ 1 \\ 0 \\ 0 \end{pmatrix}$.

Beispiel 3.9 Wir betrachten als weiteres Beispiel das Gleichungssystem

$$\begin{array}{rcrcrcrcl} x_1 & + & 3x_2 & + & 3x_3 & + & 4x_4 & = & 2 \\ 2x_1 & + & 4x_2 & + & 3x_3 & + & 4x_4 & = & 2 \\ x_1 & - & x_2 & - & 3x_3 & - & 4x_4 & = & 0 \\ -x_1 & + & 2x_2 & + & 3x_3 & + & 4x_4 & = & 0 \end{array}$$

Die erweiterte Koeffizientenmatrix

$$\left(\begin{array}{rrrr|r} 1 & 3 & 3 & 4 & 2 \\ 2 & 4 & 3 & 4 & 2 \\ 1 & -1 & -3 & -4 & 0 \\ -1 & 2 & 3 & 4 & 0 \end{array}\right)$$

geht über in die Zeilen-Stufen-Form

$$\left(\begin{array}{rrrr|r} 1 & 3 & 3 & 4 & 2 \\ 0 & 1 & \frac{3}{2} & 2 & 1 \\ 0 & 0 & 1 & \frac{4}{3} & 2 \\ 0 & 0 & 0 & 0 & 2 \end{array}\right).$$

Hier ist $\operatorname{rang} A = 3 < \operatorname{rang} A_{\text{erw}} = 4$, das System besitzt keine Lösungen.

Beispiel 3.10 Als letztes Beispiel betrachten wir das lineare Gleichungssystem

$$\begin{array}{rcrcrcrcr} x_1 & & & + & x_3 & - & x_4 & = & 1 \\ 4x_1 & - & x_2 & + & 3x_3 & & & = & 4 \\ -3x_1 & + & x_2 & - & 3x_3 & + & x_4 & = & -2 \\ -5x_1 & + & x_2 & - & 5x_3 & + & 2x_4 & = & -5 \\ 3x_1 & - & x_2 & + & 2x_3 & + & x_4 & = & 3 \end{array}$$

Die erweiterte Koeffizientenmatrix lautet

$$\left(\begin{array}{rrrr|r} 1 & 0 & 1 & -1 & 1 \\ 4 & -1 & 3 & 0 & 4 \\ -3 & 1 & -3 & 1 & -2 \\ -5 & 1 & -5 & 2 & -5 \\ 3 & -1 & 2 & 1 & 3 \end{array}\right),$$

sie nimmt die Zeilen-Stufen-Form an:

$$\left(\begin{array}{cccc|c} 1 & 0 & 1 & -1 & 1 \\ 0 & 1 & 1 & -4 & 0 \\ 0 & 0 & 1 & -2 & -1 \\ 0 & 0 & 0 & 1 & 1 \\ 0 & 0 & 0 & 0 & 0 \end{array}\right) \tag{3.2.10}$$

Wir finden $\operatorname{rang} A = \operatorname{rang} A_{\mathrm{erw}} = 4$, das System ist lösbar und sogar eindeutig lösbar. Die letzte Zeile ist überflüssig, beginnend mit der vorletzten Zeile lassen sich die Unbekannten x_4, x_3, x_2, x_1 in dieser Reihenfolge sukzessive bestimmen.

Man kann wahlweise auch folgendermaßen vorgehen. Ausgehend von der 1 unten in der vierten Spalte links neben | bringt man die Matrix (3.2.10) mit Hilfe der erlaubten Zeilenoperationen I) II) und III) in die Form

$$\left(\begin{array}{cccc|c} 1 & 0 & 0 & 0 & 1 \\ 0 & 1 & 0 & 0 & 3 \\ 0 & 0 & 1 & 0 & 1 \\ 0 & 0 & 0 & 1 & 1 \end{array}\right);$$

dabei ist zeilenweise von unten nach oben und spaltenweise von rechts nach links vorzugehen. Nun kann man in der fünften Spalte die Unbekannten ablesen:

$$x_1 = 1, \quad x_2 = 3, \quad x_3 = 1, \quad x_4 = 1\,.$$

Von besonderem Interesse ist natürlich der Fall, dass ebenso viele Gleichungen wie Unbekannte vorliegen. Dann ist $n = m$, die Koeffizientenmatrix A ist *quadratisch*. In diesem Fall gilt der folgende Satz, den wir aber nicht beweisen wollen.

Satz 3.1 *Es sei A eine quadratische Matrix mit n Zeilen und Spalten. Dann sind folgende Aussagen äquivalent:*

i) *Das Gleichungssystem* $A\vec{x} = \vec{b}$ *besitzt für jede rechte Seite* $\vec{b} \in \mathbb{R}^n$ *mindestens eine Lösung.*
ii) *Das Gleichungssystem* $A\vec{x} = \vec{b}$ *besitzt für jede rechte Seite* $\vec{b} \in \mathbb{R}^n$ *genau eine Lösung.*
iii) *Das homogene Gleichungssystem* $A\vec{x} = 0$ *besitzt nur die triviale Lösung* $\vec{x} = 0$.
iv) *Es ist* $\operatorname{rang} A = n$.

Der Satz sagt also unter anderem: Wenn das Gleichungssystem $A\vec{x} = \vec{b}$ für beliebige rechte Seiten $\vec{b} \in \mathbb{R}^n$ immer lösbar ist, dann sind die Lösungen sogar immer eindeutig. Oder anders formuliert: Wenn $A\vec{x} = \vec{b}$ für manche $\vec{b} \in \mathbb{R}^n$ nicht eindeutig lösbar ist, dann ist es auch für manche (andere) $\vec{b}$ überhaupt nicht lösbar.

Ein Kriterium dafür, dass $A\vec{x} = \vec{b}$ immer (eindeutig) lösbar ist, ist $\operatorname{rang} A = n$. Man sagt dann, A hat *vollen* oder *maximalen* Rang, dies bedeutet, dass die Diagonale von A nach Durchführung des Gaußschen Algorithmus durchgehend mit Einsen besetzt ist.

Ein weiteres Kriterium kann man mit der Determinante von A formulieren. Dies ist unser nächstes Thema.

Übungen

Übung 3.8 Verifizieren Sie, dass das Anwenden einer Matrix auf einen Spaltenvektor additiv ist: Für eine Matrix $A = (a_{k\ell})_{k,\ell}$ mit m Zeilen und n Spalten gilt Gleichung (3.2.3)

$$A(\vec{u}+\vec{v}) = A\vec{u}+A\vec{v} \quad \text{für alle } \vec{u},\vec{v} \in \mathbb{R}^n.$$

Übung 3.9 Zu einer natürlichen Zahl $n \in \mathbb{N}$ heißt die durch

$$h_{k\ell} := \int_0^1 x^{k+\ell-2}\,dx \qquad \text{für alle } k,\ell = 1,\ldots,n$$

definierte Matrix $H_n = (h_{k\ell})_{k,\ell}$ mit n Zeilen und Spalten *Hilbert-Matrix*. Bestimmen Sie H_n für $n = 4$ und berechnen Sie $H_4\vec{x}$ für die Spalte $\vec{x} = \begin{pmatrix} 1 \\ 2 \\ 3 \\ 4 \end{pmatrix}$.

Anmerkung: Die Bedeutung der Hilbert-Matrizen wird in Übung 3.32 deutlich.

Übung 3.10 Untersuchen Sie, ob das folgende lineare Gleichungssystem lösbar ist und bestimmen Sie gegebenenfalls die Lösung:

$$\begin{array}{rrrrcr} -x_1 & -2x_2 & +\ x_3 & +3x_4 & = & 1 \\ x_1 & & +3x_3 & +2x_4 & = & 3 \\ 3x_1 & +2x_2 & +4x_3 & -\ x_4 & = & 1 \\ -2x_1 & +6x_2 & -2x_3 & -2x_4 & = & 16 \end{array}$$

Übung 3.11 Untersuchen Sie, ob das folgende lineare Gleichungssystem lösbar ist und bestimmen Sie gegebenenfalls die Lösung:

$$\begin{array}{rrrrcr} 3x_1 & -2x_2 & -6x_3 & +4x_4 & = & 5 \\ -x_1 & +2x_2 & +2x_3 & -4x_4 & = & -3 \\ 2x_1 & -x_2 & -4x_3 & +2x_4 & = & 3 \\ x_1 & -x_2 & -2x_3 & +2x_4 & = & 2 \end{array}$$

Übung 3.12 Es sei

$$A = \begin{pmatrix} 1 & -2 & 2 & 3 \\ 1 & 3 & 1 & 3 \\ 2 & 1 & 5 & -4 \\ 2 & -4 & 6 & -4 \end{pmatrix} \quad \text{und} \quad \vec{b} = \begin{pmatrix} 3 \\ 13 \\ 6 \\ -4 \end{pmatrix}.$$

Bestimmen Sie alle Lösungen des Gleichungssystems $A\vec{x} = \vec{b}$. Geben Sie einen Vektor $\vec{b} \in \mathbb{R}^4$ an, so dass $A\vec{x} = \vec{b}$ nicht lösbar ist.

Übung 3.13

Ersetzen Sie in dem skizzierten Quadrat die 8 Sternchen so durch reelle Zahlen, dass die drei Zeilensummen, die drei Spaltensummen und die beiden Diagonalsummen jeweils den Wert 18 haben.

*	*	*
*	*	*
*	4	*

3.2.2 Die Determinante

Einer *quadratischen* Matrix $A = (a_{k\ell})$ kann man einen Skalar zuordnen, der Auskunft über gewisse Eigenschaften von A gibt. Diese Zahl heißt die *Determinante* von A, in Zeichen $\det A$ oder $|A|$. Diese Zuordnung geschieht folgendermaßen. Es bezeichne n wieder die Zahl der Zeilen oder Spalten von A.

$n = 1$: Dann besteht A nur aus einer Zahl: $A = (a_{11})$, wir setzen

$$\det A = a_{11}.$$

In diesem – und nur in diesem – trivialen Sonderfall stimmt also die Matrix A mit ihrer Determinante überein.

$n = 2$: Für

$$A = \begin{pmatrix} a_{11} & a_{12} \\ a_{21} & a_{22} \end{pmatrix}$$

setzen wir

$$\det A = \begin{vmatrix} a_{11} & a_{12} \\ a_{21} & a_{22} \end{vmatrix} = a_{11}a_{22} - a_{12}a_{21}.$$

$n \geqq 3$: Für höhere n erklären wir $\det A$ induktiv durch *Entwickeln nach der ersten Spalte*:

$$\begin{vmatrix} a_{11} & a_{12} & \dots & a_{1n} \\ a_{21} & a_{22} & \dots & a_{2n} \\ a_{31} & a_{32} & \dots & a_{3n} \\ \vdots & \vdots & & \vdots \\ a_{n1} & a_{n2} & \dots & a_{nn} \end{vmatrix} = \tag{3.2.11}$$

$$= (-1)^{1+1}a_{11}\det A_{11} + (-1)^{2+1}a_{21}\det A_{21} + \dots + (-1)^{n+1}a_{n1}\det A_{n1},$$

dabei bezeichnet $A_{k\ell}$ die quadratische Matrix mit $n-1$ Zeilen und Spalten, die aus A durch Streichen der k-ten Zeile und ℓ-ten Spalte hervorgeht. Diese Matrizen $A_{k\ell}$ haben eine Zeile und Spalte weniger als A, ihre Determinanten sind wieder durch Anwenden der obigen Formel (3.2.11) durch kleinere Matrizen zu berechnen bis man bei Matrizen mit zwei Zeilen und Spalten angekommen ist.

Beispiel 3.11 (Im Fall $n = 3$): Es ist

$$\begin{vmatrix} -3 & 2 & 3 \\ 2 & -2 & 1 \\ 3 & 1 & 4 \end{vmatrix} = (-3)\begin{vmatrix} -2 & 1 \\ 1 & 4 \end{vmatrix} - 2\begin{vmatrix} 2 & 3 \\ 1 & 4 \end{vmatrix} + 3\begin{vmatrix} 2 & 3 \\ -2 & 1 \end{vmatrix}$$

$$= (-3)(-8-1) - 2(8-3) + 3(2+6) = 27 - 10 + 24 = 41.$$

Für die Determinante gelten die folgenden Rechenregeln:

Bemerkung 3.7 (Rechenregeln für die Determinante)

i) *Addieren eines Vielfachen einer Zeile zu einer anderen Zeile ändert den Wert der Determinante nicht.*

ii) *Wird eine Zeile mit einem Faktor c multipliziert, so ändert sich die Determinante um den Faktor c, das heißt, es gilt*

$$\begin{vmatrix} a_{11} & a_{12} & \cdots & a_{1n} \\ \vdots & \vdots & & \vdots \\ c\,a_{k1} & c\,a_{k2} & \cdots & c\,a_{kn} \\ \vdots & \vdots & & \vdots \\ a_{n1} & a_{n2} & \cdots & a_{nn} \end{vmatrix} = c \begin{vmatrix} a_{11} & a_{12} & \cdots & a_{1n} \\ \vdots & \vdots & & \vdots \\ a_{k1} & a_{k2} & \cdots & a_{kn} \\ \vdots & \vdots & & \vdots \\ a_{n1} & a_{n2} & \cdots & a_{nn} \end{vmatrix}$$

iii) *Werden zwei Zeilen vertauscht, so ändert die Determinante ihr Vorzeichen. Insbesondere ist die Determinante gleich Null, wenn in der Matrix zwei Zeilen übereinstimmen.*

iv) *Vertauscht man Zeilen und Spalten, das heißt, spiegelt man die Matrix an der Diagonalen, so ändert sich die Determinante nicht.*
Insbesondere darf man in den obigen Regeln i), ii) *und* iii) *das Wort „Zeilen" durch „Spalten" ersetzen.*

Beweis. Da die Determinante oben durch Induktion definiert ist, wird man alle Beweise durch Induktion führen.
ii) Der Fall $n = 2$ ist klar:

$$\begin{vmatrix} ca_{11} & ca_{12} \\ a_{21} & a_{22} \end{vmatrix} = ca_{11}a_{22} - ca_{12}a_{21} = c\begin{vmatrix} a_{11} & a_{12} \\ a_{21} & a_{22} \end{vmatrix},$$

entsprechend für die zweite Zeile. „$n-1 \Rightarrow n$": Wird etwa die erste Zeile mit c multipliziert, so ist

$$\det A = (-1)^{1+1} ca_{11} \det A_{11} + (-1)^{2+1} a_{21} \det A_{21} + \cdots + (-1)^{n+1} a_{n1} \det A_{n1}\,.$$

Da A_{11} durch Streichen der ersten Zeile entsteht, enthält A_{11} den Faktor c nicht und aus $\det A_{21}, \ldots, \det A_{n1}$ tritt c nach Induktionsvoraussetzung als Faktor heraus.
iii) Der Fall $n = 2$ ist wieder einfach:

$$\begin{vmatrix} a_{21} & a_{22} \\ a_{11} & a_{12} \end{vmatrix} = a_{21}a_{12} - a_{22}a_{11} = -(a_{11}a_{22} - a_{12}a_{21}) = -\begin{vmatrix} a_{11} & a_{12} \\ a_{21} & a_{22} \end{vmatrix}$$

„$n-1 \Rightarrow n$“: Wir beschränken uns wegen der einfacheren Schreibweise auf den Fall, dass man die erste und die zweite Zeile vertauscht; aus der Matrix A entsteht so die Matrix $\widetilde{A}$. Es ist

$$\det\widetilde{A} = (-1)^{1+1}a_{21}\det\widetilde{A}_{11} + (-1)^{2+1}a_{11}\det\widetilde{A}_{21} + \cdots + (-1)^{n+1}a_{n1}\det\widetilde{A}_{n1}\,.$$

Die Matrix $\widetilde{A}_{11}$ wird aus $\widetilde{A}$ durch Streichen der ersten Zeile gebildet; es ist demnach $\widetilde{A}_{11} = A_{21}$, ebenso ist $\widetilde{A}_{21} = A_{11}$. Weiter gilt nach Induktionsvoraussetzung $\det\widetilde{A}_{k1} = -\det A_{k1}$ für $\geqq 3$. Hieraus folgt die Behauptung.
i) wird ähnlich bewiesen, auf den Beweis von iv) wollen wir verzichten. □

Aus den obigen Rechenregeln ii) und iv) ergibt sich insbesondere, dass man die Determinante einer Matrix $A = (a_{k\ell})$ durch Entwickeln nach einer *beliebigen* Zeile oder Spalte berechnen kann; etwa durch Entwickeln nach der ℓ-ten Spalte, $\ell = 1,\ldots,n$:

$$\det A = (-1)^{1+\ell}a_{1\ell}\det A_{1\ell} + (-1)^{2+\ell}a_{2\ell}\det A_{2\ell} + \cdots + (-1)^{n+\ell}a_{n\ell}\det A_{n\ell}\,. \qquad (3.2.12)$$

Dabei bezeichnet wieder $A_{k\ell}$ die Matrix mit $n-1$ Zeilen und Spalten, die aus A durch Streichen der k-ten Zeile und ℓ-ten Spalte hervorgeht.

Für die in (3.2.12) auftretenden Vorzeichenfaktoren gibt es die folgende *Merkregel*: Die Vorzeichen $+$ und $-$ sind verteilt wie die hellen und dunklen Felder auf einem Schachbrett.

$$\begin{matrix} + & - & + & \cdots \\ - & + & - & \cdots \\ + & - & + & \cdots \\ \vdots & \vdots & \vdots & \ddots \end{matrix}$$

Man wird naturgemäß nach der Zeile oder Spalte entwickeln, die die meisten Nullen enthält, um den Rechenaufwand möglichst gering zu halten. Trotzdem ist die Berechnung der Determinante einer größeren Matrix mit der Gleichung (3.2.12) nicht ratsam, wenn nicht unmöglich, da der Rechenaufwand in der Regel zu hoch ist (siehe Übung 3.18).

Stattdessen kann man die Matrix mit Hilfe der Operationen I), II) und III) des Gauß-Algorithmus aus Abschnitt 3.2.1 unter Beachtung der Regeln aus Bemerkung 3.7 in eine sogenannte Dreiecksmatrix überführen: Man nennt eine Matrix A der Form

$$A = \begin{pmatrix} a_{11} & a_{12} & \cdots & a_{1n} \\ 0 & a_{22} & \cdots & a_{2n} \\ \vdots & \vdots & \ddots & \vdots \\ 0 & 0 & \cdots & a_{nn} \end{pmatrix},$$

bei der also die Elemente unterhalb der Diagonalen alle gleich 0 sind, eine *(obere) Dreiecksmatrix*. Man kann sich leicht mit Formel (3.2.11) klar machen, dass für die Determinante einer solchen Dreiecksmatrix gilt:

Bemerkung 3.8 *Die Determinante einer Dreiecksmatrix ist gleich dem Produkt ihrer Diagonalelemente:*

$$\begin{vmatrix} a_{11} & a_{12} & \cdots & a_{1n} \\ 0 & a_{22} & \cdots & a_{2n} \\ \vdots & \vdots & \ddots & \vdots \\ 0 & 0 & \cdots & a_{nn} \end{vmatrix} = a_{11}\, a_{22} \ldots a_{nn}. \qquad (3.2.13)$$

Somit kann man zur Berechnung einer Determinante folgendermaßen vorgehen: Man bringt die Matrix unter Verwendung der Regeln in 3.7 auf Dreiecksgestalt und wendet dann die obige Gleichung (3.2.13) an.

Beispiel 3.12

$$\begin{vmatrix} 2 & 2 & 2 \\ 1 & 2 & 3 \\ 1 & 3 & 9 \end{vmatrix} = 2 \begin{vmatrix} 1 & 1 & 1 \\ 1 & 2 & 3 \\ 1 & 3 & 9 \end{vmatrix} = 2 \begin{vmatrix} 1 & 1 & 1 \\ 0 & 1 & 2 \\ 0 & 2 & 8 \end{vmatrix} = 2 \begin{vmatrix} 1 & 1 & 1 \\ 0 & 1 & 2 \\ 0 & 0 & 4 \end{vmatrix} = 8$$

Zur Veranschaulichung der Determinante stellen wir die folgende Überlegung an, auf die wir später noch einmal zurückkommen werden. Wir beschränken uns der Einfachheit halber auf den Fall $n = 2$. Es sei

$$A = \begin{pmatrix} a_{11} & a_{12} \\ a_{21} & a_{22} \end{pmatrix}$$

eine Matrix mit zwei Zeilen und Spalten. A liefert eine Funktion $T\colon \mathbb{R}^2 \to \mathbb{R}^2$, indem wir setzen

$$T(\vec{x}) = A\vec{x} \qquad \text{für alle } \vec{x} \in \mathbb{R}^2,$$

also

$$T(\vec{x}) = \begin{pmatrix} a_{11}x_1 + a_{12}x_2 \\ a_{21}x_1 + a_{22}x_2 \end{pmatrix} \quad \text{für } \vec{x} = \begin{pmatrix} x_1 \\ x_2 \end{pmatrix}.$$

Wir behaupten dann:

Bemerkung 3.9 *Für jedes Rechteck $R \subset \mathbb{R}^2$ ist die Bildmenge $T(R) = \{A\vec{x} : \vec{x} \in R\}$ ein Parallelogramm und es gilt*

$$\mathit{Fläche}\big(T(R)\big) = |\det A|\, \mathit{Fläche}(R). \qquad (3.2.14)$$

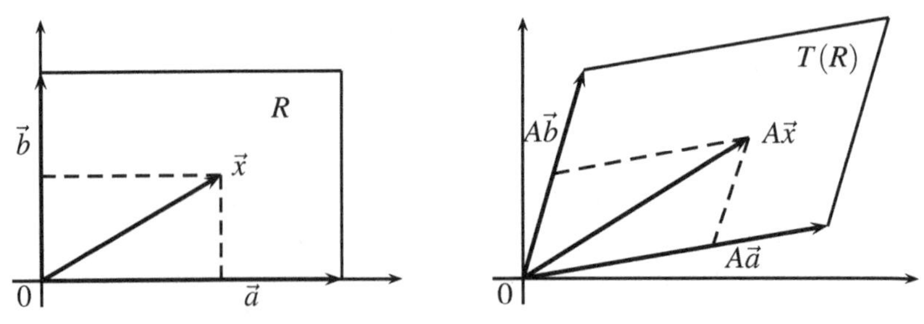

Beweis. Da T *additiv* ist:

$$T(\vec{u}+\vec{x}) = A(\vec{u}+\vec{x}) = A\vec{u}+A\vec{x} = T(\vec{u})+T(\vec{x}) \qquad \text{für alle } \vec{u},\vec{x} \in \mathbb{R}^2,$$

können wir durch Verschieben annehmen, dass das Rechteck R wie oben skizziert von der Form

$$R = \{\vec{x} \in \mathbb{R}^2 : \vec{x} = \alpha\vec{a}+\beta\vec{b} \text{ mit } 0 \leqq \alpha,\beta \leqq 1\}$$

mit Vektoren $\vec{a} = \begin{pmatrix} a \\ 0 \end{pmatrix}$ und $\vec{b} = \begin{pmatrix} 0 \\ b \end{pmatrix}$ und $a,b > 0$ ist. Für $\vec{x} \in R$ gilt $\vec{x} = \alpha\vec{a}+\beta\vec{b}$ mit $0 \leqq \alpha,\beta \leqq 1$ und somit $A\vec{x} = \alpha A\vec{a}+\beta A\vec{b}$; dies zeigt, dass in der Tat $\{A\vec{x} : \vec{x} \in R\}$ das von $A\vec{a}$ und $A\vec{b}$ erzeugte Parallelogramm ist. Weiter ist

$$A\vec{a} = aA\vec{e}^{\,1} = a\begin{pmatrix} a_{11} \\ a_{21} \end{pmatrix} = \begin{pmatrix} aa_{11} \\ aa_{21} \end{pmatrix} \quad \text{und} \quad A\vec{b} = bA\vec{e}^{\,2} = b\begin{pmatrix} a_{12} \\ a_{22} \end{pmatrix} = \begin{pmatrix} ba_{12} \\ ba_{22} \end{pmatrix}.$$

Um die Fläche des Parallelogramms zu berechnen, wollen wir die Eigenschaft (3.1.7) des Vektorprodukts ausnutzen. Hierzu betrachten wir die Vektoren $A\vec{a}$ und $A\vec{b}$ als räumliche Vektoren, indem wir sie mit der dritten Koordinate 0 versehen und rechnen aus

$$\begin{aligned} \text{Fläche}(T(R)) &= \left| \begin{pmatrix} aa_{11} \\ aa_{21} \\ 0 \end{pmatrix} \times \begin{pmatrix} ba_{12} \\ ba_{22} \\ 0 \end{pmatrix} \right| = \left| \begin{pmatrix} 0 \\ 0 \\ ab(a_{11}a_{22}-a_{12}a_{21}) \end{pmatrix} \right| = \\ &= ab\,|a_{11}a_{22}-a_{12}a_{21}| = \text{Fläche}(R)\,|\det A\,|. \end{aligned}$$ □

Wie bereits am Ende von Abschnitt 3.2.1 erwähnt, können wir mit der Determinante eine weitere Bedingung für die eindeutige Lösbarkeit eines linearen Gleichungssystems geben. Ohne Beweis formulieren wir die folgende Erweiterung von Satz 3.1:

Satz 3.2 *Es sei A eine quadratische Matrix mit n Zeilen und Spalten. Dann sind folgende Aussagen äquivalent:*

i) *Das Gleichungssystem $A\vec{x} = \vec{b}$ besitzt für jede rechte Seite $\vec{b} \in \mathbb{R}^n$ genau eine Lösung.*
ii) *Das homogene Gleichungssystem $A\vec{x} = 0$ besitzt nur die triviale Lösung $\vec{x} = 0$.*
iii) *Es ist* $\operatorname{rang} A = n$.
iv) *Es ist* $\det A \neq 0$.

Übungen

Übung 3.14 Berechnen Sie die Determinante der folgenden Matrizen:

i) $\begin{pmatrix} 1 & 1 & 3 \\ 0 & 4 & 6 \\ 2 & 5 & 8 \end{pmatrix}$ ii) $\begin{pmatrix} 11 & 12 & 13 & 14 \\ 21 & 22 & 23 & 24 \\ 31 & 32 & 33 & 34 \\ 41 & 42 & 43 & 44 \end{pmatrix}$ iii) $\begin{pmatrix} 1 & t & t^2 & t^3 \\ t & 1 & t & t^2 \\ t^2 & t & 1 & t \\ t^3 & t^2 & t & 1 \end{pmatrix}$ $t \in \mathbb{R}$.

Übung 3.15 Berechnen Sie

$$\begin{vmatrix} 1 & 2 & 0 & 1 \\ 3 & -2 & 1 & 0 \\ 0 & 6 & 3 & -2 \\ 2 & 4 & 3 & 1 \end{vmatrix}.$$

Übung 3.16 Zeigen Sie. dass für $x, y, z \in \mathbb{R}$

$$\begin{vmatrix} 1 & x & x^2 \\ 1 & y & y^2 \\ 1 & z & z^2 \end{vmatrix} = (y-x)(z-x)(z-y).$$

Übung 3.17 Es seien $\vec{i}, \vec{j}, \vec{k}$ drei orthonormale Vektoren im Raum, die ein Rechtssystem bilden. Zeigen Sie: Für drei Vektoren

$$\begin{aligned} \vec{a} &= a_1\vec{i}+a_2\vec{j}+a_3\vec{k} \\ \vec{b} &= b_1\vec{i}+b_2\vec{j}+b_3\vec{k} \\ \vec{c} &= c_1\vec{i}+c_2\vec{j}+c_3\vec{k} \end{aligned} \quad \text{gilt} \quad [\vec{a},\vec{b},\vec{c}] = \begin{vmatrix} a_1 & b_1 & c_1 \\ a_2 & b_2 & c_2 \\ a_3 & b_3 & c_3 \end{vmatrix}.$$

Berechnen Sie das Spatprodukt $[\vec{a},\vec{b},\vec{c}]$ für die Vektoren

$$\vec{a} = 2\vec{j}+\vec{k}, \quad \vec{b} = \vec{i}-\vec{j}, \quad \vec{c} = -\vec{j}+4\vec{k}.$$

Übung 3.18 Es bezeichne $M(n)$ die Anzahl der Multiplikationen, die erforderlich sind, um die Determinante einer quadratischen Matrix mit n Zeilen und Spalten durch sukzessives Entwickeln nach einer Zeile oder Spalte, also gemäß Gleichung (3.2.12), zu berechnen. Setzen des Vorzeichens wird dabei nicht als Multiplikation gezählt. Geben Sie $M(2)$ sowie $M(3)$ an und zeigen Sie $M(n) \geqq n!$ für $n = 2, 3, \ldots$. Wie lange braucht ein Computer, der 10^{10} Multiplikationen pro Sekunde ausführen kann mindestens, um die Determinante einer Matrix mit 10 (20, 30) Zeilen nach diesem Verfahren zu berechnen?

Übung 3.19 Betrachten Sie für eine Zahl $a \in \mathbb{R}$ das Gleichungssystem

$$\begin{array}{ccccccc} ax & + & y & + & z & = & 1 \\ x & + & ay & + & z & = & 1 \\ x & + & y & + & az & = & 1 \end{array}$$

i) Für welche $a \in \mathbb{R}$ ist das Gleichungssystem lösbar?

ii) Für welche $a \in \mathbb{R}$ ist das Gleichungssystem eindeutig lösbar?
iii) Wie lauten jeweils die Lösungen?

Übung 3.20 Gegeben ist das lineare Gleichungssystem

$$\begin{array}{rcrcrcr} x_1 & - & 2x_2 & + & x_3 & = & -4 \\ 2x_1 & + & x_2 & + & x_3 & = & 2 \\ x_1 & - & ax_2 & + & 2x_3 & = & b \end{array}$$

mit $a, b \in \mathbb{R}$. Entscheiden Sie, für welche Werte von a und b das System

i) genau ein Lösung,
ii) keine Lösung,
iii) unendlich viele Lösungen

besitzt. Wie lauten im Fall iii) die Lösungen?

Übung 3.21 Wir betrachten eine lineare Differentialgleichung (DG) zweiter Ordnung

$$\ddot{y} + f(t)\dot{y} + g(t)y = 0$$

mit stetigen Koeffizientenfunktionen $f, g : I \to \mathbb{R}$. Zu zwei Lösungen $y_1, y_2 \colon I \to \mathbb{R}$ bildet man die sogenannte *Wronski-Determinante*

$$W : W(t) = \begin{vmatrix} y_1(t) & \dot{y}_1(t) \\ y_2(t) & \dot{y}_2(t) \end{vmatrix} \qquad \text{für alle } t \in I.$$

Zeigen Sie:

i) $W(t)$ erfüllt die DG $\dot{W}(t) + f(t)W(t) = 0$.
ii) Entweder ist W konstant gleich 0 oder W hat keine Nullstelle.

3.2.3 Matrizen als lineare Abbildungen

Eine Matrix A mit m Zeilen und n Spalten definiert eine Funktion $S \colon \mathbb{R}^n \to \mathbb{R}^m$ durch

$$S(\vec{x}) = A\vec{x} \qquad \text{für alle } \vec{x} \in \mathbb{R}^n.$$

Diese Funktion S erfüllt gemäß den Rechenregeln (3.2.3) und (3.2.4)

$$\begin{aligned} S(\vec{u} + \vec{v}) &= A(\vec{u} + \vec{v}) = A\vec{u} + A\vec{v} = S(\vec{u}) + S(\vec{v}) \\ S(\lambda\vec{u}) &= A(\lambda\vec{u}) = \lambda A\vec{u} = \lambda S(\vec{u}) \end{aligned}$$

für Vektoren $\vec{u}, \vec{v} \in \mathbb{R}^n$ und Skalare λ.

Eine Funktion mit diesen beiden Eigenschaften heißt *linear*, oder üblicher *lineare Abbildung* oder *linearer Operator*. Der Begriff der Linearität ist einer der zentralen Begriffe in der Mathematik. Er handelt von Addition und Skalarenmultiplikation und lässt sich daher in natürlicher Weise für Vektorräume im Sinne von Abschnitt 3.1.4 definieren.

Definition 3.11 Es seien V und W zwei Vektorräume. Eine Funktion $S\colon V \to W$ mit

$$S(\vec{u}+\vec{v}) = S(\vec{u}) + S(\vec{v}) \tag{3.2.15}$$

$$S(\lambda\vec{u}) = \lambda S(\vec{u}) \tag{3.2.16}$$

für alle $\vec{u},\vec{v} \in V$ und alle Skalare λ heißt eine *lineare Abbildung* oder ein *linearer Operator*.

Eine lineare Abbildung $V \to W$ überführt also Addition und Skalarenmultiplikation in V in Addition und Skalarenmultiplikation in W. Die Bezeichnung „linearer Operator" wird insbesondere bevorzugt, wenn es sich um Vektorräume von Funktionen und Abbildungen zwischen Funktionen handelt. Wir geben einige Beispiele.

Beispiel 3.13 Eine Matrix A mit m Zeilen und n Spalten liefert nach der obigen Vorbemerkung eine lineare Abbildung $S\colon \mathbb{R}^n \to \mathbb{R}^m$.

Beispiel 3.14 Integral und Ableitung sind lineare Operatoren. Das bedeutet zum Beispiel im Falle des Integrals: Es bezeichne für $a,b \in \mathbb{R}$ mit $a<b$ zunächst $C([a,b])$ den Vektorraum der stetigen Funktionen $f\colon [a,b] \to \mathbb{R}$. Dann ist die Abbildung

$$C([a,b]) \to \mathbb{R}, \quad f \mapsto \int_a^b f(x)\,dx$$

gemäß den elementaren Rechenregeln (1.4.3) und (1.4.4) für das Integral linear, also ein linearer Operator.

Beispiel 3.15 Wir bezeichnen für $a,b \in \mathbb{R}$, $a<b$, mit $C^2([a,b])$ den Vektorraum der zweimal stetig differenzierbaren Funktionen $f\colon [a,b] \to \mathbb{R}$. Durch die Vorschrift

$$L : Ly(t) = (1-t^2)\ddot{y}(t) - 2t\dot{y}(t) \quad \text{für alle } t \in [-1,1]$$

wird einer Funktion $y(t)$ in $C^2([-1,1])$ eine stetige Funktion $Ly(t)$ auf $[-1,1]$ zugeordnet, das heißt, L definiert einen Operator $C^2([-1,1]) \to C([-1,1])$. Dieser Operator ist linear, wie man sofort nachrechnet, etwa

$$\begin{aligned} L(y+z)(t) &= (1-t^2)(\ddot{y}(t)+\ddot{z}(t)) - 2t(\dot{y}(t)+\dot{z}(t)) \\ &= (1-t^2)\ddot{y}(t) - 2t\dot{y}(t) + (1-t^2)\ddot{z}(t) - 2t\dot{z}(t) = Ly(t) + Lz(t) \end{aligned}$$

Ein solcher Operator, der Ableitungen der Funktion enthält, heißt ein *Differentialoperator*. Der gerade eingeführte lineare Differentialoperator L ist der sogenannte *Legendre-Operator*, er spielt bei der mathematischen Behandlung vieler kugelsymmetrischer Probleme in der Natur eine wichtige Rolle, zum Beispiel bei der Berechnung der Orbitale des Wasserstoffatoms.

Wir kehren zu den linearen Abbildungen $\mathbb{R}^n \to \mathbb{R}^m$ zurück. Wir haben eingangs gesehen, dass jede Matrix A mit m Zeilen und n Spalten durch $S(\vec{x}) := A\vec{x}$ für alle $\vec{x}$ in $\mathbb{R}^n$ eine solche lineare Abbildung S liefert. Wir wollen nun zeigen, dass jede lineare Abbildung $S\colon \mathbb{R}^n \to \mathbb{R}^m$ von dieser Form ist.

Bemerkung 3.10 *Zu jedem linearen Operator $S\colon \mathbb{R}^n \to \mathbb{R}^m$ existiert genau eine Matrix A mit m Zeilen und n Spalten derart, dass gilt*

$$S(\vec{x}) = A\vec{x} \qquad \textit{für alle } \vec{x} \in \mathbb{R}^n.$$

Beweis. Wir schreiben die Vektoren $S(\vec{e}^{\,1}), S(\vec{e}^{\,2}), \ldots, S(\vec{e}^{\,n}) \in \mathbb{R}^m$ in dieser Reihenfolge als Spalten einer Matrix A, das heißt, wir bilden $A = (a_{k\ell})_{k,\ell}$ durch

$$a_{k\ell} = S\big(\vec{e}^{\,\ell}\big)_k = k\text{-te Koordinate von } S(\vec{e}^{\,\ell}).$$

Dann leistet A das Verlangte, denn für einen Vektor $\vec{x} = x_1\vec{e}^{\,1} + x_2\vec{e}^{\,2} + \cdots + x_n\vec{e}^{\,n} \in \mathbb{R}^n$ ist auf Grund der Linearität des Operators S

$$S(\vec{x}) = S\Big(\sum_{\ell=1}^{n} x_\ell \vec{e}^{\,\ell}\Big) = \sum_{\ell=1}^{n} x_\ell S\big(\vec{e}^{\,\ell}\big)$$

und weiter gemäß (3.2.2)

$$S(\vec{x})_k = \sum_{\ell=1}^{n} x_\ell S\big(\vec{e}^{\,\ell}\big)_k = \sum_{\ell=1}^{n} a_{k\ell} x_\ell = \big(A\vec{x}\big)_k \quad k = 1, 2, \ldots, m.$$ □

Übungen

Übung 3.22 Mit einem festen Vektor $\vec{a} = \begin{pmatrix} a_1 \\ a_2 \\ a_3 \end{pmatrix} \in \mathbb{R}^3$ definieren wir die Abbildung $T\colon \mathbb{R}^3 \to \mathbb{R}^3$ durch

$$T(\vec{x}) := \vec{a} \times \vec{x} \quad \text{für alle } \vec{x} \in \mathbb{R}^3.$$

Zeigen Sie, dass T linear ist und bestimmen Sie die Matrix A, die T darstellt, die also $\vec{a} \times \vec{x} = A\vec{x}$ für alle $\vec{x} \in \mathbb{R}^3$ erfüllt.

Übung 3.23 Welche Matrix stellt die Operation im $\mathbb{R}^3$ dar, die

i) jeden Vektor auf die x_1, x_2-Ebene projiziert?
ii) jeden Vektor an der x_1, x_3-Ebene spiegelt?

Übung 3.24 Sind $A.B\colon V \to V$ zwei lineare Operatoren auf einem Vektorraum V, so heißt die Abbildung $[A,B]\colon V \to V$, definiert durch

$$[A,B] := AB - BA \quad \text{also} \quad [A,B](v) = A\big(B(v)\big) - B\big(A(v)\big) \quad \text{für alle } v \in V\,,$$

der *Kommutator* von A und B. Zeigen Sie, dass $[A,B]$ wieder ein linearer Operator $V \to V$ ist. Gilt $[A,B] = 0$ oder also $AB = BA$, so sagt man, die Operatoren A und B *kommutieren* oder sind *vertauschbar*.

Übung 3.25 (Fortsetzung von Übung 3.24) Wir betrachten auf dem Vektorraum $V := \{f\colon \mathbb{R}^3 \to \mathbb{R} : f \text{ beliebig oft differenzierbar}\}$ die linearen Operatoren $P_i, Q_i\colon V \to V$, für $i = 1,2,3$ gegeben durch

$$P_i : P_i f(\vec{x}) = \frac{\partial f}{\partial x_i}(\vec{x}) \quad \text{und} \quad Q_i : Q_i f(\vec{x}) = x_i f(\vec{x}) \quad \text{für alle } f \in V, \vec{x} = \begin{pmatrix} x_1 \\ x_2 \\ x_3 \end{pmatrix}.$$

Bestimmen Sie alle möglichen Kommutatoren von P_i und Q_i, $i = 1,2,3$.

3.2.4 Rechenoperationen mit Matrizen

Wir wollen in diesem Abschnitt einige Rechenoperationen kennenlernen, die man mit Matrizen ausführen kann.

1. Addition von Matrizen: Sind A, B beides Matrizen mit m Zeilen und n Spalten – also „vom gleichen Typ“ – so kann man sie addieren:

$$\begin{pmatrix} a_{11} & \dots & a_{1n} \\ a_{21} & \dots & a_{2n} \\ \vdots & & \vdots \\ a_{m1} & \dots & a_{mn} \end{pmatrix} + \begin{pmatrix} b_{11} & \dots & b_{1n} \\ b_{21} & \dots & b_{2n} \\ \vdots & & \vdots \\ b_{m1} & \dots & b_{mn} \end{pmatrix} = \begin{pmatrix} a_{11}+b_{11} & \dots & a_{1n}+b_{1n} \\ a_{21}+b_{21} & \dots & a_{2n}+b_{2n} \\ \vdots & & \vdots \\ a_{m1}+b_{m1} & \dots & a_{mn}+b_{mn} \end{pmatrix}.$$

2. Multiplikation mit Skalaren: Ist A eine Matrix (mit m Zeilen und n Spalten) und α ein Skalar, so kann man αA bilden durch

$$\alpha \begin{pmatrix} a_{11} & a_{12} & \dots & a_{1n} \\ a_{21} & a_{22} & \dots & a_{2n} \\ \vdots & \vdots & & \vdots \\ a_{m1} & a_{m2} & \dots & a_{mn} \end{pmatrix} = \begin{pmatrix} \alpha a_{11} & \alpha a_{12} & \dots & \alpha a_{1n} \\ \alpha a_{21} & \alpha a_{22} & \dots & \alpha a_{2n} \\ \vdots & \vdots & & \vdots \\ \alpha a_{m1} & \alpha a_{m2} & \dots & \alpha a_{mn} \end{pmatrix}.$$

Wir können also Matrizen vom gleichen Typ addieren und mit Skalaren multiplizieren, mit anderen Worten, die Menge der Matrizen mit m Zeilen und n Spalten bildet einen Vektorraum im Sinne von Abschnitt 3.1.4. Beide Operationen sind allerdings wenig überraschend; von besonderem Interesse ist dagegen, dass man Matrizen miteinander multiplizieren kann, wenn sie zueinander passen.

3. Multiplikation von Matrizen: Ist A eine Matrix mit m Zeilen und n Spalten

$$A = \begin{pmatrix} a_{11} & a_{12} & \dots & a_{1n} \\ a_{21} & a_{22} & \dots & a_{2n} \\ \vdots & \vdots & & \vdots \\ a_{m1} & a_{m2} & \dots & a_{mn} \end{pmatrix}$$

und B eine Matrix mit p Zeilen und m Spalten

$$B = \begin{pmatrix} b_{11} & b_{12} & \dots & b_{1m} \\ b_{21} & b_{22} & \dots & b_{2m} \\ \vdots & \vdots & & \vdots \\ b_{p1} & b_{p2} & \dots & b_{pm} \end{pmatrix},$$

so kann man das Produkt

$$C = BA = \begin{pmatrix} c_{11} & c_{12} & \dots & c_{1n} \\ c_{21} & c_{22} & \dots & c_{2n} \\ \vdots & \vdots & & \vdots \\ c_{p1} & c_{p2} & \dots & c_{pn} \end{pmatrix}$$

erklären durch

$$c_{k\ell} = \sum_{j=1}^{m} b_{kj} a_{j\ell} \qquad \text{für } k = 1, \dots, p \text{ und } \ell = 1, \dots, n. \tag{3.2.17}$$

Die Produktmatrix BA hat p Zeilen und n Spalten und entsteht dadurch, dass man die Matrix B der Reihe nach im Sinne der Definition 3.9 auf die Spaltenvektoren von A anwendet. *Man kann also das Produkt BA bilden, wenn die Spaltenzahl von B mit der Zeilenzahl von A übereinstimmt.*

Beispiel 3.16 Es sei

$$A = \begin{pmatrix} 1 & 2 & 3 \\ 0 & 1 & 2 \\ -1 & 0 & 1 \end{pmatrix} \qquad \text{und} \qquad B = \begin{pmatrix} 1 & -1 & 2 \\ 3 & 0 & 1 \end{pmatrix}.$$

Man kann BA bilden und erhält

$$BA = \begin{pmatrix} -1 & 1 & 3 \\ 2 & 6 & 10 \end{pmatrix}.$$

Wir wollen nun verstehen, warum die Multiplikation von Matrizen gerade so ausgeführt wird.

Hierzu seien eine Matrix A mit m Zeilen und n Spalten und eine Matrix B mit p Zeilen und m Spalten gegeben. Nach Abschnitt 3.2.3 liefert A einen linearen Operator $S\colon \mathbb{R}^n \to \mathbb{R}^m$ und B einen linearen Operator $T\colon \mathbb{R}^m \to \mathbb{R}^p$. Da die Werte von S im Definitionsbereich von T liegen, kann man die beiden Operatoren wie üblich zu einem Operator $U = T \circ S\colon \mathbb{R}^n \to \mathbb{R}^p$ zusammensetzen:

$$U(\vec{x}) = T(S(\vec{x})) \qquad \text{für alle } \vec{x} \in \mathbb{R}^n\,.$$

U ist wieder ein linearer Operator wegen

$$\begin{aligned} U(\vec{u}+\vec{v}) = T(S(\vec{u}+\vec{v})) = T(S(\vec{u})+S(\vec{v})) = T(S(\vec{u}))+T(S(\vec{v})) = U(\vec{u})+U(\vec{v}) \\ U(\lambda\vec{u}) = T(S(\lambda\vec{u})) = T(\lambda S(\vec{u})) = \lambda T(S(\vec{u})) = \lambda U(\vec{u}) \end{aligned}$$

für alle Vektoren $\vec{u},\vec{v} \in \mathbb{R}^n$ und alle Skalare λ. Zu U gehört nach Bemerkung 3.10 eine Matrix C mit p Zeilen und n Spalten, wir behaupten, dass dies gerade BA ist. Denn nach Konstruktion in Bemerkung 3.10 gilt

$$\begin{aligned} c_{k\ell} &= U(\vec{e}^{\,\ell})_k = T\big(S(\vec{e}^{\,\ell})\big)_k = T\big(A\vec{e}^{\,\ell}\big)_k \\ &= \Big(T\big(\sum_{j=1}^m a_{j\ell}\vec{e}^{\,j}\big)\Big)_k = \sum_{j=1}^m a_{j\ell}T\big(\vec{e}^{\,j}\big)_k = \sum_{j=1}^m b_{kj}a_{j\ell} \end{aligned}$$

für $k = 1,2,\ldots,p$ und $\ell = 1,2,\ldots,n$.

Das Matrizenprodukt ist also so eingeführt, dass dem Multiplizieren der Matrizen gerade das Zusammensetzen der zugehörigen linearen Operatoren entspricht.

Von besonderem Interesse ist wieder der Fall quadratischer Matrizen. Hier gilt das Folgende:

Bemerkung 3.11 i) *Für zwei quadratische Matrizen A,B kann man beide Produkte AB und BA bilden, aber im Allgemeinen ist $AB \neq BA$. Die Matrizen AB und BA haben aber stets die gleiche Determinante, denn es gilt*

$$\det(AB) = \det A \, \det B\,. \tag{3.2.18}$$

ii) *Die sogenannte* Einheitsmatrix

$$E = \begin{pmatrix} 1 & 0 & \ldots & 0 \\ 0 & 1 & \ldots & 0 \\ \vdots & \vdots & \ddots & \vdots \\ 0 & 0 & \ldots & 1 \end{pmatrix}$$

mit n Zeilen und Spalten erfüllt

$$EA = A = AE$$

für jede Matrix A mit n Zeilen und Spalten. Sie ist die zu dem identischen Operator $I\colon \mathbb{R}^n \to \mathbb{R}^n$

$$I(\vec{x}) = \vec{x} \qquad \textit{für alle } \vec{x} \in \mathbb{R}^n$$

gehörige Matrix.

Beweis. i) Wir zeigen an Hand eines Beispiels, dass im Allgemeinen $AB \neq BA$ ist. Für

$$A = \begin{pmatrix} 1 & 2 \\ 3 & 4 \end{pmatrix} \qquad \text{und} \qquad B = \begin{pmatrix} 1 & -1 \\ 0 & 3 \end{pmatrix}$$

ist nämlich

$$AB = \begin{pmatrix} 1 & 5 \\ 3 & 9 \end{pmatrix} \qquad \text{und} \qquad BA = \begin{pmatrix} -2 & -2 \\ 9 & 12 \end{pmatrix}.$$

Weiter ist $\det A = -2$ und $\det B = 3$ sowie $\det AB = -6 = \det BA$, die Formel (3.2.18) ist in diesem Beispiel also erfüllt, wir wollen sie nicht weiter begründen. Die Aussage ii) ist evident. □

4. Invertierung von Matrizen: Wir fragen, ob eine Division bei Matrizen möglich ist, das heißt, wir fragen nach der Invertierung von Matrizen. Es sei A eine quadratische Matrix mit n Zeilen und Spalten. Wir suchen eine ebensolche Matrix B, welche

$$AB = E = BA$$

erfüllt. Zunächst bemerken wir: Wenn es überhaupt eine solche Matrix B gibt, so ist sie eindeutig bestimmt. Ist nämlich C eine weitere Matrix mit $AC = E = CA$, so schließen wir aus den beiden Gleichungen

$$C = CE = C(AB) = (CA)B = EB = B.$$

Daher ist die Schreibweise $B = A^{-1}$ berechtigt. A^{-1} heißt die *zu A inverse Matrix*, sie erfüllt somit nach Definition

$$AA^{-1} = A^{-1}A = E.$$

Weiter folgt aus $AA^{-1} = E$ nach der obigen Rechenregel (3.2.18) für die Determinante

$$\det A \, \det A^{-1} = \det E = 1,$$

insbesondere muss $\det A \neq 0$ sein. Wir haben demnach zumindest $\det A \neq 0$ vorauszusetzen, um die Existenz von A^{-1} zu garantieren.

Wir begründen nun, dass unter der Voraussetzung $\det A \neq 0$ die zu A inverse Matrix A^{-1} existiert. Hierzu betrachten wir den durch A gegebenen Operator $S\colon \mathbb{R}^n \to \mathbb{R}^n$, also $S(\vec{x}) = A\vec{x}$ für alle $\vec{x} \in \mathbb{R}^n$ und behaupten, dass zu S eine Umkehrfunktion S^{-1} existiert. Nach Satz 3.2 ist nämlich wegen $\det A \neq 0$ für jeden Vektor $\vec{y} \in \mathbb{R}^n$ das lineare Gleichungssystem

$$S(\vec{x}) = A\vec{x} = \vec{y}$$

eindeutig lösbar. Somit existiert in der Tat die Umkehrfunktion

$$S^{-1}: \vec{y} \mapsto \vec{x} = S^{-1}(\vec{y})$$

und man verifiziert leicht, dass S^{-1} ein linearer Operator ist: Sind nämlich $\vec{y}, \vec{w} \in \mathbb{R}^n$ und $\vec{x} := S^{-1}(\vec{y})$ sowie $\vec{v} := S^{-1}(\vec{w})$, so gilt wegen der Linearität von S

$$S(\vec{x}+\vec{v}) = S(\vec{x}) + S(\vec{v}) = \vec{y} + \vec{w},$$

das bedeutet $S^{-1}(\vec{y}+\vec{w}) = \vec{x}+\vec{v} = S^{-1}(\vec{y}) + S^{-1}(\vec{w})$. Ebenso zeigt man $S^{-1}(\lambda\vec{y}) = \lambda S^{-1}(\vec{y})$ für alle Skalare λ. Zu S^{-1} gehört nach Bemerkung 3.10 eine Matrix B. Wir behaupten $B = A^{-1}$. Die Produktmatrizen AB und BA entsprechen den Zusammensetzungen $S \circ S^{-1} = I$ und $S^{-1} \circ S = I$, also gilt $AB = E$ und $BA = E$.

Wir fassen unsere Überlegungen zusammen:

Bemerkung 3.12 *Zu einer quadratischen Matrix A gibt es die inverse Matrix A^{-1} genau dann, wenn* $\det A \neq 0$ *ist; in diesem Falle gilt*

$$\det A^{-1} = \frac{1}{\det A}.$$

Die zu A inverse Matrix A^{-1} lässt sich mit dem Gauß-Verfahren folgendermaßen berechnen: Man bildet aus $A = (a_{k\ell})_{k,\ell=1,\ldots,n}$ und der Einheitsmatrix die nachstehende Matrix mit n Zeilen und $2n$ Spalten:

$$\left(\begin{array}{cccc|cccc} a_{11} & a_{12} & \ldots & a_{1n} & 1 & 0 & \ldots & 0 \\ a_{21} & a_{22} & \ldots & a_{2n} & 0 & 1 & \ldots & 0 \\ \vdots & \vdots & & \vdots & \vdots & \vdots & \ddots & \vdots \\ a_{n1} & a_{n2} & \ldots & a_{nn} & 0 & 0 & \ldots & 1 \end{array}\right)$$

und bringt diese durch die erlaubten Zeilenoperationen I), II) und III) von Seite 227 in die Form

$$\left(\begin{array}{cccc|cccc} 1 & 0 & \ldots & 0 & b_{11} & b_{12} & \ldots & b_{1n} \\ 0 & 1 & \ldots & 0 & b_{21} & b_{22} & \ldots & b_{2n} \\ \vdots & \vdots & \ddots & \vdots & \vdots & \vdots & & \vdots \\ 0 & 0 & \ldots & 1 & b_{n1} & b_{n2} & \ldots & b_{nn} \end{array}\right),$$

indem man zunächst wie in Abschnitt 3.2.1 beschrieben zeilenweise von oben nach unten und spaltenweise von links nach rechts unter der Diagonalen lauter Nullen – also die Zeilen-Stufen-Form – erzeugt. Anschließend erreicht man zeilenweise von unten nach oben und spaltenweise von rechts nach links oberhalb der Diagonalen von A lauter Nullen. Dann ist

$$A^{-1} = \begin{pmatrix} b_{11} & b_{12} & \dots & b_{1n} \\ b_{21} & b_{22} & \dots & b_{2n} \\ \vdots & \vdots & & \vdots \\ b_{n1} & b_{n2} & \dots & b_{nn} \end{pmatrix} .$$

Beweis. Wir bezeichnen die Spalten der gesuchten Matrix $B = A^{-1}$ der Reihe nach mit $\vec{x}^1, \vec{x}^2, \dots, \vec{x}^n$, so dass $B = \left(\vec{x}^1\, \vec{x}^2 \dots \vec{x}^n\right)$. Im gleichen Sinne gilt für die Einheitsmatrix $E = \left(\vec{e}^1\, \vec{e}^2 \dots \vec{e}^n\right)$ und die geforderte Relation

$$AB = E$$

bedeutet das gleichzeitige Bestehen der n Gleichungen

$$A\vec{x}^1 = \vec{e}^1, \quad A\vec{x}^2 = \vec{e}^2, \quad \dots \quad A\vec{x}^n = \vec{e}^n .$$

Durch das beschriebene Verfahren werden aber diese n linearen Gleichungssysteme mit Koeffizientenmatrix A und den rechten Seiten $\vec{e}^1, \vec{e}^2, \dots, \vec{e}^n$ simultan gelöst. □

Wir führen in diesem Zusammenhang noch den folgenden Begriff ein:

Definition 3.12 Eine quadratische Matrix A mit $\det A \neq 0$ heißt *regulär*, mit $\det A = 0$ *singulär*.

5. Transponieren von Matrizen: Darunter versteht man einfach das Vertauschen von Zeilen und Spalten einer Matrix. Ist

$$A = \begin{pmatrix} a_{11} & a_{12} & \dots & a_{1n} \\ a_{21} & a_{22} & \dots & a_{2n} \\ \vdots & \vdots & & \vdots \\ a_{m1} & a_{m2} & \dots & a_{mn} \end{pmatrix}$$

eine Matrix mit m Zeilen und n Spalten, so ist heißt die Matrix

$$B = \begin{pmatrix} a_{11} & a_{21} & \dots & a_{m1} \\ a_{12} & a_{22} & \dots & a_{m2} \\ \vdots & \vdots & & \vdots \\ a_{1n} & a_{2n} & \dots & a_{mn} \end{pmatrix} ,$$

die also dadurch entsteht, dass man die Zeilen von A in die Spalten von B schreibt, die zu A *transponierte Matrix*. Sie hat demnach n Zeilen und m Spalten und wird mit A^T bezeichnet.

Beispiel 3.17 Für

$$A = \begin{pmatrix} 1 & 2 & 3 \\ 4 & 5 & 6 \end{pmatrix} \quad \text{ist} \quad A^T = \begin{pmatrix} 1 & 4 \\ 2 & 5 \\ 3 & 6 \end{pmatrix} .$$

Ist A eine quadratische Matrix mit n Zeilen und Spalten, so bleibt beim Transponieren die Diagonale von A bestehen und A^T entsteht, indem man die Elemente von A an der Diagonalen spiegelt. Dies legt die folgende Definition nahe:

Definition 3.13 Eine quadratische Matrix A mit n Zeilen und Spalten heißt *symmetrisch*, wenn gilt $A = A^T$.

Die Rechenregel iv) in Bemerkung 3.7 lässt sich nun so formulieren: Für eine quadratische Matrix A gilt

$$\det A = \det A^T .$$

Beispiel 3.18 Die Transponierte einer Zeile ist eine Spalte. Dies wird in der Literatur gerne benutzt, um Spaltenvektoren platzsparend zu schreiben: Für einen Spaltenvektor $\vec{x} = \begin{pmatrix} x_1 \\ \vdots \\ x_n \end{pmatrix}$ des $\mathbb{R}^n$ ist

$$\begin{pmatrix} x_1 \\ \vdots \\ x_n \end{pmatrix} = \begin{pmatrix} x_1 & x_2 & \dots & x_n \end{pmatrix}^T ,$$

so dass man $\vec{x} = \begin{pmatrix} x_1 & x_2 & \dots & x_n \end{pmatrix}^T$ schreiben kann und dafür nur eine Druckzeile benötigt.

Übungen

Übung 3.26 Es seien

$$A = \begin{pmatrix} 2 & 1 & 1 \\ 3 & 2 & 1 \\ 4 & 0 & 3 \end{pmatrix} \quad \text{und} \quad B = \begin{pmatrix} 1 & 2 & 0 \\ 2 & 2 & 4 \\ 1 & 6 & 5 \end{pmatrix} .$$

Berechnen Sie AB und BA sowie $\det A$, $\det B$ und $\det(AB)$.

Übung 3.27 Es sei

$$A = \begin{pmatrix} 1 & 2 & 3 \\ 1 & 2 & 3 \\ 3 & 2 & 1 \end{pmatrix}.$$

Bestimmen Sie alle Matrizen B, die der Bedingung $AB = 0$ genügen.

Übung 3.28 Bestimmen Sie alle Matrizen $B = \begin{pmatrix} a & b \\ c & d \end{pmatrix}$, die mit der Matrix $A = \begin{pmatrix} 1 & 0 \\ 2 & 3 \end{pmatrix}$ vertauschen, das heißt, die $AB = BA$ erfüllen.

Übung 3.29 Geben Sie jeweils eine Matrix A an, so dass

i) $A^2 := AA = 0$ aber $A \neq 0$,

ii) $A^2 = -E$.

Übung 3.30 Es seien A, B quadratische Matrizen.
i) Zeigen Sie: Sind A, B invertierbar, so ist auch die Matrix AB invertierbar und es gilt $(AB)^{-1} = B^{-1}A^{-1}$.
ii) Welche der folgenden Matrizen ist stets gleich $(A+B)^2$?

$$(B+A)^2 \qquad A^2 + 2AB + B^2 \qquad A^2 + AB + BA + B^2.$$

Begründen Sie Ihre Entscheidung, gegebenenfalls durch ein Gegenbeispiel.

Übung 3.31 Welche Matrix $A(\varphi)$ beschreibt die Drehung des $\mathbb{R}^3$ um die x_3-Achse mit Drehwinkel φ? Rechnen Sie nach, dass für zwei Winkel φ, ψ gilt: $A(\varphi + \psi) = A(\varphi)A(\psi)$.

Übung 3.32 Bestimmen Sie die Determinante und die Inverse der Hilbert-Matrix H_3 (siehe Übung 3.9).

Übung 3.33 Es sei N eine quadratische Matrix, so dass $N^k = 0$ für ein $k \in \mathbb{N}$ gilt. Solche Matrizen heißen *nilpotent*. Rechnen Sie nach, dass für eine nilpotente Matrix die Matrix $E - N$ die Inverse $E + N + N^2 + \cdots + N^{k-1}$ hat. Zeigen Sie, dass die Matrix

$$N = \begin{pmatrix} 0 & 1 & 0 & 0 \\ 0 & 0 & 1 & 0 \\ 0 & 0 & 0 & 1 \\ 0 & 0 & 0 & 0 \end{pmatrix}$$

nilpotent ist und bestimmen Sie $(E - N)^{-1}$.

Übung 3.34 Es seien

$$A = \begin{pmatrix} 3 & -1 & 1 \\ -15 & 6 & -5 \\ 5 & -2 & 2 \end{pmatrix} \qquad \text{und} \qquad b = \begin{pmatrix} 1 \\ 2 \\ -5 \end{pmatrix}.$$

Berechnen Sie die Inverse der Matrix A und bestimmen Sie damit die Lösung des Gleichungssystems $A\vec{x} = \vec{b}$.

Übung 3.35 i) Die Potenzen A^n, $n = 0, 1, 2, \ldots$ einer quadratischen Matrix A sind definiert durch

$$A^0 := E, \qquad A^1 := A, \qquad A^2 := AA, \qquad A^3 := A^2 A, \quad \ldots \quad A^{n+1} := A^n A, \quad \ldots$$

Zeigen Sie mittels Induktion: Für die Matrix

$$A := \begin{pmatrix} 1 & 0 \\ 2 & 1 \end{pmatrix} \quad \text{ist} \quad A^n = \begin{pmatrix} 1 & 0 \\ 2n & 1 \end{pmatrix} \quad \text{für alle } n = 0, 1, 2, \ldots$$

ii) Weiter erklärt man für eine quadratische Matrix A die *Exponentialfunktion*

$$\exp(A) := \sum_{n=0}^{\infty} \frac{1}{n!} A^n = E + A + \frac{1}{2!} A^2 + \frac{1}{3!} A^3 + \cdots$$

Nehmen Sie die Konvergenz der Reihe als gegeben hin und berechnen Sie die Matrix $\exp(A)$ für die Matrix A aus i).

iii) Zeigen Sie ebenso für die Matrix

$$I := \begin{pmatrix} 0 & -1 \\ 1 & 0 \end{pmatrix}, \quad \text{dass} \quad \exp(tI) = \begin{pmatrix} \cos t & -\sin t \\ \sin t & \cos t \end{pmatrix} \qquad \text{für alle } t \in \mathbb{R}.$$

3.3 Basen, Koordinaten und Basistransformation

3.3.1 Der Begriff der Basis

Wir wollen der Frage nachgehen, ob und gegebenenfalls unter welchen Voraussetzungen der „Standardvektorraum" $\mathbb{R}^n$ als Modell für alle anderen Vektorräume dienen kann. Wir betrachten dazu im Folgenden einen beliebigen Vektorraum V.

Definition 3.14 Eine Teilmenge $M \subset V$ heißt ein *Erzeugendensystem* für V, wenn sich jeder Vektor $\vec{v} \in V$ als eine *Linearkombination*

$$\vec{v} = \sum_{k=1}^{n} \lambda_k \vec{a}^k \tag{3.3.1}$$

mit Vektoren $\vec{a}^1, \ldots, \vec{a}^n \in M$ und Skalaren $\lambda_1, \ldots, \lambda_n$, $n \in \mathbb{N}$, darstellen lässt.

Beispiel 3.19 Im Vektorraum der ebenen Ortsvektoren mit festem Anfangspunkt 0 sind

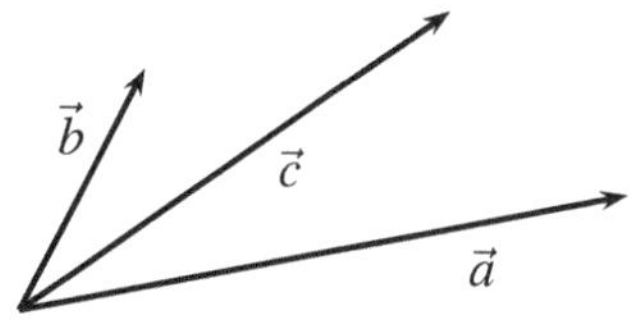

$M = \{\vec{a}, \vec{b}\}$ und $M = \{\vec{a}, \vec{b}, \vec{c}\}$ Erzeugendensysteme, aber $M = \{\vec{a}\}$ ist kein Erzeugendensystem.

Man wünscht sich in der Regel, dass die Koeffizienten, die in der Darstellung (3.3.1) eines Vektors $\vec{v}$ auftreten, eindeutig bestimmt sind, denn dann kann man mit ihnen statt mit den Vektoren selbst rechnen. Dies wollen wir jetzt untersuchen. Wir nehmen an, dass sich ein Vektor $\vec{v} \in V$ auf zwei Arten als Linearkombination von Vektoren aus M darstellen lässt, dabei können wir durch Auffüllen mit Termen der Form $0\vec{a}^k$ erreichen, dass in beiden Darstellungen die gleichen Vektoren auftreten:

$$\vec{v} = \sum_{k=1}^{n} \lambda_k \vec{a}^k \quad \text{und} \quad \vec{v} = \sum_{k=1}^{n} \mu_k \vec{a}^k .$$

Dann ist

$$0 = \vec{v} - \vec{v} = \sum_{k=1}^{n} (\lambda_k - \mu_k) \vec{a}^k ;$$

die Eindeutigkeit der Darstellung wird also durch folgende Forderung an M gewährleistet:

Sind $\vec{a}^1, \ldots, \vec{a}^n \in M$ *und* $\alpha_1, \ldots, \alpha_n$ *Skalare mit* $\sum_{k=1}^{n} \alpha_k \vec{a}^k = 0$, *so folgt* $\alpha_1, \ldots, \alpha_n = 0$.

Diese Eigenschaft von M heißt *lineare Unabhängigkeit*. Die Eindeutigkeit der Darstellung (3.3.1) ist somit genau dann gegeben, wenn das Erzeugendensystem M linear unabhängig ist; in diesem Fall spricht man von einer Basis.

Definition 3.15 Ein linear unabhängiges Erzeugendensystem heißt eine *Basis*.

Beispiel 3.20 Im obigen Beispiel der ebenen Ortsvektoren ist $M = \{\vec{a}, \vec{b}\}$ eine Basis. Die Menge $\{\vec{a}, \vec{b}, \vec{c}\}$ ist nicht linear unabhängig, da $\vec{c} = \frac{1}{2}\vec{a} + \vec{b}$ oder $\frac{1}{2}\vec{a} + \vec{b} - \vec{c} = 0$ gilt, also keine Basis. Die Menge $\{\vec{a}\}$ ist kein Erzeugendensystem, also ebenfalls keine Basis.

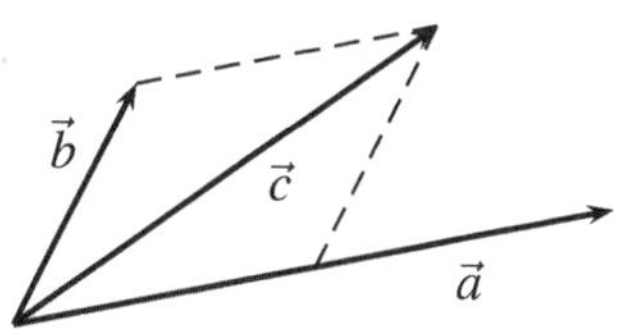

Beispiel 3.21 Im Vektorraum $\mathbb{R}^n$ bilden die Koordinateneinheitsvektoren

$$\vec{e}^1 = \begin{pmatrix} 1 \\ 0 \\ \vdots \\ 0 \end{pmatrix}, \vec{e}^2 = \begin{pmatrix} 0 \\ 1 \\ \vdots \\ 0 \end{pmatrix}, \dots, \vec{e}^n = \begin{pmatrix} 0 \\ \vdots \\ 0 \\ 1 \end{pmatrix}$$

eine Basis, die sogenannte *Standardbasis*, wegen

$$\vec{x} = \begin{pmatrix} x_1 \\ x_2 \\ \vdots \\ 0 \end{pmatrix} = \begin{pmatrix} x_1 \\ 0 \\ \vdots \\ 0 \end{pmatrix} + \begin{pmatrix} 0 \\ x_2 \\ \vdots \\ 0 \end{pmatrix} + \dots + \begin{pmatrix} 0 \\ \vdots \\ 0 \\ x_n \end{pmatrix} = x_1\vec{e}^1 + x_2\vec{e}^2 + \dots + x_n\vec{e}^n.$$

Beispiel 3.22 Im Vektorraum V der Polynome vom Grade $\leqq n$, also

$$V = \{\sum_{\ell=0}^{n} \alpha_\ell x^\ell : \alpha_0, \alpha_1, \dots, \alpha_n \in \mathbb{R}\},$$

bilden die *Monome* $1 = x^0, x, x^2, \dots, x^n$ eine Basis. Sie bilden jedenfalls nach Definition ein Erzeugendensystem und sind weiter $\alpha_0, \alpha_1, \dots, \alpha_n$ reelle Zahlen mit $\sum_{\ell=0}^{n} \alpha_\ell x^\ell = 0$ für alle $x \in \mathbb{R}$, so muss $\alpha_0 = \alpha_1 = \dots = \alpha_n = 0$ sein, denn ein Polynom $\neq 0$ vom Grade $\leqq n$ hat nach dem Fundamentalsatz der Algebra (Satz 1.10) höchstens n Nullstellen.

Hinsichtlich der Existenz von Basen gilt der folgende Satz, dessen Beweis allerdings Prinzipien aus der Logik benutzt, die nicht von allen Mathematikerinnen und Mathematikern akzeptiert werden.

Satz 3.3 *Jeder Vektorraum V besitzt eine Basis. Jede Basis von V enthält die gleiche Anzahl von Vektoren (die auch unendlich sein kann).*

Es sei an dieser Stelle noch einmal darauf hingewiesen, dass im mathematischen Sprachgebrauch „besitzt eine Basis“ zu verstehen ist als „besitzt *mindestens eine* Basis“.

Dieser Satz ermöglicht die folgende Definition:

Definition 3.16 Die Anzahl der Vektoren einer Basis – man spricht auch von der *Länge* der Basis – heißt *Dimension* des Vektorraums V, in Zeichen $\dim V$.

Damit wird der Begriff der Dimension mathematisch festgelegt, in den vertrauten Fällen stimmt er mit unserem Sprachgebrauch überein. Aus den obigen Beispielen erhalten wir:

Beispiel 3.23 Der Vektorraum der ebenen Ortsvektoren hat Dimension 2.

Beispiel 3.24 Unser Standardvektorraum $\mathbb{R}^n$ hat Dimension n.

Beispiel 3.25 Der Vektorraum der Polynome vom Grad $\leqq n$ hat Dimension $n + 1$.

Das nächste Beispiel beleuchtet auch die oben angesprochene Problematik beim Beweis von Satz 3.3.

Beispiel 3.26 Der Vektorraum $V = \{f\colon [a,b] \to \mathbb{R},\, f \text{ stetig}\}$ hat nach Satz 3.3 eine Basis. Eine solche Basis muss aber unendlich viele Funktionen enthalten, sonst wäre jede stetige Funktion als Linearkombination einer festen endlichen Menge von Funktionen darstellbar. Man kann sogar beweisen, dass eine solche Basis so viele Funktionen enthalten muss, dass man sie nicht mit den natürlichen Zahlen $1,2,3,\dots$ nummerieren kann, sie enthält *überabzählbar* viele Funktionen, wie man sagt. In dieser Situation ist der oben eingeführte „algebraische" Begriff der Basis wenig nützlich. Man erklärt hier sinnvoller: Ein System $f_1, f_2, \dots$ von Funktionen aus V heißt eine *Basis von Funktionen*, wenn sich jede Funktion $f \in V$ als unendliche Reihe

$$f = \sum_{\ell=1}^{\infty} \alpha_\ell f_\ell$$

mit eindeutig bestimmten Skalaren $\alpha_1, \alpha_2, \dots$ darstellen lässt. Hier tauchen jedoch sofort weitere Probleme auf: Man muss auf Konvergenz der Reihe achten und hat dabei noch verschiedene Typen von Konvergenz zur Auswahl: punktweise Konvergenz, gleichmäßige Konvergenz, Konvergenz im quadratischen Mittel,. . . . Wir werden daher diesen Punkt nicht weiter verfolgen, sondern kehren zu den endlich dimensionalen Vektorräumen zurück.

Wir notieren noch die beiden folgenden nützlichen Kriterien dafür, dass ein System von Vektoren eine Basis bildet.

Bemerkung 3.13 *Es sei V ein Vektorraum der Dimension n. Dann gilt*

i) *n linear unabhängige Vektoren in V bilden eine Basis von V.*
ii) *Ein Erzeugendensystem aus n Vektoren bildet eine Basis.*

Hat man also soviele Vektoren gegeben, wie die Dimension des Raumes angibt, so sind die Eigenschaften „linear unabhängig" und „Erzeugendensystem" äquivalent. Dies wollen wir nicht beweisen.

Bemerkung 3.14 *Im Vektorraum $\mathbb{R}^n$ bilden die Vektoren*

$$\vec{a}^1 = \begin{pmatrix} a_1^1 \\ \vdots \\ a_n^1 \end{pmatrix}, \quad \vec{a}^2 = \begin{pmatrix} a_1^2 \\ \vdots \\ a_n^2 \end{pmatrix}, \quad \dots \quad \vec{a}^n = \begin{pmatrix} a_1^n \\ \vdots \\ a_n^n \end{pmatrix}$$

genau dann eine Basis, wenn gilt

$$\det \begin{pmatrix} a_1^1 & a_1^2 & \cdots & a_1^n \\ a_2^1 & a_2^2 & \cdots & a_2^n \\ \vdots & \vdots & & \vdots \\ a_n^1 & a_n^2 & \cdots & a_n^n \end{pmatrix} \neq 0.$$

Beweis. Für Skalare $x_1, x_2, \ldots, x_n$ bedeutet die Gleichung $\sum\limits_{\ell=1}^{n} x_\ell \vec{a}^\ell = 0$ in Koordinaten

$$\begin{array}{ccccccccc} x_1 a_1^1 & + & x_2 a_1^2 & + & \cdots & + & x_n a_1^n & = & 0 \\ x_1 a_2^1 & + & x_2 a_2^2 & + & \cdots & + & x_n a_2^n & = & 0 \\ \vdots & & \vdots & & & & \vdots & & \vdots \\ x_1 a_n^1 & + & x_2 a_n^2 & + & \cdots & + & x_n a_n^n & = & 0 \end{array}$$

oder kurz $A\vec{x} = 0$, wobei A die Matrix aus den Spalten $\vec{a}^1, \vec{a}^2, \ldots, \vec{a}^n$ und $\vec{x}$ die Spalte $\begin{pmatrix} x_1 \\ \vdots \\ x_n \end{pmatrix}$ bezeichnen. Sind nun die Vektoren $\vec{a}^1, \vec{a}^2, \ldots, \vec{a}^n$ linear unabhängig, so folgt immer $\vec{x} = 0$, das heißt, das homogen-lineare Gleichungssystem $A\vec{x} = 0$ hat nur die triviale Lösung $\vec{x} = 0$, somit ist $\det A \neq 0$ nach Satz 3.2 über lineare Gleichungssysteme. Die Umkehrung ist dann genauso klar. □

Die Vektorräume, die in den Naturwissenschaften eine Rolle spielen, besitzen in der Regel noch ein Skalarprodukt, das wir nun in unsere Überlegungen mit einbeziehen wollen.

Zunächst stellen wir fest:

Bemerkung 3.15 *Sind die Vektoren $\vec{a}^1, \ldots, \vec{a}^r \in V$ (ungleich 0 und) paarweise orthogonal, so sind sie linear unabhängig.*

Beweis. Dies ist anschaulich klar und auch leicht zu beweisen. Aus

$$\sum_{\ell=1}^{r} \alpha_\ell \vec{a}^\ell = 0 \quad \text{folgt} \quad 0 = \vec{a}^k \cdot \Big(\sum_{\ell=1}^{r} \alpha_\ell \vec{a}^\ell \Big) = \sum_{\ell=1}^{r} \alpha_\ell \, \vec{a}^k \cdot \vec{a}^\ell = \alpha_k \, |\vec{a}^k|^2$$

und mithin $\alpha_k = 0$ für jedes $k = 1, \ldots, r$. □

Somit bilden nach Bemerkung 3.13 in einem n-dimensionalen Vektoraum n paarweise orthogonale Vektoren eine Basis. Wir definieren:

Definition 3.17 Es sei $n = \dim V$. Ein System $\vec{a}^1, \ldots, \vec{a}^n$ von n paarweise orthogonalen Vektoren heißt eine *Orthogonalbasis*. Sind alle Vektoren $\vec{a}^1, \ldots, \vec{a}^n$ zusätzlich normiert, so spricht man von einer *Orthonormalbasis*.

Beispiel 3.27 Die Standardbasis $\vec{e}^1, \ldots, \vec{e}^n$ des $\mathbb{R}^n$ ist eine Orthonormalbasis.

Übungen

Übung 3.36 Zeigen Sie, dass die Vektoren

$$\vec{a}^1 = \begin{pmatrix} 10 \\ -5 \\ 10 \end{pmatrix}, \qquad \vec{a}^2 = \begin{pmatrix} -11 \\ -2 \\ 10 \end{pmatrix}, \qquad \vec{a}^3 = \begin{pmatrix} 2 \\ 14 \\ 5 \end{pmatrix}$$

eine Basis von $\mathbb{R}^3$ bilden und stellen Sie den Vektor

$$\vec{e}^1 = \begin{pmatrix} 1 \\ 0 \\ 0 \end{pmatrix}$$

in dieser Basis dar.

Übung 3.37 Es sei V der Vektorraum $V = \{P\colon [-1,1] \to \mathbb{R} : P \text{ Polynom vom Grad} \leqq 4\}$ mit dem Skalarprodukt

$$< P,Q >= \int_{-1}^{1} P(x)Q(x)\,dx \qquad\qquad \text{für alle } P,Q \in V.$$

Welche Dimension hat V? Zeigen Sie, dass die so genannten *Legendre-Polynome*

$$P_0(x) = 1, \quad P_1(x) = x, \quad P_2(x) = \frac{3}{2}x^2 - \frac{1}{2}, \quad P_3(x) = \frac{5}{2}x^3 - \frac{3}{2}x, \quad P_4(x) = \frac{35}{8}x^4 - \frac{30}{8}x^2 + \frac{3}{8}$$

eine Orthogonalbasis (aber keine Orthonormalbasis) von V bilden und stellen Sie das Polynom $P(x) = x^3$ in dieser Basis dar.
Anmerkung: Die Legendre-Polynome P_ℓ spielen eine wichtige Rolle in der Quantentheorie bei der Behandlung des Drehimpulses. Sie sind für $\ell = 0,1,2,\ldots$ definiert als die polynomiale Lösung der linearen Differentialgleichung zweiter Ordnung

$$(1-x^2)y'' - 2xyy' + \ell(\ell+1)y = 0$$

mit der Eigenschaft $y(1) = 1$ (vergleiche Übung 3.45). Sie können auch durch die so genannte *Rodrigues-Formel*

$$P_\ell(x) = \frac{1}{2^\ell \ell!}\frac{d^\ell}{dx^\ell}\Big((x^2-1)^\ell\Big)$$

dargestellt werden, wobei $\dfrac{d^\ell}{dx^\ell}$ die ℓ-te Ableitung bezüglich der Variablen x bezeichnet.

3.3.2 Koordinaten

Wir betrachten in diesem Abschnitt einen n-dimensionalen Vektorraum V und darin eine feste Basis $\vec{a}^1,\dots,\vec{a}^n$.

Jeder Vektor $\vec{v}\in V$ lässt sich nach Definition einer Basis als Linearkombination

$$\vec{v}=x_1\vec{a}^1+x_2\vec{a}^2+\dots+x_n\vec{a}^n=\sum_{\ell=1}^{n}x_\ell\vec{a}^\ell$$

mit eindeutig bestimmten Skalaren $x_1,\dots,x_n$ darstellen. Diese Skalare heißen die *Koordinaten von $\vec{v}$ bezüglich der Basis $\vec{a}^1,\vec{a}^2,\dots,\vec{a}^n$.*

Man kann die Koordinaten eines Vektors $\vec{v}\in V$ zu einer Spalte $\begin{pmatrix}x_1\\ \vdots\\ x_n\end{pmatrix}\in\mathbb{R}^n$ zusammenfassen und erhält auf diese Weise einen Operator

$$S\colon V\to\mathbb{R}^n,\quad \vec{v}\mapsto\begin{pmatrix}x_1\\ \vdots\\ x_n\end{pmatrix}.$$

Dieser Operator ist offensichtlich linear, denn die Summe $\vec{u}+\vec{v}$ hat die Koordinatenspalte $\begin{pmatrix}x_1+y_1\\ x_2+y_2\\ \vdots\\ x_n+y_n\end{pmatrix}$, wenn $\vec{u}\in V$ die Koordinaten $\begin{pmatrix}x_1\\ \vdots\\ x_n\end{pmatrix}$ und $\vec{v}\in V$ die Koordinaten $\begin{pmatrix}y_1\\ \vdots\\ y_n\end{pmatrix}$ hat; entsprechendes gilt für die Skalarenmultiplikation. S stellt eine umkehrbar eindeutige Entsprechung her zwischen den „abstrakten" Vektoren $\vec{v}\in V$ und den Spalten $\begin{pmatrix}x_1\\ \vdots\\ x_n\end{pmatrix}\in\mathbb{R}^n$, die auch die Addition und Skalarenmultiplikation einschließt. Man sagt dann, $S\colon V\to\mathbb{R}^n$ ist ein *Isomorphismus* und nennt die Vektorräume V und $\mathbb{R}^n$ *isomorph* („von gleicher Gestalt"), in Zeichen $V\cong\mathbb{R}^n$. Wir können *nach Wahl einer Basis* in V den n-dimensionalen Vektorraum V mit $\mathbb{R}^n$ identifizieren, indem wir einen Vektor $\vec{v}\in V$ mit seiner Koordinatenspalte gleichsetzen.

Wir machen uns noch die folgende Schreibweise zu eigen: Ist $\vec{v}\in V$ ein Vektor in V, so bezeichnen wir seine Koordinatenspalte bezüglich der Basis $\vec{a}^1,\dots,\vec{a}^n$ mit $\vec{v}^a$, das bedeutet

$$\vec{v}^a=S(\vec{v})$$

mit dem oben eingeführten Operator $S\colon V\to\mathbb{R}^n$.

Haben wir in V ein Skalarprodukt und ist $\vec{a}^1,\ldots,\vec{a}^n$ sogar eine Orthonormalbasis, so kann man die Koordinaten eines Vektors mit Hilfe des Skalarproduktes bestimmen.

Bemerkung 3.16 *Ist $\vec{a}^1,\ldots,\vec{a}^n$ eine Orthonormalbasis, so sind die Koordinaten $x_1,\ldots,x_n$ eines Vektors $\vec{v}\in V$ bezüglich $\vec{a}^1,\ldots,\vec{a}^n$ gegeben durch*

$$x_k = \vec{a}^k\cdot\vec{v} \qquad k=1,\ldots,n. \tag{3.3.2}$$

Beweis. Aus

$$\vec{v}=\sum_{\ell=1}^{n} x_\ell\vec{a}^\ell \quad \text{folgt} \quad \vec{a}^k\cdot\vec{v}=\vec{a}^k\cdot\Big(\sum_{\ell=1}^{n} x_\ell\vec{a}^\ell\Big)=\sum_{\ell=1}^{n} x_\ell\,\vec{a}^k\cdot\vec{a}^\ell = x_k \quad k=1,2,\ldots,n \quad \square$$

Wir hatten in Abschnitt 3.2.3 gesehen, dass jeder lineare Operator $T\colon \mathbb{R}^n\to\mathbb{R}^m$ durch eine Matrix dargestellt wird. Dies wollen wir nun auf beliebige endlich dimensionale Vektorräume verallgemeinern.

Wir betrachten dazu einen weiteren Vektorraum W der Dimension m mit einer Basis $\vec{b}^1,\ldots,\vec{b}^m$ sowie einen linearen Operator $T\colon V\to W$.

Wir setzen für $k=1,2,\ldots,m$ und $\ell=1,2,\ldots,n$

$$a_{k\ell} = k\text{-te Koordinate von } T(\vec{a}^\ell) \text{ bezüglich } \vec{b}^1,\vec{b}^2,\ldots,\vec{b}^m$$

und ordnen die Zahlen $a_{k\ell}$ als Matrix mit m Zeilen und n Spalten an:

$$A=\big(a_{k\ell}\big)_{k=1,\ldots,m,\,\ell=1,\ldots,n}.$$

Merke: *In den Spalten von A stehen die Koordinaten der Bilder der Basisvektoren unter T.*

Hat dann ein Vektor $\vec{x}\in V$ die Koordinaten $x_1,\ldots,x_n$ bezüglich $\vec{a}^1,\ldots,\vec{a}^n$, so gilt

$$T\vec{x}=T\Big(\sum_{\ell=1}^{n} x_\ell\vec{a}^\ell\Big)=\sum_{\ell=1}^{n} x_\ell T(\vec{a}^\ell)=\sum_{\ell=1}^{n} x_\ell\sum_{k=1}^{m} a_{k\ell}\vec{b}^k=\sum_{k=1}^{m}\Big(\sum_{\ell=1}^{n} a_{k\ell}x_\ell\Big)\vec{b}^k,$$

also

$$\big(T\vec{x}\big)_k=\sum_{\ell=1}^{n} a_{k\ell}x_\ell.$$

Das bedeutet in Worten: *Die Koordinaten von $T\vec{x}$ ergeben sich durch Anwenden der Matrix A auf die Koordinaten von $\vec{x}$:*

$$\big(T\vec{x}\big)^b = A\vec{x}^a,$$

im Sinne der oben eingeführten Schreibweise. Wir fassen unsere Überlegungen zusammen:

Bemerkung 3.17 *Sind V und W Vektorräume und ist $\vec{a}^1,\ldots,\vec{a}^n$ eine Basis von V und $\vec{b}^1,\vec{b}^2,\ldots,\vec{b}^m$ eine Basis von W, so gibt es zu jedem linearen Operator $T\colon V\to W$ eine eindeutig bestimmte Matrix A mit m Zeilen und n Spalten, so dass gilt*

$$\big(T\vec{x}\big)^b = A\vec{x}^a. \tag{3.3.3}$$

Beispiel 3.28 Es sei V der Vektorraum der Polynome vom Grade $\leqq n$ und der lineare Operator $T: V \to V$ sei definiert durch

$$T f = f' = \frac{d}{dx} f \qquad \text{für } f \in V.$$

Als Basis von V wählen wir die Monome $1, x, x^2, \ldots, x^n$. Es ist

$$T\,1 = 0, \quad T\,x = 1, \quad T\,x^2 = 2x, \quad \ldots, \quad T\,x^n = nx^{n-1},$$

somit ist die Matrix A, die zu T gehört, gegeben durch

$$A = \begin{pmatrix} 0 & 1 & 0 & \cdots & 0 \\ 0 & 0 & 2 & \ddots & 0 \\ \vdots & \vdots & \vdots & \ddots & 0 \\ 0 & 0 & 0 & \cdots & n \\ 0 & 0 & 0 & \cdots & 0 \end{pmatrix}.$$

Ein Polynom $f : f(x) = \sum\limits_{\ell=0}^{n} c_\ell x^\ell \in V$ hat die Koordinatenspalte $f^a = \begin{pmatrix} c_0 \\ c_1 \\ \vdots \\ c_{n-1} \\ c_n \end{pmatrix}$ und man rechnet durch Anwenden von A aus $A\,f^a = \begin{pmatrix} c_1 \\ 2c_2 \\ \vdots \\ nc_n \\ 0 \end{pmatrix}$, das bedeutet wie erwartet

$$T f(x) = f'(x) = c_1 + 2c_2 x + \cdots + nc_n x^{n-1}.$$

Übungen

Übung 3.38 Die Legendre-Polynome $P_0, P_1, \ldots, P_4$ bilden eine Basis des Vektorraums

$$V = \{P : [-1,1] \to \mathbb{R} : P \text{ Polynom vom Grad } \leqq 4\}$$

(siehe Übung 3.37). Welche Matrix B gehört bezüglich dieser Basis zu dem linearen Operator $T: TP := P'$ für alle $P \in V$? Berechnen Sie mittels B die Ableitung $TP(x)$ des Polynoms $P(x) = x^3$ (Dies ist zwar umständlich, aber erfreulich, wenn es dann richtig herauskommt).

3.3.3 Basiswechsel

In der Praxis tritt häufig die folgende Situation auf: Man formuliert und studiert ein bestimmtes Problem zunächst in einem vorgegebenen Koordinatensystem – also bezüglich einer vorgegebenen Basis – und erkennt dann, dass ein anderes Koordinatensystem geeigneter ist. Nun wechselt man das Koordinatensystem und muss entsprechend die Koordinaten der Vektoren in beide Systeme umrechnen. Wir wollen die Formeln ableiten, die dies leisten.

Gegeben sind also zwei Basen $\vec{a}^{\,1},\ldots,\vec{a}^{\,n}$ (die „alte Basis") und $\vec{b}^{\,1},\ldots,\vec{b}^{\,n}$ (die „neue Basis") eines Vektorraumes V. Dann lässt sich jeder Vektor $\vec{x}\in V$ bezüglich jeder der beiden Basen darstellen:

$$\vec{x}=\sum_{k=1}^{n} x_k^a\vec{a}^{\,k} \qquad \text{und} \qquad \vec{x}=\sum_{k=1}^{n} x_k^b\vec{b}^{\,k}. \tag{3.3.4}$$

Wie lassen sich die („neuen") Koordinaten $x_1^b,\ldots,x_n^b$ von $\vec{x}$ bezüglich $\vec{b}^{\,1},\ldots,\vec{b}^{\,n}$ aus den („alten") Koordinaten $x_1^a,\ldots,x_n^a$ von $\vec{x}$ bezüglich $\vec{a}^{\,1},\ldots,\vec{a}^{\,n}$ bestimmen und umgekehrt?

Zunächst lässt sich jeder Vektor $\vec{a}^{\,1},\ldots,\vec{a}^{\,n}$ durch die Basis $\vec{b}^{\,1},\ldots,\vec{b}^{\,n}$ ausdrücken:

$$\vec{a}^{\,\ell}=\sum_{k=1}^{n} u_{k\ell}\vec{b}^{\,k} \qquad \ell=1,\ldots,n,$$

mit Koeffizienten $u_{k\ell}$, $k,\ell=1,\ldots,n$, die wir zu einer Matrix

$$U=(u_{k\ell})_{k,\ell=1,\ldots,n}$$

zusammenfassen. Die Spalten von U enthalten also die Koordinaten der „alten" Basisvektoren bezüglich der „neuen" Basis. Wir können dann ausrechnen

$$\vec{x}=\sum_{\ell=1}^{n} x_\ell^a\vec{a}^{\,\ell}=\sum_{\ell=1}^{n} x_\ell^a\Big(\sum_{k=1}^{n} u_{k\ell}\vec{b}^{\,k}\Big)=\sum_{k=1}^{n}\Big(\sum_{\ell=1}^{n} u_{k\ell}x_\ell^a\Big)\vec{b}^{\,k}.$$

Wegen der Eindeutigkeit der Basisdarstellung folgt durch Vergleich mit der zweiten Gleichung in (3.3.4)

$$x_k^b=\sum_{\ell=1}^{n} u_{k\ell}x_\ell^a \qquad k=1,\ldots,n. \tag{3.3.5}$$

Ordnet man wieder die Koordinaten $x_1^a,\ldots,x_n^a$ zu einer Spalte $\vec{x}^{\,a}=\begin{pmatrix}x_1^a\\ \vdots\\ x_n^a\end{pmatrix}$ und die Koordinaten $x_1^b,\ldots,x_n^b$ zu einer Spalte $\vec{x}^{\,b}=\begin{pmatrix}x_1^b\\ \vdots\\ x_n^b\end{pmatrix}$ an, so können wir die obige Gleichung (3.3.5) kurz in der Form

$$\vec{x}^b = U\vec{x}^a$$

schreiben.

Entsprechend lässt sich jeder Vektor $\vec{b}^1,\dots,\vec{b}^n$ durch die Basis $\vec{a}^1,\dots,\vec{a}^n$ ausdrücken:

$$\vec{b}^\ell = \sum_{k=1}^{n} w_{k\ell}\vec{a}^k \qquad \ell = 1,\dots,n,$$

mit Koeffizienten $w_{k\ell}$, $k,\ell = 1,\dots,n$, die wir zu einer Matrix

$$W = (w_{k\ell})_{k,\ell=1,\dots,n}$$

anordnen. *Die Spalten von W enthalten also die Koordinaten der „neuen" Basisvektoren bezüglich der „alten" Basis.* Diese sind bekannt, wenn man die neue aus der alten Basis bildet. Wie oben folgt für die Koordinatenspalten von $\vec{x}$

$$\vec{x}^a = W\vec{x}^b.$$

Die Matrizen U und W heißen *Transformationsmatrizen*, sie sind invertierbar mit

$$W = U^{-1} \qquad \text{und} \qquad U = W^{-1},$$

so dass wir aus der uns bekannten Matrix W die Matrix U bestimmen können. Wir notieren noch einmal die Transformationsgleichungen:

$$\vec{x}^a = W\vec{x}^b \qquad \text{und} \qquad \vec{x}^b = W^{-1}\vec{x}^a. \tag{3.3.6}$$

Besonders einfache Verhältnisse liegen vor, wenn beide Basen $\vec{a}^1,\dots,\vec{a}^n$ und $\vec{b}^1,\dots,\vec{b}^n$ Orthonormalbasen sind. Für die Einträge $u_{k\ell}$ der Matrix U gilt dann gemäß Gleichung (3.3.2)

$$\begin{aligned} u_{k\ell} &= k\text{-te Koordinate von } \vec{a}^\ell \text{ bezüglich } (\vec{b}^1,\dots,\vec{b}^n) = \vec{b}^k \cdot \vec{a}^\ell \\ &= \vec{a}^\ell \cdot \vec{b}^k = \ell\text{-te Koordinate von } \vec{b}^k \text{ bezüglich } (\vec{a}^1,\dots,\vec{a}^n) = w_{\ell k} \quad \text{für } k,\ell = 1,\dots,n. \end{aligned}$$

Die Matrizen U und W gehen also durch Spiegeln an der Diagonalen auseinander hervor:

$$W = U^T \qquad \text{und} \qquad U = W^T.$$

Die Inverse der Transformationsmatrix W ist somit einfach die Transponierte und damit bequem zu berechnen:

$$W^T = W^{-1}, \tag{3.3.7}$$

Matrizen mit dieser Eigenschaft heißen *orthogonal*. Die beiden Gleichungen $WW^T = E$ und $W^TW = E$ bedeuten, dass die Zeilen von W ebenso wie die Spalten von W jeweils ein Orthonormalsystem bilden. Rechnet man im Komplexen, so hat man oben entsprechend

$$u_{k\ell} = \vec{a}^\ell \cdot \vec{b}^k = \left(\vec{b}^k \cdot \vec{a}^\ell\right)^* = w_{\ell k}^*.$$

Man erhält hier W^{-1} durch Transponieren und anschließendes Konjugieren aller Elemente

$$W^{-1} = \left(W^T\right)^* .$$

Solche Matrizen heißen *unitär*.

Wir kehren wieder zum Fall beliebiger Basen zurück. Im Abschnitt 3.3.2 haben wir gesehen, dass ein linearer Operator $T\colon V \to V$ nach Wahl einer Basis $\vec{a}^1, \ldots, \vec{a}^n$ in V durch eine Matrix A gegeben ist vermittels der Gleichung

$$\left(T\vec{x}\right)^a = A\vec{x}^a \qquad \text{für alle } \vec{x} \in V . \tag{3.3.8}$$

Diese Matrix hängt natürlich von der gewählten Basis $\vec{a}^1, \ldots, \vec{a}^n$ von V ab, man kann sie gleichsam als Koordinaten des linearen Operators T bezüglich der Basis $\vec{a}^1, \ldots, \vec{a}^n$ ansehen. Wir wollen nun herleiten, wie sich diese Matrix bei Wechsel der Basis ändert.

Hierzu seien wieder eine Basis $\vec{a}^1, \ldots, \vec{a}^n$ und eine zweite Basis $\vec{b}^1, \ldots, \vec{b}^n$ in V gegeben. Wir bezeichnen die zu T bezüglich dieser Basen gehörigen Matrizen mit T^a beziehungsweise T^b, so dass gemäß (3.3.8) gilt

$$\left(T\vec{x}\right)^a = T^a\vec{x}^a \qquad \text{und} \qquad \left(T\vec{x}\right)^b = T^b\vec{x}^b \qquad \text{für alle } \vec{x} \in V.$$

Mit der oben eingeführten Transformationsmatrix W haben wir nach (3.3.6)

$$\left(T\vec{x}\right)^a = W\left(T\vec{x}\right)^b = WT^b\vec{x}^b = WT^bW^{-1}\vec{x}^a \qquad \text{für alle } \vec{x} \in V.$$

andererseits ist $\left(T\vec{x}\right)^a = T^a\vec{x}^a$, ein Vergleich der beiden Gleichungen liefert

$$T^a = WT^bW^{-1} ,$$

da die darstellenden Matrizen T^a und T^b eindeutig bestimmt sind. Wir haben somit die Transformationsgleichungen für die darstellenden Matrizen bei Basiswechsel erhalten:

$$T^a = WT^bW^{-1} \qquad \text{und} \qquad T^b = W^{-1}T^aW . \tag{3.3.9}$$

Die Tatsache, dass die einen linearen Operator $T\colon V \to V$ darstellende Matrix A von der in V gewählten Basis abhängt, eröffnet die folgende Perspektive: Man versucht die Basis so zu wählen, dass die zugehörige Matrix A möglichst einfach wird. Dies ist ein Gegenstand der nächsten Abschnitte.

Übungen

Übung 3.39 Bestätigen Sie, dass die Vektoren

$$\vec{b}^1 = \begin{pmatrix} 1 \\ 1 \\ 1 \end{pmatrix} \qquad \vec{b}^2 = \begin{pmatrix} 1 \\ 1 \\ 0 \end{pmatrix} \quad \text{und} \quad \vec{b}^3 = \begin{pmatrix} 0 \\ 1 \\ 2 \end{pmatrix}$$

eine Basis des $\mathbb{R}^3$ bilden. Wie lauten die Transformationsmatrizen zur Standardbasis?

Welche Koordinaten hat der Vektor $\vec{x} = \begin{pmatrix} 1 \\ 2 \\ 3 \end{pmatrix}$ in der neuen Basis?

Übung 3.40 Gegeben sind wie in Übung 3.36 die Vektoren

$$\vec{a}^1 = \begin{pmatrix} 10 \\ -5 \\ 10 \end{pmatrix}, \qquad \vec{a}^2 = \begin{pmatrix} -11 \\ -2 \\ 10 \end{pmatrix}, \qquad \vec{a}^3 = \begin{pmatrix} 2 \\ 14 \\ 5 \end{pmatrix}.$$

Normieren Sie die Vektoren; die normierten Vektoren heißen $\vec{b}^1, \vec{b}^2$ und $\vec{b}^3$. Zeigen Sie, dass die Vektoren $\vec{b}^1, \vec{b}^2, \vec{b}^3$ eine Orthonormalbasis des $\mathbb{R}^3$ bilden. Wie lauten die Transformationsmatrizen für den Basiswechsels von der Standardbasis zu $\vec{b}^1, \vec{b}^2, \vec{b}^3$? Welche Koordinaten hat der Vektor $\vec{x} = \begin{pmatrix} 1 \\ 1 \\ 1 \end{pmatrix}$ in der neuen Basis?

3.4 Eigenwerte, Eigenvektoren und Diagonalisierung

3.4.1 Eigenwerte und Eigenvektoren

Es sei V ein Vektorraum und $T : V \to V$ ein linearer Operator. Zur Untersuchung von T ist es sicher naheliegend, zu fragen, welche Vektoren $\vec{v} \in V$ unter T besonders einfach abgebildet werden. Das können einmal die Vektoren $\vec{v} \in V$ mit $T(\vec{v}) = 0$ sein, also die Nullstellen von T. Allgemeiner kann man fragen: Für welche $\vec{v} \in V$ gilt $T(\vec{v}) = \lambda\vec{v}$ mit einem Skalar λ? Diese $\vec{v}$ und λ erweisen sich als besonders bedeutsam und nützlich für die Diskussion des Operators T, wie sich im Folgenden zeigen wird. Wir definieren daher:

Definition 3.18 Wenn für einen Skalar λ und einen Vektor $\vec{v} \in V, \vec{v} \neq 0$ die Gleichung

$$T(\vec{v}) = \lambda\vec{v} \tag{3.4.1}$$

besteht, so heißt λ *Eigenwert* und $\vec{v}$ (zugehöriger) *Eigenvektor* von T.

Die Forderung $\vec{v} \neq 0$ ist dabei wichtig. Denn wegen $T(0) = T(0+0) = T(0) + T(0)$ gilt für einen linearen Operator T stets $T(0) = 0$, mit $\vec{v} = 0$ gilt also immer $T(0) = \lambda 0$, damit

wäre dann jeder Skalar ein Eigenwert.
Ist V ein Vektorraum von Funktionen, so spricht man von *Eigenfunktionen* statt von Eigenvektoren.

Beispiel 3.29 Ist $T: V \to V$, $T(\vec{v}) = \vec{v}$ für alle $\vec{v} \in V$ der identische Operator, so ist $\lambda = 1$ der einzige Eigenwert und jeder Vektor $\vec{v} \neq 0$ ist ein zugehöriger Eigenvektor.

Beispiel 3.30 Es sei V der Vektorraum der räumlichen Ortsvektoren und $\vec{a}$ ein fester Vektor $\neq 0$ in V. Durch die Vorschrift: „Drehe jeden Vektor um einen festen Winkel mit $\vec{a}$ als Drehachse“ wird ein linearer Operator $T: V \to V$ definiert. $\lambda = 1$ ist der einzige Eigenwert von T, die zugehörigen Eigenvektoren sind die Vielfachen $\neq 0$ von $\vec{a}$, denn die Vektoren der Drehachse sind die einzigen, die ihre Richtung beibehalten.

Beispiel 3.31 Es sei $I \subset \mathbb{R}$ ein Intervall und

$$V := C^\infty(I) = \{f: I \to \mathbb{R} \text{ beliebig oft differenzierbar}\}.$$

Als linearen Operator $T: V \to V$ betrachten wir die Ableitung

$$T = \frac{d}{dx}: \quad Tf = f' \qquad \text{für alle } f \in V.$$

Die Eigenwertgleichung (3.4.1) ist dann die Differentialgleichung $f' = \lambda f$. Wir wissen von früher: Jede reelle Zahl λ ist Eigenwert, zugehörige Eigenfunktion ist die Exponentialfunktion $f_\lambda : f_\lambda(x) = e^{\lambda x}$ für alle $x \in \mathbb{R}$, beziehungsweise alle Vielfachen $\neq 0$ dieser Funktion.

In den Natur- und Ingenieurwissenschaften steht man in vielen Situationen vor der Aufgabe, Eigenwerte und Eigenvektoren eines linearen Operators zu bestimmen, also die sogenannte Eigenwertgleichung (3.4.1) zu lösen. Die Methoden dazu sind ganz verschieden. Oft ist V ein Vektorraum von Funktionen und T ein Differentialoperator, dann ist eine Differentialgleichung zu untersuchen. Im Falle eines endlich dimensionalen Vektorraumes V ist jeder lineare Operator $T: V \to V$ gemäß Bemerkung 3.17 nach Wahl einer Basis durch eine Matrix A gegeben und wir können Methoden der Matrizenrechnung heranziehen. Diese Situation wollen wir im Folgenden genauer betrachten.

Gegeben ist ein endlich dimensionaler Vektorraum V und ein linearer Operator $T: V \to V$. Wir wählen in V eine Basis $\vec{a}^1, \ldots, \vec{a}^n$; dann gibt es zu T eine eindeutig bestimmte Matrix mit n Zeilen und Spalten, so dass gilt

$$\left(T\vec{x}\right)^a = A\vec{x}^a \qquad \text{für alle } \vec{v} \in V.$$

Ein Skalar λ und ein Vektor $\vec{v} \in V$ genügen der Gleichung $T(\vec{v}) = \lambda \vec{v}$ genau dann, wenn der Skalar λ und die Spalte $\vec{v}^a \in \mathbb{R}^n$ der Gleichung $A\vec{v}^a = \lambda \vec{v}^a$ genügen.

Wir haben demnach die Eigenwertgleichung

$$A\vec{x} = \lambda \vec{x} \qquad \text{mit einer Spalte } \vec{x} \in \mathbb{R}^n, \vec{x} \neq 0 \tag{3.4.2}$$

für die Matrix A zu lösen. Die Gleichung (3.4.2) ist gleichbedeutend mit

$$(A-\lambda E)\vec{x}=0\,, \tag{3.4.3}$$

wobei E wie üblich die Einheitsmatrix bezeichnet. Somit ist λ genau dann ein Eigenwert, wenn das homogene lineare Gleichungssystem (3.4.3) eine Lösung $\vec{x}\neq 0$ besitzt; eine solche Spalte $\vec{x}$ ist dann ein zugehöriger Eigenvektor. Ein Skalar λ ist also nach Satz 3.2 genau dann ein Eigenwert, wenn die Determinante der Koeffizientenmatrix $A-\lambda E$ verschwindet:

$$\det(A-\lambda E)=\begin{vmatrix} a_{11}-\lambda & a_{12} & \dots & a_{1n} \\ a_{21} & a_{22}-\lambda & \dots & a_{2n} \\ \vdots & \vdots & \ddots & \vdots \\ a_{n1} & a_{n2} & \dots & a_{nn}-\lambda \end{vmatrix}=0\,.$$

Mit anderen Worten: Die Eigenwerte sind die Nullstellen der Funktion

$$P: P(\lambda)=\det(A-\lambda E)\,.$$

Diese Funktion $P(\lambda)$ ist ein Polynom n-ten Grades, wie man erkennt, wenn man die Determinante gemäß Gleichung (3.2.12) nach einer Zeile oder Spalte entwickelt; es entstehen dann Produkte in λ, die höchste auftretende Potenz ist $(-\lambda)^n$.

Definition 3.19 Das Polynom n-ten Grades

$$P: P(\lambda)=\det(A-\lambda E)$$

heißt das *charakteristische Polynom* von A beziehungsweise T.

Bemerkung 3.18 *Das charakteristische Polynom eines linearen Operators $T: V\to V$ ist von der speziellen Wahl der Basis unabhängig.*

Beweis. Ist nämlich $\vec{b}^1,\vec{b}^2,\dots,\vec{b}^n$ eine weitere Basis von V und ist $B=T^b$ die zu T bezüglich $\vec{b}^1,\vec{b}^2,\dots,\vec{b}^n$ gehörige Matrix, so gilt $B=W^{-1}AW$ nach (3.3.9), wobei W die Transformationsmatrix des Basiswechsels ist. Wegen $\det(W)\det(W^{-1})=1$ folgt mit der Rechenregel (3.2.18) für die Determinante

$$\begin{aligned}\det(A-\lambda E)&=\det(W^{-1})\det(A-\lambda E)\det(W)\;=\;\det(W^{-1}(A-\lambda E)W)\\ &=\det(W^{-1}AW-\lambda E)\;=\;\det(B-\lambda E)\,. \qquad \square\end{aligned}$$

Wir haben oben gesehen: Die Eigenwerte von T erhält man als Nullstellen des charakteristischen Polynoms $P(\lambda)$. Die Frage nach der Existenz und Anzahl der Eigenwerte eines gegebenen Operators reduziert sich auf die Frage nach der Existenz und Anzahl der Nullstellen von Polynomen. Sichergestellt ist die Existenz von Eigenwerten im Allgemeinen gemäß dem Fundamentalsatz der Algebra 1.10 nur, wenn man als Skalare die komplexen Zahlen zulässt. Auf diese Weise werden die komplexen Zahlen auch in den Anwendungsbereichen der Mathematik – wie etwa den Naturwissenschaften – unverzichtbar.

Bemerkung 3.19 *Besteht der Skalarenbereich aus den komplexen Zahlen $\mathbb{C}$, so besitzt ein linearer Operator $T: V \to V$ genau $n = \dim V$ viele Eigenwerte $\lambda_1, \lambda_2, \ldots, \lambda_n$, wenn man diese entsprechend ihrer Vielfachheit zählt.*

Die zugehörigen Eigenvektoren erhält man als nicht triviale Lösungen $\vec{x}$ des homogenen Gleichungssystems

$$(A - \lambda_k E)\vec{x} = 0 \qquad\qquad k = 1, 2, \ldots, n.$$

Wir betrachten zwei Beispiele.

Beispiel 3.32 Der Operator T sei durch die Matrix

$$A = \begin{pmatrix} -3 & 1 & -1 \\ -7 & 5 & -1 \\ -6 & 6 & -2 \end{pmatrix}$$

dargestellt. Wir bestimmen zunächst das charakteristische Polynom:

$$\begin{aligned} P(\lambda) = \det(A - \lambda E) &= \begin{vmatrix} -3-\lambda & 1 & -1 \\ -7 & 5-\lambda & -1 \\ -6 & 6 & -2-\lambda \end{vmatrix} \\ &= \begin{vmatrix} -3-\lambda & -2-\lambda & -1 \\ -7 & -2-\lambda & -1 \\ -6 & 0 & -2-\lambda \end{vmatrix} = \begin{vmatrix} -3-\lambda & -2-\lambda & -1 \\ -4+\lambda & 0 & 0 \\ -6 & 0 & -2-\lambda \end{vmatrix} \\ &= -(-2-\lambda)(-4+\lambda)(-2-\lambda) = -(\lambda+2)^2(\lambda-4), \end{aligned}$$

dabei haben wir zuerst die erste Spalte zur zweiten addiert und dann die erste Zeile von der zweiten subtrahiert. Es gibt demnach die Eigenwerte $\lambda_1 = -2$ mit Vielfachheit 2 und $\lambda_2 = 4$.

Die Eigenvektoren zu $\lambda_1 = -2$ ergeben sich als Lösungen des linearen Gleichungssystems

$$(A - \lambda_1 E)\vec{x} = (A + 2E)\vec{x} = \begin{pmatrix} -1 & 1 & -1 \\ -7 & 7 & -1 \\ -6 & 6 & 0 \end{pmatrix} \vec{x} = 0.$$

Wir bringen die Koeffizientenmatrix $A + 2E$ in Zeilen-Stufen-Form:

$$\begin{pmatrix} -1 & 1 & -1 \\ -7 & 7 & -1 \\ -6 & 6 & 0 \end{pmatrix} \curvearrowright \begin{pmatrix} -1 & 1 & -1 \\ 0 & 0 & 6 \\ 0 & 0 & 6 \end{pmatrix} \curvearrowright \begin{pmatrix} 1 & -1 & 1 \\ 0 & 0 & 1 \\ 0 & 0 & 0 \end{pmatrix}$$

und finden

$$x_3 = 0 \qquad x_2 = t \in \mathbb{R} \text{ beliebig} \qquad x_1 = t.$$

Die Menge der Eigenvektoren zu $\lambda_1 = -2$ ist also

$$\{\vec{x} = t \begin{pmatrix} 1 \\ 1 \\ 0 \end{pmatrix} : t \in \mathbb{R}\}.$$

Man spricht vom zugehörigen *Eigenraum* und lässt hier auch $t = 0$ zu, obwohl Eigenvektoren nicht 0 sein dürfen. Der Eigenraum zu $\lambda_1 = -2$ hat die Basis $\begin{pmatrix} 1 \\ 1 \\ 0 \end{pmatrix}$ und ist somit eindimensional, obwohl die Vielfachheit von $\lambda_1 = -2$ als Nullstelle von $P(\lambda)$ gleich 2 ist. Die Eigenvektoren zu $\lambda_2 = 4$ ergeben sich als Lösungen von

$$(A - \lambda_2 E)\vec{x} = (A - 4E)\vec{x} = \begin{pmatrix} -7 & 1 & -1 \\ -7 & 1 & -1 \\ -6 & 6 & -6 \end{pmatrix} \vec{x} = 0.$$

Wir bringen wieder die Koeffizientenmatrix in Zeilen-Stufen-Form:

$$\begin{pmatrix} -7 & 1 & -1 \\ -7 & 1 & -1 \\ -6 & 6 & -6 \end{pmatrix} \curvearrowright \begin{pmatrix} -7 & 1 & -1 \\ 0 & 0 & 0 \\ 1 & -1 & 1 \end{pmatrix} \curvearrowright \begin{pmatrix} 1 & -1 & 1 \\ 0 & -6 & 6 \\ 0 & 0 & 0 \end{pmatrix} \curvearrowright \begin{pmatrix} 1 & -1 & 1 \\ 0 & 1 & -1 \\ 0 & 0 & 0 \end{pmatrix}.$$

Der Eigenraum zu $\lambda_2 = 4$ ist mithin

$$\{\vec{x} = t \begin{pmatrix} 0 \\ 1 \\ 1 \end{pmatrix} : t \in \mathbb{R}\}.$$

Das nächste Beispiel zeigt, dass ein linearer Operator $T : V \to V$ keine Eigenwerte und Eigenvektoren besitzen muss, wenn man nur reelle Zahlen als Skalare zulässt.

Beispiel 3.33 Wir betrachten die Matrix

$$A = \begin{pmatrix} 1 & -1 \\ 2 & -1 \end{pmatrix}.$$

Das charakteristische Polynom von A ist

$$P(\lambda) = \det(A - \lambda E) = \begin{vmatrix} 1-\lambda & -1 \\ 2 & -1-\lambda \end{vmatrix} = -(1-\lambda)(1+\lambda) + 2 = \lambda^2 + 1.$$

$P(\lambda)$ hat in $\mathbb{R}$ keine Nullstellen, somit hat A keine Eigenwerte und keine Eigenvektoren, solange man nur die reellen Zahlen als Skalare erlaubt. Betrachtet man dagegen A als komplexe Matrix, also als linearen Operator $\mathbb{C}^2 \to \mathbb{C}^2$, so hat A offenbar die komplexen Eigenwerte $\lambda_1 = \mathrm{i}$ und $\lambda_2 = -\mathrm{i}$. Die zugehörigen Eigenwerte ergeben sich wie früher:

Zu $\lambda_1 = \mathrm{i}$:

$$A - \mathrm{i}E = \begin{pmatrix} 1-\mathrm{i} & -1 \\ 2 & -1-\mathrm{i} \end{pmatrix} \curvearrowright \begin{pmatrix} 1 & -\frac{1}{1-\mathrm{i}} \\ 2 & -1-\mathrm{i} \end{pmatrix} = \begin{pmatrix} 1 & -\frac{1+\mathrm{i}}{2} \\ 2 & -(1+\mathrm{i}) \end{pmatrix} \curvearrowright \begin{pmatrix} 1 & -\frac{1+\mathrm{i}}{2} \\ 0 & 0 \end{pmatrix}$$

Somit ist

$$x_2 = t \text{ beliebig} \qquad x_1 = \frac{1+\mathrm{i}}{2}t$$

und der Eigenraum zu $\lambda_1 = \mathrm{i}$ ist

$$\{\vec{x} = t \begin{pmatrix} \frac{1+\mathrm{i}}{2} \\ 1 \end{pmatrix} : t \in \mathbb{C}\} = \{\vec{x} = t \begin{pmatrix} 1+\mathrm{i} \\ 2 \end{pmatrix} : t \in \mathbb{C}\}.$$

Zu $\lambda_2 = -\mathrm{i}$:

$$A + \mathrm{i}E = \begin{pmatrix} 1+\mathrm{i} & -1 \\ 2 & -1+\mathrm{i} \end{pmatrix} \curvearrowright \begin{pmatrix} 1 & -\frac{1}{1+\mathrm{i}} \\ 2 & -1+\mathrm{i} \end{pmatrix} = \begin{pmatrix} 1 & -\frac{1-\mathrm{i}}{2} \\ 2 & -(1-\mathrm{i}) \end{pmatrix} \curvearrowright \begin{pmatrix} 1 & -\frac{1-\mathrm{i}}{2} \\ 0 & 0 \end{pmatrix}$$

Somit ist

$$x_2 = t \text{ beliebig} \qquad x_1 = \frac{1-\mathrm{i}}{2}t$$

und der Eigenraum zu $\lambda_2 = -\mathrm{i}$ ist

$$\{\vec{x} = t \begin{pmatrix} \frac{1-\mathrm{i}}{2} \\ 1 \end{pmatrix} : t \in \mathbb{C}\} = \{\vec{x} = t \begin{pmatrix} 1-\mathrm{i} \\ 2 \end{pmatrix} : t \in \mathbb{C}\}.$$

Übungen

Übung 3.41 Bestimmen Sie die Eigenwerte und Eigenvektoren der Matrix

$$A = \begin{pmatrix} 1 & -1 & 0 \\ 2 & 3 & 2 \\ 1 & 1 & 2 \end{pmatrix}.$$

Übung 3.42 Bestimmen Sie die Eigenwerte und Eigenvektoren der Matrix

$$A = \begin{pmatrix} -6 & 5 & 3 \\ -8 & 7 & 4 \\ -2 & 1 & 1 \end{pmatrix}.$$

Übung 3.43 Bestimmen Sie die Eigenwerte und Eigenvektoren der Matrix

$$B = \begin{pmatrix} 3 & 0 & 0 \\ 1 & 2 & -5 \\ 1 & 1 & -2 \end{pmatrix}.$$

Betrachten Sie dabei B als komplexe Matrix und suchen Sie die Eigenwerte in $\mathbb{C}$ und die Eigenvektoren in $\mathbb{C}^3$.

Übung 3.44 Die Matrix

$$D = \begin{pmatrix} 0 & 0 & 1 \\ 1 & 0 & 0 \\ 0 & 1 & 0 \end{pmatrix}$$

beschreibt eine Drehung.

i) Bestimmen Sie die Drehachse dieser Drehung.
ii) Berechnen Sie D^2, D^3 und D^{-1}.
iii) Welcher Drehwinkel gehört zu D?

Übung 3.45 Es sei V der Vektorraum der unendlich oft differenzierbaren Funktionen $[-1,1] \to \mathbb{R}$. Wir hatten in Beispiel 3.15 gesehen, dass der *Legendre-Operator* $L\colon V \to V$, definiert durch

$$L\colon Lf(x) := (1-x^2)f''(x) - 2xf'(x) \qquad \text{für alle } f \in V, x \in [-1,1]$$

linear ist. Das Legendre-Polynom P_ℓ aus Übung 3.37 ist Eigenfunktion von L zum Eigenwert $-\ell(\ell+1)$ für $\ell = 0,1,2,\ldots$. Rechnen Sie dies für die ersten Polynome $P_0, P_1, \ldots, P_4$ nach.

Übung 3.46 Es sei A eine quadratische Matrix mit n Zeilen und Spalten. Beweisen Sie die folgenden Aussagen:

i) A ist invertierbar genau dann, wenn alle Eigenwerte $\lambda_1, \ldots, \lambda_n$ von Null verschieden sind. In diesem Fall sind $\lambda_1^{-1}, \ldots, \lambda_n^{-1}$ die Eigenwerte von A^{-1}.
ii) Ist λ ein Eigenwert von A zum Eigenvektor $\vec{x}$ und $k \in \mathbb{N}$, so ist λ^k Eigenwert von A^k zum Eigenvektor $\vec{x}$.
iii) Es sei $P(t) = \alpha_0 + \alpha_1 t + \cdots \alpha_m t^m$ ein Polynom. Ist λ ein Eigenwert von A, so ist $P(\lambda)$ ein Eigenwert von $P(A) = \alpha_0 E + \alpha_1 A + \cdots \alpha_m A^m$.

3.4.2 Diagonalisierung

Wir betrachten wieder einen Vektorraum V der Dimension n und einen festen linearen Operator $T: V \to V$. Wenn wir in V eine Basis $\vec{a}^1, \vec{a}^2, \ldots, \vec{a}^n$ wählen, können wir den Operator V gemäß Abschnitt 3.3.2 durch eine Matrix A darstellen, was sich bei der Untersuchung von T als besonders nützlich erweist. Die darstellende Matrix A hängt von der Wahl der Basis in V ab, daher ist es naheliegend – wie bereits im Abschnitt 3.3.3 angedeutet – die Basis so zu wählen, dass die zugehörige Matrix besonders einfach wird.

Besonders einfache Matrizen in dem Sinne, dass die üblichen Rechnungen mit Matrizen möglichst wenig Aufwand erfordern, sind die sogenannten Diagonalmatrizen, bei denen alle Elemente außerhalb der Diagonalen gleich Null sind.

Definition 3.20 Eine quadratische Matrix A der Form

$$A = \begin{pmatrix} \alpha_1 & 0 & \cdots & 0 \\ 0 & \alpha_2 & & 0 \\ \vdots & & \ddots & \vdots \\ 0 & \cdots & & \alpha_n \end{pmatrix} \tag{3.4.4}$$

mit Skalaren $\alpha_1 \alpha_2, \ldots, \alpha_n$, bei der alle Elemente außerhalb der Diagonalen verschwinden, heißt eine *Diagonalmatrix*.

Die Einheitsmatrix E ist offenbar eine Diagonalmatrix.

Wir notieren einige Rechenregeln für Diagonalmatrizen, die belegen sollen, wie einfach das Rechnen mit Diagonalmatrizen ist.

Bemerkung 3.20 *Es sei A wie in (3.4.4) eine Diagonalmatrix mit Einträgen $\alpha_1, \alpha_2, \ldots, \alpha_n$ auf der Diagonalen.*

i) *Für eine Spalte* $\vec{x} = \begin{pmatrix} x_1 \\ x_2 \\ \vdots \\ x_n \end{pmatrix}$ *ist* $A\vec{x} = \begin{pmatrix} \alpha_1 x_1 \\ \alpha_2 x_2 \\ \vdots \\ \alpha_n x_n \end{pmatrix}$. *Die Matrix A wirkt also auf eine Spalte durch einfaches Multiplizieren der Einträge mit den Diagonalelementen.*

ii) *Ist B eine weitere Diagonalmatrix mit Einträgen $\beta_1, \beta_2, \ldots, \beta_n$, so gilt*

$$AB = \begin{pmatrix} \alpha_1 & 0 & \cdots & 0 \\ 0 & \alpha_2 & & 0 \\ \vdots & & \ddots & \vdots \\ 0 & & \cdots & \alpha_n \end{pmatrix} \begin{pmatrix} \beta_1 & 0 & \cdots & 0 \\ 0 & \beta_2 & & 0 \\ \vdots & & \ddots & \vdots \\ 0 & & \cdots & \beta_n \end{pmatrix} = \begin{pmatrix} \alpha_1\beta_1 & 0 & \cdots & 0 \\ 0 & \alpha_2\beta_2 & & 0 \\ \vdots & & \ddots & \vdots \\ 0 & & \cdots & \alpha_n\beta_n \end{pmatrix} = BA\,.$$

Insbesondere sind Diagonalmatrizen stets miteinander vertauschbar.

iii) *Es ist*

$$\det A = \begin{vmatrix} \alpha_1 & 0 & \cdots & 0 \\ 0 & \alpha_2 & & 0 \\ \vdots & & \ddots & \vdots \\ 0 & & \cdots & \alpha_n \end{vmatrix} = \alpha_1 \alpha_2 \cdots \alpha_n .$$

Eine Diagonalmatrix ist demnach invertierbar genau dann, wenn alle ihre Einträge $\alpha_1, \alpha_2, \ldots, \alpha_n$ *von Null verschieden sind, die inverse Matrix* A^{-1} *ist dann wegen* ii) *gegeben durch*

$$A^{-1} = \begin{pmatrix} \frac{1}{\alpha_1} & 0 & \cdots & 0 \\ 0 & \frac{1}{\alpha_2} & & 0 \\ \vdots & & \ddots & \vdots \\ 0 & & \cdots & \frac{1}{\alpha_n} \end{pmatrix} .$$

Insbesondere ist A^{-1} *wieder eine Diagonalmatrix.*

Nach diesem kleinen Exkurs über Diagonalmatrizen ist es plausibel, dass es wünschenswert ist, eine Basis $\vec{b}^1, \vec{b}^2, \ldots, \vec{b}^n$ von V so zu wählen, dass die zu dieser Basis gehörige darstellende Matrix $B = T^b$ Diagonalgestalt hat.

Wie muss eine solche Basis beschaffen sein? Wir nehmen an, dass es eine solche Diagonalmatrix B zu T gibt. Wir schreiben sie als

$$B = \begin{pmatrix} \lambda_1 & 0 & \cdots & 0 \\ 0 & \lambda_2 & & 0 \\ \vdots & & \ddots & \vdots \\ 0 & & \cdots & \lambda_n \end{pmatrix}$$

mit Skalaren $\lambda_1, \lambda_2, \ldots, \lambda_n$ und erinnern uns an Abschnitt 3.3.2, wie die zu T bezüglich der Basis $\vec{b}^1, \vec{b}^2, \ldots, \vec{b}^n$ gehörige Matrix gewonnen wird: In den Spalten der Matrix B stehen die Koordinaten der Bildvektoren $T(\vec{b}^1), T(\vec{b}^2), \ldots, T(\vec{b}^n)$. Es muss also $T(\vec{b}^1)$ die Koordinatenspalte $\begin{pmatrix} \lambda_1 \\ 0 \\ \vdots \\ 0 \end{pmatrix}$ haben, $T(\vec{b}^2)$ die Koordinatenspalte $\begin{pmatrix} 0 \\ \lambda_2 \\ \vdots \\ 0 \end{pmatrix}$ und so weiter, das bedeutet, es muss

$$T(\vec{b}^k) = \lambda_k \vec{b}^k \qquad \text{für } k = 1, \ldots, n$$

gelten. Wir haben somit gefunden:

Bemerkung 3.21 *Die zu* $T : V \to V$ *bezüglich einer Basis* $\vec{b}^1, \vec{b}^2, \ldots, \vec{b}^n$ *gehörige Matrix* B *hat Diagonalgestalt*

$$B = \begin{pmatrix} \lambda_1 & 0 & \cdots & 0 \\ 0 & \lambda_2 & & 0 \\ \vdots & & \ddots & \vdots \\ 0 & & \cdots & \lambda_n \end{pmatrix}$$

genau dann, wenn die Vektoren $\vec{b}^1, \vec{b}^2, \ldots, \vec{b}^n$ Eigenvektoren zu T sind. Die Skalare $\lambda_1, \lambda_2, \ldots, \lambda_n$ sind dann die zugehörigen Eigenwerte.

Wir haben die Frage zu untersuchen, wann es zu T eine Basis aus Eigenvektoren gibt. Das obige Beispiel 3.32 zeigt jedenfalls, dass dies nicht immer der Fall ist.

Definition 3.21 Gibt es zu $T: V \to V$ eine Basis von V aus Eigenvektoren, oder äquivalent, eine Basis bezüglich der die T darstellende Matrix Diagonalgestalt hat, so heißt der Operator *T diagonalisierbar*.

Man zeigt leicht, dass Eigenvektoren zu verschiedenen Eigenwerten linear unabhängig sind:

Bemerkung 3.22 *Sind $\lambda_1, \ldots, \lambda_r$ verschiedene Eigenwerte eines Operators $T: V \to V$ mit zugehörigen Eigenvektoren $\vec{x}^1, \ldots, \vec{x}^r$, so sind die Vektoren $\vec{x}^1, \ldots, \vec{x}^r$ linear unabhängig.*

Beweis. Wir führen den Beweis der Einfachheit halber für zwei Eigenwerte, die allgemeine Aussage folgt dann daraus durch Induktion. Es seien also λ und μ zwei verschiedene Eigenwerte von T mit jeweils zugehörigen Eigenvektoren $\vec{u}$ und $\vec{v}$. Aus $\alpha\vec{u} + \beta\vec{v} = 0$ folgt durch Anwenden von T

$$0 = T(0) = T(\alpha\vec{u} + \beta\vec{v}) = \alpha T\vec{u} + \beta T\vec{v} = \alpha\lambda\vec{u} + \beta\mu\vec{v}$$

und weiter

$$0 = \alpha\lambda\vec{u} - \mu\alpha\vec{u} = \alpha(\lambda - \mu)\vec{u}$$

da $\beta\vec{v} = -\alpha\vec{u}$ gilt. Wir können $\alpha = 0$ schließen, da $\lambda - \mu \neq 0$ und $\vec{u} \neq 0$ als Eigenvektor. Dann muss aber auch $\beta = 0$ sein. □

Als Folgerung erhalten wir das folgende Kriterium für die Diagonalisierbarkeit eines Operators.

Bemerkung 3.23 *Zu dem linearen Operator $T: V \to V$ gebe es $n = \dim V$ viele verschiedene Eigenwerte $\lambda_1, \lambda_2, \ldots, \lambda_n$. Wählt man dann zu jedem Eigenwert λ_ℓ einen Eigenvektor $\vec{b}^\ell \in V$, $\ell = 1, \ldots, n$, so bildet $\vec{b}^1, \vec{b}^2, \ldots, \vec{b}^n$ eine Basis von V, bezüglich der T durch eine Diagonalmatrix dargestellt wird.*

Beweis. Nach Bemerkung 3.13 bilden n linear unabhängige Vektoren eine Basis von V. □

Wir betrachten ein Beispiel.

Beispiel 3.34 Der lineare Operator $T\colon V \to V$ sei bezüglich der Standardbasis $\vec{e}^{\,1}, \vec{e}^{\,2}, \vec{e}^{\,3}$ durch die Matrix

$$A = \begin{pmatrix} 1 & 0 & 0 \\ 3 & 3 & -4 \\ -2 & 1 & -2 \end{pmatrix}$$

gegeben:

$$T(\vec{x}) = A\vec{x} \qquad \text{für alle } \vec{x} = \begin{pmatrix} x_1 \\ x_2 \\ x_3 \end{pmatrix} \in \mathbb{R}^3 .$$

Durch Entwickeln nach der ersten Zeile erhält man das charakteristische Polynom

$$P(\lambda) = \det(A - \lambda E) = \begin{vmatrix} 1-\lambda & 0 & 0 \\ 3 & 3-\lambda & -4 \\ -2 & 1 & -2-\lambda \end{vmatrix} = (1-\lambda)\big((3-\lambda)(-2-\lambda)+4\big) =$$
$$= (1-\lambda)(\lambda^2 - \lambda - 2) .$$

Die Nullstellen von $P(\lambda)$, also die Eigenwerte von T, sind

$$\lambda_1 = -1 \qquad \lambda_2 = 1 \qquad \lambda_3 = 2 ,$$

als zugehörige Eigenvektoren erhält man

$$\vec{b}^{\,1} = \begin{pmatrix} 0 \\ 1 \\ 1 \end{pmatrix} \qquad \vec{b}^{\,2} = \begin{pmatrix} -2 \\ 17 \\ 7 \end{pmatrix} \qquad \vec{b}^{\,3} = \begin{pmatrix} 0 \\ 4 \\ 1 \end{pmatrix} .$$

Dies ist die neue Basis. Die Matrix B, die T bezüglich dieser Basis darstellt, ist gemäß Bemerkung 3.21

$$B = \begin{pmatrix} \lambda_1 & 0 & 0 \\ 0 & \lambda_2 & 0 \\ 0 & 0 & \lambda_3 \end{pmatrix} = \begin{pmatrix} -1 & 0 & 0 \\ 0 & 1 & 0 \\ 0 & 0 & 2 \end{pmatrix} .$$

Wir wollen hier die Probe machen. Nach Gleichung (3.3.9) in Abschnitt 3.3.3 gilt für $B = T^b$ die Gleichung

$$B = W^{-1}AW .$$

Die Transformationsmatrix W besteht nach 3.3.3 aus den Koordinatenspalten von $\vec{b}^{\,1}, \vec{b}^{\,2}, \vec{b}^{\,3}$ bezüglich der Standardbasis:

$$W = \begin{pmatrix} 0 & -2 & 0 \\ 1 & 17 & 4 \\ 1 & 7 & 1 \end{pmatrix} .$$

Man rechnet aus

$$W^{-1} = \frac{1}{6}\begin{pmatrix} 11 & -2 & 8 \\ -3 & 0 & 0 \\ 10 & 2 & -2 \end{pmatrix}$$

und findet in der Tat

$$W^{-1}AW = \frac{1}{6}\begin{pmatrix} 11 & -2 & 8 \\ -3 & 0 & 0 \\ 10 & 2 & -2 \end{pmatrix}\begin{pmatrix} 1 & 0 & 0 \\ 3 & 3 & -4 \\ -2 & 1 & -2 \end{pmatrix}\begin{pmatrix} 0 & -2 & 0 \\ 1 & 17 & 4 \\ 1 & 7 & 1 \end{pmatrix} = \begin{pmatrix} -1 & 0 & 0 \\ 0 & 1 & 0 \\ 0 & 0 & 2 \end{pmatrix} = B\,.$$

Wir wollen noch ein weiteres Kriterium für die Diagonalisierbarkeit eines linearen Operators $T\colon V \to V$ angeben, das besonders in den Naturwissenschaften eine wichtige Rolle spielt. Wir setzen dabei voraus, dass der Vektorraum mit einem Skalarprodukt ausgestattet ist und lassen auch die komplexen Zahlen als Skalare zu.

Wir führen zunächst den folgenden Begriff ein:

Definition 3.22 Ein linearer Operator $T\colon V \to V$ heißt *selbstadjungiert*, wenn gilt

$$T(\vec{u}) \cdot \vec{v} = \vec{u} \cdot T(\vec{v}) \qquad \text{für alle } \vec{u}, \vec{v} \in V\,. \tag{3.4.5}$$

Die folgende Bemerkung ermöglicht es, an der darstellenden Matrix $A = T^a$ abzulesen, ob ein Operator T selbstadjungiert ist. Die Matrix A muss dazu aber bezüglich einer Orthonormalbasis $\vec{a}^1, \vec{a}^2, \ldots, \vec{a}^n$ gebildet sein.

Bemerkung 3.24 *Ein linearer Operator $T\colon V \to V$ ist genau dann selbstadjungiert, wenn die zu T bezüglich einer Orthonormalbasis $\vec{a}^1, \vec{a}^2, \ldots, \vec{a}^n$ von V gehörige Matrix $A = (a_{k\ell})_{k,\ell}$ erfüllt*

$$a_{k\ell} = a^*_{\ell k} \qquad \textit{für alle } k, \ell = 1, \ldots, n\,. \tag{3.4.6}$$

Beweis. „⇒“: Es sei $\vec{a}^1, \vec{a}^2, \ldots, \vec{a}^n$ eine Orthonormalbasis von V. Ist T selbstadjungiert, so gilt mit (3.3.2) und (3.4.5)

$$a_{k\ell} = T(\vec{a}^\ell)_k = \vec{a}^k \cdot T(\vec{a}^\ell) = T(\vec{a}^k) \cdot \vec{a}^\ell = \left(\vec{a}^\ell \cdot T(\vec{a}^k)\right)^* = a^*_{\ell k}\,,$$

für $k, \ell = 1, \ldots, n$, wobei wir noch die Rechenregel 3.5 iii) für das Skalarprodukt benutzt haben.

„⇐“: Gilt umgekehrt (3.4.6), so rechnen wir für Vektoren $\vec{u}, \vec{v} \in V$ mit Koordinaten $\begin{pmatrix} u_1 \\ \vdots \\ u_n \end{pmatrix}, \begin{pmatrix} v_1 \\ \vdots \\ v_n \end{pmatrix}$ bezüglich $\vec{a}^1, \vec{a}^2, \ldots, \vec{a}^n$ aus

$$\begin{aligned}
T(\vec{u})\cdot\vec{v} &= T\Big(\sum_{k=1}^{n} u_k\vec{a}^k\Big)\cdot\Big(\sum_{\ell=1}^{n} v_\ell\vec{a}^\ell\Big) = \sum_{k,\ell=1}^{n} u_k^* v_\ell\, T(\vec{a}^k)\cdot\vec{a}^\ell \\
&= \sum_{k,\ell=1}^{n} u_k^* v_\ell \left(\vec{a}^\ell\cdot T(\vec{a}^k)\right)^* = \sum_{k,\ell=1}^{n} u_k^* v_\ell\, a_{\ell k}^* = \sum_{k,\ell=1}^{n} u_k^* v_\ell\, a_{k\ell} \\
&= \sum_{k,\ell=1}^{n} u_k^* v_\ell\, \vec{a}^k\cdot T(\vec{a}^\ell) = \sum_{k,\ell=1}^{n} (u_k\vec{a}^k)\cdot T(v_\ell\vec{a}^\ell) = \Big(\sum_{k=1}^{n} u_k\vec{a}^k\Big)\cdot T\Big(\sum_{\ell=1}^{n} v_\ell\vec{a}^\ell\Big) = \vec{u}\cdot T(\vec{v}). \;\square
\end{aligned}$$

Hat die Matrix A nur reelle Einträge $a_{k\ell}$, $k,\ell = 1,\dots,n$, so bedeutet (3.4.6) gerade, dass die Matrix symmetrisch ist. Hat die Matrix A komplexe Einträge, so bedeutet (3.4.6), dass die Matrix sich nicht ändert, wenn man die Einträge an der Diagonalen spiegelt und gleichzeitig komplex konjugiert. Die Elemente auf der Diagonalen müssen dann insbesondere reell sein. Solche Matrizen heißen *hermitesch* nach dem französischen Mathematiker *Charles Hermite*.

Für selbstadjungierte Operatoren gilt nun der folgende bemerkenswerte Satz.

Satz 3.4 *Es sei $T: V \to V$ ein selbstadjungierter Operator. Dann gilt:*

i) *Alle Eigenwerte von T sind reell.*
ii) *Eigenvektoren, die zu verschiedenen Eigenwerten gehören, sind orthogonal.*
iii) *Es gibt eine Orthonormalbasis von V aus Eigenvektoren, insbesondere ist T diagonalisierbar.*

Beweis. Die Aussagen i) und ii) sind einfach. i) Ist λ ein Eigenwert von T und $\vec{u}$ ein zugehöriger Eigenvektor, so rechnen wir aus:

$$\lambda|\vec{u}|^2 = \lambda\,(\vec{u}\cdot\vec{u}) = \vec{u}\cdot(\lambda\vec{u}) = \vec{u}\cdot T\vec{u} = T\vec{u}\cdot\vec{u} = (\lambda\vec{u})\cdot\vec{u} = \lambda^*(\vec{u}\cdot\vec{u}) = \lambda^*|\vec{u}|^2,$$

es folgt $\lambda = \lambda^*$, das heißt, λ ist reell. ii) Es seien λ, μ verschiedene Eigenwerte von T und $\vec{u}, \vec{v} \in V$ zugehörige Eigenvektoren. Da nach i) λ reell ist, können wir ausrechnen

$$(\lambda-\mu)\,\vec{u}\cdot\vec{v} = \lambda\,\vec{u}\cdot\vec{v} - \mu\,\vec{u}\cdot\vec{v} = (\lambda\vec{u})\cdot\vec{v} - \vec{u}\cdot(\mu\vec{v}) = T\vec{u}\cdot\vec{v} - \vec{u}\cdot T\vec{v} = 0.$$

Wegen $\lambda - \mu \neq 0$ muss $\vec{u}\cdot\vec{v} = 0$ sein. iii) ist schwieriger und wird nicht bewiesen. □

Beispiel 3.35 Der lineare Operator $T: \mathbb{R}^3 \to \mathbb{R}^3$ sei definiert durch

$$T(\vec{x}) = \begin{pmatrix} 7x_1 - 2x_2 + x_3 \\ -2x_1 + 10x_2 - 2x_3 \\ x_1 - 2x_2 + 7x_3 \end{pmatrix} \qquad \text{für alle } \vec{x} = \begin{pmatrix} x_1 \\ x_2 \\ x_3 \end{pmatrix} \in \mathbb{R}^3.$$

Bezüglich der Standardbasis $\vec{e}^1, \vec{e}^2, \vec{e}^3$ gehört zu T die Matrix

$$A = \begin{pmatrix} 7 & -2 & 1 \\ -2 & 10 & -2 \\ 1 & -2 & 7 \end{pmatrix}.$$

A ist symmetrisch, mithin ist T selbstadjungiert. Das charakteristische Polynom $P(\lambda)$ ist

$$P(\lambda) = \det(A - \lambda E) = \begin{vmatrix} 7-\lambda & -2 & 1 \\ -2 & 10-\lambda & -2 \\ 1 & -2 & 7-\lambda \end{vmatrix}$$

$$= \begin{vmatrix} 0 & -2+2(7-\lambda) & 1-(7-\lambda)^2 \\ 0 & 6-\lambda & 2(6-\lambda) \\ 1 & -2 & 7-\lambda \end{vmatrix} =$$

$$= (6-\lambda) \begin{vmatrix} 0 & 12-2\lambda & -48+14\lambda-\lambda^2 \\ 0 & 1 & 2 \\ 1 & -2 & 7-\lambda \end{vmatrix} = (6-\lambda)^2(12-\lambda).$$

Die Eigenwerte sind $\lambda_1 = 6$ mit Vielfachheit 2 und $\lambda_2 = 12$. Da es keine drei verschiedenen Eigenwerte gibt, ist das einfache Kriterium 3.23 nicht anwendbar, wir wissen aber aus Satz 3.4, dass es eine Basis, sogar eine Orthonormalbasis aus Eigenvektoren geben muss. Eine solche wollen wir bestimmen.

Eigenvektoren zu $\lambda_1 = 6$: Wir haben

$$(A - 6E)\vec{x} = \begin{pmatrix} 1 & -2 & 1 \\ -2 & 4 & -2 \\ 1 & -2 & 1 \end{pmatrix} \vec{x} = 0$$

zu lösen. Die Koeffizientenmatrix geht sofort in Zeilen-Stufen-Form über:

$$\begin{pmatrix} 1 & -2 & 1 \\ -2 & 4 & -2 \\ 1 & -2 & 1 \end{pmatrix} \curvearrowright \begin{pmatrix} 1 & -2 & 1 \\ 0 & 0 & 0 \\ 0 & 0 & 0 \end{pmatrix}.$$

Somit lauten die Lösungen

$$x_3 = t \quad \text{beliebig} \qquad x_2 = s \quad \text{beliebig} \qquad x_1 = 2s - t.$$

Der Eigenraum zu $\lambda_1 = 6$ ist zweidimensional, nämlich

$$\{\vec{x} = \begin{pmatrix} 2s-t \\ s \\ t \end{pmatrix} : s, t \in \mathbb{R}\}.$$

Die Wahl $t = -1$ und $s = 0$ gibt den Eigenvektor

$$\begin{pmatrix} 1 \\ 0 \\ -1 \end{pmatrix}, \quad \text{normiert zu} \quad \vec{u}^1 = \frac{1}{\sqrt{2}} \begin{pmatrix} 1 \\ 0 \\ -1 \end{pmatrix}.$$

Den zweiten Eigenvektor $\vec{u}^2$ zu λ_1 bestimmen wir so, dass er zu $\vec{u}^1$ orthogonal ist. Dies ist der Fall, wenn

$$\begin{pmatrix} 2s-t \\ s \\ t \end{pmatrix} \cdot \begin{pmatrix} 1 \\ 0 \\ -1 \end{pmatrix} = 2s - 2t = 0$$

ist, also wenn $s = t$ gilt. Die Wahl $s = t = 1$ gibt den Eigenvektor

$$\begin{pmatrix} 1 \\ 1 \\ 1 \end{pmatrix}, \quad \text{normiert zu} \quad \vec{u}^2 = \frac{1}{\sqrt{3}} \begin{pmatrix} 1 \\ 1 \\ 1 \end{pmatrix}.$$

Eigenvektor zu $\lambda_2 = 12$: Wir haben

$$(A - 12E)\vec{x} = \begin{pmatrix} -5 & -2 & 1 \\ -2 & -2 & -2 \\ 1 & -2 & -5 \end{pmatrix} \vec{x} = 0$$

zu lösen. Wir überführen die Koeffizientenmatrix in Zeilen-Stufen-Form

$$\begin{pmatrix} -5 & -2 & 1 \\ -2 & -2 & -2 \\ 1 & -2 & -5 \end{pmatrix} \curvearrowright \begin{pmatrix} 1 & -2 & -5 \\ 0 & -6 & -12 \\ 0 & -12 & -24 \end{pmatrix} \curvearrowright \begin{pmatrix} 1 & -2 & -5 \\ 0 & 1 & 2 \\ 0 & 0 & 0 \end{pmatrix}$$

und erhalten die Lösungen

$$x_3 = t \quad \text{beliebig} \qquad x_2 = -2t \qquad x_1 = t\,.$$

Die Wahl $t = 1$ gibt den Eigenvektor

$$\begin{pmatrix} 1 \\ -2 \\ 1 \end{pmatrix}, \quad \text{normiert zu} \quad \vec{u}^3 = \frac{1}{\sqrt{6}} \begin{pmatrix} 1 \\ -2 \\ 1 \end{pmatrix}.$$

Nach Satz 3.4 steht $\vec{u}^3$ auf $\vec{u}^1$ und $\vec{u}^2$ senkrecht, die neue Orthonormalbasis ist

$$\vec{u}^1 = \frac{1}{\sqrt{2}} \begin{pmatrix} 1 \\ 0 \\ -1 \end{pmatrix} \qquad \vec{u}^2 = \frac{1}{\sqrt{3}} \begin{pmatrix} 1 \\ 1 \\ 1 \end{pmatrix} \qquad \vec{u}^3 = \frac{1}{\sqrt{6}} \begin{pmatrix} 1 \\ -2 \\ 1 \end{pmatrix}.$$

Bezüglich dieser Basis lautet die Matrix von T

$$\begin{pmatrix} 6 & 0 & 0 \\ 0 & 6 & 0 \\ 0 & 0 & 12 \end{pmatrix},$$

die Transformationsmatrizen sind

$$W = \begin{pmatrix} \frac{1}{\sqrt{2}} & \frac{1}{\sqrt{3}} & \frac{1}{\sqrt{6}} \\ 0 & \frac{1}{\sqrt{3}} & -\frac{2}{\sqrt{6}} \\ -\frac{1}{\sqrt{2}} & \frac{1}{\sqrt{3}} & \frac{1}{\sqrt{6}} \end{pmatrix} \quad \text{und} \quad W^{-1} = \begin{pmatrix} \frac{1}{\sqrt{2}} & 0 & -\frac{1}{\sqrt{2}} \\ \frac{1}{\sqrt{3}} & \frac{1}{\sqrt{3}} & \frac{1}{\sqrt{3}} \\ \frac{1}{\sqrt{6}} & -\frac{2}{\sqrt{6}} & \frac{1}{\sqrt{6}} \end{pmatrix}.$$

Übungen

Übung 3.47 Der Operator $T\colon\ \mathbb{R}^3 \to \mathbb{R}^3$ sei durch

$$T(\vec{x}) = \begin{pmatrix} 2x_1 & - & x_2 & + & x_3 \\ -x_1 & + & 3x_2 & + & 2x_3 \\ x_1 & + & 2x_2 & + & 3x_3 \end{pmatrix} \qquad \text{für alle } \vec{x} = \begin{pmatrix} x_1 \\ x_2 \\ x_3 \end{pmatrix} \in \mathbb{R}^3$$

gegeben.
i) Welche Matrix A entspricht T bezüglich der Standardbasis $\vec{e}^{\,1}, \vec{e}^{\,2}, \vec{e}^{\,3}$?
ii) Bestimmen Sie eine Orthonormalbasis $\vec{b}^{\,1}, \vec{b}^{\,2}, \vec{b}^{\,3}$ von $\mathbb{R}^3$, bezüglich der die zu T gehörige Matrix B Diagonalgestalt hat.
iii) Wie lautet die Transformationsmatrix W des Basiswechsels? Prüfen Sie nach, dass $W^{-1}AW$ tatsächlich die zu T bezüglich $\vec{b}^{\,1}, \vec{b}^{\,2}, \vec{b}^{\,3}$ gehörige Matrix ist.

Übung 3.48 Es bezeichne wieder V den Vektorraum der beliebig oft differenzierbaren Funktionen $[-1,1] \to \mathbb{R}$ mit dem Skalarprodukt

$$\langle f,g \rangle = \int_{-1}^{1} f(x)g(x)\,dx \qquad \text{für } f,g \in V.$$

Zeigen Sie, dass der Legendre-Operator $L\colon\ V \to V$ selbstadjungiert ist. Dies liegt an der speziellen Struktur des Operators, es ist nämlich

$$(Lf)(x) = (1-x^2)f''(x) - 2xf'(x) = \frac{d}{dx}\big((1-x^2)f'(x)\big) \quad \text{für } f \in V \text{ und } x \in [-1,1].$$

Hinweis: Ist das Produkt zweier Funktionen zu integrieren, so leistet die partielle Integration das Hinüberwälzen der Ableitung von einem Faktor auf den anderen, falls die Randwerte verschwinden. Hierin liegt die Bedeutung der partiellen Integration in der höheren Analysis über das konkrete Berechnen von Integralen hinaus.

Übung 3.49 Berechnen Sie die Trägheitsmatrix (den „*Trägheitstensor*")

$$J = \begin{pmatrix} \sum m_i(y_i^2+z_i^2) & -\sum m_i x_i y_i & -\sum m_i x_i z_i \\ -\sum m_i x_i y_i & \sum m_i(x_i^2+z_i^2) & -\sum m_i y_i z_i \\ -\sum m_i x_i z_i & -\sum m_i y_i z_i & \sum m_i(x_i^2+y_i^2) \end{pmatrix}$$

für das Molekül N_2F_2, dabei bedeuten x_i, y_i, z_i die Koordinaten bezüglich der Standardbasis und m_i die Masse des i-ten Atoms, summiert wird über alle Atome. Die Koordinaten der Atome sind in Å gegeben durch

$$\text{Stickstoff:} \quad \begin{pmatrix} -0.62 \\ 0 \\ 0 \end{pmatrix} \quad \text{und} \quad \begin{pmatrix} 0.62 \\ 0 \\ 0 \end{pmatrix}; \qquad \text{Fluor:} \quad \begin{pmatrix} -1.15 \\ 1.24 \\ 0 \end{pmatrix} \quad \text{und} \quad \begin{pmatrix} 1.15 \\ -1.24 \\ 0 \end{pmatrix}$$

Bestimmen Sie die Hauptträgheitsmomente J_1, J_2, J_3 (=Eigenwerte) und die Hauptträgheitsachsen (=Eigenvektoren).
Anmerkung: Unter einer Hauptträgheitsachse eines Körpers versteht man eine Drehachse, um die der Körper kräftefrei rotieren kann, das Hauptträgheitsmoment ist dann das Trägheitsmoment bezüglich dieser Achse.

Übung 3.50 Man sagt, eine Funktion $f\colon \mathbb{R} \to \mathbb{C}$ hat *kompakten Träger*, wenn f außerhalb eines kompakten Intervalls $I \subset \mathbb{R}$ verschwindet. Es sei nun V der Vektorraum

$$V := \{f\colon \mathbb{R} \to \mathbb{C} : f \text{ beliebig oft differenzierbar mit kompaktem Träger}\}.$$

Der Operator $T\colon V \to V$ sei definiert durch

$$Tf = -f'' \qquad \text{für alle } f \in V.$$

Zeigen Sie, dass T linear ist und selbstadjungiert bezüglich des Skalarprodukts

$$\langle f, g \rangle = \int_{-\infty}^{\infty} f(x)^* g(x)\, dx \qquad \text{für alle } f, g \in V.$$

Das Integral ist definiert, da nur über ein kompaktes Intervall integriert wird.
Hinweis: Man beachte den Hinweis zu Übung 3.48.

Übung 3.51 Die Matrix

$$A = \begin{pmatrix} 2 & 1-2\mathrm{i} \\ 1+2\mathrm{i} & 6 \end{pmatrix}$$

ist hermitesch. Nach Satz 3.4 sind ihre Eigenwerte reell und es gibt eine Orthonormalbasis aus Eigenvektoren. Prüfen Sie dies nach, indem Sie die Eigenwerte und Eigenvektoren bestimmen.

3.5 Differentialgleichungssysteme

3.5.1 Das Populationsmodell von Volterra-Lotka

Wir hatten uns im Abschnitt 1.6 mit expliziten DGn erster Ordnung

$$\dot{y}(t) = f(t,y)$$

für eine Funktion $y(t)$ beschäftigt. Diese Situation ist aber oft zu speziell. Anschaulich gesprochen betrachten wir dabei nur eine Größe y, deren zeitliche Änderung $\dot{y}$ gemäß der DG auch nur von t und y abhängt. In den Naturwissenschaften hat man es jedoch häufig mit Systemen zu tun, die erst durch mehrere Größen $x_1,x_2,\dots,x_n$ bestimmt sind; die Änderung $\dot{x}_i$ einer Größe wird durch die Zeit t und die Werte der anderen Größen $x_1,x_2,\dots,x_n$ beeinflusst.

Als erstes Beispiel mag eine chemische Reaktion zwischen n Reaktionspartnern dienen. Die Konzentration des i-ten Stoffes zur Zeit t bezeichnen wir mit $x_i(t)$, $i = 1,\dots,n$. Die Konzentrationsänderung $\dot{x}_i(t)$ hängt von der Zeit und von den Konzentrationen $x_1(t),\dots,x_n(t)$ aller Reaktionspartner ab.

Wir wollen einen mathematischen Formalismus entwickeln, der diesem Sachverhalt gerecht wird.

Definition 3.1 Ein System von n Gleichungen, $n = 1,2,\dots$, der Form

$$\begin{aligned}\dot{x}_1 &= f_1(t,x_1,\dots,x_n)\\ \dot{x}_2 &= f_2(t,x_1,\dots,x_n)\\ &\vdots\\ \dot{x}_n &= f_n(t,x_1,\dots,x_n)\end{aligned} \tag{3.5.1}$$

heißt ein *Differentialgleichungssystem (erster Ordnung)*, kurz DGSystem. Dabei sind $f_1,\dots,f_n\colon I\times\mathbb{R}^n \to \mathbb{R}$ stetige Funktionen auf einem Definitionsbereich $I\times\mathbb{R}^n$; $I\subset\mathbb{R}$ ist ein offenes Intervall. Eine Lösung des DGSystems sind n stetig differenzierbare Funktionen $x_1,\dots,x_n\colon I_0 \to \mathbb{R}$ auf einem gemeinsamen Definitionsbereich $I_0 \subset I, I_0$ offenes Intervall, so dass für alle $t\in I_0$ gilt:

$$\begin{aligned}\dot{x}_1(t) &= f_1(t,x_1(t),\dots,x_n(t))\\ \dot{x}_2(t) &= f_2(t,x_1(t),\dots,x_n(t))\\ &\vdots\\ \dot{x}_n(t) &= f_n(t,x_1(t),\dots,x_n(t)).\end{aligned}$$

Oft liegt zusätzlich noch eine *Anfangsbedingung* vor: Gegeben ist ein $t_0\in I$ sowie Zahlen $x_1^0,\dots,x_n^0\in\mathbb{R}$ und es werden die Lösungen $x_1(t),\dots,x_n(t)$ gesucht, welche die Bedingungen

$$x_1(t_0) = x_1^0, \quad x_2(t_0) = x_2^0, \quad \dots \quad x_n(t_0) = x_n^0$$

erfüllen.

Einen Grund, DGSysteme zu studieren, haben wir eingangs genannt. Ein weiterer Grund ist der folgende: Jede explizite DG höherer Ordnung, etwa der Ordnung n,

$$y^{(n)} = F(t, \dot{y}, \ddot{y}, \dots, y^{(n-1)})$$

lässt sich in ein DGSystem erster Ordnung verwandeln, indem man auch die Ableitungen $\dot{y}, \ddot{y}, \dots, y^{(n-1)}$ der gesuchten Funktion y als Unbekannte betrachtet. Man macht entsprechend den Ansatz

$$x_1 := y, \quad x_2 := \dot{y}, \quad x_3 := \ddot{y}, \quad \dots \quad x_n := y^{(n-1)}$$

und gelangt so zu dem DGSystem

$$\begin{aligned} \dot{x}_1 &= x_2 \\ \dot{x}_2 &= x_3 \\ &\vdots \\ \dot{x}_n &= F(t, x_1, x_2, \dots, x_n). \end{aligned}$$

Ist $x_1(t), x_2(t), \dots, x_n(t)$ eine Lösung dieses DGSystems, so ist $y(t) = x_1(t)$ eine Lösung der gegebenen DG.

DGSysteme erster Ordnung umfassen also die DGn höherer Ordnung. Da DGn höherer Ordnung deutlich komplizierter sind als DGn erster Ordnung, ist zu erwarten, dass DG-Systeme deutlich komplizierter sind als DGn erster Ordnung. Ebenso kann man auch ein DGSystem höherer Ordnung in ein DGSystem erster Ordnung verwandeln, so dass es genügt, DGSysteme erster Ordnung zu betrachten.

Wir haben zwei Situationen beschrieben, wo DGSysteme auftreten; für jede solche Situation geben wir ein Beispiel.

Beispiel 3.36 (Populationsmodelle in der mathematischen Ökologie) Man betrachtet zwei Populationen in einem gemeinsamen Lebensraum („Habitat"), die sich gegenseitig beeinflussen und will eine Aussage über die zeitliche Entwicklung beider Populationen machen. Wir stellen ein oft diskutiertes sogenanntes *Räuber-Beute-Modell* vor, das wir in den folgenden Abschnitten noch weiter untersuchen werden: Eine Population (die *Räuber*) ernährt sich von der zweiten Population (die *Beute*). In der Literatur sind vor allem folgende Beispiele diskutiert worden: Haie/Speisefische in der Adria, Luchse/Hasen im nördlichen Nordamerika, Antikörper/Viren und Pflanzenfresser/Pflanzen.
Von besonderer Bedeutung ist das Beispiel Haie/Speisefische, da diese Situation historisch als erste untersucht wurde und damit den Anstoß für die weitere Entwicklung der mathematischen Theorie der Populationsmodelle gab. Diese Untersuchungen wurden begonnen von dem italienischen Meeresbiologen *Umberto D'Ancona* (1896–1964), dem der starke Anstieg des Anteils von Haien (und anderen ungenießbaren Raubfischen) als Beifang an

der Fischereiausbeute während des ersten Weltkriegs aufgefallen war. Die Zahlen für den Hafen Fiume (heute Rijeka) sind

Jahr	1914	1915	1916	1917	1918	1919	1920	1921	1922	1923
Haie in %	11.9	21.4	22.1	21.2	36.4	27.3	16.0	15.9	14.8	10.7

Zunächst ist einleuchtend, dass durch den Rückgang der Fischereitätigkeit in den Kriegsjahren die Zahl der Speisefische – die Beutefische des Hais – und also die Zahl der Haie anstieg. Das Problem ist, wieso dadurch die Raubfische viel stärker begünstigt wurden als ihre Beutefische. D'Ancona legte das Problem dem renommierten italienischen Mathematiker *Vito Volterra* (1860–1940) vor, der nebenbei bemerkt sein Schwiegervater war. Volterra entwickelte daraufhin das folgende Modell: Es bezeichne

$x(t)$ die Anzahl der Beutetiere = Speisefische

$y(t)$ die Anzahl der Räuber = Haie

jeweils zur Zeit t. Es gelte dann

$$\begin{aligned} \dot{x}(t) &= ax(t) - bx(t)y(t) \qquad \text{und} \\ \dot{y}(t) &= -cy(t) + dx(t)y(t) \end{aligned}$$

mit Konstanten $a,b,c,d > 0$. Die erste Gleichung besagt, dass die Beute exponentiell anwächst, wenn sie nicht durch die Räuber dezimiert wird. Eine solche Dezimierung findet mit einer gewissen Wahrscheinlichkeit dann statt, wenn ein Raubtier auf ein Beutetier trifft, ist also proportional dem Produkt $x(t) \cdot y(t)$, der Proportionalitätsfaktor heiße b. Die zweite Gleichung besagt, dass die Räuber exponentiell aussterben, wenn sie sich nicht durch die Beutetiere ernähren können. Diese Nahrungsaufnahme ist entsprechend proportional zum Produkt $x(t) \cdot y(t)$.

Damit liegt das DGSystem

$$\begin{aligned} \dot{x} &= ax - bxy \\ \dot{y} &= -cy + dxy \end{aligned}$$

mit Konstanten $a,b,c,d > 0$ vor. Diese Gleichungen heißen die *Volterra-Lotka-Gleichungen* oder das *Volterra-Lotka-Modell.* Alfred Lotka (1880–1949) war ein österreichisch-US-amerikanischer Chemiker und Versicherungsmathematiker, der sich auch mit mathematischer Soziologie und Demographie beschäftigte. Lotka (1925) und Volterra (1926) haben unabhängig voneinander das obige DGSystem betrachtet.

Beispiel 3.37 (Das mathematische Pendel) Wir betrachten im Schwerefeld der Erde eine Masse m, die an einer Stange (die als masselos betrachtet wird) der Länge $l > 0$ befestigt ist und sich um einen Aufhängungspunkt in einer senkrechten Ebene reibungsfrei bewegen kann. Der Zustand des Systems wird durch Angabe des Drehwinkels $\varphi(t)$ zur Zeit t vollständig beschrieben. Um die Bewgungsgleichung zu finden, betrachten wir die Gesamtenergie E des Systems

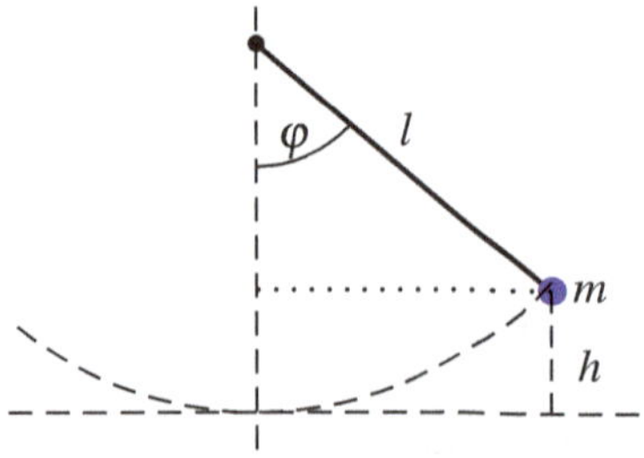

$$E = \text{kinetische Energie plus potentielle Energie} = \frac{1}{2}mv^2 + mgh\,.$$

Mit $v = l\dot{\varphi}$ und $h = l - l\cos\varphi$ erhalten wir hieraus

$$E = \frac{1}{2}ml^2\dot{\varphi}^2 + mg(l - l\cos\varphi).$$

Da nach dem Energieerhaltungssatz E zeitlich konstant ist, zeigt Differenzieren nach t

$$0 = ml^2\ddot{\varphi}\dot{\varphi} + mgl\dot{\varphi}\sin\varphi.$$

Falls nicht $\dot{\varphi} = 0$ ist (Pendel ist in Ruhe), folgt weiter

$$\ddot{\varphi} + \frac{g}{l}\sin\varphi = 0\,.$$

Setzen wir noch zur Abkürzung $k = \frac{g}{l}$, so erhalten wir als Bewegungsgleichung dieses idealisierten („mathematischen") Pendels die DG zweiter Ordnung

$$\ddot{\varphi} = -k\sin\varphi \quad \text{mit einer Konstanten } k > 0.$$

Wandelt man diese DG wie oben beschrieben in ein DGSystem erster Ordnung um vermittels

$$x_1 := \varphi \qquad x_2 := \dot{\varphi},$$

so ergibt sich das DGSystem

$$\begin{aligned}\dot{x}_1 &= x_2\\ \dot{x}_2 &= -k\sin x_1\,.\end{aligned}$$

Wir kehren zu dem allgemeinen DGSystem (3.5.1) zurück. Es ist zweckmäßig, die vektorielle Schreibweise einzuführen; einmal wegen der besseren Übersichtlichkeit, aber vor allem um die Möglichkeiten der Vektor- und Matrizenrechnung einsetzen zu können. Wir fassen die rechten Seiten zu einer vektorwertigen Funktion

$$\vec{f}\colon I\times\mathbb{R}^n\to\mathbb{R}^n,\,(t,\vec{x})\mapsto\vec{f}(t,\vec{x})=\begin{pmatrix}f_1(t,x_1,\ldots,x_n)\\ \vdots\\ f_n(t.x_1,\ldots,x_n)\end{pmatrix}\quad\text{für alle } t\in I,\vec{x}=\begin{pmatrix}x_1\\ \vdots\\ x_n\end{pmatrix}\in\mathbb{R}^n$$

zusammen, ebenso die gesuchten Funktionen $x_1(t),\ldots,x_n(t)$ zu einer Vektorfunktion $\vec{x}(t)$ vermöge

$$\vec{x}(t):=\begin{pmatrix}x_1(t)\\ \vdots\\ x_n(t)\end{pmatrix}\qquad\text{und}\qquad\dot{\vec{x}}(t):=\begin{pmatrix}\dot{x}_1(t)\\ \vdots\\ \dot{x}_n(t)\end{pmatrix}.$$

Wir können dann das DGSystem (3.5.1) kurz in der Form

$$\dot{\vec{x}}=\vec{f}(t,\vec{x})$$

schreiben; eine Lösung ist eine vektorwertige Funktion $\vec{x}\colon I_0\to\mathbb{R}^n, I_0\subset I$ offenes Intervall, die

$$\dot{\vec{x}}(t)=\vec{f}(t,\vec{x}(t))\quad\text{für alle } t\in I_0$$

erfüllt. Eine *Anfangsbedingung* besteht jetzt in der Vorgabe eines $t_0\in I$ und eines Vektors $\vec{x}^0\in\mathbb{R}^n$; gesucht ist dann die Lösung $\vec{x}\colon I_0\to\mathbb{R}^n$ mit $t_0\in I_0$ und $\vec{x}(t_0)=\vec{x}^0$.

Der Existenz und Eindeutigkeitssatz aus 1.6.2 überträgt sich ohne wesentliche Änderung in die neue Situation.

Satz 3.5 *Es sei $\vec{f}\colon I\times\mathbb{R}^n\to\mathbb{R}^n$ stetig und bezüglich $x_1,\ldots,x_n$ stetig partiell differenzierbar. Dann gibt es zu jeder Anfangsbedingung $t_0\in I$ und $\vec{x}^0\in\mathbb{R}^n$ genau eine Lösung $\vec{x}\colon I_0\to\mathbb{R}^n$, $I_0\subset I$ offenes Intervall mit $t_0\in I_0$, des DGSystems $\dot{\vec{x}}=\vec{f}(t,\vec{x})$, die $\vec{x}(t_0)=\vec{x}^0$ erfüllt.*

Übungen

Übung 3.52 Verwandeln Sie die DG $\dddot{y}+4\ddot{y}-3y=t(1-t^2)$ in ein DGSystem.

Übung 3.53 Die Funktion $F\colon I\times\mathbb{R}^n$, $I\subset\mathbb{R}$ offenes Intervall, sei stetig und bezüglich der letzten n Variablen stetig differenzierbar. Dann besitzt die explizite DG n-ter Ordnung

$$y^{(n)}=F(t,y,y',\ldots,y^{(n-1)})$$

zu jeder Anfangsbedingung $t_0\in I$ und $y_0,y_1,\ldots,y_{n-1}\in\mathbb{R}$ genau eine Lösung $y\colon I_0\to\mathbb{R}$, $I_0\subset I$ offenes Intervall mit $t_0\in I_0$ und

$$y(t_0)=y_0,\quad y'(t_0)=y_1,\quad\ldots\quad y^{(n-1)}=y_{n-1}.$$

3.5.2 Autonome Differentialgleichungssysteme

In den Beispielen 3.36 und 3.37 des letzten Abschnitts sind die rechten Seiten der DG-Systeme nicht explizit von der Zeit t abhängig. Dies in der Tat ein besonders häufiger und wichtiger Fall in den Anwendungen, da Differentialgleichungen oft die mathematischen Formulierungen bestimmter Naturgesetze darstellen, die meist nicht explizit zeitabhängig sind. Wir definieren daher:

Definition 3.2 Ein DGSystem, dessen rechte Seite von t unabhängig ist, heißt *autonom*. Ein autonomes DGSystem hat also die Form

$$\dot{\vec{x}} = \vec{f}(\vec{x}) \tag{3.5.2}$$

mit einer stetig partiell differenzierbaren Funktion $\vec{f}\colon \mathbb{R}^n \to \mathbb{R}^n$.

Man kann gegebenenfalls ein nicht autonomes DGSystem $\dot{\vec{x}} = \vec{f}(t,\vec{x})$ durch einen „Kunstgriff“ in ein autonomes DGSystem überführen, indem man die Variable t durch

$$x_0 : x_0(t) = t \qquad \dot{x_0} = 1$$

zu den gesuchten Funktionen $x_1,\ldots,x_n$ hinzunimmt und das DGSystem

$$\begin{aligned} \dot{x_0} &= 1 \\ \dot{x_1} &= f_1(x_0,x_1,\ldots,x_n) \\ \vdots \quad & \quad \vdots \\ \dot{x_n} &= f_n(x_0,x_1,\ldots,x_n) \end{aligned}$$

betrachtet.

Wir werden uns im Folgenden öfters auf autonome DGSysteme zurückziehen, da sie in vieler Hinsicht einfacher sind als nicht autonome DGSysteme. Diese Einschränkung wird durch die Bedeutung der autonomen Systeme in den Anwendungen und durch den oben beschriebenen Kunstgriff gerechtfertigt.

Für autonome DGSysteme gilt die folgende Zeitinvarianz der Lösungen:

Bemerkung 3.25 *Ist $\vec{x}(t)$ eine Lösung des autonomen DGSystems (3.5.2), so ist für jedes $\tau \in \mathbb{R}$ auch $t \mapsto \vec{x}(t+\tau)$ eine Lösung von (3.5.2).*

Beweis. Für $\vec{z}(t) := \vec{x}(t+\tau)$ ist $\dot{\vec{z}}(t) = \dot{\vec{x}}(t+\tau) = \vec{f}\big(\vec{x}(t+\tau)\big) = \vec{f}\big(\vec{z}(t)\big)$. □

Diese Bemerkung besagt das Folgende: Läuft ein Vorgang gemäß einem zeitunabhängigem Naturgesetz ab, so läuft er immer gleich ab, unabhängig von dem Zeitpunkt, an dem er beginnt. Ein Beispiel: Da wegen der zeitlichen Konstanz der Gravitationskonstanten die physikalischen Gesetze des freien Falls zeitunabhängig sind, fällt ein Gegenstand morgen mit der gleichen Gesetzmäßigkeit wie heute.

Von besonderem Interesse sind die zeitlich konstanten Lösungen $\vec{x}(t) = \vec{x}^0$ für alle $t \in I$ eines DGSystems; man nennt sie *stationäre Lösungen* oder *Gleichgewichtspunkte* des DG-Systems. Sie entsprechen Gleichgewichtszuständen des Systems, das durch das DGSystem modelliert wird. Für autonome DGSysteme sind sie einfach zu charakterisieren und oft auch zu berechnen.

Bemerkung 3.26 *Die stationären Lösungen des autonomen DGSystems (3.5.2) sind genau die Nullstellen der Funktion* $\vec{f}(\vec{x})$.

Beweis. Der Beweis ist evident. □

Beispiel 3.38 Für die Volterra-Lotka Gleichungen

$$\begin{aligned} \dot{x} &= \quad ax - bxy \\ \dot{y} &= -cy + dxy \end{aligned}$$

erhält man die stationären Lösungen aus

$$0 = ax - bxy = x(a - by) \qquad \text{und} \qquad 0 = -cy + dxy = y(-c + dx)$$

zu $x = 0$, $y = 0$ (das Habitat ist unbesiedelt) und $x = \dfrac{c}{d}$, $y = \dfrac{a}{b}$.

Beispiel 3.39 Im Fall des mathematischen Pendels sind die Gleichgewichtszustände gegeben durch $\dot{\varphi} = 0$, $\varphi = 0$ und $\dot{\varphi} = 0$, $\varphi = \pi$, also durch die untere und die obere Ruhelage der Masse, wie man es auch erwartet.

Übungen

Übung 3.54 Bestimmen Sie die stationären Lösungen des DGSystems

$$\text{i)} \quad \begin{aligned} \dot{x} &= -x + x^2 - 2xy \\ \dot{y} &= \quad 4y - 2y^2 - 5xy \end{aligned} \qquad \text{ii)} \quad \dot{\vec{x}} = \begin{pmatrix} -x_1(1 + x_2^2) \\ x_2(2 + x_1^2) \\ 2 - x_3 + x_1^2 \end{pmatrix}.$$

3.5.3 Lineare Differentialgleichungssysteme

Wir betrachten wieder ein DGSystem $\dot{\vec{x}} = \vec{f}(t, \vec{x})$, $t \in I$. Ist die Funktion $\vec{f}(t, \vec{x})$ affin-linear in der Variablen $\vec{x}$, so spricht man von einem linearen DGSystem. Genauer definieren wir:

Definition 3.3 Ein DGSystem der Form

$$\dot{\vec{x}} = A(t)\vec{x} + \vec{b}(t) \quad \text{für } t \in I, I \subset \mathbb{R} \text{ offenes Intervall,} \tag{3.5.3}$$

mit einer stetigen Matrixfunktion $t \mapsto A(t) = \big(a_{ij}(t)\big)_{i,j=1,\dots,n}$ und einer stetigen Vektorfunktion $t \mapsto \vec{b}(t) \in \mathbb{R}^n$ heißt ein *lineares DGSystem*. Dabei soll die matrixwertige Funktion $A(t) = \big(a_{ij}(t)\big)_{i,j=1,\dots,n}$ stetig heißen, wenn alle Elemente $a_{ij}(t)$, $i,j = 1,\dots,n$ stetig sind. Ist $\vec{b}(t) = 0$ für all $t \in I$, so nennt man das DGSystem *homogen-linear*, sonst *inhomogen*.

Lineare DGSysteme sind sowohl im Hinblick auf die Theorie als auch auf die Berechenbarkeit der Lösungen deutlich einfacher als die nicht linearen Systeme. So gilt zum Beispiel der Existenz- und Eindeutigkeitssatz (Satz 3.5) in verschärfter Form:

Behauptung 3.2 *Zu jeder Anfangsbedingung $t_0 \in I$ und $\vec{x}^0 \in \mathbb{R}^n$ gibt es genau eine Lösung $\vec{x}\colon I \to \mathbb{R}^n$ des linearen DGSystems*

$$\dot{\vec{x}} = A(t)\vec{x} + \vec{b}(t)$$

mit $\vec{x}(t_0) = \vec{x}^0$.

Die Lösungen sind also stets auf dem ganzen Intervall I definiert und können nicht vorzeitig „explodieren“, wie es zum Beispiel die Lösung $x(t) = \tan t$ der DG $\dot{x} = 1 + x^2$ tut. Für die Bestimmung der Lösungen ist das folgende *Superpositionsprinzip* fundamental.

Behauptung 3.3 (Superpositionsprinzip) *Es seien $\vec{x}(t)$ und $\vec{y}(t)$, $t \in I$, zwei Lösungen des homogen-linearen DGSystems*

$$\dot{\vec{x}} = A(t)\vec{x} \qquad t \in I \tag{3.5.4}$$

und es sei $c \in \mathbb{R}$ eine Konstante. Dann ist auch

i) *$\vec{z}(t) := \vec{x}(t) + \vec{y}(t)$, $t \in I$, eine Lösung.*
ii) *$\vec{z}(t) := c\vec{x}(t)$, $t \in I$, eine Lösung.*

Beweis. Dies ist klar wegen

$$\text{i) } \dot{\vec{z}}(t) = \dot{\vec{x}}(t) + \dot{\vec{y}}(t) = A(t)\vec{x}(t) + A(t)\vec{y}(t) = A(t)\big(\vec{x}(t) + \vec{y}(t)\big) = A(t)\vec{z}(t)$$

und

$$\text{ii) } \dot{\vec{z}}(t) = c\dot{\vec{x}}(t) = cA(t)\vec{x}(t) = A(t)(c\vec{x}(t)) = A(t)\vec{z}(t)\,.$$ □

Mit anderen Worten: Die Lösungen $\vec{x}(t)$, $t \in I$ des homogen-linearen DGSystems (3.5.4) bilden einen Vektorraum von Funktionen $I \to \mathbb{R}^n$, den wir als *Lösungsraum* von (3.5.4) bezeichnen.

Bemerkung 3.27 *Die Dimension des Lösungsraums des homogen-linearen DGSystems (3.5.4) ist n.*

Beweis. Wir fixieren einen Punkt $t_0 \in I$ und wählen eine Basis $\vec{a}^1,\dots,\vec{a}^n$ des $\mathbb{R}^n$; wir können etwa $\vec{a}^k = \vec{e}^k, k = 1,\dots,n$ mit den Koordinateneinheitsvektoren $\vec{e}^1,\dots,\vec{e}^n$ wählen.

Nach dem Existenz- und Eindeutigkeitssatz (Behauptung 3.2) gibt es zu t_0 und $\vec{a}^k$ eine Lösung $\vec{x}^k(t), t \in I$, mit $\vec{x}^k(t_0) = \vec{a}^k, k = 1,\dots,n$. Wir behaupten, dass die n Funktionen $\vec{x}^1(t),\dots,\vec{x}^n(t)$ ein linear unabhängiges Erzeugendensystem, also eine Basis des Lösungsraums bilden. „Erzeugendensystem": Es sei $\vec{z}(t)$ eine Lösung. Da die Vektoren $\vec{a}^1,\dots,\vec{a}^n$ eine Basis des $\mathbb{R}^n$ bilden, existieren Skalare $c_1,\dots,c_n$, so dass $\vec{z}(t_0) = \sum_{k=1}^n c_k\vec{a}^k$. Nach dem Superpositionsprinzip (Behauptung 3.3) ist $\vec{x}(t) := \sum_{k=1}^n c_k\vec{x}^k(t)$ eine Lösung mit

$$\vec{x}(t_0) = \sum_{k=1}^n c_k\vec{x}^k(t_0) = \sum_{k=1}^n c_k\vec{a}^k = \vec{z}(t_0)$$

und der Existenz- und Eindeutigkeitssatz (Satz 3.5) zeigt $\vec{z}(t) = \vec{x}(t) = \sum_{k=1}^n c_k\vec{x}^k(t)$ für alle $t \in I$. „linear unabhängig": Nehmen wir $\sum_{k=1}^n c_k\vec{x}^k(t) = 0$ für alle $t \in I$ mit Skalaren $c_1,\dots,c_n$ an, so ist insbesondere $0 = \sum_{k=1}^n c_k\vec{x}^k(t_0) = \sum_{k=1}^n c_k\vec{a}^k$; es folgt $c_1 = \cdots = c_n = 0$, da die Vektoren $\vec{a}^1,\dots,\vec{a}^n \in \mathbb{R}^n$ linear unabhängig sind. □

Es gibt somit n Lösungen $\vec{x}^1(t),\dots,\vec{x}^n(t)$ von $\dot{\vec{x}} = A(t)\vec{x}$, so dass jede Lösung $\vec{x}(t)$ eine Linearkombination $\vec{x}(t) = \sum_{k=1}^n c_k\vec{x}^k(t)$ mit Konstanten $c_1,\dots,c_n$ ist. Wenn es gelingt, eine solche *Lösungsbasis* $\vec{x}^1(t),\dots,\vec{x}^n(t), t \in I$, zu finden, kennt man alle Lösungen. Allerdings erweist sich dies als immer noch sehr schwierig; es gibt kein allgemeines Verfahren zur Bestimmung einer Lösungsbasis. Ein solches gibt es erst, wenn wir uns wieder auf den autonomen Fall beschränken. Dies wollen wir jetzt tun.

Wir betrachten im Folgenden ein autonomes homogen-lineares DGSystem, das heißt, wir fixieren eine Matrix $A = (a_{ij})_{i,j=1,\dots,n}$ mit n Zeilen und Spalten und suchen eine Lösungsbasis für das DGSystem

$$\dot{\vec{x}} = A\vec{x}. \tag{3.5.5}$$

Hierzu verallgemeinern wir das Lösungsverfahren für homogen-lineare DGn mit konstanten Koeffizienten aus Abschnitt 1.6.5. Wir machen den Ansatz

$$\vec{x}(t) = \mathrm{e}^{\lambda t}\vec{u} \qquad \text{für alle } t \in \mathbb{R} \tag{3.5.6}$$

mit einer Konstanten λ und einem Vektor $\vec{u} \in \mathbb{R}^n$, $\vec{u} \neq 0$, und versuchen λ und $\vec{u}$ so zu bestimmen, dass die Funktion $\vec{x}(t)$ eine Lösung von (3.5.5) wird. Einsetzen von $\vec{x}(t)$ und der Ableitung $\dot{\vec{x}}(t) = \lambda\mathrm{e}^{\lambda t}\vec{u}$ in (3.5.5) ergibt

$$\lambda\mathrm{e}^{\lambda t}\vec{u} = A\,\mathrm{e}^{\lambda t}\vec{u} = \mathrm{e}^{\lambda t}A\vec{u} \qquad \text{oder} \qquad \lambda\vec{u} = A\vec{u}.$$

Das bedeutet: Die Funktion $\vec{x}(t) = \mathrm{e}^{\lambda t}\vec{u}$ ist genau dann eine Lösung von $\dot{\vec{x}} = A\vec{x}$, wenn $\vec{u}$ ein Eigenvektor von A zum Eigenwert λ ist.

Damit stehen wir vor der Aufgabe, die Eigenwerte und Eigenvektoren der Matrix A zu bestimmen. Eine Basis $\vec{u}^1,\dots,\vec{u}^n$ aus Eigenvektoren mit zugehörigen Eigenwerten $\lambda_1,\dots,\lambda_n$ würde mit (3.5.6) eine Lösungsbasis von (3.5.5) liefern. Wir wissen aus 3.4, dass es eine solche Basis des $\mathbb{R}^n$ oder $\mathbb{C}^n$ gibt, wenn alle Eigenwerte verschieden sind oder wenn A symmetrisch ist. Allerdings findet man außerhalb dieser Spezialfälle im Allgemeinen keine Basis aus Eigenvektoren. Dann muss man den Begriff des Eigenvektors verallgemeinern:

Definition 3.4 Es sei λ ein Eigenwert der Matrix A. Ein Vektor $\vec{u} \in \mathbb{R}^n$ oder $\vec{u} \in \mathbb{C}^n$ heißt *Hauptvektor der Stufe* $p \in \mathbb{N}$, wenn

$$(A - \lambda E)^p \vec{u} = 0 \qquad \text{aber} \qquad (A - \lambda E)^{p-1} \vec{u} \neq 0 .$$

Ein Eigenvektor von A ist demnach ein Hauptvektor der Stufe 1. Aus Hauptvektoren kann man nun weitere Lösungen des DGSystems kreieren.

Bemerkung 3.28 *Ist $\vec{u}$ ein Hauptvektor der Stufe p von A zum Eigenwert λ, so ist*

$$\vec{x}(t) := \mathrm{e}^{\lambda t} \sum_{k=0}^{p-1} \frac{t^k}{k!} (A - \lambda E)^k \vec{u} \qquad \textit{für alle } t \in \mathbb{R} \tag{3.5.7}$$

eine Lösung von $\dot{\vec{x}} = A\vec{x}$.

Beweis. Wir rechnen mit $(A - \lambda E)^p \vec{u} = 0$ aus

$$\begin{aligned} A\vec{x}(t) &= (A - \lambda E)\vec{x}(t) + \lambda \vec{x}(t) = \mathrm{e}^{\lambda t} \sum_{k=0}^{p-1} \frac{t^k}{k!} (A - \lambda E)^{k+1} \vec{u} + \lambda\, \mathrm{e}^{\lambda t} \sum_{k=0}^{p-1} \frac{t^k}{k!} (A - \lambda E)^k \vec{u} \\ &= \mathrm{e}^{\lambda t} \sum_{k=1}^{p-1} \frac{t^{k-1}}{(k-1)!} (A - \lambda E)^k \vec{u} + \lambda\, \mathrm{e}^{\lambda t} \sum_{k=0}^{p-1} \frac{t^k}{k!} (A - \lambda E)^k \vec{u} = \dot{\vec{x}}(t) \qquad \square \end{aligned}$$

Die Bedeutung der Hauptvektoren liegt darin, dass es nach Sätzen der linearen Algebra zu jeder Matrix A eine Basis des $\mathbb{R}^n$ oder $\mathbb{C}^n$ aus Hauptvektoren gibt. Somit kann man aus der obigen Bemerkung 3.28 stets eine Lösungsbasis für das DGSystem (3.5.5) konstruieren.

Beispiel 3.40 Wir betrachten das DGSystem

$$\dot{\vec{x}} = A\vec{x} \quad \text{mit der Matrix} \quad A = \begin{pmatrix} -3 & 1 & -1 \\ -7 & 5 & -1 \\ -6 & 6 & -2 \end{pmatrix}$$

aus Beispiel 3.32. Wir hatten den Eigenwert $\lambda_1 = -2$ der Vielfachheit 2 mit dem einzigen Eigenvektor $\vec{x}^1 = \begin{pmatrix} 1 \\ 1 \\ 0 \end{pmatrix}$ und den Eigenwert $\lambda_2 = 4$ mit dem Eigenvektor $\vec{x}^2 = \begin{pmatrix} 0 \\ 1 \\ 1 \end{pmatrix}$ gefunden. Hieraus erhalten wir die Lösungen

$$\vec{x}^1(t) = \mathrm{e}^{-2t} \begin{pmatrix} 1 \\ 1 \\ 0 \end{pmatrix} \qquad \text{und} \qquad \vec{x}^2(t) = \mathrm{e}^{4t} \begin{pmatrix} 0 \\ 1 \\ 1 \end{pmatrix} .$$

Da die Dimension des Lösungsraums gleich 3 ist, fehlt uns noch eine Lösung. Für eine dritte Lösung suchen wir einen Hauptvektor zu $\lambda_1 = -2$ und rechnen dazu aus

$$(A-\lambda_1 E)^2 = (A+2E)^2 = \begin{pmatrix} 0 & 0 & 0 \\ -36 & 36 & 0 \\ -36 & 36 & 0 \end{pmatrix}.$$

Der Vektor $\vec{u} = \begin{pmatrix} 0 \\ 0 \\ 1 \end{pmatrix}$ erfüllt $(A-\lambda_1 E)\vec{u} = (A+2E)\vec{u} = \begin{pmatrix} -1 \\ -1 \\ 0 \end{pmatrix}$ und weiter $(A-\lambda_1 E)^2\vec{u} = (A+2E)^2\vec{u} = 0$; er liefert die Lösung

$$\vec{x}^3(t) = \mathrm{e}^{-2t} \sum_{k=0}^{1} \frac{t^k}{k!}(A+2E)^k\vec{u} = \mathrm{e}^{-2t}\left(\vec{u} + t(A+2E)\vec{u}\right) = \mathrm{e}^{-2t} \begin{pmatrix} -t \\ -t \\ 1 \end{pmatrix}.$$

Übungen

Übung 3.55 Bestimmen Sie die Lösungen von

$$\begin{aligned} \dot{x}_1 &= x_1 + 2x_2 \\ \dot{x}_2 &= -8x_1 + 11x_2 \end{aligned}$$

mit $x_1(0) = 2$ und $x_2(0) = 5$. Machen Sie die Probe!

Übung 3.56 Berechnen Sie die Lösung $\vec{x}(t)$ des DGSystems

$$\dot{\vec{x}} = \begin{pmatrix} 2 & -1 & 1 \\ -1 & 3 & 2 \\ 1 & 2 & 3 \end{pmatrix} \vec{x} \quad \text{mit } \vec{x}(0) = \begin{pmatrix} 3 \\ 1 \\ 1 \end{pmatrix}.$$

Übung 3.57 Es sei

$$A = \begin{pmatrix} -4 & -4 & 0 \\ 10 & 9 & 1 \\ -4 & -3 & 1 \end{pmatrix}.$$

Bestimmen Sie eine Lösungsbasis für das DGSystem $\dot{x} = A\vec{x}$.

Übung 3.58 Wenn eine Matrix A komplexe Eigenwerte hat, so rechnet man in $\mathbb{C}^n$ und erhält dann reelle Lösungen durch Übergang zu Real- und Imaginärteil. Bestimmen Sie so eine Lösungsbasis für das DGSystem

$$\dot{\vec{x}} = \begin{pmatrix} 3 & -2 \\ 4 & 1 \end{pmatrix} \vec{x}.$$

Übung 3.59 Bestimmen Sie eine reelle Lösungsbasis für das DGSystem

$$\dot{x} = 2x + y \quad \dot{y} = x + 3y - z \quad \dot{z} = -x + 2y + 3z\,.$$

3.5.4 Qualitative Theorie - Orbits

Mit Ausnahme der linearen DGSysteme lassen sich auch die autonomen DGSysteme in der Regel nicht lösen. Es bestehen dann zwei Möglichkeiten. Benötigt man eine möglichst genaue Kenntnis der Funktionswerte der Lösung $\vec{x}(t)$ für einen gewissen Bereich des Arguments t, so kann man numerische Lösungsverfahren heranziehen, die eine Tabelle der (approximativen) Funktionswerte erzeugen. Die zweite Möglichkeit ist, dass man nur Informationen über den ungefähren Verlauf der Lösungen benötigt. Mit dieser zweiten Möglichkeit wollen wir uns im Folgenden beschäftigen.

Es sei wieder ein autonomes DGSystem (3.5.2)

$$\dot{\vec{x}} = \vec{f}(\vec{x})$$

gegeben. Statt die Lösungsfunktion $\vec{x}(t)$, die uns ja unbekannt ist, untersuchen zu wollen, betrachten wir die durch $\vec{x}(t)$ mit $t \in I$ als Parameter definierte orientierte Kurve im $\mathbb{R}^n$. Dabei verstehen wir unter der *Orientierung* der Kurve die durch wachsendes t festgelegte Richtung, die Kurve zu durchlaufen.

Definition 3.23 Es sei $\vec{x}(t), t \in I$, eine Lösung des DGSystems (3.5.2). Die durch $\vec{x}(t)$ für $t \in I$ definierte orientierte Kurve im $\mathbb{R}^n$ heißt *Orbit* oder *Phasenkurve* der Lösung oder des DGSystems.

Man hat natürlich zwischen dem Orbit einer Lösung und der Lösung selbst zu unterscheiden: Der Orbit ist die Menge der Punkte $\vec{x}(t)$, die von der Lösung durchlaufen werden, versehen mit ihrer Orientierung. Der Übergang von der Lösung selbst zu ihrem Orbit bedeutet einen deutlichen Verlust an Information. Wir wissen dann noch, welche Zustände das System in welcher Reihenfolge durchläuft, aber nicht mehr, zu welchem Zeitpunkt ein bestimmter Zustand erreicht wird.

Wir benutzen im Folgenden schon einmal eine Sprechweise, die wir im nächsten Kapitel vertiefen wollen: Statt von einer Vektorfunktion $\vec{f}(\vec{x})$ sprechen wir von einem *Vektorfeld* $\vec{f}(\vec{x})$ und machen uns dabei die Vorstellung zu eigen, dass an den Vektor $\vec{x} \in \mathbb{R}^n$ der Bildvektor $\vec{f}(\vec{x}) \in \mathbb{R}^n$ angeheftet ist.

Bemerkung 3.29 *Es sei $\vec{x}(t)$ eine Lösung von $\dot{\vec{x}} = \vec{f}(\vec{x})$. Die Tangente $\dot{\vec{x}}(t)$ in einem Punkt $\vec{x}(t)$ des Orbits ist gegeben durch*

$$\dot{\vec{x}}(t) = \vec{f}(\vec{x}(t));$$

das heißt, das Vektorfeld $\vec{f}(\vec{x})$ ist das Feld der Tangentialvektoren an die Orbits. Dies macht den engen und natürlichen Zusammenhang zwischen den Orbits und dem Vektorfeld $\vec{f}(\vec{x})$ – also dem DGSystem – deutlich.

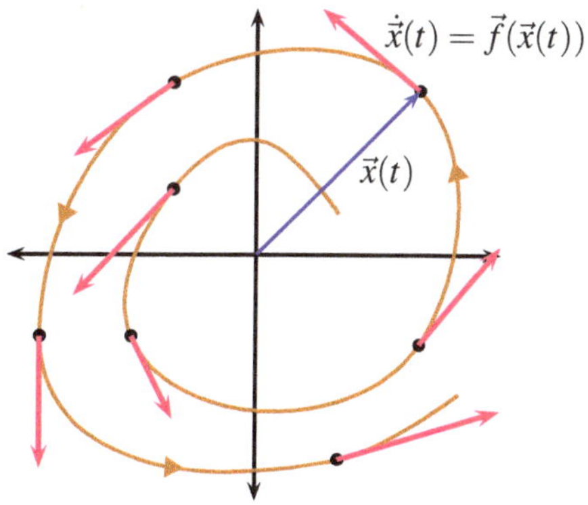

Wir betrachten zunächst das folgende Beispiel.

Beispiel 3.41 Der eindimensionale Fall $n = 1$ ist eigentlich für unsere Betrachtungen untypisch, aber es ist hilfreich, sich die Begriffe in dieser übersichtlichen Situation klarzumachen. Im Abschnitt 1.6.7 hatten wir das logistische Wachstumsmodell

$$\dot{x} = ax - px^2 \qquad \text{mit Konstanten } a, p > 0$$

untersucht. Die Lösung zu der Anfangsbedingung $x(0) = x_0$ lautet

$$x(t) = \frac{ax_0}{px_0 + (a - px_0)\mathrm{e}^{-at}}.$$

Wir diskutieren die Lösungen und ihre Orbits für verschiedene Werte von x_0. Für $x_0 = 0$ haben wir die stationäre Lösung $x(t) = 0$ und für $x_0 = \frac{a}{p}$ die stationäre Lösung $x(t) = \frac{a}{p}$.

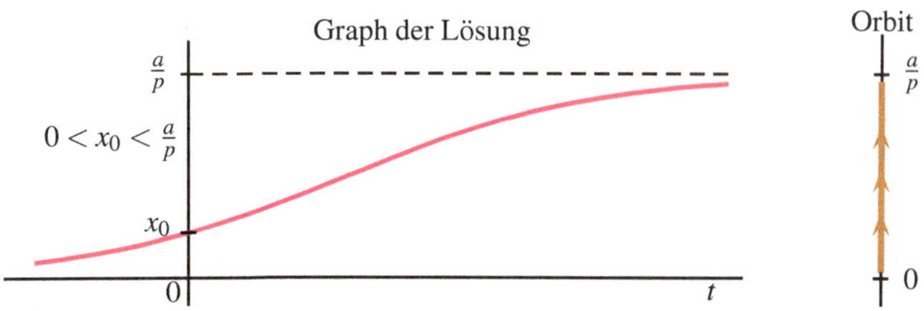

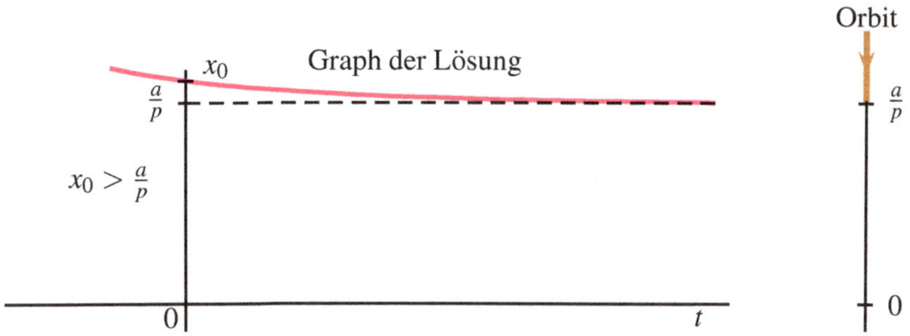

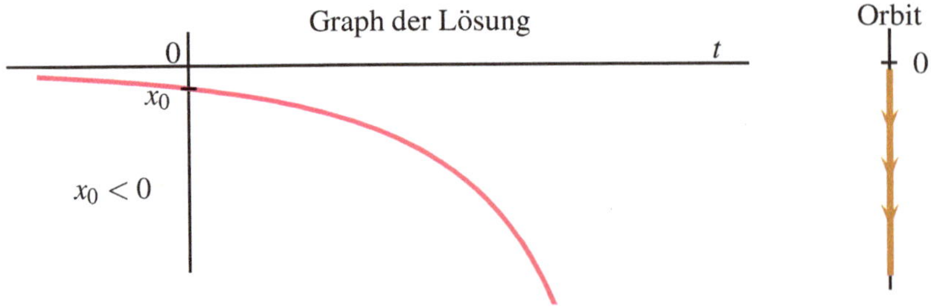

Insgesamt haben wir die folgenden Orbits gefunden:

Diese Darstellung aller Orbits des DGSystem – das sogenannte *Phasenporträt* – besitzt eine bemerkenswerte Aussagekraft über das qualitative Verhalten der Lösungen. Man liest hieraus nämlich sofort Folgendes ab:

i) 0 und $\frac{a}{p}$ sind stationäre Lösungen.
ii) Eine Lösung, die in $0 < x_0 < \frac{a}{p}$ startet, strebt bei $t \to \infty$ monoton wachsend gegen $\frac{a}{p}$.
iii) Eine Lösung, die in $x_0 > \frac{a}{p}$ startet, strebt bei $t \to \infty$ monoton fallend gegen $\frac{a}{p}$.
iv) Eine Lösung, die in $x_0 < 0$ startet, strebt bei $t \to \infty$ monoton fallend gegen $-\infty$.

Wir setzen wieder ein autonomes DGSystem (3.5.2) voraus und notieren zwei wichtige Eigenschaften der Orbits.

Bemerkung 3.30 *Durch jeden Punkt $x_0 \in \mathbb{R}^n$ geht genau ein Orbit.*

Die Orbits füllen also den ganzen Raum $\mathbb{R}^n$ aus und können sich aber nie schneiden.

Beweis. Wir nehmen an, dass zwei Orbits einen Punkt x_0 gemeinsam haben; $\vec{x}(t)$ und $\vec{y}(t)$ seien die zugehörigen Lösungen. Es gilt dann $\vec{x}(t_1) = \vec{x}_0$ für ein t_1 und $\vec{y}(t_2) = \vec{x}_0$ für ein t_2. Wegen der Zeitinvarianz der Lösungen (Bemerkung 3.25) ist auch $\vec{z}(t) := \vec{y}(t - t_1 + t_2)$ eine Lösung mit $\vec{z}(t_1) = \vec{y}(t_2) = \vec{x}_0$; aus dem Existenz- und Eindeutigkeitssatz (Satz 3.5) folgt $\vec{x}(t) = \vec{z}(t)$ für alle $t \in I$, das bedeutet $\vec{y}(t - t_1 + t_2) = \vec{x}(t)$. Die beiden Orbits stimmen überein. □

Bemerkung 3.31 *Ist ein Orbit geschlossen, so ist die zugehörige Lösung periodisch.*

Beweis. Ist $\vec{x}(t)$ die zugehörige Lösung, so gibt es nach Voraussetzung t_0 und t_1 mit $t_0 < t_1$ so dass $\vec{x}(t_0) = \vec{x}(t_1)$. Wir setzen $T := t_1 - t_0$, dann ist nach Bemerkung 3.25 die Funktion $\vec{z}(t) := \vec{x}(t + T)$ ebenfalls eine Lösung mit $\vec{z}(t_0) = \vec{x}(t_0 + T) = \vec{x}(t_1) = \vec{x}(t_0)$, also gilt nach dem Existenz- und Eindeutigkeitssatz $\vec{x}(t) = \vec{z}(t) = \vec{x}(t + T)$ für alle t, das heißt, $\vec{x}(t)$ ist periodisch mit (nicht notwendig kleinster) Periode T. □

Im Allgemeinen ist es allerdings immer noch schwierig oder unmöglich, die Orbits eines DGSystems zu bestimmen. Wir beschränken uns im Folgenden auf den Fall $n = 2$ und versuchen, die Orbits stückweise als Graph einer Funktion zu erhalten.

Wir betrachten also ein autonomes DG-System für zwei Funktionen x_1, x_2. Wir wählen aber die praktische, weil indexfreie Schreibweise x, y und notieren das DGSystem in der Form

$$\begin{aligned}\dot{x} &= f_1(x,y)\\ \dot{y} &= f_2(x,y).\end{aligned}$$

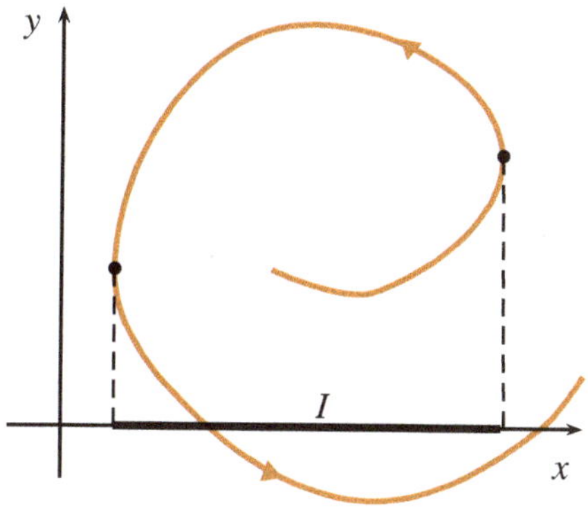

Wir wollen die Orbits als Graphen von Funktionen $y(x)$ erhalten und schreiben dazu formal

$$y' = \frac{dy}{dx} = \frac{\frac{dy}{dt}}{\frac{dx}{dt}} = \frac{\dot{y}}{\dot{x}} = \frac{f_2(x,y)}{f_1(x,y)}.$$

Wir haben somit plausibel gemacht, dass die DG für die Orbits, soweit sie als Graphen von Funktionen darstellbar sind, lautet

$$y' = \frac{f_2(x,y)}{f_1(x,y)} \tag{3.5.8}$$

Auf eine exakte Herleitung wollen wir verzichten.

Beispiel 3.42 (Das mathematische Pendel aus 3.5.1) Im Falle des idealisierten Pendels

$$\dot{x} = y \qquad \dot{y} = -k\sin x$$

mit einer Konstanten $k > 0$ lautet die obige DG (3.5.8) für die Orbits

$$y' = -\frac{k\sin x}{y} \qquad \text{oder} \qquad yy' = -k\sin x.$$

Diese DG mit getrennten Veränderlichen lässt sich sofort lösen, indem man auf beiden Seiten zur Stammfunktion übergeht:

$$y(x)^2 = 2k\cos x + C \qquad \text{oder} \qquad y(x) = \pm\sqrt{2k\cos x + C}$$

mit einer Konstanten C. Dies ergibt das folgende Phasenporträt.

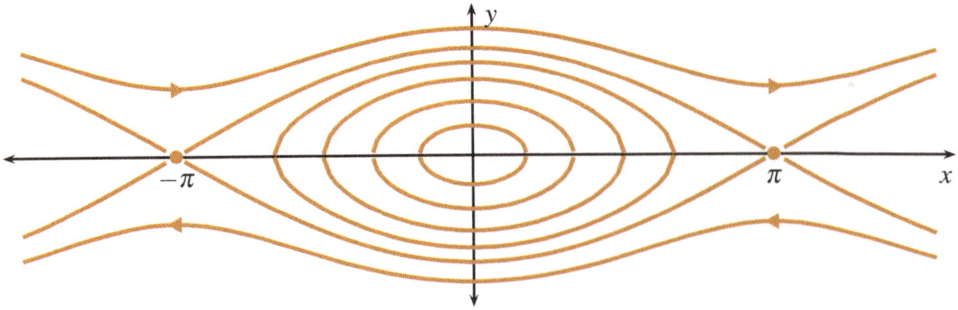

Da die Variable x die Auslenkung des Pendels, also den Winkel φ repräsentiert, sind x-Werte, die sich um 2π unterscheiden, zu identifizieren. Das bedeutet, dass das Phasenporträt auf einem senkrechten Zylinder darzustellen ist. Dann erscheinen auch alle Orbits – bis auf zwei – geschlossen und zeigen die periodische Bewegung gemäß Bemerkung 3.31.

Beispiel 3.43 (Das Volterra-Lotka-Modell) Wir wollen die Orbits des Volterra-Lotka-Modells bestimmen. Das DGSystem ist

$$\dot{x} = ax - bxy \qquad \dot{y} = -cy + dxy \qquad \text{mit Konstanten } a,b,c,d > 0$$

und mit der Interpretation: $x(t)$ ist die Anzahl der Beutetiere, $y(t)$ die Anzahl der Raubtiere, jeweils zur Zeit t. Die Gleichgewichtszustände haben wir bereits in Beispiel 3.38 zu $x = 0, y = 0$ und $x = \frac{c}{d}, y = \frac{a}{b}$ bestimmt. Weiter findet man sofort die folgenden beiden Orbits: Ist $y(t) = 0$ für alle t, so bleibt nur die DG $\dot{x} = ax$ mit der Lösung $x(t) = x_0 e^{at}$ übrig, das bedeutet, in Abwesenheit der Räuber vermehrt sich die Beute exponentiell und wir erhalten die positive x-Achse als einen Orbit. Ist $x(t) = 0$ für alle t, so verbleibt nur die DG $\dot{y} = -cy$ mit der Lösung $y(t) = y_0 e^{-ct}$. In Abwesenheit der Beute sterben die Räuber exponentiell aus und somit ist die positive y-Achse ein weiterer Orbit.

Bis jetzt haben wir die nebenstehend skizzierten Orbits gefunden und können daraus schließen, dass eine Lösung, die im positiven Quadranten startet, diesen nicht verlassen kann.
Wir wollen nun die restlichen Orbits bestimmen und stützen uns dabei auf die DG für die Orbits (3.5.8):

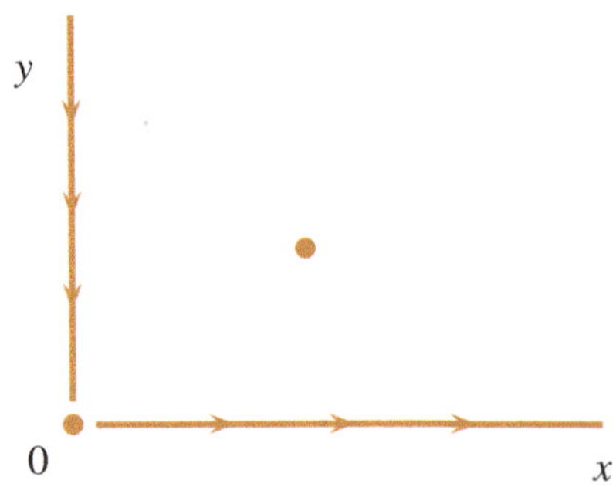

$$y' = \frac{-cy + dxy}{ax - bxy}.$$

Dies ist eine DG mit getrennten Veränderlichen

$$y' = \frac{y}{a - by}\frac{-c + dx}{x} \qquad\qquad \left(\frac{a}{y} - b\right)y' = -\frac{c}{x} + d,$$

die wir wie in 1.6.3 beschrieben zu lösen versuchen. Wir gehen auf beiden Seiten zur Stammfunktion über:

$$\int\Big(\frac{a}{y}-b\Big)\,dy=\int\Big(-\frac{c}{x}+d\Big)dx \qquad a\ln y-by=-c\ln x+dx+C$$

mit einer Konstanten C, was sich noch zu

$$y^a\mathrm{e}^{-by}=Kx^{-c}\mathrm{e}^{dx} \quad \text{mit } K=\mathrm{e}^C>0$$

umformen lässt. Leider kann man diese Gleichung nicht nach y auflösen, wir gehen deshalb folgendermaßen vor. Wir schreiben

$$y^a\,\mathrm{e}^{-by}\,x^c\,\mathrm{e}^{-dx}=K \tag{3.5.9}$$

und setzen

$$u(x):=x^c\mathrm{e}^{-dx} \qquad \text{sowie} \qquad v(y):=y^a\mathrm{e}^{-by} \qquad \text{für } x,y>0\,.$$

Die Gleichung (3.5.9) schreibt sich dann

$$u(x)\,v(y)=K\,. \tag{3.5.10}$$

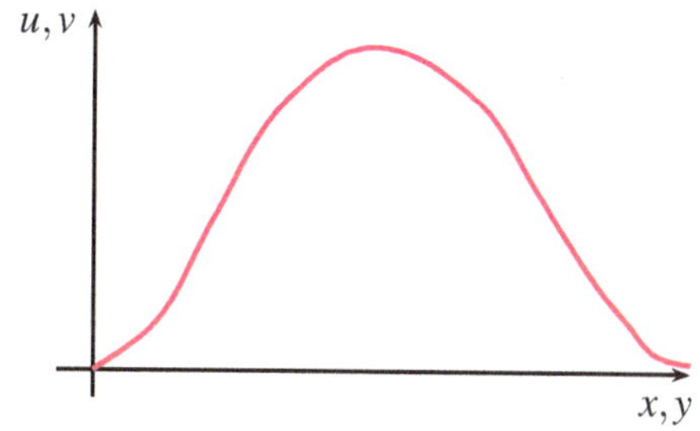

Beide Funktionen u und v sind von der gleichen Bauart und haben qualitativ das rechts skizzierte Aussehen. Aus diesen Informationen lassen sich die Orbits wie folgt konstruieren.

Es sei

$$U:=\max\{u(x):x>0\} \qquad \text{und} \qquad V:=\max\{v(y):y>0\}\,.$$

Jede Konstante K mit $0<K<UV$ erzeugt einen Orbit: K definiert eine Hyperbel $uv=K$ im Koordinatensystem unten rechts. Wegen $U>\frac{K}{V}$ gibt es $x>0$ mit $u(x)>\frac{K}{V}$. Für jedes solche x ist $v:=\frac{K}{u(x)}<V$; es gibt dann zu v genau zwei Zahlen $y_1,y_2>0$ mit $v(y_1)=v(y_2)=v$ oder $u(x)v(y_1)=u(x)v(y_2)=K$. Demnach erfüllen die beiden Punkte (x,y_1) und (x,y_2) die Gleichung (3.5.10) und sind Punkte des Orbits.

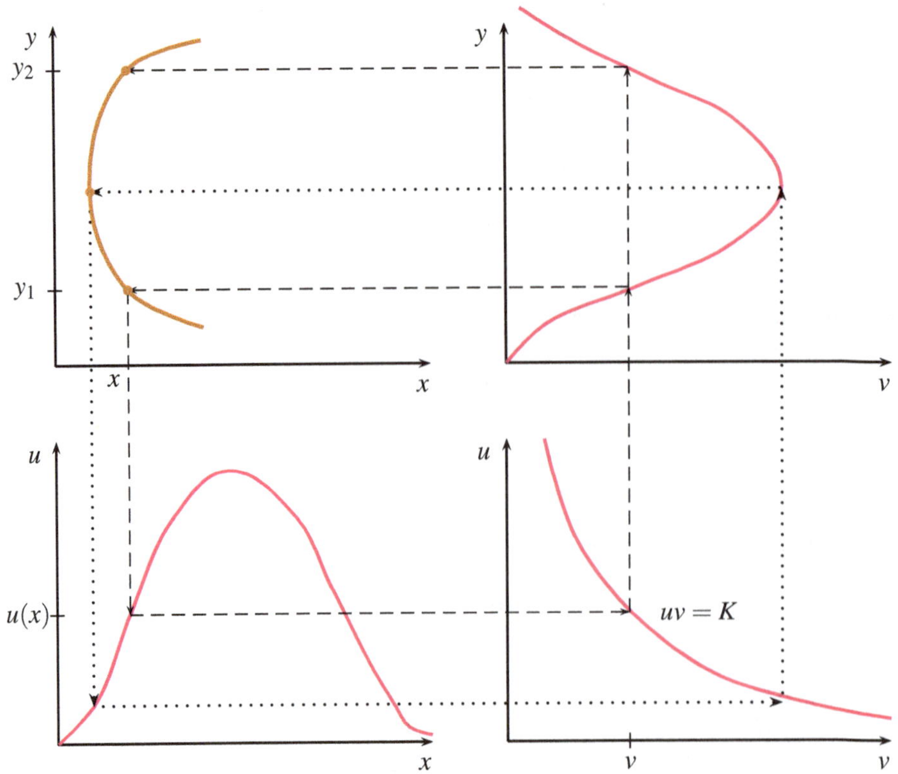

Damit haben wir die Orbits des Volterra-Lotka-Modells wie nebenstehend skizziert gefunden. Die nicht trivialen Orbits sind alle geschlossen, die zugehörigen Lösungen also periodisch. Wenn man auch die Lösungen nicht exakt bestimmen kann, so kann man doch ihre zeitlichen Mittelwerte berechnen. Es bezeichne $\bar{x}$ den Mittelwert der Beutetiere und $\bar{y}$ entsprechend den Mittelwert der Räuber.

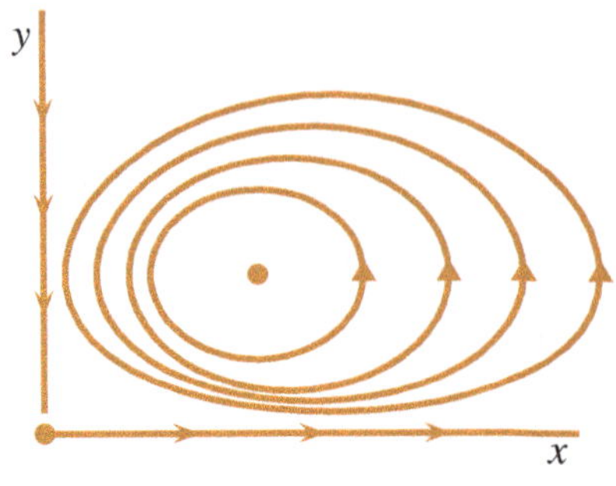

Aus $\dot{x}(t) = ax(t) - bx(t)y(t)$ folgt nämlich mit T als Periodendauer

$$\frac{\dot{x}(t)}{x(t)} = -a - by(t) \qquad \int_0^T \frac{\dot{x}(t)}{x(t)}\,dt = aT - b\int_0^T y(t)dt$$

$$\text{somit} \quad 0 = \Big[\ln x(t)\Big]_0^T = aT - b\int_0^T y(t)dt \qquad \text{und} \qquad \bar{y} := \frac{1}{T}\int_0^T y(t)\,dt = \frac{a}{b}.$$

Entsprechend erhält man

$$\bar{x} := \frac{1}{T}\int_0^T x(t)\,dt = \frac{c}{d}.$$

Wir notieren noch kurz einige Konsequenzen des Modells. Die Mittelwerte der Populationen sind von den Anfangsbedingungen unabhängig. Betrachtet man also eine der beiden Populationen als Schädlinge und vernichtet zu einem Zeitpunkt t_0 einen Teil der Population, so hat das langfristig auf die mittlere Anzahl keinen Einfluss!

Reduziert man permanent, aber mäßig, beide Populationen proportional zu ihrer Anzahl – etwa bei dem System Haie/Beutefische durch Fischen oder bei Insektenpopulationen durch ein Insektenvertilgungsmittel – so ändern sich die Volterra-Lotka-Gleichungen zu

$$\begin{aligned} \dot{x} &= ax - bxy - px && \text{mit } 0 \leqq p < a \\ \dot{y} &= -cy - dxy - qy && \text{mit } 0 \leqq q. \end{aligned}$$

Dies sind wieder Volterra-Lotka-Gleichungen

$$\begin{aligned} \dot{x} &= a'x - bxy && \text{mit } a' = a - p > 0 \\ \dot{y} &= -c'y + dxy && \text{mit } c' = c + q > 0. \end{aligned}$$

Für die zeitlichen Mittelwerte der Populationen gilt nun

$$\bar{x}' = \frac{c'}{d} = \frac{c+q}{d} \quad \text{und} \quad \bar{y}' = \frac{a'}{b} = \frac{a-p}{b}.$$

Das bedeutet: Die Beutepopulation nimmt im Mittel zu, die Räuberpopulation ab! Dies erklärt die eingangs erwähnten Beobachtungen von D'Ancona im Falle des Systems Haie/Beutefische. Ebenso wurde dieser Effekt bei dem System Nutzinsekten (Marienkäfer=Räuber)/Schadinsekten (Blattläuse=Beutetiere) nach dem Einsatz von Insektenvernichtungsmittel beobachtet.

Wir bleiben noch bei der Situation $n = 2$ und fragen, was man überhaupt über das Verhalten der Lösungen $\vec{x}(t)$ bei $t \to \infty$ eines autonomen DGSystems $\dot{\vec{x}} = \vec{f}(\vec{x})$ aussagen kann. Bis jetzt sind uns folgende Verhaltensweisen begegnet:

i) $\vec{x}(t)$ ist stationär.
ii) $\vec{x}(t)$ konvergiert gegen eine stationäre Lösung.
iii) $\vec{x}(t)$ ist unbeschränkt bei $t \to \infty$.
iv) $\vec{x}(t)$ ist periodisch.

Wir fragen nun, ob dies etwa bereits alle möglichen Verhaltensweisen der Lösungen bei $t \to \infty$ sind und betrachten hierzu das folgende Beispiel.

Beispiel 3.44 Es sei

$$\begin{aligned} \dot{x} &= -y + x(1 - x^2 - y^2) \\ \dot{y} &= x + y(1 - x^2 - y^2). \end{aligned}$$

Man erkennt die stationäre Lösung $x = 0$, $y = 0$ und bei genauerem Hinsehen die periodische Lösung

$$x(t) = \cos t \qquad y(t) = \sin t$$

mit der Einheitskreislinie als Orbit. Die weiteren Lösungen kann man durch Einführen von Polarkoordinaten

$$x = r\cos\varphi \qquad y = r\sin\varphi$$

bestimmen; das bedeutet genauer, man schreibt

$$x(t) = r(t)\cos\varphi(t) \qquad y(t) = r(t)\sin\varphi(t)$$

mit zwei neuen unbekannten Funktionen $r(t) \geqq 0$ und $\varphi(t)$. Durch Ableiten erhält man

$$\dot{x} = \dot{r}\cos\varphi - r\dot{\varphi}\sin\varphi \qquad \dot{y} = \dot{r}\sin\varphi + r\dot{\varphi}\cos\varphi$$

und Einsetzen in das DGSystem ergibt

$$\dot{r}\cos\varphi - r\dot{\varphi}\sin\varphi = -r\sin\varphi + r\cos\varphi(1-r^2) \tag{1}$$

$$\dot{r}\sin\varphi + r\dot{\varphi}\cos\varphi = r\cos\varphi + r\sin\varphi(1-r^2) \tag{2}$$

Multiplizieren von (1) mit $\cos\varphi$ und von (2) mit $-\sin\varphi$ sowie Addition der resultierenden Gleichungen führt zu $\dot{r} = r(1-r^2)$. Multiplizieren von (1) mit $-\sin\varphi$ und von (2) mit $\cos\varphi$ sowie Addition der Gleichungen führt zu $\dot{\varphi} = 1$. Das DGSystem lautet somit in Polarkoordinaten

$$\begin{aligned} \dot{r} &= r(1-r^2) \\ \dot{\varphi} &= 1\,. \end{aligned}$$

Es handelt sich nunmehr um zwei gewöhnliche DGn erster Ordnung, die man getrennt lösen kann; man sagt dazu: Das System ist „entkoppelt“.
Zur ersten DG: Wir suchen die Lösung zu einer Anfangsbedingung $r(0) = r_0 \geqq 0$. Im Fall $r_0 = 0$ ist $r(t) = 0$ und im Fall $r_0 = 1$ ist $r(t) = 1$ für alle $t \geqq 0$. Für $r_0 < r(t) < 1$ erhält man die Lösung durch Trennen der Veränderlichen gemäß Behauptung 1.11:

$$\int_{r_0}^{r(t)} \frac{1}{r(1-r^2)}\,dr = \int_0^t dt = t\,.$$

Das linke Integral lässt sich mit Partialbruchzerlegung des Integranden berechnen

$$\begin{aligned} \int_{r_0}^{r(t)} \frac{1}{r(1-r^2)}\,dr &= \int_{r_0}^{r(t)} \left(\frac{1}{r} + \frac{1}{2}\frac{1}{1-r} - \frac{1}{2}\frac{1}{1+r}\right) dr \\ &= \left[\ln r - \frac{1}{2}\ln(1-r) - \frac{1}{2}\ln(1+r)\right]_{r_0}^{r(t)} = \frac{1}{2}\left[\ln\frac{r^2}{1-r^2}\right]_{r_0}^{r(t)} \\ &= \frac{1}{2}\ln\left(\frac{r(t)^2}{1-r(t)^2}\cdot\frac{1-r_0^2}{r_0^2}\right). \end{aligned}$$

Auflösen nach $r(t)$ ergibt

$$r(t) = \frac{r_0}{\sqrt{r_0^2 + (1 - r_0^2)\mathrm{e}^{-2t}}}.$$

Zur zweiten DG: Die Lösung $\varphi(t)$ mit $\varphi(0) = \varphi_0$ ist offenbar $\varphi(t) = t + \varphi_0$. Wir kehren zu den kartesischen Koordinaten zurück und erhalten

$$\begin{aligned} x(t) &= \frac{r_0}{\sqrt{r_0^2 + (1 - r_0^2)\mathrm{e}^{-2t}}} \cos(t + \varphi_0) \\ y(t) &= \frac{r_0}{\sqrt{r_0^2 + (1 - r_0^2)\mathrm{e}^{-2t}}} \sin(t + \varphi_0). \end{aligned}$$

Die Orbits haben das nebenstehend skizzierte Aussehen. Es gibt die stationäre Lösung $x(t) = 0, y(t) = 0$ sowie den Einheitskreis als geschlossenen Orbit. Die anderen Orbits konvergieren spiralförmig gegen den geschlossenen Orbit bei $t \to \infty$; diesen nennt man dann einen *Grenzzyklus*.

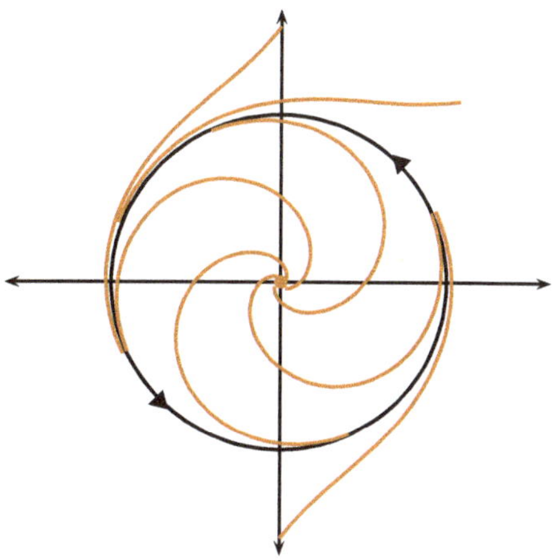

In diesem Beispiel zeigen also die Orbits ein neues Verhalten. Der folgende Satz von Poincaré-Bendixson besagt, dass wir damit im Fall $n = 2$ alle möglichen Verhaltensweisen angetroffen haben.

Satz 3.6 (Poincaré-Bendixson) *Ein Orbit einer Lösung des ebenen DGSystems*

$$\begin{aligned} \dot{x} &= f_1(x,y) \\ \dot{y} &= f_2(x,y) \end{aligned}$$

verlaufe für $t \geqq$ einem t_0 in einer beschränkten offenen Menge der Ebene, die samt Rand keine stationäre Lösung enthält. Dann ist dieser Orbit entweder selbst geschlossen, oder er dreht sich in eine geschlossene Kurve hinein, die selbst Orbit einer (periodischen) Lösung ist.

Die Voraussetzungen des Satzes schließen gerade die eingangs erwähnten Möglichkeiten i), ii) und iii) für einen Orbit aus.

Übungen

Übung 3.60 Bestimmen Sie das Phasenporträt der folgenden DGSysteme:

$$\text{i) } \dot{\vec{x}} = A\vec{x} \text{ mit } A = \begin{pmatrix} 0 & 4 \\ -6 & 0 \end{pmatrix} \qquad \text{ii) } \dot{x}_1 = x_2 \quad \dot{x}_2 = x_1 + x_1 x_2^2 .$$

Übung 3.61 Bestimmen Sie die Orbits des DGSystems

$$\begin{aligned} \dot{x} &= 4xy \\ \dot{y} &= x^2 - 2y^2 . \end{aligned}$$

Hinweis: Zur Lösung der resultierenden DG kann man sich an Abschnitt 2.2.5 erinnern.

Übung 3.62 Zeigen Sie, dass alle Lösungen der DG

$$\text{i) } \ddot{z} + 3z^5 = 0 \qquad \text{ii) } \ddot{z} + z + 2z^3 = 0$$

periodisch sind.

3.6 Lösung der Übungen

Übungen aus 3.1.2

3.1 Zu zeigen ist, dass die drei Vektoren paarweise aufeinander senkrecht stehen und die gleiche Länge haben:

$$\vec{a}\cdot\vec{b} = -440+40+400=0 \quad \vec{a}\cdot\vec{c}=80-280+200=0 \quad \vec{b}\cdot\vec{c}=-88-112+200=0$$

und

$$|\vec{a}| = \sqrt{400+100+400}=30,\ |\vec{b}|=\sqrt{484+16+400}=30,\ |\vec{c}|=\sqrt{16+784+100}=30$$

Somit bilden $\vec{a},\vec{b},\vec{c}$ einen Würfel vom Volumen 2700 Längeneinheiten^3.

3.2 Die Bindungslängen sind die Längen der Vektoren $\vec{a},\vec{b},\vec{c}$ und $\vec{d}$. Man rechnet aus

$$|\vec{a}| = 1.1031 \quad |\vec{b}| = 1.2302 \quad |\vec{c}| = 1.3570.$$

Weiter ist

$$\vec{e} = \vec{d}+\vec{c} \text{ also } \vec{d} = \vec{e}-\vec{c} = \begin{pmatrix}-0.9707\\0.0278\\-0.2311\end{pmatrix}$$

und $|\vec{d}| = 0.9982$. Die Bindungswinkel sind

$$\cos\alpha = \frac{\vec{a}\cdot\vec{b}}{|\vec{a}||\vec{b}|} = -0.6444 \quad \alpha = 130.12^\circ$$

$$\cos\beta = \frac{\vec{b}\cdot\vec{c}}{|\vec{b}||\vec{c}|} = -0.4637 \quad \beta = 117.62^\circ$$

$$\cos\gamma = \frac{\vec{a}\cdot\vec{c}}{|\vec{a}||\vec{c}|} = -0.3789 \quad \gamma = 112.26^\circ$$

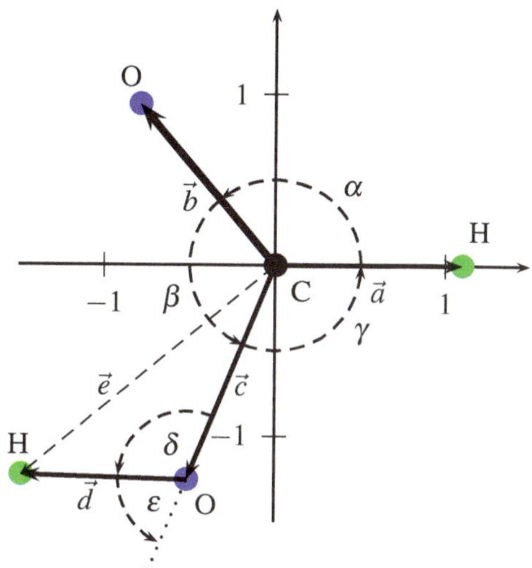

Schließlich ist

$$\cos\varepsilon = \frac{\vec{d}\cdot\vec{c}}{|\vec{d}||\vec{c}|} = 0.3426 \quad \text{also } \varepsilon = 69.96^\circ \text{ und } \delta = 180-\varepsilon = 110.04^\circ.$$

Die Entfernung der beiden Wasserstoffatome ist $|\vec{e}+\vec{a}| = 2.8739$. Alle Längenangaben sind in Ångström. Man beachte, dass das linke Wasserstoffatom etwas unterhalb der Zeichenebene liegt.

3.3 Wir schreiben $\vec{x} = \alpha\vec{y} + (\vec{x} - \alpha\vec{y})$ mit einem $\alpha \in \mathbb{R}$, dann ist $(\vec{x} - \alpha\vec{y}) \cdot \vec{y} = \vec{x} \cdot \vec{y} - \alpha|\vec{y}|^2 = 0$ wenn $\alpha = \frac{\vec{x} \cdot \vec{y}}{|\vec{y}|^2}$. Somit ist die gesuchte Zerlegung

$$\vec{x} = \frac{\vec{x} \cdot \vec{y}}{|\vec{y}|^2}\vec{y} + (\vec{x} - \frac{\vec{x} \cdot \vec{y}}{|\vec{y}|^2}\vec{y}).$$

Übungen aus 3.1.3

3.4 i) Das Volumen des Spats ist Grundfläche × Höhe. Die Grundfläche ist nach Definition des Vektorprodukts $|\vec{b} \times \vec{c}|$, die Höhe h ist die Komponente von $\vec{a}$ in Richtung des Vektors $\vec{b} \times \vec{c}$. Nach Übung 3.3 ist

$$h = \frac{|\vec{a} \cdot \vec{b} \times \vec{c}|}{|\vec{b} \times \vec{c}|^2}|\vec{b} \times \vec{c}| = \frac{|\vec{a} \cdot \vec{b} \times \vec{c}|}{|\vec{b} \times \vec{c}|}$$

und somit $V = |\vec{a} \cdot \vec{b} \times \vec{c}|$.

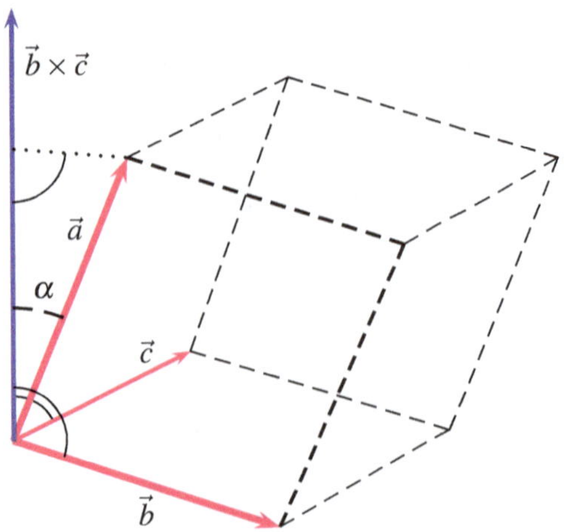

ii) Wie die nebenstehende Zeichnung zeigt, bilden die Vektoren $\vec{a}, \vec{b}$ und $\vec{c}$ genau dann ein Rechtssystem, wenn der Winkel α spitz ist, also genau wenn

$$\vec{a} \cdot \vec{b} \times \vec{c} = |\vec{a}||\vec{b} \times \vec{c}| \cos\alpha > 0.$$

iii) ist dann ebenso klar.

3.5 Die drei Vektoren sind paarweise orthogonal wegen

$$\vec{b} \cdot \vec{c} = \frac{1}{8}\sqrt{6} - \frac{1}{8}\sqrt{6} = 0 \quad \text{ebenso} \quad \vec{b} \cdot \vec{d} = 0 \quad \text{und} \quad \vec{c} \cdot \vec{d} = 0$$

sowie normiert

$$|\vec{b}| = \sqrt{\frac{1}{8} + \frac{3}{8} + \frac{1}{2}} = 1 \quad \text{ebenso} \quad |\vec{c}| = 1 \quad \text{und} \quad |\vec{d}| = 1.$$

Weiter gilt

$$\vec{c} \times \vec{d} = \begin{pmatrix} -\frac{1}{4}\sqrt{2} \\ \frac{1}{4}\sqrt{6} \\ \frac{1}{2}\sqrt{2} \end{pmatrix} = \vec{b} \quad \text{also} \quad [\vec{b}, \vec{c}, \vec{d}] = \vec{b} \cdot \vec{b} = 1 > 0.$$

Wir können uns auf Übung 3.4 berufen.

3.6 Wir stellen die Vektoren $\vec{b}, \vec{c}$ und $\vec{d}$ durch ihre Koordinaten bezüglich eines orthonormalen Rechtssystem dar:

$$\vec{b} = \begin{pmatrix} b_1 \\ b_2 \\ b_3 \end{pmatrix} \quad \vec{c} = \begin{pmatrix} c_1 \\ c_2 \\ c_3 \end{pmatrix} \quad \vec{d} = \begin{pmatrix} d_1 \\ d_2 \\ d_3 \end{pmatrix} \quad \text{und rechnen} \quad \vec{c} \times \vec{d} = \begin{pmatrix} c_2d_3 - c_3d_2 \\ c_3d_1 - c_1d_3 \\ c_1d_2 - c_2d_1 \end{pmatrix}$$

und weiter

$$\begin{aligned} \vec{b} \times (\vec{c} \times \vec{d}) &= \begin{pmatrix} b_2(c_1d_2 - c_2d_1) - b_3(c_3d_1 - c_1d_3) \\ b_3(c_2d_3 - c_3d_2) - b_1(c_1d_2 - c_2d_1) \\ b_1(c_3d_1 - c_1d_3) - b_2(c_2d_3 - c_3d_2) \end{pmatrix} \\ &= \begin{pmatrix} (b_1d_1 + b_2d_2 + b_3d_3)c_1 - (b_1c_1 + b_2c_2 + b_3c_3)d_1 \\ (b_1d_1 + b_2d_2 + b_3d_3)c_2 - (b_1c_1 + b_2c_2 + b_3c_3)d_2 \\ (b_1d_1 + b_2d_2 + b_3d_3)c_3 - (b_1c_1 + b_2c_2 + b_3c_3)d_3 \end{pmatrix} = (\vec{b} \cdot \vec{d})\vec{c} - (\vec{b} \cdot \vec{c})\vec{d}. \end{aligned}$$

3.7 Man kann etwa $\vec{a} = \vec{e}^1 = \begin{pmatrix} 1 \\ 0 \\ 0 \end{pmatrix}$ und $\vec{b} = \vec{c} = \vec{e}^2 = \begin{pmatrix} 0 \\ 1 \\ 0 \end{pmatrix}$ wählen. Dann ist $\vec{a} \times (\vec{b} \times \vec{c}) = \vec{e}^1 \times (\vec{e}^2 \times \vec{e}^2) = 0$ und $(\vec{a} \times \vec{b}) \times \vec{c} = (\vec{e}^1 \times \vec{e}^2) \times \vec{e}^2 = \vec{e}^3 \times \vec{e}^2 = -\vec{e}^1$.

Übungen aus 3.2.1

3.8 Für die ℓ-te Koordinate, $\ell = 1, \ldots, m$, gilt

$$\left(A(\vec{u} + \vec{v})\right)_\ell = \sum_{k=1}^{n} a_{k\ell}(u_k + v_k) = \sum_{k=1}^{n} a_{k\ell}u_k + \sum_{k=1}^{n} a_{k\ell}v_k = \left(A\vec{u}\right)_\ell + \left(A\vec{v}\right)_\ell.$$

3.9 Es ist

$$H_4\vec{x} = \begin{pmatrix} 1 & \frac{1}{2} & \frac{1}{3} & \frac{1}{4} \\ \frac{1}{2} & \frac{1}{3} & \frac{1}{4} & \frac{1}{5} \\ \frac{1}{3} & \frac{1}{4} & \frac{1}{5} & \frac{1}{6} \\ \frac{1}{4} & \frac{1}{5} & \frac{1}{6} & \frac{1}{7} \end{pmatrix} \begin{pmatrix} 1 \\ 2 \\ 3 \\ 4 \end{pmatrix} = \begin{pmatrix} 4 \\ \frac{163}{60} \\ \frac{21}{10} \\ \frac{241}{140} \end{pmatrix}.$$

3.10 Wir führen für die erweiterte Koeffizientenmatrix den Gauß-Algorithmus durch:

$$\left(\begin{array}{cccc|c} -1 & -2 & 1 & 3 & 1 \\ 1 & 0 & 3 & 2 & 3 \\ 3 & 2 & 4 & -1 & 1 \\ -2 & 6 & -2 & -2 & 16 \end{array}\right) \curvearrowright \left(\begin{array}{cccc|c} 1 & 2 & -1 & -3 & -1 \\ 0 & -2 & 4 & 5 & 4 \\ 0 & -4 & 7 & 8 & 4 \\ 0 & 10 & -4 & -8 & 14 \end{array}\right) \curvearrowright$$

$$\left(\begin{array}{cccc|c} 1 & 2 & -1 & -3 & -1 \\ 0 & 1 & -2 & -\frac{5}{2} & -2 \\ 0 & 0 & -1 & -2 & -4 \\ 0 & 0 & 16 & 17 & 34 \end{array}\right) \curvearrowright \left(\begin{array}{cccc|c} 1 & 2 & -1 & -3 & -1 \\ 0 & 1 & -2 & -\frac{5}{2} & -2 \\ 0 & 0 & 1 & 2 & 4 \\ 0 & 0 & 0 & 1 & 2 \end{array}\right)$$

Das System ist eindeutig lösbar, die Lösungen liest man von unten nach oben ab:

$$x_4 = 2, \quad x_3 = 4 - 2x_3 = 0, \quad x_2 = -2 + 2x_3 + \frac{5}{2}x_4 = 3, \quad x_1 = -1 - 2x_2 + x_3 + 3x_4 = -1\,.$$

3.11 Wir führen für die erweiterte Koeffizientenmatrix den Gauß-Algorithmus durch:

$$\left(\begin{array}{cccc|c} 3 & -2 & -6 & 4 & 5 \\ -1 & 2 & 2 & -4 & -3 \\ 2 & -1 & -4 & 2 & 3 \\ 1 & -1 & -2 & 2 & 2 \end{array}\right) \curvearrowright \left(\begin{array}{cccc|c} 1 & -1 & -2 & 2 & 2 \\ 0 & 1 & 0 & -2 & -1 \\ 0 & 1 & 0 & -2 & -1 \\ 0 & 1 & 0 & -2 & -1 \end{array}\right) \curvearrowright \left(\begin{array}{cccc|c} 1 & -1 & -2 & 2 & 2 \\ 0 & 1 & 0 & -2 & -1 \\ 0 & 0 & 0 & 0 & 0 \\ 0 & 0 & 0 & 0 & 0 \end{array}\right)$$

Wegen $\operatorname{rang} A = \operatorname{rang} A_{erw} (= 2)$ ist das System lösbar, die letzten beiden Unbekannten sind frei wählbar: Wir setzen $x_4 = t$ und $x_3 = s$ mit $s, t \in \mathbb{R}$ und erhalten $x_2 = -1 + 2t$ und $x_1 = 2 + x_2 + 2x_3 - 2x_4 = 1 + 2s$.

3.12 Wir führen für die erweiterte Koeffizientenmatrix den Gauß-Algorithmus durch:

$$\left(\begin{array}{cccc|c} 1 & -2 & 2 & 3 & 3 \\ 1 & 3 & 1 & 3 & 13 \\ 2 & 1 & 5 & -4 & 6 \\ 2 & -4 & 6 & -4 & -4 \end{array}\right) \curvearrowright \left(\begin{array}{cccc|c} 1 & -2 & 2 & 3 & 3 \\ 0 & 5 & -1 & 0 & 10 \\ 0 & 5 & 1 & -10 & 0 \\ 0 & 0 & 2 & -10 & -10 \end{array}\right) \curvearrowright \left(\begin{array}{cccc|c} 1 & -2 & 2 & 3 & 3 \\ 0 & 5 & -1 & 0 & 10 \\ 0 & 0 & 2 & -10 & -10 \\ 0 & 0 & 2 & -10 & -10 \end{array}\right) \curvearrowright$$

$$\left(\begin{array}{cccc|c} 1 & -2 & 2 & 3 & 3 \\ 0 & 5 & -1 & 0 & 10 \\ 0 & 0 & 1 & -5 & -5 \\ 0 & 0 & 0 & 0 & 0 \end{array}\right)$$

Das System ist wegen $\operatorname{rang} A = \operatorname{rang} A_{erw} (= 3)$ lösbar, aber die Lösungen sind wegen $\operatorname{rang} A < 4$ nicht eindeutig bestimmt. Es ist $x_4 := t$ beliebig,

$$x_3 = -5 + 5t \quad x_2 = 1 + t \quad x_1 = 15 - 11t\,.$$

Wählt man etwa $b = \begin{pmatrix} 3 \\ 13 \\ 6 \\ -3 \end{pmatrix}$, so führt der Gauß-Algorithmus auf die nebenstehende Zeilen-Stufen-Form. Diese zeigt jetzt $\operatorname{rang} A = 3$ aber $\operatorname{rang} A_{erw} = 4$, das System ist nicht lösbar.

$$\left(\begin{array}{cccc|c} 1 & -2 & 2 & 3 & 3 \\ 0 & 5 & -1 & 0 & 10 \\ 0 & 0 & 1 & -5 & -5 \\ 0 & 0 & 0 & 0 & 1 \end{array}\right)$$

3.13 Wir bezeichnen die acht Unbekannten mit $x_1, x_2, \ldots, x_8$:

x_1	x_2	x_3
x_4	x_5	x_6
x_7	4	x_8

Aus Symmetriegründen können wir $x_1 = x_3$, $x_4 = x_6$ und $x_7 = x_8$ annehmen; dann folgt zunächst $x_7 + 4 + x_8 = 18$ oder $x_7 = x_8 = 7$. Weiter haben wir für die verbliebenen Unbekannten x_1, x_2, x_4 und x_5 das folgende lineare Gleichungssystem zu lösen:

$$\begin{array}{cccccc} 2x_1 & +x_2 & & & = & 18 \\ & & 2x_4 & +x_5 & = & 18 \\ x_1 & & +x_4 & & = & 11 \\ & x_2 & & +x_5 & = & 14 \\ x_1 & & & +x_5 & = & 11 \end{array}$$

Der Gauß-Algorithmus für die erweiterte Koeffizientenmatrix ergibt

$$\left(\begin{array}{cccc|c} 1 & 0 & 1 & 0 & 11 \\ 1 & 0 & 0 & 1 & 11 \\ 2 & 1 & 0 & 0 & 18 \\ 0 & 1 & 0 & 1 & 14 \\ 0 & 0 & 2 & 1 & 18 \end{array}\right) \curvearrowright \left(\begin{array}{cccc|c} 1 & 0 & 1 & 0 & 11 \\ 0 & 0 & 1 & -1 & 0 \\ 0 & 1 & -2 & 0 & -4 \\ 0 & 1 & 0 & 1 & 14 \\ 0 & 0 & 2 & 1 & 18 \end{array}\right) \curvearrowright \left(\begin{array}{cccc|c} 1 & 0 & 1 & 0 & 11 \\ 0 & 1 & 0 & 1 & 14 \\ 0 & 0 & 2 & 1 & 18 \\ 0 & 0 & 1 & -1 & 0 \\ 0 & 0 & 0 & 0 & 0 \end{array}\right) \curvearrowright$$

$$\left(\begin{array}{cccc|c} 1 & 0 & 1 & 0 & 11 \\ 0 & 1 & 0 & 1 & 14 \\ 0 & 0 & 1 & -1 & 0 \\ 0 & 0 & 0 & 3 & 18 \end{array}\right)$$

Wir finden die Lösungen

$$x_5 = 6 \quad x_4 = 6 \quad x_2 = 14 - x_5 = 8 \quad x_1 = 11 - x_4 = 5$$

5	8	5
6	6	6
7	4	7

Übungen aus 3.2.2

3.14 i) Wir entwickeln nach der ersten Spalte

$$\begin{vmatrix} 1 & 1 & 3 \\ 0 & 4 & 6 \\ 2 & 5 & 8 \end{vmatrix} = \begin{vmatrix} 4 & 6 \\ 5 & 8 \end{vmatrix} + 2\begin{vmatrix} 1 & 3 \\ 4 & 6 \end{vmatrix} = 2 + 2(6-12) = -10.$$

ii) Wir addieren gemäß Regel i) in Bemerkung 3.7 das (-1)-fache der ersten Zeile zur zweiten und das (-1)-fache der dritten Zeile zur vierten Zeile. Wir erhalten

$$\begin{vmatrix} 11 & 12 & 13 & 14 \\ 21 & 22 & 23 & 24 \\ 31 & 32 & 33 & 34 \\ 41 & 42 & 43 & 44 \end{vmatrix} = \begin{vmatrix} 11 & 12 & 13 & 14 \\ 10 & 10 & 10 & 10 \\ 31 & 32 & 33 & 34 \\ 10 & 10 & 10 & 10 \end{vmatrix} = 0,$$

da zwei Zeilen übereinstimmen.
iii) Man addiert das $(-t)$-fache der dritten Zeile zur vierten, anschließend das $(-t)$-fache der zweiten zur dritten Zeile und schließlich das $(-t)$-fache der ersten zur zweiten Zeile:

$$\begin{vmatrix} 1 & t & t^2 & t^3 \\ t & 1 & t & t^2 \\ t^2 & t & 1 & t \\ t^3 & t^2 & t & 1 \end{vmatrix} = \begin{vmatrix} 1 & t & t^2 & t^3 \\ 0 & 1-t^2 & t-t^3 & t^2-t^4 \\ 0 & 0 & 1-t^2 & t-t^3 \\ 0 & 0 & 0 & 1-t^2 \end{vmatrix} = (1-t^2)^3 .$$

3.15 Wir überführen die Matrix mittels der Rechenregeln aus Bemerkung 3.7 in eine obere Dreiecksmatrix und wenden Bemerkung 3.8 an:

$$\begin{vmatrix} 1 & 2 & 0 & 1 \\ 3 & -2 & 1 & 0 \\ 0 & 6 & 3 & -2 \\ 2 & 4 & 3 & 1 \end{vmatrix} = \begin{vmatrix} 1 & 2 & 0 & 1 \\ 0 & -8 & 1 & -3 \\ 0 & 6 & 3 & -2 \\ 0 & 0 & 3 & -1 \end{vmatrix} = 8 \cdot 6 \begin{vmatrix} 1 & 2 & 0 & 1 \\ 0 & -1 & \frac{1}{8} & -\frac{3}{8} \\ 0 & 1 & \frac{1}{2} & -\frac{1}{3} \\ 0 & 0 & 3 & -1 \end{vmatrix}$$

$$= 48 \begin{vmatrix} 1 & 2 & 0 & 1 \\ 0 & -1 & \frac{1}{8} & -\frac{3}{8} \\ 0 & 0 & \frac{5}{8} & -\frac{17}{24} \\ 0 & 0 & 3 & -1 \end{vmatrix} = 48 \begin{vmatrix} 1 & 2 & 0 & 1 \\ 0 & -1 & \frac{1}{8} & -\frac{3}{8} \\ 0 & 0 & \frac{5}{8} & -\frac{17}{24} \\ 0 & 0 & 0 & \frac{12}{5} \end{vmatrix} = 48 \cdot (-1) \frac{5}{8} \cdot \frac{12}{5} = -72 .$$

3.16 Wir formen zunächst die Determinante um und entwickeln dann nach der ersten Spalte:

$$\begin{vmatrix} 1 & x & x^2 \\ 1 & y & y^2 \\ 1 & z & z^2 \end{vmatrix} = \begin{vmatrix} 1 & x & x^2 \\ 0 & y-x & y^2-x^2 \\ 0 & z-x & z^2-x^2 \end{vmatrix} = (y-x)(z^2-x^2)-(z-x)(y^2-x^2) = (z-x)(y-x)(z-y) .$$

3.17 Nach Bemerkung 3.4 hat das Vektorprodukt $\vec{b} \times \vec{c}$ die Koordinaten $\begin{pmatrix} b_2c_3 - b_3c_2 \\ b_3c_1 - b_1c_3 \\ b_1c_2 - b_2c_1 \end{pmatrix}$.

Somit

$$[\vec{a}, \vec{b}, \vec{c}] = \begin{pmatrix} a_1 \\ a_2 \\ a_3 \end{pmatrix} \cdot \begin{pmatrix} b_2c_3 - b_3c_2 \\ b_3c_1 - b_1c_3 \\ b_1c_2 - b_2c_1 \end{pmatrix}$$

$$= a_1(b_2c_3 - b_3c_2) - a_2(b_1c_3 - b_3c_1) + a_3(b_1c_2 - b_2c_1) = \begin{vmatrix} a_1 & b_1 & c_1 \\ a_2 & b_2 & c_2 \\ a_3 & b_3 & c_3 \end{vmatrix} ,$$

wie man durch Entwickeln nach der ersten Spalte erkennt. Dann erhält man für die gegebenen Vektoren $\vec{a},\vec{b},\vec{c}$

$$[\vec{a},\vec{b},\vec{c}] = \begin{vmatrix} 0 & 1 & 0 \\ 2 & -1 & -1 \\ 1 & 0 & 4 \end{vmatrix} = -1 \cdot \begin{vmatrix} 2 & -1 \\ 1 & 4 \end{vmatrix} = -9$$

durch Entwickeln nach der ersten Zeile.

3.18 Für eine Matrix mit zwei Zeilen und Spalten braucht man 2 Multiplikationen:

$$\begin{vmatrix} a & b \\ c & d \end{vmatrix} = ad - bc\,.$$

Für eine Matrix mit drei Zeilen und Spalten ist

$$\begin{vmatrix} a_1 & b_1 & c_1 \\ a_2 & b_2 & c_2 \\ a_3 & b_3 & c_3 \end{vmatrix} = a_1 \cdot \begin{vmatrix} b_2 & c_2 \\ b_3 & c_3 \end{vmatrix} - a_2 \cdot \begin{vmatrix} b_1 & c_1 \\ b_3 & c_3 \end{vmatrix} + a_3 \cdot \begin{vmatrix} b_1 & c_1 \\ b_2 & c_2 \end{vmatrix}\,.$$

Man braucht also $3 \cdot (1+2) = 9$ Multiplikationen, das bedeutet $M(3) = 9$. Wir zeigen $M(n) \geqq n!$ durch Induktion. der Induktionsanfang ist bereits geleistet. „$n \Rightarrow n+1$“: Die Determinante einer Matrix mit n+1 Zeilen und Spalten wird durch Entwickeln berechnet

$$\begin{vmatrix} a_{11} & a_{12} & \cdots & a_{1,n+1} \\ a_{12} & a_{22} & \cdots & a_{2,n+1} \\ \vdots & \vdots & \cdots & \vdots \\ a_{n+1,1} & a_{n+1,2} & \cdots & a_{n+1,n+1} \end{vmatrix}$$

$$= a_{11} \cdot \begin{vmatrix} a_{22} & \cdots & a_{2,n+1} \\ \vdots & \vdots & \vdots \\ a_{n+1,2} & \cdots & a_{n+1,n+1} \end{vmatrix} \cdots \pm a_{n+1,1} \cdot \begin{vmatrix} a_{12} & \cdots & a_{1,n+1} \\ \vdots & \vdots & \vdots \\ a_{n,2} & \cdots & a_{n,n+1} \end{vmatrix},$$

indem man das Element $a_{1,k}$ mit der Determinante einer Matrix mit n Zeilen und Spalten multipliziert, $k = 1,\ldots,n+1$. Die Berechnung der letzteren erfordert nach Induktionsvoraussetzung mindestens $n!$ Multiplikationen; somit werden $(n+1)(1+n!) \geqq (n+1)!$ Multiplikationen benötigt.

Für eine Determinante mit 10 Zeilen und Spalten braucht der Computer mindestens $\frac{10!}{10^{10}} \approx 3.63 \cdot 10^{-5}$ Sekunden, für eine Determinante mit 20 Zeilen und Spalten entsprechend ungefähr 24329020 Sekunden oder 282 Tage. Für eine Determinante mit 30 Zeilen und Spalten werden etwa $8.4 \cdot 10^{13}$ Jahre benötigt; zumindest in diesem Fall ist es ratsam, den Computer abzuschalten.

3.19 Wir berechnen zuerst die Determinante der Koeffizientenmatrix:

$$\begin{vmatrix} a & 1 & 1 \\ 1 & a & 1 \\ 1 & 1 & a \end{vmatrix} = -\begin{vmatrix} 1 & 1 & a \\ 1 & a & 1 \\ a & 1 & 1 \end{vmatrix} = -\begin{vmatrix} 1 & 1 & a \\ 0 & a-1 & 1-a \\ 0 & 1-a & 1-a^2 \end{vmatrix}$$
$$= -\big((a-1)(1-a^2)-(1-a)^2\big) = (1-a)^2(a+2)\,.$$

Für $a \neq 1$ und $a \neq -2$ ist die Determinante $\neq 0$, daher ist für diese Werte von a das Gleichungssystem eindeutig lösbar. Wir setzen nun $a \neq 1$ sowie $a \neq -2$ voraus und wenden den Gauß-Algorithmus auf die erweiterte Koeffizientenmatrix an:

$$\left(\begin{array}{ccc|c} 1 & 1 & a & 1 \\ 1 & a & 1 & 1 \\ a & 1 & 1 & 1 \end{array}\right) \curvearrowright \left(\begin{array}{ccc|c} 1 & 1 & a & 1 \\ 0 & a-1 & 1-a & 0 \\ 0 & 1-a & 1-a^2 & 1-a \end{array}\right) \curvearrowright \left(\begin{array}{ccc|c} 1 & 1 & a & 1 \\ 0 & 1 & -1 & 0 \\ 0 & 1 & 1+a & 1 \end{array}\right) \curvearrowright \left(\begin{array}{ccc|c} 1 & 1 & a & 1 \\ 0 & 1 & -1 & 0 \\ 0 & 0 & 2+a & 1 \end{array}\right)$$

Wir lesen die Lösungen ab:

$$x_3 = \frac{1}{a+2}, \qquad x_2 = \frac{1}{a+2}, \qquad x_1 = 1 - \frac{a}{a+2} - \frac{1}{a+2} = \frac{1}{a+2}\,.$$

Es bleiben die Fälle $a = 1$ und $a = -2$ zu untersuchen. Im Fall $a = 1$ liegt nur die eine Gleichung $x+y+z = 1$ vor. Wir können die Unbekannten $y := s \in \mathbb{R}$ und $z := t \in \mathbb{R}$ beliebig wählen, dann ist $x = 1-s-t$. Im Fall $a = -2$ zeigt die erweiterte Koeffizientenmatrix

$$\left(\begin{array}{ccc|c} 1 & 1 & -2 & 1 \\ 1 & -2 & 1 & 1 \\ -2 & 1 & 1 & 1 \end{array}\right) \curvearrowright \left(\begin{array}{ccc|c} 1 & 1 & -2 & 1 \\ 0 & -3 & 3 & 0 \\ 0 & 3 & -3 & 3 \end{array}\right) \curvearrowright \left(\begin{array}{ccc|c} 1 & 1 & -2 & 1 \\ 0 & 1 & -1 & 0 \\ 0 & 0 & 0 & 3 \end{array}\right),$$

dass das Gleichungssystem unlösbar ist.

3.20 Zuerst berechnen wir die Determinante der Koeffizientenmatrix:

$$\begin{vmatrix} 1 & -2 & 1 \\ 2 & 1 & 1 \\ 1 & -a & 2 \end{vmatrix} = \begin{vmatrix} 1 & -2 & 1 \\ 0 & 5 & -1 \\ 0 & 2-a & 1 \end{vmatrix} = 5+2-a = 7-a\,.$$

Im Fall $a \neq 7$ gibt es genau eine Lösung. Es bleibt der Fall $a = 7$ zu diskutieren. Wir untersuchen die erweiterte Koeffizientenmatrix:

$$\left(\begin{array}{ccc|c} 1 & -2 & 1 & -4 \\ 2 & 1 & 1 & 2 \\ 1 & -7 & 2 & b \end{array}\right) \curvearrowright \left(\begin{array}{ccc|c} 1 & -2 & 1 & -4 \\ 0 & 5 & -1 & 10 \\ 0 & -5 & 1 & b+4 \end{array}\right) \curvearrowright \left(\begin{array}{ccc|c} 1 & -2 & 1 & -4 \\ 0 & 1 & -\frac{1}{5} & 2 \\ 0 & 0 & 0 & b+14 \end{array}\right)$$

Das System ist unlösbar falls $b \neq -14$ ist. Im Fall $b = -14$ ist

$$x_3 = t, \qquad x_2 = 2 + \frac{1}{5}t, \qquad x_1 = -4 + 2x_2 - x_3 = -\frac{3}{5}t$$

mit einem beliebigen $t \in \mathbb{R}$.

3.21 i) Es ist $W(t) = y_1(t)\dot{y}_2(t) - y_2(t)\dot{y}_1(t)$ und also für $t \in I$

$$\begin{aligned}\dot{W}(t) &= \dot{y}_1(t)\dot{y}_2(t) + y_1(t)\ddot{y}_2(t) - \dot{y}_2(t)\dot{y}_1(t) - y_2(t)\ddot{y}_1(t) \\ &= y_1(t)(-f(t)\dot{y}_2(t) - g(t)y_2(t)) - y_2(t)(-f(t)\dot{y}_1(t) - g(t)y_1(t)) \\ &= -f(t)\big(y_1(t)\dot{y}_2(t) - y_2(t)\dot{y}_1(t)\big) = -f(t)W(t).\end{aligned}$$

ii) Wir wählen eine Stammfunktion $F\colon I \to \mathbb{R}$ von f und betrachten $U(t) := W(t)\mathrm{e}^{F(t)}$ für $t \in I$. Dann ist

$$\dot{U}(t) = \dot{W}(t)\mathrm{e}^{F(t)} + W(t)f(t)\mathrm{e}^{F(t)} = 0 \quad \text{für alle } t \in I.$$

Somit ist $U(t) = C$ konstant und $W(t) = C\mathrm{e}^{-F(t)}$ für $t \in I$.

Übungen aus 3.2.3

3.22 Nach den Rechenregeln für das Vektorprodukt aus Bemerkung 3.3 gilt für Vektoren $\vec{x}, \vec{y} \in \mathbb{R}^3$ und Skalare α

$$\begin{aligned}T(\vec{x}+\vec{y}) &= \vec{a} \times (\vec{x}+\vec{y}) = \vec{a} \times \vec{x} + \vec{a} \times \vec{y} = T(\vec{x}) + T(\vec{y}) \quad \text{und} \\ T(\alpha\vec{x}) &= \vec{a} \times (\alpha\vec{x}) = \alpha(\vec{a} \times \vec{x}) = \alpha T(\vec{x}).\end{aligned}$$

Die k-te Spalte von A ist gemäß Bemerkung 3.2.3 gegeben durch $T(\vec{e}^k)$ für $k = 1,2,3$, also

$$T(\vec{e}^1) = \vec{a} \times \vec{e}^1 = \begin{pmatrix} a_1 \\ a_2 \\ a_3 \end{pmatrix} \times \begin{pmatrix} 1 \\ 0 \\ 0 \end{pmatrix} = \begin{pmatrix} 0 \\ a_3 \\ -a_2 \end{pmatrix} \quad T(\vec{e}^2) = \begin{pmatrix} -a_3 \\ 0 \\ a_1 \end{pmatrix} \quad T(\vec{e}^3) = \begin{pmatrix} a_2 \\ -a_1 \\ 0 \end{pmatrix}.$$

Somit ist

$$A = \begin{pmatrix} 0 & -a_3 & a_2 \\ a_3 & 0 & -a_1 \\ -a_2 & a_1 & 0 \end{pmatrix}.$$

3.23 Bezeichnen wir mit T die jeweilige Operation, so ist die k-te Spalte der zugehörigen Matrix A gegeben durch $T(\vec{e}^k)$, somit ist

$$\text{im Fall i)} \quad A = \begin{pmatrix} 1 & 0 & 0 \\ 0 & 1 & 0 \\ 0 & 0 & 0 \end{pmatrix} \qquad \text{und im Fall ii)} \quad A = \begin{pmatrix} 1 & 0 & 0 \\ 0 & -1 & 0 \\ 0 & 0 & 1 \end{pmatrix}.$$

3.24 Sind $A, B\colon V \to V$ linear, so gilt für $\vec{u}, \vec{v} \in V$

$$\begin{aligned}[A,B](\vec{u}+\vec{v}) &= A\big(B(\vec{u}+\vec{v})\big) - B\big(A(\vec{u}+\vec{v})\big) = A\big(B(\vec{u})+B(\vec{v})\big) - B\big(A(\vec{u})+A(\vec{v})\big)\\ &= A\big(B(\vec{u})\big) + A\big(B(\vec{v})\big) - B\big(A(\vec{u})\big) - B\big(A(\vec{v})\big) = [A,B](\vec{u}) + [A,B](\vec{v})\end{aligned}$$

und ebenso mit einem Skalar α

$$\begin{aligned}[A,B](\alpha\vec{u}) &= A(B(\alpha\vec{u})) - B(A(\alpha\vec{u})) = A(\alpha B(\vec{u})) - B(\alpha A(\vec{u}))\\ &= \alpha A(B(\vec{u})) - \alpha B(A(\vec{u})) = \alpha[A,B](\vec{u}).\end{aligned}$$

3.25 Der Operator P_i ist die partielle Ableitung nach x_i und der Operator Q_i ist die Multiplikation mit der Ortskoordinate x_i. Zunächst stellen wir fest, dass $[P_i,P_j]=0$ für $i,j=1,2,3$, denn für eine Funktion $f\in V$ ist

$$P_i(P_jf) = \frac{\partial}{\partial x_i}\frac{\partial}{\partial x_j}f = \frac{\partial}{\partial x_j}\frac{\partial}{\partial x_i}f = P_j(P_if),$$

da nach dem Satz von Schwarz (Satz 2.2) die Ableitungen $\dfrac{\partial}{\partial x_i}$ und $\dfrac{\partial}{\partial x_j}$ vertauschen.

Ebenso gilt $[Q_i,Q_j]=0$ für $i,j=1,2,3$, denn es ist für $\vec{x}=\begin{pmatrix}x_1\\x_2\\x_3\end{pmatrix}\in\mathbb{R}^3$ und $f\in V$

$$Q_i(Q_jf)(\vec{x}) = x_i(Q_jf)(\vec{x}) = x_ix_jf(\vec{x}) = x_jx_if(\vec{x}) = x_j(Q_if)(\vec{x}) = Q_j(Q_i)f(\vec{x}).$$

Weiter ist

$$\begin{aligned}P_i(Q_jf)(\vec{x}) &= \frac{\partial}{\partial x_i}(Q_jf)(\vec{x}) = \frac{\partial}{\partial x_i}(x_jf)(\vec{x})\\ &= \begin{cases} x_j\dfrac{\partial f}{\partial x_i}(\vec{x}) = Q_j(P_if(\vec{x})) & \text{falls } i\neq j,\\ f(\vec{x}) + x_i\dfrac{\partial f}{\partial x_i} = f(\vec{x}) + Q_i(P_if)(\vec{x}) & \text{falls } i=j.\end{cases}\end{aligned}$$

Wir stellen also fest, dass die Operatoren P_i und Q_j vertauschen, wenn $i\neq j$, aber es gilt

$$[P_i,Q_i] = P_iQ_i - Q_iP_i = I$$

wobei I den identischen Operator $I(f)=f$ für alle $f\in V$ bezeichnet.
Anmerkung: Die Operatoren P_i und Q_i spielen eine fundamentale Rolle in der Quantentheorie. Der Operator P_i ist der sogenannte *Impulsoperator*, Q_i der *Ortsoperator*, beide bis auf hier unwesentliche physikalische Konstanten und eine Anpassung des Definitionsbereichs V an die Bedürfnisse der Quantenmechanik. Der Operator P_i ist zuständig für die Messung des Impulses in x_i-Richtung eines Partikels und Q_i für die Messung seiner Ortskoordinate x_i. Die Aussage $[P_i,Q_i]\neq 0$, also die Tatsache, dass P_i und Q_i nicht vertauschen, bedeutet nach der Quantentheorie, dass Impuls und Ort eines Partikels nicht gleichzeitig beliebig genau messbar sind (Heisenbergsche Unschärferelation).

Übungen aus 3.2.4

3.26 Es ist

$$AB = \begin{pmatrix} 5 & 12 & 9 \\ 8 & 16 & 13 \\ 7 & 26 & 15 \end{pmatrix} \qquad BA = \begin{pmatrix} 8 & 5 & 3 \\ 26 & 6 & 16 \\ 40 & 13 & 22 \end{pmatrix}$$

und $\det A = -1$ sowie $\det B = -26$. Weiter ist $\det AB = \det BA = 26 = \det A \cdot \det B$, wie es auch sein muss.

3.27 Wir schreiben

$$B = \begin{pmatrix} b_{11} & b_{12} & b_{13} \\ b_{21} & b_{22} & b_{23} \\ b_{31} & b_{32} & b_{33} \end{pmatrix}$$

und bezeichnen mit $\vec{b}^j$, $j = 1,2,3$ die Spaltenvektoren von B:

$$\vec{b}^1 = \begin{pmatrix} b_{11} \\ b_{21} \\ b_{31} \end{pmatrix} \qquad \vec{b}^2 = \begin{pmatrix} b_{12} \\ b_{22} \\ b_{32} \end{pmatrix} \qquad \vec{b}^3 = \begin{pmatrix} b_{13} \\ b_{23} \\ b_{33} \end{pmatrix} .$$

Weiter setzen wir

$$\vec{x} = \begin{pmatrix} 1 \\ 2 \\ 3 \end{pmatrix} \qquad \text{und} \qquad \vec{y} = \begin{pmatrix} 3 \\ 2 \\ 1 \end{pmatrix} .$$

Dann ist $AB = 0$ gleichbedeutend mit $\vec{x} \cdot \vec{b}^j = 0$ und $\vec{y} \cdot \vec{b}^j = 0$ für $j = 1,2,3$, das heißt, dass die Vektoren $\vec{b}^j$ für $j = 1,2,3$ auf $\vec{x}$ und $\vec{y}$ senkrecht stehen. Die Vektoren müssen also die Richtung des Vektorproduktes $\vec{x} \times \vec{y} = \begin{pmatrix} -4 \\ 8 \\ -4 \end{pmatrix}$ haben. Somit ist $AB = 0$ genau dann, wenn

$$B = \begin{pmatrix} -4r & -4s & -4t \\ 8r & 8s & 8t \\ -4r & -4s & -4t \end{pmatrix} \qquad \text{mit } r,s,t \in \mathbb{R}.$$

3.28 Es ist

$$AB = \begin{pmatrix} a & b \\ 2a+3c & 2b+3d \end{pmatrix} \qquad \text{und} \qquad BA = \begin{pmatrix} a+2b & 3b \\ c+2d & 3d \end{pmatrix} .$$

Aus $AB = BA$ folgt $b = 0$, alsdann bleibt die Bedingung $2a + 3c = c + 2d$ oder $c = d - a$, somit sind alle Matrizen B der Form $\begin{pmatrix} a & 0 \\ d-a & d \end{pmatrix}$ mit A vertauschbar.

3.29 i) Man kann etwa $A := \begin{pmatrix} a & -a \\ a & -a \end{pmatrix}$ mit jedem $a \in \mathbb{R}$ nehmen.

ii) Die Matrix $I := \begin{pmatrix} 0 & -1 \\ 1 & 0 \end{pmatrix}$ leistet das Verlangte.

3.30 i) Wir rechnen aus $(AB)(B^{-1}A^{-1}) = AEA^{-1} = AA^{-1} = E$ und $(B^{-1}A^{-1})(AB) = BEB^{-1} = BB^{-1} = E$.
ii) Es ist $A+B = B+A$ und also $(A+B)^2 = (B+A)^2$.
Ebenso ist $(A+B)^2 = (A+B)(A+B) = A^2 + AB + BA + B^2$. Da aber im Allgemeinen $AB \neq BA$ ist, ist $(A+B)^2 = A^2 + 2AB + B^2$ ebenso im Allgemeinen falsch. Ein Gegenbeispiel wird etwa durch $A = \begin{pmatrix} 0 & 0 \\ 1 & 0 \end{pmatrix}$ und $B = \begin{pmatrix} 0 & 1 \\ 0 & 0 \end{pmatrix}$ geliefert: Es ist

$$(A+B)^2 = \begin{pmatrix} 1 & 0 \\ 0 & 1 \end{pmatrix}, \quad A^2 = B^2 = \begin{pmatrix} 0 & 0 \\ 0 & 0 \end{pmatrix}, \quad AB = \begin{pmatrix} 0 & 0 \\ 0 & 1 \end{pmatrix}, \quad A^2 + 2AB + B^2 = \begin{pmatrix} 0 & 0 \\ 0 & 2 \end{pmatrix}.$$

3.31 Es bezeichne $\vec{b}^1$ den im positiven Sinn um den Winkel φ gedrehten Koordinateneinheitsvektor $\vec{e}^1$, ebenso $\vec{b}^2$ den gedrehten Vektor $\vec{e}^2$.

Die nebenstehende Skizze zeigt die (x_1, x_2)-Ebene aus Sicht der x_3-Achse von oben. Man liest für die Vektoren $\vec{b}^1$ und $\vec{b}^2$ die Koordinaten ab:

$$\vec{b}^1 = \begin{pmatrix} \cos\varphi \\ \sin\varphi \\ 0 \end{pmatrix} \quad \text{und} \quad \vec{b}^2 = \begin{pmatrix} -\sin\varphi \\ \cos\varphi \\ 0 \end{pmatrix}$$

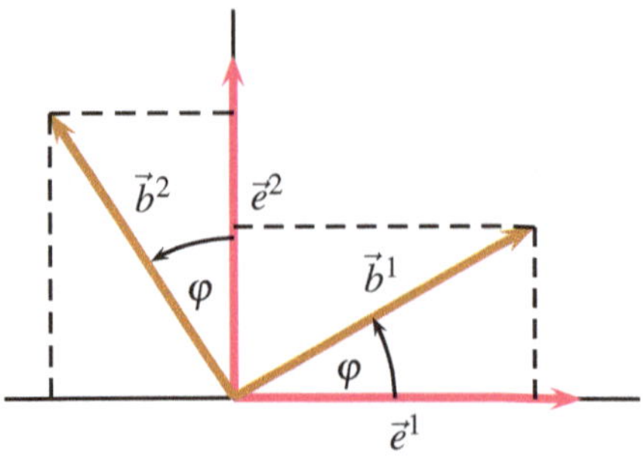

In den Spalten der Matrix $A(\varphi)$ stehen die Koordinaten der Bildvektoren:

$$A(\varphi) = \begin{pmatrix} \cos\varphi & -\sin\varphi & 0 \\ \sin\varphi & \cos\varphi & 0 \\ 0 & 0 & 1 \end{pmatrix}.$$

Bei zwei Drehungen um φ und ψ rechnet man

$$A(\varphi)A(\psi) = \begin{pmatrix} \cos\varphi\cos\psi - \sin\varphi\sin\psi & -(\sin\varphi\cos\psi + \cos\varphi\sin\psi) & 0 \\ \sin\varphi\cos\psi + \cos\varphi\sin\psi & \cos\varphi\cos\psi - \sin\varphi\cos\psi & 0 \\ 0 & 0 & 1 \end{pmatrix}$$

$$= \begin{pmatrix} \cos(\varphi+\psi) & -\sin(\varphi+\psi) & 0 \\ \sin(\varphi+\psi) & \cos(\varphi+\psi) & 0 \\ 0 & 0 & 1 \end{pmatrix} = A(\varphi+\psi).$$

mit den Additionstheoremen für sin und cos.

3.32 Es ist

$$H_3 = \begin{pmatrix} 1 & \frac{1}{2} & \frac{1}{3} \\ \frac{1}{2} & \frac{1}{3} & \frac{1}{4} \\ \frac{1}{3} & \frac{1}{4} & \frac{1}{5} \end{pmatrix} \quad \text{und} \quad \begin{vmatrix} 1 & \frac{1}{2} & \frac{1}{3} \\ \frac{1}{2} & \frac{1}{3} & \frac{1}{4} \\ \frac{1}{3} & \frac{1}{4} & \frac{1}{5} \end{vmatrix} = \begin{vmatrix} 1 & \frac{1}{2} & \frac{1}{3} \\ 0 & \frac{1}{12} & \frac{1}{12} \\ 0 & \frac{1}{12} & \frac{4}{45} \end{vmatrix} = \frac{1}{12}\cdot\frac{4}{45} - \frac{1}{12}\cdot\frac{1}{12} = \frac{1}{1260}.$$

Die Inverse der Matrix H_3 bestimmen wir mit dem in Anschluss an Bemerkung 3.12 beschriebenen Verfahren:

$$\left(\begin{array}{ccc|ccc} 1 & \frac{1}{2} & \frac{1}{3} & 1 & 0 & 0 \\ \frac{1}{2} & \frac{1}{3} & \frac{1}{4} & 0 & 1 & 0 \\ \frac{1}{3} & \frac{1}{4} & \frac{1}{5} & 0 & 0 & 1 \end{array}\right) \curvearrowright \left(\begin{array}{ccc|ccc} 1 & \frac{1}{2} & \frac{1}{3} & 1 & 0 & 0 \\ 0 & \frac{1}{12} & \frac{1}{12} & -\frac{1}{2} & 1 & 0 \\ 0 & \frac{1}{12} & \frac{4}{45} & -\frac{1}{3} & 0 & 1 \end{array}\right) \curvearrowright \left(\begin{array}{ccc|ccc} 1 & \frac{1}{2} & \frac{1}{3} & 1 & 0 & 0 \\ 0 & \frac{1}{12} & \frac{1}{12} & -\frac{1}{2} & 1 & 0 \\ 0 & 0 & \frac{1}{180} & \frac{1}{6} & -1 & 1 \end{array}\right)$$

$$\curvearrowright \left(\begin{array}{ccc|ccc} 1 & \frac{1}{2} & \frac{1}{3} & 1 & 0 & 0 \\ 0 & 1 & 1 & -6 & 12 & 0 \\ 0 & 0 & 1 & 30 & -180 & 180 \end{array}\right) \curvearrowright \left(\begin{array}{ccc|ccc} 1 & \frac{1}{2} & \frac{1}{3} & 1 & 0 & 0 \\ 0 & 1 & 0 & -36 & 192 & -180 \\ 0 & 0 & 1 & 30 & -180 & 180 \end{array}\right)$$

$$\curvearrowright \left(\begin{array}{ccc|ccc} 1 & 0 & 0 & 9 & -36 & 30 \\ 0 & 1 & 0 & -36 & 192 & -180 \\ 0 & 0 & 1 & 30 & -180 & 180 \end{array}\right)$$

Somit ist $H_3^{-1} = \begin{pmatrix} 9 & -36 & 30 \\ -36 & 192 & -180 \\ 30 & -180 & 180 \end{pmatrix}$.

Anmerkung: Berechnungen mit Matrizen, wie etwa das Lösen von linearen Gleichungssystemen, sind in der Praxis wegen einer sehr großen Anzahl an Unbekannten meist sehr aufwendig und werden mit Computern ausgeführt. Dabei können numerische Probleme wie sehr kleine Nenner oder Differenzen sehr großer Zahlen auftreten. Die Hilbert-Matrizen H_n sind in diesem Sinne schwierige Matrizen, schon die Determinante von H_5 ist mit

$$\det H_5 = \frac{1}{266716800000}$$

sehr klein, die Determinanten der höheren Hilbert-Matrizen sind noch sehr viel kleiner. Entsprechend groß sind die Elemente der inversen Matrizen. Die Hilbert-Matrizen werden daher zum Testen numerischer Algorithmen benutzt.

3.33 Wir rechnen mit $N^k = 0$ aus

$$(E-N)(E+N+N^2+\cdots N^{k-1}) = E+N+N^2+\cdots N^{k-1} - (N+N^2+\cdots N^{k-1}) = E$$

und

$$(E+N+N^2+\cdots N^{k-1})(E-N) = E+N+N^2+\cdots N^{k-1} - (N+N^2+\cdots N^{k-1}) = E\,;$$

das bedeutet $E+N+N^2+\cdots N^{k-1}$ ist invers zu $E-N$. Weiter ist

$$N = \begin{pmatrix} 0 & 1 & 0 & 0 \\ 0 & 0 & 1 & 0 \\ 0 & 0 & 0 & 1 \\ 0 & 0 & 0 & 0 \end{pmatrix} \quad N^2 = \begin{pmatrix} 0 & 0 & 1 & 0 \\ 0 & 0 & 0 & 1 \\ 0 & 0 & 0 & 0 \\ 0 & 0 & 0 & 0 \end{pmatrix} \quad N^3 = \begin{pmatrix} 0 & 0 & 0 & 1 \\ 0 & 0 & 0 & 0 \\ 0 & 0 & 0 & 0 \\ 0 & 0 & 0 & 0 \end{pmatrix} \quad N^4 = 0\,.$$

Somit ist N nilpotent und es gilt

$$(E-N)^{-1} = E+N+N^2+N^3 = \begin{pmatrix} 1 & 1 & 1 & 1 \\ 0 & 1 & 1 & 1 \\ 0 & 0 & 1 & 1 \\ 0 & 0 & 0 & 1 \end{pmatrix}.$$

Anmerkung: Man beachte die Analogie zur geometrischen Reihe.

3.34 Wir berechnen die Inverse von A mit dem Algorithmus von Gauß:

$$\left(\begin{array}{ccc|ccc} 3 & -1 & 1 & 1 & 0 & 0 \\ -15 & 6 & -5 & 0 & 1 & 0 \\ 5 & -2 & 2 & 0 & 0 & 1 \end{array}\right) \curvearrowright \left(\begin{array}{ccc|ccc} 1 & -\frac{1}{3} & \frac{1}{3} & \frac{1}{3} & 0 & 0 \\ 0 & 1 & 0 & 5 & 1 & 0 \\ 0 & 0 & 1 & 0 & 1 & 3 \end{array}\right) \curvearrowright \left(\begin{array}{ccc|ccc} 1 & 0 & 0 & 2 & 0 & -1 \\ 0 & 1 & 0 & 5 & 1 & 0 \\ 0 & 0 & 1 & 0 & 1 & 3 \end{array}\right)$$

Es ist

$$A^{-1} = \begin{pmatrix} 2 & 0 & -1 \\ 5 & 1 & 0 \\ 0 & 1 & 3 \end{pmatrix} \quad \text{und} \quad \vec{x} = A^{-1}\vec{b} = \begin{pmatrix} 2 & 0 & -1 \\ 5 & 1 & 0 \\ 0 & 1 & 3 \end{pmatrix} \begin{pmatrix} 1 \\ 2 \\ -5 \end{pmatrix} = \begin{pmatrix} 7 \\ 7 \\ -13 \end{pmatrix}.$$

3.35 i) Für $n=0$ und $n=1$ ist die Behauptung richtig, „$n \Rightarrow n+1$“: Es ist

$$A^{n+1} = A \cdot A^n = \begin{pmatrix} 1 & 0 \\ 2 & 1 \end{pmatrix} \cdot \begin{pmatrix} 1 & 0 \\ 2n & 1 \end{pmatrix} = \begin{pmatrix} 1 & 0 \\ 2+2n & 1 \end{pmatrix}.$$

ii) Da die Addition von Matrizen elementweise erfolgt, ist

$$\exp(A) = \sum_{n=0}^{\infty} \frac{1}{n!} A^n = \sum_{n=0}^{\infty} \frac{1}{n!} \begin{pmatrix} 1 & 0 \\ 2n & 1 \end{pmatrix} = \begin{pmatrix} \sum_{n=0}^{\infty} \frac{1}{n!} & 0 \\ \sum_{n=1}^{\infty} \frac{2}{(n-1)!} & \sum_{n=0}^{\infty} \frac{1}{n!} \end{pmatrix} = \begin{pmatrix} \mathrm{e} & 0 \\ 2\mathrm{e} & \mathrm{e} \end{pmatrix}.$$

iii) Es ist $I^2 = -E$ und daher $I^{2k} = (I^2)^k = (-E)^k = (-1)^k E$ und $I^{2k+1} = I^{2k} \cdot I = (-1)^k I$ für $k = 0,1,2,\ldots$ Wir berechnen dann

$$
\begin{aligned}
\exp(tI) &= \sum_{n=0}^{\infty} \frac{1}{n!} t^n I^n = \sum_{\substack{n=0 \\ n \text{ gerade}}}^{\infty} \frac{1}{n!} t^n I^n + \sum_{\substack{n=0 \\ n \text{ ungerade}}}^{\infty} \frac{1}{n!} t^n I^n \\
&= \sum_{k=0}^{\infty} \frac{1}{(2k)!} t^{2k} (-1)^k E + \sum_{k=0}^{\infty} \frac{1}{(2k+1)!} t^{2k+1} (-1)^k I \\
&= \cos t \, E + \sin t \, I = \begin{pmatrix} \cos t & -\sin t \\ \sin t & \cos t \end{pmatrix}.
\end{aligned}
$$

Übungen aus 3.3.1

3.36 Nach Bemerkung 3.14 ist die Determinante aus den Spalten der Vektoren $\vec{a}^1, \vec{a}^2$ und $\vec{a}^3$ zu berechnen:

$$
\begin{vmatrix} 10 & -11 & 2 \\ -5 & -2 & 14 \\ 10 & 10 & 5 \end{vmatrix} = \begin{vmatrix} 0 & -15 & 30 \\ -5 & -2 & 14 \\ 0 & 6 & 33 \end{vmatrix} = 5(-495 - 180) = -3375 \neq 0.
$$

Da diese Determinante $\neq 0$ ist, bilden die drei Vektoren eine Basis des $\mathbb{R}^3$. Wir suchen Skalare x_1, x_2 und x_3, die $x_1\vec{a}^1 + x_2\vec{a}^2 + x_3\vec{a}^3 = \vec{e}^1$ erfüllen, also die Lösungen des linearen Gleichungssystems

$$
\begin{aligned}
10x_1 - 11x_2 + 2x_3 &= 1 \\
-5x_1 - 2x_2 + 14x_3 &= 0 \\
10x_1 + 10x_2 + 5x_3 &= 0.
\end{aligned}
$$

Dieses lösen wir mit dem Gauß-Algorithmus

$$
\left(\begin{array}{ccc|c} -5 & -2 & 14 & 0 \\ 10 & -11 & 2 & 1 \\ 10 & 10 & 5 & 0 \end{array}\right) \curvearrowright \left(\begin{array}{ccc|c} -5 & -2 & 14 & 0 \\ 0 & -15 & 30 & 1 \\ 0 & -21 & 3 & -1 \end{array}\right) \curvearrowright \left(\begin{array}{ccc|c} -5 & -2 & 14 & 0 \\ 0 & 1 & -2 & -\frac{1}{15} \\ 0 & 0 & 45 & \frac{6}{15} \end{array}\right).
$$

Wir lesen ab: $x_3 = \dfrac{2}{225}$, $x_2 = -\dfrac{11}{225}$ und $x_1 = \dfrac{10}{225}$.

3.37 Die Dimension von V ist 5, die Polynome $1, x, x^2, x^3$ und x^4 bilden einen Basis. Vorbemerkung: Es sei $a > 0$. Eine Funktion $f\colon [-a,a] \to \mathbb{R}$ heißt *gerade*, wenn $f(-x) = f(x)$ für alle $x \in [-a,a]$ und *ungerade*, wenn $f(-x) = -f(x)$ für alle $x \in [-a,a]$. Wir konstatieren

$$
\int_{-a}^{a} f(x)\,dx = \begin{cases} 2\displaystyle\int_0^a f(x)\,dx & \text{falls } f \text{ gerade} \\ 0 & \text{falls } f \text{ ungerade} \end{cases}.
$$

Die Polynome $P_0(x)$, $P_2(x)$ und $P_4(x)$ sind gerade, die Polynome $P_1(x)$ und $P_3(x)$ sind ungerade; damit ist $P_k(x)P_\ell(x)$ ungerade und also $\langle P_k, P_\ell \rangle = 0$ wenn ein Index gerade und ein Index ungerade ist. Somit ist nur $\langle P_k, P_\ell \rangle$ zu untersuchen, wenn beide Indizes gerade oder beide Indizes ungerade sind.

$$\langle P_0,P_2\rangle = 2\int_0^1 (\frac{3}{2}x^2 - \frac{1}{2})\,dx = \int_0^1 (3x^2-1)\,dx = \Big[x^3 - x\Big]_0^1 = 0$$

$$\langle P_0,P_4\rangle = 2\int_0^1 (\frac{35}{8}x^4 - \frac{30}{8}x^2 + \frac{3}{8})dx = \frac{1}{4}\int_0^1 (35x^4 - 30x^2 + 3)\,dx$$
$$= \frac{1}{4}\Big[7x^5 - 10x^3 + 3x\Big]_0^1 = 0$$

$$\langle P_1,P_3\rangle = 2\int_0^1 x(\frac{5}{2}x^3 - \frac{3}{2}x)\,dx = \int_0^1 (5x^4 - 3x^2)\,dx = \Big[x^5 - x^3\Big]_0^1 = 0$$

$$\langle P_2,P_4\rangle = 2\int_0^1 (\frac{3}{2}x^2 - \frac{1}{2})(\frac{35}{8}x^4 - \frac{30}{8}x^2 + \frac{3}{8})\,dx = \frac{1}{8}\int_0^1 (105x^6 - 125x^4 + 39x^2 - 3)\,dx$$
$$= \frac{1}{8}\Big[15x^7 - 25x^5 + 13x^3 - 3x\Big]_0^1 = 0\,.$$

Die Darstellung von x^3 in der Basis der Legendre-Polynome ist $x^3 = \frac{2}{5}(\frac{5}{2}x^3 - \frac{3}{2}x) + \frac{3}{5}x = \frac{2}{5}P_3(x) + \frac{3}{5}P_1(x)$.

Übungen aus 3.3.2

3.38 Wir wissen: In den Spalten der Matrix stehen die Koordinaten der Bilder der Basisvektoren. Wir berechnen also

$$TP_0 = T\,1 = 0 \quad TP_1 = T\,x = 1 = P_0 \quad TP_2 = 3x = 3P_1 \quad TP_3 = \frac{15}{2}x^2 - \frac{3}{2} = 5P_2 + P_0$$
$$TP_4 = \frac{35}{2}x^3 - \frac{15}{2}x = 7P_3 + 3P_1$$

und finden so die Matrix

$$B = \begin{pmatrix} 0 & 1 & 0 & 1 & 0 \\ 0 & 0 & 3 & 0 & 3 \\ 0 & 0 & 0 & 5 & 0 \\ 0 & 0 & 0 & 0 & 7 \\ 0 & 0 & 0 & 0 & 0 \end{pmatrix}$$

Nach Übung 3.37 hat das Polynom $P(x) = x^3$ die Koordinatenspalte $\vec{x} = \begin{pmatrix} 0 \\ \frac{3}{5} \\ 0 \\ \frac{2}{5} \\ 0 \end{pmatrix}$; somit ergibt sich für die Koordinatenspalte von TP

$$B\vec{x} = \begin{pmatrix} 0&1&0&1&0\\ 0&0&3&0&3\\ 0&0&0&5&0\\ 0&0&0&0&7\\ 0&0&0&0&0 \end{pmatrix} \begin{pmatrix} 0\\ \frac{3}{5}\\ 0\\ \frac{2}{5}\\ 0 \end{pmatrix} = \begin{pmatrix} 1\\ 0\\ 2\\ 0\\ 0 \end{pmatrix} \quad \text{und weiter } P'(x) = TP(x) = P_0(x) + 2P_2(x) = 3x^2 .$$

Übungen aus 3.3.3

3.39 Wir berufen uns auf Bemerkung 3.14 und haben die Determinante aus den Spalten $\vec{b}^1, \vec{b}^2, \vec{b}^3$ zu prüfen:

$$\begin{vmatrix} 1&1&0\\ 1&1&1\\ 1&0&2 \end{vmatrix} = \begin{vmatrix} 1&1&0\\ 0&0&1\\ 0&-1&2 \end{vmatrix} = -\begin{vmatrix} 1&1&0\\ 0&-1&2\\ 0&0&1 \end{vmatrix} = 1 \neq 0$$

Somit bilden die Vektoren $\vec{b}^1, \vec{b}^2, \vec{b}^3$ eine neue Basis des $\mathbb{R}^3$. Die Transformationsmatrizen sind

$$W = \begin{pmatrix} 1&1&0\\ 1&1&1\\ 1&0&2 \end{pmatrix} \quad \text{und} \quad U = W^{-1} = \begin{pmatrix} 2&-2&1\\ -1&2&-1\\ -1&1&0 \end{pmatrix} .$$

Die Koordinaten von $\vec{x}$ in der neuen Basis sind

$$\vec{x}^b = U\vec{x} = \begin{pmatrix} 2&-2&1\\ -1&2&-1\\ -1&1&0 \end{pmatrix} \begin{pmatrix} 1\\ 2\\ 3 \end{pmatrix} = \begin{pmatrix} 1\\ 0\\ 1 \end{pmatrix} .$$

3.40 Jeder der Vektoren $\vec{a}^1, \vec{a}^2, \vec{a}^3$ hat Länge 15, die normierten Vektoren

$$\vec{b}^1 = \frac{1}{15}\vec{a}^1 = \begin{pmatrix} \frac{2}{3}\\ -\frac{1}{3}\\ \frac{2}{3} \end{pmatrix}, \qquad \vec{b}^2 = \frac{1}{15}\vec{a}^2 = \begin{pmatrix} -\frac{11}{15}\\ -\frac{2}{15}\\ \frac{10}{15} \end{pmatrix}, \qquad \vec{b}^3 = \frac{1}{15}\vec{a}^3 = \begin{pmatrix} \frac{2}{15}\\ \frac{14}{15}\\ \frac{5}{15} \end{pmatrix}$$

bilden eine Orthonormalbasis des $\mathbb{R}^3$. Für die Transformationsmatrizen ergibt sich

$$U = \begin{pmatrix} \frac{2}{3}&-\frac{11}{15}&\frac{2}{15}\\ -\frac{1}{3}&-\frac{2}{15}&\frac{14}{15}\\ \frac{2}{3}&\frac{10}{15}&\frac{5}{15} \end{pmatrix} \quad W = U^T = \begin{pmatrix} \frac{2}{3}&-\frac{1}{3}&\frac{2}{3}\\ -\frac{11}{15}&-\frac{2}{15}&\frac{10}{15}\\ \frac{2}{15}&\frac{14}{15}&\frac{5}{15} \end{pmatrix} \quad \text{und} \quad \vec{x}^b = U\vec{x} = \begin{pmatrix} 1\\ -\frac{1}{5}\\ \frac{7}{5} \end{pmatrix}$$

für die neuen Koordinaten von $\vec{x}$.

Übungen aus 3.4.1

3.41 Wir berechnen das charakteristische Polynom:

$$P(\lambda) = \begin{vmatrix} 1-\lambda & -1 & 0 \\ 2 & 3-\lambda & 2 \\ 1 & 1 & 2-\lambda \end{vmatrix} = (1-\lambda)\big((3-\lambda)(2-\lambda)-2\big)+1(4-2\lambda-2)$$
$$= (1-\lambda)(\lambda^2-5\lambda+6)$$

Die Eigenwerte sind $\lambda_1 = 1$, $\lambda_2 = 2$ und $\lambda_3 = 3$. Die zugehörigen Eigenvektoren bestimmen wir jeweils mit dem Gauß-Algorithmus.
Zu $\lambda_1 = 1$:

$$\begin{pmatrix} 0 & -1 & 0 \\ 2 & 2 & 2 \\ 1 & 1 & 1 \end{pmatrix} \curvearrowright \begin{pmatrix} 1 & 1 & 1 \\ 0 & 1 & 0 \\ 0 & 0 & 0 \end{pmatrix}$$

Wir wählen $x_3 = 1$ und finden $x_2 = 0$ sowie $x_1 = -1$. Ein Eigenvektor ist $\vec{x} = \begin{pmatrix} -1 \\ 0 \\ 1 \end{pmatrix}$.

Zu $\lambda_2 = 2$:

$$\begin{pmatrix} -1 & -1 & 0 \\ 2 & 1 & 2 \\ 1 & 1 & 0 \end{pmatrix} \curvearrowright \begin{pmatrix} 1 & 1 & 0 \\ 0 & -1 & 2 \\ 0 & 0 & 0 \end{pmatrix}$$

Wir wählen $x_3 = 1$ und finden $x_2 = 2$ sowie $x_1 = -2$. Ein Eigenvektor ist $\vec{x} = \begin{pmatrix} -2 \\ 2 \\ 1 \end{pmatrix}$.

Zu $\lambda_3 = 3$:

$$\begin{pmatrix} -2 & -1 & 0 \\ 2 & 0 & 2 \\ 1 & 1 & -1 \end{pmatrix} \curvearrowright \begin{pmatrix} 1 & 1 & -1 \\ 0 & -1 & 2 \\ -2 & -1 & 0 \end{pmatrix} \curvearrowright \begin{pmatrix} 1 & 1 & -1 \\ 0 & 1 & -2 \\ 0 & 0 & 0 \end{pmatrix}$$

Wir wählen $x_3 = 1$ und finden $x_2 = 2$ sowie $x_1 = -1$. Ein Eigenvektor ist $\vec{x} = \begin{pmatrix} -1 \\ 2 \\ 1 \end{pmatrix}$.

3.42 Wir berechnen das charakteristische Polynom:

$$P(\lambda) = \begin{vmatrix} -6-\lambda & 5 & 3 \\ -8 & 7-\lambda & 4 \\ -2 & 1 & 1-\lambda \end{vmatrix} = \begin{vmatrix} -6-\lambda & 5 & 3 \\ 0 & 3-\lambda & 4\lambda \\ -2 & 1 & 1-\lambda \end{vmatrix}$$
$$= -(6+\lambda)\big((3-\lambda)(1-\lambda)-4\lambda\big)-2(20\lambda-9+3\lambda)$$

$$= -\lambda^3 + 2\lambda^2 - \lambda = \lambda(\lambda - 1)^2$$

Die Eigenwerte sind $\lambda_1 = 0$ und $\lambda_2 = 1$. Eigenvektor zu λ_1:

$$\begin{pmatrix} -6 & 5 & 3 \\ -8 & 7 & 4 \\ -2 & 1 & 1 \end{pmatrix} \curvearrowright \begin{pmatrix} 0 & 2 & 0 \\ 0 & 3 & 0 \\ -2 & 1 & 1 \end{pmatrix} \curvearrowright \begin{pmatrix} -2 & 1 & 1 \\ 0 & 1 & 0 \\ 0 & 0 & 0 \end{pmatrix}$$

Wir wählen $x_3 = 2$, dann ist $x_2 = 0$ und $x_1 = 1$. Ein Eigenvektor ist $\vec{x} = \begin{pmatrix} 1 \\ 0 \\ 2 \end{pmatrix}$.

Eigenvektor zu λ_2:

$$\begin{pmatrix} -7 & 5 & 3 \\ -8 & 6 & 4 \\ -2 & 1 & 0 \end{pmatrix} \curvearrowright \begin{pmatrix} 1 & 1 & 3 \\ 0 & 2 & 4 \\ -2 & 1 & 0 \end{pmatrix} \curvearrowright \begin{pmatrix} 1 & 1 & 3 \\ 0 & 1 & 2 \\ 0 & 3 & 6 \end{pmatrix} \curvearrowright \begin{pmatrix} 1 & 1 & 3 \\ 0 & 1 & 2 \\ 0 & 0 & 0 \end{pmatrix}$$

Wir wählen $x_3 = -1$, dann ist $x_2 = 2$ und $x_1 = 1$. Ein Eigenvektor ist $\vec{x} = \begin{pmatrix} 1 \\ 2 \\ -1 \end{pmatrix}$.

3.43 Das charakteristische Polynom ist

$$P(\lambda = \begin{vmatrix} 3-\lambda & 0 & 0 \\ 1 & 2-\lambda & -5 \\ 1 & 1 & -2-\lambda \end{vmatrix} = (3-\lambda)\begin{vmatrix} 2-\lambda & -5 \\ 1 & -2-\lambda \end{vmatrix} = (3-\lambda)(\lambda^2+1).$$

Es gibt einen reellen Eigenwert $\lambda_1 = 3$ und zwei komplexe Eigenwerte $\lambda_2 = \mathrm{i}$ und $\lambda_3 = -\mathrm{i}$. (Eine Matrix mit drei Zeilen und Spalten hat immer mindestens einen reellen Eigenwert, warum?)
Eigenvektor zu λ_1:

$$\begin{pmatrix} 0 & 0 & 0 \\ 1 & -1 & -5 \\ 1 & 1 & -5 \end{pmatrix} \curvearrowright \begin{pmatrix} 1 & -1 & -5 \\ 0 & 2 & 0 \\ 0 & 0 & 0 \end{pmatrix} \curvearrowright \begin{pmatrix} 1 & -1 & -5 \\ 0 & 1 & 0 \\ 0 & 0 & 0 \end{pmatrix}$$

Wir wählen $x_3 = 1$, dann ist $x_2 = 0$ und $x_1 = 5$. Ein Eigenvektor ist $\vec{x} = \begin{pmatrix} 5 \\ 0 \\ 1 \end{pmatrix}$.

Eigenvektor zu $\lambda_2 = \mathrm{i}$. Wir gehen vor wie im Reellen. Wir dividieren die erste Zeile durch $3 - \mathrm{i}$ um oben links eine 1 zu erreichen, alsdann addieren wir das (-1)-fache der ersten Zeile zur zweiten und zur dritten Zeile:

$$\begin{pmatrix} 3-\mathrm{i} & 0 & 0 \\ 1 & 2-\mathrm{i} & -5 \\ 1 & 1 & -2-\mathrm{i} \end{pmatrix} \curvearrowright \begin{pmatrix} 1 & 0 & 0 \\ 1 & 2-\mathrm{i} & -5 \\ 1 & 1 & -2-\mathrm{i} \end{pmatrix} \curvearrowright \begin{pmatrix} 1 & 0 & 0 \\ 0 & 2-\mathrm{i} & -5 \\ 0 & 1 & -2-\mathrm{i} \end{pmatrix}$$

Wir vertauschen die zweite und die dritte Zeile, anschließend addieren wir das $(-2+\mathrm{i})$-fache der neuen zweiten Zeile zur dritten Zeile:

$$\begin{pmatrix} 1 & 0 & 0 \\ 0 & 1 & -2-\mathrm{i} \\ 0 & 2-\mathrm{i} & -5 \end{pmatrix} \curvearrowright \begin{pmatrix} 1 & 0 & 0 \\ 0 & 1 & -2-\mathrm{i} \\ 0 & 0 & 0 \end{pmatrix}$$

Wir wählen $x_3 = 1$, dann ist $x_2 = 2+\mathrm{i}$ und $x_1 = 0$. Ein Eigenvektor ist $\vec{x} = \begin{pmatrix} 0 \\ 2+\mathrm{i} \\ 1 \end{pmatrix}$.

Eigenvektor zu $\lambda_3 = -\mathrm{i}$: Wir gehen vor wie oben und erhalten $\vec{x} = \begin{pmatrix} 0 \\ 2-\mathrm{i} \\ 1 \end{pmatrix}$ als einen Eigenvektor.

3.44 Wenn die Matrix D eine Drehung im $\mathbb{R}^3$ beschreibt, ist die Eigenwertgleichung $D\vec{x} = \lambda\vec{x}$ nur möglich mit $\lambda = 1$ und $\vec{x}$ dem Vektor der Drehachse. Wir bestimmen das charakteristische Polynom

$$P(\lambda) = \begin{vmatrix} -\lambda & 0 & 1 \\ 1 & -\lambda & 0 \\ 0 & 1 & -\lambda \end{vmatrix} = (-\lambda)\begin{vmatrix} -\lambda & 0 \\ 1 & -\lambda \end{vmatrix} - \begin{vmatrix} 0 & 1 \\ 1 & -\lambda \end{vmatrix} = -\lambda^3 + 1 = -(\lambda-1)(\lambda^2+\lambda+1).$$

Da $\lambda^2+\lambda+1 = 0$ nur zwei komplexe Lösungen hat, gibt es nur den einen reellen Eigenwert $\lambda = 1$. Den zugehörige Eigenvektor, also den Vektor der Drehachse, bestimmen wir wie üblich

$$\begin{pmatrix} -1 & 0 & 1 \\ 1 & -1 & 0 \\ 0 & 1 & -1 \end{pmatrix} \curvearrowright \begin{pmatrix} 1 & 0 & -1 \\ 0 & 1 & -1 \\ 0 & 0 & 0 \end{pmatrix} \quad \text{zu} \quad \vec{x} = \begin{pmatrix} 1 \\ 1 \\ 1 \end{pmatrix}.$$

Man rechnet schließlich aus

$$D^2 = \begin{pmatrix} 0 & 1 & 0 \\ 0 & 0 & 1 \\ 1 & 0 & 0 \end{pmatrix} \quad \text{und} \quad D^3 = \begin{pmatrix} 1 & 0 & 0 \\ 0 & 1 & 0 \\ 0 & 0 & 1 \end{pmatrix} = E,$$

wegen $D^3 = D^2 \cdot D = E$ ist $D^{-1} = D^2$. Der Drehwinkel beträgt $120°$.

3.45 i) Für den Legendre-Operator L und Funktionen $f, g \in V$ sowie ein $\alpha \in \mathbb{R}$ gilt

$$\begin{aligned} L(f+g)(x) &= (1-x^2)(f+g)''(x) - 2x(f+g)'(x) \\ &= (1-x^2)f''(x) + (1-x^2)g''(x) - 2xf'(x) - 2xg'(x) = Lf(x) + Lg(x) \end{aligned}$$

und

$$L(\alpha f)(x) = (1-x^2)(\alpha f)''(x) - 2(\alpha f)'(x) = \alpha(1-x^2)f''(x) - 2\alpha f'(x) = \alpha(Lf)(x)$$

ii) Nach Definition sind die Legendre-Polynome P_ℓ, $\ell = 0, 1, 2, \ldots$ Lösung der linearen DG

$$(1-x^2)y''(x) - 2xy'(x) + \ell(\ell+1)y(x) = 0;$$

erfüllen also $(LP_\ell)(x) = -\ell(\ell+1)P_\ell(x), x \in [-1,1]$. Für die ersten P_ℓ wollen wir das nachrechnen:

$$\begin{aligned} LP_0(x) &= L1(x) = 0 = 0 \cdot P_0(x) \\ LP_1(x) &= -2x = -(1 \cdot 2)P_1(x) \\ LP_2(x) &= 3(1-x^2) - 6x^2 = -9x^2 + 3 = -(2 \cdot 3)P_2(x) \\ LP_3(x) &= (1-x^2)15x - x(15x^2 - 3) = -30x^3 + 18x = -(3 \cdot 4)P_3(x) \\ LP_4(x) &= (1-x^2)(\frac{105}{2}x^2 - \frac{30}{4}) - 2x(\frac{35}{2}x^3 - \frac{30}{4}x) \\ &= -\frac{175}{2}x^4 + \frac{150}{2}x^2 - \frac{15}{2} = -(4 \cdot 5)P_4(x) \end{aligned}$$

3.46 i) Eine quadratische Matrix A ist nach Satz 3.1 oder Satz 3.2 genau dann invertierbar, wenn die Gleichung $A\vec{x} = 0$ nur die triviale Lösung $\vec{x} = 0$ zulässt, das heißt, genau dann, wenn die Zahl 0 kein Eigenwert ist. Ist dann λ ein Eigenwert, so gibt es einen Vektor $\vec{x} \neq 0$ mit $A\vec{x} = \lambda\vec{x}$. Es folgt $A^{-1}A\vec{x} = \vec{x} = \lambda A^{-1}\vec{x}$ oder $A^{-1}\vec{x} = \frac{1}{\lambda}\vec{x}$, das bedeutet, $\frac{1}{\lambda}$ ist Eigenwert von A^{-1} mit Eigenvektor $\vec{x}$.
ii) beweisen wir durch Induktion. Im Fall $k = 1$ ist nichts zu zeigen. Ist die Behauptung für ein $k \in \mathbb{N}$ richtig und ist λ Eigenwert von A zum Eigenvektor $\vec{x}$, so ist also λ^k Eigenwert von A^k zum Eigenvektor $\vec{x}$. Dann ist $A^{k+1}\vec{x} = A^kA\vec{x} = A^k(\lambda\vec{x}) = \lambda A^k\vec{x} = \lambda^{k+1}\vec{x}$.
iii) Ist λ Eigenwert von A zum Eigenvektor $\vec{x}$, so gilt nach ii):

$$\begin{aligned} P(A)\vec{x} &= \big(\alpha_0 E + \alpha_1 A + \cdots + \alpha_m A^m\big)\vec{x} = \alpha_0\vec{x} + \alpha_1 A\vec{x} + \cdots \alpha_m A^m\vec{x} \\ &= \alpha_0\vec{x} + \alpha_1\lambda\vec{x} + \cdots + \alpha_m\lambda^m\vec{x} = P(\lambda)\vec{x} \end{aligned}$$

Übungen aus 3.4.2

3.47 i) In den Spalten von A stehen die Koordinaten von $T(\vec{e}^1)$, $T(\vec{e}^2)$ und $T(\vec{e}^3)$, somit ist

$$A = \begin{pmatrix} 2 & -1 & 1 \\ -1 & 3 & 2 \\ 1 & 2 & 3 \end{pmatrix}$$

ii) Die gesuchte Orthonormalbasis besteht aus den Eigenvektoren von T. Diese sind zunächst zu bestimmen. Wir berechnen das charakteristische Polynom:

$$P(\lambda) = \begin{vmatrix} 2-\lambda & -1 & 1 \\ -1 & 3-\lambda & 2 \\ 1 & 2 & 3-\lambda \end{vmatrix} = \begin{vmatrix} 2-\lambda & -1 & 1 \\ 0 & 5-\lambda & 5-\lambda \\ 1 & 2 & 3-\lambda \end{vmatrix} = \begin{vmatrix} 2-\lambda & 0 & 1 \\ 0 & 10-2\lambda & 5-\lambda \\ 1 & 5-\lambda & 3-\lambda \end{vmatrix}$$
$$= (2-\lambda)\big((10-2\lambda)(3-\lambda)-(5-\lambda)^2\big)-(10-2\lambda)$$
$$= -\lambda^3+8\lambda^2-15\lambda = -\lambda(\lambda-3)(\lambda-5)$$

Die Eigenwerte sind $\lambda_1 = 0$, $\lambda_2 = 3$ und $\lambda_3 = 5$. Die zugehörigen Eigenvektoren bestimmen wir jeweils mit dem Gauß-Algorithmus.
Zu $\lambda_1 = 0$:

$$\begin{pmatrix} 2 & -1 & 1 \\ -1 & 3 & 2 \\ 1 & 2 & 3 \end{pmatrix} \curvearrowright \begin{pmatrix} 1 & 2 & 3 \\ 0 & 5 & 5 \\ 0 & -5 & -5 \end{pmatrix} \curvearrowright \begin{pmatrix} 1 & 2 & 3 \\ 0 & 1 & 1 \\ 0 & 0 & 0 \end{pmatrix}$$

Wir wählen $x_3 = 1$ und finden $x_2 = -1$ sowie $x_1 = -1$. Ein Eigenvektor ist $\vec{x} = \begin{pmatrix} -1 \\ -1 \\ 1 \end{pmatrix}$;

dieser wird normiert zu $\vec{b}^1 = \begin{pmatrix} -\frac{1}{\sqrt{3}} \\ -\frac{1}{\sqrt{3}} \\ \frac{1}{\sqrt{3}} \end{pmatrix}$.

Zu $\lambda_2 = 3$:

$$\begin{pmatrix} -1 & -1 & 1 \\ -1 & 0 & 2 \\ 1 & 2 & 0 \end{pmatrix} \curvearrowright \begin{pmatrix} 1 & 2 & 0 \\ 0 & 1 & 1 \\ 0 & 2 & 2 \end{pmatrix} \curvearrowright \begin{pmatrix} 1 & 2 & 0 \\ 0 & 1 & 1 \\ 0 & 0 & 0 \end{pmatrix}$$

Wir wählen $x_3 = 1$ und finden $x_2 = -1$ sowie $x_1 = 2$. Ein Eigenvektor ist $\vec{x} = \begin{pmatrix} 2 \\ -1 \\ 1 \end{pmatrix}$;

dieser wird normiert zu $\vec{b}^2 = \begin{pmatrix} \frac{2}{\sqrt{6}} \\ -\frac{1}{\sqrt{6}} \\ \frac{1}{\sqrt{6}}. \end{pmatrix}$.

Zu $\lambda_3 = 5$:

$$\begin{pmatrix} -3 & -1 & 1 \\ -1 & -2 & 2 \\ 1 & 2 & -2 \end{pmatrix} \curvearrowright \begin{pmatrix} -3 & -1 & 1 \\ 1 & 2 & -2 \\ 0 & 0 & 0 \end{pmatrix} \curvearrowright \begin{pmatrix} 1 & 2 & -2 \\ 0 & 5 & -5 \\ 0 & 0 & 0 \end{pmatrix}$$

Wir wählen $x_3 = 1$ und finden $x_2 = 1$ sowie $x_1 = 0$. Ein Eigenvektor ist $\vec{x} = \begin{pmatrix} 0 \\ 1 \\ 1 \end{pmatrix}$; dieser wird normiert zu $\vec{b}^3 = \begin{pmatrix} 0 \\ \frac{1}{\sqrt{2}} \\ \frac{1}{\sqrt{2}}. \end{pmatrix}$. Bezüglich der Orthonormalbasis

$$\vec{b}^1 = \begin{pmatrix} -\frac{1}{\sqrt{3}} \\ -\frac{1}{\sqrt{3}} \\ \frac{1}{\sqrt{3}} \end{pmatrix}, \vec{b}^2 = \begin{pmatrix} \frac{2}{\sqrt{6}} \\ -\frac{1}{\sqrt{6}} \\ \frac{1}{\sqrt{6}}. \end{pmatrix}, \vec{b}^3 = \begin{pmatrix} 0 \\ \frac{1}{\sqrt{2}} \\ \frac{1}{\sqrt{2}}. \end{pmatrix} \quad \text{gehört zu } T \text{ die Matrix } B = \begin{pmatrix} 0 & 0 & 0 \\ 0 & 3 & 0 \\ 0 & 0 & 5 \end{pmatrix}.$$

iii) Die Transformationsmatrizen sind

$$W = \begin{pmatrix} -\frac{1}{\sqrt{3}} & \frac{2}{\sqrt{6}} & 0 \\ -\frac{1}{\sqrt{3}} & -\frac{1}{\sqrt{6}} & \frac{1}{\sqrt{2}} \\ \frac{1}{\sqrt{3}} & \frac{1}{\sqrt{6}} & \frac{1}{\sqrt{2}} \end{pmatrix} \quad \text{und} \quad W^{-1} = \begin{pmatrix} -\frac{1}{\sqrt{3}} & -\frac{1}{\sqrt{3}} & \frac{1}{\sqrt{3}} \\ \frac{2}{\sqrt{6}} & -\frac{1}{\sqrt{6}} & \frac{1}{\sqrt{6}} \\ 0 & \frac{1}{\sqrt{2}} & \frac{1}{\sqrt{2}} \end{pmatrix}.$$

3.48 Für $f, g \in V$ ist nach der Regel von der partiellen Integration 1.9

$$\begin{aligned}
\langle Lf, g\rangle &= \int_{-1}^{1} (Lf)(x)g(x)\,dx = \int_{1}^{1} \frac{d}{dx}\big((1-x^2)f'(x)\big)g(x)\,dx \\
&= \Big[(1-x^2)f'(x)\,g(x)\Big]_{-1}^{1} - \int_{-1}^{1} (1-x^2)f'(x)g'(x)\,dx \\
&= -\int_{-1}^{1} (1-x^2)f'(x)g'(x)\,dx \qquad \text{und} \\
\langle f, Lg\rangle &= \int_{-1}^{1} f(x)(Lg)(x)\,dx = \int_{-1}^{1} f(x)\frac{d}{dx}\big((1-x^2)g'(x)\big)\,dx \\
&= \Big[f(x)\,(1-x^2)g'(x)\Big]_{-1}^{1} - \int_{-1}^{1} f'(x)\,(1-x^2)g'(x)\,dx \\
&= -\int_{-1}^{1} (1-x^2)f'(x)g'(x)\,dx.
\end{aligned}$$

3.49 Zunächst sind die Elemente der Matrix J zu berechnen. Da die vier Atome in der x-y-Ebene liegen, sind alle $z_i = 0$ und es ist $J_{11} + J_{22} = J_{33}$. Stickstoff hat die Atommasse 14 u und Fluor hat die Atommasse 19 u. Damit ergibt sich

$$\begin{array}{lll}
J_{11} = 58.4288 & J_{12} = 54.1880 & J_{13} = 0 \\
J_{12} = 54.1880 & J_{22} = 61.0182 & J_{23} = 0 \\
J_{13} = 0 & J_{32} = 0 & J_{33} = 119.4470.
\end{array}$$

Das charakteristische Polynom ist

$$P(\lambda) = \begin{vmatrix} 58.4228-\lambda & 54.1880 & 0 \\ 54.1880 & 61.0182-\lambda & 0 \\ 0 & 0 & 119.4470-\lambda \end{vmatrix}$$
$$= (119.4470-\lambda)(\lambda^2 - 119.4470\lambda + 628.8809)\,.$$

Die Nullstellen, also die Eigenwerte von J oder die Hauptträgheitsmomente sind

$$\lambda_1 = 119.4470, \qquad \lambda_2 = 5.5200, \qquad \lambda_3 = 113.9270\,.$$

Die zugehörigen Eigenvektoren – also die Hauptträgheitsachsen – bestimmen wir wie immer mit dem Gauß-Algorithmus.
Eigenvektor zu λ_1:

$$\begin{pmatrix} -61.0182 & 54.1880 & 0 \\ 54.1880 & -58.4288 & 0 \\ 0 & 0 & 0 \end{pmatrix} \curvearrowright \begin{pmatrix} 1 & -0.881 & 0 \\ 0 & -10.3064 & 0 \\ 0 & 0 & 0 \end{pmatrix} \curvearrowright \begin{pmatrix} 1 & -0.881 & 0 \\ 0 & 1 & 0 \\ 0 & 0 & 0 \end{pmatrix}$$

Ein Eigenvektor ist somit $\vec{x} = \begin{pmatrix} 0 \\ 0 \\ 1 \end{pmatrix} = \vec{e}^3$. Eigenvektor zu λ_2:

$$\begin{pmatrix} 52.9088 & 54.1880 & 0 \\ 54.1880 & 55.4982 & 0 \\ 0 & 0 & 113.9270 \end{pmatrix} \curvearrowright \begin{pmatrix} 1 & 1.0242 & 0 \\ 0 & 0 & 0 \\ 0 & 0 & 1 \end{pmatrix} \quad \text{Eigenvektor ist} \begin{pmatrix} -1.0242 \\ 1 \\ 0 \end{pmatrix}.$$

Eigenvektor zu λ_3:

$$\begin{pmatrix} -55.4982 & 54.1880 & 0 \\ 54.1880 & -52.9088 & 0 \\ 0 & 0 & 5.5200 \end{pmatrix} \curvearrowright \begin{pmatrix} 1 & -0.9764 & 0 \\ 0 & 0 & 0 \\ 0 & 0 & 1 \end{pmatrix} \quad \text{Eigenvektor ist} \begin{pmatrix} 0.9764 \\ 1 \\ 0 \end{pmatrix}.$$

Die drei Eigenvektoren oder Hauptträgheitsachsen stehen aufeinander senkrecht, wie es gemäß Bemerkung 3.24 und Satz 3.4 sein muss, da die Matrix symmetrisch ist.
Die dritte Hauptträgheitsachse ist $\vec{e}^3$, sie geht durch den Nullpunkt = Schwerpunkt und steht auf der x,y-Ebene senkrecht, ist also in der Skizze rechts nicht sichtbar.

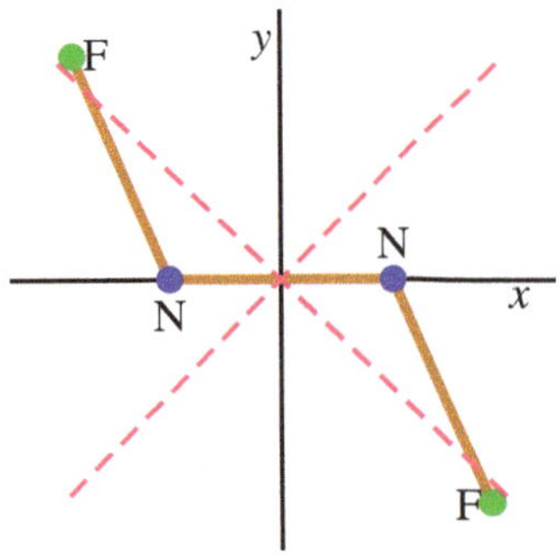

3.50 Für zwei Funktionen $f,g \in V$ rechnen wir aus

$$\begin{aligned}\langle Tf,g\rangle &= -\int_{-\infty}^{\infty}(f''(x))^* g(x)\,dx = -\int_{-\infty}^{\infty}(f^*)''(x)g(x)\,dx \\ &= -\Big[(f^*)'(x)g(x)\Big]_a^b + \int_{-\infty}^{\infty}(f^*)'(x)g'(x)\,dx = \int_{-\infty}^{\infty}(f^*)'(x)g'(x)\,dx \qquad \text{und} \\ \langle f,Tg\rangle &= -\int_{-\infty}^{\infty}f^*(x)g''(x)\,dx = \Big[f^*(x)g'(x)\Big]_a^b + \int_{-\infty}^{\infty}(f^*)'(x)g'(x)\,dx \\ &= \int_{-\infty}^{\infty}(f^*)'(x)g'(x)\,dx,\end{aligned}$$

falls a so klein und b so groß gewählt wird, dass alle beteiligten Funktionen in diesen Punkten verschwinden.

3.51 Das charakteristische Polynom von A ist

$$P(\lambda) = \begin{vmatrix} 2-\lambda & 1-2\mathrm{i} \\ 1+2\mathrm{i} & 6-\lambda \end{vmatrix} = (2-\lambda)(6-\lambda) - (1-2\mathrm{i})(1+2\mathrm{i}) = \lambda^2 - 8\lambda + 7.$$

Die Nullstellen von $P(\lambda)$, also die Eigenwerte von A sind $\lambda_1 = 1$ und $\lambda_2 = 7$. Eigenvektor zu $\lambda_1 = 1$:

$$\begin{pmatrix} 1 & 1-2\mathrm{i} \\ 1+2\mathrm{i} & 5 \end{pmatrix} \curvearrowright \begin{pmatrix} 1 & 1-2\mathrm{i} \\ 0 & 0 \end{pmatrix},$$

dabei haben wir das $-(1+2\mathrm{i})$-fache der ersten Zeile zur zweiten addiert. Mit der Wahl $x_2 = 1$ erhalten wir den Eigenvektor

$$\begin{pmatrix} -1+2\mathrm{i} \\ 1 \end{pmatrix}, \quad \text{den wir noch zu} \quad \vec{u} := \frac{1}{\sqrt{6}}\begin{pmatrix} -1+2\mathrm{i} \\ 1 \end{pmatrix} \quad \text{normieren.}$$

Eigenvektor zu $\lambda_2 = 7$:

$$\begin{pmatrix} -5 & 1-2\mathrm{i} \\ 1+2\mathrm{i} & -1 \end{pmatrix} \curvearrowright \begin{pmatrix} 1 & -\frac{1}{5}(1-2\mathrm{i}) \\ 1+2\mathrm{i} & -1 \end{pmatrix} \curvearrowright \begin{pmatrix} 1 & -\frac{1}{5}(1-2\mathrm{i}) \\ 0 & 0 \end{pmatrix}$$

Mit der Wahl $x_2 = 5$ erhalten wir den Eigenvektor

$$\begin{pmatrix} 1-2\mathrm{i} \\ 5 \end{pmatrix}, \quad \text{den wir noch zu} \quad \vec{v} := \frac{1}{\sqrt{30}}\begin{pmatrix} 1-2\mathrm{i} \\ 5 \end{pmatrix} \quad \text{normieren.}$$

Wir überzeugen uns noch davon, dass $\vec{u}$ und $\vec{v}$ orthogonal sind:

$$\vec{u}\cdot\vec{v} = u_1^* v_1 + u_2^* v_2 = \frac{1}{\sqrt{180}}\big((-1-2\mathrm{i})(1-2\mathrm{i}) + 5\big) = 0.$$

Übungen aus 3.5.1

3.52 Man setzt $x_1 = y$, $x_2 = \dot{y}$, $x_3 = \ddot{y}$ und erhält das DGSystem

$$\dot{x}_1 = x_2, \quad \dot{x}_2 = x_3, \quad \dot{x}_3 = 3x_1 - 4x_3 + t(t^2 - 1) \quad \text{oder} \quad \dot{\vec{x}} = \begin{pmatrix} x_2 \\ x_3 \\ 3x_1 - 4x_3 + t(1 - t^2) \end{pmatrix}.$$

3.53 Man wandelt die DG n-ter Ordnung wie im Text beschrieben in ein DGSystem $\dot{\vec{x}} = \vec{f}(t, \vec{x})$ um wendet den Existenz- und Eindeutigkeitssatz für DGSysteme (Satz 3.5) an.

Übungen aus 3.5.2

3.54 i) Es sind die Nullstellen der Funktion

$$\vec{f}(x,y) = \begin{pmatrix} -x + x^2 - 2xy \\ 4y - 2y^2 - 5xy \end{pmatrix} = \begin{pmatrix} x(-1 + x - 2y) \\ y(4 - 2y - 5x) \end{pmatrix} \quad \text{für alle } (x,y) \in \mathbb{R}^2$$

zu bestimmen. Wir erhalten

$$x = 0, y = 0 \qquad x = 0, y = 2 \qquad y = 0, x = 1 \qquad x = \frac{5}{6}, y = -\frac{1}{12}.$$

ii) Die Nullstelle der Funktion

$$\vec{f}(\vec{x}) = \begin{pmatrix} -x_1(1 + x_2^2) \\ x_2(2 + x_1^2) \\ 2 - x_3 + x_1^2 \end{pmatrix} \quad \text{für alle } \vec{x} = \begin{pmatrix} x_1 \\ x_2 \\ x_3 \end{pmatrix} \quad \text{ist} \quad \vec{x} = \begin{pmatrix} 0 \\ 0 \\ 2 \end{pmatrix}.$$

Übungen aus 3.5.3

3.55 Zunächst sind die Eigenwerte und Eigenvektoren der Matrix $\begin{pmatrix} 1 & 2 \\ -8 & 11 \end{pmatrix}$ zu bestimmen. Das charakteristische Polynom ist

$$\begin{vmatrix} 1 - \lambda & 2 \\ -8 & 11 - \lambda \end{vmatrix} = (1 - \lambda)(11 - \lambda) + 16 = \lambda^2 - 12\lambda + 27$$

mit den Nullstellen $\lambda_1 = 3$ und $\lambda_2 = 9$. Eigenvektor $\vec{u}^1$ zum Eigenwert $\lambda_1 = 3$:

$$\begin{pmatrix} -2 & 2 \\ -8 & 8 \end{pmatrix} \curvearrowright \begin{pmatrix} 1 & -1 \\ 0 & 0 \end{pmatrix} \quad \text{also etwa} \quad \vec{u}^1 = \begin{pmatrix} 1 \\ 1 \end{pmatrix}.$$

Eigenvektor $\vec{u}^2$ zum Eigenwert $\lambda_2 = 9$:

$$\begin{pmatrix} -8 & 2 \\ -8 & 2 \end{pmatrix} \curvearrowright \begin{pmatrix} 1 & -\frac{1}{4} \\ 0 & 0 \end{pmatrix} \quad \text{also etwa} \quad \vec{u}^2 = \begin{pmatrix} 1 \\ 4 \end{pmatrix}.$$

Eine Lösungsbasis ist dann

$$\vec{x}^1(t) = e^{\lambda_1 t}\vec{u}^1 = e^{3t}\begin{pmatrix} 1 \\ 1 \end{pmatrix} = \begin{pmatrix} e^{3t} \\ e^{3t} \end{pmatrix} \quad \text{und} \quad \vec{x}^2(t) = e^{\lambda_2 t}\vec{u}^2 = e^{9t}\begin{pmatrix} 1 \\ 4 \end{pmatrix} = \begin{pmatrix} e^{9t} \\ 4e^{3t} \end{pmatrix}.$$

Die Lösung $\vec{x}(t)$ mit $\vec{x}(0) = \begin{pmatrix} 2 \\ 5 \end{pmatrix}$ ist

$$\vec{x}(t) = \vec{x}^1(t) + \vec{x}^2(t) = e^{3t}\begin{pmatrix} 1 \\ 1 \end{pmatrix} + e^{9t}\begin{pmatrix} 1 \\ 4 \end{pmatrix} = \begin{pmatrix} e^{3t} + e^{9t} \\ e^{3t} + 4e^{9t} \end{pmatrix}.$$

Probe:

$$\dot{x}_1(t) = 3e^{3t} + 9e^{9t} = x_1(t) + 2x_2(t) \quad \text{und} \quad \dot{x}_2(t) = 3e^{3t} + 36e^{9t} = -8x_1(t) + 11x_2(t).$$

3.56 Um das charakteristische Polynom der Matrix zu berechnen, nutzen wir die Rechenregeln aus Bemerkung 3.7 für die Determinante aus:

$$\begin{vmatrix} 2-\lambda & -1 & 1 \\ -1 & 3-\lambda & 2 \\ 1 & 2 & 3-\lambda \end{vmatrix} = \begin{vmatrix} 2-\lambda & 0 & 1 \\ -1 & 5-\lambda & 2 \\ 1 & 5-\lambda & 3-\lambda \end{vmatrix} = \begin{vmatrix} 2-\lambda & 0 & 1 \\ 0 & 2(5-\lambda) & 5-\lambda \\ 1 & 5-\lambda & 3-\lambda \end{vmatrix}$$
$$= (5-\lambda)\begin{vmatrix} 2-\lambda & 0 & 1 \\ 0 & 2 & 1 \\ 1 & 5-\lambda & 3-\lambda \end{vmatrix} = -\lambda(\lambda-3)(\lambda-5).$$

Wir finden so drei Eigenwerte $\lambda_1 = 0$, $\lambda_2 = 3$, $\lambda_3 = 5$. Die zugehörigen Eigenvektoren $\vec{u}^1, \vec{u}^2, \vec{u}^3$ bilden eine Basis des $\mathbb{R}^3$ und die zugehörigen Lösungen eine Lösungsbasis des DGSystems. Eigenvektor zu $\lambda_1 = 0$:

$$\begin{pmatrix} 2 & -1 & 1 \\ -1 & 3 & 2 \\ 1 & 2 & 3 \end{pmatrix} \curvearrowright \begin{pmatrix} 1 & 2 & 3 \\ 0 & 5 & 5 \\ 0 & 5 & 5 \end{pmatrix} \curvearrowright \begin{pmatrix} 1 & 2 & 3 \\ 0 & 1 & 1 \\ 0 & 0 & 0 \end{pmatrix} \qquad \vec{u}^1 = \begin{pmatrix} 1 \\ 1 \\ -1 \end{pmatrix}.$$

Eigenvektor zu $\lambda_2 = 3$:

$$\begin{pmatrix} -1 & -1 & 1 \\ -1 & 0 & 2 \\ 1 & 2 & 0 \end{pmatrix} \curvearrowright \begin{pmatrix} 1 & 0 & -2 \\ 0 & -1 & -1 \\ 0 & 1 & 1 \end{pmatrix} \curvearrowright \begin{pmatrix} 1 & 0 & -2 \\ 0 & 1 & 1 \\ 0 & 0 & 0 \end{pmatrix} \qquad \vec{u}^2 = \begin{pmatrix} 2 \\ -1 \\ 1 \end{pmatrix}.$$

Eigenvektor zu $\lambda_3 = 5$:

$$\begin{pmatrix} -3 & -1 & 1 \\ -1 & -2 & 2 \\ 1 & 2 & -2 \end{pmatrix} \curvearrowright \begin{pmatrix} 1 & 2 & -2 \\ 0 & 0 & 0 \\ 0 & 5 & -5 \end{pmatrix} \curvearrowright \begin{pmatrix} 1 & 2 & -2 \\ 0 & 1 & -1 \\ 0 & 0 & 0 \end{pmatrix} \qquad \vec{u}^3 = \begin{pmatrix} 0 \\ 1 \\ 1 \end{pmatrix}.$$

Dies ergibt die Lösungsbasis

$$\vec{x}^1(t) = \begin{pmatrix} 1 \\ 1 \\ -1 \end{pmatrix}, \qquad \vec{x}^2(t) = \mathrm{e}^{3t} \begin{pmatrix} 2 \\ -1 \\ 1 \end{pmatrix}, \qquad \vec{x}^3(t) = \mathrm{e}^{5t} \begin{pmatrix} 0 \\ 1 \\ 1 \end{pmatrix}.$$

Die gesuchte Lösung ist von der Form $\vec{x}(t) = c_1\vec{x}_1(t) + c_2\vec{x}_2(t) + c_3\vec{x}_3(t)$; man erkennt, dass $c_1 = c_2 = c_3 = 1$ das Verlangte leistet.

3.57 Das charakteristische Polynom von A ist

$$\begin{vmatrix} -4-\lambda & -4 & 0 \\ 10 & 9-\lambda & 1 \\ -4 & -3 & 1-\lambda \end{vmatrix} = -\lambda^3 + 6\lambda^2 - 12\lambda + 8 = -(\lambda-2)^3,$$

somit ist $\lambda = 2$ der einzige Eigenwert von A. Als nächstes sind die zugehörigen Eigenwerte zu bestimmen:

$$\begin{pmatrix} -6 & -4 & 0 \\ 10 & 7 & 1 \\ -4 & -3 & -1 \end{pmatrix} \curvearrowright \begin{pmatrix} 3 & 2 & 0 \\ 1 & 1 & 1 \\ 0 & 1 & 3 \end{pmatrix} \curvearrowright \begin{pmatrix} 1 & 1 & 1 \\ 0 & -1 & -3 \\ 0 & 1 & 3 \end{pmatrix} \curvearrowright \begin{pmatrix} 1 & 1 & 1 \\ 0 & 1 & 3 \\ 0 & 0 & 0 \end{pmatrix}$$

Es gibt – bis auf Vielfache – nur den einzigen Eigenvektor

$\vec{u} = \begin{pmatrix} 2 \\ -3 \\ 1 \end{pmatrix}$, der die Lösung $\vec{x}(t) = \mathrm{e}^{2t} \begin{pmatrix} 2 \\ -3 \\ 1 \end{pmatrix}$ des DGSystems liefert. Somit müssen wir

Hauptvektoren zum Eigenwert $\lambda = 2$ suchen. Es ist

$$(A - \lambda E)^2 = (A - 2E)^2 = \begin{pmatrix} -4 & -4 & -4 \\ 6 & 6 & 6 \\ -2 & -2 & -2 \end{pmatrix}$$

und wir erhalten zwei linear unabhängige Vektoren $\vec{v} = \begin{pmatrix} 1 \\ 0 \\ -1 \end{pmatrix}$ und $\vec{w} = \begin{pmatrix} 1 \\ -1 \\ 0 \end{pmatrix}$ mit

$(A - 2E)^2\vec{v} = 0$ und $(A - 2E)^2\vec{w} = 0$. Wegen

$$(A-2E)\vec{v}=\begin{pmatrix}-6\\9\\-3\end{pmatrix}\neq 0 \quad \text{und} \quad (A-2E)\vec{w}=\begin{pmatrix}-2\\3\\-1\end{pmatrix}\neq 0$$

sind beides Hauptvektoren der Stufe 2 von A. Diese liefern gemäß Bemerkung 3.28 die Lösungen

$$\vec{x}^2(t)=\mathrm{e}^{2t}\sum_{k=0}^{1}\frac{t^k}{k!}(A-2E)^k\vec{v}=\mathrm{e}^{2t}\left(\vec{v}+t(A-2E)\vec{v}\right)=\mathrm{e}^{2t}\begin{pmatrix}1-6t\\9t\\-1-3t\end{pmatrix}$$

$$\vec{x}^3(t)=\mathrm{e}^{2t}\sum_{k=0}^{1}\frac{t^k}{k!}(A-2E)^k\vec{w}=\mathrm{e}^{2t}\left(\vec{w}+t(A-2E)\vec{w}\right)=\mathrm{e}^{2t}\begin{pmatrix}1-2t\\-1+3t\\-t\end{pmatrix}.$$

3.58 Das charakteristische Polynom von A ist

$$\begin{vmatrix}3-\lambda & -2\\4 & -1-\lambda\end{vmatrix}=\lambda^2-2\lambda+5$$

mit den konjugiert komplexen Nullstellen $\lambda_{1,2}=1\pm 2\mathrm{i}$. Wir suchen wieder einen Eigenvektor zu $\lambda_1=1+2\mathrm{i}$:

$$\begin{pmatrix}2-2\mathrm{i} & -2\\4 & -2-2\mathrm{i}\end{pmatrix}\curvearrowright\begin{pmatrix}1 & -\frac{1}{2}(1+\mathrm{i})\\1-\mathrm{i} & -1\end{pmatrix}\curvearrowright\begin{pmatrix}1 & -\frac{1}{2}(1+\mathrm{i})\\0 & 0\end{pmatrix}$$

Wir haben zunächst die beiden Zeilen vertauscht, dann die erste Zeile mit $-(1-\mathrm{i})$ multipliziert und zur zweiten Zeile addiert. Somit ist $\vec{u}=\begin{pmatrix}1+\mathrm{i}\\2\end{pmatrix}$ ein Eigenvektor zum Eigenwert $1+2\mathrm{i}$. Wir erhalten die komplexe Lösung

$$\begin{aligned}\vec{z}(t)&=\mathrm{e}^{(1+2\mathrm{i})t}\begin{pmatrix}1+\mathrm{i}\\2\end{pmatrix}=\mathrm{e}^{t}\mathrm{e}^{2\mathrm{i}t}\begin{pmatrix}1+\mathrm{i}\\2\end{pmatrix}=\mathrm{e}^{t}(\cos 2t+\mathrm{i}\sin 2t)\begin{pmatrix}1+\mathrm{i}\\2\end{pmatrix}\\&=\mathrm{e}^{t}\begin{pmatrix}\cos 2t-\sin 2t\\2\cos 2t\end{pmatrix}+\mathrm{i}\mathrm{e}^{t}\begin{pmatrix}\cos 2t+\sin 2t\\2\sin 2t\end{pmatrix}\end{aligned}$$

und hieraus die beiden reellen Lösungen, die eine Lösungsbasis bilden:

$$\vec{x}(t)=\operatorname{Re}\vec{z}(t)=\mathrm{e}^{t}\begin{pmatrix}\cos 2t-\sin 2t\\2\cos 2t\end{pmatrix} \quad \text{und} \quad \vec{y}(t)=\operatorname{Im}\vec{z}(t)=\mathrm{e}^{t}\begin{pmatrix}\cos 2t+\sin 2t\\2\sin 2t\end{pmatrix}.$$

3.59 Wir schreiben das DGSystem in gewohnter Form

$$\dot{\vec{x}} = \begin{pmatrix} \dot{x} \\ \dot{y} \\ \dot{z} \end{pmatrix} = A \begin{pmatrix} x \\ y \\ z \end{pmatrix} = A\vec{x} \quad \text{mit } A = \begin{pmatrix} 2 & 1 & 0 \\ 1 & 3 & -1 \\ -1 & 2 & 3 \end{pmatrix}$$

und haben die Eigenwerte und Eigenvektoren von A zu bestimmen. Das charakteristische Polynom $P(\lambda)$ ist

$$P(\lambda) = \begin{vmatrix} 2-\lambda & 1 & 0 \\ 1 & 3-\lambda & -1 \\ -1 & 2 & 3-\lambda \end{vmatrix} = \begin{vmatrix} 2-\lambda & 1 & 0 \\ 1 & 3-\lambda & -1 \\ 0 & 5-\lambda & 2-\lambda \end{vmatrix} = \begin{vmatrix} 2-\lambda & 1 & 0 \\ 0 & 3-\lambda & -1 \\ 2-\lambda & 5-\lambda & 2-\lambda \end{vmatrix}$$
$$= (2-\lambda)(\lambda^2 - 6\lambda + 10)\,.$$

Die Nullstellen von $P(\lambda)$, also die Eigenwerte von A, sind

$$\lambda_1 = 2 \qquad \lambda_2 = 3 + \mathrm{i} \qquad \lambda_3 = 3 - \mathrm{i}\,.$$

Eigenvektor $\vec{u}$ zu $\lambda_1 = 2$ mit dem Gauß-Algorithmus:

$$\begin{pmatrix} 0 & 1 & 0 \\ 1 & 1 & -1 \\ -1 & 2 & 1 \end{pmatrix} \curvearrowright \begin{pmatrix} 1 & 1 & -1 \\ 0 & 1 & 0 \\ 0 & 3 & 0 \end{pmatrix} \curvearrowright \begin{pmatrix} 1 & 1 & -1 \\ 0 & 1 & 0 \\ 0 & 0 & 0 \end{pmatrix} \qquad \vec{u} = \begin{pmatrix} 1 \\ 0 \\ 1 \end{pmatrix}$$

Eigenvektor $\vec{v}$ zu $\lambda_2 = 3 + \mathrm{i}$ mit dem Gauß-Algorithmus:

$$\begin{pmatrix} -1-\mathrm{i} & 1 & 0 \\ 1 & -\mathrm{i} & -1 \\ -1 & 2 & -\mathrm{i} \end{pmatrix} \curvearrowright \begin{pmatrix} 1 & -\mathrm{i} & -1 \\ 0 & 2-\mathrm{i} & -1-\mathrm{i} \\ 0 & 2-\mathrm{i} & -1-\mathrm{i} \end{pmatrix} \curvearrowright \begin{pmatrix} 1 & -\mathrm{i} & -1 \\ 0 & 1 & -\frac{1}{5}(1+3\mathrm{i}) \\ 0 & 0 & 0 \end{pmatrix} \qquad \vec{v} = \begin{pmatrix} 2+\mathrm{i} \\ 1+3\mathrm{i} \\ 5 \end{pmatrix}$$

Wir erhalten die reelle Lösung

$$\vec{x}^1(t) = \mathrm{e}^{2t} \begin{pmatrix} 1 \\ 0 \\ 1 \end{pmatrix} \qquad \text{und die komplexe Lösung} \qquad \mathrm{e}^{(3+\mathrm{i})t} \begin{pmatrix} 2+\mathrm{i} \\ 1+3\mathrm{i} \\ 5 \end{pmatrix}.$$

Letztere spalten wir in Real- und Imaginärteil auf:

$$\mathrm{e}^{3t}\mathrm{e}^{\mathrm{i}t} \begin{pmatrix} 2+\mathrm{i} \\ 1+3\mathrm{i} \\ 5 \end{pmatrix} = \mathrm{e}^{3t} \begin{pmatrix} (\cos t + \mathrm{i}\sin t)(2+\mathrm{i}) \\ (\cos t + \mathrm{i}\sin t)(1+3\mathrm{i}) \\ 5(\cos t + \mathrm{i}\sin t) \end{pmatrix}$$

$$= \mathrm{e}^{3t}\begin{pmatrix} 2\cos t - \sin t \\ \cos t - 3\sin t \\ 5\cos t \end{pmatrix} + \mathrm{i}\mathrm{e}^{3t}\begin{pmatrix} \cos t + 2\sin t \\ 3\cos t + \sin t \\ 5\sin t \end{pmatrix}$$

und finden so die drei reellen Lösungen

$$\vec{x}^1(t) = \mathrm{e}^{2t}\begin{pmatrix} 1 \\ 0 \\ 1 \end{pmatrix}, \quad \vec{x}^2(t) = \mathrm{e}^{3t}\begin{pmatrix} 2\cos t - \sin t \\ \cos t - 3\sin t \\ 5\cos t \end{pmatrix}, \quad \vec{x}^3(t) = \mathrm{e}^{3t}\begin{pmatrix} \cos t + 2\sin t \\ 3\cos t + \sin t \\ 5\sin t \end{pmatrix}.$$

Übungen aus 3.5.4

3.60 i) Bezeichnet man die Funktionen mit x und y, so lautet das DGSystem $\dot{x} = 4y$, $\dot{y} = -6x$. Die DG für die Orbits ist

$$y' = -\frac{6x}{4y} \qquad 4yy' = -6x \qquad 2(y^2)' = -6x \qquad \text{mit der Lösung} \quad 2y^2 = -3x^2 + C$$

oder $3x^2 + 2y^2 = C$ mit einer Konstanten $C \geqq 0$. Im Falle $C = 0$ liegt die stationäre Lösung $x = y = 0$ vor. Im Fall $C > 0$ können wir schreiben

$$\frac{x^2}{\frac{C}{3}} + \frac{y^2}{\frac{C}{2}} = 1 \qquad \text{oder} \qquad \frac{x^2}{a^2} + \frac{y^2}{b^2} = 1 \quad \text{mit} \quad a^2 := \frac{C}{3} \text{ und } b^2 := \frac{C}{2}.$$

Die Orbits sind demnach Ellipsen mit den Halbachsen $\sqrt{\frac{C}{2}}$ und $\sqrt{\frac{C}{3}}$.

ii) Das DGSystem ist $\dot{x} = y$, $\dot{y} = x + xy^2$, die DG für die Orbits ist

$$y' = \frac{x + xy^2}{y} \qquad \text{oder} \qquad \frac{y}{1+y^2}y' = x.$$

Dies ist eine DG mit getrennten Veränderlichen, die wir wie in Abschnitt 1.6.3 lösen:

$$\int \frac{2y}{1+y^2}\,dy = \int 2x\,dx \qquad \ln(1+y^2) = x^2 + K \qquad 1 + y^2 = C\mathrm{e}^{x^2}$$

mit einer Konstanten K und $C := \mathrm{e}^K > 0$. Die Orbits sind demnach gegeben durch die stationäre Lösung $x = y = 0$ und die Kurven $1 + y^2 - C\mathrm{e}^{x^2} = 0$.

3.61 Die DG für die Orbits ist

$$y' = \frac{x^2 - 2y^2}{4xy} \qquad 4xyy' - x^2 + 2y^2 = 0 \quad \text{oder} \quad (-x^2 + 2y^2)\,dx + 4xy\,dy = 0$$

Mit $A(x,y) := -x^2 + 2y^2$ und $B(x,y) := 4xy$ ist $\dfrac{\partial A}{\partial y}(x,y) = 4y = \dfrac{\partial B}{\partial x}(x,y)$, somit liegt eine exakte DG vor (siehe Behauptung 2.4). Eine Stammfunktion zu $(-x^2+2y^2)\,dx + 4xy\,dy$ ist $F(x,y) = -\dfrac{1}{3}x^3 + 2xy^2$. Die Orbits sind somit der stationäre Punkt $x = y = 0$ und die Kurven $-\dfrac{1}{3}x^3 + 2xy^2 = C$ mit einer Konstanten C.

3.62 i) Wir wollen uns auf Bemerkung 3.31 stützen. Wir wandeln die DG in ein DGSystem um und zeigen, dass alle Orbits geschlossen sind:

$$x := z \quad y := \dot{z} \qquad \text{also} \qquad \dot{x} = y \quad \dot{y} = -3x^5\,.$$

Wir haben die DG für die Orbits (3.5.8) zu lösen:

$$y' = -\frac{3x^5}{y} \qquad 2yy' = -6x^5 \qquad y^2 = -x^6 + C \qquad x^6 + y^2 = C$$

mit einer Konstanten $C \geqq 0$. Im Fall $C = 0$ haben wir die konstante Lösung $x = z = 0$, $y = 0$, die natürlich auch periodisch ist. Wir können $C > 0$ annehmen. Die zugehörigen Orbits sind die Graphen der Funktionen $y(x) = \pm\sqrt{C - x^6}$, definiert für $x \in [-\sqrt[6]{C}, \sqrt[6]{C}]$ und mit den einzigen Nullstellen am Rande des Definitionsintervalls, somit beschreiben sie geschlossene Kurven.

ii) Wir gehen wie in Teil i) vor: Wir wandeln die DG in ein DGSystem um und zeigen, dass alle Orbits geschlossen sind.

$$x := z \quad y := \dot{z} \qquad \text{also} \qquad \dot{x} = y, \quad \dot{y} = -x - 2x^3\,.$$

Wir lösen die DG für die Orbits

$$y' = -\frac{x + 2x^3}{y} \qquad 2yy' = -2x - 4x^3 \qquad y^2 = -x^2 - x^4 + C \qquad x^2 + x^4 + y^2 = C$$

mit einer Konstanten $C \geqq 0$ und können wie oben $C > 0$ annehmen. Die Orbits sind die Graphen der Funktionen $y(x) = \pm\sqrt{C - x^2 - x^4}$. Um den Definitionsbereich von $y(x)$ zu bestimmen, setzen wir $u = x^2 \geqq 0$. Aus $C - u - u^2 = 0$ folgt $u = -\dfrac{1}{2} + \sqrt{C + \dfrac{1}{4}} > 0$. Es gibt also genau zwei x mit $x^2 + x^4 = C$, nämlich $x = \pm\sqrt{u}$. Somit sind die Funktionen $\pm\sqrt{C - x^2 - x^4}$ für $x \in [-\sqrt{u}, \sqrt{u}]$ definiert mit den beiden einzigen Nullstellen $x = \pm\sqrt{u}$. Mithin erzeugt die Gleichung $x^2 + x^4 + y^2 = C$ eine geschlossene Kurve.

Weiterführende Literatur

[1] Martin Braun. *Differentialgleichungen und ihre Anwendungen*. 3. Auflage. Berlin: Springer Verlag, 1994. ISBN: 3540568867.

[2] Gerd Fischer. *Lineare Algebra*. 9. Auflage. Braunschweig: Vieweg Verlag, 1986. ISBN: 3-528-57217-5.

[3] Harro Heuser. *Gewöhnliche Differentialgleichungen*. 5. Auflage. Stuttgart: Teubner Verlag, 2006. ISBN: 3519422271.

[4] Erwin Kreyszig. *Advanced Engineering Mathematics*. Seventh edition. New York: John Wiley & Sons, Inc, 1993. ISBN: 0471599891.

[5] Kurt Meyberg und Peter Vachenauer. *Höhere Mathematik 1*. 6. Auflage. Berlin, Heidelberg, New York: Springer Verlag, 2003. ISBN: 3540418504.

[6] Kurt Meyberg und Peter Vachenauer. *Höhere Mathematik 2*. 4. Auflage. Berlin, Heidelberg, New York: Springer Verlag, 2006. ISBN: 3540418512.

Kapitel 4
Vektoranalysis

4.1 Mehrdimensionale Integration

4.1.1 Ebene Bereichsintegrale

Wir wollen in diesem Abschnitt für eine stetige Funktion $f\colon D \to \mathbb{R}$ von zwei Variablen, definiert auf einer Teilmenge $D \subset \mathbb{R}^2$, und für geeignete Integrationsbereiche $B \subset D$ das Integral von f über B definieren.

Wir werden dabei ähnlich vorgehen wie bei Funktionen einer Veränderlichen. Wir erinnern daher zunächst an die Definition des Integrals in Abschnitt 1.4.1: Es sei $I \subset \mathbb{R}$ ein Intervall und $f\colon I \to \mathbb{R}$ eine stetige Funktion, weiter seien $a, b \in I$ mit $a < b$. Für jede Zerlegung

$$a = x_0 < x_1 < \ldots < x_k < x_{k+1} < \ldots < x_r = b$$

von $[a,b]$ und für jede Wahl von Zwischenpunkten $x_k \leqq u_k \leqq x_{k+1}$ berechnet man die Zerlegungssumme

$$\sum_{k=0}^{r-1} f(u_k)\Delta x_k\,,$$

wobei wir zur Abkürzung $\Delta x_k := x_{k+1} - x_k$ gesetzt haben für $k = 0, 1, \ldots, r-1$. Dann definiert man das Integral als Grenzwert dieser Zerlegungssummen, wenn die Zerlegungen immer feiner werden:

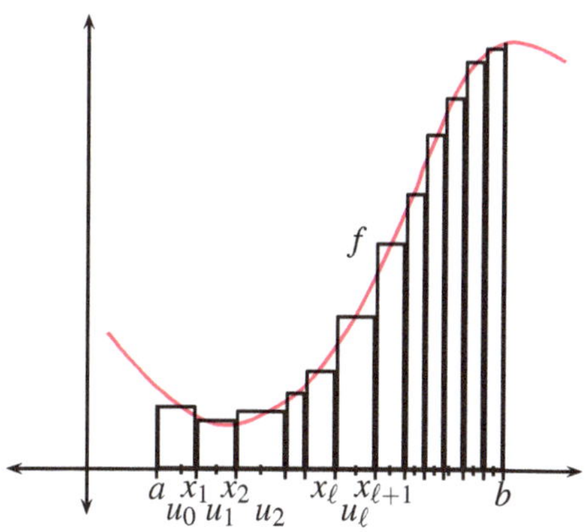

$$\int_a^b f(x)\,dx = \lim_{\substack{\text{Zerlegungen}\\ \text{werden feiner}}} \sum_{k=0}^{r-1} f(u_k)\Delta x_k\,.$$

K. Barbey, *Mathematik für Biologie und Chemie*,
https://doi.org/10.1007/978-3-662-73511-4_4

Nach Definition gilt also

$$\int_a^b f(x)\,dx = \text{Fläche zwischen } [a,b] \text{ und dem Graphen von } f\,,$$

falls $f(x) \geqq 0$ auf $[a,b]$ und trivialerweise

$$\int_a^b dx = b - a = \text{Länge von } [a,b]\,.$$

Nach dieser Erinnerung kehren wir zu unserer Ausgangssituation zurück. Es sei $D \subset \mathbb{R}^2$ und $f\colon D \to \mathbb{R}$ stetig. Den Integrationsbereich $B \subset D$ müssen wir sogleich als *beschränkt* voraussetzen:

Definition 4.1 Eine Teilmenge $B \subset \mathbb{R}^2$ heißt *beschränkt*, wenn es Zahlen $a,b,c,d \in \mathbb{R}$ mit $a < b$ und $c < d$ gibt, so dass gilt

$$B \subset \{(x,y) \in \mathbb{R}^2 : a \leqq x \leqq b \text{ und } c \leqq y \leqq d\}\,.$$

Eine Menge $B \subset \mathbb{R}^2$ ist also beschränkt, wenn sie einsperrbar ist in ein Rechteck endlicher Kantenlänge oder äquivalent in einen Kreis von endlichem Radius:

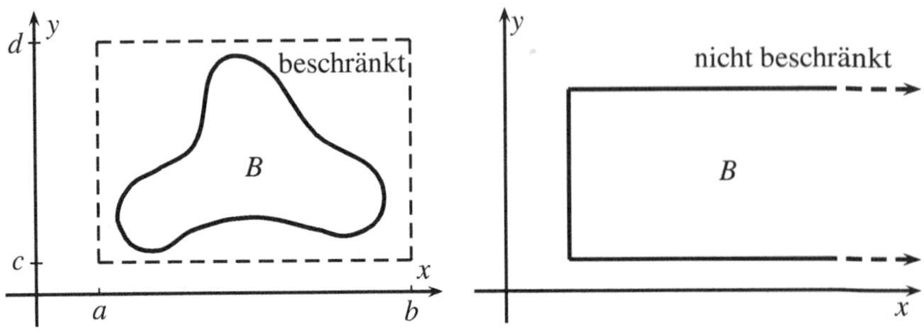

Bei der Definition des Integrals von f über B lassen wir uns nun von der früheren Situation leiten.

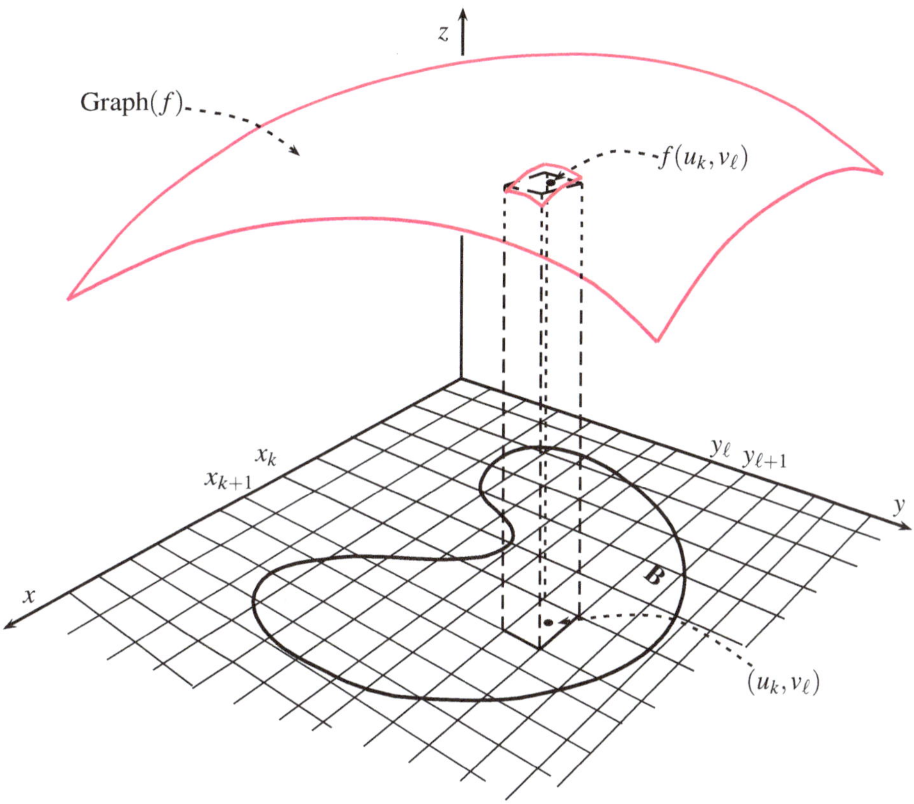

Man überdeckt zunächst den Integrationsbereich B durch ein Raster von Rechtecken, die durch Zerlegungspunkte

$$\begin{aligned} &x_k \quad \text{auf der } x\text{-Achse mit} \quad \Delta x_k := x_{k+1} - x_k \\ &y_\ell \quad \text{auf der } y\text{-Achse mit} \quad \Delta y_\ell := y_{\ell+1} - y_\ell \end{aligned}$$

festgelegt werden. Da wir B als beschränkt vorausgesetzt haben, ist eine solche Überdeckung durch endlich viele Rechtecke möglich. Aus jedem Rechteck $\Delta x_k \Delta y_\ell$, das den Integrationsbereich B trifft, wählt man noch einen Punkt $(u_k, v_\ell) \in D$ und bildet die zugehörige (Riemannsche) *Zerlegungssumme*

$$\sum_{\substack{\text{Rechtecke,} \\ \text{die } B \text{ treffen}}} f(u_k, v_\ell) \Delta x_k \Delta y_\ell \,. \tag{4.1.1}$$

Zur Veranschaulichung: Ist $f(x,y) \geqq 0$ auf B, so ist das Produkt $f(u_k, v_\ell)\Delta x_k \Delta y_\ell$ gleich dem Volumen der Säule mit Grundfläche $\Delta x_k \Delta y_\ell$ und Höhe $f(u_k, v_\ell)$; die Zerlegungssumme ist also ungefähr gleich dem Volumen zwischen dem Graphen von f und der Menge B.

Zu jeder Wahl solcher Zerlegungen x_k, y_ℓ und zugehöriger Punkte (u_k, v_ℓ) gehört eine Zerlegungssumme (4.1.1) und man kann zeigen, dass diese Zerlegungssummen unter den folgenden Bedingungen konvergieren, wenn die Zerlegungen immer feiner werden:

i) Die Funktion f ist stetig und auf B beschränkt,

ii) der Integrationsbereich B ist beschränkt und „einigermaßen glatt berandet“, was wir nicht weiter zu erläutern brauchen, da dies zumindest in der Praxis immer gegeben ist.

Definition 4.2 Unter den obigen Voraussetzungen ist das *(ebene) Bereichsintegral* der Funktion $f\colon D \to \mathbb{R}$ über den Bereich $B \subset D$ definiert durch

$$\iint_B f(x,y)\,dxdy := \lim_{\substack{\text{Zerlegungen}\\ \text{werden feiner}}} \sum_{\substack{\text{Rechtecke,}\\ \text{die } B \text{ treffen}}} f(u_k,v_\ell)\Delta x_k \Delta y_\ell\,.$$

Statt *ebenes* oder *zweidimensionales Bereichsintegral* sind auch die Bezeichnungen *zweifaches Integral* oder *Doppelintegral* gebräuchlich. Wir werden aber diese Bezeichnungen vermeiden; da sie auch für iterierte Integrale von der in 4.1.4 auftretenden Bauart benutzt werden, geben sie zu Verwechslungen Anlass. Wir werden stattdessen auch kurz von dem *Integral von f über B* sprechen, da keine Missverständnisse möglich sind.

Nach Definition des Integrals gilt insbesondere

$$\iint_B f(x,y)\,dxdy = \text{Volumen zwischen } B \text{ und Graph}(f), \text{ falls } f(x,y) \geqq 0 \text{ auf } B, \tag{4.1.2}$$

und

$$\iint_B dxdy = \text{ Flächeninhalt von } B\,. \tag{4.1.3}$$

Die Definition des Integrals ist zwar anschaulich, aber zur konkreten Berechnung wenig geeignet. Ein solches ebenes Bereichsintegral wird in der Regel dadurch berechnet, dass man es auf zwei iterierte Integrale jeweils einer Veränderlichen zurückführt. Grundlage hierfür ist der folgende Satz, der in der Mathematik als *Satz von Fubini* bekannt ist.

Satz 4.1 *Es sei $f\colon D \to \mathbb{R}$ stetig mit $D \subset \mathbb{R}^2$. Dann gilt für jedes Rechteck*

$$B := \{(x,y) \in \mathbb{R}^2 : a \leqq x \leqq b, c \leqq y \leqq d\} \subset D :$$

$$\iint_B f(x,y)\,dxdy = \int_a^b \Big(\int_c^d f(x,y)\,dy\Big)\,dx = \int_c^d \Big(\int_a^b f(x,y)\,dx\Big)\,dy \tag{4.1.4}$$

Der Satz eröffnet die Möglichkeit, ein Bereichsintegral über ein Rechteck B durch zwei nacheinander ausgeführte Integrationen jeweils einer Funktion einer Veränderlichen zu berechnen. Wäre der Name nicht bereits für etwas ganz anderes verbraucht, so würde man dieses Vorgehen – analog zum partiellen Differenzieren – treffend als „partielles Integrieren“ bezeichnen.

Beispiel 4.1 Es sei $B = \{(x,y) \in \mathbb{R}^2 : 0 \leqq x \leqq \pi, 0 \leqq y \leqq 1\}$. Dann ist nach (4.1.4)

$$\begin{aligned}\iint_B x\sin(xy)\,dxdy &= \int_0^\pi \Big(\int_0^1 x\sin(xy)\,dy\Big)\,dx = \int_0^\pi \Big[-\cos(xy)\Big]_{y=0}^{y=1} dx\\ &= \int_0^\pi (-\cos x + 1)\,dx = \Big[-\sin x + x\Big]_0^\pi = \pi\end{aligned}$$

oder

$$\iint_B x\sin(xy)\,dxdy = \int_0^1 \Big(\int_0^\pi x\sin(xy)\,dx\Big)\,dy = \int_0^1 \Big[\frac{1}{y^2}\sin(xy) - \frac{x}{y}\cos(xy)\Big]_{x=0}^{x=\pi} dy$$
$$= \int_0^1 \big(\frac{1}{y^2}\sin(\pi y) - \frac{\pi}{y}\cos(\pi y)\big)\,dy = \Big[-\frac{\sin(\pi y)}{y}\Big]_0^1 = \pi$$

Beide Wege führen zum gleichen Ergebnis, der erste ist aber deutlich einfacher.

Man kann den obigen Satz 4.1 auch auf allgemeinere Integrationsbereiche ausdehnen, nämlich auf solche Bereiche $B \subset \mathbb{R}^2$, die sich als Fläche zwischen zwei Graphen darstellen lassen; diese wollen wir *Normalbereiche* nennen.

Definition 4.3 Eine Teilmenge $B \subset \mathbb{R}^2$ der Form

$$B = \{(x,y) \in \mathbb{R}^2 : a \leqq x \leqq b,\, g(x) \leqq y \leqq h(x)\}$$

mit $a,b \in \mathbb{R}$, $a < b$ und stetigen Funktionen $g,h\colon [a,b] \to \mathbb{R}$, derart dass $g(x) \leqq h(x)$ für alle $a \leqq x \leqq b$, heißt ein *(ebener) Normalbereich.*

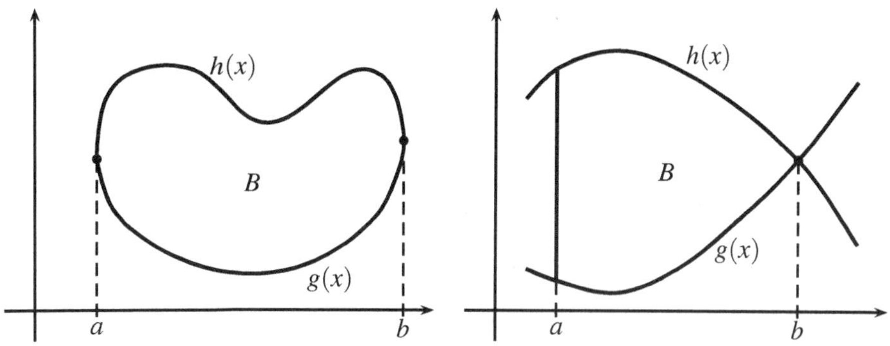

Satz 4.2 *Es sei* $f\colon D \to \mathbb{R}$, $D \subset \mathbb{R}^2$, *stetig. Der Integrationsbereich*

$$B = \{(x,y) \in \mathbb{R}^2 : a \leqq x \leqq b,\, g(x) \leqq y \leqq h(x)\} \subset D$$

sei ein Normalbereich. Dann gilt

$$\iint_B f(x,y)\,dxdy = \int_a^b \Big(\int_{g(x)}^{h(x)} f(x,y)\,dy\Big)\,dx. \tag{4.1.5}$$

Eine analoge Formel besteht natürlich auch für Normalbereiche „in y-Richtung“, das sind Mengen der Form

$$B = \{(x,y) \in \mathbb{R}^2 : c \leqq y \leqq d,\, g(y) \leqq x \leqq h(y)\}$$

mit stetigen Funktionen $g,h\colon [c,d] \to \mathbb{R}$. Es gilt dann entsprechend

$$\iint_B f(x,y)\,dxdy = \int_c^d \Big(\int_{g(y)}^{h(y)} f(x,y)\,dx\Big)\,dy\,.$$

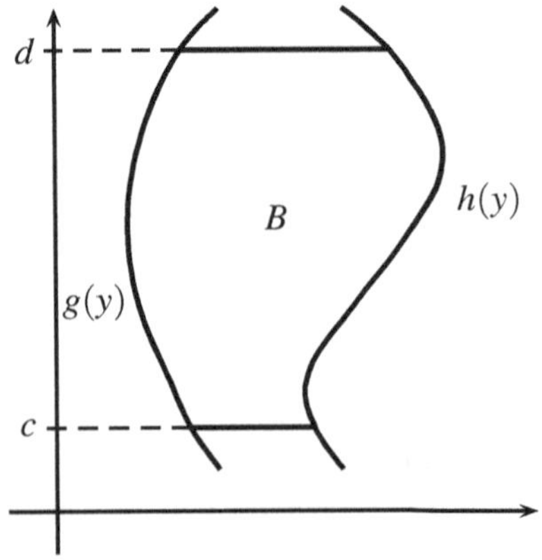

Wir beschließen diesen Abschnitt mit zwei Beispielen.

Beispiel 4.2 Wir wollen den Flächeninhalt der Fläche B berechnen, die von den Graphen zweier Funktionen eingeschlossen wird. Es seien hierzu zwei stetige Funktionen $g,h\colon [a,b] \to \mathbb{R}$ mit $g(x) \leqq h(x)$ für alle $x \in [a,\,b]$ gegeben. Wir setzen

$$B = \{(x,y) \in \mathbb{R}^2 : a \leqq x \leqq b,\, g(x) \leqq y \leqq h(x)\}\,.$$

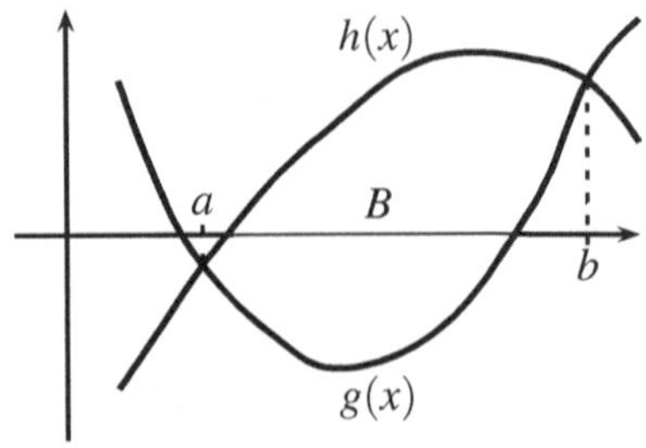

Für den Flächeninhalt F des Normalbereichs B gilt dann nach (4.1.3) und (4.1.5)

$$F = \iint_B dxdy = \int_a^b \Big(\int_{g(x)}^{h(x)} dy\Big)dx = \int_a^b \big(h(x) - g(x)\big)\,dx$$

Dies ist das erwartete Ergebnis, das auf diesem Weg eine besonders kurze und elegante Herleitung erfährt.

Beispiel 4.3 Wir wollen das Volumen einer Kugel vom Radius R bestimmen. Hierzu genügt es, das Volumen V der oberen Halbkugel zu berechnen. Fällt der Mittelpunkt der Kugel mit dem Nullpunkt des Koordinatensystems zusammen, so wird die Kugelfläche durch die Gleichung $x^2 + y^2 + z^2 = R^2$ beschrieben. Lösen wir diese Gleichung nach z auf, so erhalten wir die obere Halbkugelfläche als Graph der Funktion $f(x,y) = \sqrt{R^2 - (x^2 + y^2)}$. Das gesuchte Halbkugelvolumen V ist das Volumen zwischen dem Graphen von f und der „Äquatorialebene“, die durch

$$B = \{(x,y) \in \mathbb{R}^2 : -R \leqq x \leqq R,\, -\sqrt{R^2 - x^2} \leqq y \leqq \sqrt{R^2 - x^2}\}$$

gegeben ist. B ist ein Normalbereich, daher erhalten wir aus (4.1.2) und (4.1.5) zusammen mit der Abkürzung $a(x) = \sqrt{R^2 - x^2}$

$$V = \iint_B \sqrt{R^2-(x^2+y^2)}\,dxdy = \int_{-R}^{R}\Big(\int_{-\sqrt{R^2-x^2}}^{\sqrt{R^2-x^2}} \sqrt{R^2-(x^2+y^2)}\,dy\Big)\,dx$$
$$= \int_{-R}^{R}\Big(\int_{-a(x)}^{a(x)} \sqrt{a(x)^2-y^2}\,dy\Big)\,dx = \frac{\pi}{2}\int_{-R}^{R}(a(x))^2\,dx = \frac{\pi}{2}\int_{-R}^{R}(R^2-x^2)\,dx = \frac{2}{3}\pi R^3\,;$$

dabei haben wir noch

$$\int_{-r}^{r}\sqrt{r^2-y^2}\,dy = 2\int_0^r \sqrt{r^2-y^2}\,dy = \frac{\pi}{2}r^2 \quad \text{für } r>0$$

benutzt, ein Ergebnis, das wir im ersten Kapitel als Gleichung (1.4.9) bei der Berechnung der Kreisfläche gewonnen haben. Das Volumen einer Kugel vom Radius R ist also $\frac{4}{3}\pi R^3$.

Übungen

Übung 4.1 Wie groß ist das Volumen zwischen dem Graphen der Funktion $f\colon f(x,y) = 2x^2+y^2$ und dem Rechteck R in der (x,y)-Ebene mit den Eckpunkten $(0,0)$, $(1,0)$, $(1,3)$ und $(0,3)$?

Übung 4.2 Berechnen Sie das Integral

$$\iint_B (x^2+4xy)\,dxdy \quad \text{mit } B = \{(x,y)\in\mathbb{R}^2 : 0 \leqq x \leqq 2,\, 1 \leqq y \leqq 4\},$$

indem Sie i) zuerst über x, dann über y integrieren und ii) in umgekehrter Reihenfolge der Integrationen.

Übung 4.3 Berechnen Sie das Integral

$$\iint_B \mathrm{e}^{x-y}\,dxdy \quad \text{wobei } B = \{(x,y)\in\mathbb{R}^2 : |x|+|y| \leqq 1\}.$$

Übung 4.4 Es bezeichne B den von Geraden $x=2$ und $y=x$ sowie von der Hyperbel $xy=1$ eingeschlossene Bereich. Skizzieren Sie den Bereich B, berechnen Sie seinen Flächeninhalt und das Integral $\iint_B \frac{x^2}{y^2}\,dxdy$.

Übung 4.5 Es sei $B \subset \mathbb{R}^2$ der von den Parabeln $y=x^2$ und $y=9x^2$ sowie von der Geraden $y=9$ im ersten Quadranten eingeschlossene Bereich. Berechnen Sie den Flächeninhalt von B und das Integral $\iint_B (x^2+y^2)\,dxdy$.

4.1.2 Der Transformationssatz für ebene Bereichsintegrale

Wir können nun ein ebenes Bereichsintegral berechnen, wenn der Integrationsbereich B ein Normalbereich ist oder sich zumindest in Normalbereiche $B_1, B_2, \dots, B_n$ zerlegen lässt, denn dann gilt

$$\iint_B = \iint_{B_1} + \iint_{B_2} + \cdots + \iint_{B_n} .$$

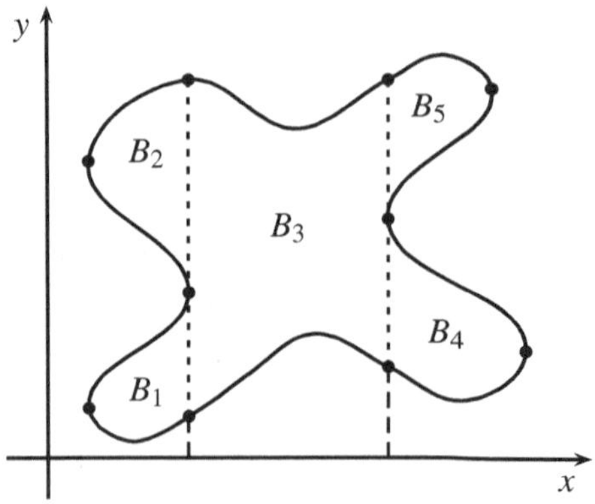

Damit können wir theoretisch alle in der Praxis auftretenden Integrale behandeln. Allerdings ist dieses Verfahren oft recht mühsam oder sogar undurchführbar, weil die auftretenden Integrale zu kompliziert sind.

In vielen Fällen ist es stattdessen zweckmäßiger und eleganter, zu neuen Koordinaten überzugehen und – etwa durch Ausnutzen von Symmetrien – den Integrationsbereich oder die zu integrierende Funktion zu vereinfachen. So wird man bei Vorliegen von Rotationssymmetrie zu Polarkoordinaten übergehen; ein wichtiges Beispiel ist der Kreis $\{(x,y) \in \mathbb{R}^2 : \sqrt{x^2+y^2} \leqq R\}$, der in Polarkoordinaten einfach das Rechteck $\{(r,\varphi) : 0 \leqq r \leqq R, 0 \leqq \varphi \leqq 2\pi\}$ ist.

Es geht also mit anderen Worten darum, ob und wie die Substitutionsregel 1.10

$$\int_a^b f(x)\,dx = \int_c^d f\big(g(v)\big)g'(v)\,dv \qquad \text{mit } a = g(c) \text{ und } b = g(d) \tag{4.1.6}$$

in die gegenwärtige Situation zu übertragen ist.

Für diese hatten wir im ersten Kapitel mit der Kettenregel und dem Hauptsatz der Differential- und Integralrechnung eine kurze und elegante Herleitung gegeben. Für beide Hilfsmittel gibt es aber bei zweidimensionalen Integralen keine Entsprechung. Daher liefert die damalige Herleitung zumindest keinen Hinweis darauf, ob und wie sich die Substitutionsregel auf Bereichsintegrale übertragen lässt.

Wir wollen daher diese Regel mehr im Geiste der Integralrechnung betrachten und hoffen, dabei eine Idee zu erhalten, wie eine Umsetzung in die zweidimensionale Situation gelingen könnte.

Wie die nebenstehende Skizze zeigt, wird durch die Substitution $x = g(v)$ – anschaulich gesprochen – der Maßstab auf der x-Achse geändert; dieser Verzerrung des Maßstabs wird beim Integrieren durch Multiplikation mit einem Korrekturfaktor Rechnung getragen. Dieser Faktor ist an der Stelle $x = g(v)$ wegen

$$\Delta x = g(v+\Delta v) - g(v) \approx g'(v)\Delta v$$

für kleines Δv gerade durch $g'(v)$ gegeben; dabei haben wir die Näherung durch Linearisieren (1.3.4) benutzt.

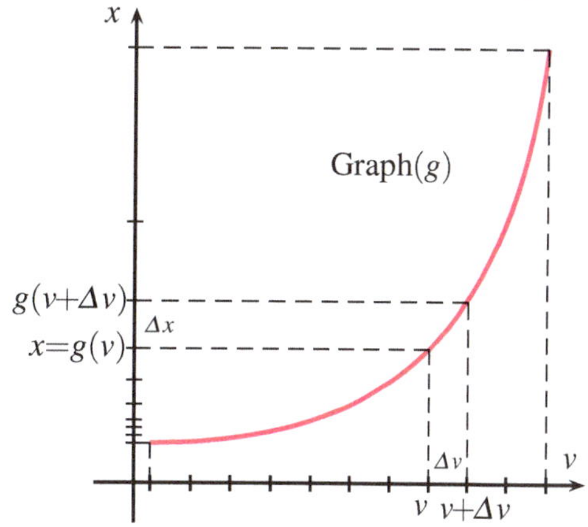

Das wollen wir im Folgenden genauer ausführen. Setzen wir g als monoton wachsend voraus, so macht g aus einer Zerlegung

$$c = v_0 < v_1 < \cdots < v_\ell < v_{\ell+1} < \cdots < v_r = d$$

von $[c,d]$ mit Zwischenpunkten $v_\ell \leqq s_\ell \leqq v_{\ell+1}$ für $\ell = 0,1,\ldots,r-1$ eine Zerlegung

$$x_0 := a = g(v_0) < x_1 := g(v_1) < \cdots < x_\ell := g(v_\ell) < \cdots < x_r := g(v_r) = d$$

von $[a,b]$ mit Zwischenpunkten $x_\ell \leqq u_\ell := g(s_\ell) \leqq x_{\ell+1}$ für $\ell = 0,1,\ldots,r-1$. Für feine Zerlegungen gilt wieder mit der Näherung (1.3.3) und wegen der Stetigkeit von g':

$$g(v_{\ell+1}) - g(v_\ell) \approx g'(v_\ell)(v_{\ell+1} - v_\ell) \approx g'(s_\ell)(v_{\ell+1} - v_\ell) \qquad \text{für alle } \ell = 0,1,\ldots,r-1\,.$$

Damit können wir die Zerlegungssummen näherungsweise umrechnen:

$$\sum_{\ell=0}^{r-1} f(u_\ell)(x_{\ell+1} - x_\ell) \approx \sum_{\ell=0}^{r-1} f(g(s_\ell))\big(g(v_{\ell+1}) - g(v_\ell)\big) \approx \sum_{\ell=0}^{r-1} f(g(s_\ell))g'(s_\ell)(v_{\ell+1} - v_\ell)\,.$$

Wenn die Zerlegungen immer feiner werden, konvergieren die linken Zerlegungssummen nach Definition des Integrals gegen $\displaystyle\int_c^d f(x)\,dx$, die rechten gegen $\displaystyle\int_a^b f\big(g(v)\big)g'(v)\,dv$. Gleichzeitig wird aus der näherungsweisen Übereinstimmung eine Gleichheit, da die Fehler verschwinden, was man natürlich beweisen müsste. Es bleibt zu erklären, warum in der

Substitutionsregel (4.1.6) die Funktion g *nicht* als monoton wachsend oder fallend vorausgesetzt werden muss: Dies liegt an der Besonderheit des Eindimensionalen. Ist nämlich g nicht monoton, so werden zwar gewisse Teile des Integrationsbereichs $[a,b]$ mehrmals durchlaufen, allerdings jeweils in verschiedener Richtung, so dass sich die zugehörigen Integrale auf Grund der Vorzeichenkonvention 1.4.1 gerade wegheben.

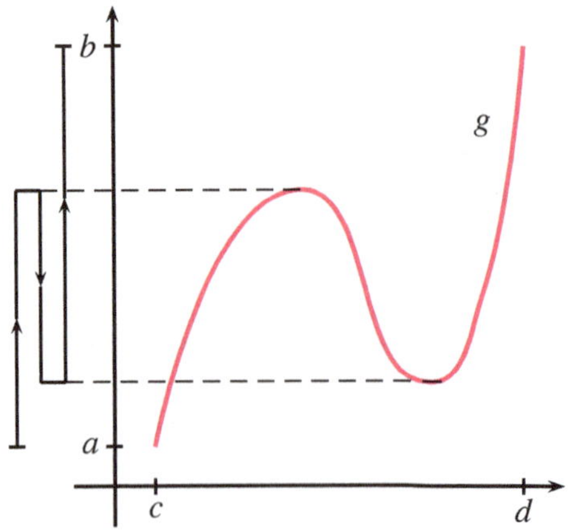

Damit haben wir das Ziel erreicht, eine Herleitung der Substitutionsregel zu geben, die ohne Kettenregel und Hauptsatz auskommt. Wir können daher hoffen, auch für zweidimensionale Integrale eine solche Regel zur Verfügung zu haben. Es muss uns nur gelingen, den Korrekturfaktor für die Längenverzerrung durch einen geeigneten Korrekturfaktor für die Flächenverzerrung beim Koordinatenwechsel zu ersetzen. Allerdings zeigt der obige Hinweis auf die Besonderheit des Eindimensionalen auch, dass man stärkere Forderungen an die Variablensubstitution wird stellen müssen. Es ist zu erwarten, dass die Verhältnisse in der mehrdimensionalen Situation komplizierter sind.

Nach diesem längeren Rückblick auf das eindimensionale Integral wenden wir uns nun wieder dem ebenen Bereichsintegral zu.

Wir wollen das Integral $\iint_B f(x,y)\,dxdy$ durch Einführen neuer Koordinaten u,v berechnen. Der Zusammenhang zwischen den Variablen x,y und den Variablen u,v werde durch die beiden Gleichungen

$$x = g_1(u,v) \qquad \text{und} \qquad y = g_2(u,v)$$

hergestellt. Wir gehen zur übersichtlicheren Vektorschreibweise

$$\vec{x} = \begin{pmatrix} x \\ y \end{pmatrix} = \vec{g}(u,v) = \begin{pmatrix} g_1(u,v) \\ g_2(u,v) \end{pmatrix}$$

über. Den Definitionsbereich von $\vec{g}$ bezeichnen wir mit $E \subset \mathbb{R}^2$ und setzen ihn wie üblich als offen voraus; von der Funktion $\vec{g}\colon E \to \mathbb{R}^2$ verlangen wir, dass $\vec{g}$ stetig partiell differenzierbar ist, das soll bedeuten, dass die skalaren Funktionen $g_1 : E \to \mathbb{R}$ und $g_2 : E \to \mathbb{R}$ beide stetig partiell differenzierbar sind.

Weiter fordern wir, dass $\vec{g}$ einen Bereich C der (u,v)-Ebene umkehrbar eindeutig auf den Bereich B abbildet, das heißt, jedem Punkt $(x,y) \in B$ muss umkehrbar eindeutig ein Punkt $(u,v) \in C$ entsprechen und umgekehrt, wie man es von einem Koordinatenwechsel ja auch erwartet.

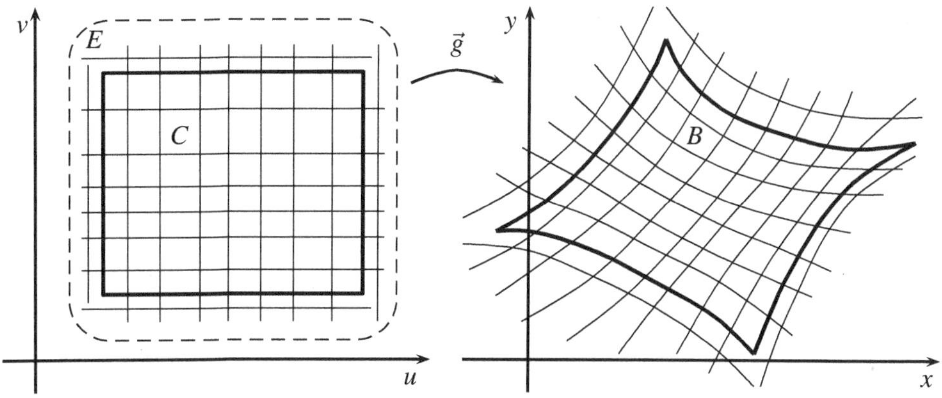

Die Ableitung der Vektorfunktion $\vec{g}$ in einem Punkt ihres Definitionsbereichs E ist die Matrix

$$\mathrm{D}\vec{g}(u,v) := \begin{pmatrix} \frac{\partial g_1}{\partial u}(u,v) & \frac{\partial g_1}{\partial v}(u,v) \\ \frac{\partial g_2}{\partial u}(u,v) & \frac{\partial g_2}{\partial v}(u,v) \end{pmatrix}$$

aus den vier möglichen partiellen Ableitungen. Diese Matrix selbst kann natürlich nicht der gesuchte Korrekturfaktor sein.

Um den richtigen Faktor zu finden, führen wir die zu unserer obigen Argumentation im Eindimensionalen analogen Überlegungen durch. Wir zerlegen die Menge C in kleine Rechtecke durch Zerlegungspunkte u_k auf der u-Achse und v_ℓ auf der v-Achse und betrachten ein solches Rechteck R mit den Seitenlängen

$$\Delta u_k = u_{k+1} - u_k \qquad \text{und} \qquad \Delta v_\ell = v_{\ell+1} - v_\ell\,.$$

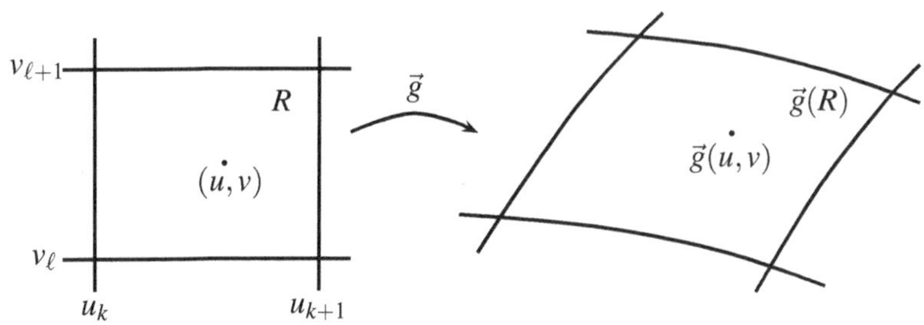

Für $(u,v) \in R$ haben wir gemäß Folgerung 2.1 die Näherungen

$$\begin{aligned} g_1(u,v) &\approx g_1(u_k,v_\ell) + \frac{\partial g_1}{\partial u}(u_k,v_\ell)(u-u_k) + \frac{\partial g_1}{\partial v}(u_k,v_\ell)(v-v_\ell) \\ g_2(u,v) &\approx g_2(u_k,v_\ell) + \frac{\partial g_2}{\partial u}(u_k,v_\ell)(u-u_k) + \frac{\partial g_2}{\partial v}(u_k,v_\ell)(v-v_\ell)\,, \end{aligned}$$

in Vektor- und Matrizenschreibweise

$$\vec{g}(u,v) \approx \vec{g}(u_k,v_\ell) + \mathrm{D}\vec{g}\,(u_k,v_\ell) \begin{pmatrix} u-u_k \\ v-v_\ell \end{pmatrix}.$$

Mit

$$\vec{y} := \vec{g}(u_k,v_\ell) - \mathrm{D}\vec{g}\,(u_k,v_\ell) \begin{pmatrix} u_k \\ v_\ell \end{pmatrix}$$

gilt also

$$\vec{g}(u,v) \approx \vec{y} + \mathrm{D}\vec{g}\,(u_k,v_\ell) \begin{pmatrix} u \\ v \end{pmatrix} \qquad \text{für alle } (u,v) \in R,$$

das bedeutet, auf dem kleinen Rechteck R wirkt die Funktion $\vec{g}$ näherungsweise bis auf die Verschiebung um den festen Vektor $\vec{y}$ wie eine Matrix. Nach Bemerkung 3.9 wird aus dem Rechteck ungefähr ein Parallelogramm und für die Flächeninhalte gilt

$$\text{Fläche}\big(\vec{g}(R)\big) \approx |\det \mathrm{D}\vec{g}(u_k,v_\ell)|\Delta u_k \Delta v_\ell\,.$$

Der Korrekturfaktor für die Flächenverzerrung um den Punkt (u_k,v_ℓ) ist somit durch $|\det \mathrm{D}\vec{g}\,(u_k,v_\ell)|$ gegeben. Wir wählen noch, wie in der Definition des Integrals gefordert, aus jedem Rechteck $R_{k\ell}$ der Zerlegung, das den Bereich C trifft, einen Punkt (s_k,t_ℓ) und setzen $(x_k,y_\ell) = \vec{g}(s_k,t_\ell) \in \vec{g}(R_{k\ell})$. Die Bildmengen $\vec{g}(R_{k\ell})$ zerlegen B, so dass sich näherungsweise ergibt

$$\begin{aligned} \iint_B f(x,y)\,dxdy &\approx \sum_{k,\ell} f(x_k,y_\ell)\text{Fläche}\big(\vec{g}(R_{k,\ell})\big) \approx \sum_{k,\ell} f(\vec{g}(s_k,t_\ell))|\det \mathrm{D}\vec{g}(u_k,v_\ell)|\Delta u_k \Delta v_\ell \\ &\approx \sum_{k,\ell} f(\vec{g}(s_k,t_\ell))|\det \mathrm{D}\vec{g}(s_k,t_\ell)|\Delta u_k \Delta v_\ell \approx \iint_C f(\vec{g}(u,v))|\det \mathrm{D}\vec{g}(u,v)|\,dudv\,. \end{aligned}$$

Wir haben so die Substitutionsregel für Bereichsintegrale – oder die *Transformationsformel*, wie sie meist genannt wird – plausibel gemacht:

$$\iint_B f(x,y)\,dxdy = \iint_C f(\vec{g}(u,v))|\det \mathrm{D}\vec{g}\,(u,v)|\,dudv\,.$$

Insbesondere haben wir gesehen, dass der Korrekturfaktor für die bei dem Koordinatenwechsel $(x,y) = \vec{g}(u,v)$ auftretende Flächenverzerrung gegeben ist durch

$$|\det \mathrm{D}\vec{g}\,(u,v)|\,.$$

Man nennt die Determinante

$$\det \mathrm{D}\vec{g}\,(u,v) = \begin{vmatrix} \dfrac{\partial g_1}{\partial u}(u,v) & \dfrac{\partial g_1}{\partial v}(u,v) \\[2ex] \dfrac{\partial g_2}{\partial u}(u,v) & \dfrac{\partial g_2}{\partial v}(u,v) \end{vmatrix} = \begin{vmatrix} \dfrac{\partial x}{\partial u}(u,v) & \dfrac{\partial x}{\partial v}(u,v) \\[2ex] \dfrac{\partial y}{\partial u}(u,v) & \dfrac{\partial y}{\partial v}(u,v) \end{vmatrix}$$

die *Funktionaldeterminante* von $\vec{g}$, gelegentlich auch die *Jacobi-Determinante* nach dem Mathematiker *Carl Gustav Jacobi* (1804–1851). In der Praxis ist auch die etwas merkwürdige Schreibweise

$$\frac{\partial(x,y)}{\partial(u,v)} = \det \mathrm{D}\vec{g}\,(u,v) = \begin{vmatrix} \dfrac{\partial x}{\partial u}(u,v) & \dfrac{\partial x}{\partial v}(u,v) \\ \dfrac{\partial y}{\partial u}(u,v) & \dfrac{\partial y}{\partial v}(u,v) \end{vmatrix}$$

gebräuchlich.

Wir fassen unsere Überlegungen in dem folgenden Satz zusammen:

Satz 4.3 (Transformationssatz) *Es sei* $f\colon D \to \mathbb{R}$, $D \subset \mathbb{R}^2$, *stetig und es sei* $\vec{g}\colon E \to \mathbb{R}^2$, $E \subset \mathbb{R}^2$ *offen, stetig partiell differenzierbar mit*

$$\frac{\partial(x,y)}{\partial(u,v)} = \det \mathrm{D}\vec{g}\,(u,v) \neq 0 \qquad \textit{für alle } (u,v) \in E\,.$$

Es werde der Bereich $C \subset E$ *durch* $\vec{g}$ *umkehrbar eindeutig auf den Bereich* $B \subset D$ *abgebildet. Dann gilt*

$$\iint_B f(x,y)\,dxdy = \iint_C f(\vec{g}(u,v))\,|\det \mathrm{D}\vec{g}\,(u,v)|\,dudv\,. \tag{4.1.7}$$

Beweis. Eine ausführliche Plausibiltätsbetrachtung für die Transformationsformel haben wir oben gegeben. Ein exakter Beweis, der aufzeigt, dass die obigen Näherungen tatsächlich zu der behaupteten Gleichheit führen, wenn die Zerlegungen immer feiner werden, ist technisch sehr aufwendig. Wir können aber leicht darauf verzichten, da wir die entscheidenden Ideen des Satzes dargelegt haben. □

Wir wollen noch das wichtigste Beispiel in der Ebene, nämlich den Wechsel zu Polarkoordinaten, eingehend betrachten.

Zu berechnen sei etwa das Integral $\iint_B f(x,y)\,dxdy$, wobei f oder B rotationssymmetrisch ist. Dann ist es in der Regel zweckmäßig, Polarkoordinaten einzuführen:

$$x = r\cos\varphi \qquad y = r\sin\varphi \qquad \text{mit } 0 \leqq r < \infty,\ 0 \leqq \varphi < 2\pi\,.$$

Es ist somit

$$\vec{g}(r,\varphi) = \begin{pmatrix} r\cos\varphi \\ r\sin\phi \end{pmatrix},$$

die Ableitungsmatrix ist gegeben durch

$$\mathrm{D}\vec{g}(r,\varphi) = \begin{pmatrix} \cos\varphi & -r\sin\varphi \\ \sin\varphi & r\cos\varphi \end{pmatrix}$$

und die Funktionaldeterminante durch

$$\det \mathrm{D}\vec{g}(r,\varphi) = \frac{\partial(x,y)}{\partial(r,\varphi)} = r\cos^2\varphi + r\sin^2\varphi = r\,.$$

Somit lautet die Transformationsformel für den Übergang zu Polarkoordinaten:

$$\iint_B f(x,y)\,dxdy = \iint_C f(r\cos\varphi, r\sin\varphi)\,r\,drd\varphi\,, \tag{4.1.8}$$

dabei ist C der Integrationsbereich B, ausgedrückt in Polarkoordinaten.

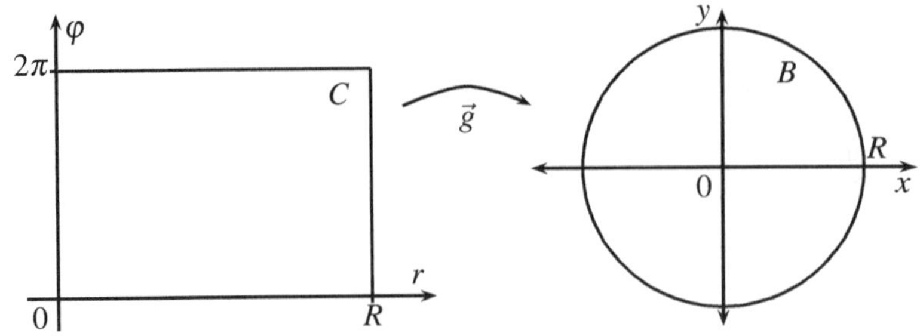

Ist B ein Kreis um 0 mit Radius R, so erhalten wir zusammen mit Satz 4.1

$$\begin{aligned}\iint_B f(x,y)\,dxdy &= \iint_{\left\{\substack{0\leqq r\leqq R\\ 0\leqq\varphi<2\pi}\right\}} f(r\cos\varphi, r\sin\varphi)\,r\,drd\varphi \\ &= \int_0^{2\pi}\Big(\int_0^R f(r\cos\varphi, r\sin\varphi)\,rdr\Big)d\varphi\end{aligned} \tag{4.1.9}$$

Beispiel 4.4 Das Integral, das im Beispiel 4.3 bei der Berechnung des Kugelvolumens auftrat, ist mit Gleichung (4.1.9) erheblich leichter zu berechnen:

$$\begin{aligned}\iint_{\{x^2+y^2\leqq R^2\}} \sqrt{R^2-(x^2+y^2)}\,dxdy &= \int_0^{2\pi}\Big(\int_0^R \sqrt{R^2-r^2}\,r\,dr\Big)\,d\varphi \\ &= 2\pi\int_0^R (R^2-r^2)^{\frac{1}{2}}\,r\,dr = 2\pi\Big[-\frac{1}{3}(R^2-r^2)^{\frac{3}{2}}\Big]_0^R = \frac{2}{3}\pi R^3\,.\end{aligned}$$

Bei diesem Beispiel kam uns der Faktor r, der in der Formel (4.1.9) durch den Übergang zu Polarkoordinaten auftritt, sehr gelegen, da er das Auffinden einer Stammfunktion wesentlich erleichterte. Dies werden wir noch öfters antreffen.

Wir wollen die Berechnung eines Integrals durch Einführen neuer Koordinaten an einem weiteren Beispiel erläutern.

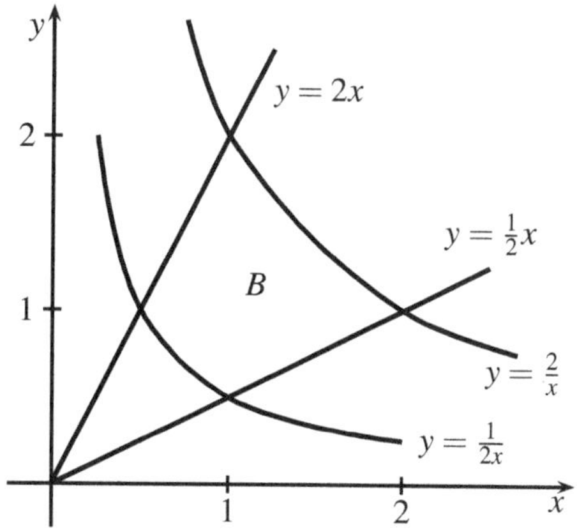

Beispiel 4.5 Es bezeichne $B \subset \mathbb{R}^2$ den rechts skizzierten Bereich, der von den zwei Hyperbeln

$$yx = \frac{1}{2} \qquad yx = 2$$

und den zwei Geraden

$$y = \frac{1}{2}x \qquad y = 2x$$

eingeschlossen wird. Zu bestimmen ist das Integral

$$\iint_B xy^2\, dxdy\,.$$

Hierzu könnten wir B in zwei Normalbereiche zerlegen. Dies ist jedoch mühsam. Wir wollen stattdessen neue Koordinaten u, v einführen, so dass der Integrationsbereich in den neuen Koordinaten eine einfache Menge, das heißt, ein Rechteck wird. Die vier Gleichungen, die B definieren, legen nahe

$$u = xy \qquad \text{und} \qquad v = \frac{y}{x} \tag{4.1.10}$$

zu setzen; sie lauten dann nämlich

$$u = \frac{1}{2} \qquad u = 2 \qquad v = \frac{1}{2} \qquad v = 2$$

und bilden schon die Grenzen eines Rechtecks. Wir müssen x und y durch die neuen Koordinaten ausdrücken: Auflösen von (4.1.10) nach x und y ergibt

$$x = \sqrt{\frac{u}{v}} = g_1(u,v) \qquad \text{und} \qquad y = \sqrt{uv} = g_2(u,v)\,. \tag{4.1.11}$$

Die Gleichungspaare (4.1.10) und (4.1.11) zeigen, dass zu einem Punkt (x,y) mit $x,y > 0$ genau ein Punkt (u,v) mit $u,v > 0$ korrespondiert und umgekehrt.

Der Koordinatenwechsel $\vec{g}$ überführt also den Quadranten $E = \{(u,v) : u,v > 0\}$ umkehrbar eindeutig in den Quadranten $\{(x,y) : x,y > 0\}$ und wir rechnen aus

$$\frac{\partial(x,y)}{\partial(u,v)} = \begin{vmatrix} \dfrac{1}{2\sqrt{uv}} & -\dfrac{1}{2}\sqrt{\dfrac{u}{v^3}} \\ \dfrac{1}{2}\sqrt{\dfrac{v}{u}} & \dfrac{1}{2}\sqrt{\dfrac{u}{v}} \end{vmatrix} = \frac{1}{2v} > 0 \qquad \text{für alle } (u,v) \in E\,.$$

Damit sind alle Voraussetzungen des Transformationssatzes 4.3 verifiziert und wir erhalten mit $C := \{(u,v) : \frac{1}{2} \leqq u \leqq 2, \frac{1}{2} \leqq v \leqq 2\} \subset E$:

$$\iint_B xy^2\,dxdy = \iint_C \sqrt{\frac{u}{v}}\,uv\,\frac{1}{2v}\,dudv = \frac{1}{2}\int_{\frac{1}{2}}^{2}\Big(\int_{\frac{1}{2}}^{2} u^{\frac{3}{2}} v^{-\frac{1}{2}}\,dv\Big)du = \frac{1}{2}\Big[\frac{2}{5}u^{\frac{5}{2}}\Big]_{\frac{1}{2}}^{2}\Big[2v^{\frac{1}{2}}\Big]_{\frac{1}{2}}^{2} = \frac{31}{20}.$$

Übungen

Übung 4.6 Man berechne

$$\iint_B (y+\frac{3}{2}x)\,dxdy \quad \text{mit } B=\{(x,y)\in\mathbb{R}^2 : x\leqq 0, x^2+y^2\leqq 9\}$$

i) unter Verwendung der kartesischen Koordinaten,
ii) durch Einführen von Polarkoordinaten.

Übung 4.7 Berechnen Sie mit Polarkoordinaten $\iint_K (x^2+xy+y^2)\mathrm{e}^{-(x^2+y^2)}dxdy$, dabei bezeichne K den Kreis in der Ebene um 0 vom Radius 1.

Übung 4.8 Berechnen Sie mit Polarkoordinaten

$$\iint_B \arctan\frac{y}{x}\,dxdy \quad \text{mit } B=\{(x,y)\in\mathbb{R}^2 : x,y\geqq 0, 1\leqq x^2+y^2\leqq 9, x\leqq y\leqq \sqrt{3}x\}.$$

Übung 4.9 Lösen Sie Übung 4.3, indem Sie neue Koordinaten einführen, bezüglich derer der Integrationsbereich B ein achsenparalleles Rechteck wird.

Übung 4.10 Es bezeichne B den im ersten Quadranten von den Kurven $y=\sqrt{x}$, $y=2\sqrt{x}$ sowie $y=x^2$, $y=\frac{1}{2}x^2$ eingeschlossene Bereich. Man berechne $\iint_B xy\,dxdy$ durch Einführen neuer Koordinaten u,v, bezüglich derer B ein Rechteck wird.

Übung 4.11 Begründen Sie die nebenstehend skizzierte Leibnizsche Sektorformel

$$F = \frac{1}{2}\int_\alpha^\beta h(\varphi)^2\,d\varphi.$$

für den Flächeninhalt F des Sektors S.

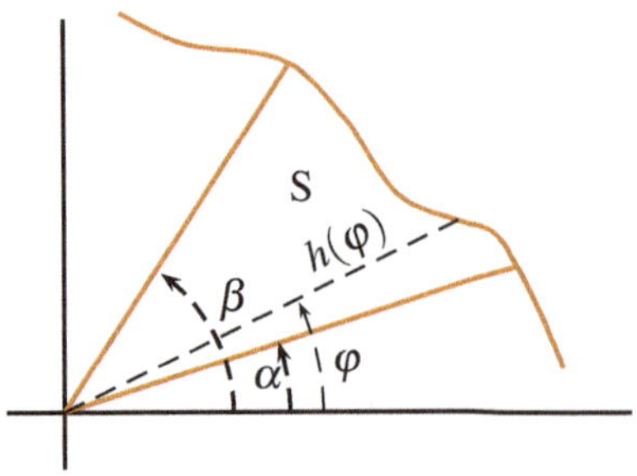

4.1.3 Räumliche Bereichsintegrale

Wir wollen in diesem Abschnitt das Integral für stetige Funktionen $f\colon D \to \mathbb{R}$ von drei Variablen, also mit $D \subset \mathbb{R}^3$, definieren. Der Integrationsbereich $B \subset D$ sei eine beschränkte Teilmenge von D. Dabei nennen wir sinngemäß einen Bereich B im Raum *beschränkt*, wenn B in einem *Quader* $Q \subset \mathbb{R}^3$

$$Q = \left\{ \begin{pmatrix} x \\ y \\ z \end{pmatrix} : a_1 \leqq x \leqq a_2,\, b_1 \leqq y \leqq b_2,\, c_1 \leqq z \leqq c_2 \right\} \quad \text{mit } a_1 < a_2, b_1 < b_2 \text{ und } c_1 < c_2$$

endlicher Kantenlänge enthalten ist.

Der Graph von f ist eine Teilmenge des $\mathbb{R}^4$ und kann nicht mehr gezeichnet werden. Wenn wir überhaupt noch ein Bild anfertigen wollen, müssen wir uns darauf beschränken, den Integrationsbereich B zu skizzieren:

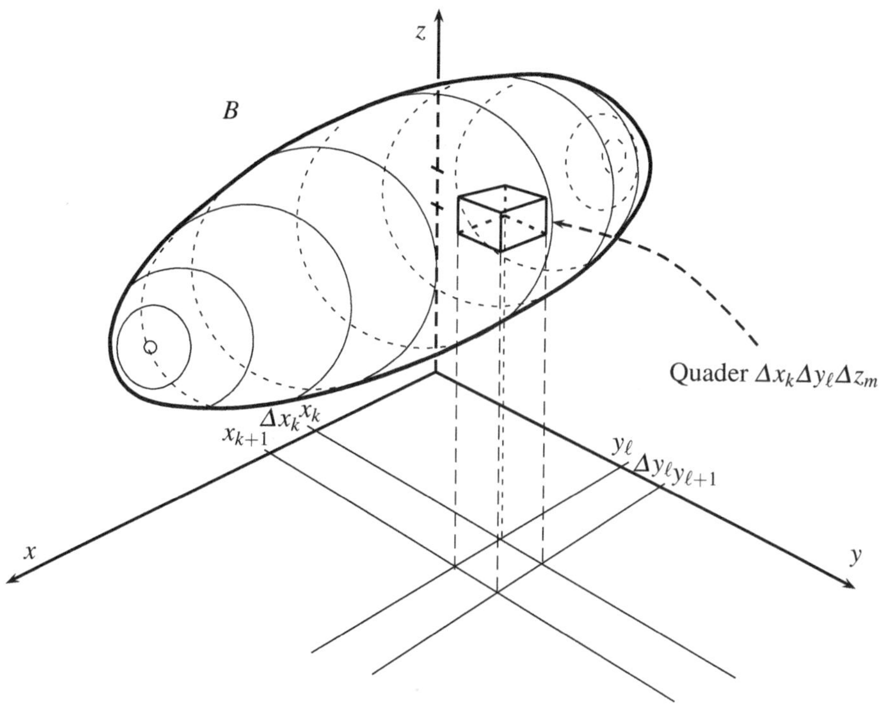

Nach unseren früheren Erfahrungen ist klar, wie wir zur Definition des Integrals von f über den räumlichen Bereich B vorzugehen haben. Wir zerlegen B in Quader, die durch Zerlegungspunkte

$$x_k \text{ auf der } x\text{-Achse mit } \Delta x_k := x_{k+1} - x_k$$
$$y_\ell \text{ auf der } y\text{-Achse mit } \Delta y_\ell := y_{\ell+1} - y_\ell$$
$$z_m \text{ auf der } z\text{-Achse mit } \Delta z_m := z_{m+1} - z_m$$

festgelegt werden. Aus jedem solchen Quader $\Delta x_k \Delta y_\ell \Delta z_m$, der B trifft, wählen wir einen Punkt $\begin{pmatrix} u_k \\ v_\ell \\ w_m \end{pmatrix} \in D$ und berechnen die zugehörige Zerlegungssumme

$$\sum_{\substack{\text{Quader,}\\ \text{die } B \text{ treffen}}} f(u_k, v_\ell, w_m) \Delta x_k \Delta y_\ell \Delta z_m\,. \tag{4.1.12}$$

Zu jeder Wahl solcher Zerlegungen x_k, y_ℓ, z_m und Punkten $\begin{pmatrix} u_k \\ v_\ell \\ w_m \end{pmatrix}$ gehört eine Zerlegungssumme (4.1.12) und man kann wieder zeigen, dass diese Zerlegungssummen unter den üblichen, bereits im Fall ebener Bereichsintegrale formulierten Bedingungen konvergieren.

Definition 4.4 Unter den früheren Voraussetzungen ist das *(räumliche, dreidimensionale) Bereichsintegral* der Funktion $f\colon D \to \mathbb{R}$ über den Bereich $B \subset D$ definiert durch

$$\iiint_B f(x,y,z)\,dxdydz := \lim_{\substack{\text{Zerlegungen}\\ \text{werden feiner}}} \sum_{\substack{\text{Quader,}\\ \text{die } B \text{ treffen}}} f(u_k, v_\ell, w_m) \Delta x_k \Delta y_\ell \Delta z_m\,.$$

Statt *räumliches Bereichsintegral* sagt man auch *dreifaches Integral*, dies wollen wir aber in diesem Zusammenhang nicht benutzen, da es missverstanden werden kann.

Nach Definition des Integrals mit $f = 1$ gilt insbesondere

$$\iiint_B dxdydz = \text{Rauminhalt von } B\,. \tag{4.1.13}$$

Zur konkreten Berechnung eines räumlichen Bereichsintegrals ist die Definition natürlich kaum geeignet. Ist der Integrationsbereich B ein Quader, so lässt sich das Integral dadurch berechnen, dass man es mit Hilfe des Satzes von Fubini auf drei iterierte Integrale jeweils einer Veränderlichen zurückführt.

Satz 4.4 *Es sei $f\colon D \to \mathbb{R}$ stetig mit $D \subset \mathbb{R}^3$. Dann gilt für jeden Quader*

$$B = \left\{ \begin{pmatrix} x \\ y \\ z \end{pmatrix} : a_1 \leqq x \leqq a_2,\, b_1 \leqq y \leqq b_2,\, c_1 \leqq z \leqq c_2 \right\} \subset D$$

wobei $a_1 < a_2, b_1 < b_2$ und $c_1 < c_2$:

$$\iiint_B f(x,y,z)\,dxdydz = \int_{a_1}^{a_2} \Big(\int_{b_1}^{b_2} \Big(\int_{c_1}^{c_2} f(x,y,z)\,dz \Big)\,dy \Big)\,dx \qquad (4.1.14)$$

oder mit irgendeiner anderen Reihenfolge der Integrationen auf der rechten Seite.

Quader sind allerdings sehr spezielle Mengen, man kann aber den obigen Satz 4.4 wie im Falle der Ebene auf Normalbereiche ausdehnen. Unter einem *räumlichen Normalbereich* wollen wir einen Bereich verstehen, den man als Volumen zwischen zwei Graphenflächen darstellen kann.

Definition 4.5 Eine Teilmenge $B \subset \mathbb{R}^3$ der Form

$$B = \left\{ \begin{pmatrix} x \\ y \\ z \end{pmatrix} \in \mathbb{R}^3 : (x,y) \in C,\, g(x,y) \leqq z \leqq h(x,y) \right\}$$

mit einer Teilmenge $C \subset \mathbb{R}^2$ und stetigen Funktionen $g,h\colon C \to \mathbb{R}$, welche $g(x,y) \leqq h(x,y)$ für alle $(x,y) \in C$ erfüllen, heißt ein *(räumlicher) Normalbereich:*

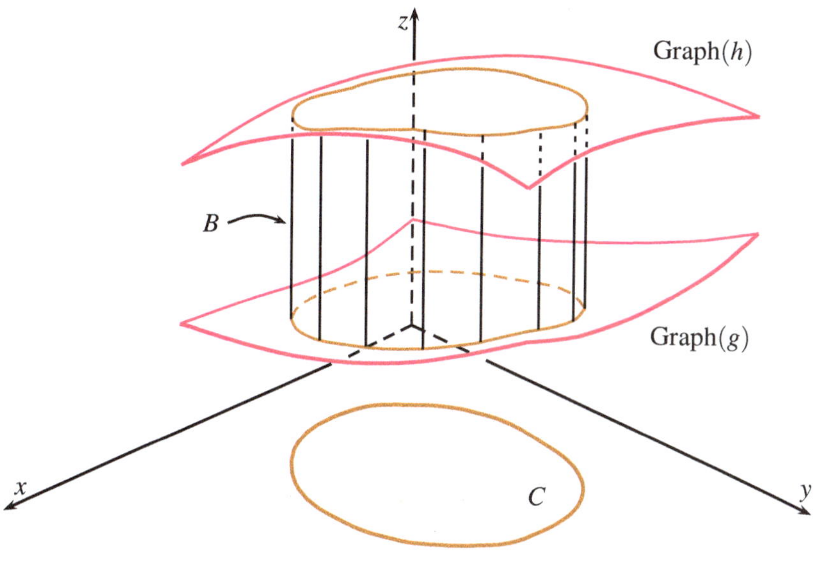

Für einen räumlichen Normalbereich gilt Satz 4.2 analog:

Satz 4.5 *Es sei $f\colon D \to \mathbb{R}$ mit $D \subset \mathbb{R}^3$ stetig. Der Integrationsbereich*

$$B = \left\{ \begin{pmatrix} x \\ y \\ z \end{pmatrix} \in \mathbb{R}^3 : (x,y) \in C,\, g(x,y) \leqq z \leqq h(x,y) \right\} \subset D$$

sei ein Normalbereich. Dann gilt

$$\iiint_B f(x,y,z)\,dxdydz = \iint_C \Big(\int_{g(x,y)}^{h(x,y)} f(x,y,z)\,dz \Big)\,dxdy\,. \tag{4.1.15}$$

Der Satz führt also ein räumliches Bereichsintegral in ein Integral einer Variablen und ein ebenes Bereichsintegral über, das mit den im letzten Abschnitt erläuterten Methoden weiter behandelt werden kann.

Häufig werden räumliche Bereichsintegrale durch Transformation auf neue Koordinaten umgeformt. Die Transformationsformel (4.1.7) aus der Ebene bleibt im Wesentlichen unverändert richtig. Geht man mittels

$$x = g_1(u,v,w) \qquad y = g_2(u,v,w) \qquad z = g_3(u,v,w)$$

zu neuen Variablen u,v,w über, so gilt

$$\iiint_B f(x,y,z)\,dxdydz = \iiint_C f\big(g_1(u,v,w), g_2(u,v,w), g_3(u,v,w)\big) \Big| \frac{\partial(x,y,z)}{\partial(u,v,w)} \Big|\,dudvdw\,, \tag{4.1.16}$$

dabei bezeichnet C den Integrationsbereich, ausgedrückt in den Koordinaten u, v, w, und

$$\frac{\partial(x,y,z)}{\partial(u,v,w)} = \det \mathrm{D}\vec{g}(u,v,w) = \begin{vmatrix} \frac{\partial x}{\partial u}(u,v,w) & \frac{\partial x}{\partial v}(u,v,w) & \frac{\partial x}{\partial w}(u,v,w) \\ \frac{\partial y}{\partial u}(u,v,w) & \frac{\partial y}{\partial v}(u,v,w) & \frac{\partial y}{\partial w}(u,v,w) \\ \frac{\partial z}{\partial u}(u,v,w) & \frac{\partial z}{\partial v}(u,v,w) & \frac{\partial z}{\partial w}(u,v,w) \end{vmatrix} \tag{4.1.17}$$

die Funktionaldeterminante des Koordinatenwechsels.

Wir betrachten im Folgenden die beiden wichtigsten Beispiele genauer.

Beispiel 4.6 (Kugelkoordinaten) Es ist das Integral

$$\iiint_B f(x,y,z)\,dxdydz$$

zu berechnen. Ist der Integrationsbereich B oder der Integrand f kugelsymmetrisch, so ist es in der Regel ratsam, zu *Kugelkoordinaten* überzugehen.
Wie die rechtsstehende Zeichnung zeigt, sind die Kugelkoordinaten

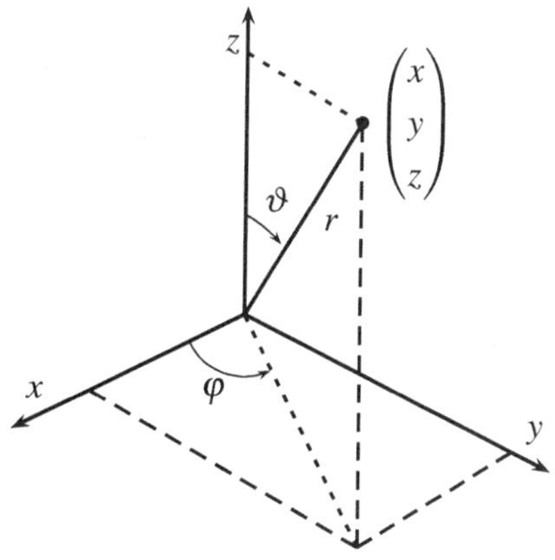

$$0 \leqq r < \infty, \quad 0 \leqq \varphi < 2\pi, \quad 0 \leqq \vartheta \leqq \pi$$

mit den kartesischen Koordinaten gemäß

$$x = r\cos\varphi\sin\vartheta \quad y = r\sin\varphi\sin\vartheta \quad z = r\cos\vartheta$$

verbunden. Die Funktionaldeterminante berechnet sich zu

$$\frac{\partial(x,y,z)}{\partial(r,\varphi,\vartheta)} = \begin{vmatrix} \cos\varphi\sin\vartheta & -r\sin\varphi\sin\vartheta & r\cos\varphi\cos\vartheta \\ \sin\varphi\sin\vartheta & r\cos\varphi\sin\vartheta & r\sin\varphi\cos\vartheta \\ \cos\vartheta & 0 & -r\sin\vartheta \end{vmatrix} = -r^2\sin\vartheta\,. \tag{4.1.18}$$

Die Transformationsformel für den Übergang zu Kugelkoordinaten lautet dann

$$\iiint_B f(x,y,z)\,dxdydz = \iiint_C f(r\cos\varphi\sin\vartheta, r\sin\varphi\sin\vartheta, r\cos\vartheta)\,r^2\sin\vartheta\,drd\varphi d\vartheta\,, \tag{4.1.19}$$

dabei bezeichnet C den Integrationsbereich, ausgedrückt in Kugelkoordinaten. Ist zum Beispiel B die Kugel

$$B = \left\{ \begin{pmatrix} x \\ y \\ z \end{pmatrix} : 0 \leqq x^2 + y^2 + z^2 \leqq R^2 \right\},$$

so ist C der Quader

$$C = \left\{ \begin{pmatrix} r \\ \varphi \\ \vartheta \end{pmatrix} : 0 \leqq r \leqq R, 0 \leqq \varphi < 2\pi, 0 \leqq \vartheta \leqq \pi \right\}.$$

Mit (4.1.13) und (4.1.19) können wir zum dritten Mal das Volumen der Kugel vom Radius R berechnen:

$$V = \iiint_B dxdydz = \iiint_C r^2\sin\vartheta\,drd\varphi d\vartheta =$$

$$= \left(\int_0^R r^2\,dr\right)\left(\int_0^{2\pi} d\varphi\right)\left(\int_0^{\pi} \sin\vartheta\,d\vartheta\right) = \frac{4}{3}\pi R^3\,.$$

Da wir nun die der Kugelsymmetrie angepassten Koordinaten verwendet haben, hat sich die Rechnung besonders einfach gestaltet.

Beispiel 4.7 (Zylinderkoordinaten) Es ist das Integral

$$\iiint_B f(x,y,z)\,dxdydz$$

zu berechnen. Ist der Integrationsbereich B oder der Integrand f rotationssymmetrisch bezüglich einer Achse, so ist es meist zweckmäßig, zu *Zylinderkoordinaten* überzugehen. Als Drehachse nehmen wir ohne Einschränkung die z-Achse an. Wie die nebenstehende Zeichnung zeigt, ist dann der Zusammenhang zwischen den Zylinderkoordinaten

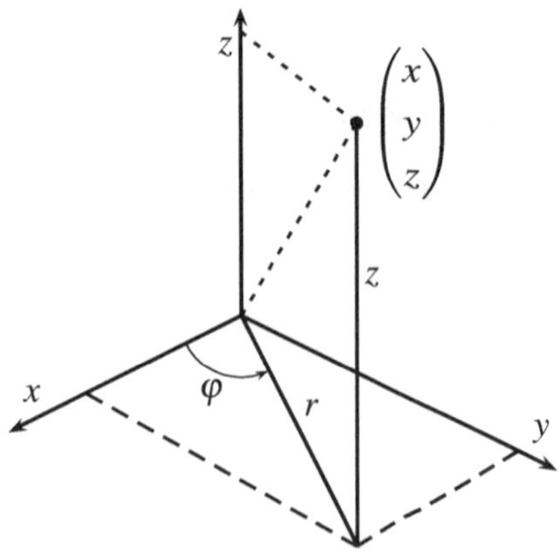

$$0 \leqq r < \infty, \quad 0 \leqq \varphi < 2\pi, \quad -\infty < z < \infty$$

und den kartesischen Koordinaten gegeben durch

$$x = r\cos\varphi \qquad y = r\sin\varphi \qquad z = z\,.$$

Die Funktionaldeterminante berechnet sich zu

$$\frac{\partial(x,y,z)}{\partial(r,\varphi,z)} = \begin{vmatrix} \cos\varphi & -r\sin\varphi & 0 \\ \sin\varphi & r\cos\varphi & 0 \\ 0 & 0 & 1 \end{vmatrix} = r\,.$$

Somit lautet die Transformationsformel für den Übergang zu Zylinderkoordinaten:

$$\iiint_B f(x,y,z)\,dxdydz = \iiint_C f(r\cos\varphi, r\sin\varphi, z)\,r\,dr\,d\varphi\,dz\,, \tag{4.1.20}$$

dabei bezeichnet C den Integrationsbereich, ausgedrückt in Zylinderkoordinaten.

Beispiel 4.8 Zylinderkoordinaten sind angebracht bei der Behandlung von Rotationskörpern: Gegeben sind eine stetige Funktion $f\colon I \to \mathbb{R}$ einer Variablen mit nicht negativen Funktionswerten sowie Grenzen $a, b \in I$ mit $a < b$. Lässt man die Fläche zwischen $[a,b]$ und dem Graphen der Funktion f um die x-Achse rotieren, so entsteht der Rotationskörper

$$R = \left\{ \begin{pmatrix} x \\ y \\ z \end{pmatrix} : a \leqq x \leqq b, 0 \leqq \sqrt{y^2+z^2} \leqq f(x) \right\}.$$

Wir wollen eine Formel für das Volumen V des Rotationskörpers R herleiten. Hierzu kann man auf die Definition des eindimensionalen Integrals zurückgehen, vergleiche Übung 1.55: Eine Zerlegung

$$a = x_0 < x_1 < \cdots < x_\ell < \cdots < x_r = b$$

von $[a,b]$ mit einer Wahl von Zwischenpunkten $x_\ell \leqq u_\ell \leqq x_{\ell+1}$ für $\ell = 0,1,\ldots,r-1$ liefert eine Zerlegung des Rotationskörpers R in dünne zylinderförmige Scheiben mit Radius $f(u_\ell)$ und Höhe $x_{\ell+1} - x_\ell$, also vom Volumen $\pi f(u_\ell)^2(x_{\ell+1} - x_\ell)$. Daher ist die Summe

$$\sum_{\ell=1}^{r-1} \pi f(u_\ell)^2 (x_{\ell+1} - x_\ell)$$

eine Näherung für das Volumen V von R, und wir erhalten

$$V = \pi \int_a^b \left(f(x)\right)^2 dx$$

als Grenzwert, wenn die Zerlegungen immer feiner werden.

Eleganter kann man argumentieren, wenn man Zylinderkoordinaten mit der x-Achse als Zylinderachse einführt:

$$x \qquad y = r\cos\varphi \qquad z = r\sin\varphi\,.$$

In diesen Zylinderkoordinaten ist der Rotationskörper gegeben durch

$$\begin{aligned} R' &= \left\{ \begin{pmatrix} x \\ r \\ \varphi \end{pmatrix} : a \leqq x \leqq b, 0 \leqq r \leqq f(x), 0 \leqq \varphi \leqq 2\pi \right\} \\ &= \left\{ \begin{pmatrix} x \\ r \\ \varphi \end{pmatrix} : (x,\varphi) \in [a,b] \times [0,2\pi], 0 \leqq r \leqq f(x) \right\}. \end{aligned}$$

Dies ist ein Normalbereich, so dass wir neben (4.1.20) noch (4.1.15) mit $C = [a,b] \times [0,2\pi]$ anwenden können:

$$\begin{aligned} V &= \iiint_R dxdydz = \iiint_{R'} r\,dxd\varphi dr \\ &= \iint_C \Big(\int_0^{f(x)} r\,dr \Big)\, d\varphi dx = \int_a^b \int_0^{2\pi} \frac{1}{2} f(x)^2 \, d\varphi dx = \pi \int_a^b f(x)^2 \, dx\,. \end{aligned}$$

Übungen

Übung 4.12 Berechnen Sie das Integral

$$\iiint_Q (2x+y^2+4xz)dxdydz \quad \text{über } Q=\left\{\begin{pmatrix}x\\y\\z\end{pmatrix} : 0\leqq x\leqq 1, 0\leqq y\leqq 2, 0\leqq z\leqq 3\right\}.$$

Übung 4.13 Es bezeichne $B\subset\mathbb{R}^3$ den Bereich, der von den drei Koordinatenebenen $x=0, y=0, z=0$ und von der Ebene $x+y+z=1$ eingeschlossen wird. Man bestimme

$$\iiint_B (1+x+y+z)^{-3}dxdydz.$$

Übung 4.14 Mit zwei reellen Zahlen $0<a<b$ sei K die halbe Kugelschale

$$K:=\left\{\vec{x}=\begin{pmatrix}x\\y\\z\end{pmatrix} : a\leqq|\vec{x}|\leqq b, z\geqq 0\right\}.$$

Berechnen Sie das Integral $\iiint_K (x^2+y^2)\,dxdydz.$

Übung 4.15 Bestimmen Sie das Volumen eines räumlichen Ellipsoids

$$E:=\left\{\begin{pmatrix}x\\y\\z\end{pmatrix}\in\mathbb{R}^3 : \frac{x^2}{a^2}+\frac{y^2}{b^2}+\frac{z^2}{c^2}\leqq 1\right\} \quad \text{mit } a,b,c>0.$$

Hinweis: Man verwende *elliptische Koordinaten*, die durch

$$x=ar\cos\varphi\sin\vartheta \qquad y=br\sin\varphi\sin\vartheta \qquad z=cr\cos\vartheta$$

definiert sind.

4.1.4 Anwendungen und Beispiele

Eine Anwendung des dreidimensionalen Integrals ist die Berechnung von Trägheitsmomenten. Für einen Massenpunkt der Masse m in einem Punkt $\vec{x}$ des Raumes ist das Trägheitsmoment I_A bezüglich einer Achse A definiert durch

$$I_A = m\left(d_A(\vec{x})\right)^2,$$

wobei $d_A(\vec{x})$ den Abstand des Punktes $\vec{x}$ von der Achse A bezeichnet. Entsprechend gilt für ein Gerüst aus n Punktmassen $m_1, m_2, \ldots, m_n$ in den Punkten $\vec{x}^1, \vec{x}^2, \ldots, \vec{x}^n$ des Raumes

$$I_A = \sum_{\ell=1}^{n} m_\ell \left(d_A(\vec{x}^\ell)\right)^2.$$

Um aus diesen Definitionen eine Formel für das Trägheitsmoment eines festen Körpers K zu gewinnen, argumentieren wir folgendermaßen: Es sei $\rho(\vec{x})$ die Massendichte des Körpers in einem Punkt $\vec{x}$, das bedeutet, für einen hinreichend kleinen Würfel $W(\vec{x})$ um $\vec{x}$ ist

$$\rho(\vec{x}) = \frac{\text{Masse von } W(\vec{x})}{\text{Volumen von } W(\vec{x})},$$

genauer

$$\rho(\vec{x}) = \lim_{V\to 0} \frac{\text{Masse von } W(\vec{x})}{\text{Volumen von } W(\vec{x})}, \tag{4.1.21}$$

wenn die Würfel $W(\vec{x})$ um $\vec{x}$ mit Volumen V auf den Punkt $\vec{x}$ zusammenschrumpfen. Wir denken uns nun den Körper K in kleine Würfel um Punkte $\vec{x}^1, \vec{x}^2, \ldots, \vec{x}^n$ zerlegt. Jeden dieser Würfel $W(\vec{x}^\ell)$ können wir näherungsweise als einen Massenpunkt der Masse $\rho(\vec{x}^\ell)\cdot \text{Volumen}\big(W(\vec{x}^\ell)\big)$ im Punkt $\vec{x}^\ell$ auffassen, somit ist das Trägheitsmoment von K ungefähr

$$I_A \approx \sum_{\ell=1}^{n} \rho(\vec{x}^\ell)\left(d_A(\vec{x}^\ell)\right)^2 \cdot \text{Volumen}\big(W(\vec{x}^\ell)\big).$$

Die rechts stehende Summe ist die Zerlegungssumme eines Integrals, wählen wir die Zerlegungen von K in Würfel immer feiner, so ergibt sich nach Definition des Integrals

$$I_A = \iiint_K \rho(\vec{x})\left(d_A(\vec{x})\right)^2 dxdydz.$$

Das gleiche Zerlegungsargument zeigt, dass sich die Masse m des Körpers K durch Integration der Massendichte $\rho(\vec{x})$ ergibt:

$$m = \iiint_K \rho(\vec{x})\, dxdydz \tag{4.1.22}$$

Die Gleichungen (4.1.21) und (4.1.22) sind mathematisch gleichwertige Formulierungen desselben Sachverhalts. Im Fall konstanter Massendichte ρ_0 erhalten wir mit (4.1.13) das triviale Ergebnis

$$m = \rho_0 \iiint_K dxdydz = \rho_0 \cdot \text{Volumen}(K)$$

und für das Trägheitsmoment

$$I_A = \rho_0 \iiint_K \left(d_A(\vec{x})\right)^2 dxdydz.$$

Wir betrachten einige Spezialfälle. Für eine Kugel vom Radius R um den Nullpunkt ist das Trägheitsmoment bezüglich einer Achse durch ihren Mittelpunkt – etwa die z-Achse – wegen $d_z(\vec{x}) = \sqrt{x^2+y^2}$ gegeben durch

$$I_z = \rho_0 \iiint_K (x^2+y^2)\, dxdydz.$$

Gehen wir zu Kugelkoordinaten r, φ, ϑ über, so ist $x^2+y^2 = r^2\sin^2\vartheta$ und wir erhalten aus der Transformationsformel (4.1.19)

$$\begin{aligned} I_z &= \rho_0 \iiint_K (x^2+y^2)\, dxdydz = \rho_0 \Big(\int_0^R r^4\, dr\Big)\Big(\int_0^{2\pi} d\varphi\Big)\Big(\int_0^{\pi} \sin^3\vartheta\, d\vartheta\Big) \\ &= \frac{8}{15}\pi\rho_0 R^5 = \frac{2}{5} m R^2 , \end{aligned}$$

wenn m die Masse der Kugel ist.

Um das Trägheitsmoment eines Rotationskörpers zu berechnen, der durch Rotation des Graphen einer Funktion $f\colon [a,b] \to \mathbb{R}$ um die z-Achse entsteht, verwendet man zweckmäßigerweise Zylinderkoordinaten

$$x = r\cos\varphi \qquad y = r\sin\varphi \qquad z.$$

Dann ist nämlich $d_z(\vec{x}) = \sqrt{x^2+y^2} = r$ und mit (4.1.20) erhalten wir wie in Beispiel 4.8

$$I_z = \rho_0 \iiint_{R'} r^2\, r\, dr d\varphi dz = \rho_0 \iint_{[0,2\pi]\times[a,b]} \Big(\int_0^{f(z)} r^3\, dr\Big) d\varphi dz = \rho_0 \frac{\pi}{2} \int_a^b f(z)^4\, dz \tag{4.1.23}$$

Wählt man speziell $f(z)$ konstant $= R$ für $0 \leqq z \leqq h$, so entsteht als Rotationskörper ein Zylinder mit Radius R und Höhe h, für dessen Trägheitsmoment ergibt sich aus (4.1.23)

$$I_z = \rho_0 \frac{\pi}{2} h R^4 = \frac{1}{2} m R^2 ,$$

denn $m = \rho_0 \pi R^2 h$ ist die Masse des Zylinders. Wählt man $f(z) = \dfrac{R}{h} z$ für $0 \leqq z \leqq h$, so erhält man als Rotationskörper einen Kreiskegel mit Radius R und Höhe h. Das Trägheitsmoment ist

$$I_z = \rho_0 \frac{\pi}{2} \int_0^h \Big(\frac{R}{h} z\Big)^4 dz = \frac{\pi}{10} \rho_0 R^4 h = \frac{3}{10} m R^2 ,$$

wenn $m = \rho_0 \dfrac{\pi}{3} R^2 h$ die Masse des Kegels bezeichnet.

Wir haben nun das Integral für Funktionen von zwei und drei Variablen definiert. Da die Definition des Integrals immer nach dem gleichen Schema verläuft, sollte dann klar sein, wie das Integral für Funktionen von n Variablen zu definieren ist, so dass wir uns dabei kurz fassen können.

Es sei eine stetige Funktion $f\colon D \to \mathbb{R}$ von n Variablen gegeben, $D \subset \mathbb{R}^n$, und es sei $B \subset D$ eine beschränkte Menge. Durch Zerlegungen auf den Koordinatenachsen erhält man eine Zerlegung des $\mathbb{R}^n$ in (kleine) n-dimensionale Quader, das sind Mengen der Form

$$\left\{ \begin{pmatrix} x_1 \\ \vdots \\ x_n \end{pmatrix} \in \mathbb{R}^n : a_1 \leqq x_1 \leqq b_1, a_2 \leqq x_2 \leqq b_2, \ldots, a_n \leqq x_n \leqq b_n \right\}.$$

Aus jedem Quader Q, der den Integrationsbereich B trifft, wählt man einen Punkt $\vec{u}_Q \in D$ und bildet die zugehörige Zerlegungssumme

$$\sum_{\substack{\text{Quader } Q, \\ \text{die } B \text{ treffen}}} f(\vec{u}_Q) \cdot \text{Volumen}(Q).$$

Unter den bereits mehrfach formulierten Voraussetzungen, nämlich f ist stetig und beschränkt, B ist beschränkt und glatt berandet, konvergieren diese Zerlegungssummen, wenn die Zerlegungen immer feiner werden. Den Grenzwert nennt man das *(n-dimensionale) Integral von f über B* und schreibt

$$\begin{aligned} \int \cdots \int_B f(x_1, x_2, \ldots, x_n)\, dx_1 dx_2 \cdots dx_n &= \int_B f(\vec{x})\, dV(\vec{x}) \\ &= \lim_{\substack{\text{Zerlegungen} \\ \text{werden feiner}}} \sum_{\substack{\text{Quader } Q, \\ \text{die } B \text{ treffen}}} f(\vec{u}_Q) \cdot \text{Volumen}(Q). \end{aligned}$$

Zur Berechnung des Integrals hat man die üblichen Möglichkeiten.

1. Ist der Integrationsbereich B selbst ein Quader,

$$B = \left\{ \begin{pmatrix} x_1 \\ \vdots \\ x_n \end{pmatrix} \in \mathbb{R}^n : a_1 \leqq x_1 \leqq b_1, a_2 \leqq x_2 \leqq b_2, \ldots, a_n \leqq x_n \leqq b_n \right\},$$

so gilt wieder der *Satz von Fubini* :

$$\int_B f(\vec{x})\, dV(\vec{x}) = \int_{a_1}^{b_1} \Big(\int_{a_2}^{b_2} \cdots \Big(\int_{a_n}^{b_n} f(x_1, x_2, \ldots, x_n)\, dx_n \Big) \ldots dx_2 \Big)\, dx_1$$

oder mit irgendeiner Reihenfolge der Integrationen auf der rechten Seite.

2. Man kann wie früher den Begriff des *Normalbereichs* einführen; es gilt dann die (4.1.15) entsprechende Formel.

3. Ebenso bleibt der *Transformationssatz* auch für n Variable bestehen.

Wir hatten bisher stets sowohl die Funktion f als auch den Integrationsbereich B als beschränkt angenommen, um die Existenz des Integrals von f über B sicherzustellen. Liegt eine dieser Voraussetzungen nicht vor, so kann man versuchen, dem Integral $\int_B f(\vec{x})\,dV(\vec{x})$ dadurch einen Sinn zu geben, dass man es so wie früher als uneigentliches Integral behandelt. Wir betrachten stellvertretend einige Beispiele.

Beispiel 4.9 Es sei

$$B = \{ \begin{pmatrix} x \\ y \\ z \end{pmatrix} \in \mathbb{R}^3 : 0 < x^2 + y^2 + z^2 \leqq 1 \}$$

die Kugel ohne ihren Mittelpunkt=Nullpunkt und f die Funktion

$$f(\vec{x}) = \frac{1}{|\vec{x}|^\alpha} = \frac{1}{(x^2+y^2+z^2)^{\frac{\alpha}{2}}} \qquad \text{für alle } \vec{x} = \begin{pmatrix} x \\ y \\ z \end{pmatrix} \in \mathbb{R}^3, \vec{x} \neq 0$$

mit einer Konstanten $\alpha > 0$. Offenbar ist f auf B nicht beschränkt. Man wird das Integral von f über B dadurch erklären, dass man zunächst B zu einer Menge B_n verkleinert, so dass f einerseits auf B_n beschränkt ist und andererseits die B_n bei $n \to \infty$ den Bereich B ausschöpfen. Man setzt dann

$$\int_B f(\vec{x})\,dV(\vec{x}) = \lim_{n\to\infty} \int_{B_n} f(\vec{x})\,dV(\vec{x}),$$

falls der Grenzwert existiert. Dies entspricht unserer Vorgehensweise bei uneigentlichen Integralen der Form $\int_a^\infty f(x)\,dx$ im Abschnitt 1.4.3. Im vorliegenden Fall wählen wir mit $0 < \varepsilon < 1$ die Kugelschale

$$B(\varepsilon) := \{ \begin{pmatrix} x \\ y \\ z \end{pmatrix} \in \mathbb{R}^3 : \varepsilon^2 \leqq x^2 + y^2 + z^2 \leqq 1 \} = \{ \vec{x} \in B : |\vec{x}| \geqq \varepsilon \}.$$

Auf $B(\varepsilon)$ ist die Funktion f beschränkt und wir können mit Kugelkoordinaten gemäß (4.1.19) ausrechnen

$$\int_{B(\varepsilon)} f(\vec{x})\,dV(\vec{x}) = \int_\varepsilon^1 \Big(\int_0^{2\pi} \Big(\int_0^\pi \frac{1}{r^\alpha} r^2 \sin\vartheta\,dr \Big)\,d\varphi \Big)\,d\vartheta = 4\pi \int_\varepsilon^1 \frac{1}{r^{\alpha-2}}\,dr.$$

Das rechte Integral ist einfach, wir haben es bereits in Beispiel 1.51 diskutiert und erhalten bei $\varepsilon \downarrow 0$: Das Integral $\int_B f(\vec{x})\,dV(\vec{x})$ existiert genau wenn $\alpha - 2 < 1$, also genau wenn $\alpha < 3$ und hat dann den Wert

$$\int_{\{\vec{x}:|\vec{x}|\leqq 1\}} \frac{1}{|\vec{x}|^\alpha}\,dV(\vec{x}) = \frac{4\pi}{3-\alpha}\,.$$

Beispiel 4.10 Es sei

$$B = \left\{ \begin{pmatrix} x \\ y \\ z \end{pmatrix} : x^2+y^2+z^2 \geqq 1 \right\}$$

der Außenraum der Kugel vom Radius 1. Die Funktion f sei wie im obigen Beispiel definiert:

$$f(\vec{x}) = \frac{1}{|\vec{x}|^\alpha} = \frac{1}{(x^2+y^2+z^2)^{\frac{\alpha}{2}}} \qquad \text{für alle } \vec{x} = \begin{pmatrix} x \\ y \\ z \end{pmatrix} \in \mathbb{R}^3,\, \vec{x} \neq 0\,.$$

Offenbar ist B nicht beschränkt, man wird zunächst den Bereich B durch die beschränkte Menge $B \cap \{\vec{x} : |\vec{x}| \leqq R\}$ ersetzen und dann $R \to \infty$ streben lassen. Wir setzen demgemäß

$$B(R) = \{\vec{x} \in B : |\vec{x}| \leqq R\} = \{\vec{x} \in \mathbb{R}^3 : 1 \leqq x^2+y^2+z^2 \leqq R^2\}$$

und erklären

$$\int_B f(\vec{x})\,dV(\vec{x}) = \lim_{R\to\infty} \int_{B(R)} f(\vec{x})\,dV(\vec{x})\,,$$

falls der Grenzwert existiert. Wie im obigen Beispiel ist

$$\int_{B(R)} f(\vec{x})\,dV(\vec{x}) = 4\pi \int_1^R \frac{1}{r^{\alpha-2}}\,dr$$

und gemäß Beispiel 1.50 existiert der Grenzwert $\int_1^R \frac{1}{r^{\alpha-2}}\,dr$ genau wenn $\alpha - 2 > 1$ oder $\alpha > 3$. Das bedeutet: $\int_B f(\vec{x})\,dV(\vec{x})$ existiert genau wenn $\alpha > 3$ und hat dann den Wert

$$\int_{\{\vec{x}:|\vec{x}|\geqq 1\}} \frac{1}{|\vec{x}|^\alpha}\,dV(\vec{x}) = \frac{4\pi}{\alpha-3}\,.$$

Beispiel 4.11 Wir sind nun auch in der Lage, das wichtige Integral

$$\int_{-\infty}^{\infty} \mathrm{e}^{-\alpha x^2}\,dx = 2\int_0^{\infty} \mathrm{e}^{-\alpha x^2}\,dx \qquad \text{für festes } \alpha > 0$$

zu bestimmen. Da die Stammfunktion zu $\mathrm{e}^{-\alpha x^2}$ keine elementare Funktion ist, können wir das Integral nicht wie üblich mit dem Hauptsatz der Differential- und Integralrechnung berechnen, sondern müssen einen Kunstgriff anwenden. Zunächst gilt für $R > 0$ nach dem Satz 4.1 von Fubini

$$\Big(\int_{-R}^{R} e^{-\alpha x^2}\,dx\Big)^2 = \Big(\int_{-R}^{R} e^{-\alpha x^2}\,dx\Big)\Big(\int_{-R}^{R} e^{-\alpha y^2}\,dy\Big)$$
$$= \int_{-R}^{R}\Big(\int_{-R}^{R} e^{-\alpha(x^2+y^2)}\,dy\Big)\,dx = \iint_{\{-R\leqq x,y\leqq R\}} e^{-\alpha(x^2+y^2)}\,dxdy\,.$$

Mit $R \to \infty$ erhalten wir hieraus

$$\Big(\int_{-\infty}^{\infty} e^{-\alpha x^2}\,dx\Big)^2 = \iint_{\mathbb{R}^2} e^{-\alpha(x^2+y^2)}\,dxdy\,. \tag{4.1.24}$$

Es genügt also, das rechte Integral zu berechnen. Mit Polarkoordinaten der Ebene ist nach Gleichung (4.1.8)

$$\iint_{\{x^2+y^2\leqq R^2\}} e^{-\alpha(x^2+y^2)}\,dxdy = \int_0^{2\pi}\Big(\int_0^R e^{-\alpha r^2}\,r\,dr\Big)\,d\varphi$$
$$= 2\pi\Big[-\frac{1}{2\alpha}e^{-\alpha r^2}\Big]_0^R = \frac{\pi}{\alpha}\big(1-e^{-R^2}\big)\,;$$

hier kam uns wieder der Faktor r gelegen, er ermöglichte die Bestimmung der Stammfunktion. Mit $R \to \infty$ ergibt sich

$$\iint_{\mathbb{R}^2} e^{-\alpha(x^2+y^2)}\,dxdy = \frac{\pi}{\alpha}\,. \tag{4.1.25}$$

Kombinieren wir nun unsere Resultate (4.1.25) und (4.1.24), so erhalten wir

$$\int_{-\infty}^{\infty} e^{-\alpha x^2}\,dx = \sqrt{\frac{\pi}{\alpha}} \qquad \text{und} \qquad \int_0^{\infty} e^{-\alpha x^2}\,dx = \frac{1}{2}\sqrt{\frac{\pi}{\alpha}}\,. \tag{4.1.26}$$

Mit $\alpha = 1$ und der Substitution $x = \sqrt{t}$ folgt hieraus noch für die Gammafunktion

$$\frac{\sqrt{\pi}}{2} = \int_0^{\infty} e^{-x^2}\,dx = \frac{1}{2}\int_0^{\infty} t^{-\frac{1}{2}}e^{-t}\,dt = \frac{1}{2}\Gamma\big(\tfrac{1}{2}\big)$$

oder

$$\Gamma\big(\tfrac{1}{2}\big) = \sqrt{\pi}\,,$$

wie in Gleichung (1.4.14) behauptet.

Übungen

Übung 4.16 Bestimmen Sie die Masse eines geraden Kreiskegels K mit Grundfläche

$$\left\{ \begin{pmatrix} x \\ y \\ 0 \end{pmatrix} \in \mathbb{R}^3 : x^2 + y^2 \leqq 5 \right\} \quad \text{und Spitze im Punkt} \begin{pmatrix} 0 \\ 0 \\ 4 \end{pmatrix},$$

wenn die Massendichte durch $\rho(\vec{x}) = \rho_0(x^2 + y^2 + z^2)$ mit einer Konstanten $\rho_0 > 0$ gegeben ist.

Übung 4.17 Es sei $K \subset \mathbb{R}^3$ ein Körper mit Massendichte $\rho(\vec{x})$ und der Gesamtmasse $M > 0$. Wie oben im Fall des Trägheitsmoments kann man aus der Definition des Integrals schließen, dass für die Koordinaten $\begin{pmatrix} x_S \\ y_S \\ z_S \end{pmatrix}$ des Schwerpunkts S von K gilt

$$x_S = \frac{1}{M} \iiint_K x\rho(\vec{x})\, dxdydz \quad y_S = \frac{1}{M} \iiint_K y\rho(\vec{x})\, dxdydz \quad z_S = \frac{1}{M} \iiint_K z\rho(\vec{x})\, dxdydz.$$

Berechnen Sie den Schwerpunkt der Halbkugel mit Radius $R > 0$

$$K = \left\{ \begin{pmatrix} x \\ y \\ z \end{pmatrix} \in \mathbb{R}^3 : x^2 + y^2 + z^2 \leqq R^2, z \leqq 0 \right\},$$

wenn ihre Massendichte konstant $= \rho_0$ ist.

Übung 4.18 Die Wahrscheinlichkeitsdichten des $2s$-Orbitals ψ_1 und des $2p_z$-Orbitals ψ_2 des Wasserstoffatoms sind in Kugelkoordinaten gegeben durch

$$\psi_1(r, \varphi, \vartheta) = c_1\left(2 - \frac{r}{r_0}\right) e^{-\frac{r}{2r_0}} \qquad \text{und} \quad \psi_2(r, \varphi, \vartheta) = c_2 \frac{r}{r_0} e^{-\frac{r}{2r_0}} \cos\vartheta,$$

dabei ist $r_0 = \dfrac{\hbar^2}{me^2}$ der *Bohrsche Atomradius*.

i) Bestimmen Sie die Konstanten $c_1, c_2 > 0$ so, dass die beiden Funktionen normiert sind im Sinne von

$$\iiint_{\mathbb{R}^3} |\psi(x, y, z)|^2 dxdydz = 1.$$

Hinweis: Die Formeln (1.4.17) sind nützlich.

ii) Die beiden Funktionen sind als Eigenfunktionen eines selbstadjungierten Operators (des Schrödinger-Operators) orthogonal. Bestätigen Sie dies durch explizites Nachrechnen.

4.2 Divergenz und Rotation

Mit diesem Abschnitt beginnt die Vektoranalysis im eigentlichen Sinne. Wir betrachten vektorielle Größen, die von mehreren Variablen abhängen – meist den drei Raumkoordinaten und eventuell der Zeit. Mathematisch gesprochen geht es um vektorwertige Funktionen von mehreren Variablen; für solche Funktionen wollen wir zunächst die Differentialrechnung weiter entwickeln.

4.2.1 Divergenz

Wir erklären zuerst genauer:

Definition 4.6 Eine stetig partiell differenzierbare Funktion $\vec{f}: D \to \mathbb{R}^n$ von n Variablen, also mit $D \subset \mathbb{R}^n$ offen, heißt ein *Vektorfeld* oder ein *vektorielles Feld*.

Ein Vektorfeld $\vec{f}: D \to \mathbb{R}^n$ ist demnach von der Form

$$\vec{f}(\vec{x}) = \begin{pmatrix} f_1(\vec{x}) \\ f_2(\vec{x}) \\ \vdots \\ f_n(\vec{x}) \end{pmatrix} = \begin{pmatrix} f_1(x_1,\ldots,x_n) \\ f_2(x_1,\ldots,x_n) \\ \vdots \\ f_n(x_1,\ldots,x_n) \end{pmatrix} \qquad \text{für alle } \vec{x} = \begin{pmatrix} x_1 \\ \vdots \\ x_n \end{pmatrix} \in D$$

mit n reellwertigen Funktionen $f_1, f_2, \ldots, f_n: D \to \mathbb{R}$ von n Variablen, die alle stetig partiell differenzierbar sind. Man beachte, dass von einem Vektorfeld $\vec{f}(\vec{x})$ gefordert wird, dass es genauso viele Komponenten wie Variablen hat.

Ein Vektorfeld $\vec{f}: D \to \mathbb{R}^n$ kann man sich dadurch veranschaulichen, dass man im Punkt $\vec{x} \in D$ den Vektor $\vec{f}(\vec{x})$ angeheftet denkt.

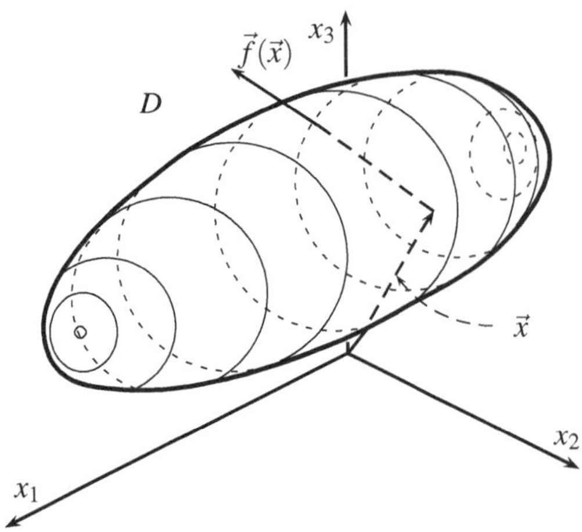

Um eine symmetrische Sprechweise zu haben, definieren wir weiter:

Definition 4.7 Eine stetig partiell differenzierbare Funktion $f: D \to \mathbb{R}$ mit $D \subset \mathbb{R}^n$ offen, heißt ein *Skalarenfeld* oder ein *skalares Feld* auf D.

Es ist klar, dass beide Begriffe in den Naturwissenschaften eine große Rolle spielen, denn Kraftfelder, elektrische und magnetische Felder, Geschwindigkeitsfelder,... sind Vektorfelder im obigen Sinne.

Dagegen sind beispielsweise Temperaturverteilungen, Massen- und Ladungsdichten, Konzentrationen und Potentiale Skalarenfelder.

Wir geben auch einige konkrete Beispiele.

Beispiel 4.12 Durch

$$\vec{f}(\vec{x}) = \begin{pmatrix} x^2+y^2 \\ y^2+z^2 \\ z^2+x^2 \end{pmatrix} \qquad \text{für alle } \vec{x} = \begin{pmatrix} x \\ y \\ z \end{pmatrix} \in \mathbb{R}^3$$

wird ein Vektorfeld auf ganz $\mathbb{R}^3$ definiert.

Beispiel 4.13 Durch

$$\vec{f}(\vec{x}) = \frac{\vec{x}}{|\vec{x}|^3} = \frac{1}{|\vec{x}|^2}\frac{\vec{x}}{|\vec{x}|} = \frac{1}{|\vec{x}|^2}\vec{x}^0 \qquad \text{für alle } \vec{x} \in \mathbb{R}^3, \vec{x} \neq 0$$

mit $\vec{x}^0 := \dfrac{\vec{x}}{|\vec{x}|}$ = Einheitsvektor in $\vec{x}$-Richtung, wird ein Vektorfeld auf $\mathbb{R}^3 \setminus \{0\}$ definiert. Bis auf einen konstanten Faktor, der vom jeweiligen Maßsystem abhängt, handelt es sich um das Gravitationsfeld einer Punktmasse im Nullpunkt oder um das elektrische Feld einer Punktladung im Nullpunkt.

Beispiel 4.14 Durch

$$h(\vec{x}) = \frac{1}{|\vec{x}|} \qquad \text{für alle } \vec{x} \in \mathbb{R}^n, \vec{x} \neq 0$$

wird ein skalares Feld h auf $\mathbb{R}^n \setminus \{0\}$ erklärt.

Wir führen nun für ein Vektorfeld eine spezielle Ableitung ein.

Definition 4.8 Es sei $\vec{f}\colon D \to \mathbb{R}^n$, $D \subset \mathbb{R}^n$ offen, ein Vektorfeld, gegeben durch

$$\vec{f}(\vec{x}) = \begin{pmatrix} f_1(\vec{x}) \\ \vdots \\ f_n(\vec{x}) \end{pmatrix} \qquad \text{für alle } \vec{x} \in D.$$

Für $\vec{x} \in D$ heißt der Skalar

$$\operatorname{div} \vec{f}(\vec{x}) = \frac{\partial f_1}{\partial x_1}(\vec{x}) + \frac{\partial f_2}{\partial x_2}(\vec{x}) + \cdots + \frac{\partial f_n}{\partial x_n}(\vec{x})$$

die *Divergenz von* $\vec{f}$ *im Punkt* $\vec{x}$. Das skalare Feld $\operatorname{div} \vec{f}\colon D \to \mathbb{R}$, $\vec{x} \mapsto \operatorname{div} \vec{f}(\vec{x})$ heißt die *Divergenz von* $\vec{f}$.

Beispiel 4.15 Für das Vektorfeld

$$\vec{f}(\vec{x}) = \begin{pmatrix} x^2+y^2 \\ y^2+z^2 \\ z^2+x^2 \end{pmatrix} \quad \text{ist } \operatorname{div}\vec{f}(\vec{x}) = 2(x+y+z) \quad \text{für alle } \vec{x} = \begin{pmatrix} x \\ y \\ z \end{pmatrix} \in \mathbb{R}^3 .$$

Beispiel 4.16 Für das Vektorfeld aus Beispiel 4.13

$$\vec{f}(\vec{x}) = \frac{\vec{x}}{|\vec{x}|^3} = \begin{pmatrix} x\left(x^2+y^2+z^2\right)^{-\frac{3}{2}} \\ y\left(x^2+y^2+z^2\right)^{-\frac{3}{2}} \\ z\left(x^2+y^2+z^2\right)^{-\frac{3}{2}} \end{pmatrix},$$

das von einer Punktmasse beziehungsweise Punktladung erzeugt wird, rechnen wir aus

$$\frac{\partial f_1}{\partial x}(\vec{x}) = \left(x^2+y^2+z^2\right)^{-\frac{3}{2}} - 3x^2\left(x^2+y^2+z^2\right)^{-\frac{5}{2}} = |\vec{x}|^{-3} - 3x^2|\vec{x}|^{-5},$$

ebenso

$$\frac{\partial f_2}{\partial y}(\vec{x}) = |\vec{x}|^{-3} - 3y^2|\vec{x}|^{-5} \quad \text{und} \quad \frac{\partial f_3}{\partial z}(\vec{x}) = |\vec{x}|^{-3} - 3z^2|\vec{x}|^{-5}.$$

Wir erhalten

$$\operatorname{div}\vec{f}(\vec{x}) = 3\,|\vec{x}|^{-3} - 3\,(x^2+y^2+z^2)|\vec{x}|^{-5} = 0 \qquad \text{für alle } \vec{x} \in \mathbb{R}^3, \vec{x} \neq 0 .$$

Die Rechnung zeigt, dass das Vektorfeld $\vec{f}(\vec{x}) = \dfrac{\vec{x}}{|\vec{x}|^\alpha}$ genau dann $\operatorname{div}\vec{f} = 0$ für alle $\vec{x} \neq 0$ erfüllt, wenn $\alpha = 3 = \dim \mathbb{R}^3$.

Das Ergebnis des letzten Beispiels werden wir erst verstehen, wenn wir wissen, wie man die oben eingeführte Divergenz physikalisch interpretieren kann. Damit wollen wir uns im Folgenden beschäftigen.

Wir werden die physikalische Bedeutung der Divergenz am Beispiel der Diffusion kennenlernen. Man könnte stattdessen aber auch ein anderes „Transportphänomen“ wie Wärme- oder Flüssigkeitsströmungen auswählen, in der Chemie oder Biologie ist aber vermutlich die Diffusion von besonderem Interesse. Wir betrachten einen Diffusionsvorgang bei Gasen, also einen Bereich im Raum, ausgefüllt durch ein Gas, durch das ein zweites Gas, das wir mit S abkürzen wollen, hindurchdiffundiert.

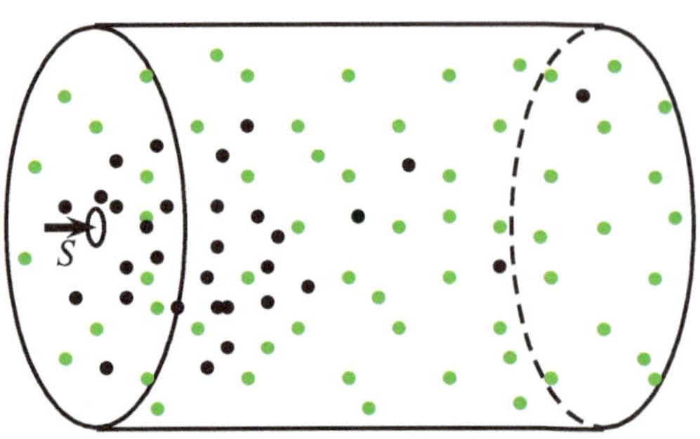

Wir wollen die Konzentration $c(\vec{x},t)$ von S im Punkt $\vec{x}$ zur Zeit t berechnen. Dabei ist die Konzentration $c(\vec{x})$ *in einem Punkt* $\vec{x}$ wie früher die Massendichte in einem Punkt definiert durch

$$c(\vec{x}) = \frac{\text{Masse von } S \text{ in } W(\vec{x})}{\text{Volumen von } W(\vec{x})}$$

für einen hinreichend kleinen Würfel $W(\vec{x})$ um den Punkt $\vec{x}$, genauer

$$c(\vec{x}) = \lim_{V\to 0} \frac{\text{Masse von } S \text{ in } W(\vec{x})}{\text{Volumen von } W(\vec{x})},$$

wenn sich die Würfel $W(\vec{x})$ mit Volumen V auf den Punkt $\vec{x}$ zusammenziehen. Weiter führen wir noch – als Hilfsgröße – den *Materiestromdichtevektor* $\vec{J}(\vec{x},t)$ von S im Punkt $\vec{x}$ zur Zeit t ein. Wir haben die Definition des Materiestromdichtevektors $\vec{J}(\vec{x},t)$ zu erläutern. Die Richtung von $\vec{J}(\vec{x},t)$ ist die Richtung, in die im Punkt $\vec{x}$ und zur Zeit t das Gas S diffundiert. Um die Länge $|\vec{J}(\vec{x},t)|$ festzulegen, erklären wir: Durch eine kleine Fläche der Größe A, die im Punkt $\vec{x}$ senkrecht zur Diffusionsrichtung angebracht ist, strömt während der Zeitspanne von t bis $t+\Delta t$ für kleines Δt die Masse

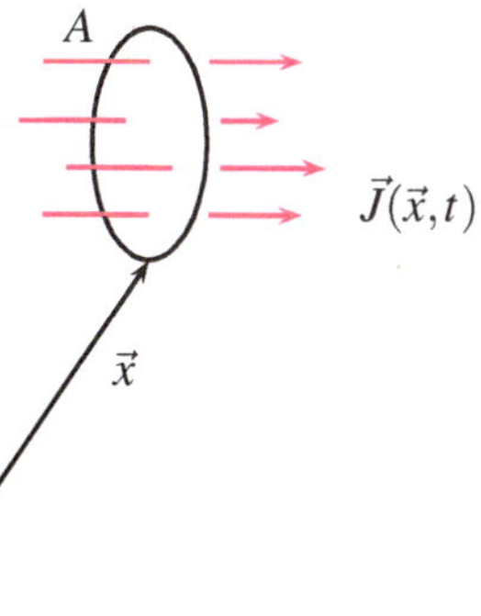

$$|\vec{J}(\vec{x},t)|\,A\,\Delta t$$

von S, also

$$|\vec{J}(\vec{x},t)| = \frac{\text{Materiefluss durch } A \text{ im Zeitintervall von } t \text{ bis } t+\Delta t}{A\,\Delta t},$$

genauer

$$|\vec{J}(\vec{x},t)| = \lim_{\substack{A\to 0\\ \Delta t\to 0}} \frac{\text{Materiefluss durch } A \text{ im Zeitintervall von } t \text{ bis } t+\Delta t}{A\,\Delta t}.$$

Später müssen wir auch wissen, wie viel Gas S durch eine kleine Fläche A diffundiert, die beliebig im Raum orientiert ist. Hierzu stellen wir die folgende Überlegung an.

Die Fläche A sei wieder im Punkt $\vec{x}$ angeheftet. Wir bezeichnen mit $\vec{n}$ eine der beiden Einheitsnormalen der Fläche. Die Normale $\vec{n}$ schließt mit der Diffusionsrichtung in $\vec{x}$ einen Winkel ein, den wir ϑ nennen wollen. Offenbar strömt durch die kleine Fläche A soviel Gas S hindurch, wie durch die Fläche A' strömt, die durch Projektion von A auf die zur Diffusionsrichtung senkrechten Ebene entsteht. Für die Flächeninhalte A und A' gilt $A' = A\cos\vartheta$, denn bei der Projektion bleibt A in einer Richtung unverzerrt, in der dazu senkrechten Richtung wird A um den Faktor $\cos\vartheta$ verkürzt. Somit diffundiert durch A während der Zeit von t bis $t+\Delta t$ für kleines Δt die Masse

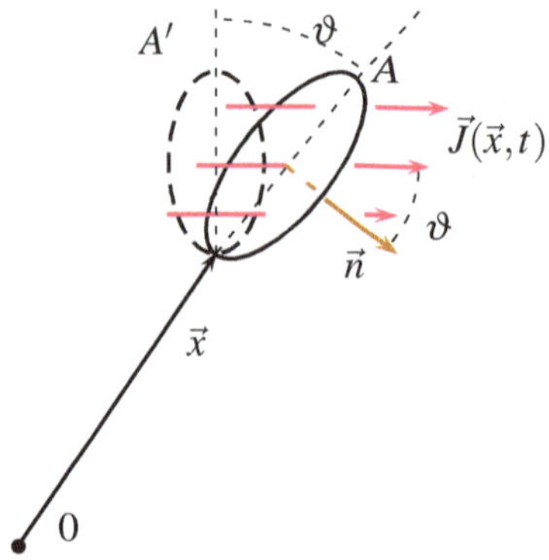

$$|\vec{J}(\vec{x},t)|A'\Delta t = |\vec{J}(\vec{x},t)|A\cos\vartheta\,\Delta t = \vec{J}(\vec{x},t)\cdot\vec{n}\,A\,\Delta t \tag{4.2.1}$$

wobei wir die Relation (3.1.6) für das Skalarprodukt benutzt haben.

Wir betrachten nun einen kleinen achsenparallelen Quader Q im Punkt $\vec{x}$ mit den Kantenlängen Δx, Δy und Δz, also mit dem Volumen $\Delta V = \Delta x\Delta y\Delta z$ und fragen, wie viel Masse des Gases S aus diesem Quader in der Zeit von t bis $t+\Delta t$ für kleines Δt heraus strömt. Hierzu rechnen wir aus, wie viel Masse durch die sechs Seitenflächen von Q nach außen strömt.

Wir beginnen mit der Seite 1 links hinten. Diese Seite ist im Punkt $\vec{x}$ angeheftet, sie hat die Fläche $A = \Delta y\Delta z$ und die Einheitsnormale, die nach außen zeigt, ist $-\vec{e}^{\,1}$. Gemäß (4.2.1) ist die Stoffmenge von S, die durch diese Seite nach außen diffundiert, gegeben durch

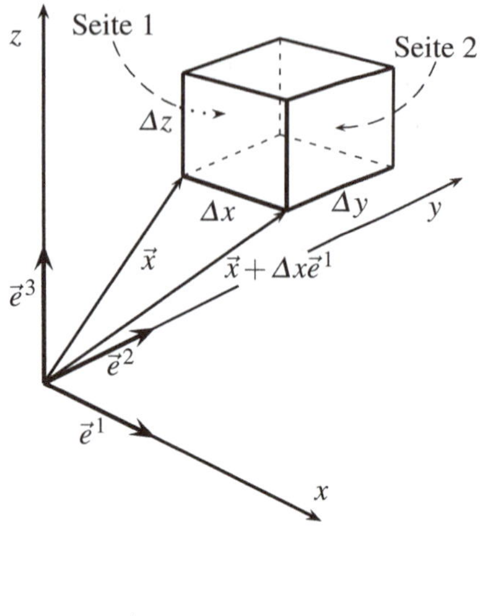

$$\vec{J}(\vec{x},t)\cdot(-\vec{e}^{\,1})\Delta y\Delta z\Delta t = -\frac{J_1(\vec{x},t)}{\Delta x}\Delta V\Delta t\,. \tag{4.2.2}$$

Die Seite 2 rechts vorne ist im Punkt $\vec{x}+\Delta x\vec{e}^{\,1}$ angeheftet, die Normale nach außen ist $\vec{e}^{\,1}$, somit strömt durch sie

$$\vec{J}(\vec{x}+\Delta x\vec{e}^{\,1},t)\cdot\vec{e}^{\,1}\Delta y\Delta z\Delta t = \frac{J_1(\vec{x}+\Delta x\vec{e}^{\,1},t)}{\Delta x}\Delta V\Delta t\,. \tag{4.2.3}$$

Ebenso überlegt man sich, dass durch die Vorderseite und die Rückseite des Quaders die Stoffmengen

$$-\frac{J_2(\vec{x},t)}{\Delta y}\Delta V\Delta t \qquad \text{und} \qquad \frac{J_2(\vec{x}+\Delta y\vec{e}^{\,2},t)}{\Delta y}\Delta V\Delta t \tag{4.2.4}$$

nach außen strömen. Deckel und Boden leisten die Beiträge

$$-\frac{J_3(\vec{x},t)}{\Delta z}\Delta V\Delta t \qquad \text{und} \qquad \frac{J_3(\vec{x}+\Delta z\vec{e}^3,t)}{\Delta z}\Delta V\Delta t\,. \tag{4.2.5}$$

Addieren wir nun die Beiträge (4.2.2), (4.2.3) bis (4.2.5) der einzelnen Flächen, so ergibt sich für den Materiestrom aus Q während des Zeitintervalls von t bis $t+\Delta t$

$$\Big(\frac{J_1(\vec{x}+\Delta x\vec{e}^1,t)-J_1(\vec{x},t)}{\Delta x}+\frac{J_2(\vec{x}+\Delta y\vec{e}^2,t)-J_2(\vec{x},t)}{\Delta y}+\frac{J_3(\vec{x}+\Delta z\vec{e}^3,t)-J_3(\vec{x},t)}{\Delta z}\Big)\Delta V\Delta t\,. \tag{4.2.6}$$

Jeder Summand in der Klammer ist ein Differenzenquotient für eine partielle Ableitung bezüglich einer der drei Raumkoordinaten. Mit $\Delta x\to 0$, $\Delta y\to 0$ und $\Delta z\to 0$ folgt daher

$$\frac{J_1(\vec{x}+\Delta x\vec{e}^1,t)-J_1(\vec{x},t)}{\Delta x}+\frac{J_2(\vec{x}+\Delta y\vec{e}^2,t)-J_2(\vec{x},t)}{\Delta y}+\frac{J_3(\vec{x}+\Delta z\vec{e}^3,t)-J_3(\vec{x},t)}{\Delta z}\to \operatorname{div}\vec{J}(\vec{x},t)$$

Unsere bisherigen Überlegungen legen nun die folgende Interpretation der Divergenz nahe: Betrachtet man im Vektorfeld $\vec{J}(\vec{x},t)$ einen kleinen Quader Q an der Stelle $\vec{x}$ mit Volumen ΔV, so ist die Materiemenge, die in der Zeit von t bis $t+\Delta t$ aus Q heraustritt, näherungsweise bestimmt durch

$$\operatorname{div}\vec{J}(\vec{x},t)\,\Delta V\Delta t\,,$$

genauer

$$\operatorname{div}\vec{J}(\vec{x},t)=\lim_{\substack{\Delta V\to 0\\ \Delta t\to 0}}\frac{\text{Materiefluss aus } Q \text{ im Zeitintervall von } t \text{ bis } t+\Delta t}{\Delta V\,\Delta t}\,.$$

Für einen kleinen Quader um $\vec{x}$ ist die Materiemenge, die während einer kleinen Zeitspanne von t bis $t+\Delta t$ aus dem Quader austritt, näherungsweise proportional seinem Volumen, der Proportionalitätsfaktor ist die Divergenz $\operatorname{div}\vec{J}(\vec{x},t)$. In diesem Sinne misst die Divergenz die *Quellen* des Feldes, man spricht von der Divergenz als *Quellendichte*. Dies ist eine lokale, gleichsam „mikroskopische“ Interpretation der Divergenz; wenn wir sie mit der Definition des dreidimensionalen Bereichsintegrals kombinieren, erhalten wir für beliebig große „makroskopische“ Bereiche B

$$\text{Materiestrom aus } B \text{ zur Zeit } t=\iiint_B \operatorname{div}\vec{J}(\vec{x},t)\,dxdydz\,.$$

Nachdem wir die physikalische Interpretation der Divergenz als Quellendichte gewonnen haben, wollen wir unsere Überlegungen zur Diffusion noch weiterführen, um die sogenannte *Diffusionsgleichung* zu gewinnen. Wir kehren zu dem betrachteten kleinen Quader Q um den Punkt $\vec{x}$ zurück. Die Änderung der Materiemenge von S in Q während der Zeitspanne von t bis $t+\Delta t$ können wir auch mit Hilfe der Konzentration ausdrücken als

$$c(\vec{x},t)\Delta V-c(\vec{x},t+\Delta t)\Delta V=-\big(c(\vec{x},t+\Delta t)-c(\vec{x},t)\big)\Delta V\,. \tag{4.2.7}$$

Setzen wir (4.2.6) und (4.2.7) gleich und kürzen durch ΔV und Δt, so erhalten wir

$$\frac{J_1(\vec{x}+\Delta x\vec{e}^{\,1},t)-J_1(\vec{x},t)}{\Delta x}+\frac{J_2(\vec{x}+\Delta y\vec{e}^{\,2},t)-J_2(\vec{x},t)}{\Delta y}+\frac{J_3(\vec{x}+\Delta z\vec{e}^{\,3},t)-J_3(\vec{x},t)}{\Delta z}$$

$$\approx -\frac{c(\vec{x},t+\Delta t)-c(\vec{x},t)}{\Delta t}$$

Führen wir nun die Grenzübergänge $\Delta x\to 0$, $\Delta y\to 0$, $\Delta z\to 0$ und $\Delta t\to 0$ aus, so entsteht hieraus die *Diffusionsgleichung*

$$\operatorname{div}\vec{J}(\vec{x},t)=-\frac{\partial c}{\partial t}(\vec{x},t) \tag{4.2.8}$$

in einer allgemeingültigen Form, die aber unhandlich ist, da sie neben der Konzentration $c(\vec{x},t)$ noch den unbekannten Materiestromdichtevektor $\vec{J}(\vec{x},t)$ enthält. Unter einer zusätzlichen Voraussetzung können wir sie in eine einfachere Gestalt bringen.

Nach der Interpretation des Gradientenvektors im Abschnitt 2.1.2 zeigt der Vektor $-\operatorname{grad}c(\vec{x},t)$ in die Richtung, in welche die Konzentration des diffundierenden Stoffes am stärksten abnimmt, in diese Richtung strömt aber der Stoff im Punkt $\vec{x}$ und zur Zeit t, das bedeutet, die Vektoren $-\operatorname{grad}c(\vec{x},t)$ und $\vec{J}(\vec{x},t)$ unterscheiden sich nur um einen positiven Faktor, der allerdings von $\vec{x}$ und t abhängen kann. Bezeichnen wir diesen Faktor mit $D(\vec{x},t)$, so haben wir also

$$\vec{J}(\vec{x},t)=-D(\vec{x},t)\operatorname{grad}c(\vec{x},t)\,.$$

Die erwähnte Vereinfachung besteht nun darin, anzunehmen, dass dieser Faktor unabhängig von Ort und Zeit ist. Man nennt diese Konstante dann die *Diffusionskonstante*, wir bezeichnen sie mit D und können damit (4.2.8) in der Form

$$\operatorname{div}\vec{J}(\vec{x},t)=-D\operatorname{div}\operatorname{grad}c(\vec{x},t)=-\frac{\partial c}{\partial t}(\vec{x},t) \tag{4.2.9}$$

schreiben.

Für ein skalares Feld $h\colon D\to\mathbb{R}, D\subset\mathbb{R}^n$ von n Variablen tritt häufig die Kombination $\operatorname{div}\operatorname{grad}h$ von Ableitungen auf. Man führt daher die Abkürzung $\operatorname{div}\operatorname{grad}=\Delta$ ein, also

$$\Delta h:=\operatorname{div}\operatorname{grad}h=\operatorname{div}\begin{pmatrix}\dfrac{\partial h}{\partial x_1}\\ \vdots\\ \dfrac{\partial h}{\partial x_n}\end{pmatrix}=\frac{\partial^2 h}{\partial x_1^2}+\frac{\partial^2 h}{\partial x_2^2}+\cdots+\frac{\partial^2 h}{\partial x_n^2}\,; \tag{4.2.10}$$

diese Bildung heißt *Laplaceableitung* nach dem französischen Mathematiker und Physiker *Pierre Simon de Laplace* (1749–1827). Die Ableitungsvorschrift

$$\Delta = \operatorname{div}\operatorname{grad} = \frac{\partial^2}{\partial x_1^2} + \frac{\partial^2}{\partial x_2^2} + \cdots + \frac{\partial^2}{\partial x_n^2}$$

heißt entsprechend der *Laplaceoperator*. Für eine Funktion $h\colon I \to \mathbb{R}$ einer Variablen ist offenbar $\Delta h = h''$ und man kann überhaupt in mancher Hinsicht Δ als eine Verallgemeinerung der zweiten Ableitung ansehen.

Unter Verwendung des Laplaceoperators nimmt die Diffusionsgleichung die knappe Form

$$\Delta c = \frac{1}{D}\frac{\partial c}{\partial t} \tag{4.2.11}$$

an. Diese Gleichung stellt eine partielle Differentialgleichung für die gesuchte Konzentration $c(\vec{x},t)$ dar, wir werden später darauf zurückkommen.

Nachdem wir uns nun mit dem Phänomen der Diffusion beschäftigt haben und dabei eine physikalische Deutung der Divergenz gewonnen haben, kehren wir zur Divergenz im Allgemeinen zurück.

Bemerkung 4.1 *i) Für zwei Vektorfelder $\vec{f},\vec{g}\colon D \to \mathbb{R}^n$ und einen Skalar c gilt*

$$\operatorname{div}\left(\vec{f}+\vec{g}\right) = \operatorname{div}\vec{f} + \operatorname{div}\vec{g} \qquad \textit{und} \qquad \operatorname{div}\left(c\vec{f}\right) = c\operatorname{div}\vec{f}.$$

ii) Für ein Vektorfeld $\vec{f}\colon D \to \mathbb{R}^n$ und ein Skalarenfeld $h\colon D \to \mathbb{R}$ gilt die Produktregel

$$\operatorname{div}(h\vec{f}) = \operatorname{grad} h \cdot \vec{f} + h\operatorname{div}\vec{f}.$$

Beweis. i) ist evident, wir wollen ii) nachrechnen:

$$\begin{aligned}\operatorname{div}(h\vec{f}) &= \frac{\partial}{\partial x_1}(hf_1) + \frac{\partial}{\partial x_2}(hf_2) + \cdots + \frac{\partial}{\partial x_n}(hf_n)\\ &= \frac{\partial h}{\partial x_1}f_1 + h\frac{\partial f_1}{\partial x_1} + \frac{\partial h}{\partial x_2}f_2 + h\frac{\partial f_2}{\partial x_2} + \cdots + \frac{\partial h}{\partial x_n}f_n + h\frac{\partial f_n}{\partial x_n} = \operatorname{grad} h \cdot \vec{f} + h\operatorname{div}\vec{f}. \quad \square\end{aligned}$$

Wir beschließen diesen Abschnitt mit einer Bemerkung zur Schreibweise.

Oft wird für die Divergenz statt des Symbols „div" die Schreibweise mit dem sogenannten *Nablaoperator* oder *Nablavektor* ∇ gebraucht, vor allem in der angelsächsischen Literatur. Man führt dazu die Spalte

$$\nabla = \begin{pmatrix} \dfrac{\partial}{\partial x} \\ \dfrac{\partial}{\partial y} \\ \dfrac{\partial}{\partial z} \end{pmatrix}$$

aus partiellen Ableitungen ein, so dass man für ein räumliches Vektorfeld $\vec{f}$ formal schreiben kann

$$\operatorname{div}\vec{f} = \frac{\partial f_1}{\partial x} + \frac{\partial f_2}{\partial y} + \frac{\partial f_3}{\partial z} = \nabla \cdot \vec{f}.$$

Dabei verabredet man für das „Skalarprodukt" $\nabla \cdot \vec{f}$, dass die „Produkte" $\frac{\partial}{\partial x} f_1$, $\frac{\partial}{\partial y} f_2$ und $\frac{\partial}{\partial z} f_3$ als Anwenden der Differentiationsoperatoren $\frac{\partial}{\partial x}$, $\frac{\partial}{\partial y}$ und $\frac{\partial}{\partial z}$ auf f_1, f_2 und f_3 zu verstehen sind.

Mit Hilfe des Nablaoperators kann man auch den Gradienten eines räumlichen Skalarfeldes $h\colon D \to \mathbb{R}$, $D \subset \mathbb{R}^3$ schreiben als

$$\operatorname{grad} h = \begin{pmatrix} \frac{\partial h}{\partial x} \\ \frac{\partial h}{\partial y} \\ \frac{\partial h}{\partial z} \end{pmatrix} = \nabla h\,.$$

Ebenso lässt sich der Laplaceoperator formal durch den Nablaoperator ausdrücken:

$$\Delta = \operatorname{div}\operatorname{grad} = \frac{\partial^2}{\partial x^2} + \frac{\partial^2}{\partial y^2} + \frac{\partial^2}{\partial z^2} = \nabla \cdot \nabla = \nabla^2\,.$$

Warnung: Wenn man ohne Nachdenken mit dem Nablaoperator ∇ wie mit einem Vektor des $\mathbb{R}^3$ rechnet, kann das auch zu Fehlern führen, wie das Beispiel im Anschluss an Bemerkung 4.4 zeigt.

Übungen

Übung 4.19 Berechnen Sie die Divergenz der Vektorfelder

$$\vec{u}(\vec{x}) = \begin{pmatrix} 2x^2z \\ yz^2 \\ x \end{pmatrix} \qquad \vec{v}(\vec{x}) = \begin{pmatrix} x^2y \\ xy^2 \\ xyz \end{pmatrix} \qquad \vec{w}(\vec{x}) = \vec{u}(\vec{x}) \times \vec{v}(\vec{x}) \qquad \text{für } \vec{x} = \begin{pmatrix} x \\ y \\ z \end{pmatrix}.$$

Übung 4.20 Es sei $\vec{a} \in \mathbb{R}^3$ ein fester Vektor. Bestimmen Sie für die folgenden skalaren Felder $h(\vec{x})$, $x \in \mathbb{R}^3$, die zugehörigen Gradientenfelder:

$$\text{i) } h(\vec{x}) = \vec{a} \cdot \vec{x} \qquad \text{ii) } h(\vec{x}) = \vec{x} \cdot \vec{x} \qquad \text{iii) } h(\vec{x}) = (\vec{a} \times \vec{x}) \cdot (\vec{a} \times \vec{x})\,.$$

Übung 4.21 Mit $\vec{r} := \begin{pmatrix} x \\ y \\ z \end{pmatrix} \in \mathbb{R}^3$ und $r := |\vec{r}| = \sqrt{x^2 + y^2 + z^2}$ sowie einem festen Vektor $\vec{b} \in \mathbb{R}^3$ berechne man

$$\text{i) } \operatorname{div}(\vec{b} \times \vec{r}) \qquad \text{ii) } \nabla \cdot \vec{r} \qquad \text{iii) } \operatorname{div}(\vec{b} \cdot \vec{r})\vec{b} \qquad \text{iv) } \operatorname{div}\operatorname{grad} \frac{1}{r}\,.$$

Übung 4.22 Man sagt, ein skalares Feld $h\colon \mathbb{R}^3 \setminus \{0\} \to \mathbb{R}$ ist *radialsymmetrisch* oder „hängt nur vom Betrag ab", wenn h von der Form ist

$$h(\vec{x}) = g(|\vec{x}|) = g(r) \qquad \text{für alle } \vec{x} \in \mathbb{R}^3 \setminus \{0\},\ |\vec{x}| = r$$

mit einer (genügend oft differenzierbaren) Funktion $g\colon\ ]0,\infty[\to \mathbb{R}$. Zeigen Sie, dass für ein solches skalares Feld h gilt:

i) $\operatorname{grad} h(\vec{x}) = \dfrac{g'(r)}{r}\vec{x}$ und $\Delta h(\vec{x}) = g''(r) + \dfrac{2}{r}g'(r)$.

ii) Mit $B(R_1,R_2) = \{\vec{x} \in \mathbb{R}^3 : R_1 \leqq |\vec{x}| \leqq R_2\}$ für $0 < R_1 < R_2 < \infty$ ist

$$\iiint_{B(R_1,R_2)} h(\vec{x})\,dxdydz = 4\pi \int_{R_1}^{R_2} g(r)r^2\,dr.$$

Übung 4.23 Leiten Sie für den Laplaceoperator die folgende Produktregel her:

$$\Delta(gh) = g\Delta h + h\Delta g + 2\operatorname{grad} g \cdot \operatorname{grad} h \qquad \text{für zwei skalare Felder } g,h.$$

Übung 4.24 Zeigen Sie, dass mit $a,b,c \in \mathbb{R}$ das skalare Feld

$$h(\vec{x}) := \sin(ax)\sin(by)\sin(cz) \quad \text{für alle } \vec{x} = \begin{pmatrix} x \\ y \\ z \end{pmatrix}$$

eine Eigenfunktion des Laplaceoperators Δ ist. Was ist der zugehörige Eigenwert?

Übung 4.25 Es sei $f(x,y)$ ein ebenes skalares Feld von zwei Variablen x,y. Wir drücken $f(x,y)$ in Polarkoordinaten aus, das heißt, wir betrachten

$$g(r,\varphi) := f(r\cos\varphi,\, r\sin\varphi) \qquad r > 0,\ 0 \leqq \varphi < 2\pi.$$

i) Berechnen Sie mit Hilfe der Kettenregel die partiellen Ableitungen $\dfrac{\partial g}{\partial r}, \dfrac{\partial g}{\partial \varphi}, \dfrac{\partial^2 g}{\partial r^2}, \dfrac{\partial^2 g}{\partial \varphi^2}$ und rechnen Sie hiermit nach

$$\frac{\partial^2 g}{\partial r^2}(r,\varphi) + \frac{1}{r}\frac{\partial g}{\partial r}(r,\varphi) + \frac{1}{r^2}\frac{\partial^2 g}{\partial \varphi^2}(r,\varphi) = \frac{\partial^2 f}{\partial x^2}(x,y) + \frac{\partial^2 f}{\partial y^2}(x,y) = \Delta f(x,y).$$

Man sagt dazu: Der Laplace-Operator lautet in Polarkoordinaten

$$\Delta = \frac{\partial^2}{\partial r^2} + \frac{1}{r}\frac{\partial}{\partial r} + \frac{1}{r^2}\frac{\partial^2}{\partial \varphi^2}.$$

ii) Es sei $f(x,y) = \sin(x^2+y^2)$. Wie lautet Δf in kartesischen Koordinaten? in Polarkoordinaten?

4.2.2 Rotation

Im Gegensatz zur Divergenz kann die Rotation nur für *räumliche* Vektorfelder, also für Vektorfelder $\vec{f}\colon D \to \mathbb{R}^3$ mit $D \subset \mathbb{R}^3$ offen, erklärt werden.

Definition 4.9 Es sei $\vec{f}\colon D \to \mathbb{R}^3$, $D \subset \mathbb{R}^3$ ein räumliches Vektorfeld. Für ein $\vec{x} \in D$ heißt der Vektor

$$\operatorname{rot}\vec{f}(\vec{x}) = \begin{pmatrix} \dfrac{\partial f_3}{\partial y}(\vec{x}) - \dfrac{\partial f_2}{\partial z}(\vec{x}) \\ \dfrac{\partial f_1}{\partial z}(\vec{x}) - \dfrac{\partial f_3}{\partial x}(\vec{x}) \\ \dfrac{\partial f_2}{\partial x}(\vec{x}) - \dfrac{\partial f_1}{\partial y}(\vec{x}) \end{pmatrix}$$

die *Rotation von $\vec{f}$ im Punkt $\vec{x} \in D$*, das Vektorfeld $\operatorname{rot}\vec{f}\colon D \to \mathbb{R}^3, \vec{x} \mapsto \operatorname{rot}\vec{f}(\vec{x})$ heißt die *Rotation* von $\vec{f}$.

Die formale Ähnlichkeit mit dem Vektorprodukt im $\mathbb{R}^3$ führt zu der Merkregel

$$\operatorname{rot}\vec{f} = \begin{vmatrix} \dfrac{\partial}{\partial x} & f_1 & \vec{e}^{\,1} \\ \dfrac{\partial}{\partial y} & f_2 & \vec{e}^{\,2} \\ \dfrac{\partial}{\partial z} & f_3 & \vec{e}^{\,3} \end{vmatrix}$$

für die Bildung der Rotation, mit der Maßgabe, diese „formale Determinante“ nach der letzten Spalte zu entwickeln:

$$\operatorname{rot}\vec{f} = \begin{vmatrix} \dfrac{\partial}{\partial y} & f_2 \\ \dfrac{\partial}{\partial z} & f_3 \end{vmatrix} \vec{e}^{\,1} - \begin{vmatrix} \dfrac{\partial}{\partial x} & f_1 \\ \dfrac{\partial}{\partial z} & f_3 \end{vmatrix} \vec{e}^{\,2} + \begin{vmatrix} \dfrac{\partial}{\partial x} & f_1 \\ \dfrac{\partial}{\partial y} & f_2 \end{vmatrix} \vec{e}^{\,3}$$

Entsprechend lautet die Schreibweise mit dem Nablaoperator

$$\operatorname{rot}\vec{f} = \nabla \times \vec{f}.$$

In der angelsächsischen Literatur findet man gelegentlich auch die Bezeichnung $\operatorname{curl}\vec{f}$.

Beispiel 4.17 1) Für das Vektorfeld

$$\vec{f}(\vec{x}) = \begin{pmatrix} x^2+y^2 \\ y^2+z^2 \\ z^2+x^2 \end{pmatrix} \quad \text{für alle } \vec{x} = \begin{pmatrix} x \\ y \\ z \end{pmatrix} \quad \text{ist} \quad \operatorname{rot}\vec{f}(\vec{x}) = \begin{pmatrix} -2z \\ -2x \\ -2y \end{pmatrix},$$

wie man leicht ausrechnet.

Beispiel 4.18 Wir betrachten wieder das elektrische Feld einer Punktladung, beziehungsweise das Kraftfeld einer Punktmasse

$$\vec{f}(\vec{x}) = \frac{\vec{x}}{|\vec{x}|^3} = \begin{pmatrix} x\left(x^2+y^2+z^2\right)^{-\frac{3}{2}} \\ y\left(x^2+y^2+z^2\right)^{-\frac{3}{2}} \\ z\left(x^2+y^2+z^2\right)^{-\frac{3}{2}} \end{pmatrix} \qquad \text{für alle } \vec{x} = \begin{pmatrix} x \\ y \\ z \end{pmatrix} \neq 0.$$

Die erste Komponente von $\operatorname{rot}\vec{f}(\vec{x})$ ist

$$\frac{\partial f_3}{\partial y}(\vec{x}) - \frac{\partial f_2}{\partial z}(\vec{x}) = -\frac{3}{2}z(x^2+y^2+z^2)^{-\frac{5}{2}}2y + \frac{3}{2}y(x^2+y^2+z^2)^{-\frac{5}{2}}2z = 0;$$

das Gleiche gilt für die anderen Komponenten, so dass wir insgesamt

$$\operatorname{rot} f(\vec{x}) = 0 \qquad \text{für alle } \vec{x} \in \mathbb{R}^3, \vec{x} \neq 0$$

erhalten.

Auch die Rotation besitzt eine anschauliche physikalische Interpretation. Wir wollen uns aber hier nicht so lange aufhalten wie im Falle der Divergenz, sondern nur feststellen: So wie die Divergenz die Quellen und Senken des Feldes „misst“, so misst die Rotation die *Wirbel* des Feldes.
Man möge sich etwa ein Windrädchen vorstellen, wie man es von Jahrmärkten kennt, allerdings in einer „winzig kleinen“ Ausfertigung. Dieses Windrädchen halte man an einer Stelle $\vec{x}$ in das Vektorfeld $\vec{f}(\vec{x})$. Fängt sich das Rädchen unter der Einwirkung der Feldvektoren an zu drehen, so ist $\operatorname{rot}\vec{f}(\vec{x}) \neq 0$, die Richtung von $\operatorname{rot}\vec{f}(\vec{x})$ gibt die Drehachse an und die Länge von $\operatorname{rot}\vec{f}(\vec{x})$ ist ein Maß für die Stärke der Drehung.

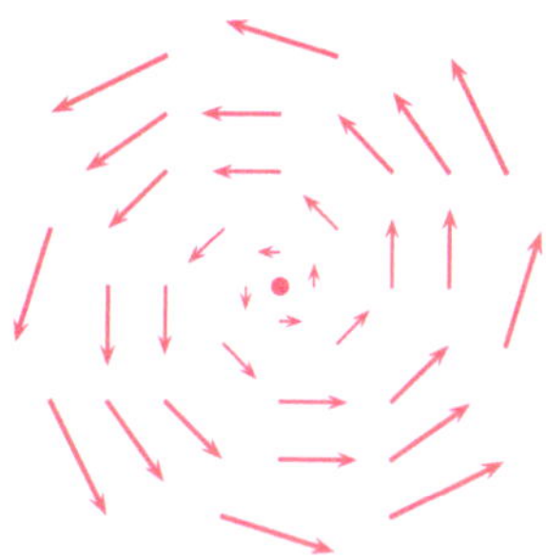
Wirbel eines Vektorfeldes

Beispiel 4.19 Wir betrachten als Beispiel die Drehung eines starren Körpers um eine feste Achse durch den Nullpunkt mit Winkelgeschwindigkeit $\vec{\omega}$. Der Vektor $\vec{\omega}$ bezeichnet also die Drehachse und es ist $|\vec{\omega}| = \frac{2\pi}{T}$ mit der Umdrehungsdauer T. Dann gilt für die Bahngeschwindigkeit $\vec{v}(\vec{x})$ eines Punktes $\vec{x}$ des Körpers

$$\vec{v}(\vec{x}) = \vec{\omega} \times \vec{x}.$$

Ist der Körper etwa eine Scheibe und blickt man von oben auf diese Scheibe, so sieht das Vektorfeld $\vec{v}(\vec{x})$ genauso aus wie der oben skizzierte Wirbel. In Koordinaten ist

$$\vec{v}(\vec{x}) = \begin{pmatrix} \omega_2 z - \omega_3 y \\ \omega_3 x - \omega_1 z \\ \omega_1 y - \omega_2 x \end{pmatrix} \qquad \text{für } \vec{x} = \begin{pmatrix} x \\ y \\ z \end{pmatrix}$$

und somit

$$\operatorname{rot}\vec{v}(\vec{x}) = \begin{pmatrix} 2\omega_1 \\ 2\omega_2 \\ 2\omega_3 \end{pmatrix} = 2\vec{\omega} \qquad \text{oder} \qquad \vec{\omega} = \frac{1}{2}\operatorname{rot}\vec{v}(\vec{x}),$$

wie man sofort nachrechnet. Wie erwartet, fällt der Vektor $\operatorname{rot}\vec{v}(\vec{x})$ mit der Drehachse zusammen und seine Länge ist der Drehgeschwindigkeit proportional.

Wir kommen nun zu den üblichen Rechenregeln für die Rotation.

Bemerkung 4.2 *i) Für zwei räumliche Vektorfelder $\vec{f}, \vec{g}\colon D \to \mathbb{R}^3$ und einen Skalar c gilt*

$$\operatorname{rot}(\vec{f}+\vec{g}) = \operatorname{rot}\vec{f} + \operatorname{rot}\vec{g} \qquad \textit{und} \qquad \operatorname{rot}(c\vec{f}) = c\operatorname{rot}\vec{f}.$$

ii) Für ein räumliches Vektorfeld $\vec{f}\colon D \to \mathbb{R}^3$ und ein Skalarenfeld $h\colon D \to \mathbb{R}$ gilt die Produktregel

$$\operatorname{rot}(h\vec{f}) = \operatorname{grad} h \times \vec{f} + h\operatorname{rot}\vec{f}.$$

Beweis. Die beiden Gleichungen in i) sind leicht. Der Nachweis von ii) ist ebenso evident wie langweilig:

$$\operatorname{rot}(h\vec{f}) = \begin{pmatrix} \dfrac{\partial(hf_3)}{\partial y} - \dfrac{\partial(hf_2)}{\partial z} \\ \dfrac{\partial(hf_1)}{\partial z} - \dfrac{\partial(hf_3)}{\partial x} \\ \dfrac{\partial(hf_2)}{\partial x} - \dfrac{\partial(hf_1)}{\partial y} \end{pmatrix} = \begin{pmatrix} \dfrac{\partial h}{\partial y}f_3 + h\dfrac{\partial f_3}{\partial y} - \dfrac{\partial h}{\partial z}f_2 - h\dfrac{\partial f_2}{\partial z} \\ \dfrac{\partial h}{\partial z}f_1 + h\dfrac{\partial f_1}{\partial z} - \dfrac{\partial h}{\partial x}f_3 - h\dfrac{\partial f_3}{\partial x} \\ \dfrac{\partial h}{\partial x}f_2 + h\dfrac{\partial f_2}{\partial x} - \dfrac{\partial h}{\partial y}f_1 - h\dfrac{\partial f_1}{\partial y} \end{pmatrix}$$

$$= \begin{pmatrix} \dfrac{\partial h}{\partial y}f_3 - \dfrac{\partial h}{\partial z}f_2 \\ \dfrac{\partial h}{\partial z}f_1 - \dfrac{\partial h}{\partial x}f_3 \\ \dfrac{\partial h}{\partial x}f_2 - \dfrac{\partial h}{\partial y}f_1 \end{pmatrix} + h\begin{pmatrix} \dfrac{\partial f_3}{\partial y} - \dfrac{\partial f_2}{\partial z} \\ \dfrac{\partial f_1}{\partial z} - \dfrac{\partial f_3}{\partial x} \\ \dfrac{\partial f_2}{\partial x} - \dfrac{\partial f_1}{\partial y} \end{pmatrix} = \operatorname{grad} h \times \vec{f} + h\operatorname{rot}\vec{f}. \qquad \square$$

Man führt weiter die folgende naheliegende Sprechweise ein:

Definition 4.10 Ein räumliches Vektorfeld $\vec{f}\colon D \to \mathbb{R}^3$ heißt *wirbelfrei*, wenn gilt

$$\operatorname{rot}\vec{f}(\vec{x}) = 0 \qquad \text{für alle } \vec{x} \in D.$$

Beispiel 4.20 Das bereits mehrfach betrachtete Vektorfeld

$$\vec{f}(\vec{x}) = \frac{\vec{x}}{|\vec{x}|^3} \qquad \text{für alle } \vec{x} = \begin{pmatrix} x \\ y \\ z \end{pmatrix} \neq 0,$$

also das elektrische Feld einer Punktladung im Nullpunkt, ist gemäß Beispiel 4.17 wirbelfrei. Dies ist aber im Gegensatz zur Eigenschaft $\operatorname{div}\vec{f} = 0$ keine Besonderheit des Exponenten 3 im Nenner, sondern ist für jedes Zentralfeld richtig. Dabei heißt ein Vektorfeld $\vec{f}\colon \mathbb{R}^3 \setminus \{0\} \to \mathbb{R}^3$ ein *Zentralfeld*, wenn $\vec{f}$ von der Form ist

$$\vec{f}(\vec{x}) = g(|\vec{x}|)\vec{x} = g\big(\sqrt{x^2+y^2+z^2}\big)\begin{pmatrix} x \\ y \\ z \end{pmatrix} \qquad \text{für alle } \vec{x} \in \mathbb{R}^3, \vec{x} = \begin{pmatrix} x \\ y \\ z \end{pmatrix} \neq 0$$

mit einer (stetig differenzierbaren) Funktion $g\colon\ ]0,\infty[\to \mathbb{R}$. Denn für die erste Komponente von $\operatorname{rot}\vec{f}(\vec{x})$ rechnet man aus

$$\frac{\partial f_3}{\partial y}(\vec{x}) - \frac{\partial f_2}{\partial z}(\vec{x}) = \frac{y}{\sqrt{x^2+y^2+z^2}}g'(|\vec{x}|)z - \frac{z}{\sqrt{x^2+y^2+z^2}}g'(|\vec{x}|)y = 0\,;$$

das Gleiche gilt für die anderen Komponenten.

Eine weitere wichtige Klasse von wirbelfreien Feldern sind die Gradientenfelder; diese können wir in jeder Dimension definieren.

Definition 4.11 Ein Vektorfeld $\vec{f}\colon D \to \mathbb{R}^n$ mit $D \subset \mathbb{R}^n$ offen, heißt ein *Gradientenfeld*, wenn ein skalares Feld $h\colon D \to \mathbb{R}$ existiert, so dass gilt

$$\vec{f} = \operatorname{grad} h\,.$$

Das skalare Feld h heißt dann *Stammfunktion* oder *Potential* von h.

Beispiel 4.21 Das Vektorfeld

$$\vec{f}(\vec{x}) = \frac{\vec{x}}{|\vec{x}|^3} \qquad \text{für alle } \vec{x} = \begin{pmatrix} x \\ y \\ z \end{pmatrix} \neq 0\,,$$

ist ein Gradientenfeld, ein Potential wird durch

$$h(\vec{x}) = -\frac{1}{|\vec{x}|} = -\frac{1}{\sqrt{x^2+y^2+z^2}} \qquad \text{für alle } \vec{x} \in \mathbb{R}^3, \vec{x} = \begin{pmatrix} x \\ y \\ z \end{pmatrix} \neq 0$$

gegeben, wie man ohne Schwierigkeit nachrechnet.

Wie werden im nächsten Abschnitt sehen, dass Gradientenfelder erwartungsgemäß besondere Eigenschaften haben. Jetzt stellen wir fest:

Bemerkung 4.3 *Jedes räumliche Gradientenfeld $\vec{f}\colon D \to \mathbb{R}^3$ ist wirbelfrei.*

Beweis. Dies ist eine Konsequenz des Satzes 2.2 von H. A. Schwarz. Ist nämlich $\vec{f} = \operatorname{grad} h$, so folgt

$$\frac{\partial f_3}{\partial y}(\vec{x}) - \frac{\partial f_2}{\partial z}(\vec{x}) = \frac{\partial}{\partial y}\frac{\partial h}{\partial z}(\vec{x}) - \frac{\partial}{\partial z}\frac{\partial h}{\partial y}(\vec{x}) = 0 \qquad \text{für alle } \vec{x} \in D$$

und entsprechend für die anderen Komponenten. □

Später werden wir erkennen, dass unter einer Voraussetzung an den Definitionsbereich $D \subset \mathbb{R}^3$ auch die Umkehrung gilt, so dass wir damit ein einfaches und bequemes Kriterium an der Hand haben, wann ein Vektorfeld ein Gradientenfeld ist.

Mit Hilfe der Rotation können wir noch eine Produktregel für die Divergenz räumlicher Vektorfelder formulieren.

Bemerkung 4.4 *i) Für zwei räumliche Vektorfelder $\vec{f}, \vec{g} \colon D \to \mathbb{R}^3$ gilt*

$$\operatorname{div}(\vec{f} \times \vec{g}) = \operatorname{rot}\vec{f} \cdot \vec{g} - \vec{f} \cdot \operatorname{rot}\vec{g}\,.$$

ii) Für ein räumliches Vektorfeld $\vec{f} \colon D \to \mathbb{R}^3$ gilt

$$\operatorname{div}\operatorname{rot}\vec{f} = 0\,;$$

man sagt dazu: Wirbelfelder sind quellenfrei.

Man beachte das Minuszeichen in der Gleichung von Aussage i), es kommt für eine Produktregel unerwartet, muss aber auftreten, da die linke Seite der Gleichung wegen des Vektorprodukts bei Vertauschen der Faktoren $\vec{f}$ und $\vec{g}$ ein Minuszeichen aufnimmt.

Beweis. Die Produktregel in i) beruht auf einer ähnlichen Rechnung, wie wir sie bereits beim Beweis der Produktregel in Bemerkung 4.2 durchgeführt haben. Die Aussage ii) ist wieder eine unmittelbare Konsequenz des Satzes von Schwarz. □

Hinweis: Nach den Rechenregeln für das Spatprodukt dreier räumlicher Vektoren $\vec{a}, \vec{b}, \vec{c}$ gilt $\vec{a} \cdot (\vec{b} \times \vec{c}) = \vec{c} \cdot (\vec{a} \times \vec{b})$. Ein formale Übertragung auf den ∇-„Vektor“ führt zu dem falschen Ergebnis $\operatorname{div}(\vec{f} \times \vec{g}) = \nabla \cdot (\vec{f} \times \vec{g}) = \vec{g} \cdot (\nabla \times \vec{f}) = \vec{g} \cdot \operatorname{rot}\vec{f}$!

Übungen

Übung 4.26 Gegeben ist das Vektorfeld

$$\vec{f}(\vec{x}) = 2xy\,\vec{e}^{\,1} + (3z^3 + x^2)\,\vec{e}^{\,2} + 9yz^2\,\vec{e}^{\,3} \qquad \text{für alle } \vec{x} = x\vec{e}^{\,1} + y\vec{e}^{\,2} + z\vec{e}^{\,3} \in \mathbb{R}^3\,.$$

Bestimmen Sie die Ableitungsmatrix $\mathrm{D}\vec{f}(\vec{x})$ sowie $\operatorname{div}\vec{f}(\vec{x})$ und $\operatorname{rot}\vec{f}(\vec{x})$.

Übung 4.27 Für die Vektorfelder

$$\vec{f}(\vec{x}) = \begin{pmatrix} y \\ z \\ x \end{pmatrix} \quad \text{und} \quad \vec{g}(\vec{x}) = \begin{pmatrix} xy \\ yz \\ zx \end{pmatrix} \qquad \text{für alle } \vec{x} = \begin{pmatrix} x \\ y \\ z \end{pmatrix} \in \mathbb{R}^3$$

berechne man $\nabla(\vec{f} \cdot \vec{g})$ und $\nabla \cdot (\vec{f} \times \vec{g})$ sowie $\nabla \times (\vec{f} \times \vec{g})$.

Übung 4.28 Zeigen Sie, dass für zwei skalare Felder $g, h\colon D \to \mathbb{R}$ gilt

$$\operatorname{div}(g \operatorname{grad} h \times h \operatorname{grad} g) = 0 .$$

Übung 4.29 In Beispiel 4.20 hatten wir gesehen, dass Zentralfelder, also Vektorfelder $\vec{f}\colon \mathbb{R}^3 \setminus \{0\} \to \mathbb{R}^3$ der Form

$$\vec{f}(\vec{x}) = g(|\vec{x}|)\vec{x} = g(r)\vec{x} \quad \text{für alle } \vec{x} \in \mathbb{R}^3, \vec{x} \neq 0 \text{ wobei } r = |\vec{x}| > 0$$

mit einer (stetig differenzierbaren) Funktion $g\colon \,]0,\infty[\, \to \mathbb{R}$ stets wirbelfrei sind. Für welche solche g ist das Vektorfeld $\vec{f}$ auch quellenfrei?

Übung 4.30 Für ein räumliches Vektorfeld $\vec{f} = \begin{pmatrix} f_1 \\ f_2 \\ f_3 \end{pmatrix} : D \to \mathbb{R}^3$ setzt man $\Delta \vec{f} = \begin{pmatrix} \Delta f_1 \\ \Delta f_2 \\ \Delta f_3 \end{pmatrix}$ mit dem Laplaceoperator Δ. Rechnen Sie nach, dass mit dieser Bezeichnung gilt

$$\operatorname{rot}(\operatorname{rot} \vec{f}) = \operatorname{grad} \operatorname{div} \vec{f} - \Delta \vec{f}$$

und schließen Sie hieraus: Erfüllen zwei Vektorfelder $\vec{E}$ und $\vec{B}$ die Maxwellschen Gleichungen für das Vakuum

$$\operatorname{div} \vec{E} = 0 \qquad \operatorname{rot} \vec{E} = -\frac{1}{c}\frac{\partial \vec{B}}{\partial t}$$

$$\operatorname{div} \vec{B} = 0 \qquad \operatorname{rot} \vec{B} = \frac{1}{c}\frac{\partial \vec{E}}{\partial t},$$

so erfüllen sie auch die Wellengleichung

$$\Delta \vec{E} = \frac{1}{c^2}\frac{\partial^2 \vec{E}}{\partial t^2} \qquad \text{beziehungsweise} \qquad \Delta \vec{B} = \frac{1}{c^2}\frac{\partial^2 \vec{B}}{\partial t^2} .$$

4.3 Kurvenintegrale

Kurvenintegrale haben wir bereits im Abschnitt 2.2.3 in einer speziellen Situation – nämlich für Differentialformen – kurz behandelt. Wir wollen nun dieses Thema wieder aufgreifen und das Kurvenintegral von einem allgemeineren Standpunkt aus betrachten, so dass sich eine Analogie zum bisherigen Integralbegriff und zum Begriff des Flächenintegrals ergibt, das später zu entwickeln ist.

4.3.1 Das Kurvenintegral für skalare Funktionen

Den Begriff der Kurve haben wir im Abschnitt 2.2.1 nur im Falle der Ebene formuliert, die Übertragung auf die n-dimensionale Situation ist aber evident. Wir rekapitulieren kurz:

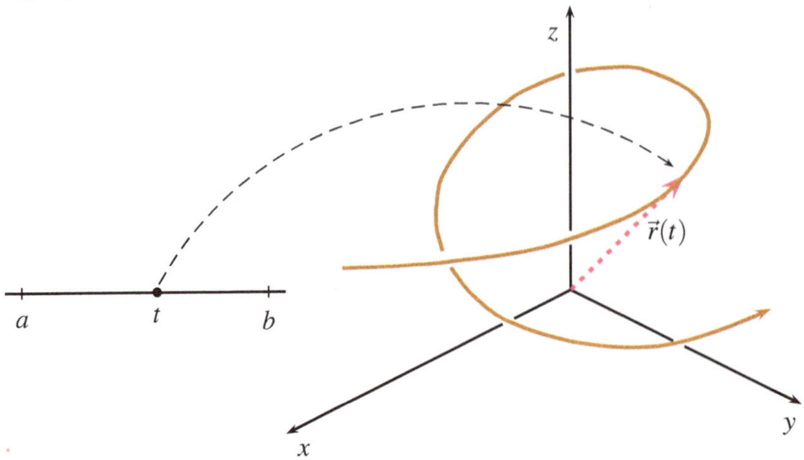

Eine Kurve C im $\mathbb{R}^n$ wird durch eine vektorwertige Funktion $\vec{r}\colon [a,b] \to \mathbb{R}^n$ mit $a, b \in \mathbb{R}$, $a < b$ gegeben: Durchläuft der Parameter t das Intervall $[a,b]$, so durchläuft der Punkt $\vec{r}(t)$ die Kurve; mit anderen Worten, C ist die Bildmenge der Funktion $\vec{r}$. Um Pathologien auszuschließen, setzt man $\vec{r}$ als stetig differenzierbar voraus mit $\dot{\vec{r}}(t) \neq 0$ für alle $t \in [a,b]$ und spricht dann auch von einer *glatten* Kurve. Die Funktion $\vec{r}\colon [a,b] \to \mathbb{R}^n$ heißt eine *Parameterdarstellung* von C; der Punkt $\vec{r}(a)$ heißt Anfangspunkt und $\vec{r}(b)$ Endpunkt der Kurve. Im Falle Anfangspunkt = Endpunkt nennt man die Kurve *geschlossen*.

Wird ein Kurvenpunkt $\vec{x}$ zweimal durchlaufen, das heißt, gibt es Parameter $a \leqq t_1 < t_2 \leqq b$ mit $\vec{r}(t_1) = \vec{r}(t_2) = \vec{x}$, so nennt man den Punkt $\vec{x}$ einen *Doppelpunkt* der Kurve. Besitzt eine Kurve keinen Doppelpunkt – außer Anfangspunkt = Endpunkt bei geschlossenen Kurven –, so heißt sie *doppelpunktfrei*.

Wir geben einige Beispiele.

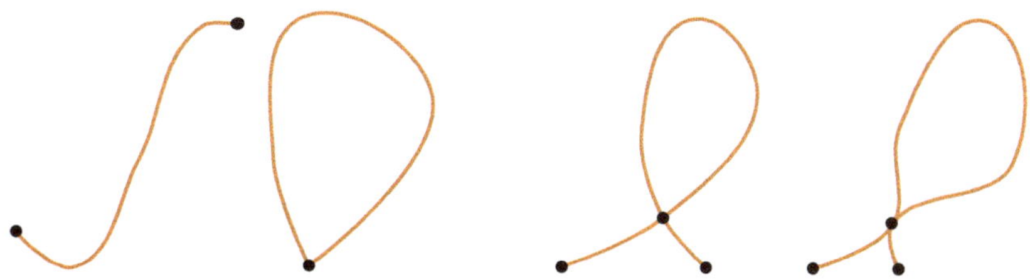

doppelpunktfreie Kurven nicht doppelpunktfreie Kurven

Es sei nun eine stetige Funktion $f\colon D \to \mathbb{R}, D \subset \mathbb{R}^n$, von n Variablen gegeben – also ein skalares Feld in der Sprechweise dieses Kapitels – und eine doppelpunktfreie Kurve C, die innerhalb D verläuft. Wir wollen das Kurvenintegral von f über die Kurve C definieren. Im Falle $n = 2$ können wir uns das folgende Bild der Situation machen:

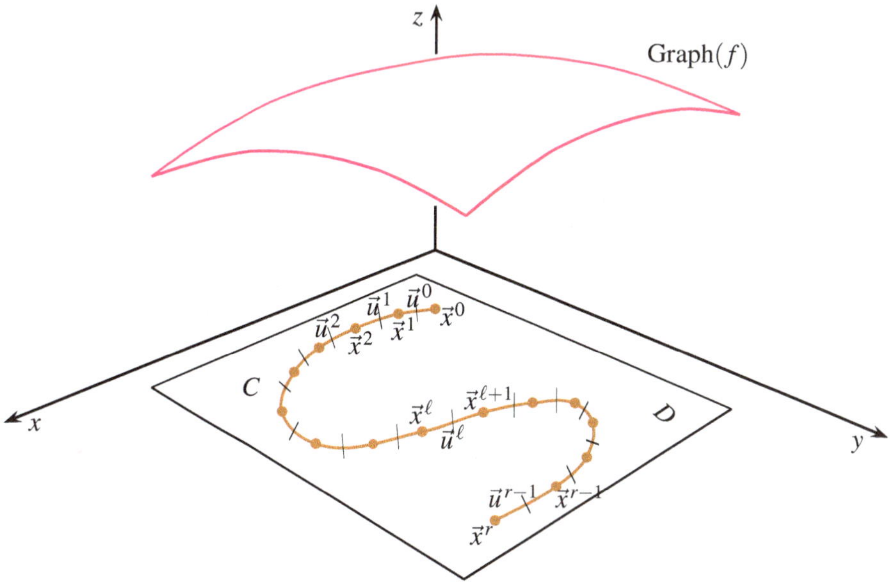

Die Definition des Integrals von f über C verläuft wieder nach dem üblichen Schema: Zu einer Zerlegung

$$\text{Anfangspunkt}C = \vec{x}^0, \vec{x}^1, \ldots, \vec{x}^\ell, \vec{x}^{\ell+1}, \ldots, \vec{x}^{r-1}, \vec{x}^r = \text{Endpunkt}C$$

von C mit Zwischenpunkten $\vec{u}^0, \vec{u}^1, \ldots, \vec{u}^\ell, \ldots, \vec{u}^{r-1}$ bilden wir die Zerlegungssumme

$$\sum_{\ell=0}^{r-1} f(\vec{u}^\ell)|\vec{x}^{\ell+1} - \vec{x}^\ell|. \tag{4.3.1}$$

Definition 4.12 Man zeigt, dass diese Zerlegungssummen konvergieren, wenn die Zerlegungen der Kurve immer feiner werden und definiert

$$\lim_{\substack{\text{Zerlegungen}\\ \text{werden feiner}}} \sum_{\ell=0}^{r-1} f(\vec{u}^{\ell})|\vec{x}^{\ell+1} - \vec{x}^{\ell}| =: \int_C f(\vec{x})\,ds(\vec{x}).$$

als das *Kurvenintegral der Funktion f über die (längs der) Kurve C.*

Gelegentlich nennt man das soeben definierte Kurvenintegral auch *Kurvenintegral erster Art* oder *Kurvenintegral nach der Bogenlänge.*

Eine Zerlegung

$$\text{Anfangspunkt} C = \vec{x}^0, \vec{x}^1, \ldots, \vec{x}^k, \vec{x}^{k+1}, \ldots, \vec{x}^{r-1}, \vec{x}^r = \text{Endpunkt} C$$

liefert einen *Streckenzug* oder *Polygonzug* der Länge

$$\sum_{k=0}^{r-1} |\vec{x}^{k+1} - \vec{x}^k|.$$

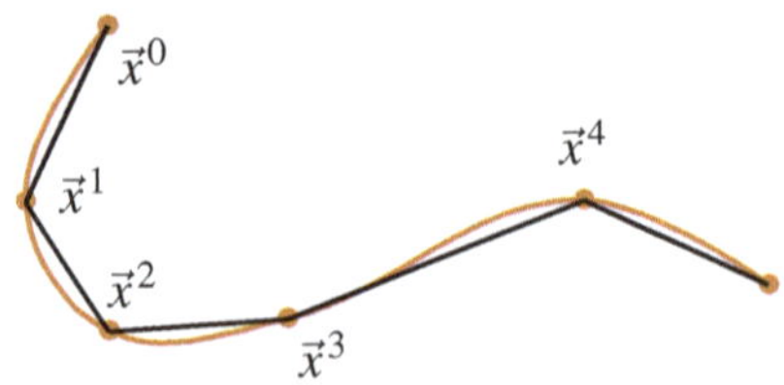

Dieser Polygonzug approximiert die Kurve, wenn die Zerlegungen immer feiner werden, daher erhalten wir für die *Länge* ℓ der Kurve C

$$\ell = \lim_{\substack{\text{Zerlegungen}\\ \text{werden feiner}}} \sum_{k=0}^{r-1} |\vec{x}^{k+1} - \vec{x}^k| = \int_C ds(\vec{x}). \tag{4.3.2}$$

Für Funktionen von zwei Variablen, also im Falle $n = 2$, lässt sich das Kurvenintegral $\int_C f(\vec{x})\,ds(\vec{x})$ geometrisch als Inhalt der Fläche zwischen der Kurve C und dem Graphen von f deuten, falls $f(x,y) \geqq 0$ ist längs der Kurve C.

Wir haben nun das Kurvenintegral für skalare Funktionen definiert und müssen uns darüber klar werden, wie wir ein solches Integral $\int_C f(\vec{x})\,ds(\vec{x})$ berechnen können. Hierzu wählen wir eine Parameterdarstellung $\vec{r}$: $[a,b] \to \mathbb{R}^n$ der Kurve C und betrachten eine Zerlegung

$$\text{Anfangspunkt} C = \vec{x}^0, \vec{x}^1, \ldots, \vec{x}^{\ell}, \vec{x}^{\ell+1}, \ldots, \vec{x}^{r-1}, \vec{x}^r = \text{Endpunkt} C$$

sowie eine Wahl von Zwischenpunkten $\vec{u}^0, \vec{u}^1, \ldots, \vec{u}^{\ell}, \ldots, \vec{u}^{r-1}$, wie in der Definition des Kurvenintegrals gefordert. Da wir die Kurve C als doppelpunktfrei annehmen, gibt es zu diesen Kurvenpunkten eindeutig bestimmte Parameterwerte. Wir erhalten somit Punkte

$$a = t_0 < t_1 < \cdots < t_{\ell} < t_{\ell+1} < \cdots < t_{r-1} < t_r = b$$

mit $\vec{r}(t_{\ell}) = \vec{x}^{\ell}$ und $t_{\ell} \leqq s_{\ell} \leqq t_{\ell+1}$ mit $\vec{r}(s_{\ell}) = \vec{u}^{\ell}$ für $\ell = 0, \ldots, r-1$. Offenbar stellen diese Punkte eine Zerlegung des Parameterintervalls $[a,b]$ und einen zugehörigen Satz von Zwischenpunkten dar. Sind die Zerlegungen bereits hinreichend fein, so erhalten wir aus der oft gebrauchten Näherungsformel (1.3.3), das heißt, durch Linearisieren in jeder Komponente von $\vec{r}(t)$:

$$\vec{r}(t_{\ell+1}) - \vec{r}(t_\ell) \approx \dot{\vec{r}}(t_\ell)\big(t_{\ell+1} - t_\ell\big) \approx \dot{\vec{r}}(s_\ell)\big(t_{\ell+1} - t_\ell\big)$$

wobei wir noch die Stetigkeit von $\dot{\vec{r}}(t)$ ausgenützt haben. Nun können wir die Zerlegungssumme (4.3.1) folgendermaßen näherungsweise umformen:

$$\sum_{\ell=0}^{r-1} f(\vec{u}^{\ell})|\vec{x}^{\ell+1} - \vec{x}^{\ell}| = \sum_{\ell=0}^{r-1} f(\vec{r}(s_\ell))|\vec{r}(t_{\ell+1}) - \vec{r}(t_\ell)| \approx \sum_{\ell=0}^{r-1} f(\vec{r}(s_\ell))|\dot{\vec{r}}(s_\ell)|(t_{\ell+1} - t_\ell)$$

Die rechte Summe ist ebenfalls eine Zerlegungssumme für ein Integral; wenn die Zerlegungen immer feiner werden, erhalten wir daher die Gleichung

$$\int_C f(\vec{x})\,ds(\vec{x}) = \int_a^b f(\vec{r}(t))|\dot{\vec{r}}(t)|dt\,. \tag{4.3.3}$$

Die so gewonnene Formel zur Berechnung des Kurvenintegrals ist sehr plausibel: Man zieht sich mit Hilfe der Parameterdarstellung $\vec{r}(t)$ auf das Parameterintervall $[a,b]$ zurück und berücksichtigt durch den Faktor $|\dot{\vec{r}}(t)|$ die Krümmung der Kurve und die Geschwindigkeit, mit der sie durchlaufen wird.

Insbesondere erhalten wir für die Länge ℓ der Kurve C:

$$\ell = \int_a^b |\dot{\vec{r}}(t)|dt\,. \tag{4.3.4}$$

Beispiel 4.22 (Länge eines Graphen) Es sei $f\colon I \to \mathbb{R}$, $I \subset \mathbb{R}$ Intervall, eine stetig differenzierbare Funktion einer Variablen und $a, b \in I$ mit $a < b$. Eine Parameterdarstellung für den Graphen von f als Kurve in der Ebene ist

$$\vec{r}(t) = (t, f(t)) \qquad \text{für alle } t \in I\,.$$

Die obige Formel (4.3.4) ergibt somit für die Länge ℓ des Graphen von f von a bis b:

$$\ell = \int_a^b \sqrt{1 + \big(f'(t)\big)^2}\,dt\,. \tag{4.3.5}$$

Wir wollen noch mögliche Anwendungen dieses Kurvenintegrals für skalare Funktionen angeben.

Ist $\rho(\vec{x})$ die Massendichte eines Körpers, den man sich in guter Näherung als eindimensional vorstellen kann – etwa einen Draht – und der die Gestalt einer Kurve C hat, so ist seine Gesamtmasse m gegeben durch

$$m = \int_C \rho(\vec{x})\,ds(\vec{x})\,,$$

und die x-Koordinate seines Schwerpunktes durch

$$\bar{x} = \frac{1}{m}\int_C x\rho(\vec{x})\,ds(\vec{x})\,,$$

entsprechend für die anderen Koordinaten.

Eine wichtige Anwendung des Integrals ist die Berechnung der Arbeit. Dieses Thema wollen wir im nächsten Abschnitt behandeln.

Übungen

Übung 4.31 Die Gestalt einer an zwei Punkten aufgehängten Kette wird in guter Näherung durch den Graphen einer Hyperbelcosinusfunktion beschrieben. Berechnen Sie die Länge eines Stücks der *Kettenlinie*, gegeben durch

$$f : f(x) := c \cosh\left(\frac{x}{c}\right) \qquad \text{für } -b \leqq x \leqq b$$

mit zwei Konstanten $b, c > 0$.

Übung 4.32 Die Kurve mit der Parameterdarstellung

$$\vec{r}(t) = a \begin{pmatrix} t - \sin t \\ 1 - \cos t \end{pmatrix} \qquad \text{für } t \in \mathbb{R},\ a > 0 \text{ fest}$$

heißt *Zykloide* oder *Rollkurve*, weil sie die Kurve darstellt, die ein fester Punkt eines Kreises vom Radius a beim Rollen des Kreises auf einer Geraden beschreibt.

i) Fertigen Sie eine Skizze der Zykloide für $-1 \leqq t \leqq 7$ mit einem geeigneten a an.
ii) Wie lang ist ein Bogen der Zykloide $(0 \leqq t \leqq 2\pi)$?

Übung 4.33 Die Grundlinie eines Zauns ist durch die ebene Kurve mit Parameterdarstellung

$$\vec{r}(t) = (8\cos^3 t, 8\sin^3 t) \qquad \text{für } 0 \leqq t \leqq \frac{\pi}{2}$$

gegeben, also durch einen Bogen einer Asteroide, vergleiche Übung 2.14 iii).

i) Wie lang ist der Zaun?
ii) Die Höhe des Zauns im Punkt (x,y) beträgt $f(x,y) := 1 + \frac{x}{3}$ (Meter). Welche Fläche hat der Zaun?

Übung 4.34 Die Kurve im Raum mit der Parameterdarstellung

$$\vec{r}(t) = \begin{pmatrix} R\cos t \\ R\sin t \\ ct \end{pmatrix} \qquad \text{für } t \in \mathbb{R}$$

heißt Schraubenlinie; $R, c > 0$ sind Konstanten. Eine Skizze der Kurve finden Sie in Übung 2.23 .

i) Bestimmen Sie die Länge einer „Ganghöhe“, also etwa für den Bereich $0 \leqq t \leqq 2\pi$.

ii) Berechnen Sie das Integral

$$\int_C \frac{z^2}{x^2+y^2}\,ds\,,$$

wobei C die erste Windung der Schraubenlinie ist $(0 \leqq t \leqq 2\pi)$.

4.3.2 Das Kurvenintegral für Vektorfelder

Wir wollen die Arbeit W berechnen, die verrichtet wird, wenn sich ein Teilchen in einem Kraftfeld $\vec{f}(\vec{x})$ längs einer (Bahn-)Kurve C bewegt. Zu diesem Zweck denken wir uns die Kurve C durch Punkte

$$\vec{x}^0, \vec{x}^1, \ldots, \vec{x}^\ell, \vec{x}^{\ell+1}, \ldots, \vec{x}^{r-1}, \vec{x}^m$$

in kleine Teilstücke zerlegt. Die Arbeit, die auf dem Teilstück von $\vec{x}^\ell$ bis $\vec{x}^{\ell+1}$ geleistet wird, ist gemäß der elementaren Definition der Arbeit ungefähr $f_T(\vec{x}^\ell)|\vec{x}^{\ell+1}-\vec{x}^\ell|$, dabei bezeichnet $f_T(\vec{x})$ die Komponente der Kraft $\vec{f}(\vec{x})$ im Punkt $\vec{x}$ in Richtung der Kurve, das heißt, in Richtung der Tangente an die Kurve.

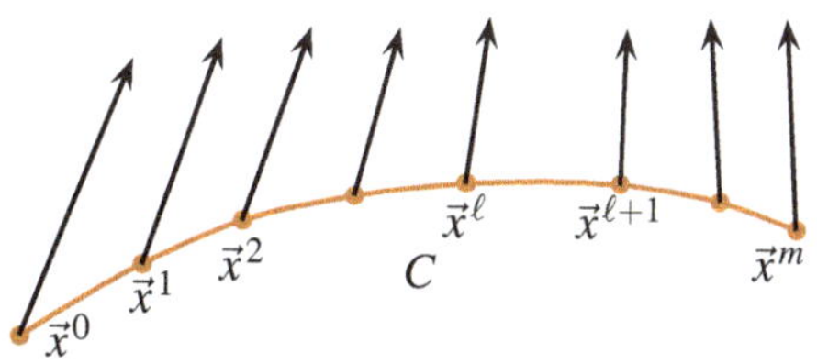

Insgesamt ist die Arbeit W näherungsweise gleich

$$\sum_{\ell=0}^{m-1} f_T(\vec{x}^\ell)|\vec{x}^{\ell+1}-\vec{x}^\ell|\,.$$

Bei Übergang zu immer feineren Zerlegungen erhalten wir hieraus nach Definition des Kurvenintegrals für skalare Funktionen

$$W = \int_C f_T(\vec{x})\,ds(\vec{x})\,. \tag{4.3.6}$$

Diese Gleichung verallgemeinert die frühere Formel (1.4.2). Da man von dem Kraftvektor $\vec{f}(\vec{x})$ zunächst die Komponente $f_T(\vec{x})$ in Kurvenrichtung bestimmen muss, wirkt sie etwas unhandlich. Wir wollen uns daher klarmachen, was beim Berechnen des Integrals (4.3.6) mittels einer Parameterdarstellung geschieht.

Wir betrachten dazu eine Parameterdarstellung $\vec{r}\colon [a,b] \to \mathbb{R}^n$ der Kurve C und einen Kurvenpunkt $\vec{x}$, der zugehörige Parameterwert sei $t \in [a,b]$, das bedeutet $\vec{x} = \vec{r}(t)$. Wie die nebenstehende Zeichnung zeigt, gilt dann

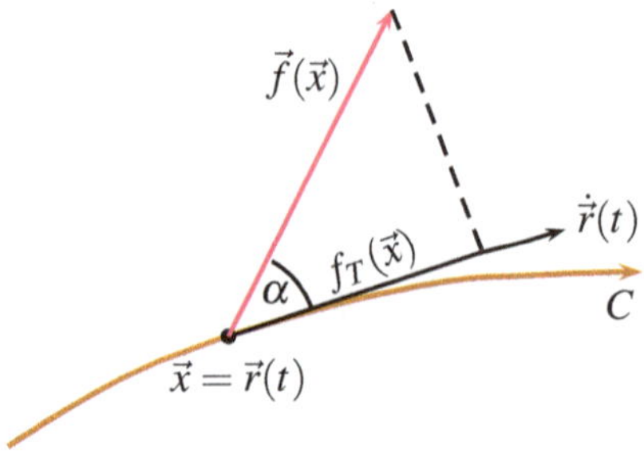

$$f_T(\vec{x}) = |\vec{f}(\vec{x})| \cos\alpha = \frac{1}{|\dot{\vec{r}}(t)|}\vec{f}(\vec{r}(t)) \cdot \dot{\vec{r}}(t)$$

Setzen wir dieses Ergebnis in die Gleichung (4.3.3) ein, die das Berechnen des Kurvenintegrals skalarer Funktionen mittels einer Parameterdarstellung regelt, so finden wir

$$\int_C f_T(\vec{x})\, ds(\vec{x}) = \int_a^b \frac{1}{|\dot{\vec{r}}(t)|}\vec{f}(\vec{r}(t)) \cdot \dot{\vec{r}}(t)|\dot{\vec{r}}(t)|\, dt = \int_a^b \vec{f}(\vec{r}(t)) \cdot \dot{\vec{r}}(t)\, dt\,. \tag{4.3.7}$$

Da sich der unangenehme – weil „wurzelhaltige“ – Term $|\dot{\vec{r}}(t)|$ glücklicherweise herauskürzt, ist sogar zu erwarten, dass das Integral $\int_C f_T(\vec{x})\, ds(\vec{x})$ angenehmer zu berechnen sein wird als ein Kurvenintegral einer skalaren Funktion im Allgemeinen. Da das derart gebildete Integral über die Tangentialkomponente $f_T(\vec{x})$ eines Vektorfeldes $\vec{f}(\vec{x})$ von großer Bedeutung ist und häufig auftritt, hat man hierfür eine eigene Bezeichnung eingeführt, die auch dem obigen Ergebnis (4.3.7) Rechnung trägt: Statt $\int_C f_T(\vec{x})\, ds(\vec{x})$ schreibt man $\int_C \vec{f}(\vec{x}) \cdot d\vec{x}$. Üblicherweise geht man noch einen Schritt weiter und definiert $\int_C f_T(\vec{x})\, ds(\vec{x})$ als eigenständiges Kurvenintegral:

Definition 4.13 Für ein Vektorfeld $\vec{f}\colon D \to \mathbb{R}^n$, $D \subset \mathbb{R}^n$ und eine Kurve C in D definiert man das Kurvenintegral

$$\int_C \vec{f}(\vec{x}) \cdot d\vec{x} = \int_C f_T(\vec{x})\, ds(\vec{x})\,. \tag{4.3.8}$$

Diese Schreibweise kann auch gleichzeitig als Merkregel zur Berechnung des Integrals dienen: Ist $\vec{r}\colon [a,b] \to \mathbb{R}^n$ eine Parameterdarstellung der Kurve C, so gilt auf der Kurve $\vec{x} = \vec{r}(t)$ und aus $\frac{d\vec{x}}{dt}(t) = \dot{\vec{r}}(t)$ entsteht durch formales Umformen $d\vec{x} = \dot{\vec{r}}(t)\, dt$, somit

$$\int_C \vec{f}(\vec{x}) \cdot d\vec{x} = \int_a^b \vec{f}(\vec{r}(t)) \cdot \dot{\vec{r}}(t)\, dt\,. \tag{4.3.9}$$

Dieses Kurvenintegral für Vektorfelder hat nach unserer obigen Überlegung die folgende anschauliche Bedeutung: Ist $\vec{f}(\vec{x})$ ein Kraftfeld, so ist $\int_C \vec{f}(\vec{x}) \cdot d\vec{x}$ die beim Durchlaufen des Feldes längs der Kurve C geleistete Arbeit.

Hat das Vektorfeld $\vec{f}(\vec{x})$ die Komponenten $f_1(\vec{x}), f_2(\vec{x}), \ldots, f_n(\vec{x})$, so schreibt man auch

$$\int_C \vec{f}(\vec{x}) \cdot d\vec{x} = \int_C f_1(\vec{x})\, dx_1 + f_2(\vec{x})\, dx_2 + \cdots + f_n(\vec{x})\, dx_n\,;$$

dabei hat man sich $d\vec{x}$ formal als Vektor $\begin{pmatrix} dx_1 \\ \vdots \\ dx_n \end{pmatrix}$ vorgestellt und das Skalarprodukt $\vec{f}(\vec{x}) \cdot d\vec{x}$ ausgeführt. Damit haben wir den Anschluss an das im Abschnitt 2.2.3 eingeführte Kurvenintegral für Differentialformen hergestellt. Denn einen Ausdruck der Form

$$f_1(\vec{x})\,dx_1 + f_2(\vec{x})\,dx_2 + \cdots + f_n(\vec{x})\,dx_n$$

mit n stetig partiell differenzierbaren Funktionen $f_1, f_2, \ldots, f_n\colon D \to \mathbb{R}$ von jeweils n Variablen haben wir in 2.2 als Differentialform bezeichnet, wenn wir uns auch damals der Einfachheit halber auf zwei Variablen x, y beschränkt haben. Das oben durch Gleichung (4.3.8) definierte Kurvenintegral ist vollkommen äquivalent mit dem Kurvenintegral für Differentialformen: Jedes Vektorfeld $\vec{f} = \begin{pmatrix} f_1 \\ \vdots \\ f_n \end{pmatrix} : D \to \mathbb{R}^n$ ergibt nämlich eine Differentialform $f_1(\vec{x})\,dx_1 + f_2(\vec{x})\,dx_2 + \cdots + f_n(\vec{x})\,dx_n$ auf $D \subset \mathbb{R}^n$ und umgekehrt liefert jede solche Differentialform ein auf D definiertes Vektorfeld $\vec{f} = \begin{pmatrix} f_1 \\ \vdots \\ f_n \end{pmatrix}$.

Wir fassen zusammen: Das Kurvenintegral für Vektorfelder und das Kurvenintegral für Differentialformen

$$\int_C \vec{f}(\vec{x}) \cdot d\vec{x} = \int_C f_1(\vec{x})\,dx_1 + f_2(\vec{x})\,dx_2 + \cdots + f_n(\vec{x})\,dx_n\,,$$

sind gleichwertig. Dieses Kurvenintegral wird gemäß Gleichung (4.3.9) mit einer Parameterdarstellung $\vec{r}\colon [a,b] \to \mathbb{R}^n$ berechnet; es wird manchmal auch als *Kurvenintegral zweiter Art* bezeichnet. Es sei noch einmal daran erinnert, dass es sich vermöge Gleichung (4.3.8) um einen Spezialfall des Kurvenintegrals für skalare Felder handelt.

Wir kehren zu den Vektorfeldern zurück. Nachdem wir nun die Gleichwertigkeit der Kurvenintegrale für Vektorfelder und Differentialformen erkannt haben, können wir den Hauptsatz 2.3 über Kurvenintegrale dazu benutzen, das folgende Problem zu lösen: Gegeben ist ein Vektorfeld $\vec{f}\colon D \to \mathbb{R}^n$, etwa ein Kraftfeld. Wir fragen, ob das Feld $\vec{f}$ ein Gradientenfeld ist; dies ist von Interesse, weil Gradientenfelder besondere Eigenschaften haben.

Ist $\vec{f}$ ein Gradientenfeld mit Potential h, so gilt für jede Kurve C mit Parameterdarstellung $\vec{r}\colon [a,b] \to \mathbb{R}^n$ nach der Kettenregel (2.2.1) und dem Hauptsatz der Differential- und Integralrechnung 1.9

$$\begin{aligned} \int_C \vec{f}(\vec{x}) \cdot d\vec{x} &= \int_C \operatorname{grad} h(\vec{x}) \cdot d\vec{x} = \int_a^b \operatorname{grad} h(\vec{r}(t)) \cdot \dot{\vec{r}}(t)\,dt \\ &= \int_a^b \frac{d}{dt}\Big(h(\vec{r}(t))\Big)\,dt = \Big[h(\vec{r}(t))\Big]_a^b = h(\text{Endpunkt}\,C) - h(\text{Anfangspunkt}\,C)\,. \end{aligned}$$

Das Kurvenintegral eines Gradientenfeldes ist also im früheren Sinne wegunabhängig.

Wir suchen ein Kriterium dafür, dass ein Vektorfeld $\vec{f}\colon D \to \mathbb{R}^n$ ein Gradientenfeld ist. Hierzu bedenken wir: Ein skalares Feld $h\colon D \to \mathbb{R}^n$ erfüllt $\vec{f} = \operatorname{grad} h$, also

$$f_1 = \frac{\partial h}{\partial x_1}, \quad f_2 = \frac{\partial h}{\partial x_2}, \quad \dots \quad f_n = \frac{\partial h}{\partial x_n},$$

genau wenn das Differential von h erfüllt

$$\mathrm{d}h(\vec{x}) = f_1(\vec{x})\,dx_1 + f_2(\vec{x})\,dx_2 + \dots + f_n(\vec{x})\,dx_n \qquad \text{für alle } \vec{x} \in D\,.$$

Mithin ist das Vektorfeld $\vec{f} = \begin{pmatrix} f_1 \\ \vdots \\ f_n \end{pmatrix}$ ein Gradientenfeld genau dann, wenn die Differentialform

$$f_1(\vec{x})\,dx_1 + f_2(\vec{x})\,dx_2 + \dots + f_n(\vec{x})\,dx_n$$

ein (totales) Differential im früheren Sinne ist und wir können den Hauptsatz für Differentialformen 2.3 einfach in die jetzige Situation übernehmen. Wir erinnern bei dieser Gelegenheit an den Begriff „einfach zusammenhängend“: Eine offene Menge $D \subset \mathbb{R}^n$ heißt einfach zusammenhängend, wenn sich jede geschlossene Kurve in D auf einen Punkt zusammenziehen lässt. Im Fall der Ebene ist eine Menge „mit Loch“ nicht einfach zusammenhängend, im Raum $\mathbb{R}^3$ schon, da eine weitere Dimension für das Zusammenziehen einer Kurve zur Verfügung steht. Man hebt die Kurve – anschaulich gesprochen – über das Loch. Dagegen ist eine Menge im $\mathbb{R}^3$, der eine ganze Gerade fehlt, zum Beispiel der ganze Raum $\mathbb{R}^3 \setminus \{z\text{-Achse}\}$ nicht einfach zusammenhängend.

Satz 4.6 (Hauptsatz für Vektorfelder) *Es sei $D \subset \mathbb{R}^n$ offen und einfach zusammenhängend. Für ein Vektorfeld $\vec{f}\colon D \to \mathbb{R}^n$ sind dann die folgenden Aussagen äquivalent:*

i) *$\vec{f}$ ist ein Gradientenfeld.*
ii) *Das Kurvenintegral von $\vec{f}$ ist wegunabhängig.*
iii) *$\vec{f}$ erfüllt die* Integrabilitätsbedingungen: $\dfrac{\partial f_k}{\partial x_\ell} = \dfrac{\partial f_\ell}{\partial x_k}$ *für alle $k, \ell = 1, 2, \dots, n$.*

Es genügt natürlich, die Integrabilitätsbedingungen für $k < \ell$ nachzuprüfen, das heißt, es gibt $\dfrac{n(n-1)}{2}$ Bedingungen.

Wir formulieren noch die Integrabilitätsbedingungen für den besonders wichtigen Fall der Dimension $n = 3$. Für ein räumliches Vektorfeld $\vec{f} = \begin{pmatrix} f_1 \\ f_2 \\ f_3 \end{pmatrix}$ lauten sie

$$\frac{\partial f_1}{\partial y} - \frac{\partial f_2}{\partial x} = 0 \qquad \frac{\partial f_1}{\partial z} - \frac{\partial f_3}{\partial x} = 0 \qquad \frac{\partial f_2}{\partial z} - \frac{\partial f_3}{\partial y} = 0\,.$$

Die linken Seiten dieser Gleichungen sind gerade die drei Komponenten des Vektorfeldes $\operatorname{rot}\vec{f}$, das bedeutet, wir können die drei Integrabilitätsbedingungen zusammenfassen zu der Vektorgleichung $\operatorname{rot}\vec{f} = 0$ und haben gezeigt:

Folgerung 4.1 *Ist der Definitionsbereich $D \subset \mathbb{R}^3$ offen und einfach zusammenhängend, so ist ein räumliches Vektorfeld $\vec{f}\colon D \to \mathbb{R}^3$ ein Gradientenfeld genau dann, wenn es wirbelfrei ist.*

Übungen

Übung 4.35 Wie muss man die Konstanten $\alpha, \beta, \gamma \in \mathbb{R}$ wählen, damit das Vektorfeld

$$\vec{f}(\vec{x}) = \begin{pmatrix} x + 2y + \alpha z \\ \beta x - 3y - \ z \\ 4x + \gamma y + 2z \end{pmatrix} \qquad \text{für alle } \vec{x} = \begin{pmatrix} x \\ y \\ z \end{pmatrix} \in \mathbb{R}^3$$

wirbelfrei wird? Können Sie für diese Wahl von α, β, γ ein skalares Feld h mit $\operatorname{grad} h = \vec{f}$ angeben?

Übung 4.36 Entscheiden Sie, ob die Vektorfelder

$$\vec{f}(\vec{x}) := \begin{pmatrix} xy^2 \\ x^2y - yz^4 \\ -2y^2z^3 \end{pmatrix} \quad \text{und} \quad \vec{g}(\vec{x}) := \begin{pmatrix} y^2e^z \sin x + y^2xe^z \cos x \\ 2xye^z \sin x \\ y^2xe^z \sin x \end{pmatrix} \qquad \text{für alle } \vec{x} = \begin{pmatrix} x \\ y \\ z \end{pmatrix}$$

Gradientenfelder sind und bestimmen Sie gegebenenfalls eine Stammfunktion.

Übung 4.37 Bestimmen Sie für das Vektorfeld

$$\vec{F} : \vec{F}(x,y,z) := \begin{pmatrix} x^3 \\ x^2y \\ z^2x + 2zy \end{pmatrix} \qquad \text{für alle } \begin{pmatrix} x \\ y \\ z \end{pmatrix} \in \mathbb{R}^3$$

das Kurvenintegral $\int_C \vec{F}(\vec{x}) \cdot d\vec{x}$, wobei C die erste Windung der Schraubenlinie aus Übung 4.34 mit $c = 1$ ist ($0 \leqq t \leqq 2\pi$).

Übung 4.38 Berechnen Sie für das Vektorfeld $\vec{f}(x,y,z) := 12z\vec{e}^{\,1} + 3xy\vec{e}^{\,2} + 12x^2z\vec{e}^{\,3}$ das Kurvenintegral $\int_C \vec{f}(\vec{x}) \cdot d\vec{x}$ längs der folgenden Kurven, die beide den Nullpunkt mit dem Punkt $\vec{e}^{\,1} + \vec{e}^{\,2} + \vec{e}^{\,3}$ verbinden:

i) $\vec{r}(t) = t\vec{e}^{\,1} + t\vec{e}^{\,2} + t\vec{e}^{\,3} \qquad 0 \leqq t \leqq 1,$

ii) $\vec{r}(t) = t^2\vec{e}^{\,1} + t\vec{e}^{\,2} + t^2\vec{e}^{\,3} \qquad 0 \leqq t \leqq 1.$

Übung 4.39 Man berechne das Kurvenintegral

$$\int_C (x^2+2y^2z)\,dx + (x^3-z^2)\,dy + (x^2+y^2)dz,$$

wobei C die Schnittkurve der beiden Flächen $z^2 = x^2+y^2$ und $z = \dfrac{8}{x^2+y^2}$ ist.

Übung 4.40 Durch einen langen, geraden Leiter fließt ein Strom I. Denkt man sich den Leiter näherungsweise als unendlich lang und wählt das Koordinatensystem so, dass der Leiter die z-Achse bildet, so hat das resultierende Magnetfeld die Form

$$\vec{H}(\vec{x}) = cI \begin{pmatrix} -\dfrac{y}{x^2+y^2} \\ \dfrac{x}{x^2+y^2} \\ 0 \end{pmatrix} \qquad \text{für alle } \vec{x} = \begin{pmatrix} x \\ y \\ z \end{pmatrix} \in \mathbb{R}^3,\ x^2+y^2 \neq 0,$$

mit einer Konstanten c (die vom Maßsystem abhängt). Entscheiden Sie, ob $\vec{H}$ ein Potential besitzt.

4.4 Flächenintegrale und Integralsätze der Vektoranalysis

4.4.1 Flächen und Flächenintegrale

Wir wollen in diesem Abschnitt stetige Funktionen – oder skalare Felder in der Sprechweise dieses Kapitels – über möglicherweise gekrümmte Flächen oder Oberflächen im Raum integrieren; ein typisches und wichtiges Beispiel ist die Oberfläche der Kugel.

Hierzu müssen wir erst den Begriff der Fläche im Raum mathematisch präzise fassen. Wir lehnen uns dabei an den Begriff der Kurve im Raum an: Anschaulich gesprochen entsteht eine (glatte) Kurve durch „schonendes Abbilden" von etwas typisch Eindimensionalem – einem Intervall I der Zahlengeraden – in den Raum hinein.

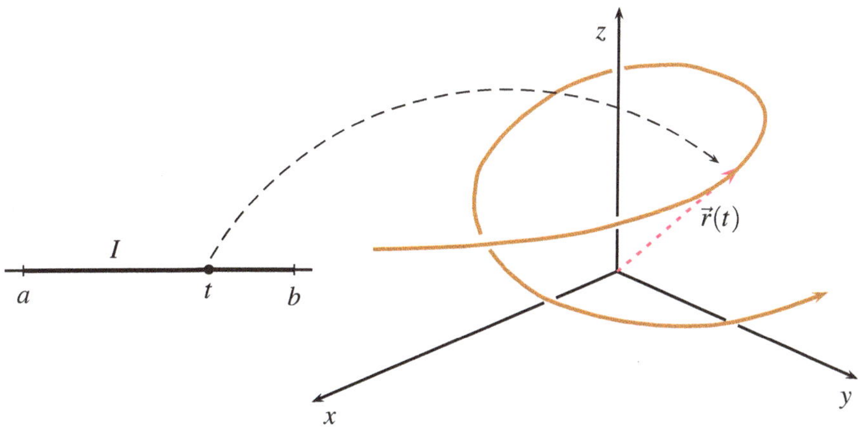

Die abbildende Funktion $\vec{r}\colon I \to \mathbb{R}^3$ haben wir eine Parameterdarstellung der Kurve genannt, wir fordern von $\vec{r}$ die folgenden Eigenschaften, die sicherstellen sollen, dass die Bildmenge unseren Vorstellungen von einer glatten Kurve entspricht:

i) $\vec{r}$ ist stetig differenzierbar,

ii) die Ableitung $\dot{\vec{r}}(t)$ ist $\neq 0$ für alle $t \in I$,

iii) $\vec{r}$ ist eineindeutig.

Die Forderungen i) und ii) bewirken gemeinsam, dass die Kurve in jedem ihrer Punkte eine Tangente besitzt, die Forderung iii) erzwingt, dass die Kurve keine Doppelpunkte hat.

Entsprechend erklären wir: Ein (glattes) Flächenstück im Raum entsteht durch „schonendes Abbilden" von etwas typisch Zweidimensionalem in den Raum. Als „etwas typisch Zweidimensionales" wollen wir dabei eine offene Teilmenge D der Zahlenebene $\mathbb{R}^2$ ansehen.

Wir müssen wieder eine Reihe von Forderungen an die abbildende Funktion $\vec{r}\colon D \to \mathbb{R}^3$ formulieren, die gewährleisten, dass die Bildmenge $S = \vec{r}(D) \subset \mathbb{R}^3$ den üblichen Vorstellungen von einer glatte Fläche entspricht, das heißt, in allen Punkten eine berührende Ebene oder *Tangentialebene* besitzt.

Ohne Zweifel werden wir $\vec{r}$ als stetig differenzierbar voraussetzen, das bedeutet für eine Funktion von zwei Variablen:

i) $\vec{r}\colon D \to \mathbb{R}^3$ ist stetig partiell differenzierbar.

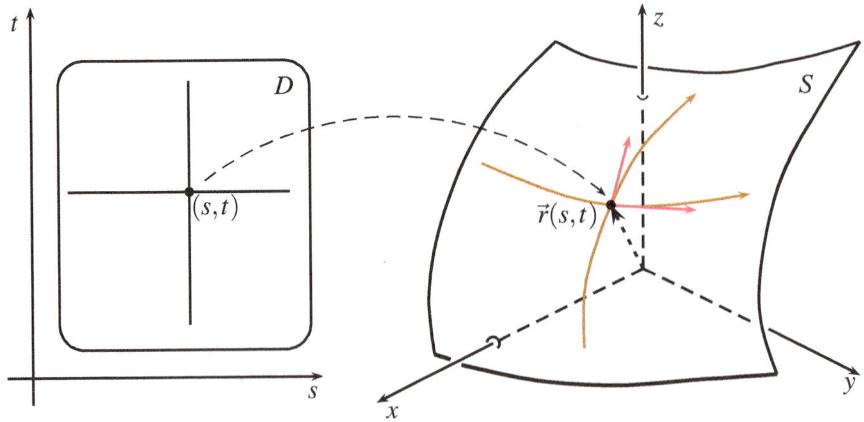

Durch

$$s \mapsto \vec{r}(s,t) \quad \text{bei festem } t \qquad \text{und} \qquad t \mapsto \vec{r}(s,t) \quad \text{bei festem } s$$

werden Kurven in der Fläche S gegeben, wir verlangen, dass sie überall Tangenten besitzen. Diese Tangentenvektoren sollen weiter die Tangentialebene an die Fläche aufspannen. Beides erreichen wir durch die Forderung:

ii) Die Vektoren $\dfrac{\partial \vec{r}}{\partial s}(s,t)$ und $\dfrac{\partial \vec{r}}{\partial t}(s,t)$ sind für alle $(s,t) \in D$ linear unabhängig.

Außerdem wollen wir wieder Doppelpunkte – bei einer Fläche spricht man eher von *Selbstdurchdringungen* – verbieten und verlangen:

iii) Die Funktion $\vec{r}\colon D \to \mathbb{R}^3$ ist eineindeutig.

Die Punkte $(s,t) \in D$ und $\vec{x} = \vec{r}(s,t) \in S$ entsprechen sich also umkehrbar eindeutig, in diesem Sinne liefert die Funktion $\vec{r}$ Koordinaten auf S und es gibt die Umkehrfunktion $\vec{r}^{\,-1}\colon S \to D$. Unsere letzte Forderung an $\vec{r}$ ist:

iv) Die Umkehrfunktion $\vec{r}^{\,-1}\colon S \to D$ ist stetig.

Diese im Falle von Kurven entbehrliche Forderung besagt anschaulich, dass zwei Punkte $\vec{x} = \vec{r}(s,t)$ und $\vec{y} = \vec{r}(u,v)$ auf der Fläche nahe beieinander liegen, genau wenn ihre Koordinaten (s,t) und (u,v) in D nahe beieinander liegen. Wir erklären nun:

Definition 4.14 Genügt die Funktion $\vec{r}\colon D \to \mathbb{R}^3$, $D \subset \mathbb{R}^2$ offen, den obigen Bedingungen i) - iv), so nennen wir die Bildmenge $S = \vec{r}(D) = \{\vec{x} \in \mathbb{R}^3 : \vec{x} = \vec{r}(s,t) \text{ mit } (s,t) \in D\}$ ein *glattes Flächenstück*. Die Funktion $\vec{r}\colon D \to \mathbb{R}^3$ heißt eine *Parameterdarstellung* von S.

Man wird sich darüber wundern, warum wir in der obigen Situation nicht von einer glatten Fläche sprechen, sondern das provisorische Wort „Flächenstück" gebrauchen. Dies werden wir alsbald erklären.

Eine Parameterdarstellung liefert also ein vollkommenes ebenes Abbild des Flächenstücks S, gerade so, wie in der Erdkunde eine Karte ein ebenes Abbild eines Ausschnitts der

Erdkugel liefert. Daher ist auch in der Mathematik neben „Parameterdarstellung“ das kurze Wort „Karte“ gebräuchlich.

Mit Hilfe der Karte $\vec{r}\colon D \to S$ kann man alle Operationen auf dem Flächenstück S auf die ebene Menge D zurückführen. Allerdings besitzt ein Flächenstück viele Parameterdarstellungen und man muss sich wie im Falle der Kurven davon überzeugen, dass die Ergebnisse nicht von der Auswahl der speziellen Karte abhängen. Wir werden aber diese Überlegungen meistens unterdrücken.

Ein Vektor, der in einem Punkt $\vec{x} = \vec{r}(s,t) \in S$ auf dem Flächenstück senkrecht steht, ist offenbar gegeben durch

$$\frac{\partial \vec{r}}{\partial s}(s,t) \times \frac{\partial \vec{r}}{\partial t}(s,t),$$

denn die Tangentialebene im Punkt $\vec{x} = \vec{r}(s,t)$ wird von den beiden Vektoren $\dfrac{\partial \vec{r}}{\partial s}(s,t)$ und $\dfrac{\partial \vec{r}}{\partial t}(s,t)$ aufgespannt und das Vektorprodukt steht auf beiden senkrecht. Diesen Vektor kann man noch normieren und erhält so die *Flächennormale* im Punkt $\vec{x}$:

$$\vec{n}(\vec{x}) = \frac{1}{\left|\dfrac{\partial \vec{r}}{\partial s}(s,t) \times \dfrac{\partial \vec{r}}{\partial t}(s,t)\right|} \frac{\partial \vec{r}}{\partial s}(s,t) \times \frac{\partial \vec{r}}{\partial t}(s,t) \qquad \text{wobei } \vec{x} = \vec{r}(s,t)\,. \tag{4.4.1}$$

Flächen im Raum sind wir bisher schon öfters begegnet, nämlich den Graphen von Funktionen von zwei Variablen. Wir wollen uns als erstes davon überzeugen, dass dies tatsächlich glatte Flächenstücke im Sinne der obigen Definition 4.14 sind.

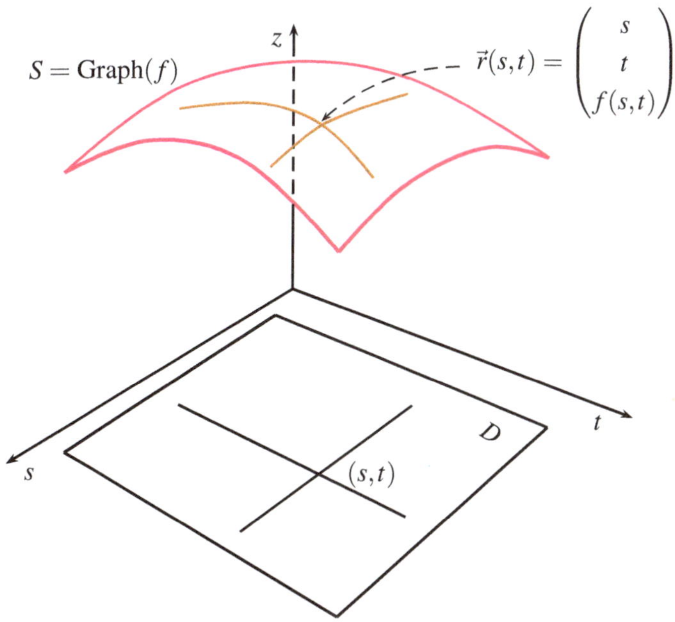

Beispiel 4.23 Es sei $f\colon D \to \mathbb{R}$, $D \subset \mathbb{R}^2$ offen, stetig partiell differenzierbar. Dann ist der Graph

$$S := \left\{ \begin{pmatrix} s \\ t \\ f(s,t) \end{pmatrix} : (s,t) \in D \right\}$$

ein glattes Flächenstück. Eine Parameterdarstellung für S wird durch

$$\vec{r}(s,t) = \begin{pmatrix} s \\ t \\ f(s,t) \end{pmatrix} \qquad \text{für alle } (s,t) \in D$$

gegeben. Denn jedenfalls ist $\vec{r}$ stetig partiell differenzierbar mit $\vec{r}(D) = S$ und die partiellen Ableitungen

$$\frac{\partial \vec{r}}{\partial s}(s,t) = \begin{pmatrix} 1 \\ 0 \\ \frac{\partial f}{\partial s}(s,t) \end{pmatrix} \qquad \text{sowie} \qquad \frac{\partial \vec{r}}{\partial t}(s,t) = \begin{pmatrix} 0 \\ 1 \\ \frac{\partial f}{\partial t}(s,t) \end{pmatrix}$$

von $\vec{r}$ sind offenbar linear unabhängig für alle $(s,t) \in D$. Ebenso klar ist die Eineindeutigkeit von $\vec{r}$ und die Stetigkeit von $\vec{r}^{\,-1}$ als senkrechte Projektion auf die (s,t)-Ebene längs der z-Achse. Somit erfüllt die Karte $\vec{r}\colon D \to S$ die obigen Forderungen i) - iv) und dies zeigt, dass der Graph von f ein glattes Flächenstück im Sinne der Definition 4.14 ist.

Die Flächennormale im Punkt $\vec{x} = \begin{pmatrix} s \\ t \\ f(s,t) \end{pmatrix}$ ist

$$\vec{n}(\vec{x}) = \frac{1}{\sqrt{1 + \left(\frac{\partial f}{\partial s}(s,t)\right)^2 + \left(\frac{\partial f}{\partial t}(s,t)\right)^2}} \begin{pmatrix} -\dfrac{\partial f}{\partial s}(s,t) \\ -\dfrac{\partial f}{\partial t}(s,t) \\ 1 \end{pmatrix}, \tag{4.4.2}$$

wie man ohne Schwierigkeit ausrechnet.

Wir wollen nun das *Flächenintegral* definieren und betrachten dazu die folgende Situation: $S \subset \mathbb{R}^3$ ist ein glattes Flächenstück mit zugehöriger Parameterdarstellung $\vec{r}\colon D \to S$ und f ist eine stetige Funktion von drei Variablen. Der Integrationsbereich T ist eine Teilmenge des Flächenstücks S, die auch im Definitionsbereich von f enthalten ist.

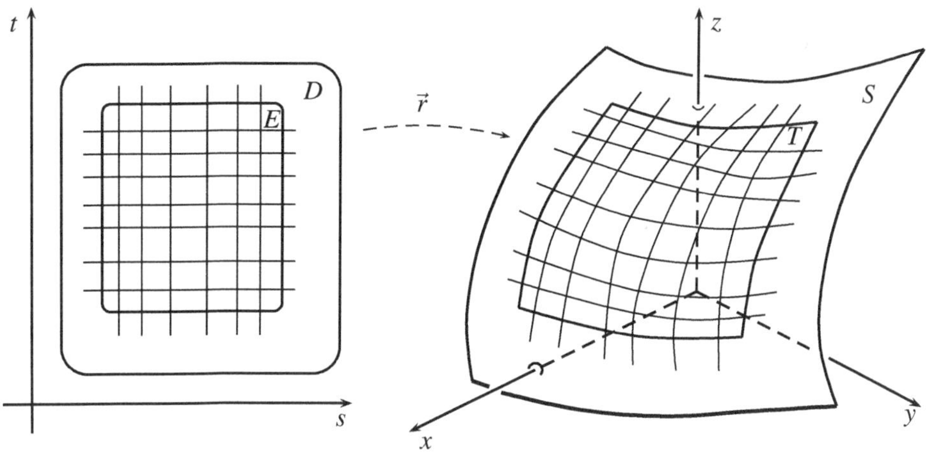

Es sollte klar sein, wie wir vorzugehen haben: Wir müssen zunächst den Integrationsbereich T in kleine Teile zerlegen. Hierzu betrachten wir den zu $T \subset S$ gehörigen Koordinatenbereich $E \subset D$, das heißt, wir setzen $E = \{(s,t) \in D : \vec{r}(s,t) \in T\}$ oder $E = \vec{r}^{\,-1}(T)$. Dann zerlegen wir E in kleine Rechtecke $E_{k\ell}$ durch Zerlegungen auf der s-Achse und auf der t-Achse. Die Bildmengen $\vec{r}(E_{k\ell})$ bilden dann eine Zerlegung von T. Weiter wählen wir aus jeder solchen Menge $\vec{r}(E_{k\ell})$ einen Punkt $\vec{u}_{k\ell} = \vec{r}(u_k, v_\ell)$ und bezeichnen mit $\Delta A_{k\ell}$ den Flächeninhalt von $\vec{r}(E_{k\ell})$. Zu dieser Zerlegung von T und dieser Wahl von Punkten gehört die Zerlegungssumme

$$\sum_{\substack{\text{Rechtecke,}\\ \text{die } E \text{ treffen}}} f(\vec{u}_{k\ell})\,\Delta A_{k\ell}\,.$$

Unter den üblichen Bedingungen, nämlich T ist glatt berandet und beschränkt, und f ist stetig und auf T beschränkt, konvergieren diese Zerlegungssummen, wenn die Zerlegungen immer feiner werden.

Definition 4.15 Unter den oben formulierten Bedingungen ist das Flächenintegral einer reellwertigen Funktion f von drei Variablen über den Bereich T des glatten Flächenstücks S definiert durch

$$\iint_T f(\vec{x})\,dA(\vec{x}) = \lim_{\substack{\text{Zerlegungen}\\ \text{werden feiner}}} \sum_{\substack{\text{Rechtecke,}\\ \text{die } E \text{ treffen}}} f(\vec{u}_{k\ell})\,\Delta A_{k\ell}\,. \tag{4.4.3}$$

Wählt man für die Funktion f die Konstante 1, so summieren die zugehörigen Zerlegungssummen näherungsweise den Flächeninhalt des Bereichs T auf und wir können notieren

$$\text{Flächeninhalt von } T = \iint_T dA(\vec{x})\,. \tag{4.4.4}$$

Durch diese Formel werden wir in die Lage versetzt, den Flächeninhalt auch gekrümmter Flächen im Raum zu bestimmen. Allerdings müssen wir uns zunächst darüber Klarheit verschaffen, wie man das durch (4.4.3) definierte Flächenintegral konkret berechnet.

Hierzu betrachten wir ein kleines Rechteck $E_{k\ell}$ aus der Zerlegung des Parameterbereichs mit Bild $\vec{r}(E_{k\ell})$:

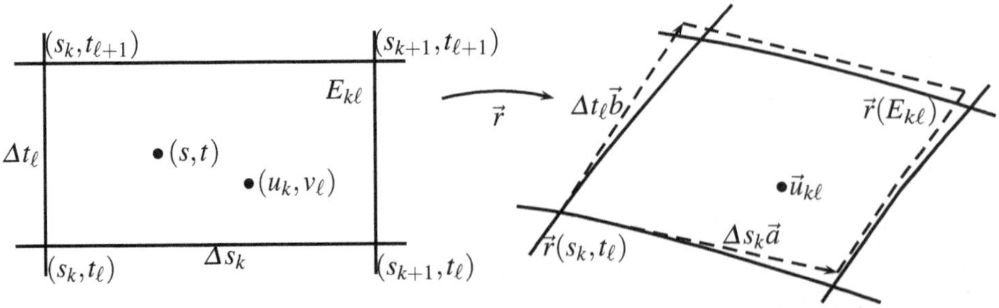

Für einen beliebigen Punkt $(s,t) \in E_{k\ell}$ erhalten wir durch Linearisieren in jeder Komponente mit dem Differential gemäß Gleichung (2.1.3):

$$\vec{r}(s,t) \approx \vec{r}(s_k,t_\ell) + \frac{\partial \vec{r}}{\partial s}(s_k,t_\ell)(s-s_k) + \frac{\partial \vec{r}}{\partial t}(s_k,t_\ell)(t-t_\ell). \tag{4.4.5}$$

Führen wir zur besseren Übersicht die Abkürzungen

$$\vec{y} = \vec{r}(s_k,t_\ell) \qquad \vec{a} = \frac{\partial \vec{r}}{\partial s}(s_k,t_\ell) \qquad \vec{b} = \frac{\partial \vec{r}}{\partial t}(s_k,t_\ell)$$

ein, so lautet (4.4.5)

$$\vec{r}(s,t) \approx \vec{y} + (s-s_k)\vec{a} + (t-t_\ell)\vec{b}. \tag{4.4.6}$$

Wenn der Punkt (s,t) das Rechteck $E_{k\ell}$ durchläuft, so variiert $s-s_k$ in den Grenzen $0 \leqq s-s_k \leqq \Delta s_k$ und $t-t_\ell$ in den Grenzen $0 \leqq t-t_\ell \leqq \Delta t_\ell$. Die Gleichung (4.4.6) zeigt dann, dass $\vec{r}(s,t)$ ungefähr ein Parallelogramm durchläuft, das von den Vektoren $\Delta s_k\vec{a}$ und $\Delta t_\ell\vec{b}$ aufgespannt wird und noch um den Vektor $\vec{y}$ verschoben ist. Nach Definition 3.7 des Vektorprodukts im Raum ist also der Flächeninhalt $\Delta A_{k\ell}$ der Bildmenge $\vec{r}(E_{k\ell})$ ungefähr

$$\Delta A_{k\ell} \approx \left|(\Delta s_k\vec{a}) \times (\Delta t_\ell\vec{b})\right| = \left|\vec{a}\times\vec{b}\right|\Delta s_k \Delta t_\ell = \left|\frac{\partial \vec{r}}{\partial s}(s_k,t_\ell) \times \frac{\partial \vec{r}}{\partial t}(s_k,t_\ell)\right|\Delta s_k \Delta t_\ell .$$

Diese Gleichung können wir so deuten: Beim Abbilden des kleinen Rechtecks $E_{k\ell}$ mittels der Karte $\vec{r}$ in den Raum hinein tritt eine Flächenverzerrung ein, diese wird durch den Faktor

$$\left|\frac{\partial \vec{r}}{\partial s}(s_k,t_\ell) \times \frac{\partial \vec{r}}{\partial t}(s_k,t_\ell)\right|$$

korrigiert.

Die in der Definition des Flächenintegrals auftretenden Zerlegungssummen können wir nun näherungsweise umformen

$$\sum_{\substack{\text{Rechtecke,}\\ \text{die } E \text{ treffen}}} f(\vec{u}_{k\ell})\Delta A_{k\ell} \approx \sum_{\substack{\text{Rechtecke,}\\ \text{die } E \text{ treffen}}} f\big(\vec{r}(u_k,v_\ell)\big)\left|\frac{\partial \vec{r}}{\partial s}(s_k,t_\ell) \times \frac{\partial \vec{r}}{\partial t}(s_k,t_\ell)\right|\Delta s_k \Delta t_\ell \approx$$

$$\approx \sum_{\substack{\text{Rechtecke,}\\ \text{die } E \text{ treffen}}} f(\vec{r}(u_k,v_\ell)) \left| \frac{\partial \vec{r}}{\partial s}(u_k,v_\ell) \times \frac{\partial \vec{r}}{\partial t}(u_k,v_\ell) \right| \Delta s_k \Delta t_\ell ,$$

dabei haben wir die Stetigkeit der partiellen Ableitungen benutzt, um den Punkt (s_k,t_ℓ) durch den nahe gelegenen Punkt (u_k,v_ℓ) zu ersetzen. Die letzte Summe ist ebenfalls eine Zerlegungssumme für ein Integral, so dass wir bei immer feiner werdenden Zerlegungen erhalten

$$\iint_T f(\vec{x})\, dA(\vec{x}) = \iint_E f(\vec{r}(s,t)) \left| \frac{\partial \vec{r}}{\partial s}(s,t) \times \frac{\partial \vec{r}}{\partial t}(s,t) \right| ds dt . \tag{4.4.7}$$

Diese Formel zur konkreten Berechnung eines Flächenintegrals ist sehr plausibel: Um das Flächenintegral über T zu bestimmen, zieht man sich mittels der Parameterdarstellung $\vec{r}$ auf den entsprechenden Parameterbereich E zurück; der Faktor mit dem Vektorprodukt berücksichtigt die dabei auftretende Flächenverzerrung.

Als Beispiel können wir nun den Flächeninhalt einer Graphenfläche berechnen.

Beispiel 4.24 (Flächeninhalt eines Graphen) Es sei $f : D \to \mathbb{R}$, $D \subset \mathbb{R}^2$ offen, ein skalares Feld. Wir hatten bereits in Beispiel 4.23 gesehen, dass durch

$$\vec{r}(s,t) = \begin{pmatrix} s \\ t \\ f(s,t) \end{pmatrix} \qquad \text{für alle } (s,t) \in D$$

eine Karte der Graphenfläche

$$S := \left\{ \begin{pmatrix} s \\ t \\ f(s,t) \end{pmatrix} : (s,t) \in D \right\}$$

definiert wird. Man rechnet aus

$$\left| \frac{\partial \vec{r}}{\partial s}(s,t) \times \frac{\partial \vec{r}}{\partial t}(s,t) \right| = \left| \begin{pmatrix} 1 \\ 0 \\ \frac{\partial f}{\partial s}(s,t) \end{pmatrix} \times \begin{pmatrix} 0 \\ 1 \\ \frac{\partial f}{\partial t}(s,t) \end{pmatrix} \right| = \sqrt{1 + \left(\frac{\partial f}{\partial s}(s,t)\right)^2 + \left(\frac{\partial f}{\partial t}(s,t)\right)^2}$$

und erhält so mit (4.4.7) das folgende Ergebnis

$$\text{Flächeninhalt von } S = \iint_D \sqrt{1 + \left(\frac{\partial f}{\partial s}(s,t)\right)^2 + \left(\frac{\partial f}{\partial t}(s,t)\right)^2}\, ds dt . \tag{4.4.8}$$

Diese Formel ist offenbar die natürliche Verallgemeinerung der Gleichung (4.3.5) für die Länge des Graphen einer Funktion einer Veränderlichen.

Als Anwendung können wir die Oberfläche der Kugel vom Radius R bestimmen. Die obere Halbkugel S ist der Graph der Funktion

$$f : f(s,t) = \sqrt{R^2 - (s^2+t^2)} \qquad \text{für alle } (s,t) \in D := \{(s,t) \in \mathbb{R}^2 : s^2+t^2 < R^2\}.$$

Es ist

$$\sqrt{1+\Big(\frac{\partial f}{\partial s}(s,t)\Big)^2 + \Big(\frac{\partial f}{\partial t}(s,t)\Big)^2} = \frac{R}{\sqrt{R^2-(s^2+t^2)}},$$

hieraus erhält man mit Polarkoordinaten $s = r\cos\varphi$ und $t = r\sin\varphi$

$$\begin{aligned}\text{Fläche von } S &= R\iint_D \big(R^2-(s^2+t^2)\big)^{-\frac{1}{2}}\,ds\,dt \\ &= R\int_0^{2\pi}\int_0^R \big(R^2-r^2\big)^{-\frac{1}{2}}\,r\,dr\,d\varphi = 2\pi R\Big[-\big(R^2-r^2\big)^{\frac{1}{2}}\Big]_0^R = 2\pi R^2.\end{aligned}$$

Somit ist beträgt die Oberfläche der Kugel $4\pi R^2$.

Wir haben nun den Begriff des glatten Flächenstücks im Raum eingeführt und gesehen, wie man stetige Funktionen über solche Flächen integrieren kann. Man könnte nun den Eindruck gewinnen, dass wir damit diesen Gegenstand abschließen und zum nächsten Thema übergehen können. Dies ist aber nicht so. Wir müssen vielmehr zur Kenntnis nehmen, dass viele räumliche Gebilde, die wir intuitiv als glatte Flächen ansehen, keine glatten Flächenstücke im Sinne unserer Definition 4.14 sind.

Das wichtigste Beispiel hierfür ist die Kugeloberfläche. Die Oberfläche S einer Kugel ist *kein* glattes Flächenstück im obigen Sinne: Es gibt keine Parameterdarstellung $\vec{r}$: $D \to S$ von S, die allen oben formulierten Forderungen i) - iv) genügt. Dies mag zunächst überraschen, beruht aber bei genauerem Hinsehen auf einem allgemein bekannten Phänomen: Eine Parameterdarstellung ist eine Karte, also ein vollkommenes, in beiden Richtungen stetiges Abbild der Fläche S auf die offene Teilmenge D der Ebene. Dies ist aber im Falle der Kugelfläche nicht möglich, wie man etwa aus der Geographie weiß.

Aus der Erdkunde versteht man auch die Lösung dieses Problems: Da man die Kugeloberfläche nicht mit *einer* Karte getreu auf etwas Ebenes abbilden kann, muss man mehrere Karten nehmen – sozusagen einen *Atlas*. Da die Oberfläche einer Halbkugel – ohne Äquator – als Graph einer Funktion ein glattes Flächenstück ist, kann man leicht die gesamte Kugelfläche durch sechs Karten darstellen:

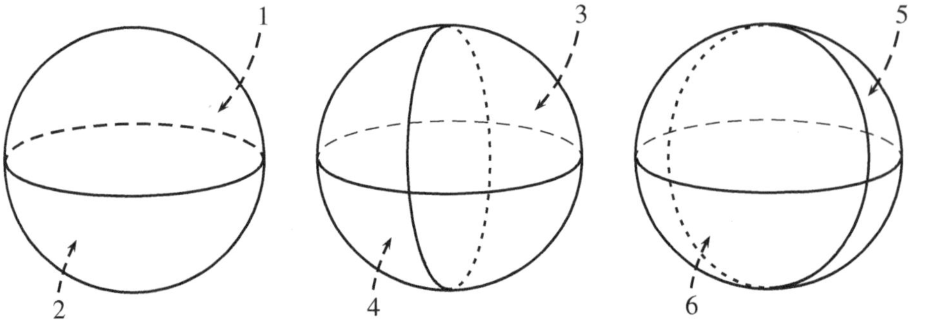

Man kann also die Kugeloberfläche S als Vereinigung von sechs glatten Flächenstücken darstellen, die sich in der Weise überlappen, dass jeder Punkt der Kugelfläche eine Umgebung besitzt, die ganz in einem Flächenstück enthalten ist. Das bedeutet, zu jedem Punkt $\vec{x} \in S$ gibt es ein $r > 0$, so dass $\{\vec{u} \in S : |\vec{u} - \vec{x}| < r\}$ ganz in einem glatten Flächenstück liegt. Dadurch wird – wie übrigens in der Erdkunde – sichergestellt, dass gegebenenfalls ein Wechsel der Karte problemlos möglich ist.

So definiert man allgemein den Begriff der glatten Fläche:

Definition 4.16 Eine Teilmenge $S \subset \mathbb{R}^3$ heißt eine *glatte Fläche*, wenn man sie als Vereinigung von glatten Flächenstücken darstellen kann, so dass jeder Punkt $\vec{x}$ eine Umgebung hat, die ganz in einem dieser glatten Flächenstücke enthalten ist.

Im Unterschied zu Kurven kommt man also bei Flächen nicht immer mit einer einzigen Parameterdarstellung aus, sondern muss eventuell mehrere Karten nehmen.

Dies kann auf sehr verschiedene Weisen geschehen. Zum Beispiel kann man die Kugeloberfläche wie oben gezeigt durch sechs Karten darstellen, die man alle als Graphen geeigneter Funktionen erhält. Man kann aber auch mit zwei Karten auskommen:

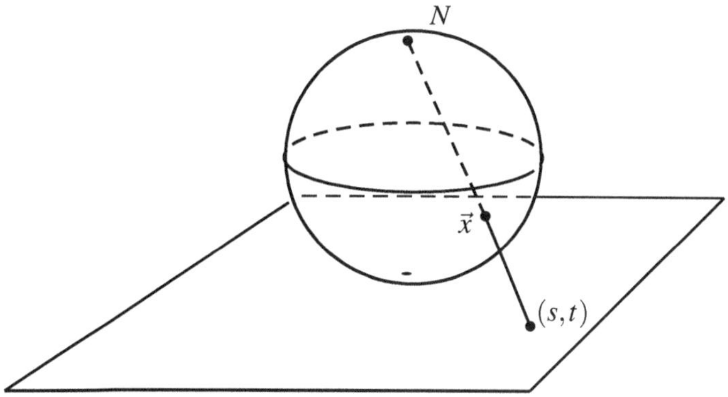

Hierzu stellt man die Kugel so auf die (s,t)-Ebene, dass der Südpol mit dem Nullpunkt der Ebene zusammenfällt. Jedem Punkt $\vec{x}$ der Kugelfläche – mit Ausnahme des Nordpols N – entspricht in eindeutiger Weise ein Punkt (s,t) der Ebene, nämlich der Schnittpunkt der Geraden durch N und $\vec{x}$ mit der Ebene. Dieses Verfahren, eine Karte der Kugelfläche zu gewinnen, heißt *stereographische Projektion*. Die Karte enthält alle Punkte der Kugel mit Ausnahme des Nordpols. Man benötigt deshalb eine zweite Karte, die eine Umgebung des Nordpols umfasst. Hierzu legt man die (s,t)-Ebene auf die Kugel und führt die Projektion vom Südpol aus durch.

Wie man sieht, gibt es im Allgemeinen viele Möglichkeiten, eine glatte Fläche S als Vereinigung von Kartengebieten darzustellen; man muss daher bei allen Bildungen, die man mittels Karten durchführt, klarstellen, dass sie frei von Willkür sind, die bei der Auswahl der Karten entsteht.

So wird auch das Integral $\iint_T f(\vec{x})\,dA(\vec{x})$ für eine stetige Funktion f und einen Integrationsbereich $T \subset S$ definiert. Ist T ganz in einem glatten Flächenstück enthalten, so sind wir in der alten Situation. Wird T von mehreren Kartengebieten überdeckt, so muss man T entsprechend zerlegen und über jedes Teil getrennt integrieren; man kann zeigen, dass das

Ergebnis unabhängig von der Durchführung der Zerlegung und der Auswahl der Karten ist.

An dieser Stelle werden die Dinge zu kompliziert für uns. Für diese Überlegungen benötigt man mehr mathematische Werkzeuge und mehr Aufwand, als wir treiben können und wollen. Unser Anliegen ist allein die Berechnung von Flächenintegralen und wir wollen nur noch zeigen, dass man dabei schließlich wieder einfacher vorgehen kann.

Das liegt anschaulich gesprochen daran, dass die Integration ein ziemlich „grober Prozess" ist: Ist S eine glatte Fläche, so bleibt die Formel (4.4.7):

$$\iint_T f(\vec{x})\,dA(\vec{x}) = \iint_E f(\vec{r}(s,t))\left|\frac{\partial \vec{r}}{\partial s}(s,t) \times \frac{\partial \vec{r}}{\partial t}(s,t)\right| dsdt$$

mit $\vec{r}(E) = T$ richtig, auch wenn die Funktion $\vec{r}\colon D \to S$ unsere Forderungen i) - iv) nicht in allen Punkten der Fläche erfüllt, sondern vielmehr in einer Menge von Punkten verletzt, die aber insgesamt Flächeninhalt Null hat und somit zum Integral keinen Beitrag leistet. Wir erläutern dies an dem wichtigsten Beispiel, nämlich dem Beispiel der Kugeloberfläche.

Beispiel 4.25 Die Kugelkoordinaten im Raum

$$x = r\cos\varphi\sin\vartheta \qquad y = r\sin\varphi\sin\vartheta \qquad z = r\cos\vartheta$$

mit $0 \leqq r < \infty$, $0 \leqq \varphi < 2\pi$, $0 \leqq \vartheta \leqq \pi$ sollten bei festem $r = R$ eine Art Parameterdarstellung der Kugelfläche S mit Radius R abgeben. Wir setzen

$$D = \{(\varphi,\vartheta) : 0 \leqq \varphi < 2\pi, 0 \leqq \vartheta \leqq \pi\} \quad \text{und} \quad \vec{r}(\varphi,\vartheta) = R\begin{pmatrix}\cos\varphi\,\sin\vartheta\\ \sin\varphi\,\sin\vartheta\\ \cos\vartheta\end{pmatrix} \text{ für } \varphi,\vartheta \in D.$$

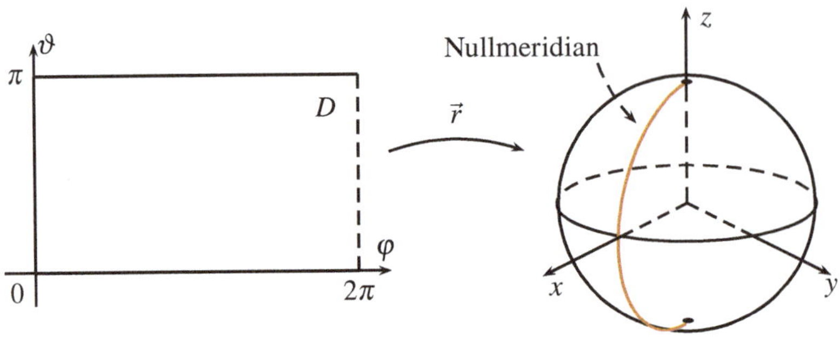

Es ist dann $\vec{r}(D) = S$, aber D ist nicht offen und die Funktion $\vec{r}\colon D \to S$ ist nicht eineindeutig, denn alle Punkte der Form $(\varphi,0)$ mit $0 \leqq \varphi < 2\pi$ werden auf den Nordpol $\begin{pmatrix}0\\0\\1\end{pmatrix}$ abgebildet, alle Punkte der Form (φ,π) mit $0 \leqq \varphi < 2\pi$ auf den Südpol $\begin{pmatrix}0\\0\\-1\end{pmatrix}$. Die partiellen

Ableitungen, also die Tangentialvektoren, lauten

$$\frac{\partial \vec{r}}{\partial \varphi}(\varphi,\vartheta) = R\begin{pmatrix} -\sin\varphi\sin\vartheta \\ \cos\varphi\sin\vartheta \\ 0 \end{pmatrix} \quad \text{und} \quad \frac{\partial \vec{r}}{\partial \vartheta}(\varphi,\vartheta) = R\begin{pmatrix} \cos\varphi\cos\vartheta \\ \sin\varphi\cos\vartheta \\ -\sin\vartheta \end{pmatrix},$$

wegen

$$\frac{\partial \vec{r}}{\partial \varphi}(\varphi,0) = \frac{\partial \vec{r}}{\partial \varphi}(\varphi,\pi) = 0 \qquad \text{für alle } 0 \leqq \varphi < 2\pi$$

sind diese nicht überall linear unabhängig. Alle diese Mängel von $\vec{r}$ beschränken sich aber auf den Nullmeridian, somit auf eine Teilmenge der Kugelfläche mit Flächeninhalt Null. Wir rechnen aus

$$\left|\frac{\partial \vec{r}}{\partial \varphi}(\varphi,\vartheta) \times \frac{\partial \vec{r}}{\partial \vartheta}(\varphi,\vartheta)\right| = R^2 \sin\vartheta\,;$$

die Gleichung (4.4.7) lautet somit

$$\iint_T f(\vec{x})\,dA(\vec{x}) = R^2 \iint_E f(R\cos\varphi\sin\vartheta, R\sin\varphi\sin\vartheta, R\cos\vartheta)\sin\vartheta\,d\varphi\,d\vartheta \tag{4.4.9}$$

mit $\vec{r}(E) = T$. Wir können Gleichung (4.4.9) dazu benutzen, um die Oberfläche O der Kugel vom Radius R zu berechnen:

$$O = \iint_S dA(\vec{x}) = R^2 \int_0^{2\pi} \left(\int_0^{\pi} \sin\vartheta\,d\vartheta\right) d\varphi = 4\pi R^2.$$

Übungen

Übung 4.41 Kaffee in einem zylindrischen Becher mit Radius R wurde einige Zeit gleichmäßig gerührt, die resultierende Kaffeeoberfläche wird näherungsweise durch ein Polynom der Form

$$f(x,y) = h + a(x^2 + y^2)$$

beschrieben. Die nebenstehende Skizze zeigt einen vertikalen Schnitt durch Becher und Kaffee. Drücken Sie das Kaffeevolumen und die Kaffeeoberfläche durch die Größen h,k und R aus.

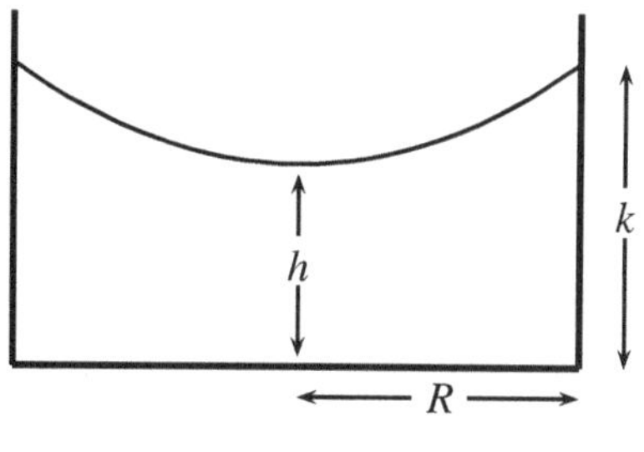

Übung 4.42 Wie groß ist die Fläche, die der senkrechte Zylinder

$$\left\{\begin{pmatrix} x \\ y \\ z \end{pmatrix} \in \mathbb{R}^3 : (x - \frac{R}{2})^2 + y^2 = \frac{R^2}{4}\right\} \qquad R > 0$$

aus der Halbkugelfläche

$$\{\begin{pmatrix}x\\y\\z\end{pmatrix} \in \mathbb{R}^3 : x^2+y^2+z^2 = R^2, z \geqq 0\}$$

herausschneidet? *Hinweis:* Zur Berechnung des Integrals ist es zweckmäßig, Polarkoordinaten $x = r\cos\varphi$, $y = r\sin\varphi$ einzuführen. *Anmerkung:* Diese Fläche heißt *Vivianisches Fenster* nach dem italienischen Mathematiker und Physiker V. Viviani (1622–1703, Schüler von Galilei). Bemerkenswert ist, dass die Restfläche frei von π ist und dass mit Zirkel und Lineal ein zur Restfläche flächengleiches Quadrat konstruiert werden kann.

Übung 4.43 Es sei $f\colon [a,b] \to \mathbb{R}$, $a,b \in \mathbb{R}, a < b$, eine stetig differenzierbare Funktion mit $f(z) > 0$ für alle $z \in [a,b]$. Bei der Rotation des Graphen von f um die z-Achse entsteht eine (Rotations-)Fläche S. Diskutieren Sie, inwieweit durch

$$\vec{r}(z,\varphi) := \begin{pmatrix}\cos\varphi & -\sin\varphi & 0\\ \sin\varphi & \cos\varphi & 0\\ 0 & 0 & 1\end{pmatrix}\begin{pmatrix}f(z)\\0\\z\end{pmatrix} = \begin{pmatrix}f(z)\cos\varphi\\ f(z)\sin\varphi\\ z\end{pmatrix} \qquad a \leqq z \leqq b, 0 < \varphi < 2\pi,$$

eine Parameterdarstellung dieser Fläche gegeben wird. Leiten Sie für den Flächeninhalt O von S die Gleichung

$$O = 2\pi \int_a^b f(z)\sqrt{1+f'(z)^2}\,dz.$$

her. Die Oberfläche einer Kugel vom Radius $R > 0$ entsteht durch Rotation des Graphen von $\sqrt{R^2-z^2}$, $-R \leqq z \leqq R$. Bestimmen Sie so die Oberfläche der Kugel.

Übung 4.44 Durch Rotation der Hyperbel

$$\frac{x^2}{1600} - \frac{z^2}{4900} = 1 \qquad (-100 \leqq z \leqq 30)$$

um die z-Achse entsteht die Mantelfläche eines Kühlturms . Berechnen Sie mit der Gleichung aus Übung 4.43 die Oberfläche. (Längeneinheit 1m) *Hinweis:* In einer Formelsammlung findet man die Stammfunktion von $\sqrt{c^2+x^2}$:

$$\int \sqrt{c^2+x^2}\,dx = \frac{1}{2}\left(x\sqrt{c^2+x^2} + c^2\ln(x+\sqrt{c^2+x^2})\right).$$

Übung 4.45 Es sei $S \subset \mathbb{R}^3$ der Graph der Funktion

$$h : h(x,y) := 1 - x^2 - y^2 \quad \text{für alle } (x,y) \in \mathbb{R}^2, x^2+y^2 < 1\,.$$

Berechnen Sie für das Vektorfeld

$$\vec{v}(\vec{x}) := \begin{pmatrix} xy^2 \\ -x^2y \\ z \end{pmatrix} \quad \text{für alle } \vec{x} = \begin{pmatrix} x \\ y \\ z \end{pmatrix} \in \mathbb{R}^3 \quad \text{das Flächenintegral } \iint_S \vec{v}(\vec{x}) \cdot \vec{n}(\vec{x}) dA(\vec{x}).$$

4.4.2 Der Integralsatz von Gauß

Die Integralsätze von Gauß und Stokes stellen den Höhepunkt der Vektoranalysis dar. Der Satz von Gauß setzt für ein Vektorfeld $\vec{f}$ und ein Volumen G im Raum das dreidimensionale Integral der Divergenz von $\vec{f}$ über G mit dem Flächenintegral des Feldes $\vec{f}$ über die Oberfläche von G in Beziehung.

Satz 4.7 (Integralsatz von Gauß) *Es sei $\vec{f}\colon D \to \mathbb{R}^3$ ein Vektorfeld. Weiter sei $G \subset \mathbb{R}^3$ offen und beschränkt; die Randfläche S von G sei eine glatte Fläche. Der Bereich G sei mitsamt seiner Randfläche S in D enthalten. Dann gilt*

$$\iiint_G \operatorname{div} \vec{f}(\vec{x})\, dxdydz = \iint_S \vec{f}(\vec{x}) \cdot \vec{n}(\vec{x})\, dA(\vec{x}) \tag{4.4.10}$$

wobei $\vec{n}(\vec{x})$ die (Einheits-)Normale von S im Punkte $\vec{x} \in S$ ist, die nach außen zeigt (die „äußere Normale“).

Die Aussage des Satzes mag zunächst überraschen: Für die linke Seite benötigt man die Kenntnis des Vektorfeldes $\vec{f}$ beziehungsweise seiner Divergenz $\operatorname{div} \vec{f}$ im ganzen Bereich G, auf der rechten Seite kommen nur die Werte von $\vec{f}$ auf der Oberfläche von G vor. Dies ist aber bei dem uns vertrauten Hauptsatz 1.9 der Differential- und Integralrechnung genauso: Für eine (stetig differenzierbare) Funktion $g\colon I \to \mathbb{R}$ einer Variablen ist

$$\int_a^b g'(t)\, dt = g(b) - g(a)\,.$$

Überhaupt kann man den Satz als eine mögliche Verallgemeinerung des Hauptsatzes der Differential- und Integralrechnung auf mehrere Variable ansehen: Ein dreidimensionales Integral einer Ableitung wird durch ein zweidimensionales Integral der Funktion selbst über den Randbereich ausgedrückt. Da es in der Mathematik mehrere Sätze von Gauß gibt und da oft auch weitere Namen mit diesem Satz verknüpft werden, findet man in der Literatur für Satz 4.7 auch den Namen *Divergenzsatz*.

Ein strenger mathematischer Beweis für den Satz von Gauß ist so aufwendig, dass wir darauf verzichten müssen. Naturwissenschaftlerinnen und Naturwissenschaftler halten dagegen die Gleichung (4.4.10) meist kaum für beweisbedürftig. Hat nämlich das Vektorfeld $\vec{f}(\vec{x})$ eine konkrete Bedeutung, so können wir beide Seiten von (4.4.10) interpretieren und erkennen so unmittelbar ihre Gleichheit. Zum Beispiel ist im Falle des Materiestromdichtevektors $\vec{J}(\vec{x},t)$ eines diffundierenden Stoffes nach unseren Überlegungen in Abschnitt 4.2.1

$$\iiint_G \operatorname{div} \vec{J}(\vec{x},t)\, dxdydz = \text{die Stoffmenge, die aus } G \text{ zur Zeit } t \text{ herausströmt},$$

und

$$\iint_S \vec{J}(\vec{x},t)\cdot\vec{n}(\vec{x})\,dA(\vec{x}) = \text{die Stoffmenge, die zur Zeit } t \text{ durch die Randfläche } S \text{ strömt.}$$

Somit ist die Gleichheit der Integrale physikalisch evident.

Wir haben im Satz von Gauß voraussetzen müssen, dass die Randfläche des Volumens G eine glatte Fläche ist, damit das rechts stehende Flächenintegral zweifelsfrei definiert ist. Der Satz ist aber auch richtig, wenn diese Randfläche Ecken und Kanten hat – wo es keine Normale gibt –, solange die Menge dieser Ecken und Kanten so klein bleibt, dass sie zum Integral keinen Beitrag leistet. Dies ist aber nur schwer in größerer Allgemeinheit mathematisch exakt zu erfassen.
Beispielsweise ist der Satz richtig für den wichtigen Fall eines Quaders im Raum, obwohl dessen Randfläche nicht glatt ist. Ironischerweise ist der Beweis des Satzes in dieser Situation ganz einfach. Wir wollen ihn ausführen, auch um die oben angedeutete Verwandtschaft des Satzes mit dem Hauptsatz der Differential- und Integralrechnung zu bestätigen. Wir nehmen dabei den Quader der Einfachheit halber als achsenparallel an.

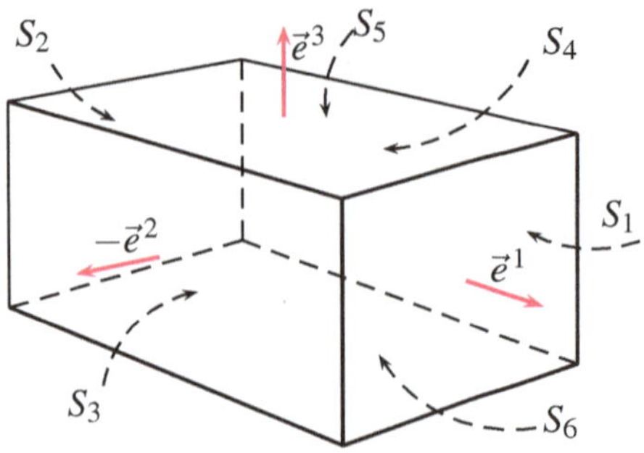

Bemerkung 4.5 (Satz von Gauß für einen Quader) *Es sei $G \subset \mathbb{R}^3$ der Quader*

$$G = \left\{ \begin{pmatrix} x \\ y \\ z \end{pmatrix} \in \mathbb{R}^3 : a_1 < x < b_1,\, a_2 < y < b_2,\, a_3 < z < b_3 \right\}$$

und S seine Randfläche mit der äußeren Normalen $\vec{n}(\vec{x})$. Dann gilt für ein Vektorfeld $\vec{f}(\vec{x})$ die Aussage des Gaußschen Satzes

$$\iiint_G \operatorname{div}\vec{f}(\vec{x})\,dxdydz = \iint_S \vec{f}(\vec{x})\cdot\vec{n}(\vec{x})\,dA(\vec{x})\,.$$

Dabei ist das rechts stehende Flächenintegral als

$$\iint_S = \iint_{S_1} + \iint_{S_2} + \cdots + \iint_{S_6}$$

zu interpretieren, wenn $S_1, S_2, \ldots, S_6$ die sechs Flächen des Quaders G sind.

Beweis. Es ist

$$\begin{aligned}&\iiint_G \operatorname{div} \vec{f}(\vec{x})\, dxdydz \\ &\quad = \iiint_G \frac{\partial f_1}{\partial x}(\vec{x})\, dxdydz + \iiint_G \frac{\partial f_2}{\partial y}(\vec{x})\, dxdydz + \iiint_G \frac{\partial f_3}{\partial z}(\vec{x})\, dxdydz.\end{aligned} \tag{4.4.11}$$

Wenden wir auf das erste Integral der rechten Seite bei festem y und festem z den Hauptsatz der Differential- und Integralrechnung an, so ergibt sich mit (4.1.15)

$$\begin{aligned}&\iiint_G \frac{\partial f_1}{\partial x}(\vec{x})\, dxdydz \\ &\quad = \int_{a_2}^{b_2}\int_{a_3}^{b_3}\Big(\int_{a_1}^{b_1} \frac{\partial f_1}{\partial x}(x,y,z)\, dx\Big)\, dydz = \int_{a_2}^{b_2}\int_{a_3}^{b_3}\Big(f_1(b_1,y,z) - f_1(a_1,y,z)\Big)\, dydz,\end{aligned} \tag{4.4.12}$$

da ein Quader ein Normalbereich ist. Entsprechend verfahren wir mit den anderen beiden Integralen auf der rechten Seite von (4.4.11). Andererseits ist

$$\begin{aligned}&\iint_S \vec{f}(\vec{x}) \cdot \vec{n}(\vec{x})\, dA(\vec{x}) \\ &\quad = \iint_{S_1} \vec{f}(\vec{x}) \cdot \vec{n}(\vec{x})\, dA(\vec{x}) + \iint_{S_2} \vec{f}(\vec{x}) \cdot \vec{n}(\vec{x})\, dA(\vec{x}) + \cdots + \iint_{S_6} \vec{f}(\vec{x}) \cdot \vec{n}(\vec{x})\, dA(\vec{x}).\end{aligned} \tag{4.4.13}$$

Um das erste Flächenintegral rechts zu berechnen, betrachten wir die Parameterdarstellung

$$\vec{r}(y,z) = \begin{pmatrix} b_1 \\ y \\ z \end{pmatrix} \qquad \text{für alle } (y,z) \in [a_2,b_2] \times [a_3,b_3].$$

Es ist $\vec{n}(\vec{x}) = \vec{e}^{\,1}$ für alle $\vec{x} \in S_1$ sowie

$$\frac{\partial \vec{r}}{\partial y}(y,z) = \begin{pmatrix} 0 \\ 1 \\ 0 \end{pmatrix} \qquad \frac{\partial \vec{r}}{\partial z}(y,z) = \begin{pmatrix} 0 \\ 0 \\ 1 \end{pmatrix} \qquad \Big|\frac{\partial \vec{r}}{\partial y}(y,z) \times \frac{\partial \vec{r}}{\partial z}(y,z)\Big| = 1,$$

was zu erwarten war. Somit erhalten wir

$$\iint_{S_1} \vec{f}(\vec{x}) \cdot \vec{n}(\vec{x})\, dA(\vec{x}) = \int_{a_2}^{b_2}\int_{a_3}^{b_3} f_1(b_1,y,z)\, dydz. \tag{4.4.14}$$

Das zweite Flächenintegral rechts in (4.4.13) berechnet sich ebenso zu

$$\iint_{S_2} \vec{f}(\vec{x}) \cdot \vec{n}(\vec{x})\, dA(\vec{x}) = -\int_{a_2}^{b_2}\int_{a_3}^{b_3} f_1(a_1,y,z)\, dydz, \tag{4.4.15}$$

das Minuszeichen entsteht wegen $\vec{n}(\vec{x}) = -\vec{e}^{\,1}$ für $\vec{x} \in S_2$. Die Gleichungen (4.4.14) und (4.4.15) zeigen nun zusammen mit (4.4.12):

$$\iint_{S_1} \vec{f}(\vec{x}) \cdot \vec{n}(\vec{x})\, dA(\vec{x}) + \iint_{S_2} \vec{f}(\vec{x}) \cdot \vec{n}(\vec{x})\, dA(\vec{x}) = \iiint_G \frac{\partial f_1}{\partial x}(\vec{x})\, dxdydz$$

Die ersten beiden Flächenintegrale rechts in (4.4.13) ergeben also zusammen das erste Bereichsintegral rechts in (4.4.11). Entsprechend stimmen die verbleibenden Integrale überein. □

Wir geben noch ein Beispiel, wie der Satz von Gauß in den Naturwissenschaften angewendet werden kann. Wir betrachten ein Gebiet im Raum, in dem sich elektrische Ladungen befinden, gekennzeichnet durch die Ladungsdichte $\rho(\vec{x})$. Das skalare Feld $\rho(\vec{x})$ ist dabei in der gleichen Weise definiert wie früher etwa die Massendichte: Für kleine Würfel $W(\vec{x})$ um den Punkt $\vec{x}$ ist

$$\rho(\vec{x}) = \frac{\text{Ladung in } W(\vec{x})}{\text{Volumen von } W(\vec{x})},$$

genauer

$$\rho(\vec{x}) = \lim_{V \to 0} \frac{\text{Ladung in } W(\vec{x})}{\text{Volumen von } W(\vec{x})},$$

wenn sich die Würfel $W(\vec{x})$ auf den Punkt $\vec{x}$ zusammenziehen.

Die elektrische Ladung, repräsentiert durch die Ladungsdichte $\rho(\vec{x})$, erzeugt ein elektrisches Feld $\vec{E}(\vec{x})$; der Zusammenhang zwischen $\vec{E}(\vec{x})$ und $\rho(\vec{x})$ wird durch eine der berühmten *Maxwellschen Gleichungen* der Elektrodynamik hergestellt:

$$\operatorname{div} \vec{E} = 4\pi\rho\,. \tag{4.4.16}$$

Diese „mikroskopische Beziehung" steht im Einklang mit unserer in Abschnitt 4.2.1 entwickelten Vorstellung von der Divergenz: Die Quellenstärke des elektrischen Feldes in einem Punkt ist proportional zur Ladungsdichte dort, der Proportionalitätsfaktor ist im hier gewählten Maßsystem der Theoretischen Physik gerade 4π.

Betrachten wir nun eine geschlossene Fläche S, die ein Volumen G umschließt, so folgt aus (4.4.16) zusammen mit dem Integralsatz von Gauß:

$$\iint_S \vec{E}(\vec{x}) \cdot \vec{n}(\vec{x})\, dA(\vec{x}) = \iiint_G \operatorname{div} \vec{E}(\vec{x})\, dxdydz = 4\pi \iiint_G \rho(\vec{x})\, dxdydz\,. \tag{4.4.17}$$

Das rechte Integral in (4.4.17) ist leicht zu interpretieren:

$$\iiint_G \rho(\vec{x})\, dxdydz = \text{die im Volumen } G \text{ enthaltene Gesamtladung}\,.$$

Um das linke Integral zu deuten, bedenken wir, dass – wie in Abschnitt 4.2.1 erläutert – für eine kleine Fläche im Punkt $\vec{x}$ mit Normalenvektor $\vec{n}(\vec{x})$ und Flächeninhalt ΔA die Größe $\vec{E}(\vec{x}) \cdot \vec{n}(\vec{x})\, \Delta A$ das elektrische Feld misst, das durch diese Fläche hindurch tritt, man spricht daher von dem *elektrischen Fluss* durch die Fläche. Das Flächenintegral als Grenzwert von Zerlegungssummen summiert die Beiträge der kleinen Teilflächen auf; dies zeigt:

$$\iint_S \vec{E}(\vec{x}) \cdot \vec{n}(\vec{x})\, dA(\vec{x}) = \text{der elektrische Fluss durch } S. \tag{4.4.18}$$

Wir konnten also aus der mikroskopischen Maxwell-Gleichung $\operatorname{div}\vec{E} = 4\pi\rho$ für eine geschlossene Fläche S die makroskopische – und damit anschaulichere – Aussage herleiten:

$$\text{Elektrischer Fluss durch } S = 4\pi \cdot \text{die von } S \text{ umschlossene Ladung}. \tag{4.4.19}$$

Umgekehrt folgt aus (4.4.19) für jedes Volumen G mit Randfläche S wiederum mit dem Integralsatz von Gauß:

$$\iiint_G \operatorname{div}\vec{E}(\vec{x})\, dxdydz = \iint_S \vec{E}(\vec{x}) \cdot \vec{n}(\vec{x})\, dA(\vec{x}) = 4\pi \iiint_G \rho(\vec{x})\, dxdydz.$$

Wenn diese Gleichheit für jedes Volumen G besteht, müssen die Integranden links und rechts gleich sein, das heißt, wir erhalten $\operatorname{div}\vec{E} = 4\pi\rho$.

Der Satz von Gauß hat uns somit zu der Erkenntnis geführt, dass die lokale Maxwell-Gleichung (4.4.16) und die nicht lokale Aussage (4.4.19) nur unterschiedliche Formulierungen des gleichen physikalischen Sachverhalts sind.

Übungen

Übung 4.46 Es sei

$$\vec{E}(\vec{x}) = Q\frac{\vec{x}}{r^3} \quad \text{mit } r = |\vec{x}| = (x^2+y^2+z^2)^{1/2} \quad \text{für } \vec{x} = \begin{pmatrix} x \\ y \\ z \end{pmatrix} \neq 0$$

das elektrische Feld einer Punktladung in 0 und S die Oberfläche der Kugel um 0 vom Radius $R > 0$. Rechnen Sie nach, dass der Fluss des elektrischen Feldes durch S gleich $4\pi Q$ ist, unabhängig vom Radius.

Übung 4.47 Verifizieren Sie die Aussage des Satzes von Gauß für eine Kugel vom Radius $R > 0$ mit Mittelpunkt 0 und für ein Zentralfeld $\vec{f} : \vec{f}(\vec{x}) = h(|\vec{x}|)\vec{x}$ mit einer (stetig differenzierbaren) Funktion $h\colon [0,\infty[\to \mathbb{R}$, indem Sie beide Seiten der Gleichung (4.4.10) berechnen. Was ist der (hoffentlich) gemeinsame Wert?

Übung 4.48 Es sei G der Zylinder $G = \left\{ \begin{pmatrix} x \\ y \\ z \end{pmatrix} \in \mathbb{R}^3 : x^2+y^2 < 16,\ 0 < z < 5 \right\}$ und $\vec{f}(\vec{x})$ das Vektorfeld $\vec{f}(\vec{x}) = \begin{pmatrix} xz \\ x^2yz \\ -3y^2z \end{pmatrix}$ für alle $\vec{x} = \begin{pmatrix} x \\ y \\ z \end{pmatrix} \in \mathbb{R}^3$. S bezeichne die Randfläche von G und $\vec{n}(\vec{x})$ die zugehörige äußere Normale. Berechnen Sie

$$\iint_S \vec{f}(\vec{x}) \cdot \vec{n}(\vec{x})\, dA(\vec{x})$$

i) direkt und ii) mit Hilfe des Divergenzsatzes.

Übung 4.49 Es sei G ein beschränktes Gebiet im Raum mit glatter Oberfläche S. Schließen Sie aus dem Integralsatz von Gauß: Ist $\vec{f}(\vec{x})$ ein räumliches Vektorfeld mit konstanter Divergenz $\operatorname{div} \vec{f}(\vec{x}) = 1$, so gilt

$$\operatorname{Vol}(G) = \iint_S \vec{f}(\vec{x}) \cdot \vec{n}(\vec{x})\, dA(\vec{x}) \,.$$

Berechnen Sie mit dieser Beobachtung das Volumen eines Zylinders mit Radius R und Höhe h.

Übung 4.50 In Aufgabe 4.46 wurde gezeigt, dass eine Punktladung Q im Mittelpunkt einer Kugel den elektrischen Fluss $4\pi Q$ durch die Kugelfläche erzeugt. Dies gilt viel allgemeiner: Es sei G eine beschränkte offene Menge im Raum mit glatter Randfläche S. Zeigen Sie

i) Befindet sich im Innern von G eine Punktladung Q, so erzeugt diese den elektrischen Fluss $4\pi Q$ durch die Randfläche S.
ii) Befindet sich die Ladung außerhalb von G und S, so ist der elektrische Fluss durch S gleich Null.

Man kann annehmen, dass der Nullpunkt des Koordinatensystems mit Q zusammenfällt.

4.4.3 Der Integralsatz von Stokes

Wir beginnen mit einer vorläufigen Formulierung des in der Überschrift genannten Satzes. *Es sei $\vec{f}: D \to \mathbb{R}^3$ ein räumliches Vektorfeld und S eine glatte Fläche mit glatter Randkurve C, so dass S mit C in D enthalten ist. Dann gilt:*

$$\iint_S \operatorname{rot} \vec{f}(\vec{x}) \cdot \vec{n}(\vec{x})\, dA(\vec{x}) = \int_C \vec{f}(\vec{x}) \cdot d\vec{x}. \tag{4.4.20}$$

Dabei tritt das folgende Problem auf: Eine glatte Fläche besitzt in jedem ihrer Punkte zwei Normalen, welche ist zu wählen? Ebenso gibt es zwei mögliche Richtungen, die Randkurve zu durchlaufen – man spricht von der *Orientierung* der Kurve –, welche ist zu wählen?

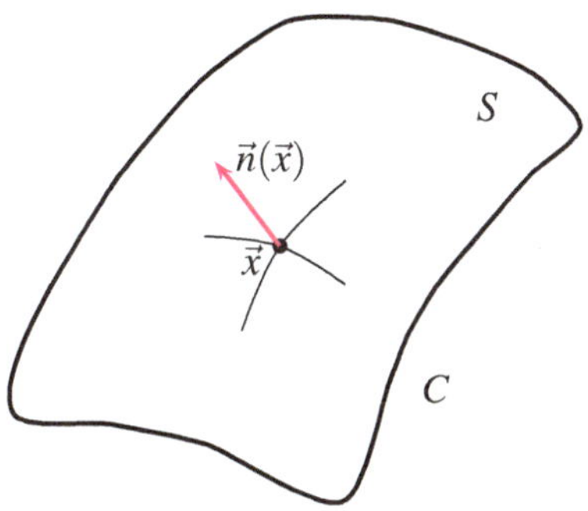

Zur Lösung dieses Problems erscheint das folgende Verfahren geeignet:

Man wählt in einem beliebigen Punkt $\vec{x}$ der Fläche S eine der beiden möglichen Normalen aus und bezeichnet sie mit $\vec{n}(\vec{x})$. Dann bestimmt man die Orientierung der Randkurve C dazu passend gemäß der *Rechtsschraubenregel*: Die Normale $\vec{n}(\vec{x})$ legt die Oberseite der Fläche S fest, man durchläuft die Randkurve C so, dass diese Oberseite beim Durchlaufen der Randkurve immer auf der linken Seite liegt.

Dann wird die Wahl der Normalen von diesem Punkt ausgehend stetig über die Fläche S fortgesetzt. Wer im Ausgangspunkt $\vec{x}$ die andere mögliche Normale, also $-\vec{n}(\vec{x})$, wählt, kommt zur entgegengesetzten Orientierung der Randkurve C. Er hat dann auf beiden Seiten von (4.4.20) ein Minuszeichen, so dass die Gleichung (4.4.20) natürlich richtig bleibt.

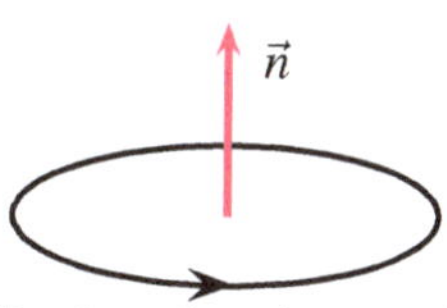

Rechtsschraubenregel

Leider ist damit das Orientierungsproblem im Satz von Stokes (4.4.20) nicht in allen Fällen beseitigt: Es gibt nämlich Flächen im Raum, bei denen das obige Verfahren *nicht* anwendbar ist, weil eine stetige Wahl der Normalen über die ganze Fläche nicht möglich ist. Ein Beispiel einer solchen Fläche ist das bekannte *Möbiusband*. Diese Fläche lässt sich dadurch realisieren, dass man einen Papierstreifen an den Enden zu einem Ring verklebt, nachdem man ein Ende um 180° verdreht hat.

Wählt man in einem Punkt des Möbiusbandes eine der beiden Normalen aus und setzt diese Wahl entlang des Streifens fort, so gelangt man zur entgegengesetzten Normalenrichtung, wenn man den Ausgangspunkt wieder erreicht hat: Eine stetige Auswahl der Normalen über das gesamte Möbiusband ist nicht möglich.

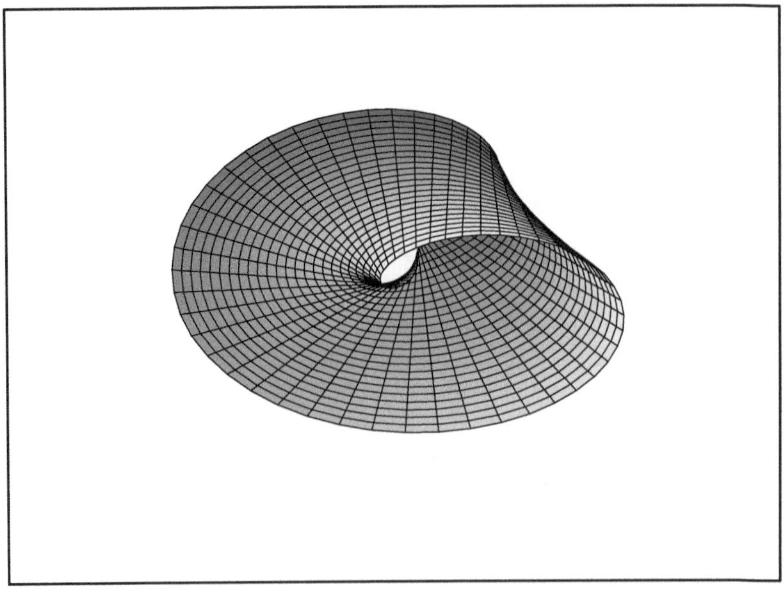

Es ist demnach eine Eigenschaft einer glatten Fläche im Raum, eine stetige Normalenwahl zuzulassen, die diese Fläche haben kann oder nicht; diese Eigenschaft heißt *orientierbar*.

Definition 4.17 Eine glatte Fläche S des Raumes heißt *orientierbar*, wenn eine stetige Funktion $\vec{n}\colon S \to \mathbb{R}^3$ existiert, derart dass der Vektor $\vec{n}(\vec{x})$ für jedes $\vec{x} \in S$ eine (Einheits-) Normale in $\vec{x}$ für S ist.

Beispiel 4.26 Glatte Flächen S, die durch eine einzige Karte darstellbar sind, also glatte Flächenstücke in unserer Terminologie, sind orientierbar. Mit Hilfe einer Parameterdarstellung $\vec{r}\colon D \to S$ lässt sich nämlich sofort eine stetige Normalenfunktion auf der Fläche S konstruieren:

$$\vec{n}(\vec{x}) = \frac{1}{\left|\frac{\partial \vec{r}}{\partial s}\left(\vec{r}^{\,-1}(\vec{x})\right) \times \frac{\partial \vec{r}}{\partial t}\left(\vec{r}^{\,-1}(\vec{x})\right)\right|}\,\frac{\partial \vec{r}}{\partial s}\left(\vec{r}^{\,-1}(\vec{x})\right) \times \frac{\partial \vec{r}}{\partial t}\left(\vec{r}^{\,-1}(\vec{x})\right) \qquad \text{für alle } \vec{x} \in S.$$

Nimmt man alle Forderungen i) - iv) aus Abschnitt 4.4.1 an eine Parameterdarstellung zusammen, so erkennt man, dass in der Tat $\vec{n}(\vec{x})$ eine wohldefinierte und stetige Normalenfunktion auf S ist.

Beispiel 4.27 Geschlossene Flächen – also die Randflächen offener Mengen im Raum – sind stets orientierbar. Eine stetige Normalenfunktion erhält man etwa dadurch, dass man in jedem Punkt die Normale wählt, die nach außen zeigt, das heißt, die äußere Normale. Daher tritt bei dem Integralsatz von Gauß kein Orientierungsproblem auf.

Dagegen ist das Möbiusband ein Beispiel einer nicht orientierbaren Fläche im Raum.

Wir können nun den Integralsatz von Stokes endgültig formulieren.

Satz 4.8 (Integralsatz von Stokes) *Es sei S eine orientierbare beschränkte glatte Fläche im Raum mit stetiger Normalenfunktion $\vec{n}(\vec{x})$ und entsprechend orientierter glatter Randkurve C. Dann gilt für jedes Vektorfeld $\vec{f}\colon D \to \mathbb{R}^3$, so dass S mit C in D enthalten ist:*

$$\iint_S \operatorname{rot} \vec{f}(\vec{x}) \cdot \vec{n}(\vec{x})\, dA(\vec{x}) = \int_C \vec{f}(\vec{x}) \cdot d\vec{x}. \tag{4.4.21}$$

Auf einen Beweis wollen, beziehungsweise müssen, wir verzichten.

Wir beschließen dieses Kapitel mit der folgenden Bemerkung.

Wir haben Flächenintegrale bisher besonders häufig in der folgenden Situation angetroffen: Gegeben ist eine glatte Fläche S mit einer Normalenfunktion $\vec{n}(\vec{x})$ sowie ein Vektorfeld $\vec{f}(\vec{x})$; zu bilden ist das Integral $\iint_S \vec{f}(\vec{x}) \cdot \vec{n}(\vec{x})\, dA(\vec{x})$. Man nimmt diese Beobachtung in der Praxis zum Anlass, in dieser Situation eigens eine kurze Bezeichnung einzuführen:

$$\iint_S \vec{f}(\vec{x}) \cdot d\vec{A}(\vec{x}) := \iint_S \vec{f}(\vec{x}) \cdot \vec{n}(\vec{x})\, dA(\vec{x})$$

und hat damit ein Flächenintegral für Vektorfelder eingerichtet.

Übungen

Übung 4.51 Es bezeichne S die Halbkugelschale

$$S = \{\vec{x} \in \mathbb{R}^3 : x^2 + y^2 + z^2 = 9,\ z > 0\}$$

und $\vec{f}$ das Vektorfeld

$$\vec{f}(\vec{x}) = \begin{pmatrix} 2x - y \\ -z \\ xy \end{pmatrix} \qquad \text{für alle } \vec{x} = \begin{pmatrix} x \\ y \\ z \end{pmatrix} \in \mathbb{R}^3.$$

Berechnen Sie

$$\iint_S \operatorname{rot} \vec{f}(\vec{x}) \cdot \vec{n}(\vec{x})\, dA(\vec{x})$$

i) direkt und ii) mit Hilfe des Stokesschen Integralsatzes.

Übung 4.52 Leiten Sie aus dem Integralsatz von Stokes den folgenden Satz von Green her: *Es sei $S \subset \mathbb{R}^2$ eine beschränkte offene Menge mit glatter Randkurve C; diese werde so durchlaufen, dass S immer links liegt. Weiter sei $D \subset \mathbb{R}^2$ eine offen Menge, die S samt Rand C enthält. Dann gilt für jedes ebene Vektorfeld $\vec{f} = \begin{pmatrix} f_1 \\ f_2 \end{pmatrix} : D \to \mathbb{R}^2$:*

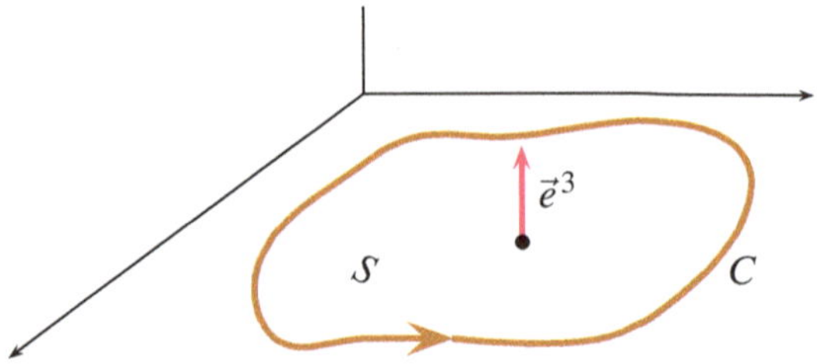

$$\int_C \vec{f}(\vec{x}) \cdot d\vec{x} = \iint_S \left(\frac{\partial f_2}{\partial x}(x,y) - \frac{\partial f_1}{\partial y}(x,y) \right) dxdy.$$

Übung 4.53 Berechnen Sie den Flächeninhalt der Ellipse $\frac{x^2}{a^2} + \frac{y^2}{b^2} \leqq 1$, $a,b > 0$ mittels der Greenschen Formel aus Übung 4.52 durch ein Kurvenintegral.

Übung 4.54 Es sei C die positiv orientierte Einheitskreislinie $\{(x,y) \in \mathbb{R}^2 : x^2 + y^2 = 1\}$. Berechnen Sie das Kurvenintegral

$$\int_C (xy - x + y)\, dx + (xy - x - y)\, dy$$

i) direkt und ii) mittels der Greenschen Formel aus Übung 4.52.

4.5 Lösung der Übungen

Übungen aus 4.1.1

4.1 Mit dem Satz von Fubini (Satz 4.1) ist

$$V = \iint_R (2x^2y + y^2)\,dxdy = \int_0^1 \Big(\int_0^3 (2x^2y+y^2)dy\Big)dx = \int_0^1 \Big[x^2y^2 + \frac{1}{3}y^3\Big]_0^3 dx$$
$$= \int_0^1 (9x^2+9)dx = 12\,.$$

4.2 i)

$$\int_1^4 \Big(\int_0^2 (x^2+4xy)dx\Big)dy = \int_1^4 \Big[\frac{1}{3}x^3 + 2x^2y\Big]_0^2 dy = \int_1^4 (\frac{8}{3} + 8y)dy = \Big[\frac{8}{3}y + 4y^2\Big]_1^4 = 68$$

und ii)

$$\int_0^2 \Big(\int_1^4 (x^2+4xy)dy\Big)dx = \int_0^2 \Big[x^2y + 2xy^2\Big]_1^4 dx = \int_0^2 (3x^2+30x)dx = 68$$

4.3 Wir zerlegen $B = B_1 \cup B_2$ in die beiden Normalbereiche

$$B_1 = \{(x,y) \in \mathbb{R}^2 : -1 \leqq x < 0,\ -x-1 \leqq y \leqq x+1\} \quad \text{und}$$
$$B_2 = \{(x,y) \in \mathbb{R}^2 : 0 \leqq x \leqq 1,\ x-1 \leqq y \leqq -x+1\}$$

und rechnen dann

$$\iint_B \mathrm{e}^{x-y}dxdy = \iint_{B_1} \mathrm{e}^{x-y}dxdy + \iint_{B_2} \mathrm{e}^{x-y}dxdy$$
$$= \int_{-1}^0 \mathrm{e}^x\Big(\int_{-x-1}^{x+1} \mathrm{e}^{-y}dy\Big)dx + \int_0^1 \mathrm{e}^x\Big(\int_{x-1}^{-x+1} \mathrm{e}^{-y}dy\Big)dx$$
$$= \int_{-1}^0 \mathrm{e}^x\Big[-\mathrm{e}^{-y}\Big]_{-x-1}^{x+1} dx + \int_0^1 \mathrm{e}^x\Big[-\mathrm{e}^{-y}\Big]_{x-1}^{-x+1} dx$$
$$= \int_{-1}^0 \big(-\mathrm{e}^{-1} + \mathrm{e}^{2x+1}\big)\,dx + \int_0^1 \big(-\mathrm{e}^{2x-1} + \mathrm{e}\big)\,dx = \mathrm{e} - \frac{1}{\mathrm{e}}\,.$$

4.4 Der Integrationsbereich

$$B = \{(x,y) \in \mathbb{R}^2 : 1 \leqq x \leqq 2, \frac{1}{x} \leqq y \leqq x\}$$

ist ein Normalbereich; mithin ist

$$\iint_B \frac{x^2}{y^2}\,dxdy = \int_1^2 \Big(x^2 \int_{\frac{1}{x}}^{x} \frac{1}{y^2}\,dy\Big)dx$$
$$= \int_1^2 x^2 \Big[-\frac{1}{y}\Big]_{\frac{1}{x}}^{x} dx$$
$$= \int_1^2 (-x+x^3)\,dx = \frac{9}{4}.$$

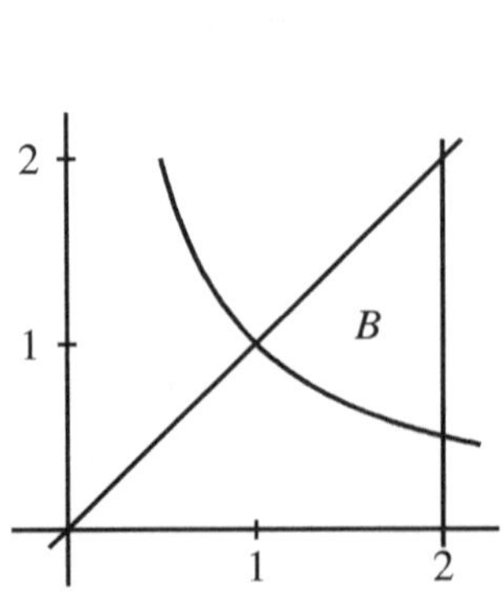

4.5 Es ist zweckmäßig, B als Normalbereich in y-Richtung aufzufassen:

$$B = \{(x,y) \in \mathbb{R}^2 : 0 \leqq y \leqq 9, \frac{\sqrt{y}}{3} \leqq x \leqq \sqrt{y}\};$$

dann ist

$$\iint_B (x^2+y^2)\,dxdy = \int_0^9 \Big(\int_{\frac{\sqrt{y}}{3}}^{\sqrt{y}} (x^2+y^2)\,dx\Big)\,dy = \int_0^9 \Big[\frac{1}{3}x^3 + xy^2\Big]_{\frac{\sqrt{y}}{3}}^{\sqrt{y}} dy$$
$$= \int_0^9 \big(\frac{26}{81}y^{\frac{3}{2}} + \frac{2}{3}y^{\frac{5}{2}}\big)\,dy = \frac{15672}{35}.$$

Übungen aus 4.1.2

4.6 i) Der linke Halbkreis $B = \{(x,y) \in \mathbb{R}^2 : -3 \leqq x \leqq 0, -\sqrt{9-x^2} \leqq y \leqq \sqrt{9-x^2}\}$ ist ein Normalbereich. Daher ist

$$\iint_B (y+\frac{3}{2}x)\,dxdy = \int_{-3}^0 \Big(\int_{-\sqrt{9-x^2}}^{\sqrt{9-x^2}} (y+\frac{3}{2}x)dy\Big)dx = \int_{-3}^0 \Big[\frac{1}{2}y^2 + \frac{3}{2}xy\Big]_{-\sqrt{9-x^2}}^{\sqrt{9-x^2}} dx$$
$$= \int_{-3}^0 3x\sqrt{9-x^2}\,dx = \Big[-(9-x^2)^{\frac{3}{2}}\Big]_{-3}^0 = -27.$$

ii) In Polarkoordinaten $x = r\cos\varphi, y = r\sin\varphi$ ist der Integrationsbereich B gegeben durch die Bedingungen $0 \leqq r \leqq 3$ und $\frac{\pi}{2} \leqq \varphi \leqq \frac{3}{2}\pi$, somit

$$\iint_B (y+\frac{3}{2}x)dxdy = \int_0^3 \Big(\int_{\frac{\pi}{2}}^{\frac{3}{2}\pi} (r\sin\varphi + \frac{3}{2}r\cos\varphi)r\,d\varphi\Big)dr$$
$$= \Big(\int_0^3 r^2\,dr\Big)\Big(\int_{\frac{\pi}{2}}^{\frac{3}{2}\pi} (\sin\varphi + \frac{3}{2}\cos\varphi)\,d\varphi\Big) = 9\Big[-\cos\varphi + \frac{3}{2}\sin\varphi\Big]_{\frac{\pi}{2}}^{\frac{3}{2}\pi} = -27.$$

4.7 Wir führen Polarkoordinaten $x = r\cos\varphi, y = r\sin\varphi$ ein und erhalten mit der Gleichung $\cos\varphi\sin\varphi = \frac{1}{2}\sin 2\varphi$:

$$\begin{aligned}\iint_K (x^2+xy+y^2)\mathrm{e}^{-(x^2+y^2)}dxdy \\ &= \int_0^1 \Big(\int_0^{2\pi} (r^2\cos^2\varphi + r^2\cos\varphi\sin\varphi + r^2\sin^2\varphi)\mathrm{e}^{-r^2} r d\varphi\Big)dr \\ &= \Big(\int_0^1 r^3\mathrm{e}^{-r^2}dr\Big)\Big(\int_0^{2\pi}(1+\frac{1}{2}\sin 2\varphi)d\varphi\Big) = 2\pi\int_0^1 r^3\mathrm{e}^{-r^2}dr.\end{aligned}$$

Das letzte Integral lösen wir durch partielle Integration:

$$\int_0^1 r^2\cdot r\mathrm{e}^{-r^2}dr = \Big[r^2(-\frac{1}{2}\mathrm{e}^{-r^2})\Big]_0^1 - \int_0^1 2r(-\frac{1}{2}\mathrm{e}^{-r^2})dr = -\frac{1}{2}\mathrm{e}^{-1} - \Big[\frac{1}{2}\mathrm{e}^{-r^2}\Big]_0^1 = \frac{1}{2} - \frac{1}{\mathrm{e}}$$

und haben schließlich

$$\iint_K (x^2+xy+y^2)\mathrm{e}^{-(x^2+y^2)}dxdy = \pi(1-\frac{2}{\mathrm{e}}).$$

4.8 Mit Polarkoordinaten $x = r\cos\varphi, y = r\sin\varphi$ ist $\frac{y}{x} = \tan\varphi$ und $\arctan\frac{y}{x} = \varphi$. Der Integrationsbereich ist bestimmt durch $1 \leqq r \leqq 3$ und $1 \leqq \tan\varphi = \frac{y}{x} \leqq \sqrt{3}$ oder $\frac{\pi}{4} \leqq \varphi \leqq \frac{\pi}{3}$. Somit ist

$$\iint_B \arctan\frac{y}{x}dxdy = \int_1^3 \Big(\int_{\frac{\pi}{4}}^{\frac{\pi}{3}} \varphi d\varphi\Big) r dr = \Big(\int_{\frac{\pi}{4}}^{\frac{\pi}{3}} \varphi d\varphi\Big)\Big(\int_1^3 r dr\Big) = \frac{7}{72}\pi^2.$$

4.9 Der Integrationsbereich B wird begrenzt durch die vier Geraden $y+x = -1$, $y+x = 1$ sowie $y-x = -1$, $y-x = 1$. Dies legt nahe, $u = y+x$ und $v = y-x$ als neue Koordinaten einzuführen. Es ist $x = \frac{1}{2}(u-v)$ und $y = \frac{1}{2}(u+v)$, somit werden hierdurch in der Tat neue eindeutige Koordinaten definiert. Die Funktion des Koordinatenwechsels ist

$$\vec{g}(u,v) = \frac{1}{2}\begin{pmatrix} u-v \\ u+v \end{pmatrix}.$$

Wir berechnen die Funktionaldeterminante

$$\frac{\partial(x,y)}{\partial(u,v)} = \det \mathrm{D}\vec{g}(u,v) = \begin{vmatrix} \frac{1}{2} & -\frac{1}{2} \\ \frac{1}{2} & \frac{1}{2} \end{vmatrix} = \frac{1}{2}.$$

Der Integrationsbereich B ist in den Koordinaten u, v gegeben durch

$$C = \{(u,v) \in \mathbb{R}^2 : -1 \leqq u \leqq 1, -1 \leqq v \leqq 1\}.$$

Der Transformationssatz 4.3 zeigt

$$\iint_B e^{x-y}dxdy = \iint_C e^{-v}\frac{1}{2}\,dudv = \frac{1}{2}\Big(\int_{-1}^{1} du\Big)\Big(\int_{-1}^{1} e^{-v}dv\Big) = e - \frac{1}{e}.$$

4.10 Wir wählen $u := \frac{y}{\sqrt{x}}$ und $v := \frac{y}{x^2}$ für $x.y > 0$ als neue Koordinaten; dann ist

$$\frac{u}{v} = x^{\frac{3}{2}}, \text{ also } x = \Big(\frac{u}{v}\Big)^{\frac{2}{3}} \text{ und } y = \frac{u^{\frac{4}{3}}}{v^{\frac{1}{3}}}.$$

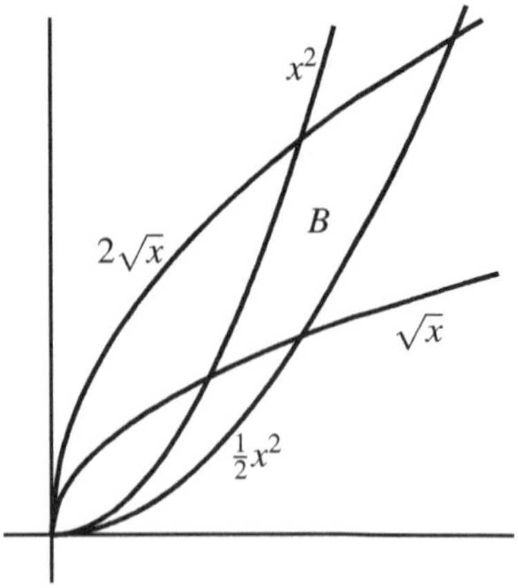

Die Funktion des Koordinatenwechsels lautet

$$\vec{g}(u,v) = \begin{pmatrix} \frac{u^{\frac{2}{3}}}{v^{\frac{2}{3}}} \\ \frac{u^{\frac{4}{3}}}{v^{\frac{1}{3}}} \end{pmatrix} \quad \text{für } u,v > 0.$$

Ihre Funktionaldeterminante ist

$$\frac{\partial(x,y)}{\partial(u,v)} = \det D\vec{g}(u,v) = \begin{vmatrix} \frac{2}{3}\frac{u^{-\frac{1}{3}}}{v^{\frac{2}{3}}} & -\frac{2}{3}\frac{u^{\frac{2}{3}}}{v^{\frac{5}{3}}} \\ \frac{4}{3}\frac{u^{\frac{1}{3}}}{v^{\frac{1}{3}}} & -\frac{1}{3}\frac{u^{\frac{4}{3}}}{v^{\frac{4}{3}}} \end{vmatrix} = \frac{2}{3}\frac{u}{v^2}.$$

In diesen neuen Koordinaten ist der Integrationsbereich durch

$$C = \{(u,v) \in \mathbb{R}^2 : 1 \leqq u \leqq 2, \frac{1}{2} \leqq v \leqq 1\}$$

gegeben und der Transformationssatz zeigt

$$\iint_B xydxdy = \iint_C \Big(\frac{u}{v}\Big)^{\frac{2}{3}} \frac{u^{\frac{4}{3}}}{v^{\frac{1}{3}}}\frac{2}{3}\frac{u}{v^2}dudv = \frac{2}{3}\Big(\int_1^2 u^3du\Big)\Big(\int_{\frac{1}{2}}^1 \frac{1}{v^3}dv\Big) = \frac{15}{4}.$$

4.11 Die Fläche F des Sektors S erhalten wir aus $F = \iint_S dxdy$. Um dieses Integral zu berechnen, führen wir Polarkoordinaten ein. Dann ist der Sektor gegeben durch $T := \{(r,\varphi) : \alpha \leqq \varphi \leqq \beta, 0 \leqq r \leqq h(\varphi)\}$. Dies ist ein Normalbereich und wir erhalten

$$\iint_S dxdy = \iint_T r\,dr\,d\varphi = \int_\alpha^\beta \Big(\int_0^{h(\varphi)} r\,dr\Big)d\varphi = \int_\alpha^\beta \Big[\frac{1}{2}r^2\Big]_0^{h(\varphi)} d\varphi = \frac{1}{2}\int_\alpha^\beta h(\varphi)^2\,d\varphi.$$

Übungen aus 4.1.3

4.12 Der Integrationsbereich Q ist ein Quader. Wir können uns auf den Satz 4.4 von Fubini stützen und rechnen

$$\iiint_Q (2x+y^2+4xz)\,dxdydz = \int_0^1 \Big(\int_0^2 \Big(\int_0^3 (2x+y^2+4xz)dz\Big)dy\Big)dx$$

$$= \int_0^1 \Big(\int_0^2 \Big[2xz + y^2 z + 2xz^2 \Big]_0^3 dy \Big) dx = \int_0^1 \Big(\int_0^2 (24x + 3y^2) dy \Big) dx$$
$$= \int_0^1 (48x + 8)\, dx = 32\,.$$

4.13 Der Integrationsbereich B lässt sich als Normalbereich darstellen:

$$\{ \begin{pmatrix} x \\ y \\ z \end{pmatrix} : x, y \geqq 0, x + y \leqq 1, 0 \leqq z \leqq 1 - (x+y) \} = \{ \begin{pmatrix} x \\ y \\ z \end{pmatrix} : (x,y) \in C, 0 \leqq z \leqq 1 - (x+y) \}$$

mit $C := \{(x,y) : x, y \geqq 0, x + y \leqq 1\}$. Somit können wir Satz 4.5 anwenden und erhalten

$$\iiint_B (1 + x + y + z)^{-3} dxdydz = \iint_C \Big(\int_0^{1-(x+y)} (1 + x + y + z)^{-3} dz \Big) dxdy$$
$$= -\frac{1}{2} \iint_C \Big[(1 + x + y + z)^{-2} \Big]_0^{1-(x+y)} dxdy = -\frac{1}{2} \iint_C \big(\frac{1}{4} - (1 + x + y)^{-2} \big) dxdy\,.$$

Da $C = \{(x,y) : 0 \leqq x \leqq 1, 0 \leqq y \leqq 1 - x\}$ selbst ein Normalbereich ist, können wir weiter rechnen

$$= -\frac{1}{2} \int_0^1 \Big(\int_0^{1-x} \big(\frac{1}{4} - (1 + x + y)^{-2} \big) dy \Big) dx = -\frac{1}{2} \int_0^1 \Big[\frac{1}{4} y + (1 + x + y)^{-1} \Big]_0^{1-x} dx$$
$$= -\frac{1}{2} \int_0^1 \big(\frac{1}{4}(1-x) + \frac{1}{2} - (1+x)^{-1} \big) dx = -\frac{1}{2} \Big[\frac{3}{4} x - \frac{1}{8} x^2 - \ln(1+x) \Big]_0^1 = \frac{1}{2} \ln 2 - \frac{5}{16}\,.$$

4.14 Wir benutzen Kugelkoordinaten

$$x = r\cos\varphi \sin\vartheta \quad y = r\sin\varphi \sin\vartheta \quad z = r\cos\vartheta\,, \quad \text{dann ist } x^2 + y^2 = r^2 \sin^2\vartheta\,.$$

Die Kugelschale K ist in diesen Koordinaten durch $a \leqq r \leqq b$ und $0 \leqq \vartheta \leqq \dfrac{\pi}{2}$ gegeben. Wir erhalten mit dem Transformationssatz (4.1.19)

$$\iiint_K (x^2 + y^2)\, dxdydz = \int_a^b \Big(\int_0^{2\pi} \Big(\int_0^{\frac{\pi}{2}} r^4 \sin^3\vartheta\, d\vartheta \Big) d\varphi \Big) dr$$
$$= \Big(\int_a^b r^4 dr \Big) \Big(\int_0^{2\pi} d\varphi \Big) \Big(\int_0^{\frac{\pi}{2}} \sin^3\vartheta\, d\vartheta \Big) = \frac{4}{15}\pi (b^5 - a^5),$$

wobei wir $\displaystyle\int_0^{\frac{\pi}{2}} \sin^3\vartheta\, d\vartheta = \frac{2}{3}$ der Übung 1.62 entnommen haben.

4.15 Das Volumen V des Ellipsoids E ist $V = \displaystyle\iiint_E dxdydz$. Zur Berechnung des Integrals führen wir die angegebenen elliptischen Koordinaten ein. Die Funktion des Koordinatenwechsels ist

$$\vec{g}(r,\varphi,\vartheta) = \begin{pmatrix} a\,r\cos\varphi\sin\vartheta \\ b\,r\sin\varphi\sin\vartheta \\ c\,r\cos\vartheta \end{pmatrix} \qquad \text{für } r \geqq 0,\, 0 \leqq \varphi \leqq 2\pi,\, 0 \leqq \vartheta \leqq \pi\,.$$

Die zugehörige Funktionaldeterminante ist mit den Rechenregeln für die Determinante analog zu den Kugelkoordinaten (4.1.18)

$$\frac{\partial(x,y,z)}{\partial(r,\varphi,\vartheta)} = \begin{vmatrix} a\cos\varphi\sin\vartheta & -a\,r\sin\varphi\sin\vartheta & a\,r\cos\varphi\cos\vartheta \\ b\sin\varphi\sin\vartheta & b\,r\cos\varphi\sin\vartheta & b\,r\sin\varphi\cos\vartheta \\ c\cos\vartheta & 0 & -c\,r\sin\vartheta \end{vmatrix} = -abc\,r^2\sin\vartheta\,.$$

Somit erhalten wir aus dem Transformationssatz

$$\begin{aligned} V = \iiint_E dxdydz &= abc\int_0^1\Big(\int_0^{2\pi}\Big(\int_0^{\pi} r^2\sin\vartheta\,d\vartheta\Big)d\varphi\Big)dr \\ &= abc\Big(\int_0^1 r^2dr\Big)\Big(\int_0^{2\pi}d\varphi\Big)\Big(\int_0^{\pi}\sin\vartheta\,d\vartheta\Big) = \frac{4}{3}\pi\,abc\,. \end{aligned}$$

Übungen aus 4.1.4

4.16 Um das Integral $\iiint_K (x^2+y^2+z^2)\,dxdydz$ zu berechnen, ist es zweckmäßig Zylinderkoordinaten

$$x = r\cos\varphi \qquad y = r\sin\varphi \qquad z$$

zu verwenden. In diesen Koordinaten ist der Kreiskegel K durch

$$r = \sqrt{5}\big(1-\frac{z}{4}\big) \quad \text{für } 0 \leqq z \leqq 4 \quad \text{und} \quad 0 \leqq \varphi \leqq 2\pi$$

gegeben. Dann ist nach der Transformationsformel (4.1.20)

$$\begin{aligned} \iiint_K (x^2+y^2+z^2)\,dxdydz &= \int_0^4\Big(\int_0^{\sqrt{5}(1-\frac{z}{4})}\Big(\int_0^{2\pi}(r^2+z^2)rd\varphi\Big)dr\Big)dz \\ &=2\pi\int_0^4\Big[\frac{1}{4}r^4+\frac{1}{2}z^2r^2\Big]_0^{\sqrt{5}(1-\frac{z}{4})}dz = \frac{\pi}{2}\int_0^4 (25(1-\frac{z}{4})^4+10(1-\frac{z}{4})^2z^2)dz \\ &=2\pi\int_0^1 (25s^4+160s^2-320s^3+160s^4)ds \qquad \text{mit der Substitution } s = 1-\frac{z}{4} \\ &=2\pi\Big[37s^5-80s^4+\frac{160}{3}s^3\Big]_0^1 = \frac{62}{3}\pi\,. \end{aligned}$$

4.17 Aus Symmetriegründen gilt $x_S = y_S = 0$, weiter ist $z_S = \dfrac{\rho_0}{M}\iiint_K z\,dxdydz$. Dieses Integral berechnen wir mit Kugelkoordinaten

$$x = r\cos\varphi\sin\vartheta \qquad y = r\sin\varphi\sin\vartheta \qquad z = r\cos\vartheta\,.$$

Die obere Halbkugel vom Radius R ist in diesen Koordinaten durch

$$0 \leqq r \leqq R \qquad 0 \leqq \varphi \leqq 2\pi \qquad 0 \leqq \vartheta \leqq \frac{\pi}{2}$$

bestimmt. Somit erhalten wir aus dem Transformationssatz (4.1.19)

$$\begin{aligned} z_S =& \frac{\rho_0}{M} \iiint_K z\,dxdydz = \frac{\rho_0}{M} \int_0^R \Big(\int_0^{2\pi} \Big(\int_0^{\frac{\pi}{2}} r^3 \sin\vartheta \cos\vartheta\, d\vartheta \Big) d\varphi \Big) dr \\ =& \frac{\rho_0}{M} \Big(\int_0^R r^3 dr \Big) \Big(\int_0^{2\pi} d\varphi \Big) \Big(\int_0^{\frac{\pi}{2}} \sin\vartheta \cos\vartheta\, d\vartheta \Big) = \frac{\rho_0}{M} \frac{1}{4} R^4 2\pi \Big[\frac{1}{2} \sin^2\vartheta \Big]_0^{\frac{\pi}{2}} = \frac{\pi}{4} \frac{\rho_0}{M} R^4 . \end{aligned}$$

Das Volumen der Halbkugel ist $\frac{2}{3}\pi R^3$, die Masse der Halbkugel ist dann $M = \frac{2}{3}\pi \rho_0 R^3$ Damit ergibt sich schließlich $z_S = \frac{3}{8} R$.

4.18 i) Wir berechnen mit Kugelkoordinaten und beachten Gleichung (1.4.17)

$$\begin{aligned} \iiint_{\mathbb{R}^3} |\psi_1(x,y,z)|^2\, dxdydz &= \int_0^{2\pi} \int_0^{\pi} \int_0^{\infty} c_1^2 (2 - \frac{r}{r_0})^2 \mathrm{e}^{-\frac{r}{r_0}} r^2 dr \sin\vartheta d\vartheta d\varphi \\ &= c_1^2 \Big(\int_0^{2\pi} d\varphi \Big) \Big(\int_0^{\pi} \sin\vartheta d\vartheta \Big) \Big(\int_0^{\infty} (2 - \frac{r}{r_0})^2 r^2 \mathrm{e}^{-\frac{r}{r_0}} dr \Big) \\ &= 4\pi c_1^2 \Big(4 \int_0^{\infty} r^2 \mathrm{e}^{-\frac{r}{r_0}} dr - \frac{4}{r_0} \int_0^{\infty} r^3 \mathrm{e}^{-\frac{r}{r_0}} dr + \frac{1}{r_0^2} \int_0^{\infty} r^4 \mathrm{e}^{-\frac{r}{r_0}} dr \Big) \\ &= 4\pi c_1^2 \Big(4 \cdot 2!\, r_0^3 - \frac{4}{r_0} 3! r_0^4 + \frac{1}{r_0^2} 4! r_0^5 \Big) = 32\,\pi\, c_1^2\, r_0^3 \end{aligned}$$

und erhalten $c_1^2 = \dfrac{1}{32\pi r_0^3}$. Weiter berechnen wir

$$\begin{aligned} \iiint_{\mathbb{R}^3} |\psi_2(x,y,z)|^2\, dxdydz &= \int_0^{2\pi} \int_0^{\pi} \int_0^{\infty} c_2^2 \frac{r^2}{r_0^2} \mathrm{e}^{-\frac{r}{r_0}} \cos^2\vartheta\, r^2 \sin\vartheta dr d\vartheta d\varphi \\ &= c_2^2 \Big(\int_0^{2\pi} d\varphi \Big) \Big(\int_0^{\pi} \sin\vartheta \cos^2\vartheta d\vartheta \Big) \Big(\int_0^{\infty} \frac{r^4}{r_0^2} \mathrm{e}^{-\frac{r}{r_0}} dr \Big) \\ &= 2\pi c_2^2 \Big[-\frac{1}{3} \cos^3\vartheta \Big]_0^{\pi} \cdot (24 r_0^3) = 32\pi c_2^2 r_0^3 \end{aligned}$$

und finden wieder $c_2^2 = \dfrac{1}{32\pi r_0^3}$. ii) Es ist

$$\begin{aligned} &\iiint_{\mathbb{R}^3} \psi_1(x,y,z) \psi_2(x,y,z)\, dxdydz \\ &\quad = c_1 c_2 \int_0^{2\pi} \int_0^{\pi} \int_0^{\infty} \Big(2 - \frac{r}{r_0} \Big) \frac{r^3}{r_0} \mathrm{e}^{-\frac{r}{r_0}} \cos\vartheta \sin\vartheta\, dr d\vartheta d\varphi \end{aligned}$$

$$= c_1 c_2 \Big(\int_0^{2\pi} d\varphi \Big) \Big(\int_0^{\pi} \sin\vartheta \cos\vartheta d\vartheta \Big) \Big(\int_0^{\infty} (2\frac{r^3}{r_0} - \frac{r^4}{r_0^2}) e^{-\frac{r}{r_0}} dr \Big) = 0$$

da $\int_0^{\pi} \sin\vartheta \cos\vartheta d\vartheta = 0$.

Übungen aus 4.2.1

4.19 Es ist $\operatorname{div}\vec{u}(\vec{x}) = 4xz + z^2$ und $\operatorname{div}\vec{v}(\vec{x}) = 2xy + 2xy + xy = 5xy$. Weiter ist

$$\vec{u}(\vec{x}) \times \vec{v}(\vec{x}) = \begin{pmatrix} xy^2z^3 - x^2y^2 \\ x^3y - 2x^3yz^2 \\ 2x^3y^2z - x^2y^2z^2 \end{pmatrix}$$

und $\operatorname{div}(\vec{u} \times \vec{v})(\vec{x}) = y^2z^3 - 2xy^2 + x^3 - 2x^3z^2 + 2x^3y^2 - 2x^2y^2z$.

4.20 i) $h(\vec{x}) = a_1x + a_2y + a_3z$ und $\operatorname{grad} h(\vec{x}) = \vec{a}$. ii) $h(\vec{x}) = x^2 + y^2 + z^2$ und $\operatorname{grad} h(\vec{x}) = 2\vec{x}$. iii) $h(\vec{x}) = (a_2z - a_3y)^2 + (a_3x - a_1z)^2 + (a_1y - a_2x)^2$ und

$$\operatorname{grad} h(\vec{x}) = \begin{pmatrix} 2a_3(a_3x - a_1z) - 2a_2(a_1y - a_2x) \\ 2a_1(a_1y - a_2x) - 2a_3(a_2z - a_3y) \\ 2a_2(a_2z - a_3y) - 2a_1(a_3x - a_1z) \end{pmatrix} = -2\vec{a} \times (\vec{a} \times \vec{x}).$$

4.21 i) $\operatorname{div}(\vec{b} \times \vec{r}) = 0$. ii) $\nabla \cdot \vec{r} = \operatorname{div}\vec{r} = 3$ iii) $\operatorname{div}(\vec{b} \cdot \vec{r})\vec{b} = b_1^2 + b_2^2 + b_3^2$. iv) Es ist

$$\frac{1}{r} = (x^2 + y^2 + z^2)^{-\frac{1}{2}}, \quad \text{also } \operatorname{grad}\frac{1}{r} = \begin{pmatrix} -x(x^2 + y^2 + z^2)^{-\frac{3}{2}} \\ -y(x^2 + y^2 + z^2)^{-\frac{3}{2}} \\ -z(x^2 + y^2 + z^2)^{-\frac{3}{2}} \end{pmatrix} \quad \text{und } \operatorname{div}\operatorname{grad}\frac{1}{r} = 0$$

wie in Beispiel 4.16 bereits berechnet.

4.22 i) Es ist $h(\vec{x}) = g\big((x^2 + y^2 + z^2)^{\frac{1}{2}}\big)$ für $\vec{x} \in \mathbb{R}^3$ und also

$$\frac{\partial h}{\partial x}(\vec{x}) = x(x^2 + y^2 + z^2)^{-\frac{1}{2}} g'\big((x^2 + y^2 + z^2)^{\frac{1}{2}}\big) = \frac{x}{r} g'(r),$$

ebenso $\frac{\partial h}{\partial y}(\vec{x}) = \frac{y}{r} g'(r)$ und $\frac{\partial h}{\partial z}(\vec{x}) = \frac{z}{r} g'(r)$. Das bedeutet $\operatorname{grad} h(\vec{x}) = \frac{g'(r)}{r}\vec{x}$. Weiter ist mit der Produktregel

$$\begin{aligned} \frac{\partial^2 h}{\partial x^2}(\vec{x}) &= (x^2 + y^2 + z^2)^{-\frac{1}{2}} g'\big((x^2 + y^2 + z^2)^{\frac{1}{2}}\big) - x^2(x^2 + y^2 + z^2)^{-\frac{3}{2}} g'\big((x^2 + y^2 + z^2)^{\frac{1}{2}}\big) \\ &\quad + x^2(x^2 + y^2 + z^2)^{-1} g''\big((x^2 + y^2 + z^2)^{\frac{1}{2}}\big) \\ &= \frac{1}{r} g'(r) - x^2 \frac{1}{r^3} g'(r) + x^2 \frac{1}{r^2} g''(r), \end{aligned}$$

entsprechend für $\frac{\partial^2 h}{\partial y^2}(\vec{x})$ und $\frac{\partial^2 h}{\partial z^2}(\vec{x})$. Somit ist

$$\Delta h(\vec{x}) = 3\frac{1}{r}g'(r) - (x^2+y^2+z^2)\frac{1}{r^3}g'(r) + (x^2+y^2+z^2)\frac{1}{r^2}g''(r) = \frac{2}{r}g'(r) + g''(r).$$

ii) Wir gehen zu Kugelkoordinaten über und erhalten aus dem Transformationssatz

$$\begin{aligned}\iiint_{B(R_1,R_2)} h(\vec{x})\,dxdydz &= \iiint_{B(R_1,R_2)} g(|\vec{x}|)\,dxdydz = \int_{R_1}^{R_2}\int_0^{2\pi}\int_0^{\pi} g(r)r^2 \sin\vartheta\, d\vartheta\, d\varphi\, dr \\ &= \Big(\int_{R_1}^{R_2} g(r)r^2\,dr\Big)\Big(\int_0^{2\pi} d\varphi\Big)\Big(\int_0^{\pi}\sin\vartheta\, d\vartheta\Big) = 4\pi\int_{R_1}^{R_2} g(r)r^2\,dr.\end{aligned}$$

4.23 Für jede partielle Ableitung $\frac{\partial}{\partial x_i}$, $i = 1,\dots,n$, gilt

$$\frac{\partial(gh)}{\partial x_i} = g\frac{\partial h}{\partial x_i} + h\frac{\partial g}{\partial x_i} \quad \text{und} \quad \frac{\partial^2(gh)}{\partial x_i^2} = g\frac{\partial^2 h}{\partial x_i^2} + \frac{\partial g}{\partial x_i}\frac{\partial h}{\partial x_i} + h\frac{\partial^2 g}{\partial x_i^2} + \frac{\partial h}{\partial x_i}\frac{\partial g}{\partial x_i}$$

und also

$$\begin{aligned}\Delta(gh) &= \sum_{i=1}^{n}\frac{\partial^2(gh)}{\partial x_i^2} = \sum_{i=1}^{n}\Big(g\frac{\partial^2 h}{\partial x_i^2} + 2\frac{\partial g}{\partial x_i}\frac{\partial h}{\partial x_i} + h\frac{\partial^2 g}{\partial x_i^2}\Big) \\ &= g\sum_{i=1}^{n}\frac{\partial^2 h}{\partial x_i^2} + h\sum_{i=1}^{n}\frac{\partial^2 g}{\partial x_i^2} + 2\sum_{i=1}^{n}\frac{\partial g}{\partial x_i}\frac{\partial h}{\partial x_i} = g\Delta h + h\Delta g + 2\,\mathrm{grad}\,g\cdot\mathrm{grad}\,h.\end{aligned}$$

4.24 Für $h(\vec{x}) = \sin(ax)\sin(by)\sin(cz)$ ist $\frac{\partial^2 h}{\partial x^2}(\vec{x}) = -a^2\sin(ax)\sin(by)\sin(cz) = -a^2h(\vec{x})$; entsprechend ist $\frac{\partial^2 h}{\partial y^2}(\vec{x}) = -b^2h(\vec{x})$ und $\frac{\partial^2 h}{\partial z^2}(\vec{x}) = -c^2h(\vec{x})$. Es folgt

$$\Delta h(\vec{x}) = \frac{\partial^2 h}{\partial x^2}(\vec{x}) + \frac{\partial^2 h}{\partial y^2}(\vec{x}) + \frac{\partial^2 h}{\partial z^2}(\vec{x}) = -(a^2+b^2+c^2)h(\vec{x}),$$

das heißt, $h(\vec{x})$ ist eine Eigenfunktion des Laplaceoperators zum Eigenwert $-(a^2+b^2+c^2)$.

4.25 i) Für $g(r,\varphi) = f(r\cos\varphi, r\sin\varphi)$ rechnen wir mit der Kettenregel

$$\begin{aligned}\frac{\partial g}{\partial r}(r,\varphi) &= \frac{\partial f}{\partial x}(r\cos\varphi, r\sin\varphi)\cos\varphi + \frac{\partial f}{\partial y}(r\cos\varphi, r\sin\varphi)\sin\varphi \\ \frac{\partial g}{\partial \varphi}(r,\varphi) &= -r\frac{\partial f}{\partial x}(r\cos\varphi, r\sin\varphi)\sin\varphi + r\frac{\partial f}{\partial y}(r\cos\varphi, r\sin\varphi)\cos\varphi \\ \frac{\partial^2 g}{\partial r^2}(r,\varphi) &= \frac{\partial^2 f}{\partial x^2}(x,y)\cos^2\varphi + 2\frac{\partial^2 f}{\partial x\partial y}(x,y)\sin\varphi\cos\varphi + \frac{\partial^2 f}{\partial y^2}(x,y)\sin^2\varphi\end{aligned}$$

$$\frac{\partial^2 g}{\partial \varphi^2}(r,\varphi) = r^2\frac{\partial^2 f}{\partial x^2}(x,y)\sin^2\varphi - r^2\frac{\partial^2 f}{\partial x\partial y}(x,y)\sin\varphi\cos\varphi - r\frac{\partial f}{\partial x}(x,y)\cos\varphi$$
$$- r^2\frac{\partial^2 f}{\partial x\partial y}(x,y)\sin\varphi\cos\varphi + r^2\frac{\partial^2 f}{\partial y^2}(x,y)\cos^2\varphi - r\frac{\partial f}{\partial y}(x,y)\sin\varphi$$

und weiter

$$\begin{aligned}
&\frac{\partial^2 g}{\partial r^2}(r,\varphi) + \frac{1}{r}\frac{\partial g}{\partial r}(r,\varphi) + \frac{1}{r^2}\frac{\partial^2 g}{\partial \varphi^2}(r,\varphi)\\
&= \frac{\partial^2 f}{\partial x^2}(x,y)\cos^2\varphi + 2\frac{\partial^2 f}{\partial x\partial y}(x,y)\sin\varphi\cos\varphi + \frac{\partial^2 f}{\partial y^2}(x,y)\sin^2\varphi\\
&\quad + \frac{1}{r}\frac{\partial f}{\partial x}(x,y)\cos\varphi + \frac{1}{r}\frac{\partial f}{\partial y}(x,y)\sin\varphi + \frac{\partial^2 f}{\partial x^2}(x,y)\sin^2\varphi\\
&\quad - 2\frac{\partial^2 f}{\partial x\partial y}(x,y)\sin\varphi\cos\varphi - \frac{1}{r}\frac{\partial f}{\partial x}(x,y)\cos\varphi + \frac{\partial^2 f}{\partial y^2}(x,y)\cos^2\varphi - \frac{1}{r}\frac{\partial f}{\partial y}(x,y)\sin\varphi\\
&= \frac{\partial^2 f}{\partial x^2}(x,y) + \frac{\partial^2 f}{\partial y^2}(x,y) = \Delta f(x,y).
\end{aligned}$$

ii) Für $f(x,y) = \sin(x^2+y^2)$ ist

$$\Delta f(x,y) = \frac{\partial^2 f}{\partial x^2}(x,y) + \frac{\partial^2 f}{\partial y^2}(x,y) = 4\cos(x^2+y^2) - 4(x^2+y^2)\sin(x^2+y^2).$$

In Polarkoordinaten haben wir mit $g(r,\varphi) = \sin(r^2)$

$$\frac{\partial g}{\partial r}(r,\varphi) = 2r\cos(r^2) \qquad \frac{\partial^2 g}{\partial r^2}(r,\varphi) = 2\cos(r^2) - 4r^2\sin(r^2) \qquad \frac{\partial^2 g}{\partial \varphi^2}(r,\varphi) = 0, \text{ also}$$
$$\Delta g(r,\varphi) = \frac{\partial^2 g}{\partial r^2}(r,\varphi) + \frac{1}{r}\frac{\partial g}{\partial r}(r,\varphi) = 4\cos(r^2) - 4r^2\sin(r^2).$$

Übungen aus 4.2.2

4.26 Es ist

$$\mathrm{D}\vec{f}(\vec{x}) = \begin{pmatrix} 2y & 2x & 0\\ 2x & 0 & 9z^2\\ 0 & 9z^2 & 18yz\end{pmatrix} \quad \operatorname{div}\vec{f}(\vec{x}) = 2y + 18yz \quad \operatorname{rot}\vec{f}(\vec{x}) = \begin{pmatrix}0\\0\\0\end{pmatrix} \quad \text{für alle } \vec{x} = \begin{pmatrix}x\\y\\z\end{pmatrix}.$$

4.27 Wir berechnen

$$\vec{f}(\vec{x})\cdot\vec{g}(\vec{x}) = xy^2 + yz^2 + zx^2 \quad \text{und} \quad \vec{f}(\vec{x})\times\vec{g}(\vec{x}) = \begin{pmatrix} z^2x - xyz\\ x^2y - xyz\\ y^2z - xyz\end{pmatrix}.$$

Damit ergibt sich

$$\begin{aligned}
\nabla(\vec{f}\cdot\vec{g})(\vec{x}) &= \operatorname{grad}(\vec{f}\cdot\vec{g})(\vec{x}) = \begin{pmatrix} y^2+2xz \\ z^2+2yx \\ x^2+2zy \end{pmatrix} \\
\nabla\cdot(\vec{f}\times\vec{g})(\vec{x}) &= \operatorname{div}(\vec{f}\times\vec{g})(\vec{x}) = z^2-yz+x^2-xz+y^2-xy \\
\nabla\times(\vec{f}\times\vec{g})(\vec{x}) &= \operatorname{rot}(\vec{f}\times\vec{g})(\vec{x}) = \begin{pmatrix} 2yz-xz+xy \\ 2zx-xy+yz \\ 2xy-yz+xz \end{pmatrix}.
\end{aligned}$$

4.28 Nach Bemerkung 4.2 und Bemerkung 4.4 gilt

$$\begin{aligned}
&\operatorname{div}(f\operatorname{grad} g\times g\operatorname{grad} f) = \operatorname{rot}(f\operatorname{grad} g)\cdot g\operatorname{grad} f - (f\operatorname{grad} g)\cdot\operatorname{rot}(g\operatorname{grad} f) \\
&= (\operatorname{grad} f\times\operatorname{grad} g + f\operatorname{rot}\operatorname{grad} g)\cdot g\operatorname{grad} f - (f\operatorname{grad} g)\cdot(\operatorname{grad} g\times\operatorname{grad} f + g\operatorname{rot}\operatorname{grad} f) \\
&= g(\operatorname{grad} f\times\operatorname{grad} g)\cdot\operatorname{grad} f - f\operatorname{grad} g\cdot(\operatorname{grad} g\times\operatorname{grad} f) = 0
\end{aligned}$$

da Gradientenfelder wirbelfrei sind und da ein Vektorprodukt $\vec{a}\times\vec{b}$ auf den Vektoren $\vec{a}$ und $\vec{b}$ senkrecht steht.

4.29 Nach der Produktregel in Bemerkung 4.1 und Übung 4.22 ist

$$\operatorname{div}\vec{f}(\vec{x}) = \operatorname{grad} g(|\vec{x}|)\cdot\vec{x} + g(|\vec{x}|)\operatorname{div}\vec{x} = \frac{g'(r)}{r}\vec{x}\cdot\vec{x} + 3g(r) = rg'(r)+3g(r)$$

für $\vec{x}\neq 0$, $r=|\vec{x}|$. Ist nun $\operatorname{div}\vec{f}(\vec{x})=0$ für alle $\vec{x}\neq 0$, so ist die Funktion $g(r)$ eine Lösung der DG $rg'(r)+3g(r)=0$. Für $r>0$ mit $g(r)\neq 0$ ist

$$\frac{g'(r)}{g(r)} = -\frac{3}{r} \qquad \text{oder} \qquad \ln|g(r)| = \ln\frac{1}{r^3}+C \quad \text{mit einer Konstanten } C$$

und

$$|g(r)| = \mathrm{e}^C\frac{1}{r^3} \qquad \text{oder} \qquad g(r) = \frac{K}{r^3} \quad \text{mit } K=\pm\mathrm{e}^C.$$

Wir haben gezeigt, dass $\vec{f}(\vec{x}) = K\frac{\vec{x}}{r^3} = K\frac{\vec{x}}{|\vec{x}|^3}$ sogar das einzige quellenfreie Zentralfeld ist.

4.30 Wir stützen uns auf die formale Merkregel für die Rotation und rechnen mit dem Satz von H. A. Schwarz aus

$$\operatorname{rot}(\operatorname{rot}\vec{f}) = \begin{pmatrix} \frac{\partial}{\partial x} \\ \frac{\partial}{\partial y} \\ \frac{\partial}{\partial z} \end{pmatrix} \times \begin{pmatrix} \frac{\partial f_3}{\partial y}-\frac{\partial f_2}{\partial z} \\ \frac{\partial f_1}{\partial z}-\frac{\partial f_3}{\partial x} \\ \frac{\partial f_2}{\partial x}-\frac{\partial f_1}{\partial y} \end{pmatrix} = \begin{pmatrix} \frac{\partial^2 f_2}{\partial x\partial y}-\frac{\partial^2 f_1}{\partial y^2}-\frac{\partial^2 f_1}{\partial z^2}+\frac{\partial^2 f_3}{\partial x\partial z} \\ \frac{\partial^2 f_3}{\partial y\partial z}-\frac{\partial^2 f_2}{\partial z^2}-\frac{\partial^2 f_2}{\partial x^2}+\frac{\partial^2 f_1}{\partial x\partial y} \\ \frac{\partial^2 f_1}{\partial x\partial z}-\frac{\partial^2 f_3}{\partial x^2}-\frac{\partial^2 f_3}{\partial y^2}+\frac{\partial^2 f_2}{\partial y\partial z} \end{pmatrix}$$

$$= \begin{pmatrix} \frac{\partial^2 f_1}{\partial x^2} + \frac{\partial^2 f_2}{\partial x \partial y} + \frac{\partial^2 f_3}{\partial x \partial z} - \Delta f_1 \\ \frac{\partial^2 f_2}{\partial y^2} + \frac{\partial^2 f_3}{\partial y \partial z} + \frac{\partial^2 f_1}{\partial x \partial y} - \Delta f_2 \\ \frac{\partial^2 f_3}{\partial z^2} + \frac{\partial^2 f_1}{\partial x \partial z} + \frac{\partial^2 f_2}{\partial y \partial z} - \Delta f_3 \end{pmatrix} = \begin{pmatrix} \frac{\partial}{\partial x}(\frac{\partial f_1}{\partial x} + \frac{\partial f_2}{\partial y} + \frac{\partial f_3}{\partial z}) \\ \frac{\partial}{\partial y}(\frac{\partial f_1}{\partial x} + \frac{\partial f_2}{\partial y} + \frac{\partial f_3}{\partial z}) \\ \frac{\partial}{\partial z}(\frac{\partial f_1}{\partial x} + \frac{\partial f_2}{\partial y} + \frac{\partial f_3}{\partial z}) \end{pmatrix} - \Delta \vec{f}$$
$$= \operatorname{grad} \operatorname{div} \vec{f} - \Delta \vec{f}.$$

Nach der obigen Gleichung ist $\operatorname{rot}(\operatorname{rot} \vec{E}) = \operatorname{grad} \operatorname{div} \vec{E} - \Delta \vec{E} = -\Delta \vec{E}$ wegen $\operatorname{div} \vec{E} = 0$. Andererseits ist nach den Maxwellschen Gleichungen

$$\operatorname{rot}(\operatorname{rot} \vec{E}) = \operatorname{rot}\Big(-\frac{1}{c}\frac{\partial \vec{B}}{\partial t}\Big) = -\frac{1}{c}\frac{\partial}{\partial t}\operatorname{rot} \vec{B} = -\frac{1}{c^2}\frac{\partial^2 \vec{E}}{\partial t^2}.$$

Dabei haben wir – wie schon oft – benutzt, dass die Reihenfolge der partiellen Ableitungen nach dem Satz von Schwarz vertauscht werden darf.

Übungen aus 4.3.1

4.31 Die Ableitung der Funktion $f(x) = c \cosh\big(\frac{x}{c}\big)$ ist

$$f'(x) = \sinh\big(\frac{x}{c}\big) \qquad \text{für } -b \leqq x \leqq b,$$

somit gilt für die Länge ℓ des Graphen nach (4.3.2)

$$\ell = \int_{-b}^{b} \sqrt{1 + \sinh^2\big(\frac{x}{c}\big)}\, dx = \int_{-b}^{b} \cosh\big(\frac{x}{c}\big)\, dx = \Big[c \sinh\big(\frac{x}{c}\big)\Big]_{-b}^{b} = 2c \sinh\big(\frac{b}{c}\big).$$

4.32 Es ist

$$\dot{\vec{r}}(t) = a\begin{pmatrix} 1-\cos t \\ \sin t \end{pmatrix} \qquad \text{also } |\dot{\vec{r}}(t)| = a\sqrt{(1-\cos t)^2 + \sin^2 t} = \sqrt{2}a\sqrt{1-\cos t}$$

und

$$\ell = \int_0^{2\pi} |\dot{\vec{r}}(t)|\, dt = \int_0^{2\pi} \sqrt{2}a\sqrt{1-\cos t}\, dt$$
$$= \int_0^{2\pi} \sqrt{2}a\sqrt{2\sin^2 \frac{t}{2}}\, dt = 2a\int_0^{2\pi} \sin\frac{t}{2}\, dt$$
$$= 2a\Big[-2\cos\frac{t}{2}\Big]_0^{2\pi} = 8a.$$

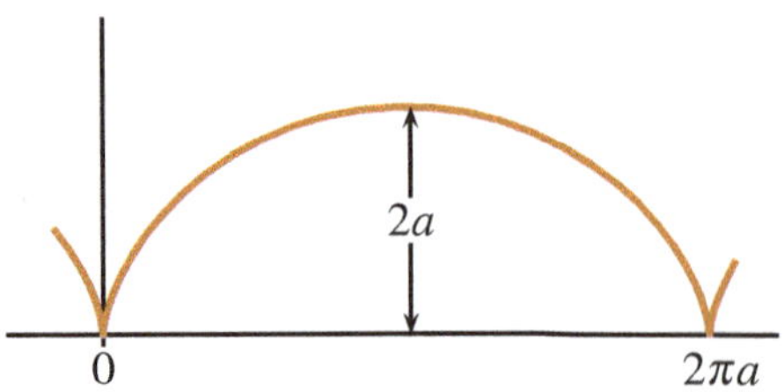

4.33 i) Es ist $\dot{\vec{r}}(t) = 24(-\cos^2 t \sin t, \sin^2 t \cos t)$ für alle $0 \leqq t \leqq \frac{\pi}{2}$ und also

$$\begin{aligned}\ell &= \int_0^{\frac{\pi}{2}} |\dot{\vec{r}}(t)|\,dt = 24\int_0^{\frac{\pi}{2}} \sqrt{\cos^4 t\sin^2 t + \sin^4 t\cos^2 t}\,dt\\ &= 24\int_0^{\frac{\pi}{2}} \sin t\cos t\sqrt{\cos^2 t + \sin^2 t}\,dt = 12\int_0^{\frac{\pi}{2}} 2\sin t\cos t\,dt = 12\Big[\sin^2 t\Big]_0^{\frac{\pi}{2}} = 12\,[\mathrm{m}]\,.\end{aligned}$$

ii) Die Fläche F des Zaunes ist die Fläche zwischen der Grundlinie C und dem Graphen von $f(x,y)$; daher

$$\begin{aligned}F &= \int_C f(x,y)\,ds(x,y) = \int_0^{\frac{\pi}{2}} f(8\cos^3 t, 8\sin^3 t)|\dot{\vec{r}}(t)|\,dt\\ &= \int_0^{\frac{\pi}{2}} (1+\frac{8}{3}\cos^3 t)24\sin t\,\cos t\,dt = 24\int_0^{\frac{\pi}{2}} \sin t\cos t dt + 64\int_0^{\frac{\pi}{2}} \sin t\cos^4 t\,dt\\ &= 12\Big[\sin^2 t\Big]_0^{\frac{\pi}{2}} + \frac{64}{5}\Big[-\cos^5 t\Big]_0^{\frac{\pi}{2}} = \frac{124}{5}\,[\mathrm{m}^2]\,.\end{aligned}$$

4.34 i) Für die Länge ℓ einer Ganghöhe C gilt

$$\ell = \int_C ds(\vec{x}) = \int_0^{2\pi} |\dot{\vec{r}}(t)|\,dt = \int_0^{2\pi} \sqrt{R^2+c^2}\,dt = 2\pi\sqrt{R^2+c^2}\,.$$

ii) Das Kurvenintegral ist

$$\begin{aligned}\int_C \frac{z^2}{x^2+y^2}\,ds(\vec{x}) &= \int_0^{2\pi} \frac{c^2t^2}{R^2\cos^2 t + R^2\sin^2 t}\sqrt{R^2+c^2}\,dt\\ &= \sqrt{R^2+c^2}\frac{c^2}{R^2}\int_0^{2\pi} t^2\,dt = \frac{8}{3}\pi^3\frac{c^2}{R^2}\sqrt{R^2+c^2}\,.\end{aligned}$$

Übungen aus 4.3.2

4.35 Für das Vektorfeld

$$\vec{f}(\vec{x}) = \begin{pmatrix} x+2y+\alpha z\\ \beta x - 3y - z\\ 4x+\gamma y + 2z\end{pmatrix} \text{ ist } \operatorname{rot}\vec{f}(\vec{x}) = \begin{pmatrix}\gamma+1\\ \alpha-4\\ \beta-2\end{pmatrix}. \text{ Somit ist } \vec{f}(\vec{x}) = \begin{pmatrix} x+2y+4z\\ 2x-3y-z\\ 4x-y+2z\end{pmatrix}$$

wirbelfrei. Eine Stammfunktion $h(\vec{x})$ muss $\frac{\partial h}{\partial x}(\vec{x}) = x+2y+4z$ erfüllen, es folgt $h(\vec{x}) = \frac{1}{2}x^2 + 2xy + 4xz + g(y,z)$ mit einer Funktion $g(y,z)$. Dann ist $\frac{\partial h}{\partial y}(\vec{x}) = 2x + \frac{\partial g}{\partial y}(y,z) = 2x-3y-z$, also $\frac{\partial g}{\partial y}(y,z) = -3y-z$ oder $g(y,z) = -\frac{3}{2}y^2 - zy + k(z)$ mit einer Funktion $k(z)$. Alsdann ist $h(\vec{x}) = \frac{1}{2}x^2 + 2xy + 4xz - \frac{3}{2}y^2 - zy + k(z)$ und $\frac{\partial h}{\partial z}(\vec{x}) = 4x - y + k'(z) = 4x-y+2z$. Wir erhalten $k(z) = z^2$ und schließlich $h(\vec{x}) = \frac{1}{2}x^2 + 2xy + 4xz - \frac{3}{2}y^2 - zy + z^2$.

4.36 Für das Vektorfeld $\vec{f}(\vec{x})$ ist

$$\operatorname{rot}\vec{f}(\vec{x}) = \nabla \times \vec{f}(\vec{x}) = \begin{pmatrix} -4yz^3 + 4yz^3 \\ 0 \\ 2xy - 2xy \end{pmatrix} = 0\,.$$

Da $\vec{f}(\vec{x})$ auf $\mathbb{R}^3$ definiert ist und $\mathbb{R}^3$ einfach zusammenhängend ist, können wir mit Folgerung 4.1 schließen, dass $\vec{f}(\vec{x})$ ein Gradientenfeld ist. Ist $h(\vec{x})$ eine Stammfunktion, so muss gelten

$$\frac{\partial h}{\partial x}(\vec{x}) = xy^2; \quad \text{es folgt} \quad h(\vec{x}) = \frac{1}{2}x^2y^2 + p(y,z)$$

mit einer Funktion $p(y,z)$. Weiter muss gelten

$$\frac{\partial h}{\partial y}(\vec{x}) = x^2y - yz^4 = x^2y + \frac{\partial p}{\partial y}(y,z); \quad \text{es folgt} \quad p(y,z) = -\frac{1}{2}y^2z^4 + q(z)$$

und $h(\vec{x}) = \frac{1}{2}x^2y^2 - \frac{1}{2}y^2z^4 + q(z)$ mit einer Funktion $q(z)$. Dann ist

$$\frac{\partial h}{\partial z}(\vec{x}) = -2y^2z^3 + q'(z) = -2y^2z^3, \text{ also } q'(z) = 0 \text{ und } h(\vec{x}) = \frac{1}{2}x^2y^2 - \frac{1}{2}y^2z^4 + C$$

mit einer Konstanten C. Für das Vektorfeld $\vec{g}(\vec{x})$ ist

$$\operatorname{rot}\vec{g}(\vec{x}) = \begin{pmatrix} 2yxe^z\sin x - 2xye^z\sin x \\ y^2e^z\sin x + y^2xe^z\cos x - y^2e^z\sin x - y^2xe^z\cos x \\ 2ye^z\sin x + 2xye^z\cos x - 2ye^z\sin x - 2yxe^z\cos x \end{pmatrix} = 0\,.$$

Damit ist $\vec{g}(\vec{x})$ wirbelfrei und also ein Gradientenfeld. Wie oben findet man die Stammfunktion $h(\vec{x}) = xy^2e^z\sin x + C$.

4.37 Die Parameterdarstellung von C ist

$$\vec{r}(t) = \begin{pmatrix} R\cos t \\ R\sin t \\ t \end{pmatrix} \quad \text{also } \dot{\vec{r}}(t) = \begin{pmatrix} -R\sin t \\ R\cos t \\ 1 \end{pmatrix} \quad \text{und } \vec{F}(\vec{r}(t)) = \begin{pmatrix} R^3\cos^3 t \\ R^3\cos^2 t\,\sin t \\ Rt^2\cos t + 2Rt\sin t \end{pmatrix}.$$

Wir erhalten mit (4.3.9)

$$\begin{aligned}\int_C \vec{F}(\vec{x})\cdot d\vec{x} &= \int_0^{2\pi} \vec{F}(\vec{r}(t))\cdot\dot{\vec{r}}(t)\,dt \\ &= \int_0^{2\pi} (-R^4\cos^3 t\sin t + R^4\cos^3 t\sin t + Rt^2\cos t + 2Rt\sin t)\,dt = R\Big[t^2\sin t\Big]_0^{2\pi} = 0\,.\end{aligned}$$

4.38 Nach Gleichung (4.3.9) ist

$$\int_C \vec{f}(\vec{x}) \cdot d\vec{x} = \int_a^b \vec{f}(\vec{r}(t)) \cdot \dot{\vec{r}}(t)\, dt\,.$$

Im Fall i) haben wir

$$\vec{r}(t) = \begin{pmatrix} t \\ t \\ t \end{pmatrix} \qquad \dot{\vec{r}}(t) = \begin{pmatrix} 1 \\ 1 \\ 1 \end{pmatrix} \qquad \vec{f}(\vec{r(t)}) = \begin{pmatrix} 12t \\ 3t^2 \\ 12t^3 \end{pmatrix} \qquad \text{und also}$$

$$\int_a^b \vec{f}(\vec{r}(t)) \cdot \dot{\vec{r}}(t)\, dt = \int_0^1 (12t + 3t^2 + 12t^3)\, dt = 10\,.$$

Im Fall ii) ist

$$\vec{r}(t) = \begin{pmatrix} t^2 \\ t \\ t^2 \end{pmatrix} \qquad \dot{\vec{r}}(t) = \begin{pmatrix} 2t \\ 1 \\ 2t \end{pmatrix} \qquad \vec{f}(\vec{r(t)}) = \begin{pmatrix} 12t^2 \\ 3t^3 \\ 12t^6 \end{pmatrix} \qquad \text{und also}$$

$$\int_a^b \vec{f}(\vec{r}(t)) \cdot \dot{\vec{r}}(t)\, dt = \int_0^1 (24t^3 + 3t^3 + 24t^7)\, dt = \frac{39}{4}\,.$$

4.39 Die Schnittkurve C ergibt sich aus

$$x^2 + y^2 = \Big(\frac{8}{x^2+y^2}\Big)^2 \qquad (x^2+y^2)^3 = 64 \qquad x^2+y^2 = 4 \text{ und } z = 2\,;$$

somit ist C der Kreis um $\begin{pmatrix} 0 \\ 0 \\ 2 \end{pmatrix}$ mit Radius 2. Wir durchlaufen ihn mathematisch positiv, also mit der Parameterdarstellung

$$\vec{r}(t) = \begin{pmatrix} 2\cos t \\ 2\sin t \\ 2 \end{pmatrix} \qquad \dot{\vec{r}}(t) = \begin{pmatrix} -2\sin t \\ 2\cos t \\ 0 \end{pmatrix} \qquad 0 \leqq t \leqq 2\pi\,.$$

Dann ist

$$\begin{aligned}
&\int_C (x^2 + 2y^2 z)\, dx + (x^3 - z^2)\, dy + (x^2 + y^2)\, dz \\
&= \int_0^{2\pi} \big((4\cos^2 t + 16\sin^2 t)(-2\sin t) + (8\cos^3 t - 4)2\cos t\big)\, dt \\
&= \int_0^{2\pi} \big((4 + 12\sin^2 t)(-2\sin t) + 16\cos^4 t - 8\cos t\big)\, dt
\end{aligned}$$

$$= \int_0^{2\pi} (-8\sin t - 24\sin^3 t + 16\cos^4 t - 8\cos t)\,dt = 16\int_0^{2\pi} \cos^4 t\,dt\,.$$

Dieses Integral kann man durch partielle Integration, kombiniert mit der Gleichung $\cos^2 t = \frac{1}{2}(1+\cos 2t)$ lösen, oder man entnimmt einer Formelsammlung die Stammfunktion und erhält

$$16\int_0^{2\pi} \cos^4 t\,dt = 16\Big[\frac{3}{8}t + \frac{1}{4}\sin 2t + \frac{1}{32}\sin 4t\Big]_0^{2\pi} = 12\pi\,.$$

4.40 Wir berechnen

$$\operatorname{rot}\vec{H}(\vec{x}) = c\,I \begin{pmatrix} \dfrac{\partial}{\partial x} \\ \dfrac{\partial}{\partial y} \\ \dfrac{\partial}{\partial z} \end{pmatrix} \times \begin{pmatrix} -\dfrac{y}{x^2+y^2} \\ \dfrac{x}{x^2+y^2} \\ 0 \end{pmatrix} = c\,I \begin{pmatrix} 0 \\ 0 \\ \dfrac{-x^2+y^2}{(x^2+y^2)^2} + \dfrac{x^2-y^2}{(x^2+y^2)^2} \end{pmatrix} = 0\,.$$

Wir können aber hieraus nicht schließen, dass $\vec{H}(\vec{x})$ ein Potential besitzt, da der Definitionsbereich $\mathbb{R}^3 \setminus z$-Achse nicht einfach zusammenhängend ist. Integrieren wir das Vektorfeld $\vec{H}(\vec{x})$ längs eines Kreises um 0 vom Radius $R > 0$, etwa in der (x,y)-Ebene, gegeben durch die Parameterdarstellung

$$\vec{r}(t) = \begin{pmatrix} R\cos t \\ R\sin t \\ 0 \end{pmatrix} \quad \text{mit} \quad \dot{\vec{r}}(t) = \begin{pmatrix} -R\sin t \\ R\cos t \\ 0 \end{pmatrix} \qquad \text{für } 0 \leqq t \leqq 2\pi\,,$$

so ergibt sich

$$\int_C \vec{H}(\vec{x})\cdot d\vec{x} = \int_0^{2\pi} \vec{H}(\vec{r}(t))\cdot\dot{\vec{r}}(t)\,dt = \frac{c\,I}{R^2}\int_0^{2\pi} (R^2\sin^2 t + R^2\cos^2 t)dt = 2\pi\,c\,I \neq 0\,.$$

Somit ist $\vec{H}(\vec{x})$ zwar wirbelfrei, besitzt aber kein Potential.

Übungen aus 4.4.1

4.41 Es bezeichne $G := \{(x,y) \in \mathbb{R}^2 : x^2+y^2 \leq R^2\}$ die Bodenfläche des Kaffeebechers. Dann gilt für das Kaffeevolumen mit Polarkoordinaten

$$\begin{aligned} V &= \iint_G f(x,y)\,dxdy = \iint_G (h + a(x^2+y^2))\,dxdy = \pi R^2 h + a\iint_G (x^2+y^2)\,dxdy \\ &= \pi R^2 h + a\int_0^{2\pi}\Big(\int_0^R r^2\,r\,dr\Big)d\varphi = \pi R^2 h + \frac{\pi}{2}aR^4 = \frac{\pi}{2}R^2(k+h)\,, \end{aligned}$$

wobei wir noch $a = \dfrac{k-h}{R^2}$ benutzt haben. Für die Kaffeeoberfläche erhält man mit (4.4.8)

$$O=\iint_G\sqrt{1+\Big(\frac{\partial f}{\partial x}(x,y)\Big)^2+\Big(\frac{\partial f}{\partial y}(x,y)\Big)^2}\,dxdy=\iint_G\sqrt{1+4a^2(x^2+y^2)}dxdy$$
$$=\int_0^{2\pi}\int_0^R\sqrt{1+4a^2r^2}\,r\,dr\,d\varphi=2\pi\Big[\frac{2}{3}\frac{1}{8a^2}(1+4a^2r^2)^{\frac{3}{2}}\Big]_0^R$$
$$=\frac{\pi}{6}\frac{R^4}{(k-h)^2}\Big(\big(1+4\frac{(k-h)^2}{R^2}\big)^{\frac{3}{2}}-1\Big).$$

4.42 Die gesuchte Fläche O ist die Fläche des Graphen der Funktion

$$f:f(x,y)=\sqrt{R^2-(x^2+y^2)}$$

über dem Grundbereich

$$G:=\{(x,y)\in\mathbb{R}^2:\big(x-\frac{R}{2}\big)^2+y^2\leqq\frac{R^2}{4}\},$$

somit ist nach Gleichung (4.4.8)

$$O=\iint_G\sqrt{1+\Big(\frac{\partial f}{\partial x}(x,y)\Big)^2+\Big(\frac{\partial f}{\partial y}(x,y)\Big)^2}\,dxdy$$
$$=\iint_G\frac{R}{\sqrt{R^2-(x^2+y^2)}}dxdy.$$

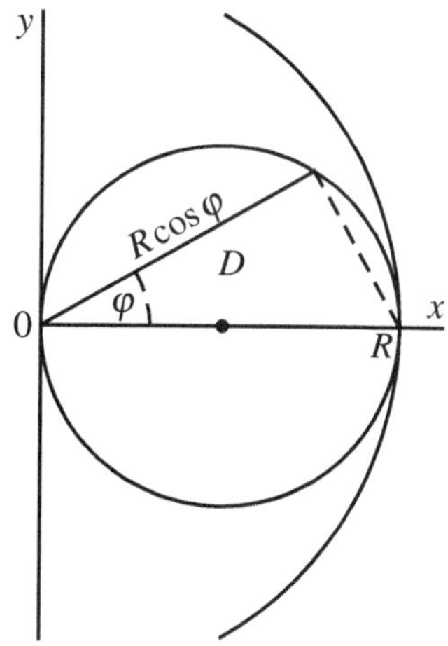

Aus Symmetriegründen genügt es, über den oberen Halbkreis

$$D:=\{(x,y)\in\mathbb{R}^2:x,y\geqq 0,\big(x-\frac{R}{2}\big)^2+y^2\leqq\frac{R^2}{4}\}$$

zu integrieren. Wir führen Polarkoordinaten vermöge $x=r\cos\varphi$, $y=r\sin\varphi$ ein. In Polarkoordinaten ist $D=\{(r,\varphi):0\leqq\varphi\leqq\frac{\pi}{2},0\leqq r\leqq R\cos\varphi\}$; also ein Normalbereich im Sinne von Abschnitt 4.1.1. Dann ist

$$O=2\iint_D\frac{R}{\sqrt{R^2-(x^2+y^2)}}dxdy=2R\int_0^{\frac{\pi}{2}}\Big(\int_0^{R\cos\varphi}\frac{r}{\sqrt{R^2-r^2}}dr\Big)d\varphi$$
$$=2R\int_0^{\frac{\pi}{2}}\Big[-\sqrt{R^2-r^2}\Big]_0^{R\cos\varphi}d\varphi=-2R\int_0^{\frac{\pi}{2}}\big(\sqrt{R^2-R^2\cos^2\varphi}-R\big)d\varphi$$
$$=-2R^2\int_0^{\frac{\pi}{2}}(\sin\varphi-1)\,d\varphi=\pi R^2-2R^2.$$

4.43 Die Matrix

$$\begin{pmatrix}\cos\varphi&-\sin\varphi&0\\ \sin\varphi&\cos\varphi&0\\ 0&0&1\end{pmatrix}$$

beschreibt die Drehung um die z-Achse mit Drehwinkel φ. Daher durchläuft $\vec{r}(z,\varphi)$ die Punkte der Rotationsfläche mit Ausnahme des Graphen

$$\left\{\begin{pmatrix} f(z) \\ 0 \\ z \end{pmatrix} : a \leqq z \leqq b\right\}$$

selbst. Der Definitionsbereich $D = \{(z,\varphi) : a \leqq z \leqq b, 0 < \varphi < 2\pi\}$ ist nicht offen. Ersetzt man D durch die offene Menge $\{(z,\varphi) : a < z < b, 0 < \varphi < 2\pi\}$, so fehlen noch die beiden Kreise um $\begin{pmatrix} 0 \\ 0 \\ a \end{pmatrix}$ und $\begin{pmatrix} 0 \\ 0 \\ b \end{pmatrix}$ vom Radius $f(a)$ beziehungsweise $f(b)$. Alle diese Mengen leisten zum Flächeninhalt der Oberfläche keinen Beitrag. Wir können uns daher auf die Gleichung (4.4.7) stützen:

$$F = \iint_S dA(\vec{x}) = \iint_D \left|\frac{\partial \vec{r}}{\partial z}(z,\varphi) \times \frac{\partial \vec{r}}{\partial \varphi}(z,\varphi)\right| dz d\varphi$$

und rechnen aus

$$\frac{\partial \vec{r}}{\partial z}(z,\varphi) = \begin{pmatrix} f'(z)\cos\varphi \\ f'(z)\sin\varphi \\ 1 \end{pmatrix} \qquad \frac{\partial \vec{r}}{\partial \varphi}(z,\varphi) = \begin{pmatrix} -f(z)\sin\varphi \\ f(z)\cos\varphi \\ 0 \end{pmatrix}$$

$$\frac{\partial \vec{r}}{\partial z}(z,\varphi) \times \frac{\partial \vec{r}}{\partial \varphi}(z,\varphi) = \begin{pmatrix} -f(z)\cos\varphi \\ -f(z)\sin\varphi \\ f(z)f'(z) \end{pmatrix}.$$

Damit ergibt sich

$$\left|\frac{\partial \vec{r}}{\partial z}(z,\varphi) \times \frac{\partial \vec{r}}{\partial \varphi}(z,\varphi)\right| = f(z)\sqrt{1+f'(z)^2} \quad \text{und} \quad F = 2\pi \int_a^b f(z)\sqrt{1+f'(z)^2}\, dz.$$

Im Fall der Kugel ist $f(z) = \sqrt{R^2 - z^2}$ für $-R \leqq z \leqq R$. Es ist dann

$$f(z)\sqrt{1+f'(z)^2} = \sqrt{R^2-z^2}\sqrt{1+\frac{z^2}{R^2-z^2}} = R \quad \text{für } -R \leqq z \leqq R$$

und

$$F = 2\pi \int_{-R}^{R} f(z)\sqrt{1+f'(z)^2}\, dz = 4\pi R^2.$$

4.44 Die gesuchte Oberfläche O entsteht durch Rotation des Hyperbelstücks $\frac{x^2}{40^2} - \frac{z^2}{70^2} = 1$ im Bereich $-100 \leqq z \leqq 30$ um die z-Achse. Es ist ratsam, möglichst lange mit „allgemeinen Zahlen" zu rechnen. Wir setzen daher

$$a := 40 \qquad b := 70 \qquad \delta := \frac{a}{b} \qquad c^2 := \frac{b^2}{1+\delta^2}\,.$$

Aus $\dfrac{x^2}{40^2} - \dfrac{z^2}{70^2} = 1$ ergibt sich

$$x = f(z) = a\sqrt{1+\frac{z^2}{b^2}} = \delta\sqrt{b^2+z^2} \quad f'(z) = \delta\frac{z}{\sqrt{b^2+z^2}} \quad 1+(f'(z))^2 = \frac{(1+\delta^2)z^2+b^2}{z^2+b^2}$$

und wir erhalten mit Übung 4.43 für die Oberfläche des Mantels

$$\begin{aligned} O &= 2\pi\int_{-100}^{30} f(z)\sqrt{1+(f'(z))^2}\,dz = 2\pi\delta\int_{-100}^{30}\sqrt{(1+\delta^2)z^2+b^2}\,dz \\ &= 2\pi\delta\sqrt{1+\delta^2}\int_{-100}^{30}\sqrt{c^2+z^2}\,dz \\ &= \pi\delta\sqrt{1+\delta^2}\Big[z\sqrt{c^2+z^2}+c^2\ln\big(z+\sqrt{c^2+z^2}\big)\Big]_{-100}^{30}. \end{aligned}$$

Setzen wir nun die Zahlenwerte

$$\delta = \frac{4}{7} \qquad \sqrt{1+\delta^2} = \sqrt{\frac{65}{49}} = 1.1518... \qquad c^2 = 3693.846...$$

ein, so ergibt sich $O \approx 41752\ \mathrm{m}^2$.

4.45 Eine Parameterdarstellung für den Graphen von $h(x,y)$ ist

$$\vec{r}(s) = \begin{pmatrix} s \\ t \\ 1-s^2-t^2 \end{pmatrix} \qquad \text{für } (s,t)\in D := \{(s,t)\in\mathbb{R}^2 : s^2+t^2<1\}.$$

Dann ist mit (4.4.7) und (4.4.1)

$$\begin{aligned} \iint_S \vec{v}(\vec{x})\cdot\vec{n}(\vec{x})\,dA(\vec{x}) &= \iint_D \vec{v}(\vec{r}(s,t))\cdot\vec{n}(\vec{r}(s,t))\left|\frac{\partial\vec{r}}{\partial s}(s,t)\times\frac{\partial\vec{r}}{\partial t}(s,t)\right| dsdt \\ &= \iint_D \vec{v}(\vec{r}(s,t))\cdot\Big(\frac{\partial\vec{r}}{\partial s}(s,t)\times\frac{\partial\vec{r}}{\partial t}(s,t)\Big)dsdt = \iint_D \begin{pmatrix} st^2 \\ -s^2t \\ 1-s^2-t^2 \end{pmatrix}\cdot\begin{pmatrix} 2s \\ 2t \\ 1 \end{pmatrix} dsdt \\ &= \iint_D (1-s^2-t^2)\,dsdt = 2\pi\int_0^1 (1-r^2)\,r\,dr = \frac{\pi}{2}, \end{aligned}$$

wobei wir am Schluss noch Polarkoordinaten $s = r\cos\varphi$, $t = r\sin\varphi$ benutzt haben.

Übungen aus 4.4.2

4.46 Für einen Punkt $\vec{x} \in S$ ist $|\vec{x}| = R$, also $\vec{E}(\vec{x}) = Q\,\frac{\vec{x}}{R^3}$, und die äußere (Einheits-)Normale in $\vec{x}$ ist gegeben durch $\vec{n}(\vec{x}) = \frac{\vec{x}}{R}$. Daher ist nach (4.4.18) der elektrische Fluss durch S

$$\iint_S \vec{E}(\vec{x})\,dA(\vec{x}) = \iint_S Q\,\frac{\vec{x}}{R^3}\cdot\frac{\vec{x}}{R}\,dA(\vec{x}) = \iint_S Q\,\frac{1}{R^2}\,dA(\vec{x}) = \frac{Q}{R^2}\iint_S dA(\vec{x}) = 4\pi Q$$

4.47 Für das Zentralfeld $\vec{f}(\vec{x}) = h(|\vec{x}|)\vec{x} = h(|\vec{x}|)\begin{pmatrix} x\\ y\\ z\end{pmatrix} =: \begin{pmatrix} f_1(\vec{x})\\ f_2(\vec{x})\\ f_3(\vec{x})\end{pmatrix}$ ist

$$\frac{\partial f_1}{\partial x}(\vec{x}) = h(|\vec{x}|) + \frac{x^2}{|\vec{x}|}h'(|\vec{x}|),\ \frac{\partial f_2}{\partial y}(\vec{x}) = h(|\vec{x}|) + \frac{y^2}{|\vec{x}|}h'(|\vec{x}|),\ \frac{\partial f_3}{\partial z}(\vec{x}) = h(|\vec{x}|) + \frac{z^2}{|\vec{x}|}h'(|\vec{x}|)\,.$$

Daher ist mit $r = |\vec{x}|$

$$\operatorname{div}\vec{f}(\vec{x}) = 3h(r) + \frac{1}{r}(x^2+y^2+z^2)h'(r) = 3h(r) + rh'(r)\,.$$

Wir bezeichnen die Kugel vom Radius R um 0 mit G und erhalten für das linke Integral in (4.4.10) mit Kugelkoordinaten

$$\begin{aligned}\iiint_G \operatorname{div}\vec{f}(\vec{x})\,dxdydz &= \int_0^R\int_0^{2\pi}\int_0^{\pi}\big(3h(r)+rh'(r)\big)r^2\sin\vartheta\,d\vartheta\,d\varphi\,dr\\ &= 4\pi\int_0^R\big(3r^2h(r)+r^3h'(r)\big)dr = 4\pi\int_0^R\big(r^3h(r)\big)'dr = 4\pi R^3h(R)\,.\end{aligned}$$

Es bezeichne S die Kugelfläche, also die Oberfläche von G. In einem Punkt $\vec{x} \in S$ ist die äußere (Einheits-)Normale $\vec{n}(\vec{x})$ von G gegeben durch $\vec{n}(\vec{x}) = \frac{1}{R}\vec{x}$. Mithin ist die rechte Seite von (4.4.10)

$$\iint_S \vec{f}(\vec{x})\cdot\vec{n}(\vec{x})dA(\vec{x}) = \iint_S h(|\vec{x}|)\vec{x}\cdot\frac{\vec{x}}{R}dA(\vec{x}) = h(R)R\iint_S dA(\vec{x}) = 4\pi R^3h(R)\,.$$

4.48 i) Es bezeichne B die Bodenfläche, D die Deckelfläche und M den Mantel des Zylinders. Dann ist

$$\iint_S \vec{f}(\vec{x})\cdot\vec{n}(\vec{x})\,dA(\vec{x}) = \iint_B \vec{f}(\vec{x})\cdot\vec{n}(\vec{x})\,dA(\vec{x}) + \iint_D \vec{f}(\vec{x})\cdot\vec{n}(\vec{x})\,dA(\vec{x}) + \iint_M \vec{f}(\vec{x})\cdot\vec{n}(\vec{x})\,dA(\vec{x})\,.$$

Für alle Punkte $\vec{x} \in B$ ist $\vec{f}(\vec{x}) = 0$, daher ist das erste Integral auf der rechten Seite $= 0$. Für den Deckel D gilt

$$D = \{ \begin{pmatrix} x \\ y \\ 5 \end{pmatrix} : x^2 + y^2 < 16 \}, \qquad \vec{n}(\vec{x}) = \vec{e}^3, \quad \vec{f}(\vec{x}) \cdot \vec{n}(\vec{x}) = -15y^2 \quad \text{für alle } \vec{x} \in D.$$

Eine Parameterdarstellung für D ist

$$\vec{r}(x,y) = \begin{pmatrix} x \\ y \\ 5 \end{pmatrix} \qquad \text{für } (x,y) \in B_0 := \{(x,y) \in \mathbb{R}^2 : x^2 + y^2 < 16\}.$$

Dann können wir rechnen

$$\begin{aligned}
\iint_D \vec{f}(\vec{x}) \cdot \vec{n}(\vec{x})\, dA(\vec{x}) &= -15 \iint_{B_0} y^2\, dx dy = -15 \int_{-4}^{4} \Big(\int_{-\sqrt{16-x^2}}^{\sqrt{16-x^2}} y^2 dy \Big) dx \\
&= -10 \int_{-4}^{4} \big[y^3 \big]_0^{\sqrt{16-x^2}} dx = -10 \int_{-4}^{4} (16-x^2)^{\frac{3}{2}} dx = -20 \int_0^4 (16-x^2)^{\frac{3}{2}} dx \\
&= -80 \cdot 64 \int_0^{\frac{\pi}{2}} \cos^4 t dt = -960\pi. \qquad \text{(Übung 1.62)}
\end{aligned}$$

Für die Mantelfläche M ist

$$M = \{ \begin{pmatrix} x \\ y \\ z \end{pmatrix} : x^2 + y^2 = 16, 0 < z < 5 \} \quad \vec{n}(\vec{x}) = \frac{1}{4} \begin{pmatrix} x \\ y \\ 0 \end{pmatrix} \qquad \vec{f}(\vec{x}) \cdot \vec{n}(\vec{x}) = \frac{1}{4}(x^2 z + x^2 y^2 z).$$

Eine Parameterdarstellung für M ist

$$\vec{r}(\varphi, z) = \begin{pmatrix} 4\cos\varphi \\ 4\sin\varphi \\ z \end{pmatrix} \qquad \text{für alle } (\varphi, z) \in C := \{(\varphi, z) : 0 < \varphi < 2\pi, 0 < z < 5\} \quad \text{mit}$$

$$\frac{\partial \vec{r}}{\partial \varphi}(\varphi, z) \times \frac{\partial \vec{r}}{\partial z}(\varphi, z) = \begin{pmatrix} 4\cos\varphi \\ 4\sin\varphi \\ 0 \end{pmatrix}, \quad \Big|\frac{\partial \vec{r}}{\partial \varphi}(\varphi, z) \times \frac{\partial \vec{r}}{\partial z}(\varphi, z)\Big| = 4.$$

Damit können wir wieder rechnen

$$\begin{aligned}
&\iint_M \vec{f}(\vec{x}) \cdot \vec{n}(\vec{x})\, dA(\vec{x}) = \frac{1}{4} \iint_M x^2 z (1 + y^2) dA(\vec{x}) \\
&= \frac{1}{4} \iint_C 16 z \cos^2\varphi\, (1 + 16\sin^2\varphi)\, 4\, d\varphi dz = 16 \int_0^{2\pi} \int_0^5 z(\cos^2\varphi + 16\sin^2\varphi\cos^2\varphi) d\varphi dz \\
&= 16 \Big(\int_0^5 z dz \Big) \Big(\int_0^{2\pi} (\cos^2\varphi + 16\sin^2\varphi\cos^2\varphi) d\varphi \Big)
\end{aligned}$$

$$=200\Big(\int_0^{2\pi}(\cos^2\varphi+4\sin^2 2\varphi)d\varphi\Big)=200(\pi+4\pi)=1000\,\pi\,.$$

Mithin ist

$$\iint_S \vec{f}(\vec{x})\cdot\vec{n}(\vec{x})\,dA(\vec{x})=-960\pi+1000\pi=40\pi\,.$$

ii) Die Divergenz von $\vec{f}$ ist $\operatorname{div}\vec{f}(\vec{x})=z+x^2z-3y^2$. Damit ist

$$\iiint_G \operatorname{div}\vec{f}(\vec{x})dxdydz=\iiint_G(z+x^2z-3y^2)dxdydz=\iint_{B_0}\Big(\int_0^5(z+x^2z-3y^2)dz\Big)dxdy$$

$$=\iint_{B_0}\big(\frac{25}{2}+\frac{25}{2}x^2-15y^2\big)dxdy;\qquad \text{weiter mit Polarkoordinaten } x=r\cos\varphi,\ y=r\sin\varphi$$

$$=\int_0^{2\pi}\Big(\int_0^4\big(\frac{25}{2}+\frac{25}{2}r^2\cos^2\varphi-15r^2\sin^2\varphi\big)r\,dr\Big)d\varphi$$

$$=\int_0^{2\pi}(100+25\cdot 32\cos^2\varphi-15\cdot 64\sin^2\varphi)d\varphi=200\pi+25\cdot 32\pi-15\cdot 64\pi=40\pi\,.$$

4.49 Es sei $\vec{f}$ ein räumliches Vektorfeld mit $\operatorname{div}\vec{f}=1$, etwa $\vec{f}(\vec{x})=\frac{1}{3}\begin{pmatrix}x\\y\\z\end{pmatrix}$ für alle $\vec{x}\in\mathbb{R}^3$.

Dann ist nach dem Satz von Gauß

$$\text{Volumen von } G=\iiint_G dxdydz=\iiint_G \operatorname{div} f(\vec{x})dxdydz=\iint_S \vec{f}(\vec{x})\cdot\vec{n}(\vec{x})\,dA(\vec{x})\,.$$

Wir nehmen $G=\Big\{\begin{pmatrix}x\\y\\z\end{pmatrix}: x^2+y^2\leqq R^2,\ 0\leqq z\leqq h\Big\}$ mit $R,h>0$ an und bezeichnen mit B den Boden, D den Deckel und M die Mantelfläche des Zylinders G. Dann gilt

$$\vec{f}(\vec{x})=\frac{1}{3}\begin{pmatrix}x\\y\\0\end{pmatrix}\quad\text{und}\quad \vec{n}(\vec{x})=-\vec{e}^{\,3},\quad\text{somit}\quad \vec{f}(\vec{x})\cdot\vec{n}(\vec{x})=0\quad\text{für alle } \vec{x}\in B$$

und also $\iint_B \vec{f}(\vec{x})\cdot\vec{n}(\vec{x})\,dA(\vec{x})=0$. Weiter ist

$$\vec{f}(\vec{x})=\frac{1}{3}\begin{pmatrix}x\\y\\h\end{pmatrix}\quad\text{und}\quad \vec{n}(\vec{x})=\vec{e}^{\,3},\quad\text{somit}\quad \vec{f}(\vec{x})\cdot\vec{n}(\vec{x})=\frac{1}{3}h\quad\text{für alle } \vec{x}\in D\,,$$

also ist $\iint_D \vec{f}(\vec{x})\cdot\vec{n}(\vec{x})\,dA(\vec{x})=\frac{1}{3}h\iint_B dA(\vec{x})=\frac{1}{3}h\pi R^2$. Schließlich ist

$$\vec{n}(\vec{x}) = \frac{1}{R}\begin{pmatrix} x \\ y \\ 0 \end{pmatrix} \quad \text{und} \quad \vec{f}(\vec{x}) \cdot \vec{n}(\vec{x}) = \frac{1}{3R}(x^2+y^2) \quad \text{für alle } \vec{x} \in M\,.$$

Eine Parameterdarstellung des Mantels M ist

$$\vec{r}(\varphi,z) = \begin{pmatrix} R\cos\varphi \\ R\sin\varphi \\ z \end{pmatrix} \quad \text{mit} \quad \frac{\partial \vec{r}}{\partial \varphi}(\varphi,z) \times \frac{\partial \vec{r}}{\partial z}(\varphi,z) = \begin{pmatrix} R\cos\varphi \\ R\sin\varphi \\ 0 \end{pmatrix} \quad \text{und}$$

$$\Big|\frac{\partial \vec{r}}{\partial \varphi}(\varphi,z) \times \frac{\partial \vec{r}}{\partial z}(\varphi,z)\Big| = R \quad \text{für alle } 0 < \varphi < 2\pi,\, 0 < z < h\,.$$

Daher ist

$$\iint_M \vec{f}(\vec{x}) \cdot \vec{n}(\vec{x})\, dA(\vec{x}) = \frac{1}{3R}\iint_M (x^2+y^2)dA(\vec{x}) = \frac{1}{3R}\int_0^{2\pi}\Big(\int_0^h R^2 dz\Big) R\, d\varphi = \frac{2}{3}hR^2\pi$$

und wir erhalten für das Volumen V des Zylinders

$$\begin{aligned} V &= \iint_S \vec{f}(\vec{x}) \cdot \vec{n}(\vec{x})\, dA(\vec{x}) \\ &= \iint_B \vec{f}(\vec{x}) \cdot \vec{n}(\vec{x})\, dA(\vec{x}) + \iint_D \vec{f}(\vec{x}) \cdot \vec{n}(\vec{x})\, dA(\vec{x}) + \iint_M \vec{f}(\vec{x}) \cdot \vec{n}(\vec{x})\, dA(\vec{x}) = \pi R^2 h\,. \end{aligned}$$

4.50 i) Da die Ladung – und damit der Nullpunkt – im Innern der offenen Menge G liegt, gibt es ein $r > 0$, so dass die Kugel $K := \{\vec{x} \in \mathbb{R}^3 : |\vec{x}| \leqq r\}$ um 0 mit Radius r mitsamt ihrer Randfläche $T := \{\vec{x} \in \mathbb{R}^3 : |\vec{x}| = r\}$ ganz in G liegt. Wir können auf die offene Menge $G' := G \setminus K$ und das elektrische Feld $\vec{E}(\vec{x}) = Q\dfrac{\vec{x}}{|\vec{x}|^3}$ den Satz von Gauß anwenden; die Randfläche von G ohne K besteht aus S und T. Der Satz von Gauß zeigt

$$\iint_S \vec{E}(\vec{x}) \cdot \vec{n}(\vec{x})dA(\vec{x}) + \iint_T \vec{E}(\vec{x}) \cdot \vec{n}(\vec{x})dA(\vec{x}) = \iiint_{G'} \operatorname{div}\vec{E}(\vec{x})\, dxdydz = 0\,,$$

da das Feld $\vec{E}(\vec{x})$ in G' quellenfrei ist. Dabei bezeichnet $\vec{n}(\vec{x})$ jeweils die Normale, die bezüglich G' nach außen zeigt; in den Punkten $\vec{x} \in T$ zeigt somit $\vec{n}(\vec{x})$ in die Kugel K hinein. Der elektrische Fluss durch S ist daher nach Übung 4.46

$$\iint_S \vec{E}(\vec{x}) \cdot \vec{n}(\vec{x})dA(\vec{x}) = -\iint_T \vec{E}(\vec{x}) \cdot \vec{n}(\vec{x})dA(\vec{x}) = \iint_T \vec{E}(\vec{x}) \cdot (-\vec{n}(\vec{x}))dA(\vec{x}) = 4\pi Q\,.$$

ii) Da der Nullpunkt außerhalb G und S liegt, können wir wieder auf das elektrische Feld $\vec{E}(\vec{x}) = Q\dfrac{\vec{x}}{|\vec{x}|^3}$ den Satz von Gauß anwenden und finden

$$\iint_S \vec{E}(\vec{x}) \cdot \vec{n}(\vec{x})dA(\vec{x}) = \iiint_G \operatorname{div}\vec{E}(\vec{x})\, dxdydz = 0\,.$$

Übungen aus 4.4.3

4.51 i) Es ist $\operatorname{rot}\vec{f}(\vec{x}) = \begin{pmatrix} x+1 \\ -y \\ 1 \end{pmatrix}$ und die Normale auf der Kugelsphäre ist gegeben durch $\vec{n}(\vec{x}) = \frac{1}{3}\vec{x}$ für alle $\vec{x} \in S$, somit ist

$$\iint_S \operatorname{rot}\vec{f}(\vec{x}) \cdot \vec{n}(\vec{x})\, dA(\vec{x}) = \frac{1}{3} \iint_S (x^2 + x - y^2 + z)\, dA(\vec{x}).$$

Eine Parameterdarstellung für die obere Halbkugelsphäre S erhält man aus den Kugelkoordinaten zu

$$\vec{r}(\varphi, \vartheta) = \begin{pmatrix} 3\cos\varphi \sin\vartheta \\ 3\sin\varphi \sin\vartheta \\ 3\cos\vartheta \end{pmatrix} \quad \text{mit} \quad \left|\frac{\partial \vec{r}}{\partial \varphi}(\varphi, \vartheta) \times \frac{\partial \vec{r}}{\partial \vartheta}(\varphi, \vartheta)\right| = 9\sin\vartheta$$

für $0 \leqq \varphi < 2\pi, 0 \leqq \vartheta < \frac{\pi}{2}$. Damit ergibt sich

$$\begin{aligned}
&\iint_S \operatorname{rot}\vec{f}(\vec{x}) \cdot \vec{n}(\vec{x})\, dA(\vec{x}) \\
=&\frac{1}{3} \int_0^{2\pi} \int_0^{\frac{\pi}{2}} (9\cos^2\varphi \sin^2\vartheta + 3\cos\varphi \sin\vartheta - 9\sin^2\varphi \sin^2\vartheta + 3\cos\vartheta) 9\sin\vartheta\, d\varphi\, d\vartheta \\
=&27\Big(\int_0^{2\pi} (\cos^2\varphi - \sin^2\varphi)\, d\varphi\Big) \int_0^{\frac{\pi}{2}} \sin^3\vartheta\, d\vartheta + 9\Big(\int_0^{2\pi} \cos\varphi\, d\varphi\Big) \int_0^{\frac{\pi}{2}} \sin^2\vartheta\, d\vartheta \\
&\qquad + 9\int_0^{2\pi} \int_0^{\frac{\pi}{2}} \cos\vartheta \sin\vartheta\, d\varphi\, d\vartheta \\
=&9 \cdot 2\pi \int_0^{\frac{\pi}{2}} \cos\vartheta \sin\vartheta\, d\vartheta = 9\pi,
\end{aligned}$$

da die ersten beiden Integrale bezüglich φ verschwinden. ii) Der Satz von Stokes zeigt

$$\iint_S \operatorname{rot}\vec{f}(\vec{x}) \cdot \vec{n}(\vec{x})\, dA(\vec{x}) = \int_C \vec{f}(\vec{x}) \cdot d\vec{x}$$

mit C dem positiv orientierten Kreis in der x-y-Ebene um den Nullpunkt vom Radius 3. Eine Parameterdarstellung dieses Kreises ist

$$\vec{r}(t) = \begin{pmatrix} 3\cos t \\ 3\sin t \\ 0 \end{pmatrix} \quad \text{mit} \quad \dot{\vec{r}}(t) = \begin{pmatrix} -3\sin t \\ 3\cos t \\ 0 \end{pmatrix} \quad \text{für alle } 0 \leqq t \leqq 2\pi$$

und wir erhalten

$$\int_C \vec{f}(\vec{x}) \cdot d\vec{x} = \int_0^{2\pi} \vec{f}(\vec{r}(t)) \cdot \dot{\vec{r}}(t)\, dt = \int_0^{2\pi} (6\cos t - 3\sin t)(-3\sin t)\, dt$$
$$= -18 \int_0^{2\pi} \sin t \cos t\, dt + 9 \int_0^{2\pi} \sin^2 t\, dt = \frac{9}{2} \int_0^{2\pi} (1 - \cos 2t) dt = 9\pi .$$

4.52 S ist eine glatte Fläche im Raum, die Zuordnung $\vec{x} \mapsto \vec{e}^3$ liefert eine konstante, insbesondere stetige Wahl einer Normalen; somit ist S auch orientierbar und die Randkurve C ist bezüglich dieser Wahl positiv orientiert. Für das räumliche Vektorfeld

$$\vec{g}(\vec{x}) := \begin{pmatrix} f_1(x,y) \\ f_2(x,y) \\ 0 \end{pmatrix} \text{ ist } \operatorname{rot} \vec{g}(\vec{x}) = \begin{pmatrix} 0 \\ 0 \\ \dfrac{\partial f_2}{\partial x}(x,y) - \dfrac{\partial f_1}{\partial y}(x,y) \end{pmatrix} \quad \text{für alle } \vec{x} = \begin{pmatrix} x \\ y \\ z \end{pmatrix} \in D \times \mathbb{R},$$

so dass der Satz von Stokes (Satz 4.8) liefert

$$\iint_S \Big(\frac{\partial f_2}{\partial x}(x,y) - \frac{\partial f_1}{\partial y}(x,y)\Big) dx dy = \iint_S \operatorname{rot} \vec{g}(\vec{x}) \cdot \vec{n}(\vec{x})\, dA(\vec{x}) = \int_C \vec{g}(\vec{x}) \cdot d\vec{x} = \int_C \vec{f}(\vec{x}) \cdot d\vec{x}.$$

4.53 Ist $\vec{f}(\vec{x})$ ein Vektorfeld mit $\dfrac{\partial f_2}{\partial x}(x,y) - \dfrac{\partial f_1}{\partial y}(x,y) = 1$ für alle (x,y), so folgt aus der Greenschen Formel

$$\int_C \vec{f}(\vec{x}) \cdot d\vec{x} = \iint_S \Big(\frac{\partial f_2}{\partial x}(x,y) - \frac{\partial f_1}{\partial y}(x,y)\Big) dx dy = \iint_S dx dy = \text{Fläche von } S.$$

Ein einfaches solches Vektorfeld ist $\vec{f}(x,y) = (0,x)$ für $(x,y) \in \mathbb{R}^2$. Mit der Parameterdarstellung $x = a\cos t,\ y = b\sin t,\ 0 \leqq t \leqq 2\pi$, für die Ellipse folgt für ihre Fläche F

$$F = \int_E \vec{f}(\vec{x}) \cdot d\vec{x} = \int_E x dy = ab \int_0^{2\pi} \cos^2 t\, dt = \pi ab .$$

4.54 i) Eine Parameterdarstellung für C ist

$$x(t) = \cos t, \quad y(t) = \sin t \quad \text{mit} \quad \dot{x}(t) = -\sin t, \quad \dot{y}(t) = \cos t \quad \text{für alle } 0 \leqq t \leqq 2\pi .$$

Damit wird

$$\int_C (xy - x + y)\, dx + (xy - x - y)\, dy$$
$$= \int_0^{2\pi} \Big((\cos t \sin t - \cos t + \sin t)(-\sin t) + (\cos t \sin t - \cos t - \sin t)\cos t\Big)\, dt$$
$$= \int_0^{2\pi} \big(-\cos t \sin^2 t - \sin^2 t - \cos^2 t + \cos^2 t \sin t\big)\, dt$$
$$= \int_0^{2\pi} \big(-\cos t \sin^2 t + \cos^2 t \sin t - 1\big)\, dt = \Big[-\frac{1}{3}\sin^3 t - \frac{1}{3}\cos^3 t - t\Big]_0^{2\pi} = -2\pi$$

ii) Es bezeichne S die Einheitskreisscheibe und $f_1(x,y) := xy - x + y$ sowie $f_2(x,y) := xy - x - y$. Aus der Greenschen Formel erhalten wir mit Polarkoordinaten $x = r\cos t$, $y = r\sin t$

$$\begin{aligned}
\int_C (xy - x + y)\,dx + (xy - x - y)\,dy &= \iint_S \Big(\frac{\partial f_2}{\partial x}(x,y) - \frac{\partial f_1}{\partial y}(x,y)\Big)\,dxdy \\
&= \iint_S (y - x - 2)\,dxdy = \int_0^1 \Big(\int_0^{2\pi} (r\sin t - r\cos t - 2)dt\Big) r\,dr \\
&= \int_0^1 r^2 \Big(\int_0^{2\pi} (\sin t - \cos t)\,dt\Big)\,dr - 2\int_0^1 \Big(\int_0^{2\pi} dt\Big) r\,dr = -2\pi\,.
\end{aligned}$$

Weiterführende Literatur

[1] Kurt Endl und Wolfgang Luh. *Analysis II Eine integrierte Darstellung*. 8. Auflage. Wiesbaden: AULA Verlag, 1994. ISBN: 3891045638.

[2] Harro Heuser. *Lehrbuch der Analysis Band 2*. 14. Auflage. Stuttgart: Teubner Verlag, 2008. ISBN: 3835102087.

[3] Erwin Kreyszig. *Advanced Engineering Mathematics*. Seventh edition. New York: John Wiley & Sons, Inc, 1993. ISBN: 0471599891.

[4] Kurt Meyberg und Peter Vachenauer. *Höhere Mathematik 1*. 6. Auflage. Berlin, Heidelberg, New York: Springer Verlag, 2003. ISBN: 3540418504.

Kapitel 5
Fouriertheorie und Laplacetransformation

5.1 Die Separationsmethode bei partiellen Differentialgleichungen

5.1.1 Einführung

Im Abschnitt 1.6 hatten wir uns mit DGn, genauer mit *gewöhnlichen* DGn beschäftigt, also mit Gleichungen der Form

$$F(t, y, \dot{y}, \ddot{y}, \ldots, y^{(n)}) = 0$$

für eine gesuchte Funktion $y(t)$ einer Variablen t, in der neben t und y auch gewisse Ableitungen $\dot{y}, \ddot{y}, \ldots, y^{(n)}$ der unbekannten Funktion y auftreten.

Als wichtiges Beispiel hatten wir im Abschnitt 1.6.6 die DG der freien Schwingung (1.6.14)

$$\ddot{y} + 2\rho\dot{y} + \omega_0^2 y = 0 \tag{5.1.1}$$

genauer diskutiert. Im Falle kleiner Reibung ($\rho < \omega_0$) lautet die allgemeine Lösung gemäß (1.6.15)

$$y(t) = Ae^{-\rho t}\sin(\omega_1 t + \varphi) \qquad \text{mit } \omega_1^2 = \omega_0^2 - \rho^2\,,$$

wobei $A \geqq 0$ und $\pi < \varphi \leqq \pi$ beliebige Konstanten sind, die durch eine Anfangsbedingung der Form $y(0) = y_0$ und $\dot{y}(0) = y_1$ festgelegt werden.

Im Folgenden wollen wir einen kurzen Blick auf *partielle* DGn werfen. Das sind Gleichungen für eine gesuchte Funktion $u(x, y, \ldots)$ von mehreren Variablen $x, y, \ldots$, in denen entsprechend partielle Ableitungen der gesuchten Funktion u auftreten. Die höchste in der DG auftretende Ableitungsordnung nennen wir wie früher die *Ordnung* der DG. Demnach hat eine partielle DG zweiter Ordnung für eine unbekannte Funktion $u(x, y)$ von zwei Variablen x, y die allgemeine Form

$$F\big(x, y, u, \frac{\partial u}{\partial x}, \frac{\partial u}{\partial y}, \frac{\partial^2 u}{\partial x^2}, \frac{\partial^2 u}{\partial x \partial y}, \frac{\partial^2 u}{\partial y^2}\big) = 0\,.$$

Als Beispiele notieren wir einige fundamentale partielle DGn der Naturwissenschaften.

K. Barbey, *Mathematik für Biologie und Chemie*,
https://doi.org/10.1007/978-3-662-73511-4_5

Beispiel 5.1 (Die Diffusionsgleichung) Wir hatten im Abschnitt 4.2.1 gesehen, dass ein Diffusionsvorgang unter gewissen Voraussetzungen durch die Diffusionsgleichung (4.2.11)

$$\Delta c = \frac{1}{D}\frac{\partial c}{\partial t} \tag{5.1.2}$$

beschrieben wird, die ausführlich

$$\frac{\partial^2 c}{\partial x^2} + \frac{\partial^2 c}{\partial y^2} + \frac{\partial^2 c}{\partial z^2} = \frac{1}{D}\frac{\partial c}{\partial t}$$

lautet; dabei bedeuten $c(x,y,z,t)$ die Konzentration des diffundierenden Stoffes im Punkt mit den Koordinaten x,y,z zur Zeit t und $D > 0$ die Diffusionskonstante. Mathematisch vollkommen identisch ist die Wärmeleitungsgleichung; $c(x,y,z,t)$ ist dann die Temperatur und $D > 0$ das Wärmeleitvermögen, daher nennt man die partielle DG (5.1.2) auch oft die *Wärmeleitungsgleichung*.

Beispiel 5.2 (Die Potentialgleichung der Elektrostatik) Ruhende elektrische Ladungen erzeugen ein wirbelfreies elektrisches Feld $\vec{E}$, das also ein Potential u besitzt

$$\vec{E} = -\operatorname{grad} u\,; \tag{5.1.3}$$

das negative Vorzeichen ist Konvention. Kombiniert man diese Gleichung mit der Maxwell-Gleichung (4.4.16)

$$\operatorname{div} \vec{E} = 4\pi\rho\,,$$

wobei ρ die zugehörige Ladungsdichte bezeichnet, so ergibt sich wegen $\operatorname{div}\operatorname{grad} = \Delta$

$$\Delta u = -4\pi\rho \qquad \textit{Poissongleichung} \tag{5.1.4}$$

und speziell im ladungsfreien Raum

$$\Delta u = 0\,. \qquad \textit{Laplacegleichung} \tag{5.1.5}$$

Man nennt (5.1.4) auch die *inhomogene Potentialgleichung* und (5.1.5) die *homogene Potentialgleichung*. Beides sind partielle Differentialgleichungen zweiter Ordnung.

Beispiel 5.3 (Die Wellengleichung) Sie lautet

$$\Delta u = \frac{1}{c^2}\frac{\partial^2 u}{\partial t^2}\,, \tag{5.1.6}$$

dabei ist $u(x,y,z,t)$ die „Auslenkung" des schwingenden Mediums im Raumpunkt mit den Koordinaten x,y,z zur Zeit t und $c > 0$ ist eine Konstante, welche die Bedeutung der Wellengeschwindigkeit hat. Bei Seilwellen, etwa bei einer schwingenden Saite, ist u die mechanische Auslenkung, bei Schallwellen der Luftdruck und bei elektromagnetischen Wellen eine Komponente des elektrischen oder magnetischen Feldvektors; in diesem Fall bedeutet c auch die Lichtgeschwindigkeit.

Partielle DGn sind sowohl hinsichtlich der Berechnung von Lösungen, als auch in theoretischer Hinsicht sehr viel komplizierter als gewöhnliche DGn. Sie besitzen im Vergleich zu gewöhnlichen DGn eine erheblich größere Vielfalt an Lösungen. So ist etwa bei der oben angeführten Schwingungsgleichung (5.1.1) jede Lösung von der Form

$$y(t) = Ae^{-\rho t}\sin(\omega_1 t + \varphi) \qquad \text{mit } \omega_1^2 = \omega_0^2 - \rho^2\,,$$

wobei die Konstanten $A \geqq 0$ und $-\pi < \varphi \leqq \pi$ beliebig wählbar sind.

Dagegen besitzt die (homogene) Potentialgleichung der Ebene

$$\Delta u = \frac{\partial^2 u}{\partial x^2} + \frac{\partial^2 u}{\partial y^2} = 0$$

unter anderem folgende Funktionen als Lösungen:

$$u(x,y) = x^2 + y^2 \qquad u(x,y) = x^4 - 6x^2y^2 + y^4 \qquad u(x,y) = e^x \cos y$$

$$u(x,y) = \ln(x^2 + y^2) \qquad u(x,y) = \frac{x}{x^2 + y^2} \qquad u(x,y) = \arctan\left(\frac{x}{y}\right),$$

wie man sofort nachrechnet. Die Funktionen u, welche die homogene Potentialgleichung $\Delta u = 0$ erfüllen, bilden eine reichhaltige Klasse von Funktionen mit interessanten Eigenschaften, die in der Mathematik und in den Naturwissenschaften eine große Rolle spielen. Man nennt diese Funktionen *harmonisch* oder einfach *Potentialfunktionen.*

Wir betrachten noch zwei Beispiele von partiellen DGn und zeigen, dass diese viele gänzlich verschiedene Lösungen besitzen.

Beispiel 5.4 Die partielle DG

$$\frac{\partial^2 u}{\partial x \partial y} = 0 \tag{5.1.7}$$

bedeutet, dass die Funktion $\dfrac{\partial u}{\partial y}$ nicht von der Variablen x abhängt, also $\dfrac{\partial u}{\partial y}(x,y) = g(y)$ für eine Funktion $g\colon \mathbb{R} \to \mathbb{R}$ und dies bedeutet wiederum $u(x,y) = F(x) + G(y)$ mit irgendeiner differenzierbaren Funktion $F\colon \mathbb{R} \to \mathbb{R}$ und G der Stammfunktion zu g. Die Lösungen $u(x,y)$ von (5.1.7) sind daher

$$u(x,y) = F(x) + G(y) \tag{5.1.8}$$

mit zwei beliebigen differenzierbaren Funktionen $F, G\colon \mathbb{R} \to \mathbb{R}$.

Beispiel 5.5 Als Nächstes wollen wir die eindimensionale Wellengleichung

$$\frac{\partial^2 u}{\partial x^2} = \frac{1}{c^2}\frac{\partial^2 u}{\partial t^2} \tag{5.1.9}$$

für eine Welle $u(x,t)$ auf der Geraden diskutieren. Wir folgen der Idee des französischen Mathematikers und Physikers *Jean Baptiste le Rond d'Alembert* (1717–1783) und gehen zu neuen Koordinaten ξ und η über vermöge

$$\xi = x + ct \qquad \eta = x - ct\,, \qquad \text{so dass}$$
$$x = \frac{1}{2}(\xi + \eta) \qquad t = \frac{1}{2c}(\xi - \eta)\,.$$

Um auch die Funktion u durch ξ und η auszudrücken, setzen wir

$$v(\xi,\eta) = u(x,t) = u\big(\frac{1}{2}(\xi+\eta), \frac{1}{2c}(\xi-\eta)\big)\,.$$

Nun ist noch die Wellengleichung (5.1.9) selbst in den neuen Koordinaten auszudrücken. Hierzu rechnen wir mit der Kettenregel (2.2.1) aus:

$$\frac{\partial v}{\partial \eta}(\xi,\eta) = \frac{1}{2}\frac{\partial u}{\partial x}\big(\frac{1}{2}(\xi+\eta), \frac{1}{2c}(\xi-\eta)\big) - \frac{1}{2c}\frac{\partial u}{\partial t}\big(\frac{1}{2}(\xi+\eta), \frac{1}{2c}(\xi-\eta)\big)$$

und weiter

$$\begin{aligned}\frac{\partial^2 v}{\partial \xi \partial \eta}(\xi,\eta) = {} & \frac{1}{4}\frac{\partial^2 u}{\partial x^2}\big(\frac{1}{2}(\xi+\eta), \frac{1}{2c}(\xi-\eta)\big) + \frac{1}{4c}\frac{\partial^2 u}{\partial t \partial x}\big(\frac{1}{2}(\xi+\eta), \frac{1}{2c}(\xi-\eta)\big) \\ & - \frac{1}{4c}\frac{\partial^2 u}{\partial x \partial t}\big(\frac{1}{2}(\xi+\eta), \frac{1}{2c}(\xi-\eta)\big) - \frac{1}{4c^2}\frac{\partial^2 u}{\partial t^2}\big(\frac{1}{2}(\xi+\eta), \frac{1}{2c}(\xi-\eta)\big)\end{aligned}$$

oder

$$\frac{\partial^2 v}{\partial \xi \partial \eta}(\xi,\eta) = \frac{1}{4}\Big(\frac{\partial^2 u}{\partial x^2}(x,t) - \frac{1}{c^2}\frac{\partial^2 u}{\partial t^2}(x,t)\Big)\,.$$

Eine Funktion $u(x,t)$ erfüllt also genau dann die Wellengleichung (5.1.9), wenn die zugehörige Funktion $v(\xi,\eta)$ der Gleichung

$$\frac{\partial^2 v}{\partial \xi \partial \eta}(\xi,\eta) = 0$$

genügt. Die allgemeine Lösung dieser Gleichung haben wir im vorangegangenen Beispiel bestimmt. Somit ist die allgemeine Lösung der eindimensionalen Wellengleichung (5.1.9) von der Form

$$u(x,t) = f(x-ct) + g(x+ct) \qquad \text{für alle } x,t \in \mathbb{R}$$

mit zwei beliebigen (zweimal differenzierbaren) Funktionen $f,g\colon \mathbb{R} \to \mathbb{R}$. Wir wollen dieses Ergebnis interpretieren. Hierzu denken wir uns eine Funktion $f\colon \mathbb{R} \to \mathbb{R}$ gegeben und betrachten einen bestimmten Funktionswert $f(x_0)$. Dieser Funktionswert wird von $f(x-ct)$ für alle x und t angenommen, die $x - ct = x_0$ oder $x = x_0 + ct$ erfüllen. Das bedeutet, $f(x-ct)$ beschreibt eine Welle von der Form Graph f, die mit Geschwindigkeit c auf der x-Achse nach rechts läuft.

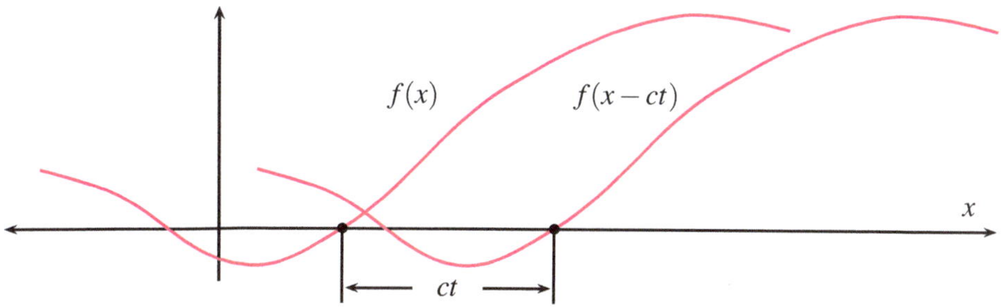

Ebenso beschreibt $g(x+ct)$ eine Welle der Form Graph g, die auf der x-Achse nach links läuft. Somit besagt unser Ergebnis, dass jede Welle auf einer Geraden sich als Überlagerung eines nach links und eines nach rechts laufenden Funktionsgraphen, also zweier „Wanderwellen", darstellen lässt.

Alle bisher aufgeführten Beispiele partieller DGn – mit Ausnahme der inhomogenen Potentialgleichung (5.1.4) – genügen außerdem dem Superpositionsprinzip:

Bemerkung 5.1 (Superpositionsprinzip) *Sind u_1 und u_2 zwei Lösungen, so ist auch $u = a u_1 + b u_2$ für je zwei Konstanten a, b eine Lösung. Die Lösungsmenge ist also ein Vektorraum.*

Beweis. Dies lässt sich in jedem konkreten Fall sofort nachrechnen, etwa für die Wellengleichung (5.1.6):

$$\Delta u = a\Delta u_1 + b\Delta u_2 = a\frac{1}{c^2}\frac{\partial^2 u_1}{\partial t^2} + b\frac{1}{c^2}\frac{\partial^2 u_2}{\partial t^2} = \frac{1}{c^2}\frac{\partial^2}{\partial t^2}\left(a u_1 + b u_2\right) = \frac{1}{c^2}\frac{\partial^2 u}{\partial t^2} \qquad \square$$

Wir haben gesehen, dass in unseren obigen Beispielen die partiellen DGn jeweils eine große Vielfalt an Lösungen besitzen. Dies kann andererseits auch nicht verwundern, denn die Diffusionsgleichung (5.1.2) etwa beschreibt alle Diffusions- und Wärmeleitungsvorgänge und die Wellengleichung beschreibt alle Wellenvorgänge, von Seilwellen über Schallwellen bis hin zu elektromagnetischen Wellen. Zu einem sinnvoll gestellten Problem gehört daher stets die Angabe von Zusatzbedingungen (Rand- und/oder Anfangsbedingungen), um die Lösung eindeutig festzulegen.

Nach diesen wenig systematischen einleitenden Betrachtungen wollen wir uns im nächsten Abschnitt einem konkreten Problem zuwenden.

Übungen

Übung 5.1 Bestimmen Sie für die räumliche Wellengleichung

$$\Delta u = \frac{1}{c^2}\frac{\partial^2 u}{\partial t^2} \qquad (c > 0 \text{ eine Konstante})$$

Lösungen der Form $u(x,y,z,t) = \mathrm{e}^{\alpha x + \beta y + \gamma z - ct}$ mit $\alpha, \beta, \gamma \in \mathbb{R}$.

Übung 5.2 Es sei $k > 0$ eine Konstante. Für welche Vektoren $\vec{d} \in \mathbb{R}^n$ ist die Funktion

$$u : u(\vec{x}) := \mathrm{e}^{\mathrm{i}k\vec{d}\cdot\vec{x}} \quad \text{für alle } \vec{x} \in \mathbb{R}^n$$

eine Lösung der *Helmholtz-Gleichung* $\Delta u + k^2 u = 0$, die bei der mathematischen Behandlung von Luftströmungen auftritt ?

Übung 5.3 Es sei A eine orthogonale Matrix, der Einfachheit halber mit zwei Zeilen und Spalten. Zeigen Sie: Ist das skalare Feld $u\colon \mathbb{R}^2 \to \mathbb{R}$ eine Lösung der Laplacegleichung $\Delta u = 0$, so ist auch das durch $v(\vec{x}) = u(A\vec{x})$ für alle $\vec{x} \in \mathbb{R}^2$ definierte Feld v eine Lösung der Laplacegleichung. Mit anderen Worten: Ist u harmonisch, so ist auch $u \circ A$ harmonisch.

Übung 5.4 Es sei $u := \mathbb{R}^n \to \mathbb{R}$ ein skalares Feld. Man sagt, dass u nur vom Betrag abhängt, wenn gilt $u(\vec{x}) = f(|\vec{x}|) = f(r)$ für alle $\vec{x} \in \mathbb{R}^n, |\vec{x}| = r$, mit einer geeigneten Funktion $f\colon [0,\infty[\to \mathbb{R}$. Im Fall $n = 2$ hängt zum Beispiel $u(x,y) = x^2 + y^2 = r^2$ nur vom Betrag ab mit $f(r) = r^2$ (siehe auch Übung 4.22). Zeigen Sie: Die Lösungen der partiellen DG

$$y\frac{\partial u}{\partial x} - x\frac{\partial u}{\partial y} = 0$$

sind genau die Funktion $u(x,y)$, die nur vom Betrag abhängen. *Hinweis:* Man gehe zu Polarkoordinaten r, φ über, das heißt, man betrachte die Funktion $v(r,\varphi) := u(r\cos\varphi, r\sin\varphi)$.

5.1.2 Diffusion in einem Rohr I

Wir wollen Diffusionsvorgänge in Rohren studieren. Hierzu betrachten wir ein Rohr der Länge $\ell > 0$, in dem ein Gas durch ein anderes Gas diffundiert. Wir nehmen das Rohr als undurchlässig und dünn an, so dass eine Diffusion nur in der Längsrichtung, die wir als x-Richtung bezeichnen, stattfindet.

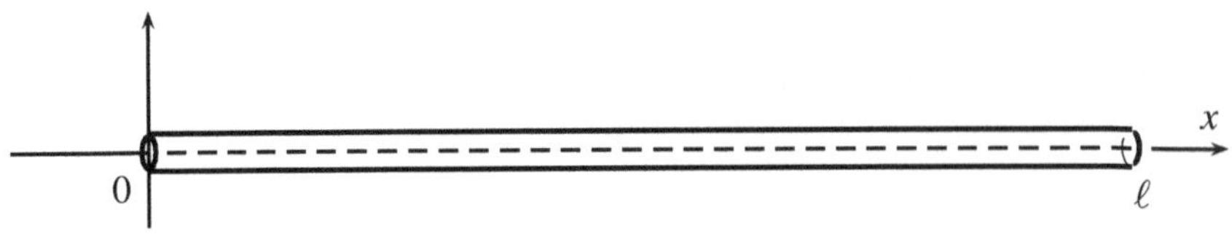

Unser Ziel ist, die Konzentration $c(x,t)$ des diffundierenden Gases an der Stelle x zur Zeit t zu berechnen. Die Diffusionsgleichung (5.1.2) reduziert sich auf die partielle DG

$$\frac{\partial^2 c}{\partial x^2} = \frac{1}{D}\frac{\partial c}{\partial t}\,. \tag{5.1.10}$$

Weiter haben wir noch die folgenden Zusatzbedingungen:

Anfangsbedingung: Zur Zeit $t = 0$ ist die Konzentration $c(x,0) = c_0(x)$ des Gases im Punkt x des Rohres vorgegeben oder bekannt. Diese bezeichnen wir kurz mit $f(x)$. Gegeben ist also eine Funktion $f\colon\ [0,\ell] \to \mathbb{R}$ und wir suchen die Lösung $c(x,t)$, die

$$c(x,0) = f(x) \qquad \text{für alle } 0 \leqq x \leqq \ell \tag{5.1.11}$$

erfüllt.

Diese Anfangsbedingung allein genügt aber noch nicht, um den weiteren zeitlichen Verlauf der Diffusion eindeutig festzulegen. Man bedenke nur, dass der Endzustand ein ganz anderer ist, je nachdem ob das Rohr an den Enden offen oder geschlossen ist oder ob an den Enden des Rohres Gas mit einer bestimmten zeitlichen Rate ein- oder austritt. Wir müssen uns noch für eine dieser möglichen *Randbedingungen* entscheiden. Wir wählen:

Randbedingung: Das Rohr ist an den Enden offen, das bedeutet, es gilt

$$c(0,t) = c(\ell,t) = 0 \qquad \text{für alle } t \geqq 0\,. \tag{5.1.12}$$

Nun erwarten wir, dass der zeitliche Ablauf des Diffusionsvorgangs eindeutig festliegt. Wir suchen im Folgenden die Lösung $c(x,t)$ der Diffusionsgleichung (5.1.10), die der Anfangsbedingung (5.1.11) sowie der Randbedingung (5.1.12) genügt. Hierzu wollen wir uns der sogenannten *Separationsmethode* bedienen, die wir an Hand dieses Beispiels erläutern. Die Separationsmethode vollzieht sich in mehreren Schritten.

1. Schritt. Man sucht zunächst spezielle Lösungen $c(x,t)$ von (5.1.10), nämlich Lösungen in Produktform

$$c(x,t) = F(x)\,G(t)\,. \tag{5.1.13}$$

Man geht entsprechend mit dem *Separationsansatz* oder *Produktansatz* (5.1.13) in die partielle DG (5.1.10) hinein und erhält

$$F''(x)\,G(t) = \frac{1}{D}F(x)\,\dot{G}(t)\,.$$

In dieser Gleichung lassen sich die Variablen x und t „trennen“, das bedeutet, die Gleichung lässt sich in die Form

$$\frac{F''(x)}{F(x)} = \frac{1}{D}\frac{\dot{G}(t)}{G(t)} \tag{5.1.14}$$

bringen. Da die rechte Seite von (5.1.14) nicht von x und die linke Seite nicht von t abhängt, müssen beide Seiten konstant sein:

$$\frac{F''(x)}{F(x)} = \frac{1}{D}\frac{\dot{G}(t)}{G(t)} = k\,, \tag{5.1.15}$$

mit einer Konstanten k, die man als *Separationsparameter* bezeichnet. Aus der Gleichung (5.1.15) ergeben sich nun zwei *gewöhnliche* DGn

$$F''(x) - kF(x) = 0 \tag{5.1.16}$$

und

$$\dot{G}(t) - kDG(t) = 0\,, \tag{5.1.17}$$

die natürlich als gewöhnliche DGn viel einfacher zu lösen sind als die ursprüngliche partielle DG (5.1.10). Dies ist das Wesentliche der Separationsmethode. Allerdings ist nun eine zusätzliche Unbekannte hinzugekommen, nämlich der Separationsparameter k, dessen mögliche Werte zu bestimmen sind.

2. Schritt. Wir lösen die beiden DGn (5.1.16) und (5.1.17) und beachten dabei die Randbedingung (5.1.12). Bei der DG (5.1.16) handelt es sich um eine lineare DG zweiter Ordnung mit konstanten Koeffizienten, die wir im Abschnitt 1.6.5 ausführlich diskutiert haben. Entsprechend dem auf Seite 112 dargestellten Lösungsverfahren setzen wir an:

$$F(x) = \mathrm{e}^{\lambda x}\,.$$

Diese Funktion ist eine Lösung von (5.1.16) genau wenn $\lambda^2 = k$ ist, also wenn

$$\lambda_{1,2} = \begin{cases} \pm\sqrt{k} & \text{falls } k > 0 \\ 0 & \text{falls } k = 0\,. \\ \pm\sqrt{-k}\,\mathrm{i} & \text{falls } k < 0 \end{cases}$$

Entsprechend erhalten wir als Lösungen von (5.1.16)

$$F(x) = \begin{cases} A\mathrm{e}^{\sqrt{k}x} + B\mathrm{e}^{-\sqrt{k}x} & \text{falls } k > 0 \\ Ax + B & \text{falls } k = 0 \\ A\cos(\sqrt{-k}x) + B\sin(\sqrt{-k}x) & \text{falls } k < 0 \end{cases}$$

mit Konstanten A, B. Nun berücksichtigen wir die Randbedingung (5.1.12). Sie fordert

$$c(0,t) = F(0)\,G(t) = 0 \quad \text{und} \quad c(\ell,t) = F(\ell)\,G(t) = 0 \qquad \text{für alle } t \geqq 0.$$

Da wir natürlich $G(t) \neq 0$ für mindestens ein $t \geqq 0$ annehmen, muss gelten

$$F(0) = 0 \qquad \text{und} \qquad F(\ell) = 0\,. \tag{5.1.18}$$

Wir zeigen nun, dass diese Randbedingung an die Funktion $F(x)$ nur für spezielle Werte von k erfüllbar ist.

1. Fall: $k > 0$. Dann ist $F(x) = A\mathrm{e}^{\sqrt{k}x} + B\mathrm{e}^{-\sqrt{k}x}$, und $0 = F(0) = A + B$ liefert $B = -A$. Weiter zeigt $0 = F(\ell) = A\mathrm{e}^{\sqrt{k}\ell} + B\mathrm{e}^{-\sqrt{k}\ell} = A(\mathrm{e}^{\sqrt{k}\ell} - \mathrm{e}^{-\sqrt{k}\ell})$, dass $A = 0$ sein muss, da die Klammer $\neq 0$ ist. Dann ist aber auch $B = -A = 0$ und wir können in diesem Fall keine Funktion $F(x)$ (außer der Konstanten 0) finden, welche die DG (5.1.16) löst und gleichzeitig die Randbedingung (5.1.18) erfüllt.

2. Fall: $k = 0$. Dann ist $F(x) = Ax + b$, stellt also eine Gerade dar, die natürlich höchstens eine Nullstelle haben kann, wenn sie nicht die Konstante 0 ist.

3. Fall: $k < 0$. Dann ist $F(x) = A\cos(\sqrt{-k}x) + B\sin(\sqrt{-k}x)$ und $0 = F(0) = A$. Weiter folgt $0 = F(\ell) = B\sin(\sqrt{-k}\ell)$, somit kann $B \neq 0$ sein genau wenn $\sin(\sqrt{-k}\ell) = 0$ oder $\sqrt{-k}\ell = n\pi$ für ein $n = 1, 2, \ldots$

Wir erhalten also Lösungen $F(x) \neq 0$, welche die Randbedingung (5.1.18) erfüllen, nur wenn der Separationsparameter k die Werte

$$k = -n^2 \frac{\pi^2}{\ell^2} \qquad \text{für } n = 1, 2, \ldots \tag{5.1.19}$$

annimmt und zwar lauten die Lösungen dann

$$F_n(x) = \sin\left(n \frac{\pi}{\ell} x\right) \qquad \text{für } n = 1, 2, \ldots$$

Die DG (5.1.17) hat nun die Gestalt

$$\dot{G}(t) = -Dn^2 \frac{\pi^2}{\ell^2} G(t);$$

die Lösungen sind offenbar

$$G_n(t) = \exp\left(-Dn^2 \frac{\pi^2}{\ell^2} t\right) \qquad \text{für } t \geqq 0, n = 1, 2, \ldots$$

Insgesamt haben wir für jedes $n = 1, 2, \ldots$ eine Lösung von (5.1.10) in Produktform gefunden, die auch der Randbedingung (5.1.12) genügt, nämlich

$$c_n(x,t) = \sin\left(n \frac{\pi}{\ell} x\right) \exp\left(-Dn^2 \frac{\pi^2}{\ell^2} t\right) \quad \text{für alle } 0 \leqq x \leqq \ell, t \geqq 0, n = 1, 2, \ldots \tag{5.1.20}$$

3. Schritt. Bestimmung einer Lösung, die auch der Anfangsbedingung (5.1.11) genügt. Keine der bisher gefundenen Lösungen (5.1.20) wird die Anfangsbedingung erfüllen, denn es ist ja

$$c_n(x,0) = \sin\left(n \frac{\pi}{\ell} x\right) \quad \text{für alle } 0 \leqq x \leqq \ell.$$

Hier hilft uns das Superpositionsprinzip 5.1 weiter: Wir dürfen Linearkombinationen von Lösungen bilden und erhalten wieder Lösungen. Allerdings werden endliche Linearkombinationen, also endliche Summen von Sinusfunktionen immer noch zu speziell sein. Das Superpositionsprinzip lässt sich aber auf unendliche Summen ausdehnen, vorausgesetzt, dass die beteiligten Reihen hinreichend gut konvergieren.

Bemerkung 5.2 (Superpositiponsprinzip) *Sind* $c_1, c_2, \ldots$ *Lösungen der Diffusionsgleichung* (5.1.10) *und sind* $b_1, b_2, \ldots$ *Konstanten, so dass die unendliche Reihe*

$$c(x,t) = \sum_{n=1}^{\infty} b_n c_n(x,t) \qquad \textit{für alle } 0 \leqq x \leqq \ell, t \geqq 0$$

hinreichend gut konvergiert, so ist auch $c(x,t)$ *eine Lösung der Diffusionsgleichung. Diese Lösung erfüllt auch die Randbedingung* (5.1.12), *wenn alle* c_n, $n = 1, 2, \ldots$, *diese erfüllen.*

Beweis. Dies lässt sich wie üblich durch Einsetzen nachprüfen:

$$\frac{\partial^2 c}{\partial x^2} = \frac{\partial^2}{\partial x^2}\sum_{n=1}^{\infty} b_n c_n = \sum_{n=1}^{\infty} b_n \frac{\partial^2 c_n}{\partial x^2} = \sum_{n=1}^{\infty} b_n \frac{1}{D}\frac{\partial c_n}{\partial t} = \frac{1}{D}\frac{\partial}{\partial t}\sum_{n=1}^{\infty} b_n c_n = \frac{1}{D}\frac{\partial c}{\partial t}\,.$$

„Hinreichend gut konvergieren" soll dabei gerade bedeuten, dass man die unendliche Reihe dadurch differenzieren darf, dass man – wie bei einer endlichen Summe – die einzelnen Summanden differenziert. Weiter ist

$$c(x,0) = \sum_{n=1}^{\infty} b_n c_n(x,0) = 0 \quad \text{und} \quad c(x,\ell) = \sum_{n=1}^{\infty} b_n c_n(x,\ell) = 0 \qquad \square$$

Wir haben nun zu fragen: Lassen sich bei gegebener Funktion $f\colon [0,\ell] \to \mathbb{R}$ die Koeffizienten $b_1, b_2, \ldots$ so wählen, dass auch die Anfangsbedingung erfüllt ist, das heißt, dass gilt

$$f(x) = c(x,0) = \sum_{n=1}^{\infty} b_n c_n(x,0) = \sum_{n=1}^{\infty} b_n \sin\left(n\frac{\pi}{\ell}x\right) \qquad \text{für alle } 0 \leqq x \leqq \ell\,?$$

Wir sind somit zu folgendem Problem geführt worden: Lässt sich – gegebenenfalls unter welchen Voraussetzungen – eine Funktion $f\colon [0,\ell] \to \mathbb{R}$ als unendliche Reihe der Form

$$f(x) = \sum_{n=1}^{\infty} b_n \sin\left(n\frac{\pi}{\ell}x\right) \qquad \text{für alle } 0 \leqq x \leqq \ell \tag{5.1.21}$$

darstellen? Wenn ja, wie sind die Koeffizienten b_n zu wählen? Reihenentwicklungen wie in (5.1.21) spielen in der Mathematik, aber auch und vor allem in den Natur- und Ingenieurwissenschaften eine wichtige Rolle; man bezeichnet sie als *Fourierreihen*. Auf Grund ihrer großen Bedeutung werden wir ihnen den nächsten Abschnitt widmen und hier nur das unbedingt Nötige behandeln, um den Gedankengang der Separationsmethode nicht zu unterbrechen.

Die zweite Frage ist leichter zu beantworten. Wir multiplizieren beide Seiten der Gleichung (5.1.21) mit $\sin\left(k\frac{\pi}{\ell}x\right)$ für ein $k = 1,2,\ldots$ und integrieren auf beiden Seiten von 0 bis ℓ. Wenn die Reihe hinreichend gut konvergiert – was wir hier annehmen wollen –, so darf man wie bei endlichen Summen die Integration mit der Summation vertauschen und erhält

$$\begin{aligned}\int_0^{\ell} f(x)\sin\left(k\frac{\pi}{\ell}x\right)dx &= \sum_{n=1}^{\infty} b_n \int_0^{\ell} \sin\left(k\frac{\pi}{\ell}x\right)\sin\left(n\frac{\pi}{\ell}x\right)dx \\ &= \frac{\ell}{\pi}\sum_{n=1}^{\infty} b_n \int_0^{\pi} \sin(ku)\sin(nu)\,du\end{aligned} \tag{5.1.22}$$

wobei wir noch $u = \frac{\pi}{\ell}x$ substituiert haben. Nun wissen wir aus Beispiel 3.6, dass die Sinusfunktionen $\sin(nx)$, $n = 1,2,\ldots$ ein orthogonales Funktionensystem auf $[0,\pi]$ bilden:

$$\int_0^{\pi} \sin(kx)\sin(nx)\,dx = \begin{cases} 0 & \text{falls } k \neq n \\ \frac{\pi}{2} & \text{falls } k = n\,. \end{cases}$$

Somit verschwinden in der unendlichen Reihe der Gleichung (5.1.22) alle Summanden mit Ausnahme des Summanden zu $n = k$:

$$\int_0^\ell f(x) \sin\left(k\frac{\pi}{\ell}x\right) dx = \frac{\ell}{\pi} b_k \frac{\pi}{2} = \frac{\ell}{2} b_k .$$

Wir haben gezeigt: Wenn für eine Funktion $f\colon [0,\ell] \to \mathbb{R}$ die Darstellung (5.1.21) bestehen soll, muss notwendig

$$b_n = \frac{2}{\ell} \int_0^\ell f(x) \sin\left(n\frac{\pi}{\ell}x\right) dx \qquad \text{für alle } n = 1,2,\ldots \tag{5.1.23}$$

gelten. Wir fragen nun, ob die mit diesen Koeffizienten b_n gebildete Reihe

$$\sum_{n=1}^{\infty} b_n \sin\left(n\frac{\pi}{\ell}x\right)$$

für jedes $0 \leqq x \leqq \ell$ konvergiert und den Funktionswert $f(x)$ ergibt. Dies erweist sich als richtig, falls die Funktion f *stückweise stetig differenzierbar* ist. Diese Eigenschaft ist die evidente Verschärfung des im Abschnitt 1.4.3 eingeführten Begriffes „stückweise stetig".

Definition 5.1 Eine Funktion $f\colon [a,b] \to \mathbb{R}$ heißt *stückweise stetig differenzierbar*, wenn es eine Zerlegung $a = x_0 < x_1 < x_2 < \cdots < x_\ell < \cdots < x_{n-1} < x_n = b$ des Intervalls $[a,b]$ gibt, so dass gilt

i) f ist auf jedem offenen Teilintervall $]x_\ell, x_{\ell+1}[$ stetig differenzierbar, $\ell = 0,\ldots,n-1$
ii) in jedem Punkt x_ℓ existieren die links- und rechtsseitigen Grenzwerte von f *und* f'.

Im Punkt a kann man dabei nur vom rechtsseitigen und in b nur vom linksseitigen Grenzwert sprechen. Natürlich ist jede stetig differenzierbare Funktion auch stückweise stetig differenzierbar und jede stückweise differenzierbare Funktion ist stückweise stetig. Eine stückweise stetig differenzierbare Funktion kann folgendermaßen aussehen:

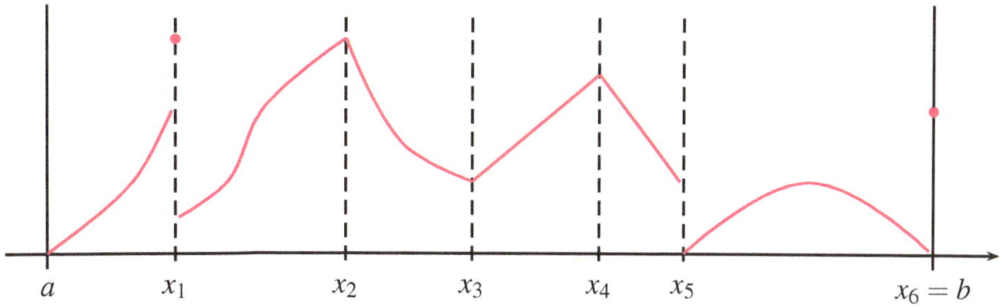

Das Integral für stückweise stetige Funktionen haben wir im Abschnitt 1.4.3 bereitgestellt. Es gilt nun der folgende Satz, den wir aber nicht beweisen wollen. Wir werden im nächsten Abschnitt darauf zurückkommen (Satz 5.2).

Satz 5.1 *Es sei* $f\colon [0,\ell] \to \mathbb{R}$ *stückweise stetig differenzierbar mit* $f(0) = f(\ell) = 0$. *Dann konvergiert die Reihe* $\sum\limits_{n=1}^{\infty} b_n \sin\big(n\frac{\pi}{\ell}x\big)$ *für jedes* $0 \leqq x \leqq \ell$ *und es gilt*

$$\sum_{n=1}^{\infty} b_n \sin\Big(n\frac{\pi}{\ell}x\Big) = \begin{cases} f(x) & \textit{wenn } f \textit{ stetig in } x \textit{ ist} \\[1ex] \dfrac{f(x-)+f(x+)}{2} & \textit{sonst}. \end{cases} \tag{5.1.24}$$

Die Konvergenz der Fourierreihe $\sum\limits_{n=1}^{\infty} b_n \sin\big(n\frac{\pi}{\ell}x\big)$ für jedes $0 \leqq x \leqq \ell$ wird also durch den Satz garantiert und braucht nicht im Einzelfall geprüft zu werden! Die Fallunterscheidung auf der rechten Seite von (5.1.24) ist eigentlich überflüssig und hat nur psychologische Gründe: Ist nämlich f in einem Punkt x stetig, so ist natürlich $\dfrac{f(x-)+f(x+)}{2} = \dfrac{f(x)+f(x)}{2} = f(x)$.

Mit diesem Satz ist nun der letzte Schritt der Separationsmethode geleistet und die Lösung unseres Diffusionsproblems vollendet.

Zusammenfassung: Die Lösung $c(x,t)$ der eindimensionalen Diffusionsgleichung

$$\frac{\partial^2 c}{\partial x^2} = \frac{1}{D}\frac{\partial c}{\partial t},$$

die der Anfangsbedingung

$$c(x,0) = f(x) \qquad \text{für alle } 0 \leqq x \leqq \ell$$

mit einer stückweise stetig differenzierbaren Funktion $f\colon [0,\ell] \to \mathbb{R}$ und der Randbedingung

$$c(0,t) = 0 \quad \text{und} \quad c(\ell,t) = 0 \qquad \text{für alle } t \geqq 0$$

genügt, lautet

$$c(x,t) = \sum_{n=1}^{\infty} b_n \sin\Big(n\frac{\pi}{\ell}x\Big) \exp\Big(-Dn^2\frac{\pi^2}{\ell^2}t\Big) \qquad \text{für alle } 0 \leqq x \leqq \ell,\, t \geqq 0, \tag{5.1.25}$$

wobei die Koeffizienten b_n gegeben sind durch

$$b_n = \frac{2}{\ell}\int_0^{\ell} f(x) \sin\Big(n\frac{\pi}{\ell}x\Big)\,dx \qquad n = 1,2,\ldots$$

Wir können also für unser Diffusionsproblem eine Lösungsformel angeben, in die nur die Anfangsfunktion f einzusetzen ist, allerdings wird die Lösungsfunktion $c(x,t)$ nicht „geschlossen“, sondern durch eine unendliche Reihe dargestellt.

Wir betrachten ein Beispiel.

Beispiel 5.6 Als Anfangskonzentration geben wir die nebenstehende Funktion vor, die sich in Formeln durch

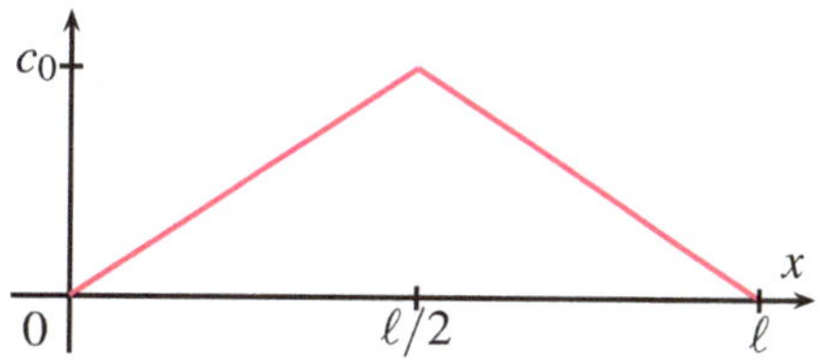

$$f(x) = \begin{cases} c_0 \frac{2}{\ell} x & \text{für } 0 \leqq x \leqq \frac{\ell}{2} \\ c_0 \frac{2}{\ell}(\ell - x) & \text{für } \frac{\ell}{2} \leqq x \leqq \ell \end{cases}$$

ausdrückt. Zur Berechnung der Koeffizienten b_n substituieren wir zunächst $u = \frac{\pi}{\ell} x$ und integrieren dann partiell:

$$\begin{aligned} b_n &= \frac{2}{\ell} \int_0^\ell f(x) \sin\big(n\frac{\pi}{\ell}x\big)\,dx = c_0 \frac{2}{\ell}\Big(\int_0^{\frac{\ell}{2}} \frac{2}{\ell} x \sin\big(n\frac{\pi}{\ell}x\big)\,dx + \int_{\frac{\ell}{2}}^{\ell} \frac{2}{\ell}(\ell - x)\sin\big(n\frac{\pi}{\ell}x\big)\,dx\Big) = \\ &= c_0 \frac{2}{\ell}\Big(\int_0^{\frac{\pi}{2}} \frac{2}{\pi} u \sin(nu) \frac{\ell}{\pi} du + \int_{\frac{\pi}{2}}^{\pi} \frac{2}{\pi}(\pi - u)\sin(nu)\frac{\ell}{\pi} du\Big) = \\ &= c_0 \frac{4}{\pi^2}\Big(\Big[\frac{1}{n^2}\sin nu - \frac{u}{n}\cos nu\Big]_0^{\frac{\pi}{2}} - \Big[\frac{1}{n^2}\sin nu + \frac{\pi - u}{n}\cos nu\Big]_{\frac{\pi}{2}}^{\pi}\Big) = c_0 \frac{8}{\pi^2 n^2}\sin\big(n\frac{\pi}{2}\big). \end{aligned}$$

Nun gilt $\sin\big(n\frac{\pi}{2}\big) = 0$ für alle geraden n und $\sin\big(n\frac{\pi}{2}\big) = 1$ für $n = 1, 5, 9, \ldots$ sowie $= -1$ für $n = 3, 7, 11, \ldots$ Somit erhalten wir als Lösung

$$\begin{aligned} c(x,t) &= \frac{8}{\pi^2} c_0 \sum_{k=0}^{\infty} \frac{(-1)^k}{(2k+1)^2} \sin\big((2k+1)\frac{\pi}{\ell}x\big) \exp\big(-D(2k+1)^2 \frac{\pi^2}{\ell^2} t\big) \\ &= \frac{8}{\pi^2} c_0 \Big(\sin\big(\frac{\pi}{\ell}x\big)\exp\big(-D\frac{\pi^2}{\ell^2}t\big) - \frac{1}{9}\sin\big(\frac{3\pi}{\ell}x\big)\exp\big(-D\frac{9\pi^2}{\ell^2}t\big) \\ &\quad + \frac{1}{25}\sin\big(\frac{5\pi}{\ell}x\big)\exp\big(-D\frac{25\pi^2}{\ell^2}t\big) - \frac{1}{49}\sin\big(\frac{7\pi}{\ell}x\big)\exp\big(-D\frac{49\pi^2}{\ell^2}t\big) + - \cdots\Big). \end{aligned}$$

In diesem Beispiel ist die Anfangsfunktion $f\colon [0,\ell] \to \mathbb{R}$ zwar stetig, aber nicht differenzierbar, sondern nur stückweise stetig differenzierbar. Hier ist es also auch für die Praxis wichtig, die Darstellung (5.1.24) unter einer schwachen Voraussetzung gesichert zu wissen. In Übung 5.7 wird dies noch deutlicher, weil dort die Anfangsbedingung noch nicht einmal stetig ist.

Übungen

Übung 5.5 Bestimmen Sie mit einem Separationsansatz $u(x,y) = F(x)\,G(y)$ Lösungen der folgenden partiellen DGn:

i) $y^2 \frac{\partial u}{\partial x} + x^2 \frac{\partial u}{\partial y} = 0$ ii) $\frac{\partial u}{\partial x} + \frac{\partial u}{\partial y} = 2(x+y)u$.

Übung 5.6 Welche Lösungen $u(x,y)$ der zweidimensionalen Laplace-Gleichung $\Delta u = \frac{\partial^2 u}{\partial x^2} + \frac{\partial^2 u}{\partial y^2} = 0$ erhält man mit dem Separationsansatz $u(x,y) = f(x)\,g(y)$?

Übung 5.7 Bestimmen Sie wie oben die Lösung des folgenden Diffusionsproblems. Als Anfangskonzentration geben wir die nebenstehende Funktion vor, die sich in Formeln durch

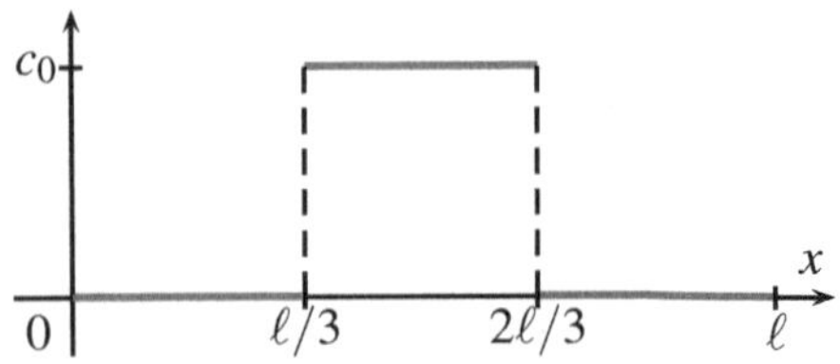

$$f(x) = \begin{cases} 0 & \text{für } 0 \leqq x \leqq \frac{\ell}{3} \\ c_0 & \text{für } \frac{\ell}{3} < x < \frac{2\ell}{3} \\ 0 & \text{für } \frac{2\ell}{3} \leqq x \leqq \ell \end{cases}$$

ausdrückt. Diese Anfangsbedingung wird leicht dadurch realisiert, dass man das Rohr in drei gleichlange Teile teilt und diese durch Ventile abschließt. In das mittlere Teilstück wird das fragliche Gas mit Konzentration c_0 eingefüllt, dann werden zur Zeit $t = 0$ die Ventile geöffnet.

5.2 Fourierreihen

5.2.1 Fourierreihen in reeller Schreibweise

Wir sind im letzten Abschnitt bei der Lösung der eindimensionalen Diffusionsgleichung für ein Rohr der Länge ℓ auf die Aufgabe gestoßen, eine gegebene Funktion in eine Reihe nach Sinusfunktionen zu entwickeln. Solche Fragestellungen treten auch an vielen anderen Stellen in den Natur- und Ingenieurwissenschaften auf. Wir wollen daher diesen Gegenstand jetzt systematisch behandeln.

Es sei eine Funktion f gegeben. Wir wollen sie als eine unendliche Reihe von trigonometrischen Funktionen darstellen. Im Unterschied zu der speziellen Situation des letzten Abschnitts, wo eine gewisse Symmetrie vorlag, wie wir später im Beispiel 5.10 darlegen werden, müssen wir damit rechnen, dass im Allgemeinen in der Reihenentwicklung Sinus- *und* Cosinusfunktionen auftreten. Somit streben wir eine Darstellung von $f(x)$ der Form

$$a_0 + \sum_{n=1}^{\infty} (a_n \cos nx + b_n \sin nx) \tag{5.2.1}$$

mit Koeffizienten $a_0, a_1, a_2, \ldots$ und $b_1, b_2, \ldots$ an; wegen $\sin 0 = 0$ tritt kein Koeffizient b_0 auf.

Da die Reihe (5.2.1) offenbar 2π-periodisch ist, muss notwendigerweise die Funktion f auch periodisch sein mit Periode 2π, das heißt, es muss gelten

$$f(x+2\pi) = f(x) \qquad \text{für alle } x.$$

Dazu muss f mindestens auf einem Intervall der Länge 2π definiert sein und wir können ohne Einschränkung annehmen, dass f sogar auf der ganzen Zahlengeraden definiert ist, ansonsten können wir f periodisch auf $\mathbb{R}$ fortsetzen:

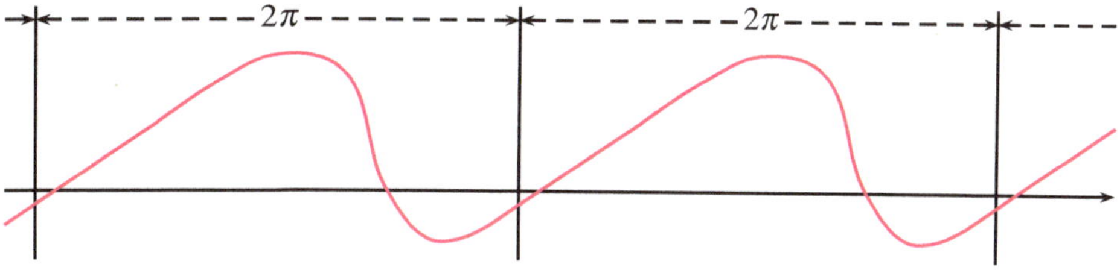

Wir zeigen zunächst, wie man die Koeffizienten $a_0, a_1, a_2, \ldots$ und $b_1, b_2, \ldots$ in (5.2.1) berechnet. Hierzu benötigt man die *Orthogonalitätsrelationen* der Sinus- und Cosinusfunktion.

Bemerkung 5.3 (Orthogonalität von Sinus und Cosinus)

i) *Für* $k, \ell = 0, 1, 2, \ldots$ *gilt*

$$\int_{-\pi}^{\pi} \sin kx \cos \ell x \, dx = 0 \tag{5.2.2}$$

ii) *Für* $k, \ell = 0, 1, 2, \ldots$ *gilt*

$$\int_{-\pi}^{\pi} \cos kx \cos \ell x \, dx = \begin{cases} 0 & \text{falls } k \neq \ell \\ \pi & \text{falls } k = \ell \neq 0 \\ 2\pi & \text{falls } k = \ell = 0 \end{cases} \tag{5.2.3}$$

$$\int_{-\pi}^{\pi} \sin kx \sin \ell x \, dx = \begin{cases} 0 & \text{falls } k \neq \ell \\ \pi & \text{falls } k = \ell \neq 0 \\ 0 & \text{falls } k = \ell = 0 \end{cases} \tag{5.2.4}$$

Beweis. Übung 5.8 □

Aus der Forderung

$$f(x) = a_0 + \sum_{n=1}^{\infty} (a_n \cos nx + b_n \sin nx) \tag{5.2.5}$$

folgt dann, falls Summation und Integration vertauscht werden dürfen

$$\int_{-\pi}^{\pi} f(x)\, dx = a_0 \int_{-\pi}^{\pi} dx + \sum_{n=1}^{\infty} \left(a_n \int_{-\pi}^{\pi} \cos nx \, dx + b_n \int_{-\pi}^{\pi} \sin nx \, dx \right)$$

und hieraus

$$a_0 = \frac{1}{2\pi} \int_{-\pi}^{\pi} f(x)\, dx, \tag{5.2.6}$$

da die Integrale der Sinus- und Cosinusfunktionen alle verschwinden, etwa nach den obigen Orthogonalitätsrelationen (5.2.2) und (5.2.3) mit $\ell = 0$. Multipliziert man Gleichung (5.2.5) mit $\sin kx$ beziehungsweise mit $\cos kx$ und integriert wieder auf beiden Seiten von $-\pi$ bis π, so ergibt sich aus den obigen Orthogonalitätsrelationen wie früher auf Seite 453

$$a_n = \frac{1}{\pi}\int_{-\pi}^{\pi} f(x)\cos nx\,dx \tag{5.2.7}$$

beziehungsweise

$$b_n = \frac{1}{\pi}\int_{-\pi}^{\pi} f(x)\sin nx\,dx\,. \tag{5.2.8}$$

Definition 5.2 Die durch die obigen Gleichungen (5.2.6) bis (5.2.8) definierten Zahlen $a_0, a_1, a_2, \ldots$ und $b_1, b_2, \ldots$ heißen die *Fourierkoeffizienten* der Funktion f, die hiermit gebildete Reihe

$$a_0 + \sum_{n=1}^{\infty}(a_n \cos nx + b_n \sin nx)$$

heißt die *Fourierreihe* von f.

Durch die Bezeichnung „Fourierreihe von f“ wird aber weder ausgedrückt, dass die Reihe in irgendeinem Sinne die Funktion f darstellt, noch dass die Reihe überhaupt konvergiert. Dieser Frage werden wir alsbald nachgehen, wir betrachten aber zunächst ein Beispiel.

Beispiel 5.7 Die unten skizzierte 2π-periodische Funktion nennt man gelegentlich eine *Rechteckschwingung*, in Formeln ist sie gegeben durch

$$f(x) = \begin{cases} 0 & \text{falls } -\pi < x \leqq 0 \\ 1 & \text{falls } \quad 0 < x \leqq \pi \end{cases}$$

und 2π-periodisch fortgesetzt.

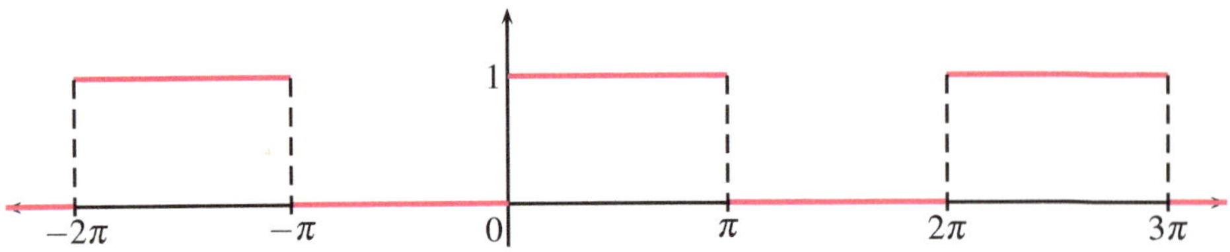

Die Fourierkoeffizienten von f sind

$$a_0 = \frac{1}{2\pi}\int_{-\pi}^{\pi} f(x)\,dx = \frac{1}{2}$$
$$a_n = \frac{1}{\pi}\int_{-\pi}^{\pi} f(x)\cos nx\,dx = \frac{1}{\pi}\int_{0}^{\pi}\cos nx\,dx = \frac{1}{n\pi}\Big[\sin nx\Big]_0^{\pi} = 0$$
$$b_n = \frac{1}{\pi}\int_{-\pi}^{\pi} f(x)\sin nx\,dx = \frac{1}{\pi}\int_{0}^{\pi}\sin nx\,dx = -\frac{1}{n\pi}\Big[\cos nx\Big]_0^{\pi} = \begin{cases} 0 & \text{wenn n gerade} \\ \dfrac{2}{n\pi} & \text{wenn n ungerade.}\end{cases}$$

Somit lautet die Fourierreihe von f

$$\frac{1}{2} + \sum_{\substack{n=1 \\ n \text{ ungerade}}}^{\infty} \frac{2}{n\pi}\sin nx = \frac{1}{2} + \frac{2}{\pi}\left(\sin x + \frac{1}{3}\sin 3x + \frac{1}{5}\sin 5x + \cdots\right). \tag{5.2.9}$$

Das Beispiel zeigt, dass durchaus Zweifel angebracht sind, ob die Fourierreihe überhaupt konvergiert, denn die Koeffizienten sind von der Größenordnung $\frac{1}{n}$ und die Reihe $\sum_{n=1}^{\infty}\frac{1}{n}$ ist uns als harmonische Reihe aus Abschnitt 1.2.2 als divergent bekannt. Die Zeichnung einiger Partialsummen legt dennoch die Vermutung nahe, dass die Fourierreihe gegen die

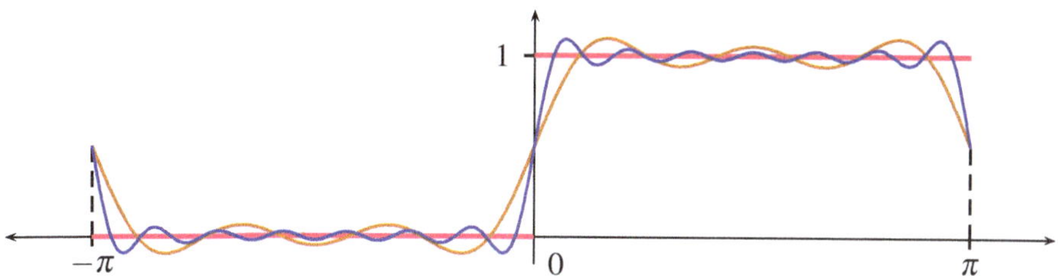

Funktion $f(x)$ konvergiert, allerdings mit Ausnahme der Punkte $-\pi, 0, \pi$, an denen die Funktion unstetig ist. Dort kann man auch keine Konvergenz gegen $f(x)$ erwarten, wie das folgende Argument zeigt: Die Funktionen

$$f_\alpha\colon f_\alpha(x) = \begin{cases} 0 & \text{falls } -\pi < x < 0 \\ \alpha & \text{falls } x = 0 \\ 1 & \text{falls } 0 < x \leqq \pi \end{cases}$$

haben für jedes $\alpha \in \mathbb{R}$ die gleichen Fourierkoeffizienten, also die gleiche Fourierreihe (5.2.9). Es ist $f_\alpha(0) = \alpha$, aber die Fourierreihe hat im Punkt 0 den Wert $\frac{1}{2}$, unabhängig von α.

Wir formulieren ohne Beweis den folgenden Satz.

Satz 5.2 *Die Funktion $f\colon \mathbb{R} \to \mathbb{R}$ sei 2π-periodisch und stückweise stetig differenzierbar. Dann konvergiert die Fourierreihe von f für jedes $x \in \mathbb{R}$ und es gilt*

$$a_0 + \sum_{n=1}^{\infty}(a_n \cos nx + b_n \sin nx) = \begin{cases} f(x) & \textit{falls } f \textit{ stetig in } x \\ \dfrac{f(x+)+f(x-)}{2} & \textit{sonst}. \end{cases} \tag{5.2.10}$$

In den Sprungstellen von f verhält sich also die Fourierreihe so „angenehm" wie möglich: Sie konvergiert gegen den Mittelwert aus dem linksseitigen und dem rechtsseitigen Grenzwert, wie auch das obige Beispiel zeigt. Die Fallunterscheidung in der obigen Formel (5.2.10) ist wieder eigentlich überflüssig und nur der Deutlichkeit halber: In den Punkten x, in denen f stetig ist, gilt ja $\dfrac{f(x+)+f(x-)}{2} = f(x)$.

Der Satz geht im Wesentlichen auf den französischen Ingenieur und Mathematiker *Jean-Baptiste Joseph Fourier* (1768–1830) zurück. Die Aussage, dass auch eine unstetige Funktion als (unendliche) Summe von „schön glatten" Sinus- und Cosinusfunktionen darstellbar sein kann, hat zunächst Verwunderung und Unglauben ausgelöst und hat letztlich zur Ausbildung des modernen allgemeinen Funktionsbegriffs beigetragen. Ein mathematisch exakter Beweis des Satzes wurde aber erst von *Peter Gustav Lejeune Dirichlet* (1805–1859) im Jahre 1829 gegeben. Auf die Bedeutung des Satzes in Naturwissenschaft und Technik werden wir im nächsten Abschnitt kurz eingehen.

Wir fahren mit der folgenden trivialen, aber oft nützlichen Bemerkung fort.

Bemerkung 5.4 i) *Ist die Funktion f* gerade, *das heißt, ist $f(x) = f(-x)$ für alle x, so gilt $b_n = 0$ für alle $n = 1,2,\ldots$ und*

$$a_0 = \frac{1}{\pi}\int_0^{\pi} f(x)\,dx \qquad a_n = \frac{2}{\pi}\int_0^{\pi} f(x)\cos nx\,dx \quad \textit{für alle } n = 1,2,\ldots$$

Die Fourierreihe von f lautet dann

$$a_0 + \sum_{n=1}^{\infty} a_n \cos nx\,.$$

ii) *Ist die Funktion f* ungerade, *das heißt, ist $f(-x) = -f(x)$ für alle x, so gilt $a_n = 0$ für alle $n = 0,1,2,\ldots$ und*

$$b_n = \frac{2}{\pi}\int_0^{\pi} f(x)\,\sin nx\,dx \quad \textit{für alle } n = 1,2,\ldots$$

Die Fourierreihe von f lautet dann

$$\sum_{n=1}^{\infty} b_n \sin nx\,.$$

Wir beschließen diesen Abschnitt mit dem folgenden interessanten Beispiel.

Beispiel 5.8 Die Funktion $f\colon \mathbb{R} \to \mathbb{R}$ sei definiert durch

$$f(x) = x^2 \quad \text{für alle } -\pi \leqq x \leqq \pi$$

und 2π-periodisch fortgesetzt. Man erhält

$$a_0 = \frac{1}{2\pi}\int_{-\pi}^{\pi} x^2\,dx = \frac{\pi^2}{3}$$

und

$$a_n = \frac{1}{\pi}\int_{-\pi}^{\pi} x^2 \cos nx\,dx = \frac{4}{n^2}(-1)^n$$

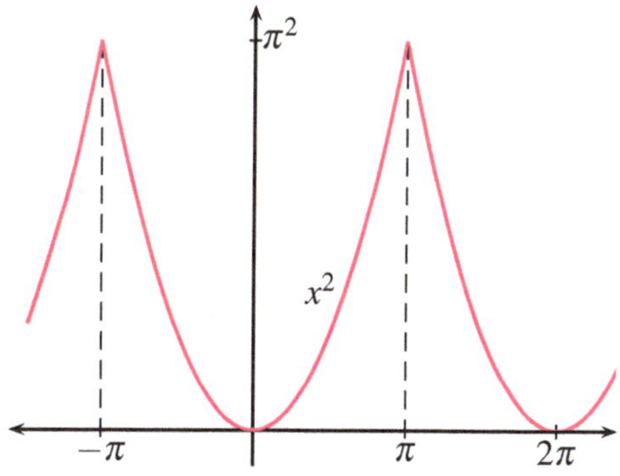

für alle $n = 1,2,\ldots$ durch zweimalige partielle Integration oder mit Hilfe einer Integralsammlung. Da die Funktion f gerade ist, haben wir $b_n = 0$ für alle $n = 1,2,\ldots$ gemäß der obigen Bemerkung. Somit gilt nach Satz 5.2

$$x^2 = \frac{\pi^2}{3} + 4\sum_{n=1}^{\infty} \frac{(-1)^n}{n^2}\cos nx \qquad \text{für alle } -\pi \leqq x \leqq \pi\,.$$

Mit $x = \pi$ ergibt sich

$$\pi^2 = \frac{\pi^2}{3} + 4\sum_{n=1}^{\infty}\frac{1}{n^2} \qquad \text{oder} \qquad \sum_{n=1}^{\infty}\frac{1}{n^2} = \frac{\pi^2}{6}\,.$$

Durch eine analoge Rechnung gewinnt man

$$\sum_{n=1}^{\infty}\frac{1}{n^4} = \frac{\pi^4}{90}\,,$$

aber überraschenderweise ist der genaue Wert von $\sum_{n=1}^{\infty}\frac{1}{n^3}$ bis heute unbekannt.

Übungen

Übung 5.8 Verifizieren Sie die Orthogonalitätsrelationen (5.2.2), (5.2.3) und (5.2.4). *Hinweis:* Modifizieren Sie die Rechnungen in Abschnitt 3.1.1 für die Orthogonalitätsrelationen der Sinusfunktion geeignet.

Übung 5.9 Bestimmen Sie die Fourierreihe der Funktion $f : f(x) = x$ für $-\pi < x \leqq \pi$ und 2π-periodisch auf $\mathbb{R}$ fortgesetzt.

Übung 5.10 Wie lautet die Fourierreihe der nebenstehend skizzierten 2π-periodischen Funktion $f\colon \mathbb{R} \to \mathbb{R}$?

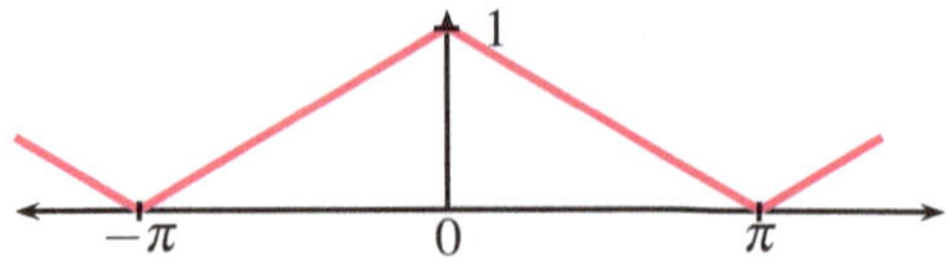

Übung 5.11 Wie lautet die Fourierreihe der Funktion

$$f(x) = \begin{cases} 1 & -\dfrac{\pi}{2} < x \leqq \dfrac{\pi}{2} \\ 0 & \dfrac{\pi}{2} < x \leqq \dfrac{3}{2}\pi \end{cases}$$

und 2π-periodisch fortgesetzt? Welche Zahlenreihe erhält man für $x = 0$?

Übung 5.12 Wenn man eine sinusförmige Wechselspannung durch einen einfachen Gleichrichter schickt, entsteht der unten skizzierte Spannungsverlauf $U(t)$; dabei haben wir der Einfachheit halber die Periode 2π angenommen. Bestimmen Sie die Fourierentwicklung von $U(t)$ („Einweg-gleichgerichteter Sinus").

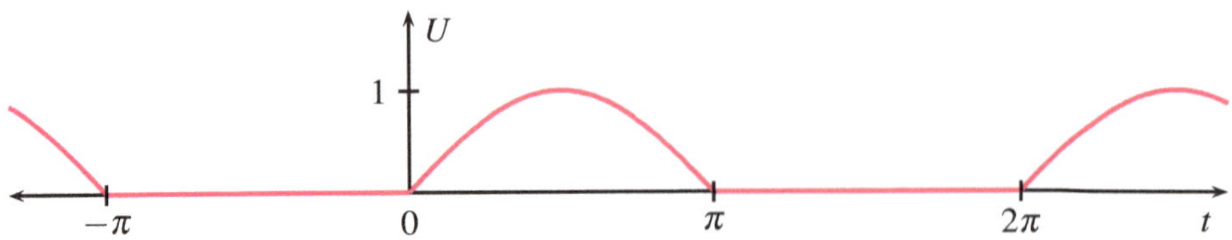

Übung 5.13 Bestimmen Sie die Fourierreihe der Funktion

$$f : f(x) := \left(\frac{x}{\pi}\right)^3 - \frac{x}{\pi} \qquad \text{für alle } -\pi \leqq x \leqq \pi$$

und 2π-periodisch fortgesetzt. Welche Zahlenreihe erhält man für $x = \dfrac{\pi}{2}$?

5.2.2 Funktionen mit beliebiger Periode

Wir haben bisher nur periodische Funktionen mit Periode 2π betrachtet, dies ist natürlich für die Praxis unzureichend. Der Fall beliebiger Periode lässt sich durch eine naheliegende Koordinatentransformation leicht auf die bisher betrachtete Situation zurückführen. Dies wollen wir in diesem Abschnitt tun.

Es sei eine periodische Funktion $f\colon \mathbb{R} \to \mathbb{R}$ mit Periode $T > 0$ gegeben, das heißt, es gelte

$$f(t+T) = f(t) \qquad \text{für alle } t \in \mathbb{R}\,.$$

Wir nehmen auch f gleich als stückweise stetig differenzierbar an und vereinbaren die Abkürzung für die *(Kreis-) Frequenz*

$$\omega = \frac{2\pi}{T}.$$

Wir führen die Variablentransformation

$$x = \omega t \qquad \text{oder} \qquad t = \frac{x}{\omega}$$

durch und betrachten die Funktion f als Funktion der neuen Variablen x. Der Deutlichkeit halber schreiben wir g für die so entstehende Funktion, das heißt, wir setzen

$$g(x) = f(t) = f\left(\frac{x}{\omega}\right) \qquad \text{oder} \qquad f(t) = g(x) = g(\omega t).$$

Die Funktion g ist 2π-periodisch wegen

$$g(x+2\pi) = f\left(\frac{x+2\pi}{\omega}\right) = f\left(\frac{x}{\omega} + \frac{2\pi}{\omega}\right) = f(t+T) = f(t) = g(x) \quad \text{für alle } x.$$

Die Fourierkoeffizienten von g sind

$$a_0 = \frac{1}{2\pi}\int_{-\pi}^{\pi} g(x)\,dx = \frac{\omega}{2\pi}\int_{-\frac{T}{2}}^{\frac{T}{2}} g(\omega t)\,dt = \frac{1}{T}\int_{-\frac{T}{2}}^{\frac{T}{2}} f(t)\,dt \tag{5.2.11}$$

und

$$a_n = \frac{1}{\pi}\int_{-\pi}^{\pi} g(x)\cos nx\,dx = \frac{\omega}{\pi}\int_{-\frac{T}{2}}^{\frac{T}{2}} g(\omega t)\cos(n\omega t)\,dt = \frac{2}{T}\int_{-\frac{T}{2}}^{\frac{T}{2}} f(t)\cos(n\omega t)\,dt \tag{5.2.12}$$

$$b_n = \frac{1}{\pi}\int_{-\pi}^{\pi} g(x)\sin nx\,dx = \frac{\omega}{\pi}\int_{-\frac{T}{2}}^{\frac{T}{2}} g(\omega t)\sin(n\omega t)\,dt = \frac{2}{T}\int_{-\frac{T}{2}}^{\frac{T}{2}} f(t)\sin(n\omega t)\,dt \tag{5.2.13}$$

für $n = 1, 2, \ldots$; diese definieren wir als Fourierkoeffizienten der Funktion f. Da mit f auch die Funktion g stückweise stetig differenzierbar ist, konvergiert nach Satz 5.2 die Fourierreihe und es gilt

$$a_0 + \sum_{n=1}^{\infty}(a_n\cos nx + b_n\sin nx) = \begin{cases} g(x) & \text{falls } g \text{ stetig in } x \\ \dfrac{g(x+) + g(x-)}{2} & \text{sonst}. \end{cases}$$

Setzen wir hierin wieder $x = \omega t$, so erhalten wir die Konvergenz der Fourierreihe für die Funktion f und

$$a_0 + \sum_{n=1}^{\infty}\big(a_n\cos(n\omega t) + b_n\sin(n\omega t)\big) = \begin{cases} f(t) & \text{falls } f \text{ stetig in } t \\ \dfrac{f(t+) + f(t-)}{2} & \text{sonst}. \end{cases} \tag{5.2.14}$$

Dieses Resultat ist in den Naturwissenschaften und in der Technik von großer Bedeutung. Es besagt, dass sich ein periodisches Signal mit Periode T, also mit Frequenz $\omega = \frac{2\pi}{T}$, als Überlagerung von harmonischen Schwingungen der Frequenz ω *(Grundschwingung)* und ganzzahligen Vielfachen von ω, den *Oberschwingungen*, darstellen lässt. Wir betrachten ein Beispiel.

Beispiel 5.9 Wir registrieren ein Geräusch, welches durch den folgenden zeitlichen Verlauf des Schalldrucks $p(t)$ gegeben ist:

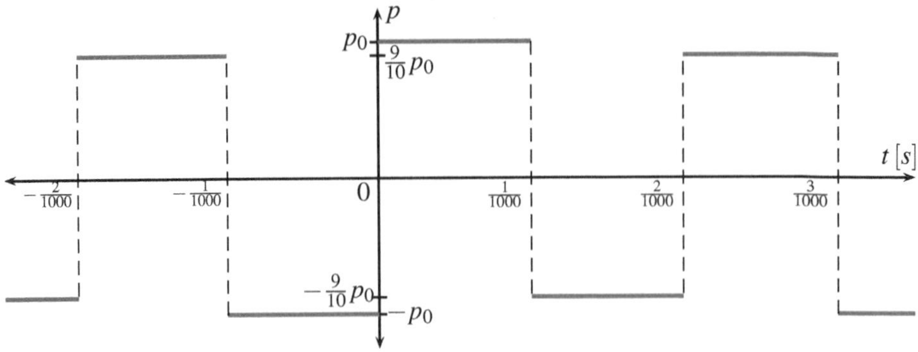

Das Signal $p(t)$ ist periodisch mit Periode $T = \frac{4}{1000}$, außerdem ist die Funktion $p(t)$ ungerade, daher verschwinden nach der obigen Bemerkung 5.4 die Fourierkoeffizienten $a_0, a_1, a_2, \dots$ und es gilt mit $\omega = \frac{2\pi}{T} = 500\pi$

$$
\begin{aligned}
b_n &= \frac{2}{T}\int_{-\frac{T}{2}}^{\frac{T}{2}} p(t)\sin(n\omega t)\,dt = \frac{4}{T}\int_0^{\frac{T}{2}} p(t)\sin(n\omega t)\,dt \\
&= 1000\,p_0\int_0^{\frac{1}{1000}} \sin\left(n2\pi\frac{1000}{4}t\right)dt - 1000\frac{9}{10}p_0\int_{\frac{1}{1000}}^{\frac{2}{1000}} \sin\left(n2\pi\frac{1000}{4}t\right)dt \\
&= p_0\frac{2}{n\pi}\left(-\cos(n\frac{\pi}{2})+1\right) - \frac{9}{10}p_0\frac{2}{n\pi}\left(-\cos(n\pi)+\cos(n\frac{\pi}{2})\right) \\
&= \frac{p_0}{5n\pi}\left(10-19\cos(n\frac{\pi}{2})+9\cos(n\pi)\right).
\end{aligned}
$$

Wegen

$$
10-19\cos(n\frac{\pi}{2})+9\cos(n\pi) = \begin{cases} 1 & \text{für } n = 1,5,9,\dots \\ 38 & \text{für } n = 2,6,10,\dots \\ 1 & \text{für } n = 3,7,11,\dots \\ 0 & \text{für } n = 4,8,12,\dots \end{cases}
$$

erhalten wir

$$b_1 = \frac{p_0}{5\pi} \qquad b_2 = \frac{p_0}{5\pi}19 \qquad b_3 = \frac{p_0}{5\pi}\frac{1}{3} \qquad b_4 = 0$$
$$b_5 = \frac{p_0}{5\pi}\frac{1}{5} \qquad b_6 = \frac{p_0}{5\pi}\frac{19}{3} \qquad b_7 = \frac{p_0}{5\pi}\frac{1}{7} \qquad b_8 = 0$$
$$b_9 = \frac{p_0}{5\pi}\frac{1}{9} \qquad b_{10} = \frac{p_0}{5\pi}\frac{19}{5} \qquad \ldots$$

und

$$p(t) = \frac{p_0}{5\pi}\left(\sin(250\cdot 2\pi t) + 19\sin(250\cdot 4\pi t) + \frac{1}{3}\sin(250\cdot 6\pi t) + \frac{1}{5}\sin(250\cdot 10\pi t) + \ldots\right)$$

Da der zweite Summand mit dem Koeffizienten b_2 die anderen deutlich überwiegt, erwarten wir, einen Ton von 500 Hz zu hören, die anderen Summanden in der Fourierentwicklung bestimmen die „Klangfarbe" des Geräuschs.

Bereits bei der Behandlung der Diffusion in Rohren im Abschnitt 5.1.2 haben wir eine Funktion – nämlich die Anfangskonzentration im Rohr – in eine Summe von Sinusfunktionen entwickelt. Wir wollen noch darlegen, wie sich das damalige Vorgehen in unsere jetzige allgemeine Betrachtung einordnet.

Beispiel 5.10 Es sei eine stückweise stetig differenzierbare Funktion f auf einem Intervall gegeben, das wir der Einfachheit halber von der Form $[0,\ell]$ annehmen.

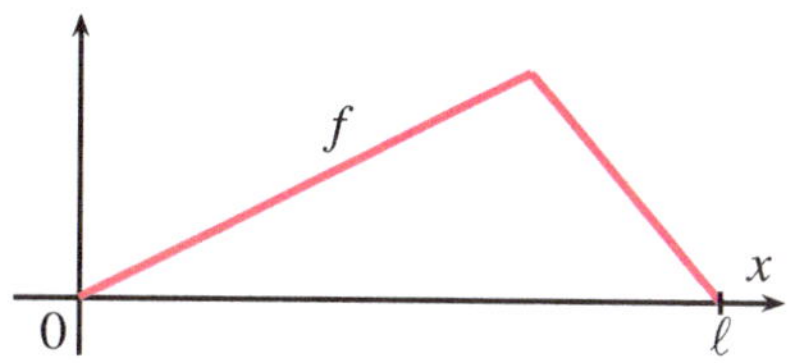

i) Wir können dann $f\colon [0,\ell] \to \mathbb{R}$ zu einer periodischen Funktion mit Periode ℓ auf ganz $\mathbb{R}$ fortsetzen und als solche in eine Fourierreihe entwickeln, wie oben dargelegt.

ii) Wir können aber auch $f\colon [0,\ell] \to \mathbb{R}$ zunächst auf $[-\ell,0]$ zu einer ungeraden Funktion fortsetzen durch

$$f(-x) = -f(x) \qquad \text{für alle } 0 < x < \ell$$

und die so auf $[-\ell,\ell]$ definierte Funktion als 2ℓ-periodisch ansehen:

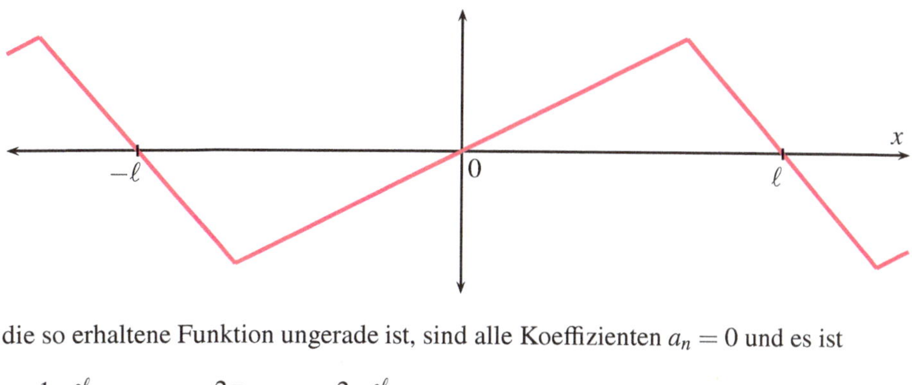

Da die so erhaltene Funktion ungerade ist, sind alle Koeffizienten $a_n = 0$ und es ist

$$b_n = \frac{1}{\ell}\int_{-\ell}^{\ell} f(x)\sin\left(n\frac{2\pi}{2\ell}x\right)dx = \frac{2}{\ell}\int_0^{\ell} f(x)\sin\left(n\frac{\pi}{\ell}x\right)dx \quad \text{für alle } n = 1,2,\ldots, \quad (5.2.15)$$

so dass die Fourierentwicklung lautet

$$\sum_{n=1}^{\infty} b_n \sin\left(n\frac{\pi}{\ell}x\right) = \begin{cases} f(x) & \text{für alle } 0 < x < \ell, \text{ in denen } f \text{ stetig ist} \\ \dfrac{f(x+)+f(x-)}{2} & \text{für alle sonstigen } 0 < x < \ell. \end{cases}$$

Da in dieser Darstellung nur Sinusfunktionen auftreten, spricht man von der *Fourier-Sinus-Entwicklung* der Funktion f. Dies entspricht unseren Formeln (5.1.22) und (5.1.24) im Abschnitt 5.1.2.

iii) Schließlich kann man f zunächst zu einer geraden Funktion auf $[-\ell,0]$ fortsetzen durch

$$f(-x) = f(x) \qquad \text{für alle } 0 < x < \ell$$

und die so erhaltene Funktion 2ℓ-periodisch auf ganz $\mathbb{R}$ ausdehnen:

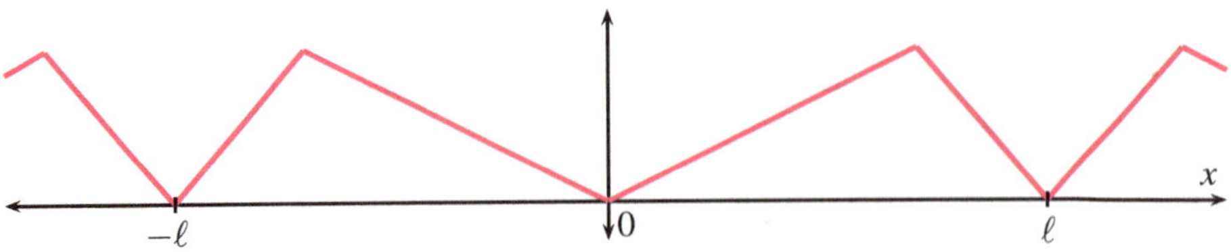

Dann sind alle Fourierkoeffizienten $b_n = 0$ und mit

$$a_0 = \frac{1}{2\ell}\int_{-\ell}^{\ell} f(x)\,dx = \frac{1}{\ell}\int_0^{\ell} f(x)\,dx \qquad \text{sowie}$$

$$a_n = \frac{1}{\ell}\int_{-\ell}^{\ell} f(x)\cos\left(n\frac{2\pi}{2\ell}x\right)dx = \frac{2}{\ell}\int_0^{\ell} f(x)\cos\left(n\frac{\pi}{\ell}x\right)dx \quad \text{für alle } n = 1,2,\ldots,$$

hat man die *Fourier-Cosinus-Entwicklung* der Funktion f:

$$a_0 + \sum_{n=1}^{\infty} a_n \cos\left(n\frac{\pi}{\ell}x\right) = \begin{cases} f(x) & \text{für alle } 0 < x < \ell, \text{ in denen } f \text{ stetig ist} \\ \dfrac{f(x+)+f(x-)}{2} & \text{für alle sonstigen } 0 < x < \ell. \end{cases}$$

Übungen

Übung 5.14 Wie lautet die Fourierreihe der unten skizzierten Funktion:

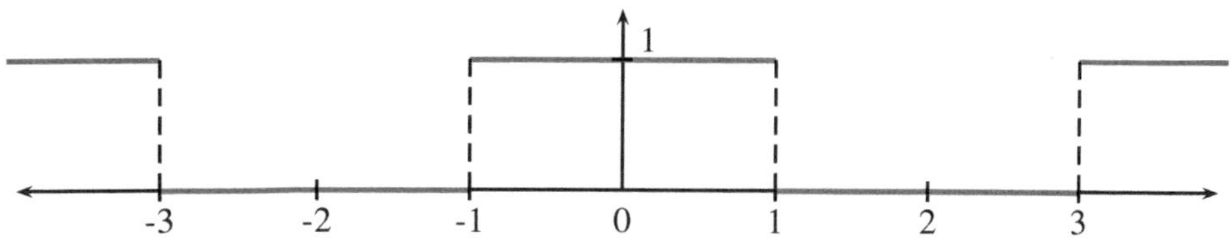

Übung 5.15 Berechnen Sie die Fourierreihe der Funktion $U(t) = |\sin t|$ für $-\pi < t \leqq \pi$ und 2π-periodisch fortgesetzt („Zweiweg-gleichgerichteter Sinus", vergleiche Übung 5.12). Wie lautet die Fourierreihe der Funktion, wenn man sie als periodisch mit Periode π auffasst?

Übung 5.16 Entwickeln Sie die Funktion

$$f(x) = 2 - \frac{x}{2} \qquad \text{für } 0 < x \leqq 4$$

i) in eine Fourier-Sinus-Reihe und ii) in eine Fourier-Cosinus-Reihe.

5.2.3 Fourierreihen in komplexer Schreibweise

Wir beschränken uns zunächst wieder auf periodische Funktionen der Periode 2π; die Ausdehnung unserer Ergebnisse auf periodische Funktionen mit beliebiger Periode T ist dann nur ein kleiner Schritt, wie wir gesehen haben.

Die Fourierreihen in ihrer bisher dargestellten Form sind zwar sehr nützlich und haben wichtige Anwendungen in den Natur- und Ingenieurwissenschaften, aber man kann nicht behaupten, dass sie eine große Eleganz ausstrahlen: Es gibt drei verschiedene Typen von Fourierkoeffizienten (5.2.6) bis (5.2.8), entsprechend umständlich wirkt die Fourierreihe. Dies ändert sich aber sofort, wenn man die Fourierreihen im Bereich der komplexen Zahlen betrachtet. Wir rechnen statt mit den reellen trigonometrischen Funktionen $\cos nx$ und $\sin nx$ mit den komplexen trigonometrischen Funktionen

$$\mathrm{e}^{inx} \qquad n \in \mathbb{Z},$$

was man beim Hantieren mit trigonometrischen Funktionen sowieso immer in Betracht ziehen sollte.

Der Zusammenhang zwischen den trigonometrischen Funktionen im Reellen und im Komplexen wird – wie im Abschnitt 1.5.2 dargelegt – durch die fundamentale Eulersche Formel (1.5.1)

$$\mathrm{e}^{\mathrm{i}t} = \cos t + \mathrm{i}\sin t \qquad \text{für alle } t \in \mathbb{R}$$

hergestellt, die man auch äquivalent durch die beiden Gleichungen (1.5.4)

$$\cos t = \frac{1}{2}\left(\mathrm{e}^{\mathrm{i}t} + \mathrm{e}^{-\mathrm{i}t}\right) \qquad \text{und} \qquad \sin t = \frac{1}{2\mathrm{i}}\left(\mathrm{e}^{\mathrm{i}t} - \mathrm{e}^{-\mathrm{i}t}\right) \qquad \text{für alle } t \in \mathbb{R} \quad (5.2.16)$$

ausdrücken kann.

Wir betrachten nun eine 2π-periodische Funktion $f\colon \mathbb{R} \to \mathbb{R}$, die wir auch gleich als stückweise stetig differenzierbar voraussetzen. In der zugehörigen Fourierreihe

$$a_0 + \sum_{n=1}^{\infty} (a_n \cos nx + b_n \sin nx)$$

wollen wir die reellen trigonometrischen Funktionen durch $\mathrm{e}^{\mathrm{i}nx}$ ersetzen. Wir rechnen mit Hilfe von (5.2.16) aus

$$\begin{aligned} a_0 + \sum_{n=1}^{\infty} (a_n \cos nx + b_n \sin nx) &= a_0 + \sum_{n=1}^{\infty} \left(\frac{a_n}{2}\left(\mathrm{e}^{\mathrm{i}nx} + \mathrm{e}^{-\mathrm{i}nx}\right) + \frac{b_n}{2\mathrm{i}}\left(\mathrm{e}^{\mathrm{i}nx} - \mathrm{e}^{-\mathrm{i}nx}\right)\right) \\ &= a_0 + \sum_{n=1}^{\infty} \frac{a_n - \mathrm{i}b_n}{2}\,\mathrm{e}^{\mathrm{i}nx} + \sum_{n=1}^{\infty} \frac{a_n + \mathrm{i}b_n}{2}\,\mathrm{e}^{-\mathrm{i}nx} \\ &= a_0 + \sum_{n=1}^{\infty} \frac{a_n - \mathrm{i}b_n}{2}\,\mathrm{e}^{\mathrm{i}nx} + \sum_{n=-1}^{-\infty} \frac{a_{-n} + \mathrm{i}b_{-n}}{2}\,\mathrm{e}^{\mathrm{i}nx} = \sum_{n=-\infty}^{\infty} c_n \mathrm{e}^{\mathrm{i}nx}, \end{aligned}$$

wobei wir

$$c_n = \begin{cases} \frac{1}{2}(a_n - \mathrm{i}b_n) & \text{für alle } n = 1, 2, \ldots \\ a_0 & \text{für } n = 0 \\ \frac{1}{2}(a_{-n} + \mathrm{i}b_{-n}) & \text{für alle } n = -1, -2, \ldots \end{cases} \qquad (5.2.17)$$

gesetzt haben und die an beiden Summationsgrenzen unendliche Reihe durch

$$\sum_{n=-\infty}^{\infty} c_n \mathrm{e}^{\mathrm{i}nx} := \lim_{N \to \infty} \sum_{n=-N}^{n=N} c_n \mathrm{e}^{\mathrm{i}nx}$$

erklären.

Definition 5.3 Die durch die Gleichungen (5.2.17) definierten Zahlen c_n für $n \in \mathbb{Z}$ heißen die *komplexen Fourierkoeffizienten* der Funktion f, die hiermit gebildete Reihe

$$\sum_{n=-\infty}^{\infty} c_n \mathrm{e}^{\mathrm{i}nx}$$

heißt die *komplexe Fourierreihe* von f.

Man kann die komplexen Fourierkoeffizienten auch elegant direkt berechnen – ohne Umweg über die reellen Fourierkoeffizienten. Hierzu verwendet man entsprechend die folgenden *Orthogonalitätsrelationen* der komplexen trigonometrischen Funktionen. Man beachte, dass man nach den Ausführungen im Abschnitt 3.1.4 bei der Bildung des Skalarproduktes im Komplexen einen der beiden Faktoren komplex konjugieren muss!

Bemerkung 5.5 (Orthogonalitätsrelationen der komplexen trigonometrischen Funktionen) *Für alle $k, \ell \in \mathbb{Z}$ gilt*

$$\int_{-\pi}^{\pi} \left(\mathrm{e}^{\mathrm{i}kx}\right)^* \mathrm{e}^{\mathrm{i}\ell x}\, dx = \int_{-\pi}^{\pi} \mathrm{e}^{-\mathrm{i}kx}\mathrm{e}^{\mathrm{i}\ell x}\, dx = \begin{cases} 0 & \textit{falls } \ell \neq k \\ 2\pi & \textit{falls } \ell = k \end{cases} \tag{5.2.18}$$

wobei wir $(\mathrm{e}^{\mathrm{i}kl})^* = \mathrm{e}^{-\mathrm{i}kx}$ gemäß (1.5.6) benutzt haben. Auf Grund der Funktionalgleichung der Exponentialfunktion ist $\mathrm{e}^{-\mathrm{i}kx}\mathrm{e}^{\mathrm{i}\ell x} = \mathrm{e}^{\mathrm{i}(\ell-k)x}$, so dass wir mit $n = \ell - k$ kurz schreiben können

$$\int_{-\pi}^{\pi} \mathrm{e}^{\mathrm{i}nx}\, dx = \begin{cases} 0 & \textit{falls } n \neq 0 \\ 2\pi & \textit{falls } n = 0\,. \end{cases} \tag{5.2.19}$$

Beweis. Es genügt, die Gleichung (5.2.19) für den Fall $n \neq 0$ nachzurechnen:

$$\int_{-\pi}^{\pi} \mathrm{e}^{\mathrm{i}nx}\, dx = \left[\frac{1}{\mathrm{i}n}\mathrm{e}^{\mathrm{i}nx}\right]_{-\pi}^{\pi} = \frac{1}{\mathrm{i}n}\left(\mathrm{e}^{\mathrm{i}n\pi} - \mathrm{e}^{-\mathrm{i}n\pi}\right) = \frac{2}{n}\sin n\pi = 0\,. \qquad \square$$

Nun ergibt sich wie früher aus dem Ansatz

$$f(x) = \sum_{n=-\infty}^{\infty} c_n \mathrm{e}^{\mathrm{i}nx}$$

durch Multiplikation mit $\mathrm{e}^{-\mathrm{i}kx}$ und Integration

$$\int_{-\pi}^{\pi} \mathrm{e}^{-\mathrm{i}kx} f(x)\, dx = \sum_{n=-\infty}^{\infty} c_n \int_{-\pi}^{\pi} \mathrm{e}^{-\mathrm{i}kx}\mathrm{e}^{\mathrm{i}nx}\, dx = 2\pi c_k$$

wegen (5.2.18). Somit erhalten wir für die komplexen Fourierkoeffizienten die einfache Darstellung

$$c_n = \frac{1}{2\pi}\int_{-\pi}^{\pi} \mathrm{e}^{-\mathrm{i}nx} f(x)\, dx \qquad \text{für alle } n \in \mathbb{Z}\,. \tag{5.2.20}$$

Der Fourierkoeffizient c_n ist also bis auf die Normierung mit $\frac{1}{2\pi}$ das Skalarprodukt der Funktionen $\mathrm{e}^{\mathrm{i}nx}$ und $f(x)$. Es gilt die Entsprechung von Satz 5.2:

Satz 5.3 *Die Funktion $f\colon \mathbb{R} \to \mathbb{R}$ sei 2π-periodisch und stückweise stetig differenzierbar. Dann konvergiert die komplexe Fourierreihe von f für jedes $x \in \mathbb{R}$ und es gilt*

$$\sum_{n=-\infty}^{\infty} c_n e^{inx} = \lim_{N\to\infty} \sum_{n=-N}^{N} c_n e^{inx} = \begin{cases} f(x) & \textit{falls } f \textit{ stetig in } x \\ \dfrac{f(x+)+f(x-)}{2} & \textit{sonst}. \end{cases} \tag{5.2.21}$$

Wir betrachten als Beispiel die folgende sogenannte *Sägezahnschwingung*.

Beispiel 5.11 Die Funktion $f\colon \mathbb{R} \to \mathbb{R}$ sei definiert durch $f(x) = x$ für alle $-\pi \leqq x < \pi$ und 2π-periodisch fortgesetzt.

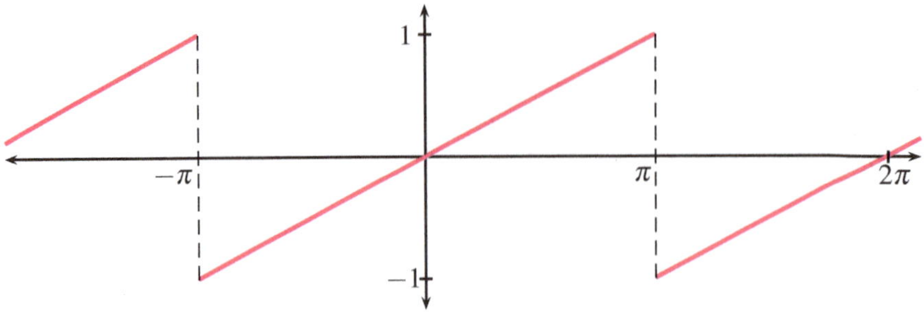

Die komplexen Fourierkoeffizienten sind

$$c_0 = \frac{1}{2\pi}\int_{-\pi}^{\pi} x\,dx = 0$$

und für $n \in \mathbb{Z}$, $n \neq 0$ durch partielle Integration

$$\begin{aligned} c_n &= \frac{1}{2\pi}\int_{-\pi}^{\pi} x e^{-inx}\,dx = \frac{1}{2\pi}\Big(\Big[-\frac{x}{in}e^{-inx}\Big]_{-\pi}^{\pi} + \frac{1}{in}\int_{-\pi}^{\pi} e^{-inx}\,dx\Big) \\ &= \frac{1}{2\pi}\big(-\frac{\pi}{in}e^{-in\pi} - \frac{\pi}{in}e^{in\pi}\big) = -\frac{1}{2in}\big(e^{in\pi}+e^{-in\pi}\big) = \frac{i}{n}\cos n\pi = (-1)^n\frac{i}{n}. \end{aligned}$$

Wir gewinnen aus Satz 5.3 die komplexe Fourierdarstellung

$$\sum_{\substack{n=-\infty \\ n\neq 0}}^{\infty} (-1)^n \frac{i}{n} e^{inx} = x \qquad \text{für alle } -\pi < x < \pi.$$

Fasst man die Summanden für n und $-n$ zusammen, so erhält man hieraus die reelle Fourierentwicklung

$$x = \sum_{\substack{n=-\infty \\ n\neq 0}}^{\infty} (-1)^n \frac{i}{n} e^{inx} = \sum_{n=1}^{\infty} (-1)^n \frac{i}{n}\big(e^{inx} - e^{-inx}\big) = \sum_{n=1}^{\infty} (-1)^{n+1}\frac{2}{n}\sin nx \quad \text{für } -\pi < x < \pi.$$

Zum Abschluss wollen wir die Gleichungen notieren, die sich ergeben, wenn die darzustellende Funktion eine beliebige Periode T hat.

Es sei also $f\colon \mathbb{R} \to \mathbb{R}$ eine stückweise stetig differenzierbare und periodische Funktion mit Periode T. Wir führen wieder die Kreisfrequenz $\omega = \dfrac{2\pi}{T}$ ein. Wie im letzten Abschnitt zeigt die Variablentransformation $x = \omega t$:
Die mit den komplexen Fourierkoeffizienten

$$c_n = \frac{1}{T}\int_{-\frac{T}{2}}^{\frac{T}{2}} \mathrm{e}^{-\mathrm{i}n\omega t} f(t)\,dt \qquad \text{für alle } n \in \mathbb{Z} \tag{5.2.22}$$

gebildete Fourierreihe

$$\sum_{n=-\infty}^{\infty} c_n \mathrm{e}^{\mathrm{i}n\omega t} = \lim_{N\to\infty} \sum_{n=-N}^{n=N} c_n \mathrm{e}^{\mathrm{i}n\omega t} \tag{5.2.23}$$

konvergiert und es gilt

$$\sum_{n=-\infty}^{\infty} c_n \mathrm{e}^{\mathrm{i}n\omega t} = \begin{cases} f(t) & \text{falls } f \text{ stetig ist in } t \\ \dfrac{f(t+)+f(t-)}{2} & \text{sonst}. \end{cases} \tag{5.2.24}$$

Übungen

Übung 5.17 Berechnen Sie die komplexe Fourierreihe der Funktion

$$f(x) = \begin{cases} -1 & \text{falls } -\pi \leqq x < 0 \\ 1 & \text{falls } \quad 0 \leqq x < \pi \end{cases} \qquad \text{und } 2\pi \text{ -periodisch fortgesetzt.}$$

Gewinnen Sie hieraus die reelle Fourierreihe.

Übung 5.18 Bestimmen Sie die Fourierentwicklung in reeller und komplexer Schreibweise der Funktion $f : f(x) := |x|$ für alle $-\pi \leqq x \leqq \pi$ und 2π-periodisch fortgesetzt.

Übung 5.19 Berechnen Sie die komplexe Fourierreihe der folgenden Funktion:

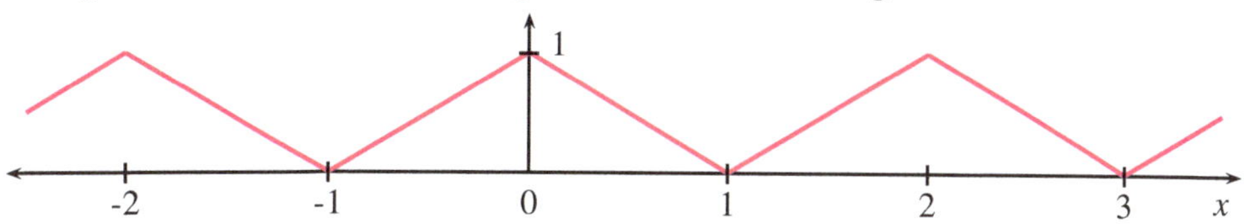

Gewinnen Sie hieraus die reelle Fourierreihe.

Übung 5.20 Bestimmen Sie die komplexen Fourierkoeffizienten der Funktion $f(x) = \mathrm{e}^x$ für $-\pi < x \leqq \pi$ und 2π-periodisch fortgesetzt.

5.3 Fouriertransformation

5.3.1 Einführung

Wir wollen versuchen, die Ergebnisse der letzten Abschnitte auf nicht periodische Funktionen f auszudehnen, das heißt, wir wollen versuchen, auch nicht periodische Vorgänge als Überlagerung harmonischer Schwingungen darzustellen. Dabei ist klar, dass die früheren Darstellungen (5.2.14) oder (5.2.24) von f als *unendliche Reihe* aus – reell oder komplex geschriebenen – trigonometrischen Funktionen nicht länger bestehen können, da hierzu die Funktion f natürlich notwendig periodisch sein muss.

Es ist verlockend, in den oben zitierten früheren Formeln den Grenzübergang $T \to \infty$ auszuführen, das bedeutet anschaulich, einen nicht periodischen Vorgang als Grenzfall periodischer Vorgänge mit nach Unendlich wachsender Periode aufzufassen. Diese Betrachtungsweise und die daraus folgenden Argumente sind aber mathematisch zumindest äußerst bedenklich und sollen hier nur als heuristische Motivation für die später zu entwickelnde exakte Theorie zu verstehen sein.

Wir betrachten eine Funktion $f\colon \mathbb{R} \to \mathbb{R}$, die wir als stückweise stetig differenzierbar voraussetzen. Außerdem nehmen wir f gegebenenfalls als normiert in dem Sinne an, dass an den etwaigen Sprungstellen t_0 der Funktionswert gleich dem Mittelwert aus dem linken und rechten Grenzwert ist:

$$f(t_0) = \frac{f(t_0+) + f(t_0-)}{2}$$

Für $T > 0$ lassen wir $f(t)$ auf dem Intervall $[-\frac{T}{2}, \frac{T}{2}]$ unverändert, ersetzen sie aber außerhalb durch die T-periodische Fortsetzung:

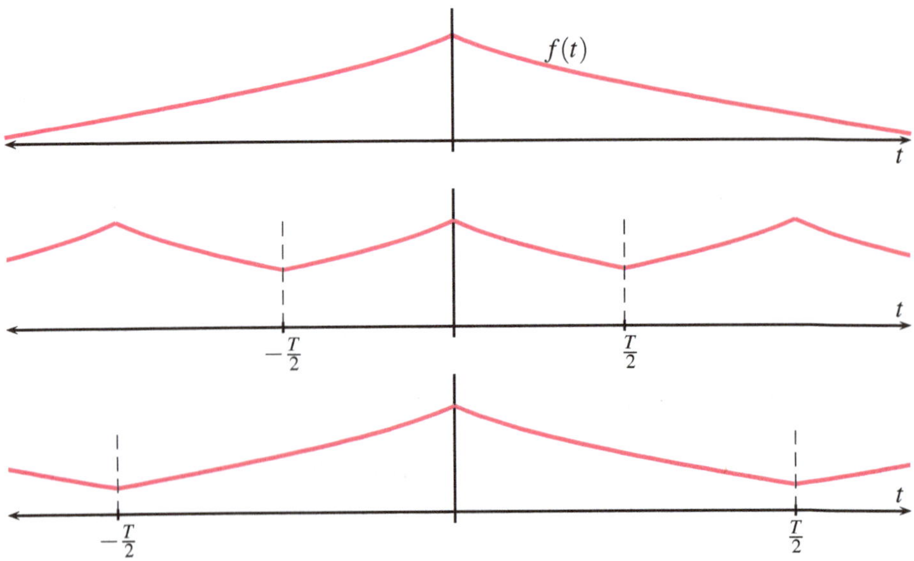

Die etwas umständliche reelle Darstellung wollen wir beiseite lassen und uns der übersichtlicheren komplexen Schreibweise bedienen. Mit den komplexen Fourierkoeffizienten (5.2.22)

$$c_n = \frac{1}{T}\int_{-\frac{T}{2}}^{\frac{T}{2}} \mathrm{e}^{-\mathrm{i}n\frac{2\pi}{T}} f(t)\,dt \qquad \text{für alle } n \in \mathbb{Z}$$

bilden wir die Fourierreihe

$$\sum_{n=-\infty}^{\infty} c_n \mathrm{e}^{\mathrm{i}n\frac{2\pi}{T}x}.$$

Wir wissen, dass die Fourierreihe konvergiert und die Funktion f darstellt:

$$f(x) = \sum_{n=-\infty}^{\infty} \frac{1}{T}\Big(\int_{-\frac{T}{2}}^{\frac{T}{2}} \mathrm{e}^{-\mathrm{i}n\frac{2\pi}{T}} f(t)\,dt\Big)\mathrm{e}^{\mathrm{i}n\frac{2\pi}{T}x} \qquad \text{für alle } -\frac{T}{2} < x < \frac{T}{2}.$$

Mit den Abkürzungen $\Delta\omega = \dfrac{2\pi}{T}$ und $\omega_n = n\Delta\omega$ lautet diese Gleichung

$$f(x) = \frac{1}{2\pi}\sum_{n=-\infty}^{\infty} \mathrm{e}^{\mathrm{i}\omega_n x}\Big(\int_{-\frac{T}{2}}^{\frac{T}{2}} \mathrm{e}^{-\mathrm{i}\omega_n} f(t)\,dt\Big)\Delta\omega \qquad \text{für alle } -\frac{T}{2} < x < \frac{T}{2}.$$

Die Punkte ω_n für $n \in \mathbb{Z}$ bilden eine äquidistante Zerlegung der reellen (ω-)Achse, die bei $T \to \infty$ immer feiner wird; wir fassen daher die rechte Seite der obigen Formel als eine Zerlegungssumme für das uneigentliche Integral $\frac{1}{2\pi}\int_{-\infty}^{\infty} \mathrm{e}^{-\mathrm{i}\omega x}\Big(\ldots\omega\ldots\Big)\,d\omega$ bei festem x auf und „erhalten" so bei $T \to \infty$

$$f(x) = \frac{1}{2\pi}\int_{-\infty}^{\infty} \mathrm{e}^{\mathrm{i}\omega x}\Big(\int_{-\infty}^{\infty} \mathrm{e}^{-\mathrm{i}\omega t} f(t)\,dt\Big)\,d\omega \qquad \text{für alle } x \in \mathbb{R}. \tag{5.3.1}$$

Die Gültigkeit dieser Gleichung (5.3.1) kann aber in der Tat unter einer zusätzlichen Voraussetzung, welche die Existenz der beteiligten uneigentlichen Integrale sicherstellt, mathematisch exakt bewiesen werden; wir werden alsbald darauf zurückkommen. Wir interpretieren sie folgendermaßen: Mit der Größe

$$c(\omega) := \int_{-\infty}^{\infty} \mathrm{e}^{-\mathrm{i}\omega t} f(t)\,dt \qquad \text{für alle } \omega \in \mathbb{R} \tag{5.3.2}$$

lässt sich die – nicht periodische – Funktion f als sogenanntes *Fourierintegral* darstellen:

$$f(x) = \frac{1}{2\pi}\int_{-\infty}^{\infty} c(\omega)\,\mathrm{e}^{\mathrm{i}\omega x}\,d\omega \qquad \text{für alle } x \in \mathbb{R}, \tag{5.3.3}$$

also als *„kontinuierliche"* Überlagerung von (komplex geschriebenen) harmonischen Schwingungen. Dabei gibt die durch (5.3.2) definierte *Spektralfunktion* $c(\omega)$ an, mit welcher Amplitude die Frequenz ω in dieser Superposition auftritt. Damit haben wir unser eingangs formuliertes Ziel erreicht, auch nicht periodische Vorgänge als Überlagerung harmonischer Schwingungen darzustellen. An die Stelle der früheren unendlichen Reihen ist jetzt ein Integral getreten.

5.3.2 Definition und einfache Eigenschaften der Fouriertransformation

Nach diesen sehr heuristischen Betrachtungen im ersten Abschnitt wollen wir nun eine exakte Definition der Fouriertransformation geben. Es sei $f\colon \mathbb{R} \to \mathbb{C}$ eine Funktion, die wir als *absolut integrierbar* voraussetzen, das bedeutet, wir fordern

$$\int_{-\infty}^{\infty} |f(t)|\, dt < \infty, \tag{5.3.4}$$

was leider eine durchaus einschränkende Forderung darstellt, von der man sich in fortgeschritteneren Theorien mit einigem Aufwand zu lösen versucht. Weiter nehmen wir die Funktion f als stückweise stetig an, was aber für die Belange der Praxis keine Einschränkung ist. Wir gewinnen nun aus f die Spektralfunktion, deren Bedeutung wir bereits in der Einleitung erkannt haben und die als Fouriertransformierte von f bezeichnet wird.

Definition 5.4 Die zu f durch

$$F(x) = \int_{-\infty}^{\infty} \mathrm{e}^{-\mathrm{i}xt} f(t)\, dt \qquad \text{für alle } x \in \mathbb{R}$$

definierte Funktion $F\colon \mathbb{R} \to \mathbb{C}$ heißt die *Fouriertransformierte* von f; das uneigentliche Integral existiert dabei auf Grund der Integrierbarkeitsvoraussetzung (5.3.4)

$$\int_{-\infty}^{\infty} |\mathrm{e}^{-\mathrm{i}xt} f(t)|\, dt = \int_{-\infty}^{\infty} |f(t)|\, dt < \infty,$$

denn nach (1.5.5) ist $|\mathrm{e}^{-\mathrm{i}xt}| = 1$ für alle $x, t \in \mathbb{R}$. Man schreibt

$$F(x) = \mathscr{F}(f(t), x) = \hat{f}(x) \qquad \text{für alle } x \in \mathbb{R};$$

somit ist die Fouriertransformierte von f gegeben durch

$$\mathscr{F}(f(t), x) = \hat{f}(x) = \int_{-\infty}^{\infty} \mathrm{e}^{-\mathrm{i}xt} f(t)\, dt \qquad \text{für alle } x \in \mathbb{R}, \tag{5.3.5}$$

der Operator $f \mapsto \mathscr{F}(f(t), \cdot) = \hat{f}$ heißt die *Fouriertransformation*.

Es gibt also zwei konkurrierende Schreibweisen für die Fouriertransformierte einer Funktion f. In der Mathematik ist die Notation $\hat{f}$ üblich, während in den Ingenieurwissenschaften $\mathscr{F}(f(t), x)$ gebräuchlicher ist. Wir werden hier meist die letztere Schreibweise bevorzugen, weisen aber vorsorglich darauf hin, dass die Fouriertransformierte $\mathscr{F}(f(t), x)$ allein eine Funktion von x ist.

Weiter ist die folgende Warnung angebracht: In der Literatur sind auch andere Definitionen für die Fouriertransformation durchaus üblich, die sich von (5.3.5) unterscheiden: Eine größere Symmetrie in den Formeln erreicht man durch die Definition

$$\frac{1}{\sqrt{2\pi}} \int_{-\infty}^{\infty} \mathrm{e}^{-\mathrm{i}xt} f(t)\,dt$$

oder man verzichtet auf das Minuszeichen im Exponenten der Exponentialfunktion:

$$\left(\frac{1}{\sqrt{2\pi}}\right) \int_{-\infty}^{\infty} \mathrm{e}^{\mathrm{i}xt} f(t)\,dt$$

oder man bringt den Faktor 2π im Exponenten an:

$$\int_{-\infty}^{\infty} \mathrm{e}^{\pm 2\pi \mathrm{i}xt} f(t)\,dt\,.$$

Beim Literaturstudium und beim Gebrauch von Formelsammlungen ist daher darauf zu achten, welche der verschiedenen Definitionen der Fouriertransformation jeweils zugrunde gelegt ist.

Nach dieser Warnung kehren wir zu unserer Definition (5.3.5) zurück und geben ein einfaches Beispiel.

Beispiel 5.12 Die Funktion $f\colon \mathbb{R} \to \mathbb{R}$ sei für festes $T > 0$ definiert durch

$$f(t) = \begin{cases} 1 & \text{falls } |t| \leqq T \\ 0 & \text{falls } |t| > T\,. \end{cases}$$

Wir rechnen für $x \neq 0$ aus

$$\begin{aligned} \mathscr{F}(f(t),x) &= \int_{-\infty}^{\infty} \mathrm{e}^{-\mathrm{i}xt} f(t)\,dt = \int_{-T}^{T} \mathrm{e}^{-\mathrm{i}xt}\,dt = \Big[-\frac{1}{\mathrm{i}x}\mathrm{e}^{-\mathrm{i}xt}\Big]_{-T}^{T} = \frac{1}{\mathrm{i}x}\big(\mathrm{e}^{\mathrm{i}xT} - \mathrm{e}^{-\mathrm{i}xT}\big) \\ &= \frac{2}{x}\sin(Tx) = 2T\,\frac{\sin(Tx)}{Tx}\,. \end{aligned}$$

Erklären wir $\dfrac{\sin 0}{0} = 1$, so haben wir

$$\mathscr{F}(f(t),x) = 2T\,\frac{\sin(Tx)}{Tx} \qquad \text{für alle } x \in \mathbb{R}. \tag{5.3.6}$$

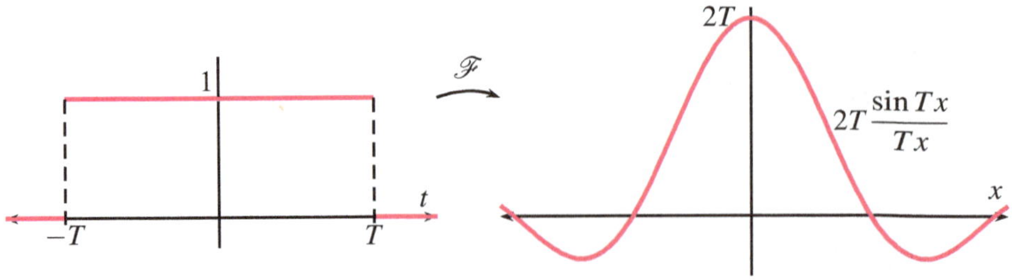

Die Fouriertransformation ordnet also einer absolut integrierbaren Funktion $f\colon \mathbb{R} \to \mathbb{C}$ eine neue Funktion $\hat{f} = \mathscr{F}(f(t),\cdot)\colon \mathbb{R} \to \mathbb{C}$ zu. Wir wollen im Folgenden einige Eigenschaften dieser Funktion notieren. Wir setzen für den Rest dieses Abschnitts voraus, dass alle Funktionen, die wir fouriertransformieren wollen, absolut integrierbar im Sinne von (5.3.4) sind.

Bemerkung 5.6 *Die Fouriertransformierte $\mathscr{F}(f(t),x)$ einer absolut integrierbaren Funktion $f\colon \mathbb{R} \to \mathbb{C}$ hat die folgenden Eigenschaften:*

i) $\mathscr{F}(f(t),0) = \int_{-\infty}^{\infty} f(t)\,dt$

ii) *Die Funktion $\mathscr{F}(f(t),x)$ ist beschränkt, es gilt nämlich*

$$|\mathscr{F}(f(t),x)| \leqq \int_{-\infty}^{\infty} |f(t)|\,dt < \infty \qquad \text{für alle } x \in \mathbb{R}.$$

iii) *Die Funktion $\mathscr{F}(f(t),x)$ ist stetig.*

iv) *Es konvergiert $\mathscr{F}(f(t),x) \to 0$ bei $x \to \pm\infty$. Diese Aussage heißt in der Literatur „Riemann-Lebesgue-Lemma“.*

Beweis. Die Aussage i) ist nach der Definition von $\mathscr{F}(f(t),x)$ evident, ebenso ii) wegen

$$|\mathscr{F}(f(t),x)| = \left|\int_{-\infty}^{\infty} \mathrm{e}^{-\mathrm{i}xt} f(t)\,dt\right| \leqq \int_{-\infty}^{\infty} |f(t)|\,dt \qquad \text{für alle } x \in \mathbb{R}.$$

iii) Wir betrachten ein $x \in \mathbb{R}$ und eine Folge $(x_n)_{n\in\mathbb{N}}$ mit $x_n \to x$. Es ist

$$|\mathscr{F}(f(t),x) - \mathscr{F}(f(t),x_n)| = \left|\int_{-\infty}^{\infty} (\mathrm{e}^{-\mathrm{i}tx} - \mathrm{e}^{-\mathrm{i}tx_n}) f(t)\,dt\right| \leqq \int_{-\infty}^{\infty} \left|\mathrm{e}^{-\mathrm{i}tx} - \mathrm{e}^{-\mathrm{i}tx_n}\right| \left|f(t)\right| dt.$$

Der Integrand $\left|\mathrm{e}^{-\mathrm{i}tx} - \mathrm{e}^{-\mathrm{i}tx_n}\right|\left|f(t)\right|$ konvergiert $\to 0$ bei $n \to \infty$ für jedes $t \in \mathbb{R}$ und allgemeine Sätze der Integrationstheorie garantieren in unserer Situation dann, dass auch das Integral $\int_{-\infty}^{\infty} \left|\mathrm{e}^{-\mathrm{i}tx} - \mathrm{e}^{-\mathrm{i}tx_n}\right|\left|f(t)\right| dt \to 0$ konvergiert.

iv) Wir betrachten nur den Fall, dass $f\colon \mathbb{R} \to \mathbb{C}$ stetig differenzierbar und außerhalb eines gewissen Intervalls $[a,b]$ gleich 0 ist. Dann zeigt partielle Integration

$$\mathscr{F}(f(t),x) = \int_a^b e^{-ixt} f(t)\,dt = \underbrace{\Big[-\frac{1}{ix}e^{-ixt} f(t)\Big]_a^b}_{=0} + \frac{1}{ix}\int_a^b e^{-ixt} f'(t)\,dt\,,$$

also

$$|\mathscr{F}(f(t),x)| \leqq \frac{1}{|x|}\int_a^b |f'(t)|\,dt \quad \to 0 \quad \text{bei } x \to \pm\infty. \qquad \square$$

Bevor wir mit den mehr theoretischen Erörterungen fortfahren, geben wir wieder ein Beispiel.

Beispiel 5.13 Wir betrachten bei festem $\alpha > 0$ die Funktion

$$f(t) = e^{-\alpha|t|} \qquad \text{für alle } t \in \mathbb{R}$$

und rechnen aus

$$\begin{aligned}\mathscr{F}(e^{-\alpha|t|},x) &= \int_{-\infty}^0 e^{-ixt} e^{\alpha t}\,dt + \int_0^\infty e^{-ixt} e^{-\alpha t}\,dt = \int_0^\infty e^{-(\alpha-ix)t}\,dt + \int_0^\infty e^{-(\alpha+ix)t}\,dt \\ &= \lim_{R\to\infty}\Big[-\frac{1}{\alpha-ix}e^{-(\alpha-ix)t}\Big]_0^R + \lim_{R\to\infty}\Big[-\frac{1}{\alpha+ix}e^{-(\alpha+ix)t}\Big]_0^R \\ &= \frac{1}{\alpha-ix} + \frac{1}{\alpha+ix} = \frac{2\alpha}{\alpha^2+x^2} \qquad \text{für alle } x \in \mathbb{R},\end{aligned}$$

denn es konvergiert etwa

$$-\frac{1}{\alpha-ix}e^{-(\alpha-ix)R} \to 0 \quad \text{bei } R\to\infty \quad \text{wegen } \big|e^{-(\alpha-ix)R}\big| = e^{-\alpha R}.$$

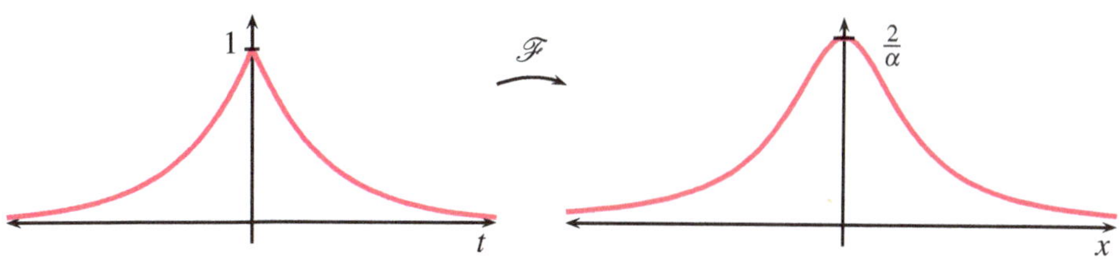

Bemerkung 5.7 i) *Der Operator $\mathscr{F}$ der Fouriertransformation ist linear, das heißt, es gilt*

$$\mathscr{F}(af(t)+bg(t),x) = a\mathscr{F}(f(t),x) + b\mathscr{F}(g(t),x)$$

für Konstanten a,b und Funktionen $f,g\colon \mathbb{R}\to\mathbb{C}$.

ii) *Ist $f\colon \mathbb{R}\to\mathbb{C}$ stetig differenzierbar und ist auch $f'\colon \mathbb{R}\to\mathbb{C}$ absolut integrierbar, so gilt*

$$\mathscr{F}(f'(t),x) = ix\mathscr{F}(f(t),x) \qquad \textit{für alle } x \in \mathbb{R}.$$

iii) *Ist auch $t \mapsto tf(t)$ absolut integrierbar, so ist die Fouriertransformierte von f differenzierbar und es gilt*

$$\frac{d}{dx}\mathscr{F}(f(t),x) = -\mathrm{i}\mathscr{F}(tf(t),x) \qquad \textit{für alle } x \in \mathbb{R}. \tag{5.3.7}$$

Besonders hervorzuheben ist dabei die Eigenschaft ii): *Die Fouriertransfomation verwandelt die Differentiation in die Multiplikation mit* ix. Dies eröffnet die folgende Perspektive: Hat man ein Problem für eine Funktion gegeben, das auch Ableitungen der Funktion enthält – zum Beispiel eine DG – so kann man versuchen, die Fouriertransformation anzuwenden und das entsprechende Problem für die Fouriertransformierte zu lösen. Anschließend muss man zu der Ausgangsfunktion zurückkehren.

Beweis. i) ist nach Definition der Fouriertransformation evident. ii) Für $R > 0$ zeigt partielle Integration

$$\int_{-R}^{R} \mathrm{e}^{-\mathrm{i}xt} f'(t)\,dt = \left[\mathrm{e}^{-\mathrm{i}xt} f(t)\right]_{-R}^{R} + \mathrm{i}x \int_{-R}^{R} \mathrm{e}^{-\mathrm{i}xt} f(t)\,dt\,.$$

Es genügt zu zeigen, dass die eckige Klammer gegen Null konvergiert bei $R \to \infty$, denn dann folgt

$$\int_{-\infty}^{\infty} \mathrm{e}^{-\mathrm{i}xt} f'(t)\,dt = \mathrm{i}x \int_{-\infty}^{\infty} \mathrm{e}^{-\mathrm{i}xt} f(t)\,dt$$

wie behauptet. Da f stetig differenzierbar ist, gilt nach dem Hauptsatz

$$f(R) = f(0) + \int_0^R f'(t)\,dt \;\to f(0) + \int_0^\infty f'(t)\,dt \quad \text{bei } R \to \infty,$$

da f' ebenfalls integrierbar ist. Somit konvergiert $f(R)$ bei $R \to \infty$, und da f integrierbar ist, kann dieser Grenzwert nur 0 sein. Ebenso zeigt man $f(-R) \to 0$ bei $R \to \infty$ und findet so

$$\left[\mathrm{e}^{-\mathrm{i}xt} f(t)\right]_{-R}^{R} = \mathrm{e}^{-\mathrm{i}xR} f(R) - \mathrm{e}^{\mathrm{i}xR} f(-R) \to 0 \quad \text{bei } R \to \infty.$$

iii) Man differenziert unter dem Integral

$$\frac{d}{dx}\int_{-\infty}^{\infty} \mathrm{e}^{-\mathrm{i}xt} f(t)\,dt = \int_{-\infty}^{\infty} \frac{d}{dx}\mathrm{e}^{-\mathrm{i}xt} f(t)\,dt = -\mathrm{i}\int_{-\infty}^{\infty} \mathrm{e}^{-\mathrm{i}xt}\, tf(t)\,dt\,,$$

was aber einer Rechtfertigung bedarf, auf die wir nicht eingehen wollen. □

Als weiteres Beispiel wollen wir die Fouriertransformierte der wichtigen Funktion $\mathrm{e}^{-\alpha t^2}$ für $\alpha > 0$ bestimmen, die zum Beispiel in der Statistik als *(Dichte der) Normalverteilung* eine bedeutende Rolle spielt.

Beispiel 5.14 Für $\alpha > 0$ ist

$$\mathscr{F}\left(\mathrm{e}^{-\alpha t^2},x\right) = \sqrt{\frac{\pi}{\alpha}}\,\mathrm{e}^{-\frac{1}{4\alpha}x^2} \qquad \text{für alle } x \in \mathbb{R}. \tag{5.3.8}$$

Überraschenderweise wird also diese Funktion durch die Fouriertransformation nicht wesentlich geändert. Im Falle $\alpha = \dfrac{1}{2}$ gilt sogar

$$\mathscr{F}\left(e^{-\frac{1}{2}t^2},x\right) = \sqrt{2\pi}e^{-\frac{1}{2}x^2} \qquad \text{für alle } x \in \mathbb{R}.$$

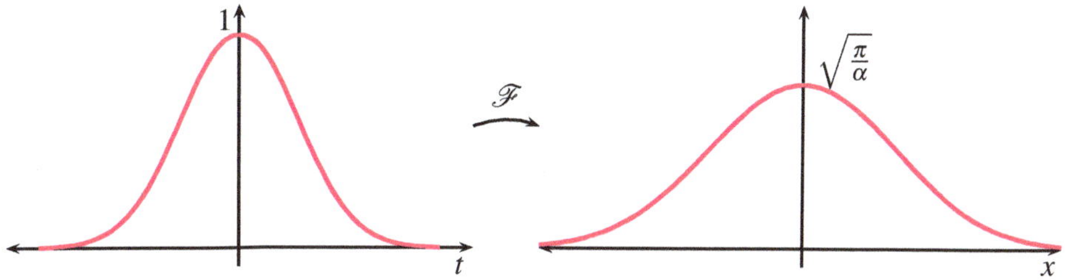

Da wir zu dem Integranden keine elementare Stammfunktion finden können, müssen wir einen Kunstgriff anwenden. Wir setzen zur Abkürzung $g(x) = \mathscr{F}\left(e^{-\alpha t^2},x\right)$ und erhalten aus der obigen Rechenregel (5.3.7)

$$g'(x) = -i\mathscr{F}\left(t\,e^{-\alpha t^2},x\right) = -i\int_{-\infty}^{\infty} e^{-ixt}\,t\,e^{-\alpha t^2}\,dt$$

und weiter mit partieller Integration für $R > 0$

$$\begin{aligned}
&-i\int_{-R}^{R} e^{-ixt}\left(te^{-\alpha t^2}\right)dt = -i\left(\left[e^{-ixt}\left(-\frac{1}{2\alpha}e^{-\alpha t^2}\right)\right]_{-R}^{R} - \frac{ix}{2\alpha}\int_{-R}^{R} e^{-ixt}e^{-\alpha t^2}\,dt\right)\\
&\to -\frac{x}{2\alpha}\int_{-\infty}^{\infty} e^{-ixt}\,e^{-\alpha t^2}\,dt = -\frac{x}{2\alpha}g(x) \qquad \text{bei } R \to \infty
\end{aligned}$$

wegen $\left[e^{-ixt}\left(-\frac{1}{2\alpha}e^{-\alpha t^2}\right)\right]_{-R}^{R} \to 0$. Somit erfüllt die Funktion g die DG

$$g'(x) = -\frac{1}{2\alpha}x\,g(x)\,;$$

diese hat die Lösung

$$g(x) = C\,e^{-\frac{x^2}{4\alpha}} \qquad \text{für alle } x \in \mathbb{R}$$

mit einer Konstanten C. Den Wert dieser Konstanten erhalten wir aus Gleichung (4.1.26):

$$C = g(0) = \mathscr{F}\left(e^{-\alpha t^2},0\right) = \int_{-\infty}^{\infty} e^{-\alpha t^2}\,dt = \sqrt{\frac{\pi}{\alpha}}\,.$$

Übungen

Übung 5.21 Berechnen Sie die Fouriertransformierte der unten skizzierten Funktionen

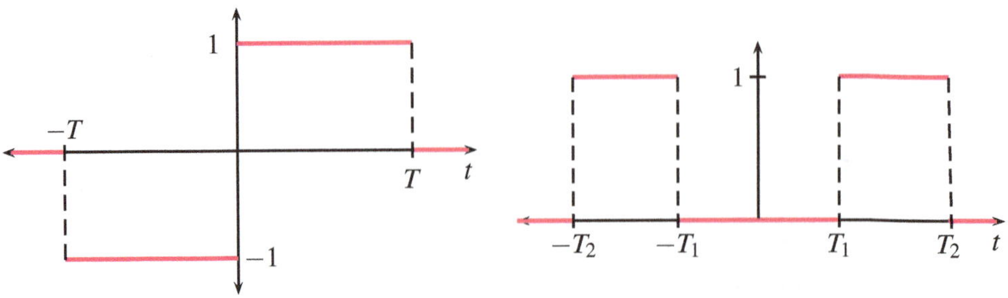

Übung 5.22 Wie lautet die Fouriertransformierte der unten skizzierten Funktion?

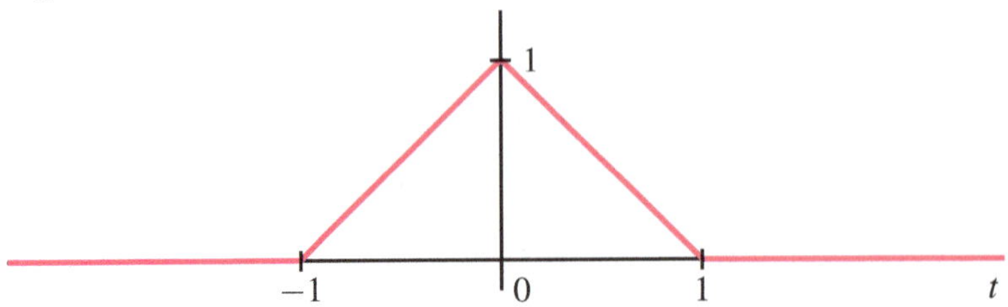

Übung 5.23 Beweisen Sie die folgenden Rechenregeln der Fouriertransformation:

i) $\mathscr{F}(f(\alpha t),x) = \frac{1}{\alpha}\mathscr{F}(f(t),\frac{x}{\alpha})$ „Streckungssatz" $(\alpha > 0)$

ii) $\mathscr{F}(e^{ix_0 t}f(t),x) = \mathscr{F}(f(t),x-x_0)$ „1. Verschiebungssatz"

iii) $\mathscr{F}(f(t-t_0),x) = e^{-ixt_0}\mathscr{F}(f(t),x)$ „2. Verschiebungssatz"

5.3.3 Der Umkehrsatz der Fouriertransformation

Die heuristische Betrachtung zu Beginn hat bereits aufgezeigt, wie wir aus der Fouriertransformierten einer Funktion $f(t)$, die wir dort als Spektralfunktion $c(\omega)$ bezeichnet hatten, die Funktion zurückerhalten, nämlich durch

$$f(t) = \frac{1}{2\pi}\int_{-\infty}^{\infty} \mathrm{e}^{\mathrm{i}\omega t}\, c(\omega)\, d\omega\,,$$

also im Wesentlichen – bis auf das Minuszeichen im Exponenten der Exponentialfunktion – durch erneutes Fouriertransformieren von $c(\omega)$. Allerdings zeigt das frühere Beispiel 5.12, dass die Situation durchaus heikel ist. Der dort betrachtete Rechteckimpuls der Länge $2T$ hat nämlich als Fouriertransformierte die Funktion $2T\frac{\sin(Tx)}{Tx}$, diese Funktion ist aber nicht wieder absolut integrierbar, vielmehr ist

$$\int_{-\infty}^{\infty} \left|\frac{\sin x}{x}\right| dx = \infty,$$

wie man aus der Divergenz der harmonischen Reihe schließen kann. Das Fourierintegral der Spektralfunktion existiert im Allgemeinen nur als sogenannter *Cauchyscher Hauptwert*, das heißt, im Sinne von

$$\int_{-\infty}^{\infty} \mathscr{F}(f(t),x)\,\mathrm{e}^{\mathrm{i}tx}\,dx = \lim_{R\to\infty} \int_{-R}^{R} \mathscr{F}(f(t),x)\,\mathrm{e}^{\mathrm{i}tx}\,dx,$$

wo man beide Integrationsgrenzen gleichmäßig und gleichzeitig nach Unendlich streben lässt. Dies wollen wir jetzt genauer als Satz formulieren.

Satz 5.4 (Umkehrsatz der Fouriertransformation) *Die Funktion $f\colon \mathbb{R} \to \mathbb{C}$ sei stückweise stetig differenzierbar und absolut integrierbar. Dann existiert für jedes $t \in \mathbb{R}$ das uneigentliche Integral*

$$\int_{-\infty}^{\infty} \mathscr{F}(f(t),x)\,\mathrm{e}^{\mathrm{i}tx}\,dx = \lim_{R\to\infty} \int_{-R}^{R} \mathscr{F}(f(t),x)\,\mathrm{e}^{\mathrm{i}tx}\,dx$$

und es gilt

$$\frac{1}{2\pi}\int_{-\infty}^{\infty} \mathscr{F}(f(t),x)\,\mathrm{e}^{\mathrm{i}tx}\,dx = \begin{cases} f(t) & \textit{falls } f \textit{ stetig ist in } t \\ \dfrac{f(t+)+f(t-)}{2} & \textit{sonst}. \end{cases} \tag{5.3.9}$$

Auf einen Beweis des Satzes müssen wir verzichten; wir geben uns mit der Plausibilitätsbetrachtung aus Abschnitt 5.3.1 zufieden. Wegen der großen Bedeutung des Satzes weisen wir nochmal daraufhin, dass hier unsere Vorstellung präzisiert wird, dass sich auch ein nicht periodischer Vorgang $f(t)$ als (kontinuierliche) Überlagerung harmonischer Schwingungen darstellen lässt:

$$f(t) = \int_{-\infty}^{\infty} \mathscr{F}(f(t),\omega)\,\mathrm{e}^{\mathrm{i}t\omega}\,d\omega \qquad \text{für alle } t \in \mathbb{R}.$$

In dieser Darstellung treten alle Frequenzen ω auf – nicht nur die ganzen Vielfachen einer Grundfrequenz wie im periodischen Fall – und die Fouriertransformierte, also die Spektralfunktion $\frac{1}{2\pi}\mathscr{F}(f(t),\omega)$ gibt die Amplitude an, mit der die Frequenz ω im *Spektrum* von $f(t)$ auftritt.

Durch diesen Satz wird die Bedeutung der Fouriertransformation in der Kommunikations- und Audiotechnologie begründet: Die Fouriertransformation ermöglicht eine Datenkompression. Man geht von dem Audiosignal $f(t)$ zu seiner Spektralfunktion $\mathscr{F}(f(t),\omega)$ über. Die Spektralfunktion stellt das Audiosignal durch die darin enthaltenen Frequenzen dar. Man schneidet nun die Frequenzen ab, für die das menschliche Ohr unempfindlich ist und transformiert die so reduzierte Spektralfunktion zurück. Das ist zum Beispiel die Grundlage für das bekannte mp3-Verfahren zur Kompression von Audiodateien.

Wir geben noch eine interessante Anwendung.

Beispiel 5.15 Für den Rechteckimpuls aus Beispiel 5.12

$$f(t) = \begin{cases} 1 & \text{für } |t| \leqq 1 \\ 0 & \text{für } |t| > 1 \end{cases}$$

haben wir gefunden $\mathscr{F}(f(t),x) = 2\dfrac{\sin x}{x}$, somit zeigt der obige Umkehrsatz

$$\frac{1}{\pi}\int_{-\infty}^{\infty} \frac{\sin x}{x} \mathrm{e}^{\mathrm{i}tx}\, dx = \begin{cases} 1 & \text{falls } -1 < t < 1 \\ \dfrac{1}{2} & \text{falls } t = \pm 1 \\ 0 & \text{falls } |t| > 1\,. \end{cases}$$

Für $t = 0$ erhalten wir insbesondere $\dfrac{1}{\pi}\displaystyle\int_{-\infty}^{\infty} \frac{\sin x}{x}\, dx = 1$, damit haben wir das wichtige, aber nicht elementar zu berechnende Integral

$$\int_0^{\infty} \frac{\sin x}{x}\, dx = \frac{\pi}{2}$$

bestimmt. Der Satz liefert auch die Existenz dieses Integrals, während $\displaystyle\int_0^{\infty} \left|\frac{\sin x}{x}\right| dx = \infty$ ist.

Übungen

Übung 5.24 Zeigen Sie: Ist die Funktion $f(t)$ gerade, so ist ihre Fouriertransformierte gegeben durch

$$\mathscr{F}(f(t),x) = 2\int_0^{\infty} f(t) \cos xt\, dt \qquad \text{für } x \in \mathbb{R}\,;$$

insbesondere ist $\mathscr{F}(f(t),x)$ auch gerade. Wie lautet dann die Umkehrformel (5.3.9)? Beweisen Sie mit dieser Beobachtung

$$\int_0^{\infty} \frac{\sin x}{x} \cos xt\, dx = \begin{cases} \dfrac{\pi}{2} & \text{falls } 0 \leqq t < 1 \\ \dfrac{\pi}{4} & \text{falls } t = 1 \\ 0 & \text{falls } t > 1\,. \end{cases}$$

Übung 5.25 Es sei $\alpha > 0$. Wenden Sie die Umkehrformel (5.3.9) der Fouriertransformation auf die Funktion $f(t) := \mathrm{e}^{-\alpha|t|}$ aus Beispiel 5.13 an und leiten Sie das sogenannte

Laplace-Integral her

$$\int_0^\infty \frac{\cos xt}{\alpha^2+x^2}\,dx = \frac{\pi}{2\alpha}\mathrm{e}^{-\alpha t} \qquad \text{für } t>0\,.$$

Übung 5.26 Für $\alpha > 0$ sei die Funktion $f\colon \mathbb{R} \to \mathbb{R}$ definiert durch

$$f(t) = \begin{cases} -\mathrm{e}^{\alpha t} & \text{falls } t<0 \\ \mathrm{e}^{-\alpha t} & \text{falls } t \geqq 0\,. \end{cases}$$

Berechnen Sie die Fouriertransformierte $\mathscr{F}(f(t),x)$ und leiten Sie hieraus das zweite Laplace-Integral her:

$$\int_0^\infty \frac{x\sin xt}{\alpha^2+x^2}\,dx = \frac{\pi}{2}\mathrm{e}^{-\alpha t} \qquad \text{für } t>0\,.$$

5.3.4 Diffusion in einem Rohr II

Wir betrachten wie in Abschnitt 5.1.2 einen Diffusionsvorgang in einem Rohr, das wir wieder als dünn und undurchlässig voraussetzen. Wir wollen aber jetzt weiter annehmen, dass das Rohr so lang ist, dass wir es näherungsweise als unendlich lang ansehen können.

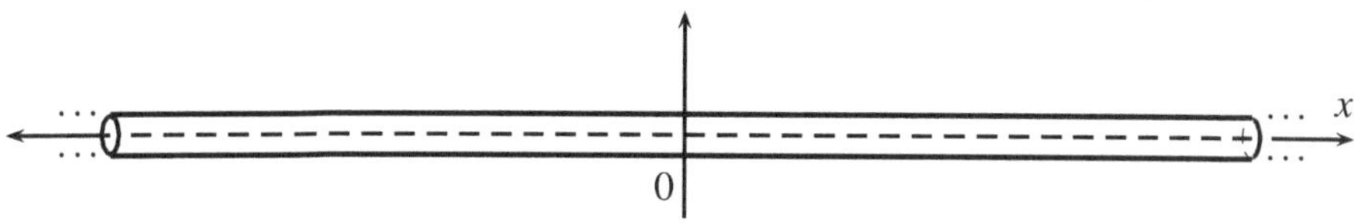

Wir geben für das diffundierende Gas zur Zeit $t=0$ eine Anfangskonzentration $c_0(x)=f(x)$ vor und wollen die Konzentration $c(x,t)$ des Gases im Punkt x des Rohres für Zeiten $t>0$ berechnen. Es ist also die eindimensionale Diffusionsgleichung (5.1.10)

$$\frac{\partial^2 c}{\partial x^2} = \frac{1}{D}\frac{\partial c}{\partial t} \tag{5.3.10}$$

zu lösen unter der Anfangsbedingung

$$c(x,0)=f(x) \qquad \text{für alle } -\infty<x<\infty\,. \tag{5.3.11}$$

Eine Randbedingung wie in 5.1.2 tritt hier natürlich nicht auf, sie wird ersetzt durch die Bedingung, dass im Rohr nur eine endliche Stoffmenge vorhanden ist:

$$\int_{-\infty}^{\infty} |f(x)|\,dx < \infty\,. \tag{5.3.12}$$

Wir gehen wieder nach der Separationsmethode vor und setzen demgemäß an

$$c(x,t) = F(x)\,G(t)\,.$$

Einsetzen in die Diffusionsgleichung und Trennen der Variablen führt wie früher zu den beiden gewöhnlichen DGn

$$F''(x) = k\,F(x) \tag{5.3.13}$$

und

$$\dot{G}(t) = k\,D\,G(t) \tag{5.3.14}$$

mit einer Konstanten $k \in \mathbb{R}$. Die Lösung von (5.3.14) ist

$$G(t) = \mathrm{e}^{kDt} \qquad \text{für alle } t \in \mathbb{R}.$$

Da die Konzentration $c(x,t)$ für große Zeiten nicht über alle Grenzen wachsen kann, muss die Konstante $k \leqq 0$ sein, wir schreiben $k = -p^2$ mit einer neuen Konstanten $p \in \mathbb{R}$ und erhalten

$$G(t) = \mathrm{e}^{-p^2Dt} \qquad \text{für alle } t \in \mathbb{R}\,.$$

Die Gleichung (5.3.13) lautet dann $F''(x) = -p^2F(x)$ und hat entsprechend die Lösungen

$$F(x) = \mathrm{e}^{\mathrm{i}px} \qquad \text{für alle } -\infty < x < \infty,$$

die wir zweckmäßigerweise komplex schreiben. Somit erhalten wir insgesamt für jede Zahl $p \in \mathbb{R}$ eine Lösung

$$c_p(x,t) = \mathrm{e}^{\mathrm{i}px}\,\mathrm{e}^{-p^2Dt} \qquad \text{für alle } -\infty < x < \infty, t \geqq 0$$

der Diffusionsgleichung (5.3.10) in Produktform.

Um eine Lösung zu erhalten, die auch die Anfangsbedingung (5.3.11) erfüllt, benutzen wir wieder das Superpositionsprinzip. Wir multiplizieren jede solche Lösung $c_p(x,t)$ mit einer Zahl $g(p)$, die von p abhängt und „summieren", das heißt, mit einer zunächst unbekannten Funktion $g(p)$ bilden wir das Integral

$$c(x,t) = \int_{-\infty}^{\infty} g(p)\,\mathrm{e}^{\mathrm{i}px}\,\mathrm{e}^{-p^2Dt}\,dp \qquad \text{für alle } -\infty < x < \infty, t \geqq 0\,. \tag{5.3.15}$$

Zunächst prüfen wir nach, dass für jede Funktion $g(p)$ der obige Ansatz wieder eine Lösung der Diffusionsgleichung (5.3.10) ist: Wir nehmen dabei an, dass wir (5.3.15) unter dem Integral differenzieren dürfen und rechnen aus

$$\begin{aligned}
\frac{\partial^2 c}{\partial x^2}(x,t) &= -\int_{-\infty}^{\infty} g(p)\,p^2\mathrm{e}^{\mathrm{i}px}\,\mathrm{e}^{-p^2Dt}\,dp \qquad \text{und}\\
\frac{\partial c}{\partial t}(x,t) &= -D\int_{-\infty}^{\infty} g(p)\,\mathrm{e}^{\mathrm{i}px}\,p^2\mathrm{e}^{-p^2Dt}\,dp\,.
\end{aligned}$$

Die beiden Gleichungen zeigen, dass in der Tat (5.3.15) eine Lösung von (5.3.10) ist; wir fragen nun, ob $g(p)$ so gewählt werden kann, dass (5.3.15) auch der Anfangsbedingung (5.3.11) genügt. Wir haben

$$f(x) = c(x,0) = \int_{-\infty}^{\infty} g(p)\,\mathrm{e}^{\mathrm{i}px}\,dp \qquad \text{für alle } -\infty < x < \infty$$

zu erfüllen. Hier kommt nun die Fouriertransformation ins Spiel: Setzt man

$$g(p) = \frac{1}{2\pi}\hat{f}(p) = \frac{1}{2\pi}\mathscr{F}(f(u),p) \qquad \text{für alle } p \in \mathbb{R},$$

so ist nach dem Umkehrsatz der Fouriertransformation 5.4

$$\int_{-\infty}^{\infty} g(p)\,\mathrm{e}^{\mathrm{i}px}\,dp = \frac{1}{2\pi}\int_{-\infty}^{\infty} \mathscr{F}(f(u),p)\,\mathrm{e}^{\mathrm{i}px}\,dp = f(x) \qquad \text{für alle } -\infty < x < \infty,$$

jedenfalls dort, wo $f(x)$ stetig ist. Wir erhalten somit als Ergebnis

$$c(x,t) = \frac{1}{2\pi}\int_{-\infty}^{\infty} \mathrm{e}^{\mathrm{i}px}\,\mathrm{e}^{-p^2Dt}\,\mathscr{F}(f(u),p)\,dp \qquad \text{für alle } -\infty < x < \infty, t \geqq 0.$$

Dieses Resultat können wir noch umformen. Wir setzen die Definition der Fouriertransformierten ein:

$$c(x,t) = \frac{1}{2\pi}\int_{-\infty}^{\infty} \mathrm{e}^{\mathrm{i}px}\,\mathrm{e}^{-p^2Dt}\Big(\int_{-\infty}^{\infty} \mathrm{e}^{-\mathrm{i}pu} f(u)\,du\Big)\,dp,$$

vertauschen die Integrationsreihenfolge

$$= \frac{1}{2\pi}\int_{-\infty}^{\infty}\Big(\int_{-\infty}^{\infty} \mathrm{e}^{-\mathrm{i}p(u-x)}\,\mathrm{e}^{-p^2Dt}\,dp\Big) f(u)\,du = \frac{1}{2\pi}\int_{-\infty}^{\infty} \mathscr{F}(\mathrm{e}^{-p^2Dt}, u-x) f(u)\,du$$

und erhalten aus Beispiel 5.3.8

$$= \frac{1}{2\pi}\sqrt{\frac{\pi}{Dt}}\int_{-\infty}^{\infty} \mathrm{e}^{-\frac{1}{4Dt}(x-u)^2} f(u)\,du.$$

Wir haben so als Endergebnis eine Formel für die gesuchte Lösung $c(x,t)$ gewonnen, in die lediglich die Anfangskonzentration $f(x)$ einzusetzen ist:

$$c(x,t) = \frac{1}{2\sqrt{\pi Dt}}\int_{-\infty}^{\infty} \mathrm{e}^{-\frac{1}{4Dt}(x-u)^2} f(u)\,du \qquad \text{für alle } -\infty < x < \infty, t > 0. \qquad (5.3.16)$$

5.3.5 Die Faltung

Das im letzten Abschnitt als Endergebnis aufgetretene Integral (5.3.16) ist von der folgenden Bauart: Für zwei absolut integrierbare Funktionen $f, g\colon \mathbb{R} \to \mathbb{C}$ bildet man

$$\int_{-\infty}^{\infty} f(t-s)\,g(s)\,ds \qquad \text{für } t \in \mathbb{R}.$$

(Um dies einzusehen, betrachte man t in (5.3.16) als unbeteiligte Konstante, das dortige x heißt jetzt t, das dortige u jetzt s !) Da solche Integrale sowohl in der Mathematik als auch in den Natur- und Ingenieurwissenschaften öfters auftreten, wollen wir diese Bildung nun genauer betrachten.

Definition 5.5 Es seien $f, g\colon \mathbb{R} \to \mathbb{R}$ absolut integrierbar. Die durch

$$f * g(t) = \int_{-\infty}^{\infty} f(t-s)\,g(s)\,ds \qquad \text{für } t \in \mathbb{R} \tag{5.3.17}$$

definierte Funktion $f * g$ heißt die *Faltung* oder das *Faltungsprodukt* von f und g.

Die Faltung (englisch: *convolution*) stellt also neben den bereits bekannten Operationen Addition, Multiplikation und Hintereinanderausführung eine weitere Möglichkeit dar, zwei Funktionen miteinander zu einer neuen Funktion zu verknüpfen. Wir notieren einige einfache Eigenschaften dieser Bildung.

Bemerkung 5.8 *Die Faltung $f * g$ zweier absolut integrierbarer Funktionen ist wieder absolut integrierbar.*

Beweis. Dies folgt aus

$$\begin{aligned}\int_{-\infty}^{\infty} |f * g(t)|\,dt &= \int_{-\infty}^{\infty} \left|\int_{-\infty}^{\infty} f(t-s)\,g(s)\,ds\right| dt \leqq \int_{-\infty}^{\infty} \left(\int_{-\infty}^{\infty} |f(t-s)|\,|g(s)|\,ds\right) dt \\ &= \int_{-\infty}^{\infty} \left(\int_{-\infty}^{\infty} |f(t-s)|\,|g(s)|\,dt\right) ds = \int_{-\infty}^{\infty} \left(\int_{-\infty}^{\infty} |f(t-s)|\,dt\right) |g(s)|\,ds \\ &= \left(\int_{-\infty}^{\infty} |f(t)|\,dt\right)\left(\int_{-\infty}^{\infty} |g(s)|\,ds\right) < \infty. \qquad \square\end{aligned}$$

Anmerkung zur Beruhigung des mathematischen Gewissens: Die obige Ungleichung

$$\int_{-\infty}^{\infty} \left(\int_{-\infty}^{\infty} |f(t-s)|\,|g(s)|\,ds\right) dt < \infty \quad \text{zeigt, dass} \quad \int_{-\infty}^{\infty} |f(t-s)|\,|g(s)|\,ds = \infty$$

höchstens für eine Menge von $t \in \mathbb{R}$ eintreten kann, die im Sinne der Integralrechnung vernachlässigbar klein ist – solche Mengen nennt man *Nullmengen*. Leider können wir dies mit unseren Mitteln nicht weiter präzisieren. Außerhalb dieser Nullmenge, also für „fast alle" $t \in \mathbb{R}$ ist dann jedenfalls die Faltung

$$f * g(t) = \int_{-\infty}^{\infty} f(t-s)\,g(s)\,ds$$

definiert.

Bemerkung 5.9 (Rechenregeln für die Faltung) *Für drei absolut integrierbare Funktionen $f,g,h\colon \mathbb{R}\to\mathbb{C}$ gilt:*

i) $f*g=g*f$, *das heißt, die Faltung ist wie die Multiplikation kommutativ.*
ii) $f*(g*h)=(f*g)*h$, *das heißt, die Faltung ist auch assoziativ.*
iii) $f*(g+h)=f*g+f*h$, *das heißt, die Faltung ist distributiv; es gelten die üblichen Klammerregeln.*

Beweis. i) Für $t\in\mathbb{R}$ erhält man mit der Substitution $s'=t-s$

$$f*g(t)=\int_{-\infty}^{\infty} f(t-s)\,g(s)\,ds=-\int_{\infty}^{-\infty} f(s')\,g(t-s')\,ds'=\int_{-\infty}^{\infty} f(s)\,g(t-s)\,ds=g*f(t)\,.$$

ii) beruht auf einer ähnlichen Rechnung wie die bisherigen in diesem Abschnitt und iii) ist wegen der Linearität des Integrals sowieso klar. □

Wir kommen nun zu der für die Fouriertheorie entscheidend wichtigen Eigenschaft der Faltung, die auch ihre Bedeutung im jetzigen Rahmen deutlich macht.

Bemerkung 5.10 (Faltungssatz) *Für zwei absolut integrierbare Funktionen $f,g\colon\mathbb{R}\to\mathbb{C}$ gilt*

$$\mathscr{F}(f*g(t),x)=\mathscr{F}(f(t),x)\,\mathscr{F}(g(t),x)\qquad \text{für alle } x\in\mathbb{R}\,. \tag{5.3.18}$$

Beweis. Wir rechnen aus

$$\begin{aligned}\mathscr{F}(f*g(t),x)&=\int_{-\infty}^{\infty}\mathrm{e}^{-\mathrm{i}xt}f*g(t)\,dt=\int_{-\infty}^{\infty}\mathrm{e}^{-\mathrm{i}xt}\Big(\int_{-\infty}^{\infty}f(t-s)\,g(s)\,ds\Big)\,dt\\&=\int_{-\infty}^{\infty}\Big(\int_{-\infty}^{\infty}\mathrm{e}^{-\mathrm{i}xt}f(t-s)\,dt\Big)\,g(s)\,ds=\int_{-\infty}^{\infty}\Big(\int_{-\infty}^{\infty}\mathrm{e}^{-\mathrm{i}x(t+s)}f(t)\,dt\Big)\,g(s)\,ds\\&=\Big(\int_{-\infty}^{\infty}\mathrm{e}^{-\mathrm{i}xt}f(t)\,dt\Big)\Big(\int_{-\infty}^{\infty}\mathrm{e}^{-\mathrm{i}xs}g(s)\,ds\Big)=\mathscr{F}(f(t),x)\,\mathscr{F}(g(t),x)\end{aligned}$$
□

Die Fouriertransformierte der Faltung zweier Funktionen ist also das gewöhnliche Produkt der beiden Fouriertransformierten: *Die Fouriertransformation überführt die Faltung in die Multiplikation.* Wenn man somit das Produkt $\mathscr{F}(f(t),x)\mathscr{F}(g(t),x)$ zweier Fouriertransformierten zurücktransformieren will, so ist dies $f*g$.

Beispiel 5.16 Für die Funktion $f\colon\mathbb{R}\to\mathbb{R}$, definiert durch $f(t)=\begin{cases}0 & \text{falls } t<0\\ \mathrm{e}^{-t} & \text{falls } t\geqq 0\end{cases}$ ist

$$\begin{aligned}(f*f)(t)&=\int_{-\infty}^{\infty}f(t-s)\,f(s)\,ds=\int_{0}^{\infty}f(t-s)\mathrm{e}^{-s}\,ds\\&=\begin{cases}0 & \text{falls } t<0\\ \displaystyle\int_0^t \mathrm{e}^{-(t-s)}\,\mathrm{e}^{-s}\,ds=t\mathrm{e}^{t} & \text{falls } t\geqq 0\,.\end{cases}\end{aligned}$$

Die Fouriertransformierte von f ist

$$\mathscr{F}(f(t),x) = \int_{-\infty}^{\infty} \mathrm{e}^{-\mathrm{i}tx} f(t)\,dt = \int_0^{\infty} \mathrm{e}^{-t(1+\mathrm{i}x)}\,dt = \frac{1}{1+\mathrm{i}x} \qquad \text{für alle } x \in \mathbb{R}.$$

Somit gilt nach dem Faltungssatz für die Fouriertransformierte von $f * f$:

$$\mathscr{F}((f*f)(t),x) = \mathscr{F}(f(t),x)^2 = \frac{1}{(1+\mathrm{i}x)^2} \qquad \text{für alle } x \in \mathbb{R}.$$

Dies kann man auch direkt verifizieren. Partielle Integration zeigt

$$\begin{aligned}\mathscr{F}((f*f)(t),x) &= \int_{-\infty}^{\infty} \mathrm{e}^{-\mathrm{i}tx}(f*f)(t)\,dt = \int_0^{\infty} t\mathrm{e}^{-(1+\mathrm{i}x)t}\,dt \\ &= \frac{1}{1+\mathrm{i}x}\int_0^{\infty} \mathrm{e}^{-(1+\mathrm{i}x)t}\,dt = \frac{1}{(1+\mathrm{i}x)^2}.\end{aligned}$$

Übungen

Übung 5.27 Zeigen Sie, dass für die Funktion

$$f(t) = \begin{cases} 1 & \text{falls } |t| \leqq 1 \\ 0 & \text{falls } |t| > 1 \end{cases} \qquad \text{gilt} \qquad (f*f)(t) = \begin{cases} 2+t & \text{falls } -2 \leqq t \leqq 0 \\ 2-t & \text{falls } 0 \leqq t \leqq 2 \\ 0 & \text{falls } |t| > 2. \end{cases}$$

Nach dem Faltungssatz ist dann $\mathscr{F}\big((f*f)(t),x\big) = \big(\mathscr{F}(f(t),x)\big)^2 = 4\Big(\frac{\sin x}{x}\Big)^2$, was sich bis auf die Skalierung mit dem Ergebnis von Übung 5.22 deckt.

5.4 Laplacetransformation

5.4.1 Definition und Beispiele

In den letzten Abschnitten haben wir die Bedeutung der Fouriertransformation kennengelernt. Als technisches Hilfsmittel – etwa zum Lösen von DGn – hat die Fouriertransformation aber auch Nachteile:

i) Auf Grund der jedenfalls bei unserem elementaren Zugang notwendigen Voraussetzung der absoluten Integrierbarkeit ist sie in vielen Fällen nicht anwendbar.
ii) Insbesondere im Zusammenhang mit DGn hat man es oft mit Funktionen zu tun, die nur für Argumente $t \geqq 0$ und nicht für alle $t \in \mathbb{R}$ definiert sind.

Diesen Schwierigkeiten trägt die *Laplacetransformation* Rechnung. Sie ist für eine (reell- oder komplexwertige) Funktion $f\colon\ [0,\infty[\to\mathbb{C}$ definiert durch

$$\mathscr{L}(f(t),z)=\int_0^\infty \mathrm{e}^{-zt}f(t)\,dt\,,$$

für diejenigen Zahlen $z\in\mathbb{C}$, für welche das Integral existiert. Dies bedarf aber einer genaueren Betrachtung. Wir setzen wieder stets voraus, dass die betrachteten Funktionen stückweise stetig sind.

Definition 5.6 Eine Funktion $f\colon\ [0,\infty[\to\mathbb{C}$ heißt *(absolut) laplacetransformierbar*, wenn es eine Zahl $x\in\mathbb{R}$ gibt, so dass gilt

$$\int_0^\infty \mathrm{e}^{-xt}\,|f(t)|\,dt<\infty\,.$$

Diese Forderung stellt in der Praxis keine wesentliche Einschränkung dar, da für $x>0$ die Exponentialfunktion e^{-xt} schnell gegen Null konvergiert bei $t\to\infty$; sogar für Polynome $f(t)$ ist das Integral $\int_0^\infty \mathrm{e}^{-xt}\,|f(t)|\,dt<\infty$, sobald $x>0$ ist. Trotzdem kann man natürlich Funktionen angeben, die nicht laplacetransformierbar sind.

Beispiel 5.17 Die Funktion $f\colon\ [0,\infty[\to\mathbb{R}$, definiert durch $f(t)=\mathrm{e}^{t^2}$ für alle $t\geqq 0$, ist *nicht* laplacetransformierbar, denn für kein $x\in\mathbb{R}$ ist das Integral $\int_0^\infty \mathrm{e}^{-xt}\,\mathrm{e}^{t^2}\,dt=\int_0^\infty \mathrm{e}^{(t-x)t}\,dt$ endlich.

Solche stark wachsenden Funktionen müssen wir in Zukunft außer Acht lassen. Wir beschränken uns in diesem Paragraphen auf laplacetransformierbare Funktionen, für die also ein $x_0>0$ existiert, so dass

$$\int_0^\infty \mathrm{e}^{-x_0t}\,|f(t)|\,dt<\infty$$

gilt. Wir werden uns alsbald davon überzeugen, dass es sich dabei um eine große Klasse von Funktionen handelt, die für die meisten konkreten Probleme umfassend genug ist. Für Zahlen $x\geqq x_0$ ist

$$0\leqq \mathrm{e}^{-xt}|f(t)|\leqq \mathrm{e}^{-x_0t}|f(t)|\quad\text{für alle } t\geqq 0\,.$$

Wenn also das in Rede stehende Integral für ein x_0 endlich ist, dann erst recht für alle $x\geqq x_0$. Mit anderen Worten, die Menge

$$I:=\{x\in\mathbb{R}:\int_0^\infty \mathrm{e}^{-xt}\,|f(t)|\,dt<\infty\}$$

ist ein nach rechts unbeschränktes Intervall und somit von der Form

$$I=]\tau,\infty[\qquad\text{oder}\qquad I=[\tau,\infty[$$

mit einem $-\infty\leqq\tau<\infty$. Nach Definition von τ gilt

$$\int_0^\infty e^{-xt}\,|f(t)|\,dt \begin{cases} = \infty & \text{für } x < \tau \\ < \infty & \text{für } x > \tau, \end{cases}$$

für τ selbst kann das Integral endlich oder unendlich sein. Zum Beispiel ist für $f(t) = \dfrac{1}{1+t^2}$

$$\int_0^\infty e^{-xt}\,\frac{1}{1+t^2}\,dt \begin{cases} = \infty & \text{für } x < 0 \\ < \infty & \text{für } x \geqq 0, \end{cases}$$

während für die konstante Funktion $f(t) = 1$

$$\int_0^\infty e^{-xt}\,dt \begin{cases} = \infty & \text{für } x \leqq 0 \\ < \infty & \text{für } x > 0 \end{cases}$$

ist. Wir nennen die Zahl τ die *Laplacegrenze* von f und schreiben auch $\tau(f)$, wenn von mehreren Funktionen die Rede ist.

Bevor wir mit der Definition der Laplacetransformation fortfahren, geben wir noch ein Beispiel.

Beispiel 5.18 (Die Exponentialfunktion) Für ein festes $a \in \mathbb{C}$ betrachten wir die Funktion $f\colon [0,\infty[\to \mathbb{C}$, definiert durch

$$f(t) = e^{at} \qquad \text{für alle } t \in \mathbb{R}.$$

Es ist $|f(t)| = e^{\mathrm{Re}\,a t}$ für alle t und also für $R > 0$

$$\int_0^R e^{-xt}\,e^{\mathrm{Re}\,at}\,dt = \int_0^R e^{-(x-\mathrm{Re}\,a)t}\,dt = \begin{cases} \dfrac{1}{\mathrm{Re}\,a - x}\left(e^{-(x-\mathrm{Re}\,a)R} - 1\right) & \text{falls } \mathrm{Re}\,a \neq x \\ R & \text{falls } \mathrm{Re}\,a = x. \end{cases}$$

Somit ist $\int_0^\infty e^{-xt}\,e^{\mathrm{Re}\,at}\,dt < \infty$ genau wenn $x > \mathrm{Re}\,a$, das bedeutet, die Exponentialfunktion e^{at} ist laplacetransformierbar mit Laplacegrenze $\tau = \mathrm{Re}\,a$.

Wir können nun mit der Definition der Laplacetransformation fortfahren.

Definition 5.7 Die Funktion $f\colon [0,\infty[\to \mathbb{C}$ sei laplacetransformierbar mit Laplacegrenze τ. Dann existiert nach Definition von τ das Integral

$$\int_0^\infty e^{-zt} f(t)\,dt$$

für alle komplexen Zahlen $z = x + iy$ mit $x > \tau$ wegen $|e^{-zt} f(t)| = e^{-xt}|f(t)|$ für alle $t \geqq 0$. Die hierdurch definierte Funktion heißt die *Laplacetransformierte* von f, wir schreiben

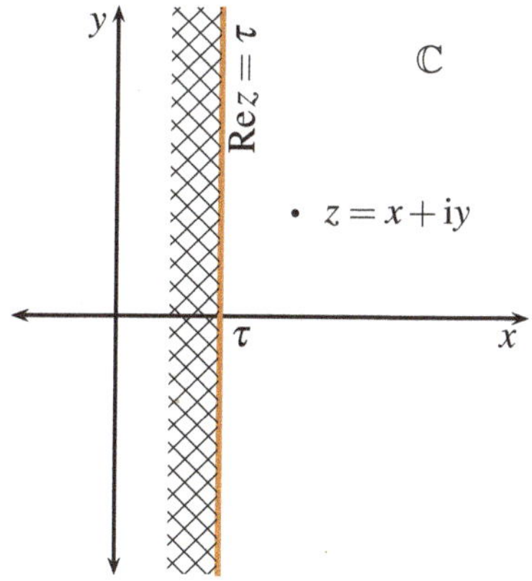

$$\mathscr{L}(f(t),z) = \int_0^\infty e^{-zt} f(t)\,dt$$

für alle $z \in \mathbb{C}$, $\operatorname{Re} z > \tau$.

Wir wählen die Bezeichnung $\mathscr{L}(f(t),z)$ für die Laplacetransformierte der Funktion f, weisen aber wie schon bei der Fouriertransformation daraufhin, dass $\mathscr{L}(f(t),z)$ allein eine Funktion der Variablen z ist, der Buchstabe t ist nur die Integrationsvariable im obigen Integral. Diese Schreibweise ist zweckmäßig, weil sie sofort kenntlich macht, welche Funktion $f(t)$ transformiert wird, also zum Beispiel $\mathscr{L}(t^2 + 2\sin t, z)$.

Der Definitionsbereich der Laplacetransformierten ist somit eine Halbebene – also eine sehr einfache Teilmenge der komplexen Ebene –, die bei der senkrechten Geraden $\operatorname{Re} z = \tau$ beginnt und nach rechts unbeschränkt ist. Die Vorschrift, die einer Funktion $f\colon [0,\infty[\to \mathbb{R}$ ihre Laplacetransformierte $\mathscr{L}(f(t),z)$ zuordnet, heißt die *Laplacetransformation*.

Beispiel 5.19 (Die Exponentialfunktion) Für eine feste Zahl $a \in \mathbb{C}$ ist nach Beispiel 5.18 die Exponentialfunktion e^{at} laplacetransformierbar mit Laplacegrenze $\tau = \operatorname{Re} a$ und zwar gilt

$$\mathscr{L}(e^{at}, z) = \frac{1}{z-a} \qquad \text{für alle } z \in \mathbb{C},\ \operatorname{Re} z > \operatorname{Re} a. \tag{5.4.1}$$

Mit $R > 0$ rechnen wir nämlich aus

$$\int_0^R e^{-zt} e^{at}\,dt = \frac{1}{a-z}\left(e^{(a-z)R} - 1\right) \to \frac{1}{z-a} \quad \text{bei } R \to \infty.$$

Die folgende Bemerkung zeigt, dass alle Funktionen, die höchstens exponentiell anwachsen, laplacetransformierbar sind. Damit sind die meisten Funktionen, die bei konkreten Problemen auftreten, der Laplacetransformation zugänglich. In dieser Tatsache liegt ein Grund für die Bedeutung der Laplacetransformation vor allem in den Ingenieurwissenschaften.

Bemerkung 5.11 i) *Genügt eine Funktion* $f\colon [0,\infty[\to \mathbb{C}$ *der Ungleichung*

$$|f(t)| \leqq M e^{ct} \qquad \textit{für alle } t \geqq 0,$$

mit Konstanten $M > 0$ *und* $c \in \mathbb{R}$, *so ist* f *laplacetransformierbar mit Laplacegrenze* $\tau \leqq c$.

ii) *Genügt eine Funktion* $f\colon [0,\infty[\to\mathbb{C}$ *der Ungleichung*

$$|f(t)| \leqq M(1+t)^n \qquad \textit{für alle } t \geqq 0\,,$$

mit Konstanten $M>0$ *und* $n=0,1,2,\ldots$, *so ist* f *laplacetransformierbar mit Laplacegrenze* $\tau \leqq 0$. *Insbesondere sind alle Polynome laplacetransformierbar.*

Beispiel 5.20 (Die Sinusfunktion) Die Sinusfunktion $\sin t$ für alle $t \geqq 0$ ist laplacetransformierbar mit Laplacegrenze $\tau = 0$ und zwar ist

$$\mathscr{L}(\sin t, z) = \frac{1}{z^2+1} \qquad \text{für alle } z\in\mathbb{C},\ \operatorname{Re} z > 0\,. \tag{5.4.2}$$

Hierzu berechnen wir durch zweimalige partielle Integration (siehe Übung 1.60)

$$\int_0^R \mathrm{e}^{-zt}\sin t\,dt = \left[\frac{\mathrm{e}^{-zt}}{z^2+1}(-z\sin t-\cos t)\right]_0^R = \frac{\mathrm{e}^{-zR}}{z^2+1}(-z\sin R-\cos R)+\frac{1}{z^2+1}$$

und bedenken

$$\left|\frac{\mathrm{e}^{-zR}}{z^2+1}(-z\sin R-\cos R)\right| \leqq \frac{\mathrm{e}^{-\operatorname{Re} z R}}{|z^2+1|}(|z|+1) \to 0 \text{ bei } R\to\infty\,.$$

Beispiel 5.21 (Die Polynome) Die Monome t^n für $t\geqq 0$ und $n=0,1,2,\ldots$ sind laplacetransformierbar mit Laplacegrenze $\tau=0$ und zwar ist

$$\mathscr{L}(t^n, z) = \frac{n!}{z^{n+1}} \qquad \text{für alle } z\in\mathbb{C},\ \operatorname{Re} z>0,\ n=0,1,2,\ldots\,. \tag{5.4.3}$$

Dies lässt sich mittels Induktion begründen. Für $n=0$ erhält man nämlich durch direktes Ausrechnen oder aus 5.4.1 mit $a=0$

$$\mathscr{L}(1,z) = \int_0^\infty \mathrm{e}^{-zt}\,dt = \frac{1}{z}\,.$$

Weiter zeigt partielle Integration

$$\int_0^R \mathrm{e}^{-zt}t^{n+1}\,dt = \left[-\frac{1}{z}\mathrm{e}^{-zt}t^{n+1}\right]_0^R + \frac{n+1}{z}\int_0^R \mathrm{e}^{-zt}t^n\,dt\,.$$

Nehmen wir (5.4.3) für n als richtig an, so folgt mit $R\to\infty$

$$\mathscr{L}(t^{n+1},z) = \frac{n+1}{z}\mathscr{L}(t^n,z) = \frac{n+1}{z}\frac{n!}{z^{n+1}} = \frac{(n+1)!}{z^{n+2}}\,,$$

denn es konvergiert

$$\left[-\frac{1}{z}\mathrm{e}^{-zt}t^{n+1}\right]_0^R = -\frac{1}{z}\mathrm{e}^{-zR}R^{n+1} \to 0$$

wegen $\operatorname{Re} z>0$.

Für die Laplacetransformation gibt es eine Reihe nützlicher Rechenregeln, die ihre Anwendung in der Praxis besonders flexibel macht. In vielen Fällen kann man mit diesen Regeln die Laplacetransformierte einer Funktion auf die bekannter Funktionen zurückführen, wie man es ähnlich auch beim Ableiten macht. Zunächst ist evident, dass die Laplacetransformation linear ist, außerdem überführt sie wie die Fouriertransformation die Faltung in die Multiplikation. Die Faltung ist für zwei Funktionen $f,g\colon [0,\infty[\to \mathbb{C}$ dadurch erklärt, dass man sich die Funktionen zunächst auf $]-\infty,0[$ durch Null fortgesetzt denkt und dann die Faltung gemäß (5.3.17) ausführt. Man gelangt so zu der Bildung

$$f*g\,(t)=\int_{-\infty}^{\infty} f(t-s)g(s)\,ds=\int_0^t f(t-s)g(s)\,ds \qquad \text{für alle } t\geqq 0\,, \tag{5.4.4}$$

die auch als *einseitige Faltung* bezeichnet wird.

Bemerkung 5.12 *Es seien $f,g\colon [0,\infty[\to \mathbb{C}$ laplacetransformierbar mit Laplacegrenzen $\tau(f)$ beziehungsweise $\tau(g)$.*

i) *Die Laplacetransformation ist linear: Für je zwei Konstanten a,b ist auch $af(t)+bg(t)$ laplacetransformierbar mit*

$$\mathscr{L}(af(t)+bg(t),z)=a\mathscr{L}(f(t),z)+b\mathscr{L}(g(t),z)$$

für alle $z\in\mathbb{C}$ mit $\operatorname{Re}z>\tau(f),\tau(g)$.

ii) (Faltungssatz) *Die durch* (5.4.4) *gegebene Faltung $f*g$ ist laplacetransformierbar mit*

$$\mathscr{L}(f*g\,(t),z)=\mathscr{L}(f(t),z)\,\mathscr{L}(g(t),z) \tag{5.4.5}$$

für alle $z\in\mathbb{C}$ mit $\operatorname{Re}z>\tau(f),\tau(g)$.

Beweis. i) ist klar. ii) Wir denken uns wieder f auf $]-\infty,0[$ durch 0 fortgesetzt. Dann können wir für $x>\tau(f),\tau(g)$ abschätzen

$$\begin{aligned}
&\int_0^\infty \mathrm{e}^{-xt}|f*g\,(t)|\,dt \leqq \int_0^\infty \mathrm{e}^{-xt}\Big(\int_0^\infty |f(t-s)|\,|g(s)|\,ds\Big)\,dt\\
&=\int_0^\infty\Big(\int_0^\infty \mathrm{e}^{-xt}|f(t-s)|\,dt\Big)|g(s)|\,ds=\int_0^\infty\Big(\int_0^\infty \mathrm{e}^{-x(t+s)}|f(t)|\,dt\Big)|g(s)|\,ds\\
&=\Big(\int_0^\infty \mathrm{e}^{-xt}|f(t)|\,dt\Big)\Big(\int_0^\infty \mathrm{e}^{-xs}|g(s)|\,ds\Big)<\infty.
\end{aligned}$$

Damit ist $f*g$ laplacetransformierbar mit

$$\begin{aligned}
\mathscr{L}(f*g\,(t),z)&=\int_0^\infty \mathrm{e}^{-zt}\Big(\int_0^\infty f(t-s)g(s)\,ds\Big)\,dt=\int_0^\infty\Big(\int_0^\infty \mathrm{e}^{-zt}f(t-s)\,dt\Big)g(s)\,ds\\
&=\int_0^\infty\Big(\int_0^\infty \mathrm{e}^{-z(t+s)}f(t)\,dt\Big)g(s)\,ds=\Big(\int_0^\infty \mathrm{e}^{-zt}f(t)\,dt\Big)\Big(\int_0^\infty \mathrm{e}^{-zs}g(s)\,ds\Big)\\
&=\mathscr{L}(f(t),z)\,\mathscr{L}(g(t),z) \qquad \text{für alle } z\in\mathbb{C},\operatorname{Re}z>\tau(f),\tau(g)\,. \qquad\square
\end{aligned}$$

Wir zählen nun eine Reihe weiterer nützlicher Rechenregeln auf.

Bemerkung 5.13 *Die Funktion $f\colon [0,\infty[\to \mathbb{C}$ sei laplacetransformierbar und es bezeichne τ ihre Laplacegrenze.*

i) (Streckungssatz) *Für jede Konstante $\alpha > 0$ ist die Funktion $g\colon [0,\infty[\to \mathbb{C}$, definiert durch $g(t) = f(\alpha t)$ für alle $t \geqq 0$, laplacetransformierbar mit Laplacegrenze $\alpha\tau$ und es gilt*

$$\mathscr{L}(f(\alpha t, z)) = \frac{1}{\alpha}\mathscr{L}(f(t), \frac{z}{\alpha}) \qquad \textit{für alle } z \in \mathbb{C}, \operatorname{Re} z > \alpha\tau. \tag{5.4.6}$$

ii) (1. Verschiebungssatz) *Für jede Konstante $a \in \mathbb{C}$ ist die Funktion $g\colon [0,\infty[\to \mathbb{C}$, definiert durch $g(t) = \mathrm{e}^{at} f(t)$ für alle $t \geqq 0$, laplacetransformierbar mit Laplacegrenze* $\operatorname{Re} a + \tau$ *und es gilt*

$$\mathscr{L}(\mathrm{e}^{at} f(t), z) = \mathscr{L}(f(t), z - a) \qquad \textit{für alle } z \in \mathbb{C}, \operatorname{Re} z > \operatorname{Re} a + \tau. \tag{5.4.7}$$

iii) (2. Verschiebungssatz) *Für jede Konstante $s \geqq 0$ ist die um s verschobene Funktion*

$$f_s\colon f_s(t) = \begin{cases} 0 & \textit{für} \quad 0 \leqq t < s \\ f(t-s) & \textit{für} \quad s \leqq t \end{cases}$$

laplacetransformierbar mit $\tau(f_s) = \tau$ und es gilt

$$\mathscr{L}(f_s(t), z) = \mathrm{e}^{-sz}\mathscr{L}(f(t), z) \tag{5.4.8}$$

für alle $z \in \mathbb{C}$, $\operatorname{Re} z > \tau$.

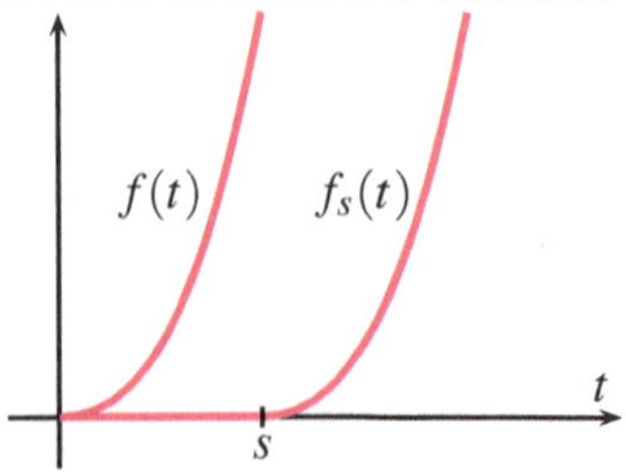

Alle diese Rechenregeln erhält man durch naheliegende Substitutionen in den jeweiligen Integralen, so dass die Nachweise zur Übung überlassen bleiben können (siehe Übung 5.28).

Wir geben einige Beispiele, wie sich diese Rechenregeln zur Bestimmung von Laplacetransformierten anwenden lassen.

Beispiel 5.22 i) Für $a \in \mathbb{C}$ und $n = 0, 1, 2, \ldots$ ist nach (5.4.3) und dem 1. Verschiebungssatz (5.4.7)

$$\mathscr{L}(\mathrm{e}^{at} t^n, z) = \frac{n!}{(z-a)^{n+1}} \qquad \text{für alle } z \in \mathbb{C}, \operatorname{Re} z > \operatorname{Re} a. \tag{5.4.9}$$

ii) Für $\omega > 0$ ist nach dem Streckungssatz (5.4.6)

$$\mathscr{L}(\sin(\omega t), z) = \frac{1}{\omega}\frac{1}{\left(\frac{z}{\omega}\right)^2 + 1} = \frac{\omega}{z^2 + \omega^2} \qquad \text{für alle } z \in \mathbb{C}, \operatorname{Re} z > 0. \tag{5.4.10}$$

iii) Der 1. Verschiebungssatz liefert für $a \in \mathbb{C}$ mit ii)

$$\mathscr{L}(\mathrm{e}^{at}\sin(\omega t), z) = \frac{\omega}{(z-a)^2 + \omega^2} \qquad \text{für alle } z \in \mathbb{C}, \operatorname{Re} z > \operatorname{Re} a. \tag{5.4.11}$$

Von besonderem Interesse für die Anwendungen der Laplacetransformatiom ist schließlich die folgende Rechenregel: Analog zur Fouriertransformation verwandelt die Laplacetransformation die Ableitung in die Multiplikation mit z. Hier tritt aber noch zusätzlich der Summand $-f(0)$ auf, der beim Lösen von DGn die Gelegenheit gibt, eine Anfangsbedingung einzubringen.

Bemerkung 5.14 (Ableitungssatz) *Ist* $f\colon [0,\infty[\to \mathbb{C}$ *stetig differenzierbar mit laplacetransformierbarer Ableitung* $f'\colon [0,\infty[\to \mathbb{C}$, *so ist* f *selbst laplacetransformierbar mit Laplacegrenze* $\tau \geqq 0, \tau(f')$ *und es gilt*

$$\mathscr{L}(f'(t),z) = z\mathscr{L}(f(t),z) - f(0) \qquad \textit{für alle } z \in \mathbb{C}, \operatorname{Re} z > 0, \tau(f')\,. \tag{5.4.12}$$

Beweis. Partielle Integration liefert

$$\int_0^R \mathrm{e}^{-zt} f'(t)\,dt = \Big[\mathrm{e}^{-zt} f(t)\Big]_0^R + z\int_0^R \mathrm{e}^{-zt} f(t)\,dt$$

und man zeigt

$$\mathrm{e}^{-zR} f(R) \to 0 \quad \text{bei } R \to \infty\,.$$

□

Wir werden den Anwendungen des Ableitungssatzes zum Lösen von DGn einen ganzen Abschnitt widmen, vorerst betrachten wir nur ein einfaches Beispiel.

Beispiel 5.23 Für $\omega > 0$ gilt nach dem Ableitungssatz zusammen mit (5.4.10)

$$\mathscr{L}(\cos(\omega t),z) = \mathscr{L}(\frac{1}{\omega}\sin(\omega t)',z) = \frac{z}{\omega}\mathscr{L}(\sin(\omega t),z) - \frac{1}{\omega}\sin(0) = \frac{z}{z^2+\omega^2} \tag{5.4.13}$$

für alle $z \in \mathbb{C}, \operatorname{Re} z > 0$.

Nach diesen nützlichen Rechenregeln wollen wir zwei Eigenschaften der Laplacetransformierten kennenlernen.

Bemerkung 5.15 *Es sei* $f\colon [0,\infty[\to \mathbb{C}$ *laplacetransformierbar mit Laplacegrenze* τ.

i) *Es konvergiert*

$$\mathscr{L}(f(t),z) \to 0 \quad \textit{bei } |z| \to \infty$$

in jedem Sektor der Halbebene $\operatorname{Re} z \geqq \tau$ *mit Spitze in* τ *und Öffnungswinkel* $\alpha < \pi$.

ii) *Die Funktion* $\mathscr{L}(f(t),z)$ *ist (komplex) differenzierbar bezüglich* z *mit Ableitung*

$$\frac{d}{dz}\mathscr{L}(f(t),z) = -\mathscr{L}(tf(t),z)$$

für alle $z \in \mathbb{C}, \operatorname{Re} z > \tau$.

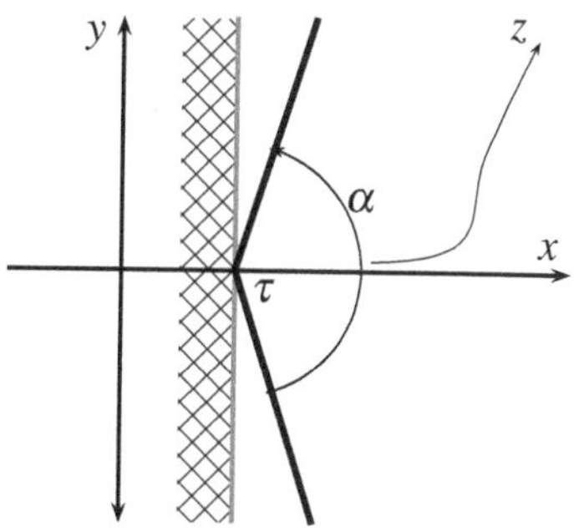

Die Laplacetransformierte konvergiert also gegen Null bei $|z| \to \infty$, solange man nicht parallel zu der senkrechten Geraden $\operatorname{Re} z = \tau$ läuft und dadurch dem Rand des Definitionsbereichs zu nahe kommt.

Beweis. i) wollen wir nicht beweisen. ii) folgt durch Differentiation unter dem Integral, was aber genauer zu rechtfertigen ist:

$$\frac{d}{dz}\int_0^\infty e^{-zt} f(t)\,dt = -\int_0^\infty t e^{-zt} f(t)\,dt\,. \qquad \square$$

Bemerkung 5.16 *Unsere bisher berechneten Laplacetransformierten stellen wir in Form einer bescheidenen Formelsammlung zusammen.*

$f(t)$	$\mathscr{L}(f(t),z)$
1	$\frac{1}{z}$
t^n	$\frac{n!}{z^{n+1}}$

und

$f(t)$	$\mathscr{L}(f(t),z)$
e^{at}	$\frac{1}{z-a}$
$\sin(\omega t)$	$\frac{\omega}{z^2+\omega^2}$
$\cos(\omega t)$	$\frac{z}{z^2+\omega^2}$

Übungen

Übung 5.28 Geben Sie einen Beweis für die beiden Verschiebungssätze (5.4.7) und (5.4.8).

Übung 5.29 Bestimmen Sie die Laplacetransformierten der Funktionen

i) $t^3 e^{2t}$ ii) $3e^{-5t} + 6t^3 - 3\sin 4t$

iii) $e^{-2t}(3\cos 6t - 5\sin 6t)$ iv) $f(t) = \begin{cases} 1 & 0 \leqq t \leqq 3 \\ 0 & 3 < t\,. \end{cases}$

Übung 5.30 Es sei $\alpha > 0$. Bestimmen Sie die Laplacetransformierten

i) $\mathscr{L}(\cosh(\alpha t), z)$ ii) $\mathscr{L}(\sinh(\alpha t), z)$.

Wie groß ist jeweils die Laplacegrenze τ?

Übung 5.31 Zeigen Sie, dass für $\omega > 0$ gilt

i) $\mathscr{L}(\cosh \omega t \cos \omega t, z) = \dfrac{z^3}{z^4 + 4\omega^4}$ ii) $\mathscr{L}(\sinh \omega t \sin \omega t, z) = \dfrac{2\omega^2 z}{z^4 + 4\omega^4}\,.$

Übung 5.32 Berechnen Sie die (einseitige) Faltung (5.4.4) $f * g$ für die beiden Funktionen

i) $f(t) = a$ und $g(t) = b$ mit Konstanten a, b,
ii) $f(t) = \mathrm{e}^t$ und $g(t) = \mathrm{e}^{3t}$,
iii) $f(t) = \cos t$ und $g(t) = \sin t$.

Bestimmen Sie jeweils auch die Laplacetransformierten.

Übung 5.33 Es sei $f := [0,\infty[\to \mathbb{C}$ stückweise stetig und periodisch mit Periode $T > 0$. Begründen Sie, dass $f(t)$ laplacetransformierbar ist und zeigen Sie

$$\mathscr{L}(f(t),z) = \frac{1}{1-\mathrm{e}^{-zT}} \int_0^T \mathrm{e}^{-zt} f(t)\,dt \qquad \text{für alle } z \in \mathbb{C}, \mathrm{Re}\, z > 0.$$

Berechnen Sie so die Laplacetransformierte des Einweg-gleichgerichteten Sinus (vergleiche Übung 5.12):

$$f(t) = \begin{cases} \sin t & \text{falls } 0 \leqq t \leqq \pi \\ 0 & \text{falls } \pi \leqq t \leqq 2\pi \end{cases} \qquad \text{und } 2\pi\text{-periodisch fortgesetzt.}$$

5.4.2 Der Umkehrsatz der Laplacetransformation

Bevor wir die Laplacetransformation auf praktische Probleme anwenden können, müssen wir noch die Frage der Rücktransformation klären.

Satz 5.5 (Umkehrsatz der Laplacetransformation) *Die Funktion $f\colon [0,\infty[\to \mathbb{C}$ sei stückweise stetig differenzierbar und laplacetransformierbar mit Laplacegrenze τ. Dann existiert für jedes $t \geqq 0$ und feste reelle Zahl $a > \tau$ das uneigentliche Integral*

$$\begin{aligned} \frac{1}{2\pi\mathrm{i}} \int_{a-\mathrm{i}\infty}^{a+\mathrm{i}\infty} \mathscr{L}(f(t),z)\mathrm{e}^{zt}\,dz &:= \lim_{R\to\infty} \frac{1}{2\pi\mathrm{i}} \int_{a-\mathrm{i}R}^{a+\mathrm{i}R} \mathscr{L}(f(t),z)\mathrm{e}^{zt}\,dz \\ &:= \lim_{R\to\infty} \frac{1}{2\pi} \int_{-R}^{R} \mathscr{L}(f(t),a+\mathrm{i}v)\mathrm{e}^{(a+\mathrm{i}v)t}\,dv \end{aligned}$$

und es gilt

$$\frac{1}{2\pi\mathrm{i}} \int_{a-\mathrm{i}\infty}^{a+\mathrm{i}\infty} \mathscr{L}(f(t),z)\mathrm{e}^{zt}\,dz = \begin{cases} \dfrac{f(t+)+f(t-)}{2} & \textit{für alle } t > 0 \\ \dfrac{f(0+)}{2} & \textit{falls } t = 0\,. \end{cases}$$

Insbesondere ist

$$\frac{1}{2\pi\mathrm{i}} \int_{a-\mathrm{i}\infty}^{a+\mathrm{i}\infty} \mathscr{L}(f(t),z)\mathrm{e}^{zt}\,dz = f(t)$$

für alle Punkte $t > 0$, in denen die Funktion f stetig ist.

Wir wollen diesen Satz beweisen, indem wir ihn auf den Umkehrsatz der Fouriertransformation zurückführen, weil wir dabei auch den Zusammenhang zwischen Fourier- und Laplacetransformation deutlich machen können.

Beweis. Wir definieren eine Funktion $g\colon \mathbb{R} \to \mathbb{C}$ durch

$$g(t) = \begin{cases} e^{-at} f(t) & \text{falls } t \geqq 0 \\ 0 & \text{falls } t < 0, \end{cases}$$

dann ist mit f auch g stückweise stetig differenzierbar und wegen $a > \tau$ absolut integrierbar:

$$\int_{-\infty}^{\infty} |g(t)|\, dt = \int_0^{\infty} e^{-at} |f(t)|\, dt < \infty.$$

Somit ist g fouriertransformierbar mit

$$\mathscr{F}(g(t),v) = \int_{-\infty}^{\infty} e^{-ivt} g(t)\, dt = \int_0^{\infty} e^{-(a+iv)t} f(t)\, dt = \mathscr{L}(f(t), a+iv) \qquad \text{für alle } v \in \mathbb{R}.$$

Nach dem Umkehrsatz der Fouriertransformation 5.4 existiert für jedes $t \in \mathbb{R}$ das uneigentliche Integral

$$\int_{-\infty}^{\infty} e^{ivt} \mathscr{F}(g(t),v)\, dv = \int_{-\infty}^{\infty} e^{ivt} \mathscr{L}(f(t), a+iv)\, dv$$

und es gilt

$$\begin{aligned} \frac{1}{2\pi} \int_{-\infty}^{\infty} e^{ivt} \mathscr{L}(f(t), a+iv)\, dv &= \frac{1}{2\pi} \int_{-\infty}^{\infty} e^{ivt} \mathscr{F}(g(t),v)\, dv \\ &= \frac{g(t+)+g(t-)}{2} = \begin{cases} e^{-at} \dfrac{f(t+)+f(t-)}{2} & \text{für } t > 0 \\ \dfrac{f(0+)}{2} & \text{für } t = 0. \end{cases} \end{aligned}$$

Multipliziert man auf beiden Seiten mit e^{at}, so ergibt sich die Behauptung. □

Der Umkehrsatz erlaubt uns, aus der Laplacetransformierten $\mathscr{L}(f(t),z)$ die Funktion $f(t)$ zu gewinnen. Bei praktischen Anwendungen genügt jedoch meist die folgende Eindeutigkeitsaussage, die in dem Satz enthalten ist.

Bemerkung 5.17 (Eindeutigkeitssatz) *Die Funktionen $f, g\colon [0,\infty[\to \mathbb{C}$ seien beide stetig und stückweise stetig differenzierbar sowie laplacetransformierbar mit Laplacegrenzen $\tau(f)$ und $\tau(g)$. Gilt*

$$\mathscr{L}(f(t), x+iy) = \mathscr{L}(g(t), x+iy) \qquad \textit{für ein } x > \tau(f), \tau(g) \textit{ und alle } y \in \mathbb{R},$$

so ist $f(t) = g(t)$ für alle $t \geqq 0$.

Wenn also die Laplacetransformierten zweier Funktionen f und g (mindestens) auf einer senkrechten Geraden im gemeinsamen Definitionsbereich übereinstimmen, so ist $f = g$.

Man wird also folgendermaßen vorgehen, um aus einer Laplacetransformierten $g(z) = \mathscr{L}(f(t),z)$ die Funktion $f(t)$ zu erhalten: Man versucht, die Funktion $g(z)$ so umzuformen, dass man sie in der rechten Spalte einer Tabelle der Laplacetransformation findet, in der linken Spalte befindet sich dann die zugehörige Funktion $f(t)$. Wir betrachten ein Beispiel.

Beispiel 5.24 Man hat die Funktion $g(z) = \dfrac{5z+4}{z^3+3z^2-4}$ gegeben und sucht die Funktion $f(t)$, deren Laplacetransformierte $g(z)$ ist. In den rechten Seiten unserer kleinen Formelsammlung findet man nur rationale Funktionen einfacher Bauart. Man wird also versuchen, die Funktion $g(z)$ durch Partialbruchzerlegung in eine solche Form zu bringen; wie man dabei vorzugehen hat, haben wir im Abschnitt 1.4.2 kurz beschrieben. Man erhält

$$g(z) = \frac{1}{z-1} - \frac{1}{z+2} + \frac{2}{(z+2)^2}$$

und findet nun in unserer Tabelle

$$\frac{1}{z-1} = \mathscr{L}(\mathrm{e}^t,z) \qquad \frac{1}{z+2} = \mathscr{L}(\mathrm{e}^{-2t},z) \qquad \frac{1}{(z+2)^2} = \mathscr{L}(t\mathrm{e}^{-2t},z),$$

wobei wir am Schluss noch den 1.Verschiebungssatz benutzt haben. Mit der Linearität der Laplacetransformation ergibt sich $f(t) = \mathrm{e}^t - \mathrm{e}^{-2t} + 2t\mathrm{e}^{-2t}$.

Übungen

Übung 5.34 Für $n = 0,1,2,\dots$ definieren wir die Funktion $f_n\colon [0,\infty[\to \mathbb{R}$ durch

$$f_n(t) = \frac{t^n}{n!} \qquad \text{für alle } t \geqq 0.$$

Zeigen Sie: Für $k,\ell = 0,1,2,\dots$ gilt $f_k * f_\ell = f_{k+\ell+1}$. *Hinweis:* Denken Sie an den Faltungssatz (5.4.5).

Übung 5.35 Bestimmen Sie jeweils die Funktion $f(t)$, deren Laplacetransformierte $\mathscr{L}(f(t),z)$ erfüllt

$$\text{i) } \frac{4}{z+5} \qquad \text{ii) } \frac{6}{z^2+9} \qquad \text{iii) } \frac{z+3}{(z+3)^2+1} \qquad \text{iv) } \frac{1}{z(z-2)^2}.$$

Übung 5.36 Bestimmen Sie die Funktion $f\colon [0,\infty[\to \mathbb{R}$, die

$$\mathscr{L}(f(t),z) = \frac{1}{z^2(z^2+1)}$$

erfüllt, und zwar i) mit Hilfe des Faltungssatzes und ii) durch Partialbruchzerlegung.

5.4.3 Anwendungen der Laplacetransformation

Wir haben nun die Theorie der Laplacetransformation weit genug entwickelt, um sie erfolgreich zur Lösung von DGn anwenden zu können.

Als erstes Beispiel diskutieren wir die Schwingungsgleichung, die wir bereits im Abschnitt 1.6.6 untersucht haben. Wir wollen nun diese Gleichung mit Hilfe der Laplacetransformation lösen, um so die Methoden vergleichen zu können. Wir betrachten somit wieder ein schwingungsfähiges System, bestehend aus den drei Komponenten Rückstellkraft, Reibung und schwingende Masse, wie wir es im Abschnitt 1.6.6 skizziert haben. Wirkt auf die Masse von außen die Kraft $F_a(t)$, so haben wir für die Auslenkung $x(t)$ der Masse zur Zeit t die DG (1.6.13)

$$\ddot{x}+2\rho\dot{x}+\omega_0^2x=\frac{1}{m}F_a(t)\,, \tag{5.4.14}$$

mit den in 1.6.6 eingeführten Bezeichnungen und Abkürzungen. Wir setzen noch

$$r(t)=\frac{1}{m}F_a(t)$$

und können dann (5.4.14) etwas kürzer schreiben

$$\ddot{x}+2\rho\dot{x}+\omega_0^2x=r(t)\,. \tag{5.4.15}$$

Schließlich geben wir uns eine beliebige Anfangsbedingung vor

$$x(0)=x_0 \qquad \text{und} \qquad \dot{x}(0)=x_1\,. \tag{5.4.16}$$

Wir wenden nun auf (5.4.15) die Laplacetransformation an und nutzen dabei gleich die Linearität aus:

$$\mathscr{L}(\ddot{x}(t),z)+2\rho\mathscr{L}(\dot{x}(t),z)+\omega_0^2\mathscr{L}(x(t),z)=\mathscr{L}(r(t),z)$$

Die „Hauptrechenregel" der Laplacetransformation – nämlich der Ableitungssatz (5.4.12) – ergibt mit der Anfangsbedingung (5.4.16)

$$z\mathscr{L}(\dot{x}(t),z)-x_1+2\rho\left(z\mathscr{L}(x(t),z)-x_0\right)+\omega_0^2\mathscr{L}(x(t),z)=\mathscr{L}(r(t),z)$$

und noch einmal angewandt

$$z\left(z\mathscr{L}(x(t),z)-x_0\right)-x_1+2\rho\left(z\mathscr{L}(x(t),z)-x_0\right)+\omega_0^2\mathscr{L}(x(t),z)=\mathscr{L}(r(t),z)\,.$$

Wir lösen nach $\mathscr{L}(x(t),z)$ auf und haben damit bereits die Laplacetransformierte der Lösung:

$$\mathscr{L}(x(t),z)=\frac{zx_0+x_1+2\rho x_0}{z^2+2\rho z+\omega_0^2}+\frac{1}{z^2+2\rho z+\omega_0^2}\mathscr{L}(r(t),z)\,.$$

Nehmen wir den Schwingfall, also den Fall $\rho<\omega_0$ kleiner Reibung an, so können wir mit

$$\omega^2 := \omega_0^2 - \rho^2 > 0$$

noch den Nenner gemäß $z^2 + 2\rho z + \omega_0^2 = (z+\rho)^2 + \omega^2$ umformen und erhalten

$$\mathscr{L}(x(t),z) = \frac{zx_0 + x_1 + 2\rho x_0}{(z+\rho)^2 + \omega^2} + \frac{1}{(z+\rho)^2 + \omega^2}\mathscr{L}(r(t),z)\,. \tag{5.4.17}$$

1. *Freie Schwingungen.* Es ist $r(t) = 0$ für alle $t \geqq 0$ und somit

$$\mathscr{L}(x(t),z) = \frac{zx_0 + x_1 + 2\rho x_0}{(z+\rho)^2 + \omega^2} = \frac{z+\rho}{(z+\rho)^2 + \omega^2}x_0 + \frac{1}{(z+\rho)^2 + \omega^2}(x_1 + \rho x_0)\,.$$

Unsere kleine Formelsammlung 5.16 zeigt

$$\begin{aligned}\mathscr{L}(x(t),z) &= x_0\mathscr{L}(\mathrm{e}^{-\rho t}\cos(\omega t),z) + \frac{x_1 + \rho x_0}{\omega}\mathscr{L}(\mathrm{e}^{-\rho t}\sin(\omega t),z)\\ &= \mathscr{L}\Big(\mathrm{e}^{-\rho t}\big(x_0\cos(\omega t) + \frac{x_1 + \rho x_0}{\omega}\sin(\omega t)\big),z\Big)\end{aligned}$$

Um zu der Lösung $x(t)$ zu gelangen, genügt es, auf den Eindeutigkeitssatz 5.17 zu verweisen:

$$x(t) = \mathrm{e}^{-\rho t}\big(x_0\cos(\omega t) + \frac{x_1 + \rho x_0}{\omega}\sin(\omega t)\big) \qquad \text{für alle } t \geqq 0\,.$$

2. *Erzwungene Schwingungen.* Wir nehmen der Einfachheit halber an, dass das System zu Beginn in Ruhe ist, das bedeutet, es ist

$$x(0) = x_0 = 0 \qquad \text{und} \qquad \dot{x}(0) = x_1 = 0\,.$$

Dann erhalten wir aus (5.4.17) zusammen mit unserer Formelsammlung 5.16

$$\mathscr{L}(x(t),z) = \frac{1}{(z+\rho)^2 + \omega^2}\mathscr{L}(r(t),z) = \mathscr{L}\Big(\frac{1}{\omega}\mathrm{e}^{-\rho t}\sin(\omega t),z\Big)\mathscr{L}(r(t),z)$$

und hieraus nach dem Faltungssatz (5.4.4) und der Eindeutigkeitsaussage

$$x(t) = \frac{1}{\omega}\int_0^t \mathrm{e}^{-\rho(t-s)}\sin(\omega(t-s))\,r(s)\,ds \qquad \text{für alle } t \geqq 0\,.$$

Im zweiten Beispiel wollen wir die Laplacetransformation benutzen, um eine partielle DG zu lösen. Wir betrachten ein Seil, das wir näherungsweise als unendlich lang annehmen und das an einem Ende in der Senkrechten verschiebbar befestigt ist.

Das verschiebbare linke Ende des Seiles wird gemäß einer Funktion $f(t)$ bewegt, das soll heißen, $f(t)$ ist der Ort des Seilendes auf der senkrechten Achse – also die Höhe des Seilendes – zur Zeit t. Wir wollen die hieraus resultierende Auslenkung $u(x,t)$ des Seiles im Punkt x zur Zeit $t \geqq 0$ berechnen, wobei wir annehmen, dass zu Beginn, also zur Zeit $t = 0$, das Seil noch in Ruhe ist.

Wir haben dann die eindimensionale Wellengleichung

$$\frac{\partial^2 u}{\partial t^2} = c^2 \frac{\partial^2 u}{\partial x^2} \qquad c > 0 \text{ eine Konstante}$$

zu lösen mit der Anfangsbedingung

$$u(x,0) = 0 \qquad \text{und} \qquad \frac{\partial u}{\partial t}(x,0) = 0 \qquad \text{für alle } x \geqq 0$$

und der Randbedingung

$$u(0,t) = f(t) \qquad \text{für alle } t \geqq 0\,.$$

Auf die Wellengleichung wenden wir bei festem $x \geqq 0$ die Laplacetransformation bezüglich der Variablen t an:

$$\mathscr{L}\Big(\frac{\partial^2 u}{\partial t^2}(x,t),z\Big) - c^2 \mathscr{L}\Big(\frac{\partial^2 u}{\partial x^2}(x,t),z\Big) = 0 \tag{5.4.18}$$

Die erste Laplacetransformierte können wir mit dem Ableitungssatz (5.4.12) unter Berücksichtigung der obigen Anfangsbedingung umformen:

$$\begin{aligned}\mathscr{L}\Big(\frac{\partial^2 u}{\partial t^2}(x,t),z\Big) &= z\mathscr{L}\Big(\frac{\partial u}{\partial t}(x,t),z\Big) - \frac{\partial u}{\partial t}(x,0)\\ &= z^2 \mathscr{L}\big(u(x,t),z\big) - zu(x,0) = z^2 \mathscr{L}\big(u(x,t),z\big)\,.\end{aligned}$$

Bei der zweiten Laplacetransformierten in (5.4.18) vertauschen wir Integral und Ableitung

$$\mathscr{L}\Big(\frac{\partial^2 u}{\partial x^2}(x,t),z\Big) = \int_0^\infty \mathrm{e}^{-zt} \frac{\partial^2 u}{\partial x^2}(x,t)\,dt = \frac{\partial^2}{\partial x^2}\int_0^\infty \mathrm{e}^{-zt} u(x,t)\,dt = \frac{\partial^2}{\partial x^2}\mathscr{L}\big(u(x,t),z\big)\,,$$

so dass Gleichung (5.4.18) nun lautet

$$z^2\mathscr{L}\big(u(x,t),z\big) - c^2\frac{\partial^2}{\partial x^2}\mathscr{L}\big(u(x,t),z\big) = 0\,. \tag{5.4.19}$$

Setzen wir bei festem $z \in \mathbb{C}$ zur Abkürzung

$$h_z(x) = \mathscr{L}\big(u(x,t),z\big) \qquad \text{für alle } x \geqq 0\,,$$

so können wir (5.4.19) in der Form

$$h_z''(x) - \Big(\frac{z}{c}\Big)^2 h_z(x) = 0 \qquad \text{für alle } x \geqq 0$$

schreiben. Dies ist eine gewöhnliche lineare DG zweiter Ordnung für die unbekannte Funktion $h_z(x)$, sie hat die allgemeine Lösung

$$h_z(x) = A_z \exp\big(\frac{z}{c}x\big) + B_z \exp\big(-\frac{z}{c}x\big) \qquad \text{für alle } x \geqq 0$$

mit Konstanten A_z und B_z, die wir nun bestimmen müssen. Da die Auslenkungen $u(x,t)$ des Seiles beschränkt bleiben sollen, erhalten wir für $h_z(x)$ die Abschätzung

$$|h_z(x)| = \Big|\int_0^\infty \mathrm{e}^{-zt} u(x,t)\,dt\Big| \leqq \int_0^\infty \mathrm{e}^{-\operatorname{Re} z t}|u(x,t)|\,dt \leqq C\int_0^\infty \mathrm{e}^{-\operatorname{Re} z t}\,dt = \frac{C}{\operatorname{Re} z}$$

für alle $x \geqq 0$ mit einer Konstanten $C > 0$. Insbesondere konvergiert $h_z(x) \to 0$ bei $\operatorname{Re} z \to \infty$, dies ist nur möglich, wenn $A_z = 0$ gilt. Wir haben dann $h_z(x) = B_z \exp(-\frac{z}{c}x)$ und die obige Randbedingung zeigt

$$B_z = h_z(0) = \mathscr{L}\big(u(0,t),z\big) = \mathscr{L}\big(f(t),z\big)\,.$$

Somit haben wir die Funktion $h_z(x)$, also die Laplacetransformierte der Lösung, bestimmt zu

$$h_z(x) = \mathscr{L}\big(u(x,t),z\big) = \exp(-\frac{z}{c}x)\mathscr{L}\big(f(t),z\big) = \mathscr{L}\big(f_{\frac{x}{c}}(t),z\big)\,,$$

wobei wir noch den zweiten Verschiebungssatz (5.4.8) benutzt haben. Die Auslenkung $u(x,t)$ des Seiles ist somit nach dem Eindeutigkeitssatz 5.17 gegeben durch

$$u(x,t) = f_{\frac{x}{c}}(t) = \begin{cases} f\big(t - \frac{x}{c}\big) & \text{falls } 0 \leqq x \leqq ct \\ 0 & \text{falls } x > ct\,. \end{cases}$$

Dieses Ergebnis besagt, dass die „Störung“ $f(t)$ mit Geschwindigkeit c dem Seil entlang nach rechts läuft. Die Punkte x, die weiter als ct vom linken Ende entfernt sind, sind noch in Ruhe, während das Seil auf dem Stück von 0 bis ct die Form des entsprechenden Teils des Graphen von f angenommen hat.

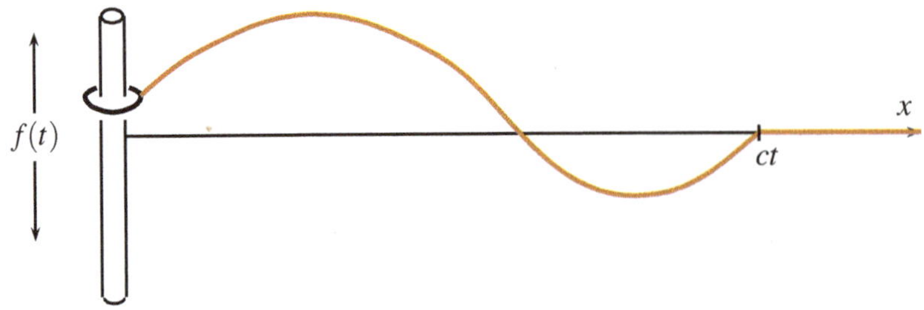

Übungen

Übung 5.37 Lösen Sie mit Hilfe der Laplacetransformation das Anfangswertproblem

$$\dot{y} + 3y = 9t \qquad y(0) = 5\,.$$

Übung 5.38 Es sind die Lösungen der DG $\ddot{y} + 4y = \cos\omega t$ mit $\omega > 0$ zu bestimmen.

Übung 5.39 Berechnen Sie die Lösung der DG

$$\ddot{y} - 5\dot{y} + 6y = \mathrm{e}^{3t} \qquad \dot{y}(0) = y(0) = 2$$

mit Hilfe der Laplacetransformation.

Übung 5.40 In Übung 3.55 wurde das lineare DGSystem

$$\begin{aligned} \dot{x}_1 &= x_1 + 2x_2 \\ \dot{x}_2 &= -8x_1 + 11x_2 \end{aligned}$$

mit der Anfangsbedingung $x_1(0) = 2$ und $x_2(0) = 5$ durch Anwenden der Matrizentheorie gelöst. Bestimmen Sie nun die Lösung mittels Laplacetransformation. *Anleitung:* Nach Ausführung der Laplacetransformation ergibt sich ein algebraisches Gleichungssystem für die Unbekannten $X_1(z) := \mathscr{L}(x_1(t),z)$ und $X_2(z) := \mathscr{L}(x_2(t),z)$.

Übung 5.41 Lösen Sie wie in Übung 5.40 das lineare DGSystem

$$\begin{aligned} \dot{x}_1 &= 2x_1 + x_2 \\ \dot{x}_2 &= -x_1 + 4x_2 \end{aligned}$$

mit der Anfangsbedingung $x_1(0) = y_1$ und $x_2(0) = y_2$.

Übung 5.42 Bestimmen Sie für $a, b \in \mathbb{R}$ die Lösung des inhomogenen linearen DGSystems

$$\dot{x}_1 = -2x_2 + 6t \qquad \dot{x}_2 = 2x_1 + 4 \qquad \text{mit} \quad x_1(0) = a \text{ und } x_2(0) = b$$

Übung 5.43 Bestimmen Sie mit Hilfe der Laplacetransformation eine Lösung $u(t,x)$ mit $t,x \geqq 0$ der partiellen DG

$$2\frac{\partial u}{\partial t} + 2\frac{\partial u}{\partial x} + u = 0,$$

die den Randbedingungen $u(0,x) = 0$ für alle $x \geqq 0$ und $u(t,0) = t^2$ für alle $t \geqq 0$ genügt.

5.5 Lösung der Übungen

Übungen aus 5.1.1

5.1 Für $u(x,y,z,t) = \mathrm{e}^{\alpha x+\beta y+\gamma z-ct}$ berechnet man

$$\begin{aligned}
&\frac{\partial u}{\partial x}(x,y,z,t) = \alpha u(x,y,z,t) && \frac{\partial^2 u}{\partial x^2}(x,y,z,t) = \alpha^2 u(x,y,z,t) && \text{ebenso}\\
&\frac{\partial^2 u}{\partial y^2}(x,y,z,t) = \beta^2 u(x,y,z,t) && \frac{\partial^2 u}{\partial z^2}(x,y,z,t) = \gamma^2 u(x,y,z,t) && \text{und}\\
&\frac{\partial u}{\partial t}(x,y,z,t) = -cu(x,y,z,t) && \frac{\partial^2 u}{\partial t^2}(x,y,z,t) = c^2 u(x,y,z,t)\,.
\end{aligned}$$

Somit ist $u(x,y,z,t)$ eine Lösung genau wenn

$$\Delta u = (\alpha^2+\beta^2+\gamma^2)\,u = u \quad \text{oder} \quad \alpha^2+\beta^2+\gamma^2 = 1\,.$$

5.2 Für $u(\vec{x}) = \mathrm{e}^{\mathrm{i}k\vec{d}\cdot\vec{x}} = \mathrm{e}^{\mathrm{i}k(d_1x_1+\cdots+d_nx_n)}$ ist

$$\frac{\partial u}{\partial x_\ell} = \mathrm{i}kd_\ell\, u(\vec{x}) \quad \text{und} \quad \frac{\partial^2 u}{\partial {x_\ell}^2} = -k^2 d_\ell^2\, u(\vec{x}) \quad \text{also} \quad \Delta u(\vec{x}) = -k^2|\vec{d}|^2\, u(\vec{x})\,.$$

Mithin ist $\Delta u + k^2 u = 0$ genau dann, wenn $|\vec{d}| = 1$.

5.3 Es sei $u\colon \mathbb{R}^2 \to \mathbb{R}$ mit $\Delta u = 0$ und es sei $A = \begin{pmatrix} a_{11} & a_{12}\\ a_{21} & a_{22}\end{pmatrix}$ eine orthogonale Matrix.

Für

$$v(\vec{x}) := u(A\vec{x}) = u(a_{11}x_1+a_{12}x_2, a_{21}x_1+a_{22}x_2) \quad \text{für alle } \vec{x} = \begin{pmatrix} x_1\\ x_2\end{pmatrix}$$

rechnen wir mit der Kettenregel aus:

$$\begin{aligned}
\frac{\partial v}{\partial x_1}(\vec{x}) &= a_{11}\frac{\partial u}{\partial x_1}(a_{11}x_1+a_{12}x_2, a_{21}x_1+a_{22}x_2) + a_{21}\frac{\partial u}{\partial x_2}(a_{11}x_1+a_{12}x_2, a_{21}x_1+a_{22}x_2)\\
\frac{\partial^2 v}{\partial {x_1}^2}(\vec{x}) &= a_{11}^2\frac{\partial^2 u}{\partial {x_1}^2}(A\vec{x}) + 2a_{11}a_{21}\frac{\partial^2 u}{\partial x_1\partial x_2}(A\vec{x}) + a_{21}^2\frac{\partial^2 u}{\partial {x_2}^2}(A\vec{x})\\
\frac{\partial v}{\partial x_2}(\vec{x}) &= a_{12}\frac{\partial u}{\partial x_1}(a_{11}x_1+a_{12}x_2, a_{21}x_1+a_{22}x_2) + a_{22}\frac{\partial u}{\partial x_2}(a_{11}x_1+a_{12}x_2, a_{21}x_1+a_{22}x_2)\\
\frac{\partial^2 v}{\partial {x_2}^2}(\vec{x}) &= a_{12}^2\frac{\partial^2 u}{\partial {x_1}^2}(A\vec{x}) + 2a_{12}a_{22}\frac{\partial^2 u}{\partial x_1\partial x_2}(A\vec{x}) + a_{22}^2\frac{\partial^2 u}{\partial {x_2}^2}(A\vec{x})
\end{aligned}$$

und erhalten

$$\frac{\partial^2 v}{\partial {x_1}^2}(\vec{x}) + \frac{\partial^2 v}{\partial {x_2}^2}(\vec{x}) =$$

$$
\begin{aligned}
&=(a_{11}^2+a_{12}^2)\frac{\partial^2 u}{\partial {x_1}^2}(A\vec{x})+2(a_{11}a_{21}+a_{12}a_{22})\frac{\partial^2 u}{\partial x_1 \partial x_2}(A\vec{x})+(a_{21}^2+a_{22}^2)\frac{\partial^2 u}{\partial {x_2}^2}(A\vec{x})\\
&=\frac{\partial^2 u}{\partial {x_1}^2}(A\vec{x})+\frac{\partial^2 u}{\partial {x_2}^2}(A\vec{x}) = 0
\end{aligned}
$$

denn es ist $a_{11}^2+a_{12}^2=1$ und $a_{21}^2+a_{22}^2=1$ sowie $a_{11}a_{21}+a_{12}a_{22}=0$, da die Zeilen von A ein Orthonormalsystem bilden.

5.4 Hängt $u(x,y)$ nur vom Betrag ab, so gilt $u(x,y)=f(\sqrt{x^2+y^2})$ mit einer Funktion f und somit

$$
y\frac{\partial u}{\partial x}(x,y)-x\frac{\partial u}{\partial y}(x,y)=yf'(\sqrt{x^2+y^2})\frac{x}{\sqrt{x^2+y^2}}-xf'(\sqrt{x^2+y^2})\frac{y}{\sqrt{x^2+y^2}}=0\,.
$$

Gilt umgekehrt $y\frac{\partial u}{\partial x}(x,y)-x\frac{\partial u}{\partial y}(x,y)=0$, so gehen wir zu Polarkoordinaten $x=r\cos\varphi$, $y=r\sin\varphi$ über und betrachten die Funktion $v(r,\varphi):=u(r\cos\varphi,r\sin\varphi)$. Wir rechnen mit der Kettenregel

$$
\begin{aligned}
\frac{\partial v}{\partial \varphi}(r,\varphi) &=\frac{\partial u}{\partial x}(r\cos\varphi,r\sin\varphi)(-r\sin\varphi)+\frac{\partial u}{\partial y}(r\cos\varphi,r\sin\varphi)r\cos\varphi\\
&=-y\frac{\partial u}{\partial x}(x,y)+x\frac{\partial u}{\partial y}(x,y)=0.
\end{aligned}
$$

Das bedeutet, $v(r,\varphi)=u(r\cos\varphi,r\sin\varphi)$ hängt nicht von φ ab.

Übungen aus 5.1.2

5.5 i) Wir gehen mit dem Produktansatz $u(x,y)=F(x)G(y)$ in die partielle DG hinein und erhalten nach Division durch $x^2y^2F(x)G(y)$

$$
y^2F'(x)G(y)+x^2F(x)G'(y)=0 \qquad \frac{F'(x)}{x^2F(x)}+\frac{G'(y)}{y^2G(y)}=0 \qquad \frac{F'(x)}{x^2F(x)}=-\frac{G'(y)}{y^2G(y)}=k
$$

mit der Separationskonstanten k. Wir gewinnen so die beiden gewöhnlichen DGn

$$
\frac{F'(x)}{F(x)}=kx^2 \qquad \text{und} \qquad \frac{G'(y)}{G(y)}=-ky^2\,.
$$

Aus der ersten DG folgt

$$
\ln|F(x)|=\frac{k}{3}x^3+C \quad \text{und weiter} \quad F(x)=A\mathrm{e}^{\frac{1}{3}kx^3} \text{ mit } A:=\pm\mathrm{e}^C\,.
$$

Entsprechend zeigt die zweite DG $G(y)=B\mathrm{e}^{-\frac{1}{3}ky^3}$. Wir erhalten schließlich

$$
u(x,y)=F(x)G(y)=C\mathrm{e}^{\frac{1}{3}k(x^3-y^3)} \quad \text{mit einer neuen Konstanten } C
$$

als Lösungen in Produktform.
ii) Wir setzen den Ansatz $u(x,y) = F(x)G(y)$ in die partielle DG ein:

$$F'(x)G(y) + F(x)G'(y) = 2(x+y)F(x)G(y) \qquad \frac{F'(x)}{F(x)} + \frac{G'(y)}{G(y)} = 2x+2y$$

und erhalten

$$\frac{F'(x)}{F(x)} - 2x = -\frac{G'(y)}{G(Y)} + 2y = k$$

mit der Separationskonstanten k. Wir lösen die erste DG

$$\frac{F'(x)}{F(x)} = k+2x \qquad \ln|F(x)| = kx+x^2 \qquad F(x) = A\mathrm{e}^{kx+x^2}$$

und ebenso die zweite DG

$$\frac{G'(y)}{G(y)} = -k+2y \qquad \ln|G(y)| = -ky+y^2 \qquad G(y) = B\mathrm{e}^{-ky+y^2}\,.$$

Dies ergibt die Lösung in Produktform

$$u(x,y) = C\mathrm{e}^{k(x-y)+x^2+y^2} \qquad \text{mit einer Konstanten } C\,.$$

5.6 Einsetzen von $u(x,y) = f(x)g(y)$ in $\dfrac{\partial^2 u}{\partial x^2} + \dfrac{\partial^2 u}{\partial y^2} = 0$ ergibt

$$f''(x)g(y) + f(x)g''(y) = 0 \qquad \frac{f''(x)}{f(x)} + \frac{g''(y)}{g(y)} = 0 \qquad \frac{f''(x)}{f(x)} = -\frac{g''(y)}{g(y)} = k\,.$$

Die resultierenden DGn $f''(x) = kf(x)$ und $g''(y) = -kg(y)$ sind lineare DGn zweiter Ordnung, die wir wie in Abschnitt 1.6.5 lösen. Wir erhalten

$$f(x) = \begin{cases} A\mathrm{e}^{\sqrt{k}x} + \mathrm{e}^{-\sqrt{k}x} & \text{falls } k>0 \\ Ax+B & \text{falls } k=0 \\ A\cos(\sqrt{-k}x) + B\sin(\sqrt{-k}x) & \text{falls } k<0 \end{cases} \qquad \text{mit Konstanten } A,B$$

und ebenso

$$g(y) = \begin{cases} C\cos(\sqrt{k}y) + D\sin(\sqrt{k}y) & \text{falls } k>0 \\ Cy+D & \text{falls } k=0 \\ C\mathrm{e}^{\sqrt{-k}y} + D\mathrm{e}^{\sqrt{-k}y} & \text{falls } k<0 \end{cases} \qquad \text{mit Konstanten } C,D\,.$$

Somit ergeben sich die folgenden Lösungen in Produktform

$$u(x,y) = \begin{cases} \left(Ae^{\sqrt{k}x} + Be^{-\sqrt{k}x}\right)\left(C\cos(\sqrt{k}y) + D\sin(\sqrt{k}y)\right) & \text{falls } k > 0 \\ (Ax+B)(Cy+D) & \text{falls } k = 0 \\ \left(A\cos(\sqrt{-k}x) + B\sin(\sqrt{-k}x)\right)\left(Ce^{\sqrt{-k}y} + De^{\sqrt{-k}y}\right) & \text{falls } k < 0 \end{cases}$$

mit Konstanten A, B, C, D.

5.7 Es ist

$$\begin{aligned} b_n &= \frac{2}{\ell}\int_0^\ell f(x)\sin\left(n\frac{\pi}{\ell}x\right)dx = c_0\frac{2}{\ell}\int_{\frac{\ell}{3}}^{\frac{2\ell}{3}} \sin\left(n\frac{\pi}{\ell}x\right)dx = \frac{2c_0}{n\pi}\Big[-\cos\left(n\frac{\pi}{\ell}x\right)\Big]_{\frac{\ell}{3}}^{\frac{2\ell}{3}} \\ &= \frac{2c_0}{n\pi}\left(\cos\left(n\frac{\pi}{3}\right) - \cos\left(n\frac{2\pi}{3}\right)\right). \end{aligned}$$

Mit

$$\cos\left(n\frac{\pi}{3}\right) - \cos\left(n\frac{2\pi}{3}\right) = \begin{cases} 1 & \text{falls } n = 1,7,13,\ldots \\ 0 & \text{falls } n = 2,8,14,\ldots \\ -2 & \text{falls } n = 3,9,15,\ldots \\ 0 & \text{falls } n = 4,10,16,\ldots \\ 1 & \text{falls } n = 5,11,17,\ldots \\ 0 & \text{falls } n = 6,12,18,\ldots \end{cases}$$

erhalten wir als Lösung

$$\begin{aligned} c(x,t) = \frac{2c_0}{\pi}\Big(&\sin\left(\frac{\pi}{\ell}x\right)\exp\left(-D\frac{\pi^2}{\ell^2}t\right) - \frac{2}{3}\sin\left(\frac{3\pi}{\ell}x\right)\exp\left(-D\frac{9\pi^2}{\ell^2}t\right) + \\ &+ \frac{1}{5}\sin\left(\frac{5\pi}{\ell}x\right)\exp\left(-D\frac{25\pi^2}{\ell^2}t\right) + \frac{1}{7}\sin\left(\frac{7\pi}{\ell}x\right)\exp\left(-D\frac{49\pi^2}{\ell^2}t\right) - + \cdots. \end{aligned}$$

Übungen aus 5.2.1

5.8 i) Das Integral einer ungeraden Funktion über einen um 0 symmetrischen Bereich verschwindet wegen

$$\begin{aligned} \int_{-a}^{a} f(x)dx &= \int_{-a}^{0} f(x)dx + \int_0^a f(x)dx = \int_0^a f(-x)dx + \int_0^a f(x)dx \\ &= -\int_0^a f(x)dx + \int_0^a f(x)dx = 0. \end{aligned}$$

Damit ist die Aussage i) bewiesen.
ii) Aus dem Additionstheorem der Cosinusfunktion folgen für $\alpha, \beta \in \mathbb{R}$ die Gleichungen

$$\cos\alpha\cos\beta = \frac{1}{2}\left(\cos(\alpha+\beta) + \cos(\alpha-\beta)\right) \tag{5.5.1}$$

$$\sin\alpha\sin\beta = \frac{1}{2}\left(\cos(\alpha-\beta) - \cos(\alpha+\beta)\right) \tag{5.5.2}$$

Nun ist

$$\int_{-\pi}^{\pi} \cos nx\, dx = \begin{cases} \int_{-\pi}^{\pi} dx = 2\pi & \text{falls } n = 0 \\ \Big[-\frac{1}{n}\sin nx\Big]_0^{\pi} = 0 & \text{falls } n = 1,2,\ldots \end{cases}$$

Hieraus ergibt sich mit

$$\int_{-\pi}^{\pi} \cos kx \cos \ell x\, dx = \frac{1}{2}\Big(\int_{-\pi}^{\pi} \cos(k+\ell)x\, dx + \int_{-\pi}^{\pi} \cos(k-\ell)x\, dx\Big)$$

die Behauptung.
iii) folgt ebenso aus

$$\int_{-\pi}^{\pi} \sin kx \sin \ell x\, dx = \frac{1}{2}\Big(\int_{-\pi}^{\pi} \cos(k-\ell)x\, dx - \int_{-\pi}^{\pi} \cos(k+\ell)x\, dx\Big).$$

5.9 Die Funktion f ist ungerade, daher sind die Fourierkoeffizienten $a_n = 0$ für alle $n = 0,1,2,\ldots$ und es ist nach Bemerkung 5.4 mit partieller Integration

$$\begin{aligned} b_n &= \frac{2}{\pi}\int_0^{\pi} x \sin nx\, dx = \frac{2}{\pi}\Big(\Big[-\frac{x}{n}\cos nx\Big]_0^{\pi} + \frac{1}{n}\int_0^{\pi} \cos nx\, dx\Big) \\ &= \frac{2}{\pi}\Big(-\frac{\pi}{n}(-1)^n + \frac{1}{n^2}\Big[\sin nx\Big]_0^{\pi}\Big) = \frac{2}{n}(-1)^{n+1} \qquad \text{für } n = 1,2,\ldots \end{aligned}$$

Die Fourierreihe von f ist

$$2\Big(\sin x - \frac{1}{2}\sin 2x + \frac{1}{3}\sin 3x - + \cdots\Big) = 2\sum_{n=1}^{\infty}(-1)^{n+1}\frac{1}{n}\sin nx.$$

5.10 Es ist

$$f(x) = \begin{cases} \frac{x}{\pi} + 1 & \text{falls } -\pi \leqq x \leqq 0 \\ -\frac{x}{\pi} + 1 & \text{falls } \ 0 \leqq x \leqq \pi \end{cases} \qquad \text{und } 2\pi\text{-periodisch fortgesetzt.}$$

Die Funktion f ist gerade, also sind die Fourierkoeffizienten $b_n = 0$, $n = 1,2,\ldots$ Wir berechnen

$$a_0 = \frac{1}{2\pi}\int_{-\pi}^{\pi} f(x)\, dx = \frac{1}{\pi}\int_0^{\pi}\Big(-\frac{x}{\pi} + 1\Big)dx = \frac{1}{\pi}\Big[-\frac{1}{2\pi}x^2 + x\Big]_0^{\pi} = \frac{1}{2}$$

und mit partieller Integration

$$\begin{aligned} a_n &= \frac{1}{\pi}\int_{-\pi}^{\pi} f(x)\cos nx\, dx = \frac{2}{\pi}\int_0^{\pi}\Big(-\frac{x}{\pi} + 1\Big)\cos nx\, dx \\ &= \frac{2}{\pi}\Big(\Big[\Big(-\frac{x}{\pi} + 1\Big)\frac{1}{n}\sin nx\Big]_0^{\pi} + \frac{1}{n\pi}\int_0^{\pi} \sin nx\, dx\Big) = \frac{2}{n\pi^2}\Big[-\frac{1}{n}\cos nx\Big]_0^{\pi} \end{aligned}$$

$$= -\frac{2}{n^2\pi^2}\left((-1)^n - 1\right) = \begin{cases} \frac{4}{n^2\pi^2} & \text{falls } n \text{ ungerade} \\ 0 & \text{falls } n \text{ gerade}. \end{cases}$$

Somit lautet die Fourierreihe von f

$$\frac{1}{2} + \frac{4}{\pi^2}\left(\cos x + \frac{1}{9}\cos 3x + \frac{1}{25}\cos 5x + \cdots\right) = \frac{1}{2} + \frac{4}{\pi^2}\sum_{k=0}^{\infty}\frac{1}{(2k+1)^2}\cos\left((2k+1)x\right).$$

5.11 Die gegebene Funktion ist gerade, wir setzen sie mit Periode 2π fort:

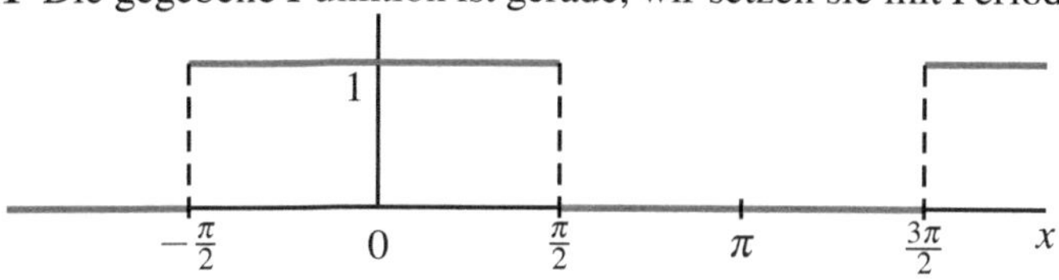

Alle Fourierkoeffizienten b_n sind $= 0$, weiter ist

$$a_0 = \frac{1}{\pi}\int_0^{\pi} f(x)\,dx = \frac{1}{\pi}\int_0^{\frac{\pi}{2}} dx = \frac{1}{2}$$

$$a_n = \frac{2}{\pi}\int_0^{\pi} f(x)\cos nx\,dx = \frac{2}{\pi}\int_0^{\frac{\pi}{2}} \cos nx\,dx = \frac{2}{n\pi}\Big[\sin nx\Big]_0^{\frac{\pi}{2}} = \frac{2}{n\pi}\sin n\frac{\pi}{2}.$$

Mit

$$\sin(n\frac{\pi}{2}) = \begin{cases} 1 & n = 1, 5, \ldots \\ 0 & n = 2, 6, \ldots \\ -1 & n = 3, 7, \ldots \\ 0 & n = 4, 8, \ldots \end{cases}$$

erhalten wir die Fourierreihe von f

$$\frac{1}{2} + \frac{2}{\pi}\left(\cos x - \frac{1}{3}\cos 3x + \frac{1}{5}\cos 5x - + \cdots\right) = \frac{1}{2} + \frac{2}{\pi}\sum_{k=0}^{\infty}(-1)^k\frac{1}{2k+1}\cos\left((2k+1)x\right).$$

Aus Satz 5.2 folgt mit $x = 0$

$$1 = f(0) = \frac{1}{2} + \frac{2}{\pi}\sum_{k=0}^{\infty}(-1)^k\frac{1}{2k+1} \quad \text{oder} \quad 1 - \frac{1}{3} + \frac{1}{5} - + \cdots = \sum_{k=0}^{\infty}\frac{(-1)^k}{2k+1} = \frac{\pi}{4}.$$

5.12 Es ist

$$a_0 = \frac{1}{2\pi}\int_{-\pi}^{\pi} U(t)\,dt = \frac{1}{2\pi}\int_0^{\pi}\sin t\,dt = \frac{1}{\pi} \qquad \text{und}$$

$$a_1 = \frac{1}{\pi}\int_{-\pi}^{\pi} U(t)\cos t\,dt = \frac{1}{\pi}\int_0^{\pi}\sin t\,\cos t\,dt = \frac{1}{2\pi}\int_0^{\pi}\sin 2t\,dt = 0.$$

Um die Koeffizienten a_n für $n = 2,3,\dots$ zu berechnen, stützen wir uns auf die Gleichheit

$$\sin\alpha\,\cos\beta = \frac{1}{2}\big(\sin(\alpha+\beta) - \sin(\beta-\alpha)\big)$$

und rechnen mit $n = 2,3,\dots$

$$\begin{aligned} a_n =& \frac{1}{\pi}\int_0^{\pi} \sin t\,\cos nt\,dt = \frac{1}{2\pi}\int_0^{\pi}\big(\sin(t+nt) - \sin(nt-t)\big)\,dt \\ =& \frac{1}{2\pi}\Big[-\frac{1}{n+1}\cos((n+1)t) + \frac{1}{n-1}\cos((n-1)t)\Big]_0^{\pi} \\ =& \frac{1}{2\pi}\Big(\frac{1-(-1)^{n+1}}{n+1} - \frac{1-(-1)^{n-1}}{n-1}\Big) = \begin{cases} -\dfrac{2}{\pi}\dfrac{1}{n^2-1} & \text{falls } n \text{ gerade} \\ 0 & \text{falls } n \text{ ungerade.} \end{cases} \end{aligned}$$

Weiter ist

$$b_1 = \frac{1}{\pi}\int_{-\pi}^{\pi} U(t)\sin t\,dt = \frac{1}{\pi}\int_0^{\pi}\sin^2 t\,dt = \frac{1}{\pi}\int_0^{\pi}\big(\tfrac{1}{2}(1-\cos 2t)\big)dt = \frac{1}{2}$$

und für $n = 2,3,\dots$ mit (5.5.2)

$$b_n = \frac{1}{\pi}\int_{-\pi}^{\pi} U(t)\sin nt\,dt = \frac{1}{\pi}\int_0^{\pi}\sin t\sin nt\,dt = \frac{1}{2\pi}\Big[\frac{\sin(n-1)t}{n-1} - \frac{\sin(n+1)t}{n+1}\Big]_0^{\pi} = 0\,.$$

Damit haben wir die Fourierentwicklung

$$U(t) = \frac{1}{\pi} + \frac{1}{2}\sin t - \frac{2}{\pi}\Big(\frac{1}{3}\cos 2t + \frac{1}{15}\cos 4t + \cdots\Big) = \frac{1}{\pi} + \frac{1}{2}\sin t - \frac{2}{\pi}\sum_{k=1}^{\infty}\frac{1}{4k^2-1}\cos 2kt\,.$$

5.13 Die Funktion f ist ungerade, die Fourierkoeffizienten a_n sind $= 0$ für $n =, 1,2,\dots$ Die Fourierkoeffizienten b_n sind zu berechnen:

$$b_n = \frac{1}{\pi}\int_{-\pi}^{\pi} f(x)\sin nx\,dx = \frac{2}{\pi}\int_0^{\pi}\Big(\big(\frac{x}{\pi}\big)^3 - \frac{x}{\pi}\Big)\sin nx\,dx \qquad \text{für alle } n = 1,2,\dots$$

Dieses Integral kann man in einer Formelsammlung nachschlagen; man kann es aber auch ohne allzu große Mühe berechnen. Um den Schreibaufwand zu reduzieren, substituieren wir zunächst $x = \pi u$ und integrieren dann mehrmals partiell:

$$\begin{aligned} b_n =& 2\int_0^1 (u^3-u)\sin n\pi u\,du \\ =& 2\Big(\Big[-\frac{1}{n\pi}(u^3-u)\cos n\pi u\Big]_0^1 + \frac{1}{n\pi}\int_0^1 (3u^2-1)\cos n\pi u\,du\Big) \\ =& \frac{2}{n\pi}\int_0^1 (3u^2-1)\cos n\pi u\,du = \frac{2}{n\pi}\Big(\Big[\frac{1}{n\pi}(3u^2-1)\sin n\pi u\Big]_0^1 - \frac{6}{n\pi}\int_0^1 u\sin n\pi u\,du\Big) \\ =& -\frac{12}{n^2\pi^2}\int_0^1 u\sin n\pi u\,du = -\frac{12}{n^2\pi^2}\Big(\Big[-\frac{1}{n\pi}u\cos n\pi u\Big]_0^1 + \frac{1}{n\pi}\int_0^1 \cos n\pi u\,du\Big) \end{aligned}$$

$$=\frac{12}{n^3\pi^3}(-1)^n - \frac{12}{n^4\pi^4}\Big[\sin n\pi u\Big]_0^1 = \frac{12}{n^3\pi^3}(-1)^n$$

Die Fourierreihe von f ist also

$$\frac{12}{\pi^3}\Big(-\sin x + \frac{1}{8}\sin 2x - \frac{1}{27}\sin 3x + - \cdots\Big) = \frac{12}{\pi^3}\sum_{n=1}^{\infty}\frac{(-1)^n}{n^3}\sin nx.$$

Mit

$$\sin(n\frac{\pi}{2}) = \begin{cases} 1 & n=1,5,\ldots \\ 0 & n=2,6,\ldots \\ -1 & n=3,7,\ldots \\ 0 & n=4,8,\ldots \end{cases} \tag{5.5.3}$$

folgt

$$-\frac{3}{8} = f(\frac{\pi}{2}) = -\frac{12}{\pi^3}\sum_{k=0}^{\infty}\frac{(-1)^k}{(2k+1)^3} \text{ oder } \sum_{k=0}^{\infty}\frac{(-1)^k}{(2k+1)^3} = 1 - \frac{1}{8} + \frac{1}{27} - \frac{1}{64} + - \cdots = \frac{\pi^3}{32}$$

Übungen aus 5.2.2

5.14 Die vorgelegte Funktion f ist gerade und periodisch mit Periode $T = 4$ und $\omega = \frac{\pi}{2}$. Daher sind alle Fourierkoeffizienten $b_n = 0$ und es ist mit (5.2.11) und (5.2.12)

$$a_0 = \frac{1}{4}\int_{-2}^{2} f(t)\,dt = \frac{1}{2}\int_0^1 dt = \frac{1}{2}$$

$$a_n = \frac{1}{2}\int_{-2}^{2} f(t)\cos(n\frac{\pi}{2}t)\,dt = \int_0^1 \cos(n\frac{\pi}{2}t)\,dt = \frac{2}{n\pi}\Big[\sin(n\frac{\pi}{2}t)\Big]_0^1 = \frac{2}{n\pi}\sin(n\frac{\pi}{2}).$$

Mit (5.5.3) ergibt sich die Fourierreihe der Funktion f:

$$\frac{1}{2} + \frac{2}{\pi}\Big(\cos\frac{1}{2}\pi t - \frac{1}{3}\cos\frac{3}{2}\pi t + \frac{1}{5}\cos\frac{5}{2}\pi t - + \cdots\Big)$$
$$= \frac{1}{2} + \frac{2}{\pi}\sum_{k=0}^{\infty}\frac{(-1)^k}{2k+1}\cos\Big((2k+1)\frac{\pi}{2}t\Big)$$

5.15 Die Funktion $U(t)$ ist gerade, daher sind die Fourierkoeffizienten $b_n = 0$, $n = 1,2,\ldots$ und nur die Koeffizienten a_n sind zu berechnen:

$$a_0 = \frac{1}{2\pi}\int_{-\pi}^{\pi} U(t)dt = \frac{1}{\pi}\int_0^{\pi}\sin t\,dt = \frac{2}{\pi}$$

$$a_n = \frac{1}{\pi}\int_{-\pi}^{\pi} U(t)\cos nt\,dt = \frac{2}{\pi}\int_0^{\pi}\sin t\cos nt\,dt = \begin{cases} -\frac{4}{\pi}\frac{1}{n^2-1} & \text{falls } n \text{ gerade} \\ 0 & \text{falls } n \text{ ungerade.} \end{cases}$$

wobei wir ein Ergebnis aus Übung 5.12 übernehmen konnten. Somit haben wir die Fourierentwicklung von $U(t)$:

$$|\sin t| = \frac{2}{\pi} - \frac{4}{\pi}\left(\frac{1}{3}\cos 2t + \frac{1}{15}\cos 4t + \frac{1}{35}\cos 6t + \cdots\right) = \frac{2}{\pi} - \frac{4}{\pi}\sum_{k=1}^{\infty}\frac{1}{4k^2-1}\cos 2kt\,.$$

Da die Funktionen $\cos 2kt$, $k = 1, 2, \ldots$ ebenfalls sogar π-periodisch sind, ist dies auch die Fourierentwicklung als π-periodische Funktion.

5.16 i) Wir setzen die gegebene Funktion f: $f(x) = 2 - \frac{x}{2}$ für $0 < x \leqq 4$ zu einer ungeraden Funktion auf $[-4, 4]$ fort vermöge

$$f(x) = \begin{cases} -2 - \frac{x}{2} & \text{falls } -4 \leqq x < 0 \\ 0 & \text{falls } x = 0 \\ 2 - \frac{x}{2} & \text{falls } 0 < x \leqq 4 \end{cases}$$

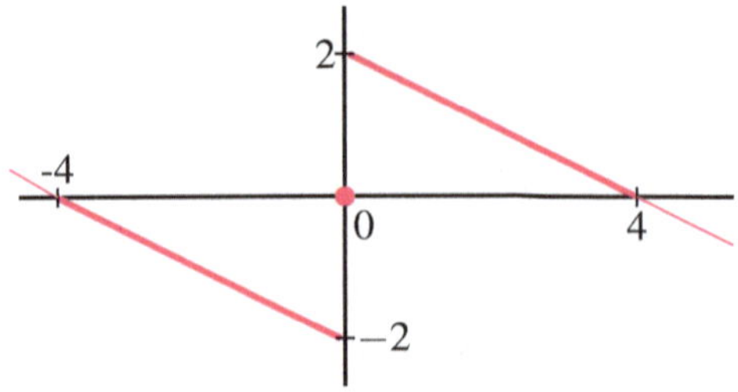

und dann zu einer ungeraden Funktion auf $\mathbb{R}$ mit Periode $2\ell = 8$. Alsdann sind alle Fourierkoeffizienten $a_n = 0, n = 0, 1, 2, \ldots$ und für die Koeffizienten b_n gilt nach (5.2.15)

$$\begin{aligned} b_n &= \frac{2}{\ell}\int_{-\ell}^{\ell} f(x)\sin n\frac{\pi}{\ell}x\,dx = \frac{1}{2}\int_0^4 \left(2 - \frac{x}{2}\right)\sin n\frac{\pi}{4}x\,dx \\ &= \frac{1}{2}\left(\left[-\left(2 - \frac{x}{2}\right)\frac{4}{n\pi}\cos n\frac{\pi}{4}x\right]_0^4 - \int_0^4 \frac{1}{2}\frac{4}{n\pi}\cos n\frac{\pi}{4}x\,dx\right) \\ &= \frac{1}{2}\left(2\frac{4}{n\pi} - \frac{2}{n\pi}\int_0^4 \cos n\frac{\pi}{4}x\,dx\right) = \frac{1}{2}\left(\frac{8}{n\pi} - \frac{8}{n^2\pi^2}\left[\sin n\frac{\pi}{4}x\right]_0^4\right) = \frac{4}{n\pi}\,. \end{aligned}$$

Somit lautet die Fourier-Sinus-Reihe von f

$$\frac{4}{\pi}\sum_{n=1}^{\infty}\frac{1}{n}\sin n\frac{\pi}{4}x.$$

ii) Wir setzen $f(x)$ zu einer geraden Funktion auf $[-4, 4]$ fort durch

$$f(x) = \begin{cases} 2 + \frac{x}{2} & \text{falls } -4 \leqq x \leqq 0 \\ 2 - \frac{x}{2} & \text{falls } 0 \leqq x \leqq 4 \end{cases}$$

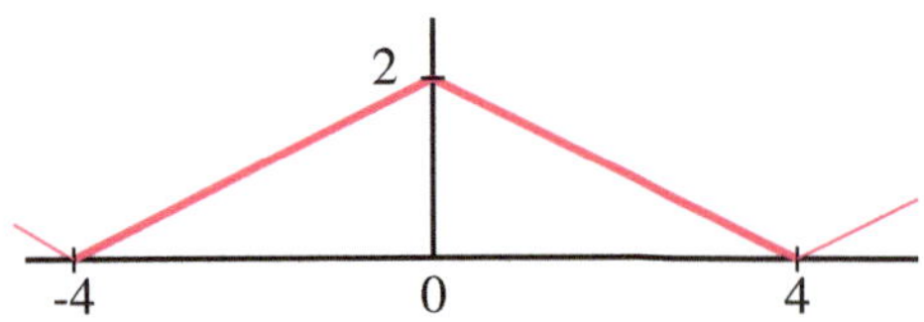

und dann zu einer geraden 2ℓ-periodischen Funktion auf ganz $\mathbb{R}$. Die Fourierkoeffizienten b_n sind gleich Null; wir berechnen die Koeffizienten a_n:

$$
\begin{aligned}
a_0 &= \frac{1}{2\ell}\int_{-\ell}^{\ell} f(x)\,dx = \frac{1}{\ell}\int_0^{\ell} f(x)\,dx = \frac{1}{4}\int_0^4 \left(2-\frac{x}{2}\right)dx = 1\\
a_n &= \frac{2}{\ell}\int_0^{\ell} f(x)\cos n\frac{\pi}{\ell}x\,dx = \frac{1}{2}\int_0^4 \left(2-\frac{x}{2}\right)\cos n\frac{\pi}{4}x\,dx\\
&= \frac{1}{2}\left(\left[\left(2-\frac{x}{2}\right)\frac{4}{n\pi}\sin n\frac{\pi}{4}x\right]_0^4 + \frac{1}{2}\frac{4}{n\pi}\int_0^4 \sin n\frac{\pi}{4}x\,dx\right)\\
&= \frac{1}{n\pi}\int_0^4 \sin n\frac{\pi}{4}x\,dx = -\frac{4}{n^2\pi^2}\left[\cos n\frac{\pi}{4}x\right]_0^4 = -\frac{4}{n^2\pi^2}\left((-1)^n-1\right)\\
&= \begin{cases} 0 & \text{falls } n \text{ gerade}\\ \dfrac{8}{n^2\pi^2} & \text{falls } n \text{ ungerade.}\end{cases}
\end{aligned}
$$

Die Fourier-Sinus-Reihe von $f(x)$ ist demnach

$$
1+\frac{8}{\pi^2}\sum_{\substack{n=1\\ n \text{ ungerade}}}^{\infty} \frac{1}{n^2}\cos n\frac{\pi}{4}x = 1+\frac{8}{\pi^2}\sum_{k=0}^{\infty}\frac{1}{(2k+1)^2}\cos\left((2k+1)\frac{\pi}{4}x\right).
$$

Übungen aus 5.2.3

5.17 Für die Funktion $f: f(x) = -1, -\pi \leqq x < 0$ und $f(x) = 1, 0 \leqq x < \pi$ berechnen wir die komplexen Fourierkoeffizienten

$$
c_0 = \frac{1}{2\pi}\int_{-\pi}^{\pi} f(x)dx = 0
$$

und falls $n \in \mathbb{Z}, n \neq 0$

$$
\begin{aligned}
c_n &= \frac{1}{2\pi}\int_{-\pi}^{\pi} \mathrm{e}^{-inx} f(x)\,dx = \frac{1}{2\pi}\left(-\int_{-\pi}^{0} \mathrm{e}^{-inx}dx + \int_0^{\pi} \mathrm{e}^{-inx}dx\right)\\
&= \frac{1}{2\pi}\left(\left[\frac{1}{in}\mathrm{e}^{-inx}\right]_{-\pi}^{0} - \left[\frac{1}{in}\mathrm{e}^{-inx}\right]_0^{\pi}\right) = \frac{1}{2\pi}\left(\frac{1}{in}(1-\mathrm{e}^{in\pi}) - \frac{1}{in}(\mathrm{e}^{-in\pi}-1)\right)\\
&= \frac{1}{in\pi}\left(1-(-1)^n\right) = \begin{cases} 0 & \text{falls } n \text{ gerade}\\ \dfrac{2}{in\pi} & \text{falls } n \text{ ungerade,}\end{cases}
\end{aligned}
$$

denn es ist $\mathrm{e}^{in\pi} = \mathrm{e}^{-in\pi} = \cos n\pi = (-1)^n$. Somit lautet die komplexe Fourierreihe

$$
\frac{2}{i\pi}\sum_{\substack{n=-\infty\\ n \text{ ungerade}}}^{\infty} \frac{1}{n}\mathrm{e}^{inx}.
$$

Fasst man in der Summe Terme für negatives n und positives n zusammen, so kommt man zur reellen Fourierreihe:

$$\frac{2}{\mathrm{i}\pi}\sum_{\substack{n=-\infty\\ n\text{ ungerade}}}^{\infty}\frac{1}{n}\mathrm{e}^{\mathrm{i}nx}=\frac{2}{\mathrm{i}\pi}\sum_{\substack{n=1\\ n\text{ ungerade}}}^{\infty}\frac{1}{n}\left(\mathrm{e}^{\mathrm{i}nx}-\mathrm{e}^{-\mathrm{i}nx}\right)=\frac{4}{\pi}\sum_{\substack{n=1\\ n\text{ ungerade}}}^{\infty}\frac{1}{n}\sin nx$$

5.18 Es ist

$$c_0=\frac{1}{2\pi}\int_{-\pi}^{\pi}|x|\,dx=\frac{1}{\pi}\int_0^{\pi}x\,dx=\frac{\pi}{2}$$

und für $n\in\mathbb{Z}, n\neq 0$

$$\begin{aligned}
c_n &=\frac{1}{2\pi}\Big(-\int_{-\pi}^{0}\mathrm{e}^{-\mathrm{i}nx}x\,dx+\int_0^{\pi}\mathrm{e}^{-\mathrm{i}nx}x\,dx\Big)=\frac{1}{2\pi}\Big(\int_0^{\pi}\mathrm{e}^{\mathrm{i}nx}x\,dx+\int_0^{\pi}\mathrm{e}^{-\mathrm{i}nx}x\,dx\Big)\\
&=\frac{1}{2\pi}\int_0^{\pi}x\big(\mathrm{e}^{\mathrm{i}nx}+\mathrm{e}^{-\mathrm{i}nx}\big)dx=\frac{1}{\pi}\int_0^{\pi}x\cos nx\,dx=\frac{1}{\pi}\Big(\Big[\frac{x}{n}\sin nx\Big]_0^{\pi}-\frac{1}{n}\int_0^{\pi}\sin nx\,dx\Big)\\
&=\frac{1}{n^2\pi}\Big[\cos nx\Big]_0^{\pi}=\frac{1}{n^2\pi}\big((-1)^n-1\big)=\frac{1}{n^2\pi}\begin{cases}-2 & \text{falls } n \text{ ungerade}\\ 0 & \text{falls } n \text{ gerade}.\end{cases}
\end{aligned}$$

Mithin ist die komplexe Fourierreihe

$$\frac{\pi}{2}-\frac{2}{\pi}\sum_{\substack{n=-\infty\\ n\text{ ungerade}}}^{\infty}\frac{1}{n^2}\mathrm{e}^{\mathrm{i}nx}.$$

Wir erhalten hieraus die reelle Fourierreihe

$$\frac{\pi}{2}-\frac{2}{\pi}\sum_{\substack{n=-\infty\\ n\text{ ungerade}}}^{\infty}\frac{1}{n^2}\mathrm{e}^{\mathrm{i}nx}=\frac{\pi}{2}-\frac{2}{\pi}\sum_{\substack{n=1\\ n\text{ ungerade}}}^{\infty}\frac{1}{n^2}\left(\mathrm{e}^{\mathrm{i}nx}+\mathrm{e}^{-\mathrm{i}nx}\right)=\frac{\pi}{2}-\frac{4}{\pi}\sum_{\substack{n=1\\ n\text{ ungerade}}}^{\infty}\frac{1}{n^2}\cos nx.$$

5.19 Die vorgelegte Funktion ist gegeben durch

$$f(t)=\begin{cases}1+t & \text{falls } -1\leqq t\leqq 0\\ 1-t & \text{falls } \quad 0\leqq t\leqq 1\end{cases}\qquad\text{und periodisch fortgesetzt.}$$

Die Funktion ist gerade und periodisch mit Periode $T=2$, entsprechend ist $\omega:=\frac{2\pi}{T}=\pi$. Wir berechnen mit Gleichung (5.2.22)

$$c_0=\frac{1}{2}\int_{-1}^{1}f(t)\,dt=\frac{1}{2}$$

und für $n\in\mathbb{Z}, n\neq 0$

$$\begin{aligned}
c_n &=\frac{1}{2}\int_{-1}^{1}\mathrm{e}^{-\mathrm{i}n\pi t}f(t)\,dt=\frac{1}{2}\Big(\int_{-1}^{0}\mathrm{e}^{-\mathrm{i}n\pi t}(1+t)dt+\int_0^{1}\mathrm{e}^{-\mathrm{i}n\pi t}(1-t)dt\Big)\\
&=\frac{1}{2}\Big(\int_{-1}^{1}\mathrm{e}^{-\mathrm{i}n\pi t}dt+\int_{-1}^{0}\mathrm{e}^{-\mathrm{i}n\pi t}t\,dt-\int_0^{1}\mathrm{e}^{-\mathrm{i}n\pi t}t\,dt\Big)
\end{aligned}$$

$$
\begin{aligned}
&= \frac{1}{2}\Big(\Big[-\frac{1}{\mathrm{i}n\pi}\mathrm{e}^{-\mathrm{i}n\pi t}\Big]_{-1}^{1} - \int_0^1 (\mathrm{e}^{\mathrm{i}n\pi t} + \mathrm{e}^{-\mathrm{i}n\pi t})t\,dt\Big)\\
&= -\int_0^1 t\cos n\pi t\,dt = -\Big(\Big[\frac{t}{n\pi}\sin n\pi t\Big]_0^1 - \frac{1}{n\pi}\int_0^1 \sin n\pi t\,dt\Big)\\
&= -\frac{1}{n^2\pi^2}\Big[\cos n\pi t\Big]_0^1 = -\frac{1}{n^2\pi^2}((-1)^n - 1) = \begin{cases} 0 & \text{falls } n \text{ gerade}\\ \dfrac{2}{n^2\pi^2} & \text{falls } n \text{ ungerade}. \end{cases}
\end{aligned}
$$

Die komplexe Fourierreihe für $f(t)$ lautet mit (5.2.23)

$$
\frac{1}{2} + \frac{2}{\pi^2}\sum_{\substack{n=-\infty\\ n \text{ ungerade}}}^{\infty} \frac{1}{n^2}\mathrm{e}^{\mathrm{i}n\pi t}.
$$

Hieraus erhalten wir die reelle Fourierreihe

$$
\frac{1}{2} + \frac{2}{\pi^2}\sum_{\substack{n=-\infty\\ n \text{ ungerade}}}^{\infty} \frac{1}{n^2}\mathrm{e}^{\mathrm{i}n\pi t} = \frac{1}{2} + \frac{2}{\pi^2}\sum_{\substack{n=1\\ n \text{ ungerade}}}^{\infty} \frac{1}{n^2}\big(\mathrm{e}^{\mathrm{i}n\pi t} + \mathrm{e}^{-\mathrm{i}n\pi t}\big) = \frac{1}{2} + \frac{4}{\pi^2}\sum_{\substack{n=1\\ n \text{ ungerade}}}^{\infty} \frac{1}{n^2}\cos n\pi t.
$$

5.20 Wir berechnen für $n \in \mathbb{Z}$ den Fourierkoeffizienten

$$
\begin{aligned}
c_n &= \frac{1}{2\pi}\int_{-\pi}^{\pi} \mathrm{e}^{(1-\mathrm{i}n)x}\,dx = \frac{1}{2\pi}\frac{1}{1-\mathrm{i}n}\Big[\mathrm{e}^{(1-\mathrm{i}n)x}\Big]_{-\pi}^{\pi} = \frac{1}{2\pi}\frac{1}{1-\mathrm{i}n}\Big(\mathrm{e}^{(1-\mathrm{i}n)\pi} - \mathrm{e}^{-(1-\mathrm{i}n)\pi}\Big)\\
&= \frac{1}{2\pi}\frac{1}{1-\mathrm{i}n}\Big(\mathrm{e}^{\pi}\mathrm{e}^{-\mathrm{i}n\pi} - \mathrm{e}^{-\pi}\mathrm{e}^{\mathrm{i}n\pi}\Big) = \frac{1}{2\pi}\frac{\cos n\pi}{1-\mathrm{i}n}\big(\mathrm{e}^{\pi} - \mathrm{e}^{-\pi}\big) = \frac{(-1)^n}{\pi}\frac{1}{1-\mathrm{i}n}\sinh\pi.
\end{aligned}
$$

Übungen aus 5.3.2

5.21 i) Wir berechnen für $x \neq 0$:

$$
\begin{aligned}
\mathscr{F}(f(t),x) &= \int_{-\infty}^{\infty} \mathrm{e}^{-\mathrm{i}xt} f(t)\,dt = -\int_{-T}^{0} \mathrm{e}^{-\mathrm{i}xt}\,dt + \int_0^T \mathrm{e}^{-\mathrm{i}xt}\,dt = -\int_0^T \mathrm{e}^{\mathrm{i}xt}\,dt + \int_0^T \mathrm{e}^{-\mathrm{i}xt}\,dt\\
&= -\int_0^T \big(\mathrm{e}^{\mathrm{i}xt} - \mathrm{e}^{-\mathrm{i}xt}\big)dt = -2\mathrm{i}\int_0^T \sin xt\,dt = \frac{2\mathrm{i}}{x}\Big[\cos xt\Big]_0^T = 2\mathrm{i}\frac{\cos xT - 1}{x}
\end{aligned}
$$

Für $x = 0$ ist $\mathscr{F}(f(t),0) = 0 = \lim\limits_{x\to 0} 2\mathrm{i}\dfrac{\cos xT - 1}{x}$.

ii) Es sei wieder zunächst $x \neq 0$. Dann ist

$$
\begin{aligned}
\mathscr{F}(f(t),x) &= \int_{-T_2}^{-T_1} \mathrm{e}^{-\mathrm{i}xt}\,dt + \int_{T_1}^{T_2} \mathrm{e}^{-\mathrm{i}xt}\,dt = \int_{T_1}^{T_2} \mathrm{e}^{\mathrm{i}xt}\,dt + \int_{T_1}^{T_2} \mathrm{e}^{-\mathrm{i}xt}\,dt = 2\int_{T_1}^{T_2} \cos xt\,dt\\
&= \frac{2}{x}\Big[\sin xt\Big]_{T_1}^{T_2} = \frac{2}{x}\big(\sin xT_2 - \sin xT_1\big) = 2T_2\frac{\sin xT_2}{xT_2} - 2T_1\frac{\sin xT_1}{xT_1}.
\end{aligned}
$$

Im Fall $x = 0$ ist $\mathscr{F}(f(t),0) = 2(T_2 - T_1)$.

5.22 Im Fall $x \neq 0$ ist

$$\begin{aligned}
\mathscr{F}(f(t),x) &= \int_{-\infty}^{\infty} \mathrm{e}^{-\mathrm{i}xt} f(t)\,dt = \int_{-1}^{0} (1+t)\mathrm{e}^{-\mathrm{i}xt}\,dt + \int_{0}^{1} (1-t)\mathrm{e}^{-\mathrm{i}xt}\,dt \\
&= \int_{-1}^{1} \mathrm{e}^{-\mathrm{i}xt}\,dt + \int_{-1}^{0} t\mathrm{e}^{-\mathrm{i}xt}\,dt - \int_{0}^{1} t\mathrm{e}^{-\mathrm{i}xt}\,dt \\
&= -\frac{1}{\mathrm{i}x}\Big[\mathrm{e}^{-\mathrm{i}xt}\Big]_{-1}^{1} - \int_{0}^{1} t(\mathrm{e}^{\mathrm{i}xt}+\mathrm{e}^{-\mathrm{i}xt})\,dt = -\frac{1}{\mathrm{i}x}(\mathrm{e}^{-ix}-\mathrm{e}^{ix}) - 2\int_{0}^{1} t\cos xt\,dt \\
&= \frac{2}{x}\sin x - 2\Big(\Big[\frac{t}{x}\sin xt\Big]_{0}^{1} - \frac{1}{x}\int_{0}^{1}\sin xt\,dt\Big) = -\frac{2}{x^2}\Big[\cos xt\Big]_{0}^{1} = 2\frac{1-\cos x}{x^2}\,.
\end{aligned}$$

Im Fall $x=0$ ist $\mathscr{F}(f(t),x) = \int_{-\infty}^{\infty} f(t)\,dt = 1$. Mit $\frac{1}{2}(1-\cos x) = \sin^2\frac{x}{2}$ kann man schließlich schreiben

$$\mathscr{F}(f(t),x) = 2\frac{1-\cos x}{x^2} = \frac{4}{x^2}\sin^2\Big(\frac{x}{2}\Big) = \Big(\frac{\sin\frac{x}{2}}{\frac{x}{2}}\Big)^2.$$

5.23 Für eine absolut integrierbare und stückweise stetige Funktion $f(t)$ berechnen wir mit der Substitutionsregel

$$\begin{aligned}
\mathscr{F}(f(\alpha t),x) &= \int_{-\infty}^{\infty} \mathrm{e}^{-\mathrm{i}xt} f(\alpha t)\,dt = \frac{1}{\alpha}\int_{-\infty}^{\infty} \mathrm{e}^{-\mathrm{i}x\frac{t}{\alpha}} f(t)\,dt = \frac{1}{\alpha}\mathscr{F}(f(t),\frac{x}{\alpha}) \\
\mathscr{F}(\mathrm{e}^{\mathrm{i}x_0t} f(t),x) &= \int_{-\infty}^{\infty} \mathrm{e}^{-\mathrm{i}xt}\mathrm{e}^{\mathrm{i}x_0t} f(t)\,dt = \int_{-\infty}^{\infty} \mathrm{e}^{-\mathrm{i}(x-x_0)t} f(t)\,dt = \mathscr{F}(f(t),x-x_0) \\
\mathscr{F}(f(t-t_0),x) &= \int_{-\infty}^{\infty} \mathrm{e}^{-\mathrm{i}xt} f(t-t_0)\,dt = \int_{-\infty}^{\infty} \mathrm{e}^{-\mathrm{i}x(t+t_0)} f(t)\,dt = \mathrm{e}^{-\mathrm{i}xt_0}\mathscr{F}(f(t),x)\,.
\end{aligned}$$

Übungen aus 5.3.3

5.24 Ist $f(t)$ gerade, so ist

$$\begin{aligned}
\mathscr{F}(f(t),x) &= \int_{-\infty}^{0} \mathrm{e}^{-\mathrm{i}xt} f(t)\,dt + \int_{0}^{\infty} \mathrm{e}^{-\mathrm{i}xt} f(t)\,dt = \int_{0}^{\infty} \mathrm{e}^{\mathrm{i}xt} f(t)\,dt + \int_{0}^{\infty} \mathrm{e}^{-\mathrm{i}xt} f(t)\,dt \\
&= \int_{0}^{\infty} f(t)\big(\mathrm{e}^{\mathrm{i}xt}+\mathrm{e}^{-\mathrm{i}xt}\big)\,dt = 2\int_{0}^{\infty} f(t)\cos xt\,dt\,.
\end{aligned}$$

Die Umkehrformel (5.3.9) lautet dann

$$\begin{aligned}
\frac{1}{2\pi}\int_{-\infty}^{\infty}\mathscr{F}(f(t),x)\mathrm{e}^{\mathrm{i}xt}\,dt &= \frac{1}{2\pi}\Big(\int_{0}^{\infty}\mathscr{F}(f(t),x)\mathrm{e}^{-\mathrm{i}xt}\,dt + \int_{0}^{\infty}\mathscr{F}(f(t),x)\mathrm{e}^{\mathrm{i}xt}\,dt\Big) \\
&= \frac{1}{\pi}\int_{0}^{\infty}\mathscr{F}(f(t),x)\cos xt\,dt = \begin{cases} f(t) & \text{falls } f \text{ stetig in } t \\ \frac{1}{2}\big(f(t-)+f(t+)\big) & \text{sonst}\,. \end{cases}
\end{aligned}$$

Wenden wir diese Umkehrformel mit der geraden Funktion $f(t) = \begin{cases} 1 & \text{falls } |t| \leqq 1 \\ 0 & \text{falls } |t| > 1 \end{cases}$ aus Beispiel 5.12 an, so erhalten wir

$$\frac{2}{\pi}\int_0^\infty \frac{\sin x}{x}\cos xt\,dx = \frac{1}{\pi}\int_0^\infty \mathscr{F}(f(t),x)\cos xt\,dx = \begin{cases} 1 & \text{falls } 0 \leqq t < 1 \\ \dfrac{1}{2} & \text{falls } t = 1 \\ 0 & \text{falls } t > 1\,. \end{cases}$$

5.25 Nach Beispiel 5.13 ist $\mathscr{F}(\mathrm{e}^{-\alpha t},x) = \dfrac{2\alpha}{\alpha^2+x^2}$ für alle $x \in \mathbb{R}$, daher liefert die Umkehrformel (5.3.9) für $t > 0$

$$\begin{aligned}
\mathrm{e}^{-\alpha t} &= \frac{1}{2\pi}\int_{-\infty}^\infty \frac{2\alpha}{\alpha^2+x^2}\mathrm{e}^{\mathrm{i}tx}\,dx = \frac{\alpha}{\pi}\Big(\int_{-\infty}^0 \frac{1}{\alpha^2+x^2}\mathrm{e}^{\mathrm{i}tx}\,dx + \int_0^\infty \frac{1}{\alpha^2+x^2}\mathrm{e}^{\mathrm{i}tx}\,dx\Big) = \\
&= \frac{\alpha}{\pi}\Big(\int_0^\infty \frac{1}{\alpha^2+x^2}\mathrm{e}^{-\mathrm{i}tx}\,dx + \int_0^\infty \frac{1}{\alpha^2+x^2}\mathrm{e}^{\mathrm{i}tx}\,dx\Big) = \\
&= \frac{\alpha}{\pi}\int_0^\infty \frac{1}{\alpha^2+x^2}\left(\mathrm{e}^{\mathrm{i}tx}+\mathrm{e}^{-\mathrm{i}tx}\right)dx = \frac{2\alpha}{\pi}\int_0^\infty \frac{\cos tx}{\alpha^2+x^2}\,dx\,.
\end{aligned}$$

5.26 Zunächst ist die Fouriertransformierte von $f(t)$ zu bestimmen. Die Berechnung in Beispiel 5.13 zeigt

$$\mathscr{F}(f(t),x) = -\int_{-\infty}^0 \mathrm{e}^{\alpha t}\mathrm{e}^{-\mathrm{i}xt}\,dt + \int_0^\infty \mathrm{e}^{-\alpha t}\mathrm{e}^{-\mathrm{i}xt}\,dt = -\frac{1}{\alpha-\mathrm{i}x} + \frac{1}{\alpha+\mathrm{i}x} = -2\mathrm{i}\frac{x}{\alpha^2+x^2}\,.$$

Daher folgt aus der Umkehrformel (5.3.9) für $t > 0$

$$\begin{aligned}
\mathrm{e}^{-\alpha t} &= -\frac{\mathrm{i}}{\pi}\int_{-\infty}^\infty \frac{x}{\alpha^2+x^2}\mathrm{e}^{\mathrm{i}tx}\,dx = \frac{1}{\pi\mathrm{i}}\Big(\int_{-\infty}^0 \frac{x}{\alpha^2+x^2}\mathrm{e}^{\mathrm{i}tx}\,dx + \int_0^\infty \frac{x}{\alpha^2+x^2}\mathrm{e}^{\mathrm{i}tx}\,dx\Big) \\
&= \frac{1}{\pi\mathrm{i}}\Big(-\int_0^\infty \frac{x}{\alpha^2+x^2}\mathrm{e}^{-\mathrm{i}tx}\,dx + \int_0^\infty \frac{x}{\alpha^2+x^2}\mathrm{e}^{\mathrm{i}tx}\,dx\Big) \\
&= \frac{1}{\pi\mathrm{i}}\int_0^\infty \frac{x}{\alpha^2+x^2}\left(\mathrm{e}^{\mathrm{i}tx}-\mathrm{e}^{-\mathrm{i}tx}\right)dx = \frac{2}{\pi}\int_0^\infty \frac{x}{\alpha^2+x^2}\sin tx\,dx\,.
\end{aligned}$$

Übungen aus 5.3.5

5.27 Es ist

$$\begin{aligned}
(f*f)(t) &= \int_{-\infty}^\infty f(t-s)f(s)\,ds = \int_{-1}^1 f(t-s)\,ds \\
&= \int_{t-1}^{t+1} f(u)\,du = \begin{cases} 0 & \text{falls } t+1 \leqq -1 \text{ oder } t \leqq -2 \\ 2+t & \text{falls } -2 \leqq t \leqq 0 \\ 2-t & \text{falls } 0 \leqq t \leqq 2 \\ 0 & \text{falls } t-1 \geqq 1 \text{ oder } t \geqq 2\,. \end{cases}
\end{aligned}$$

Übungen aus 5.4.1

5.28 i) Für $g(t) := e^{at} f(t)$ und $x \in \mathbb{R}$ ist

$$\int_0^\infty e^{-xt}|g(t)|dt = \int_0^\infty e^{-xt}|e^{at}||f(t)|dt = \int_0^\infty e^{-(x-\operatorname{Re} a)t}|f(t)|dt < \infty$$

genau dann, wenn $x - \operatorname{Re} a > \tau(f)$ oder $x > \operatorname{Re} a + \tau(f)$ ist, somit ist $\tau(g) = \tau(f) + \operatorname{Re} a$ und

$$\mathscr{L}(e^{at} f(t), z) = \int_0^\infty e^{-zt} e^{at} f(t)dt = \int_0^\infty e^{-(z-a)} f(t)dt = \mathscr{L}(f(t), z-a).$$

ii) Für $s \geqq 0$ und $x \in \mathbb{R}$ ist

$$\int_0^\infty e^{-xt}|f_s(t)|dt = \int_s^\infty e^{-xt}|f(t-s)|dt = e^{-xs}\int_0^\infty e^{-xt}|f(t)|dt < \infty$$

genau dann, wenn $\int_0^\infty e^{-xt}|f(t)|dt < \infty$ ist, das bedeutet $\tau(f_s) = \tau(f)$ und es gilt

$$\mathscr{L}(f_s(t), z) = \int_0^\infty e^{-zt} f_s(t)dt = \int_s^\infty e^{-zt} f(t-s)dt = e^{-zs}\int_0^\infty e^{-zt} f(t)dt = e^{-zs}\mathscr{L}(f(t), z).$$

5.29 Wir wenden die Rechenregeln der Laplacetransformation an und erhalten aus unserer Formelsammlung 5.16:

i) $\mathscr{L}(t^3 e^{2t}, z) = \mathscr{L}(t^3, z-2) = \dfrac{6}{(z-2)^4}$

ii) $\mathscr{L}(3e^{-5t} + 6t^3 - 3\sin 4t, z) = 3\mathscr{L}(e^{-5t}, z) + 6\mathscr{L}(t^3, z) - 3\mathscr{L}(\sin 4t, z)$
$= \dfrac{3}{z+5} + \dfrac{36}{z^4} - \dfrac{12}{z^2+16}$

iii) $\mathscr{L}\big(e^{-2t}(3\cos 6t - 5\sin 6t), z\big) = 3\mathscr{L}(e^{-2t}\cos 6t, z) - 5\mathscr{L}(e^{-2t}\sin 6t, z)$
$= 3\dfrac{z+2}{(z+2)^2+36} - 5\dfrac{6}{(z+2)^2+36} = \dfrac{3z-24}{(z+2)^2+36}$

iv) Es bezeichne $g(t) = 1$ für $t \geqq 0$ die konstante Funktion 1 und $g_3(t)$ die um 3 nach rechts verschobene Funktion, also $g_3(t) := \begin{cases} 0 & \text{für } 0 \leqq t < 3 \\ 1 = g(t-3) & \text{für } 3 \leqq t \end{cases}$. Dann ist $f(t) = g(t) - g_3(t)$ für $t \geqq 0$ und aus dem zweiten Verschiebungssatz (5.4.8) folgt

$$\mathscr{L}(f(t), z) = \mathscr{L}(g(t), z) - \mathscr{L}(g_3(t), z) = \mathscr{L}(1, z) - e^{-3z}\mathscr{L}(1, z) = \frac{1}{z} - e^{-3z}\frac{1}{z} = \frac{1-e^{-3z}}{z}.$$

5.30 i) nach dem Streckungssatz (5.4.6) ist

$$\begin{aligned}\mathscr{L}(\cosh(\alpha t),z) =& \frac{1}{2}\big(\mathscr{L}(\mathrm{e}^{\alpha t},z)+\mathscr{L}(\mathrm{e}^{-\alpha t},z)\big) = \frac{1}{2\alpha}\big(\mathscr{L}(\mathrm{e}^{t},\frac{z}{\alpha})+\mathscr{L}(\mathrm{e}^{-t},\frac{z}{\alpha})\big)\\ =& \frac{1}{2\alpha}\Big(\frac{1}{\frac{z}{\alpha}-1}+\frac{1}{\frac{z}{\alpha}+1}\Big) = \frac{1}{2}\Big(\frac{1}{z-\alpha}+\frac{1}{z+\alpha}\Big) = \frac{z}{z^2-\alpha^2}\end{aligned}$$

mit Laplacegrenze α. ii) Ebenso berechnen wir

$$\begin{aligned}\mathscr{L}(\sinh(\alpha t),z) =& \frac{1}{2}\big(\mathscr{L}(\mathrm{e}^{\alpha t},z)-\mathscr{L}(\mathrm{e}^{-\alpha t},z)\big) = \frac{1}{2\alpha}\big(\mathscr{L}(\mathrm{e}^{t},\frac{z}{\alpha})-\mathscr{L}(\mathrm{e}^{-t},\frac{z}{\alpha})\big)\\ =& \frac{1}{2\alpha}\Big(\frac{1}{\frac{z}{\alpha}-1}-\frac{1}{\frac{z}{\alpha}+1}\Big) = \frac{1}{2}\Big(\frac{1}{z-\alpha}-\frac{1}{z+\alpha}\Big) = \frac{\alpha}{z^2-\alpha^2}\,.\end{aligned}$$

5.31 i) Wir berechnen unter Verwendung der Rechenregeln für die Laplacetransformation:

$$\begin{aligned}\mathscr{L}(\cosh\omega t\,\cos\omega t,z) &= \mathscr{L}\big(\frac{1}{2}(\mathrm{e}^{\omega t}+\mathrm{e}^{-\omega t})\cos\omega t,z\big)\\ &= \frac{1}{2}\mathscr{L}(\mathrm{e}^{\omega t}\cos\omega t,z)+\frac{1}{2}\mathscr{L}(\mathrm{e}^{-\omega t}\cos\omega t,z)\\ &= \frac{1}{2}\mathscr{L}(\cos\omega t,z-\omega)+\frac{1}{2}\mathscr{L}(\cos\omega t,z+\omega)\\ &= \frac{1}{2}\frac{z-\omega}{(z-\omega)^2+\omega^2}+\frac{1}{2}\frac{z+\omega}{(z+\omega)^2+\omega^2} = \frac{z^3}{z^4+4\omega^4}\end{aligned}$$

ii) Ebenso:

$$\begin{aligned}\mathscr{L}(\sinh\omega t\,\sin\omega t,z) &= \mathscr{L}\big(\frac{1}{2}(\mathrm{e}^{\omega t}-\mathrm{e}^{-\omega t})\sin\omega t,z\big)\\ &= \frac{1}{2}\mathscr{L}(\mathrm{e}^{\omega t}\sin\omega t,z)-\frac{1}{2}\mathscr{L}(\mathrm{e}^{-\omega t}\sin\omega t,z)\\ &= \frac{1}{2}\mathscr{L}(\sin\omega t,z-\omega)-\frac{1}{2}\mathscr{L}(\sin\omega t,z+\omega)\\ &= \frac{1}{2}\frac{\omega}{(z-\omega)^2+\omega^2}-\frac{1}{2}\frac{\omega}{(z+\omega)^2+\omega^2} = \frac{2\omega^2 z}{z^4+4\omega^4}\end{aligned}$$

5.32 i) Für die beiden konstanten Funktion $f(t)=a$ und $g(t)=b$, $t\geqq 0$ ist

$$(f*g)(t) = \int_0^t f(t-s)g(s)\,ds = ab\int_0^t ds = abt \quad \text{für alle } t\geqq 0\,.$$

Weiter ist

$$\mathscr{L}(a,z)=\frac{a}{z} \qquad \mathscr{L}(b,z)=\frac{b}{z} \qquad \text{und} \quad \mathscr{L}(abt,z)=\frac{ab}{z^2}\,.$$

ii) Für $f(t)=\mathrm{e}^t$ und $g(t)=\mathrm{e}^{3t}$, $t\geqq 0$ ist

$$(f*g)(t) = \int_0^t f(t-s)g(s)\,ds = \int_0^t \mathrm{e}^{t-s}\mathrm{e}^{3s}ds = \mathrm{e}^t\int_0^t \mathrm{e}^{2s}ds = \frac{1}{2}\mathrm{e}^t(\mathrm{e}^{2t}-1) = \frac{1}{2}(\mathrm{e}^{3t}-\mathrm{e}^t)\,.$$

Weiter ist

$$\mathscr{L}(\mathrm{e}^t, z) = \frac{1}{z-1} \qquad \mathscr{L}(\mathrm{e}^{3t}, z) = \frac{1}{z-3} \qquad \text{und}$$

$$\mathscr{L}(\mathrm{e}^t, z)\mathscr{L}(\mathrm{e}^{3t}, z) = \frac{1}{z-1} \cdot \frac{1}{z-3} = \frac{1}{2}\left(\frac{1}{z-3} - \frac{1}{z-1}\right) = \mathscr{L}((f*g)(t), z).$$

iii) Für $f(t) = \cos t$ und $g(t) = \sin t$, $t \geqq 0$ berechnen wir mit den Additionstheoremen der Sinus- und Cosinusfunktion

$$\begin{aligned}
(f*g)(t) &= \int_0^t \cos(t-s)\sin s\,ds = \int_0^1 \cos t \cos s \sin s\,ds + \int_0^t \sin t \sin s \sin s\,ds \\
&= \frac{1}{2}\cos t \int_0^t \sin 2s\,ds + \frac{1}{2}\sin t \int_0^t (1-\cos 2s)\,ds \\
&= -\frac{1}{4}\cos t(\cos 2t - 1) + \frac{1}{2}t\sin t - \frac{1}{4}\sin t \sin 2t \\
&= \frac{1}{4}\cos t - \frac{1}{4}(\cos t \cos 2t + \sin t \sin 2t) + \frac{1}{2}t\sin t \\
&= \frac{1}{4}\cos t - \frac{1}{4}\cos t + \frac{1}{2}t\sin t = \frac{1}{2}t\sin t.
\end{aligned}$$

Weiter ist

$$\mathscr{L}(\cos t, z) = \frac{z}{z^2+1} \qquad \mathscr{L}(\sin t, z) = \frac{1}{z^2+1} \qquad \text{und}$$

$$\mathscr{L}\left(\frac{1}{2}t\sin t, z\right) = \frac{1}{4\mathrm{i}}\left(\mathscr{L}(t\mathrm{e}^{\mathrm{i}t}, z) - \mathscr{L}(t\mathrm{e}^{-\mathrm{i}t}, z)\right) = \frac{1}{4\mathrm{i}}\left(\frac{1}{(z-\mathrm{i})^2} - \frac{1}{(z+\mathrm{i})^2}\right) = \frac{z}{(z^2+1)^2}.$$

5.33 Als periodische und stückweise stetige Funktion ist $f(t)$ beschränkt und also laplacetransformierbar. Wir rechnen aus

$$\begin{aligned}
\mathscr{L}(f(t), z) &= \int_0^\infty \mathrm{e}^{-zt} f(t)\,dt = \int_0^T \mathrm{e}^{-zt} f(t)\,dt + \int_T^\infty \mathrm{e}^{-zt} f(t)\,dt \\
&= \int_0^T \mathrm{e}^{-zt} f(t)\,dt + \int_0^\infty \mathrm{e}^{-z(s+T)} f(s+T)\,ds \\
&= \int_0^T \mathrm{e}^{-zt} f(t)\,dt + \mathrm{e}^{-zT} \int_0^\infty \mathrm{e}^{-zs} f(s)\,ds = \int_0^T \mathrm{e}^{-zt} f(t)\,dt + \mathrm{e}^{-zT}\mathscr{L}(f(t), z)
\end{aligned}$$

oder

$$(1-\mathrm{e}^{-zT})\mathscr{L}(f(t), z) = \int_0^T \mathrm{e}^{-zt} f(t)\,dt.$$

Für die Einweg-gleichgerichtete Sinusfunktion $f(t)$ ergibt sich mit Übung 1.60

$$\begin{aligned}
\mathscr{L}(f(t), z) &= \frac{1}{1-\mathrm{e}^{-2\pi z}} \int_0^\pi \mathrm{e}^{-zt} \sin t\,dt = \frac{1}{1-\mathrm{e}^{-2\pi z}} \left[\frac{\mathrm{e}^{-zt}}{z^2+1}(-z\sin t - \cos t)\right]_0^\pi \\
&= \frac{1}{1-\mathrm{e}^{-2\pi z}} \left(\frac{\mathrm{e}^{-\pi z}}{z^2+1} + \frac{1}{z^2+1}\right) = \frac{1+\mathrm{e}^{-\pi z}}{1-\mathrm{e}^{-2\pi z}} \frac{1}{z^2+1}.
\end{aligned}$$

Übungen aus 5.4.2

5.34 Mit Gleichung (5.4.3) haben wir für $n = 0, 1, 2, \ldots$

$$\mathscr{L}(f_n(t), z) = \mathscr{L}(\frac{t^n}{n!}, z) = \frac{1}{n!}\mathscr{L}(t^n, z) = \frac{1}{z^{n+1}} \qquad \text{für alle } z \in \mathbb{C}, \operatorname{Re} z > 0$$

und aus dem Faltungssatz (5.4.5) folgt dann für $k, \ell = 0, 1, 2, \ldots$ und $\operatorname{Re} z > 0$

$$\mathscr{L}((f_k * f_\ell)(t), z) = \mathscr{L}(f_k(t), z)\mathscr{L}(f_\ell(t), z) = \frac{1}{z^{k+1}} \cdot \frac{1}{z^{\ell+1}} = \frac{1}{z^{k+\ell+2}} = \mathscr{L}(f_{k+\ell+1}(t), z).$$

Der Eindeutigkeitssatz 5.17 zeigt $(f_k * f_\ell)(t) = f_{k+\ell+1}(t)$ für $t > 0$. Zum Beispiel erhalten wir mit $t = 1$

$$\int_0^1 (1-s)^k s^\ell \, ds = \frac{k!\,\ell!}{(k+\ell+1)!}.$$

.

5.35 Aus unserer Formelsammlung erhalten wir mit dem Eindeutigkeitssatz:

$$\text{i)}\ \frac{4}{z+5} = 4\frac{1}{z+5} = 4\mathscr{L}(\mathrm{e}^{-5t}, z) = \mathscr{L}(4\mathrm{e}^{-5t}, z) \qquad f(t) = 4\mathrm{e}^{-5t}$$

$$\text{ii)}\ \frac{6}{z^2+9} = 2\frac{3}{z^2+9} = 2\mathscr{L}(\sin 3t, z) = \mathscr{L}(2\sin 3t, z) \qquad f(t) = 2\sin 3t$$

$$\text{iii)}\ \frac{z+3}{(z+3)^2+1} = \mathscr{L}(\mathrm{e}^{-3t}\cos t, z) \qquad f(t) = \mathrm{e}^{-3t}\cos t.$$

iv) Wir müssen erst $\frac{1}{z(z-1)^2}$ in einer Form darstellen, die in unserer Formelsammlung 5.16 enthalten ist. Dies geschieht durch Partialbruchzerlegung. Der Nenner hat die (einfache) Nullstelle $z = 0$ und die zweifache Nullstelle $z = 2$, daher ist anzusetzen

$$\frac{1}{z(z-1)^2} = \frac{A}{z} + \frac{B_1}{z-2} + \frac{B_2}{(z-2)^2} \qquad \text{oder} \qquad 1 = A(z-2)^2 + B_1 z(z-2) + B_2 z$$

mit Konstanten A, B_1 und B_2. Zur Bestimmung dieser Konstanten setzen wir $z = 2$, $z = 0$ sowie $z = 1$ und finden $A = \frac{1}{4}$, $B_1 = -\frac{1}{4}$ sowie $B_2 = \frac{1}{2}$. Damit haben wir

$$\frac{1}{z(z-1)^2} = \frac{1}{4}\frac{1}{z} - \frac{1}{4}\frac{1}{z-2} + \frac{1}{2}\frac{1}{(z-2)^2} = \mathscr{L}(\frac{1}{4} - \frac{1}{4}\mathrm{e}^{2t} + \frac{1}{2}t\,\mathrm{e}^{2t}, z),$$

also $f(t) = \frac{1}{4} - \frac{1}{4}\mathrm{e}^{2t} + \frac{1}{2}t\,\mathrm{e}^{2t}$, wobei wir uns beim letzten Summanden noch auf den ersten Verschiebungssatz (5.4.7) berufen haben.

5.36 i) Wir schreiben $f(t) := t$ und $g(t) := \sin t$ für $t \geqq 0$ und erhalten aus dem Faltungssatz

$$\frac{1}{z^2} \cdot \frac{1}{z^2+1} = \mathscr{L}(t, z)\mathscr{L}(\sin t, z) = \mathscr{L}(f(t), z)\mathscr{L}(g(t), z) = \mathscr{L}((f*g)(t), z).$$

Es bleibt $f * g$ durch partielle Integration zu berechnen:

$$(f*g)(t) = \int_0^t (t-s)\sin s\,ds = \Big[-(t-s)\cos s\Big]_0^t - \int_0^t \cos s\,ds = t - \sin t\,.$$

ii) Man erkennt die einfache Partialbruchzerlegung

$$\frac{1}{z^2}\cdot\frac{1}{z^2+1} = \frac{1}{z^2} - \frac{1}{z^2+1}$$

und findet

$$\frac{1}{z^2}\cdot\frac{1}{z^2+1} = \frac{1}{z^2} - \frac{1}{z^2+1} = \mathscr{L}(t,z) - \mathscr{L}(\sin t,z) = \mathscr{L}(t-\sin t,z)\,.$$

Übungen aus 5.4.3

5.37 Wir wenden auf die DG die Laplacetransformation an, beachten dabei den Ableitungssatz (5.4.12) und berücksichtigen die Anfangsbedingung $y(0) = 5$:

$$\mathscr{L}(\dot{y}(t),z) + 3\mathscr{L}(y(t),z) = \frac{9}{z^2} \qquad z\mathscr{L}(y(t),z) - 5 + 3\mathscr{L}(y(t),z) = \frac{9}{z^2}\,.$$

Wir finden so die Laplacetransformierte der Lösung

$$\mathscr{L}(y(t),z) = \frac{9}{z^2(z+3)} + \frac{5}{z+3}\,. \tag{$*$}$$

Um hieraus die Lösung selbst zu erhalten, suchen wir die Partialbruchzerlegung des ersten Bruchs. Da $z = 0$ eine zweifache Nullstelle des Nenners ist, setzen wir an

$$\frac{9}{z^2(z+3)} = \frac{A_1}{z} + \frac{A_2}{z^2} + \frac{B}{z+3} \qquad \text{oder} \qquad 9 = A_1 z(z+3) + A_2(z+3) + Bz^2\,.$$

Wir wählen $z = 0$, $z = -3$ und etwa $z = 1$ und finden $A_1 = -1$, $A_2 = 3$ sowie $B = 1$. Damit lautet Gleichung $(*)$

$$\begin{aligned}\mathscr{L}(y(t),z) &= -\frac{1}{z} + \frac{3}{z^2} + \frac{6}{z+3} = \mathscr{L}(-1,z) + \mathscr{L}(3t,z) + \mathscr{L}(6\mathrm{e}^{-3t},z)\\ &= \mathscr{L}(-1+3t+6\mathrm{e}^{-3t},z)\,.\end{aligned}$$

Aus dem Eindeutigkeitssatz folgt dann $y(t) = -1 + 3t + 6\mathrm{e}^{-3t}$.

5.38 Wir wenden die Laplacetransformation auf die DG an und benutzen zweimal den Ableitungssatz; die Anfangsbedingung sei $y(0) = y_0$ und $\dot{y}(0) = y_1$:

$$\begin{aligned}\mathscr{L}(\ddot{y}(t),z) + 4\mathscr{L}(y(t),z) &= \mathscr{L}(\cos\omega t,z)\\ z\mathscr{L}(\dot{y}(t),z) - y_1 + 4\mathscr{L}(y(t),z) &= \frac{z}{z^2+\omega^2}\end{aligned}$$

$$z\big(z\mathscr{L}(y(t),z)-y_0\big)-y_1+4\mathscr{L}(y(t),z) = \frac{z}{z^2+\omega^2}$$
$$\mathscr{L}(y(t),z) = \frac{z}{(z^2+4)(z^2+\omega^2)}+\frac{z}{z^2+4}y_0+\frac{y_1}{z^2+4}$$

Wir nehmen zunächst $\omega \neq 2$ an und haben dann die Partialbruchzerlegung

$$\frac{z}{(z^2+4)(z^2+\omega^2)} = \frac{1}{\omega^2-4}\Big(\frac{z}{z^2+4}-\frac{z}{z^2+\omega^2}\Big),$$

also insgesamt

$$\begin{aligned}\mathscr{L}(y(t),z) &= \frac{1}{\omega^2-4}\Big(\frac{z}{z^2+4}-\frac{z}{z^2+\omega^2}\Big)+\frac{zy_0}{z^2+4}+\frac{y_1}{z^2+4}\\ &= \frac{1}{\omega^2-4}\mathscr{L}(\cos 2t-\cos\omega t,z)+y_0\mathscr{L}(\cos 2t,z)+\frac{1}{2}y_1\mathscr{L}(\sin 2t,z)\end{aligned}$$

und hieraus

$$y(t) = \frac{1}{\omega^2-4}\big(\cos 2t-\cos\omega t\big)+y_0\cos 2t+\frac{1}{2}y_1\sin 2t$$

nach dem Eindeutigkeitssatz. Es bleibt der Fall $\omega = 2$ zu betrachten. Erste Möglichkeit: Man führt in dem kritischen Term den Grenzübergang $\omega \to 2$ aus. Die erste Regel von de l'Hospital 1.5 zeigt

$$\lim_{\omega\to 2}\frac{\cos 2t-\cos\omega t}{\omega^2-4} = \lim_{\omega\to 2}\frac{t\sin\omega t}{2\omega} = \frac{1}{4}t\sin 2t\,.$$

Man erhält so die Funktion

$$y(t) = \frac{1}{4}t\sin 2t+y_0\cos 2t+\frac{1}{2}y_1\sin 2t \quad \text{für alle } t \geqq 0$$

und prüft durch Einsetzen in die DG nach, dass dies tatsächlich die gesuchte Lösung ist. Zweite Möglichkeit: Man löst die DG für $\omega = 2$, also die DG $\ddot{y}+4y = \cos 2t$ wie oben mit der Laplacetransformation. Anwenden der Laplacetransformation ergibt

$$\mathscr{L}(y(t),z) = \frac{z}{(z^2+4)^2}+\frac{z}{z^2+4}y_0+\frac{y_1}{z^2+4}\,.$$

Nun ist die Partialbruchzerlegung von $\dfrac{z}{(z^2+4)^2}$ zu erstellen. Da der Nenner die beiden zweifachen Nullstellen $z = 2\mathrm{i}$ und $z = -2\mathrm{i}$ hat, ist mit Konstanten $A_1, A_2, B_1.B_2$

$$\frac{z}{(z^2+4)^2} = \frac{A_1}{z+2\mathrm{i}}+\frac{A_2}{z-2\mathrm{i}}+\frac{B_1}{(z+2\mathrm{i})^2}+\frac{B_2}{(z-2\mathrm{i})^2}$$

anzusetzen; für diese findet man $A_1 = A_2 = 0$ und $B_1 = \frac{1}{8}\mathrm{i}$ sowie $B_2 = -\frac{1}{8}\mathrm{i}$. Nun gilt

$$\begin{aligned}\frac{1}{8\mathrm{i}}\Big(\frac{1}{(z-2\mathrm{i})^2}-\frac{1}{(z+2\mathrm{i})^2}\Big) &= \frac{1}{8\mathrm{i}}\big(\mathscr{L}(\mathrm{e}^{2\mathrm{i}t}t,z)-\mathscr{L}(\mathrm{e}^{-2\mathrm{i}t}t,z)\big)\\ &= \frac{1}{4}\mathscr{L}\big(\frac{1}{2\mathrm{i}}(\mathrm{e}^{2\mathrm{i}t}-\mathrm{e}^{-2\mathrm{i}t})t,z\big) = \frac{1}{4}t\sin 2t\,,\end{aligned}$$

so dass wir wie oben zur Lösung $y(t)=\frac{1}{4}t\sin 2t+y_0\cos 2t+\frac{1}{2}y_1\sin 2t$ gelangen.

5.39 Wir wenden auf die DG die Laplacetransformation an und erhalten mit dem Ableitungssatz unter Beachtung der Anfangsbedingung

$$\begin{aligned}\mathscr{L}(\ddot{y}(t)-5\dot{y}(t)+6y(t),z) &= \mathscr{L}(\mathrm{e}^{3t},z)\\ z\mathscr{L}(\dot{y}(t),z)-2-5\mathscr{L}(\dot{y}(t),z)+6\mathscr{L}(y(t),z) &= \frac{1}{z-3}\\ z\big(z\mathscr{L}(y(t),z)-2\big)-2-5\big(z\mathscr{L}(y(t),z)-2\big)+6\mathscr{L}(y(t),z) &= \frac{1}{z-3}\\ \mathscr{L}(y(t),z) &= \frac{2z-8}{z^2-5z+6}+\frac{1}{(z-3)(z^2-5z+6)}\,.\end{aligned}$$

Nun sind die Partialbruchzerlegungen der beiden Brüche auf der rechten Seite herzustellen. Zunächst bestimmen wir die Nullstellen der Nenner: Die Gleichung $z^2-5z+6=0$ hat $z=2$ und $z=3$ als Lösungen, somit gilt $z^2-5z+6=0=(z-2)(z-3)$. Für den ersten Bruch setzen wir an

$$\frac{2z-8}{z^2-5z+6}=\frac{A}{z-3}+\frac{B}{z-2}\qquad\text{oder}\qquad 2z-8=A(z-2)+B(z-3)\,.$$

Die Wahl $z=3$ sowie $z=2$ zeigt $A=-2$ sowie $B=4$; damit lautet die Partialbruchzerlegung des ersten Bruches

$$\frac{2z-8}{z^2-5z+6}=\frac{4}{z-2}-\frac{2}{z-3}\,.$$

Der Nenner des zweiten Bruchs hat die (einfache) Nullstelle $z=2$ und die zweifache Nullstelle $z=3$, demnach ist anzusetzen

$$\begin{aligned}\frac{1}{(z-2)(z-3)^2}=\frac{A}{z-2}+\frac{B_1}{z-3}+\frac{B_2}{(z-3)^2}\qquad\text{oder}\\ 1=A(z-3)^2+B_1(z-2)(z-3)+B_2(z-2)\,.\end{aligned}$$

Einsetzen von $z=2$ und $z=3$ sowie etwa $z=1$ führt zu $A=1$ und $B_2=1$ sowie $B_1=-1$. somit gilt

$$\frac{1}{(z-3)(z^2-5z+6)}=\frac{1}{z-2}-\frac{1}{z-3}+\frac{1}{(z-3)^2}\,.$$

Wir haben insgesamt gefunden

$$\begin{aligned}\mathscr{L}(y(t),z) &= \frac{5}{z-2}-\frac{3}{z-3}+\frac{1}{(z-3)^2}=5\mathscr{L}(\mathrm{e}^{2t},z)-3\mathscr{L}(\mathrm{e}^{3t},z)+\mathscr{L}(t\,\mathrm{e}^{3t},z)\\ &= \mathscr{L}\big(5\mathrm{e}^{2t}-3\mathrm{e}^{3t}+t\,\mathrm{e}^{3t},z\big)\,,\end{aligned}$$

also lautet nach dem Eindeutigkeitssatz die Lösung $y(t) = 5\mathrm{e}^{2t} - 3\mathrm{e}^{3t} + t\,\mathrm{e}^{3t}$.

5.40 Die Anwendung der Laplacetransformation auf das DGSystem ergibt das Gleichungssystem

$$\begin{aligned}\mathscr{L}(\dot{x}_1(t),z) &= \mathscr{L}(x_1(t),z) + 2\mathscr{L}(x_2(t),z)\\ \mathscr{L}(\dot{x}_2(t),z) &= -8\mathscr{L}(x_1(t),z) + 11\mathscr{L}(x_2(t),z).\end{aligned}$$

Wir kürzen ab $X_1(z) := \mathscr{L}(x_1(t),z)$ sowie $X_2(z) := \mathscr{L}(x_2(t),z)$ und erhalten aus dem Ableitungssatz mit den geforderten Anfangsbedingungen das lineare Gleichungssystem

$$\begin{aligned}zX_1(z) - 2 &= X_1(z) + 2X_2(z)\\ zX_2(z) - 5 &= -8X_1(z) + 11X_2(z).\end{aligned}$$

Aus diesen beiden Gleichungen sind die Laplacetransformierten $X_1(z)$ und $X_2(z)$ zu bestimmen; wir finden

$$X_1(z) = \frac{2z-12}{z^2-12z+27} \qquad \text{und} \qquad X_2(z) = \frac{5z-21}{z^2-12z+27}.$$

Um hieraus die Lösungen $x_1(t)$ und $x_2(t)$ zu gewinnen, suchen wir die Darstellung von $X_1(z)$ und $X_2(z)$ als Partialbrüche. Die Nullstellen des gemeinsamen Nenners sind $z=3$ und $z=9$. Wir setzen daher für $X_1(z)$ an

$$\frac{2z-12}{z^2-12z+27} = \frac{A}{z-3} + \frac{B}{z-9} \qquad \text{oder} \qquad 2z-12 = A(z-9)+B(z-3)$$

und finden durch Einsetzen von $z=3$ und $z=9$ die Werte $A=1$ und $B=1$. Ebenso setzen wir für $X_2(z)$ an

$$\frac{5z-21}{z^2-12z+27} = \frac{C}{z-3} + \frac{D}{z-9} \qquad \text{oder} \qquad 5z-21 = C(z-9)+D(z-3)$$

und finden $C=1$ und $D=4$. Somit haben wir

$$\begin{aligned}\mathscr{L}(x_1(t),z) = X_1(z) &= \frac{1}{z-3} + \frac{1}{z-9} = \mathscr{L}(\mathrm{e}^{3t}+\mathrm{e}^{9t},z)\\ \mathscr{L}(x_2(t),z) = X_2(z) &= \frac{1}{z-3} + \frac{4}{z-9} = \mathscr{L}(\mathrm{e}^{3t}+4\mathrm{e}^{9t},z),\end{aligned}$$

also

$$x_1(t) = \mathrm{e}^{3t}+\mathrm{e}^{9t} \qquad \text{und} \qquad x_2(t) = \mathrm{e}^{3t}+4\mathrm{e}^{9t} \qquad \text{für alle } t \geqq 0$$

nach dem Eindeutigkeitssatz.

5.41 Die Laplacetransformation führt zu den beiden Gleichungen

$$\begin{aligned}\mathscr{L}(\dot{x}_1(t),z) &= 2\mathscr{L}(x_1(t),z) + \mathscr{L}(x_2(t),z)\\ \mathscr{L}(\dot{x}_2(t),z) &= -\mathscr{L}(x_1(t),z) + 4\mathscr{L}(x_2(t),z).\end{aligned}$$

Nun ist der Ableitungssatz unter Berücksichtigung der Anfangsbedingung anzuwenden; zur Vereinfachung der Schreibweise setzen wir $X_1(z) := \mathscr{L}(x_1(t),z)$ und $X_2(z) := \mathscr{L}(x_2(t),z)$ und erhalten

$$\begin{aligned}(z-2)X_1(z) - X_2(z) &= y_1\\ X_1(z) + (z-4)X_2(z) &= y_2\,.\end{aligned}$$

Dieses lineare Gleichungssystem mit den Unbekannten $X_1(z)$ und $X_2(z)$ hat die Lösung

$$X_1(z) = \frac{(z-4)y_1+y_2}{z^2-6z+9} \qquad \text{und} \qquad X_2(z) = \frac{(z-2)y_2-y_1}{z^2-6z+9}\,.$$

Für die Rücktransformation benötigen wir die Partialbruchzerlegung von $X_1(z)$ und $X_2(z)$. Der Nenner $z^2-6z+9=(z-3)^2$ hat die zweifache Nullstelle $z=3$; entsprechend machen wir für $X_1(z)$ den Ansatz

$$\frac{(z-4)y_1+y_2}{z^2-6z+9} = \frac{A}{z-3} + \frac{B}{(z-3)^2} \quad \text{oder} \quad (z-4)y_1+y_2 = A(z-3)+B\,.$$

Einsetzen von $z=3$ und $z=4$ liefert $B=y_2-y_1$ und $A=y_1$. Für $X_2(z)$ setzen wir an

$$\frac{(z-2)y_2-y_1}{z^2-6z+9} = \frac{C}{z-3} + \frac{D}{(z-3)^2} \quad \text{oder} \quad (z-2)y_2-y_1 = C(z-3)+D$$

und erhalten wie eben $D=y_2-y_1$ und $C=y_2$. Damit haben wir

$$\begin{aligned}X_1(z) &= \mathscr{L}(x_1(t),z) = y_1\frac{1}{z-3} + (y_2-y_1)\frac{1}{(z-3)^2} = y_1\mathscr{L}(\mathrm{e}^{3t},z) + (y_2-y_1)\mathscr{L}(t\mathrm{e}^{3t},z)\\ X_2(z) &= \mathscr{L}(x_2(t),z) = y_2\frac{1}{z-3} + (y_2-y_1)\frac{1}{(z-3)^2} = y_2\mathscr{L}(\mathrm{e}^{3t},z) + (y_2-y_1)\mathscr{L}(t\mathrm{e}^{3t},z)\end{aligned}$$

und schließen

$$x_1(t) = y_1\mathrm{e}^{3t} + (y_2-y_1)\,t\,\mathrm{e}^{3t} \qquad \text{und} \qquad x_2(t) = y_2\mathrm{e}^{3t} + (y_2-y_1)\,t\,\mathrm{e}^{3t}$$

aus dem Eindeutigkeitssatz.

5.42 Die Anwendung der Laplacetransformation führt auf die beiden Gleichungen

$$\mathscr{L}(\dot{x}_1(t),z) = -2\mathscr{L}(x_2(t),z) + 6\mathscr{L}(t,z) \quad \text{und} \quad \mathscr{L}(\dot{x}_2(t),z) = 2\mathscr{L}(x_1(t),z) + \mathscr{L}(4,z)$$

Wir führen die Abkürzungen $X_1(z) := \mathscr{L}(x_1(t),z)$ sowie $X_2(z) := \mathscr{L}(x_2(t),z)$ ein und erhalten aus dem Ableitungssatz

$$zX_1(z) - a = -2X_2(z) + \frac{6}{z^2} \quad \text{und} \quad zX_2(z) - b = 2X_1(z) + \frac{4}{z}\,.$$

Diese beiden Gleichungen lösen wir nach den Unbekannten $X_1(z)$ und $X_2(z)$ auf und stellen gleich Partialbrüche her:

$$\begin{aligned}X_1(z) &= \frac{az}{z^2+4} - \frac{2b}{z^2+4} - \frac{2}{z(z^2+4)} = \frac{2a+1}{2}\frac{z}{z^2+4} - \frac{1}{2}\frac{1}{z} - b\frac{2}{z^2+4}\\ &= \mathscr{L}\Big(\frac{2a+1}{2}\cos 2t - \frac{1}{2} - b\sin 2t, z\Big)\\ X_2(z) &= \frac{bz}{z^2+4} + \frac{2a+4}{z^2+4} + \frac{12}{z^2(z^2+4)} = b\frac{z}{z^2+4} + \frac{(2a+1)}{2}\frac{2}{z^2+4} + \frac{3}{z^2}\\ &= \mathscr{L}\Big(b\cos 2t + \frac{2a+1}{2}\sin 2t + 3t, z\Big)\end{aligned}$$

Aus dem Eindeutigkeitssatz können wir schließen

$$x_1(t) = \frac{2a+1}{2}\cos 2t - \frac{1}{2} - b\sin 2t \quad \text{und} \quad x_2(t) = b\cos 2t + \frac{2a+1}{2}\sin 2t + 3t\,.$$

5.43 Wir wenden auf die DG bei festem $x \geqq 0$ die Laplacetransformation bezüglich der Variablen t an:

$$2\mathscr{L}\Big(\frac{\partial u}{\partial t}(t,x), z\Big) + 2\mathscr{L}\Big(\frac{\partial u}{\partial x}(t,x), z\Big) + \mathscr{L}(u(t,x), z) = 0\,.$$

Die erste Laplacetransformierte können wir mit dem Ableitungssatz unter Beachtung der Anfangsbedingung $u(0,x) = 0$ für alle $x \geqq 0$ umformen, bei der zweiten nehmen wir an, dass wir das Integral der Laplacetransformation mit der Ableitung vertauschen dürfen und erhalten

$$2z\mathscr{L}(u(t,x), z) + 2\frac{\partial}{\partial x}\mathscr{L}(u(t,x), z) + \mathscr{L}(u(t,x), z) = 0\,.$$

Nun betrachten wir bei festem z die Funktion

$$F_z\colon F_z(x) := \mathscr{L}(u(t,x), z) \quad \text{für alle } x \geqq 0\,.$$

Für F_z besteht dann die DG

$$2zF_z(x) + 2F_z'(x) + F_z(x) = 0 \qquad \text{oder} \qquad F_z'(x) = -\big(z + \frac{1}{2}\big)F_z(x)\,;$$

das bedeutet

$$F_z(x) = C\mathrm{e}^{-(z+\frac{1}{2})x} \quad \text{für alle } x \geqq 0 \quad \text{mit einer Konstanten } C\,.$$

Diese Konstante bestimmt sich aus der Anfangsbedingung $u(t,0) = t^2$ für alle $t \geqq 0$ zu

$$C = F_z(0) = \mathscr{L}(u(t,0), z) = \mathscr{L}(t^2, z) = \frac{2}{z^3}\,,$$

so dass wir schließlich die Laplacetransformierte der Lösung erhalten

$$\mathscr{L}(u(t,x),z) = e^{-\frac{1}{2}x} e^{-xz} \frac{2}{z^3}.$$

Der zweite Verschiebungssatz (5.4.8) liefert mit dem Eindeutigkeitssatz die Lösung selbst

$$u(t,x) = \begin{cases} 0 & \text{falls } 0 \leqq t \leqq x \\ (t-x)^2 e^{-\frac{1}{2}x} & \text{falls } t > x. \end{cases}$$

Weiterführende Literatur

[1] Gustav Doetsch. *Einführung in Theorie und Anwendung der Laplace-Transformation.* 3. Auflage. Basel: Birkhäuser, 1976. ISBN: 3764307846.

[2] Harro Heuser. *Gewöhnliche Differentialgleichungen.* 5. Auflage. Stuttgart: Teubner Verlag, 2006. ISBN: 3519422271.

[3] Harro Heuser. *Lehrbuch der Analysis Band 2.* 14. Auflage. Stuttgart: Teubner Verlag, 2008. ISBN: 3835102087.

[4] Erwin Kreyszig. *Advanced Engineering Mathematics.* Seventh edition. New York: John Wiley & Sons, Inc, 1993. ISBN: 0471599891.

[5] Kurt Meyberg und Peter Vachenauer. *Höhere Mathematik 2.* 4. Auflage. Berlin, Heidelberg, New York: Springer Verlag, 2006. ISBN: 3540418512.

Sachverzeichnis

K. Barbey, *Mathematik für Biologie und Chemie*,
https://doi.org/10.1007/978-3-662-73511-4

V

W

Z

Zeitfracht Medien GmbH
Ferdinand-Jühlke-Straße 7
99095 Erfurt, Deutschland
produktsicherheit@kolibri360.de